AF543881

Jochen Hamatschek
Technologie des Weines

Jochen Hamatschek

Technologie des Weines

260 Abbildungen
91 Tabellen

Inhalt

3 Saftgewinnung aus Traube oder Maische

4 Technologie des Rotweines

5 Vom Saft zum Wein

6 Vom Jungwein zum füllfertigen Wein

7 Nebenprodukte der Weinbereitung

8 Die Abfüllung als Qualitätsparameter für Wein

9 Pumpen, Behälter, Sensor-Messtechnik und Managementsysteme

10 Schlussbetrachtung

Service

Vorwort

Es kommt nur selten vor, dass Fachbücher zur „Marke“ werden und quasi Kultstatus erlangen. Die „Technologie des Weines“ von Gerhard Troost hat genau das geschafft. Der „Troost“ durfte seit seiner ersten Auflage 1953 viele Generationen von Ingenieuren, Technikern und Kellermeistern bei ihrer Ausbildung begleiten und war auch hinterher im Berufsleben weit mehr als ein voluminöses Schmuckstück im Bücherregal. Es ist zum Standardwerk des Kellerwirts und der Kellerwirtschaft geworden, weil es von einem charismatischen Lehrer geschrieben wurde, der in der Praxis zu Hause war und der es schaffte, den riesigen qualitativen Sprung vom Handwerk zum Ingenieurwissen zu meistern. Gerhard Troost hat mit seinem Buch und mit seinem Wirken als Lehrer in Geisenheim einen Maßstab gesetzt, der nur schwer zu übertreffen sein wird.

Die sechste und derzeit letzte Auflage der Technologie des Weines erschien im Jahr 1988. Längst pensioniert, überarbeitete es Professor Troost völlig und brachte es auf den neuesten technischen Stand. Das Buch wurde praktisch zu seinem Vermächtnis. Elf Jahre später war sein Glas ausgetrunken und er musste im 93. Lebensjahr die Feder für immer weglegen.

Die „Technologie des Weines“ ist seit vielen Jahren vergriffen, eine Neuauflage überfällig und von der Weinwirtschaft dringend erwartet. Zumal sich in den mehr als 25 Jahren seit Erscheinen der letzten Auflage die Weinwirtschaft insgesamt und die Kellerwirtschaft gleichermaßen fundamental verändert haben. Einen neuen „Troost“ im ursprünglichen Sinne kann es nicht mehr geben, das Buch ist untrennbar mit seinem Schöpfer verbunden. Eine Neugestaltung für das 21. Jahrhundert sollte auf seinem Fundament aufbauen, das Niveau und die Praxisorientierung beibehalten und doch den Anforderungen des Internetzeitalters und der Globalisierung gerecht werden. Diese beiden Schlagworte und zahlreiche andere der heutigen Welt waren vor 30 Jahren allenfalls einigen Fachleuten geläufig, Begriffe wie Ökologie, IFS, DIN-ISO, Compliance oder TQM in der Weinbranche kaum bekannt. Gleiches gilt für viele neue Geräte oder Behandlungsmittel. Das Wissen der Welt verdoppelt sich innerhalb weniger Jahre, auch die Weinbranche ist davon nicht ausgeschlossen. Ständig am Ball zu bleiben ist die Herausforderung für alle Akteure. Die immer raschere Wissensanhäufung bedeutet aber, dass aktuelles Wissen immer schneller veraltet.

Für ein Lehrbuch kann das nur bedeuten, technisch nicht zu sehr ins Detail einzudringen. Wichtiger ist, die Grundlagen und die Zusammenhänge aufzuzeigen und über „Links“ oder Literaturstellen Vertiefungen und eine Detailsuche zu ermöglichen. Das vorliegende Buch versucht diesen Ansprüchen insofern gerecht zu werden, als es Zusammenhänge praxisorientiert und ohne unnötig tiefe theoretisch-wissenschaftliche Durchdringung beschreibt und für Details auf die weiterführende Fachliteratur verweist. Es wird zudem erweitert um einen übergreifenden Ansatz: Der Weintechnologe wird auch als Manager gesehen, der den Prozess der Weinherstellung im Zusammenhang betrachten muss und sich nicht allein auf die Arbeiten im Keller beschränken darf. Fachwissen und Managementwissen sind die beiden Säulen, auf denen ein betrieblicher Erfolg ruht.

Jochen Hamatschek
Landau, im Herbst 2014

1 Einführung und die Idee des Buches

Das Buch beschäftigt sich mit all den Prozessen, die bei der Verwertung und Veredlung des landwirtschaftlich erzeugten Rohstoffes Traube eine Rolle spielen. Hauptsächliches Ziel ist die Herstellung von Wein, es gehören dazu aber auch zahlreiche Seitenwege, die unterschiedliche Nebenprodukte ergeben. In der Literatur finden sich für die Handelnden in diesem Gesamtprozess unabhängig von der Bezeichnung ihres Ausbildungsberufes als Winzer, Küfer, Techniker oder Ingenieur ganz unterschiedliche Begriffe: Die Traubenveredler werden Weintechnologen, Önologen, Kellerwirt oder Weinmacher genannt. Es ist nötig, diese Begriffe abzugrenzen.

Önologe

In diesem Buch wird der Önologe als die Person verstanden, die den gesamten Prozess der Weinherstellung mitsamt seinen Verästelungen und Nebenprodukten im Zusammenhang sieht und Ökologie, Ökonomie, die Qualitätserwartung der Kunden, die Bedürfnisse des Marketing, die Traube als Grundlage allen Schaffens und nicht zuletzt ein immer komplexeres Weinrecht im Auge hat und in Zusammenhänge stellen kann. Er ist ein Manager, eine Führungskraft, die ein gutes Verständnis für die Traube besitzt, betriebswirtschaftlichen Methoden und die Management-Denkweise beherrscht, über eine klare Wein- und Qualitätsphilosophie verfügt und sie technisch umsetzt. Seine Tätigkeit geht damit weit über die Arbeit eines Kellerwirts oder Technologen hinaus.

Die Internationale Weinorganisation OIV definiert den Önologen ebenfalls sehr umfassend. Sie „empfiehlt ihren Mitgliedstaaten dafür Sorge zu tragen, dass ein Önologe als Fachmann definiert wird, der durch eine mehrjährige abgeschlossene Hochschulausbildung die Kompetenzen erworben hat, die zur Ausübung der in den Resolutionen der OIV definierten Berufe erforderlich sind, und fähig ist, einen Großteil bzw. alle der Aufgaben im Zusammenhang mit folgenden Phasen auszuüben (ECO-Format 11-492 Et8, Ausführung 06/2013):

- Phase 1: Traubenerzeugung
- Phase 2: Traubenverarbeitung, Weinerzeugung
- Phase 3: Produktionskontrolle
- Phase 4: Vermarktung und Anpassung der Erzeugnisse an die Erfordernisse des Marktes
- Phase 5: Analyse

Die OIV geht dabei nach der derzeitigen Definition von einer akademischen Ausbildung des Önologen aus. Die mittleren Ausbildungsgänge in Deutschland, die Meister oder Techniker, wären nach diesem Verständnis keine Önologen.

Kellerwirt oder Technologe

Kellerwirt und Technologe werden im Buch synonym verstanden. Beide arbeiten die kellerwirtschaftlichen Aufgaben ab und benötigen neben ihrem eigentlichen technischen Handwerkszeug in großem Maße die Disziplinen Weinchemie, Mikrobiologie und Sensorik.

Weinmacher (Wine Maker)

Der Weinmacher schließlich ist ein Begriff, der im angelsächsischen Sprachraum als Wine Maker weit verbreitet ist. Er verbindet die gesamte Urproduktion von der Traube bis zum Wein auf der Flasche, den er auch noch selber verkauft. In den meisten der deutschen Familienbetriebe ist diese Bezeichnung die am präzisesten zutreffende.

Dass in einer modernen Kellerwirtschaft immer mehr auch Spezialisten aus den Disziplinen Lebensmitteltechnologie, Chemie, Mikrobiologie, Steuerungstechnik, Umwelttechnik, Maschinenbau, allgemeine Verfahrenstechnik usw. arbeiten, liegt in der Komplexität der Materie be-

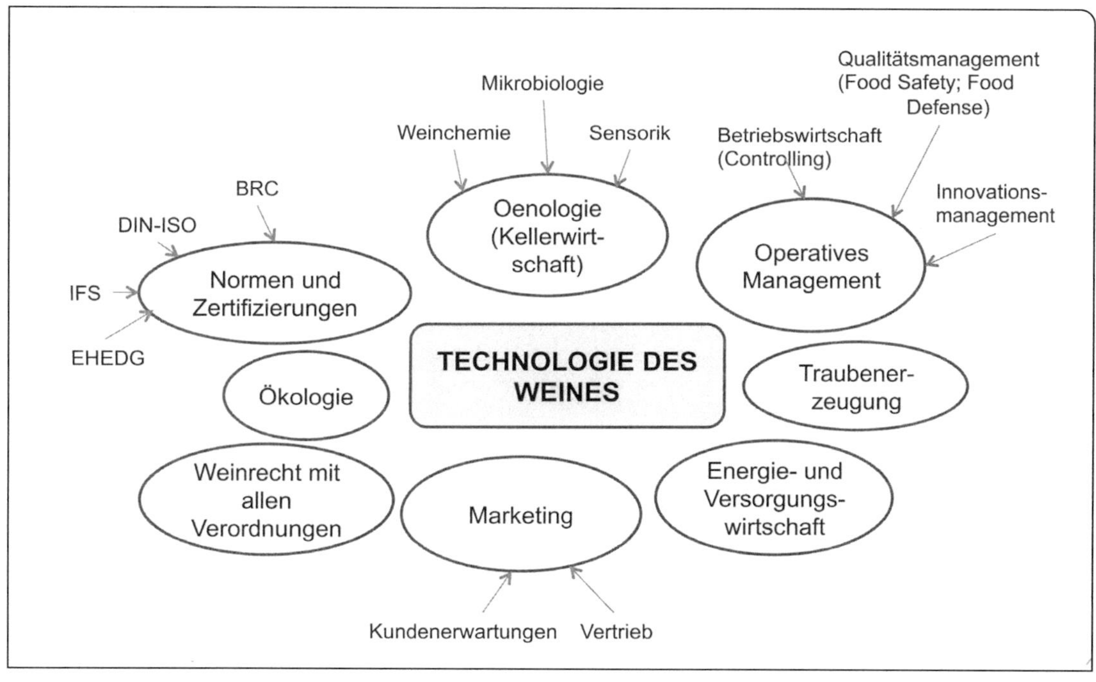

Abb. 1 Technologie des Weines als Klammer für den gesamten Prozess von der Traube zum Wein.

gründet. Diese Fachleute können alle in die Rolle des gesamtverantwortlichen Önologen oder in die des Weintechnologen hineinwachsen.

Technologie und Technik

Fehlt schließlich die Definition der Begriffe Technologie und Technik, die das Buch im Titel führt. Technologie ist die Lehre von der Technik. Sie lehrt die Lösungsprinzipien, die Produkten oder Verfahren zugrunde liegen. Deren Basis sind wissenschaftliche Grundsätze, Theorien, die allgemein anerkannt sind. Eine Theorie ist in der Wissenschaft die höchste Stufe der Erkenntnis. Deren Vorstufe sind Hypothesen, also begründete Annahmen oder Postulierungen, die aber noch in größerem Umfang bestätigt werden müssen.

Das vorliegende Buch „Technologie des Weines" beschäftigt sich mit den zugrunde liegenden Prinzipien der gesamten Wertschöpfungskette von der Traube zum Endprodukt und verknüpft sie mit Managementaspekten. Abb. 1 zeigt die Weintechnologie als die Klammer, die all dies bündelt und Handel sowie Endverbraucher als Kunden mit einbezieht. Als hauptsächliches Endprodukt wird der abgefüllte Wein behandelt, die zahlreichen Nebenprodukte, die aus der Traube zu gewinnen sind, werden in ihren Grundzügen dargestellt. Allenfalls gestreift werden die eigenständigen Themen Marketing und Betriebswirtschaft. Gesetzgeber, Verbrauchererwartungen oder der Handel als Großabnehmer haben eine Vielfalt an Forderungen an den Weinerzeuger definiert, die von ihm eine immer umfangreicher werdende Kenntnis rechtlicher, ethischer und kaufmännischer Prinzipien verlangen. Nicht selten rückt die eigentliche Technologie dabei in den Hintergrund.

In der Praxis wird anstelle von „Technologie des Weines" oder „Weintechnologie" umgangssprachlich vereinfachend von Kellerwirtschaft geredet. Damit ist im Verständnis der Abbildung lediglich der prozessorientierte Teil der Traubenverarbeitung gemeint, ohne die Themen, die im weiteren Sinne dem Management zugerechnet werden. Im Folgenden stehen die Begriffe Technologie oder Weintechnologie für die Summe sämtlicher Aspekte, die auf die Technik einwirken und das Endprodukt beeinflussen und deutlich über die Kellerwirtschaft hinausgehen.

Das Buch beschränkt sich auf den deutschsprachigen Raum. Die Technologie ist in den anderen, meist viel größeren Weinanbaugebieten grundsätzlich vergleichbar. In allen finden sich aber interessante Sonderwege, über die zu berichten sich lohnen würde. Unterschiede zu den traditionellen Weinbau betreibenden Ländern in Südeuropa und den jungen der Neuen Welt ergeben sich aus den klimatischen Rahmenbedingungen, den Betriebsgrößen und vor allen bei den Rebsorten. Hinzu kommt ein teilweise völlig anderes Verständnis von „Wein". All dem kann ein einzelnes Buch nie gerecht werden, es muss sich bewusst beschränken.

1.1 Die Wertschöpfungskette und ihre Verästelungen

Das Hauptprodukt, das aus der Traube hergestellt wird, ist in unterschiedliche kleine Behältnisse abgefüllter Wein. Abb. 2 zeigt zahlreiche Stellen, an denen aus der Traube und im Zuge ihrer Verarbeitung noch wesentlich mehr Produkte erzeugt werden können.

Es ist ein Gebot von Ökologie und Ökonomie gleichermaßen, den Rohstoff vollständig zu verwerten. Ein Blick in die Milchwirtschaft, über den Tellerrand hinaus, zeigt, dass das frühere Haupt- und Endprodukt Milch als Commodity heute kaum noch ausreichende Renditen ermöglicht. Molkereien erwirtschaften inzwischen viel höhere Erträge mit Nebenprodukten, die früher oft nur als Abfall gesehen worden waren. Das gilt besonders für die Molke, die als eine Quelle für Wertstoffe wie Lezithin, Kalzium, Phosphat, Laktose usw. verwendet wird. Viele mögliche Produkte sind in der extrem kleinzelligen Struktur

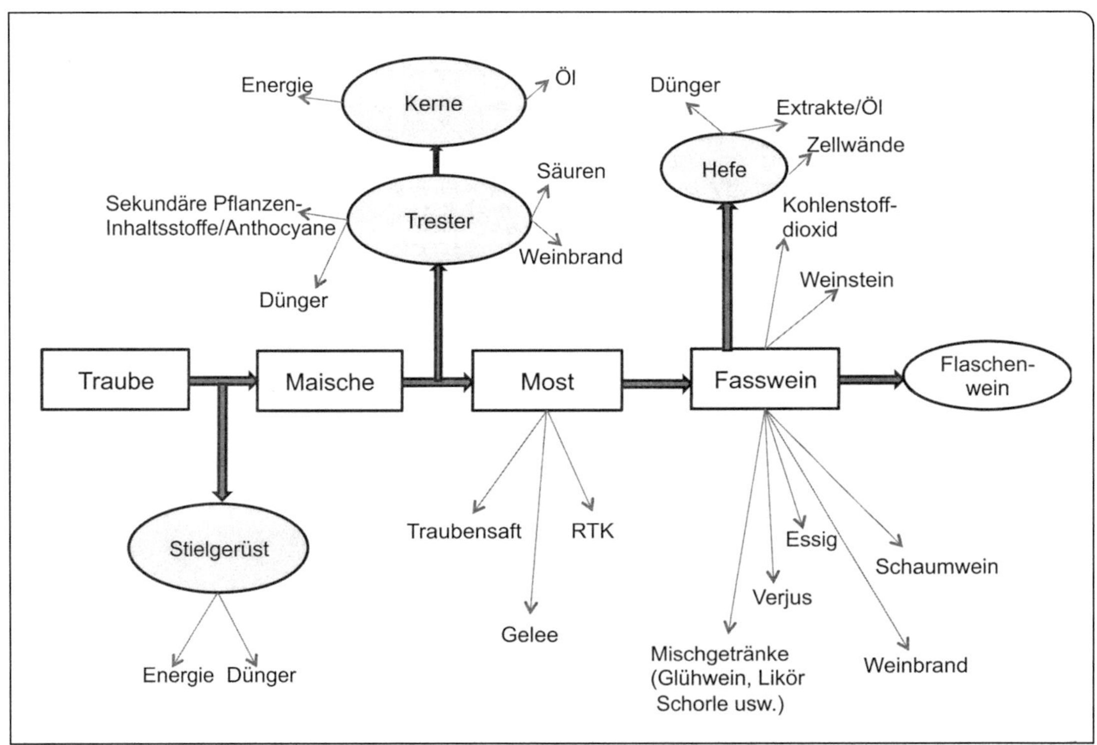

Abb. 2 Produkte, die beim Wertschöpfungsprozess „Traube zu Wein" gewonnen werden können.

der deutschen Weinwirtschaft nur begrenzt ökonomisch zu erzeugen. Die Weinbranche steht deshalb auch vor der Herausforderung, ihr nur in einer relativ kurzen Saison anfallendes und verderbliches Produkt oder das eine oder andere Zwischenprodukt an einer zentralen Verarbeitungsstätte wirtschaftlicher zu verarbeiten.

Weit verbreitet und Stand der Technik auch in kleineren Betrieben ist die Herstellung von Schaumwein, Brandwein, Mischgetränken, Gelee, Tresterbrandwein oder Traubensaft (siehe Kap. 7). Dafür hat sich inzwischen ein Markt mit Dienstleistern etabliert, die Managemententscheidung make or buy kann leicht zugunsten des herstellen lassen entschieden werden. Das Stielgerüst der Trauben, die Trester aus der Presse und vielfach auch die eingedickte Hefe nach der Gärung werden im Weinberg recycelt und damit Teil einer Kreislaufwirtschaft. Traubenkernöl lässt sich im eignen Betrieb ohne großen Aufwand mit einfachen Pressen herstellen, Weinstein sammeln und zur Verarbeitung als vielfältiges Füllmittel verkaufen. Technologisch anspruchsvoller und nur im Großmaßstab wirtschaftlich sind der Einsatz von pflanzlichen Reststoffen zur Energiegewinnung oder die Extraktion von sekundären Pflanzeninhaltsstoffen, z. B. Anthocyanen. Gleiches gilt für die Veredlung der Weinhefe als Quelle für verschiedene Inhaltsstoffe oder nährstoffreichen Brotaufstrich. Ein Sonderfall ist die Produktion von Rektifiziertem Traubenmostkonzentrat (RTK), das als Ersatz für die Anreicherung mit Rübenzucker zugelassen ist. Um den strengen gesetzlichen Anforderungen zu genügen, ist eine aufwendige Technologie erforderlich. Essig wiederum wird aus Angst vor Infektionen ungern im eigenen Betrieb produziert. Ein altes, erst vor kurzem wieder in den Focus gerücktes Produkt ist Verjus. In unreifem Traubenstadium geerntet, findet es in der gehobenen Küche als attraktives Würzmittel Verwendung.

Die Liste von Nebenprodukten erhebt keinen Anspruch auf Vollständigkeit. Insbesondere die Haut roter Beeren mit ihren vielfältigen phenolischen Verbindungen oder Antioxidantien wie das häufig zitierte Resveratrol können noch einige wertschöpfende Innovationen bieten. Nicht zu reden von Wein ohne Schwefelzusatz oder entalkoholisierten Produkten. In Italien existieren Unternehmen, die die Diversifizierung ihrer Produktpalette noch weiter getrieben haben. Deren Kellertechnik ist so modifiziert und flexibel, dass viele Geräte nicht nur zur Traubenverarbeitung verwendet werden, sondern im Anschluss an diese Kampagne für die Olivenentölung einsetzbar sind. In Südafrika sind Weinbaubetriebe bekannt, die nebenbei eine große Palette von Obst- und Gemüsesorten verarbeiten. Viele Maschinen können über einen längeren Zeitraum eingesetzt und damit wirtschaftlicher genutzt werden. Derartige Betriebsmodelle sind nicht zuletzt eine Herausforderung für die Maschinenbauindustrie, die gedrängt wird, ihre Technik flexibler einsetzbar zu machen. Von Abfüllanlagen wird dies aufgrund der unzähligen Flaschenformen schon lange verlangt. Die Anlagen müssen in kurzer Zeit umrüstbar sein.

1.2 Die Beschaffenheit von Wein als Ausdruck seiner Qualität

Die VO (EWG) 822/87 und 823/87 definieren Wein folgendermaßen: “Wein ist das Erzeugnis, das ausschließlich durch vollständige oder teilweise Gärung der frischen, auch eingemaischten Weintrauben oder des Traubenmostes gewonnen wird“. Ist die alkoholische Gärung noch nicht vollständig beendet und die Hefe noch nicht abgetrennt, wird das Produkt als Jungwein bezeichnet. Der in Deutschland überwiegend hergestellte Qualitätswein bestimmter Anbaugebiete (diese traditionelle Bezeichnung ist weiterhin zulässig; laut EU-Verordnung 491/2009 handelt es sich formal um Weine mit geschützter Ursprungsbezeichnung) ist ergänzend folgendermaßen charakterisiert:

- er muss aus zugelassenen Rebsorten der Art *Vitis vinifera* hergestellt sein
- er muss aus einem einzigen „bestimmten Anbaugebiet“ stammen
- er muss einen natürlichen Mindestalkoholgehalt aufweisen (abhängig von Gebiet und Sorte)
- er muss mindestens 9 %vol. (71 g/l) Gesamtalkohol und 7 %vol. (55 g/l) vorhandenen Alkohol aufweisen

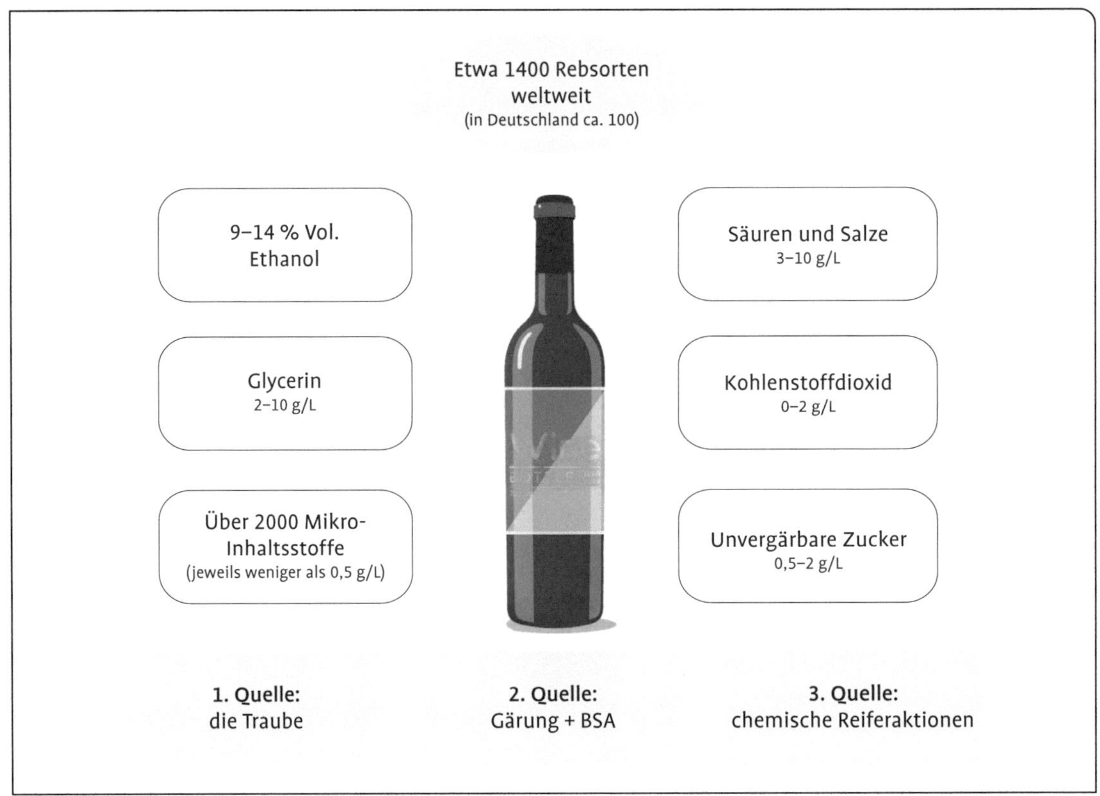

Abb. 3 Mengenspektrum der Inhaltsstoffe von Wein und ihre Herkunft.

- er muss erfolgreich einer amtlichen Qualitätsprüfung unterworfen werden („Qualität im Glase“, Amtliche Prüfnummer, AP-Nr.)

Abb. 3 zeigt die ungefähre Zusammensetzung von Weinen und nennt die Herkunftsmöglichkeiten der Inhaltsstoffe. Wein besteht aus Makro- und Mikroinhaltsstoffen. Dominierend ist Ethanol als Hauptprodukt der alkoholischen Gärung. Daneben entstehen als Folge des Stoffwechsels der Weinhefe *Saccharomyces cerevisiae* arttypische Mengen Glycerin und rund 45 l Kohlenstoffdioxid je l Most. Das Gas wird üblicherweise nach außen abgeleitet, maximal die Sättigungsmenge von etwa 2 g/l verbleibt zunächst im Wein. Diese physikalisch gelöste Menge geht üblicherweise im Laufe des weiteren Ausbaus bis auf Reste verloren. Je höher die Gasmenge, desto frischer, im negativen Falle aggressiver, erscheint der Wein. Die unvergärbaren Zucker und die Wein- und Äpfelsäure kommen aus der Traube, werden aber im Verlauf des Ausbaus mengenmäßig verändert. Insbesondere die malolaktische Gärung (der bakterielle Säureabbau, meist wenig präzise biologischer Säureabbau genannt und BSA abgekürzt) bei dem Äpfelsäure in Milchsäure metabolisiert wird, spielt dabei eine Rolle.

Die je nach Literaturangabe 600 bis über 2000 Mikro-Inhaltsstoffe entstammen allen drei Quellen:

- Die Traube liefert sorten- und reifeabhängig eine Vielzahl von Substanzen, die das Sortenbukett ergeben. So unterscheidet sich ein Riesling vom Sauvignon Blanc deutlich in Geruch und Geschmack.
- Der Metabolismus von Hefe bzw. von Säure abbauenden Milchsäurebakterien produziert ein intensives Gärbukett.
- Und letztlich unterliegen all die Verbindungen im Wein stetigen chemischen Veränderungen,

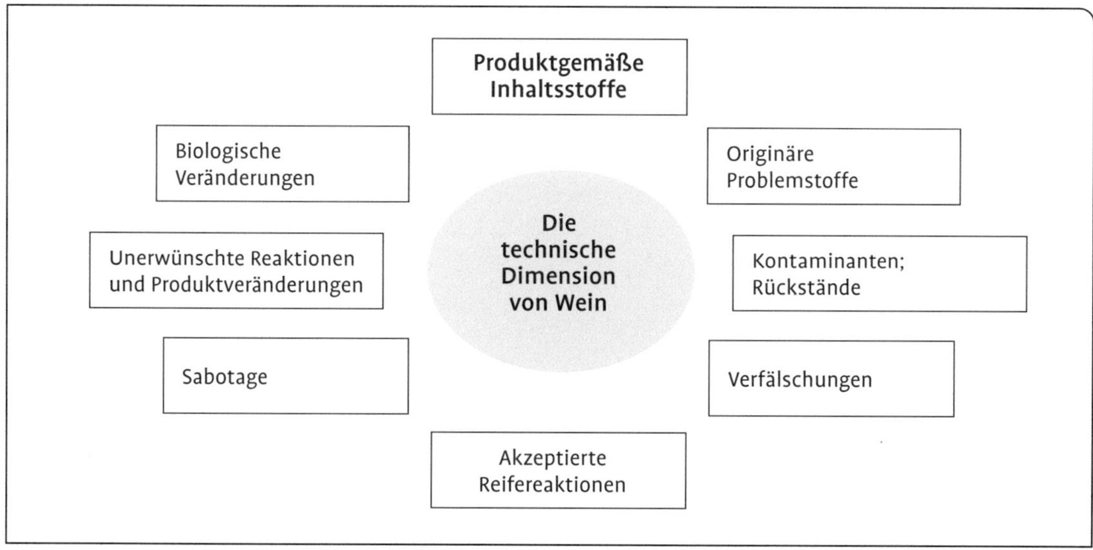

Abb. 4 Wein unter dem Blickwinkel des Qualitätsmanagements.

die das Reifebukett bilden. Im Wein findet sich fast das gesamte Spektrum an möglichen chemischen Reaktionen wieder. Die Stoffe können polymerisieren, vor allem die phenolischen Verbindungen, oxidieren oder kondensieren usw. In Summe ist dies der Alterungsprozess, der ab einem bestimmten Punkt Verderb bedeutet.

Bisher wurden allein die produktgemäßen Stoffe im Wein und ihre akzeptierten bzw. erwünschten Reaktionen betrachtet. Unabhängig davon muss jeder Produzent sicherstellen, dass der Wein frei von unerwünschten Verbindungen ist. Das Qualitätsmanagement hat sicher zu stellen, dass die Kriterien der „Food Safety" und der „Food Defense" erfüllt sind. Die Herausforderungen sind in Abb. 4 zusammengestellt. Nachgärungen oder der bakterielle Säureabbau auf der Flasche lassen sich durch kellerwirtschaftliche Maßnahmen verhindern. Gleiches gilt für unerwünschte Reaktionen der Inhaltsstoffe, die meist aufgrund ungenügender Schwefelung geschehen. Kritischer sind Problemstoffe, die mit der Traube in den Wein gelangen. Dazu können Reste von Pflanzenbehandlungsstoffen gehören oder Schimmelpilzgifte, aber auch Schwermetalle, die die Rebe aufgenommen hat. Das Lebensmittelrecht kennt für fast alle Substanzen zulässige Höchstmengen, deren Werte nicht überschritten sein dürfen. Seit 2012 verlangt der Lebensmittelhandel als Teil der IFS-Kriterien auch Maßnahmen gegen mögliche Sabotageakte. In der Lebensmittelwirtschaft werden die dafür erwarteten Maßnahmen unter dem Begriff Food Defense zusammengefasst. Hintergrund dafür sind vereinzelte Erpressungsversuche mit vergifteten Lebensmitteln. Zu den kriminellen Akten gehört selbstredend die bewusst herbeigeführte Verfälschung, die bekannteste dürfte in den 90er-Jahren des letzten Jahrhunderts der Zusatz von Diethylen-Glycol gewesen sein. Großbetriebe mit angestellten Kellerwirten haben als Managementaufgabe sicher zu stellen, dass derartige Vergehen nicht geschehen bzw. firmenintern aufgedeckt werden, bevor Verbraucher Schaden erleiden.

1.3 Weinqualität aus Sicht des Verbrauchers

Qualität und Schönheit sind zwei universell und im täglichen Leben ständig verwendete Begriffe. Beide entziehen sich einer verbindlichen Definition. Schönheit liegt laut Volksmund im Auge des Betrachters, Weinqualität in der Nase und

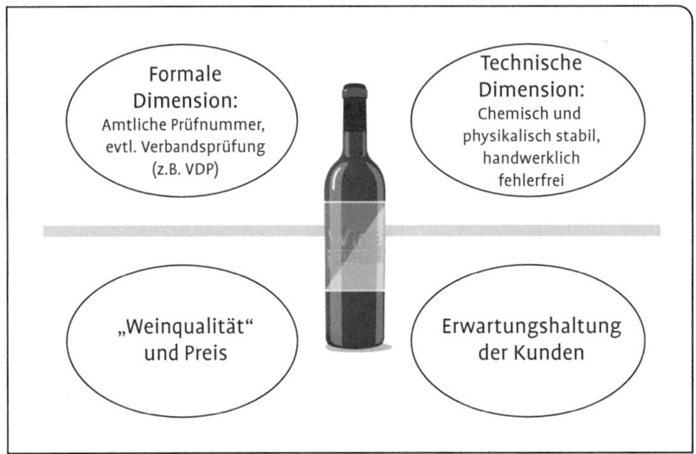

Abb. 5 Die zwei Ebenen der Weinqualität: die formal-technische und die Kundenerwartung.

auf der Zunge. Beide sind extrem subjektive Kategorien und in der Umgangssprache üblicherweise positiv besetzt. Die lateinische Wurzel des Wortes Qualität, *qualitas*, bedeutet lediglich Beschaffenheit und ist damit wertfrei. Gleiches gilt für die Definition nach DIN 55350, Teil 1: „Qualität ist die Beschaffenheit einer Ware bezüglich ihrer Eignung, festgelegte, vorausgesetzte Erwartungen zu erfüllen.“ Demnach ist Qualität gegeben, wenn die Beschaffenheit des Weines die Erwartungshaltung des Konsumenten erfüllt.

Im Lande der Qualitätsweine, mit oder ohne Prädikat, ist es unumgänglich, den Begriff Qualität näher und aus verschiedenen Richtungen zu beleuchten. Die Erwartungshaltung der Kunden ist dabei lediglich eine Ebene. Die zweite Ebene ist eine weitgehend formale: der Erhalt der Amtlichen Prüfnummer als Ausweis der Qualität im Glase. Dieses deutsche Verständnis grenzt sich ab von Systemen, die sich viel stärker an der Lage oder dem Betrieb als Qualitätskriterium orientieren. Jeder Qualitätswein muss analytischen und sensorischen Kriterien genügen, Herstellung und Ausstattung unterliegen klar definierten Regeln. Der Verbraucher kann davon ausgehen, dass ein geprüfter Wein einem sensorischen Mindeststandard entspricht, ihn weder Böckser, flüchtige Säuren oder der Mäuselton beeinträchtigen und er frei von gröberen handwerklichen Fehlern ist. Dazu gehören technische Kriterien wie Nachtrübungen, Nachgärungen oder ein nicht ausreichender Oxidationsschutz. Abb. 5 stellt die beiden Ebenen der Weinqualität grafisch dar. In Deutschland wurden 2012 im Durchschnitt der 14 Anbaugebiete 98 % aller Weine als QbA im Sinne des Weingesetzes von 1971 eingestuft (Stat. Bundesamt 2012). Verbände wie der VDP können ihre Mitglieder zu darüber hinausgehenden Prüfungen verpflichten und den weiteren gesetzlichen Rahmen ein Stück einengen.

Politische Dimension
Genusswert (sensorische Qualität)
Formale und technische Dimension
Ethische Dimension
Gesundheitswert
Weinqualität
Soziale Dimension
Ideeller Wert
Eignungswert
Ökologische Dimension

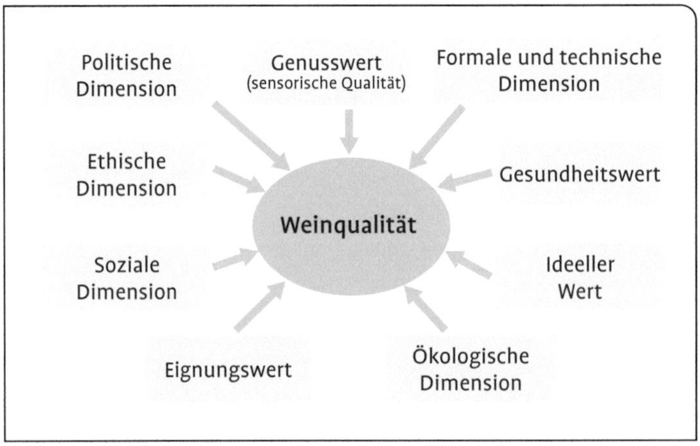

Abb. 6 Qualitätsdimensionen des Verbrauchers (Hamatschek 1992).

Hauptaufgabe der Kellerwirtschaft ist zunächst die Herstellung von Weinen, die den Ansprüchen der formal-technischen Ebene genügen. Die abgefüllten Weine müssen den erforderlichen Eignungswert besitzen. Das ist für einen Verkaufserfolg die notwendige Voraussetzung. Eine hinreichende Voraussetzung dafür ist dann gegeben, wenn die Erwartungshaltung der Kunden bezüglich Weinqualität und Preis zur Deckung kommt.

Das Qualitätsverständnis der Verbraucher setzt sich aus mehreren Teilqualitäten zusammen. Sie sind in Abb. 6 aufgeführt. Im Mittelpunkt steht der Genusswert, den er mit Auge, Nase und Zunge für sich bestimmt. Wein ist ein Genussmittel, der Genuss darf nicht beeinträchtigt sein sondern hat angenehme Empfindungen zu erzeugen. Der individuelle Standard für Genuss ist wiederum vom Umfeld abhängig und von der eigenen Weinerfahrung.

Die Teilqualität ideeller Wert bezieht sich auf das Image und das Ansehen von Betrieb und Weinerzeuger. Weine mit hohem Sozialprestige schmecken besser und erhöhen das eigene Image als Gastgeber.

Die ökologische Dimension hat in den letzten Jahren stark an Bedeutung gewonnen. Der Verbraucher bevorzugt immer häufiger Produkte, die in seinen Augen unter Schonung der Umwelt erzeugt wurden. Synthetische Pflanzenbehandlungsmittel und viele Stoffe zur Weinbehandlung sind unter Generalverdacht geraten, der Markt für Bio-Weine ist im Wachsen begriffen.

Die politische, die ethische und die soziale Dimension spielen zurzeit eine untergeordnete Rolle. Die Diskussion Alkohol als Droge kann aber jederzeit Fahrt aufnehmen und die Weinbranche in Erklärungsnotstand bringen. Werbeeinschränkungen wie in der Tabakindustrie könnten ein erster Schritt sein, ein zweiter die Erhebung einer Steuer auf Wein, die zwar bereits existiert, aber mit dem Steuersatz Null versehen ist.

Der Weintrinker erwartet von Wein, solange in Maßen genossen wird, einen Gesundheitswert durch anregende Säuren, antioxidativ wirkende phenolische Verbindungen oder den die Blutgefäße erweiternden Alkohol. Unabhängig davon verlangt er eine toxikologische Unbedenklichkeit ohne unzulässige Substanzen anthropogener oder mikrobieller Herkunft.

Die Weinkunden gewichten die einzelnen Teilqualitäten entsprechend ihrer Erfahrung und Herkunft unterschiedlich. Das führt zwangsläufig zu einem heterogenen Qualitätsverständnis. Der Weinerzeuger, der sich auf seine Zielgruppe einstellen will, muss sich mit diesen Aspekten auseinandersetzen. Ein kleinerer Betrieb wird es kaum schaffen, alle Ansichten gleichermaßen zu befriedigen, er ist auf die Befriedigung einer geeigneten Nische angewiesen. Der Begriff Weinqualität wurde bisher stark aus Sicht der Kunden und der Qualitätsweinprüfung betrachtet. In der betrieblichen Praxis werden viele dieser Aspekte integriert als Qualitätsmanagement betrachtet. Die Erzeugung von Qualität ist die entscheidende unternehmerische Aufgabe, eine Managementverpflichtung mit ausgeprägter Kundenorientierung.

1.4 Einflussmöglichkeiten der Kellerwirtschaft auf die Beschaffenheit von Wein

In den beiden vorhergehenden Kapiteln wurde die Beschaffenheit von Wein, also die Summe seiner Inhaltsstoffe, als ein Maß für Qualität definiert. Die subjektive Bewertung durch den Konsumenten ist entscheidend für dessen Präferenz. Die Beschaffenheit von Wein wird in großem Maße durch die Beschaffenheit, also die Qualität der Traube bestimmt. Qualität wird zunächst im Weinberg erzeugt. Aus schlechtem Lesegut kann kein wirklich guter Wein erzeugt werden. Die Kellerwirtschaft wird versuchen zu retten, was noch zu retten ist. Gleichfalls werden kleine Jahrgänge im Schnitt zu kleinen Weinen führen. Die von der Traube abgeleitete Beschaffenheit des späteren Weines lässt sich aber durch kellerwirtschaftliche Maßnahmen stark beeinflussen. Zahlreiche Verfahrensschritte können ein vorgegebenes Produkt völlig verändern. Ob dadurch eine Qualitätserhöhung oder eine Verschlechterung stattfindet, ist letztlich das Ergebnis einer subjektiven Betrachtung. Tab. 1 stellt wesentliche Zielgrößen der Weinherstellung ihren Einflussgrößen gegenüber, die durch die Kellerwirtschaft in einem gewissen Rahmen gesteuert werden können. Je nach Steuerung verändert sich das Endprodukt, es erhält eine andere Stilistik.

Säuremenge, Alkoholkonzentration, Kohlenstoffdioxidgehalt, Gerbstoffmenge, Primäraromatik oder Holzeinfluss sind Zielgrößen, die der Technologe stark beeinflussen kann. Sie prägen die Stilistik eines Weines. Der Produzent ist da-

Tab. 1 Ziel- und Einflussgrößen bei der Weinherstellung

Zielgrößen	Wichtige Einflussgrößen
Alkoholgehalt	Mostgewicht; Gärführung; Verbesserung
Säurekonzentration	Rebsorte, Reifegrad; BSA, Entsäuerung; Säuerung
Restzuckermenge	Gärführung; Süßreservezugabe
Kohlendioxid	Imprägnierung; Entfernung; Lagerzeit; Gärführung
Weintypus (jung, reif,...)	Lagerzeit; Kohlendioxid; Säure; Alkoholgehalt; Gerbstoff
Zuckerfreier Extrakt	Behandlungsmaßnahmen wirken oft verringernd
Primäraromatik	Gärführung; Lagerzeit
Holzeinfluss	Holzfass; Barrique; Holzalternativprodukte: Wood Chips, Staves
Gerbstoffmenge	Maischestandzeit; Barrique/Wood Chips
Trinkreife	Lagerzeit; Kohlendioxid; Alkoholgehalt; Säure; Gerbstoff
Lagerfähigkeit	Alkoholgehalt; Extrakt; Restzucker; Säuremenge; SO_2
Herstellkosten	Kellerwirtschaft; Menge
Verkaufserlös	Vertrieb; Image; „Qualität“

durch in der Lage, seine Interpretation von Wein zu verwirklichen oder die Bedürfnisse seiner Kunden in gewissen Grenzen zu befriedigen. Die aufgeführten Parameter zielführend eingesetzt und verknüpft mit einem professionellen Vertrieb und einem über die Zeit erarbeiteten positiven Image sind wesentliche Garanten für den betrieblichen Erfolg. Die angesprochenen Parameter werden in den betreffenden Kapiteln näher erläutert. Werden einzelne Zielgrößen ganz bewusst gesteuert, haben sich Begriffe wie Alkohol-, Säure- oder Phenolmanagement eingebürgert.

Das Deutsche Weingesetz orientiert sich am Mostgewicht als Maß für die Weinqualität und hat über die Zuckermenge eine Qualitätspyramide erstellt. Die unterste Ebene ist in der deutschen Praxis der Qualitätswein, gesteigert durch Kabinett-, Spätlese- und Ausleseweinen als Qualitätsweinen mit Prädikat. Einfachere Qualitäten bilden als eher unproblematische, leicht verständliche Trink- oder Zechweine mit großen Mengen die Basis des Geschäfts. An der Spitze der Pyramide stehen die Premiumweine, die üblicherweise hochpreisig und in vergleichsweise geringen Mengen vermarktet werden. Diese sind stark erklärungsbedürftig, benötigen eine „Story“ und bedienen eine anspruchsvolle Klientel. Viele Betriebe versuchten in den letzten Jahren verstärkt, sich vom Primat des Zuckers in der Traube zu lösen und schufen eigene Begriffe innerhalb ihrer Qualitätspyramide. Tab. 2 zeigt einige Beispiele, wie individuelle Qualitätseinstufungen vorgenommen werden können. Die Vielfalt neuer Begriffe ist erklärungsbedürftig und für Gelegenheitstrinker verwirrend. Sie kann aber letztlich der Kundenbindung dienen und Individualität hervorheben. Durch diese Klassifizierungen kann ebenfalls die weinrechtlich vorgesehene Dreiteilung nach „trocken“, „halbtrocken“ oder „lieblich und mild“ ersetzt werden.

Der Fantasie sind im Marketing kaum Grenzen gesetzt. Eine Variante mit vier Qualitätsebenen könnte Weine in „Basis“, „Gelesen“, „Erlesen“ und „Auserlesen“ kategorisieren. In Tab. 3 werden beispielhaft mögliche ansteigende Anforderungsprofile von Zechweinen, Festtagsweinen und Spitzenweinen gegenübergestellt.

Die Zielgrößen unterscheiden sich in Abhängigkeit der Qualitätsstufe innerhalb der Pyramide deutlich. Die Kellerwirtschaft verfügt über zahlreiche gestalterische Möglichkeiten, einen

Tab. 2 Beispiele für unterschiedliche Ausprägungen der Qualitätspyramide

Deutsches Weingesetz	VDP	Beispiel aus Literatur	Weitere Alternative
Auslese, BA, TBA	Großes Gewächs	Spitzenwein	schwarze Kapsel
Spätlese	Lagewein	Festtagswein	rote Kapsel
Kabinett	Ortswein	Zechwein oder Festtagswein	rote oder graue Kapsel
Qualitätswein b.A.	Gutswein	Zechwein	graue Kapsel

Tab. 3 Mögliches Beschaffenheitsprofil für Weine der drei Qualitätsebenen

Zielgrößen	„Zechwein"	Festtagswein	Spitzenwein
Alkoholgehalt	niedrig-mittel	mittel	hoch
Säurekonzentration	mittel-hoch	mittel	mittel-niedrig
Restzuckermenge	niedrig-mittel	niedrig-mittel	niedrig
Kohlendioxid	mittel	niedrig	niedrig
Weintypus (jung, reif...)	jung, frisch	mittelalt, gereift	lang gereift
Zuckerfreier Extrakt	niedrig	mittel	hoch
Primäraromatik	ausgeprägt	mittel	mittel-niedrig
Holzeinfluss	ohne	ohne-mittel	hoch
Gerbstoffmenge	niedrig	niedrig-mittel	hoch
Trinkreife	derzeit	jetzt-bald	jetzt-in Zukunft
Lagerfähigkeit	gering	gering-mittel	hoch
Herstellkosten	niedrig	mittel	hoch
Verkaufserlös	niedrig	mittel	hoch

Zechwein z. B. bei vorgegebenem Mostgewicht in Alkohol, Säure, Restzucker oder Primäraromatik unterschiedlich zu gestalten. Voraussetzung ist die Zielsetzung des Önologen. Je kleiner die Vermarktungsmenge ist, desto mehr kann er die eigenen Vorstellungen verwirklichen und sich die passenden Abnehmer suchen. Größere Mengen lassen sich dagegen ohne klare Kundenfokussierung kaum vermarkten.

1.5 Die Beschreibung von Wein

Weintrinker erfahren die verschiedenen Qualitätsebenen als die Summe unterschiedlicher sinnlicher Eindrücke. Ihre sensorische Wahrnehmung nutzt das evolutionäre Erbe des Menschen, das ihm dank seiner Sinnesorgane auch ohne Mindesthaltbarkeitsdatum und Zutatenliste den Zustand eines möglichen Lebens- oder Genussmittels hat erkennen lassen. Je besser die Sinnesorgane ausgebildet waren, desto weniger wurden ihm verdorbene oder ungenießbare natürliche Produkte seiner Umgebung zum Verhängnis.

Seine Sinne hatten die Funktion eines Torwächters, der dem heutigen Menschen immer unwichtiger geworden ist. Bewusste Weinverkoster trainieren diese uralten Fähigkeiten und setzen ihre Sinne gezielt ein.

Der Volksmund spricht gerne von „fünf Sinnen“ und meint damit Nase, Zunge, Auge, Ohr und Haut. Wissenschaftlich ist diese Einteilung, die schon Aristoteles verwendet hat, längst überholt. Mit der Zunge nimmt der Mensch nicht nur Geschmack wahr, sondern auch Wärme, Kälte, Schmerz, Textur und dubiose chemische Verbindungen. Auch die anderen Organe sind Multitasking fähig.

Um das komplexe Phänomen Wein zu erfassen und schließlich zu beschreiben, benötigt der Mensch eine Vielzahl von Sinnesreizen (nach Dürrschmid 2008, modifiziert):

- Sehen mit der Differenzierung nach Helligkeit sowie der Unterscheidung der Grundfarben Rot, Grün und Blau, die über die Mischungen das gesamte Farbspektrum ergeben. Das menschliche visuelle Wahrnehmungssystem interpretiert Reize elektromagnetischer Strahlung zwischen 380-760 nm als subjektiv empfundene Farben (siehe Abb. 7). Zudem wird mit den Augen die Klarheit eines Weines beurteilt;
- Riechen unter Verwendung von etwa 400 Rezeptortypen; 80 % der sensorischen Empfindungen werden in Form der Gerüche aufgenommen (Schieberle 2013);
- Schmecken mit den bekannten Geschmacksarten süß, sauer, salzig, bitter und Umami, den Indikator für Eiweiß. Viele Wissenschaftler erweitern um die Erfassung von Fett mittels eigener Rezeptoren und um die Eigenschaft „scharf“ ; dazu kommt der Trigeminus-Nerv, der z. B. die Adstringenz ans Hirn weiterleitet;
- Berühren, das beim Kontakt der Lippen und der Zunge mit dem Glas als Tastsinn eine Rolle spielt;
- Temperatur, die bei Wein je nach Weinart innerhalb eines empfohlenen Bereiches zu liegen hat;
- Eine untergeordnete Rolle kann zudem die Textur spielen; hochviskose Beerenauslesen z. B. hinterlassen einen anderen Eindruck als vergleichsweise einfache Sommerweine.

Der Geschmackssinn wird vor allem durch die Geschmacksknospen auf der Zunge und die Geschmacksrezeptoren in der Mundhöhle bestimmt, die als kleinen Erhebungen in Erscheinung treten. Die Anzahl der Geschmacksknospen ist individuell verschieden. „Intensiv“-Schmecker können bis zu 1000 Geschmacksknospen je Quadratzentimeter auf der Zunge benutzen, „Normal“-Schmecker müssen sich mit 100–200/cm^2 begnügen (Döll 2013). Jede Knospe enthält im Schnitt 50 Rezeptorzellen, die auf die fünf Geschmacksrichtungen spezialisiert sind. Die Anzahl der Knospen nimmt aufgrund nachlassender Regenrationsfähigkeit im Laufe der Jahre ab. Beim Verkosten kommen die Weininhaltsstoffe mit den Geschmacksknospen in Kontakt und lösen einen Informationsfluss Richtung Gehirn aus. Die Zellen sind kurzlebig und werden alle 10–15 Tage erneuert.

Der Geruchssinn steht mit dem Geschmackssinn in enger Verbindung. Die etwa 20 Mill.

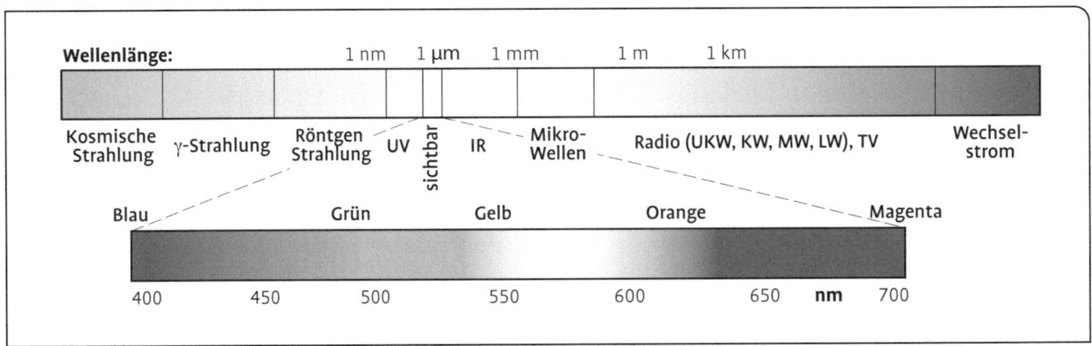

Abb. 7 Für den Menschen sichtbares Wellenlängenspektrum zwischen 380 und 760 nm.

Riechsinneszellen sitzen im nur 5 cm^2 großen Riechepithel im hinteren, oberen Teil der Nasenschleimhaut. Feine Haare an der Oberfläche der Riechzellen, sogenannte Zilien, erkennen spezifisch Duftmoleküle, fangen diese ein und führen zu einem elektrophysiologischen Signal. Die 400 Rezeptortypen erzeugen vergleichbar der Schrift mit nur 26 Buchstaben eine Unzahl von Duftkombinationen, die im Riechkolben gebündelt und im Großhirn verarbeitet werden. Riechsinneszellen besitzen eine Lebensdauer von 1–3 Monaten. Sensorische Fähigkeiten müssen aufgrund der beschränkten Lebensdauer der aktiv beteiligten Zellen kontinuierlich trainiert werden. Zum tieferen Eindringen in die Welt der Sensorik sei verwiesen auf Hildebrandt (2008).

Bei allen Sinnesorganen kommen letztlich nur chemische oder physikalische Reize an, die von deren spezialisierten Sinneszellen in elektrophysiologische Aktionspotenziale umgesetzt und über Nervenfasern in bestimmte Hirnregionen zur Weiterverarbeitung geleitet werden. Im Gehirn erhalten diese Aktionspotenziale ihre bewusste subjektive Wahrnehmung und ihren emotionalen und kognitiven Bedeutungskontext. Der Mensch sieht, riecht, schmeckt und bewertet

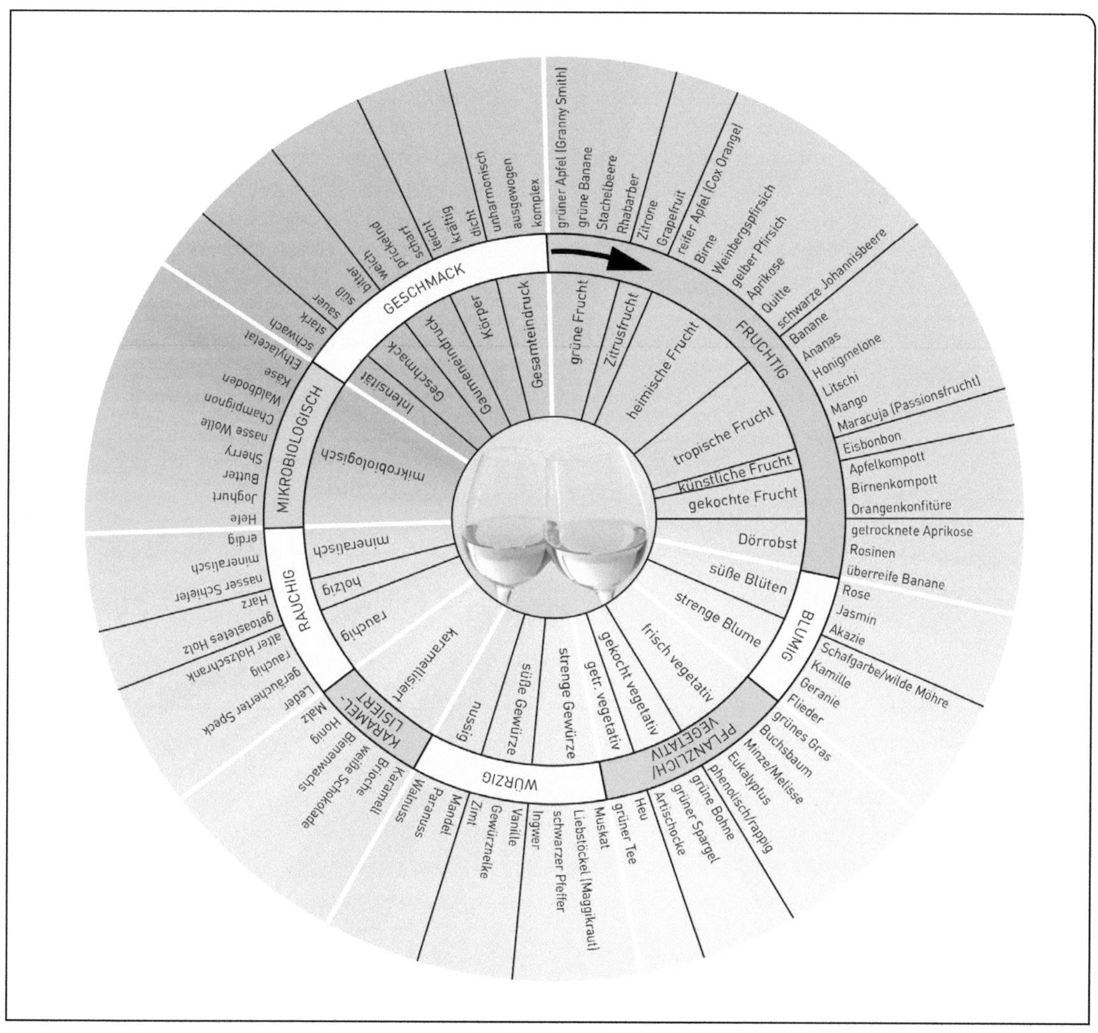

Abb. 8 Aromarad für Weißweine (nach Fischer 1991; Bild: Deutsches Weininstitut).

seine Eindrücke emotional. Dann versucht er, das Ergebnis dieses extrem komplexen Prozesses in Worte zu fassen und benutzt damit eine weitere, aber Jahrhunderttausende jüngere Großleistung seines Hirns. Auch dabei benötigt er viel Erfahrung, die Terminologie der Weinbeschreibung ist wenig standardisiert und bei Weitem nicht so vielfältig wie die Anzahl möglicher Sinneseindrücke. Die Diskussion über Weinqualität ist seit je her ein Kampf um die richtigen Worte.

An Versuchen, Qualität zu quantifizieren, hat es in der Vergangenheit nicht gemangelt. Die Summe aller sensorischen und optischen Eindrücke wird in zahlreichen Punktesystemen zu einem einzigen Wert verdichtet. Die Deutsche Qualitätsweinprüfung arbeitet mit einem 5-Punkte-System, in anderen Ländern wird nach 20- oder 100-Punkte-Systemen bewertet. Fachzeitschriften schaffen vielfach ihr eigenes, von den anderen abweichendes System (siehe dazu Kasten Qualitätsweinprüfung).

Auf einige von sehr vielen unterschiedlichen Ansätzen einer Standardisierung von Begriffen sei an dieser Stelle hingewiesen:

- das Aromarad für Weiß- und Rotwein (Fischer 1991; Abb. 8),
- die sprachliche Differenzierung von Sevenich (Sevenich 2005),
- das PAR-System von Darting (Darting 2009).

Das Aromarad, entwickelt von A. C. Noble und Mitarbeitern an der University of California in Davis und modifiziert für deutsche Weine, enthält nahezu 100 Weinaroma-Fachausdrücke. Die Begriffe orientieren sich an bekannten Früchten und Materialien und erlauben eine Zuordnung eigener sensorischer Eindrücke. Damit wird auch für Laien eine Charakterisierung von Weinen möglich, ohne die deutsche Sprache durch abenteuerliche Wendungen zu missbrauchen. Das Aromarad gibt allerdings keine ausreichende Hilfestellung bei der Intensität von geschmacklichen, optischen oder sonstigen Eindrücken. Diese Lücke zwischen qualitativer und quantitativer Beschreibung schließt zumindest teilweise die Liste von Sevenich (2005). Dort wird z. B. beim Farbton für Rotwein differenziert zwischen Lachs, Zwiebelschale, hellrot, purpurn, ziegelrot, braunrot oder orangerot. Als Beschreibungen für Säure werden angeboten: schal, mild, gut eingebunden, erfrischend, rassig, spitz, aggressiv, stahlig. Letztlich muss das Messinstrument Mensch aber zur Kenntnis nehmen, dass eine Weinbeschreibung angesichts der Komple-

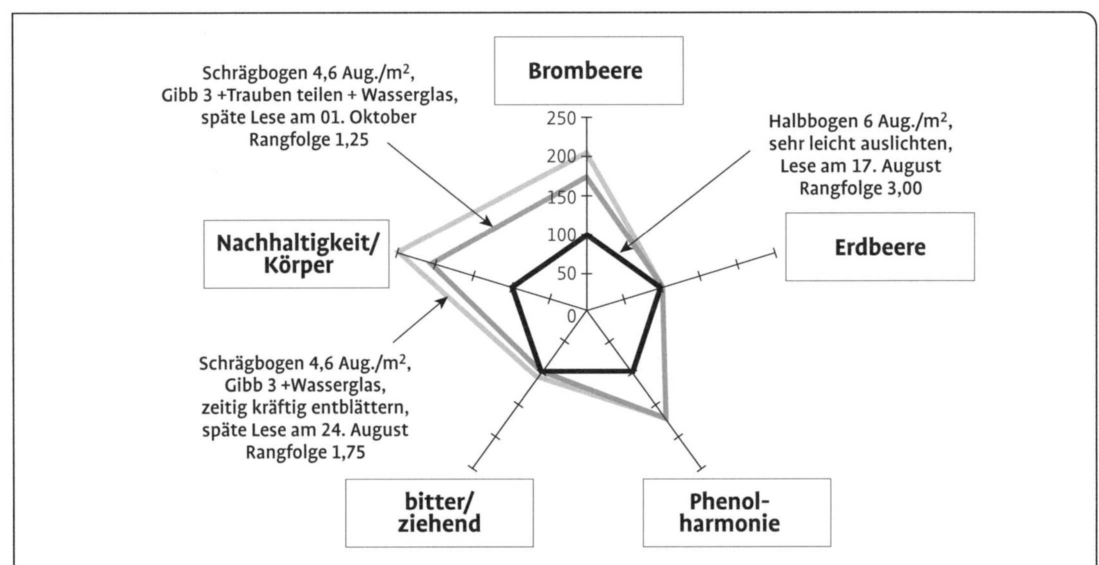

Abb. 9 Beispielhaftes Aromaprofil von Rotweinen nach unterschiedlichen Behandlungsmaßnahmen im Weinberg (nach Fox 2009).

„Qualitätsweinprüfung in Deutschland“

Deutsche Weine werden zur Erlangung der Amtlichen Prüfnummer (AP-Nummer) einer Sinnenprüfung unterzogen. Voraussetzung für den Antrag ist eine von einem amtlich zugelassenen Labor erstellte Analyse. Die Sinnenprüfung wird von einer Kommission in Verantwortung des jeweiligen weinbautreibenden Bundeslandes in verdeckter Probe durchgeführt. Diese Prüfungskommission setzt sich in der Regel aus vier Verkostern zusammen, die aus der Weinwirtschaft, der Weinbauberatung, der Verwaltung und aus dem Kreis der Verbraucher stammen. Dabei werden in einem ersten Schritt als notwendige Bedingung die korrekte Farbe, die Klarheit und die Typizität hinsichtlich Rebsorte, Prädikat und Region geprüft. In der eigentlichen Sinnenprüfung der drei Kriterien Geruch, Geschmack und Harmonie muss der Wein eine zufriedenstellende Bewertung der Kommission erhalten, um als Qualitätswein gelten zu dürfen. Bewertet wird nach dem 5-Punkte-Schema in 0,5-Punkte-Schritten. wobei die Mindestpunktzahl für jedes einzelne Kriterium 1,5 und höchstens 5 Punkte beträgt. Jeder Prüfer addiert die einzelnen Punkte zu einer Gesamtpunktzahl. Diese dividiert durch die Ziffer drei (Geruch, Geschmack, Harmonie), ergibt die Qualitätszahl. Die für eine Vergabe der AP-Nummer nötige Mindestzahl beträgt 1,5 Punkte. Die einzelnen Punkte stehen für folgende Qualitätsaussagen:

0: stark fehlerhaft; Ablehnung durch den Prüfer
1: fehlerhaft
2: befriedigend
3: gut
4: sehr gut
5: ausgezeichnet

Die Deutsche Landwirtschaftsgesellschaft (DLG) verwendet das 5-Punkte-System auch bei den Bundeswein-Prämierungen für Wein und Sekt, die Länder für ihre Landesprämierungen. In anderen Ländern Europas wird vielfach ein 20-Punkte-System verwendet. Bewertet werden dabei die Kriterien Farbe und Klarheit, Geruch, Geschmack und Gesamteindruck. International bekannt und gerne von Weinkritikern wie Parker benutzt wird das 100-Punkte-System. Es differenziert ebenfalls nach Aussehen, Geruch, Geschmack und Gesamteindruck.

xität der Materie einerseits und der menschlichen Unzulänglichkeit andererseits nur ein Herantasten an die Wirklichkeit darstellen kann. Phantombilder von Weinen analog der von Gesuchten in der Kriminalistik lassen sich kaum erstellen.

Darting (2009) unternimmt mit einem Produkt Analyse Ranking (PAR) den Versuch, 23 Merkmalseigenschaften gleichzeitig qualitativ und quantitativ sensorisch zu erfassen. Die Reproduzierbarkeit der Ergebnisse soll damit enorm steigen. Die erzielten Werte werden anschließend in das internationale 100-Punkte-Schema umgerechnet. Begleitet wird der EDV-mäßig aufbereitete Analysebogen durch umfangreiche Angaben zur Herkunft des Weines und von Analysenwerten.

Bei wissenschaftlichen Fragestellungen werden Geschmackseindrücke vielfach in Form eines Aromaprofils dargestellt, wie es beispielhaft in Abb. 9 erfolgt. Als charakteristisch definierte Eigenschaften sind innerhalb eines Kreises z. B. mit Schulnoten bewertet und miteinander verbunden. Unterschiede werden dadurch qualitativ und quantitativ deutlich sichtbar. Die eingeschlossene Fläche ist ein Maß für die Gesamtintensität, die „Note“ die für die Intensität einzelner Eigenschaften. Fox (2009) untersuchte den Einfluss weinbaulicher Maßnahmen auf die Qualität von Spätburgunder. Um ein Premiumprodukt zu erzielen, empfiehlt er eine starke Entblätterung der Traubenzone und deutliche Ertragsreduzierung bei lockerbeerig wachsenden Klonen und/oder den Einsatz von Gibberelinsäure (Gibb). Dadurch lässt sich eine möglichst späte Lese erreichen. Im Aromaprofil zeigt sich das Premiumprodukt bei der Geruchsintensität nach Brombeeren und in der Nachhaltigkeit deutlich intensiver als die beiden Vergleiche.

1.6 Weintechnologie als Managementaufgabe

Der Wine Maker oder der Önologe müssen sowohl Spezialisten der Traubenverarbeitung sein als auch Manager. Sie haben ein Unternehmen zu führen, in dem die Technologie wichtig, aber nur ein Bereich von mehreren ist. In der Praxis sind der Spezialist und der Manager nicht zu trennen. Beides bedingt sich. Es ist deshalb erforderlich, Aspekte des Managements zu beleuchten, soweit sie für die Kellerwirtschaft eine Rolle spielen.

Management ist definiert als die Lehre von der Führung von Organisationen, d. h. die Gestaltung, Steuerung und Entwicklung zweckorientierter sozialer Systeme durch Planung, Organisation, Durchsetzung und Kontrolle der Prozesse. Manager müssen eine spezifische Denkweise verinnerlicht haben und sie strukturiert anwenden. Die Management-Denkweise als universelle Vorgehensweise lässt sich durch drei Aktivitäten ausdrücken: planen, messen und korrigieren (siehe dazu Abb. 10).

Planen setzt voraus, dass ein Ausgangspunkt bestimmt ist und ein davon abgeleitetes Ziel zum Ende einer Periode definiert wurde. Messen ist die Voraussetzung für jede Art von Handeln. Management ersetzt das Bauchgefühl und den Zufall durch die Quantifizierung aller Größen. Diese Größen müssen im Falle von Planabweichungen wieder auf den richtigen Weg gebracht werden. Managen bedeutet deshalb kontinuierliches Korrigieren durch aktives Eingreifen.

Unter Fachwissen wird hier die Summe allen Wissens verstanden, das zur Erledigung der kellerwirtschaftlichen Aufgaben nötig ist. Es ist zunächst ein Wissen von Spezialisten, das eine Antwort gibt auf die Frage „wie“. Steigt der Verantwortungsbereich, muss der Spezialist sein Wissen nach und nach verbreitern, er bewegt sich in Richtung Generalist. Der Bedarf an betriebswirtschaftlicher Kenntnis nimmt dramatisch zu. Gleichfalls muss das Wissen über das Biotop wachsen, in dem sich Manager und Betrieb bewegen. Das Biotop ist die Gesamtheit aller Marktteilnehmer, der Behörden, Lieferanten, Mitarbeiter und deren Einbettung in eine Landschaft mit ihrem Klima und ihrer Struktur. Es ist die Welt, in der man lebt. Die Frage nach dem „wie“ wird abgelöst, auf jeden Fall stark erweitert, durch die Frage nach dem „warum“. Damit bekommt Management zusätzlich eine zumindest „Wein“-philosophische Komponente.

In der kleinzelligen Weinwirtschaft dominieren der Menge nach Familienbetriebe, in denen der Inhaber gleichermaßen Manager und Spezialist ist. Er hat sich mit strategischen Fragen auseinanderzusetzen wie der zukünftige Umgang mit dem Klimawandel, der nachhaltigen Nutzung von Boden, Wasser und Energie und nicht zuletzt mit der Positionierung seines Betriebes im Markt. Die Entscheidung für die betriebliche Ausrichtung als Qualitätsführer, Kostenführer oder für das Premiumstrategie bestimmt die Betriebsausstattung und den Verarbeitungsprozess. Derartige strategische Richtungsentscheidungen und ihre klare Durchsetzung sind entscheidend für den Erfolg von Unternehmen. Daneben muss sich der Inhaber mit der Vielfalt operativer Themen auseinandersetzen. Dazu gehören die kontinuierliche Qualitätsverbesserung allgemein oder der ununterbrochene Kampf um Kostensenkung, angefangen bei der Klärung der Weine bis zur günstigeren Abfüllung. Großbetriebe legen diese Vielfalt an Aufgaben

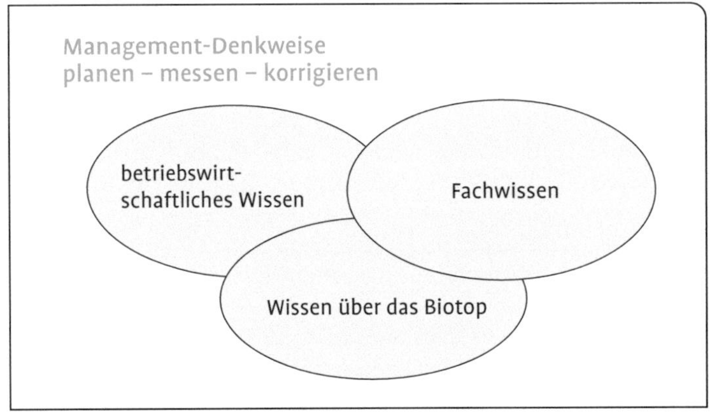

Abb. 10 Die Denkweise des Managements (Hamatschek 2013).

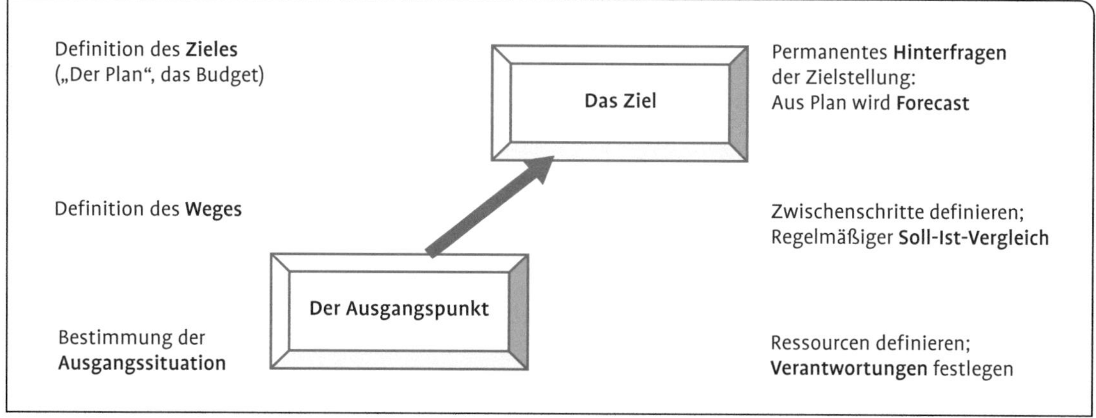

Abb. 11 Management heißt, das definierte Ziel strukturiert anzustreben (Hamatschek 2013).

in mehrere Hände. Ihre Strategie ist eher im Segment Kostenführerschaft angesiedelt, sie können Skaleneffekte aufgrund ihrer großen Verarbeitungsmengen ausnutzen (Dreßler, 2013).

Abb. 11 veranschaulicht, was im operativen Geschäft unter „Management" zu verstehen ist und wann von „managen" gesprochen werden kann. Vereinfachend lässt sich operatives managen so definieren: „Das Ziel effektiv erreichen, den Weg dorthin konsequent und effizient gehen." Wer effektiv war, hat sein Ziel erreicht. Effizient kommt er an, wenn er den ökonomischsten Weg, üblicherweise den geraden, gegangen ist. Ineffizienz ist ein Maß für die in allen Betrieben vorkommende Schlamperei, der Reibungsverlust, der mangelhafte Wirkungsgrad.

Nach dem kritischen Hinterfragen der Plausibilität eines Zieles ist die Effizienzverbesserung eine der Hauptaufgaben des Managers. Ein ständiger Soll-Ist-Vergleich zeigt ihm, ob der Kurs noch stimmt. Ein unternehmerisches Ziel in der Kellerwirtschaft kann die Verringerung des Filtrationsaufwandes sein. Soll der Aufwand für Filtermedien z. B. um 20 % reduziert werden, müssen die Ausgangskosten bekannt sein. Danach ist zu entscheiden, wie dieses Ziel erreicht werden soll und welche Konsequenzen damit eventuell verbunden sind. Mögliche Wege sind eine verlängerte Lagerzeit der Weine vor der Filtration, die analytische Bestimmung ihrer Filtrierfähigkeit im Vorfeld der Behandlung, die Verwendung von Klärhilfsmitteln und/oder Schönungsmitteln, die Auswahl anderer Filtrationsmedien oder Filtersysteme und vieles mehr. Danach besteht die eigentliche Managementaufgabe in der Kontrolle der Ergebnisse, im permanenten Soll-Ist-Vergleich.

Der hier verwendete Begriff Management ist letztlich die Summe vieler einzelner Management-Teilaufgaben im Vertrieb, der Traubenproduktion, in der Verwaltung und in der Weinerzeugung. Auf die Kellerwirtschaft direkt bezogen wird seit einigen Jahren z. B. von Trub-, Säure- oder Alkoholmanagement gesprochen. In all diesen Fällen muss eine Vorstellung vom Ziel existieren, das mittels Steuerung der möglichen Parameter angestrebt wird.

1.7 Nachhaltigkeit als betriebliche Zielgröße

Die gesellschaftliche und die wirtschaftliche Diskussion wird immer mehr eine ökologische, die Unternehmen zu neuem Denken drängt. Dieser Prozess hat vor rund 50 Jahren im Rahmen des als wichtiges Menschheitsziel erkannten Umweltschutzes begonnen und nimmt zunehmend Fahrt auf. Unter Ökologie oder unter „ökologisch" wird inzwischen in einem weitgehend gemeinsamen Verständnis ein die Ressourcen und die intakte Umwelt schonender, nachhaltiger Umgang mit der Natur verstanden. Der Begriff Ökologie ist im öffentlichen Verständnis gleichgesetzt mit Umweltschutz oder noch kürzer mit Umwelt und bezeichnet auch die Handlungsweisen, die dem Umweltschutz oder einem nachhaltigen Wirtschaften dienen. Im enger gefassten biologischen Sinne beschreibt der Begriff alle Aspekte der Wechselwirkung von Lebewesen mit ihrer Umwelt. Dies umfasst sowohl die belebte Welt, die andere Lebewesen der gleichen und anderer Arten einschließt, sowie die unbelebte und bringt diese in funktionale Zusammenhänge. Der Begriff Nachhaltigkeit im Umgang mit der Natur wurde in der Klimakonferenz von Rio 1992 als Sprachfeld besetzt und definiert. Darunter wird die Nutzung eines regenerierbaren Systems verstanden, das in wesentlichen Bestandteilen erhalten bleibt und sich selber regeneriert. Vereinfacht ausgedrückt heißt nachhaltig, von den Zinsen leben ohne Kapitalverzehr.

Die Menschen auf der Erde verdanken ihre Existenz einer verschwindend dünnen Schicht auf der Oberfläche, einer ebenso dünnen und flüchtigen Atmosphäre und einer stetigen Energiezufuhr durch die Sonne. Die dadurch ermöglichte Fotosynthese der grünen Pflanzen ist die alleinige Basis unserer Ernährung, ohne sie gäbe es weder Pflanzen noch Tiere. Und keinen Wein. Anthropogene Faktoren, die Summe aller Einflüsse, die durch derzeit über 7,4 Mrd. Menschen bewirkt werden, greifen in das System ein und setzen die Erde unter Stress: Der Anstieg der Kohlenstoffdioxid-Konzentration, die Destabilisierung von Ökosystemen, kulturelle Veränderungen von Landschaften, die Vernichtung fossiler Energieträger und vieles mehr.

Die ökologische Denkweise verlangt vom Management in Weinkellereien eine erweiterte Betrachtung der Wertschöpfungskette. Es reicht nicht mehr aus, allein die drei Stufen Traubenproduktion, Weinproduktion und Vermarktung firmenintern in Hinblick auf umweltschonendes, nachhaltiges Handeln zu optimieren. Die ökologische Betrachtung beginnt bereits auf der Stufe der von außen angelieferten Roh-, Hilfs- und Betriebsstoffe und endet erst mit dem Abschluss des Produktlebenszyklus. In der Weinwirtschaft ist das nicht bereits der Verkauf, sondern erst nach dem Recyceln oder sonstigen Verwertung des Verpackungsbehältnisses. Wer ein Produkt in Verkehr bringt ist gezwungen, Verantwortung zu übernehmen. Verantwortung für seine Zulieferer, die er mit ins Boot nehmen muss und für seine Abnehmer, denen er mit der Gestaltung und der Produkt-Philosophie ethisches Verhalten zu erleichtern hat.

Der Ökologie zugrunde liegt ein Recyclinggedanke. Der saisonale Anfall von Stoffströmen und die Struktur der Weinwirtschaft zwingen unter dem Aspekt zur Kooperation. Zentrale Flaschenreinigungsanlagen sind ein erster Schritt, weitere Zentralen sind im Bereich der Abfüllung, der Distribution oder der Trubverarbeitung denkbar. Diese Prozessschritte gehören nicht zur Kernkompetenz eines Unternehmens und können ausgelagert werden.

Ein weiterer Ansatzpunkt für ökologisches Handeln in der Kellerwirtschaft liegt in der Einsparung von Behandlungsmitteln oder im Ersatz durch physikalische Methoden.

Der ökologische After Sales-Prozess umfasst alles, was ein Produkt von der bestimmungsgemäßen Verwendung bis zu seiner restlosen Entsorgung der Umwelt im weiteren Sinne antut (craddle-to-grave-Betrachtung). Lebensmittel als Produkte wirken auf den Konsumenten, die Verpackungsmittel auf die Umwelt. Ihr Recycling schafft im Idealfall eine vollständige Wiederverwertung (craddle-to-craddle-Betrachtung).

Als wichtigstes Maß für den Umwelteinfluss eines Produktes oder einer Dienstleistung hat sich die Menge der Kohlendioxid-Emissionen herausgebildet, die direkt oder indirekt über sämtliche Lebensstadien durch eine Aktivität verursacht werden oder entstehen. Diese Kohlendioxid-Lebenszyklusanalyse (Life Cycle Assessment, LCA) ist unter dem Namen Carbon-Footprint oder ökologischer Fußabdruck bekannt und gibt die Summe aller Treibhausgas-Emissionen in Kohlendioxid-Äquivalenten an. Die Standards zur Erfassung der Werte bieten zur Zeit noch viel Raum für Interpretationen, die ISO-Norm 14040 ist ein erster Ansatz, ihre Anwendung aber noch nicht verbindlich vorgeschrieben. Eine Vergleichbarkeit verschiedener Betriebe oder Produkte ist auch aufgrund sehr vieler zu bewertender Parameter nur eingeschränkt möglich. So ist es möglich, Glasflaschen in einem geschlossenen Kreislauf mehr als 30-mal zu gleichwertigen, neuen Behältern zu recyceln und sie damit anderen Systemen ökologisch überlegen zu machen.

Der Carbon Footprint wird ergänzt um die Wasser-, Energie- oder Bodenbilanz und führt zu einer Umweltbilanz. Die erfasst die gesamte Belastung der Umwelt aufgrund der Existenz bzw. des Wirtschaftens eines Individuums, einer Firma oder einer ganzen Gesellschaft. Bestandteil der Umweltbilanz ist nicht zuletzt eine ethische Komponente.

1.8 Betriebsgrößen und kellerwirtschaftliche Konsequenzen

Die Kellerwirtschaft im deutschsprachigen Raum ist äußerst heterogen und eine Funktion ihrer Betriebsgrößen. Am Markt konkurrieren Kleinsterzeuger mit weniger als 2 ha Weinbergfläche mit Großunternehmen, die mehr als 50 Mill. l produzieren und Hunderte von Mitarbeitern beschäftigen. Genau so vielfältig wie die Größe der Betriebe ist ihre verwendete bzw. benötigte Technik. Der handwerklich wirtschaftende Betrieb steht neben dem High-Tech-Industrieunternehmen mit geschlossenen Systemen, modernster Mess- und Regeltechnik und kontinuierlichen Prozessen in völlig inerten Leitungen und Behältnissen. Tab. 4 zeigt diese Verhältnisse in Deutschland anhand einer in Cluster aufgeteilten Größenstruktur von Betrieben mit eigener Kellerwirtschaft.

In Deutschland verarbeiten etwa 8700 Betriebe ihre Trauben mit einer eigenen Kellerwirtschaft. Etwa 300 bis 400 Betriebe, die Kellereien, die Genossenschaften und die großen Weingüter, können als Großbetrieb betrachtet werden. Die größten davon, einige wenige Kellereien, erzeugen jeweils über 50 Mill. l Wein im Jahr, zehn davon decken etwa 80 % des Weinabsatzes an den Lebensmitteleinzelhandel ab. Insgesamt produzieren die Kellereien mehr als 50 % des deutschen Weines.

In Übersee, vor allem in den USA oder Australien gibt es betriebliche Giganten, die dadurch technologisch vor riesigen Herausforderungen stehen. Deren gewaltige Erntemengen müssen ebenfalls innerhalb eines kleinen Zeitfensters verarbeitet werden. Das weltweit größte Wein herstellende Unternehmen ist die Firma Gallo in Kalifornien, deren Weinerzeugung pro Jahr von einer Milliarde Liter nicht mehr weit entfernt ist. Ihr größter Produktionsbetrieb in Livingston, Kalifornien, besitzt ein Lagervermögen von über 500 Mill. l Wein mit im Freien stehenden Tanks von jeweils einer Million l Inhalt. Zur Saftgewinnung stehen mehr als 20 Membranpressen mit bis zu 68 000 l Tankinhalt zur Verfügung (Jakob

Tab. 4 Anzahl der Wein ausbauenden Betrieb nach ihrer Betriebsgröße bzw. ihrer Struktur

Betriebsart und Betriebsgröße, mit eigener Kellerwirtschaft	Anzahl der Betriebe (2012)
Weinkellereien	ca. 100[1]
Genossenschaften	111[2]
Weingüter > 100 ha	20
Weingüter 50–100 ha	40
Weingüter 20–50 ha	60
Weingüter 10–20 ha	2000
Weingüter 5-10 ha	3780
Weingüter < 5 ha	2600[3] (geschätzt)
Summe aller Betriebe	ca. 8700

[1]: Bundesverband der Deutschen Weinkellereien und des Weinfachhandels e. V.; [2]: Deutscher Weinbauverband e. V.;
[3]: Informationen von Hoffmann, D.; 2013; Zentrum für Ökonomie, Hochschule Geisenheim;

Abb. 12 Altägyptische Kellertechnik, Nachzeichnung auf Papyrus.

2012). Erwärmt sich die Weinmenge dieses Betriebes im Verlaufe der Lagerung um 1 °C, steigt das Gesamtvolumen in den Tanks um etwa 500 Liter je Million an. Gallo gewinnt so rechnerisch fast ½ Mill. l Wein dazu. Auf die Rebfläche umgerechnet wäre das in Deutschland ein Betrieb mit 50–70 ha. Die meisten deutschen Betriebe sind von solchen Mengen weit entfernt. Jeder Mitarbeiter im Keller kennt diese temperaturabhängige Volumenausdehnung, oft müssen im Sommer überlaufende Mengen abgepumpt werden.

Der Mittelstand fällt in Deutschland mit lediglich 100 Betrieben klein aus, zu ihm gehören die Flächengrößen zwischen 20 und 100 ha. Unternehmen dieser Größe laufen Gefahr, in einer Sandwich-Position aufgerieben zu werden. Kostenstruktur und Vermarktungsaufwand stehen oft in einem Missverhältnis zu den möglichen Umsätzen. In den letzten Jahren ist es zu zahlreichen Zusammenlegungen und Betriebsvergrößerungen gekommen. Die Anzahl der Genossenschaften hat sich deutlich verringert, ebenso die der kleineren Weingüter. Die Zahlen sind deshalb Momentaufnahmen, die aufgrund des Drangs zu quantitativem Wachstum schnell überholt sein werden.

Die Masse der deutschen Weinerzeuger, über 8000, sind Klein- und Kleinstbetriebe. Die Zahlen im unteren Segment sind nur Abschätzungen, da diese Betriebsgrößen besonders von Zusammenlegungen betroffen sind und zudem unterschiedliche Vermarktungswege nebeneinander besitzen können: Ihr Spektrum reicht vom Verkauf der Trauben, vom Verkauf von Most oder Fasswein bis hin zu einem anteiligen eige-

Tab. 5 Vergleich der betrieblichen Situation von Groß- und Kleinbetrieben mit eigener Kellerwirtschaft

Großbetrieb	Kleinbetrieb
große Kapazitäten, hohe Stundenleistungen	niedrige Leistungen
Primat der Kostenbeherrschung; Economy of scales; niedrige spezifische Kosten	Primat der Arbeitsbewältigung; hohe spezifische Kosten
Energie-Ressourcenverbrauch hoch, aber spezifisch niedrig	Energie-Ressourcenverbrauch niedrig, aber spezifisch hoch
Bedienung durch Spezialisten	Bedienung durch Generalisten
Investition: hoch, aber spezifisch niedrig	Investition: niedrig, aber spezifisch hoch
Serviceaufwand: hoch	Serviceaufwand: niedrig
Kette mehrerer Prozessstufen; Automatisierung	Minimal Processing
hohe Maschinenauslastung	niedrige Maschinenauslastung
Anlagen stationär; zentralisiert	mobile Anlagen
High Tech/Prozessoptimierung/Abteilungen	Right Tech/Einzelschritte
ISO-IFS usw. Zertifizierungen zwingend	Zertifizierungen freiwillig
Management-Denkweise Pflicht	Management-Denkweise möglich

nen Ausbau. Es kann aber davon ausgegangen werden, dass die meisten dieser Kleinbetriebe allenfalls über eine rudimentäre Kellerausstattung verfügen. Mehr Technik als auf Grabbildern altägyptischer Adliger benötigt ein derartiger Betrieb prinzipiell auch heute noch nicht.

Abb. 12 zeigt die Papyrus-Nachzeichnung einer Kelterszene, wie sie z. B. im Grab des Sennefer aus der 18. Dynastie im Tal der Adligen als Wandschmuck zu sehen ist und die als Motiv häufig verwendet wurde. Die Kellertechnik besteht aus einer „Fußpresse" in einem offensichtlich gemauerten Behälter, aus Amphoren zur Lagerung und Gärung sowie aus einer „Wringe" für die Trub-Entsaftung. Schwerkraft und Zeit sind auch heute noch unschlagbare und kostengünstige Helfer bei der Weinherstellung.

Tab. 5 zeigt wesentliche Unterschiede in den betrieblichen Gegebenheiten zwischen großen und kleinen Unternehmen. Im Großbetrieb bedienen gut ausgebildete Mitarbeiter High Tech-Geräte, die niedrige spezifische Produktionskosten ermöglichen, aber zuvor teure Investitionen erforderten.

Der Absatz an den Einzelhandel verlangt entsprechende Zertifizierungen und Akkreditierungen und einen kontinuierlichen Verbesserungsprozess im Betrieb. Nur so kann der Margendruck des Marktes trotz permanenten Kostensteigerungen neutralisiert werden. Der Weintypus wird letztlich von der Nachfrage bestimmt. Es geht üblicherweise nicht darum, den besten Wein der Welt erzeugen zu wollen, es geht letztlich auch um Profit. Nur der sichert das Überleben des Betriebes. Die Abbildung betrachtet die beiden Pole und zeichnet ein Schwarz-Weiß-Bild der Betriebsgrößen. In der Praxis existieren zahlreiche Übergänge, die allerdings zahlenmäßig mehr zur Seite der Kleinbetriebe neigen. Nach wie vor existiert in der Weinwirtschaft ein Spannungsverhältnis zwischen Tradition und Fortschritt, das auch Betriebe gleicher Größe und Struktur zu völlig unterschiedlichen Wegen motiviert.

Die Kleinbetriebe entsprechen typischen Handwerksbetrieben. Die Inhaber sind dank ihres direkten Kundenkontaktes und trotz hoher spezifischer Herstellungskosten in der Lage, Weine gemäß ihrer Philosophie zu vermarkten. Die Technik wird nicht um jeden Preis der Naturwissenschaft oder der Ökonomie untergeordnet, das Verständnis von Wein als Kulturgut und Genussmittel, als Produkt des Lebendigen mit Werden und Vergehen begründet eigene Wege. Vielfach geht es in derartigen Betrieben während der Arbeitsspitzen der Traubenlese allein darum, die Arbeit überhaupt bewältigt zu bekommen. Mögliche Fehler durch überlange Verarbeitungszeiten im Trauben- bzw. Maischestadium ziehen sich dann bis zum Wein durch und sind nur mit viel Aufwand zu korrigieren.

Prinzipiell benötigt die Herstellung von Wein aus der Traube kaum Technik. Unumgänglich sind Lager- und Verarbeitungsbehälter, vielleicht ein Presse zur Entsaftung oder eine Pumpe und einige Schläuche. Die erforderlichen kellerwirtschaftlichen Geräte sind eine Funktion der Betriebsgröße und damit der zu verarbeitenden Menge je Zeiteinheit. Und selbstverständlich eine Frage des eigenen Anspruchs bezüglich Produktionssicherheit und Qualität. Das vorliegende Buch geht aus verständlichen Gründen hauptsächlich auf die Technik von größeren Betrieben ein. Die zugrunde liegenden technischen und rechtlichen Prinzipien treffen dagegen für alle Betriebsgrößen zu.

1.9 Technologie und Weinrecht

Die „Technologie des Weines“ behandelt umfangreich die Technologie der maßgeblichen Einflussgrößen auf die Beschaffenheit von Wein. Diese Beschaffenheit, d. h. die chemische Zusammensetzung, ist das, was der Konsument subjektiv als Qualität bewertet. Die Kellerwirtschaft ist eine verfahrenstechnische Disziplin, die sich im Dreieck zwischen dem rechtlich Zulässigen, dem technisch Machbaren und dem weinphilosophisch Gewollten zu bewegen hat. Die „Technologie des Weines“ befasst sich dem Namen entsprechend schwerpunktmäßig mit dem technisch Zulässigen, dem Machbaren und dem in der Praxis eingesetzten.

Die zahlreichen Gesetze, Verordnungen und Regelungen stellen dabei einen Rahmen dar, der betriebsspezifisch ausgefüllt, aber nur bei Strafe verlassen werden kann. Der Weg von der Traube zum Wein ist bestimmt durch viele Vorgaben, die in zahlreichen nationalen und internationalen Rechtswerken niedergelegt sind. Kellerwirtschaftlich wichtig sind u. a. das Lebensmittelrecht in Form der LMHV und zahlreicher EU-Verordnungen. Die derzeit maßgeblichen sind die (EG) VO Nr. 491/2009 und VO Nr. 606/2009, gültig seit dem 1. August 2009. Sie sind in ergänzt durch mehrere Durchführungsverordnungen und in nationales Recht umgesetzt und enthalten die önologischen Verfahren, die das große Spektrum chemischer, mikrobiologischer oder enzymatischer Prozesse ermöglichen. Deren Verfahrenstechnik ist eingebettet in allgemeine Grundoperationen wie Pumpen, Mischen oder Temperieren. Der aktuelle Stand des Deutschen Weingesetzes ist das „Weingesetz in der Fassung der Bekanntmachung vom 18. Januar 2011 (BGBl. I S. 66), das durch Artikel 1 des Gesetzes vom 14. Dezember 2012 (BGBl. I S. 2592) geändert worden ist“.

Das Weinrecht gibt den Rahmen kellerwirtschaftlichen Handelns vor. Um aus Trauben Wein herzustellen, hat der Gesetzgeber bestimmte önologische Verfahren zugelassen. Diese sind vom Gesetzgeber detailliert worden durch Mengenvorgaben, Reinheitskriterien, ergänzende Beschreibungen oder Einsatzmöglichkeiten. In den entsprechenden Kapiteln des Buches wird darauf im Detail eingegangen. Folgende önologische Verfahren sind zulässig:

- die Anreicherung,
- die Säuerung bzw. Entsäuerung,
- die Süßung,
- der Einsatz von Behandlungsmitteln, die wieder entfernt werden (subtraktive Schönungsmittel) oder wie Zucker, schweflige Säure, Sorbinsäure, CMC, Mannoproteine, Metaweinsäure und Ascorbinsäure im Wein verbleiben (additive Schönungs- bzw. Behandlungsmittel),
- der Einsatz von neuen önologischen Verfahren (z. T. zu Versuchszwecken).

Daneben finden sich in den Gesetzestexten Begriffsbestimmungen und Definitionen, auf die immer wieder zurückgegriffen wird. So decken nach der jüngsten Gesetzesänderung fünf Weingruppen das gesamte Qualitätsspektrum ab. Die Gruppen unterscheiden sich bei den zulässigen Bezeichnungen, der vorgeschriebenen geografi-

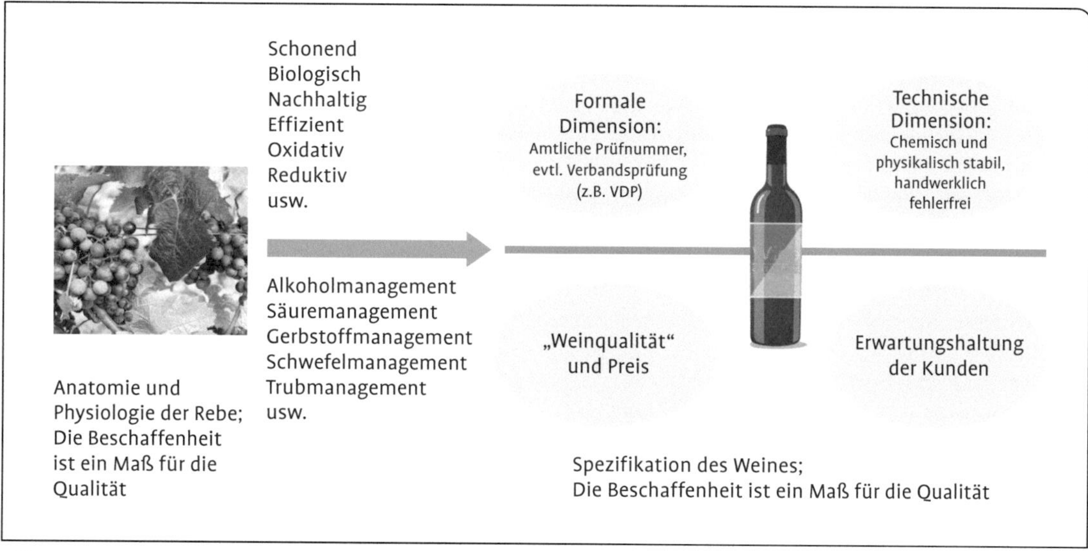

Abb. 13 Das Konzept der „Technologie des Weines".

schen Herkunft der Trauben, der Hektarhöchstmengenregelung, den technologischen Möglichkeiten und in der zulässigen biologischen Art der Trauben:

1. Grundwein: ersetzt den bisherigen Verarbeitungswein,
2. Wein ohne Rebsorten oder Jahrgangsangabe: ersetzt den bisherigen Tafelwein; ohne Herkunftsbezeichnung,
3. Wein mit Rebsorten oder Jahrgangsangabe: ehemalige Tafelweine mit Rebsorten- oder Jahrgangsangabe; ohne Herkunftsbezeichnung,
4. Landwein = Weine mit geografischer Angabe (g. A.; Landweingebiete),
5. Qualitäts- und Prädikatswein = Weine mit geschützter Ursprungsbezeichnung (g. g. U.; Anbaugebiete und Lagenangaben).

In Deutschland wird überwiegend Qualitäts- und Prädikatswein erzeugt. Das Buch konzentriert sich deshalb auf deren rechtliche Vorgaben und technologische Anforderungen (Gruppe 5). Verfahrenstechnisch unterscheidet sich der Weg von der Traube zum Wein bei den fünf Gruppen prinzipiell nicht.

1.10 Die Struktur des Buches

Das bisherige Kapitel hat den Rahmen und die Idee des Buches abgesteckt sowie die übergreifenden Themen Management und Weinqualität abgehandelt. Kap. 2 befasst sich mit dem Rohstoff und den zahlreichen Parametern, die für seine Beschaffenheit eine Rolle spielen. Das betrifft gleichermaßen die traubenbezogenen als auch die verfahrenstechnischen. Aus der Traube entsteht als erstes Folgeprodukt die Maische, die wiederum auf verschiedene Arten gewonnen oder behandelt werden kann. Die Phasentrennung Fest-Flüssig sorgt letztlich für den Traubenmost. Kap. 3 beschreibt diesen gesamten Weg von der Traube zum Saft. Die Produktion von Rotwein wird aufgrund zahlreicher Sonderwege in Kap. 4 eigenständig beschrieben. Die alkoholische Gärung, die entscheidende Umwandlung vom süßen zum alkoholischen Produkt, ist Gegenstand des Kap. 5 unter der Überschrift: vom Saft zum Wein. Kap. 6 schließlich befasst sich mit dem Weg des Jungweines bis zur Versandbereitschaft des abgefüllten Weines in kleinen Transportbehältern. Kap. 7 beschreibt in geraffter Darstellung einige mögliche Nebenprodukte der Weinherstellung, Kap. 8 ist einigen qualitativen Aspekten der Abfüllung gewidmet.

In Kap. 9 werden technische Geräte beschrieben sowie Managementsysteme und Aspekte der Betriebshygiene erläutert.

Das Konzept der „Technologie des Weines“ ist in Abb. 13 dargestellt. Es lässt sich wie folgt zusammenfassen:

- Der Herstellungsprozess von Wein umfasst die gesamte Vegetationsperiode bis zur Abfüllung, die Wertschöpfungskette muss vom Ende her gedacht werden. Zielgröße ist die selbst definierte Spezifikation des Weines, seine Beschaffenheit das Maß für Qualität. Im Fokus stehen dabei die Bedürfnisse der Kunden.
- Die Kenntnis des Rohstoffes Traube und das Wissen um deren Einflussgrößen sind Voraussetzung für einen zielführenden Anbau, den die angestrebte Spezifikation des Weines verlangt.
- Die Betriebsphilosophie gibt die Richtung der Technologie von der Traube zum Wein vor (ökologisch, reduktiv usw.), Managementmethoden unterstützen die praktische Umsetzung (Trubmanagement, Alkoholmanagement usw.).

Diese Denkweise vom Ende her verlangt, in Zusammenhängen zu denken, bei jedem Arbeitsschritt ist zu fragen, welche Konsequenzen sich daraus für das Endprodukt ergeben.

2 Die Traube: Anatomie des Rohstoffes

Der Fruchtstand der Weinrebe wird umgangssprachlich Traube genannt. Die Traube besteht aus vielen Beeren, dem eigentlichen Speicherorgan, und einem verzweigten Stielgerüst, den Kämmen oder Rappen. Biologisch korrekt ist die Traube aufgrund ihres Blütenaufbaues eine Rispe. Die „Technologie des Weines" befasst sich ausschließlich mit der Weintraube als Rohstoff für Wein. Beerenweine oder Apfelwein werden nicht berücksichtigt, wenngleich sich deren Herstellung von der Traubenweinbereitung nur in Details unterscheidet.

Der Zustand und die Beschaffenheit der Traube prägen und bestimmen das spätere Endprodukt unmittelbar. Ihre Inhaltsstoffe gelangen in großem Umfang in den Wein. Die Technologie des Weines ist zu einem beträchtlichen Teil eine Technologie der Traube. Als Produkt biologischer Vorgänge unterliegt die Traube einer Unzahl von Einflussgrößen, die zum Zeitpunkt der Lese ihre Beschaffenheit bestimmen. Dazu gehören vor allem die klimatischen Bedingungen, die für den Reifegrad oder den Infektionsdruck an Beere und Stock eine entscheidende Rolle spielen. Der weinbauliche Erfolg hängt stark von diesen Größen ab, die nur zum Teil vom Produzenten wirklich beherrscht werden können. Der Schutz der Pflanzen vor Schädlingen ist mit dem Einsatz von Pflanzenbehandlungsmitteln verbunden, die im ungünstigen Fall als anthropogene Kontaminationen in den Wein gelangen. Daneben spielen die bewusst gesuchten großen Unterschiede bei den Rebsorten und vor allem der Ertrag je Flächeneinheit eine wichtige Rolle. Alle diese Parameter treten letztlich in Wechselwirkung mit der Anatomie und der Physiologie der Beeren und spiegeln sich hauptsächlich auf deren Oberfläche und in der Beerenhaut wider. Die Kellerwirtschaft muss sich mit diesen Vorgängen auseinandersetzen, um Reaktionen und Konsequenzen auf dem Weg zum Wein zu verstehen, sie zu steuern und möglichst im Vorfeld bereits zu beeinflussen. Abb. 14 stellt die Einflussgrößen auf die Beschaffenheit der Beeren und der Traube im Zusammenhang dar.

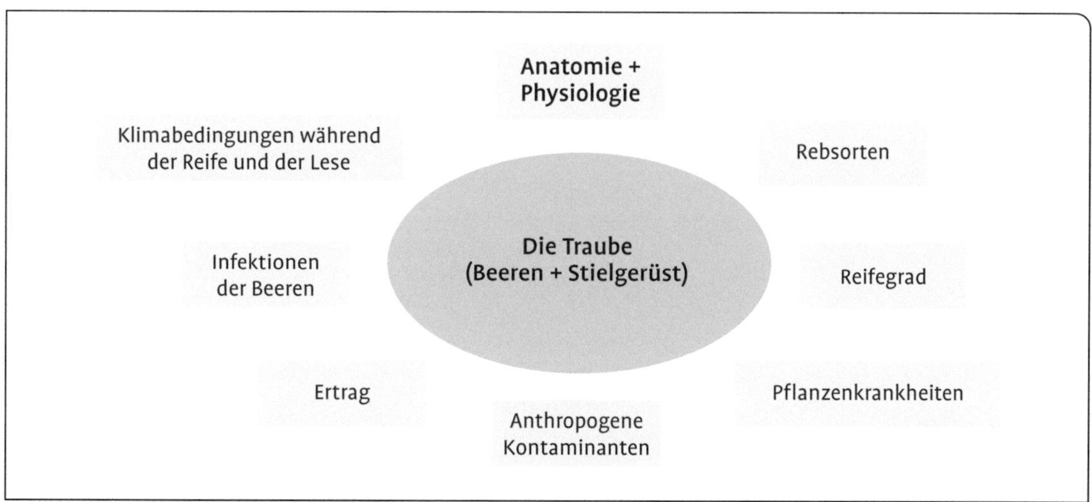

Abb. 14 Der Traubenzustand als maßgebliche Einflussgröße auf die Beschaffenheit des späteren Weines.

2.1 Einfluss von Rebsorte und Struktur der Traubenbeere auf den späteren Wein

Bei Weinen mit geschützter geografischer Ursprungsbezeichnung, in Deutschland die Qualitäts- und Prädikatsweine, müssen die Trauben laut Weingesetz von der Art *Vitis vinifera* stammen und zu 100 % aus dem bezeichneten Gebiet kommen. Die Trauben für Weine mit geografischer Angabe (Landweine) müssen mindestens zu 85 % in dem Gebiet gewachsen sein, die Rebsorten dürfen zur Gattung *Vitis vinifera* oder einer Kreuzung zwischen dieser und anderer Sorten der Gattung Vitis gehören.

Weltweit existieren 12 000 bis 12 500 verschiedene Rebsorten und Wildarten in Rebsortimenten. Rund 1400 wurden von Robinson et al. (2012) als eigentliche Keltertrauben beschrieben, aber lediglich etwa 300 Sorten wachsen auf einer Fläche von über 1000 ha (Geilweilerhof 2013). In Deutschland können über 100 als empfohlene oder zugelassene Rebsorten verwendet werden, wobei im Jahr 2011 lediglich 22 davon auf über 90 % der Anbaufläche angepflanzt waren (Statistisches Jahrbuch 2012).

Tab. 6 zeigt die Anbaufläche der 16 wichtigsten weißen und der 6 dominierenden roten Rebsorten und ihre Veränderungen seit dem Jahr 1999. Sie stehen zusammen für 92 % der bestockten Rebfläche, die drei am meisten verbreiteten Sorten Riesling, Müller-Thurgau und Spätburgunder allein für nahezu 50 % (Stat. Jahrbuch 2012). Im Durchschnitt der 14 deutschen Anbaugebiete machen weiße Trauben rund 65 % des Anbaus aus mit einer deutlichen Verschiebung zugunsten roter Sorten. Kerner und Müller-Thurgau waren die Verlierer gegen Portugieser und Spätburgunder. Die Beeren unterscheiden sich in der Stabilität der Beerenhaut, aber auch in der Größe. Sorten wie Trollinger oder Gutedel besitzen sehr voluminöse Beeren, vergleichbar mit denen der meisten Tafeltrauben. Der Riesling zeichnet sich eher durch kleine Beeren aus. Derartige Unterschiede sind wichtig für die mögliche Saftausbeute und den erforderlichen Aufwand zur Phasentrennung in der Presse. Die Rebsorte Silvaner z. B. ist bekannt dafür, sich wegen ihrer besonders pektinreichen Zellwandstruktur vor allem in weniger reifen Jahrgängen nur schwer entsaften zu lassen.

In Abb. 15 wird das Schnittbild einer Traubenbeere wiedergegeben (Coombe 1987). Technologisch relevant sind folgende Bereiche:

- die Kutikula als nach außen abschließende Wachsschicht,
- das Exokarp, bestehend aus Epidermis und Hypodermis,
- das Mesokarp mit großen Parenchymzellen als hauptsächlich den Saft enthaltendes Fruchtfleisch,
- die Samen und das Stielgerüst.

Beim Abbeeren ganzer Trauben fallen sortenabhängig etwa 3–4 Gew.% Kämme an, die üblicherweise als Dünger in die Weinberge zurückgebracht werden. Ebenfalls sortenabhängig beträgt der Anteil des Fruchtfleisches an der Beere 70–80 Gew.%, der der Beerenhaut 15–25 und der des Samenbereiches 2–6. Tab. 7 zeigt die pro-

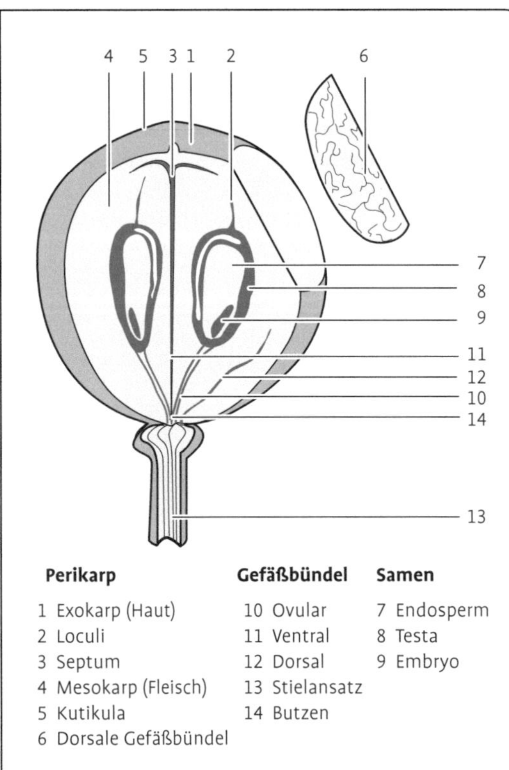

Abb. 15 Schnitt durch eine Traubenbeere (nach Coombe 1987, modifiziert).

Tab. 6 Die wichtigsten Rebsorten in Deutschland in den Jahren 1999, 2009 und 2011
(Stat. Jahrbuch 2012; Kap. 19.9)

	1991[1]	**2009**[2]	**2011**
	ha		
Bestockte Rebfläche (Keltertrauben)	**104 260**	**102 186**	**102 096**
Weiße Sorten	**79 106**	**65 361**	**65 570**
Bacchus	3 283	1 977	1 893
Burgunder, Weißer	2 402	3 941	4 280
Chardonnay	531	1 228	1 388
Elbling, Weißer	1 043	567	553
Faberrebe	1 586	551	488
Gutedel, Weißer	1 199	1 132	1 145
Huxelrebe	1 289	613	571
Kerner	6 829	3 584	3 328
Morio-Muskat	1 166	488	457
Müller-Thurgau	20 672	13 628	13 374
Ortega	1 054	622	594
Riesling, Weißer	22 355	22 580	22 636
Ruländer	2 638	4 517	4 859
Scheurebe	3 126	1 655	1 573
Silvaner, Grüner	6 859	5 187	5 185
Traminer, Roter (Gewürztraminer)	849	838	870
Sonstige weiße Sorten	2 226	2 253	2 375
Rote Sorten	**25 154**	**36 825**	**36 526**
Dornfelder	3 766	8 000	8 009
Limberger, Blauer	1 118	1 747	1 775
Müllerrebe (Schwarzriesling)	2 289	2 303	2 198
Portugieser, Blauer	4 880	4 202	3 966
Spätburgunder, Blauer	8 647	11 733	11 756
Trollinger, Blauer	2 530	2 431	2 378
Sonstige rote Sorten	1 924	6 409	6 443

[1] Angaben der in der Landwirtschaftszählung durchgeführten Weinbauerhebung.
[2] Grunderhebung der Rebflächen.

Tab. 7 Sortenabhängige Verteilung von Beerengeweben (Christmann 2001)

Anteil	Riesling	Müller-Thurgau	Carbernet-Sauvignon	Semillion
Fruchtfleisch [gew. %]	69.9–75.7	80.0–82.5	74.0	76.0
Beerenhaut [gew. %]	21.7–27.9	14.9–17.9	20.0	21.0
Kerne [gew. %]	2.5–2.6	2.4–2.6	6.0	3.0
∅ Gewicht (g)	0.75–0.97	1.05–1.32	1.32	1.83

zentualen Gewebeanteile verschiedener Traubensorten (Christmann 2001). Die Unterschiede in den Werten spiegeln die genetisch bedingten unterschiedlichen Beerengrößen wider. Ein weiterer wichtiger Parameter ist der Jahrgang, der deutliche Verschiebungen mit sich bringen kann. Unreife Jahrgänge führen zu vergleichsweise kleineren Beeren und dadurch einem prozentual größeren Kern- und Hautbereich.

Entsprechend der Varianzen innerhalb der Sorten schwanken auch deren Saft- bzw. Weinausbeuten. Der Gesetzgeber hat in der EG-VO Nr. 2102/84 in Art. 12 entsprechende Umrechnungsschlüssel festgelegt. Sie sind in Bezug auf die Hektarhöchsterträge und bei der Kellerbuchführung bedeutend:

- 128,2 kg Trauben ergeben 100 l Wein,
- 100 kg Trauben ergeben 78 l Wein,
- 100 l Most ergeben 95 l Wein.

Die Ausbeuten wurden durch diese Verordnung im Vergleich zur vorherigen um rund 3 % erhöht. Damit wird der kellerwirtschaftlichen Realität Rechnung getragen, die zu geringeren Verarbeitungsverlusten geführt hat. In der Praxis liegen die Ausbeuten bei Maischevergärungen oder Maischeerhitzungen aufgrund der maximalen Zerstörung des gesamten Gewebes höher.

2.1.1 Die wesentlichen Gewebe der Traubenbeere

2.1.1.1 Kutikula

Die Kutikula ist die äußerste Schicht der Beerenhaut. Sie überzieht das darunterliegende Zellgewebe mit einer geschlossenen Schicht, die nur durch Spaltöffnungen für den Gasaustausch der Beere durchbrochen ist. Elektronenmikroskopische Aufnahmen zeigen eine kristalline, flächenhaft geformte, sehr zerklüftete Struktur. Die Kutikula enthält eine Wachsschicht an der Oberfläche, sie ist demnach lipophil bzw. hydrophob. Ihre Aufgabe besteht im Schutz der Beere vor mechanischen oder mikrobiellen Verletzungen und in der Verringerung der Transpiration. Pflanzenbehandlungsmittel sind chemisch üblicherweise so aufgebaut, dass sie an der Wachsschicht anhaften. Die Dicke der Kutikula ist sortenabhängig und liegt zwischen 1,6 und 3 µm. Je dicker sie ist, desto besser wird die Schutzwirkung (siehe Tab. 8).

2.1.1.2 Exokarp

Das Exokarp besteht aus zwei Zellschichten: der Epidermis und der Hypodermis. Zusammen mit der Kutikula bilden sie die Beerenhaut, die mit einer hohen mechanischen Belastbarkeit und als Barriere gegen Pilzinfektionen die Beere zu schützen hat. Bei Keltertrauben sind die Zellen der äußersten, einlagigen Epidermis 7–10 µm dick und 9–12 µm lang. Die Hypodermiszellen bilden 9–11 Lagen unterhalb der Epidermis. Ihre Dicke bleibt mit 8–11 µm über die Reife nahezu konstant, ihr Längenwachstum kann zu 30–45 µm langen Zellen führen (Alleweldt et al. 1981; siehe Tab. 8).

Anhand des prozentualen Anteils der Beerenhaut (siehe Tab. 7) kann erwartet werden, dass sich z. B. die Sorte Müller-Thurgau besser entsaften lässt als die Sorte Riesling. Wobei noch weitere Parameter, vor allem der reifeabhängige Pektingehalt der Zellwand, eine Rolle spielen. Je unregelmäßiger der Zellaufbau und je dünner die Zelldicke generell sind, desto geringer ist der mechanische Schutz. Kann die Schutzwand

Tab. 8 Aufbau der Haut von Traubenbeeren unterschiedlicher Sorten (Alleweldt et al. 1981)

Sorte	Cuticula [µm]	Epidermis [µm]	Hypodermis [µm]	Subepidermale Zellschichten [n]
Portugieser	1.6	6.5	107	9.3
Morio-Muskat	1.6	6.8	115	9.7
Bacchus	2.0	9.4	190	11.0
Müller-Thurgau	2.0	8.8	166	11.1
Riesling	3.4	7.8	168	9.9
Aris	3.8	10.0	169	9.9
Pollux	3.0	9.2	142	10.4
Vitis labrusca	3.0	7.8	246	11.0

leicht durchstoßen werden, führt das zu einer erleichterten Saftgewinnung. Die sortenspezifische mechanische Widerstandsfähigkeit der Beeren ist nicht nur bei der Entsaftung kellerwirtschaftlich von Bedeutung, sondern bereits am Rebstock. Je kompakter die Beerenhaut insgesamt ist, desto schwieriger wird es für Pilze, sie zu durchstoßen. Zum anderen halten stabile Beerenhäute einem erhöhten Innendruck besser Stand, wenn dieser nach intensiveren Regenfällen durch Wassereinlagerung stark ansteigt. Geplatzte Beeren führen zu Saftverlust und ermöglichen Schädlingen aller Art einzudringen und den Saft unkontrolliert zu metabolisieren.

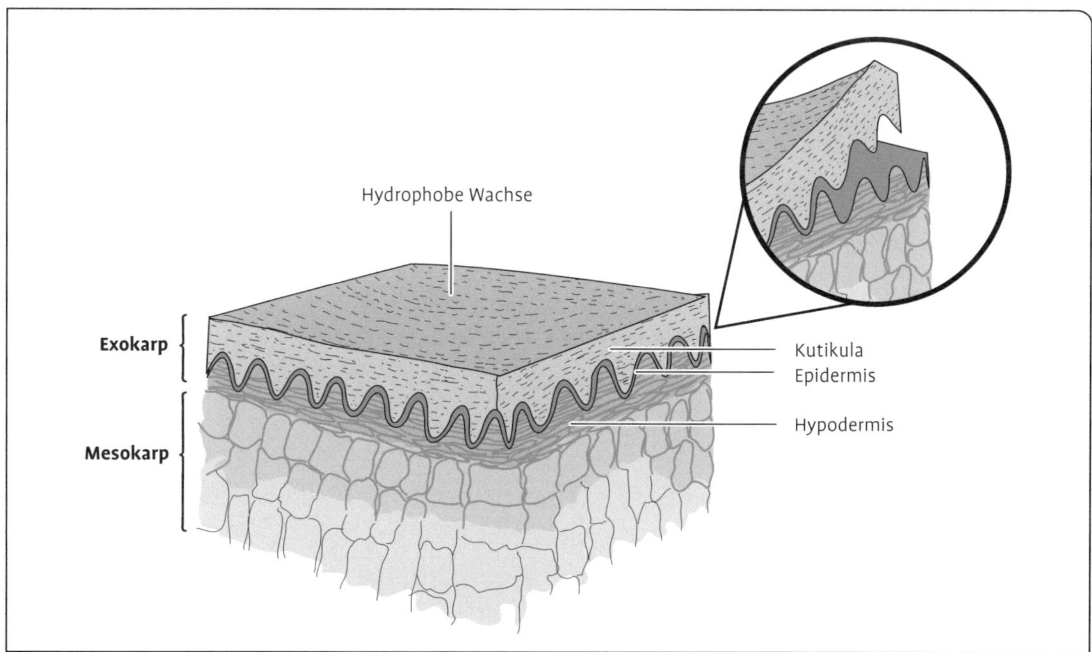

Abb. 16 Grafik der Beerenhaut (Pinelo et al. 2006).

2.1.1.3 Mesokarp

Auf die Hypodermis folgt das Mesokarp. Dieser Fruchtfleischbereich dominiert die Beere. Seine Parenchymzellen sind dünnwandig und können 180–200 µm dick und 140–180 µm lang werden (Blanke 1990). Im Vergleich mit den kompakten Epidermiszellen sind sie bis zu 20-mal größer. Die dünnen Zellwände führen im Laufe der Reife zu Zellfusionen, die große Interzellularräume ergeben und einer mechanischen Zerstörung wenig Widerstand entgegen setzen. Die Gewinnung des Saftes aus der Beere besteht letztlich aus dem Aufbrechen der Beerenhaut und der anschließenden Phasentrennung Fest-Flüssig. Ist die äußere Schutzschicht erst einmal zerstört, läuft der Saft vergleichsweise leicht ab.

In Abb. 16 ist eine Grafik der Beerenhaut zu sehen. Die Wachse auf der Kutikula und diese selber sind stark zerklüftet. Kleine, kompakte Epidermiszellen sind gefolgt von großen Hypodermiszellen mit der Hauptmenge an Saft.

2.1.1.4 Stielgerüst

Kerne und Kämme spielen in der Kellerwirtschaft auf dem Weg von der Traube zum Wein hauptsächlich eine negative Rolle. Sie sind extrem gerbstoffreich (Ribereau-Gayon et al. 1975). Ihre mechanische oder enzymatische Beschädigung führt durch die extrahierende Wirkung des Traubensaftes zu bitteren, adstringierend schmeckenden Weinen. Die Kämme bestehen aus dem Traubenstiel, der in der Regel von einer Blattachse ausgeht und den verzweigten Stielchen, die zu den einzelnen Beeren führen. Ihr Zellaufbau ist vergleichbar mit der Beerenhaut, wobei die zusätzliche Verholzung durch die Einlagerung von Lignin, einem komplex aufgebauten Heteropolysaccharid, bewirkt wird. Der chemische Aufbau ist ähnlich zu dem von Blättern und den Ranken. Der Säuregehalt des Saftes ist niedrig, der Aschegehalt mit 6–10 % der Trockensubstanz sehr hoch (Radler, 1989).

2.1.1.5 Kerne

Getrocknete Traubenkerne haben nach Dietrich (2005) folgende Zusammensetzung: 35 % Rohfasern, 29 % stickstofffreie Extraktstoffe (darunter die Polyphenole), 15 % Rohlipide, 11 % Rohproteine, 3 % Asche und 7 % Wasser. Die Zusammensetzung der phenolischen Verbindungen ist sehr komplex und nicht vollständig bekannt. Traubenkernphenole bestehen ungefähr aus 5–30 % Monomeren, 17–63 % Oligomeren (Polymergrad 2–7), 11–39 % Polymeren (Polymergrad 8–24) und 2–50 % größere Polymeren. Traubenkernöle gelten dank eines hohen Anteils ungesättigter Fettsäuren als wertvolle Öle.

Die Kellerwirtschaft ist bemüht, Kerne und Kämme unbeschädigt zu lassen bzw. die Kämme durch Abbeeren frühzeitig abzutrennen. Dank ihrer stabilen Struktur ist das vergleichsweise unkompliziert möglich. Wird dagegen bewusst eine Ganztraubenpressung durchgeführt, muss im Vorfeld der Presse eine scherkraftarme Technik gewählt und eine rasche Verarbeitung sichergestellt werden. Das Stielgerüst erleichtert dann den Pressvorgang, weil es die Maische auflockert und durch zahlreiche Kanäle den Saftablauf erleichtert (siehe Kap. 3).

Rote Trauben sind grundsätzlich anders als weiße zu behandeln. Bei ihnen stehen die Farb- und Gerbstoffgewinnung als die wertbestimmenden Substanzen im Vordergrund. Beide Substanzgruppen sind im Exokarp konzentriert. Wo die Entsaftung weißer Trauben eine am Mesokarp ausgerichtete Technologie nötig macht, verlangen rote Trauben zusätzlich eine Exokarp-Technologie. Dabei wäre eine unerwünschte Extraktion von Inhaltsstoffen der Kerne und evtl. der Kämme nicht zu vermeiden. Letztere werden deshalb üblicherweise abgetrennt. Rotweine sind nicht nur durch die Farbstoffe geprägt, sondern zusätzlich durch einen deutlichen Gehalt an Gerbstoffen. In der Praxis finden sich deshalb viel mehr Verfahrensvarianten für die Rotweinherstellung als für die von Weißweinen. Die Verschiebung zu roten Sorten erforderte in sehr vielen Betrieben eine Anpassung der Technologie, ihr Aufwand zur Weinherstellung ist deutlich gestiegen (siehe Kap. 4).

2.1.1.6 Segmentierung von Inhaltsstoffen

Wertgebende Stoffe ebenso wie eher qualitätsschädliche sind an unterschiedlichen Stellen der Beeren lokalisiert. Die Stoffverteilung innerhalb einer Beere spielt deshalb für die gezielte Gewinnung von erwünschten Substanzen unter Zurücklassung unerwünschter eine große Rolle.

Coombe (1987) segmentierte einzelne Beeren und bestimmte jeweils ihre Inhaltsstoffe. Er fand die Konzentration von Glukose und Fruktose im Mesokarp höher als im Exokarp. Phenolische Verbindungen, Gerbstoffe und Farbstoffe konzentrieren sich im Exokarp, in allen anderen Geweben finden sich nur geringe Mengen. Die Tartratkonzentration verringert sich im Verlauf der Reife, liegt aber in der Beerenhaut am Höchsten, Malat ist ebenfalls reifeabhängig, aber gleichmäßiger in den Geweben verteilt. Anorganische Ionen, z. B. Kalium, konzentrieren sich hauptsächlich im Exokarp und sind dort bis zum Faktor zehn höher als im Mesokarp. Das Exokarp ist auch der Hauptsitz der für das Primäraroma besonders wichtigen Monoterpene wie Linalool, Nerol oder Geraniol. Sie werden in freier und glycosidisch gebundener Form während der Reife im Zytoplasma gebildet und verbindungsspezifisch eingelagert. Von dort diffundieren sie nach der Beerenzerstörung in den Saft und werden zum Teil aus Aromavorstufen mithilfe des Enzyms β-Glucosidase durch Abspaltung des Zuckermoleküls in die geruchswirksame Form metabolisiert. Unter diesem Aspekt kann eine gewisse Kontaktzeit der Beerenhäute mit dem frei ausgetretenen Saft für die Ausbildung eines Sortenbuketts dienlich sein. *Botrytis cinerea* reduziert deren Menge, die Weine können dadurch ihr Sortenbukett wieder verlieren (Rapp 1997; Christmann 2001; Dittrich, Großmann 2010).

Stickstoffverbindungen spielen für die alkoholische Gärung durch *Saccharomyces cerevisiae* eine wichtige Rolle. Die Hefe benötigt sowohl für ihre Zellvermehrung N-haltige Verbindungen als auch für den gesamten Gärungsstoffwechsel. Ein Mangel kann zur Gärstockungen führen bzw. zu vermehrt auftretenden Böcksern. Nitrat als Basis der Rebe für den Stickstoff-Stoffwechsel findet sich bei reifen Beeren zu 60–70 % im Mesokarp. Infektionen durch *Botrytis cinerea* können die Konzentration an Aminosäuren deutlich verringern und dadurch Gärstörungen begünstigen (Christmann 2001).

2.2 Die Feinstruktur der Zellen und die enzymatisch-mechanische Gewebezerstörung im Verlauf der Beerenreife und der Verarbeitung

Eine Zelle (lateinisch cellula, kleine Kammer, Zelle) ist die kleinste lebende Einheit aller Organismen. Bei Vielzellern sind mehrere Zellen zu einer funktionellen Einheit verbunden und bilden ein Gewebe. Jede Zelle besitzt eine Membran, die sie von der Umgebung abgrenzt. Zellen von Traubenbeeren grenzen an bis zu 14 andere Zellen. Abb. 17 zeigt schematisch das Schnittbild einer Pflanzenzelle mit den für die Kellerwirtschaft wichtigen Bereichen. Das gesamte durch die Zellmembran umschlossene Medium, der Zellleib, wird Protoplasma genannt. Bei einer Pflanzenzelle besteht dieser Raum aus dem Zytoplasma mit allen Organellen einschließlich des Kerns, sowie den Vakuolen als Speicherorgane.

2.2.1 Die wesentlichen Zellbestandteile

2.2.1.1 Vakuolen

Vakuolen sind große, vom Tonoplasten umschlossene Reaktionsräume, die bei Mesokarpzellen bis zu 90 % des Zellvolumens ausmachen können. Bei Exokarpzellen füllen sie das Zytoplasma nur zu rund 50 % aus und stellen insgesamt lediglich 2–5 % der Beerenhaut (Moskowitz und Hradzina 1981). Vakuolen sorgen u. a. für die Aufrechterhaltung des Zelldrucks (Turgor) und sind Lagerplatz für Reservestoffe und Pigmente. Die Beere konzentriert in ihnen hauptsächlich den wertbestimmenden Traubensaft mit den darin gelösten chemischen Verbindungen. Diese Flüssigkeit besitzt aufgrund der Säuren einen pH-Wert, der in den nördlichen Anbaugebieten um drei liegt. Der pH-Wert der reinen Zytoplasmaflüssigkeit dagegen liegt deutlich höher. Werden die Zellen vollständig zerstört, z. B. am Ende eines Pressvorganges, mischen sich der Vakuolensaft und steigende Mengen Zytoplasmaflüssigkeit. Der gemeinsame pH-Wert verschiebt sich von drei in Richtung vier. Die Saftgewinnung ist letztlich eine Gewinnung von Vakuolenflüssigkeit, die in Abhängigkeit zahlrei-

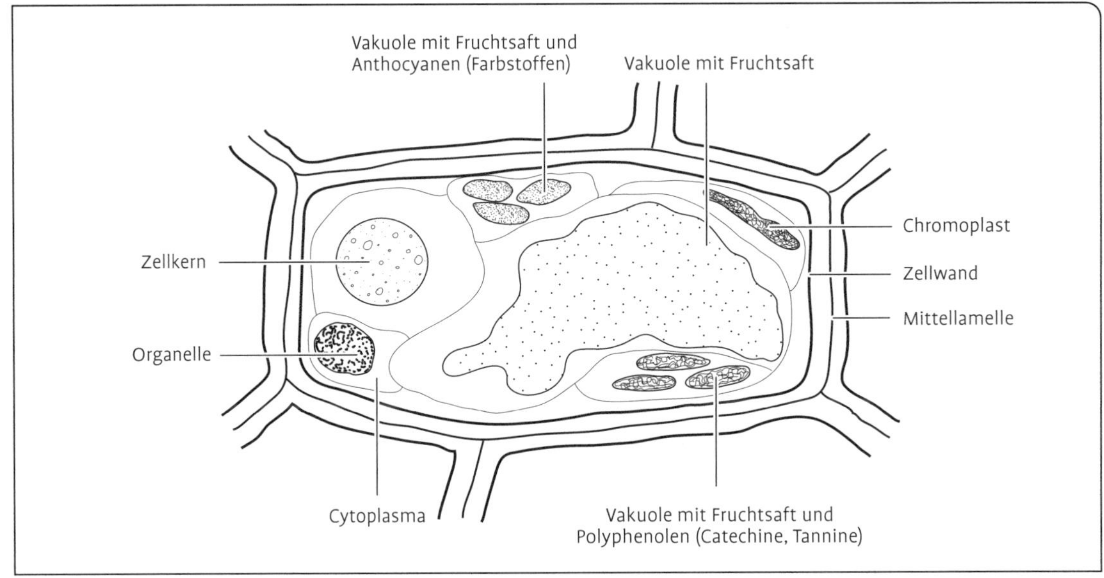

Abb. 17 Schematische Darstellung einer Mesokarp-Zelle der Traubenbeere mit großer Vakuole (nach Haßelbeck und Stocké 2008).

cher Parameter mit mehr oder weniger viel Zytoplasmaflüssigkeit vermischt wird.

2.2.1.2 Zellwand

Durch ihre Membran stehen die Protoplasten verschiedener Zellen miteinander in Verbindung. Hier erfolgt der Stoffaustausch. Die Zellwand ist so beschaffen, dass sie der Zelle und in Summe dem gesamten Pflanzenkörper eine mehr oder weniger feste Form gibt. Sie ist durchlässig für Wasser, gelöste Nährstoffe und Gase. Abb. 18 zeigt den prinzipiellen Aufbau einer Zellwand (Haßelbeck und Stocké 2008), bestehend aus der Mittellamelle und auf beiden Seiten anschließenden Primärwänden.

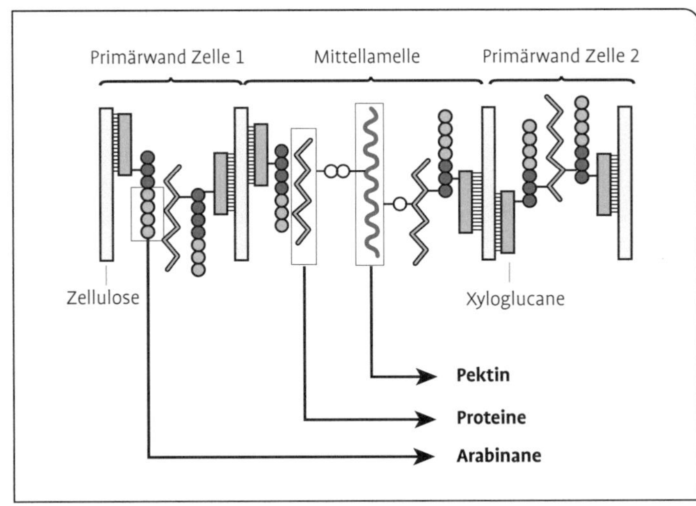

Abb. 18 Prinzipieller Aufbau einer Pflanzenzellwand (nach Haßelbek und Stocké 2008).

Die Mittellamelle liegt zwischen den Primärwänden zweier benachbarter Zellen, die sie zusammenhält. Sie ist eine homogen aufgebaute, sehr dünne Kittsubstanz und setzt sich hauptsächlich aus Pektin, d. h. aus Homogalacturonanen und geringen Mengen Rhamnose zusammen (Endress 1988).

In der Primärwand ist das Pektin wesentlich komplexer aufgebaut und besteht aus seitlich verzweigten Heterogalacturonanen, im Wesentlichen aus Arabinogalactanen. Diese Pektinform bildet eine amorphe Matrix, die Grundsubstanz, und sorgt auch

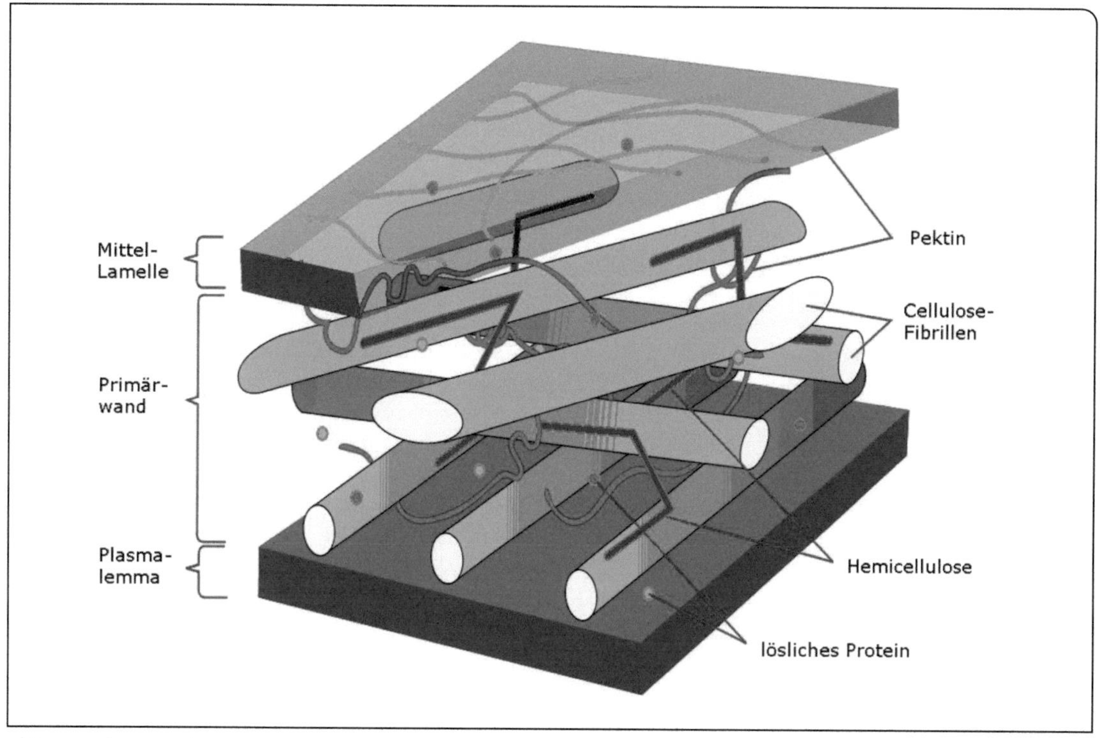

Abb. 19 Schematische Darstellung der Pflanzenzellwand (nach Caffal und Mohnen 2009).

hier für das Verkleben aller Bestandteile der Primärwand. Die Grundsubstanz verantwortet die Elastizität der Zellwand. Darin eingebettet sind elektronenmikroskopisch nachweisbare Mikrofibrillen aus Zellulose, die letztlich die Stabilität bewirken (Wilson und Fry 1986). Verbunden sind die Fibrillen durch Hemicellulose-Moleküle und durch Gerüsteiweiße. Die Zellwand ist demnach ein komplex aufgebautes hydrophiles Gel mit einem hohen Anteil an immobilisiertem Wasser. Zur weiteren Stabilisierung sind Metallionen integriert. Diese dreidimensionale Struktur wird während der Reife sowie im Verlaufe des Trauben- und Maischeprozesses mechanisch-enzymatisch abgebaut (siehe Kap. 2.2.1). Abb. 19 zeigt ein schematisches Modell dieses Netzwerkes (Caffal und Mohnen 2009).

2.2.1.3 Phenole (phenolische Verbindungen; Polyphenole)

Zur Chemie und weiteren Bedeutung der Phenole im Wein siehe Kap. 4.1. Der Name Phenole umfasst eine riesige Gruppe chemischer Verbindungen, die in der Traube und in praktisch allen Beeren und Früchten als bioaktive sekundäre Pflanzeninhaltsstoffe vorkommen. Sekundär bedeutet nicht zweitrangig, sondern bezieht sich auf ihre geringe Konzentration. Ihre Vielfalt und Reaktivität machen diese Gruppe zu einer der interessantesten in der Chemie. Vereinfacht lassen sich Phenole unterscheiden in eine Gruppe, die im Mesokarp in sortenspezifischer Menge vorkommt und durch die Kellerwirtschaft nicht beeinflusst werden kann (Phenolcarbonsäuren), sowie die größere Gruppe der Flavonoide, die im Exokarp und den Kernen konzentriert ist. Phenolcarbonsäuren kommen im Weißwein in Konzentrationen von 10–20 mg/l vor, im Rotwein etwa in der zehnfachen Menge. Die Flavonoide bilden die Rotweinfarbe und die Tannine (Gerbstoffe), bei kräftigen Weinen liegen sie in Mengen von mehreren g/l vor. Die Tannine prägen den Körper und das Mundgefühl und sind für Bittere und Adstringenz verantwortlich. Ihre

Biosynthese endet etwa 2 Wochen nach dem Weichwerden der Beeren (Veraison), danach erfolgt die Tanninreife durch chemische Umwandlungen (Lafontaine et al. 2013). Tannine in den Kernen und der Beerenhaut unterscheiden sich in ihrer Zusammensetzung und der Polymerlänge.

Die Reaktivität der Phenole spielt bei der Weinreifung bzw. Alterung eine besonders große Rolle: sie helfen die Farbe zu stabilisieren, polymerisieren, reagieren mit Eiweißen und Metallen bis hin zur Depotbildung. Wo die (jungen) Monomere oder Oligomere für die Bittere verantwortlich sind, sorgen die Polymere für einen zunehmend milderen Geschmackseindruck und eine Farbintensivierung. Angriffe von Oxidationsenzymen in Maische oder Most bewirken eine Braunfärbung des Saftes, die durch SO_2-Gaben weitgehend rückgängig gemacht werden kann.

Bei den klassischen Keltertrauben sind die farbgebenden Anthocyane im Exokarp lokalisiert und dort hauptsächlich in den subepidermalen Zellschichten. Bei Hybridreben oder bestimmten Färbertrauben finden sich Anthocyane auch im Mesokarp. Nakamura (1989) gelang es, innerhalb der Vakuolen kleine gefärbte Körper festzustellen, die sich im Laufe der Beerenreifung zusammenlagerten und die Hälfte des Zelldurchmessers ausmachen konnten. Diese Anthocyanoplasten besitzen eine elastische Lipoproteidmembran und konzentrieren die Anthocyane in flüssiger und kristalliner Form. Zur Gewinnung der Farbstoffe muss demnach zuerst die Beerenhautzelle aufgebrochen werden, danach mithilfe von Ethanol oder einer Wärmebehandlung die Membran der Anthocyanoplasten. Die Farbstoffe können anschließend in die Vakuolenflüssigkeit diffundieren und dort gelöst mit dem Saft gewonnen werden.

Polyphenole als Phytoalexine

Die Polyphenole als sekundäre Inhaltsstoffe sind Teil der pflanzlichen Verteidigungsstrategie gegen Stressoren wie Viren, Pilze, Bakterien, Umwelteinflüsse oder Ozon- und UV-Belastungen und können deren Schadwirkung schwächen oder verhindern. Derartige Schutzstoffe nennt man in der Biologie Phytoalexine (Döll 2013). Diese Verbindungen haben das Interesse der Medizin und der Ernährungswissenschaft geweckt, weil sie auch dem Menschen als Radikalfänger und Antioxidanzien nützlich sein können (siehe Kap. 4).

2.2.2 Enzymatisch-mechanische Zerstörung der Zellen

Die intakte Beerenzelle besitzt für alle Stoffe, die sie für ihre Funktion produzieren oder wieder abbauen muss, maßgeschneiderte Enzymsysteme. Die Reaktionspartner sind räumlich voneinander getrennt und werden durch einen aktiven Stofftransport für eine gesteuerte Reaktion zusammengebracht. Die traubeneigenen Enzyme sind im Wesentlichen in der Beerenhaut lokalisiert und gelangen nach einer Gewebezerstörung von dort in den Saft. Jede Zerstörung einer Zelle, die Voraussetzung für die Gewinnung des Traubensaftes, verwandelt diese Ordnung in Chaos. Unmittelbar danach laufen enzymatische Reaktionen völlig ungezügelt ab und sorgen im Wesentlichen für Oxidationen, Molekülumwandlungen oder Depolymerisierungen. Kellerwirtschaftlich besonders wichtig sind die Enzyme, die Aromavorstufen wie Terpene durch Zuckerabspaltung in Aromastoffe umwandeln, die Oxidationsenzyme für phenolische Verbindungen und schließlich alle zellwandabbauenden Enzyme.

Die Zerstörung der Beerenzellen verlangt eine Zerstörung ihrer Zellwand, vor allem zunächst die des Klebstoffes Pektin. Dieser Prozess ist in erster Linie ein enzymatischer, der durch mechanische Vorschädigungen unterstützt wird. Ausgehend von Abb. 19 wird nachvollziehbar, dass der Abbau der komplex zusammengesetzten Zellwand ein mehrstufiger Prozess sein muss. Äußerlich sichtbar läuft er über mehrere Stufen ab (Voragen et al. 1982):

- Erweichung,
- Mazeration und
- Desintegration.

Die ersten beiden Stufen sind Teil des Reifeprozesses, bei denen durch die Enzyme Polygalacturonasen, Pectat Lyasen und Pectin Lyasen zuerst eine teilweise Hydrolyse von Zellwandpektin erfolgt und im weiteren Verlauf die Pektinstrukturen der Mittellamellen abgebaut werden. Der

Zellverband löst sich nach und nach auf. Zahlreiche pectolytische Enzyme arbeiten im nächsten Abbauschritt Hand in Hand mit Hemicellulasen, wobei einzelne Enzyme erst die sterischen Angriffsvoraussetzung für andere schaffen müssen. Am Ende steht der Zerfall der Zellwand. Dieser Prozess setzt sich fort, bis mit Eintritt der alkoholischen Gärung die Enzymaktivitäten weitgehend zum Erliegen kommen.

Die Beere ist nach einiger Zeit so weich, dass die Haut kaum noch eine Schutzfunktion übernehmen kann und Saft an die Oberfläche diffundiert. Damit verbunden ist ein Ausbeuteverlust, gleichzeitig finden Mikroorganismen aller Art auf der Beerenhaut ideale Nährstoffbedingungen. Die geschwächte Beerenhaut erlaubt insbesondere Schimmelpilzen ein leichtes Eindringen in das für sie nährstoffreiche Zellgewebe. Die wesentlich aktiveren Enzyme der Pilze potenzieren die Wirkung der aus der Beere selbst stammenden. Niederschläge in dieser Zeit begünstigen die Fäulnis, bei Trockenheit stoppt der Prozess. Vielfach diffundiert dann Wasser nach außen, der Saft in den Zellen konzentriert sich auf.

Enzyme von *Botrytis cinerea* oder anderen Schadpilzen, vor allem Cellulasen, sind in der Lage, die Gewebereste in einem vierten Zerstörungsschritt völlig zu verflüssigen, d. h. alle Zellwandpolysaccharide aufzulösen. Im letzten Schritt kann es zu einer Verzuckerung kommen, des Abbaus der Saccharide bis zur Stufe von Monomeren. Die enzymatischen Abbauprodukte beeinflussen sowohl die Pressbarkeit als auch die Filtrierbarkeit von Most und Wein. Die Oxidation von phenolischen Verbindungen führt nach anschließenden rein chemischen Sekundärreaktionen über verschiedene Polymerisationsschritte zu einer Braunfärbung des Weines oder Mostes.

Eine Schwefelung oder rasche Vorklärung verringert ihre Aktivität von Enzymen stark, die alkoholische Gärung stoppt sie vollständig. Kellerwirtschaftlich nachteiliger sind viele Enzyme der Schimmelpilze, wenn Beeren infiziert sind. *Botrytis cinerea* produziert z. B. eine Phenoloxidase (Laccase), die sich durch die Schwefelung kaum stoppen lässt und die noch im vergorenen Jungwein aktiv sein kann. Tab. 9 fasst die kellerwirtschaftlich wichtigen Enzyme der Beere und von *Botrytis cinerea* zusammen.

Die weinrechtlich zugelassenen Handelsenzyme sollen die natürlichen Wirkungen der traubeneigenen Enzyme verstärken. Sie spielen insbesondere bei pektinreichen und/oder enzymarmen Traubensorten eine Rolle, vor allem aber nach einer Maische- oder Mosterhitzung, die mit einer Inaktivierung der Traubenenzyme einhergeht.

2.2.2.1 Exkurs: Nomenklatur und Funktion von Enzymen

Die Verwendung von Handelsenzymen bei der Weinherstellung ist durch die Verordnungen (EG) 1331/2008 (Zulassungsverfahren für Lebensmittelzusatzstoffe, Enzyme und Aromastoffe), 1332/2008 (Lebensmittelenzyme) sowie VO 606/2009 geregelt. Die Positivliste führt folgende für die Weinherstellung zulässigen Enzyme auf:

- Pektinasen,
- Cellulasen, Hemicellulasen,
- β-Glucanase,
- Lysozym,
- Urease.

Zur Erzeugung von synergistischen Wirkungen durch unterschiedliche Enzyme können Mischungen von Präparaten aus mehreren Mikroorganismen-Quellen hergestellt und in fester oder flüssigen Form verwendet werden (OIV-Oeno 485-2012; www.oiv.int).

Abb. 20 zeigt beispielhaft die dreidimensionale Struktur eines Enzyms (Haßelbeck und Stocké 2008).

Enzyme sind komplex zusammengesetzte, räumlich strukturierte Proteine mit einem aktiven Zentrum, die eine oder mehrere biochemische Reaktionen katalysieren. In allen Lebewesen und in vielen Bereichen der Technik oder der Analytik sind viele tausend Enzyme aktiv. Enzyme beschleunigen biochemische Reaktionen, indem sie die Aktivierungsenergie herabsetzen, die zur Stoffumsetzung überwunden werden muss. Die Ausgangsstoffe einer Enzymreaktion, die Substrate, werden im aktiven Zentrum des Enzyms als Enzym-Substrat-Komplex nach dem Schlüssel-Schlüssellochsystem gebunden. Das Enzym ermöglicht die Umwandlung der Substrate in die Reaktionsprodukte, die anschließend aus dem Komplex freigesetzt werden. Das Enzym steht

Tab. 9 Zellwandabbauende und phenoloxidierende Enzyme der Traubenbeere und von *Botrytis cinerea* (Christmann 2001; Systematik nach BRENDA; siehe 2.2.2.1); **EC = Enzyme Commission Number**

		EC-Nummer (Brenda)	systematischer Name
traubeneigene Enzymsysteme			
Protopektinase	produziert wasserlösliches und hoch polymersisierte Pektinsubstanzen aus Protopektin	EC 3.2.1.99	arabinan endo-1,5-alpha-L-arabinanase
Pektinmethylesterase	verseifendes Enzym, welches Methylestergruppen der Polygalacturonsäure-Kette unter Einbau von Wasser abspaltet; dabei entstehen Methanol und Pektat; Hauptmenge in Hypodermis, Kerne und Fruchtfleisch weniger; thermolabil; SO_2 und Gerbstoffe wirken hemmend; pH-Optimum 7–8	EC 3.1.1.11	pectin pectylhydrolase; empfohlener Name Pectinesterase
Polygalacturonase	hydrolysiert α-D-1,4 glycosidisch gebundene Carboxylgruppen in schwach methylierten Pektinen und Pektat; Hauptmengen in Hypodermis, Kerne und Fruchtfleisch weniger; thermolabil; SO_2 u. Gerbstoffe wirken hemmend; pH-Optimum 4–5	EC 3.2.1.15	(1–> 4)-alpha-galacturonan glycanohydrolase
Pektin Lyase	entpolymerisiert hoch verestertes Pektin	EC 4.2.2.10	(1–>4)-6-O-methyl-alpha-D-galacturonan lyase
Proteasen	hydrolisiert peptidische Verknüpfungen zwischen den Aminosäureestern der Proteine; wird von Ethanol gehemmt; thermostabil, pH-Optimum 2	EC 3.4.xy.zz	Hydrolyse von Peptidbindungen; große Gruppe
Peroxidase	spielt eine bedeutende Rolle beim Oxidationsmetabolismus von phenolischen Substanzen, Aminsosäuren, Aminen, aromatischer Säuren sowie aromatischer Inhaltsstoffe während der Traubenreife; Aktivität ist begrenzt durch Peroxydmangel und SO_2 im Most	EC 1.11.1.7	phenolic, donor-hydrogen-peroxide oxidoreductase
Tyrosinase (o-Diphenoloxidase)	oxidiert Phenole in Chinone und verursacht dadurch ein unerwünschtes Bräunen; sitzt in Beerenhaut und Pulpe; geringe Löslichkeit; vorwiegend an Trub gebunden; keine Aktivität im Wein; thermolabil; SO_2 und Sauerstoffentzug wirken hemmend; Phenole wirken aktivierend; pH < 3,0 kaum Aktivität; pH > 3,5 hohe Aktivität; Abreicherung durch Bentonit	EC 1.14.18.1	monophenol,L-dopa oxygen oxidoreductase

nach der Reaktion wieder in der Ausgangsform für weitere Reaktionen zur Verfügung. Enzyme zeichnen sich durch hohe Substrat- und Reaktionsspezifität aus und katalysieren sehr spezifisch eine von vielen denkbaren Reaktionen.

Die Enzymaktivität steigt mit der Temperatur entsprechend der RGT-Regel an: eine Erhöhung der Temperatur um ca. 5–10 °C führt innerhalb eines enzymeigenen Temperaturbereichs zu einer Verdoppelung der Reaktionsgeschwindigkeit. Bei Über- oder Unterschreiten einer optimalen Temperatur kommt es zu einem steilen Abfallen der Aktivität. Zu niedrige Temperaturen können die Wirksamkeit praktisch auf null bringen, zu hohe eine Denaturierung bewirken. Kälte bei der Traubenlese verzögert den Zellwandabbau durch die traubeneigenen Enzyme und erschwert die Pressung (siehe Kap. 3). Auch der pH-Wert der Lösung spielt eine große Rolle für die Enzymaktivität, da die Ladung der für die Katalyse wichtigen Aminosäuren im Enzym beeinflusst wird. Jenseits des pH-Optimums ver-

		EC-Nummer (Brenda)	systematischer Name
Glycosidase	hydrolisiert an zuckergebundene Inhaltsstoffe (glycosidisch gebundene Aromastoffvorstufen und Phenole); Glucose, Ethanol wirken hemmend; pH-Optimum 5–5,5	EC 3.2.1.50	alpha-N-acetyl-D-glucosaminide N-acetylglucosamino-hydrolase
Botrytis cinerea			
Glycosidase	vermindert das Aromapotenzial der pilzebefallenen Beeren	EC 3.2.1.50	alpha-N-acetyl-D-glucosaminide N-acetylglucosamino-hydrolase
Laccase (p-Diphenoloxidase)	oxidiert Phenole in Chinone und verursacht dadurch ein unerwünschtes Bräunen; gute Löslichkeit im Most; Aktivität im Wein möglich; thermolabil; SO_2 in hohen Mengen und Sauerstoffentzug wirken hemmend; Phenole zeigen kaum Wirkung auf Aktivität; pH < 3,0 kaum Aktivität, pH > 3,5 hohe Aktivität	EC 1.10.3.2	benzenediol:oxygen oxidoreductase
Pektinase	verseifendes und depolymerisierendes Enzym; verursacht die Zersetzung der Zellwand und das Beerenfaulen	EC 3.2.1.15	(1–> 4)-alpha-D-galacturonan glycano-hydrolase
Cellulase	Enzymkomplex aus Endoglucanasen, Exoglucanasen (Cellobiohydrolasen) und Cellobiase (β-Gliucosidase), welche zusammen die Zellwand schrittweise abbauen und Beerenfäule verursachen	EC 3.2.1.4	4-beta-D-glucan 4-glucanohydrolase
Phospholipase	zersetzen Phoshorlipide in der Zellmembran	EC 3.1.1.4	Phosphatidylcholine 2-acylhydrolase
Esterase	beteiligt an der Esterbildung	EC 3.1.1.1	carboxylic-ester hydrolase
Proteasen	sie werden zu einem späten Zeitpunkt der Pilzinfektion gebildet und ziehen eine durch Pektinasen verursachte Beerenfäule nach sich; flüssig, thermostabil	EC 3.4.xy.zz	Hydrolyse von Peptidbindungen, große Gruppe

mindert sich die Enzymaktivität und kommt irgendwann zum Erliegen. Ähnliches gilt für die Salzkonzentration bzw. die Ionenstärke in der Umgebung. Diese Parameter schwanken im Most oder im Wein in Abhängigkeit von Rebsorte und Jahrgangsbedingungen stark. Die Aktivitäten für einzelne Reaktionen können sich deshalb beträchtlich unterscheiden.

Die IUPAC (International Union of Pure and Applied Chemistry; www.iupac.org) und die International Union of Biochemistry and Molecular Biology (IUBMB) haben zur Systematisierung dieser Vielfalt eine Nomenklatur der Enzyme erarbeitet und diese klassifiziert. Eine Klassifizierung ist angesichts vieler Trivialnamen bzw. oft historisch bedingter unterschiedlicher Bezeichnungen erforderlich, um präzise Aussagen machen zu können:

- Enzymnamen enden auf -ase, wenn es sich nicht um mehrere Enzyme in einem System handelt.
- Der Enzymname soll erklärend sein, also die Reaktion, die das Enzym katalysiert, beschrei-

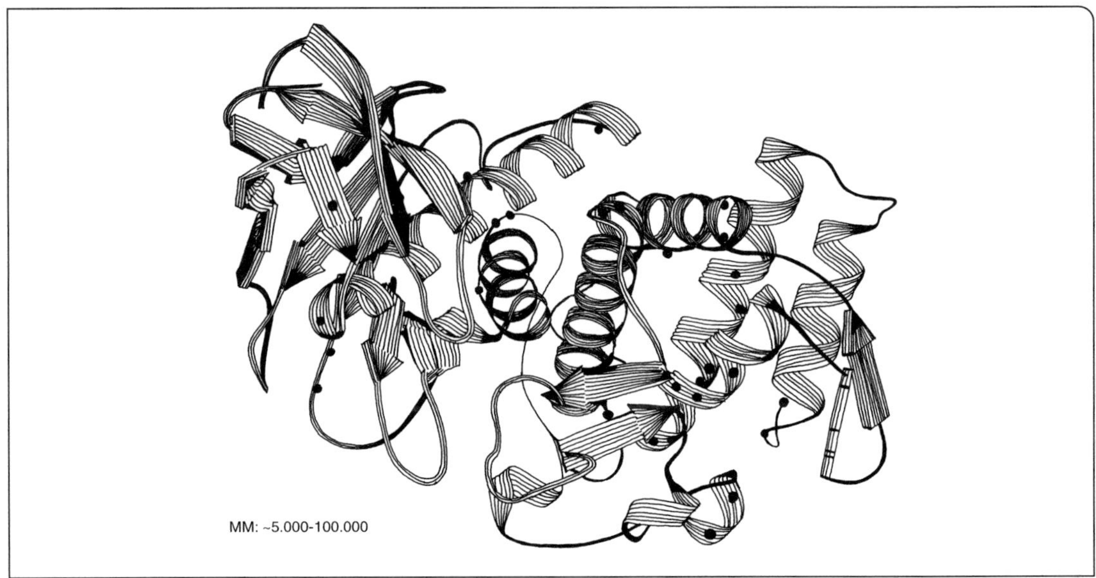

Abb. 20 3-D-Darstellung eines Enzyms (Jakob et al. 1997).

ben (Beispiel: Pectinesterase: Ein Enzym, das die Estergruppe im Pektin-Molekül hydrolysiert).

Darüber hinaus wurde ein Codesystem entwickelt, in dem die Enzyme unter einem Zahlencode aus vier Ziffern eingeteilt werden (EC-Nummern: Enzyme Commission numbers). Die erste bezeichnet eine der sechs Enzymklassen. Listen aller erfassten Enzyme gewährleisten ein schnelleres Auffinden des angegebenen Enzymcodes, z. B. über das online-System BRENDA (www.brenda-enzymes.org; BRaunschweig ENzyme DAtabase) oder über IUBMB (www.chem.qmul.ac.uk/iubmb/enzyme/):

- EC 1: Oxidoreduktasen, die Redoxreaktionen katalysieren.
- EC 2: Transferasen, die funktionelle Gruppen von einem Substrat auf ein anderes übertragen.
- EC 3: Hydrolasen, die Bindungen unter Einsatz von Wasser spalten.
- EC 4: Lyasen, die die Spaltung oder Synthese komplexerer Produkte aus einfachen Substraten katalysieren, allerdings ohne Verbrauch von ATP.
- EC 5: Isomerasen, die die Umwandlung von chemischen Isomeren beschleunigen.
- EC 6: Ligasen oder Synthetasen, die Additionsreaktionen mithilfe von ATP katalysieren.

Probleme der Nomenklatur ergeben sich etwa bei Enzymen, die mehrere Reaktionen katalysieren. Für sie existieren manchmal mehrere Namen.

In der Praxis werden häufig historische Namen, Trivialnamen oder Synonyme verwendet. Es ist oft nicht nachvollziehbar, welches Enzym tatsächlich gemeint ist, zumal der produzierende Mikroorganismus oder ein Lebewesen generell spezifische Enzyme mit unterschiedlichen Temperatur- oder pH-Wert-Optima produzieren. Die Literatur der Weinbranche, vor allem die ältere, ist manches Mal wenig präzise. Auch die Tab. 9, die von Christmann (2001) aus mehreren Literaturstellen zusammengefasst wurde, zeigt diese Problematik. Trivialnamen, Gruppennamen und Synonyme stehen nebeneinander.

So fassen die Begriffe Pektinase oder pectolytische Enzyme eine große Zahl verschiedener Enzyme mit unterschiedlichen Aktivitäten zusammen. Alle greifen sie an bestimmten Stellen des heterogen zusammengesetzten Pektin-Moleküls an und führen im Idealfall in abgestuften Reaktionsschritten zu einer Mischung aus Monomeren und teilweise verzweigten, nicht mehr weiter abbaubaren Oligomeren. Die wichtigsten Pektinasen sind folgende:

- Polygalacturonase PG (EC 3.2.1.67; exoPG oder 3.2.1.15 als endoPG),
- Pektinlyase/Pektatlyase PL (EC 4.2.2.2 und 4.2.2.9),
- Pektinesterase PE (EC 3.1.1.11),
- Acetylesterase AE (EC 3.1.1.6).

Handelsenzyme bestehen üblicherweise aus einer herstellerspezifischen Mischung vieler dieser Aktivitäten. Pectolytische Enzyme werden z. B. als Maische- oder Saftenzyme angeboten, die die Saftausbeute, die Farbextraktion oder die Filtrierfähigkeit verbessern sollen (siehe Kap. 3, Behandlungsmittel). Die Maischeenzyme werden Mazerationsenzyme genannt, die in den Most zugegebenen Klär- oder Filtrationsenzyme.

2.2.2.2 Mechanische Gewebebeschädigungen

Die Wirkung der Enzyme wird durch mechanische Manipulationen der Beere verstärkt. Mittels der Scherkräfte von Erntemaschinen, Fördereinrichtungen oder Abbeermaschinen, vor allem aber durch den Mahlvorgang, werden die großen und dünnwandigen Mesokarpzellen zu einem bestimmten Teil aufgebrochen. Hohe Scherkräfte greifen auch Exokarpzellen an und erleichtern den Enzymen den Angriff. Wirksam ist letztlich die Kombination der mechanischen Manipulation mit dem enzymatischen Abbau. Tab. 10 stellt die kellerwirtschaftlich relevanten Eigenschaften der bisher diskutierten Inhaltsstoffe der Beere und ihre relative Mengenverteilung in den beiden Hauptgeweben Mesokarp und Exokarp zusammen.

Eine Mesokarp-orientierte Kellerwirtschaft muss eine schonende sein. Sie ist die Voraussetzung, gerbstoffarme, sortentypische, leicht zu verarbeitende Weiß- oder Rosé-Weine mit stabiler Säure zu erzeugen. Wird das Exokarp mechanisch stark angegriffen, gelangen die dort konzentrierten Inhaltsstoffe vermehrt in den Saft und verändern die Beschaffenheit des späteren Weines in einer Weise, die üblicherweise negativ

Tab. 10 Relative Mengenverteilung wichtiger Beereninhaltsstoffe in den Zellgeweben und ihre kellerwirtschaftliche Bedeutung

Beereninhaltsstoff	Mesokarp	Exokarp	kellerwirtschaftliche Bedeutung
Glukose	++	+	alkoholische Gärung
Fruktose	++	+	alkoholische Gärung
Saccharose	+	++	alkoholische Gärung
Malat	++	++	bakterieller Säureabbau
Tartrat	+	++	Weinsteinstabilisierung
Metallionen	+	++	Geschmack; Trübungen
Anthocyane	0	++	Farbe; Stabilisierung
Gerbstoffe	0	++	Geschmack; Sediment
Pektinstoffe	+	++	Klärprobleme
Enzyme	+	++	
• Pectinesterase	+	++	Ausbeute; Klärung
• Polygalakturonase	+	++	Ausbeute; Klärung
• o-Diphenoloxidase	+	++	Oxidation; Farbverlust
• p-Diphenoloxidase	0	++ *(Botr. cinerea)*	Oxidation; Farbverlust
Proteine	+	++	Nachtrübung; Sediment

Elektroporation

Seit einigen Jahren wird unter dem Namen Elektroporation ein Verfahren zur gezielten Extraktion von Inhaltsstoffen getestet. Es ist ein Beispiel dafür, wie aufgrund des Verständnisses über die Beeren- und Zellstruktur eine neue Technologie entwickelt werden konnte. Untersucht wird die Wirkung gepulster elektrischer Felder (PEF) auf die Zellwand der Beeren. Die Maische wird dazu in einem Durchflusssystem kurzzeitig in ein elektrisches Feld mit Hochspannungsimpulsen gebracht. Die Spannung von bis zu 15 kV je cm liegt 20–25-mal je Sekunde jeweils für eine Mikrosekunde an. Zwischen den Elektroden baut sich ein elektrisches Feld auf, das einen Stromfluss im Zytoplasma bewirkt und zu einer Aufladung der hochohmigen Zellmembran führt. Dadurch bilden sich Poren, die bei ausreichend großer Energiezufuhr dauernd geöffnet bleiben und ein Auslaufen des Zellsaftes erlauben. Die Zellwand wird dabei mechanisch nur durch den Pumpvorgang durch die Elektrozelle beschädigt, das Verfahren ist demnach gewebeschonend und produziert wenig Feintrub. In der Literatur wird über eine verbesserte Farbgewinnung, aber auch der Möglichkeit zur gezielten Extraktion von sekundären Pflanzeninhaltsstoffen berichtet (Corrales et al. 2007; Puertolas et al. 2010; Donsi et al. 2010; Schmidt et al. 2012). Es ist davon auszugehen, dass mit den gängigen kellerwirtschaftlichen Methoden vergleichbare Ergebnisse zu erzielen sind. Die Elektroporation könnte bei kontinuierlichen Verfahren zur Traubenentsaftung hilfreich sein, weil sie die Zellen in Bruchteilen von Sekunden durchlässig macht und eine sofortige Phasentrennung ermöglicht (siehe Kap. 3, Saftgewinnung).

bewertet wird. Zudem erhöhen sie den Aufwand zur Produktion eines chemisch-physikalisch stabilen Weines in hohem Maße. Insbesondere Eiweiß-Gerbstoffverbindungen können zu Nachtrübungen führen und bei kräftigen Rotweinen über im Verlaufe der Lagerung sogar ein Sediment am Flaschenboden bilden.

Metall-Ionen wie Kalzium oder Eisen ihrerseits sind in der Lage, diese Reaktionen zu fördern oder selber Trübungen zu erzeugen. Gleiches gilt für Weinsteinausscheidungen, die Ausfällung von Kaliumhydrogentartrat-Kristallen. Gleichfalls kritisch werden kann der spätere Abbau von Malat zu Milchsäure (malolaktische Gärung bzw. bakterieller Säureabbau), wenn die entsprechenden Bakterien (meist *Oenococcus oeni*) im abgefüllten Wein überlebt haben. Kellerwirtschaft heißt bei der Erzeugung von Weiß- oder Rosé-Weinen in großem Maße die Stabilisierung, d. h. die Unterbindung mannigfaltiger Spät- und Folgereaktionen. Viele dieser Veränderungen werden bereits durch einen schonenden Umgang mit der Traubenbeere verhindert oder zumindest minimiert.

Völlig anders ist die Situation bei der Herstellung von Rotweinen. Die Lokalisierung der Anthocyane im Exokarp zwingt zu einer maximalen Zerstörung des Gewebes. Anschließend müssen kellerwirtschaftliche Maßnahmen helfen, die extrahierten Farbstoffe dauerhaft zu erhalten. Das gilt ganz besonders für die Weine der klimatisch schwächeren nördlichen Anbaugebiete.

2.2.3 Beerenreife und Pilzbefall

Die analytische Zusammensetzung der Beere und ihrer Vakuolenflüssigkeit ist eine Funktion des Reifezustandes. Der Reifegrad bzw. der Zustand der Beeren allgemein ist einer der wichtigsten Qualitätsparameter. Die Inhaltsstoffe der Beere zeigen im Verlauf der Reife eine ausgeprägte und jahrgangsabhängige Dynamik. Die Zuckermenge im Saft des Mesokarps steigt jahrgangsabhängig rasch an, die Säuren nehmen ab und lassen ihrerseits den pH-Wert ansteigen. Abb. 21 zeigt exemplarisch die Dynamiken in den Jahren 2003–2013 für die Rebsorte Riesling in der Pfalz bzw. beim pH-Wert für unterschiedliche Rebsorten im Jahrgang 2012 (Fischer 2013).

Deutlich zu erkennen ist der Ausnahmejahrgang 2003 und dass sich der Lesezeitpunkt und die Werte für das Mostgewicht und die Säure zum Zeitpunkt der Ernte beträchtlich unterscheiden können. Mitte August schwankten die Oechslegrade z. B. zwischen knapp 20 im Jahr 2004 und nahezu 60 ein Jahr zuvor. Diese Unterschiede zum Beginn der Reife können teilweise durch einen verzögerten Lesetermin ausgeglichen werden. Der eigentliche Reifebeginn, der Schnittpunkt von Zucker- und Säurekurve, weist ebenfalls extreme Jahrgangsunterschiede auf. Ein derartiger Verlauf ist typisch für nördliche Anbaugebiete. In maritimen Klimazonen mit viel höheren Durchschnittstemperaturen fallen diese Unterschiede deutlich geringer aus. Die Weine aus diesen Anbaugebieten sind tendenziell alkoholstärker und säureärmer.

Die Witterung der nördlichen Weinanbaugebiete kann auch zu extremen Säurewerten führen. Der Jahrgang 2011 war eine große Herausforderung mit geschmacklich nicht hinnehmbarer Säuremenge, ein säurearmer Jahrgang wie 2003 machte vielfach eine Säuerung erforderlich.

Der in nördlichen Regionen jederzeit mögliche Regen zum ungünstigen Zeitpunkt erhöht den Pilzdruck und das Risiko für Pilzbefall. Das Jahr 2006 z. B. war aufgrund starker Regenfälle Anfang Oktober durch extremen Schimmelpilzbefall gekennzeichnet. Viele Trauben hatten bereits bei der Lese die gesetzliche Höchstmenge an flüchtigen Säuren erreicht, manche Weinberge wurden deshalb erst gar nicht gelesen. Bei diesem Jahrgang war die Verarbeitungsgeschwindigkeit für den Weg von der Lese bis zur Gärung entscheidend. Schlagkräftigen Betrieben gelang es, die Situation in den Griff bekommen. Minimalistische Kellerwirtschaft, die die Zeit für sich arbeiten lässt, ist bei diesem Jahrgang vielfach an ihre Grenzen gekommen. Tab. 11 vergleicht die Konsequenzen für die Kellerwirtschaft bei unterschiedlichen Reifezuständen bzw. bei einem Befall mit Schimmelpilzen.

Tab. 11 Kellerwirtschaftliche Konsequenzen des Beerenzustandes

Eigenschaften der Beeren	technologische Konsequenzen
unreife Beeren:	
festes Exokarp	**Pressbarkeit schlecht**; wenig Unterstützung durch pectolytische Enzyme;
geringe pectolytische Aktivität	eventuell stabile Kolloide
hohe Säure	biologisch stabiler Zustand; **Säurekorrektur nötig**
niedriges Mostgewicht	„dünner Wein“
Infektionsgefahr eher gering	Verarbeitungsgeschwindigkeit kann niedriger sein
sehr reife Beeren:	
weiches Exokarp	Gute Pressbarkeit; gute Filtrierbarkeit, kaum trubstabile Kolloide
hohe pectolytische Aktivität	**biologisch kritisch; eventuell Säuerung**
niedrige Säure	„brandige Weine“
Mostgewicht hoch	Verarbeitung unter **Zeitdruck**; **Oxidationsschutz nötig**
Infektionsgefahr groß	
Beeren mit Edelfäule (Trockenheit):	
hohe Oxidationsaktivität	**Farbverlust; Bräunung bei Weißwein**; Pasteurisation
Bildung von Glucanen	**Filtrationssschwierigkeiten**
diverse Stoffwechselprodukte	Botrytis-Bukett (meist erwünscht)
Säureabbau am Stock	hoher pH-Wert: **geringe Wirkung der Schwefligen Säure**
Nährstoffkonkurrenz für Hefe	**Gärstörungen möglich**; Nährmedien hilfreich
Sauerfaule Beeren (bei Nässe):	
Bildung von Flüchtigen Säuren	**gesetzliche Obergrenze!** Schwefelung; Schnelligkeit
Schleimstoffe	**Filtrationsschwierigkeiten**
Säureabbau	hoher pH-Wert; **geringe Wirkung der schwefligen Säure**
Muff-/Fehltöne	**Geschmacksveränderung (üblicherweise negativ)**
Hefeinhibitoren	**Gärstörungen möglich**; Nährmedien hilfreich

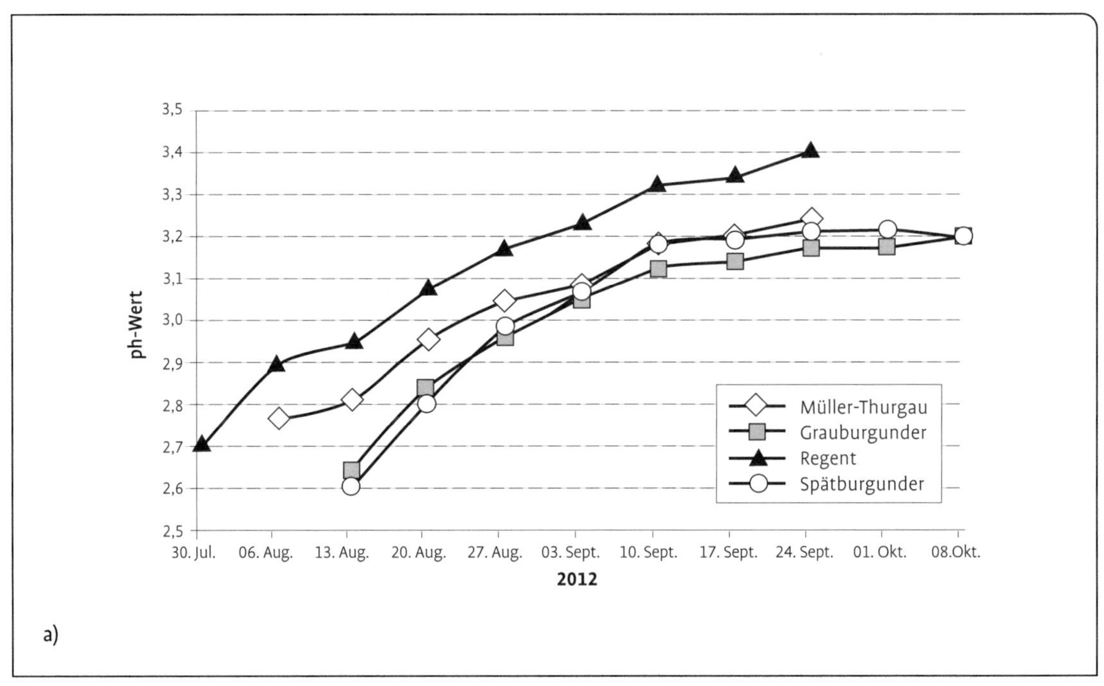

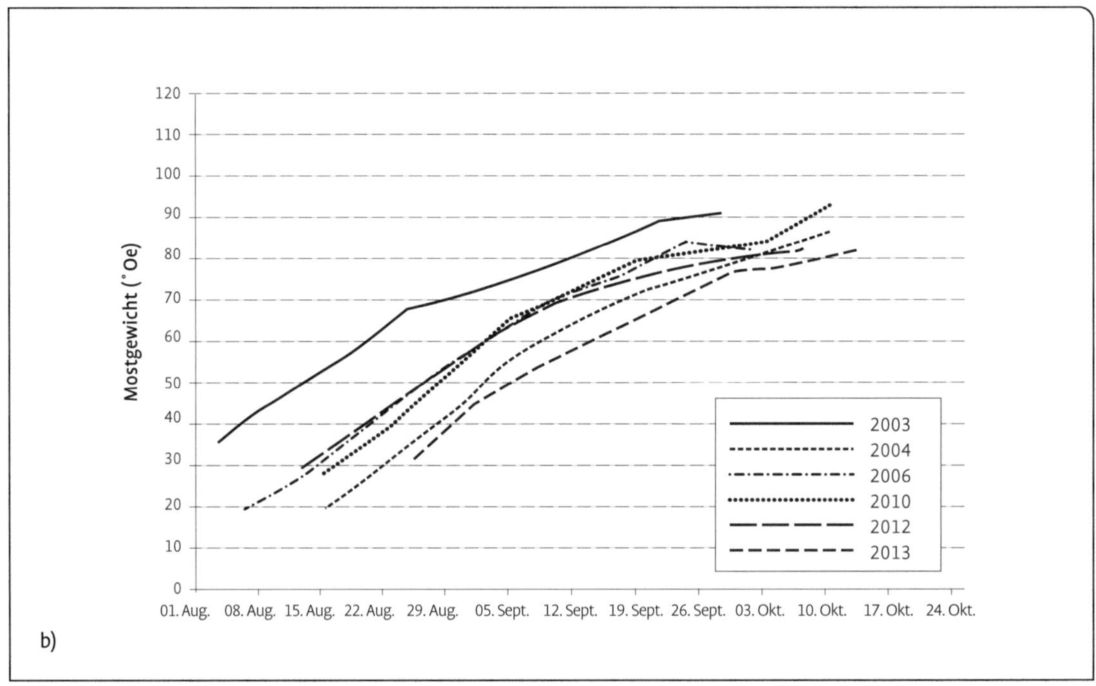

Abb. 21 a) pH-Wert-Entwicklung bei verschiedenen Rebsorten 2012 ; b) Mostgewichtsentwicklung, c) Gesamtsäuredynamik und d) Abnahme der Äpfelsäure bei Rieslingen aus der Pfalz in verschiedenen Jahrgängen (Fischer 2013).

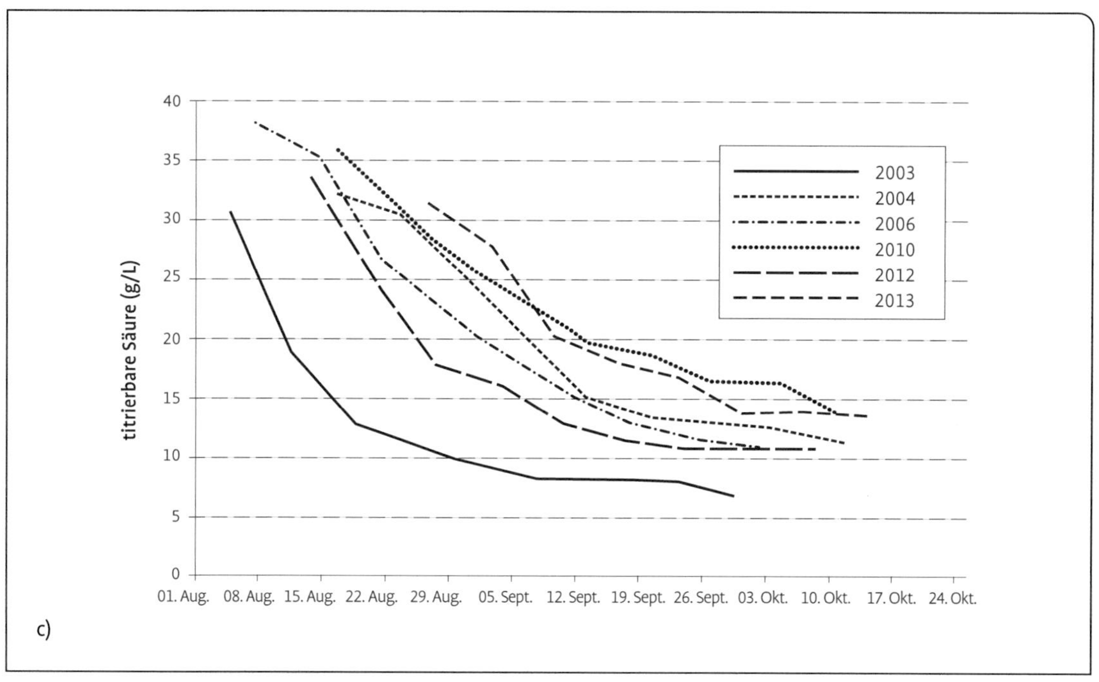

titrierbare Säure (g/L)
0
5
10
15
20
25
30
35
40
01. Aug.
08. Aug.
15. Aug.
22. Aug.
29. Aug.
05. Sept.
12. Sept.
19. Sept.
26. Sept.
03. Okt.
10. Okt.
17. Okt.
24. Okt.
2003
2004
2006
2010
2012
2013

c)

Äpfelsäure (g/L)
0
5
10
15
20
25
01. Aug.
08. Aug.
15. Aug.
22. Aug.
29. Aug.
05. Sept.
12. Sept.
19. Sept.
26. Sept.
03. Okt.
10. Okt.
17. Okt.
24. Okt.
2003
2004
2006
2010
2012
2013

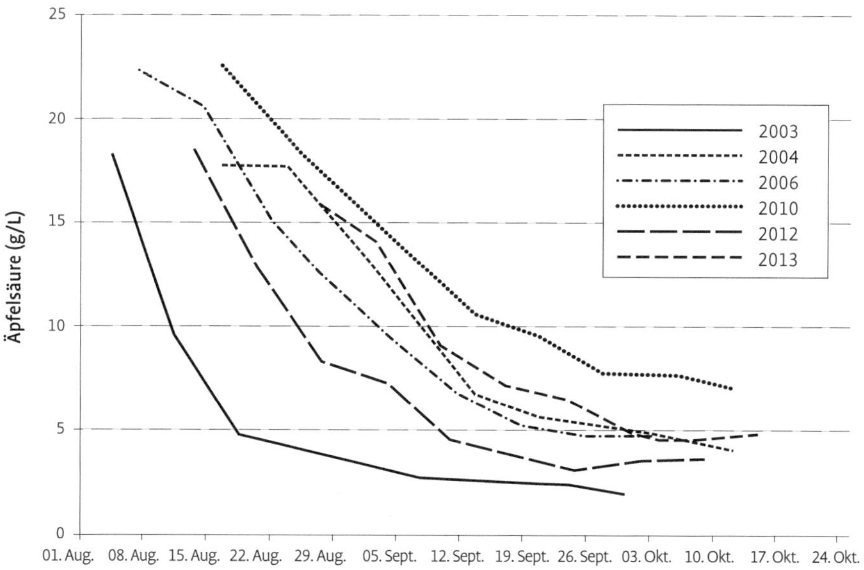

d)

Je nach Reifegrad oder Pilzbefall können aufgrund der mangelhaften Wirkung der schwefligen Säure bei Rotweinen starke Farbprobleme oder eine rasche Bräunung bei Weißweinen die Weinqualität schädigen und die Arbeit im Keller erschweren. Mit zunehmender Fäulnis sinkt zudem die Erntemenge. Bei edelfaulen Trauben reduziert sie sich um bis zu 20 %, bei Trockenbeerenauslesen kann sie auf 30 % absinken (Troost 1988). Die erhöhte Wasserdiffusion durch das labile Zellgewebe reduziert die Saftmenge, vergrößert aber gleichzeitig die Konzentration der Inhaltsstoffe. Beerenauslesen sind ohne diesen Effekt praktisch nicht herzustellen. Bei Trockenbeerenauslesen verlangt das Weingesetz sogar eingetrocknete Beeren als Ausgangsmaterial.

Press- oder Filtrationsstörungen können aufgrund der Menge verschiedenartiger pectolytischer Verbindungen auftreten, die Konkurrenz zwischen Hefe und Schimmelpilzen um für die Gärung essenzielle Aminosäuren bringt des Öfteren Gärstörungen mit sich. Und nicht zu reden von den sensorischen Konsequenzen durch zahlreiche hefefremde Stoffwechselprodukte. Dittrich und Großmann (2010) fassen die wichtigsten mikrobiellen Schädlinge zusammen, die über die Traube in den Saft gelangen können und deren Stoffwechsel die originären Traubeninhaltsstoffe in der Regel negativ verändert: Hefen wie *Saccharomyces ludwigii, Hanseniaspora uvarum, Menschnikowa pulcherrima,* verschiedene Candida-Arten oder *Brettanomyces intermedius* sind in der Lage, Essigsäure zu produzieren oder deren Oxidationsvorstufe, Azetaldehyd. Dazu verschiedene Ester, den gefürchteten Mäuselton und Acetate bis hin zu Killertoxinen, die u. a. die alkoholische Gärung beeinträchtigen. Essigsäurebakterien können bei Luftkontakt Essigsäure, Azetaldehyd oder Ethylacetat bilden und Weine zähflüssig werden lassen. Milchsäurebakterien zeichnen sich für den oft unerwünschten Säureabbau verantwortlich, der je nach Stamm eine große Vielfalt chemischer Verbindungen mit sich bringen kann. Schimmelpilze wie *Botrytis cinerea, Plasmopara viticola, Aspergillus* ssp oder *Penicillium* ssp aus dem Weinberg schließlich beeinflussen nicht nur direkt sichtbar das Traubenmaterial, sie können Muff- oder Grautöne produzieren und im schlimmsten Fall Mycotoxine bilden.

Die Kellerwirtschaft muss sich auf diese unterschiedlichen Herausforderungen einstellen, die Zusammenarbeit mit dem Weinbau und die rechtzeitige Lese sind zwingend erforderlich.

Sonderfall Eiswein

Eiswein ist eine Weinart, die durch ihre besondere Lese und Mostgewichte von über 124 °Oe definiert ist. Das Lesegut muss in vollständig gefrorenem Zustand geerntet werden, was ab einer Temperatur von mindestens −7 °C gegeben ist. Durch die niedrige Temperatur gefriert Wasser in den Vakuolen aus und führt zu einem konzentrierten Traubenmost. Der Konzentrationsprozess unterscheidet sich von dem, der z. B. zu Beerenauslesen führt. Diese entstehen durch Wasserverlust in Verbindung mit chemisch-enzymatischen Stoffumwandlungen. Wird Eiswein bestimmungsgemäß aus weitgehend gesunden Trauben hergestellt, enthält er nur einen geringen Botrytis-Ton, dafür eine ausgeprägte Säure und eine intensive Primäraromatik.

Die Trauben müssen in gefrorenem Zustand direkt abgepresst werden, üblicherweise mit im Freien ausgekühlten Pressen und einem spezifischem, schonend arbeitenden Pressprogramm. Der zuerst ablaufende Most enthält die höchste Konzentration an Inhaltsstoffen, der Auftauvorgang durch das Pressen „verdünnt" ihn und beendet schließlich die Eisweingewinnung.

Aufgrund des hohen spezifischen Gewichts kommt zur Vorklärung lediglich eine Filtration in Frage. Alle Behandlungsmaßnahmen richten sich nach dem Zustand des Mostes. Eine Schwefelung ist üblich, eine Kohleschönung meist erforderlich. Die Gärung nach entsprechender Anwärmung erfordert an hohe Zuckerkonzentrationen adaptierte Reinzuchthefen. Der vorhandene Alkoholgehalt muss danach mindestens 5,5 %vol. betragen, der Gehalt an flüchtigen Säuren darf nicht über 1,8 g/L liegen.

Die Eisweinherstellung ist mit hohen technischen und wirtschaftlichen Risiken verbunden und meist ein Imageprodukt ohne Aussicht auf Gewinn.

3 Saftgewinnung aus Traube oder Maische

Anatomie und Physiologie der Traube bzw. Beere einschließlich wesentlicher Reifegrads- und Sorteneinflüsse wurden in Kap. 2 erläutert. Kap. 3 beschreibt den Weg von der Traube bis zum Saft und den Einfluss der zahlreichen Parameter auf die Beschaffenheit des späteren Weines. Abb. 22 zeigt die maßgeblichen Größen im Zusammenhang.

Betrachtet wird der Weg der weißen Trauben für die Weißweinherstellung bzw. der von roten zur Erzeugung von Weißherbst- oder Rosé-Weinen. Nach dem Aufplatzen der Beeren, z. B. nach einer Abtrennung des Stielgerüsts und/oder einer Quetschung der Beeren, liegt die Mischung aus Beerenhäuten und freiem Saft als Maische vor. Soweit sind die Prozesse für weiße und rote Trauben identisch. Im Folgenden erfordert die Rotweinerzeugung mit der Gewinnung der Farb- und Gerbstoffe aus der Beerenhaut und ihrer zielgerichteten Stabilisierung andere, sehr spezifische Techniken. Diese werden in Kap. 4 behandelt.

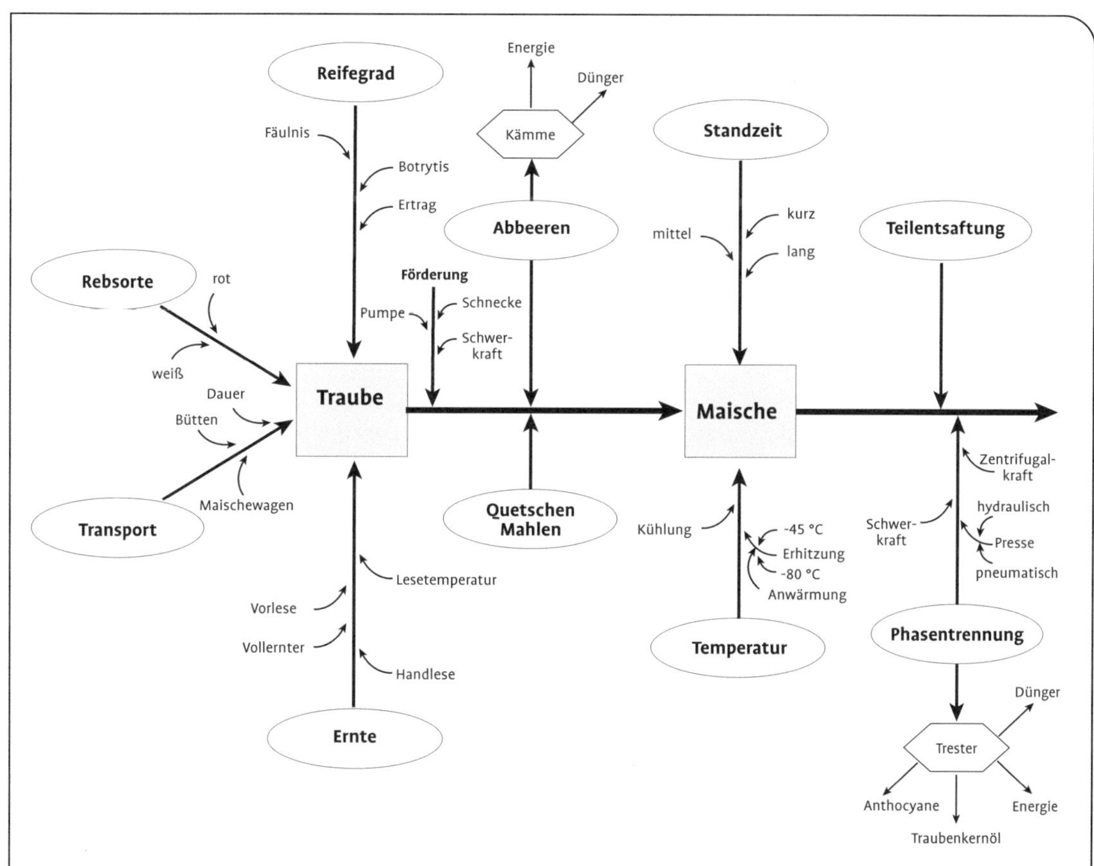

Abb. 22 Maßnahmen und Einflussgrößen auf dem Weg von der Traube zum Saft.

3.1 Die Ernte der Trauben

Der Gesetzgeber hat die Traubenlese an verschiedene Bedingungen geknüpft. Dazu gehören u. a. anbaugebietsabhängige Vermarktungshöchsterträge und sorten- bzw. qualitätsabhängige Mindestmostgewichte. Bei den Prädikatsstufen ist zudem der Reifezustand der Beeren definiert (Tab. 12). Vielfach wird differenziert, d. h. zu unterschiedlichen Zeitpunkten, gelesen. Bei der Vorlese, teilweise mehrfach in kurzen Zeitabständen durchgeführt, werden befallene Trauben geerntet, aber auch solche, bei denen kein Qualitätszuwachs mehr zu erwarten ist. Trauben, teilweise sogar die Beeren einer Traube, reifen verschieden schnell und können unterschiedlich stark von Pilzen befallen sein. Schon die Beeren an der Traubenspitze weisen bis zu 2 °Oe mehr auf als ihre Nachbarn näher am verholzten Stiel. Eine Differenzierung bei der Lese wirkt sich allein aus diesen Gründen auf die Weinqualität aus.

Im Idealfall können durch die gezielte manuelle Selektion besonders hochreife, meist von *Botrytis cinerea* befallene „edelfaule" Trauben zur Herstellung von Auslese- oder Beerenausleseweinen gewonnen werden. Die erste Botrytis-Infektion kann bereits in der abgehenden Blüte stattfinden. Der zweite, meist gefährlichere Befall droht während der Reife. Hier dringt besonders nach Wachstumsschüben mit erhöhtem Zelldruck Zucker als Pilznährstoff durch die perforierte Beerenhaut an die Oberfläche. Eine hohe Luftfeuchtigkeit (> 95 %) und niedrige Temperaturen (15–20 °C) fördern den Krankheitsverlauf, trockene Bedingungen und eine Teilentblätterung der Traubenzone vermindern ihn. Bei feuchtwarmem Wetter kann eine Beere innerhalb weniger Tage vollkommen durchwachsen sein (Henser 2013). Mikrobiologisch problematische Trauben sind separat und mit besonderer Sorgfalt bei Gärung, Filtration und Schwefelung zu verarbeiten.

Die Messung des Reifegrads erfolgt routinemäßig mittels Mostgewichtsbestimmung. Der Zuckergehalt als alleiniger Qualitätsparameter reicht vielen Erzeugern bzw. Traubenaufkäufern nicht mehr aus. Sie stützen sich zur Beurteilung des Leseguts zusätzlich auf die Erfassung der Traubengesundheit bzw. des Fäulnisgrades, aber auch auf Reifeparameter wie Säure, Äpfel-Weinsäure-Verhältnis, pH-Wert oder Stickstoffgehalt usw. Gesucht werden Analysesysteme, die in Echtzeit diese Messgrößen erfassen können. Ein Beispiel für einen derartigen Traubenscan ist das „Grape Individual Payment System" (GrIPS), das mittels FT-MIR-Technik innerhalb von 2–3 Minuten 15 Parameter erfassen kann (Sturm 2009; siehe auch Kap. 9; Sensormesstechnik).

3.1.1 Die mechanische Traubenlese

Für eine differenzierte Traubenlese ist die Handlese die Methode der Wahl. Die Trauben werden manuell vom Stock geschnitten und zum Transport- und Sammelbehälter getragen. Pro ha muss dabei mit 250–300 Arbeitsstunden gerechnet werden, der personelle und logistische Aufwand

Tab. 12 Weingesetzliche Reifeanforderungen an Trauben für Prädikatsweine (Deutsches Weininstitut 2013)

Prädikatsstufen	
Kabinett	Lese von reifen Trauben
Spätlese	Lese von vollreifen Trauben
Auslese	Lese von vollreifen Trauben, die durch Edelfäule konzentriert sein können
Beerenauslese	Lese von vollreifen edelfaulen Trauben
Eiswein	Lese von bei weniger als −7 °C am Rebstock gefrorenen Trauben, die im gefrorenen Zustand gekeltert werden
Trockenbeerenauslese	Lese von weitgehend rosinenartig eingeschrumpften edelfaulen Beeren

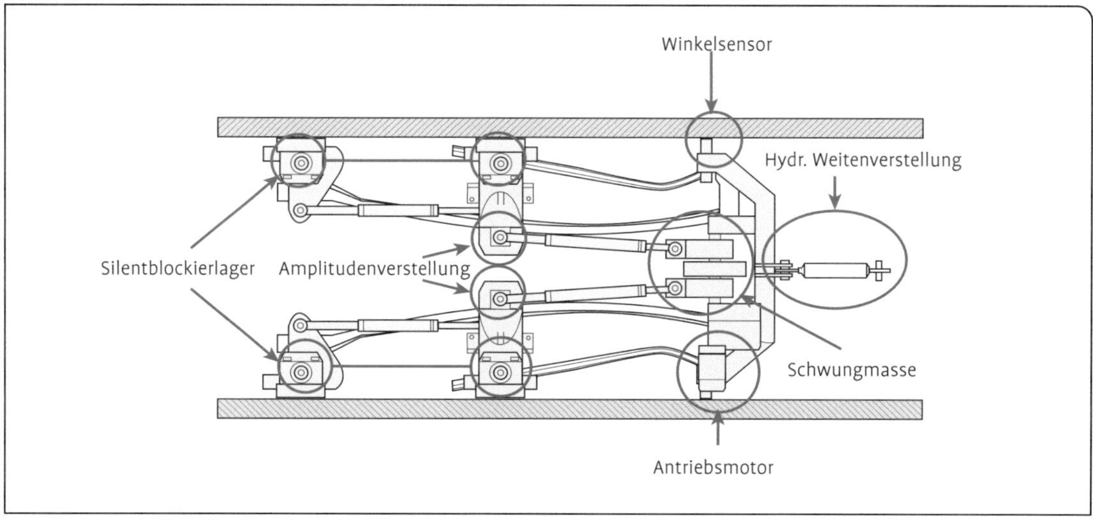

Abb. 23 Schüttelwerk einer Traubenerntemaschine (Quelle: Fa. ERO).

innerhalb einer Leseperiode von nur 4–6 Wochen ist enorm. Bei ungünstigen Lesebedingungen mit Regen oder bei bereits eingesetzter Fäulnis kann sich dieser hohe Zeitbedarf für die Lese gravierend auf die Beschaffenheit der Trauben und damit auf die Qualität des Weines auswirken. In den nördlichen Anbauländern ist der Jahrgang 2006 als ein besonders negatives Beispiel gut in Erinnerung. Innerhalb von nur einem regennassen, feuchtwarmen Tag konnte die Fäulnis von wenigen Prozent auf nahezu 100 regelrecht explodieren. Nur eine hohe Verarbeitungsgeschwindigkeit war in der Lage, den Schaden zu begrenzen. Nicht zuletzt aus diesem Grund werden seit etwa 40 Jahren Erntemaschinen eingesetzt. Inzwischen sind 1100–1200 Vollernter allein in Deutschland im Einsatz und haben zumindest in Direktzuglagen die Lese fast flächendeckend mechanisiert (Becerra 2013). Versuche, Lesemaschinen auch in Steillagen bis 60 % Steigung einzusetzen, sind im Gange. Selbstfahrer haben gezogene Maschinen weitgehend verdrängt, die meisten arbeiten im Lohnverfahren. Ihr Einsatz senkt die Lesezeit für 1 ha auf 2–3 Stunden und die Lesekosten von 1600–2000 Euro bei der Handlese auf 400–500 Euro/ha Maschinenlese (Oberhofer und Rebholz 2010). War der Einsatz dieser Maschinen in den ersten Jahren hauptsächlich auf Massenerzeuger begrenzt, werden sie heute auch von sehr qualitätsorientierten Betrieben als zumindest strategisches Element genutzt.

Rühling (2003) nennt folgende Voraussetzungen für eine qualitätsorientierte maschinelle Traubenlese:

- Rebsorten, deren Beeren mit einer relativ geringen Schüttelfrequenz/m Rebreihe abgetrennt werden können,
- ausreichende Traubenreife (70–90 °Oe) und gesunde Trauben,
- richtige Einstellung der Maschinenparameter in Abhängigkeit von Zustand und Reife der Trauben,
- sorgfältige, regelmäßige Reinigung der Lesemaschine.

Bei hochreifen oder unreifen Trauben, bei stärkerem Krankheitsbefall oder einer anschließend geplanten Ganztraubenpressung empfiehlt er die Handlese, evtl. verbunden mit einer Vorlese.

Das Abschlagen der Trauben vom Stock ist der entscheidende Schritt beim Einsatz einer Erntemaschine. Es erfolgt in einem mechanisch-dynamischen Schwing-Schüttelverfahren. Die Erntemaschine nimmt die Traubenstöcke einer Rebzeile in die Mitte, der Fahrer sitzt oberhalb der Reben. Das Schüttelwerk selber befindet sich in Höhe der Traubenzone. Kräftige Kunststoffstäbe werden in horizontaler Richtung bewegt, verset-

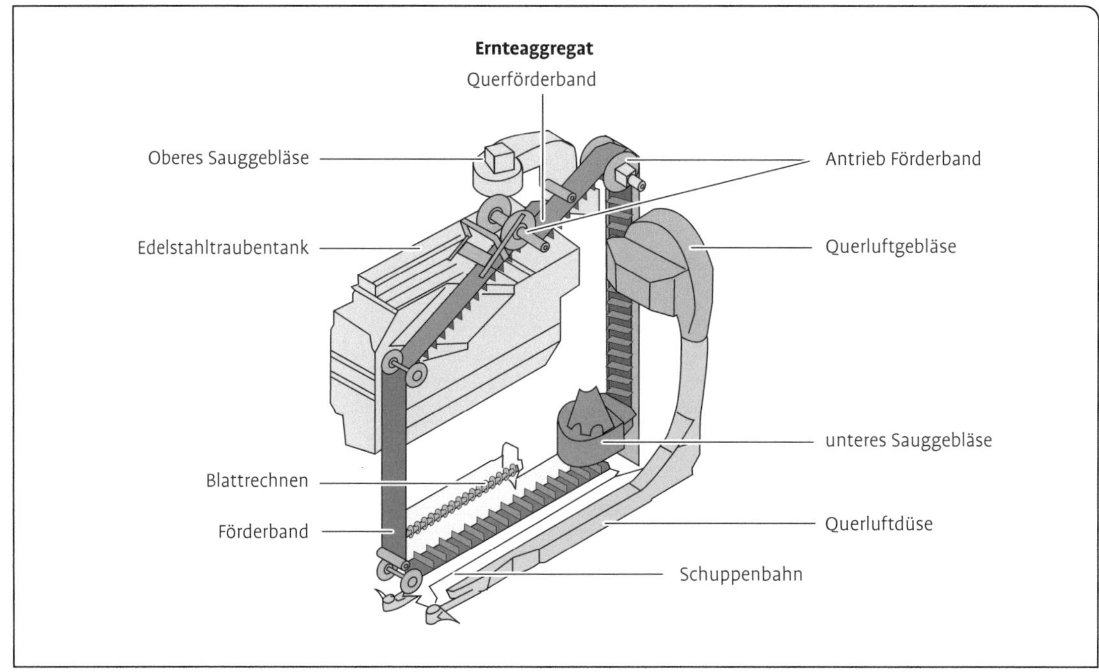

Abb. 24 Traubenaufnahme auf einem Vollernter (Quelle: Fa. ERO).

zen die Reben durch das Schlagen von beiden Seiten in Schwingung und überwinden die Haftkräfte der Traube am Stock bzw. der Beeren an der Traube. Entscheidend ist die Schwingungsfrequenz, die in einem weiten Bereich variiert werden kann. Als weitere Einflussgröße auf das Ernteergebnis spielt die Fahrgeschwindigkeit der Maschine eine große Rolle sowie die Amplitude, also die Auslenkung der Schläger. Das Traubenauffanggerät schließlich nimmt die abgeschüttelten Trauben oder Beeren auf, es besteht aus Förderband, Gebläse und Traubenbehälter.

Die Abb. 23 und 24 zeigen das Schüttelwerk und die Traubenaufnahme einer modernen Traubenerntemaschine. Die verschiedenen Anbieter unterscheiden sich hauptsächlich in der Konstruktion dieser Bauteile und in der Technik für die Übergabe des Leseguts an einen Sammelbehälter (Mäurer 2012).

Traubenerntemaschinen haben inzwischen einen hohen technischen Stand erreicht. Ausbeute und Beerenzustand sind bei geeignetem Lesegut mit der Handlese vergleichbar, wenn die Maschinenparameter korrekt eingestellt wurden und die übrigen Rahmenbedingungen passend sind. Starke Sauggebläse sollen die mitgerissenen Blätter und ihre Stiele entfernen. Insbesondere bei sehr reifem Lesegut brechen mürbe gewordene Stiele vom Blatt ab und lassen sich nur schwer aussondern. Die Beeren der Rebsorten besitzen unterschiedliche Haltekräfte. Bei Riesling, Kerner oder Müller-Thurgau lösen sich die Stielgerüste leicht vom Stock, dadurch ist es auch mit niedrigen Schüttelfrequenzen möglich, ganze Trauben abzuschlagen. Bei Burgundersorten sind höhere Frequenzen nötig, die Beeren lösen sich leichter von den Stielen als die Stiele vom Stock. Starkes Einmaischen oder Saftverluste können die Folge sein.

Tab. 13 stellt die wesentlichen Ernteparameter von Maschinen- und Handlese, die einen Einfluss auf die spätere Weinqualität besitzen können, qualitativ nebeneinander.

Die Handlese erlaubt gegenüber der Maschinenlese eine differenzierte Ernte mit der Möglichkeit, sehr unterschiedliche Weine zu erzeugen. Sie besitzt zudem Vorteile bezüglich der Beschädigung der Beeren, der Grad der Einmai-

Tab. 13 Relativer Vergleich Hand- Maschinenlese (+ bedeutet positive Eigenschaft; Beispiel: bei der Handlese können weniger Fehler gemacht werden als mit einer Erntemaschine; die Handlese besitzt hier Vorteile)

	Erntemaschine	Handlese
Lesegeschwindigkeit	+++	+
Ernteverlust	+	+
differenzierte Lese	+	+++
Beerenbeschädigung	++	+++
Blätter, Stängel im Lesegut	+	+
Lesezeitpunkt optimierbar	+++	+
Kosten je Hektar	+++	+
Logistikaufwand	+++	+
Fehlermöglichkeiten	+	+++
verfahrenstechnische Varianten	+++	+

schung im frühen Stadium ist in der Regel niedriger. Die große Anzahl der Maschinenparameter, die auf den Traubenzustand exakt eingestellt werden müssen, ermöglicht eine beträchtliche Anzahl von Fehlern, die sich auf die Beschaffenheit der Trauben, den Ernteverlust oder die Beschädigung von Rebstöcken auswirken können. Nicht wenige Betriebe lesen aus diesen Gründen ihre Premiumprodukte von Hand. Der höhere Erlös beim Weinverkauf rechtfertigt dort auch die höheren Kosten.

Die Vorteile der Maschinenlese liegen neben den niedrigeren Kosten in der hohen Verarbeitungsgeschwindigkeit, die eine Lese zum optimalen Zeitpunkt ermöglicht und vergleichsweise wenig logistischen Aufwand erfordert. Die Stärken dieser Maschinen können in großflächig angelegten Weinbergen besonders ausgespielt werden. Die nördlichen Anbaugebiete sind gekennzeichnet durch kleinere Parzellen, oft mit großen Steigungen. Die Weinberge in den jungen Weinländern in Übersee dagegen sind weitgehend flach und erstrecken sich oft über Hunderte von ha. Zeilenlängen im Kilometerbereich sind keine Seltenheit. Daneben ermöglicht die Lesemaschine mehrere zusätzliche Arbeitsschritte und erlaubt einige Kelterhausarbeiten bereits im Weinberg.

3.1.2 Die Erntemaschine als verfahrenstechnisches Aggregat

Die Traubenlesemaschine ist inzwischen Stand der Technik. Die verschiedenen Anbieter versuchen sich durch Zusatznutzen zu differenzieren. Mehrere Zielrichtungen mit unterschiedlichem Entwicklungsstand zeichnen sich ab. Drei davon verlagern übliche Kelterhausarbeiten in den Weinberg.

3.1.2.1 Mengenreduzierung durch Ausdünnung

Um eine Auslastung der Traubenvollernter auch außerhalb der Ernteperiode zu ermöglichen, bieten die verschiedenen Hersteller An- und Aufbauprogramme für einen ganzjährigen Einsatz an. Technische Lösungen gibt es für die Bodenbearbeitung, Laubarbeiten, Pflanzenschutz, Rebschnitt, Düngung bis zur Entlaubung. Als weiteres Einsatzgebiet ist die mechanisierte Ertragsregulierung hinzugekommen. Der Flächenertrag ist ein wichtiges Qualitätskriterium. Im Deutschen Weingesetz sind deshalb Vermarktungsobergrenzen festgelegt, die von den Mitgliedern in Vereinigungen wie dem VDP laut Satzung oder von besonders qualitätsorientierten Betrieben freiwillig in Form einer Ertragsregulierung zum Teil deutlich unterschritten werden. Um die Erntemenge zu steuern, werden Trauben üblicherweise manuell ausgedünnt. Diese aufwendige und teure Handarbeit mit Kosten bis 500 Euro/ha kann durch Einsatz einer Erntemaschine in einem frühen Wachstumsstadium der Beeren ersetzt werden (Becerra 2013). Dazu werden die Schläger über die gesamte Rebenhöhe ausgerichtet und das Aufnahmesystem für die Trauben entfernt. Vielfach kommen umgebaute, ältere gezogene Vollernter zum Einsatz. Entscheidend für den Erfolg dieser Maßnahme ist die Maschineneinstellung: die Schüttelfrequenz muss gegenüber dem Normalbetrieb reduziert werden. Walg (2012) nennt Werte von 320–370 je Minute. Die abgetrennten Trauben oder Beeren fallen direkt in die Rebzeile. Neben den üblichen Vorteilen einer Ausdünnung (höheres Mostgewicht, Säurereduzierung, höherer Extrakt) wurden eine dickere Beerenhaut und kleinere, lockere Beeren festgestellt, die das Risiko eines Pilzbefalls verringern (Kührer 2009; Walg 2012). Die Reduzierung des Ertrages erfolgt nicht nur durch das Abschlagen von Traubenteilen, sondern auch durch das Absterben von Trauben und Beeren, die durch die Schüttler in Mitleidenschaft gezogen wurden. Daher sollte die Ausdünnquote 15 bis max. 30 % betragen (Walg 2012a).

3.1.2.2 Abbeeren der Trauben auf der Erntemaschine

Der erste verfahrenstechnische Arbeitsschritt im Kelterhaus ist meist das Abbeeren bzw. Entrappen der Trauben. Die Abbeermaschine besitzt ein Grundgestell mit einem Antriebsmotor. In diesem Grundgestell ist ein Abbeerkorb mit einer Schlägerwelle eingelassen. Durch die hohe Drehzahl der Schläger, z. B. 300 Umdrehungen je Minute beim klassischen rotativen Prinzip, wird eine große Radialbeschleunigung erzeugt, die die Trauben mit einem Vielfachen ihres Gewichtes gegen die Öffnungen des Korbes drückt und sie von ihrem Stielgerüst abschlägt (Weik 2003). Zur schonenderen Entrappung können die Drehrichtung des Abbeerkorbes und der Schlägerwelle sowie beide Drehzahlen rebsorten- und reifespezifisch, stufenlos eingestellt werden. Die Kämme werden in der Siebtrommel zum entgegengesetzten Ende transportiert und über eine Rutsche abgeführt. Als Alternative zu rotierenden Systemen kommen Abbeermaschinen zum Einsatz, bei denen die Trauben unmittelbar nach der Abtrennung vom Stock zwischen von beiden Seiten horizontal und hochfrequent schlagenden Kunststoffstäben geführt werden (System Pellenc). Die Beeren fallen durch ein Rollenband nach unten, die Kämme werden abgesaugt. Abbeersysteme gibt es seit den 90er-Jahren in die Erntemaschine integriert.

Die Abbeermaschine lässt sich als qualitätsverbessernde Maßnahme mit einem Sortierband kombinieren. Es besteht beim System Pellenc z. B. aus mehreren Rollenachsen, die direkt hintereinander montiert sind und zusammen eine

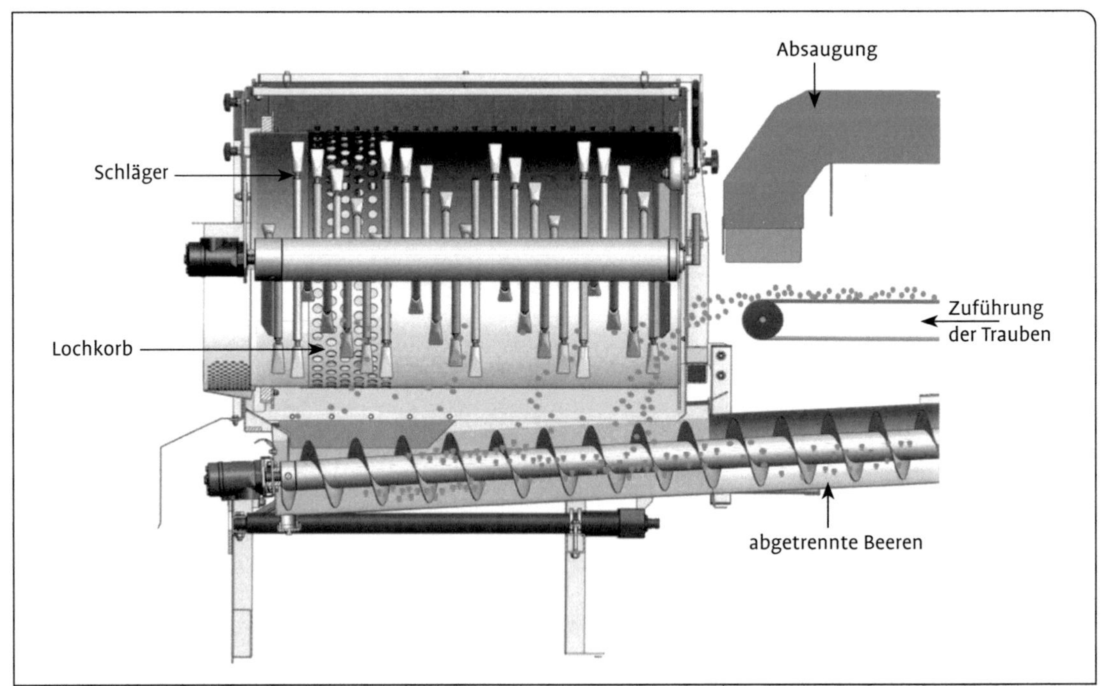

Abb. 25 Auf einer Erntemaschine integrierte Abbeermaschine (Quelle: Fa. ERO).

Sortierebene bilden. Angetrieben werden sie von einem kleinen Motor, der alle Rollen in die gleiche Rotationsrichtung drehen lässt. Die Sortierrollen werden leicht versetzt hintereinander montiert, sodass sie Öffnungen bilden. Durch diese fallen die Beeren in den Sammelbehälter. Die übrig gebliebenen Rappen und andere Fremdkörper werden am Ende des Sortiertisches seitlich in die Rebzeile entsorgt.

Abb. 25 zeigt eine Vorrichtung mit Schlägerwellen integriert auf einem Vollernter. Arbeitswirtschaftlich ergeben sich mit dieser Verlagerung von Kelterhausarbeiten große Vorteile. Die Presse oder zuvor der Stapeltank können im Kelterhaus auf direktem Weg beschickt werden. Die Kämme verbleiben im Weinberg, wo ihre Biomasse am Ort der Entstehung als Dünger direkt wieder in den Boden eingearbeitet werden kann. Das Risiko einer Extraktion von Gerbstoffen oder anhaftenden Pflanzenschutzmitteln wird minimiert.

3.1.2.3 Die Direktentsaftung der Maische mithilfe eines integrierten Dekanters

Die logische Fortsetzung des unmittelbaren Abbeerens auf der Erntemaschine ist die direkt anschließende Entsaftung. Durch die rationelle Ernte und die unmittelbare Saftgewinnung im Weinberg können Prozesszeiten für weiße Trauben oder bei der Rosé-Herstellung erheblich verkürzt werden. Dieser zusätzliche verfahrenstechnische Schritt direkt im Weinberg verbessert die Kontrolle mikrobiologischer und enzymatischer Prozesse und vermindert die Extraktion unerwünschter Inhaltstoffe aus der Beerenhaut oder dem Stielgerüst. Anstelle der Beeren bzw. Maische muss allein der Saft ins Kelterhaus transportiert werden. Trester und Stielgerüst, 20–30 % des Leseguts, verbleiben direkt am Ort der Entstehung. Zudem ist der Transport von Flüssigkeiten einfacher zu bewerkstelligen als der von Maische oder Trauben, zur Entladung reichen einfache Pumpen. Zur Bewältigung dieser verfahrenstechnischen Herausforderung laufen seit einigen Jahren Versuche mit einer auf dem Vollernter integrierten Horizontal-Schneckenzentrifuge (Dekanter; siehe dazu Kap. 3.3). Diese Maschine trennt den Saft mittels Zentrifugalkraft kontinuierlich von den Beerenhäuten. Verfahrenstechnisch sind sowohl die Pressung als auch die Zentrifugation eine Fest-Flüssig-Trennung. Voraussetzung ist, dass die Zellen durch das Abbeeren und den Pumpvorgang aufgebrochen sind. Die bisherigen Ergebnisse der Großversuche in Deutschland, Chile, Frankreich und Neuseeland sind vielversprechend (PCT-Patent 2005; Hühn et al. 2007). Saftqualität und Ausbeute sind vergleichbar mit den herkömmlichen Verfahren. Die Entwicklung befindet sich im Stadium der Optimierung, um Entsaftung und Lesemaschine leistungsmäßig abzustimmen und störende Blattstiele vor Einlauf in den Dekanter vollständig zu entfernen. Konstruktive Maßnahmen sollen zudem das Gewicht der Gerätekombination reduzieren, um die Flächenbelastung im Weinberg zu verringern. Im Erfolgsfalle wird damit die Verarbeitung von Trauben revolutioniert. Große ökonomische und technologische Vorteile ergeben sich in dem Fall für Anbaugebiete mit großen, langzeilig angelegten Rebflächen bzw. langen Transportwegen, also für Länder wie Australien oder die USA.

3.1.2.4 Dosage von Behandlungsmitteln auf der Erntemaschine

Alle Verfahren der Maischebehandlung können grundsätzlich bereits auf der Lesemaschine erfolgen. Dazu gehören der Oxidationsschutz durch eine Schwefelzugabe oder mit Kohlendioxid, aber auch die Zugabe von Enzymen, Aktivkohle oder Gelatine. Über maßgeschneiderte Dosiereinheiten lassen sich diese Stoffe mengenproportional dosieren. Im Falle einer Direktentsaftung mit dem Dekanter kann die Palette der Maische-Behandlungsmittel um die des Mostes erweitert werden. Nicht zuletzt besteht die Möglichkeit, die alkoholische Gärung durch Zusatz von Reinzuchthefe bereits im Weinberg einzuleiten und die Transportzeit samt intensiver Vermischung während der Fahrt bereits für die Vermehrung der Hefezellen auszunutzen. Eine derart ausgestattete Erntemaschine wäre Lesegerät und Kelterhaus gleichzeitig. Die Abläufe würden dadurch grundlegend verändert, gleichermaßen aber auch die Anforderungen an die Maschine und deren Bedienung.

3.2 Einfluss der Förderung bzw. Stapelung im Kelterhaus

Die Traubenlese führt je nach verwendetem System und Traubenzustand zu mehr oder weniger viel aufgeplatzten Beeren und erzeugt freien Saft, der in Kontakt mit den Beerenhäuten steht. Von diesem Moment an bis zum Angären ist der Traubensaft ungeschützt gegen chemische, enzymatische und mikrobiologische Angriffe. Die dabei unvermeidlichen Veränderungen laufen unkontrolliert ab und oft in Richtung einer Qualitätsverschlechterung. Freier Saft extrahiert Beereninhaltsstoffe und spült auf der Beerenhaut sitzende Mikroorganismen ab, aber auch anthropogene Stoffe wie Pflanzenbehandlungsmittel oder Umweltkontaminationen. Eine Folge und ein Produkt dieser Vorgänge ist letztlich die Spontangärung, wo der Zufall planerisches Management ersetzt. Ein Restrisiko bleibt, zum Glück schränkt der niedrige pH-Wert die Aktivität vieler Mikroorganismen ein und hilft der Weinhefe *Saccharomyces cerevisiae* sich rasch durchzusetzen.

Hauptsächliches Ziel der Lese und des Traubentransports ist, den Grad der Einmaischung und das Zeitfenster für alle nicht kontrollierbaren Folgeprozesse zu reduzieren auf die Zeit, die für erwünschte Extraktionsvorgänge als notwendig erachtet wird. Alle diese Vorgänge sind eine Funktion der zur Verfügung stehenden Reaktionszeit und der Temperatur. Die meisten chemischen Verbindungen der Zellwand sind in einem komplexen System eingebunden. Sie müssen zunächst aus ihrem chemischen Verbund gelöst werden, bevor sie in den Saft diffundieren und dort gelöst werden können. Je länger die Kontaktzeit, je stärker die vorausgehende mechanische Belastung, desto intensiver ist der Prozess, desto mehr Substanzen gelangen in den Saft.

3.2.1 Verfahrens- und maschinentechnische Möglichkeiten auf dem Weg in die Presse

Abb. 26 zeigt eine Auswahl technischer Möglichkeiten für den Weg der Trauben bzw. der Maische ins Kelterhaus. Die Wahl des Transportsystems und die Bearbeitung im Kelterhaus vor der Presse richten sich nach den örtlichen Gegebenheiten, der Betriebsgröße und der Betriebsphilosophie. Viele Techniken lassen sich sinnvoll kombinieren, alle haben sie einen Einfluss auf die Beschaffenheit des späteren Weines. Letztlich muss der Weg zur Presse in ein Gesamtkonzept eingebettet sein, das alle Verfahrensschritte integriert. In den letzten Jahren konnte eine Verschiebung der Denkweise von maximaler Effizienz hin zu einer qualitätsorientierten, d. h. schonenden Verarbeitung festgestellt werden (Christmann 2001; Weik 2010). Arbeitsschritte wurden eingespart, Wege verkürzt. Verstärkt durchgesetzt haben sich der Transport in Bütten bzw. in Einheitsbehältern oder in Traubenwagen mit einer Hubeinrichtung.

Eine dabei zusätzlich mögliche Vibrationsentleerung erlaubt die schonende Übergabe der Trauben ohne Pumpvorgang. Auch Gabelstapler mit Drehkranz sind in der Lage, Bütten oder Wagen aufzunehmen und das Lesegut direkt in die Presse oder einen Stapelbehälter zu entleeren (Seckler et al. 2001). Diese Systeme sind in der Kapazität beschränkt, ermöglichen aber eine schonende Verarbeitung auf lediglich einer Arbeitsebene. Das entspricht dem Bedürfnis vieler Betriebe, die Transportsysteme und Kelterhalle aus arbeitswirtschaftlichen Gründen mehrfach nutzen wollen und nur über begrenzte Investitionsmittel verfügen.

Grundsätzlich sind die folgenden verfahrenstechnischen Schritte auf dem Weg von der Traube zur Presse möglich und werden in der Praxis entsprechend der betrieblichen Gegebenheit eingesetzt:

- **Traubenlese** von Hand oder maschinell,
- **Transport** als Trauben bzw. als Maische,
- **Entleerung der Transportbehälter** über Pumpen (hauptsächlich Schlauchpumpen, Exzenterschneckenpumpen, Schieberpumpen, Drehkolbenpumpen), alternativ mit Schnecken, Bändern, Absaugvorrichtungen oder Hubeinrichtungen (Schwerkraftförderung),
- **innerbetrieblicher Transport** mit Pumpen, Förderbändern, Schneckenförderer oder über die Ausnützung der Schwerkraft,
- **Sortieren/Selektieren**,
- **Oxidationsschutz** mit SO_2, Ascorbinsäure oder CO_2-Eis bei Trauben, Maische oder Most,

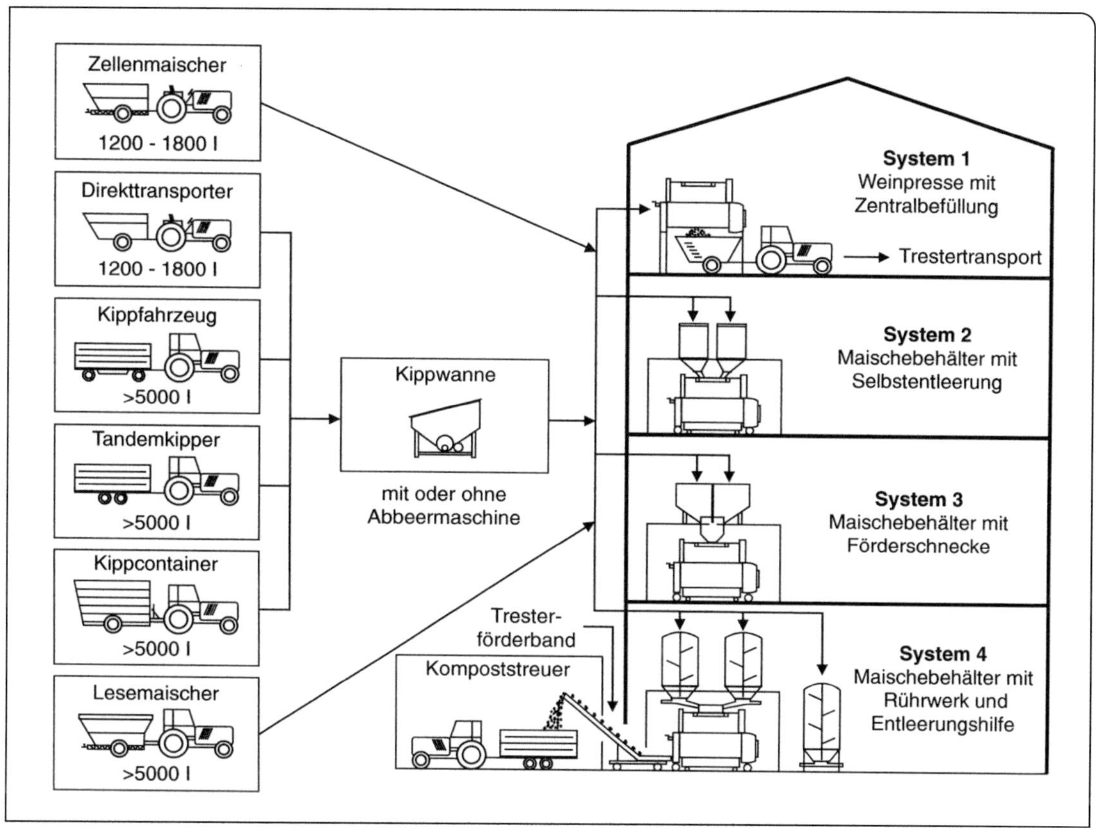

Abb. 26 Mögliche Techniken und Kombinationsmöglichkeiten auf dem Weg von der Traube zur Presse (nach Pfaff, zitiert in Hamatschek 1997).

- **Abbeeren**,
- **Mahlen bzw. Quetschen**,
- zeitweises Stapeln für einen **Maischekontakt** („ziehen lassen") oder als Puffer vor der Presse,
- Zugabe von chemischen **Behandlungsmitteln** und Enzymen,
- **Maischekühlung (Kaltmazeration)**,
- **Maischegärung oder Maischeerhitzung** (bei roter Maische).

Jeder Verfahrensschritt hat Konsequenzen für die Saftzusammensetzung und muss im Zusammenhang mit den anderen gesehen werden.

3.2.2 Einfluss der Trauben- und Maischebehandlung auf Most und Wein

Der Einfluss unterschiedlicher Systeme und ihrer Kombinationsmöglichkeiten von der Lese bis zur Presse auf die Zusammensetzung des Mostes oder die spätere Weinqualität wurde von zahlreichen Autoren unter Produktionsbedingungen und über mehrere Jahrgänge untersucht. Tab. 14 fasst die aktuelle Literatur und die darin bestimmten Einflussgrößen zusammen. Messgrößen waren vor allem der Trub, der Gerbstoffgehalt, der Kaliumgehalt, der pH-Wert sowie die Säurezusammensetzung im Saft und in einigen Fällen die sensorische Weinqualität. Alle diese Größen sind ein Maß für die Belastung der Beerenhaut, in der die wertbestimmenden Substanzen in der Hauptsache konzentriert sind.

Angesichts der zahlreichen weiteren Parameter, die die Qualität des späteren Weines beeinflussen, sind Aussagen über die Wirkung einzelner Schritte Stelle kritisch zu hinterfragen. Die unterschiedlichen Jahrgänge und Traubensorten, eine uneinheitliche Analytik, verschiedene Messgrößen und Verfahrenstechniken machen zudem einen direkten Vergleich der Ergebnisse schwierig. Teilweise widersprechen sie sich sogar vermeintlich. Unabhängig davon lassen sich belastbare Trends ableiten. Nachfolgend werden die Ergebnisse der Untersuchungen entsprechend der Struktur von Tab. 14 zusammengefasst. Zu den verschiedenen Möglichkeiten, Trub zu messen und die Ergebnisse zu bewerten, siehe Kap. 5. Chemie und Analytik der phenolischen Verbindungen werden in Kap. 4 im Zusammenhang mit der Rotweinproduktion beschrieben.

3.2.2.1 Einfluss der Rebsorte und des Zustandes der Beeren

Mit dem Einfluss von Rebsorte und Beschaffenheit der Beeren auf die Zusammensetzung des Mostes hat sich Maul (1997) beschäftigt (Tab. 15). Bei identischer Verarbeitung fand er die Sorte Müller-Thurgau deutlich trubärmer als vor allem die Sorte Riesling, die auf doppelt so hohe Werte kam. Silvaner und Kerner bewegten sich dazwischen. Offensichtlich benötigt der Riesling aufgrund seiner kleinen Beeren mehr mechanischen

Tab. 14 Literaturzusammenstellung zu Untersuchungen über Einfluss- und Zielgrößen des Traubenweges bis zur Presse

		Literatur	Messgrößen
Rebenzustand	Rebsorte Reifegrad Pilzbefall/Fäulnis Beerengröße	Maul 1997 Walg 2012 Maul 1997; Seckler 1997 –	Safttrub Safttrub
Erntetemperatur		Degünther 2012	Temperatur Lesegut
Scherkräfte	Lesetechnik (Hand/ Maschine)	Maul 1997/1998; Seckler 1997; Rühling 2003	Safttrub, Phenole
	Förderpumpen (Kelter, Traubenwagen)	Maul 1987/1998; Weik 2006/2010; Seckler 2001	Safttrub; Phenole
	Förderschnecken (Kelter, Traubenwagen)	Weik 2003	
	Quetschen/Mahlen der Beeren	Maul 1997/1998; Seckler et al. 2010	Safttrub; Phenole
	Transportsystem (Bütten, Wagen)	Maul 1987; Seckler 1997; Weik 2009	Safttrub; Phenole
	Abbeeren	Weik 2003	
	Befüllen des Stapeltanks vor der Presse	Maul 1987; Seckler et al. 2001; Weik 2006; Maul 1997	Safttrub; Phenole
Verarbeitungszeit	Transportzeit	–	
	Maischestandzeit	Christmann 2001; Schneider 1996	pH-Wert, Säuren
	Pressdauer	Seckler et al. 2010	
Traubenverarbeitung im Zusammenhang		Christmann 2001; Seckler 1997; Seckler et al. 2001; Maul 1987/1997; Breier 2012	diverse Größen

Tab. 15 Trubanteil nach Rebsorten (links) und in Abhängigkeit vom Fäulnisgrad (Maul 1997)

Rebsorte	im Vgl. v. 2 Jahren		Anteil an Fäulnis	Verhältnis
Müller-Thurgau	100 %	100 %	1 %	100 %
Silvaner	126 %	90 %	5 %	100 %
Kerner	163 %	123 %	10 %	150 %
Riesling	211 %	198 %	40 %	190 %

Aufwand zur Entsaftung oder er befand sich in einem wesentlich späteren Reifezustand.

Ein Anteil fauler Beeren bis 6 % wirkte sich praktisch nicht auf die Beschaffenheit des Mostes aus, ab 10 % stiegen die Trubwerte stark an, um sich bis 50 % mehr als zu verdoppeln. Vergleichbare Aussagen finden sich bei Seckler et al. (2001).

3.2.2.2 Einfluss von Temperatur/Klimaveränderung

Ein Maß für die durchschnittliche Temperaturintensität, die auf eine Fläche einwirkt, ist der Huglin-Index (Huglin 1978). Er berücksichtigt Temperaturmessungen für den Zeitraum vom 1. April bis zum 30. September eines Jahres und deckt damit die für den Wein maßgebliche Vegetationszeit ab. In die Berechnung gehen sowohl die Tagesdurchschnittstemperaturen als auch die Maximalwerte jedes Tages ein. So stieg der Durchschnittswert von 1500 Indexpunkten im Jahr 1951 auf inzwischen ungefähr 1700 im Jahr 2000. Verschiedene Klimamodelle zeigen eine Fortsetzung des Trends an, sodass in Deutschland bis zum Jahr 2050 mit einer Zunahme um weitere 200 Indexpunkte auf dann etwa 1900 zu rechnen ist. Damit wäre der Anbau regionaltypischer Weißweine wie Müller-Thurgau oder Riesling problematisch, nicht zuletzt weil die für die nördlichen Anbaugebiete typische Säure nachts abgebaut wird und eher alkohollastige, schwere Weine entstehen. Der Jahrgang 2003 hat einen Vorgeschmack auf diese Entwicklung gegeben. Für das Anbaugebiet Württemberg wurden an der LVWO in Weinsberg bei den Rebsorten Weißburgunder, Grauburgunder und Riesling von 1990–2010 ein durchschnittlicher Anstieg des pH-Wertes um 0,2 Einheiten ermittelt, im selben Zeitraum stiegen bei den württembergischen Rotweinen die Mostgewichte um 10–15 °Oe an (Schmidt 2012). Auch die Trendlinien für die Lesereife bzw. das Blüteende zeigen eine deutliche Verfrühung. Zwischen 1968 und 2004 verkürzte sich im statistischen Mittel das Ende der Blüte im Anbaugebiet Franken vom 5. Juli auf den 19. Juni (Hofmann 2006). In Württemberg wurde beobachtet, dass Austrieb, Blüte und Reifebeginn in den Monaten April bis Juni 18 Tage früher abgeschlossen waren. Bisher im Süden Europas beheimatete Sorten werden auf Dauer weiter nach Norden wandern. Bereits stattgefunden hat eine Verschiebung zu Sorten wie Chardonnay, Merlot, Tempranillo oder Cabernet Sauvignon, die seit einigen Jahren in Deutschland angebaut werden (Stock et al. 2007; Rheinland-Pfalz Bank 2009).

Die Klimaerwärmung spielt neben den langfristig wirkenden Veränderungen im Sortenspiegel oder durch frühzeitigere Erntetermine vor allem bei der Lese selber eine große Rolle. In den klimatisch eher instabilen nördlichen Anbaugebieten können dabei je nach Jahrgang Temperaturextreme zwischen 0 und 30 °C vorkommen, wobei in den letzten Jahren eine Verschiebung in den höheren Bereich festzustellen war. Die Temperatur bei der Lese ist ein wichtiger Parameter für die Extraktion und nachfolgende stoffliche Veränderung. Alle biologischen Prozesse sind eine Funktion dieser Temperatur: Enzymatische Reaktionen verdoppeln ihre Geschwindigkeit bei einer Erhöhung um 5–10 °C (RGT-Regel), ebenso erhöhen Mikroorganismen ihre Aktivität, je wärmer das Medium ist. In sehr warmen Klimazonen wird die Traubenlese vielfach in die kühleren Nachtstunden verlegt und kann deshalb nur mechanisch durchgeführt werden.

Auch in Deutschland wird aus diesem Grund bereits eine Lese möglichst früh am Morgen empfohlen. Degünter (2012) ermittelte z. B. an einem warmen Tag Ende September 2012 frühmorgens im Lesegut eine Kerntemperatur von 8,8 °C, die sich bis gegen Mittag auf über 24° erhöht hatte. Abends lag sie immer noch bei 16°. Über den Tag gemittelt erwärmten sich die weißen Trauben auf über 18°. Diese Temperatur begünstigt einerseits die Spontangärung, sie wird für eine kontrollierte Gärung mit Reinzuchthefe aber als zu hoch angesehen, wenn fruchtige, frische Weine erzeugt werden sollen. Rote Trauben nehmen aufgrund der geringeren Reflexion eine noch höhere Temperatur an, die allerdings dem Ziel einer wärmeren Vergärung entgegenkommt (siehe dazu Kap. 4).

3.2.2.3 Der Einfluss von Scherkräften auf Beeren und Maische

Eine qualitätsorientierte Kellerwirtschaft muss schonend arbeiten. Der Transport von Traube oder Maische, jede mechanische Manipulation, sind aber unvermeidbar mit einer Belastung des Gewebes verbunden. Der Eigendruck der Trauben in einem größeren Behälter reicht bereits aus für Beschädigungen. Dessen Befüllen oder Entleeren, unabhängig ob mit Pumpen, Schnecken, Bändern oder durch hydraulische Systeme, verstärken diesen Effekt. Maul (1997) fand bei jedem Pump- bzw. Fördervorgang in Abhängigkeit von Traubensorte und -zustand eine Truberhöhung von 0,5–1 %vol. Die dabei auftretenden Scherkräfte zerfasern die Beerenhaut, produzieren Bruchstücke unterschiedlicher Größe und erhöhen die Menge an Gerbstoffen und Mineralien. Die Größenordnung der Trubstoffe reicht von grobdispersen Teilchen, die als Grobtrub leicht abgetrennt, aber zum Teil nur mühsam weiter verarbeitet werden können, über kolloidale Teilchen, die die Filtration erschweren bis zu echt gelösten Verbindungen, die im Wein verbleiben oder gegebenenfalls ausgeschönt werden müssen (zu Trubstruktur und Trübungsmessung siehe Kap. 5). Die Wirkung von Scherkräften lässt sich nicht isoliert betrachten. Ihre Wirkung ist eine Funktion des Beerenzustandes, also der Rebsorte, des Reifegrades und des Fäulnisanteils. Die eingesetzte Technik ist entscheidend für die Größe der angreifenden Scherkräfte und damit den Trubanfall im Traubensaft.

Mechanische Belastungen der Beeren entstehen hauptsächlich durch Druck- und Schubkräfte. Druckkräfte sind im Wesentlichen hydrostatische Kräfte, wenn die Beeren in hoher Schichtdicke lagern und ein großes Eigengewicht auf die unten liegenden wirkt. Im ersten Moment werden die angreifenden Druckkräfte seitlich abgeleitet, bis die Schüttdichte ihr Maximum erreicht hat. Reife, pralle Beeren mit weicher Zellwand neigen dann leichter zum Platzen, als noch unreife. Treten keine Zugkräfte parallel auf, reißen die Beeren irgendwann an einer Stelle wegen Überbelastung auf, der Vakuolen-

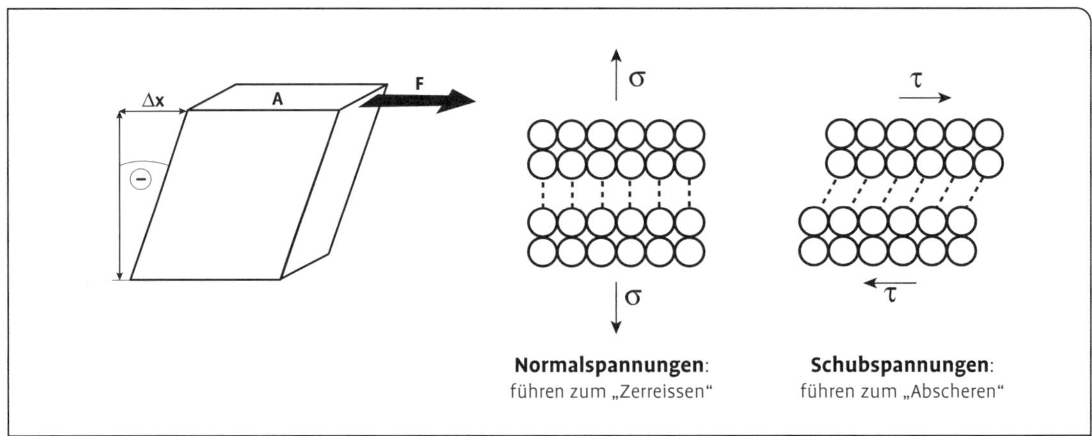

Abb. 27 Prinzip der Normalspannung und der Scherung (vereinfacht nach Tscheuschner 1996).

saft kann auslaufen. Die mechanisch bedingte Trubbildung wird in dem Fall vergleichsweise gering bleiben.

Kritischer sind in der kellerwirtschaftlichen Praxis Schubspannungen bzw. -kräfte, die auf die Beerenhaut bzw. Trubteilchen allgemein wirken. Diese Kräfte führen zu einer Scherung, d. h. zu einer durch die Wirkung von Kräften hervorgerufene Verformung eines Körpers ohne Änderung seines Volumens. Verschiebt man z. B. die beiden Deckel eines Buches parallel gegeneinander, bilden Buchrücken und Seitenstapel einen Winkel ungleich 90°.

Abb. 27 zeigt das Prinzip der Scherung. Bei der Scherung steht die Scherkraft F mit der Schubspannung bzw. Scherspannung τ (tau) und der Fläche A im Verhältnis:

$\tau = F/A$ (SI-Einheit: Newton(N)/m^2 = Pa (Pascal))

Die Schubspannung hat die Dimension eines Druckes, ist also eine Kraft pro Fläche, wobei die Kraft entlang der Fläche wirkt. Ein Würfel mit der Fläche A in m^2 verändert unter dem Einfluss einer tangential an einer Oberfläche angreifenden Kraft F seine Form.

In der Praxis der Kellerwirtschaft handelt es sich üblicherweise um laminare Scherströmungen, d. h. um eindimensionale Strömungen zwischen zwei Platten infolge Bewegung der einen Platte mit einer Verschiebungsgeschwindigkeit (Tscheuschner 1996).

Solange τ als angreifende Kraft kleiner oder gleich der inneren Haltekraft ist, bleibt das System stabil. Die Strömung in einer Leitung oder die Bewegung durch Rührwerke schaffen keine Strukturveränderung. Wird τ aber größer als diese innere Kraft, nehmen die Strukturen scha-

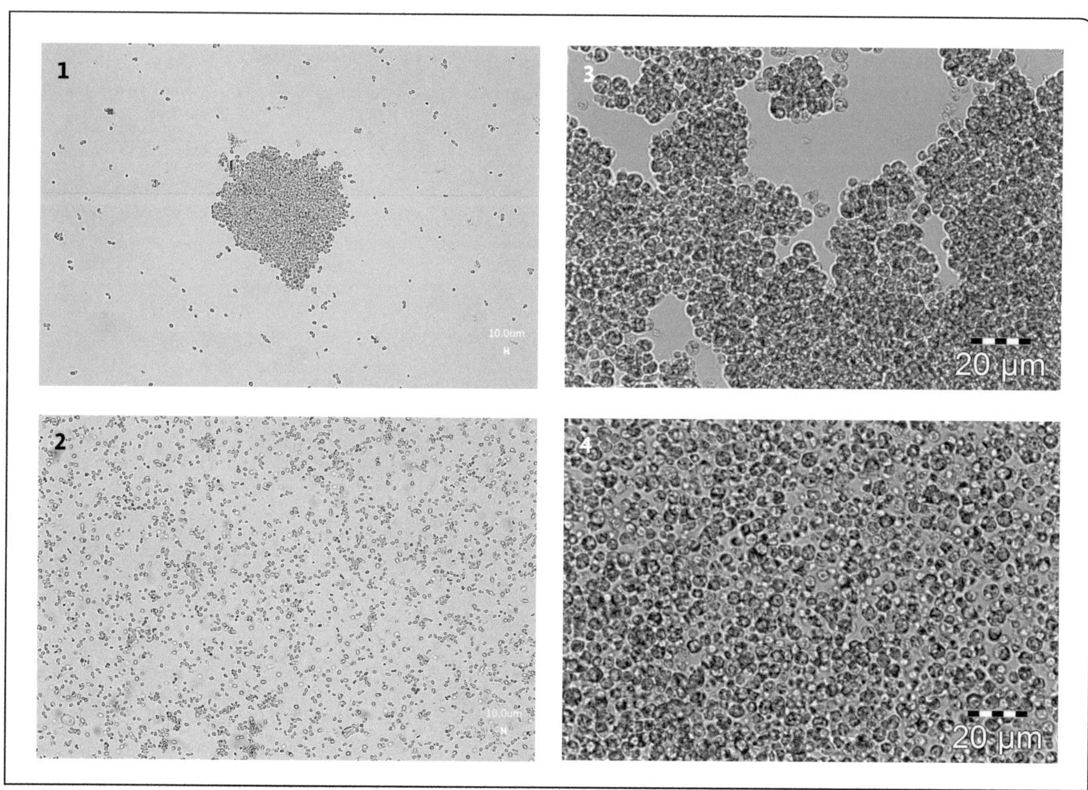

Abb. 28 Beispiele für scherempfindliche Teilchen:
1 + 3: lichtmikroskopische Aufnahmen v. Mikroorganismenkollektiven;
2 + 4: lichtmikroskopische Aufnahmen v. Mikroorganismenkollektiven nach Scherkrafteinwirkung
Quelle: Krienke, GEA Westfalia Separator GmbH

den. Die physiko-chemischen Bindungskräfte, mit denen Zellen im Gewebe, Zellwände in ihrer Matrix-Struktur bzw. Moleküle oder Molekülassoziate in ihrer Verbindung gehalten werden, reichen nicht mehr aus. Die Strukturen brechen auf. Je größer die wirksame Kraft, je weicher das Gewebe, desto intensiver ist die Strukturzerstörung. Die Kraft ist eine Funktion der Geschwindigkeit. Hohe Strömungsgeschwindigkeiten in Leitungen, hohe Drehzahlen von Exzenterschnecken- oder Kreiselpumpen, von Abbeermaschinen, Traubenmühlen, Schneckenförderern usw. üben entsprechend große Kräfte aus. Die Konsequenzen sind ein hoher Trubanfall im Most, die Zunahme phenolischer Verbindungen und ein Anstieg aller chemischen Substanzen, die Hauptsächlich in der Beerenhaut lokalisiert sind. Beschädigungen betreffen nicht nur das Beerengewebe. Im weiteren Verlauf der Most- und Weinbehandlung betrifft dieser Effekt sowohl die grobdispersen als auch die kolloidalen Trubstoffe, die zerkleinert werden und die nachfolgenden Klärmaßnahmen stark beeinträchtigen können. Einzelne Geräte können wie Kolloidmühlen wirken.

Abb. 28 zeigt Beispiele für scherempfindliche Teilchen. Mikroorganismen sind vielfach miteinander verbunden. Scherkräfte können sie vereinzeln und nach einer Behandlung beim Auszählen auf Nährplatten auf einmal eine wesentlich höhere Zellzahl ergeben als vorher. Gleiches ist für Trubstoffkollektive möglich, die nur schwach adsorptiv verbunden sind.

Mechanische Belastungen durch Maischepumpen

Zum Transport der Maische kommen hauptsächlich Pumpen mit umlaufendem Verdränger und großem Querschnitt zum Einsatz. Drehkolbenpumpen, Schieberpumpen, Exzenterschneckenpumpen und Schlauchpumpen sind über entsprechend dimensionierte Schlauch- oder Rohrleitungen in der Lage, auch größere Entfernungen zu überwinden (Weik 2010). Zu Aufbau und Wirkungsweise von Pumpen siehe Kap. 9. Seckler (2001) empfiehlt zur Minimierung von Scherkräften eine Strömungsgeschwindigkeit von höchstens 0,7 m/sec bei ganzen Trauben und 1 m/sec bei entrappter Maische. Daraus errechnen sich maximale Volumenströme in Abhängigkeit des Leitungsquerschnitts. Eine Leitung DN60 darf demnach bis 7 m^3 ganze Trauben je Stunde beschickt werden, bei DN 125 erhöht sich der akzeptable Volumenstrom auf 31 m^3. Die Lei-

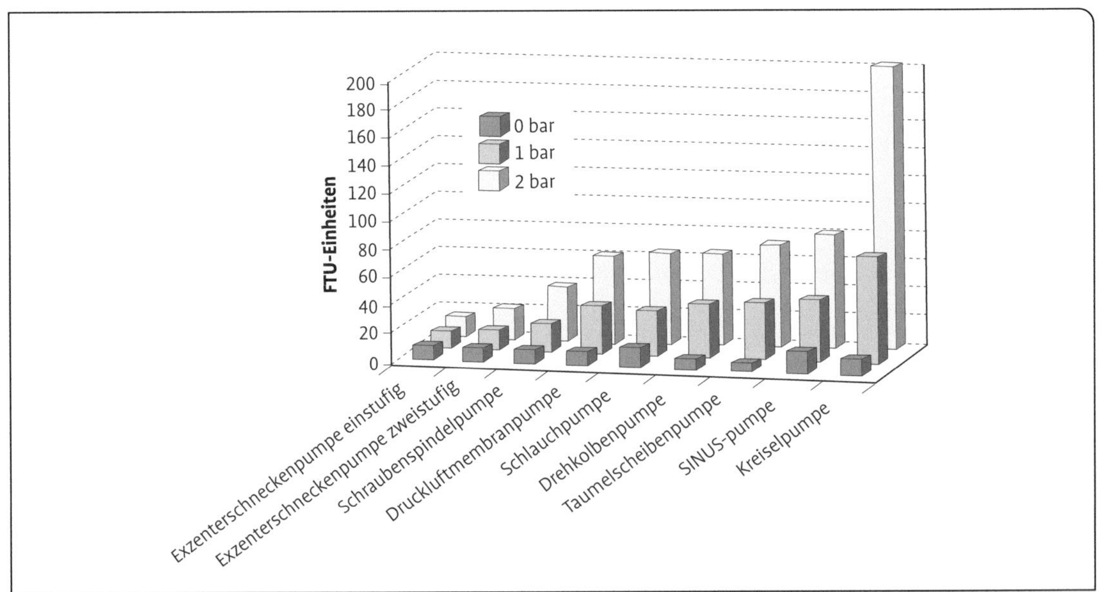

Abb. 29 Pumpenvergleich bei verschiedenen Druckstufen (nach Schwienheer, zitiert in Weik 2010).

tungsinnenwände müssen möglichst glatt sein, das Rohrleitungssystem sollte wenig Bögen oder Krümmungen aufweisen und auf keinen Fall Verengungen.

Bei Pumpen spielt die Drehzahl die entscheidende Rolle. Je niedriger, desto schonender. Die Drehzahl kann bei den sehr häufig eingesetzten Exzenterschneckenpumpen z. B. durch einen größeren Rotordurchmesser verringert werden. Bei Förderschnecken wirken sich die Relation Außendurchmesser zu Durchmesser des Schneckenkerns, die Drehzahl sowie die Steigung der Schnecke auf die Erzeugung von Scherkräften aus.

Abb. 29 zeigt den Einfluss verschiedener Pumpen und unterschiedlichen Drücken auf die Scherbelastung von Pfirsichstückchen in einer Zuckerlösung. Je stärker das empfindliche Fruchtgewebe durch die Pumpe geschert wurde, desto größer wurde die Trübung der Flüssigkeit. Im Niederdruckbereich arbeiten alle Pumpentypen vergleichsweise schonend. Nur die Exzenterschneckenpumpen erzeugen auch bei einem ansteigenden Druck kaum zusätzlichen Trub. Ausgestattet mit Trockenlaufschutz und frequenzgeregelter Drehzahlsteuerung sind sie überall dort, wo Teilchen zerschlagen werden können, derzeit erste Wahl. Bei allen anderen Systemen zeigt sich eine starke Abhängigkeit von der Druckstufe, am stärksten ausgeprägt bei der Kreiselpumpe.

Mechanische Belastungen durch eine Traubenmühle (Quetschung)

Der Einfluss der Beerenquetschung wurde von Maul (1997, 1998) untersucht. Er fand, dass bei der Sorte Riesling des Erntejahres 1996 zwischen einer schwachen (Position 12 von 14) und einer starken Quetschung (Position 4 von 14) 50 % Unterschied in der Truberzeugung liegen können. Auch bei der Sorte Silvaner des gleichen Jahrgangs führte die Quetschung zu höheren Trubgehalten. Aufgrund dieser Erkenntnisse empfiehlt er, die Quetschvorrichtung so einzustellen, dass im Trester nach dem Pressen gerade keine unbeschädigten Beeren mehr gefunden werden. Das erfordert eine sorten- und zustandsabhängige Einstellung des Geräts, bei Riesling enger, bei Müller-Thurgau weiter.

Mechanische Belastungen durch Abbeeren

Trauben können bereits im Weinberg auf der Erntemaschine oder durch Abbeermaschinen an entsprechend ausgestatteten Maischewagen von ihrem Stielgerüst getrennt werden. Großbetriebe mit zahlreichen Zulieferern führen diesen Schritt als erste Maßnahme nach der Anlieferung ins Kelterhaus durch. Sie bevorzugen eine unbehandelte Maische, um nicht 2-mal mechanisch zu schädigen. Zudem ist die Effizienz des erneuten Durchgangs durch die Abbeermaschine niedrig. Wie bei praktisch allen Trennvorgängen gibt es auch beim Abbeeren keinen perfekten Trennschnitt. Die Maische enthält trotz Einsatzes einer Abbeermaschine noch Pflanzenreste, die Kämme enthalten Beeren. Die Größenordnung ist system- und traubenabhängig und liegt nach Untersuchungen von Weik (2003) in der Größenordnung von 2–5 %. Traubenverluste machen zwischen 1 und 2 % aus. Hand- und Maschinenlese unterscheiden sich dabei nicht signifikant.

Bei Trauben zur Rotweinproduktion ist das Abtrennen des Stielgerüsts unumstritten. Eine Maischegärung mit allen Rappen führt zu rapsigen, bitteren Weinen mit extrem hohen Gerbstoffgehalten. Weik (2003) hat dazu die Phenolstruktur im Vergleich untersucht. Die Vergärung mit Rappen führt zu höheren Gehalten an Catechinen, Epicatechinen und der Gallussäure, aber auch einer größeren Menge polymerisierter Phenole. Derartige Rotweine entsprechen nicht dem in den nördlichen Anbaugebieten vorherrschenden Verständnis. Der Grad der Gerb- und Farbstoffextraktion wird zusätzlich durch das Rotweinverfahren beeinflusst (siehe dazu Kap. 4). Eine Erhitzung ganzer Trauben im geschlossenen System gestaltet sich darüber hinaus als technisch sehr anspruchsvoll und wird praktisch nicht durchgeführt.

Bei weißen Trauben wird Abbeeren kontrovers diskutiert. Großbetriebe nützen aus arbeitswirtschaftlichen Gründen vielfach diesen Arbeitsschritt, kleinere und mittlere verzichten oft darauf. Weik (2003) findet bei Mosten aus abgebeerten Maischen eine deutlich höheren Trubgehalt und auch tendenziell mehr Gerbstoffe (siehe Tab. 16). Der Einfluss des Abbeerens auf die Trubbildung ist größer als der einer Maischestandzeit.

Tab. 16 Einfluss des Abbeerens und der Maischestandzeit auf Trub und Gesamtphenole (Weik, 2003)

Variante	pH-Wert	Säure g/l	Dichte	Trubgehalt %	Gerbstoffgehalt g/l
Kontrolle Müller-Thurgau entrappt, keine Standzeit	3,4	6,5	1,0723	2,83	281
Müller-Thurgau, entrappt, Maischestandzeit 5 Stunden	3,4	6,4	1,0729	1,84	315
Kontrolle Müller-Thurgau nicht entrappt, keine Standzeit	3,5	6,6	1,0693	0,70	229
Müller-Thurgau nicht entrappt, Maischestandzeit 5 Stunden	3,6	6,6	1,0707	0,44	259

Zu vergleichbaren Ergebnissen kommen Seckler et al. (2010). Die Autoren sehen das Abtrennen des Stielgerüsts als insgesamt nachteilig für die Weinqualität an. Abbeeren produziert nicht nur mehr Trub und phenolische Verbindungen, sondern reduziert zusätzlich die Saftausbeute. Zudem wird das Aufschüttvolumen geringfügig verändert. Das Stielgerüst unterstützt den Pressvorgang, die Maische wird weniger verdichtet und die Auflockerung gestaltet sich einfacher.

Traubensortierung im Anschluss an das Abbeeren

Unabhängig von der Fähigkeit der Abbeermaschine und des nachgeschalteten Sortierbandes besteht das Lesegut immer aus mehr oder weniger vielen unerwünschten Bestandteilen. Blätter und Stiele sind das eine, unreife Trauben oder solche mit Fäulnis das andere. Klimabedingt höhere Lesetemperaturen ermöglichen ein beschleunigtes Pilzwachstum und führen zu einer dynamischen Beeinträchtigung der Traubenbeschaffenheit. Die Selektion zur Qualitätssteigerung und Qualitätssicherung kann bei überschaubaren Erntemengen manuell bereits im Weinberg oder im Kelterhaus auf Sortiertischen erfolgen. Versuche, diesen arbeitsaufwendigen Prozess mittels optischer Methoden zu automatisieren, stehen noch am Anfang (Schmidt 2013). In Deutschland haben sich z. B. die DLR Mosel oder die Hochschule Geisenheim damit näher beschäftigt. Trauben sind feucht, zuckerhaltig und farblich uneinheitlich. Die seit vielen Jahren in der Lebensmittelindustrie eingesetzten Bilderkennungs-bzw. Bildverarbeitungssysteme mussten aufgrund dieser erschwerenden Eigenschaften angepasst werden.

Erste automatische Sortier-Anlagen von verschiedenen Anbietern sind seit etwa fünf Jahren im Einsatz, z. B. in anspruchsvollen Weingütern in Frankreich. Auf einem Förderband laufen die auf einem Vibrationstisch vereinzelten und gleichmäßig verteilten Beeren mit konstanter Geschwindigkeit an einer Hochgeschwindigkeits-Farbkamera vorbei und werden einzeln gescannt. Bei roten Trauben oder bei der Sorte Grauburgunder wird ein Infrarotlaser zugeschaltet. Auf dem Vibrationstisch erfolgt gleichzeitig eine Vorentsaftung. Eine lernende Software analysiert die Bilder z. B. nach Farbe, Form, Größe und Oberflächenbeschaffenheit. Der Rechner steuert pneumatische Hochfrequenzdüsen an, die unerwünschte Teilchen aus dem Produktstrom abtrennen. Bei normalem Lesegut liegt nach Herstellerangaben die Effektivität bei über 98 %, Hausinger et al. (2013) berichten bei weißen Trauben von durchschnittlich 95 %, im Idealfall von bis zu 99,4 %. Die Verfasser fanden in einem Fall bei zu knapp 19 % befallenen Rieslingtrauben Gehalte an flüchtigen Säuren von 0,62 g/l, im frei ablaufenden Saft sogar von 0,96 g/l. Allein daran zeigte sich eine Notwendigkeit zum fraktionierten Ausbau.

Tab. 17 Trub- und Phenolmengen bei Rieslingtrauben der Jahre 1994 (linker Ergebnisteil) und 1996 (rechts) bei Maschinen- bzw. Handlese und verschiedenen Aufschüttungsverfahren (Seckler 1997)

Art der Lese	Traubenverarbeitung	Sedimenttrub [%vol.][1]	Resttrub [Gew.%][2]	Gesamtphenole mg/l	Sedimenttrub [%vol.][1]	Resttrub [Gew.%][2]	Gesamtphenole mg/l
Handlese	Transport in Einheitsbütten, Aufschüttung mittels Gabelstapler und Drehkranz	7,0	1,26	260	4,0	1,09	418
Maschinenlese	Transport in Einheitsbütten, Aufschüttung mittels Gabelstapler und Drehkranz	8,0	1,32	200	8,0	1,36	434
Maschinenlese	Transport im Traubenwagen, Aufschüttung mittels Schnecke und Exzenterschneckenpumpe	19,0	2,91	404	28,0	3,47	492

[1] Sedimentationstrub nach 18 Stunden [2] Resttrub bei 3700xg 10 min zentrifugiert

Tab. 18 Trub bei Befüllung der Kelter über Vorratsbehälter (Maul 1997); **Rebsorte: Riesling**

Verfahren	absolute Werte	Anteil
Direktbeschickung/Ganztraubenbefüllung Ganztraubenpressung	1,8 %	100 %
Einfacher Maischebehälter über der Kelter liegend	2,3 %	127 %
Rührwerktank am Boden stehend ohne vorrühren mit Schneckenexzenterpumpe	2,7 %	150 %
Rührwerktank am Boden stehend 5 Min. vorrühren mit Schneckenexzenterpumpe	3,0 %	166 %
Rührwerktank am Boden stehend 15 Min. vorrühren mit Schneckenexzenterpumpe	3,6 %	200 %

Mechanische Belastungen durch Lesetechnik und Pressenbeschickung

Zum Vergleich von Hand- und Maschinenlese liegen Untersuchungen von mehreren Autoren vor. Die Tab. 17 und 18 zeigen exemplarisch Ergebnisse von Seckler (1997) und Maul (1997). Bei gleicher Weiterverarbeitung unterscheiden sich Maschinen- und Handlese analytisch wenig. Die Kombination aus Schnecke und Pumpe lässt dagegen Trubmenge und phenolische Verbindungen signifikant steigen. Deutlich wird aber in Bezug auf die Gesamtmenge der Phenole der entscheidende Einfluss des Jahrgangs und damit letztlich der der Beerenreife. Das Basisniveau des Jahrgangs 1994 lag auf vergleichsweise niedrigem Niveau, selbst die scherkraftintensivste Variante führte nicht zu so hohen Werten, wie sie 1996 im günstigsten Fall gemessen wurden. Der Zustand der Beeren bestätigt sich auch bei diesen Untersuchungen als Haupteinflussfaktor auf die Zusammensetzung des Mostes.

Tab. 18 zeigt den Einfluss von Rührwerktanks als Ausgang für die Beschickung der Presse mittels einer Pumpe. Die Pumpe allein bewirkt eine

50 %ige Truberhöhung im Vergleich zum Standard Ganztraubenpressung. Rühren der Maische verstärkt diesen Effekt, je länger, desto mehr Trub wird erzeugt. Ein ähnlicher Effekt ist zu sehen bei einer Befüllung mit gleichzeitiger Rotation des Presszylinders.

3.2.2.4 Einfluss einer Maischestandzeit in Stapelbehältern

Die Zwischenstapelung von Traubenmaische wird durchgeführt, wenn die Aromatik durch die Wirkung traubeneigener Enzyme positiv beeinflusst werden soll, wenn vor der Presse als zeitbestimmendes Gerät und knapper Faktor ein Puffer nötig ist oder um mittels geeigneter Maischetanks über eingebaute Siebe eine statische Vorabtrennung von frei ablaufendem Saft vorzunehmen. Die Presse wird dadurch entlastet und nur noch mit der teilentsafteten Maische beschickt, die ihrerseits über die längere Reaktionszeit stärker aufgeschlossen ist. Auswirkungen auf die Saftqualität durch eine statische Vorentsaftung in Siebbehältern untersuchte Seckler (1997). Er beobachtete bei Rieslingmaischen, dass sie bereits nach 2 Stunden maximal vorentsaftet und etwa zwei Drittel der Gesamtausbeute frei abgeflossen waren. Zu Beginn wurden mit 2,5 Gew.% ein vergleichsweise hoher Trubgehalt ermittelt. Der Wert sank aufgrund der Schichtbildung vor dem Siebblech rasch auf 0,13 % ab. Die nachgeschaltete Pressung der stark entsafteten Maische führte aufgrund der mechanischen Belastung wieder zu einem Anstieg. In der Summe ergab sich ein Trubwert von 1,0 Gew.%, ein deutlich niedrigerer Wert verglichen mit den 1,7 % bei der Pressung nicht entsafteter Maische. Ähnliche Unterschiede fanden sich bei der Gesamtphenolmenge, die mit dem Trub korrelierte.

Bei manchen weißen Rebsorten wird ein längerer Kontakt des Saftes mit den Beerenhäuten bewusst gesucht. So ist die pektinreiche Sorte Silvaner aufgrund der schwachen Wirkung ihrer eigenen pectolytischen Enzyme nach Ablauf einer gewissen Standzeit besser pressbar. Bei Bukettsorten auf der anderen Seite ist eine ausreichende Reaktionszeit durchaus sinnvoll, um Aromavorstufen aus der Beerenhaut in wertbestimmende Aromastoffe zu metabolisieren. Ein prägnantes Beispiel dafür ist die Sorte Sauvignon Blanc. Ihre Aromaattribute grüner Paprika, grüner Pfeffer oder grüner Spargel sind chemisch geprägt durch die Gruppe der Methoxypyrazine, die reifen Aromen nach Cassis, Grapefruit oder Maracuja entstehen durch schwefelhaltige Verbindungen. Vor allem letztere liegen im Moststadium nicht frei vor, sie müssen vergleichbar den Terpenen durch Enzyme erst in ihre geruchsintensive Form gespalten werden (Weiand und Schmarr 2013; Herr et al. 2011). Deren Effekt ist temperaturabhängig. Unter 10 °C ist die Wirkung von Enzymen stark reduziert, bei einer Lese um den Gefrierpunkt praktisch nicht vorhanden.

Werwitzke et al. (2000) beschreiben einen Glykosyl-Glukose-Wert (G-G-Wert) als Maß für in der Beerenhaut verfügbare glykosidisch gebundene Verbindungen, die ein Aromapotenzial darstellen. Im Zuge einer Standzeit von 24 Stunden bei den Sorten Riesling und Muskateller fanden die Autoren eine Steigerung des G-G-Wertes um 20–29 % allein aufgrund der Wirkung traubeneigener Enzyme. Handelsenzyme können den Wert weiter erhöhen.

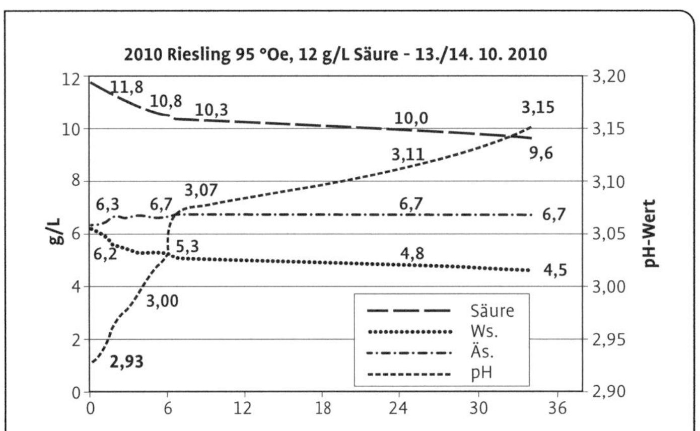

Abb. 30 Säure- und pH-Wert-Dynamik während einer Maischestandzeit von 36 Stunden (Fischer und Neser 2011).

Abb. 30 zeigt bei der Rebsorte Riesling aus der Pfalz die Veränderung von Säure- und pH-Werten im Verlauf einer 36-stündigen Maischestandzeit (Fischer und Neesen 2011).

Im hier gezeigten säurereichen Jahrgang 2010 nahmen die Gesamtsäure und die Weinsäure hauptsächlich durch Weinsteinausfall deutlich ab, der pH-Wert stieg um 0,2 Einheiten an. Im konkreten Fall wird diese Dynamik positiv gesehen, in vielen anderen Fällen verringern Säureverlust und vor allem der pH-Wert-Anstieg den natürlichen Schutzschild des Mostes. Eine Maischestandzeit muss immer auch unter dem Aspekt gesehen werden. Die hauptsächlichen Veränderungen laufen dabei bereits in den ersten Stunden ab.

3.2.2.5 Einfluss der Verarbeitungsgeschwindigkeit

Technisch-wissenschaftliche Arbeiten, die sich mit der Verarbeitungsgeschwindigkeit der Trauben beschäftigen, d. h. ihrer gesamten Verweildauer nach der Trennung vom Stock bis zum Beginn der alkoholischen Gärung, sind keine bekannt. Der Badische Weinbauverband (2008) empfiehlt bei Handlese eine Dauer von höchstens 4 Stunden bis zur Ablieferung im Kelterhaus, bei der mechanischen Lese von max. 1 Stunde. Die kumulierte Verweildauer, d. h. die Wartezeiten noch im Weinberg, die Dauer des Transports, die Zeit im Kelterhaus einschließlich einer evtl. bewusst durchgeführten Maischekontaktzeit bis zum Ende des Pressvorganges, sind in Abhängigkeit von der Temperatur der Trauben, der Rebsorte, des Fäulnis- und Reifegrades und vor allem vom Grad der Einmaischung zu sehen. Überlagert werden die Effekte durch die Scherkräfte der verwendeten Technik. Bei einem derartigen multifaktoriellen System sind pauschale Aussagen über die Wirkung einzelner Parameter seriös nur schwer zu treffen. Je ungünstiger sich einzelne Größen bereits ausgewirkt hatten, desto gravierender wird sich eine lange Verweilzeit auswirken.

Arbeitswirtschaftlich muss der Ablauf der Ernte, des Traubentransports, der Stapelung im Kelterhaus und das Pressen so organisiert werden, dass keine unproduktiven, d. h. unerwünschten Wartezeiten für unkontrollierte Reaktionen entstehen. Die jeweiligen Kapazitäten müssen aufeinander abgestimmt sein. Insbesondere bei den mittels mechanisierter Lese möglichen großen Mengen Trauben je Zeiteinheit wird immer wieder gegen dieses Gebot verstoßen. Ein Traubenvollernter kann in 2–3 Arbeitsstunden 1 ha Rebfläche abernten und dabei bis zu 15 000 kg Trauben erzeugen. Die Presse wird dann oft zum knappen Faktor, der die Verarbeitungsgeschwindigkeit und die Verweildauer des Leseguts bestimmt. Dies bedeutet meist eine Maischestapelung mit den in Kap. 3.2 diskutierten vielfältigen Konsequenzen für die Weinqualität.

3.3 Behandlungsmaßnahmen im Trauben- und Maischestadium

Als verfahrenstechnische Maßnahmen im Traubenstadium wurden bisher die Lese sowie die fakultativen Schritte Abbeeren, Mahlen/Quetschen und das Teilentsaften in Stapeltanks besprochen. Aus der Traube entsteht durch die Abtrennung der Kämme die Maische mit mehr oder weniger viel ausgetretenem Saft. Traubenmühle oder Quetsche sind Geräte, die über hohe Scherkräfte die Beerenhäute weiter aufreißen und den Maischeprozess intensivieren. Die gleiche Wirkung ergibt sich als verfahrenstechnisches Nebenprodukt, wenn der Transport und die Lagerung der Trauben ihrerseits mit hohen Scherkräften verbunden sind und Beeren zerfasert werden. Um die Konsequenzen aus den Eingriffen in das Traubengewebe in den Griff zu bekommen und das Lesegut innerhalb des risikobehafteten Zeitfensters bis zur Gärung zu schützen bzw. die Arbeit zu erleichtern und/oder die Qualität zu verbessern sind verschiedene Maßnahmen bereits im Trauben- oder Maischestadium weingesetzlich zulässig. Sie werden in der Verordnung EG-VO 606/2009 und in einigen Folge-Verordnungen beschrieben:

- Oxidationsschutz mit CO_2, SO_2, Argon, Stickstoff oder Ascorbinsäure,
- Oxidation mit Luft oder Sauerstoff,
- die Zugabe von Enzymen (pectolytische Enzyme; Glucanasen) zur Beschleunigung von Abläufen, zur Steigerung der Saftausbeute und zur Verbesserung der Klärbarkeit des Mostes bzw. Weines,
- Zugabe von Behandlungsmittel wie Gelatine,

Tab. 19 Önologische Verfahren (VO 606/2009 + VO 53/2011 + VO 144/2013)

	Oenologische Verfahren; VO EG 606/2009 + 53/2011 + 144/2013	**Anwendungsgebiet**	**Anmerkungen, Ergänzungen**
1)	Belüftung oder Sauerstoffanreicherung mit gasförmigem Sauerstoff	Most, Wein (Mikrooxigenierung)	
2)	thermische Behandlung	Maische, Most (Pasteurisation), Wein	
3)	Filtration mit oder ohne inerte Hilfsstoffe, Zentrifugierung	Most, Jungwein, Wein	die eventuelle Anwendung eines Hilfsstoffs darf in dem behandelten Erzeugnis keine unerwünschten Rückstände hinterlassen.
4)	Verwendung von Kohlendioxid, Argon oder Stickstoff für eine inerte Atmosphäre und Schutz vor Luft	Trauben, Maische	
5)	Verwendung von Weinhefen trocken oder in Suspensionen	Maische (für Rotwein), Most	
6)	Verwendung einer oder mehrerer der folgenden Stoffe zur Förderung der Hefebildung, evtl. ergänzt durch einen inerten Träger aus mikrokristalliner Zellulose Zusatz von Diammoniumphosphat oder Ammoniumsulfat; Ammoniumdisulfat; Thiamin-Dichlorhydrat	Most (Hefenährstoffe für die Gärung)	Grenzwerte je nach Substanzvon 0,6 mg/l bis 1 g/l
7)	Verwendung von Schwefeldioxid oder Kaliummetabisulfit	Trauben, Maische, Most, Jungwein, Wein	Grenzwerte (Höchstmenge in dem auf dem Markt angebotenen Erzeugnis) gemäß Anhang I B
8)	Entschwefelung durch physikalische Verfahren	Most (Süßreserve)	
9)	Behandlung mit oenologischer Holzkohle	Maische, Most, Jungwein, Wein	Nur bei Traubenmost, Jungwein, rektifiziertem Traubenmostkonzentrat und Weißwein Verwendung bis zu einem Grenzwert von 100 g Trockenpräparat je hl
10)	Klärung durch einen oder mehrere der folgenden oenologischen Stoffe: Speisegelatine; Proteine pflanzlichen Ursprungs aus Weizen oder Erbsen; Hausenblase; Kasein und Kaliumkaseinate; Eieralbumin; Bentonit; Siliziumdioxid in Form von Gel oder in kolloidaler Lösung; Kaolinerde; Tannin; Chitosan aus Pilzen; Chitin-Glucan aus Pilzen	Maische: Most, Jungwein, Wein Most: alle aufgeführten Jungwein: alle aufgeführten Wein: alle aufgeführten	
11)	Verwendung von Sorbinsäure in Form von Kaliumsorbat		Höchstmenge an Sorbinsäure im behandelten, auf dem Markt angebotenen Erzeugnis: 200 mg/l

Oenologische Verfahren; VO EG 606/2009 + 53/2011 + 144/2013		Anwendungsgebiet	Anmerkungen, Ergänzungen
12)	Verwendung von L(+)-Weinsäure, L-Apfelsäure, DL-Apfelsäure oder Milchsäure für die Säuerung	Wein Most, Wein	Bedingungen und Grenzwerte gemäß Anhang V Abschnitte C und D der Verordnung (EG) Nr. 479/2008 sowie den Artikeln 11 und 13 der vorliegenden Verordnung Spezifikationen für die L(+)-Weinsäure gemäß Anlage 2 Absatz 2
13)	Verwendung einer oder mehrerer der folgenden Stoffe für die Entsäuerung: neutrales Kaliumtartrat, Kaliumbikarbonat, Kalziumkarbonat, gegebenenfalls mit geringen Mengen von Doppelkalziumsalz der L(+)-Weinsäure und der L-(–)-Apfelsäure, Kalziumtartrat, L(+)-Weinsäure, eine homogene Zubereitung von Weinsäure und Kalziumkarbonat zu gleichen Teilen, fein gemahlen	Most, Wein	Bedingungen und Grenzwerte gemäß Anhang V Abschnitte C und D der Verordnung (EG) Nr. 479/2008 sowie den Artikel 11 und 13 der vorliegenden Verordnung. Für die L(+)-Weinsäure unter den Bedingungen von Anlage 2
14)	Verwendung von Aleppokiefernharz		nur für Retsina-Weine in Griechenland
15)	Verwendung von Heferindenzubereitungen		Verwendung bis zu einem Grenzwert von 40 g/hl
16)	Verwendung von Polyvinylpolypyrrolidon		Verwendung bis zu einem Grenzwert von 80 g/hl
17)	Verwendung von Milchsäurebakterien	Jungwein, Wein	
18)	Zusatz von Lysozym	Jungwein	Verwendung bis zu einem Grenzwert von 500 mg/l (erfolgt der Zusatz zum Most und zum Wein, darf die kumulierte Menge den Wert von 500 mg/l nicht überschreiten)
19)	Zusatz von L-Ascorbinsäure	Jungwein, Wein	Höchstmenge in dem behandelten, auf dem Markt angebotenen Wein: 250 mg/l
20)	Verwendung von Ionenaustauschharzen		nur bei Traubenmost, der zur Bereitung von rektifiziertem Traubenmostkonzentrat bestimmt ist, und unter den Bedingungen von Anlage 4
21)	in trockenen Weinen Verwendung von frischen, gesunden und nicht verdünnten Weinhefen, die Hefen aus der jüngsten Bereitung trockener Weine enthalten	Jungwein, Wein	in Mengen von höchstens 5 %vol. des behandelten Erzeugnisses
22)	Belüftung oder Einleitung von Argon oder Stickstoff		

	Oenologische Verfahren; VO EG 606/2009 + 53/2011 + 144/2013	Anwendungsgebiet	Anmerkungen, Ergänzungen
23)	Zusatz von Kohlendioxid	Maische, Most, Jungwein, Wein	bei nicht schäumenden Weinen beträgt die Höchstmenge an Kohlendioxid im behandelten, auf dem Markt angebotenen Wein 3 g/l, und der auf gelöstes Kohlendioxid zurückzuführende Überdruck muss bei einer Temperatur von 20 °C weniger als 1 bar betragen
24)	Zusatz von Zitronensäure im Hinblick auf den Ausbau des Weines	Maische, Wein	Höchstmenge in dem behandelten, auf dem Markt angebotenen Wein: 1 g/l
25)	Zusatz von Tannin	Wein	
26)	Behandlung von Weißweinen und Roséweinen mit Kaliumhexacyanoferrat, von Rotwein mit Kaliumhexacyanoferrat oder mit Kalziumphytat	Most, Jungwein, Wein Jungwein, Wein	bei Kalziumphytat Verwendung bis zu einem Grenzwert von 8 g/hl
27)	Zusatz von Metaweinsäure		Verwendung bis zu einem Grenzwert von 100 mg/l
28)	Verwendung von Gummiarabikum	Wein	
29)	Verwendung von DL-Weinsäure, auch Traubensäure genannt, oder ihrem neutralen Kaliumsalz, um das überschüssige Kalzium niederzuschlagen	Jungwein, Wein Most, Jungwein, Wein	
30)	Verwendung zur Förderung der Ausfällung des Weinsteins von Kaliumbitartrat oder Kaliumhydrogentartrat, von Kalziumtartrat	Most, Jungwein, Wein	Bei Kalziumtartrat Verwendung bis zu einem Grenzwert von 200 g/hl
31)	Verwendung von Kupfersulfat oder Kupfercitrat zur Beseitigung eines geschmacklichen oder geruchlichen Mangels des Weines	Jungwein, Wein	Verwendung bis zu einem Grenzwert von 1 g/hl und unter der Voraussetzung, dass der Kupfergehalt im behandelten Erzeugnis 1 mg/l nicht übersteigt
34)	Zusatz von Dimethyldicarbonat(DMDC) zu Wein, um seine mikrobiologische Stabilisierung zu gewährleisten	Wein	Verwendung bis zu einem Grenzwert von 200 mg/l; Rückstände in dem auf dem Markt angebotenen Wein nicht nachweisbar
35)	Zusatz von Hefe-Mannoproteinen zur Weinstein- und Eiweißstabilisierung	Wein	
36)	Behandlung durch Elektrodialyse zur Weinsteinstabilisierung		
37)	Anwendung von Urease zur Verringerung des des Harnstoffgehalts im Wein		

Oenologische Verfahren; VO EG 606/2009 + 53/2011 + 144/2013		Anwendungsgebiet	Anmerkungen, Ergänzungen
38)	Verwendung von Eichenholzstücken für die Weinbereitung und den Weinausbau, einschließlich für die Gärung von frischen Weintrauben und Traubenmost	Jungwein, Wein	
39)	Verwendung von Kalziumalginat oder von Kaliumalginat	Wein	
40)	teilweise Entalkoholisierung von Wein	Jungwein	
41)	Verwendung von Polyvinylimidazol- und Polyvinylpolypymolidon-Copolymeren (PVI/PVP) zur Senkung des Kupfer-, Eisen- und Schwermetallgehalts	Jungwein, Wein	Verwendung bis zu einem Grenzwert von 500 mg/l (erfolgt die Verwendung im Most und im Wein, so darf die kumulierte Dosis den Wert von 500 mg/l nicht überschreiten); unter den Bedingungen von Anlage 11
42)	Zusatz von Carboxymethylcellulose (Cellulosegummi) zur Weinsteinstabilisierung	Wein	nur bei Wein und allen Kategorien von Schaumwein und Perlwein; Verwendung bis zu einem Grenzwert von 100 mg/l
43)	Behandlung mit Kationenaustauschern zur Weinsteinstabilisierung		
(Die Positionen 32 und 33 betreffen nur Likörwein bzw. sind nur in Italien zugelassen)			

2 Beispiele für Anlagen der VO 606/2009:

Anlage 1

Vorschriften für Betaglucanase
Internationaler Code für Betaglucanasen: E.C. 3-2-1-58
Beta-Glucan-Hydrolasen (spalten Glucan von *Botrytis cinerea*)
Ursprung: *Trichoderma harzianum*
Anwendungsbereich: Spaltung von Betaglucanen in Wein, insbesondere in Wein edelfauler Trauben
Verwendungshöchstdosis: 3 g enzymatische Zubereitung mit 25 % suspendierter organischer Substanz (Gesamtgehalt an organischer Substanz, S.O.S.) je hl

Anlage 5

Kaliumhexacyanoferrat
Kalziumphytat
DL-Weinsäure
Die Verwendung von Kaliumhexacyanoferrat und von Kalziumphytat gemäß Anhang I A Nummer 26 bzw. die Verwendung von DL-Weinsäure gemäß Anhang I A Nummer 29 ist nur zugelassen, wenn diese Behandlung unter Überwachung eines Önologen oder Technikers durchgeführt wird, der von den Behörden des Mitgliedstaats, auf dessen Hoheitsgebiet diese Behandlung durchgeführt wird, zugelassen ist, und dessen Verantwortlichkeiten gegebenenfalls von dem betreffenden Mitgliedstaat festgelegt werden. Nach der Behandlung mit Kaliumhexacyanoferrat oder Kalziumphytat muss der Wein Spuren von Eisen aufweisen.
Für die Kontrolle der Verwendung der in Absatz 1 genannten Erzeugnisse gelten die von den Mitgliedstaaten diesbezüglich erlassenen Vorschriften.

Aktivkohle, Kieselsol usw. als Klärhilfsmittel oder Stabilisierungsmittel bzw. zur Qualitätsverbesserung,

- die Temperierung in Form einer Anwärmung oder Kühlung auf die gewünschte Gärtemperatur, der Kühlung für eine Kaltmazeration oder der Maischeerhitzung (meist von roter Maische),
- die Maischegärung (hauptsächlich für die Rotweinherstellung üblich, in jüngerer Zeit aber auch bei Weißwein angewendet).

Im Traubenstadium machen nur Verfahren Sinn, die in einem mehr oder weniger festen Medium wirksam sein können. Anders ist es im Maischestadium, wo eine größere Palette von Möglichkeiten gegeben ist. Behandlungsmittel werden gerne an dieser Stelle zugemischt anstelle im Moststadium, weil sie bei der Phasentrennung in der Presse zum größten Teil ohne zusätzlichen Aufwand abgetrennt werden und bereits frühzeitiger wirksam werden können. Dafür ist die erforderliche Menge größer als beim Einsatz im Saft.

Tab. 19 zeigt die in der VO EG 606/2009 mit den Ergänzungen der VO EU 53/2011 sowie 144/2013 zugelassenen önologischen Verfahren, die um die Anreicherung und die Süßung ergänzt das kellerwirtschaftliche Handlungsspektrum widerspiegeln. Der Gesetzgeber begrenzt einige der Verfahren auf einzelne Stadien des Weinausbaus und spezifiziert sie im Anhang ebenso wie viele der Behandlungsmittel. Die Spalte Anwendungsgebiet gibt die möglichen und in der Praxis durchgeführten Verfahren im jeweiligen Stadium des Weinausbaues an.

Mehrere der Verfahren sind in der Vergangenheit als „Neue önologische Verfahren“ bezeichnet worden und inzwischen in die Gesetzgebung eingeflossen. Das gilt u. a. für Methoden, die ein „Alkoholmanagement“ ermöglichen sowie den Einsatz von Enzymen. Der EU-Gesetzgeber orientiert sich dabei an der Genehmigungspraxis der OIV. Die Gesetzgebung selber ist ein dynamischer Prozess mit kontinuierlichen Änderungen, der den technischen Fortschritt begleitet und die Erkenntnisse, oft mit großem zeitlichem Abstand, in den Katalog zulässiger Verfahren einbaut. Die traditionelle deutsche Kellerwirtschaft wird so aufgrund der Globalisierung zunehmend mit Verfahren konfrontiert, die aus den neuen Weinbauländern kommen und eher deren Bedürfnisse reflektieren.

Der internationale önologische Kodex der OIV enthält Beschreibungen der wesentlichen chemischen und organischen Erzeugnisse und Gase, die für den Ausbau und die Aufbewahrung von Wein verwendet werden. Die Anwendungsbedingungen sowie Art und Grenzen der Verwendung sind durch den Internationalen Kodex der önologischen Praxis festgelegt. Die Anwendungszulassungen unterliegen nationaler Rechtsprechung. Die Nachweiseigenschaften und der Reinheitsgrad der Produkte sind hingegen in diesem Werk angeführt sowie die minimale Wirksamkeit, die für die Einstufung „entspricht den Bestimmungen des internationalen önologischen Kodex“ erforderlich ist.

Zudem sind für jedes Erzeugnis eine Definition oder Formel und ggf. Synonyme angegeben. Es werden ebenfalls das Molekulargewicht und die allgemeinen Eigenschaften, insbesondere die Löslichkeit, angeführt sowie einfache Nachweismittel, um Irrtümer zu vermeiden. In jeder Monografie sind die Methoden für den Nachweis und die Bestimmung von Verunreinigungen und ihrer zulässigen Grenzwerte angegeben. In einigen Fällen wurden diese Grenzwerte jedoch festgelegt. Tab. 20 zeigt einen Ausschnitt des önologischen Kodex der OIV.

In den jeweiligen Monografien werden die Substanzen erläutert. Üblicherweise erhalten die Richtlinien der OIV in Verordnungen der EU und nach Durchlaufen der nationalen Gesetzgebungsphase Gesetzeskraft.

3.3.1 Oxidationsschutz im Trauben- und Maischestadium

Zum Schutz vor Oxidation können die önologischen Verfahren 4, 7, 19 und 23 eingesetzt werden (siehe Tab. 19). Schutzmaßnahmen richten sich aufgrund des unvermeidlichen Luftsauerstoffs in erster Linie gegen Oxidationen, gleichermaßen aber auch gegen die Wirkung von Schimmelpilzenzymen. Die Beere selber enthält im Zytoplasma gelösten Sauerstoff, der offene Transport und vor allem das Abbeeren und der Quetschvorgang erzeugen eine ausgeprägte Tur-

Tab. 20 Auszug aus dem oenologischen Kodex der OIV mit einem Beispiel für Eichenholzstücke; Resolution Oeno 3/2005 (http://www.oiv.int/oiv/info/despecificationproduit)

Ausgabe 2013

Kapitel I : in der Önologie verwendete Produkte

Monographie	Verabschiedung	Name des Dokuments	
Alginsäuren	OENO 6/2005, 410/2010	COEI-1-ACALGI	[DE] [ES] [FR] [IT] [EN]
Schäumungsverhinderer (Mono- und Diglyceride von Fettsäuren)	OENO 17/2000	COEI-1-ACIGRA	[EN] [FR]
Milchsäuren	OENO 29/2004	COEI-1-ACILAC	[DE] [EN] [ES] [FR] [IT]
Apfelsäuren	OENO 30/2004	COEI-1-ACIMAL	[DE] [EN] [ES] [FR] [IT]
Rektifizierter Alkohol landwirtschaftlichen Ursprungs	OENO 11/2000	COEI-1-ALCAGR	[EN] [FR]
Rektifizierter Alkohol weinbaulichen Ursprungs	OENO 12/2000	COEI-1-ALCVIT	[EN] [FR]
Ammoniumchlorid	OENO 13/2000	COEI-1-AMMCHL	[EN] [FR]
Ammoniumhydrogensulfit	OENO 14/2000	COEI-1-AMMHYD	[EN] [FR]
dibasisches Ammoniumphosphat	OENO 15/2000	COEI-1-PHODIA	[EN] [FR]
Ammoniumsulfat	OENO 16/2000	COEI-1-AMMSUL	[EN] [FR]
Argon	OENO 31/2004	COEI-1-ARGON	[DE] [EN] [ES] [FR] [IT]
Ascorbinsäure	OENO 18/2000	COEI-1-ASCACI	[EN] [FR]
Stickstoff	OENO 19/2000	COEI-1-AZOTE	[EN] [FR]
NEW Milchbakterien	OENO 494-2012	COEI-1-BALACT	[EN] [FR] [ES] [DE] [IT]
Bentonite	OENO 11/2003	COEI-1-BENTON	[EN] [ES] [FR]
beta-Glucanase	OENO 27/2004	COEI-1-BGLUCA	[DE] [EN] [ES] [FR] [IT]
Holzstücke	OENO 3/2005, 430/2010	COEI-1-BOIMOR	[DE] [ES] [FR] [IT]
Holz von Behältnissen	OENO 4/2005	COEI-1-BOIREC	[DE] [ES] [FR] [IT]
Calciumcarbonat	OENO 20/2000	COEI-1-CALCAR	[EN] [FR]
Calciumphytat	OENO 21/2000	COEI-1-CALPHY	[EN] [FR]

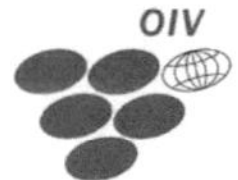

RESOLUTION OENO 3/2005

EICHENHOLZSTÜCKE

DIE GENERALVERSAMMLUNG,

unter Bezugnahme auf Artikel 2, Paragraf 2 IV des Gründungsübereinkommens vom 3. April 2001 der internationalen Organisation für Rebe und Wein und

auf Vorschlag der Unterkommission für Analyse- und Bewertungsmethoden für Wein

BESCHLIESST, den internationalen Weinkodex durch folgende Monographie zu ergänzen:

BEANTRAGT, dass die Arbeiten zur Risikobewertung bezüglich der Kontaminanten hinsichtlich der Festlegung eventueller Grenzwerte bis 2007 erstellt werden,

EICHENHOLZSTÜCKE

1. GEGENSTAND, HERKUNFT UND ANWENDUNGSBEREICH

Eichenholzstücke, die für die Weinbereitung verwendet werden und um bestimmte Bestandteile des Holzes im Rahmen der festgelegten Vorschriften auf den Wein zu übertragen.

Die Holzstücke dürfen ausschließlich aus *Quercus*-Arten stammen.

Sie werden entweder so belassen, wie sie sind oder leicht, mittelmäßig oder stark erhitzt. Sie dürfen allerdings keine Verbrennung aufweisen, auch keine oberflächliche, noch verkohlt oder beim Anfassen brüchig sein.
Sie dürfen mit keinen Produkten versetzt werden, die ihre natürliche Aromastärke erhöhen bzw. die extrahierbaren Phenolverbindungen verstärken.
Sie dürfen außer Erhitzen keiner anderen chemischen, enzymatischen oder physikalischen Behandlung unterzogen werden.

bulenz, die Sauerstoff jeweils bis zur Sättigungsgrenze (etwa 8 mg O_2 je Liter) in das Lesegut einarbeiten. In Abhängigkeit von der Aktivität der Phenoloxidasen wird er mehr oder weniger schnell verbraucht, d. h. zur Oxidation von Phenolen verwendet. Bei starker Fäulnis kann der gelöste Sauerstoff nach 10–15 Minuten aufgebraucht sein. Jede weitere Maischebewegung oder der Kontakt mit Luft sorgen für Nachschub. Aufnahme und Verzehr von Sauerstoff stehen in einem dynamischen Gleichgewicht, der Saft wird intensiv braun.

3.3.1.1 Kohlenstoffdioxidgas und Trockeneis

Als Oxidationsschutz und zum Kühlen gleichermaßen kann im Traubenstadium Trockeneis verwendet werden, ein weißer, eisähnlicher und geruchloser Feststoff. Es handelt sich dabei um festes Kohlenstoffdioxid (CO_2), das unter Normalbedingungen bei −78,48 °C sublimiert, also ohne vorher zu schmelzen direkt in die Gasphase übergeht. Für diesen Phasenübergang benötigt es 571,1 kJ/kg, die den Trauben entzogen werden und sie kühlen. Gleichzeitig wird Luftsauerstoff verdrängt. Kleine Mengen Trockeneis können erzeugt werden, indem man eine CO_2-Flasche auf den Kopf stellt und aufdreht. Das auslaufende flüssige CO_2 verdampft zum größten Teil sofort und kühlt dadurch so stark ab, dass ein Teil als CO_2-Schnee gefriert (Wiberg et al. 2007). Neben der einfachen Kühlung lässt sich Trockeneis auch für die Kaltmazeration z. B. bei + 4° einsetzen, wenn Bukettstoffe über den Faktor Zeit gewonnen werden sollen. Weiand und Schmarr (2013) rechnen dabei mit Kosten von 12 Cent je kg Maische. Um die Temperatur von einem kg Maische um 1 °C zu senken, sind 5 g Trockeneis nötig. Eingesetzt werden können Pellets (3 × 30 mm große Stücke) oder Trockeneisschnee. Kommt es zum Anfrieren an der Beerenhaut, steigen die Phenol- und Trubgehalte an.

Im Maischestadium wird CO_2 in Mengen von 2–3 g je l aus Druckbehältern oder Gasflaschen am besten in die Druckleitung der Förderpumpe dosiert. Im nachgeschalteten Stapeltank oder direkt in der Presse entbindet sich das Schutzgas und verhindert den Zutritt von Luftsauerstoff. Noch vorhandener Sauerstoff wird zusätzlich ausgewaschen.

3.3.1.2 Schwefeldioxid

Als Reduktionsmittel und Inhibitor von Mikroorganismen kann im Traubenstadium Schwefeldioxid, SO_2, zugesetzt werden, das Anhydrid der Schwefligen Säure H_2SO_3. Dieses Gas reduziert oxidierte Phenole und hellt braun gewordenen Saft wieder auf. Mit Luftsauerstoff selber kann es nicht direkt reagieren. Es ist farblos, schleimhautreizend, stechend riechend, sauer schmeckend und für den Menschen giftig. Es ist sehr gut wasserlöslich und bildet mit Wasser in sehr geringem Maße schweflige Säure. In der betrieblichen Praxis wird im Traubenstadium nicht mit Schwefeldioxidgas gearbeitet, sondern mit Kaliumdisulfit ($K_2S_2O_5$), auch Kaliummetabisulfit oder Kaliumpyrosulfit genannt. Das Kaliumsalz der in freier Form nicht stabilen Dischwefligen Säure wird in Pulver- oder Tablettenform über die Maische gestreut. Diese Verbindung wird nicht nur in der Weinwirtschaft, sondern auch in vielen anderen Lebensmitteln als Zusatzstoff E 224 eingesetzt (Wiberg et al. 2007). Unter sauren Bedingungen spaltet die Verbindung Schwefeldioxid ab (zu den Reaktionen und der Technik siehe Kap. 5).

Schwefeldioxid-Gas lässt sich im Maischestadium an der gleichen Stelle dosieren wie CO_2, empfohlene Mengen sind 50 mg/l Maische oder eine Aufteilung dieser Menge in ⅔ zur Maische und ⅓ zum Most. Die traubeneigene Phenoloxidase wird bei diesen Mengen fast vollständig gehemmt. Nicht dagegen die Laccase von *Botrytis cinerea*, die allenfalls durch eine Pasteurisation an der enzymatischen Bräunung gehindert werden kann.

In der Lebensmittelindustrie findet Schwefeldioxid als Konservierungs-, Antioxidations- und Desinfektionsmittel Verwendung, neben Wein vor allem für Trockenfrüchte, Kartoffelgerichte, Fruchtsäfte oder Marmelade. Schwefeldioxid zerstört Vitamin B1, ebenso finden sich Hinweise auf eine Zerstörung von B12-Vitaminen. In der EU ist es als Lebensmittelzusatzstoff mit der Nummer E 220 auch für Bio-Produkte zugelassen.

3.3.1.3 Ascorbinsäure

Aus der Liste der Behandlungsmittel ist im Traubenstadium auch Ascorbinsäure (E 300) seit

1965 in Deutschland erlaubt. Das Mittel wurde in der Vergangenheit wenig verwendet, da es im Gegensatz zur schwefligen Säure nur als Reduktionsmittel wirkt und diese Aufgabe auch nur komplementär dazu erfüllen kann. Ins Gespräch kam Ascorbinsäure erst wieder vor einem guten Jahrzehnt, als ihre Wirkung als kuratives Mittel gegen das Auftreten des untypischen Alterungstones entdeckt wurde. (Christmann und Laicher 2004). Der Maximalgehalt in Deutschland beträgt 250 mg/l. Ascorbinsäure ist ein farb- und geruchloser, kristalliner, gut wasserlöslicher Feststoff mit saurem Geschmack, den es in vier verschiedenen stereoisomeren Formen gibt. Biologische Aktivität weist jedoch nur die L-(+)-Ascorbinsäure auf. Ihre wichtigste Eigenschaft ist die physiologische Wirkung als Vitamin. Ein Mangel kann beim Menschen zu Skorbut führen. Da Ascorbinsäure leicht oxidierbar ist, wirkt sie als Redukton und wird als Antioxidans eingesetzt. Die L-(+)-Ascorbinsäure und ihre Ableitungen (Derivate) mit gleicher Wirkung werden unter der Bezeichnung Vitamin C zusammengefasst (Biesalski et al. 2002).

3.3.2 Oxidation als Maischebehandlungsmaßnahme

In der Vergangenheit wurde beim Weinausbau viel Wert auf Oxidationsschutz vor der Gärung gelegt. Geschlossene Systeme, wenig Bewegung, SO_2- und CO_2-Zugaben sollten die Phenole und Aromastoffe der Beere maximal erhalten, Sauerstoff wurde generell als schädlich angesehen und war fernzuhalten. In den letzten Jahren hat sich die Erkenntnis weit verbreitet, dass gesundes Lesegut bei zügiger, schonender Verarbeitung keinen besonderen Oxidationsschutz benötigt. Der frühere reduktive Ausbau wurde im Gegenteil ganz bewusst durch einen oxidativen ersetzt. Die Dosierung von Luftsauerstoff (önologische Verfahren, Position 1) in die Maischeleitung führt zu einer Phenoloxidation, die sich in einer chemischen Reaktion bis zur Bildung von polymeren Produkten fortsetzt. Diese Polymeren können in nennenswertem Umfang zusammen mit dem Trester über die Presse ausgeschleust werden. Ein brauner Saft hellt sich dadurch wieder deutlich auf. Einmal abgetrennte Phenole können im späteren Stadium nicht mehr oxidieren und eine Braunfärbung erzeugen. Der Wein besitzt nach einer derartigen Oxidation ein besseres Alterungspotenzial.

Sauerstoffvermeidung bzw. bewusster Zusatz spiegeln unterschiedliche Denkrichtungen innerhalb der Kellerwirtschaft wider. Sie werden zusammen im Kap. 6, reduktiver oder oxidativer Weinausbau, behandelt.

3.3.3 Zusatz von Handelsenzymen

Weinrechtlich ist die Zugabe von pectolytischen Enzymen, von Glucanasen, von Lysozym und von Urease erlaubt. Erstere verfügen hauptsächlich über Pectinesterase- und Polygalacturonase-Aktivitäten, dazu eine mehr oder weniger breite Palette von Nebenaktivitäten, die z. B. Proteine spalten (Proteasen) oder das Zellwandgerüst angreifen (Zellulasen, Hemicellulasen). Lysozym (E 1105), gewonnen meist aus Hühnereiern und seit 1999 in Mengen bis max. 500 mg/l zulässig, ist in der Lage, die Zellwand gram-positiver Milchsäurebakterien zu zerstören und eine malolaktische Gärung zu unterbinden. Das Enzym wird hauptsächlich im Most oder Jungwein eingesetzt (Eggert et al. 2006; Weiand 2013). Urease ist zugelassen zur Entfernung von Harnstoff, aus dem die Weinhefe das als kanzerogen geltende Ethylcarbamat (Urethan) bilden kann und wird vor der alkoholischen Gärung zugegeben (Zietsman et al. 2000). Angesichts der extrem geringen Konzentrationen von Harnstoff in deutschen Weinen wird ein Einsatz als nicht erforderlich angesehen (Scholten 2001). Glucanasen spalten die glycosidische Verbindung von Botrytis-Glucanen, deren Anwesenheit die Filtration der Weine enorm erschweren kann. *Botrytis cinerea* produziert aus dem Zucker der Traube ein hochmolekulares Glucan, das als Reservestoff an die Traube abgegeben wird. Das Molekül quillt in Anwesenheit von Ethanol stark auf und belegt im durchgegorenen Wein die Filterelemente. Ein Abbau durch Glucanasen bereits im Maische- oder im Moststadium ist deshalb angeraten (Haßelbeck und Stocké 2002).

Eine Zugabe von Handelsenzymen zu wenig oder nicht eingemaischten Trauben ist nicht zielführend, bei intakten Beerenhäuten fehlt ihnen die Angriffsmöglichkeit. In die Maische zugegeben sollen sie ohne die andernfalls erforderliche lange Standzeit durch den Angriff an der Zellwand die Pressbarkeit verbessern und die Saftausbeute erhöhen. Diese Effekte kommen insbesondere zum Tragen, wenn stark pektinhaltiges (z. B. die Sorten Silvaner und Muskateller), unreifes oder enzymarmes Lesegut vorliegt bzw. die traubeneigenen Enzyme durch ein thermisches Verfahren inaktiviert wurden. Menge und Reaktionsdauer der Enzyme richten sich nach der herrschenden Temperatur, ihrem Aktivitätsspektrum und dem gewünschten Reaktionsgrad. Je länger die Pektinasen wirken, desto stärker werden nach den Galacturonsäureketten auch die verzweigten Pektinregionen angegriffen, je größer die Menge an Nebenaktivitäten (Cellulase, Hemicellulase, Protease), desto weiter geht der Zellwandabbau insgesamt. Ein erhöhter Eintrag von phenolischen Verbindungen und Mineralien in den Saft muss im Auge behalten werden, ebenso eine erhöhte Oxidationsneigung. Ein Enzymeinsatz kann auch verbunden sein mit einem größeren Trubanfall in der Presse, vor allem bei mechanisch bereits geschädigter Maische.

Handelsenzyme sind in der Lage, auch bei niedrigen Temperaturen die traubeneigenen Enzyme massiv zu unterstützen. Das mikrobiologisch kritische Zeitfenster, das zur Aromaintensivierung bewusst geöffnet wird, kann dadurch verkleinert werden. Mazerationsenzyme erleichtern durch die Hydrolyse der Zellwand und störender Kolloide die Pressung und die spätere Filtration, Glucanasen mindern den schädlichen Einfluss von Botrytisglucanen und können Aromavorstufen in aktive Formen umwandeln.

Kaltmazeration

Während in den nördlichen Anbaugebieten witterungsbedingt Maischetemperaturen knapp über 0° vorkommen können und zu einer technologischen Herausforderung werden, ist in wärmeren Anbaugebieten eine bewusst durchgeführte Kaltmazeration der Maische bei Temperaturen ab 5° nicht unüblich. Als Kühlmedium wird bei kleineren Chargen Trockeneis verwendet, bei größeren Mengen ist entsprechend aufwendig zu kühlen. Ziel derartiger Standzeiten im Bereich vieler Stunden ist die optimale Ausnutzung des vorhandenen Aromapotenzials. Untersuchungen zur Kaltmazeration von Riesling oder Frühburgunder in deutschen Versuchseinrichtungen ergaben eher negative Ergebnisse bezüglich Geschmack und Stabilität (Wolz et al. 2005; Köhler et al 2007; Herr 2011). Berichtet wird über eine verstärkte Bildung biogener Amine oder intensiverer Gelbfärbung bei Riesling. Die Industrie hat für derartige Einsätze pectolytische Enzyme entwickelt, die bereits ab 5° eine Zellaufschluss ermöglichen und freigesetztes Pektin völlig abbauen (Haßelbeck et al. 2011).

3.3.4 Zugabe von Behandlungsmitteln

Aus der Liste der Behandlungsmittel der VO 606/2009 können Aktivkohle und Gelatine bereits im Maischestadium eingesetzt werden. Eine Zugabe erfolgt in den meisten Fällen aber zu Most und Wein, wo die Einbringung wesentlich einfacher ist.

3.3.4.1 Aktivkohle

Aktivkohle ist in Mengen bis 100 g/hl für Maische, Most und Wein zugelassen. Sie wird in der Kellerwirtschaft zur Entfernung von Schimmel-, Muff- oder Fremdtönen eingesetzt. Bei starker Fäulnis, bei hohem Anteil von Bodentrauben oder gefrorenem Lesegut (Eiswein) empfiehlt sich eine Zugabe bereits zur Maische. Die Empfehlungen liegen bei etwa 1 g Kohle je % Fäulnis. Der größte Teil wird danach beim Pressen mit dem Trester abgetrennt. Bei fäulniskritischen Jahrgängen werden erfahrungsgemäß die gesetzlichen Spielräume für den Einsatz von Pflanzenbehandlungsmittel im Weinberg ausgereizt, das Risiko von Rückständen nicht abgebauter Reste bzw. ihrer Abbauprodukte auf der Beerenhaut nimmt zu. Sie können in den Most gelangen und Störungen bei der alkoholischen Gärung und bei der malolaktischen Gärung hervorrufen. Neuburger et al. (2008) berichten über eine vollständige Entfernung von Spritzmittelrückständen allein durch Aktivkohle, Scholten und Rudy (1998) bei entsprechender Dosierung von einer 95 %igen Reduzierung. Andere mögliche Behandlungsmittel, Bentonit z. B., zeigten kaum eine Wirkung.

Eine Zugabe von Aktivkohle zum Most empfiehlt sich generell, wenn der Zustand des Leseguts die Entstehung von Fremdtönen befürchten lässt. Die Behandlung im Weinstadium erfolgt, wenn ein dort erkannter Fehler beseitigt werden soll (siehe dazu Kap. 5.4).

Aktivkohle ist eine poröse Kohle mit außerordentlich großer Oberfläche und großem Adsorptionsvermögen. Chemisch ist es mikrokristalliner, stark gestörter Graphit. Aktivkohle wird hergestellt durch Erhitzen von Holz, tierischen Stoffen (Knochen, Blut), Zuckermelasse und anderen organischen Materialien unter Luftabschluss und anschließend in einer Dampfatmosphäre bei 1000° aktiviert. Nach der Vermahlung kommt Aktivkohle als Pulver, gekörnt oder granuliert zum Einsatz. Der Mahlgrad bestimmt das Porenvolumen und damit die Adsorptionsfähigkeit. Je feiner die Körnung, desto höher die Wirkung. Die Poren sind wie bei einem Schwamm untereinander offenporig verbunden. Die innere Oberfläche beträgt je nach Vermahlung zwischen 300 und 2000 m^2/g Kohle. Die Porengröße und die Porengrößenverteilung teilt man in drei Größenordnungen ein: Mikroporen (< 2 nm), Mesoporen (2–50 nm) und Makroporen (> 50 nm). Der überwiegende Anteil der Adsorption am Kohlenstoffmaterial erfolgt an der Oberfläche der Mikroporen. Dieser Bereich ist die wirksame Oberfläche und bestimmt die Adsorptionseigenschaften einer Kohle (Wissenschaft online 2013). Nur Teilchen, die in die Poren eindringen können, werden adsorbiert. Dazu gehören auch Kolloide aller Art, die reaktive Flächen belegen bzw. Poren verstopfen und eine höhere Dosage erforderlich machen. Diese erhöhte Menge steht einem zusätzlichen Klärschritt gegenüber, wenn der Most oder der Wein zuvor bereits blank waren. Die Reaktion ist bei optimaler Vermischung nach 1 Stunde abgeschlossen, nach 1 Tag ist die Sedimentation beendet. Die Adsorption ist aber reversibel.

Nach spätestens 3 Tagen sollte die Kohle abgetrennt sein, um eine Desorption zu verhindern. Eine Angärung des Mostes erschwert die Sedimentation, Mitvergären ist auf jeden Fall zu verhindern. Aufgrund der unselektiven Adsorption werden auch Aromastoffe adsorbiert, sodass die Zugabe zu Wein nur im Notfall und nach Vorversuchen erfolgen soll. Dort ist die geschmackliche Auswirkung um ein Vielfaches höher als im Most- oder Maischestadium. Aktivkohle sollte zuerst mit Most oder Wein angeteigt werden, um die Luft in den Poren zu verdrängen (Stocké und Meinl 2006). Trotzdem ist eine gewisse Oxidation unvermeidlich. Abb. 31 zeigt schematisch die innere Struktur von Aktivkohle (Hamatschek 1997). Bei roten Mosten oder Weinen darf Aktivkohle aufgrund der unvermeidlichen Farbadsorption nur zurückhaltend eingesetzt werden. Neue Mittel begrenzen bei mittlerer Dosage die Verluste auf nur noch wenige Prozent (Stocké und Meinl 2006).

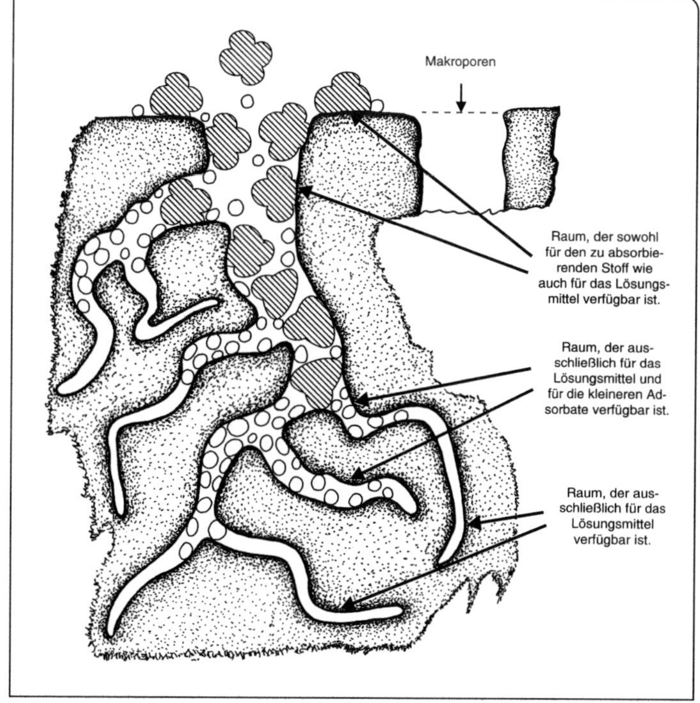

Abb. 31 Schematische Darstellung der Struktur und Wirkung von Aktivkohle (Hamatschek 1997).

3.3.4.2 Gelatine

Gelatine kann in der Maische, im Saft und im Wein eingesetzt werden. Sie gehört zur Gruppe der Schönungsmittel, geht mit phenolischen Verbindungen eine Eiweiß-Gerbstoffreaktion ein und wirkt 3fach:

- geschmacklich durch die Ausfällung von bitteren, überschüssigen Gerbstoffen,
- mit einer Klärwirkung durch Fällung von Kolloiden,
- stabilisierend durch Ausfällung von Kolloiden, die zu Nachtrübungen führen können.

Eine pauschale Zugabe in einer Menge zwischen 5 und10 g/hl bereits zur Maische kann frühzeitig Gerbstoffe binden und durch die Reaktionsprodukte die Pressbarkeit unterstützen.

Gelatine ist ein Eiweißstoff, der durch Hydrolyse aus dem Gerüsteiweiß Kollagen von Knochen, Knorpeln oder Häuten von Rindern oder Schweinen gewonnen wird. Bei der Produktion entsteht je nach Herstellungsprozess ein Gemisch aus unterschiedlich großen Bruchstücken mit Molmassen zwischen 13 500 und 500 000 Da. Aus der Quartärstruktur des Kollagens bleiben die Primär- und die Sekundärstruktur übrig, also Aminosäureketten unterschiedlicher Länge und verdrillte Ketten. Zur Wirkung und den Reaktionen von Gelatine siehe Kap. 5.4.

3.4 Saftgewinnung aus Traube und Maische

Die Saftgewinnung aus der Beere ist nach der Ernte der zweite obligatorische Verfahrensschritt, für den es keine Alternative gibt. Bei bestimmten Verfahren der Rotweinbereitung kann dieser Schritt erst nach der alkoholischen Gärung durchgeführt werden (siehe Kap. 4).

3.4.1 Prinzip der Phasentrennung mit Pressen

In den traditionell zur Saftgewinnung eingesetzten Pressen erfolgt die Phasentrennung Fest-Flüssig über eine Druckdifferenz. Neue Systeme, die mittels der Zentrifugalkraft entsaften, benutzen dagegen die Dichtedifferenz zwischen Trester und

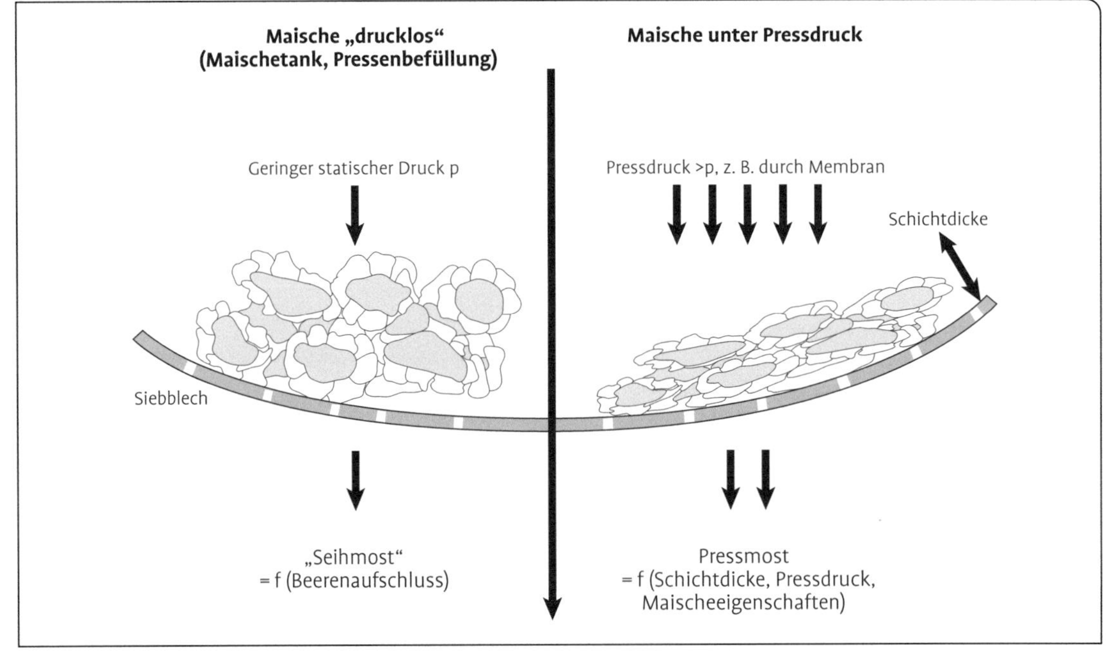

Abb. 32 Parameter beim statischen Saftablauf und der Entsaftung über Druck (dunkel gefärbt: freier Saft zwischen den teilweise ausgelaufenen Beerenzellen).

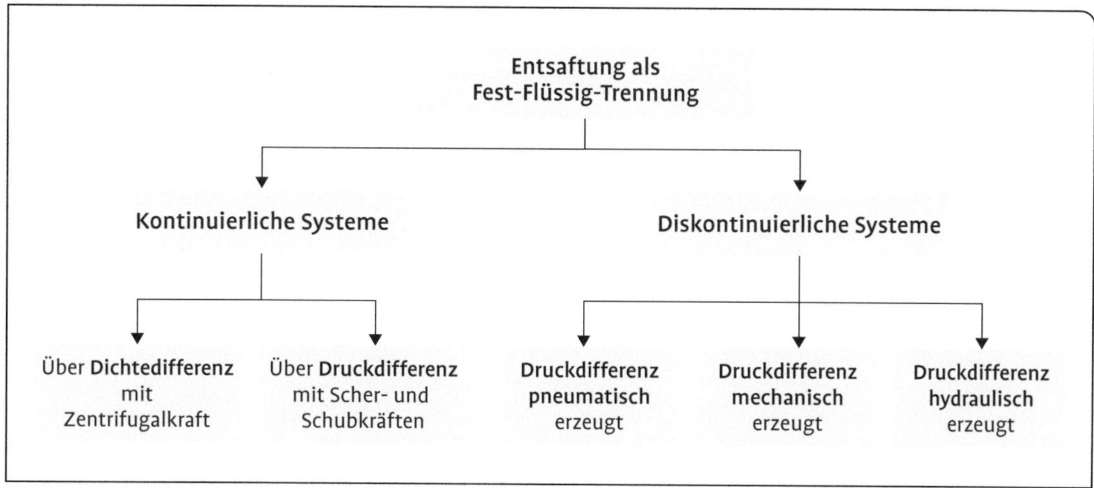

Abb. 33 Verfahrenstechnische Systematik bei Weinpressen.

Saft. Der Saft wird als wertbestimmender Teil weiterverarbeitet, der Feststoff in vielen Fällen als Biodünger in den Weinberg verbracht, zunehmend aber ebenfalls wertsteigernd selektiv extrahiert. Gewonnen werden können daraus Farbstoffe, Gerbstoffe oder Kerne zur Energieerzeugung bzw. zur Herstellung von Traubenkernöl. Die Qualität der Phasentrennung ist eine Funktion aller Eigenschaften der Beere, der vorbereitenden kellerwirtschaftlichen Maßnahmen und der zur Verfügung stehenden Technik. Das Ziel ist eine:

- optimale (evtl. maximale) Saftausbeute mit trockenem Trester in wirtschaftlich vertretbarer Zeit,
- möglichst saubere Phasentrennung mit nur minimalen Trubgehalten im Saft,
- selektive Saftgewinnung, d. h. nur minimale Extraktion von unerwünschten Inhaltsstoffen der Beerenhaut.

Beim Pressvorgang spielen zahlreiche Aspekte eine Rolle, die sich auf die Beschaffenheit des Weines und die Wirtschaftlichkeit des Verfahrensschrittes auswirken:

- die zur Phasentrennung eingesetzte Technik,
- die Art der Befüllung von diskontinuierlichen Pressen und das Pressprogramm,
- der differenzierte Ausbau der unterschiedlichen Fraktionen,
- Verwendung der Presse als verfahrenstechnisches Gerät.

Abb. 32 zeigt den prinzipiellen Vorgang des Saftablaufs in der diskontinuierlich arbeitenden Presse und die wesentlichen Parameter im Vergleich zur statischen Entsaftung.

Unter Druck komprimiert die Maische, freier Saft sucht sich einen Weg durch die Kapillaren im Gewebe und verlässt die Presse über Siebbleche oder andere poröse Strukturen. Die Kompression sorgt für eine zunehmende Verstopfung der Saftkapillaren, der Ablauf kommt zum Stillstand. Eine Erhöhung des Drucks bringt nur eine kurzfristige Verbesserung. Um weiteren Saft zu gewinnen, muss die Maische druckentlastet und aufgelockert werden („Scheitern"), damit neue Drainagekanäle entstehen. Eine enzymatisch weitgehend aufgelöste Maische lässt sich kaum pressen, ein Skelett für die Drainage ist unerlässlich. Das können die Stiele sein oder noch intaktes Beerengewebe. Die Kombination aus Pressen und Auflockern führt schließlich zu einer weitgehenden Gewinnung des Saftes aus den Beeren. Die Trockensubstanz des Tresters liegt je nach Art der Pressung zwischen 35 und 45 %. Der Flüssigkeitsrest im Trester ist Saftverlust. Eine höhere Ausbeute erfordert längere Presszeiten, evtl. einen erhöhten Enzymeinsatz und eine stärkere mechanische Belastung des Zellgewebes. Die arbeitswirtschaftlichen und qualitativen Konsequenzen sind beträchtlich: eine letztlich unwirtschaftlich lange Pressdauer führt gegen

Lagares zur Einmaischung und Entsaftung

Speziell in Portugal ist in den letzten Jahren eine traditionelle Methode der Saftgewinnung wiederbelebt worden: das Stampfen der Beerenmaische in flachen Behältern (Lagares) mit den Füßen oder technischen Systemen. Sie wird hauptsächlich in Weingütern für kleine Maischemengen eingesetzt und dient nicht nur als touristische Attraktion. Dieses Verfahren erinnert an die altägyptische Kellereiszene.

Eine High Tech-Variante besteht darin, Stempelautomaten anstelle menschlicher Füße zu benutzen. Diese fahren auf Schienen über die Maische und drücken die Stempel über eine Exzentereinrichung nach unten. Die Beeren werden dadurch schonend gepresst.

Ende zu einer Fraktion Presssaft mit weniger Säure, mehr kolloidalem Trub, einem höheren pH-Wert und deutlich mehr phenolischen Verbindungen. Angesichts der in Deutschland gültigen Vermarktungsbegrenzung kann im Umkehrschluss über verkürzte Presszeiten eine überhöhte Erntemenge mit einer geringeren Saftausbeute korrigiert werden.

Die Schichtdicke der unter Druck komprimierten Maische spielt eine große Rolle für den Trubanteil im Saft und die Geschwindigkeit des Saftablaufes. Ist sie niedrig, sinkt die Filterwirkung, der Saft wird trubreicher. Ist die Schichtdicke hoch, besitzt das Gewebe eine gute Filterwirkung, dafür sind die Kapillaren rasch verstopft. Die technischen Lösungen der zahlreichen Hersteller unterscheiden sich u. a. in diesem Punkt. Kontinuierliche Systeme wie Band- oder Schneckenpressen sind auf große Durchsatzmengen ausgelegt. Sie operieren mit dünnen Maischeschichten, die systembedingt kontinuierlich aufgelockert und neu verdichtet werden und dabei in der Regel größeren Scherkräften ausgesetzt sind als diskontinuierliche Systeme. Ihr Trubgehalt ist deshalb höher, der gegen Ende anfallende Saft unterscheidet sich analytisch deutlich von den zuerst ablaufenden Fraktionen.

Die Saftausbeute muss um den angefallenen Trub korrigiert werden. Auch dieser Trub mit je nach Rückgewinnungsverfahren 30–40 % Trockensubstanz enthält einen großen Saftanteil, der als Ausbeuteverlust in Erscheinung tritt.

Abb. 33 zeigt verfahrenstechnische Prinzipien, die bei Weinpressen zum Einsatz kommen können. Kontinuierliche Systeme sind z. B. die Horizontal-Schneckenzentrifuge (Dekanter) sowie Band- oder Schneckenpressen in jeweils zahlreichen technischen Modifikationen. Die diskontinuierlichen Pressen können den Druckaufbau pneumatisch über ein Gas (Tankpressen, Schlauchpressen), hydraulisch über eine Flüssigkeit (Spindelpressen) oder mechanisch über eine Schraube, die gegen einen Beweglichen Boden drückt (Korbpressen) bewerkstelligen. Letztere haben in der Weinbranche nur noch wenig praktische Bedeutung, die Technik der Wahl bei Neuanschaffungen sind pneumatisch betriebene Pressen mit Aufnahmebehältern in praktisch allen bedarfsgerechten Größen.

3.4.2 Einflussgrößen auf die Saftzusammensetzung

Untersuchungen über den Einfluss von Pressparametern auf den Trubgehalt bzw. die analytische Zusammensetzung des Saftes wurden durch eine große Anzahl von Autoren durchgeführt. Untersucht wurden hauptsächlich der Einfluss der Pressenbewegung beim Beschicken, der Füllgrad, der Einfluss von unterschiedlichen Presssystemen, der des Pressprogramms und Unterschiede im Saft aus verschiedenen Pressfraktionen. Nachfolgend werden die wichtigsten Ergebnisse beschrieben.

3.4.2.1 Mechanische Belastung beim Füllen einer Presse

Die Tab. 14 und 15 in Kap. 3.2 zeigten Trub- und Phenolwerte in Abhängigkeit von der Beschickungsart der Pressen über Rührtanks oder Pumpen. Seckler (1997) erweitert die Beschickung um Aspekte des Füllvorganges bei einer pneumatischen Presse. Ergebnisse zeigt Tab. 21. Je intensiver die Presse dabei bewegt wird, desto mehr Saft läuft bereits beim Beschicken drucklos als Vorlauf ab. Statt knapp 2200 kg Maische kön-

Tab. 21 Trubgehalt und Aufschüttmenge bei einer pneumatischen Presse in Abhängigkeit von der Art der Füllung (Riesling, 25 % Fäulnis); Seckler (1997)

Arbeitsweise	Aufschüttmenge [kg]	Sedimentationstrub [%vol.]
Befüllung über Einfüllöffnung – von oben –	2184	13,1
Befüllung über Zentralbefüllung – alle 2 min. eine Rotation –	2885	17,8
Befüllung über Zentralbefüllung – ständige Rotation –	3054	28,0

nen deshalb über 3000 kg in einem Zyklus abgearbeitet werden. Die Presse wirkt vergleichbar einem Maischetank mit Siebeinsätzen. Allerdings steigt durch die Vorentsaftung der Trubgehalt, hier gemessen in %vol. im Standzylinder, auf mehr als das Doppelte an.

Die ständige Rotation erzeugt hohe Scherkräfte und bewirkt eine geringe Schichtdicke, die kaum Filterwirkung aufweist. Der Fäulnisgrad im angegebenen Beispiel von rund 25 % hat zudem eine extrem scherempfindliche Maische bewirkt. Erhöhte Trubmengen bei einer Vorentsaftung haben sich in weiteren Untersuchungen bestätigt. Zusätzlich wurde bei den Untersuchungen festgestellt, dass sich die Ausbeute in Abhängigkeit von Fäulnisgrad und Pressenbeschickung zwischen 4 und 12 Gew.% verringerte und die Mostqualität insgesamt abnahm (Seckler et al. 2010).

Für das unterschiedliche Fassungsvermögen von Pressen in Abhängigkeit vom Zustand des Leseguts und damit für die Pressleistung je Zeiteinheit gibt Weik (2012) Volumenfaktoren an. Sie reichen vom Faktor 0,6 bei der Ganztraubenpressung bis zum Faktor 3 bei vergorener Rotweinmaische. In vorgegebener Zeit lässt sich Letztere demnach 5-mal schneller pressen als es weiße ganze Trauben ermöglichen.

3.4.2.2 Einfluss des Füllgrades der Presse

Seckler et al. (2010) konnten feststellen, dass auch der Füllgrad einer Presse einen Einfluss auf die Mostzusammensetzung besitzt. Je weniger Maische sich im Presszylinder befindet, desto geringer ist die Schichtdicke und desto geringer deren Filtrationswirkung. Der Trubanteil im Saft steigt entsprechend an. Bei bereits vorgeschädigter Maische kommt dieser Effekt besonders stark zum Tragen. Überraschenderweise bewirkt ein niedriger Füllgrad keine kürzere Pressdauer.

Tab. 22 Der Einfluss des Pressensystems auf die Trubgehalte im Saft (Maul 1987)

Keltersystem	Trubgehalte (%vol.) bei Zentrigugierung	
	im Durchschnitt	**Verhältnis**
Innen- oder Außenspindelkelter	3,0	100
Schlauchpresse	4,0	133
pneumatische Presse	2,5	83
Tankpresse	2,0	67
Impuls- oder Schubkolbenpresse	2,5–3,0	83–100
fahrbare Presse (Rodach, Schanzlin)	6,0–7,0	200–233

3.4.2.3 Einfluss des Presssystems

Maul (1987) hat mehrere Pressentypen hinsichtlich ihrer Truberzeugung verglichen. Die Ergebnisse zeigt Tab. 22. Der als besonders schonend geltenden Tankpresse mit 2 %vol. Trub stehen Systeme gegenüber, die zum Teil mehr als doppelt so viel erzeugen. Die fahrbare Schneckenpresse schädigt das Gewebe am stärksten und produziert die höchste Trubmenge. In den letzten Jahren haben sich pneumatische Pressen weltweit als Standard durchgesetzt.

Der Trend geht dabei zu geschlossenen Systemen, die zusätzliche verfahrenstechnische Optionen bieten. Der Wettbewerb der Anbieter hat dazu geführt, dass sich Unterschiede auf wenige Merkmale reduzieren und eine Kaufentscheidung letztlich entsprechend der eigenen Zielsetzung getroffen werden muss (Schmidt 2009; Weik 2011; Schandelmaier 2013). Dazu gehören u. a. Aspekte wie der Grad der Automatisierung, die Bedienbarkeit, die Multifunktionalität, die Serviceverfügbarkeit, die effiziente Reinigung oder die Sauerstoffaufnahme. Zum Aufbau und zur Wirkungsweise von Pressen siehe Kap. 3.5.

3.4.2.4 Einfluss des Pressprogramms

Moderne Pressen sind mit automatischen, frei programmierbaren Steuerungen ausgestattet, die alle Pressparameter trauben- und zielgerecht in spezifischen Programmen zusammenführen. Die wesentlichen Pressparameter sind:

- die Presszeit,
- der Lockerungszeitpunkt und Lockerungswiederholungen,
- der Druckverlauf,

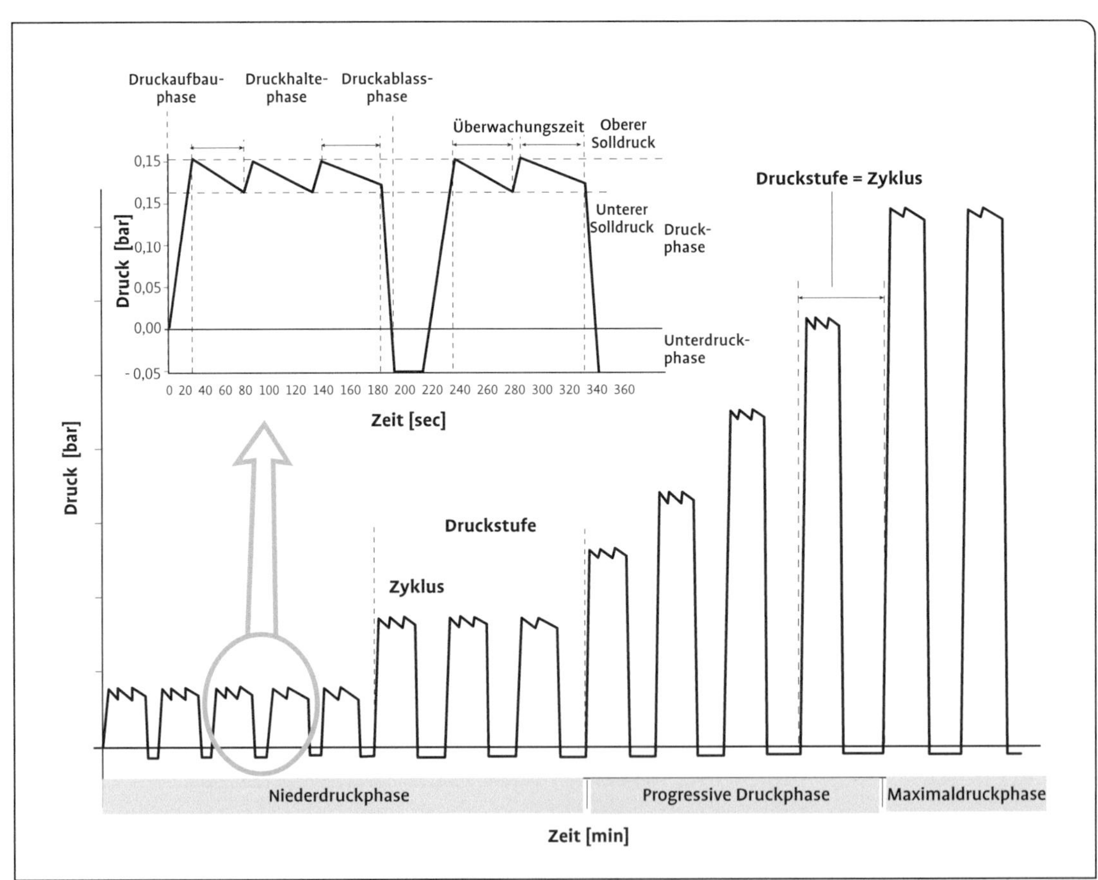

Abb. 34 Druck-Zeitdiagramm eins Standard-Pressenprogrammes (Seckler et al. 2010).

- die Zyklen- und Druckstufengestaltung,
- der Maximaldruck.

Zielgrößen sind ein optimales Zeit-Leistungsverhalten bei minimalen Trubwerten und geringer Mazeration der Beerenhaut. Pressprogramme werden unterschieden nach Standard- und sequenziellen Programmen. Jedes Programm ist durch unterschiedliche Druckstufen charakterisiert, die jeweils einen konstanten Druck aufweisen. Standardprogramme variieren hauptsächlich die Druckstufen, insbesondere deren Wiederholungen, die Druckhaltezeit und die Lockerungsphase der Maische. Sequenzielle Programme verfügen über einen treppenartigen Druckaufbau mit einem spezifischen Maximaldruck. Neue Entwicklungen betreffen selbstoptimierende Programme mit Gewichts- und Saftmengenerfassung, die dem Prozessor Informationen über den Pressverlauf geben und es ihm ermöglichen, den Druckverlauf zu optimieren. Die Automatik übernimmt dabei die sonst vom Bedienpersonal manuell eingeleiteten Schrittwechsel. Ergänzt werden diese Programme um die Schritte zur Pressenfüllung, der Vorentsaftung, der Nachpressung und der Entleerung (Freund et al. 2008 a+b; Seckler et al. 2010).

Abb. 34 zeigt den Druck-Zeitverlauf des Standardprogrammes einer pneumatisch betriebenen Presse mit innenliegender Membran als Drucküberträger. Es verfügt über unterschiedliche Druckstufen, also Phasen, bei denen das Auspressen der Trauben bei gleich hohem Druck erfolgt. Um für neue Saftablaufwege Lockerungsvorgänge zu ermöglichen, folgt einer Druckphase eine Unterdruckphase, in der die Membran an die Mantelwand der Presse gesaugt und die Maische anschließend durch Rotationsvorgänge gelockert (gescheitert) wird. Eine Druckphase und die darauf folgende Unterdruckphase werden als Zyklus bezeichnet. Er beginnt mit dem Druckaufbau bis zur vorgegebenen Höhe, gefolgt von der Druckhaltephase und zum Ende der Druckablassphase. Ist der gewünschte Unterdruck erreicht, beginnt die Lockerungsphase, die durch eine Anzahl von Rotationen charakterisiert ist. Mit der nächsten Druckaufbauphase endet der Zyklus und ein neuer beginnt. Der Niederdruckphase folgt eine Phase mit mehreren Zyklen zunehmenden Druckes, bis schließlich die Maximaldruckphase erreicht ist. Bei modernen Tankpressen liegt dieser

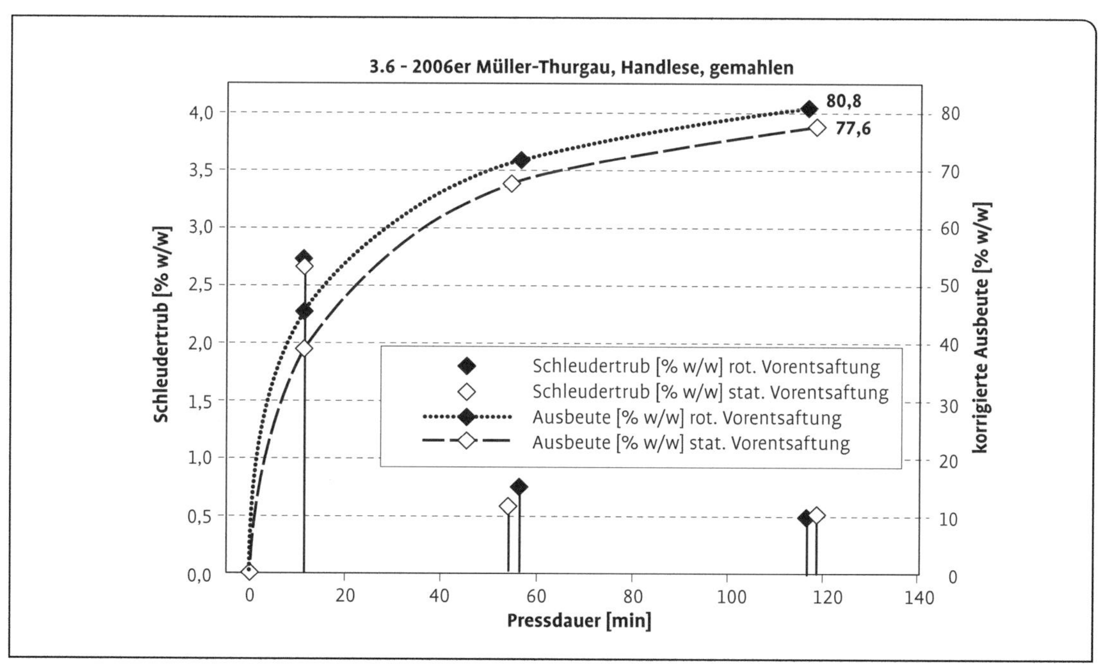

Abb. 35 Zeitlicher Entsaftungsverlauf bei rotierender bzw. statischer Vorentsaftung (Seckler et al. 2010).

Wert bei 2 bar. Die Summe aller Zykluszeiten ergibt die Gesamtpresszeit.

Auch bei den sequenziellen Programmen besteht ein Zyklus aus den Phasen Druckaufbau, Druckhalten, Druckablassen und Lockerung, wobei nach der Druckhaltezeit einer Druckstufe ein erneuter Druckaufbau zur nächsthöheren Druckstufe erfolgt. Ist die höchste Druckstufe des Zyklus erreicht, erfolgt das Ablassen des Druckes und die Lockerung. Der Zyklus ist beendet. Aufgrund dieser Arbeitsweise fallen weniger Zyklen und dadurch bedingt auch weniger Lockerungsvorgänge an, was ein schonenderes Auspressen erlaubt und den Einsatz dieser Programme z. B. für die Cremantherstellung ermöglicht.

Durch den Saftablauf sinkt der Pressdruck vom oberen zum unteren Sollwert ab. Die dafür nötige Zeitdauer kann als Steuerungsgröße zur Druckerhöhung und/oder zum Beenden eines Zyklus verwendet werden.

Abb. 35 zeigt ein Beispiel für den Saftablauf in Abhängigkeit von der Presszeit (Seckler et al. 2010). Zielgrößen in dieser Abbildung sind die Ausbeute und der Trub im Saft, Einflussgröße die Beschickung der Presse bei Vorentsaftung durch permanent rotierenden bzw. ruhendem Presszylinders. Die Saftausbeute ist bei gegebenem Programm eine Funktion der Presszeit, sie steigt rasch an und nähert sich schließlich asymptotisch einem Grenzwert. Nach etwa einem Drittel der Gesamtzeit waren in beiden Varianten bereits rund ¾ des Gesamtvolumens abgeflossen. Die mechanisch intensivere Variante mit permanenter Rotation erbrachte eine um drei Prozentpunkte höhere Ausbeute u. a. auf Kosten einer größeren Schleudertrubmenge (Durchschnitt: 1,6 zu 1,3 Gew.%). Die korrigierte Ausbeute ist die Nettoausbeute nach Korrektur um den mittels Laborzentrifuge ermittelten Trub im Most. Ohne diese Maßnahme würden trubreiche Varianten eine höhere Ausbeute vortäuschen.

3.4.2.5 Beschaffenheit unterschiedlicher Saftfraktionen

Der Ablauf der Pressprogramme bei rund 2 Stunden Dauer im Anschluss an eine Vorentsaftung im Tank oder in der Presse lässt erwarten, dass sich die Beschaffenheit von Saftfraktionen in Abhängigkeit des zeitlichen Anfalls analytisch unterscheiden muss.

Einflussgrößen sind die in verschiedenen Phasen unterschiedliche Filterwirkung der Maische, die zur Oxidation bzw. zum weiteren enzymatischen Gewebsabbau zur Verfügung stehende Zeit und die zunehmende mechanische Belastung durch das periodische Lockern und erneutes Anlegen des Druckes. In wissenschaftlich-technischen Untersuchungen zu diesem Thema wird meist differenziert nach Vorlaufmost (freiablaufender Saft, „Seihmost"), zwei Pressmosten unterschiedlichen Druckniveaus und der Gesamtmenge (z. B. Hamatschek et al. 1992; Seckler 1997; Christmann 2001; Seckler et al. 2010).

Tab. 23 zeigt exemplarisch die Dynamik der Inhaltsstoffe in Abhängigkeit von der zu unterschiedlichen Zeiten gewonnenen Saftfraktion. Mehr als die Hälfte des Saftes fällt bei beiden Versuchsvarianten als Vorlauf an. Ein weiteres Drittel ergibt die erste Pressstufe, die zweite macht lediglich noch zwischen 11 und 13 % aus. Der im Standzylinder durch bloßes Absetzen lassen gemessene Trub nimmt in beiden Fällen von einem sehr hohen Ausgangswert stark ab. Die zunehmende Filterwirkung des Gewebes hält viele Teilchen zurück. In der kellerwirtschaftlichen Praxis entspricht dieser Wert im Standzylinder der Menge, die nach entsprechender Sedimentation im Safttank separat als Süßtrub verarbeitet werden muss.

Eine ebenfalls starke Abnahme zeigt der mittels Trübungsfotometer gemessene kolloidale Trub im Überstand (TE/F). Je höher dieser Wert ist, desto schwieriger wird die spätere Weinfiltration. Bei den in der Beerenhaut konzentrierten Stoffgruppen Kalium und phenolische Verbindungen verhält es sich umgekehrt: beide steigen von Fraktion zu Fraktion an. Gleiches gilt für den pH-Wert, dessen Zunahme mit einer Abnahme der Säurewerte korreliert.

Insgesamt zeigen die Ergebnisse der Tab. 23 und andere Untersuchungen (Hamatschek 1991, Christmann 2001) bei der diskontinuierlichen Saftgewinnung mit pneumatischen Pressen folgende Zeit abhängige Tendenzen:

- der pH-Wert steigt kontinuierlich an,
- die Gesamtsäure sinkt kontinuierlich,
- die Gesamtphenole steigen kontinuierlich an,

Tab. 23 Analysenwerte des Pressversuches von Abb. 37 mit verschiedenen Saftfraktionen; V = Vorlauf, P = Pressfraktionen; G = Gesamtmenge (Seckler 2010)

	rotierende Vorentsaftung				statische Vorentsaftung			
Teilmengenprobe	V	P1	P2	G	V	P1	P2	G
Aufschüttmenge [kg]	243				260			
Korrigierte Ausbeute [%]	84,44				81,19			
Pressprogramm	Standard 5 Europress EHP 380				Standard 5 Europress EHP 380			
Mostuntersuchungen								
Teilmengenprobe	V	P1	P2	G	V	P1	P2	G
Mostmenge [L]	108	61	21	190	100	70	25	195
Mostmenge [% v/v]	56,8	32,1	11,1	100	51,3	35,9	12,8	100
Pressdauer [min]	11	45	60	116	11	43	64	118
Mostgewicht [°Oe]	84	86	86	85	85	85	87	85
Sed.-Trub [% v/v]	13	2	1,6	8	13	1	1	7
Schleudertrub [% v/v]	2,73	0,77	0,48	1,57	2,68	0,59	0,52	1,31
Trübung [TE/F]	1474	530	405,8	978	1372	385	385,6	666
Kalium [mg/l]	1450	1315	1673	1608	1365	1328	1290	1293
Kalzium [mg/l]	105	92	123	115	95	100	97	102
Gesamtphenole [mg/l]	209	277	378	265	222	277	399	296
Gesamtsäure [g/l]	5,0	5,3	4,4	5,2	4,7	5,0	4,0	4,6
pH-Wert	3,4	3,4	3,7	3,5	3,4	3,5	3,7	3,5
N-OPA [mg/l]	79,1	93,2	112,7	91,1	83,3	94,3	113,0	94,1

V = Vorlauf, P1 = bis 0,2 bar, P2 = bis 2,0 bar, G = V + P1 + P2

- der Grobtrub nimmt kontinuierlich ab,
- der kolloidale Trub nimmt zu,
- der Kaliumgehalt nimmt kontinuierlich zu,
- der Extrakt sinkt kontinuierlich,
- der SO_2-Bedarf steigt kontinuierlich mit dem pH-Wert.

Die bisherigen Ergebnisse wurden bei vergleichsweise schonend arbeitenden Tankpressen erzielt. Sogar bei diesen nimmt die Saftqualität im Verlaufe des Prozesses kontinuierlich ab. Bei mechanisch stärker belastenden Techniken verstärken sich die Effekte. So ist es nicht unüblich, die letzte Pressfraktion aus einer kontinuierlich arbeitenden Schneckenpresse für die Weinherstellung zu verwerfen.

3.5 Der Gesamtprozess von der Traube zum Saft

Das bisherige Kap. 3 hat sich mit Qualitätsparametern auf dem Weg der Traube in die Presse beschäftigt. Die Einflussgrößen auf die Saftqualität wurden meist jede für sich betrachtet. Die Wirkung einer Abbeermaschine z. B. kann aber nie isoliert gesehen werden, sie ist nur ein Teil eines vielstufigen Prozesses. Die Technologie eines komplexen biologischen Produktes lässt sich nicht auf einen Faktor reduzieren. Die Scherkräfte mechanischer Prozessschritte wie Pumpen, Abbeeren, Quetschen usw. beschädigen die Beerenhaut jeder für sich mehr oder weniger stark. Die negative Wirkung mehrerer Schritte nacheinander scheint sich dabei mehr als nur zu addieren, Einflüsse verstärken sich überproportional. Die Schwierigkeit aller praxisorientierten wissenschaftlich-technischen Untersuchungen liegt leider darin, dass bei einer Versuchsanstellung jeweils nur wenige Parameter, meistens lediglich zwei, gleichzeitig untersucht werden können. Aussagekräftige Ergebnisse über Wechselwirkungen einzelner Größen sind deshalb kaum verfügbar. Die Herstellung von Wein wird dadurch auch in Zukunft nicht ohne die Erfahrung und das Bauchgefühl der handelnden Personen auskommen, wenn eine individuelle Stilistik herausgearbeitet werden soll.

Über aller Technologie steht eine zentrale Aussage: Die dominierende Einflussgröße auf die Qualität des Mostes ist die Beschaffenheit der Beere. Diese wird hauptsächlich geprägt von der Witterung und der Traubensorte, daneben von zahlreichen weiteren weinbaulichen Parametern. Fäulnis oder Überreife machen das Gewebe extrem sensibel für mechanische Manipulationen, eine schonende Behandlung ist dann umso mehr die Voraussetzung für ein qualitativ und wirtschaftlich gutes Ergebnis. Stabile, wenig erweichte Beerenhäute sind mechanisch viel belastbarer, die Saftgewinnung ist dafür zum Teil erschwert und der spätere Wein unter Umständen unreif. Die Technik muss letztlich produktgerecht ausgewählt und angepasst werden. Der umgekehrte Weg, die Anpassung der Traube an die Technik, wird nicht so einfach gelingen, besser gar nicht angestrebt.

Im Folgenden werden die wichtigsten kontinuierlich und diskontinuierlich arbeitenden Traubenpressen sowie verfahrenstechnische Lösungen der Traubenverarbeitung als Gesamtprozess betrachtet. Die in einem Betrieb eingesetzte Technik ist dabei immer eine Funktion der zu verarbeitenden Traubenmenge je Zeiteinheit, der Kosten und der Betriebsphilosophie.

3.5.1 Maschinen- und Verfahrenstechnik bei diskontinuierlicher Saftgewinnung

Die Geschichte der Pressen hat vor langer Zeit mit vertikal ausgerichteten Presskörben begonnen. Im 20. Jahrhundert waren diese Geräte z. B. als Packpresse, Hydropresse oder Korbpresse am Markt erfolgreich, sie spielen inzwischen aber bei Neuinvestitionen kaum noch eine Rolle. Kleinere Maischemengen werden vereinzelt und dann hauptsächlich aus Imagegründen immer noch mit diesen traditionellen Systemen verarbeitet (Schmidt 2013). Druck wird meist mechanisch von oben erzeugt, der Saft fällt je nach Schichtdicke der Maische trubarm und mangels großer Scherkräfte ohne übermäßige Mengen an Polyphenolen an. Der Durchsatz ist gering, der Personalaufwand vergleichsweise hoch.

Das Kippen des Presskorbes von der Vertikale in die Horizontale machte es technisch möglich, die Nachfrage nach sehr großen Pressen zu befriedigen, den Korb rotieren zu lassen und den Press- und Lockerungsvorgang zu automatisieren. Die Rotation des Behälters führt zu einer beschleunigten, drucklosen Vorentsaftung, bei der über die Hälfte der gesamten Saftmenge schonend gewonnen werden kann. Die Horizontalpressen haben insgesamt die Saftgewinnung erheblich beschleunigt und das Bedienungspersonal stark entlastet. Die Technik der Wahl bei Neuanschaffungen wurden in den letzten Jahren horizontal angeordnete, pneumatische Membranpressen in zahlreichen Varianten. Nur vereinzelt werden noch kontinuierliche Schneckenpressen angeschafft. Daneben befinden sich in manchen Betrieben weiterhin ältere Spindel-, Kolben- oder Schlauchpressen im Einsatz.

3.5.1.1 Pneumatische Membranpressen

Abb. 36 zeigt eine Horizontalpresse mit Zuführmöglichkeiten von oben über eine große Deckelöffnung und mit seitlicher Zentralbefüllung. Der Presskorb ist als geschlossener Tank ausgelegt. Der Saftablauf erfolgt über mittig angeordnete Siebbleche und eine interne Sammelleitung in die offene Saftwanne. Die Doppelmembrane setzt die Maische von zwei Seiten unter Druck, der auf max. 2 bar ausgelegt ist. Während der Unterdruckphase im Zuge des Auflockerns kommt die Maische mit Luft in Kontakt, der ablaufende Saft nimmt Luftsauerstoff bis zur Sättigung auf. Geschlossene Membranpressen können zur Oxidationsvermeidung mit Inertgas, z. B. mit CO_2, überlagert werden. Auch der Saft lässt sich durch ein geschlossenes System und mit CO_2-Zugabe schützen.

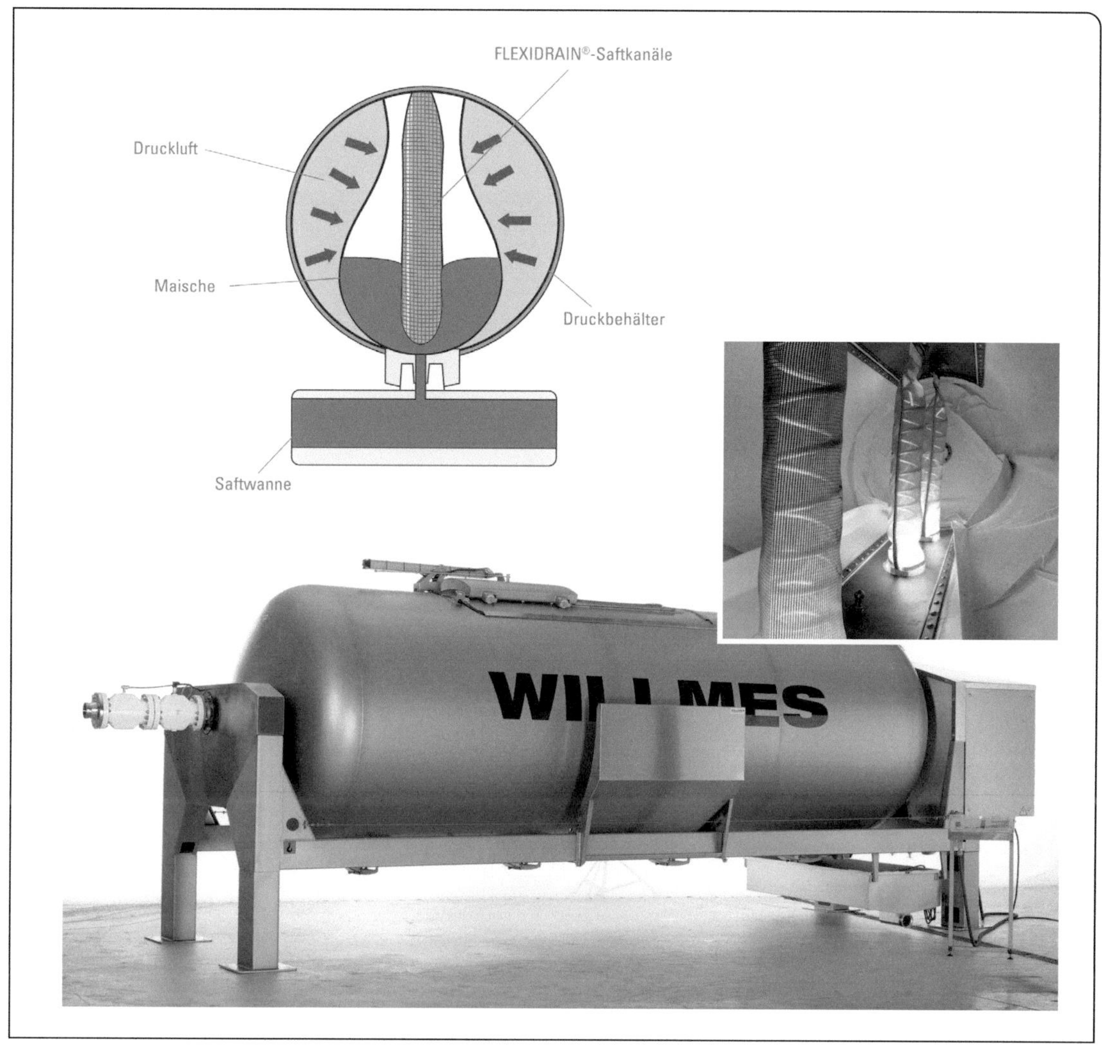

Abb. 36 Funktionsprinzip und Foto einer geschlossenen pneumatischen Membranpresse (Quelle: Fa. Willmes).

Ein derartiger Schutz ist nicht möglich bei den funktions- und baugleichen und über die halbe Mantelfläche mit Schlitzen versehenen offenen Membranpresse. Die Membran ist an der gegenüberliegenden Seite angebracht und drückt die Maische gegen die Schlitze (Abb. 37).

Deren große Ablauffläche für Saft erlaubt eine rasche Vorentsaftung und benötigt zur Auflockerung nur wenige Umdrehungen, um wieder neue Ablaufkanäle zu schaffen. Die Reinigung der Ablauffläche ist allerdings aufwendig und eine weitere Einsatzmöglichkeit als Lagertank o. Ä. nicht möglich. Mehr als jede zweite Neuinstallation ist ein derartiges offenes System. Die anderen drei Varianten von Abb. 37 stellen geschlossene Systeme dar mit unterschiedlichen Ablaufsystemen. 37D als offenes System lässt sich manuell durch die Anbringung von außen liegenden Saftkanälen in das geschlossene System 37C verwandeln.

Abb. 38 zeigt am Beispiel einer Tankpresse einen Presszyklus von der Beschickung bis zur Entleerung. Hier übt eine Membran allein den Druck aus, sie belegt nahezu die Hälfte der Innenfläche. Der Saft läuft über mehrere lange,

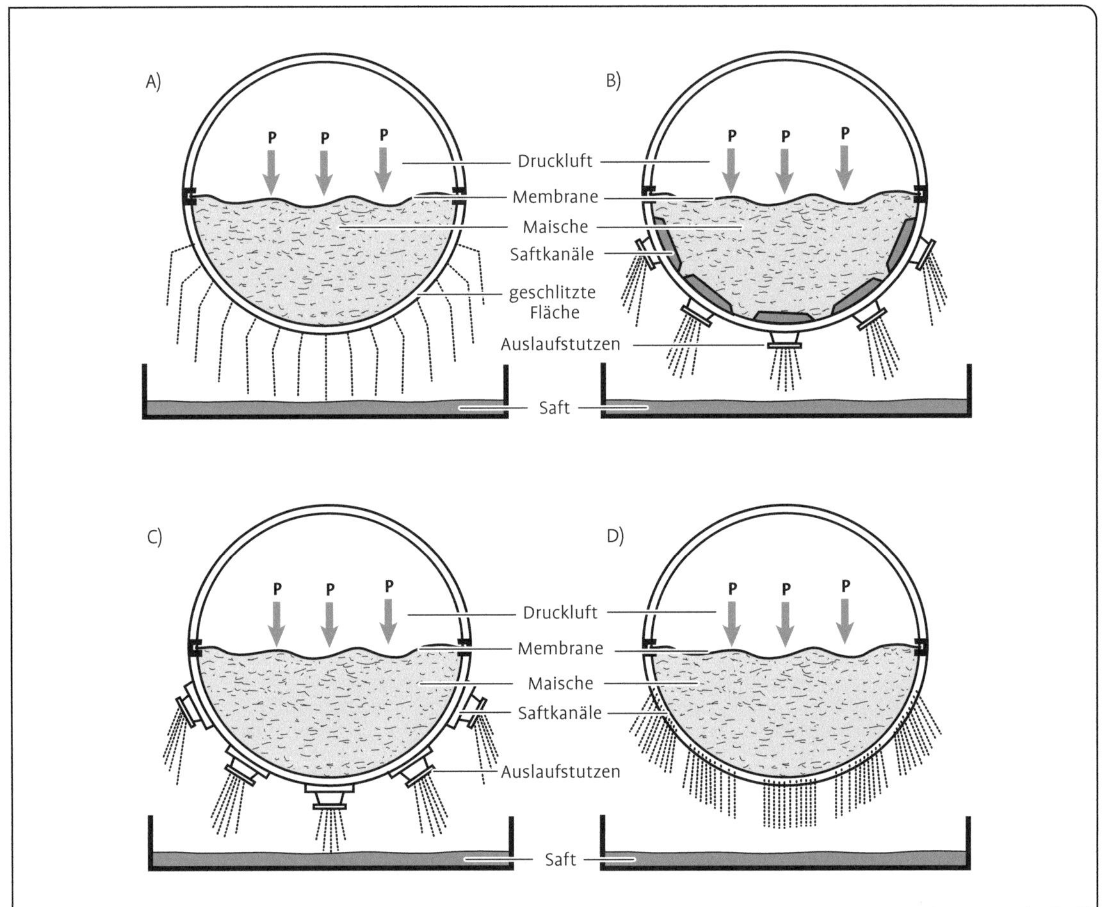

Abb. 37 Vier weitere Ausführungen von Horizontalpressen mit Membrane; A: offener Presskorb mit Schlitzen zum Saftablauf; B: Tankpresse mit innen liegenden Saftkanälen; C: Tankpresse mit verschließbaren außen liegenden Saftkanälen; D: Tankpresse mit außen liegenden, offenen Saftkanälen (Quelle: Fa. Scharfenberger).

geschlitzte Siebbleche an der entgegengesetzten Seite ab. Unterschieden werden folgende prinzipiellen Arbeitsphasen, die sich je nach Hersteller und Programm in Details unterscheiden können:

- Befüllung (üblicherweise mit Vorentsaftung),
- Niederstdruckphase (je nach Programm 0,2 bis max. 0,4 bar); zum Abschluss dieser Phase können bereits 80 % des gewinnbaren Saftes abgelaufen sein,
- Druckphase (meist max. 2 bar),
- Lockern mit vorherigem Ansaugen der Membrane an die Tankwand,
- Entleeren und Reinigung.

Membranpressen werden in Behältergrößen von 100 l bis über 70 000 l (z. B. bei der Fa. Gallo) gebaut. Ein gesamter Presszyklus einschließlich Beschickung und Entleerung dauert unter normalen Umständen bei weißer Maische 3–4 Stunden, bei maischevergorenem Rotwein weniger als 3. Ein System mit einem 32 000 l fassenden Presskorb kann in dieser Zykluszeit über 60 t Maische verarbeiten und kommt rechnerisch auf eine Stundenleistung von knapp 15 t. Bei einem ohne Vorentsaftung ablaufenden Zyklus, z. B. bei der Ganztraubenpressung, sinkt diese Leistung auf unter 10 t/h.

Pneumatische Membranpressen sind in vielen Ausstattungsvarianten erhältlich, die sich weniger auf die Saftqualität, dafür mehr auf die Arbeitsabläufe und die Prozesskosten auswirken.

Befüllung: Bis zur 4-fachen Menge des Behältervolumens: durch Umschichtung der Maische während des Befüllens, durch kurze Saftwege und schnellen Saftabfluss.

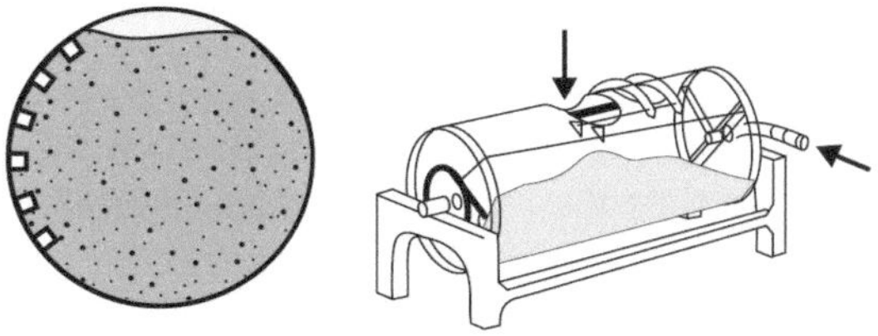

Niederstdruckphase: Die Membran legt sich auf das Pressgut. Das Spezialgebläse liefert den Druck. Weiches schonendes Anpressen. Bis zu 80 % der Gesamtsaftausbeute werden in der drucklosen Entsaftungsphase und dieser Niederstdruck-Phase erzielt.

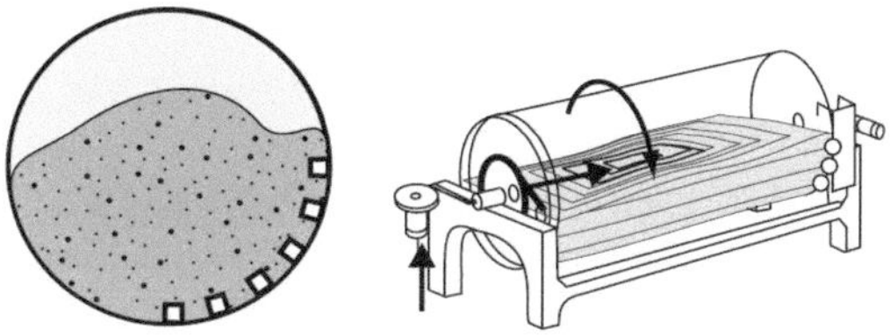

Druckabbau: Der Behälter ist rotiert. Der Presskuchen beschleunigt mit seinem Gewicht auf die Membrane den Druckabbau. Das Spezialgebläse in Retrofunktion führt den Druck auf -0,1 bar zurück, die Membrane wird an die Behälterwand gesogen.

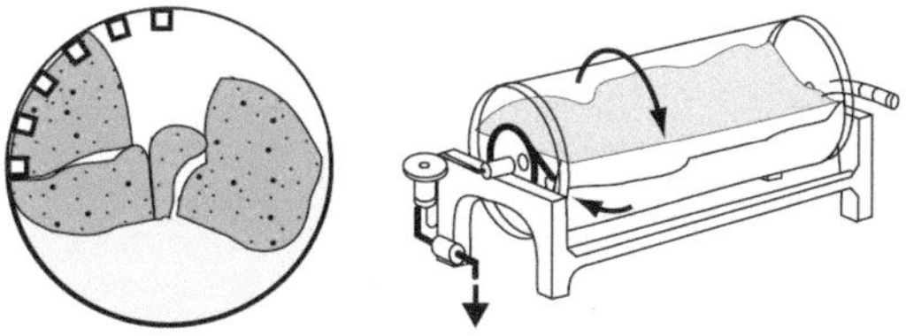

Tresterlockerung: Die Membrane liegt an der Behälterwand an. Der Behälter rotiert für kurze Zeit.

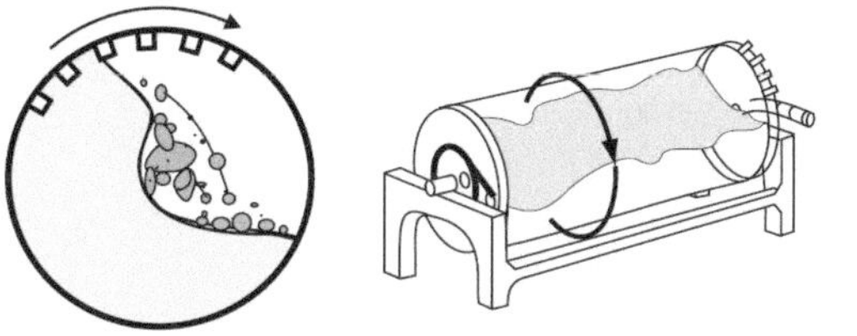

Entleerung: Einfaches und schnelles Auswerfen des gekrümelten Presskuchens durch diagonal zur Behälterachse angeordnete Entsaftungskanäle.

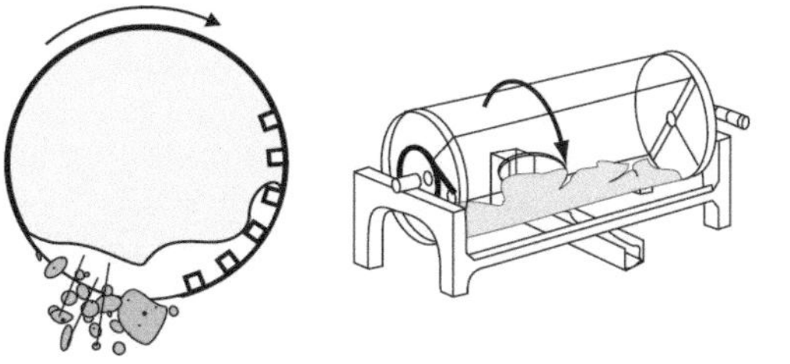

Abb. 38 Presszyklus am Beispiel einer Tankpresse mit einseitigem Membranandruck und in Längsrichtung angeordneten Siebblechen als Saftkanäle.

Folgende Aspekte sind bei einer Investitionsentscheidung abzuklären:

- offenes, geschlossenes oder „duales“ System, das einen Umbau von offen zu geschlossen ermöglicht?
- Zentralbefüllung zusätzlich zur großen Schiebetür?
- feste Installation oder fahrbare Anlage?
- sind periphere Geräte passend verfügbar (großer Einfülltrichter, Förderband, Sortiertisch, Abbeermaschine, Quetsche usw.)?
- ist Oxidationsschutz möglich?
- ist die Presse im Druck-Wechsel-Verfahren verwendbar?
- verfügt die Presse über die Möglichkeit der Temperierung des Inhalts?
- ist die Bedienung der Presse auch per Fernsteuerung, z. B. vom Stapler aus über Smartphone möglich? Werden Fehler per SMS versendet und besteht eine Möglichkeit zur Fernüberwachung?
- wie gut ist die Presse zu reinigen (Ausbauen der Saftablaufelemente usw.)?
- welcher Befüllungsgrad für Kleinmengen ist mindestens erforderlich?
- wie viel Freiheit für eigenständige Einstellungen erlaubt die Steuerung?
- wie ist die Servicequalität des Lieferanten?

Bei richtiger Auslegung des Systems ist die Pressung kaum noch mit Personalaufwand verbunden. Maul (1998) ermittelte so in Abhängigkeit vom Verfahrensablauf einschließlich der Entsaftung lediglich noch einen Bedarf von 10–29 Arbeitsstunden/ha Rebfläche.

3.5.1.2 Spindelpressen

Spindelpressen werden neu praktisch nicht mehr angeboten. Sie sind robuste, horizontal angeordnete Geräte und trotz teilweise hohem Alter immer noch in nennenswerter Stückzahl im Einsatz. Es sind letztlich horizontal gelagerte Korbpressen mit einem vollständig geschlitzten Druckbehälter und zwei Presstellern, die über die Spindel gegeneinander gefahren werden. Die dazwischen liegende Maische wird dadurch unter Druck gesetzt. Beim Pressen dreht sich der Presskorb in die eine, beim Lockern in die andere Richtung. Aufgelockert wird die Maische mittels Lockerungsketten oder -ringen. Die Entsaftungswirkung ist gut, allerdings produzieren Spindelpressen einen hohen Trub- und Phenolanteil im Saft. Pressparameter sind der Befüllungsgrad (muss > 50 % sein), die Umdrehungsgeschwindigkeit des Korbes, die Anzahl der Lockerungsvorgänge und schließlich der absolute Druck. Wird auf die maximale Ausbeute verzichtet, also wenig aufgelockert und nur langsam rotiert, lassen sich ansprechende Säfte mit erträglichen Trubmengen gewinnen (Schmidt 2013).

3.5.1.3 Schlauchpressen

Schlauchpressen werden neu ebenfalls nicht mehr angeboten. Sie bestehen aus einem geschlitzten, horizontal liegenden Zylinder und einer über die ganze Länge reichendem Schlauch in der Mitte. Dieser Druckschlauch wird durch Pressluft bis auf 6 bar aufgeblasen und drückt die Maische großflächig und in dünner Schicht gegen den Behälter. Das Auflockern erfolgt in drucklosem Zustand über die Rotation des Zylinders. Die Maische fällt dabei in sich zusammen und bildet neue Ablaufkanäle. Dieser Vorgang wiederholt sich bis zum Ende der Entsaftung. Die dünne Maischeschicht besitzt nur wenig Filterwirkung, der Saft ist sehr trubreich. Vorteilhaft, z. B. für den Versuchsausbau, ist die Möglichkeit, auch Kleinstmengen zu entsaften.

3.5.1.4 Hydraulische Kolbenpressen

Die hydraulische Kolbenpresse wurde nach dem Prinzip der Spindelpresse entwickelt, um deren schnelle Entsaftung zu nutzen ohne ihre Nachteile in Kauf nehmen zu müssen. Die Lösung bestand in einem System, das ohne Rotation des Presstellers arbeitet. Anstelle der Spindel bringt eine Hydraulik den notwendigen Pressdruck auf den Pressteller, der die Maische gegen die Korbwand drückt. Der Saft fließt durch innen liegende poröse Gewebeschläuche („Strümpfe“) ab. Zur Auflockerung wird entspannt und rotiert. Moderne hydraulische Pressen sind für die Phasentrennung von fast allen Obstarten und vielen Gemüsen geeignet, am weitesten verbreitet sind sie unter dem Namen Bucher-Presse bei der Apfelsaftherstellung. Die Maische wird vergleichsweise wenig mechanisch belastet, Oxidationsschutz ist möglich und die Steuerung ist automatisiert.

3.5.2 Verfahrenstechnik bei der diskontinuierlichen Saftgewinnung

In der kellerwirtschaftlichen Praxis haben sich drei prinzipielle Verfahrenstechniken mit mehreren Variationsmöglichkeiten herausgebildet, bei denen der Saft diskontinuierlich gewonnen wird (Abb. 39):

- die Ganztraubenpressung,
- die Maischepressung mit Direktbeschickung und Vorlauf aus der Presse,
- die Maischepressung nach externer Vorentsaftung.

Die Verfahren unterscheiden sich arbeitswirtschaftlich und ganz besonders in der Stundenleistung und beim Maschinenbedarf. Bei der Ganztraubenpressung wird das Lesegut in der Regel nach einer Handlese in kleinen Behältern transportiert und schonend ohne Quetschen oder Abbeeren in die Presse gefördert. Es fällt ausschließlich ein weitgehend einheitlicher Pressmost an, das Aufschüttvolumen entspricht nahezu dem Füllvolumen des Presszylinders, die gesamte Verarbeitungszeit ist aufgrund der fehlenden Vorentsaftung rund doppelt so lang als mit einer Vorabtrennung.

Dafür sind die Werte der Qualitätsparameter Kalium, Gesamtsäure, Gesamtphenole, Trub oder pH-Wert günstiger als bei Verfahren mit Vorentsaftung (Hamatschek et al. 1992; Seckler 1997). Die Ganztraubenpressung wird deshalb als das Verfahren mit dem höchsten Qualitätsanspruch gesehen, wenn fruchtige, säurebetonte und gerbstoffärmere Weine produziert werden sollen. Besonders vorteilhaft ist dieses Verfahren bei einem Lesegut mit mehr als 10 % Fäulnis oder im Falle von durch Hagel geschädigten Trauben.

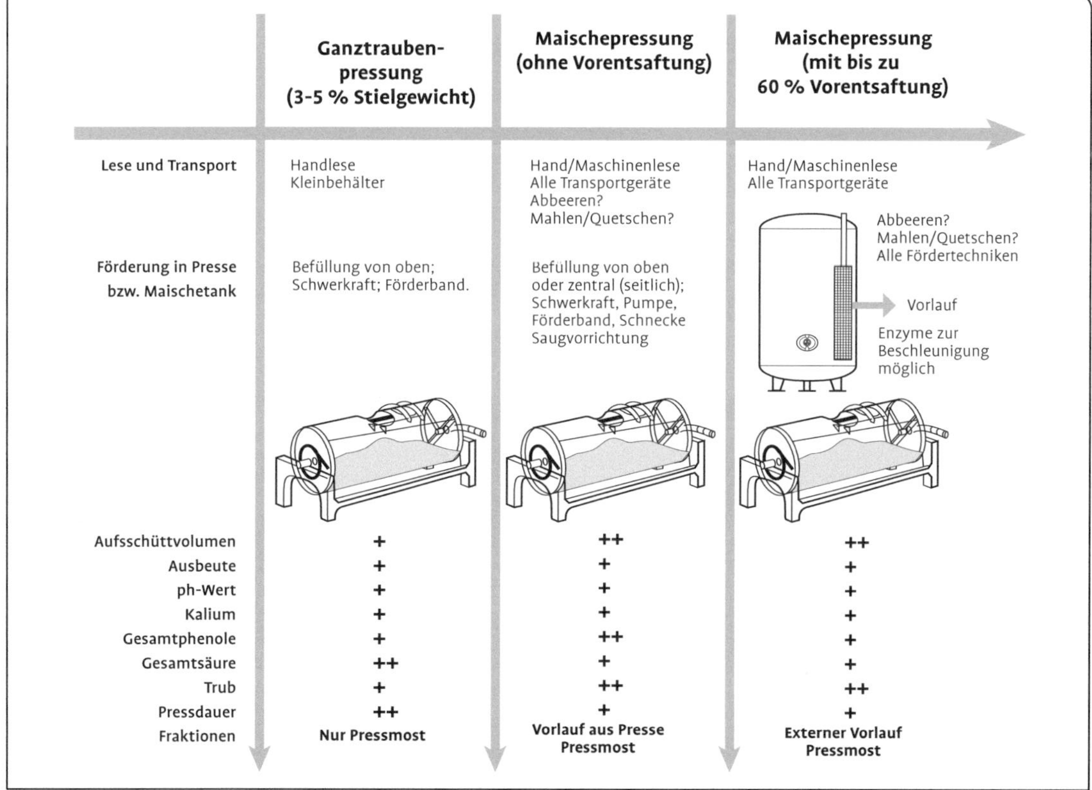

Abb. 39 Grundlegende Verfahrenstechniken der Entsaftung bei diskontinuierlichen Systemen, z. B. Tank-, Spindel- oder Schlauchpressen (+ bedeutet: Situation ist günstig).

Ein wichtiger Parameter, die korrigierte Saftausbeute, unterscheidet sich bei diesen drei Verfahren kaum. Die anderen Analysenwerte der Maischeverfahren werden durch eine große Anzahl weiterer Parameter wie Quetschen, Abbeeren, Enzymeinsatz, Fördermedium usw. stark beeinflusst, sodass nur Tendenzen anzugeben möglich ist. Viele als negativ gesehene Eigenschaften des Mostes lassen sich während des weiteren Ausbaus in gewissem Umfang durch die Zugabe von Behandlungsmitteln beeinflussen. Das bedeutet aber zusätzlichen Aufwand einschließlich der Verarbeitung größerer Trubmengen. Zudem erzeugen die beiden Maische-Varianten unterschiedliche Saftfraktionen. Aus qualitativen Gründen kann es sinnvoll sein, den Presssaft aus der höchsten Druckstufe, die letzten 10 %, separat auszubauen. Alle diskontinuierlichen Systeme können mit inhomogener Maische beschickt werden. Ein Rührtank im Zulauf ist bei allen drei Varianten nicht erforderlich. Die Ganztraubenverarbeitung ist die bevorzugte Methode höchstens mittelgroßer, qualitätsorientierter Betriebe. Die beiden Maischevarianten lassen sich bei allen Betriebsstrukturen einsetzen und sind auch die Kapazitätsalternative zu den kontinuierlichen Verfahren.

3.5.2.1 Kelterhaus eines Betriebes mittlerer Größe

Abb. 40 zeigt eine fotografische Aufnahme und das dazugehörige Schnittbild eines Kellerneubaus in einer Weinbergs-Hanglage. Traubenan-

Abb. 40 Kellereineubau in Hanglage (Quelle: Architekturbüro Münzing).

Selektion nach dem Abbeeren

Abb. 41 Traubenannahme und Hand-Selektion mit mobilen, vielfach kombinierbaren Aggregaten.

nahme, Saftgewinnung und Mostverarbeitung bzw. Weinausbau befinden sich auf drei Ebenen untereinander. Die Verarbeitung läuft bei weißem Material ausschließlich per Schwerkraftförderung bis in die Presse. Rote Maische wird per Förderband in die Maischegärtanks geschafft. Der erste Pumpvorgang findet im Most- bzw. im Weinbereich statt.

Die ganzen Trauben werden in kleinen Behältern angeliefert, mittels Stapler in einen Trichter entleert und über fahrbare, flexibel zuschaltbare Geräte nach Bedarf abgebeert, sortiert und in die Presse gefördert (Abb. 41). Die Aggregate lassen sich im Baukastenprinzip nach Bedarf zusammenstellen. Nach Abschluss der Lese steht die geräumte Kelterhalle als Arbeitsraum oder für Veranstaltungen zur Verfügung.

Bei kleineren Mengen kann alternativ zur Schwerkraftförderung ein Kransystem eingesetzt werden, das die Transportbehälter über die Presse oder ihre vorgeschalteten Aggregate hebt. Ziel ist in allen Fällen, auf Pumpvorgänge verzichten zu können.

3.5.2.2 Traubenverarbeitung in einem Großbetrieb

Sind hohe Stundenleistungen gewünscht, muss die Kapazität der Geräte entsprechend ansteigen. Eine Ganztraubenverarbeitung ist allenfalls noch mit Teilmengen möglich, die Verarbeitung als Maische Stand der Technik, Abbeeren von weißen und roten Trauben üblich. Dauerhaft installiert ist der gesamte Maischeprozess bis zur Presse möglichst automatisiert und von viel Sensor-Messtechnik unterstützt. Angelieferte Menge, Mostgewicht, Fäulnis, vielfach Säure und pH-Wert usw. werden zusätzlich zu den üblichen Prozessinformationen wie Temperatur, Druck oder Füllgrad der Tanks automatisch erfasst und chargenweise dokumentiert (siehe Kap. 9). Die Monitor-Überwachung kann von einer Schaltwarte aus erfolgen, das Personal wird am Bildschirm über das Geschehen bei der Annahme und der Weiterverarbeitung informiert.

Abb. 42 zeigt einen Ausschnitt des Prozesses bei ebenerdiger Annahme und Weiterverarbeitung über zwei tiefer liegende Stockwerke bis zum Pumpentrichter, von dem aus die Rührtanks

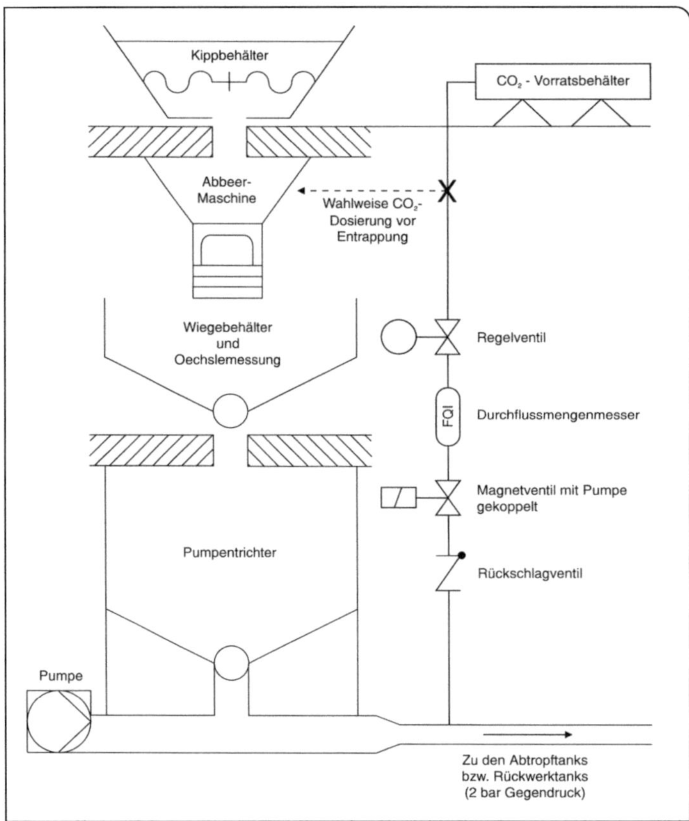

Abb. 42 Traubenannahme auf drei Ebenen mit Abbeermaschine, Mühle, Wäge- und Mostgewichtsmesseinrichtung sowie Maischepumpe.

oder Entsaftungsbehälter beschickt werden. Oft befinden diese sich im obersten Bereich der Kellerei, um letztlich nach nur einmaligem Pumpen wiederum die Schwerkraft zum Weitertransport benutzen zu können. Besteht keine Möglichkeit, nach unten zu arbeiten, muss der höher liegende Annahmetrichter mittels geeigneter Pumpen oder Förderbänder beschickt werden. Bei Vorliegen entsprechender Räumlichkeiten und erforderlichen hohen Leistungen bieten sich alternativ Hub-Kipp-Lösungen an, um Pumpwege zu ersetzen oder zumindest zu verkürzen. In Abb. 42 wird beispielhaft Oxidationsschutz durch CO_2-Zugabe in den Druckstutzen der Maischepumpe betrieben. An gleicher Stelle ließe sich Maischegelatine dosieren oder Schwefeldioxid. Die Maischepumpe wird über eine Füllstandmessung im Pumpentrichter geregelt.

Abb. 43 zeigt eine 3-D-Grafik einer Pressenstation mit zwei Pressen, vier Tanks für die Maischegärung mit Stößeln zum Untertauchen des Tresterhutes (vorne) und acht Stapeltanks. Eine derartige Installation ist für mittlere und größere Betriebe ausreichend und u. a. in zahlreichen Winzergenossenschaften realisiert. Die Beschickung der Tanks erfolgt von unten, die Förderung zu den fest installierten Membranpressen mittels Direktbefüllung im freien Fall bzw. waagrecht installierten Trogschnecken. Die Leitungsführung muss sicherstellen, dass jede Presse von jedem Tank aus beschickt werden kann. Der trockene Trester wird ebenfalls durch Schneckenförderung ausgeschleust.

3.5.3 Maschinen- und Verfahrenstechnik bei kontinuierlicher Saftgewinnung

In Großbetrieben können im Wesentlichen drei kontinuierlich entsaftende Systeme mit entsprechend hohen Durchsatzmengen zum Einsatz kommen:

- Schneckenpressen/Impulsschneckenpressen,
- Bandpressen,
- Horizontal-Schneckenzentrifugen (Dekanter).

3.5.3.1 Schnecken- und Impulsschneckenpressen

Schnecken- oder Impulsschneckenpressen sind eine Technik für sehr große Betriebe und mit Leistungen über 40 t/h ideal für die Verarbeitung riesiger Mengen möglichst homogener Maische. Kleine Chargen sind dafür kaum wirtschaftlich zu entsaften, Sortenwechsel aufwendig. Die Moste fallen sehr trub- und phenolreich an, ein fraktionierter Ausbau und die Behandlung mit Schönungsmitteln sind üblicherweise erforderlich. Dies gilt vor allem für die wenigen

Prozent der letzten Fraktion, wenn sie aus Gründen der Ausbeutemaximierung auch zu Wein verarbeitet werden sollen. Eine Installation erfordert Rührtanks, um eine gleichmäßige Beschickung des vorgeschalteten Schrägentsafters zu ermöglichen. Dieser besitzt eine langsam laufende Schnecke mit großem Durchmesser und ist in der Lage, bis zu 60 % des gewinnbaren Saftes als externen Vorlauf abzutrennen (Abb. 44). In der horizontal angeordneten eigentlichen Presse drückt deren ebenfalls nur mit wenigen Umdrehungen pro Minute (im Idealfall < 3) laufende Schnecke zur Lockerung und Vorpressung gegen eine Regelblende, danach gegen den am Auslauf befindlichen Tresterpfropfen. Dieser Pfropfen wird durch eine Gegendruckplatte fixiert.

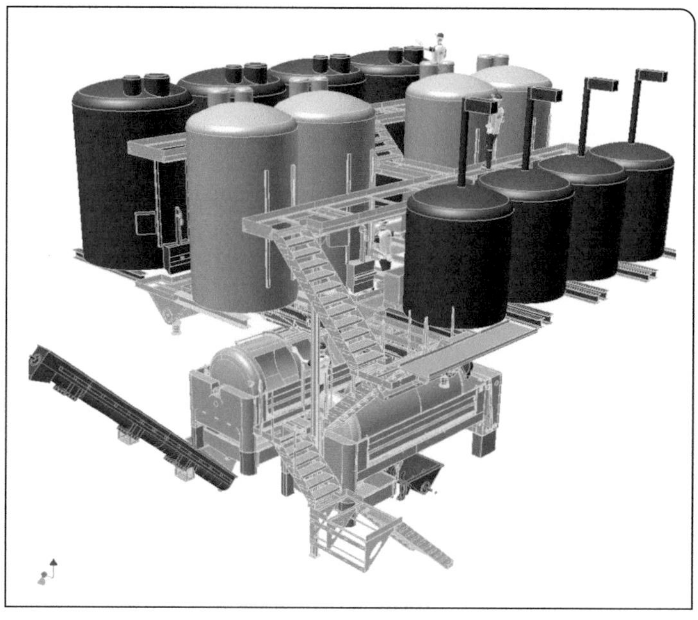

Abb. 43 Pressenstation auf zwei Ebenen (Quelle: Fa. Scharfenberger).

Eine deutliche Verbesserung der Saftqualität brachte die Impulsschneckenpresse. Bei ihr ist die Schnecke zweigeteilt. Der Teil hinter der Regelblende kann hydraulisch ein Stück weit axial bewegt werden und frische Maische ohne rotationsbedingte Scherkräfte gegen den Tresterpfropfen drücken (Abb. 45). Trotzdem fallen Moste an, die mit sieben bis neun %vol. Trub weit mehr als das Doppelte im Vergleich zu einer Tankpresse enthalten. Zur Wirkung von Schneckenpressen, auch im direkten Vergleich mit anderen Systemen, gibt es wenig jüngere Literatur (Schmidt 2013 und 2013a; Troost 1988, Lemperle und Kerner 1979; Haushofer und Meier 1976; Maurer und Meidinger 1976).

3.5.3.2 Bandpressen

Bandpressen sind ebenfalls Geräte für große Leistungen. Sie kommen ursprünglich aus der Fruchtverarbeitung und wurden vor etwa 20 Jahren erstmals zur Traubenentsaftung getestet. In den nördlichen Weinanbaugebieten haben sie sich nicht durchsetzen können, in den neuen Weinbauländern dann, wenn zusätzlich noch andere Früchte verarbeitet werden sollen. Die

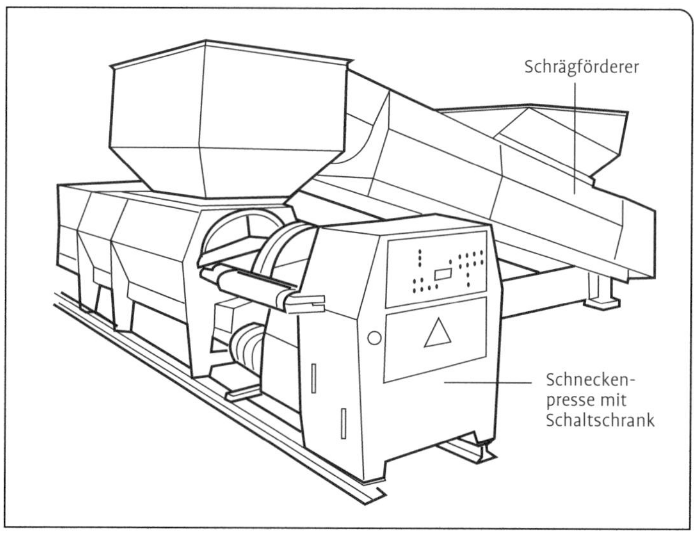

Abb. 44 3-D-Schemazeichnung einer Schneckenpresse mit Vorentsafter.

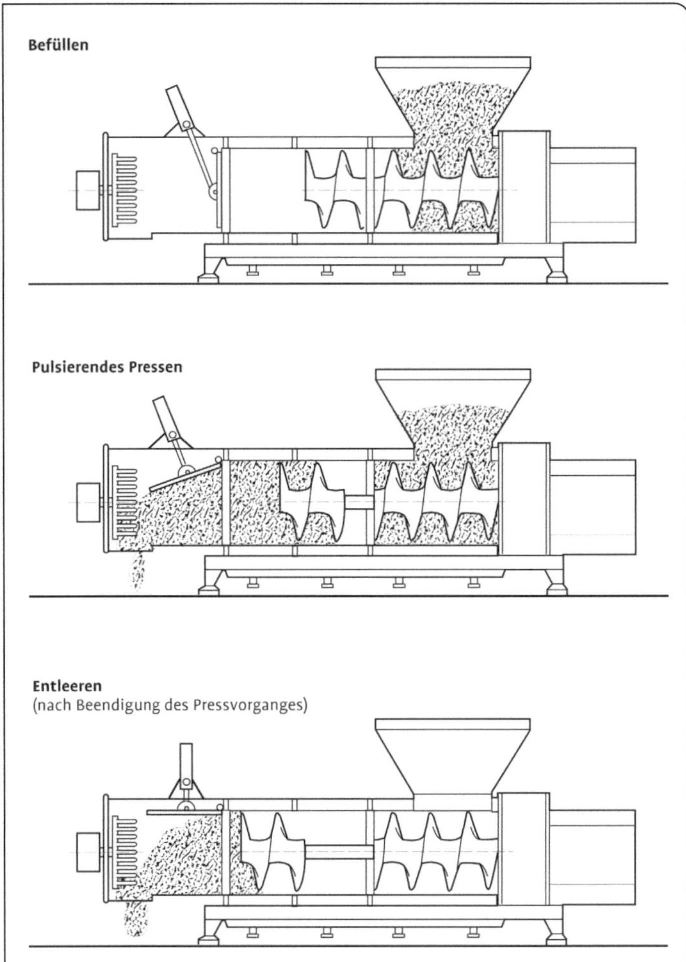

Abb. 45 Prinzip der Impulsschneckenpresse.

geringe Schichtdicke der Maische sorgt in Verbindung mit hohen Scherkräften für einen großen Trubanfall im Most. Die Ausbeute ist niedriger als die der anderen Entsaftungssysteme, Verbesserung kann eine zweistufige Entsaftung bringen. Die Reinigung speziell der Bänder ist aufwendig, die Hygiene insgesamt vergleichsweise problematisch. Vorteilhaft ist die geringe Mischzone, die flexibel Sortenwechsel erlaubt. Der Pressvorgang zwischen Maischeaufgabe und Tresteraustrag dauert nur wenige Minuten. Bandpressen müssen aus einem geeigneten Tank gleichmäßig beschickt werden. (Schmidt 2013 und 2013a).

3.5.3.3 Horizontal-Schneckenzentrifuge (Dekanter)

Eine noch jüngere Kellertechnik als die Bandpresse ist der Dekanter, der für die Gewinnung von Obst-, Beeren- oder Gemüsesäften allerdings schon seit Jahrzehnten eingesetzt wird (Hamatschek und Meckler 1995; Dörr und Hühn 2002; Dörr 2007). Die Maschine nutzt zur Phasentrennung die Zentrifugalkraft und trennt die Phasen Fest und Flüssig aufgrund ihrer unterschiedlichen Dichte. Der Dekanter unterscheidet sich dadurch von den anderen Systemen, die eine Druckdifferenz als Triebkraft haben. Die Trennung in Saft und Trester ist in lediglich 30 Sekunden abgeschlossen, eine systembedingte Scherkraft-Extraktion von Kernen oder Beerenhäuten dadurch praktisch nicht möglich. Die hohe Zentrifugalkraft (bis 4000 xg) trennt den Grobtrub bis auf Restmengen ab. Am einfachsten kann man sich einen Dekanter als schnell drehende Röhre mit konischem Auslauf am einen Ende vorstellen, in der eine Schnecke einen Feststoff als kompakte Schicht befördert (Abb. 46 und 47). Dekanter zur Maischeentsaftung verfügen über eine schnell drehende zylindokonische Trommel, in die die Maische über ein weit nach innen gezogenes Einlaufrohr hineingefördert wird. Sie unterliegt unmittelbar der hohen Zentrifugalkraft und wird in Sekundenbruchteilen auf Umdrehungsgeschwindigkeit beschleunigt. Der schwerere Trester schleudert an die Trommelwand, der spezifisch leichtere Saft steht als Flüssigkeitsring darüber. Eine Schnecke läuft mit etwas größerer Umfangsgeschwindigkeit als die Trommel und fördert so die Feststoffe über den konischen Teil der Trommel zum Auswurf. Der Saft fließt zwischen den Schneckenwendeln an das entgegengesetzte Ende der Trommel, wo er die Maschine unter Druck verlässt.

Eine Wehrscheibe gibt die Tiefe des Flüssigkeitsspiegels vor. Ab einem bestimmten Punkt verlässt der Trester beim Hochfördern im konischen Teil diesen Flüssigkeitsspiegel und wird danach weiter entfeuchtet. Der Klärgrad des Saftes und die Trockensubstanz des Tresters lassen sich durch eine Vielzahl von teilweise in ihrer Wirkung gegeneinander laufenden Maschinenparametern beeinflussen. Dazu gehören die Teichtiefe der Flüssigkeit, die Länge des Einlaufrohres, die Differenzdrehzahl zwischen Trommel und Schnecke und der Böschungswinkel der Trockenzone.

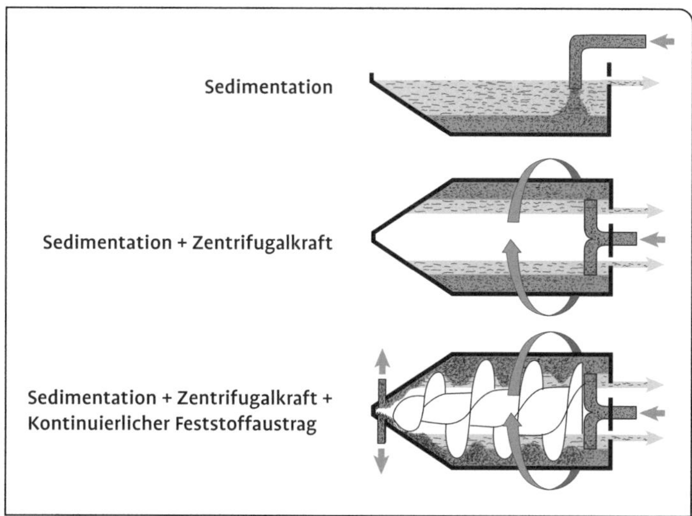

Abb. 46 Von der Sedimentation zum Dekanter (Quelle: GEA Westfalia Separator GmbH).

Tab. 24 zeigt Analysen- und Prozessdaten aus einem Großbetrieb, in dem die gesamte Erntemenge, 24 Mill. kg Trauben, mit drei verschiedenen Systemen entsaftet wurde (Pecoroni und Dörr 2008). Die Ausbeute der Schneckenpresse lag systembedingt am höchsten, aber mit einer 2- bzw. 3-mal so großen Menge an schleudertrockenem Trub als bei der Verarbeitung mit Tankpresse oder Dekanter. Die Tankpresse ihrerseits ergab die niedrigsten Phenolwerte und bestätigte die Einstufung als besonders schonendes System.

Auch Fischer et al. (2012) berichteten, dass die Alternativen Dekanter und Tankpresse in Versuchen mit drei Weißweinsorten im Herbst 2011 weder in den technologischen Parametern Ausbeute und Restfeuchte des Tresters noch in den weinchemischen Daten oder den sensorischen Vergleichen der jeweiligen Weine aussagekräftige und belastbare Unterschiede hervorgebracht hätten. Gleichzeitig erzeugte der Dekanter die trubärmeren Moste und konnte mit einer hohen Stundenleistung die Schlagkraft des Betriebes steigern. Diese Vorteile der Dekantertechnologie würden erzielt ohne sensorische Qualitätseinbußen. Ihre Stärken zeige dieses neue Verfahren besonders bei Rotweinverfahren oder allgemein, wenn die Maische erhitzt wird (siehe Kap. 4). Andere, ältere Publikationen mit vergleichbaren Aussagen stammen von Dörr et al. (2002), Hühn et al. (2002) sowie Meckler und Hamatschek (2005). Die Analytik der Qualitätsparameter Kalium, pH-Wert und Gesamtphenole bestätigt niedrige Scherkräfte bzw. eine

Tab. 24 Vergleich von Tank- und Schneckenpresse mit einem Dekanter (Pecoroni und Dörr 2008)

		Schneckenpresse	Tankpresse	Dekanter
Verarbeitung	Mio. kg	5	8	11
Ausbeute	%	84	78	81
Schleudertrub	%	> 15	4	1–3
Trub	l	650 000	320 000	220 000
Phenole	mg/l	1280	200	450

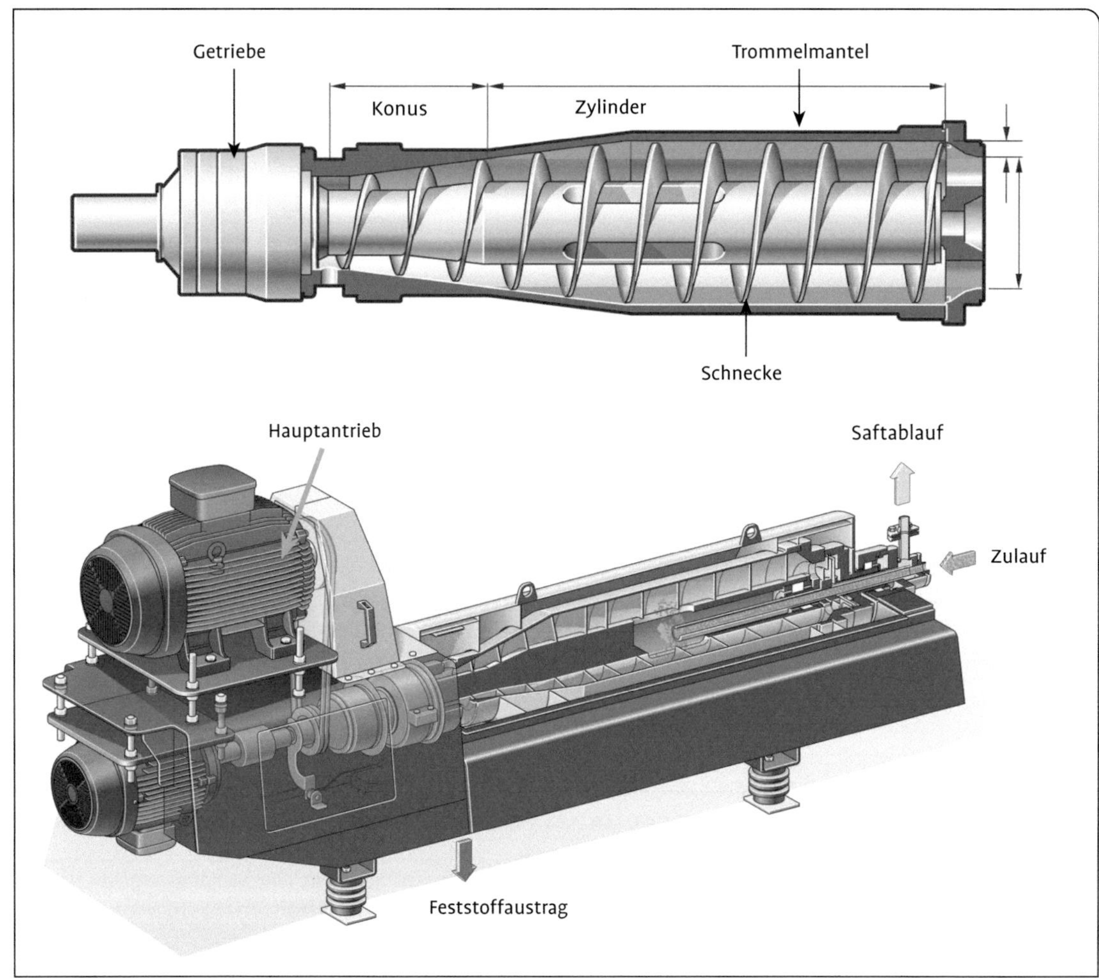

Abb. 47 3-D-Bild eines Dekanters und einer Trommel (oben) (Quelle: GEA Westfalia Separator GmbH).

zu kurze Verweilzeit, um eine Extraktion unerwünschter Beerenbestandteile zu ermöglichen. Der Most besteht aus lediglich einer einheitlichen Fraktion, ein differenzierter Ausbau erübrigt sich.

Verfahrenstechnisch bedingt entsteht eine andersartige Konsistenz des Tresters. Trotz vergleichbarer Trockensubstanz ist er weicher und saftlässiger als der Vergleich aus den Pressen. Versuche, diese Maschine auf einen Vollernter zu integrieren, wurden in Kap. 3.1 bereits angesprochen.

3.5.4 Verfahrenstechnik der kontinuierlichen Saftgewinnung

Abb. 48 zeigt die drei besprochenen Entsaftungstechniken im Zusammenhang.

Die Verfahrenstechnik für die kontinuierliche Traubenverarbeitung großer Mengen verfügt im Vergleich zum diskontinuierlichen Prozess über weniger Freiheitsgrade. Ein Rührtank ist zwingend notwendig, weil alle Systeme einen weitgehend homogenen Zulauf erfordern. Im Falle des Dekanters muss zwingend abgebeert werden, bei den anderen Geräten ist es aufgrund der hohen

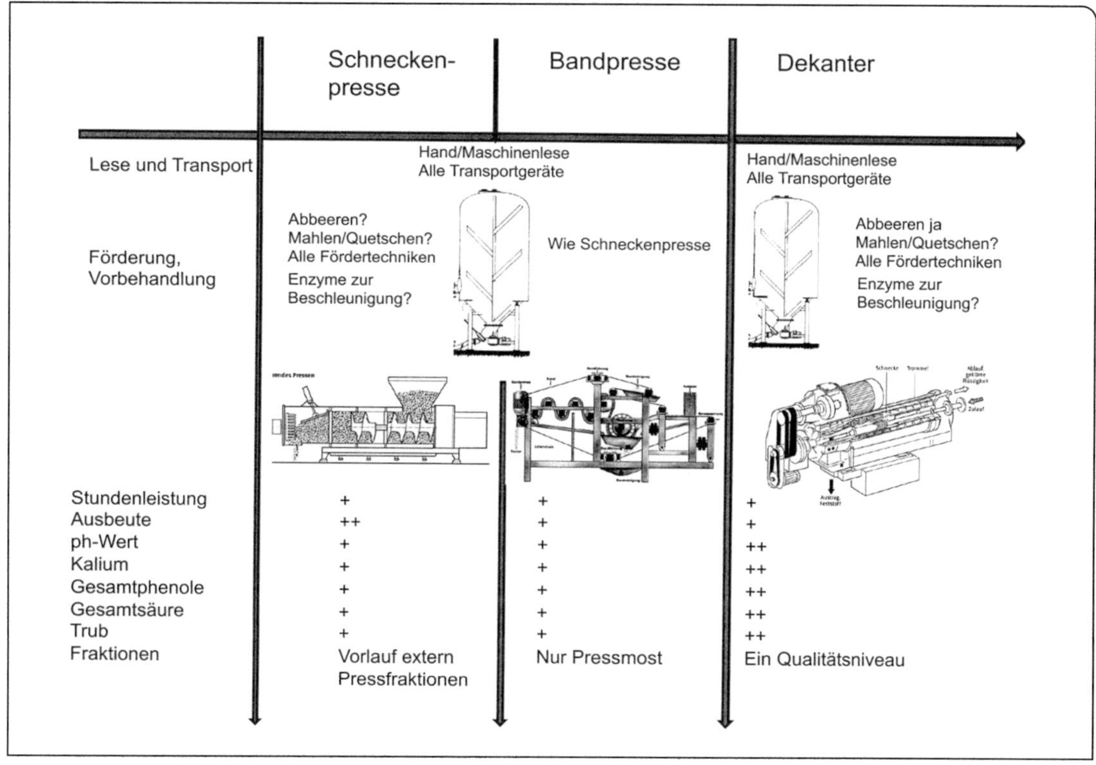

Abb. 48 Verfahrenstechnik bei kontinuierlichen Entsaftungssystemen.

Scherkräfte und ihrer extrahierenden Wirkung angebracht und in der Praxis üblich.

Abb. 49 zeigt am Beispiel eines Großbetriebs drei vollautomatisch gesteuerte Verarbeitungslinien für die kontinuierliche Entsaftung, die mit allen drei Trennsystemen bestückt sein können.

Die Bedienung erfolgt durch lediglich eine Person in einer separaten Schaltwarte. Die Maischerührtanks zum Stapeln oder als Enzymreaktor sind über ein Ventilknotensystem variabel ansteuerbar und abrufbar. Jede Linie kann von jedem Tank aus beschickt werden. Die Maische wird zur Temperierung oder Maischeerhitzung in den Röhrenwärmetauschern auf Temperatur gebracht, entsaftet, evtl. zurückgekühlt und zur weiteren Mostbehandlung in die Safttanks gefördert. Alle drei Trenntechniken können mit nur geringfügigen Veränderungen zum Einsatz kommen. Der Dekanter drückt den abgetrennten Saft mit seiner integrierten Pumpe durch den Wärmetauscher und arbeitet im völlig geschlossenen System. Die Pressen benötigen Sammeltanks und eine externe Pumpe, das System ist teilweise offen, Oxidationsschutz kaum zu realisieren. Im Falle der Schneckenpresse mit Vorentsafter ist zudem eine getrennte Saftverarbeitung erforderlich.

3.6 Pressen als verfahrenstechnische Aggregate

Traubenvollernter und viele Aggregate der Entsaftung sind trotz hoher Anschaffungskosten nur wenige Wochen im Jahr im Einsatz. Es liegt im wirtschaftlichen Interesse der Betriebe, alle Geräte auch für andere Aufgabenstellungen zu nutzen. Im Falle der Erntemaschine wurden deren weitere Einsatzmöglichkeiten in Kap. 3.1 beschrieben. Noch vielfältigere Ansätze zur Mehrfachnutzung sind im Umfeld der Saftgewinnung gegeben:

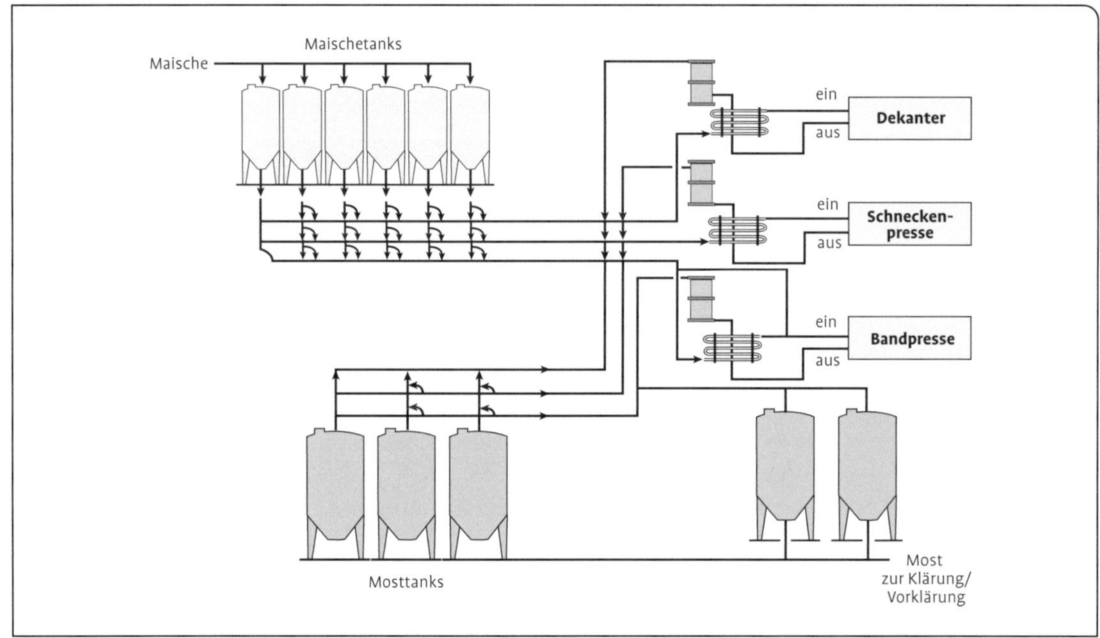

Abb. 49 Installation für eine kontinuierliche Maischeentsaftung.

- Transportbehälter und Anhänger lassen sich universell nutzen,
- das Kelterhaus kann Arbeits- oder Veranstaltungsraum werden, wenn für die Entsaftung mobile Geräte angeschafft wurden,
- Exzenterschneckenpumpen mit variablem Förderbereich sind als Universalpumpen für jede Art von Flüssigkeit einsetzbar,
- Rührtanks können als Lager-, Misch- oder Reaktionstank für Most und Wein eingesetzt werden,
- geschlossene Pressen sind geeignet als Drucktank für die Maischegärung, als Reaktor für enzymatische Prozesse oder als Zwischenlagertank unter CO_2-Atmosphäre (siehe Kap. 4),
- der Dekanter kann für die Mostklärung, aber auch für die Verarbeitung von Süß- oder Hefetrub eingesetzt werden (siehe Kap. 5).

Voraussetzung ist in allen Fällen, dass bei der Anschaffung der Maschinen und Geräte bzw. bei der Planung des Kelterhauses eine Mehrfachnutzung mit berücksichtigt wurde. Maßgeschneiderte Maischewagen mit Hubeinrichtung, Förderschnecke oder Rüttelentleerung lassen sich weniger flexibel für andere Aufgaben nützen als Bütten, die auf offenen Anhängern transportiert und mit dem Stapler bewegt werden. Die am häufigsten eingesetzte geschlitzte Membranpresse ist als offenes System kaum anderweitig verwendbar. Die geschlossene Tankpresse dagegen eignet sich als Prozessbehälter für verschiedene Rotweinverfahren und erspart zumindest Betrieben mit geringerem Rotweinanteil die Anschaffung eines Spezialbehälters. Der Dekanter wiederum lässt sich zur Klärung von stark trubhaltigem Most sowie zur Eindickung jeder Art von Trub verwenden.

In anderen Weinbauländern kennt man weitere Möglichkeiten einer Mehrfachnutzung. Italienische Betriebe z. B. erzeugen neben Wein auch Olivenöl und verlängern dadurch die Nutzungszeit vieler Geräte von August bis Ende des Jahres. Dekanter zur Traubenentsaftung lassen sich mit wenig Aufwand in eine Maschine zur Entölung von Olivenmaische umbauen. Weitere Möglichkeiten ergeben sich durch die Verarbeitung von anderen Früchten oder Gemüsesorten mit unterschiedlicher Reifezeit. Derartige Betriebe finden sich z. B. in Südamerika oder Südafrika.

4 Technologie des Rotweines

Weiße Weintrauben sind eigentlich rote, denen aber der Farbstoff abhanden gekommen ist. Schuld ist eine Erbgutveränderung vor Tausenden von Jahren, als eine doppelte genetische Mutation eines Stockes die Fähigkeit, rote Farbstoffe zu bilden, blockierte. Von dieser Pflanze stammen alle heutigen weißen und grünen Reben ab. Während aus weißen Trauben lediglich Weißweine erzeugt werden können, lassen sich rote Trauben zu Rotweinen und Roséweinen verarbeiten. Im ersten Fall wird die Produktion auf die maximale Extraktion des Exokarps ausgerichtet, im zweiten werden rote Trauben wie weiße behandelt und führen zu einem weißen oder allenfalls schwach rötlich gefärbten Wein (siehe dazu Kasten Weinarten). Unabhängig von der Farbe sind die Wege und Einflussgrößen von der Traube bis zur Maische für alle Weinarten identisch. Lediglich ist bei roten Trauben das Abbeeren obligatorisch, bei weißen fakultativ.

Zur Extraktion des Exokarps werden in der Praxis zwei grundsätzlich unterschiedliche Verfahren angewendet: ein thermisches und die alkoholische Vergärung der gesamten Maische. Abb. 50 zeigt den Weg von der Traube bis zum Saft im Falle der Maischeerhitzung. Die Maischegärung führt nach dem Abpressen direkt zu Wein, die Maischeerhitzung zu intensiv gefärb-

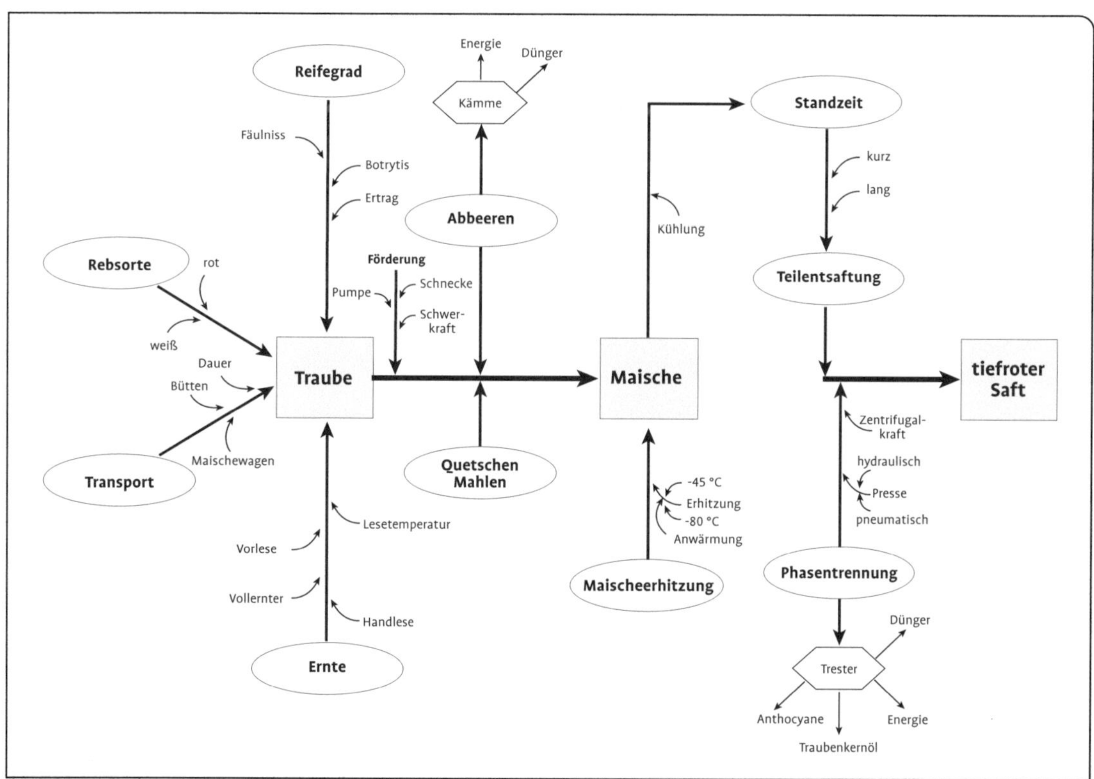

Abb. 50 Rotweinweg mit Maischeerhitzung.

Die Weinkategorien (Weinarten):

Das Deutsche Weingesetz kennt vier verschiedene Weinkategorien bzw. Weinarten, die aus roten oder weißen Trauben erzeugt werden können („Aktuelles Weinrecht", zusammengestellt vom Deutschen Weininstitut; Stand Februar 2013).

1. Weißwein
darf ausschließlich aus Weißweintrauben hergestellt sein; ein Verschnitt mit Rotweintrauben und den aus ihnen hergestellten Maischen, Mosten und Weinen ist nicht erlaubt.

2. Rotwein
darf ausschließlich aus Rotweintrauben hergestellt sein; ein Verschnitt mit Weißweintrauben und den aus ihnen hergestellten Maischen, Mosten und Weinen ist nicht erlaubt.
Bei Wein ohne Herkunftsbezeichnung ist ein Verschnitt weiß-rot möglich. Diese Weine dürfen allerdings nicht als Rosé vermarktet werden.

3. Rosé und Weißherbst
Rosé muss ausschließlich aus Rotweintrauben hergestellt werden und von blass- bis hellroter Beschaffenheit sein.

3a. Weißherbst
ist ein Roséwein, wenn der so bezeichnete Wein
- Qualitätswein oder Prädikatswein ist,
- aus einer einzigen roten Rebsorte und
- zu mindestens 95 vom Hundert aus hell gekeltertem Most hergestellt worden ist.

Demnach ist ein geringfügiger Verschnitt mit Rotwein bzw. Rotweinmost zur besseren Farbgebung möglich.
Im Gegensatz zum Roséwein ist keine bestimmte Farbe vorgeschrieben, d. h. die Herstellung eines weißweinfarbenen Weißherbstes ist zulässig.
Die Bezeichnung „Blanc de Noir(s)" ist (bislang) nicht im Weinrecht definiert, wird aber von der Weinkontrolle geduldet.

4. Rotling
ist ein Wein von blass- bis hellroter Farbe, der aus einem Verschnitt von Weißwein- und Rotweintrauben, auch deren Maischen hergestellt wurde.

4a. Schillerwein ist ein Rotling im bestimmten Anbaugebiet Württemberg.

4b. Badisch Rotgold ist ein Rotling im bestimmten Anbaugebiet Baden, der ausschließlich durch das Verschneiden von Trauben oder Maische der Rebsorten Grauburgunder und Spätburgunder erzeugt wird; der Anteil des Grauburgunders muss mehr als 50 % ausmachen.

4c. Schieler ist ein Rotling im bestimmten Anbaugebiet Sachsen.

tem Traubensaft. Dieser wird analog zu weißem Saft vergoren, mit Ausnahme der Erhitzungseinrichtung kann die Technik der Weißweinbereitung verwendet werden. Zusätzliche Investitionen sind nicht erforderlich.

Kleinere Betriebe neigen zur Maischegärung, größere erhitzen zumindest ihre großen Chargen. Bei beiden Rotweinverfahren existieren zahlreiche technologische Varianten, deren Auswahl von der zu verarbeitenden Menge je Zeiteinheit, der Weinphilosophie, der erzielbaren Erlöse und der gewünschten Weinstilistik abhängt.

4.1 Phenole (phenolische Verbindungen; Polyphenole)

Rotweine werden insbesondere durch Phenole (andere gebräuchliche Namen: Polyphenole oder phenolische Verbindungen) geprägt, den sekundären Pflanzeninhaltssoffen der Traube in den Kernen, der Beerenhaut und in geringen Mengen im Mesokarp. Als Phenole werden in der Chemie allgemein Verbindungen bezeichnet, die aus einem aromatischen Ring und einer, meist aber mehreren daran gebundenen Hydroxygruppen bestehen. Deswegen der Begriff Polyphenole. Aus der riesigen Menge dieser Verbindungen kommen im Wein hauptsächlich drei Untergruppen vor:

- Phenolcarbonsäuren und deren Derivate (Nicht-Flavonoide),
- Stilbene,
- Flavonoide.

Abb. 51 zeigt die Zusammenhänge der phenolischen Verbindungen im Wein und wichtige Vertreter der jeweiligen Untergruppe. Reaktionen der Tannine mit den Anthocyanen verstärken und stabilisieren die Farbe von Rotweinen.

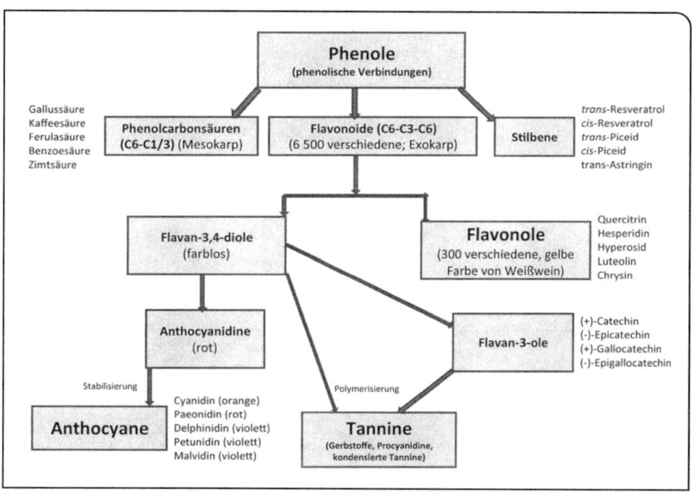

Abb. 51 Zusammenhänge innerhalb der großen Gruppe der Phenole und wichtige Vertreter der Untergruppen (nach Würdig und Woller 1989; Ribereau-Gayon et al. 2004; Lafontaine 2013; modifiziert).

Die Phenolcarbonsäuren enthalten einen C_6-Ring mit zusätzlicher Säuregruppe (C_6–C_1 oder C_6–C_3-Körper) und kommen im Wein in zahlreichen monomeren Verbindungen vor. In wässrigalkoholischen Lösungen sind sie farblos, durch Oxidation verfärben sie sich gelb. Sie sind geruch- und geschmacklos, aber Präkursoren für flüchtige Stoffe, die durch Abbau von Mikroorganismen entstehen. Analoge Verbindungen entstehen beim Erhitzen des Eichenholzes bei der Herstellung von Fässern.

Stilbene setzen sich aus zwei miteinander verbundenen C_6-Ringen zusammen, die verschiedenen Verbindungen dieser Phenoluntergruppe unterscheiden sich durch die Anzahl der Hydroxygruppen und/oder der Anwesenheit einer zusätzlichen glucosidischen Bindung. Ihnen wird eine fungistatische, evtl. sogar fungizide Wirkung zugeschrieben. Resveratrol, erstmals 1976 in Weinbeeren nachgewiesen, gilt als die entscheidende Substanz in Rotwein, die vor Herz-Kreislauferkrankungen schützt und das „French Paradox" bewirken soll (Döll 2013). Es kommt in Weißweinen in Mengen von weniger als 1 mg/l vor, in Rotweinen liegt die Konzentration Rebsorten abhängig zwischen 1 und 6 mg/l (Dietrich et al. 1999). Eine Mostoxidation oder Zugabe von PVPP (siehe Kap. 5) wirken sich stark reduzierend aus, Enzyme mit β-Glucosidaseaktivität hydrolysieren die glucosidische Vorstufe zu freiem Resveratrol. Angesichts der niedrigen Konzentration ist der Beitrag zur antioxidativen Wirkung in Rotwein vernachlässigbar, ebenso wird die Wirkung gegen Herz-Kreislauferkrankungen überschätzt. Die wurde bei Tagesdosen von 50–100 mg/kg Körpergewicht gefunden und würde den Konsum von vielen l Wein am Tag erfordern (Dietrich et al. 1999).

Die wichtigste Untergruppe der Phenole in Rotwein ist die der Flavonoide. Zwei phenolische Ringe (A und B) sind über einen Pyranring verknüpft. Aus den Flavonoiden leiten sich Flavan-3,4-diole, Flavonole, Flavan-3-ole und Anthocyanidine ab, die sich durch spezifische Nebengruppen im Pyranring unterscheiden. Die Anthocyanidine ergeben nach glucosidischer Bindung eines Moleküls Glukose die eigentlichen Rotweinfarbstoffe, die Anthocyane. Die Flavonole sind maßgeblich für die Farbe von Weißwein verantwortlich. Oxidationen und Oligomerisierungen sorgen für die gelbliche Färbung reifender Weine, aber auch für die Hochfarbigkeit bei ungenügendem Oxidationsschutz.

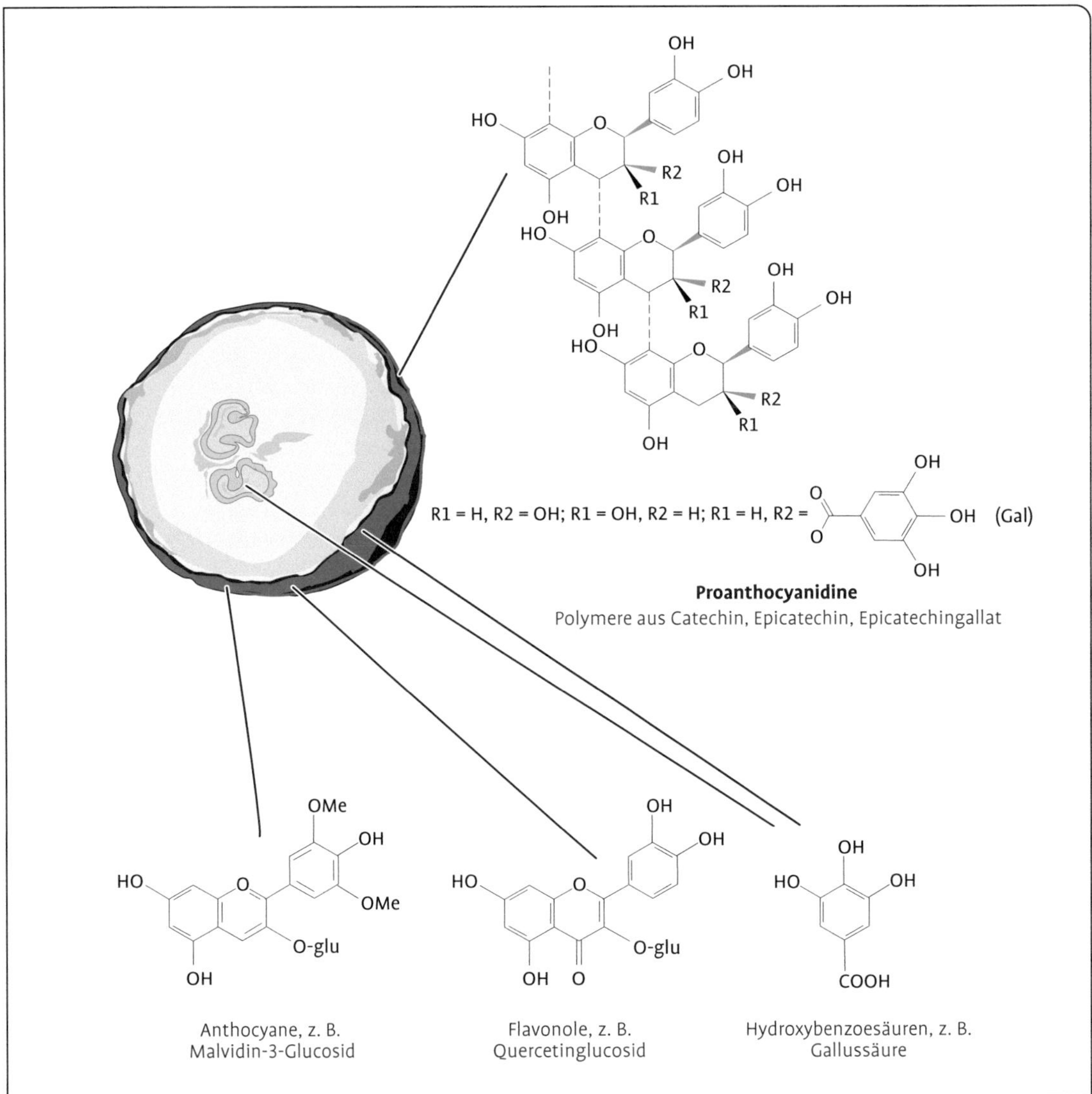

Abb. 52 Lokalisation von Phenolen in der Beere (Pinelo et al. 2006).

Abb. 52 zeigt die Verteilung der verschiedenen phenolischen Verbindungen in der Beere. Phenole aus Beerenhaut, Fruchtfleisch und Samen können aufgrund der chemischen Zusammensetzung unterschieden werden. Flavonole und Anthocyane kommen ausschließlich in der Beerenhaut vor, Flavan-3,4-diole und Phenolcarbonsäuren auch in den Kernen. Differenziert wird in der Literatur nach Zellwand-Phenolen und Nicht-Zellwand-Phenolen. Die Zellwand enthält die größte Menge an Tanninen in der Beere. Ihr Polymerisationsgrad von durchschnittlich 28 und maximal von 80 ist deutlich höher als der der Kerne mit durchschnittlich 11. Dort kommen vielfach Monomere vor und ihre Konzentration sinkt im Verlaufe der Reife beträchtlich (Pinelo et al. 2006). Phenole übernehmen in den Traubenbeeren mehrere wichtige Aufgaben. Die ersten beiden erklären auch, warum die Farbstoffe im Exokarp konzentriert sein müssen.

- Sie schützen die Beeren vor dem UV-Licht der Sonne, indem sie bestimmte Wellenlängen absorbieren. So wird eine Schädigung der Proteine in der Zelle und der DNA in den Zellkernen verhindert.
- Sie helfen, durch ihre Farbigkeit Insekten und Vögel anzulocken, die letztlich über die Verbreitung der Samen zur Vermehrung der Traube beitragen (Signalwirkung).
- Sie binden freie Radikale, die bei oxidativem Stress entstehen können (Antioxidanzien).
- Sie interagieren mit zahlreichen anderen Makromolekülen und Weininhaltsstoffen wie Metallen oder Azetaldehyd und sind damit essenziell für die Reifeentwicklung.
- Sie schützen die Pflanze vor Pathogenen.
- Sie spielen eine Rolle bei der Genexpression.

4.1.1 Anthocyane

Anthocyane sind die Farbstoffe der roten Trauben. Ihre Biosynthese beginnt mit der Phenylalaninumwandlung im Zytoplasma, danach laufen mehrere Teilschritte in der Plasmamembran ab. Erst der letzte Schritt, die glucosidische Verknüpfung des Anthocyanidins, erfolgt innerhalb der Vakuole (Harborne 1980). Anthocyane sind die für die Zelle ungiftige Form und chemisch stabiler als ihre ebenfalls farbige Vorstufe. Abb. 53 zeigt, wie das Aglycon durch die glucosidische Bindung in ein Anthocyan umgewandelt wird. Anthocyane sind, wie die Carotinoide, eine Gruppe von natürlichen Pflanzenfarbstoffen und kommen in rund 250 verschiedenen Varianten vor. Unter der E-Nummer 163 sind sie als Lebensmittelzusatzstoff zur Färbung z. B. von Joghurt oder vielen anderen Lebensmitteln zugelassen.

Die Reste R3 und R5 am phenolischen B-Ring ergeben je nach Substituent unterschiedlich farbige Moleküle. Rotweinfarbe setzt sich aus fünf Anthocyanen zusammen. Die klassischen roten europäischen Rebsorten enthalten ausschließlich Anthocyan-3-Glucoside und sind in den B-Ring-Positionen R3 und R5 zum Teil mit Säuren acetyliert. Für Hybridreben ist ein zweites Zuckermolekül, das am C5-Atom des A-Ringes sitzt, charakteristisch. Nur bei diesen Rebsorten finden sich derartige Anthocyanidin-3,5-Diglucoside.

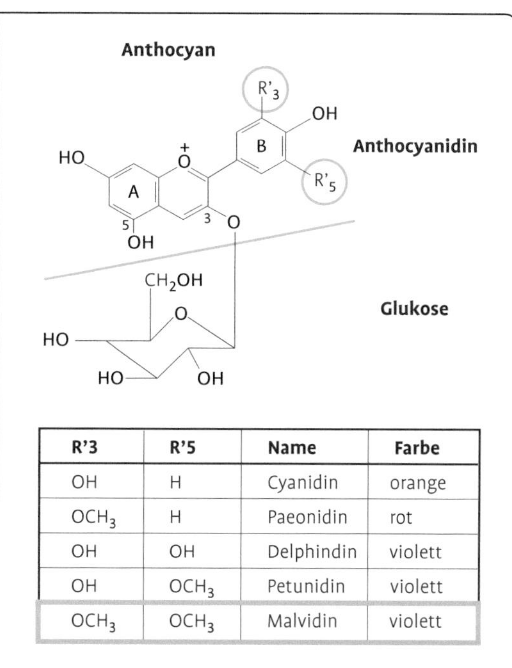

R'3	R'5	Name	Farbe
OH	H	Cyanidin	orange
OCH_3	H	Paeonidin	rot
OH	OH	Delphindin	violett
OH	OCH_3	Petunidin	violett
OCH_3	OCH_3	Malvidin	violett

Abb. 53 Anthocyan-Grundstruktur und die Substituenten der Rotweinfarbstoffe.

Beispiele dafür sind die schon seit einigen Jahren angebaute Sorte Regent oder die „pilzwiderstandsfähigen, neu gezüchteten Rebsorten (PiWis)“ (Schwab und Knott 2013). Die mengenmäßige Verteilung der fünf Farbstoffe ist sortenspezifisch. Die Spätburgundergruppe oder Lemberger besitzen als Hauptfarbe Malvidin, die Trollingergruppe Cyanidin und Paeonidin. Eine weitgehend gleichmäßige Verteilung der fünf Farbstoffe findet sich bei Dornfelder oder St. Laurent (Wenzel 1986; Blankenhorn 2011; Würdig und Woller 1989).

4.1.1.1 Diffusion in den Saft

Der Übergang der Anthocyane in den Saft erfolgt in einer erhitzten Maische vergleichsweise rasch, auch bei der Maischegärung ist nach wenigen Tagen das Maximum erreicht. Die Farbausbeute nähert sich einem Grenzwert an, es stellt sich ein Gleichgewicht zwischen der Farbe im Saft und der im Trester ein. Der Trester bleibt intensiv rot gefärbt. Mit frischem, ungefärbtem Saft könnte zusätzlich Farbe extrahiert werden. Der Übergangsprozess aus der Beerenhaut in den Saft verläuft in zwei Schritten. Zunächst müssen die Lipoproteidmembranen der Anthocyanoplasten durchlässig werden, danach die Farbstoffe durch die stark hydratisierten Gewebsstrukturen in den Saft gelangen. Der zweite Schritt lässt sich als Diffusion beschreiben, die physikalisch durch eine Vielzahl von Parametern geprägt ist (Kennedy 2010):

- Temperatur,
- Molekulargewicht bzw. Größe und Art des Moleküls,
- Konzentrationsgradient,
- Zellpermeabilität,
- Oberfläche über dem Konzentrationsgradienten,
- Zusammensetzung des Extraktionsmedium (Wasser, Ethanol, SO_2).

Die Kinetik dieses Massentransfers ist noch nicht ausreichend erforscht. Der zeitliche Ablauf deutet aber darauf hin, dass die Übergangsgeschwindigkeit durch die Konzentrationsänderung (dC) je Zeiteinheit (dt) gegeben ist. Die Geschwindigkeit ist nicht konstant, sondern von der jeweils zum Zeitpunkt t vorliegenden (Rest)-Konzentration der Reaktionsteilnehmer abhängig. Die Kellerwirtschaft kann die Geschwindigkeit der Diffusion optimieren über eine Temperaturerhöhung, die Verbesserung der Zellpermeabilität z. B. mittels Mazerationsenzymen, die Erhöhung der Oberfläche und der Kontaktintensität durch Maischebewegung sowie über das Extraktionsmedium. Eine vollständige Extraktion aller Anthocyane ist aber nicht möglich. Die verschiedenen Rotweinverfahren, die in Kap. 4.2 vorgestellt werden, versuchen letztlich in unterschiedlichem Maße diese Einflussgrößen zu nutzen.

4.1.1.2 Farbigkeit der Anthocyane

Anthocyane liegen in mehreren Gleichgewichtszuständen vor, ihre Verteilung ist stark pH-Wert-abhängig. Sie absorbieren in Abhängigkeit von ihrer chemischen Struktur und vom pH-Wert Licht im Bereich zwischen 465 und 560 nm. Der nicht absorbierte Anteil des weißen Lichts wird entsprechend „verarmt" reflektiert und erscheint dem menschlichen Auge als blaue, rote oder violette Farbe. Für die Wechselwirkung mit Licht ist das Flavylium-Kation des Pyran-Ringes verantwortlich, das bei pH-Werten unter 3 in Form eines Komplexes mit dem Säurerest vorliegt. Der Farbeindruck ist rot. Bei pH-Werten oberhalb 4 verschiebt sich das Gleichgewicht nach einer Hydroxylierung in Richtung farblose Carbinol-Pseudo-Base. Im basischen Bereich erfolgt eine Dehydroxylierung. Eine Hydroxylgruppe wird zur Keto-Gruppe, es bildet sich ein chinoides System in Form der Anhydrobase Flavenol. Die Farbe verändert sich ins Violette. Rotweine werden demnach mit steigendem pH-Wert farbschwächer, ein negativer Nebeneffekt z. B. der malolaktischen Gärung. Auch eine Schwefelzugabe verringert die Farbintensität, Anthocyane und SO_2 reagieren zu einem farblosen Anthocyan-Bisulfit-Komplex. Stumm geschwefelte „rote" Süßreserven sind deshalb ungefärbt, sie gewinnen nach der Entschwefelung ihre Farbigkeit aber zurück.

Die monomeren Anthocyane der Traube sind hoch reaktiv. Aufgrund dessen geht im Zuge des Weinausbaus ein Großteil durch chemische bzw. enzymatische Oxidation oder Adsorption an Trubteilchen, Hefen, Filterschichten usw. verloren. Im ausgebauten Wein finden sich bei deutschen Erzeugnissen Anthocyangehalte um 1 g/l (z. B. Dornfelder) und weniger als 0,4 g/l (z. B. Spätburgunder), bei farbintensiven Rotweinen aus wärmeren Ländern werden bis 3 g gemessen. Noch höhere Mengen, mehr als 5 g/l, kommen z. B. in Deckrotweinen der Sorte Alicante vor (Würdig, Woller 1989; Schneider 2009).

Die Menge der Anthocyane in den Beeren ist sorten- und reifeabhängig. Eine Technologie des Rotweines ist in großem Umfang eine Technologie der Farbgewinnung und anschließend der Farberhaltung. Das gilt ganz besonders für die klimatisch differenzierteren nördlichen Weinanbaugebiete mit vergleichsweise geringen Farbkonzentrationen in den Beeren. Farbverluste und Farbintensivierung stehen in dynamischem Zusammenhang. Vielfältige Reaktionen untereinander oder mit anderen Phenolen wirken farbverstärkend und farbstabilisierend. Die Farbe von gereiftem Rotwein ist letztlich eine Mischung aus verschiedenen Komplexen, bei denen Anthocyane, viele andere phenolische Verbindungen, Azetaldehyd und Sauerstoff beteiligt sind. Man unterscheidet folgende Gruppierun-

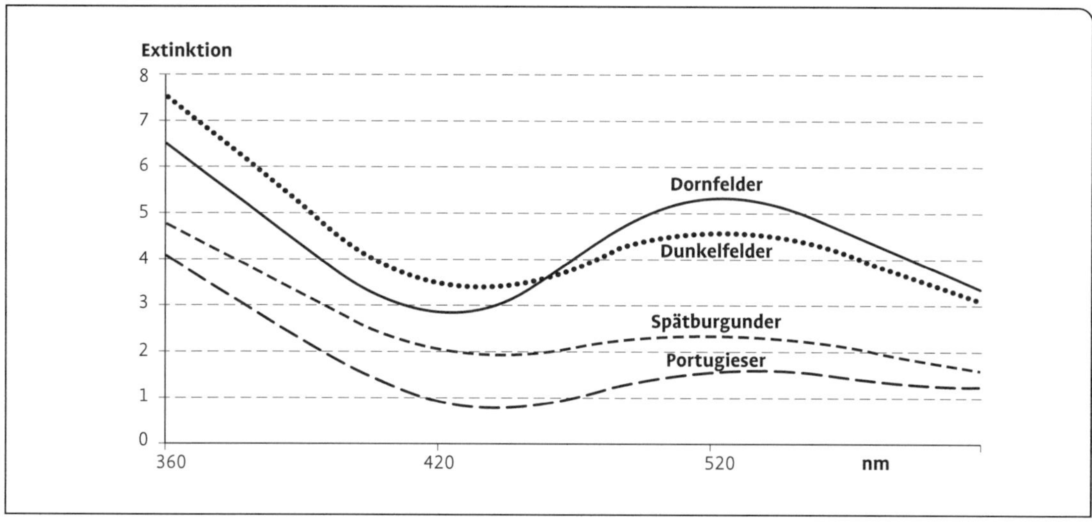

Abb. 54 Farbspektren von Rotweinen (Binder 2000).

gen (Wenzel 1987; Kennedy 2010; Steidl und Renner 2001):

- **Monomere Anthocyane**, die empfindlich gegen SO_2, Oxidation und pH-Wert-Erhöhungen sind; ihre Menge nimmt im Laufe der Alterung stark ab, auch in Abhängigkeit der Tanninmenge, mit deren Moleküle sie reagieren.
- **Copigmente** als Reaktionsprodukt aus Anthocyan + Anthocyan, das durch den Gärungsalkohol weitgehend wieder gespalten wird. Copigmente finden sich hauptsächlich in erhitzten Mosten.
- **Kondensierte Anthocyane** als Reaktionsprodukte aus Anthocyan + Tannin bzw. Anthocyan + Tannin + Azetaldehyd. Die Mischkondensation mit Azetaldehyd spielt für die Farbstabilität die wichtigste Rolle. Dadurch nehmen zudem Bitterkeit und Adstringenz ab. Diese Reaktion kommt zustande, wenn junger Rotwein unter leicht oxidativen Bedingungen lagert (siehe Mikrooxigenation). Das ideale Verhältnis Tannin zu Anthocyan wird mit 5:1 angenommen (Steidl und Renner 2001).
- **Polymere Verbindungen**, die im Laufe der Alterung des Rotweins entstehen und einen zunehmend bräunlichen Farbton erzeugen. Sie können bis zur Überschreitung des Löslichkeitsprodukts polymerisieren und ein Depot bilden. Sind Proteine vorhanden, finden sich hier auch Eiweiß-Gerbstoff-Reaktionsprodukte.

4.1.1.3 Farbbestimmung

Anthocyane können in Wein auf verschiedenen Wegen bestimmt werden. Im einfachsten Fall visuell-subjektiv auf einer Farbskala von 0 = farbschwach bis 3 = farbkräftig. Interne Vergleiche lassen sich damit einfach durchführen (Köhler et al. 2005). Fotometrisch erfolgt eine Farbbestimmung z. B. durch Messung der Absorption bei 420, 520 und 620 nm für die gelborangenen, roten und blauen Farbnuancen und deren Addition zur Farbsumme. Durch das Verhältnis von gelborangenen zu roten Farbtönen lässt sich die Farbtiefe ausdrücken. Abb. 54 zeigt Farbspektren verschiedener Rotweine über die maßgeblichen Wellenlängen im sichtbaren Bereich (Binder 2000). Junge Rotweine zeigen ein ausgeprägtes Minimum bei 420 nm und erscheinen deshalb leuchtend purpurfarben, oft bläulich bis violett. Mit zunehmendem Alter steigt die Extinktion an und kann den Wert bei 520 nm übertreffen. Der Wein erscheint schließlich braun. Aus dem Verhältnis der Extinktionen von 420 nm und 520 nm wird die Farbnuance errechnet. Verhältniswerte > 1 deuten auf eine Braunfärbung hin. Über das Verhalten der Farbstoffe bei pH-Wert-Veränderungen und Sulfit-Einwirkung können ebenfalls fotometrisch die Gesamtfarbe, der Pigmentgehalt und Anthocyanmenge bestimmt werden (Köhler et al. 2005).

Eine objektive Farbmessung mittels Spektrofotometer ist das CIE L*a*b*-System. Von der internationalen Beleuchtungskommission CIE wurde 1976 ein Farbraum definiert, der geräteunabhängig mit einem 3D-Farbmodell arbeitet. Farbunterschiede können numerisch bestimmt werden. Eine ebenfalls fotometrische Schnellmethode misst Anthocyane bei pH 1 und mit Malvidin-3-Glucosid als Bezugsgröße. Die Angabe erfolgt in mg/l (Niketic-Aleksic und Hradzina 1972). Als neuere Analysenmethode für die Bestimmung einzelner Anthocyane hat Sommer (2013) die Fourier-Transformation-Infrarot Spektroskopie (FTIR) vorgestellt. In der Lebensmitteluntersuchung, der Feststoffanalytik oder der Mikroorganismendifferenzierung ist diese Methode schon länger im Einsatz.

4.1.2 Tannine (Gerbstoffe)

Ausgangsstoffe für Tannine sind Flavon-3-ole (Catechine) und Flavan-3,4-Diole (siehe Abb. 51). Über eine Fülle von Polymerisationsreaktionen entstehen Tannine schon im Verlaufe der Beerenreife und später zusätzlich im Wein. Sie kommen in weißen und roten Beeren gleichermaßen vor. In Weißweinen sind sie allenfalls in geringen Mengen erwünscht, die Extraktion aus den Beerenhäuten und Kernen muss deshalb verhindert werden. Bei Rotweinen dagegen fungieren sie als wichtiger Qualitätsträger. Das Attribut „Körper eines Weines“ wird wesentlich durch Tannine bestimmt und ist entscheidend für die Qualitätseinstufung. Abb. 55 zeigt beispielhaft ein Tetramer aus Flavon-3-olen.

Bei kräftigen Rotweinen kann die Konzentration an Tanninen mehrere g/l betragen, bei leichteren auch weniger als ein ½ g. Lafontaine et al. (2013) fanden z. B. bei 84 Spätburgunderweinen des Jahrgangs 2009 einen Mittelwert von 390 mg/l. Tannine in Trauben und im Wein sind ein Gemisch von vielen verschiedenen Molekülen mit unterschiedlichen Polymerisierungsgraden. In wässriger Lösung/leicht alkoholischer Lösung erzeugen sie eine gelblich braune Färbung. Ihr Molekulargewicht steigt im Laufe der Weinreifung durch weitere Polymerisierung von 500–800 auf über 3000 Da an (Würdig, Woller 1989).

Je niedriger ihr Polymerisationsgrad ist, je „jünger“ die Tannine sind, desto intensiver ad-

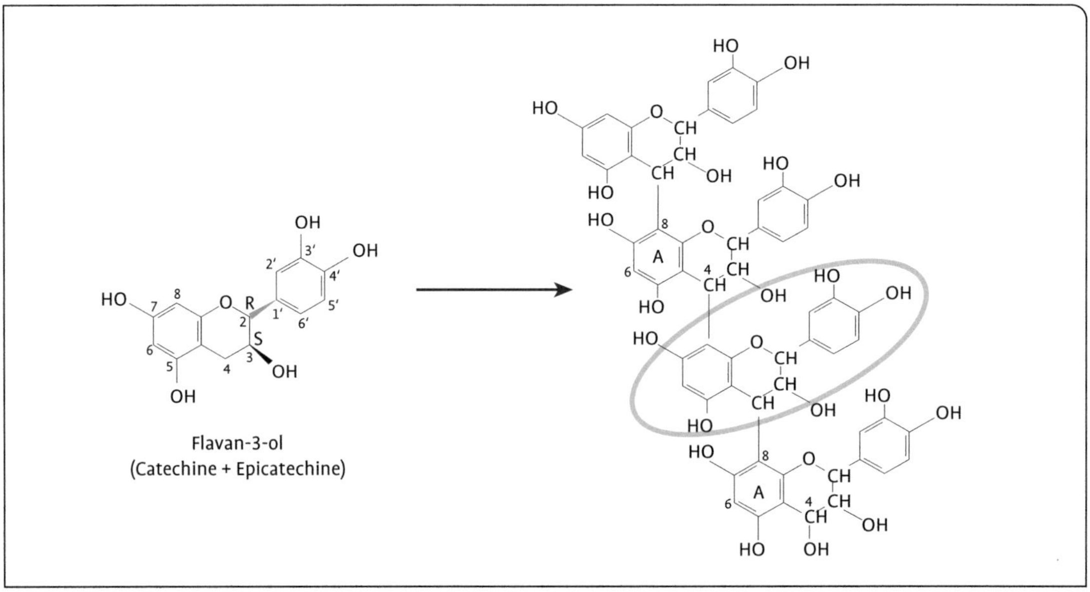

Flavan-3-ol
(Catechine + Epicatechine)

Abb. 55 Beispiel für ein Tannin-Tetramer aus Flavan-3-olen (Würdig, Woller 1989).

stringierend oder bitter schmecken sie. Die weitere Reifung bzw. Alterung von Weinen ist im Wesentlichen eine Funktion der Veränderungen im Phenolmuster. Parameter sind deren chemische Zusammensetzung, die Konzentration, die Wirksamkeit des Oxidationsschutzes und die Temperatur. Damit verbunden ist eine Abnahme des sensorischen Eindrucks der Adstringenz. Er entsteht, wenn Proteine des Speichels mit Tanninen reagieren und Chemorezeptoren im Mund den Reiz über den Trigeminus-Nerv ins Hirn leiten (Schneider 2000; Dürrschmid 2008). Ihre „gerbende" Eigenschaft, die Stabilisierung und Konservierung von eiweißhaltigen Geweben wie z. B. Häuten, hat Tanninen den umgangssprachlichen Namen Gerbstoffe eingebracht. Adstringenz gehört aufgrund der unspezifischen Erregung von Nervenenden nicht zu den fünf Geschmackseindrücken süß, sauer, salzig, bitter und Umami, die von jeweils eigenen Papillen auf der Zungenoberfläche detektiert werden. Niedrigmolekulare Tannine erzeugen zusätzlich zur Adstringenz aber auch einen bitteren Geschmack, der im Verlauf der Reife ebenfalls abnimmt. Tannine sind als Weinbehandlungsmittel zugelassen und helfen u. a. die rote Farbe zu stabilisieren (Önologische Verfahren, Position 25; siehe auch Kap. 5).

Die Stilistik von Rotwein ist stark von der Menge und der chemischen Struktur der Tannine geprägt. Haupteinflussgrößen sind wie bei den Anthocyanen die Rebsorte und der Reifegrad. Besonders Neuzüchtungen wie Regent oder Calandro (Sortenschutz 2009 erteilt) vom Julius-Kühn-Institut am Geilweilerhof in Siebeldingen zeichnen sich durch intensive Farbigkeit und ausgeprägte Tanninmengen aus. Die Kellerwirtschaft kann deren Eigenschaften durch zahlreiche Maßnahmen signifikant beeinflussen und verfügt über ein weitreichendes Phenolmanagement:

- durch die Intensität der Extraktion (z. B. durch das Rotweinverfahren einschließlich der Maischebehandlung; siehe Kap. 4.2),
- durch Zusatz von Tannin oder Chips (siehe Kap. 4.2),
- durch Reduzierung von Tannin mittels einer Eiweißschönung (siehe Kap. 5),
- durch gezielte Oxidation im Maische- oder Mostbereich, aber auch im Jungwein in Form einer Mikrooxigenation (siehe Kap. 6),
- durch Gärung oder Lagerung im neuen Holzfass (Barrique; siehe Kap. 6).

Weisen ältere Weine ein Depot auf, besteht das meist aus Tanninen, deren Löslichkeitsprodukt überschritten wurde und/oder aus hochmolekularen Produkten einer Eiweiß-Gerbstoff-Reaktion.

4.1.3 Gesamtphenole

Anthocyane und Tannine sind die prägenden Inhaltsstoffe eines Rotweines. Die übrigen phenolischen Verbindungen aus Abb. 51 spielen aber als Reaktionspartner eine bedeutende Rolle. Sie verstärken und stabilisieren die Farbe und sind Partner bei vielfältigen Polymerisationsreaktionen. Die Vielfalt macht es nahezu unmöglich, genauere Angaben zu den Zwischen- und Endprodukten zu machen. In der Literatur wird vereinfachend von Gesamtphenolen geredet als Summe aller Teilnehmer. Nach Schneider (2009) werden in der Praxis für leichte, fruchtige Rotweine Gesamtphenolgehalte von etwa 1500 mg/l angestrebt, für körperreiche, zum Ausbau im Barrique geeignete, bis zu 4000 mg/l. Die Extraktion der Phenole erfolgt über einen wesentlich längeren Zeitraum als die der Anthocyane. Es scheint ein anderer Mechanismus zugrunde zu liegen. Bei der Maischegärung werden aufgrund der langen Kontaktzeit und der zunehmenden Alkoholkonzentration auch Kerne extrahiert. Ethanol macht deren Wachsschicht durchlässig. Die Gesamtphenolmenge kann dadurch sehr hohe Werte erreichen und zu besonders Tannin-betonten Weinen führen.

Die Messung der Gesamtphenole erfolgt meist fotometrisch nach ihrer Umsetzung mit dem Folin-Ciocalteu-Reagenz.

4.2 Methoden der Rotweinbereitung

Der erste und wichtigste Verfahrensschritt bei der Rotweinbereitung ist die Farb- und Tanninextraktion aus der Beerenhaut.

- Das bedeutet zunächst das Aufbrechen, also durchlässig machen der Beerenhautzellwände sowie der Lipoproteidmembran, die die Anthocyane innerhalb der Vakuole umgibt.
- Danach muss die Diffusion der Phenole in den Saft ermöglicht werden. Die Kinetik der Tannin- und Anthocyanextraktion ist unterschiedlich und hängt von vielen Faktoren ab.
- Vom Moment der Beerenhaut-Mazeration an sind die Anthocyane durch enzymatische, oxidative und adsorptive Vorgänge gefährdet. Die Aufgabe der Kellerwirtschaft besteht darin, diese qualitätsbeeinflussenden Vorgänge zu minimieren.

Blankenhorn (2011) untersuchte im Kleinmaßstab den Einfluss von Temperatur und Alkoholgehalt auf die Kinetik der Phenolextraktion aus verschiedenen Beerensegmenten. Abb. 56 zeigt exemplarisch die Extraktion des Anthocyans Malvidin, der Hauptfarbe von Lemberger, aus frischen Beeren in Abhängigkeit von Temperatur und Alkohol. Der Einfluss der Alkoholkonzentration ist deutlich größer als der der Temperatur. Die Parameter wirken aber synergistisch und steigern im Zusammenwirken die Extraktionsausbeute noch mehr. Die in der Praxis nicht vorkommende Alkoholkonzentration von 300 g/L wäre in der Lage, das Gleichgewicht stark in Richtung Wein zu verschieben.

Bei der Extraktion von Catechinen aus den Kernen fand er ebenfalls Alkohol als Haupteinflussgröße. Höhere Temperaturen verstärkten auch dabei den Effekt. Erhitzung allein führte praktisch zu keinem Stoffübergang in den Saft.

Weitere Parameter wurden bei erhitzten Proben untersucht: Bei den Rebsorten Trollinger, Lemberger und Spätburgunder führten längere Kontaktzeiten der Beerenhäute mit dem Saft und höhere Temperaturen zu signifikant größeren Farb- und Gesamtphenolmengen.

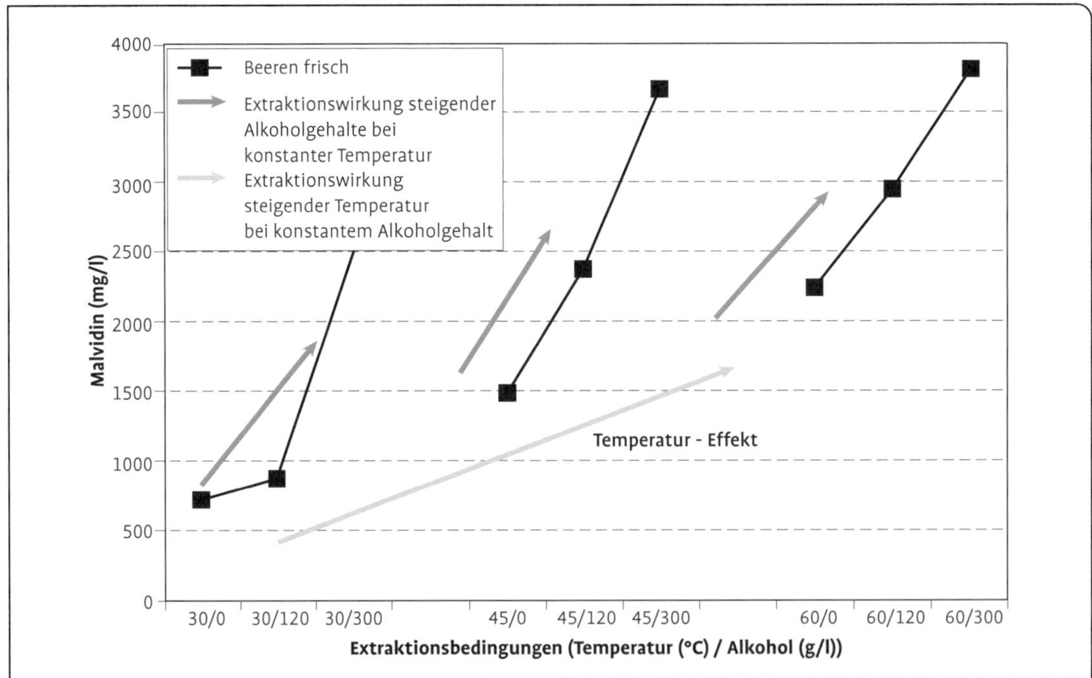

Abb. 56 Löslichkeitsverhalten des Anthocyans Malvidin in Abhängigkeit der Faktoren Temperatur und Alkohol aus frischen Beeren (Blankenhorn 2011).

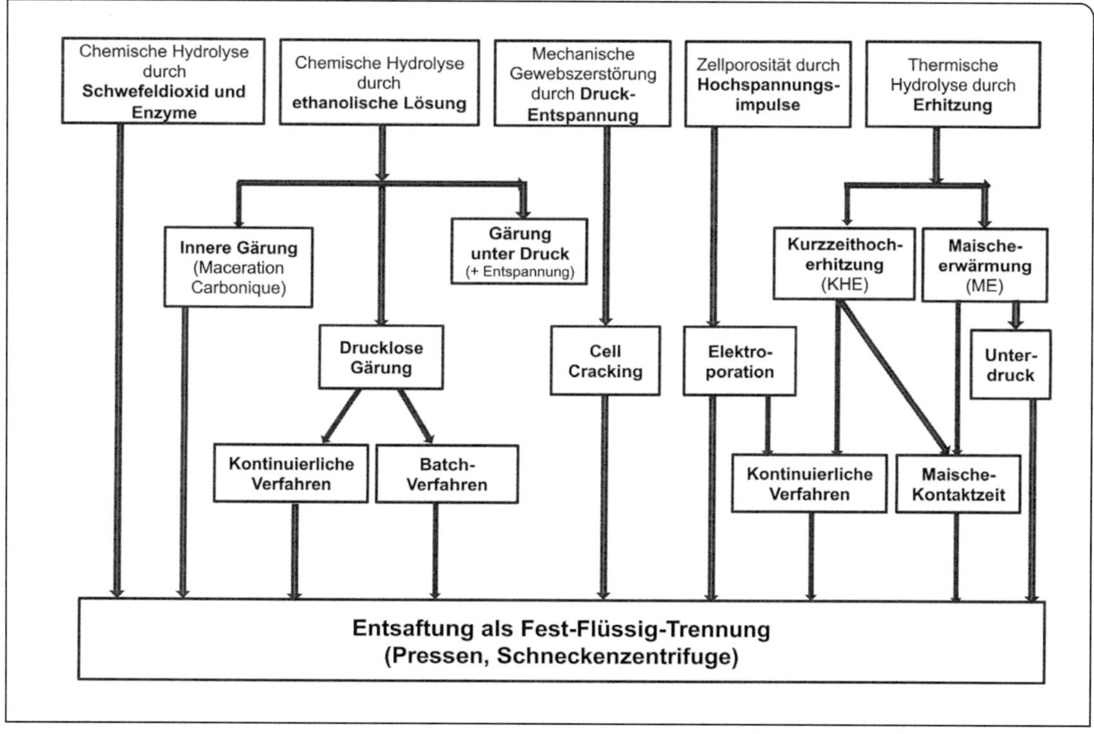

Abb. 57 Verfahrenstechnische Umsetzungen der Möglichkeiten zur Anthocyan- und Tanninextraktion aus der Beerenhaut von Trauben.

Weltweit hat sich bei Anwendung der beschriebenen Parameter eine extreme Vielfalt an Rotweintechnologien etabliert, die den unterschiedlichen betrieblichen Bedürfnissen bezüglich Durchsatzleistung und Weinstilistik Rechnung trägt. Alle Verfahren beruhen auf nur wenigen Wirkungsmechanismen der Phenolgewinnung:

- auf der Wirkung von Ethanol in wässriger Lösung, um die polymeren Zellwandbestandteile sowie der Lipoproteidmembran chemisch zu hydrolysieren und die Farbdiffusion zu unterstützen; das kann auch in Form einer inneren Gärung geschehen,
- auf der Wirkung von Drücken bei rascher Entspannung, um das Zellgewebe der Beerenhaut mechanisch zu zerstören,
- auf der Kombination von Ethanol und Druck,
- auf der Wirkung eines hohen Energieeintrags (Erhitzung), um die Polymere thermisch zu hydrolysieren und die Farbdiffusion zu beschleunigen,
- auf der unterstützenden Wirkung von Hochspannungsimpulsen (Elektroporation, siehe Kap. 2),
- auf der Wirkung des Faktors Zeit für die Diffusion bzw. enzymatische Hydrolyse von Makromolekülen,
- auf der hydrolysierenden Wirkung von großen Mengen Schwefeldioxid (z. B. für die Herstellung von Farbsüßreserve).

In Abb. 57 sind die prinzipiellen verfahrenstechnischen Umsetzungen dieser Wirkungsmechanismen dargestellt.

Die drucklose Maischegärung ist das älteste Rotweinverfahren, das mit wenig Technik auskommt und die Methode der Wahl für kleinere Betriebe ist. Die Maischegärung unter Druck mit periodischer, schneller Entspannung (Druck-Wechsel-Verfahren) erfordert teure Drucktanks, wird aber wegen der erzielbaren Weinqualität geschätzt. Daneben unterscheiden sich Maischegärsysteme in der Art, den Tresterkuchen in der

Flüssigkeit zu halten, um die Diffusion zu ermöglichen. Die Kurzzeithocherhitzung der Maische (KHE) hat sich in den letzten 40 Jahren etabliert und ist die Technik für große Mengen geworden. Eine Alternative dazu besteht in der Maischeerwärmung auf Temperaturen von 60–70 °C, bei denen Mikroorganismen und Enzyme inaktiviert und Makromoleküle ebenfalls hydrolysiert werden. Die Erhitzung ist auch eine Voraussetzung für kontinuierliche Rotweinverfahren. Alle anderen benötigen für die Diffusion der Phenole den Faktor Zeit, der während der Gärung selber oder über einen längeren Maischekontakt im Anschluss an die Erhitzung gegeben ist.

Elektroporation

Das Verfahren der Elektroporation wurde in Kap. 2 bereits besprochen als eine Möglichkeit, die Poren von Zellen zu öffnen und das unmittelbare Auslaufen des Zellsaftes und die direkt nachfolgende Phasentrennung zu ermöglichen. Die Herauslösung von Tanninen aus ihrem chemischen Verbund zur Erzeugung von Rotweinen ist ohne Verweilzeit und der unterstützenden Wirkung von Enzymen nicht zu erwarten. Die Methode scheint aber geeignet, die Entsaftung zu erleichtern und damit kontinuierliche Verfahren zu unterstützen. Ob sie als eigenständige Methode, evtl. in Verbindung mit einer längeren Maischestandzeit, zielführend ist, müssen weitere Untersuchungen zeigen.

Cell Cracking

Die Methode Cell Cracking nützt die zerstörerische Wirkung von Gas, das in einem Spezialbehälter unter Druck in das eingemaischte Zellgewebe gepresst und nach kurzer Verweilzeit schlagartig in einen Auffangbehälter entlastet wird. Das explosionsartig ausströmende Gas und der Aufprall zerstören die Gewebestrukturen mechanisch und ermöglichen eine anschließende Phasentrennung. Aber auch bei dieser Methode können Phenole nur über den Faktor Zeit aus ihrer chemischen Verbindung gelöst werden. Die schlagartige Entspannung in einen Auffangbehälter produziert zudem eine große Menge Feintrub. Das Verfahren des Cell Cracking wird zwar in der Lebensmitteltechnologie bei verschiedenen Produkten erfolgreich eingesetzt, hat sich aber in der Weinwirtschaft nicht durchgesetzt und wird auch nicht empfohlen (Binder 2000).

Die Erhitzungs- und Gärverfahren zur Rotweinproduktion entsprechend Abb. 57 werden in den nachfolgenden Kapiteln besprochen.

4.2.1 Erzeugung von Weißherbst oder Blanc de Noirs

Die Farbe dieser Weinart aus roten Beeren soll nach deutschem Verständnis zwischen einem ausgeprägten Rosa und völlig farblos (besonders bei Blanc de Noirs) liegen. Eine Schädigung der Beerenhaut muss deshalb verhindert, die eingesetzte Technik ausschließlich am Mesokarp ausgerichtet werden. Alle in Kap. 3 als schonend aufgeführten Arbeitsschritte sind entsprechend einzusetzen. Im Idealfall erfolgt auf eine Handlese direkt die schonende Ganztraubenpressung unter Verzicht auf maximale Ausbeute. Bei Membranpressen bietet das Cremant-Programm Vorteile, weil es mit weniger Drehbewegungen, d. h. Scherkräften, auskommt. Abbeeren ist möglich und auf jeden Fall dann sinnvoll, wenn der nach der Abtrennung des Saftteils für die Rosé-Herstellung verbleibende Rest zu Rotwein verarbeitet werden soll. Der Rosé-Most wird wie weißer behandelt und entsprechend kühl vergoren (siehe Kap. 5).

Kleine Mengen Anthocyane werden dabei von der Hefe adsorbiert, der Wein ist nach der Gärung schwächer gefärbt als der Saft zuvor. Die Tanninmengen dürfen allenfalls Weißweinniveau haben. Rosé wird kühl getrunken und soll sich durch Frische und Frucht auszeichnen. Eine kräftige Säure wird akzeptiert, auf die malolaktische Gärung üblicherweise verzichtet. Die Rosé-Weine aus südlichen Anbaugebieten sind meist viel intensiver rot gefärbt als die aus Deutschland. Die deutlich höhere Anthocyanmenge im Exokarp der dortigen Trauben ist ein Grund dafür, das zugrunde liegende Verständnis von Rosé und die entsprechende Vorgehensweise ein anderer. Deutsche Rotweine wurden in den Augen der dortigen Erzeuger in der Vergangenheit eher als Rosé gesehen. In den letzten Jahren haben ein gestiegenes Qualitätsbewusstsein und sicher auch die Klimaveränderung immer mehr deutsche Rotweine auf sog. internationales Niveau gebracht.

Die Herstellung von qualitativ hochwertigen Rosé ist technologisch anspruchsvoll. Der bewusste Verzicht auf die Farbe aus der Beerenhaut fordert den Produzenten genauso wie andererseits die optimale Phenolextraktion bei der Rotweinherstellung. Bei Blanc de Noirs müssen unter Umständen mit den zulässigen Behandlungsmitteln Anthocyanreste entfernt werden, um die erwartete helle Farbtönung zu erzielen. Nicht selten werden als Rohstoff für Rosé-Weine ausgelesene, Botrytis-infizierte und farbschwache Beeren verwendet. Dann wird der Wein, vielleicht aus wirtschaftlicher Notwendigkeit heraus, zum Lückenbüßer. Eine Möglichkeit zur Optimierung der Qualität des Rosé und gleichzeitig zur Erhöhung der Farbausbeute beim Rotwein besteht in der Tresterrückführung nach teilweiser Abtrennung von hellem Vorlauf (Saignée). Die gesamte Anthocyanmenge der Charge verteilt sich dann auf weniger Saft, dessen Farbintensität steigt. Als geeignete Technik bieten sich u. a. geschlossene Membranpressen an, die eine Maischegärung zulassen (siehe Kap. 4.2.3). Bei darauf ausgerichteter Ernteplanung kann die Presse als verfahrenstechnisches Gerät verwendet werden. Die Saftabtrennung zur Rosé-Erzeugung kann aber zu einem Zielkonflikt führen. Rotweine werden so spät als möglich gelesen, um eine maximale Farbe und Zuckerkonzentration zu bekommen. Bei Rosé wird der dann unvermeidliche hohe Alkoholgehalt vielfach negativ bewertet.

4.2.2 Die Maischeerhitzung

Die Maischeerhitzung wurde ursprünglich in zwei Varianten eingesetzt. Der Maischeerwärmung (ME) und der Kurzzeithocherhitzung (KHE). Beide Verfahren wurden im Wesentlichen in Deutschland entwickelt, federführend waren in den 70er- und 80er-Jahren des letzten Jahrhunderts Persönlichkeiten wie Klenk, Maurer oder Meidinger von der LVWO Weinsberg (Klenk und Maurer 1968; Maurer 1997; Meidinger 1974, 1985). Die Verfahren haben sich inzwischen auch in praktisch allen anderen Weinanbaugebieten verbreitet. Verschiedene Gründe haben diese Verbreitung gefördert (Blankenhorn 2011):

- Die Zunahme von Betriebsgröße und Erntemenge verlangte ein schlagkräftigeres und wirtschaftlicheres Verfahren verglichen mit den gängigen Maischegärungen.
- Das vergleichsweise geringere Farbpotenzial deutscher Traubensorten bei teilweise ungenügender Traubenreife erzwang eine maximale Ausschöpfung der vorhandenen Anthocyane bzw. Tannine und die Minimierung von enzymatischen Verlusten.
- Das Risiko für Niederschläge während der (späten) Lese war und ist verbunden mit der Gefahr einer Botrytisinfektion, oft gefolgt von Sekundärinfektionen mit Hefen, Schimmelpilzen und Bakterien.

Der hohe Energieeintrag bei einer Erhitzung greift stark in die Struktur der Maische ein, er beeinflusst die weitere Verarbeitung und wirkt sich auf den Stil des späteren Weines aus. Die Erhitzung ist das Gegenteil einer schonenden Verarbeitung. Folgende Aspekte spielen für den weiteren Weinausbau nach der Erhitzung eine Rolle:

- Fremdorganismen wie Schimmelpilze, Hefen und Bakterien als Konkurrenten der *Saccharomyces cerevisiae* werden abgetötet. Die alkoholische Gärung mit Reinzuchthefe verläuft danach sehr reintönig und zügig. Eine Spontangärung durch die Weinbergsflora ist nach der Erhitzung nicht mehr möglich.
- Die besonders farbschädliche botrytizide Polyphenoloxidase (Laccase) wird thermisch vollständig inaktiviert. Mit ihr aber alle anderen Enzyme ebenfalls, auch die für den Pektinabbau erwünschten.
- Der enzymatische Abbau von Pektin unterbleibt. Die thermische Hydrolyse der Pektinstoffe und Cellulosen bzw. Hemicellulosen produziert gleichzeitig eine große Menge an Kolloiden, die den Verlauf der Weinklärung stark beeinträchtigen können. Die Zugabe von Handelsenzymen und/oder Schönungen bietet Abhilfe.
- Die Maischeerhitzung verfügt über zahlreiche Parameter, anhand derer sich eine gewünschte Rotweinstilistik steuern lässt. Frische, junge und fruchtige Weine lassen sich ebenso erzie-

len wie gerbstoffbetonte zur Einlagerung in Barrique. Tendenziell sind erhitzte Weine etwas farbintensiver, zeigen verstärkt blaue oder violett-rote Farbtöne und reifen schneller als auf der Maische vergorene.

4.2.2.1 Die Maischeerwärmung (Langzeiterwärmung)

Bei der Maischeerwärmung, auch als Langzeiterwärmung bezeichnet, wird die abgebeerte Maische möglichst rasch auf über 60 °C erhitzt und bei dieser Temperatur 3–12 Stunden, oft über Nacht, gehalten (Burkert 2010). In der Literatur finden sich auch Heißhaltezeiten von bis zu 24 Stunden (Schmidt 2013). Bei einer Erhitzung auf weniger als 60° sind Oxidationsenzyme weiterhin aktiv und führen zu Farbverlusten. Der für die Aktivität von Oxidationsenzymen besonders kritische Temperaturbereich oberhalb 40 °C muss zügig durchschritten werden. Im Idealfall kann die Diffusion der Inhaltsstoffe in einer Tankpresse erfolgen, andernfalls sind Stapeltanks notwendig analog solcher für die Zwischenlagerung bzw. das „Ziehen lassen“ weißer Maische. Aufgrund der stark aufgeschlossenen Maische ist die üblicherweise durchgeführte statische Vorentsaftung besonders intensiv. Der frei ablaufende Saftanteil kann über 60 % betragen.

In der Praxis wird auch mit einer Maischeerwärmung auf 70 °C gearbeitet, um eine noch bessere Extraktion von qualitätsrelevanten Inhaltsstoffen wie Farbe, Tanninen und Extraktstoffen zu erzielen (Maurer 1997). Die Heißhaltezeit ist entsprechend auf 2–4 Stunden reduziert. Abb. 58 zeigt den Einfluss der Maischetemperatur auf die Extraktion von Farb- und Gerbstoffen grafisch (Blankenhorn 2011).

Die Maischeerwärmung verfügt demnach über drei technische Parameter, die sich auf die Extraktion von Phenolen auswirken:

- die Geschwindigkeit der Erhitzung,
- die Erhitzungstemperatur,
- die Dauer der Heißhaltung.

Aufgrund einer verhältnismäßig einfachen technischen Ausstattung zum Erhitzen wird dieses Verfahren besonders bei kleinen und mittleren Betrieben eingesetzt. Ausreichend ist ein Maischeerhitzer in Form eines Doppelrohrwärmetauschers, der über ein Kernrohr für die Maische und ein Mantelrohr für das Erhitzungsmedium, Heißwasser oder Dampf, verfügt (siehe Abb. 59, Blankenhorn 2013).

Die Wärmeenergie kann über eine Heißwasserversorgung oder einen der Leistung angepassten Dampferzeuger bereitgestellt werden. Dampferzeuger werden heute auch als mobile Anlagen angeboten. Um Verstopfungen der Erhitzungseinrichtung zu vermeiden, muss möglichst homogen zugeführt werden, ein Maischerührtank ist empfehlenswert. Der tief gefärbte Saft muss rückgekühlt werden auf Gär-Starttemperatur. Ohne Wärmerückgewinnung ist die Maischeerhitzung energetisch vergleichsweise

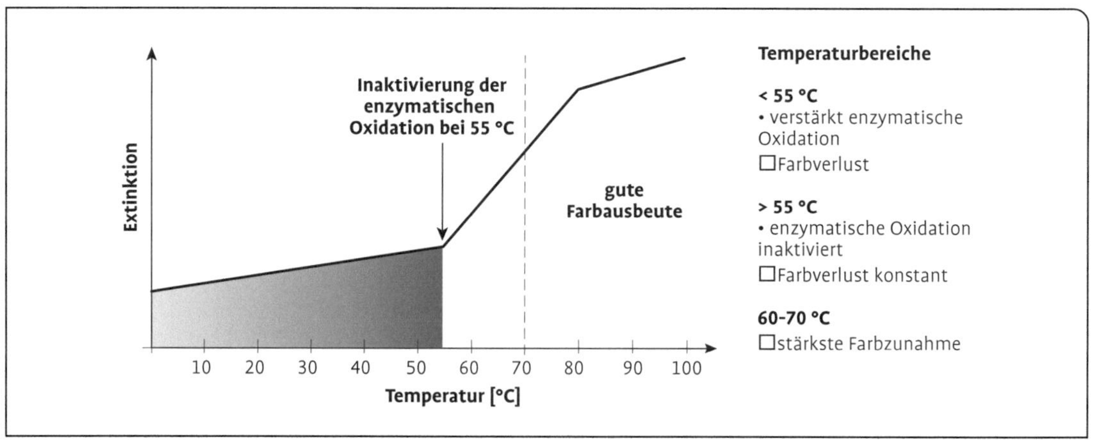

Abb. 58 Einfluss der Maischetemperatur auf die Farb- und Gerbstoffausbeute.

Berechnung des Energiebedarfs bei der Maischeerhitzung ohne Energierückgewinnung (Amethyst 2008):

Die nötige Wärmemenge errechnet sich nach folgender Formel: Q = (c × r × DT) × M (Q = Wärmemenge [kJ] bzw. [kWh] = [kJ]/3600 [kWh/kJ]; M = Menge an Maische [L]; c = spezifische Wärmekapazität Most/Maische (~4,18 [kJ/kgK]; r = Dichte [kg/l] (~1,090 [kg/l] Most/Maische); entfällt, wenn die Maische in kg angegeben wird; DT = Temperaturdifferenz zwischen Ist- und Solltemperatur [K])

Dazu ein Beispiel:
T1 = 80 °C, T2 = 20 °C, T3 = 20 °C, DT = 60 K, M = 100 kg
Der Energiebedarf besteht aus der Energie für die Erhitzung und der für die Kühlung;

Energie für die Erhitzung:
Q = 4,18 [kJ/kgK] × 60 [K] × 100 [kg] = 25 080 kJ = 6,96 [kWh]; je nach Dampfdruck werden dazu 7–9 kg Dampf benötigt;

Energiebedarf für die Rückkühlung:
Q = 4,18 [kJ/kgK] × 60 [K] × 100 [kg] = 25 080 kJ = 6,96 [kWh] × $^1/_3$ = 2,32 [kWh];
Umwandlungskoeffizient Strom in Kälte = $^1/_3$; d. h. aus 1 kWh Strom bekommt man 3 kWh Kälte; diese ist nötig, wenn die Maische rückgekühlt wird;
Q_{gesamt} = 9,28 [kWh] je 100 kg Maische (ohne Berücksichtigung einer Wärmerückgewinnung und des Wirkungsgrades der jeweiligen Aggregate).

ungünstig. Je 100 kg Maische sind über 9 KWh Energie erforderlich für Erhitzung und Abkühlung (siehe Kasten Berechnung des Energiebedarfs bei der Maischeerhitzung ohne Energierückgewinnung; Amethyst 2008). Köhler (1997) rechnet mit einem Dampfbedarf von 9–10 kg je 100 kg Maische. Während der Heißhaltezeit kommt es je nach Dauer zu einer Temperaturabnahme. Ein Unterschreiten der kritischen Temperatur von 60 °C spielt dabei keine Rolle mehr. Die Enzyme sind bereits thermisch inaktiviert.

4.2.2.2 Kurzzeithocherhitzung der Maische (KHE)

Idee der Kurzzeithocherhitzung ist, die Maische für einige Minuten auf 80 °C oder höher zu erhitzen, regenerativ zurück zu kühlen auf eine mittlere Temperatur, um während der anschließenden Maischekontaktzeit die zeitabhängige Diffusion der Phenole und aller anderer erwünschten Inhaltsstoffe zu ermöglichen. Im Vergleich zur Maischeerwärmung spielen neben der Höhe der Temperatur und deren Dauer zwei

Abb. 59 Röhrenwärmetauscher Ausschnitt; innenliegendes Kernrohr und äußeres Mantelrohr (Blankenhorn 2013).

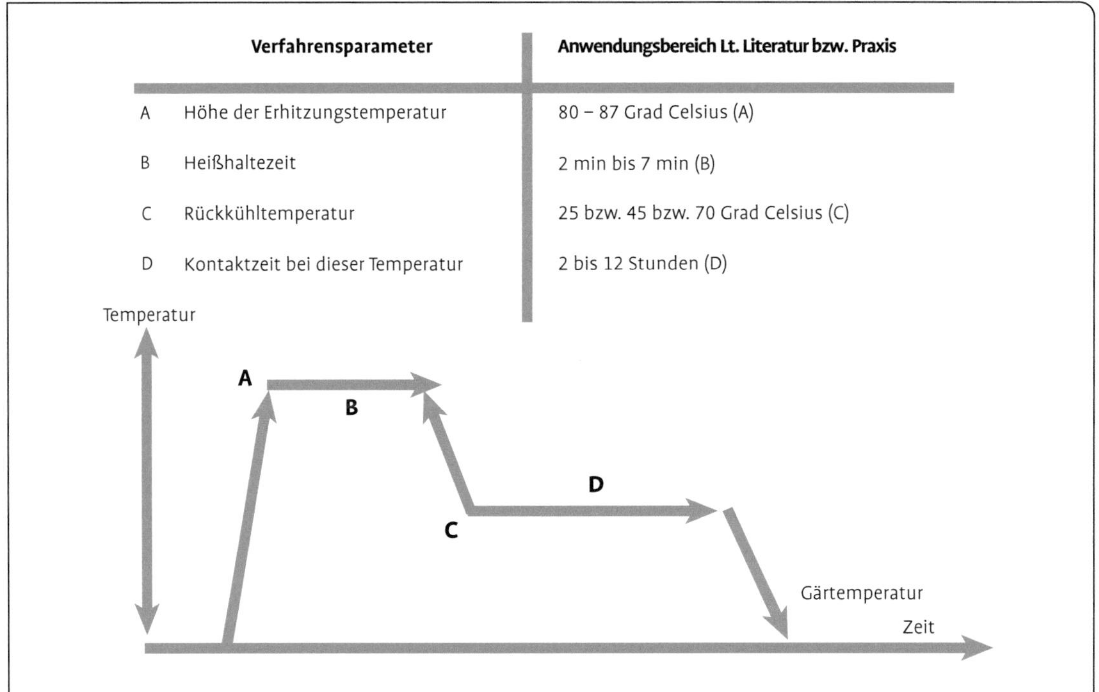

Abb. 60 Verfahrensparameter und Arbeitsbereiche bei der Maische-Kurzzeithocherhitzung.

weitere Parameter eine Rolle. Abb. 60 zeigt den prinzipiellen Temperatur-Zeit-Verlauf der KHE und den in der Praxis bzw. der Literatur zu findenden jeweiligen Anwendungsbereich dieser Parameter. Ein Vorteil des Verfahrens gegenüber der bloßen Erwärmung ist die schnelle Erhitzung der Maische auf über 80 °C und die damit verbundene sichere Inaktivierung der Polyphenoloxidasen. Ein um 50 % geringerer Energieverbrauch dank der Rückgewinnung verbessert die Wirtschaftlichkeit des Verfahrens. Der regenerative Wärmeaustausch nutzt die eingebrachte Wärmeenergie zum Vorwärmen der kalten Maische und kühlt dabei selber ab. Dadurch steigt die Anforderung an die Technik und an die Investitionssumme.

Hocherhitzungsanlagen finden sich bevorzugt in größeren Betrieben, die bei Anlagenleistungen von über 40 t/h mehrere parallel im Einsatz haben können. Der regenerative Wärmetausch erfolgte in den ersten Jahren dieser Entwicklung mit Spiralwärmetauschern, deren kompakt gebaute Spiralen so angeordnet sind, dass die Maische im Gegenstrom eine möglichst große Oberfläche zum Wärmetausch zur Verfügung steht. Aufgrund von Problemen mit Verstopfungen sind diese Geräte inzwischen vielfach durch problemlosere Doppelröhrentauscher abgelöst.

Abb. 61 zeigt eine schematische Darstellung einer KHE-Anlage mit allen erforderlichen Bausteinen. Lediglich der Erhitzer, der Wärmetauscher und evtl. die Rührtanks sind eigens für die Rotweinherstellung installiert worden. Die gesamte restliche Verfahrenstechnik im Betrieb ist die des Weißweinweges. Die abgebeerte Maische wird in den Rührtanks zumindest während dessen Entleerung homogen verteilt gehalten und über eine Verdrängerpumpe (meist Mohnopumpen mit einer hohen Druckstufe u. U. bis 12 bar) in einem Zug durch die gesamte Erhitzungs- und Austauschfläche gedrückt. Die für die Diffusion nötige Kontaktzeit bei der gewählten Rückkühltemperatur wird analog der Rotweinerwärmung oder der Weißweinverfahren in Abtropftanks ermöglicht. Dort ist auch die Möglichkeit zur Vorentsaftung gegeben. Eine derartige Groß-

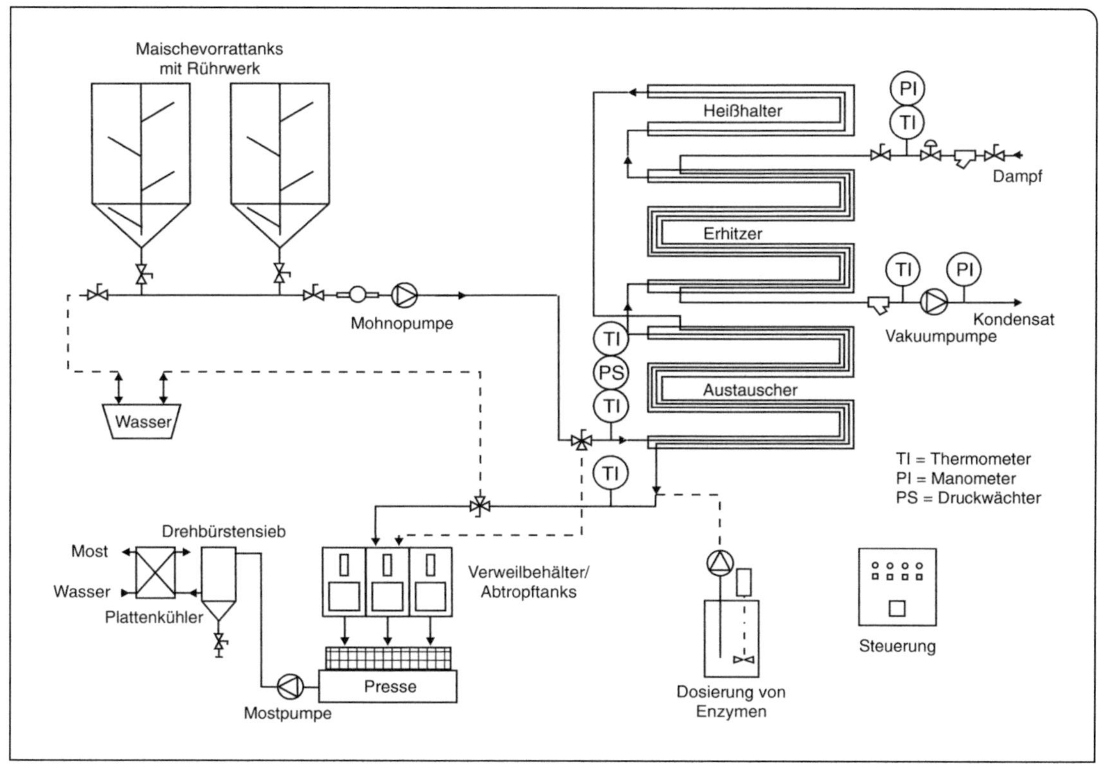

Abb. 61 Schematische Darstellung einer Hocherhitzungsanlage mit allen erforderlichen Bausteinen (Hamatschek 1997).

anlage ist vollständig automatisiert und kann jeden Schritt exakt dokumentieren. Den Anforderungen eines modernen Qualitätsmanagements wird dadurch Rechnung getragen.

Blankenhorn (2011) zählt zahlreiche Vorteile der beiden thermischen Verfahren auf, die zur Verbreitung dieser Technik beigetragen haben:

- gute und rasche Farbgewinnung,
- geringerer Anspruch an Traubenqualität (d. h. die Konsequenzen bei mangelhafter Reife oder einem bestimmten Fäulnisanteil lassen sich deutlich besser beherrschen als bei der Maischegärung),
- reintönige Weine durch kurze Maischestandzeiten, wässrige Extraktion sowie die Möglichkeit der Mostschönung,
- thermische Inaktivierung der für die enzymatische Oxidation verantwortlichen Polyphenoloxidasen,
- Verarbeitungslinie ähnlich der Weißweinbereitung,
- exakte Gärführung möglich: der Trubgehalt lässt sich über eine Mostvorklärung exakt einstellen und die reine Mostgärung ist einfach zu steuern,
- weniger Alkoholverluste, einfache und genaue Anreicherung,
- große Kapazität möglich – je Erhitzungsanlage über 40 t/h,
- geringe Investitionskosten bei großer Kapazität.

Die Verfahren der Maischeerhitzung zeichnen sich durch eine hohe Arbeitsrationalisierung und Verfahrenssicherheit aus. Optimierungsbedarf besteht wegen der unbefriedigenden Energierückgewinnung und der erforderlichen großen Lagerkapazitäten für den Maischekontakt vor dem Pressen. Die thermische Inaktivierung aller Enzyme macht zudem die Zugabe von pectolytischen Handelsenzymen oder von Schönungsmitteln erforderlich, um die möglichen Klärschwierigkeiten zu verhindern (siehe Kap. 5).

4.2.2.3 Einflussgrößen auf das Ergebnis einer Maischeerhitzung

In Abb. 60 wurden die vier verschiedenen Einflussgrößen auf die Beschaffenheit des späteren Weines beschrieben. Ihr Einfluss und der von einigen weiteren Parametern werden im folgenden Abschnitt erläutert.

Maischetemperatur und Kontaktzeit

Blankenhorn (2011) hat den Einfluss der Maischetemperatur nach Rückkühlung und ihre Kontaktzeit auf die Farbintensitäten sowie die Gesamtphenolmengen bei drei württembergischen Rebsorten untersucht. Die aus mehreren Grafiken zusammengestellten Ergebnisse zeigt Tab. 25. Der Temperatureinfluss, hier untersucht im Großmaßstab, entspricht dem Ergebnis der Abb. 56 aus Laborversuchen. Auffallend ist die starke Sortenabhängigkeit. Die bekannt farbarme Rebsorte Trollinger ermöglicht bei höherer Temperatur nur eine prozentual geringe Zunahme der Farbintensität. Allerdings steigt die Gesamtphenolkonzentration deutlich an. Bei Lemberger ist der Einfluss der Temperatur größer, zwischen den schwächsten Werten bei 25° und denen bei 70 liegt nahezu eine Verdoppelung bei Farbe und Gesamtphenolen. Gleiches gilt für die Farbe bei Spätburgunder, aber auf insgesamt niedrigerem Farbniveau und bei gleichzeitig sichtlich höheren Gesamtphenolmengen.

Der Einfluss der Maischekontaktzeit liegt zwischen nicht vorhanden (Trollinger 25°) und 70% (Lemberger 70°). Haupteinflussgröße für das Extraktionspotenzial sind eindeutig die Rebsorte und deren Qualitätsniveau. Die technologischen Parameter eröffnen unabhängig davon viele Möglichkeiten, eine angestrebte Stilistik zu erzielen und sich auf das vorhandene Potenzial einzustellen.

Erhitzungstemperatur, Heißhaltezeit und Heißhaltedauer, Kontaktzeit

Über den Einfluss der Erhitzungsparameter (Erhitzungstemperatur, Dauer, Kontaktzeit und Maischetemperatur) liegen ältere Untersuchungen vor von Hamatschek und Pototschnigg (1982, 1986, 1990; siehe dazu exemplarisch Tab. 26). Eine stärkere Erhitzung führte zu einer höheren Saftausbeute und zu mehr Anthocyanen. Der Gesamtphenolgehalt stieg nur geringfügig. Die verlängerte Kontaktzeit der Maische ergab eine nur minimale Farbzunahme, jedoch eine deutliche Erhöhung der Gesamtphenolwerte. Die Schere Farbstoff-Gesamtphenolzunahme klaffte immer stärker auseinander, die Weine wurden als „härter" und „fester", d. h. als sensorisch schlechter beurteilt. Aufgrund ihrer mehrjährigen Versuchsergebnisse im Großmaßstab empfehlen die Autoren eine Erhitzung der Maische auf 87 °C bei 6-minütiger Heißhaltezeit und einer Rückkühlung auf 30 °C.

Tab. 25 Farbintensität und Gesamtphenole bei verschiedenen Rotweinsorten in Abhängigkeit von der Maischekontaktzeit und der Temperatur (nach Blankenhorn 2011 zusammengestellt); **Gesamtphenole in mg/l; Farbintensität als Summe der Absorption bei 420, 520 und 620 nm und 1 cm Schichtdicke**

Maischetemperatur	25 °C		45 °C		70 °C	
Kontaktzeit	1 h	12 h	1 h	12 h	1 h	12 h
Trollinger						
Farbintensität	0,9	0,8	0,8	1,1	0,9	1,1
Gesamtphenole	649	645	706	980	865	1083
Lemberger						
Farbintensität	2,1	2,5	2,5	2,8	2,5	4,0
Gesamtphenole	820	997	1083	1216	1065	1799
Spätburgunder						
Farbintensität	1,3	1,7	2,6	3,3	2,7	3,0
Gesamtphenole	1020	1423	1477	1717	1745	2282

Tab. 26 Einfluss von Erhitzungsparametern für die Beschaffenheit des Mostes und die Verkostungsergebnisse des späteren Weines (Hamatschek und Pototschnigg 1986)

Versuch	°C KHE 80 °C	87 °C	Erhitzungszeit		Warmhaltezeit		Mosttrub in %	trubkorrigiert	Anthocyane mg/l	Gesamtphenole mg/l	Anthocyane/ Gesamtphenole	Verkostung Wein/DLG-
			2 min	6 min	2 Std.	10 Std.		ausbeute in %	Most	Most	Most	Punkte (damals 20-Punkte-System)
1	+		+			+	2,7	81,8	170 (100 %)	1078 (100 %)	1:6,3	14,6
2	+			+	+		2,0	82,9	176 (104 %)	988 (92 %)	1:5,6	14,6
3		+		+	+		4,0	82,2	183 (108 %)	936 (87 %)	1:5,1	15,1
4		+		+		+	2,4	83,5	172 (101 %)	1156 (107 %)	1:6,7	14,0

Eine Maischekontaktzeit kann entfallen und die Maische direkt in die Presse geleitet werden. Der vergleichsweise niedrigere Wert für Gesamtphenole ordnet die Rotweine eher dem leichten Typ zu. Die Leitsubstanz für zu starke Erhitzung, 5-(Hydroxymethyl)-Furfural (HMF), konnte in keinem Fall gefunden werden. Mit diesem Verfahren KHE 87/6/0, das sensorisch insgesamt auch am besten beurteilt wurde, war die Voraussetzung geschaffen, Rotwein kontinuierlich herzustellen.

Gärtemperatur, Alkoholkonzentration, Hefe

Als weitere Einflussgrößen auf die Farbe der Weine infolge einer Maischeerhitzung wurden die Gärtemperatur und die Höhe der dabei entstehenden Alkoholkonzentration untersucht (Hamatschek und Pototschnigg 1990). Bei diesen Untersuchungen ging es nicht mehr um Extraktion von Phenolen aus der Beerenhaut, sondern um das weitere Verhalten der Anthocyane in Abhängigkeit dieser Parameter. Die Autoren fanden einen kontinuierlichen Anstieg messbarer Anthocyane zwischen 18 und 24° Gärtemperatur. Bei einer weiteren Steigerung auf 28 °C kam es parallel zur deutlichen Alkoholabnahme zu einer starken Farbverringerung. Die stabilisierende Wirkung hoher Alkoholkonzentrationen bestätigte sich bei Anreicherungsversuchen: zwischen 71 und 99 g/l Alkohol erhöhten sich die Anthocyanmenge von 162 g/l fast linear auf 194. Die Gesamtphenole veränderten sich nicht.

Als weitere Einflussgröße auf die Rotweinfarbe wird die Weinhefe beschrieben (Eder 1997). Die für die Rotweinbereitung selektierte Hefe „Oenoferm Klosterneuburg rouge“ konnte im Vergleich zur Standardhefe die Farbwerte um 12–31 % steigern. Offensichtlich hilft das Enzymsystem dieser Hefe bei der Stabilisierung von Anthocyanen durch die Umwandlung in höhermolekulare Verbindungen.

Maischebewegung mit Gas

Um die Extraktion von Phenolen aus der aufgeschlossenen Beerenhaut zu verbessern, wird im Verlauf der Maischekontaktzeit vielfach gerührt. Die Zunahme der Gesamtphenolmenge durch diese Maßnahme ist begleitet von einem Anstieg des zuckerfreien Extraktes um bis zu 1 g/l, aber auch von einer Zunahme des Trubes. Die Alternative zur mechanischen Behandlung ist das Rühren der Maische mit Gas (Blankenhorn 2011; 2013a). Es wird am tiefsten Punkt des Tanks ein-

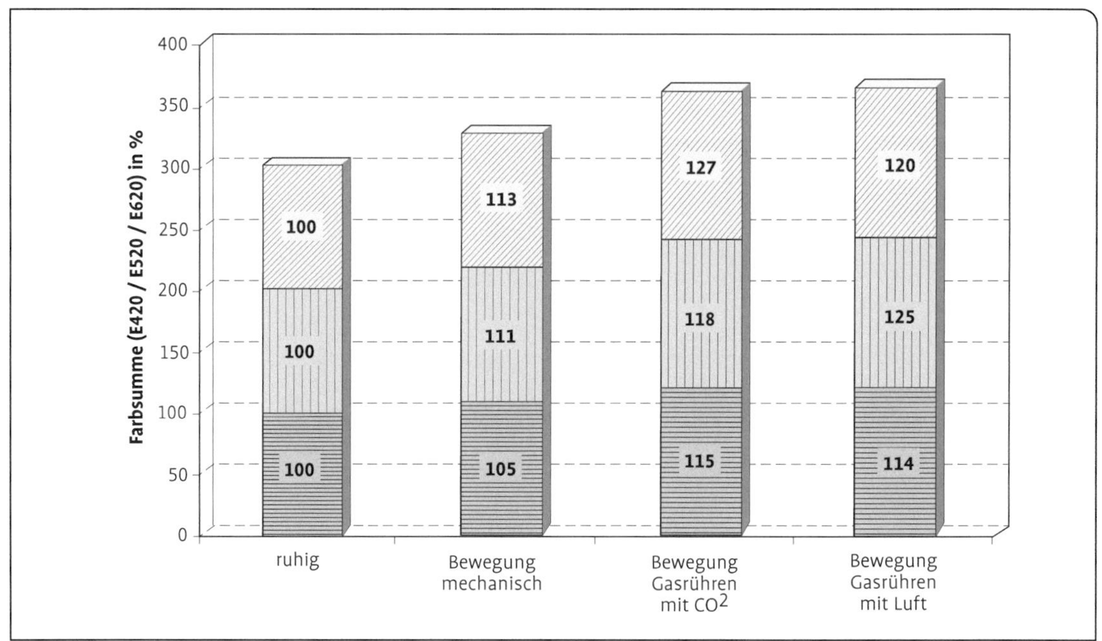

Abb. 62 Einfluss der verschiedenen Rührverfahren auf die Farbsumme bei einer Maischekontaktzeit bei 45 °C über 8 Stunden (Maurer 1997).

geleitet. Aufsteigende Gasblasen bewirken eine leichte und sehr schonende Bewegung.

Als Gas können CO_2, aber auch Luft eingesetzt werden. Eine Oxidation spielt mangels entsprechender Enzyme praktisch keine Rolle. Der Autor berichtet von deutlich geringeren Farbverlusten, höherer Farbstabilität und verglichen mit mechanischem Rühren von tendenziell besseren Verkostungsergebnissen. Abb. 62 vergleicht die Farbsumme in Abhängigkeit von verschiedenen Arten der Maischebewegung während der Kontaktzeit (Maurer 1997). Die mechanische Bewegung steigert die Farbsumme um 10–15 %, die mit Gas um zusätzliche 5 %.

Unterdruck in Verbindung mit der Erhitzung

In den Weinanbaugebieten Europas und in Übersee kommen in großen Betrieben Rotweinverfahren zum Einsatz, die die Maischeerhitzung mit einer Vakuumanwendung kombinieren. Sie sind je nach Anbieter solcher Anlagen unter den Namen Thermo Flash-Verfahren, Red Hunter oder Flash Detente bekannt. Schmidt (2006) berichtet erstmals über Versuche mit derartigen Systemen im Anbaugebiet Württemberg. Die Weine waren sensorisch überzeugend und im Vergleich zur konventionellen Erhitzung kann die lange Maischekontaktzeit entfallen. Mit diesen Verfahren lässt sich bei entsprechender Entsaftungstechnik Rotwein kontinuierlich produzieren.

4.2.2.4 Einsatz von Enzymen nach einer Erhitzung

Eine Enzymzugabe in die rückgekühlten Maische wird aus verschiedenen Gründen empfohlen (z. B. Weik 2007; Klenk und Maurer 1968; Meidinger 1974; Haßelbeck und Stocké 2008):

- zur Verbesserung der Pressbarkeit,
- zur Erhöhung der Pressausbeute,
- zur Verkürzung der Kontaktzeit.

Sollen Weine mit ausgeprägter Tanninstruktur erzeugt werden, ist eine längere Kontaktzeit nötig. Temperaturstabile Maischeenzyme können diese Zeit dank ihrer Mazeration des Zellgewebes verkürzen. Voraussetzung sind Enzyme mit angepasster Temperatur-Aktivitätskurve, insbesondere bei einer Maischetemperatur oberhalb 60 °C.

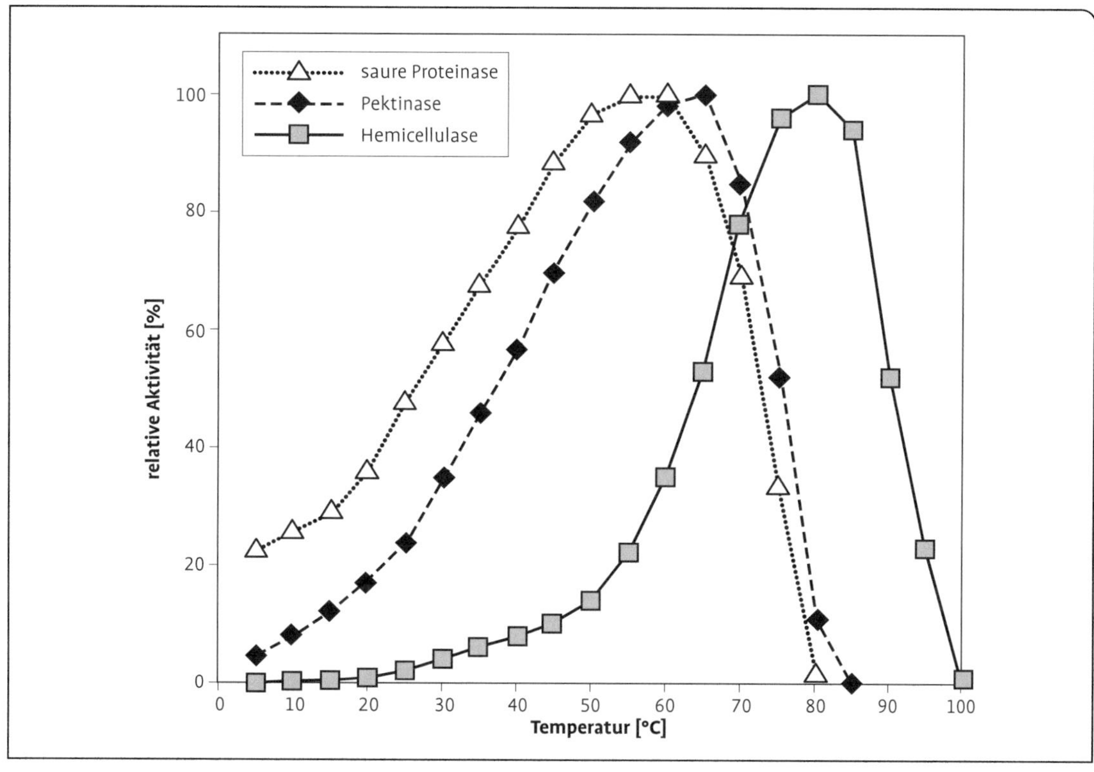

Abb. 63 Aktivitätskurven eines Handelsenzyms in Abhängigkeit der Temperatur (Haßelbeck und Stocké 2008).

Abb. 63 zeigt drei verschiedene Aktivitätskurven eines Handelsenzyms in Abhängigkeit von der Temperatur. Bis 70 °C sind die saure Protease (linke Kurve mit Dreiecken) und die Pektinase (Kurve mit Rauten) noch ausreichend aktiv, danach fallen die Kurven steil ab bis zur Inaktivierung. Die Hemicellulase (Kurve mit Quadraten) besitzt erst bei 85 °C ihr Wirkungsoptimum, das erst oberhalb 95° schnell auf 0 abfällt (Haßelbeck und Stocké 2008). Aufgrund der Temperaturkurven wäre dieses Enzympräparat bei einer Kontakttemperatur von lediglich 25 °C nur wenig effektiv.

Tab. 27 zeigt Ergebnisse von Großversuchen aus vier Betrieben, bei denen Saftausbeute, Anthocyane und Gesamtphenole in Abhängigkeit von der Art der Enzymierung untersucht wurden (Hamatschek und Pototschnigg 1986). Bei 12 Stunden Kontaktzeit lagen die Zunahmen von Farbe und Gesamtphenolen aufgrund der Wirkung von pectoytischen Enzymen bei zwei Betrieben im einstelligen Prozentbereich, in den beiden anderen stiegen sie bis auf 20 % an. Die lange Standzeit und natürlich das reife- und sortenabhängige Phenolpotenzial in den Beeren waren die Haupteinflussgrößen auf die Extraktion, die von den Enzymen bei den gegebenen Bedingungen nur geringfügig gesteigert werden konnte. Wirtschaftlich von großer Bedeutung ist die höhere Saftausbeute aufgrund einer Maischeenzymierung. Im Vergleich zu den Kontrollvarianten wurde eine Steigerung um 2–3 Prozentpunkte gemessen.

Eder et al. (2004) haben die Farbzusammensetzung bei Rotweinen der Sorten Zweigelt und Trollinger mit und ohne Enzymzusatz untersucht. Die Zugabe von pectolytischen Enzymen wirkte sich auf die Analysendaten wenig aus, mehr auf die subjektiven Farbbewertungen. Ausgeprägtere Parameter waren Fäulnisgrad, Erhitzung oder Maischegärung.

Die Zugabe von Mostenzymen in den Versu-

Tab. 27 Saftausbeute, Anthocyan- und Gesamtphenolgehalte in Abhängigkeit von der Enzymierungstechnik (in mg/l, Hamatschek und Pototschnigg 1986)

Saftausbeute, Anthocyan- und Gesamtphenolgehalte in Abhängigkleit von der Enzymierungstechnik Maischeenzym: 5 g/hl^{-1} Panzym W Mostenzym: 5 g/hl^{-1} Panzym klar, Standzeit: 12 ± 0,5 h, Erhitzungstemperatur 82 °C												
	Betrieb 1			Betrieb 2			Betrieb 3			Betrieb 4		
	Anthocyane	Gesamtphenole	Saftausbeute	Anthocyane	Gesamtphenole	Saftausbeute	Anthocyane	Gesamtphenole	Saftausbeute	Anthocyane	Gesamtphenole	Saftausbeute
												%
ohne Enzyme	652 100 %	2053 100 %	83	376 100 %	1587 100 %	85,5	326 100 %	1688 100 %	88,9	525 100 %	2107 100 %	–
nur Mostenzyme	569 100 %	2008 98 %	–	393 105 %	1628 103 %	–	356 109 %	1788 106 %	–	576 110 %	2292 109 %	–
nur Maischeenzyme	654 100 %	2066 101 %	86	387 103 %	1667 105 %	88,9	371 114 %	1832 109 %	92,1	608 116 %	2244 107 %	–
Maische- und Mostenzyme	695 107 %	2050 100 %	–	368 98 %	1717 108 %	–	352 108 %	1865 111 %	–	623 119 %	2170 103 %	–
Maischeenzyme vor und nach dem Erhitzen	637 98 %	2085 102 %	86	–	–	–	–	–	–	–	–	–
Lesegut: Alle Jahrgänge 1980	76 °Oe, pH-Wert 3,3 Säure: 12,5 g/l^{-1} Versuchsmenge: 40 000 l			72 °Oe, pH-Wert 3,15 Säure: 13,2 g/l^{-1} Versuchsmenge: 40 000 l			75 °Oe, pH-Wert 3,15 Säure: 12,2 g/l^{-1} Versuchsmenge: 44 000 l			70 °Oe, pH-Wert 3,1 Säure: 12,2 g/l^{-1} Versuchsmenge: ca. 25 000 l		

chen der Tab. 27 erfolgte, um deren Einfluss auf die spätere Filtrierbarkeit der Weine zu überprüfen. Bei thermisch-enzymatisch-mechanisch stark geschädigten Maische wie den untersuchten erzeugt die Phasentrennung in der Presse nicht nur eine beträchtliche Menge Grobtrub, sondern auch viel kolloidalen Trub. Wird dieser Feintrub nicht enzymatisch abgebaut, kann die Filtration erheblich beeinträchtigt werden.

In den letzten Jahren ist die Wirksamkeit von Handelsenzymen beträchtlich weiter entwickelt worden. Die Anbieter verfügen inzwischen über eine große Vielfalt von maßgeschneiderten Enzymen, die als Mazerationsenzym, Farbenzym, Mostenzym, kälteaktiv, hitzeresistent, depsidasefrei usw. angeboten werden. In praktisch allen Fällen handelt es sich um Enzymkomplexe mit zahlreichen Haupt- und Nebenaktivitäten. Die Vielfalt erschwert die Vergleichbarkeit, zumal die Anzahl technischer Parameter ebenfalls stark angestiegen ist. In der betrieblichen Praxis ist ihr Einsatz eine Kosten-Nutzenfrage nach ausführlicher Beratung durch den Lieferanten bzw. unabhängige Institutionen.

4.2.3 Einflussgrößen für die Maischegärung

In den folgenden Kapiteln werden Rotweinbereitungsverfahren besprochen, die zur Phenolextraktion eine alkoholisch-wässrige Lösung verwenden und systembedingt eine vergleichsweise lange Kontaktzeit aufweisen. In Abb. 57 wurden die verschiedenen Techniken im Zusammenhang dargestellt. Ihr gemeinsamer Überbegriff ist die Maischegärung, die seit Beginn der Rotweinerzeugung als traditionelle Methode weltweit verbreitet ist. Es gibt sie als offenes oder geschlossenes System, das drucklos oder mit Druckentspannung arbeitet. Nach Weik (2011) nimmt die Maischegärung in der Praxis auf Kosten der Erhitzung inzwischen wieder zu, nachdem diese Technik sich über viele Jahre erfolgreich verbreitet hatte. Zahlreiche Betriebe arbeiten mit beiden Verfahren und verschneiden nach Bedarf. Allen Systemen zur Maischegärung ist gemeinsam, dass die üblicherweise abgebeerte Maische insgesamt in Gärung gebracht wird und eine Phasentrennung in Trester und Wein erst nach der vollständigen Umwandlung des Zuckers stattfindet. Eine in Deutschland wenig verbreitete Variante ist die innere Gärung (Maceration Carbonique).

Noch viel mehr als bei den Erhitzungsverfahren ist bei einer Maischegärung die Qualität der Trauben der entscheidende Qualitätsparameter für den späteren Wein. Vollreife Trauben ohne Fäulnis werden als Mindestvoraussetzung genannt. Wo im Falle einer Erhitzung 10 % Fäulnis (in manchen Literaturstellen bis 30 %) toleriert werden, gilt bei der Maischegärung ein Null-Toleranz-Prinzip. Polyphenoloxidasen haben bei diesem Verfahren sehr lange Zeit, Anthocyane enzymatisch zu oxidieren und dadurch starke Farbverluste zu bewirken. Eine Selektion bereits im Weinberg, spätestens aber im Kelterhaus ist obligatorisch, Oxidationsschutz mit CO_2 oder SO_2 zu empfehlen. Gleiches gilt für eine rasche, schonende Überführung der Trauben in den Gärtank sowie das Abbeeren auch bei mechanisch gelesenen Trauben (siehe dazu u. a.: Binder 2000; Witowski 2003; Köhler et al. 2002; Eder 1997; Weik 2011; Steidl und Renner 2001).

Die Maischegärung besitzt vergleichbar der Maischeerhitzung eine Vielzahl von spezifischen Parametern, die die Erzeugung auch sehr unterschiedlicher Weinstile erlauben:

- Kaltmazeration vor der Maischegärung mit einer Standzeit bei Temperaturen nahe 0 über mehrere Tage,
- Die Wahl der Gärung (spontan oder mit Reinzuchthefen),
- die Gärtemperatur,
- die Technik der Einarbeitung des flotierenden Tresterhuts. Sie ist durch die Wahl des Gärbehälters vorgegeben. Dazu gehört auch die Bewegung des Tankinhalts mittels Gaseinleitung,
- der „Abwirzzeitpunkt“: die Kontaktdauer der Maische bis zum Abpressen einschließlich einer Nachmazeration,
- die Zugabe von rotem Saft,
- der Zeitpunkt der Verbesserung/Anreicherung,
- der Vorabzug von „farblosem“ Saft (Saignée),
- die Zugabe von Tannin zur Gärung,
- die Zugabe von Chips zur Gärung.

Die Kaltmazeration

Die Kaltmazeration wurde bei weißer Maische in Kap. 3 bereits beschrieben. Sie wird in südlichen Anbauländern besonders bei Burgundersorten eingesetzt, in den nördlichen Anbaugebieten ist diese Methode nicht in gleichem Maße verbreitet. Ziel ist die Erzeugung besonders fruchtiger Rotweine mit höherer Komplexität und ausgeprägter Farbintensität. Dazu wird die Maische für 3–5 Tage unterhalb 8 °C möglichst unter Oxidationsschutz, z. B. mit 60–70 mg/l SO_2, gelagert (Weik et al. 2008; Burkert 2013). Viele wertbestimmende Anthocyane und Tannine gehen in diesem Stadium bereits in den Saft über, ohne dass Kerne ausgelaugt werden. Unterhalb 5 °C ist kaum noch eine intrazelluläre Enzymaktivität feststellbar, die alkoholische Gärung sicher unterbunden. Auch für diese niedrigen Temperaturbereiche stehen pectolytische Handelsenzyme zur Verfügung (Haßelbeck et al. 2011). Im Anschluss an die Kontaktzeit in der Kälte muss zur Gärung angewärmt werden. Niedrigere Temperaturen unterhalb 20 °C reichen allerdings aus, die höheren zur verstärkten Phenolextraktion sind nicht mehr erforderlich. Untersuchungen von Köhler et al. (2005) erbrachten bei der Sorte Portugieser im Vergleich verschiedener Mazerationsverfahren für die Kaltmazeration „hinter den Erwartungen liegende Effekte“. Das Standardverfahren „offene Maischegärung“ führte zu besseren Ergebnissen. Auch weitergehende Versuchsreihen mündeten in die Aussage, dass die Kaltmazeration nicht die hohen Erwartungen erfüllt, von denen man ausgegangen war. Dies vor allem auch vor dem Hintergrund der damit verbundenen nicht unerheblichen Kosten für CO_2 bzw. Kälteenergie allgemein. Ein mikrobiologisches Risiko wurde soweit gesehen, dass die kaltmazerierte Maische kurz vor einer Spontangärung stand (Köhler et al. 2007). Herr (2011) betonte bei Untersuchungen mit der Sorte Frühburgunder gleichfalls die mikrobiologischen Risiken und die nicht zu unterschätzende Gefahr für die Bildung biogener Amine. Bestätigen konnte er die ausgeprägte Frucht der Weine, insbesondere in Kombination mit einer nachfolgenden Maischeerhitzung. Letztlich ist die Anwendung der Kaltmazeration eine individuelle Kosten-Nutzen-Risiko-Abwägung. Wichtig zu sein scheint die Temperatur. Je kühler, desto sicherer. Ob sie unter nordeuropäischen Bedingungen immer zielführend ist, scheint derzeit umstritten.

Einarbeitung des Tresterhuts

Die intensive Entbindung von Gärungskohlensäure lässt den Trester als zusammenhängenden Kuchen flotieren. Er ragt schließlich aus der Flüssigkeit und muss wieder eingearbeitet werden. Andernfalls wird die Phenolextraktion unterbunden und der Tresterkuchen einem hohen mikrobiologischen Risiko ausgesetzt. Fehlgärungen, Oxidationen, Essigstich usw. können die Folge sein. Die Qualität einer Maischegärung ist letztlich vom richtigen Umgang mit dem aufsteigenden Tresterkuchen abhängig. Darin unterscheiden sich die die marktgängigen Techniken stark.

Gärtemperatur

Unabhängig vom Verfahren der Maischegärung ist die Gärtemperatur eine wichtige Einflussgröße auf das Ergebnis. Je höher, desto intensiver ist die Diffusion der Phenole. Um rasch in die stürmische Gärphase zu kommen, werden Starttemperaturen von über 20 und bis 25 °C empfohlen. Deshalb muss insbesondere nach einer Kaltmazeration oder bei niedriger Lesetemperatur eine Maischeanwärmung erfolgen. Dazu eignen sich für höhere Leistungen wiederum Doppelmantelrohre mit Dampf oder Heißwasser als energieübertragendes Medium. Um 8000 l Maische von 10 auf 20 °C anzuwärmen, sind 80 000 kcal nötig. Bei kleineren Tanks kann die Wärmestrahlung von Infravin- oder Aquariumheizstäben ausreichend sein bzw. der Einsatz eines Elektroheizstabes (Weiand 2011). Im einfachsten Fall wird der Tank mit warmem Wasser berieselt. Während der Gärung muss die anfallende Wärme abgeführt werden. Ist diese Abführung unzureichend, können Hefezellen bei Anwesenheit von Ethanol oberhalb 30 °C thermisch inaktiviert werden. Im Tresterhut ist die Wärmeabführung deutlich schlechter als in der gärenden Flüssigkeit. Temperaturunterschiede von 12 °C können schon bei mittelgroßen Gärbehältern vorkommen und die Hefe bei normaler Gärtemperatur in der Flüssigkeit im Trester absterben lassen (Schandelmaier 2012). Regelmäßiges Vermischen sorgt für einen Temperaturausgleich.

Spontan- oder Reinzuchthefe-Gärung

Rote Maische eignet sich besonders für eine Spontangärung. Alle auf der Beerenoberfläche mitgeschleppten Hefen gelangen in den Saft und sorgen angesichts der vergleichsweise hohen Starttemperaturen üblicherweise für einen schnellen Gärbeginn. Tritt der aus bestimmten Gründen nicht ein, steigt das Risiko für Farbverluste und für Fremdtöne aufgrund des Stoffwechsels der „wilden" Hefen (siehe dazu Kap. 5, die alkoholische Gärung).

Der Abwirzzeitpunkt

Die Kontaktzeit der Trester mit dem Saft bestimmt die Extraktion der Phenole. Die Diffusion der Farbe hat nach 4 Tagen ihr Maximum erreicht, die Tannine können bis zu 6 Wochen benötigen, um das Potenzial in den Beerenhäuten, aber auch in den Kernen, auszuschöpfen (Schneider 2009). Wenn bereits nach 5–7 Tagen Wein und Trester getrennt werden, entstehen leichte bis mittelschwere Rotweine. Komplexe Rotweine mit stabilem Tanningerüst in Premiumqualität erfordern eine deutlich längere Kontaktzeit, auch weit über die Gärung hinaus. Weik et al. (2008) gehen von mindestens 10 Tagen aus. Der entscheidende Faktor für den Übergang in den Saft ist der Reifegrad der Trauben, der auch mit einer „Reife" der Phenole einhergeht. Abb. 64 zeigt die Extraktionskinetik von Phenolen bei zwei verschiedenen Rebsorten im Verlauf der Maischegärung (Schneider 2009).

Die beiden Rebsorten Dornfelder und Spätburgunder unterscheiden sich in Menge und Zusammensetzung der Phenole deutlich. Das phenolische Potenzial des Spätburgunders liegt we-

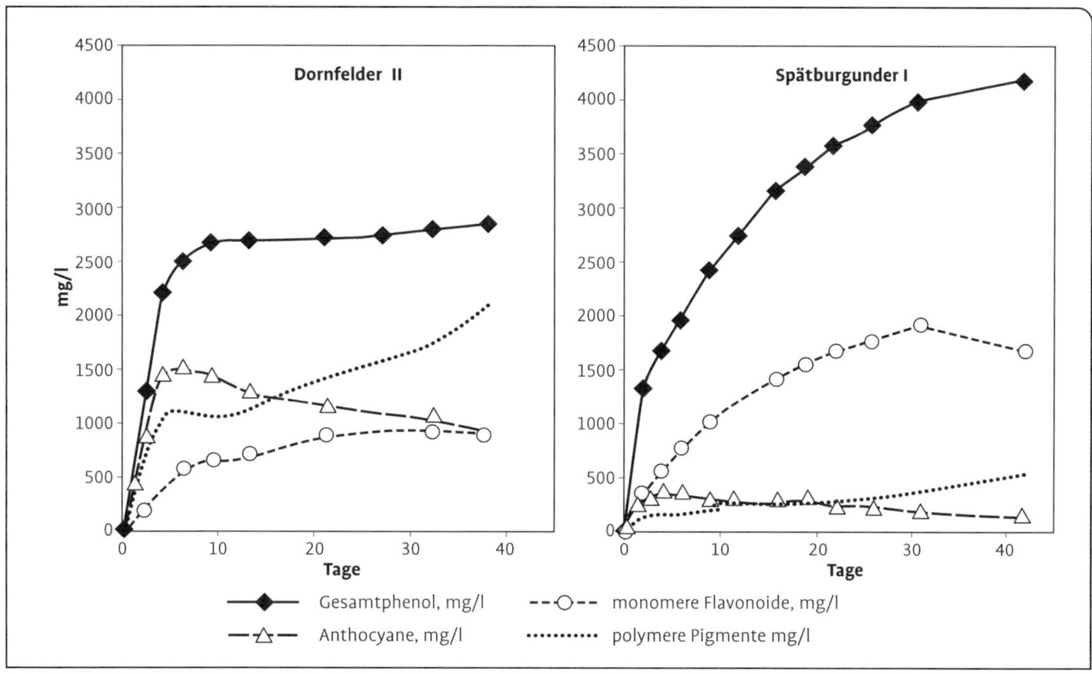

Abb. 64 Zeitlicher Übergang von Phenolen bei der Maischegärung unter genormten Bedingungen im Kleinmaßstab (Schneider 2009).

sentlich höher und erfordert eine entsprechend lange Extraktionszeit. Die Anthocyane dagegen bewegen sich nur bei einem Drittel des Wertes im Vergleich mit dem wesentlich farbkräftigeren Vergleichswein. Bei beiden Sorten haben sie nach wenigen Tagen ihr Maximum erreicht, um danach aufgrund ihrer Reaktion mit anderen Phenolen abzunehmen. Die Kondensationsprodukte nehmen deutlich zu, die Farbe wird visuell intensiver und chemisch stabiler. Monomere Phenole wie die Catechine, aber auch gering polymerisierte Tannine, werden bei längerer Standzeit verstärkt aus den Kernen gelöst und verschieben den sensorischen Eindruck in Richtung erhöhte Adstringenz und Bitternis. Nach 10 Tagen waren durchschnittlich 86 % des phenolischen Potenzials der Beeren extrahiert. Weine mit langer Maischekontaktzeit erfordern eine lange Reifezeit. Seit einigen Jahren werden Gärbehälter angeboten, die am Boden abgesetzte Kerne selektiv austragen können (Weik et al. 2008). Damit lassen sich etwa 50–70 % der Kerne entfernen und eine Kernextraktionen auch bei längeren Mazerationszeiten weitgehend unterbinden.

Wird erst eine gewisse Zeit nach Abschluss der Gärung abgepresst, spricht man von Nachmazeration. Die Zeit richtet sich nach sensorischen Gesichtspunkten und nach dem gewünschten Weinprofil. Steht aus Kapazitätsgründen keine Zeit zur Verfügung, kann eine Erwärmung auf 38 °C die weitere Phenolextraktion und Polymerisationsvorgänge beschleunigen (Weik et al. 2008).

Der Einfluss der Kontaktdauer wird überlagert von der mechanischen Bearbeitung der Maische während der Gärung. Hohe Scherkräfte und lange Standzeiten können zusammen zu einer Überextraktion führen, die sich nur aufwendig korrigieren lässt.

Zugabe von rotem Saft

Nikfardjam et al. (2012) mischte roten Most aus einer Maischeerhitzung mit einer mitten in der Gärung befindlichen Maische mit 8 %vol. Alkohol. Er berichtet von einer deutlichen Farbverbesserung und sieht diesen Blend vorteilhaft für Weine, bei denen die Maischegärungstypizität im Vordergrund stehen soll. Sie erhalten etwas mehr Fruchtigkeit und eine intensivere Farbe. Die Mischung im frühen Stadium mit „jungen" Anthocyanen wirkt sich demnach anders aus als die in der Praxis häufig vorkommende Mischung erst vor der Abfüllung und mit bereits kondensierten und polymerisierten Phenolen.

Über zwei Varianten der Saftzugabe berichtet Razungles (2010). Wird rote Maische zu gärendem Wein gegeben, kann die Extraktionswirkung von Ethanol unmittelbar ausgenutzt werden. Eine Vermischung mit Wein von 70 °C für etwa 30 Minuten verbindet schließlich die Erhitzung mit der Maischegärung. Beide Verfahren haben sich als zu arbeitsintensiv erwiesen und keine nennenswerte Bedeutung erlangt.

Der Zeitpunkt der Verbesserung/Anreicherung

Rote Maischen oder Moste dürfen angereichert werden um max. 28 g/l Alkohol bis auf 13 %vol. Gesamtalkohol (Details siehe Kap. 5). Köhler et al. (2002) empfehlen alle Maischen mit weniger als 90 °Oe anzureichern. Grundsätzlich sind drei Varianten der Anreicherung möglich:

1. gestaffelte Zugabe der Zuckermenge über den Verlauf der Gärung, um die Gärintensität zu verringern und Kühlenergie einzusparen,
2. Verbesserung erst im weitgehend durchgegorenen Wein bei frühzeitig durchgeführter Phasentrennung. Die Einmischung in eine Flüssigkeit ist einfacher und präziser durchzuführen als in eine Maische,
3. einmalige Zugabe in die Maische gleich zu Beginn der Gärung.

Die arbeitsintensive Variante 1 ist bei Gärbehältern interessant, die sich nur ungenügend kühlen lassen. Gleiches gilt für Variante 2. Im Verlauf der Gärung kommt es in Abhängigkeit des Behälters und der Gärintensität zu unvermeidlichen Alkoholverlusten. Je später die Zuckerung erfolgt, desto genauer lässt sich der gewünschte Endalkoholgehalt einstellen. Dem Vorteil einer präziseren Zuckerdosierung steht aber ein erhöhtes Risiko einer Gärstockung gegenüber. In der Praxis wird überwiegend einmal und gleich zu Beginn der Gärung verbessert und bei der Berechnung ein Tresteranteil von 15–20 % angesetzt (Variante 3). Dadurch und durch eine Gärtemperatur bis 30 °C werden die für die Phenolextraktion und Farbstabilisierung wichtigen Faktoren Alkohol und Temperatur bestmöglich ausgenutzt.

Vorabzug von „farblosem" Saft (Vorentsaftung, Saignée)

Der frühzeitige Abzug von Saft entspricht einer Konzentrierung der wertbestimmenden Inhaltsstoffe, weil sich das Schalen-Saftverhältnis verschiebt. Die Weine werden farbintensiver, fruchtiger und geschmacklich dichter. Der abgetrennte Saft kann als Weißherbst verwendet werden. Weik et al. (2008) und Köhler et al. (2002) nennen eine Obergrenze des Abzugs von 20 %. Diese Maßnahme wird als ein Schritt zur Erzeugung von Premiumqualitäten gesehen.

Verwendung Tannin während der Gärung

Der Zusatz von Tannin ist geregelt in den önologischen Verfahren der EU VO 606/2009 in den Positionen 10 und 25. Tannin darf demnach als Klärhilfsmittel zugesetzt werden (Position 10), das mit Proteinen unlösliche Komplexe ergibt und andere Trubstoffe mit ausfällen kann (siehe Kap. 5). Einsatzgebiet dafür sind Most und Jungwein. Daneben ist Tannin zugelassen als Zusatzstoff (Position 25) zu teilweise gegorenem Wein und zu Jungwein. Speziell bei Rotwein wird die Fähigkeit ausgenutzt, mit Anthocyanen und anderen Phenolen zu reagieren. Dadurch soll die Farbe stabilisiert werden und der Wein intensiver schmecken. Die önologischen Handelstannine haben verschiedene Rohstoffbasen, die ihre Eigenschaften bestimmen. Die beiden Hauptquellen sind Trauben und Eiche, andere Hölzer kommen aber ebenfalls vor. Schneider (2004) hat bei Zusatzversuchen mit 10 g/l Maische vor der Gärung keinen positiven Einfluss auf Farbe und Farbstabilität gefunden, ebenso wenig bei der Zugabe zu Most nach einer Erhitzung. Tendenziell wurde ein Anstieg der Bittere und Adstringenz gefunden. Versari et al. (2013) kamen in einer umfangreichen Literaturauswertung zu ähnlichen Ergebnissen: sie fanden nur geringe analytische Unterschiede, manches Mal sogar unerwünschte Geschmacksbeeinträchtigungen.

Der mögliche Einsatz von Tanninen zur Aromatisierung von Wein ist verboten.

Verwendung von Chips (Wood Chips; Oak Chips) bei der Maischegärung

Die Zugabe von Chips (Eichenholzstücke) zum Wein oder bereits in die Maischegärung ist eine Alternative zur Einlagerung im Barrique insbesondere für Weine im mittleren Qualitäts- und Preissegment. Die arbeitswirtschaftlichen und kostenmäßigen Vorteile im Vergleich zum Holzfass sind unbestritten. Das zuvor gültige Verbot der Weinaromatisierung wurde durch die Erlaubnis, mit Chips zu arbeiten, modifiziert. Die Eichenholzstücke werden für die Weinbereitung und den Weinausbau einschließlich für die Gärung von frischen Weintrauben und Traubenmost verwendet, um spezifische Merkmale des Eichenholzes auf den Wein zu übertragen. Die Holzstücke müssen ausschließlich von Quercus-Arten (Eichenarten) stammen. Sie werden entweder naturbelassen oder leicht, mäßig oder stark erhitzt, dürfen keine Verbrennung aufweisen und weder verkohlt noch brüchig sein. Außer Erhitzen ist keine chemische, enzymatische oder physikalische Behandlung zulässig. Zusätze, die die natürliche Aromakraft oder die extrahierbaren Phenolbestandteile erhöhen, sind unzulässig. Die Stücke müssen so groß sein, dass mindestens 95 % der Masse im 2-mm-Sieb zurückgehalten werden. Die Eichenholzstücke dürfen keine Substanzen in Konzentrationen absondern, die gesundheitsschädlich sein könnten (VO 606/2009 Anhang 9).

Zugegeben zur Maische, verbleiben die Chips nach dem Abpressen im Trester. Zur Behandlung des Weines können die Chips in Leinensäcken eingebracht und einfach wieder entfernt werden. Als Alternative zu Chips und noch ein Stück näher an der Barrique-Behandlung werden her-

Abb. 65 Verschiedene Chipsformen.

ausnehmbare Holzeinbauten bzw. größere Holzstücke (Staves) in die Lagertanks eingebracht. Abb. 65 zeigt Beispiele für unterschiedliche Chips (siehe auch Kap. 6).

Eine Zugabe von Chips in die gärende Maische erfordert die 3- bis 5fache Menge verglichen mit einer Zugabe in den Wein. Grund ist die kürzere Kontaktzeit, während der das Extraktionsmittel Ethanol erst im Laufe der Gärung gebildet werden muss. Die Holzstückchen helfen mit, die Stabilisierung der „jungen" Farbe in Form von monomeren Anthocyanen durch Kondensations- und Polymerisationsreaktionen zu verbessern. Nach Binder (2011) wird die Zugabe von Chips statt zur Maische in den Jungwein sensorisch besser beurteilt.

Abb. 66 zeigt Aromaprofile eines Spätburgunder-Weines mit zwei unterschiedlichen Chips-Varianten im Vergleich zur unbehandelten Maischegärung.

Die behandelten Varianten unterscheiden sich bis auf „Schwarze Johannesbeere" in allen Attributen deutlich von der Kontrollgärung. Viele, vor allem „Kaffee-rauchig" werden konzentrationsabhängig beeinflusst. Die eher für fehlende Reife stehende „Bittere" wird reduziert, dafür nimmt die Adstringenz deutlich zu. Der Holzkontakt beschleunigt durch die erhöhte Menge an Phenolen deren Polymerisation. Die Beliebtheitsprüfung nach 6-monatiger Lagerzeit brachte einen deutlichen Vorteil für die Variante mit der niedrigeren Chips-Zugabe.

Die vergleichsweise kurze Kontaktzeit der Chips während der Dauer der Maischegärung erfordert kleine Chipspartikel. Eine Zugabe zum Wein ermöglicht die Verwendung größerer Stücke und erlaubt eine wesentlich längere Verweilzeit. Die Wirkung des Zusatzes kann zudem sensorisch überwacht und bei Bedarf beendet werden. Weik (2012) empfiehlt dazu den Einsatz von Bällen (Bullets) bzw. Staves (siehe Kap. 5).

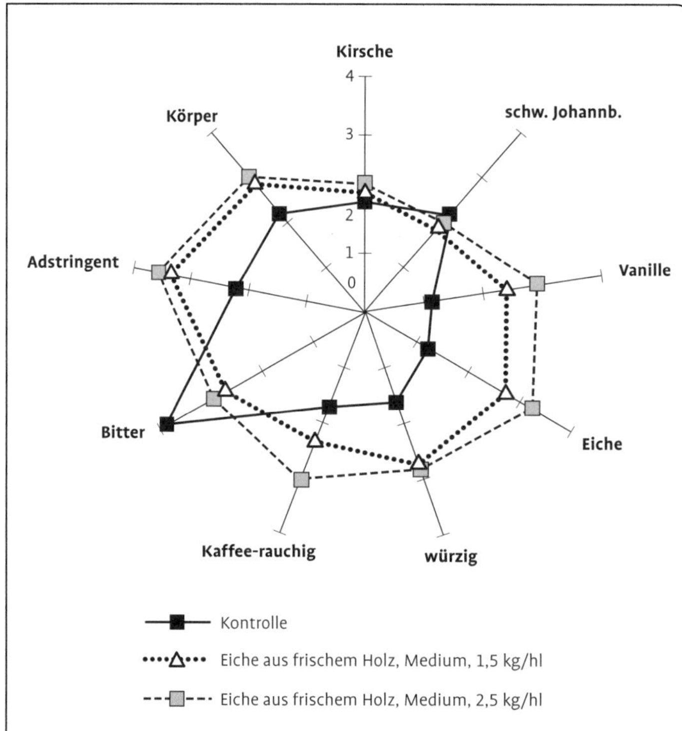

Abb. 66 Einfluss der Dosage von Chips zur Maische auf das Aromaprofil eines Spätburgunder Rotweins; Kontaktzeit: 8 Tage (Wolz 2002).

4.2.4 Techniken der Maischegärung

Behälter für Maischegärungen werden in zahlreichen Varianten angeboten. Bei Neuanschaffungen sind unter Berücksichtigung von Investitionskosten technische Parameter entsprechend der eigenen Vorstellungen von Rotwein zu definieren. Einige Ausstattungsmerkmale der marktgängigen Tanks betreffen hauptsächlich die Bedienbarkeit, andere stehen direkt für das angestrebte Rotweinverfahren, das die gewünschte Weinstilistik ermöglichen soll (Weik 2012). Entscheidungen sind zu treffen über:

- stehende oder liegende Tanks,
- das Tankmaterial (Holz, Edelstahl oder Kunststoff),
- die Temperierungsmöglichkeiten (extern, intern, Direktkühlung, Kühlmedium),
- den Automatisierungsgrad,
- die Möglichkeit zur Kernabtrennung,

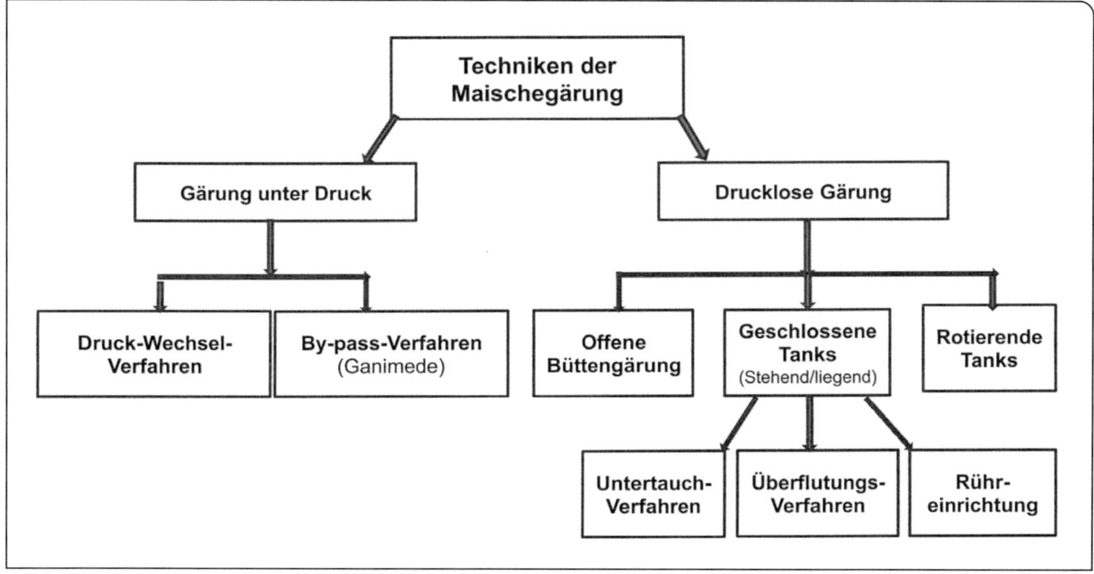

Abb. 67 Techniken der Maischegärung.

- offene oder geschlossene Tanks,
- Drucktanks oder drucklose Tanks,
- die Technik der Maischeeinarbeitung.

Darüber hinaus ist bei allen Behältern zu prüfen, wie effektiv Entleerung und Reinigung durchgeführt werden können. Abb. 67 stellt die Techniken der Maischegärung zusammen, die in der Praxis zum Einsatz kommen. In den folgenden Kapiteln werden diese Verfahren erläutert.

4.2.4.1 Offene Maischegärung (Büttengärung)

Die Maischegärung in offenen Behältern aus Holz, Kunststoff, Beton oder Edelstahl ist die traditionelle, einfachste und in den Anschaffungskosten preisgünstigste Rotweintechnik. Der aufschwimmende Tresterhut muss in der stürmischen Gärphase alle 3–4 Stunden, später 2–3-mal am Tag manuell oder automatisch untergearbeitet werden. Diese Technik wird bevorzugt von kleineren Betrieben oder bei geringeren Chargengrößen angewendet. Problematisch ist der vergleichsweise hohe Alkoholverlust von bis zu 12 g/l (Schmidt 2012), herausfordernd die Einhaltung der erforderlichen Hygiene. Weinschädliche Mikroorganismen wie Kahmhefen oder Essigbakterien können sich an der Oberfläche gut entwickeln, sodass längere Mazerationszeiten ein hohes Qualitätsrisiko darstellen. Zumindest müssen die Behälter abgedeckt werden. Die Farbverluste sind höher als bei anderen Verfahren, der Tanningehalt dank der schonenden Tresterbehandlung niedriger. Die offene Büttengärung verlangt für eine gute Rotweinqualität äußerst gesundes, vollreifes Lesegut durch entsprechende Selektion. Binder (2000) sieht dieses Verfahren nur in guten Jahrgängen als geeignet, zumal die Gesamtkosten höher liegen als bei Verfahren im geschlossenen Tank.

Eine inzwischen kaum noch eingesetzte Variante der offenen Büttengärung war die Verwendung von Senkböden. Damit konnte der Tresterhut dauerhaft in der Flüssigkeit gehalten und der Arbeitsaufwand zum Unterstoßen reduziert werden. Mikrobiologische Probleme, hohe Farbverluste und der manuelle Aufwand zum mehrfachen Ausbau des Senkbodens, um den Tresterhut zu zerteilen, ließen nach Alternativen suchen.

4.2.4.2 Drucklose Maischegärung in geschlossenen Behältern

Geschlossene Behälter für die Maischegärung bieten im Vergleich zu offenen mehrere Vorteile. Die Sauerstoffaufnahme ist verringert, Insekten oder Käfer werden ferngehalten, die Einarbeitung des Tresters kann automatisiert über verschiedene Techniken problemlos erfolgen und der Tank ist hinterher als Lagerbehälter für Wein einsetzbar. Ein manuelles Einarbeiten des Tresterkuchens ist allerdings nahezu unmöglich. Zur Phenolauslaugung kommen drei verschiedene Techniken zum Einsatz:

- Rührwerke,
- Überschwallsysteme (Umpumpen von Wein über den Tresterhut; Remontage),
- Untertauchen des Tresterhutes mit einem Stempel (Tauchertanks; Pigeage).

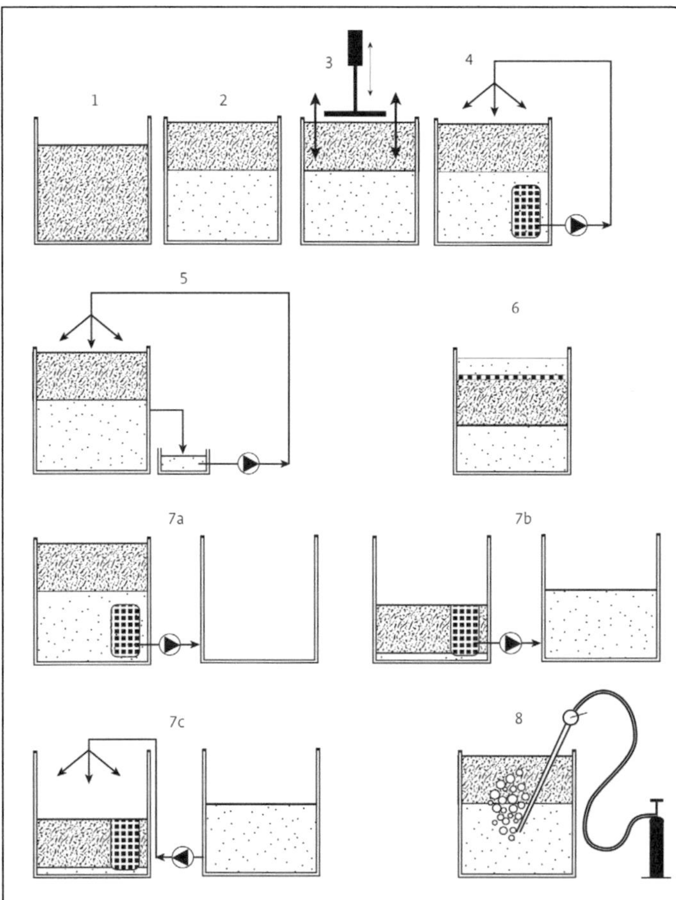

Abb. 68 Prinzipskizzen von Möglichkeiten der Maischegärung (Schmidt 2013); 1) homogene Maische zu Beginn der Gärung; 2) aufschwimmender Tresterhut; 3) Tauchertank mit einem Stempel; 4), 5) und 7) Überschwallverfahren im geschlossenen System bzw. mit gewollter Sauerstoffaufnahme; 6) offener Gärtank mit Senkboden; 8) Mischen durch Gas.

Überschwallen des Tresterhuts

Gärender Most wird unten aus dem Tank abgezogen und mittels Schlauch oder fest installierter Einrichtung über dem Tresterhut verteilt. Mittlerweile sind Tanks mit Prallblechen oder Rotationsdüsen am Deckel etabliert. Der oben aufschwimmende Tresterhut wird von der Flüssigkeit intensiv durchspült, sodass die Diffusion der Phenole aus dem Exokarp erfolgen kann. Fast alle Maischegärtanks sind mit internen großflächigen Sieben ausgestattet, die den Saftabzug aus dem Tank vereinfachen. Das Überschwallen kann mit und ohne Zufuhr von größeren Mengen an Sauerstoff erfolgen. Der Sauerstoff dient der Hefevermehrung und unterstützt die Stabilisierung der Farbstoffe.

Die Extraktion der Phenole erfolgt beim Überschwallen sehr schonend. Intensivierung lässt sich die Phenolgewinnung durch eine vollständige Weinabführung, sodass der Tresterhut ganz zu Boden sinken kann. Die Maische wird dann durch eingebaute Stangen weiter aufgebrochen und hinterher der abgezweigte Wein wieder zurückgepumpt.

Während der stürmischen Gärphase erfolgt das Überschwallen alle 2–3 Stunden für jeweils einige Minuten.

Tauchertanks – Untertauchen des Tresterhuts mit einem Stempel

Bei diesem System wird der Tresterhut mechanisch durch entsprechende Tauchervorrichtungen von oben in die Flüssigkeit gedrückt und je nach Intensität mehr oder weniger stark aufgerissen. Die Phenoldiffusion ist u. a. eine Funktion dieser mechanischen Belastung. In stehenden, zylindrischen Tanks sind im Behälterdeckel ein oder zwei Kolben montiert, die pneumatisch oder hydraulisch angetrieben werden. Das Spektrum der Tauchelemente ist Hersteller abhängig sehr vielfältig. Es reicht vom einfachen, statischen, wagenradähnlichen Element bis hin zu Flügeltauchern, die sich beim Untertauchen auf den Maischekuchen legen und beim Hochfahren senkrecht wegklappen, damit kein Trester mitgerissen wird. Der Raumbedarf ist durch die Kolbenführung erhöht und u. U. limitierender Faktor bei der Anschaffung.

Als Alternative für niedrige Raumhöhen wurden Innentaucher entwickelt, bei denen die gesamte Apparatur im Tank untergebracht ist. Sie lassen sich bereits bei geringer Füllmenge betreiben, eine technische Schwäche der Stempelbewegung bei der außen angebrachten Tauchervorrichtung. Tauchertanks können zusätzlich mit einer Überschwalleinrichtung ausgestattet werden. Durch diese Kombination lassen sich zu Beginn der Gärung durch intensives Einarbeiten rasch die Anthocyane gewinnen, später wird „sanft“ überschwallt, um wenig Tannine und bei Spätburgunder z. B. Kernphenole zu extrahieren.

Abb. 68 fasst die bisher besprochenen Maischegärvarianten grafisch zusammen (Schmidt 2013). Die angedeuteten offenen Tanks können in den Bildern 3–8 ebenso geschlossene sein.

Gärtanks mit Rühreinrichtungen

Rührwerktanks gibt es in stehender und liegender Ausführung. Die Rührelemente können mit warmem Wasser durchströmt auch zur Temperierung der Maische verwendet werden. Bei stehenden Tanks ist der Tresterhut vergleichsweise dick, das Einmischen vor allem bei größeren Gebinden aufgrund einer möglichen Tresterrotation erschwert. Gute Mischeinrichtungen sind deshalb

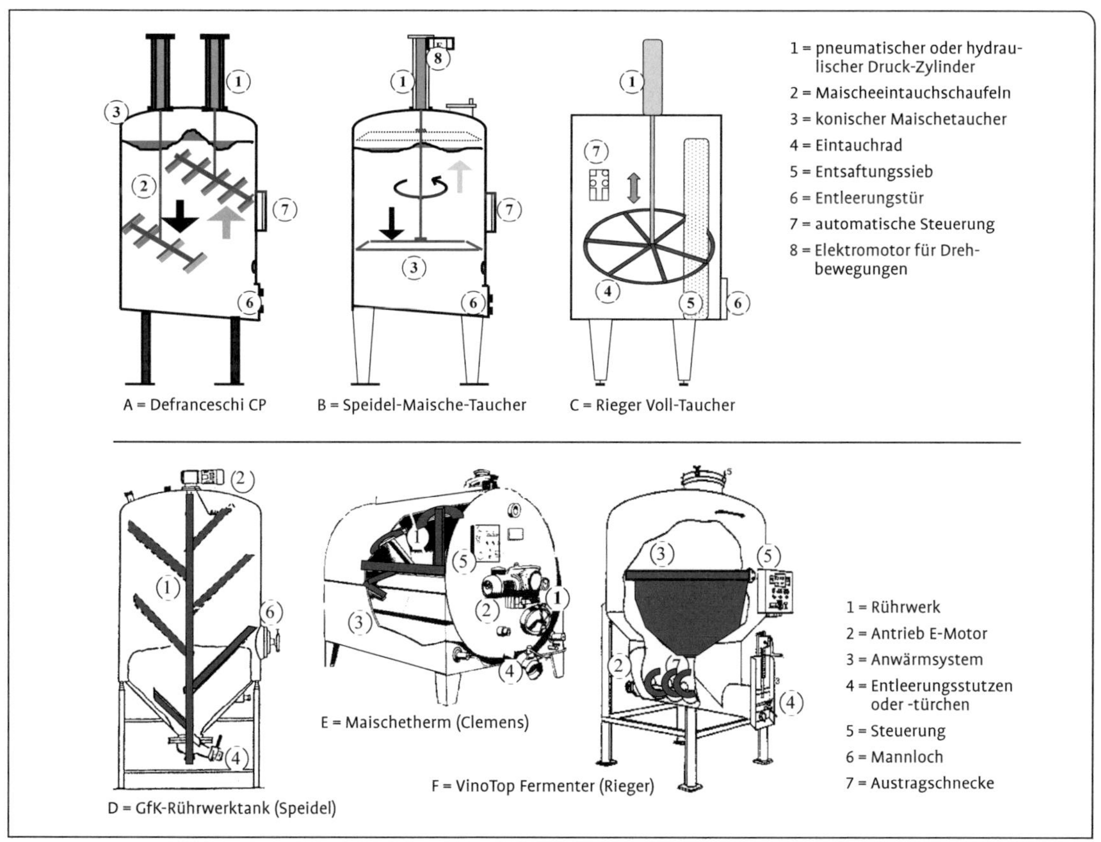

Abb. 69 Grafiken von sechs Maischegärtanks mit unterschiedlichen Systemen der Tresterkuchenbehandlung (Binder 2011; KTBL-Schrift).

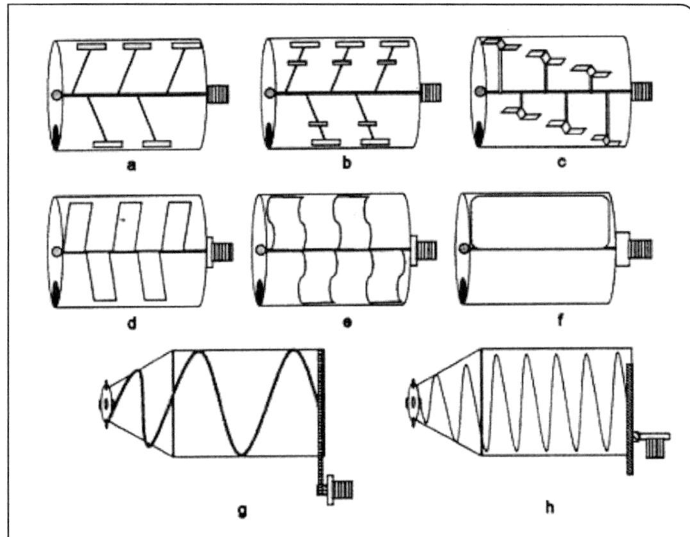

Abb. 70 Mischeinbauten bei liegenden Maischegärtanks (Binder 2000).

aufwendig konstruiert und benötigen seitliche Prallbleche an der Tankwand. In den letzten Jahren wurden deshalb vermehrt liegende Tanks installiert (Weik 2011). Deren Mischeinrichtungen erlauben eine von oben nach unten gerichtete Bewegung, die zum Zerstören des Tresterkuchens beiträgt und ihn vollkommen eintauchen lässt. Die im Vergleich zum stehenden Tank geringere Tresterdicke erlaubt vor der Entleerung des Tanks eine einfache „Homogenisierung".

Abb. 69 zeigt Grafiken von gängigen Maischegärbehältern. Hervorgehoben sind jeweils die Mischeinrichtungen zum Einarbeiten des Tresterkuchens. Unten abgebildet sind stehende bzw. ein liegender Tank mit Rühr-Mischeinrichtungen, die drei oben abgebildeten Tanks benutzen Tauchersysteme zur Unterarbeitung des Tresterkuchens.

Abb. 70 zeigt gängige Mischeinrichtungen in liegenden Tanks (Binder 2000). Sie unterscheiden sich in der Rührintensität, die zur optimalen Mischung erforderlich ist und im Energiebedarf.

Die noch häufig anzutreffenden Rührwerke in T-Form (a) oder Doppel-T-Form (b), auch mit Wendelverformung (c) benötigen lange Mischzeiten, die scharfen Kanten wirken zusätzlich Gewebe zerstörend. Aufgrund eines geringen Kraftbedarfs kann der Antriebsmotor entsprechend klein ausgelegt werden und der Anschaffungspreis wird entsprechend niedrig. Die großflächig mischenden Varianten d–f erfordern eine stabilere Bauweise und höheren Kraftbedarf für die Einarbeitung des Tresters. Sie sind dafür in der Lage, scherkraftarm zu mischen und besitzen eine große Fläche zur Wärmeübertragung. Seit längerem sind Rührwerksbehälter mit Klappflügeln erhältlich, die im Bereich des Kerndepots umklappen und diesen Bereich nicht mischen (Weik 2011). Des Weiteren können moderne Tanks mit inneren Abwirzsieben sowie einer Austragsschnecke ausgestattet werden. Frei programmierbare Steuerungen für die Parameter Drehzahl, Drehintervalle oder Temperierung sind Stand der Technik.

Rotierende Gärtanks (Rotofermenter; Vinimatic Tanks; Maische-Drehgärbehälter)
Die Varianten g und h in Abb. 70 beschreiten einen umgekehrten Weg. Hier wird durch eine außen liegende Dreheinrichtung über Kette oder Zahnkranz der Tank ähnlich einem Betonmischer bewegt, während die spiralförmigen Mischeinrichtungen feststehen. Ohne innere bewegliche Teile lassen sich die Tanks einfach reinigen. Derartige, oft zylindrokonischen Gärtanks eignen sich für große Volumina, sie mischen intensiv und schonend und lassen sich sehr gut entleeren. Eine weitere Variante besteht in der Integration einer drehbaren inneren Siebtrommel, durch die der Saft immer oberhalb des Tresters steht.

Bei geschlossenen Gärtanks wird die Gärungskohlensäure über ein zwangsgeführtes automatisches Ventil abgeführt. Es schließt sich während der Drehbewegung. Der Wein wird zum gewünschten Zeitpunkt über ein Abwirzsieb vom Trester getrennt, dieser anschließend abgepresst. Aus arbeitswirtschaftlichen und qualitativen Gründen sollte die Presse ohne weitere Fördermaßnahmen beschickt werden.

4.2.4.3 Gärung im Druckbehälter (Druck-Wechsel-Verfahren)

Die drucklos gärenden Systeme arbeiten den Trester mechanisch in die Flüssigkeit ein. Drucksysteme nützen dafür die schlagartige Entspannung des durch die Gärungskohlensäure aufgebauten Überdruckes. Die Gärungskohlensäure setzt den hermetisch verschlossenen Tank und das Gärgut unter Druck, entsprechend steigt die gelöste CO_2-Konzentration in der Flüssigkeit und korrespondierend im Zellgewebe. Ist der voreingestellte Druck erreicht (bei marktgängigen Drucktanks je nach Typ z. B. 0,8 bzw. 2,0 oder 4,0 bar), öffnet das Druckhaltventil und bläst das Kohlensäuregas schlagartig ab. Das im Zellgewebe angereicherte Gas drängt unmittelbar nach außen und zerreißt die Zellstrukturen. Der Vorgang ist vergleichbar mit dem beim Cell Cracking-Verfahren. Kohlensäuregas und Flüssigkeit suchen sich einen Weg nach oben und durchstoßen auf breiter Front den Tresterhut. Der wird auseinandergerissen, umgewälzt und in die gärende Flüssigkeit eingearbeitet. Bei Erreichen eins voreingestellten Minimaldruckes schließt das Abblasventil wieder, der Druckaufbau beginnt erneut. Abb. 71 zeigt ein typisches Druck-Zeit-Profil bei einer Gärung nach dem Druck-Wechsel-Verfahren.

Der Gärungsdruck hat nach 22 Stunden erstmals den eingestellten Maximaldruck von 2,1 bar erreicht und wird auf den unteren Wert von 1,5 bar abgeblasen. Nach weiteren 45 Stunden ist die Gärung beendet. In der Zeit haben weitere sechs Druckentspannungen stattgefunden. Der Drucktank steht nach lediglich 3 Tagen für die nächste Gärung zur Verfügung. Angesichts der hohen Kosten dieser Aggregate ist die Möglichkeit zu einer häufigen Belegung ein wichtiges Investitionsargument. Die Tanks unterliegen der Druckbehälterverordnung und müssen regelmäßig überprüft werden.

Das Druck-Wechsel-Verfahren wurde in den Fünfzigerjahren des letzten Jahrhunderts entwickelt, seine Akzeptanz hat aber unter der aufwendigen, weil ausschließlich manuellen Entleerung der Tanks gelitten. Seit stehende oder liegende Drucktanks mit automatischen Entleerungseinrichtungen verfügbar sind, erlebt diese

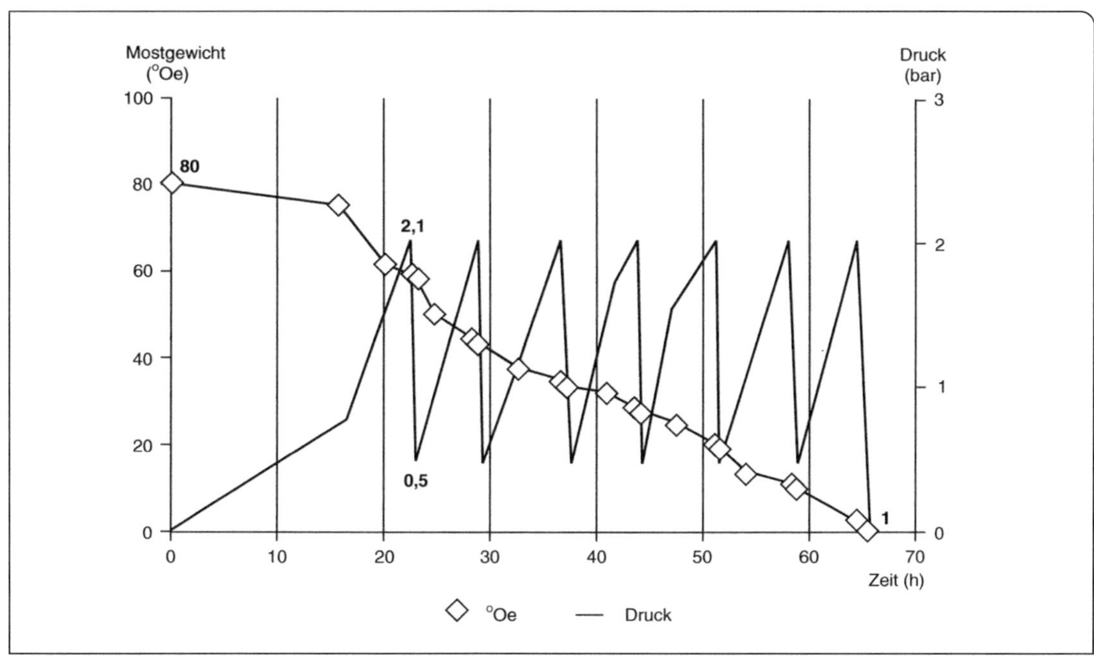

Abb. 71 Druck-Zeit-Kurve bei der Vergärung einer roten Maische mit 80 °Oe nach dem Druck-Wechsel-Verfahren (Hamatschek 1997).

Verfahren eine Renaissance. Die Tanks sind universell einsetzbar und verhindern jeglichen Sauerstoffzutritt. Dadurch eignen sie sich besonders für einen reduktiven Ausbau, auch im Falle einer verlängerten Maischekontaktzeit. Das Zellgewebe wird durch die schlagartigen Entspannungen stark mazeriert. Der Trubgehalt im Wein ist entsprechend erhöht, ohne sich aber negativ auf die Filtrierbarkeit auszuwirken (Weik 2011). Die Gärintensität und die Extraktion von Phenolen lassen sich über die Differenz zwischen oberem und unterem Arbeitsdruck steuern. Läuft die Gärung unter höherem Druck ab, wird sie verzögert, die Zahl der Abblasvorgänge steigt. Das Verfahren lässt sich so weit modifizieren, dass die Gärung bei konstantem, möglichst hohem Druck stattfindet und nur vereinzelt abgeblasen wird.

Rotweine, die mit dem Druck-Wechsel-Verfahren erzeugt werden, zeichnen sich durch höhere Phenolgehalte aus und benötigen eine längere Lager- bzw. Reifezeit. Oft werden sie verschnitten mit Weinen aus erhitzter Maische. Das Verfahren eignet sich besonders für die Erzeugung von Premium-Weinen, in Deutschland hat es sich u. a. bei Spätburgunder-Weinen mit ihrer empfindlichen Farbstruktur bewährt (Schmidt 2013).

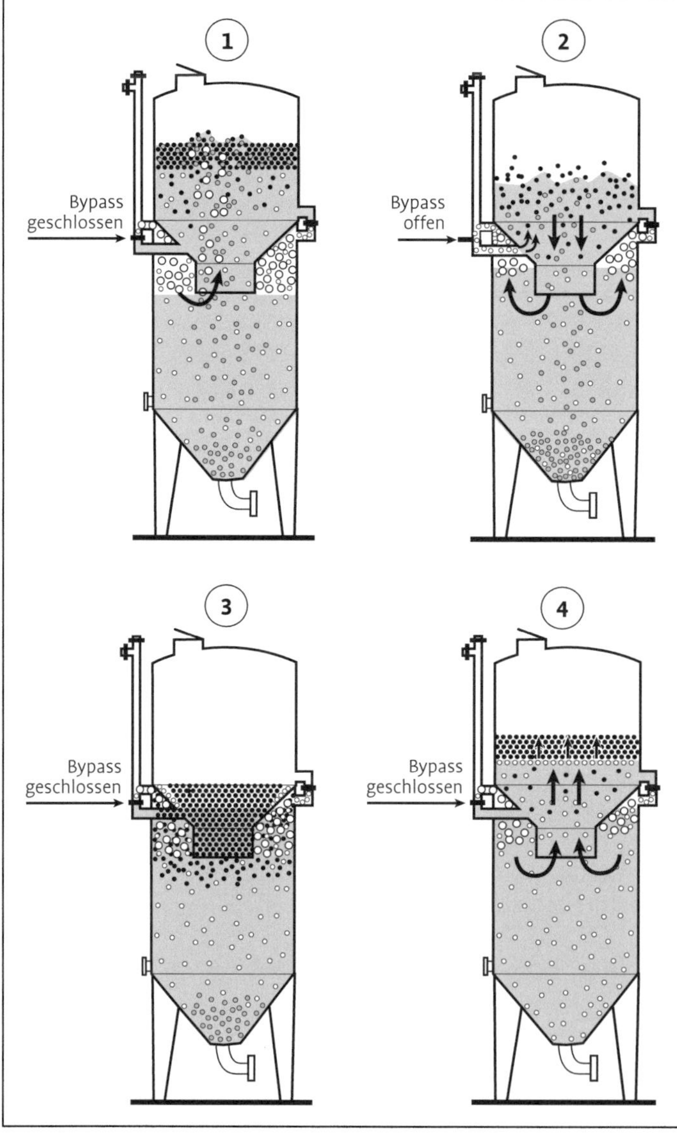

Abb. 72 Die Phasen des Ganimede-Prozesses (Quelle: Fa. Ganimede Srl).

Bypass-Verfahren (System Ganimede)

Ganimede-Tanks werden weltweit in zahlreichen Betrieben eingesetzt. In Deutschland konnten sie bisher nicht richtig Fuß fassen. Das System Ganimede nützt in einem stehenden Tank die Gärungskohlensäure, um Druck zu erzeugen. Das Gas kann nur teilweise entweichen, der Rest wird durch einen mittig angebrachten zylindro-konischen Einbau im Tank zurückgehalten. Dadurch nimmt das Volumen des Gärguts entsprechend zu. Der Tresterhut steigt nach oben und kann zusätzlich über eine externe Pumpleitung überschwallt werden. Die in der Mitte gefangene Gärungskohlensäure wird über einen schlagartig geöffneten Bypass periodisch in den Bereich oberhalb des Einbaues entspannt und durchströmt analog zum Druck-

Wechsel-Verfahren den Tresterhut, der dabei aufgerissen und mit Flüssigkeit vermischt wird. Das Kohlesäuregas entweicht über den geöffneten Dom, das Füllvolumen sinkt entsprechend. Das gesamte Gärgut fällt über den Trichter nach unten. Danach beginnt der Vorgang von neuem. Abb. 72 zeigt die Phasen dieses Prozesses schematisch.

Die Entleerung des Tanks erfolgt nach Ende der Gärung sowohl am Tankboden als auch im Bereich des zylindro-konischen Einbaus. Binder (2000) hat nach Versuchen in Deutschland eine unbefriedigende Entleerung und unzureichende Effektivität der Reinigung bemängelt.

Der Extraktionsprozess ist sehr schonend und ohne mechanische Belastung der Maische oder Pumpvorgänge. Im konischen Teil des Tanks konzentrieren sich die nicht flotierenden Kerne, die einfach ausgeschleust werden können.

4.2.4.4 Die intrazelluläre Gärung (Maceration Carbonique)

Die Rotweinmethode Maceration Carbonique wurde im Jahr 1935 von Flanzy vorgestellt, kam aber erst in den späten 60er-Jahren des letzten Jahrhunderts im Midi und im Beaujolais für die Produktion von Primeur-Weinen zum Einsatz. Das Verfahren liefert tanninarme, frühzeitig konsumierbare Rotweine. Es ist inzwischen weltweit bekannt und hat zahlreiche Anhänger gefunden. In Deutschland wurde die Maceration Carbonique u. a. an der Hochschule Geisenheim (Christmann 2004; 2013), der Lehr- und Versuchsanstalt in Weinsberg (Blankenhorn 2002; 2004; Blankenhorn und Enk 2013) sowie an der Bayrischen Landesanstalt für Wein- und Gartenbau, Veitshöchheim (Köhler et al. 2005) auf eine Eignung für lokale Rebsorten näher untersucht, ohne dass sie bisher eine breitere Praxisanwendung gefunden hätte.

Bei der Maceration Carbonique werden unbeschädigte Beeren ohne Pilzbefall schonend in eine strikt anaerobe Atmosphäre gebracht und bei 25–30 °C Lagertemperatur gehalten. Die reduktive Atmosphäre wird erzeugt z. B. durch die Verwendung von Gärungskohlensäure von einer anderen Gärung oder durch Überschichtung mit einer aktiven Maischegärung. Die unverletzte Beere nimmt das Kohlensäuregas auf, ihr Stoffwechsel stellt sich um und beginnt, hauptsächlich Säuren enzymatisch zu metabolisieren. Der Fermentationsprozess nützt letztlich einen Überlebensweg des Stoffwechsels der Beere unter lebensfeindlichen, strikt anaeroben Bedingungen. Äpfelsäure wird zu einem großen Teil abgebaut, aber ohne Bildung von Milchsäure. Dabei

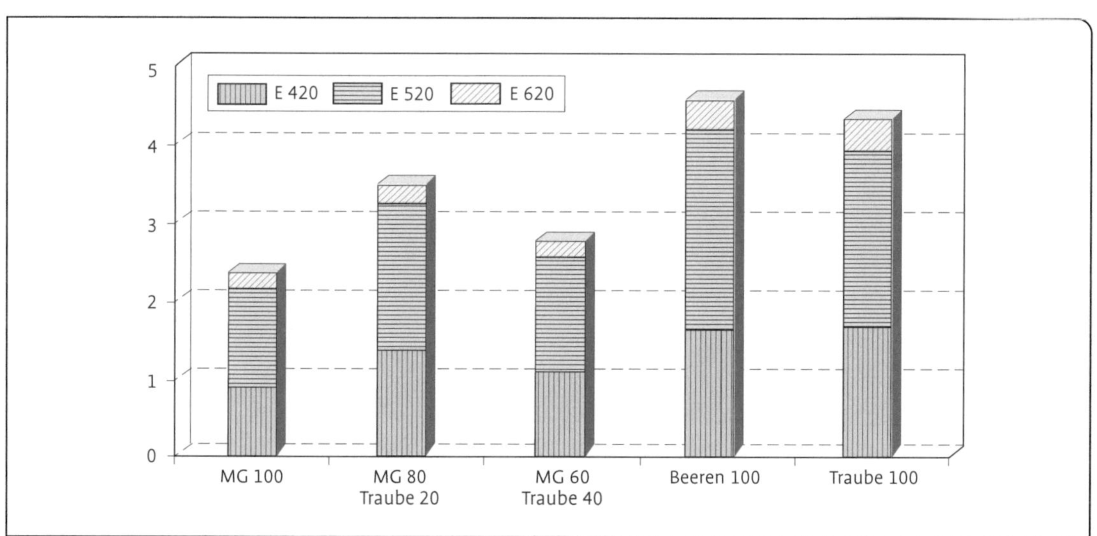

Abb. 73 Vergleich der Farbsumme in Abhängigkeit des Maischeverfahrens bei der Sorte Lemberger (Blankenhorn und Enk, 2013).

entsteht Ethanol in einer Konzentration bis 2 %vol., zusätzlich in geringeren Mengen Glyzerin, Shikimisäure, Bernsteinsäure oder Ameisensäure. Parallel wird Pektin hydrolysiert und dabei durch die Abspaltung der Methylgruppen eine kleine Menge Methanol gebildet. Nach 3–4 Tagen unter diesen Bedingungen diffundieren Anthocyane aus dem Exokarp in das Mesokarp. Das Fruchtfleisch der Beere wird intensiv rot. Wenn die traubeneigenen Enzyme nach 8–14 Tagen ihre Aktivität verloren haben, ist der Prozess beendet. Die Maische kann abgepresst und endvergoren werden.

Die Durchführung der Maceration Carbonique verlangt eine Handlese, den Transport in Kleinbehältern mit geringer Schichtdicke und ein schonendes Einbringen z. B. in den mit CO_2-Gas gefluteten Gärbehälter. Quetschen ist nicht zulässig, Abbeeren nur im Falle eines Verschnitts mit einer Maische. Bereits nach 2–3 Tagen hat sich das Aroma der Beeren verändert. Es erinnert an in Alkohol eingelegte Früchte und an Rumtopfbeeren (Blankenhorn und Enk 2013). Das Aroma des endvergorenen Weines nach Dörrobst, zubereitete Früchte oder gedörrte Pflaume kann so intensiv sein, dass er sich eher als Cuvee-Partner eignet. Offensichtlich ist, dass die intrazelluläre Gärung eine weitere Möglichkeit darstellt, die Weinstilistik zu modifizieren und das vorhandene Spektrum um eine neue Methode zu erweitern. Gestaltungsmöglichkeiten liegen auch im Verschnitt einer Maischegärung mit unbeschädigten Beeren oder Trauben. Christmann (2004) empfiehlt ein Verhältnis von 40 % Maische mit 60 % ganzen Trauben.

Neben der Sensorik ist die erzielbare Farbe ein wichtiges Kriterium. Abb. 73 vergleicht Farbwerte von Maceration Carbonique-Weinen allein bzw. als Verschnitt mit denen anderer Maischeverfahren (Blankenhorn und Enk, 2013).

Die reine Maischegärung (MG 100) erbrachte die niedrigste Farbsumme. Bereits eine Zugabe von 20 % ganzen Trauben führte zu einer deutlichen Erhöhung (MG 80 Traube 20). Die höchsten Farbwerte, eine Verdoppelung im Vergleich zur Maischegärung, erbrachte die reine Maceration Carbonique mit unbeschädigten Beeren ohne Stielgerüst (Beeren 100) bzw. mit ganzen Trauben (Traube 100).

Das Verfahren Maceration Carbonique erfordert viel Aufwand bei der Traubenbehandlung und eine regelmäßige Kontrolle. Milchsäurebakterien und wilde Hefen finden in dem Milieu ideale Vermehrungsbedingungen. Es gilt als Verfahren für Liebhaber, Spezialisten und Individualisten, die in kleineren Mengen fruchtige und frische, tanninarme Rotweine gewinnen können.

Das Macerationsverfahren unter anaeroben Bedingungen ist für rote Beeren entwickelt worden, wird aber auch zur Produktion von Rosé oder Weißweinen eingesetzt. Fermentationszeiten und Temperatur müssen entsprechend modifiziert werden (Razungles 2010).

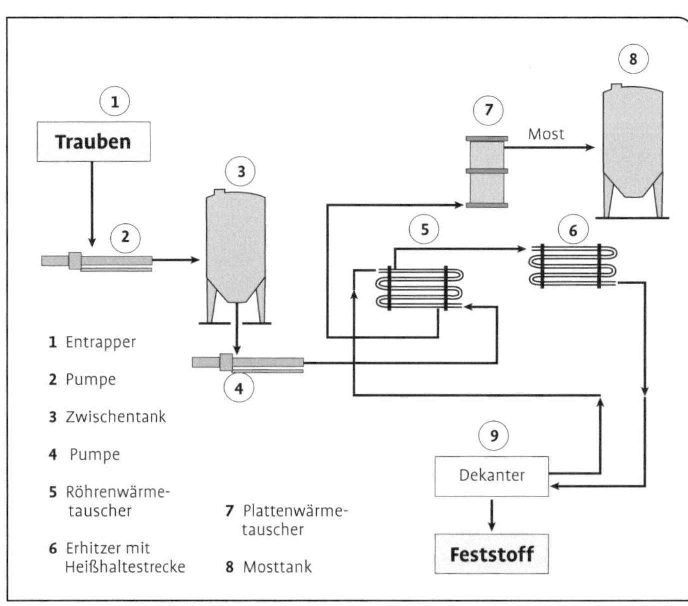

Abb. 74 Kontinuierliches Entsaftungsverfahren mit KHE und Dekanter (Quelle: GEA Westfalia Separator GmbH; Vinex-Verfahren).

4.2.5 Kontinuierliche Rotweinverfahren

Batch-Verfahren belegen die benötigten Geräte längere Zeit und sind oft der limitierende Faktor im Betriebsablauf. Viele Betriebe sind auf der Suche nach kontinuierlichen Verfahren, die ihnen die kontrollierte Bewältigung riesiger Erntemengen ermöglicht. Im Bereich der Lese ist der Vollernter inzwischen zum Stand der Technik geworden, für die Entsaftung können Schneckenpressen oder Dekanter eingesetzt werden. Nachfolgend werden zwei Verfahren vorgestellt, die auch für die Erzeugung von Rotweinen mit ihrer komplexen Phenolextraktion einen kontinuierlichen Ablauf erlauben.

4.2.5.1 Maischekurzzeithocherhitzung in Kombination mit einem Dekanter

In Kap. 4.2.2.3 wurde ein Erhitzungsverfahren beschrieben, das die Maische für 7 Minuten bei 87 °C heiß hält und anschließend direkt auf Gärtemperatur abkühlte. Ohne weitere Maischekontaktzeit konnte die Presse sofort beschickt werden. Die Kombination dieses Verfahrens mit einem Dekanter zur Phasentrennung führt zu einem vollkontinuierlichen Verfahren. Abb. 74 zeigt eine Installation, mit der im geschlossenen System in wenigen Minuten aus roter Maische ein intensiv gefärbter Traubensaft produziert werden kann.

Eine Verdrängerpumpe (4) fördert die abgebeerte Maische zur regenerativen Anwärmung durch einen Röhrenwärmetauscher (5), von dort direkt über den Röhrenerhitzer mit Heißhaltestrecke (6) bei Maximaltemperatur 87 °C zur Phasentrennung in den Dekanter (9). Der abgetrennte Trester wird über einen Schneckenförderer ausgeschleust, der nur noch geringfügig resttrübe Saft im Wärmetauscher zurückgekühlt und im Plattenapparat (7) auf Gärtemperatur eingestellt. Die Anlage lässt sich vollständig automatisieren, jeder Prozessschritt dokumentieren. Erste Untersuchungen und Berichte über dieses Verfahren stammen von Mäuser und Hamatschek (1993), Hamatschek und Meckler (1995) sowie Hühn et al. (2001) bzw. Dörr et al. (2002). In der Zwischenzeit existieren weltweit zahlreiche Anlagen mit unterschiedlichen Leistungen.

Die Leistung der zurzeit größten Dekanter mit 700 mm Trommeldurchmesser reicht bei hoch erhitzter roter Maische bis 25 t/h, bei weißer in Abhängigkeit von der Temperatur bis 20. Entscheidend ist der Klärgrad des Saftes, der wesentlich von der Durchsatzmenge abhängt. Abb. 75 zeigt diese Abhängigkeit bei der Traubenentsaftung durch einen Dekanter mit 700 mm Trommeldurchmesser.

Ab 20 t/h Zulauf sinkt die Verweilzeit innerhalb der Trommel so stark ab, dass die Phasentrennung bei der zu klärenden Maische nur noch unvollständig durchgeführt werden kann. Die Sedimentationszeit der Feststoffteilchen ist größer als ihr in der Maschine zur Verfügung steht, der Trubgehalt im Saft steigt rapide an.

4.2.5.2 Flash Detente oder Thermo Flash-Verfahren

Das Flash Detente oder Thermo Flash-Verfahren ist ein Maischeerhitzungsverfahren mit einigen Besonderheiten. Entwickelt in Frankreich kommt es inzwischen in den meisten größeren Weinbau treibenden Länder zum Einsatz. In Deutschland

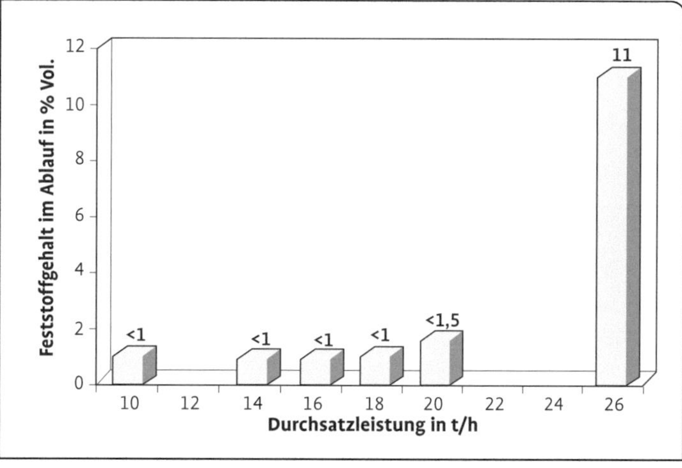

Abb. 75 Feststoffgehalt im Saftablauf in Abhängigkeit von der Durchsatzleistung in t/h bei weißer Maische (Pecoroni und Dörr 2008).

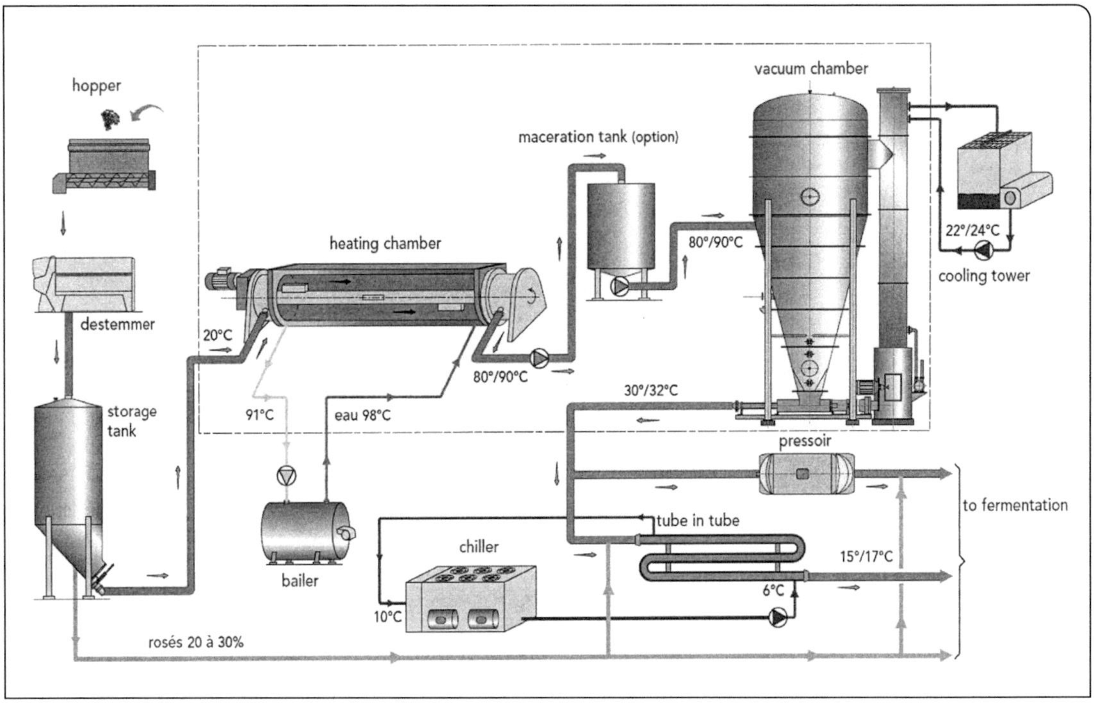

Abb. 76 Thermo Flash-Verfahren (Quelle: Fa. Pera).

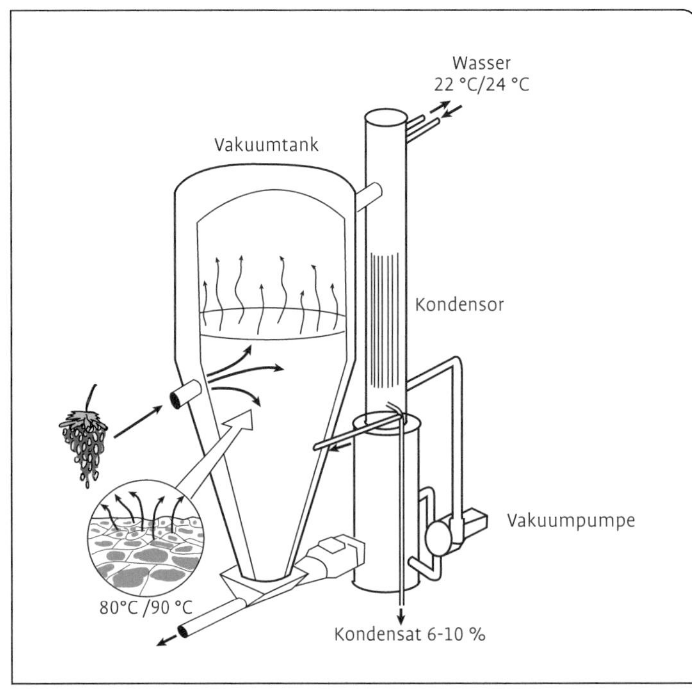

Abb. 77 Vakuumtank mit Kondensor (Quelle: Fa. Pera).

hat es noch nicht Fuß fassen können. Abb. 76 zeigt das Verfahren mit der Anlagentechnik der Firma Pera, Italien.

Die abgebeerte und homogen gehaltene Maische wird auf 80–90 °C erhitzt (heating chamber), bei dieser Temperatur etwa 15–20 Minuten gehalten und üblicherweise ohne verlängerte Kontaktzeit in einen Vakuumtank (vacuum chamber) gefördert. Bei einem Druck von lediglich 0,1 bar explodieren die thermisch bereits teilhydrolysierten Zellgewebe regelrecht. Die Maische beginnt sofort zu sieden, 6–10 % des Wassers verdampfen und konzentrieren die Maische auf, wenn die Brüden nicht zurückgeführt werden. Die Verdunstungskälte kühlt die Maische entsprechend der Siedetemperatur unter den Vakuumbedingungen auf etwa 30 °C herunter. Über einen Maischekühler wird danach die gewünschte Gärtemperatur eingestellt, wenn eine Maischegärung geplant ist. Andernfalls wird direkt abgepresst. Bei Verwendung eines kontinuierlichen Presssystems läuft der Prozess ohne Standzeit ab. Die Anlagen sind aufgrund des hohen Füllvolumens für größere Chargen ausgelegt, die Stundenleistungen liegen zwischen 10 und 60 t.

Abb. 77 zeigt ein Detailbild des Herzstücks der Anlage, den Vakuumtank. Den Unterdruck erzeugt eine starke Vakuumpumpe. Die Maische wird unterhalb einer Siebplatte eingespeist und am spitzkonischen Teil unten durch eine direkt angeflanschte Verdrängerpumpe weggefördert. Die Brüden entweichen durch die Poren der Siebplatte, werden rückgekühlt und als Kondensat abgeführt oder zurück verschnitten. In Deutschland wäre diese Maßnahme weingesetzlich zwingend vorgeschrieben. Erste Untersuchungen in Deutschland mit einer der Varianten des hier beschriebenen Systems stammen von Schmidt (2006), der die verfahrenstechnische Funktionalität und die Herstellung von sensorisch überzeugenden Weinen bestätigen konnte. Die Weine zeigten im Schnitt eine über 40 % höhere Phenolkonzentration und eine deutlich größere Farbsumme. Dramatisch schlechter im Vergleich zur üblichen Kurzzeithocherhitzung waren die Trübungswerte. Der Schleudertrub stieg um über 40 %, die kolloidale Trübung, gemessen im Fotometer, gar um rund 400 %.

Angesichts der thermischen Belastung und der „Explosion" der Maische ist eine exorbitante Produktion von Kolloiden zu erwarten. Anwender berichten über eine zum Teil extrem erschwerte Pressbarkeit und schlechte Filtrierfähigkeit. Als alternative Entsaftungstechnik werden deshalb seit einigen Jahren Dekanter eingesetzt. Die zentrifugale Trenntechnik vermag die feinen Partikel abzutrennen, die in einer Presse komprimieren und Saftkanäle verstopfen. Die Maische ist bei dem Verfahren nicht nur mazeriert, sondern bereits teilverflüssigt.

4.2.6 Technologien für unterschiedliche Rotweinstile

Blankenhorn (2013) versteht unter Weinstil eine charakteristische Eigenschaftenkombination, die einen bestimmten Geschmackstyp hervorbringt. Die zahlreichen Einflussgrößen auf die Zusammensetzung eines Weines ermöglichen bereits bei weißen Trauben eine Fülle von Stilrichtungen. Noch wesentlich mehr gilt das für rote Trauben. Die letzten Kapitel haben eine Vielzahl technischer Möglichkeiten beschrieben, aus einer Charge roter Trauben aufgrund der zusätzlichen Möglichkeiten durch Farb- und Gerbstoffvariationen Weine mit sehr unterschiedlicher Stilistik zu produzieren. Ansätze, unterschiedliche Rotweinstile zu definieren und zu produzieren, finden sich in der jüngeren Literatur zahlreiche (z. B. Pfeifer et al. 1999; Christmann 2013; Fischer 1995; 2002; 2006; Witowski 2003; Blankenhorn 2013; Hübinger 2005; Durner und Weik 2011; Weik 2011; Weik et al. 2008; Könitz 2012; Szolnoki und Proschwitz 2013; Krebs 2010; Badischer Weinbauverband 2008).

Alle Autoren verwenden eine Qualitätshierarchie, oft in Form einer Pyramide, aber mit unterschiedlichen Namen für die einzelnen Ebenen. Bei der deskriptiven Weinbeschreibung charakterisiert jeder mit eigenen Begriffen und Schwerpunkten, eine verbindliche Differenzierung nach Rebsorten oder Herkunft existiert bisher nicht. Einige Autoren geben konkrete kellerwirtschaftliche oder weinbauliche Verfahrensempfehlungen für jede der Qualitätsstufen. So z. B. der Badische Winzerverband (2008), Witowski (2003) und Weik et al. (2008) oder Fischer (2003) hauptsächlich für die Rebsorte Spätburgunder. Letzterer differenziert auch bei den Sorten und sieht für Premiumqualitäten Lemberger, Cabernet Sauvignon oder Merlot als besonders geeignet. Die Empfehlungen reichen von der Lesetechnik und der Sortenwahl über die Erntemenge bis zur Rotweintechnik einschließlich einer Barriquelagerung oder Verwendung von Chips und der Durchführung der malolaktischen Gärung.

Abb. 78 zeigt beispielhaft drei korrespondierende Spätburgunder-Aromaprofile des Levels Basis, Premium und Super Premium (Fischer 2013). Das Qualitätslevel Super Premium domi-

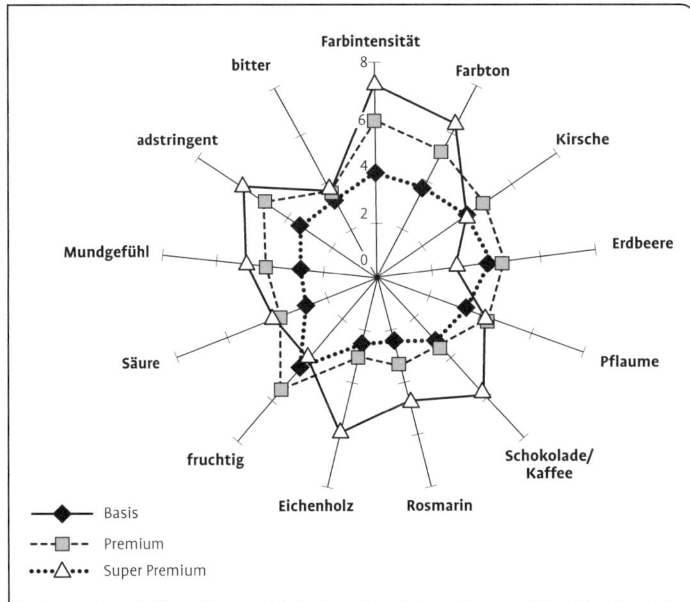

Abb. 78 Aromaprofile der Sorte Spätburgunder bei drei Qualitätsleveln (Fischer, 2013).

niert fast alle Attribute mit Ausnahme derer, die mit Frucht zu tun haben (Erdbeere, Kirsche, fruchtig). Der Basis-Wein unterscheidet sich sehr stark davon, die Premiumqualität liegt irgendwo dazwischen.

Szolnoki und Proschwitz (2013) untersuchten deutsche Spätburgunder-Weine und unterschieden anhand unterschiedlicher Geschmacksprofile ebenfalls drei Gruppen: leicht und fruchtig (A), mittelschwer mit mehr Farbe, Tannin und Körper sowie erste Anklängen von Tertiäraromen (B) und kräftig, komplex, holzgeprägt (C). Den Körper der Weine, die Summe aus Eigenschaften wie Gerbstoff, Alkohol, Extrakt, Süße usw. fanden sie entsprechend des Qualitätsempfindens der Prüfer als die wichtigste Eigenschaft. Bei der Sorte Dornfelder ermittelte Fischer (2006) eine deutliche Präferenz der Verbraucher für die fruchtige Ausprägungen Sauerkirsche und Beerenfrüchte in Verbindung mit der Farbausprägung und dem Körper. Hübinger (2005) näherte sich gleichermaßen dem Thema von der Konsumentenseite. Auch er untersuchte die Präferenzen bei Rotwein und konnte bei Verbrauchern sieben Stile abgrenzen. Fünf davon bezogen sich auf trocken ausgebaute Weine, zwei auf solche mit Restsüße. Die genaue Kenntnis von Kundenvorstellungen sieht er als Voraussetzung für einen erfolgreichen Vertrieb an. Auch Fischer (1995) hat in einer früheren Untersuchung die Weine weltweit erfasst und mit sieben Stilen beschrieben.

Tab. 28 fasst beispielhaft einige Aspekte dieser Stildiskussion zusammen. Schon bei der Benennung des Stiles unterscheiden sich die Autoren deutlich. Die aufgeführten Eigenschaften werden in den gerne verwendeten Aromaprofilen individuell erweitert. Was bei Christmann nach Bordeaux-, Burgunder- oder leichter Typ differenziert wird, ist bei Fischer stärker geschmacklich beschrieben oder von Weik et al. Basis, Premium und Kult genannt.

4.2.7 Vergleiche unterschiedlicher Rotweinverfahren

Rebsorte und Reifezustand sind die Haupteinflussfaktoren auf Stil und Qualität eines Rotweins. Einigkeit herrscht in der Literatur, dass der Weinstil darüber hinaus eine Funktion seiner Technologie ist. Diese ist in der Lage, einzelne Merkmale gezielt herauszuarbeiten. Jeder Produzent muss sich im Zuge einer Neuinvestition für eine Technologie entscheiden, im Grundsatz für die Erhitzung oder die Maischegärung. Die Frage nach dem besten Rotweinverfahren ist nicht direkt und nicht ohne Kenntnis des Kontextes zu beantworten. Verfahrensvergleiche könnten Entscheidungen erleichtern. Angesichts der zahlreichen grundsätzlichen Möglichkeiten, Rotweine zu erzeugen und angesichts von noch viel mehr technischer Parameter bei jedem einzelnen Verfahren ist es kaum möglich, alle Methoden parallel zu untersuchen. Trotzdem wurde seitens der Forschungseinrichtungen eine große Anzahl von Vergleichsversuchen durchgeführt und die jeweiligen Auswirkungen auf die Beschaffenheit

Tab. 28 Rotweinstile als Synthese aus verschiedenen Literaturstellen
((1) Christmann 2013; (2) Fischer 2003; (3) Weik et al. 2008; andere siehe Text)

Eigenschaften	**Bordeaux-Typ (1)** **Komplex-Fruchtdominanz** **+ Barriquenote-tanninbetont** **lagerfähig (2)** **Kult (3)**	**Burgunder-Typ (1)** **farbintensiv, tannin-** **betont, weich-fruchtig;** **komplex (2)** **Premium(3)**	**leichter Typus (1)** **fruchtig, tanninarm,** **farbstark, evtl. Restsüße (2)** **Basis (3)**
Farbton	dunkelrot, jung mit blauen Reflexen	kirschrot, blaue Reflexe	hellrot
Farbintensität	sehr hoch	hoch bis mittel	gering
Geruch	Dörrobst, Pflaume; Leder; gekochte Frucht	Kirsche, Beeren	vegetativ, sehr unterschiedlich
Geruchsintensität	gering	mittel bis stark	mittel bis stark
Gerbstoffe Holznote (Barrique) Körper, Fülle	ausgeprägt mittel bis stark hoch, dicht z. T. „ölig"	mittel ausgeprägt Verhalten; Vanillenote mittel	gering ausgeprägt ohne gering mit mittel
Süße Säure	hoch durch viel Extrakt gering; jung durch Gerbsäure geprägt	mittel gering, jung durch Gerbsäure geprägt	gering; oder Restsüße mittel durch Fruchtsäuren
Sorte erkennbar	nein; Cuvee oder von Holz bzw. Gerbstoff überlagert	ja, oder Cuvee	ja, oder Cuvee
Wettbewerbsfähigkeit	international	regional	Zechwein; Einstiegswein
Technologie	Maischegärung; Barrique; Hautkontakt; Lagerung	Maischegärung/ Erhitzung	Erhitzung/Maischegärung; rascher Konsum

der Weine ermittelt. Einige Erkenntnisse werden in den folgenden Kapiteln vorgestellt. Aber genau wie bei den Maischebehandlungen können auch diese Arbeiten streng wissenschaftlichen Kriterien nur bedingt genügen. Bei Großversuchen fehlt üblicherweise die Wiederholung mit gleichem Material, zumal keine Schule in Deutschland die Breite der Verfahren gänzlich abdecken kann. Die alternativ möglichen Kleinversuche lassen sich wiederum nur mit Einschränkung auf die Praxis übertragen. Versuchsergebnisse werden deshalb am besten als Tendenz verstanden, die sich im Idealfall über die Jahre verfestigt. Im Folgenden wird über Ergebnisse berichtet, die beim Vergleich unterschiedlicher Rotweinverfahren wie Maceration Carbonique, Maischeerhitzung oder Maischegärung erzielt wurden. Insbesondere die Diskussion „erhitzt oder maischevergoren" wird nach wie vor intensiv geführt. In einem zweiten Schritt werden die verschiedenen Maischegärtanks verglichen.

Köhler et al. (2005) beschäftigten sich mit dem Einfluss verschiedener Rotweinverfahren auf die Geschmacksattribute von Portugieser. Sie verglichen die Kaltmazeration, das Verfahren der Maceration Carbonique, auch mit Ganzbeerenanteil, und die Nachmazeration mit der offenen Maischegärung. Dieser Standard wurde von keinem anderen Verfahren sensorisch übertroffen. Fachleute betrachteten bei deskriptiven Bewertungen die Unterschiede als gering. Separat befragte Verbraucher waren aber in der Lage, Farb- und Gerbstoffunterschiede zu erkennen und bevorzugten die Variante „Kaltmazeration" (siehe Abb. 79).

Einer vergleichbaren Fragestellung bei der Sorte Spätburgunder, aber mit anderen Techniken, gingen Pfeifer et al. (1999) in den Jahren 1996 und 1997 nach. Sie erstellten verglei-

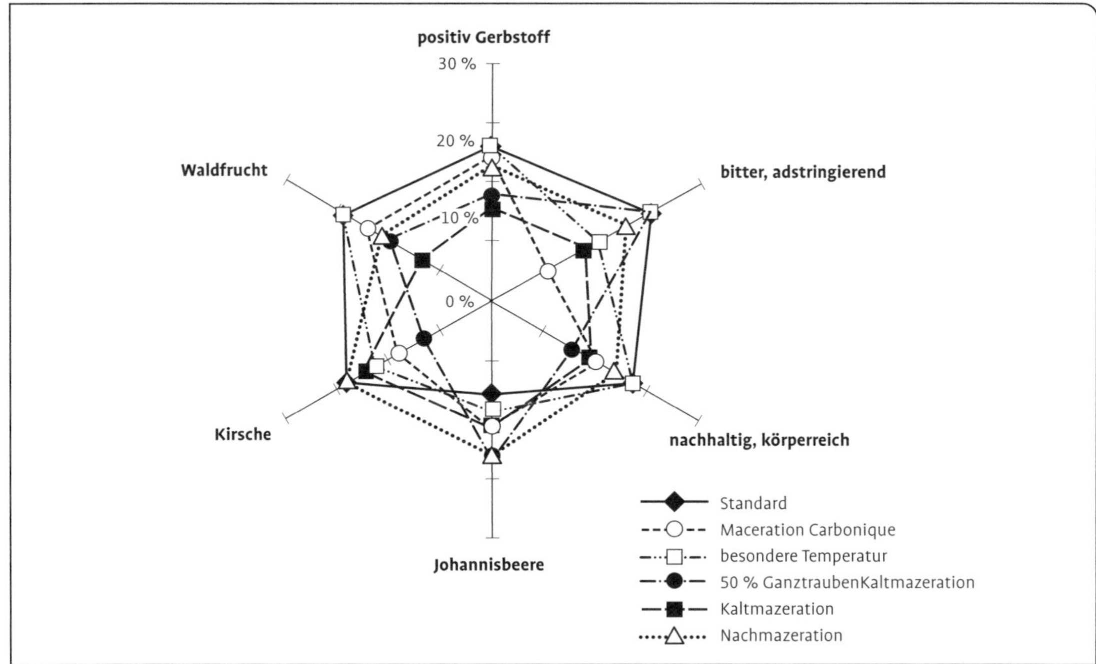

Abb. 79 Rotweinprofile der Sorte Portugieser bei unterschiedlichen Herstellungsverfahren (Köhler et al. 2005).

chende Aromagramme von Weinen aus ausgedünntem und nicht ausgedünntem Lesegut, von Weinen aus offener und aus geschlossener Gärung (Vino Top-Fermenter, Fa. Rieger) sowie von Weinen aus offener Maischegärung und der Methode Maceration Carbonique. Als Ergebnis stellten die Autoren eine Präferenz für die Weine aus ausgedünntem Lesegut, offen vergoren, fest und danach nach dem Verfahren Mazeration Carbonique.

Für die Erzeugung von fruchtbetonten Spätburgunder-Weinen mit weicher Gerbstoffprägung sieht Krebs (2010) die Maischeerhitzung als Methode der Wahl. Soll ein romanischer Typ hergestellt werden, empfiehlt er die Maischegärung.

Auch Fischer (2004) vergleicht bei der Rebsorte Regent die Erhitzung mit der Maischegärung. Er präferiert eine Maischegärung über 7–14 Tagen, die besser als die Hocherhitzung den passenden Rotweinstil zu erzeugen vermag: tiefrote Farbe, reife Früchte gepaart mit dezenter Würze im Geruch und ein tanninbetontes, aber sehr weiches, säuremildes und trockenes Geschmacksbild. Binder (2000) weist auf ein unterschiedliches Geschmacksbild erhitzter Dornfelder-Weine im Vergleich zur offenen Maischegärung und dem Druck-Wechsel-Verfahren bei annähernd identischen Analysewerten hin. Verschiedene Varianten der Maischeerhitzung ohne Vergleich mit einer Maischegärung wurden untersucht von Blankenhorn (2011) bzw. Hamatschek und Pototschnigg (1990).

4.2.7.1 Maischegärung oder Erhitzung?

Die Erhitzungsverfahren besitzen messbare arbeitswirtschaftliche Vorteile verglichen mit der Maischegärung. Ein direkter qualitativer Vergleich ist nur schwer durchzuführen, da viele technische Parameter eine große Bandbreite an möglichen Ergebnissen ermöglichen. Tendenziell lässt sich feststellen, dass erhitzte Weine farbintensiver sind, insbesondere bei Trauben mit Fäulnisanteil. Ein Fäulnisanteil wird bei der Maischegärung generell als qualitätsschädlich abgelehnt. Die alkoholische Extraktion von Phenolen bei der Maischegärung ermöglicht vielfältige Kondensationsreaktionen, die den Farbein-

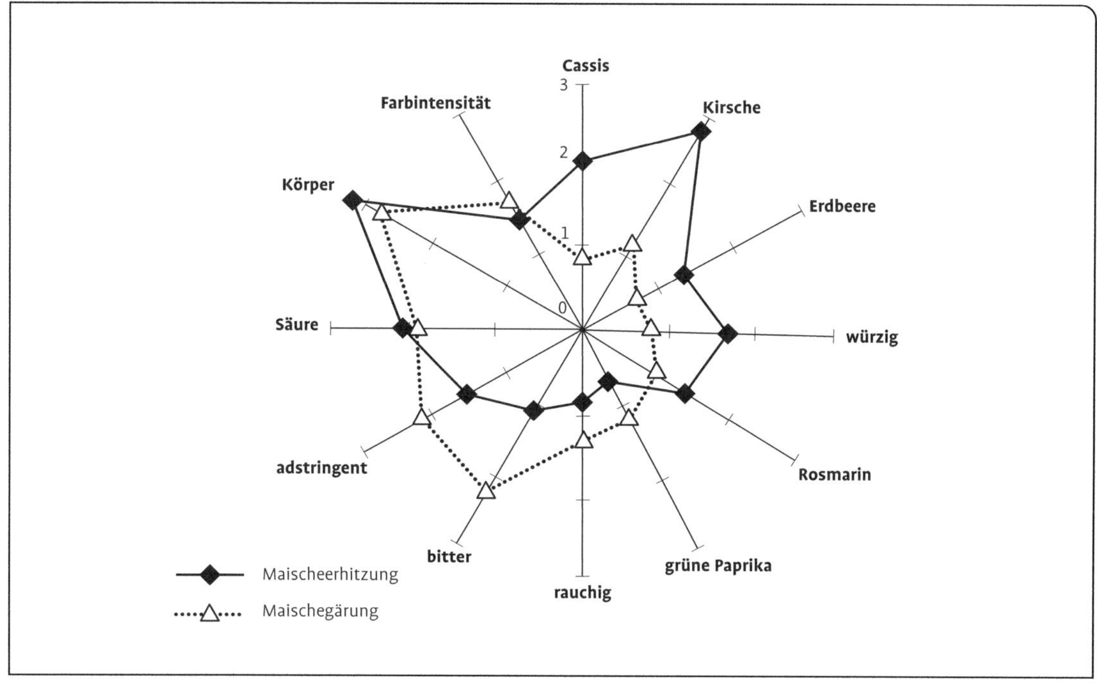

Abb. 80 Vergleich Maischegärung mit Hocherhitzung bei der Sorte Dornfelder (Fischer 2006).

druck von rot-blau in Richtung rot verschiebt. Geschmacklich unterscheiden sich die beiden Weintypen. Erhitzte Weine bekommen eher das Attribut frisch, fruchtig, tanninarm, auf der Maische vergorene zeichnen sich meist durch höhere Gerbstoffmengen aus. Schnell konsumierbare Weine lassen sich einfacher über die Erhitzung erzielen, lagerfähige eher über die Maischegärung. Dazu muss aber ausreichend Tannin vorhanden sein.

Abb. 80 zeigt deutliche Unterschiede beim direkten sensorischen Vergleich der beiden Verfahren und der Sorte Dornfelder. Die Maischegärung dominiert bei den Attributen bitter, rauchig und adstringent, während bei der Erhitzung eher fruchtige Eigenschaften erkannt wurden. Viele Betriebe fahren eine Doppelstrategie. Die Konsumweine werden aus erhitzter Maische gewonnen, für die gehobenen Qualitäten stehen Maischegärtanks zur Verfügung. Auch kann je nach Bedarf verschnitten werden. Einigkeit herrscht bei den Fachleuten, dass sich international wettbewerbsfähige Rotweine am besten über eine Maischegärung mit langer Kontaktzeit erzielen lassen. Voraussetzung dafür ist aber ein entsprechendes Lesegut.

4.2.7.2 Vergleiche unterschiedlicher Maischegärtanks

Sehr umfangreiche Vergleichsuntersuchungen von verschiedenen Maischegärtanks finden sich bei Binder (2000). Die offene Büttengärung fällt bei seinen Untersuchungen gegenüber der Gärung in geschlossenen Rührwerktanks deutlich ab. Letztere erzielen um 10–30 % höhere Farbwerte und dank niedriger Verluste bis zu 10 % mehr Alkohol. In Verbindung damit sind auch Bukettverluste reduziert und der Sortentyp ist deutlicher ausgeprägt. Daneben spielen arbeitswirtschaftliche Vorteile beim Vergleich eine große Rolle: das Einarbeiten des Tresterhutes erfolgt automatisch, ebenfalls die Entleerung. Zudem lassen sich geschlossene Tanks immer auch als Lagertank verwenden.

Abb. 81 zeigt die Ergebnisse der Farbsumme und der Menge an Gesamtphenolen im direkten Vergleich von offener und geschlossener Maischegärung sowie der Druckgärung. Das Druck-

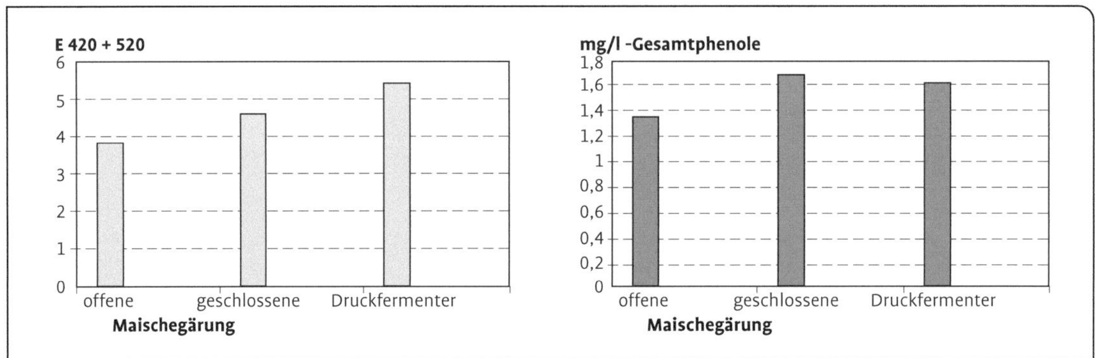

Abb. 81 Farb- und Gesamtphenolwerte bei verschiedenen Maischegärtechniken; Rebsorte: Spätburgunder (Binder 2000).

Wechsel-Verfahren mit 2 bar Maximaldruck ergibt die höchsten Farbwerte und Gesamtphenole, die auf dem Niveau der geschlossenen Maischegärung liegen. Die offene Gärung schneidet bei beiden Messgrößen am schlechtesten ab.

In weiteren Versuchsreihen wurden das Untertauch- und das Überschwallungsverfahren gegenüber der Büttengärung untersucht. Beide Verfahren produzierten deutlich höherwertig einzustufende Rotweine. Beim Überschwallungsverfahren muss auf Oxidation geachtet werden, insbesondere wenn doch etwas Botrytis infiziertes Lesegut vergoren wird.

Krebs (2010) hat den Einfluss von Rührtank, Drucktank und Tauchertank bei der Sorte Spätburgunder verglichen. Die Wende- bzw. Rührtechnik sieht er als optimal für die Erzeugung des romanischen Typs. Etwas weichere Weine fand er beim Einsatz des Tauchertanks. Der Drucktank extrahierte zwar analytisch die höchste Tanninmenge, jedoch wirkten die Weine weich und zeigten deutliche Noten von Marzipan und schwarzen Kirschen.

Lucas (2013) verglich bei den Rebsorten Merlot und einer Cuvee aus Gamarat und Garanoir die Maischegärung im offenen Tauchtank mit der in einem rotierenden Holzfass. Lagen die Analysenwerte für Farbe und Gesamtphenole beim Holzfass zunächst deutlich höher, egalisierten diese und auch die sensorischen Unterschiede sich im Laufe des Ausbaus. Ganz besonders bei den im Barrique ausgebauten Varianten. Dabei wird eine Problematik aller Untersuchungen deutlich. Die analytischen und die sensorischen Werte sind eine Funktion des Untersuchungstermins. Wein besitzt eine ausgeprägte Alterungsdynamik, die nur in wenigen Fällen über einen längeren Zeitpunkt nachverfolgt wird. Stichtagsbezogene Unterschiede können sich im Extremfall im Laufe der Zeit ins Gegenteil verkehren.

4.2.8 Rotweinverfahren im Zusammenhang

Die bunte Welt der Rotweinherstellung kennt in Deutschland mit der Maischeerhitzung und der Maischegärung zwei dominierende und daneben einige weniger eingesetzte, ergänzende Verfahren. Alle Verfahren lassen sich über ihre technischen Parameter zielgerecht modifizieren. Weitere Gestaltungsmöglichkeiten bieten die zahlreichen Prozessparameter. Die für die Verfahren erforderliche Apparatetechnik ist im Falle der Erhitzung eher nach wirtschaftlichen Gesichtspunkten auszuwählen, im Falle der Maischegärung besitzt sie ebenfalls einen großen Einfluss auf das Ergebnis. Tab. 29 fasst diese Aspekte tabellarisch zusammen.

Bei allen Verfahren folgt noch die Phasentrennung. Die wirkt sich ihrerseits auf die Beschaffenheit eines Weines aus. Wird angereichert, spielt der Zeitpunkt eine Rolle, ebenso der des Abwirzens, der u. U. eine anschließende Endvergärung erfordert. Mit Ausnahme der Maischegärung ist die alkoholische Gärung Teil des weiteren Weinausbaues. Damit beschäftigt sich Kap. 5.

Tab. 29 Die Rotweinverfahren im Zusammenhang

Rotweinverfahren	Verfahrens-parameter I (technische Parameter)	Apparatetechnik	Verfahrens-parameter II (Prozessparameter)	Ergänzung
Maischeerwärmung (ME)	Erhitzungstemperatur Maischekontaktzeit	Röhrenwärmeerhitzer Wärmeträger	Oxidationsschutz (CO_2; SO_2)	Pressen Rückkühlung (Anreichern) Gärung
Kurzzeithocherhitzung (KHE) (Variante: kontinuierliches Verfahren)	Erhitzungstemperatur Heißhaltezeit Rückkühltemperatur Maischekontaktzeit	Spiralwärmetauscher Röhrenwärmetauscher Röhrenerhitzer Plattenaparat Wärmeträger Dampf	Mostenzyme Teilentsaftung Kaltmazeration Mostbehandlungs-mittel	Weinausbau
Maischegärung (MG)	Gärtemperatur Maischekontaktzeit (Abwirzzeitpunkt) Anreicherung	Drucktank Tank offen/geschlossen Überschwalleinrichtung Rührbehälter Tauchertank Drehtank Systemkombinationen	Oxidationsschutz (CO_2; SO_2) Maischeenzyme Teilentsaftung Kaltmazeration Chips, Tannin Gärhilfsmittel	Pressen (Anreichern, Endvergären) Weinausbau
Maceration Carbonique (MC)	Gärtemperatur Ganztraubenanteil Gärdauer/Kontaktzeit	offener Tank	Oxidationsschutz CO_2-Quelle	Pressen Endvergären Weinausbau
Überdruckverfahren (Cell Cracking)	CO_2-Druck Druckhaltezeit Maischekontaktzeit	Druckbehälter Auffangbehälter	siehe ME, KHE	Pressen Gärung Weinausbau
Unterdruckverfahren (Thermo Flasch)	Erhitzungstemperatur Heißhaltezeit Unterdruck	Erhitzungssystem Vakuumtank Kondensor	siehe ME, KHE	Pressen Gärung Weinausbau

5 Vom Saft zum Wein

Kap. 5 beschäftigt sich mit den wissenschaftlich-technischen Vorgängen der Umwandlung von Saft in Wein und der Steuerung der Vielzahl von Parametern in diesem Umfeld, die zur gewünschten Stilistik verhelfen. Die meisten der in EU VO 606/2009 und in den Folgeverordnungen zugelassenen önologischen Verfahren können in diesem Stadium eingesetzt werden:

- die Abtrennung der Trubstoffe durch Sedimentation, Flotation, Filtration oder Zentrifugation (Kap. 5.1),
- die Pasteurisation zur Unterdrückung unerwünschter enzymatischer oder mikrobiologischer Vorgänge (Kap. 5.2); in abgeschwächter Form ist dies auch durch Kühlung möglich,
- die Schwefelzugabe als Oxidationsschutz und zur mikrobiologischen Stabilisierung (Kap. 6),
- die Zugabe von Behandlungsmitteln zur Klärunterstützung, Stabilisierung, Geschmacks- und Geruchsharmonisierung bzw. als technologische Hilfe in Most und Jungwein (Kap. 5.4),
- die Anreicherung mit Saccharose, RTK oder Konzentrat bzw. die Mostkonzentrierung zur Erhöhung des Alkoholgehalts (Kap. 5.3),
- die Zuckerreduzierung zur Verringerung des Alkoholgehaltes (Kap. 5.3),
- die Einstellung eines gewünschten Säuregehaltes im Most- oder Jungweinstadium durch Säuerung oder Entsäuerung (Kap. 6),
- die Gärung mit Reinzuchthefen bzw. als Spontangärung (Kap. 5.6),
- die malolaktische Gärung mit Starterkulturen oder durch spontan einsetzenden mikrobiellen Abbau (Kap. 6),
- dazu kommen Sonderwege bei Rotwein aus der Maischegärung (Kap. 4) und bei der Verarbeitung von Most- und Weintrub (Kap. 5.7), sowie die Herstellung von Süßreserve (Kap. 5.4).

Eine derartige Methodenvielfalt bei einem Naturprodukt wie Wein erstaunt. Es ist eine Option. Viele, meist kleinere oder mittelgroße Betriebe, betonen „kontrolliertes Nichtstun“ und erzielen mit einem Minimum an Behandlungsmaßnahmen hervorragende Ergebnisse. Das Minimum der Kellerwirtschaft besteht aus zumindest kurzzeitigem Absitzen lassen der Trubstoffe, einer spontan einsetzenden alkoholischen Gärung und evtl. einem ebenfalls spontan ablaufendem bakteriellen Abbau der Äpfelsäure. Als einziger Zusatzstoff wird schweflige Säure verwendet. Haltbare Weine ohne SO_2-Zusatz auszubauen, ist nach derzeitigem Kenntnisstand ohne größeren technischen Aufwand nicht machbar (siehe Kap. 6). Darüber hinausgehende Ansätze finden sich in der noch kleinen Gruppe von „Naturweinerzeugern“, die in traditionellen Gärbehältern auch mit weißen Trauben eine Maischegärung durchführen und auf praktisch sämtliche Zusatzstoffe verzichten (Kap. 9).

Trubabtrennung, Entsäuerung oder der Einsatz zahlreicher Behandlungsmittel sind sowohl im Most- als auch im Jungweinstadium möglich. Arbeitswirtschaftlich ist eine Verlagerung an einen möglichst späten Zeitpunkt, d. h. lange nach der belastenden Ernte und der Kellerarbeit mit ihrem Zeitdruck, die bessere Alternative. Bei der Entsäuerung kommen noch sachliche Gründe hinzu: Eine Mostentsäuerung erhöht den pH-Wert und vergrößert mikrobiologische Risiken. Zudem ist erst nach dem Weinsteinausfall im Verlauf der alkoholischen Gärung und evtl. nach einem bakteriellen Säureabbau der notwendige Korrekturbedarf genau bekannt und eine Einstellung des Zielwertes präzise möglich. Gleiches gilt auch für die Eiweißstabilisierung mit Bentonit. Aus Qualitätsgründen dagegen sollten alle Maßnahmen möglichst vor der Gärung durchgeführt werden. Most ist vergleichsweise unempfindlich gegen Eingriffe in sein Gefüge und die alkoholische Gärung mit ihrer grundlegenden Umgestaltung überdeckt die negativen Folgen der meisten vorhergehenden Eingriffe völlig.

Die Verwendung von Behandlungsstoffen ist eine Frage der Betriebsphilosophie und der gefühlten oder sachlich begründeten Notwendigkeit. Hinter letzterem steckt ein Sicherheitsdenken als eine Funktion der Betriebs- und der Chargengröße sowie der Kundenstruktur. Das nach der Abfüllung immer vorhandene mikrobiologische und physiko-chemische Restrisiko bei Wein wird in dem Fall versucht, durch eine wirksame Qualitätssicherung zu minimieren. Großbetriebe werden sich intensiver aus dem Medikamentenschrank bedienen als kleinere. Der berühmte Grundsatz: „so viel als nötig und so wenig wie möglich" findet in der Praxis äußerst individuelle Umsetzungen.

5.1 Trubmanagement beim Weinausbau

Im Zuge des Weinausbaus sind an mehreren Stellen Phasentrennungen durchzuführen. Die aufwendigste mit den meisten Einflussgrößen auf das Endergebnis Wein ist die Entsaftung der Maische einschließlich aller begleitenden Maßnahmen im Vorfeld. Eine der Zielgrößen, die in Kap. 3 bei nahezu allen Untersuchungen bestimmt wurde, war dabei die Feststoffmenge, die beim Pressen oder beim freien Ablauf in die flüssige Phase mitgeschleppt wurde. Die Mengen an Sedimentationstrub z.B. nach 18 Stunden Absetzzeit reichten je nach Prozessparameter von wenigen %vol. bis nahezu 30. Weinrechtlich wird der Rückstand, der sich in den Behältern absetzt, die Wein oder Traubensaft enthalten, als Weintrub bezeichnet. Dieser Trub darf nicht ausgepresst werden, wobei die Zentrifugation und die Filtration nicht als Auspressen verstanden werden, solange das daraus entstandene Erzeugnis handelsüblich ist und der Weintrub nicht in den Trockenzustand überführt wird. Abb. 82 zeigt beispielhaft in einem graduierten Standzylinder gut kompaktierten Sedimentationstrub mit einem resttrüben Überstand. Auch eine vergleichsweise hohe Trockensubstanz von 25–30 % bedeutet, dass im Feststoff immer noch 70–75 % theoretisch rückgewinnbarer Saft enthalten sind. Rechtlich ist die völlige Rückgewinnung aber nicht zulässig, die Grenze wird durch die Qualität der Flüssigkeit bestimmt. Mehrere physikalisch wirkende Methoden sind in der Lage, die

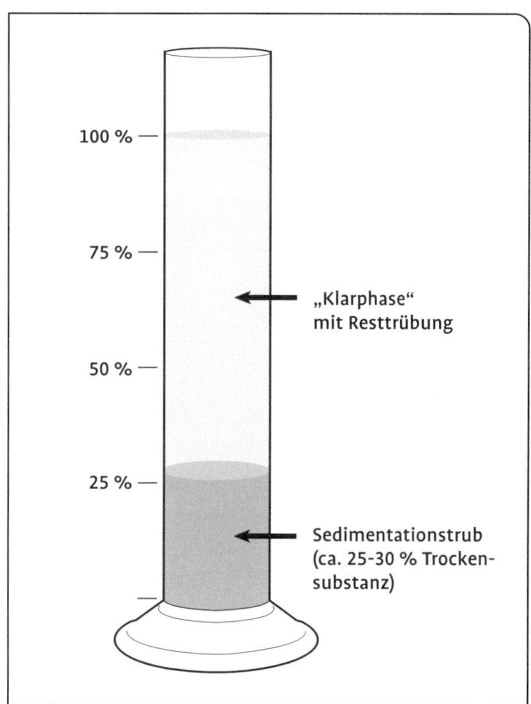

Abb. 82 Fest- und Flüssigphase im graduierten Standzylinder nach Sedimentation.

Trockensubstanz des Weintrubs auf 50 % anzuheben. Ab 35 % ist der Rückstand in der Regel problemlos zu deponieren.

Wichtiger als das Thema Trubverarbeitung ist in diesem Stadium die Einstellung der Resttrübung im Überstand. Die Geschwindigkeit der alkoholischen Gärung ist u.a. eine Funktion der Trübung des Mostes. Eine starke Trübung beschleunigt sie, ganz ohne Trubstoffe kann sie bis zum Gärstopp gehemmt werden (siehe dazu Kap. 5.5).

Phasentrennungen ergeben in der kellerwirtschaftlichen Praxis nie einen klaren Trennschnitt. Alle technischen Verfahren führen letztlich nur zu mehr oder weniger starken Abreicherungen auf der einen Seite bzw. Konzentrierungen auf der anderen. Den Aufwand für die Trubverarbeitung einer Weinkellerei zu minimieren und die Qualität der Phasen zu optimieren, ist eine herausfordernde Managementaufgabe. Trubmanagement beschäftigt sich unter diesem Aspekt mit drei Zielrichtungen:

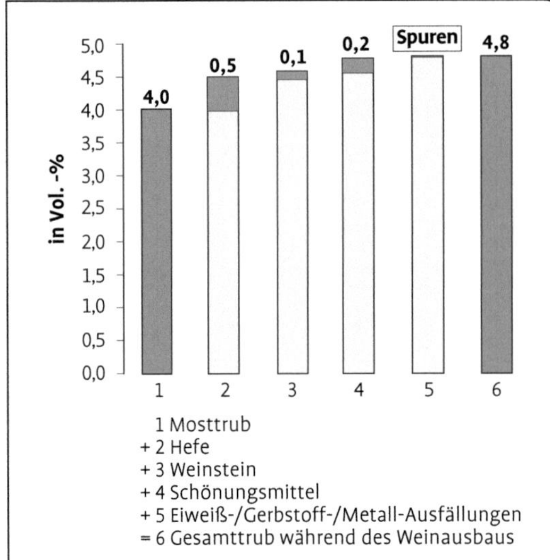

Abb. 83 Trubanfall bei der Weinherstellung (Hamatschek 2004).

1. der Minimierung der insgesamt anfallenden Trubmenge,
2. der Einstellung der gewünschten Trubmenge vor der Gärung,
3. der Optimierung der Klärmaßnahmen und der Trubverarbeitung.

Die Trubvermeidung ist hauptsächlich eine verfahrenstechnische Aufgabe, die den gesamten Trauben- und Maischeprozess umfasst. (siehe Kap. 3).

Die Dimension des Trubanfalls in einer durchschnittlichen Kellerei über den gesamten Weinausbau zeigt Abb. 83. Die Trubangabe erfolgt in dieser Darstellung in „%vol. schleudertrocken" und wurde mit einer Laborzentrifuge ermittelt. Der Wert entspricht der Menge, die eine Zentrifuge bei der Mostklärung abtrennen und aus ihrem Feststoffraum austragen muss. Kumuliert ist die Trubmenge in Säule 6 dargestellt. Die Trockensubstanz des Feststoffs nach der Zentrifugation mit der Becherschleuder liegt etwa bei 35–40 % TS (siehe Kap. 5.1.2, Trubmessung).

Der von der Presse kommende Trub dominiert mengenmäßig, unterliegt aber sehr starken Schwankungen. Bei optimaler Traubengesundheit und schonender Beeren- bzw. Maischebehandlung kann der Wert deutlich unter 2 %vol. liegen. Eine Trub produzierende Verfahrenstechnik dagegen vermag ihn mehr als zu verdoppeln. Im Extremfall wurden bis 15 %vol. schleudertrocken gefunden.

Die alkoholische Gärung hinterlässt die Weinhefe als zweitgrößte Feststoffmenge, die entfernt werden muss. Ihr Volumen richtet sich nach der Vermehrungsrate der Hefezellen. Bei eher reduktivem Ausbau schwankt die Größe wenig. Wird bewusst belüftet, steigt die Biomasse auf Kosten der Alkoholausbeute deutlich an (siehe dazu Kap. 5.6). Eine vorhergehende nahezu vollständige Abtrennung der Trubstoffe aus dem Saft durch entsprechende Klärung führt dazu, dass im Gärtank nur ein geringes Sediment aus Hefe und Weinstein anfällt. Diverse Mengen Schönungstrub sowie reifebedingte Ausfällungen runden das Spektrum der Trubarten ab. Hierbei spielen jahrgangs- und Behandlungsparameter eine Rolle, die Werte können auf relativ niedrigem Niveau nach oben und unten schwanken.

5.1.1 Chemie und Physik des Trubs in Most und Wein

Von der Presse ablaufender Most ist ein disperses System mit dem Most als Dispersionsmittel und dem Trub als disperse Phase. Die disperse Phase ist ihrerseits aufgrund der unterschiedlich großen Partikel sowohl grobdispers als auch kolloiddispers. Hinzu kommen alle der meist wertbestimmenden, echt gelösten Verbindungen, die im Saft oder Wein verbleiben sollen. Tab. 30 fasst wichtige Eigenschaften und die Größenverhältnisse der dispersen Phasen Most und Wein zusammen. Alle Teilchen, die der Gravitationskraft unterliegen und dadurch im Laufe der Zeit von selbst sedimentieren, werden üblicherweise als grobdispers bezeichnet. Deren Mindestgröße wird in der Literatur sehr unterschiedlich beschrieben und reicht von 0,5 bis mehrere µm. Im Buch wird die Grenze entsprechend der Einteilung von Edelmann (1975) bei 1 µm gezogen.

Grobdisperse Teilchen

Grobdisperse Teilchen besitzen üblicherweise eindeutige partikuläre Strukturen, sie sind wenig verformbar und vergleichsweise schwer und

Tab. 30 Most und Wein als disperses System (nach Tscheuschner 1996; Dietrich 2009; Shaw 1970; Edelmann 1975; Christmann und Freund 2004)

Phasen und wirksame Kräfte	Partikelgröße	Natur und Struktur der Teilchen	Eigenschaften der Teilchen
grobdisperse Phase (Gravitationskraft)	>1 μm (> 1000 nm)	**Suspension** große Zelltrümmer; Sand, Mikroorganismen (Hefen, Bakterien, Schimmelpilze) kristalline Stoffe (Weinstein) amorphe Stoffe (Kohle)	Dichtedifferenz zu disperser Phase (Eigensedimentation; Zentrifugation einfach; leicht abzutrennen); mit bloßem Auge als Trübung sichtbar
kolloiddisperse Phase (Brown'sche Molekularbewegung (Wärmebewegung); van der Waal'sche Kräfte; Adsorptionskräfte)	0,001–1 μm (1–1000 nm)	**kolloidale Lösung** Bakterien Trubmizellen Hydrokolloide (Pektin, Cellulose, Hemicellulose; polymere Phenole, Proteine) amorper Weinstein	keine Dichtedifferenz zu disperser Phase (schwer filtrierbar; keine Sedimentation, keine Zentrifugation möglich); Teilchen sichtbar unter Ultramikroskop (Beugungsbilder), als Kollektiv sichtbar durch Tynadalleffekt
molekulardisperse Phase (Ionenkräfte; Wasserstoff-Brückenbindungen)	< 0,001 μm (< 1 nm)	**echte Lösung** alle Mostinhaltsstoffe (Zucker, Salze, Säuren, Phenole usw.)	unsichtbar, echt gelöst keine Sedimentation und keine Zentrifugation möglich
Dispersionsmittel		**das Lösungsmittel** (Wasser)	

groß. Im einfachsten Falle genügt eine ausreichende Sedimentationszeit, um sie abzutrennen. Der Saft oder Wein klärt sich visuell deutlich sichtbar von selber. Zentrifugation oder Filtration können den Prozess beschleunigen, müssen aber kein besseres Ergebnis erzielen. Grobdisperser Mosttrub besteht hauptsächlich aus größeren Bruchstücken der Beerenhaut, vereinzelt aus Kernen, dazu Sand, Staub und verschiedene Arten Mikroorganismen. Erste ausgefallene Weinsteinkristalle sind möglich, vermischt mit evtl. zugesetzten Behandlungsmitteln wie Kohle oder Bentonit. Im Wein handelt es sich hauptsächlich um Weinhefen, die rundlich oval etwa (5–10) × (5–12) μm groß sind mit einem spezifischen Gewicht von etwa 1,1 g/cm^3. Dadurch sedimentieren sie gegen Ende der Gärung sehr schnell und lassen sich mit den gängigen Klärtechniken effizient abtrennen. Daneben kommt, je nach Grad der Mostklärung, eine Fülle anderer Mikroorganismen der Traubenflora vor, die sich zusammen mit der Weinhefe leicht abtrennen lassen.

Echt gelöste Teilchen

Die echt gelösten Stoffe dagegen sollen als charakteristisch bzw. wertbestimmend überwiegend im Wein oder Most verbleiben. Dazu gehören die Aromastoffe, Zucker, Säuren, Phenole, Stickstoffverbindungen, Eiweiße, Polysaccharide usw. Eine Mengenkorrektur z. B. bei Säuren oder Eiweißen erfordert den Einsatz von Reagenzien, die eine Ausfällung und damit eine Vergrößerung in den grobdispersen Bereich bewirken. Die gelösten Verbindungen wie Glukose und Fruktose sind maßgeblich für das spezifische Gewicht der Lösung und erzeugen durch ihre Wechselwirkung mit dem Lösungsmittel eine hohe Viskosität. Beide physikalischen Größen spielen bei der Zentrifugation und der Filtration eine wichtige Rolle. Je größer ihre Werte sind, desto schwieriger sind Trubstoffe abzutrennen (siehe Kap. 6.3).

Kolloide

Kolloide besitzen Teilchengrößen zwischen 1 nm und 1 μm. Aufgrund des großen Spektrums wird nach hochmolekularer und niedrigmolekularer Dispersion unterschieden. Die Übergänge sind fließend sowohl zu den grobdispersen Teilchen als auch zu den ionisiert gelösten Substanzen. Im Bereich der Kolloide spielt sich der hauptsächliche verfahrenstechnische Aufwand des Weinausbaus ab. Hier tummeln sich die etwa 0,5 µm großen Milchsäurebakterien der malolaktischen Gärung, die Kolloide aus dem Beerengewebe oder von *Botrytis cinerea*, die Polymere vieler Phenolreaktionen, aber auch amorpher Weinstein nach den ersten Schritten auf dem Weg zur Kristallbildung. Und hier finden sich die noch zu besprechenden besonders problematischen Trubmizellen. Mangels einer Dichtedifferenz zum Most oder Wein sedimentieren Kolloide nicht, sie werden allein durch die Brown'sche Molekularbewegung in Schwebe gehalten. Auch Zentrifugen schaffen es nicht, sie abzutrennen, Filter neigen rasch zur Blockade. Zumindest die größeren Kolloide müssen bis zur Flaschenabfüllung weitgehend abgetrennt werden. Die kurzkettigeren, kleineren können dagegen wertbestimmend sein und sollen oft erhalten werden. Zu dieser Gruppe zählen phenolische Verbindungen, Oligosaccharide bzw. kurzkettige Polysaccharide und Proteine. Der Kolloidgehalt deutscher Weißweine liegt zwischen 150 und 600 mg/l und kann bei Rotweinen 1 g/l betragen. Die Molekulargewichte liegen zwischen 100 000 und 500 000 Da (Dietrich 2009).

Neben den Makromolekülen aus der Beere kommen im Most die von *Botrytis cinerea* stammenden Polysaccharide, u. a. β-Glucan vor, im Wein ergänzt um Mannane aus der Hefezellwand bzw. Polysaccharide der Bakterien des Säureabbaus. Eine Barrique-Lagerung sorgt für zusätzliche Makromoleküle aus dem Eichenholz.

Viele Weinbehandlungsmittel wie Gelatine, Kasein, PVPP oder Hausenblase gehören ebenfalls zur Gruppe der Kolloide. Sie sind anthropogenen Ursprungs im Gegensatz zu den bisher angesprochenen natürlichen Kolloiden. Einige werden im Zuge des Ausbaus wieder abgetrennt, andere verbleiben im Wein (z. B. CMC oder Metaweinsäure; siehe Kap. 6.4).

Die Bedeutung von Kolloiden beim Weinausbau

Kolloide sind in ihrer chemischen Struktur und ihren physikalischen Eigenschaften äußerst heterogen. Unabhängig ob natürlichen oder anthropogenen Ursprungs beeinflussen sie sämtliche Phasen des Weinausbaus und können die Wirtschaftlichkeit eines Prozesses stark beeinträchtigen. Die wichtigsten Auswirkungen sind nachfolgend zusammengestellt (nach Dietrich 2009, verändert):

- **in der Maische:**
  Erhöhung der Viskosität; Beeinflussung des Pressvorganges und der Saft- bzw. Farbausbeute,
- **im Saft:**
  Erhöhung der Viskosität; Beeinflussung der Mostklärung,
- **im Wein:**
  erschwerte Klärung, insbesondere bei der Filtration über Membranen; alle Klärmaßnahmen sind letztlich Vorgänge, die den kolloidalen Bereich betreffen; Schönungen sind Kolloid-Kolloid-Reaktionen, die quasi stöchiometrisch durchgeführt werden müssen,
  Nachtrübungen sind Folgen kolloidaler Vorgänge; ebenso das Alterungsverhalten; bei drohender Eiweißtrübung können Schutzkolloide hilfreich sein; negativ zu sehen ist die verzögernde Wirkung bei der Keimbildung von Tartratkristallen,
  Erhöhung des zuckerfreien Extraktes,
  Bindung von Holztanninen (Abschwächung des „Holztones“) und von Aromastoffen
  Verbesserung von sensorischen Eigenschaften (Mouthfeeling),
  Komplexbildung mit Metallionen und damit Verhinderung einer Ausscheidung
  Farbstabilisierung durch Kondensation und Copigmentation.

5.1.1.1 Stabilisierung von Kolloiden

Im Zuge des Maischeprozesses und des Pressvorgangs diffundieren die Makromoleküle in verschiedenen Abbaustufen in den Most und lösen sich dort kolloidal. Die ebenfalls in den Most gelangenden traubeneigenen Enzyme sorgen in der Regel für eine weitere Hydrolyse dieser Moleküle, evtl. unterstützt durch die Wirkung zugesetzter Handelsenzyme. Während und nach der alkoholischen Gärung ermöglicht *Saccharomyces cerevisiae* über ihre exo- und endo-Polygalacturonasen einen weiteren Abbau. Sind Polygalacturonatmoleküle durch die Wirkung der Pectinesterase zu mehr als 20 % entestert, bilden die Säuregruppen mit Kalzium unlösliche Assoziate und sedimentieren aufgrund ihrer Größe und ihres spezifischen Gewichts rasch. Trotz großer Mengen kleiner Zellwandbruchstücke kommt es dadurch im Saft zu einer schnellen Eigenklärung (Rees und Welsh 1977).

Anders sieht es aus, wenn die traubeneigenen Enzyme sorten- oder temperaturbedingt nicht aktiv genug sind und/oder durch eine Maischeerhitzung inaktiviert wurden. Die Erhitzung setzt zudem eine große Menge weiterer Kolloide aus der Beerenhaut frei und sorgt unmittelbar für deren thermische Teilhydrolyse. Die Moleküle sind danach u. a. zu kurzkettig für eine Ausfällung mit Kalzium. Die Selbstklärung unterbleibt, die Kolloide stabilisieren sich. Bei der Produktion von trubstabilem, naturtrübem Apfelsaft werden diese Stabilisierungsmechanismen bewusst ausgenutzt (Stähle 1989). Es kann davon ausgegangen werden, dass die Anwesenheit von Alkohol diesen Effekt zusätzlich verstärkt.

Die Kolloide besitzen beim pH-Wert des Weines eine negative Oberflächenladung (Dietrich 2009). Sie entsteht aufgrund der Dissoziation von Carboxyl-Gruppen, dem Austritt frei beweglicher Ionen und einer Ionenadsorption an der Phasengrenzfläche (Mangold et al. 1975). Sie haben zudem hydrophile Eigenschaften, sie sind also Teilchen, die eine große Hydrathülle ausbilden und ähnlich wie Gelatine oder Stärke stark quellbar sind. Bei höheren Temperaturen und/oder niedriger Konzentration liegen die Moleküle vereinzelt als Sol vor. Lagern sich Einheiten unterschiedlicher Größe zusammen, entstehen Gele. In Abhängigkeit von Temperatur und Konzentration sorgen sie für eine Verfestigung des Systems. Die Lebensmitteltechnologie nutzt bei der Marmelade- oder der Sülzeherstellung diese verfestigenden Eigenschaften von Pektin oder Gelatine. Zwischen den beiden Extremzuständen des Sols und des Gels bilden Lyogele den Übergangszustand. Im dispersen System Traubensaft

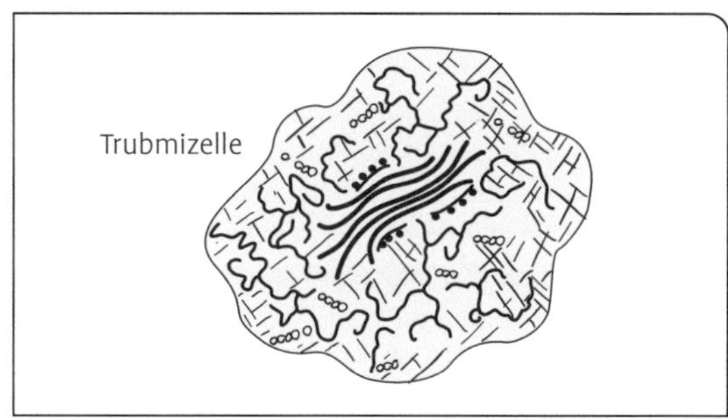

Abb. 84 Modell einer trubstabilen Mizelle (Gierschner 1981).

oder Wein kann man von der gleichzeitigen Anwesenheit aller drei Zustandsformen von suspendierten Partikeln und Teilchenaggregationen ausgehen. Nur die Teilchen, die sich im Übergangszustand befinden, werden stabil in Schwebe bleiben. Ihre Stabilität beruht also auf der Hydratation und der großen Menge immobilisiertes Wasser, unterstützt durch die abstoßende Wirkung der negativen Oberflächenladung. Sie sind insgesamt ein dreidimensionales, großvolumiges Gebilde mit einer Dichte nahe der des umgebenden Wassers und einer ausgeprägten Kompressibilität.

Gierschner (1981) hat dazu unter dem Namen Trubmizelle ein Modell über das Aussehen von schwebestabilen Teilchen in Fruchtsaft entwickelt (siehe Abb. 84).

Diese Trubmizelle besteht hauptsächlich aus Abbauprodukten der Mazeration der Beerenhaut. Ihr Zentrum enthält in diesem Beispiel Fragmente einer Zellulosemikrofibrille verknüpft mit Hemicelluloseteilchen und Gerüstproteinen sowie einer großen Menge der amorphen Pektinmatrix. Weiterhin können Kalzium oder andere Ionen in den Verbund eingelagert sein. Die Carboxylgruppen sorgen für die negative elektrische Ladung, die andere Mizellen abstößt und Aggregationen verhindert. Partikel, die im Inneren eines Lyogels selber als Xerogel vorliegen (z. B. die Zellulosemikrofibrille), können durch die umgebenden stark hydratisierten Pektine in Schwebe gehalten werden. Pektin verfügt so über die Eigenschaft eines Schutzkolloids. Die Trubmizelle besitzt eine deutlich ausgeprägte Grenzfläche als Übergang zum Dispersionsmittel

Wasser. Zur Ausbildung der Grenzfläche ist Energie erforderlich, die sich aus der Grenzflächenspannung und der Größe der Grenzfläche zusammensetzt. Jede freie Grenzfläche nimmt aufgrund der Grenzflächenspannung den kleinstmöglichen Wert an, sodass für die Trubmizelle eine Kugelform die wahrscheinlichste und energetisch günstigste Struktur darstellt (Edelmann 1975).

5.1.1.2 Entstabilisierung von Kolloiden mit Enzymen oder Flockungsmitteln

Um Trubmizellen zu entstabilisieren, müssen ihre Stabilitätsfaktoren Hydratation und elektrische Ladung beseitigt werden. Dies kann mithilfe pectolytischer Enzyme geschehen, die deren Struktur auflösen oder über entgegengesetzt geladene Flockungsmittel, die sie in einen instabilen, grobdispersen Zustand überführen.

Beim Pressen werden hauptsächlich Pektinstoffe freigesetzt, was sich durch Pektintests im Betrieb einfach überprüfen lässt (Schmidt 2013). Wurden vor dieser Phasentrennung Maischeenzyme eingesetzt, sind diese mit ihrer verblieben Restaktivität gewöhnlich in der Lage, diese Kolloide wieder zu entstabilisieren. Andernfalls sind Enzymzusätze in den Most notwendig. Die kurzkettigen Abbauprodukte wie Arabane, Arabinogalactane oder Rhamnogalacturonane wirken nach dem enzymatischen Angriff nicht mehr trubstabilisierend oder die spätere Filtration behindernd (Dietrich 2009).

Die Alternative zum Einsatz von Mostenzymen ist die Zugabe von Flockungs- bzw. Schönungsmitteln. Die weinrechtlich zulässigen Klärhilfsmittel wie Gelatine, Kasein, Hühnereiweiß, Hausenblase, Tannin oder Kieselsol sind alle hydratisiert und besitzen jeweils eine gleichsinnige Ladung. Sie gehen mit den Trubkolloiden Grenzflächenwechselwirkungen ein, in deren Verlauf günstigstenfalls die vollständige Dehydratisierung und Entladung aller beteiligten Moleküle erfolgt. Van der Waal'sche Anziehungskräfte führen in Verbindung mit der Brown'schen Molekularbewegung zu einer schnellen Vergrößerung der instabilen Partikel. Ist die auf die Reaktionsprodukte wirkende Schwerkraft größer als die Auftriebskraft, beginnt die Sedimentation. In deren Verlauf ergeben sich durch unterschiedliche Sinkgeschwindigkeiten weitere Reaktionsmöglichkeiten zur Ausbildung noch größerer Flocken.

5.1.1.3 Die Messung von Trub bzw. Trübung in Most und Wein

Die Messung des gesamten Trubspektrums in Most und Wein ist mit einer Methode allein nicht möglich, alle besitzen sie nur begrenzte Messbereiche. Zur Bestimmung der Menge grobdisperser Teilchen werden Sedimentations- bzw. Zentrifugationsmethoden eingesetzt. Diese Werte sind ein Maß für den Umgang mit Beere und Maische und erlauben eine Aussage über die Arbeitsbelastung, die zur Mostklärung und zur Trubverarbeitung aufgewendet werden muss. Kolloidale Trübungen benötigen fotometrische Methoden. Diese Werte können eine Aussage über den zukünftigen Arbeitsaufwand bei der Weinklärung machen. Soll die Filtrierbarkeit eines bereits geklärten Weines vorhergesagt werden, kommen Membran- oder Schichtenfiltermethoden zum Einsatz.

Schwerkraftmethoden

Abb. 82 zeigt ein Beispiel für eine Bestimmung des Sedimentationstrubgehalts im graduierten Standzylinder mit der Angabe in %vol. Christmann und Freund (2004) arbeiten mit einer Absetzzeit von 18 Stunden, die zu einem dem Sedimentationsvolumen im Tank entsprechenden Wert führen soll. Schmidt (2013) erwähnt 12 Stunden bei z. B. 8 °C. Bei schonender Verarbeitung kann der erreichbare Wert bei < 10 %vol. liegen. In der Praxis wird oft nach 6–8 Stunden abgelesen. Parameter bei dieser Methode sind die Temperatur und eine mögliche Turbulenz durch den Beginn der Gärung. Die Entwicklung von Gärungskohlensäure verhindert die Sedimentation.

Zu einem wesentlich schnelleren Ergebnis führt die Bestimmung des Schleudertrubgehalts. Abb. 85 zeigt vier Beispiele sehr unterschiedlicher Trubkonzentrationen, die in einer Laborzentrifuge mit graduierten Zentrifugengläschen bestimmt wurden.

Das Ergebnis lässt sich in Gew.% oder %vol. ausdrücken. Seckler et al. (2000) empfehlen für eine optimale Gärung einen Resttrubgehalt von

Abb. 85 Zentrifugale Grobtrubbestimmung mit graduierten Zentrifugengläschen.

etwa 0,6 Gew.%, Schmidt (2013) einen Wert von 0,5. Ermittelt werden diese Werte durch Differenzwägung nach Dekantieren des Überstands. Bei ungeklärten Mosten fanden die Autoren Werte im Bereich von 1–4 Gew.%. Als groben Anhaltspunkt lassen sich die Gewichtsangaben mit dem Faktor 4–7 multiplizieren, um auf die Volumenwerte nach Sedimentation zu kommen. Bernath et al. (2003) sehen einen Wert von etwa 0,5 %vol. als ideal an. Die angestrebten Zielwerte sind durch die entsprechende Vorklärung vor der Gärung einzustellen.

Die beiden maßgeblichen Parameter für die Messung sind die Schleuderziffer der Zentrifuge, d. h. die Vervielfachung des Erdschwerefelds, und die Schleuderzeit. In der Literatur wird meist nur die Zeit angegeben, Ergebnisse unterschiedlicher Autoren sind deshalb nur bedingt reproduzierbar oder vergleichbar.

Fotometrische Trübungsmessmethoden

Der über die Wirkung der Schwerkraft ermittelte Resttrub sagt wenig aus über die visuell wahrnehmbare Trübung im Überstand. Ein ½ Gew.% kann eine Trübung von 50 TE/F bedeuten oder eine von 200. Auch scharf zentrifugierte Flüssigkeiten weisen eine kolloidale Resttrübung auf. Die Trübung wird hervorgerufen durch die Streuung des Lichtes an suspendierten, ungelösten oder kolloidal gelösten Partikeln. Trifft ein Lichtstrahl auf einen Partikel, so wird ein Teil des Lichtes je nach Partikelform und Oberflächenbeschaffenheit absorbiert, ein Teil mit unterschiedlicher Intensität in alle Richtungen gestreut.

Bei Absorptionsmessungen (Durchlichtmessungen) wird ein gebündelter Lichtstrahl mit definierten Wellenlängen oder Bandbreiten durch die Flüssigkeit geschickt. Gemessen wird die durch die Probe gehende Lichtmenge und diese in Relation zum Ausgangswert gesetzt. In den meisten Fällen werden aber Streulichtmessungen durchgeführt, die das vorwärts, rückwärts oder seitwärts streuende Licht in Relation zum durchscheinenden (der Transmission) setzen und das Ergebnis in Trübungseinheiten angeben, bezogen auf einen Standard, angeben. Vorwärts gerichtete Streuwinkelsysteme weisen eine hohe Empfindlichkeit gegenüber der Teilchengröße auf. Messergebnisse der Vorwärtsstreuung korrelieren sehr gut mit der Partikelkonzentration (BAMO IER 2013).

In Deutschland wird meist in einem 90° Winkel gemessen und das Ergebnis in Trübungseinheiten Formazin (TE/F) oder NTU-Einheiten angegeben. Das Messsignal korreliert mit dem visuellen Trübungseindruck. Die Ergebnisse erlauben die Bewertung der Produktklarheit, die z. B. für eine einwandfreie Filtration notwendig ist. Je nach Produktbereich und Markt kommen unterschiedliche Messsysteme und Angaben der Trübung zum Einsatz:

- TE/F: veraltete deutsche Einheit mit Formazin als Standard, die Angabe des Messwertes erfolgt in „Trübungseinheit Formazin“ (TE/F). Sie ist aufgegangen in den FNU/FAU-Angaben,
- NTU: 90°-Streulicht-Messung mit Weißlicht. Die Werte sind ähnlich der FNU-Angabe, aber nicht direkt vergleichbar. In Weinlabors weit verbreitet; 1 TEF/ = 1 NTU (NTU = Nephelometric Turbidity Unit),
- FNU: in ISO 7027 vorgeschriebene Einheit für die Messung der Trübung unter 90°-Streulicht bei Wellenlänge 860 nm (FNU=Formazine Nephelometric Units),
- FAU: In ISO 7027 vorgeschriebene Einheit für die Messung der Trübung unter 180°-Absorptionsmessung bei Wellenlänge 860 nm (FAU = Formazine Attenuation Units),
- EBC: Trübungseinheit der europäischen Bierbrauer (1 FNU = 0,25 EBC; EBC = European Brewery Convention).

Analog zu den Zielwerten bei Sedimentationsmessungen finden sich in der Literatur auch Empfehlungen für photometrisch gemessene Trübungswerte. Schneider (2003) gibt eine Zielgröße vor der Gärung von 100 TE/F an, Schmidt (2013) spricht von 50–100. Bernath et al. (2003) empfehlen 100–250 TE/F bei gesundem Lesegut und Werte < 50 bei unreifem oder infiziertem. Abb. 86 zeigt anhand von 1 cm-Fotometergläschen die sichtbare Trübung in Relation zu TE/F-Einheiten.

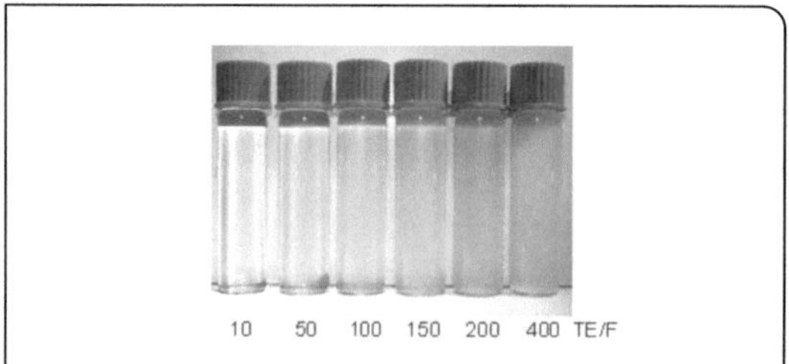

Abb. 86 Probengläser mit unterschiedlichen TE/F-Werten (Christmann und Freund 2004).

Filtrationsmethoden zur Trübungsbeurteilung

Filtrationsmethoden zur Trübungsbeurteilung gehen davon aus, dass der Filtrationsverlauf eine Funktion der Trübung ist. Je mehr Filtrat je Zeiteinheit durchläuft, desto geringer muss die Trübung sein. Mit diesem Ansatz lassen sich unterschiedlich behandelte Moste oder Weine qualitativ vergleichen. Eine gängige Methode ist, das Filtrat einer Membrane mit definierter Größe und Porosität gegen die Zeit aufzutragen. Wucherpfennig und Dietrich (1984; zitiert in Dietrich 2009) konnten dadurch z. B. die blockierende Wirkung von lediglich 10 mg/l Botrytisglucan demonstrieren. Die Filterleistung sank um über 50 %. Sie korreliert praktisch nicht mit einer gemessenen Trübung, vor allem nicht, wenn blockierende Kolloide vorhanden sind. Viele Autoren verwenden diese Methode mit individuellen Porositäten, Drücken und Membraneigenschaften. Vergleiche sind dadurch nicht möglich.

Eine auf der allgemeinen Filtrationsgeichung beruhende Methode mit Filterschichten anstelle Membranen stellten Hamatschek et al. (1993) vor. Bei entsprechender Darstellung ist die Steigung der Filtrationsgeraden ein Maß für die Trubbelastung und die Belastung des Filtermaterials. Die bei definiertem Filtermaterial und konstantem Druck ermittelte Steigung korreliert mit der Standzeit eines Schichtenfilters und ist ein objektives Maß für die Trübung (siehe Kap. 6.3).

Partikelmessungen

Moderne physikalische Analysenmethoden sind in der Lage, Partikelkollektive in Anzahl- und Volumenkurven aufzulösen. Solche Kurvenverläufe liefern ein anschauliches Bild über die Trübung und die Wirkung von durchgeführten Maßnahmen. Abb. 87 zeigt Anzahlverteilungskurven vor und nach einer Klärmaßnahme. Die Hefezellen im Bereich zwischen 4 und 7 µm sind praktisch alle abgetrennt. Im Feinbereich unter 1,5 µm bis zum Ende des Messbereiches ist eine deutliche Abreicherung der Kolloide zu sehen (siehe dazu auch Kap. 6).

Derartige Zählmethoden arbeiten nach dem Streulichtverfahren (dem Coulter-Prinzip) oder mit Laserbeugung. Alle Partikelanalysegeräte erfassen physikalische Partikeleigenschaften, die in Äquivalentdurchmesser umrechnet und dann als Partikelgröße definiert werden. Unter einem Äquivalentdurchmesser versteht man den Durchmesser einer Kugel, die bei der Ermittlung des Partikelmerkmals dieselbe physikalische Eigenschaft aufweist, wie das gemessene unregelmäßig geformte Partikel (TU Ilmenau 2013).

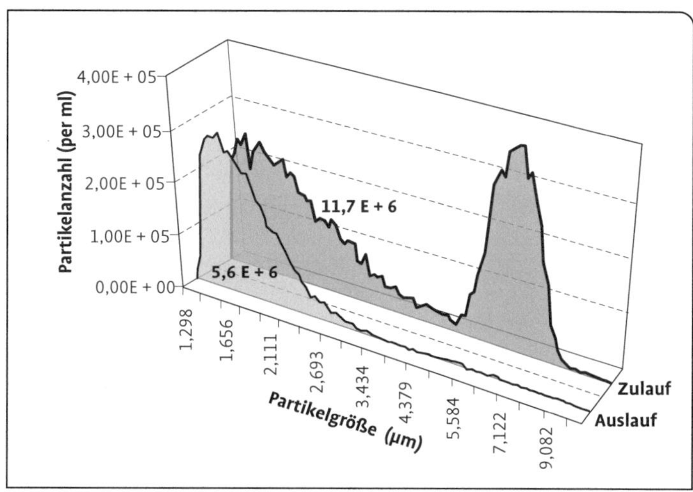

Abb. 87 Anzahlverteilungskurven mit Hefezellen und Kolloiden (Quelle: GEA Westfalia Separator GmbH).

Das Coulter-Prinzip misst die Störung von elektrischen Feldern, Streulicht- und Extinktionsverfahren ermitteln die Störung von Lichtstrahlen. Die Laserbeugungsmethode kommt aufgrund ihrer Schnelligkeit häufig zum Einsatz. Sie kann durch den Einsatz unterschiedlicher Brennweiten in einem Partikelgrößenbereich von 0,2–1800 µm messen.

Das Messprinzip der Laserbeugung beruht auf der Verwendung von monochromatischem, kohärentem Licht (Laserlicht), mit der eine Kugel beleuchtet wird. Man findet aufgrund der Beugung hinter der Kugel eine Lichtintensitätsverteilung mit dem Maximum hinter der Kugelmitte. Durch Anordnung von Detektoren in mehreren radialen Abständen erfasst man mit jedem Detektor die Summe der Signale aller im Messvolumen befindlichen Partikel. Mithilfe mathematischer Algorithmen wird die Anzahl der einzelnen Partikelgrößen berechnet. Das Verfahren liefert also eine Anzahlverteilung. Diese wird vom Gerät in eine Massenverteilung umgerechnet und ausgegeben (TU Braunschweig 2013).

Je nach Partikelmerkmal ergibt sich an einem unregelmäßig geformten Teilchen ein anderer Äquivalentdurchmesser und führt somit zu unterschiedlichen Partikelgrößen. Zur Einordnung der Partikelanalyse muss deshalb die verwendete Messmethode mit angegeben werden.

5.1.1.4 Mechanische Trennverfahren

Bei der Wein- und Mostklärung, aber auch bei der Gas- oder Wasserfiltration kommen zahlreiche mechanische Trennverfahren zum Einsatz. Abb. 88 stellt die unterschiedlichen Techniken und ihre Einsatzmöglichkeiten in Abhängigkeit der Partikelgrößen bzw. des Molekulargewichts im Zusammenhang dar.

Zur Abtrennung von Partikeln > 1 µm stehen mehrere Techniken zur Verfügung. Die sichere Abscheidung von Bakterien erfordert den Einsatz von Membran- oder Schichtenfiltern. Suspensionen mit hohen Feststoffkonzentrationen können mit Anschwemmfiltern, der Membranfilterpresse oder dem Dekanter verarbeitet werden. Die verschiedenen Techniken werden im Zusammenhang mit dem Einsatzgebiet besprochen, ebenso die abzutrennenden Teilchen.

Tab. 31 vergleicht in relativen Werten die Verwendbarkeit der Techniken in Abhängigkeit von der Natur der Trubstoffe bzw. spezifischer Eigenschaften. Kristalle können alle Techniken grundsätzlich abtrennen, kritisch kann die dadurch verursachte Erosion werden. Um Kolloide sicher abzureichern, eignen sich die CMF bzw. UF am besten. Kontinuierliche Systeme wiederum sind lediglich der Separator und der Dekanter. Alle anderen arbeiten diskontinuierlich. Wird eine hohe Trockensubstanz der abgeschiedenen Feststoffe gesucht, sind die Filterpressen unschlagbar. Hohe Feststoff-Zulaufkonzentrationen lassen sich mit dem Dekanter oder den Filterpressen bewältigen. Letztlich ist beim

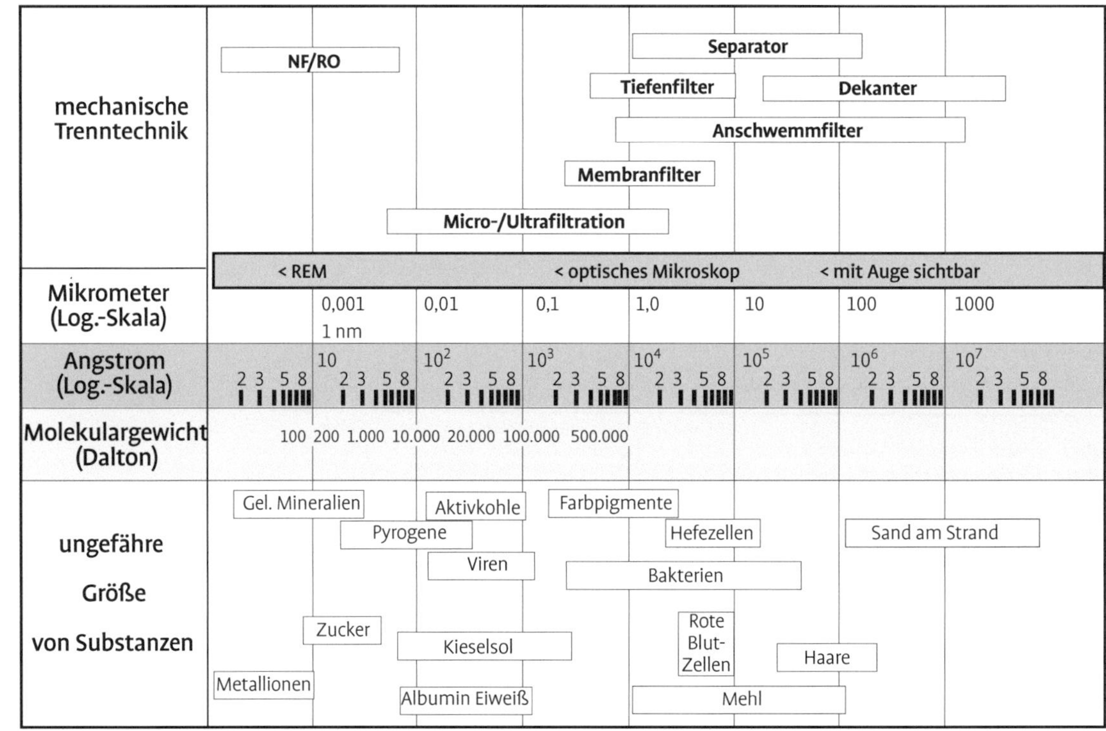

Abb. 88 Einsatzbereiche von Methoden der mechanischen Trenntechnik (NF=Nanofiltration; UF = Ultrafiltration; RO = Reverse Osmosis; REM = Rasterelektronenmikroskop).

Preis-Leistungsverhältnis das Schichtenfilter, mit Abstrichen die Kammerfilterpresse nicht zu übertreffen.

5.1.2 Mostklärung – die Einstellung des Trubgehaltes vor der Gärung

Der Ablauf von der Presse wird zusammen mit dem frei ablaufenden Saft in Sedimentationstanks geleitet. Dort kann der Trub sedimentieren, falls der Saft nicht direkt weiter verarbeitet wird. Tab. 32 stellt Werte von Seckler et al. (2000a) in Abhängigkeit von der Art der Traubenverarbeitung zusammen, ergänzt um Praxiswerte gemessen als Schleudertrub. Unabhängig von der Messmethode wird deutlich, welchen großen Einfluss die Trauben- und Maischeverarbeitung auf die Menge des dadurch erzeugten Trubs besitzt. Die schonende Verarbeitung hat nicht nur einen qualitativen Aspekt, sondern auch einen ökonomischen.

Die Notwendigkeit einer Mostvorklärung ist auch in Betrieben unumstritten, die nur mit einem Minimum an Kellermaßnahmen arbeiten. Andere sehen diesen Verfahrensschritt sogar als eine der wichtigsten auf dem Weg zur angestrebten Weinqualität. Für die Abtrennung von Mosttrub gibt es prozesstechnische und qualitative Gründe:

- Die Gärgeschwindigkeit ist eine Funktion der Trubstoffmenge im Most; je höher diese ist, desto stürmischer verläuft die CO_2-Entbindung und desto höher steigt die Temperatur. Aromastoffe werden flüchtiger, Bukettverluste nehmen zu.
- Verschleppter Mosttrub erzeugt ein vergrößertes Hefedepot, das sich rasch zersetzt und Hefeböckser produzieren kann. Mosttrub allein

Tab. 31 Vergleich der Trenntechniken bezüglich ihrer Einsetzbarkeit (relative Betrachtung: 0 = Eigenschaft eher nicht gegeben, ungeeignet; + = geeignet; ++ = gut geeignet; +++ = sehr gut geeignet)

Trubstoffe	Separatoren	Dekanter	CMF/UF	Schichtenfilter	Anschwemm- + Membranfilter	Kieselgurfilter
Kristalle	+	+++	+	+	++	+
biologische Kolloide (kompressibel)	+	0	+++	++	+	++
Hefen/Bakterien	+++	+	+++	++	++	++
Fasern/Micellen (kompressibel)	+	+	+++	++	++	++
anorganische Kolloide bis zu Nanopartikeln	0	0	+++	+	+	+
hohe Feststoffkonzentration Zulauf	+	+++	++	0	+++	+
hohe spez. Durchlaufleistung	+++	+++	0	++	+	+++
hohe T.S. des Feststoffes	+	++	+	+	+++	+
Sanitär-Ausf.	+++	++	+++	+++	0	0
kontinuierlicher Betrieb	+++	+++	0	0	0	0
Preis/Leistung	+	+	+	+++	++	++
Arbeitsprinzip	Zentrifugalkraft	Zentrifugalkraft	Druckunterschied	Druckunterschied	Druckunterschied	Druckunterschied

Tab. 32 Trubanfall gemessen mit verschiedenen Methoden in Abhängigkeit von der Traubenverarbeitung (nach Seckler et al. 2000a, ergänzt)

Traubenverarbeitung	Schleudertrub* [%gew.]	Sedimentationstrub** [%vol.]	Schleudertrub [%vol.][(3)]
Ganztraubenverarbeitung	0,7–1,5	4–8	1,5–2
schonende Traubenverarbeitung	1,1–2,0	6–12	2–5
harte Traubenverarbeitung	2,0–4,0	10–30	5–15

* Schleudertrub bei 3700 × g und 10 min Behandlungsdauer ** Sedimentationstrub nach 18 Stunden
(3) Schleudertrub 3 min bei 3700 × g

ist im Vergleich zu Hefetrub vergleichsweise einfach abzutrennen und zu verarbeiten.

- Der Trub enthält unerwünschte Hefen und Bakterien, die mit *Saccharomyces cerevisiae* konkurrieren und eine unerwünschte Spontangärung oder einen Säureabbau beginnen können (siehe Kap. Gärung).
- Trüber Most neigt zum Schäumen und erfordert einen größeren Gärraum.
- Die Filtrierbarkeit des Weines verschlechtert sich durch Stabilisierung der Trubstoffe.
- Trubstoffe können Fungizidreste oder Umweltkontaminanten enthalten, die Fehltöne erzeugen.

- Die Vorklärung des Mostes führt zu reintönigeren Weinen mit weniger Schwefel bindenden Gärungsnebenprodukten; etwa 90 % des im Most noch vorhandenen Netzschwefels aus der Traubenbehandlung lassen sich durch eine Mostklärung abtrennen; entsprechend wird die Neigung der Weinhefe zur Bildung von Schwefelwasserstoff vermindert (Werner und Rauhut 2013).

Trub, insbesondere Feintrub, kann aber auch Aromaprecursoren, Hefenährstoffe und traubeneigene pectolytische Enzyme enthalten. Eine zu starke Mostklärung riskiert, einen Teil des Aromapotenzials zu verschenken. Das gilt besonders für Muskat-Rebsorten wie Muskateller, Morio-Muskat und Gewürztraminer, die ausreichende Mengen an β-glycosidisch gebundenen Aromavorläufern besitzen. Bei vielen anderen Rebsorten spielt dieser Effekt erst bei Qualitätsstufen ab der Spätlese eine Rolle und setzt voraus, dass über eine entsprechende Maischestandzeit das Aromapotenzial überhaupt erst gehoben wurde (Fischer et al. 2001). Zusätzlich kann eine zu starke Mostklärung die alkoholische Gärung hemmen, weil Nährstoffe fehlen und/oder mangels innerer Oberfläche nicht entbundenes CO_2 die Hefeaktivität beeinträchtigen.

In der Praxis unterscheiden sich Betriebe im Grad der Mostklärung deutlich. Der realisierte Abscheidegrad ist allerdings oft allein eine Funktion der vorhandenen Technik und ergibt sich eher zufällig, im Falle bewusster Kellerwirtschaft dagegen ist er ein Element des Trubmanagements mit definierter Zielgröße, die individuell stark unterschiedlich definiert sein kann.

Zur Klärung von Most oder Wein kommen zahlreiche mechanische Trenntechniken zum Einsatz. Sie trennen Fest-Flüssig entweder aufgrund unterschiedlicher Dichten oder auf aufgrund unterschiedlicher Partikelgrößen. Abb. 89 stellt die verschiedenen Techniken und ihre wirksamen Kräfte zusammen.

Die natürliche oder künstlich erhöhte Gravitation bzw. die effektive Druckdifferenz sind völlig unterschiedliche physikalische Wirkprinzipien, führen aber zum gleichen Ergebnis. Dekanter und Pressen wurden in Kap. 3 beschrieben, die verschiedenen Aspekte der Filtration oder Siebung folgen in Kap. 6.3.

In den folgenden Kapiteln werden die in der Praxis für die Mostklärung eingesetzten Techniken und die Konsequenzen für die Weinbeschaffenheit beschrieben:

- die Sedimentation,
- die Zentrifugation mit Separatoren und Dekanter,
- die Anschwemmfiltration bei Vakuumdrehfilter, Kammerfilterpresse und Kieselgurfilter über Kerzen oder Scheiben,
- die Flotation.

5.1.2.1 Klärung durch Sedimentation (Entschleimung)

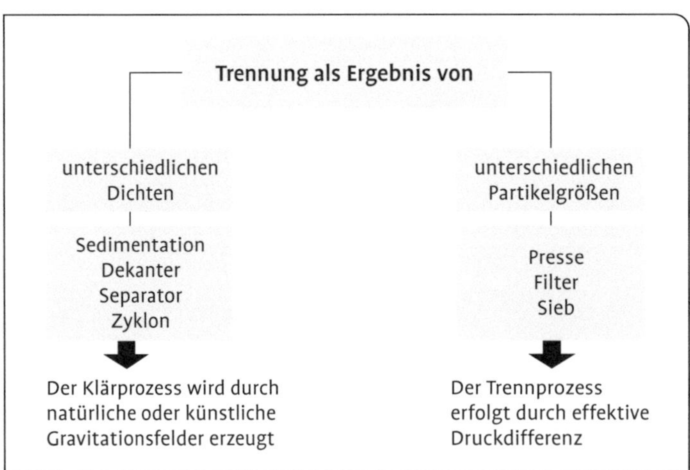

Abb. 89 Prinzipien der mechanischen Trennung in der Kellerwirtschaft.

Die Sedimentation im Tank, in der Praxis oft Entschleimung genannt, ist die einfachste, kostengünstigste, aber auch langwierigste und vom Ergebnis her am wenigsten vorherbestimmbare Methode. Sie setzt eine ausreichende Zahl von Sedimentationstanks voraus und entsprechende Arbeitsabläufe, die auf den hohen Zeitbedarf abgestellt sind.

Abb. 90 zeigt die Parameter, die bei der Sedimentation im Mosttank eine Rolle spielen. Auftriebskraft und Schwerkraft wirken auf ein Teilchen entgegengesetzt und hängen beide von der

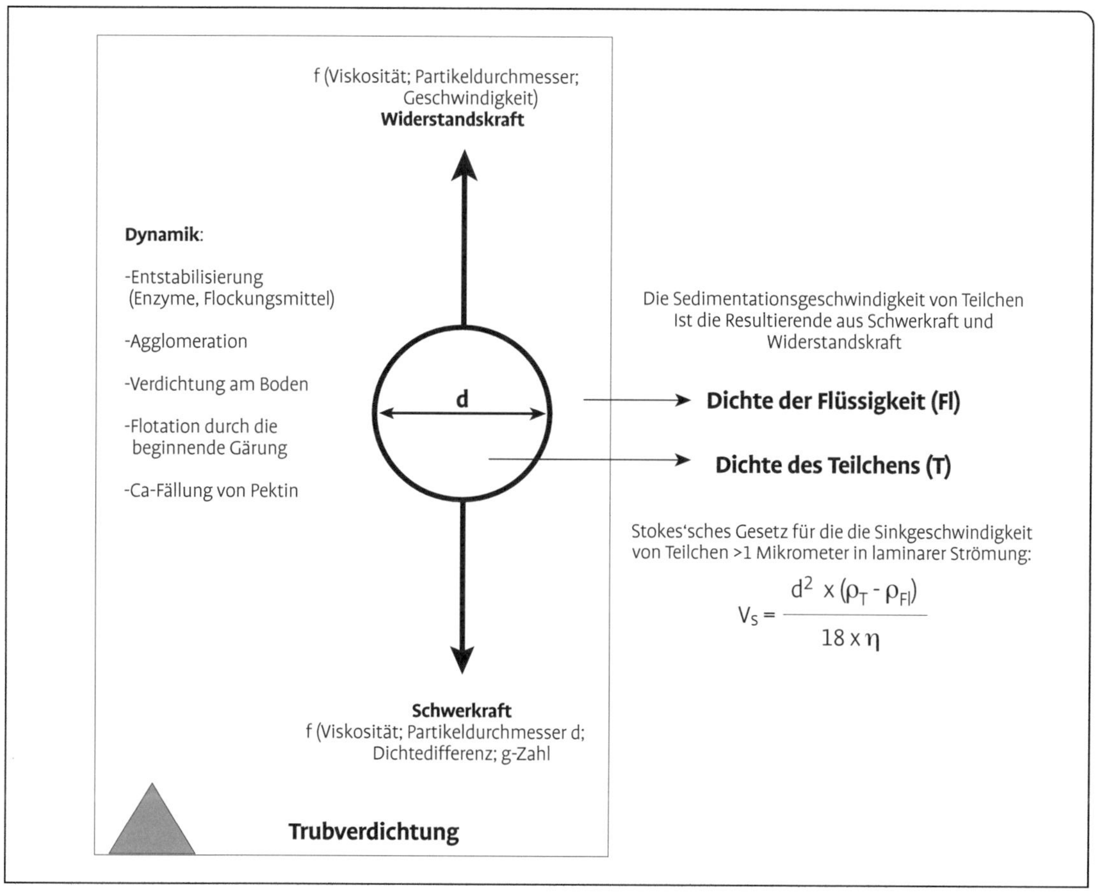

Abb. 90 Einflussgrößen auf die Sedimentation eines Teilchens im Mosttank (V = Sedimentationsgeschwindigkeit; ρ = Dichte; g = Beschleunigung im Erdschwerefeld; η = Viskosität).

Viskosität der Flüssigkeit, der Dichtedifferenz und der Partikelgröße ab. Bei trubstabilen Kolloiden fehlt die Dichtedifferenz, sie sedimentieren nicht. Teilchen < 1 µm ihrerseits werden durch die Brown'sche Molekularbewegung in Schwebe gehalten. Hohe Mostgewichte bedeuten ein hohes spezifisches Gewicht, hochgrädige Auslesen mit über 100 °Oe bzw. einem spezifischen Gewicht von über 1100 kg/m³ klären sich schlechter als kleine, noch unverbesserte Qualitätsweine. Niedrige Temperaturen erhöhen die Viskosität des Saftes und wirken der Sedimentation entgegen. Gleiches gilt für hohe Tanks. Die Trubstoffe benötigen mehr Zeit, bis sie am Boden angekommen sind. Im Tank entsteht ein Konzentrationsgradient, der die Bestimmung des aktuellen Mostklärgrades aufwendig macht. Proben müssen aus verschiedenen Höhen gezogen und gemittelt werden. Im Bodenbereich schließlich verdichten sich die Trubstoffe langsam zu einem kompakten Sediment. Je höher die Trubmenge insgesamt ist, desto flüssiger bleibt der Trub (siehe dazu in Tab. 32 die Maximalwerte bei „harter Behandlung").

Die normale Sedimentation von Mostpartikeln ist ein dynamischer Prozess. Enzyme oder Flockungsmittel können die Teilchen entstabilisieren, schwere Kalziumpektate bilden und die Sedimentation extrem beschleunigen. Auf dem Weg nach unten kommen die Partikel dann mit anderen in Kontakt, lagern sich zusammen und sinken noch schneller zu Boden, weil ihr Durchmesser quadratisch in die Sedimentationsgleichung eingeht. Hohe Tanks besitzen Vorteile bei der Sedimentation, wenn genügend Zeit zur Verfügung steht. Unter normalen Bedingungen reichen 4–6 Stunden Sedimentationszeit aus, um den Most ausreichend zu klären. In der Praxis wird oft in den Nachtstunden entschleimt und am anderen Morgen der Überstand abgezogen. Seckler et al. (2000a) arbeiteten mit 18-stündiger Sedimentationszeit und erzielten damit immer den gewünschten Kläreffekt.

Die Sedimentation als Klärmaßnahme führt in Abhängigkeit der zahlreichen Einflussgrößen zu einem Saft mit Trubgehalten zwischen 0,3 und 1,0 %vol. schleudertrocken. Das Geläger seinerseits besteht aus verdichteten Teilchen mit 15–45 %vol. Feststoff. Nach der praxisüblichen 6- bis 10-stündigen Sedimentation liegen die Werte im Schnitt bei 25 %vol. Bei ebenfalls durchschnittlichen 4 %vol. des abgepressten Mostes ergibt sich ein Konzentrierungsfaktor von lediglich etwas mehr als 6. Unter der Annahme von 0,5 %vol. Resttrub im Saft fallen rund 14 % der ursprünglichen Saftmenge als dünnflüssiger Trub an (3,5 % zu 25 % = 1 zu 7,14; das entspricht 14 %). Durch die Trubverarbeitung müssen der rückgewinnbare Saft abgetrennt und die Trockensubstanz des Feststoffs auf deponiefähige 30–35 % angehoben werden. Der vorkonzentrierte dünne Trub mit 25 %vol. schleudertrocken enthält etwa eine Trockensubstanz von 6–7 % (siehe Kap. 5.10).

Mostkühlung zur Kaltsedimentation

Kommen die Trauben mit Temperaturen oberhalb etwa 18 °C ins Kelterhaus, steigt das Risiko eines zu frühen Gärstarts und einer Entwicklung von Gärungskohlensäure. Angegorene Moste lassen sich nicht mehr entschleimen, der Trub neigt eher zum Flotieren (Kap. 5.1.2.5). In warmen Klimazonen, zunehmend aber auch in den nördlichen, wird deshalb oft gekühlt und kalt sedimentiert. Das in der Praxis vorkommende Temperaturspektrum reicht von 4–15 °C, die Sedimentationszeit von wenigen Stunden bis über 2 Tage. Eventuell muss der Most nach der Sedimentation auf Gärtemperatur angewärmt werden. Je niedriger die Temperatur gewählt wird, desto höher wird die Viskosität des Mostes und desto niedriger die Effektivität der enzymatischen Selbstklärung. Der Zeitbedarf steigt dadurch. Gleichzeitig nehmen die Stoffwechselaktivitäten aller Hefen im Most ab. Eine sichere Unterbindung der Gärung kann aber auch bei sehr niedrigen Temperaturen nicht gewährleistet werden. Entscheidend sind die Anzahl der Hefezellen und deren Kältetoleranz. In Verbindung mit einer SO_2-Gabe (die Empfehlungen

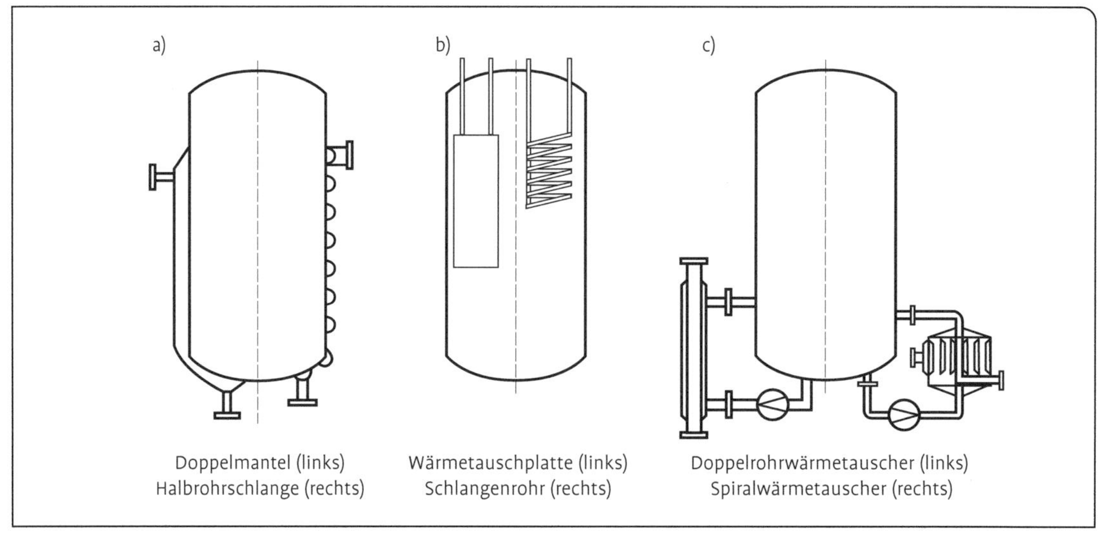

Abb. 91 Möglichkeiten der Tankkühlung (Müller und Platzer 1998).

Beispielberechnung der Kälteleistung zur Mostkühlung (Freund, unveröffentlicht):

Es sollen 6000 l Most mit einer spezifische Wärmeenergie von 1 kcal/(kg × °C) = 1,1 kcal/(L × °C) von 25 auf 10 °C gekühlt werden (Δ 15 °C); die verfügbare Kühlenergie beträgt 14 KW/h;
Die benötigte Kälteleistung bei stationärer Kühlung im Safttank errechnet sich zu:
6000 l × 1,1 kcal/l × °C × 15 °C = 99 000 kcal; 99 000 kcal/860 kcal/KW = 115,11 kW, d. h. es werden 115,11 kW/14 kW/h = 8,2 h zur Kühlung um 15 °C benötigt.
Erfolgt die Kühlung durch einen Durchflusskühler mit einer Leistung von 1000 l/h, so erfolgt die Berechnung der Kälteleistung auf folgende Weise:
1000 l/h × 1,1 kcal/(l × °C) × 15 °C = 16 500 kcal/h; 16 500 kcal/860 kcal/kW = 19,2 kW/h.
Somit wird eine Kälteleistung von 19,2 kW/h über 6 Stunden benötigt. Wird weiter davon ausgegangen, dass für 1 kW Kälte rd. 0,5 kW Energie aus Strom benötigt wird, so muss in beiden Fällen mit einem Energiebedarf von 57,5 kW (0,5 × 115 kW) gerechnet werden, was bei einem Strompreis von rd. € 0,16 Energiekosten von € 9,20 ergibt.
Bei der Verwendung von Trockeneis mit einer Kälteleistung von 137 kcal/kg ergeben sich für die benötigten 99 000 kcal folgende Mengen und Kosten:
99 000 kcal/137 kcal/kg = 722 kg Trockeneis; 722 kg × 0,80 €/kg = 577,60 €

liegen bei 50 mg/l Most) kann dieses Restrisiko weiter gesenkt werden. Dies gilt vor allem dann, wenn faules Lesegut mit unterschiedlichen Mikroorganismen vorliegt.

Da die Wirkung der traubeneigenen Enzyme nur noch gering ist, können Handelsenzyme mit entsprechendem Temperatur-Aktivitätsspektrum den Zeitbedarf bis zur Sedimentation verkürzen (siehe Kap. 3). Gleiches gilt für eine Gelatine-Kieselsol-Schönung, wobei aber bei der Gelatine-Einbringung intensiv gemischt werden muss, um eine spontane Gelierung durch lokale Überkonzentrierung zu vermeiden. Varela et al. (1999) haben bei 8 °C nach 2 Tagen eine deutlich niedrigere Resttrübung gefunden im Vergleich mit einer geschwefelten Probe bei 18 °C. Unter allerdings anderen Rahmenbedingungen, andere Rohware, anderer Reifegrad usw., kam Heß (1999) zu entgegengesetzten Ergebnissen. Bei ihm führte die höhere Temperatur zu besseren Klärgraden und Sedimentations-Trubwerten. In allen Fällen wurde aber das Hauptziel erreicht, die Verhinderung einer unerwünschten Angärung.

Zur Kühlung des Mostes direkt nach der Presse stehen mengenabhängig zahlreiche Möglichkeiten zur Verfügung. Großbetriebe fahren mit einer kontinuierlichen Kühlung im Doppelmantelrohr vom Sammeltank in den Sedimentationstank am besten. Als Kühlmittel kann Wasser eingesetzt werden, das z. B. über einen Sekundärkreislauf mit Kühlsole als Kälteträger 5° kälter als die angestrebte Mosttemperatur gehalten wird.

Kleinere Mengen können batch-weise gekühlt werden. Möglichkeiten dazu zeigt Abb. 91. Bei den am äußeren Tankmantel angebrachten Doppelmänteln, Halbschlangen oder Kältekissen (Pillow Plates) werden nur rund 50 % der Kühloberfläche genutzt, während der andere Teil die Raumluft kühlt. Aus energetischen Gründen ist eine Isolierung notwendig. Eingehängte Wärmetauscher sind wirtschaftlich günstiger, ebenso extern verknüpfte System für eine Kreislaufkühlung. Je nach Kühlleistung der Anlage und Anfangstemperatur des Mostes werden mehrere Stunden zur Kühlung auf die gewünschte Temperatur benötigt. Alternativ muss eine Zeitverkürzung durch eine höhere Kälteleistung teuer erkauft werden.

5.1.2.2 Mostvorklärung mit Zentrifugen

In der Kellerwirtschaft kommen seit den Sechzigerjahren des letzten Jahrhunderts schnell laufende Sedimentationszentrifugen in Form von Separatoren und Dekantern zum Einsatz. Beide erzeugen durch die Rotation einer Trommel ein

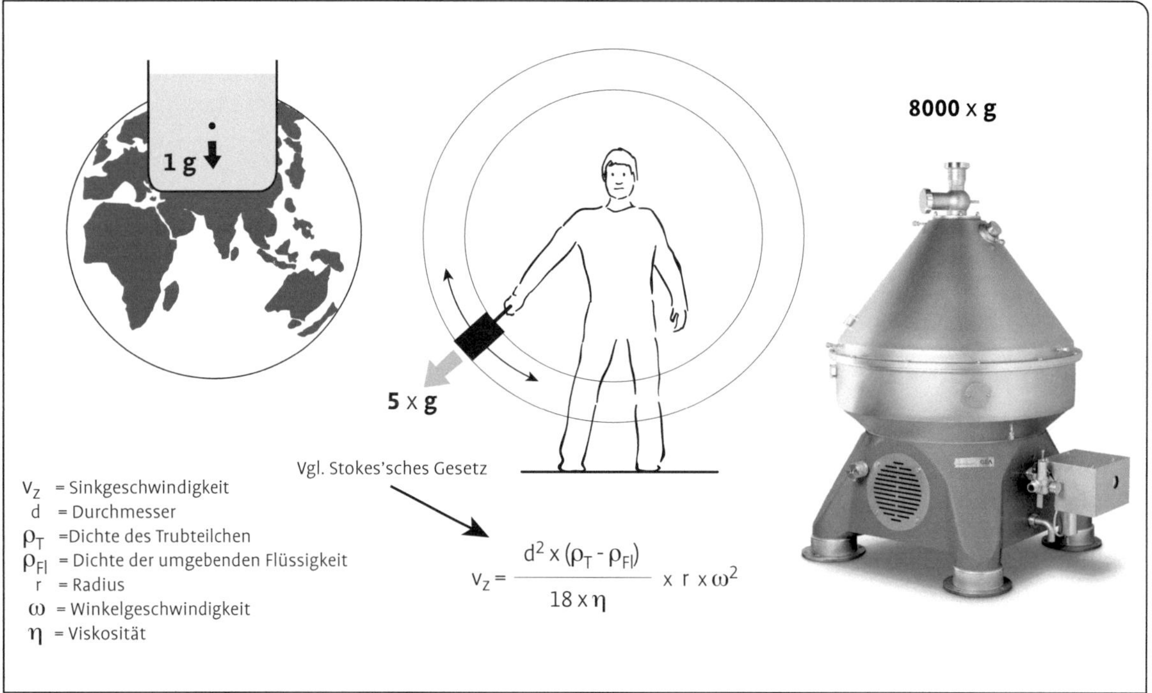

Abb. 92 Gleichung für die Sedimentationsgeschwindigkeit im Zentrifugalfeld und Beispiele für g-Zahlen; der Separator rechts ist eine Neuentwicklung mit einem Magnetmotor, der die Kraft ohne mechanische Teile überträgt und Platz spart (Quelle: GEA Westfalia Separator GmbH).

hohes Zentrifugalfeld, d. h. sie vervielfachen das Erdschwerefeld. Das der Sedimentation zugrunde liegende Stokes'sche Gesetz wird um die Schleuderziffer vervielfacht. Die Schleuderziffer gibt an, wie viel Mal größer die Zentrifugalkraft ist als die natürliche Gravitationskraft und ist ein Produkt aus dem Radius, bei dem sich das Teilchen gerade befindet und der Winkelgeschwindigkeit. Die Geschwindigkeit, mit der sich ein Teilchen auf einer Kreisbahn bewegt, liegt bei modernen Zentrifugen oberhalb von 200 m/sec. Abb. 92 zeigt die g-Zahl einer Zentrifuge in Relation zu g-Zahlen des täglichen Lebens sowie die Ergänzung des Stokes'schen Gesetzes.

Unter der Wirkung einer Zentrifugalkraft erhöht sich die Sinkgeschwindigkeit eines Teilchens entsprechend der Schleuderziffer. Im mittleren Bild kommt es 5-mal schneller am Boden an als im linken. Die Zentrifuge verkürzt die Sedimentationszeit auf 1/8000stel. Gleichzeitig sind moderne Zentrifugen so konstruiert, dass sie über einen auf Bruchteile von 1 mm verkürzten Absetzweg verfügen. Eine 18-stündige Sedimentation im Tank würde so auf wenige Sekunden verkürzt. Auf die entstabilisierende Wirkung von Enzymen wird im Falle einer frühzeitigen Zentrifugation verzichtet. Je nach kolloidaler Situation könnte dadurch die lange dauernde Sedimentation einen besseren Klärgrad ergeben.

Abb. 93 zeigt die Hauptelemente eines Separators und die aufgeschnittene Trommel als dessen Herzstück. Die zu klärende Suspension gelangt über ein Einlaufrohr in die rotierende Trommel. Dort wird sie möglichst schonend auf Umdrehungsgeschwindigkeit beschleunigt, nach außen an die Peripherie der Trommel gelenkt und in dünne Schichten aufgeteilt (Q/Z; Z = Anzahl der Schichten). Die Suspension durchströmt einen Einzelseparierungsraum von außen nach innen. Die Summe dieser Einsätze ergibt das Tellerpaket. Die Teilchen unterliegen der Zentrifugalkraft und werden radial nach außen geschleu-

Abb. 93 Schnittbild eines Separators (Quelle: Fa. Flottweg).

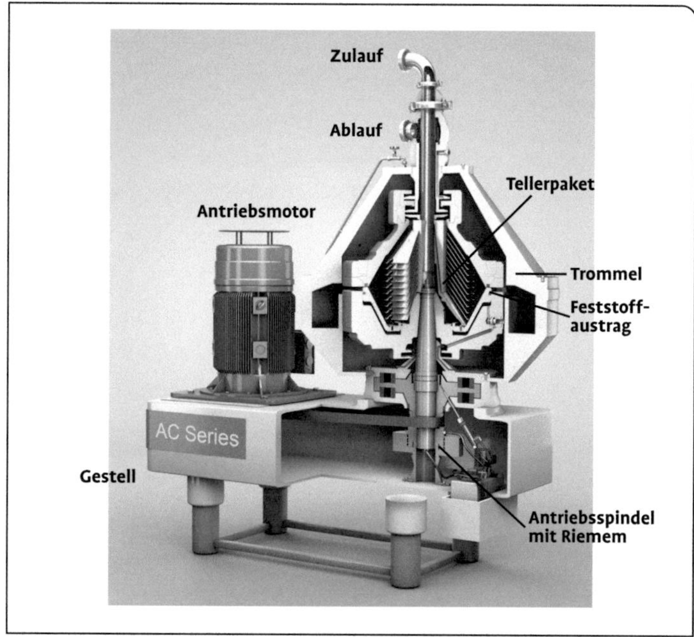

dert, während die Flüssigkeit weiter nach innen fließt. Erreicht das Teilchen den Rand des oberen Einsatzes, ist es abgeschieden. Es rutscht mit allen anderen Teilchen in zusammenhängender Schicht nach unten, wird in einem Feststoffraum gesammelt und periodisch ausgetragen. Die gesamte Verweilzeit einer Suspension in einer Trommel beträgt weniger als ½ Minute. Durchsatzleistungen können bei Trommeln mit 1 m ∅ über 50 000 l betragen.

Spezifisch schwere Teilchen werden direkt im Feststoffraum abgelagert, leichtere und kleinere erst im dünnen Spalt des Tellerpakets. Den Klärvorgang im Einzelseparierungsraum im Vergleich mit einem durchströmten Absetzbecken zeigt Abb. 94.

Große Teilchen setzen sich rasch ab, kleine, leichte unter Umständen gar nicht. Sie verlassen das Becken bzw. den Tellerspalt zusammen mit der Flüssigkeit. Im Tellerspalt verläuft ihre Bewegung als Resultierende aus radialer Zentrifugalbeschleunigung und Schleppbewegung der

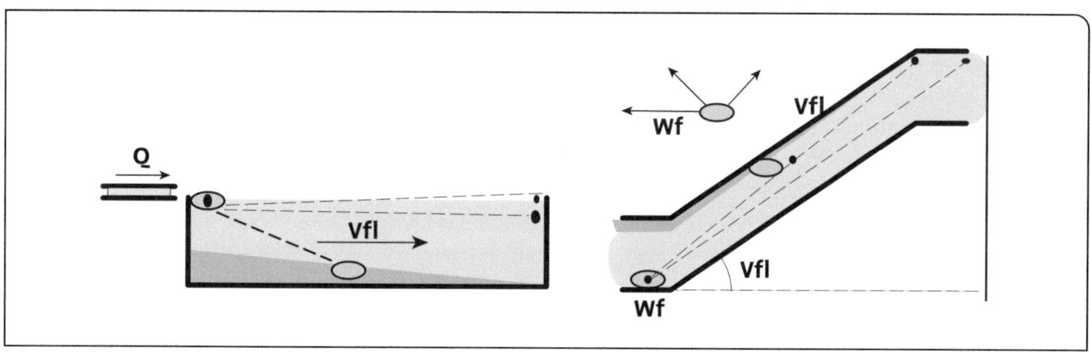

Abb. 94 Vorgänge in einem Tellerspalt im Vergleich zum durchströmten Absetzbecken (Q = Durchsatzmenge je Zeiteinheit; V_{fl} = Geschwindigkeit der Flüssigkeit; W_f = Wirkungsrichtung der Zentrifugalkraft).

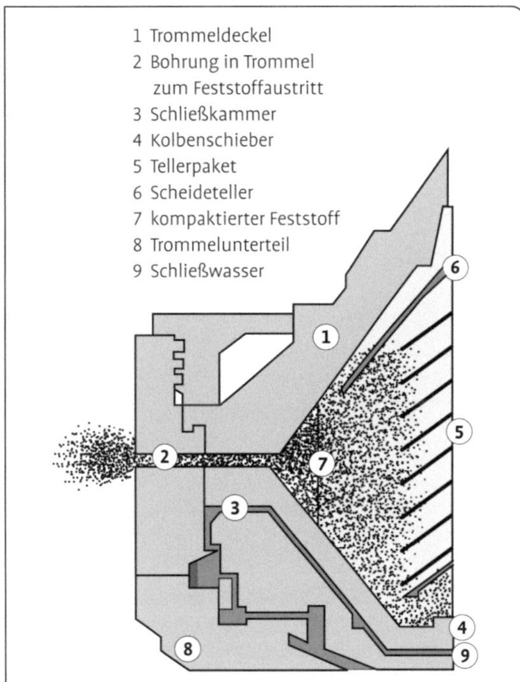

Abb. 95 Trommelhydraulik für das Austragen des Feststoffes (Hydro Stop System GEA Westfalia Separator GmbH; aus Stahl 2004).

Flüssigkeitsströmung. Je dünner der Einzelseparierungsraum ist, desto kürzer der Absetzweg und desto effektiver die Abscheidung. Moderne Separatoren besitzen Tellerpakete mit über 200 Tellern und Abständen der Teller im Bereich von 0,5 mm und weniger. Wird der Zwischenraum zu eng gewählt, steigt mit der Menge grober Feststoffteilchen im Zulauf allerdings die Gefahr der Verstopfung. Der Tellerabstand ist deshalb in der Praxis ein Kompromiss aus Effizienz und Risiko.

Separatoren kompaktieren die abgetrennten Feststoffe im Feststoffraum zwischen Tellerpaket und Trommelwand und sind deshalb kontinuierlich arbeitend bezüglich der flüssigen Phase, aber diskontinuierlich bezüglich der festen. Die abgeschiedenen Feststoffe müssen periodisch ausgestoßen und im Feststoffbehälter aufgefangen werden. Bei modernen Anlagen fördern sie Dickstoffpumpen sondengesteuert in einen separaten Trubsammeltank. Separatortrub muss in der Regel weiter aufgearbeitet werden, weil er noch rückgewinnbaren Saft enthält. Das ist ein Unterschied zum Dekanter, der vollkontinuierlich gegenüber beiden Phasen klärt und deponiefähigen Feststoff produziert. Dafür ist dessen Kläreffizienz aufgrund einer deutlich niedrigeren Schleuderziffer geringer. Moderne Zentrifugen mit einem extrem schnellen Entleerungssystemen erzielen inzwischen sehr hohe Feststoffkonzentrationen, die eine Mostrückgewinnung aufgrund der geringen Menge Saftverlust unwirtschaftlich machen (siehe dazu Kap. 6, Weinklärung).

Separatoren sind vollständig automatisiert, sie arbeiten bei Bedarf wach frei im 24-Stunden-Dauerbetrieb. Das setzt voraus, dass der nur begrenzt vorhandene Feststoffraum rechtzeitig entleert wird, bevor die abgeschiedenen Teilchen in das Tellerpaket wandern. Je nach Größe der Zentrifuge liegt die Aufnahmekapazität für Trubstoffe zwischen 2 und 45 l. Zur Entleerung müssen, über eine Trommelhydraulik gesteuert, Bohrungen an der Peripherie der Trommelwand für Bruchteile von Sekunden freigegeben werden, damit die Feststoffe durch diese explosionsartig nach außen schießen können. Für den erforderlichen hohen Druck sorgt die Zentrifugalkraft. Bevor Flüssigkeit ausdringen kann, muss die Trommel wieder geschlossen sein. Je schneller und je gleichmäßiger der gesamte Vorgang abläuft, desto höher ist die Trockensubstanz des Feststoffes.

Abb. 95 zeigt als Beispiel für eines von zahlreichen Entleerungssystemen einen Mechanismus, mit dem der gesamte Öffnungs- und Schließvorgang in weniger als 0,1 s abläuft (Hydro Stop-System GEA Westfalia Separator GmbH). Die Trommel besteht aus dem Deckel (1) und dem mit ihm verschraubten Unterteil, das Bohrungen zum Feststoffaustrag enthält (8). Die Bohrungen sind während der Separation verschlossen durch den Kolbenschieber (4), der hydraulisch gegen den Hauptdichtring im Deckel gepresst wird. Der dafür nötige Druck wird erzeugt durch das Schließwasser (9) in einer Schließkammer (3). Der Feststoff (7) verdichtet sich und füllt den Feststoffraum allmählich auf. Für die Entleerung muss bei voller Drehzahl und ohne Unterbrechung des Zulaufs der Kolben-

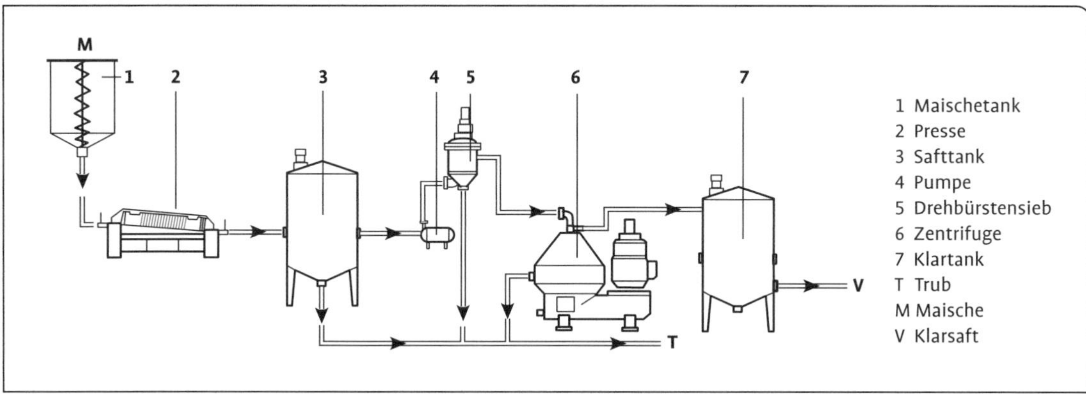

Abb. 96 Mostvorklärung mit Separator (Quelle: GEA Westfalia Separator GmbH).

schieber nach unten gedrückt werden und damit die Öffnungen freigeben.

Der Feststoff wird nach außen gepresst. Bevor alle Feststoffteilchen ausgeschleudert sind, muss der Kolbenschieber bereits wieder in Schließstellung sein. Damit wird ein Flüssigkeitsaustritt verhindert. Das erfolgt über ein schlagartiges Ablassen der Schließflüssigkeit und sofortiges Wiederbefüllen. Die extrem hohe Geschwindigkeit für das Entleeren und Auffüllen wird über ein System von Ventilen und Kammern unterhalb der Schließkammer erreicht.

Eine Möglichkeit zur Einleitung des Entleerungsvorganges ist durch den Scheideteller (6) angedeutet. Zwischen ihm und dem Trommeldeckel strömt eine kleine Teilmenge der zu klärenden Flüssigkeit und hält in einer separaten Leitung außerhalb der Trommel einen kleinen Kolben in Schwebe. Fällt dieser nach unten, weil die Spaltströmung durch den angewachsenen Feststoff unterbrochen wurde, initiiert das einen Steuerimpuls, die Entleerung beginnt. Alternativ lässt sich die Entleerung über eine Überwachung des Klärgrades einleiten. Je näher der Feststoff dem Tellerpaket kommt, desto mehr Teilchen werden rückvermischt, sie trüben den Klärgrad ein. Ist ein bestimmter Trübungswert im Auslauf überschritten, initiiert das die Entleerung. Die ebenfalls mögliche Entleerung nach der Zeit setzt dauerhaft konstante Zulaufbedingungen voraus. Unbeaufsichtigt dürfen Separatoren so nicht betrieben werden.

Abb. 96 zeigt schematisch die Installation einer Separatorenstation. Der Saft wird aus dem Klarphasenablauf des Sedimentationstanks abgepumpt und über einen vorgeschalteten Siebeinsatz, z. B. ein Drehbürstensieb, in die Zentrifuge geleitet. Das Vorsieb muss grobe Beerentrümmer und Kerne zurückhalten, die zur Verstopfung führen können. Im Falle einer Maschinenlese ist ein zusätzlicher Hydrozyklon zum Schutz der Zentrifuge vor Erosion durch Sand angeraten. Der Separator reduziert den Trub im Most in Abhängigkeit von zahlreichen Parametern um 70–95 %, d. h. er klassiert und trennt vorrangig die größeren Teilchen ab. Erfolgt der Anstich unten am Tank ist die Leistung zu reduzieren. Ist die konzentrierte Feststoffphase geklärt, kann die Leistung entsprechend erhöht werden. Der Abscheidegrad eines Dekanters liegt aufgrund geringerer Schleuderziffern niedriger als der eines Separators, dafür erzielt er höhere Trockensubstanzwerte beim ausgetragenen Feststoff. Der Separator ist dafür auch im Weinstadium sehr erfolgreich einsetzbar.

Der erzielbare Klärgrad lässt sich bei allen Zentrifugen hauptsächlich über die durchgeschickte Menge je Zeiteinheit steuern. Abb. 97 zeigt, wie die Haupteinflussgröße Durchsatz den Klärgrad bei einem Rieslingmost beeinflusst (Christmann und Freund 2004).

Liegt der Abscheidegrad bei 2000 l Zulauf/h noch bei knapp 80 %, sinkt er bei steigendem Durchsatz kontinuierlich an und beträgt bei 14 000 l/h nur noch wenige Prozent. Die Maschine ist überfahren, der Most wird praktisch

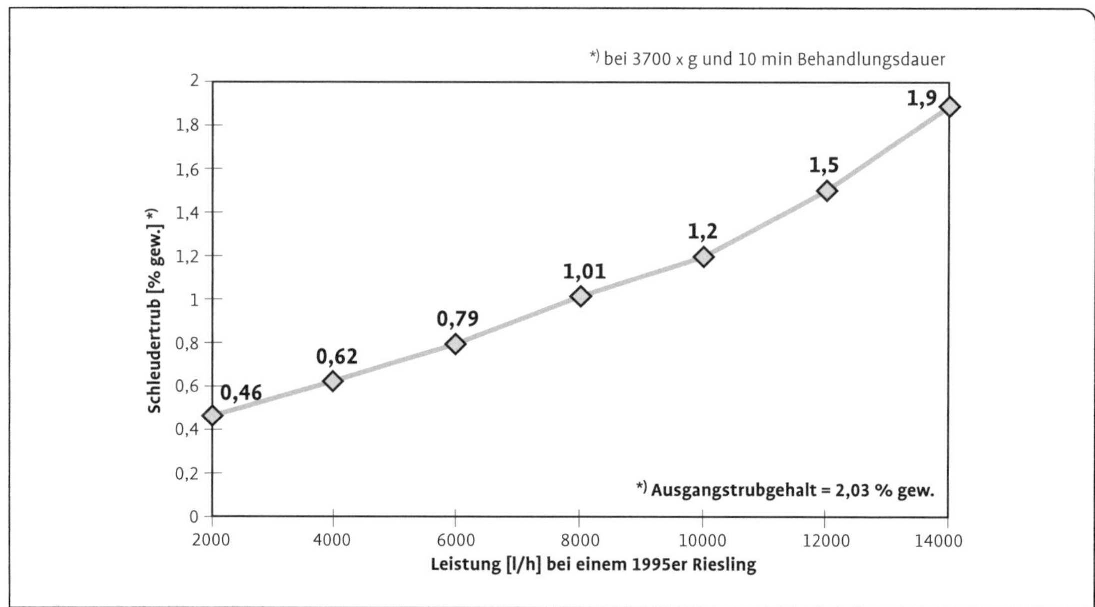

Abb. 97 Resttrub im Most in Gew.% nach Zentrifugation mit steigender Durchsatzmenge (Christmann und Freund 2004).

nur noch durchgepumpt. Die Verweilzeit der Teilchen im Zentrifugalfeld ist kürzer als die erforderliche Zeit, um an die Unterseite des oberen Tellers zu gelangen. Um die angestrebte Resttrübung von < 0,6 Gew.% zu erzielen, hätte die untersuchte, in dem Fall kleine Zentrifuge nur mit knapp 4000 l/h beschickt werden dürfen.

Trommeldrehzahl und wirksame Tellerfläche (Anzahl; Winkel; Außen- und Innendurchmesser) werden bei Zentrifugen zur äquivalenten Klärfläche zusammengefasst. Eine große Zentrifuge mit z. B. 300 000 m^2 Klärfläche verfügt etwa über die Leistungsfähigkeit eines Klärbeckens gleicher Größe. Die Größe eignet sich, die Leistungsfähigkeit von Maschinen zu vergleichen. Die beispielhaft genannte Zentrifuge bringt verglichen mit einer nur halb so großen etwa die doppelte Leistung bei gleichem Klärgrad oder einen deutlich besseren Klärgrad bei gleicher Leistung.

Abb. 98 fasst die Maschinen- und Verfahrensparameter bei der Zentrifugation von Most und Wein auf den Klärgrad zusammen. Angesichts unveränderlicher Maschinenparameter stehen dem Technologen hauptsächlich der Durchsatz je Zeiteinheit und die Schönung als Möglichkeiten zur Verfügung, die Zentrifugeneffizienz zu beeinflussen. Damit können die Teilchengrößen erhöht und die Viskosität gesenkt werden. Eine Temperaturanhebung bringt zwar auch eine punktuelle Verbesserung, weil Kolloide vom Gel in den Solzustand übergehen. Sie ist aber nur momentan messbar, nach der Abkühlung in den Urzustand kehrt die Trübung zurück.

Die in der Vergangenheit hauptsächlich in kleineren Betrieben viel eingesetzten diskontinuierlich arbeitenden Kammerseparatoren spielen heute praktisch keine Rolle mehr (siehe dazu Troost 1988 oder Schmidt 2013).

5.1.2.3 Filter zur Mostklärung

Die Mostklärung verfolgt das Ziel, den Trub im Saft lediglich zu einem bestimmten Prozentsatz abzureichern, ihn letztlich zu klassieren und eine betriebsspezifisch gewünschte Resttrübung zu erzielen. Grundsätzlich sind für diese Aufgabenstellung auch Filtersysteme geeignet. Durch Wahl des Filtermittels lässt sich der angestrebte Klärgrad einstellen, wobei er methodenbedingt niedriger liegen wird als bei den Sedimentationsverfahren. Da die Mostklärung mittels Filtration nur wenig verbreitet ist, werden an dieser Stelle zur Abrundung nur die möglichen Techni-

Einflussgrößen	Wirkung günstig ungünstig	konstruktions-bedingt	produktbedingt	Anmerkung
Teilchengröße			○	Schönung
Dichtedifferenz			○	Schönung Schutzkolloide
Viskosität			○	Temperatur, Inhalts-stoffe, Kolloide
Feststoff-konzentration		○	○	Feststoffraum
Durchsatzmenge		○	○	
Trommeldrehzahl		○		werkstoffabhängig, Trommelaussenradius
Trennradius		○		Trommeldurchmesser, Sedimentations-raum
Tellerwinkel		○		
Tellerzahl		○		
Tellerabstand		○		Absatzweg

Abb. 98 Maschinen- und produktbedingte Einflussgrößen auf den Klärgrad von Most und Wein bei der Zentrifugation.

ken kurz vorgestellt (zum Thema Filtration siehe Kap. 6.3).

In der Praxis kommen drei Techniken zum Einsatz:

- das Vakuumdrehfilter,
- der Kammerfilter,
- das Kieselgurfilter mit Kerzen oder Scheiben.

Vakuumdrehfilter

Beim Vakuumdrehfilter saugt ein von außen angelegter Unterdruck die trübe Flüssigkeit durch einen zuvor angeschwemmten Filterkuchen. Siehe dazu Abb. 99. Das Filter besteht im Wesentlichen aus einer großen Filtertrommel, einer Vakuumerzeugung, einem Filtertrog und einer Filtratpumpe. Auf ein stabiles Filtergewebe (3) der Filtertrommel (2) wird zuerst eine grobe Voranschwemmschicht (4)

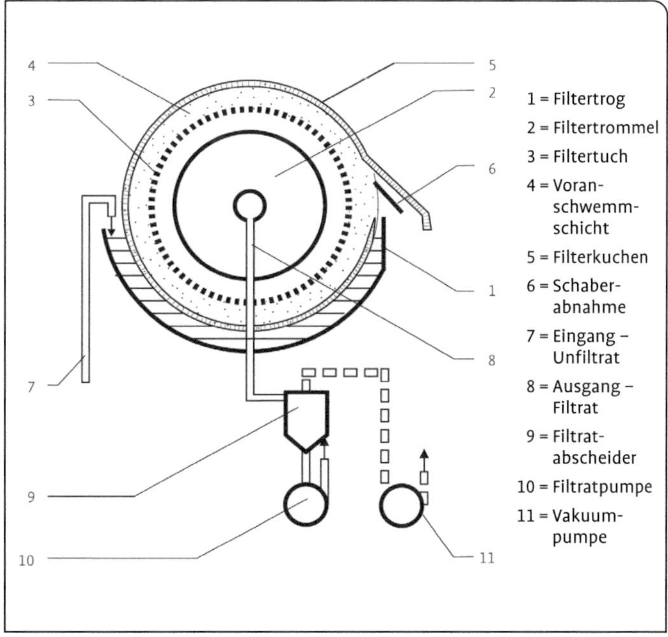

Abb. 99 Querschnitt durch einen Vakuumdrehfilter (Schmidt 2013).

aus grober Gur oder Perlite aufgebracht, danach der eigentliche Filterkuchen (5) aus feinerem Filtermedium. Die Filterschicht aus gleichfalls Kieselgur oder Perlite ist 6–7 cm dick. Eine starke Vakuumpumpe (11) erzeugt in der Filtertrommel den Unterdruck. Der zu filtrierende Saft wird dadurch aus dem Filtertrog auf die Trommel gesaugt und gelangt durch die Filterschicht in die Trommel. Dort wird der geklärte Saft abgepumpt.

Die abgeschiedenen Feststoffe oder Kolloide bilden am Filtermedium eine zusätzliche Filterschicht und dringen ein Stück in die Tiefe der Struktur ein. Die sich drehende Trommel fährt an einem Abscheidemesser (6) vorbei, das die Deckschicht und einen Teil der Anschwemmschicht abschält, insgesamt bei jeder Umdrehung 0,2–0,3 mm. Danach steht für den nächsten Durchgang erneut eine saubere Filterschicht zur Verfügung. In der Wanne wird erneut Most angesaugt. Das Schabemesser bewegt sich motorgesteuert zur Mitte der Trommel und schabt stets die gleiche Schichtdicke ab. Ist die Filterschicht ganz abgetragen, ist die Filtration beendet.

Der Klärgrad des Mostes wird über die Auswahl der Anschwemmmittel bestimmt und durch die Filtrationseigenschaften des Mostes. Je grober das Mittel ist, desto trüber der Most und umso größer die Kapazität bis zur Erschöpfung. Troost (1988) gibt für die Mostfiltration 150 bis 400 l/m^2 Filterfläche an.

Die Vakuumdrehfilter in Weinkellereien sind offene Systeme. Die Moste nehmen entsprechend der Drucksituation etwa bis zur Sättigung 5-8 mg Sauerstoff auf (Christmann und Freund 2004). Dieser Effekt kommt Betrieben entgegen, die eher oxidativ ausbauen wollen. Hohe Phenoloxidase-Aktivitäten erhöhen die aufgenommene Sauerstoffmenge u. U. beträchtlich.

Kammerfilter (Hefefilter, Trubrahmenfilter, Filterpresse; Membran-Filterpresse)

Der Kammerfilter wird hauptsächlich zur Trubverarbeitung eingesetzt (siehe Kap. 5.6). Kleinere Betriebe nützen dessen Möglichkeit auch zur Mostfiltration, es ist für sie praktisch ein Universalgerät. Kunststoffkammern mit großem Hohlvolumen sind mit einem Filtrationstuch aus Kunststoff ausgelegt. Darauf wird ein Kuchen aus Kieselgur, Zellulose oder Perlite als eigentliches Filtermittel aufgebracht. Eine Kolbenpumpe drückt den Most mit zudosiertem Filterhilfsmittel mit einem Druck bis 12 bar in die Kammern. Ein Druckwächter schaltet die Pumpe, damit der Druck nicht abfällt. Das Filtrat wird zentral gesammelt. Zum Ende der Filtration kann der sehr trockene Feststoff meist leicht abgeschüttelt und

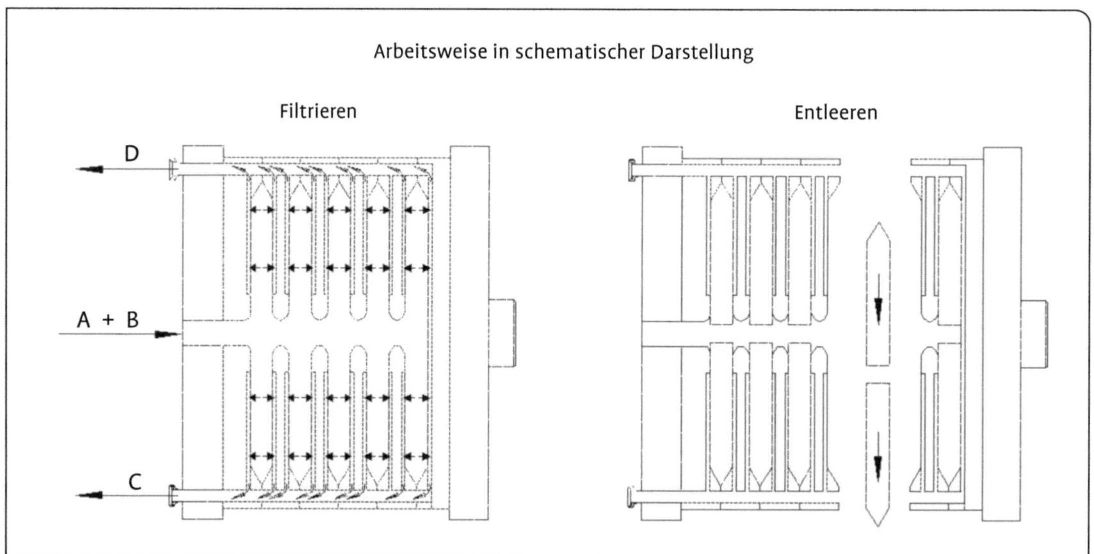

Abb. 100 Schnittzeichnung einer Filterpresse beim Filtrieren und Entleeren (Quelle: Straßburger GmbH).

deponiert werden. Der Klärgrad ist ebenfalls vom Filtermittel beeinflusst. Abb. 100 zeigt die Schnittzeichnung einer Filterpresse.

Die Filterplatten verfügen über einen großen Trubraum zur Aufnahme der Most-Filterhilfsmittel-Mischung. Der Trubraum füllt sich nach und nach mit dem Trub-Filterhilfsmittelgemisch, das durch die ständige Dosierung durchlässig gehalten wird. Ist die Kapazität der Trubrahmen erschöpft, muss der Filter geöffnet, entleert und gereinigt werden.

Eine Variante der Kammerfilter stellen Membran-Filterpressen dar. Der Einsatz von Membran-Filterplatten in Kammerfiltern erlaubt, auch bei nur teilgefüllten Kammern eine maximale Trockensubstanz im Filterkuchen. Die Beschickung einer Membranpresse erfolgt wie bei einer Kammerfilterpresse, jedoch ist der Füllgrad der Kammern bei Beendigung der Beschickung beliebig. Zum sogenannten Nachpressen werden die flexiblen Membranen mit Druck beaufschlagt. Dadurch wird der Feststoff in der Kammer auf der gesamten Fläche verdichtet und freier Saft über das Filtertuch ausgetrieben.

5.1.2.4 Kieselgurfiltration mit Kerzen- oder Scheibenfiltern

Kieselgurfilter sind Anschwemmfilter, ihr Haupteinsatzgebiet ist die Weinfiltration. Im Mostbereich kommen sie zur Feinklärung von Süßreserve zum Einsatz oder falls eine sehr gute Mostklärung verlangt wird. Diese Anforderung kann Teil der Arbeitsphilosophie sein oder zwingend erforderlich bei extrem befallenen Lesegut. Die für den vollständigen Verlauf der alkoholischen Gärung erforderliche innere Oberfläche muss dann aber durch zugesetzteTrubmittel erzeugt werden. Kieselgurfilter bestehen aus einem Druckbehälter, in dem die Filtration stattfindet, einem Misch- und Dosierbehälter für Kieselgur, einer Pumpe zur Voranschwemmung und einer Produktpumpe. Die Filter unterliegen der Druckbehälterverordnung. Die Filtration kann vertikal durch Kerzen erfolgen oder über horizontal angeordnete Scheiben (Abb. 101).

Die Klärelemente bestehen aus einem Edelstahlboden (3) mit Unterstützungsvorrichtung (6), dem Sammelraum für Filtrat (4) und einem Edelstahlgeflecht (5), auf das die erste Voran-

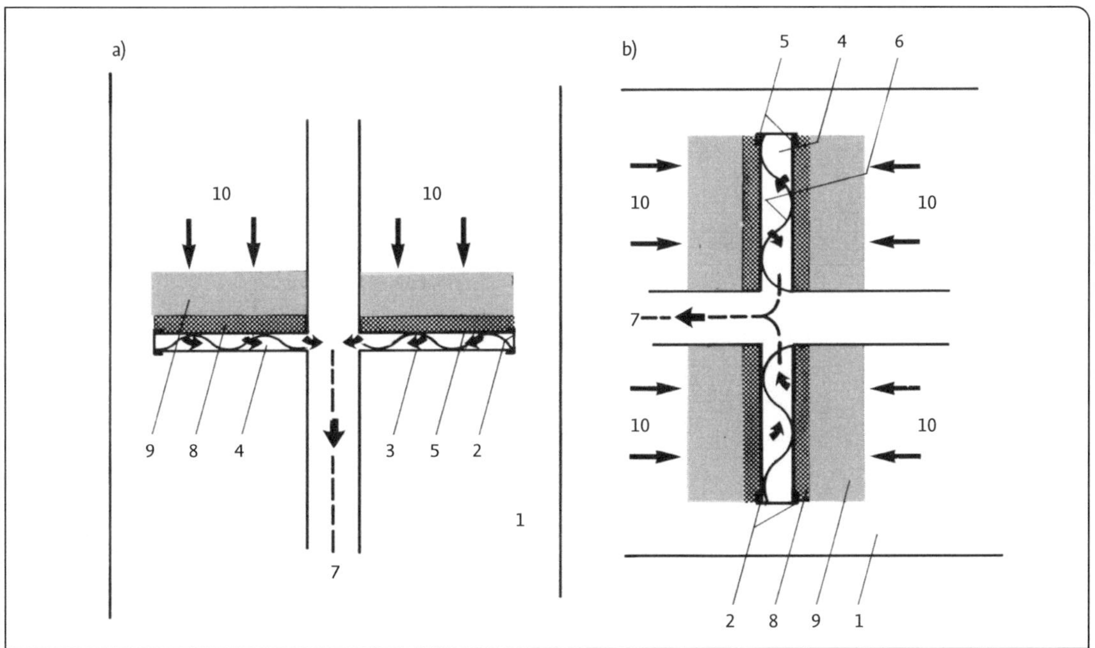

Abb. 101 Aufbau von vertikal und horizontal angeordneten Klärelementen für die Kieselgurfiltration (Blankenhorn und Funk 2012); Erläuterungen siehe Text.

Abb. 102 Geschwenkter, geöffneter Druckbehälter eines kleinen Kieselgur-Anschwemmfilters (links; Funk 2013) sowie die unteren Filterplatten (rechts; Schmidt 2013).

schwemmung mit grober Gur (8), danach die zweite mit feiner Gur (9) aufgebracht wird. Der trübe Wein (10) wird rechtwinklig zum Filterelement angeströmt. Um die Filtrierfähigkeit der Schicht dauerhaft zu erhalten, wird dem Most in einem trübungsabhängigen Verhältnis Filterhilfsmittel zudosiert. Dazu verwendet werden können Zellulose, Kieselgur oder Perlite (siehe Kap. 6.3). Durch deren kontinuierliche Zumischung bleiben Trennschärfe und spezifische Leistung konstant. Der Trub im Produkt und das zugesetzte Filtermittel werden von der Voranschwemmung zurückgehalten und vergrößern allmählich den Filterkuchen, bis die Aufnahmekapazität des Leerraums zwischen zwei Filterelementen erschöpft ist. Gleichzeitig steigt der Differenzdruck zwischen Zulauf und Auslauf des Filters an. Das Filtrat (7) fließt drucklos zentral ab und wird in einen Arbeitstank gefördert.

Abb. 102 zeigt den geöffneten Druckbehälter einer mobilen Filtrationseinheit sowie im Detail einige horizontal angeordnete Filterscheiben und die Zwischenräume für die Trubaufnahme. Die untere Filterplatte besitzt ein Absperrventil zur Restfiltration des Kesselinhaltes. Zur Anschwemmfiltration siehe auch das Kapitel Weinfiltration (6.3).

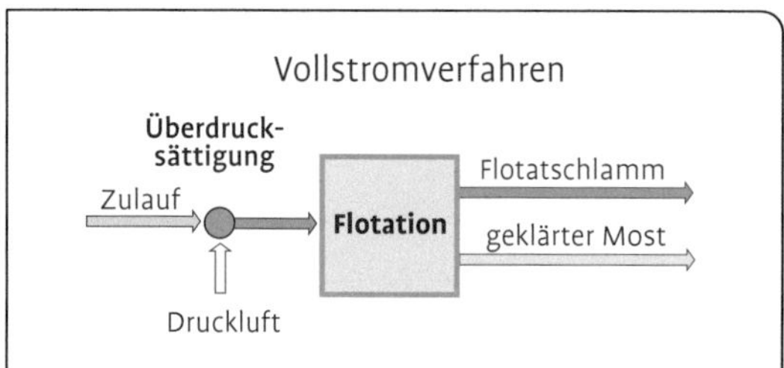

Abb. 103 Prinzip der Flotationsentspannung (Christmann und Freund 2004).

5.1.2.5 Druckentspannungsflotation

Die Flotation ist ein Verfahren, das seit über 100 Jahren bei der Erzgewinnung und seit etwa 40 Jahren in der Abwassertechnik eingesetzt wird. Beginnend in den Neunzigerjahren des letzten Jahrhunderts ist diese Technik in der Kellerwirtschaft zur Klärung von Mosten inzwischen weit verbreitet. So berichtet Pohl (1999), dass seit Beginn der Anwendung 1997 innerhalb von drei Jahren 75 % der Betriebe in Baden von der Zentrifugation auf die Flotation umgestiegen sind. Weitere, durchweg positive Berichte bezüglich Funktionalität und Weinqualität stammten u. a. von Seckler et al. (1997; 2000), Petgen (2001) oder Weik (2003). Hauptgründe für die rasche Verbreitung dieser Technik waren die hohe Verarbeitungsgeschwindigkeit, der vergleichsweise geringe Investitionsbedarf und die gleichzeitige Möglichkeit der Mostoxidation. Inzwischen stehen Anlagen für praktisch alle Betriebsgrößen zur Verfügung. Die größten arbeiten mit Stundenleistungen von über 40 000 l.

Die Flotation durch Druckentspannung nutzt die Eigenschaft von Gasen aus, die sich unter

Druck verstärkt im Most lösen, bei einer Entspannung auf Umgebungsdruck aber sofort wieder ausgasen. Die blitzschnell frei werdenden feinen Gasbläschen haften über Kapillar- und elektrostatische Kräfte an den Trubstoffteilchen und reißen sie auf ihrem Weg an die Oberfläche mit sich. Dort sammeln diese sich als kompakte Schicht, können direkt abgeschöpft und weiter verarbeitet werden. Der geklärte Saft wird unten abgezogen. Abb. 103 zeigt den Vorgang der Entspannungsflotation schematisch.

Als Flotationsgas werden Luft oder Stickstoff eingesetzt. Die Löslichkeit beider Gase ist eine Funktion der Temperatur. Bei 5 bar Überdruck und 15 °C lösen sich etwa 125 l Luft in Wasser, bei 30° sind es lediglich noch rund 90 l. Stickstoff ist inert, mit Luft werden etwa 8 mg/l Sauerstoff eingebracht. Bei den genannten 15 °C stehen rechnerisch 36 mg/l Sauerstoff zur Oxidation von phenolischen Verbindungen zur Verfügung, wenn mit reinem Sauerstoff flotiert wird (siehe dazu Kap. 5.1.3).

Kontinuierliche Flotation

Den Verfahrensablauf einer kontinuierlichen Entspannungsflotation zeigt Abb. 104.

Die Trubstoffe im Most müssen mit pectolytischen Enzymen entstabilisiert sein, um die Flotation zu ermöglichen. Das Vorsieb dient zur Abscheidung sehr grober und schwerer Teilchen wie mitgeschleppten Beerenhäuten oder Kernen. Die Dosierstation wird hauptsächlich für die optionale Zugabe von hochbloomiger Gelatine benötigt, die den Trub kompakter macht und den Kläreffekt verbessert. Bei Bedarf können ebenfalls Bentonit und/oder Aktivkohle eingesetzt werden. Im Flotationsreaktor vermischen sich Gas und Most zu einem dreifach dispersen System (Gas, Flüssigkeit, Feststoffe). Entgasung und Flotation finden im Flotationsbehälter statt. Der Flotatschlamm wird durch einen langsam drehenden Räumer kontinuierlich in eine Rinne gefördert und fließt nach unten ab. Die Klarphase lässt sich ebenfalls kontinuierlich am tiefsten Punkt des Behälters entnehmen. Kontinuierliche Verfahren sind besonders geeignet für Großbetriebe oder Betriebe mit sehr großen Chargen. Der Flotationsbehälter fasst etwa ½ Stundenleistung und führt zu einer Verweilzeit des Mostes von etwa 30 Minuten.

Flotation im Batch-Verfahren

Unter deutschen Bedingungen kommen hauptsächlich diskontinuierliche Systeme zum Einsatz (Pohl 1999). Sie bestehen lediglich aus zwei Tanks und dazwischen geschalteter Flotationsanlage. Im ersten Tank wird der von der Presse kommende Saft enzymiert und geschönt und danach durch eine selbst ansaugende, Druck erhöhende Pumpe über die Flotationsanlage in den Flotationstank gefördert. Die Flotationsanlage besteht ihrerseits aus einem Vorsieb, der Belüftungsarmatur für die Gasinjektion und einem Druckentspannungsventil. In Abb. 105 ist eine

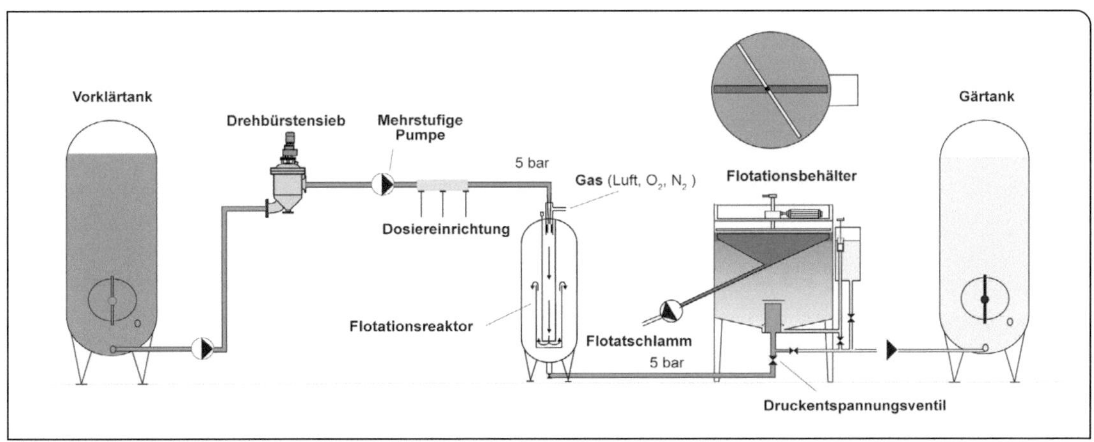

Abb. 104 Verfahrensablauf einer kontinuierlichen Entspannungsflotation (Christmann und Freund 2004).

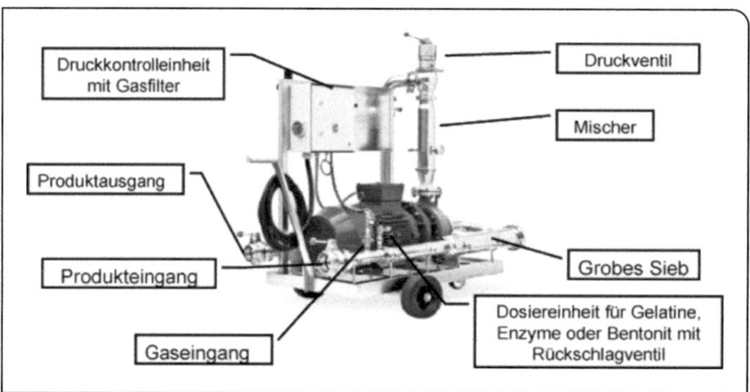

Abb. 105 Mobile Flotationsanlage.

derartige mobile Flotationsanlage zu sehen. Luft kann ein Kompressor liefern, Sauerstoff oder Stickstoff entsprechende Gasflaschen.

Der Flotationsvorgang ist nach längstens 1 Stunde abgeschlossen, der Saft kann vom Ablaufstutzen am Tankboden über ein Schauglas in den Gärtank abgepumpt werden. Ist im Schauglas eine Trübung durch das absinkende Flotat zu erkennen, wird in den Trubtank umgeleitet. Ein Trübungsmessgerät an dieser Stelle ermöglicht ein automatisches Umschalten. Bei Verwendung von hochbloomiger Gelatine lässt sich ein kompakter Feststoff erzielen und eine saubere Trennschicht. Je nach Zustand des Flotats kann die vollständige Austragung sehr aufwendig sein.

Abb. 106 vergleicht die Mengen an anfallendem Sedimentationstrub in %vol. bei Sedimentation und Flotation und der Verwendung unterschiedlicher Gase (Seckler et al. 2000). Die dazugehörigen Moste selber lagen alle im angestrebten Bereich von < 0,6 Gew.% bzw. 100–250 TE/F. Sensorisch unterschieden sich die Weine nicht signifikant. Diese Ergebnisse werden auch von anderen Autoren bestätigt (z. B. Weiand et al. 2003). Das Trubvolumen unterscheidet sich je nach vorher eingesetzter

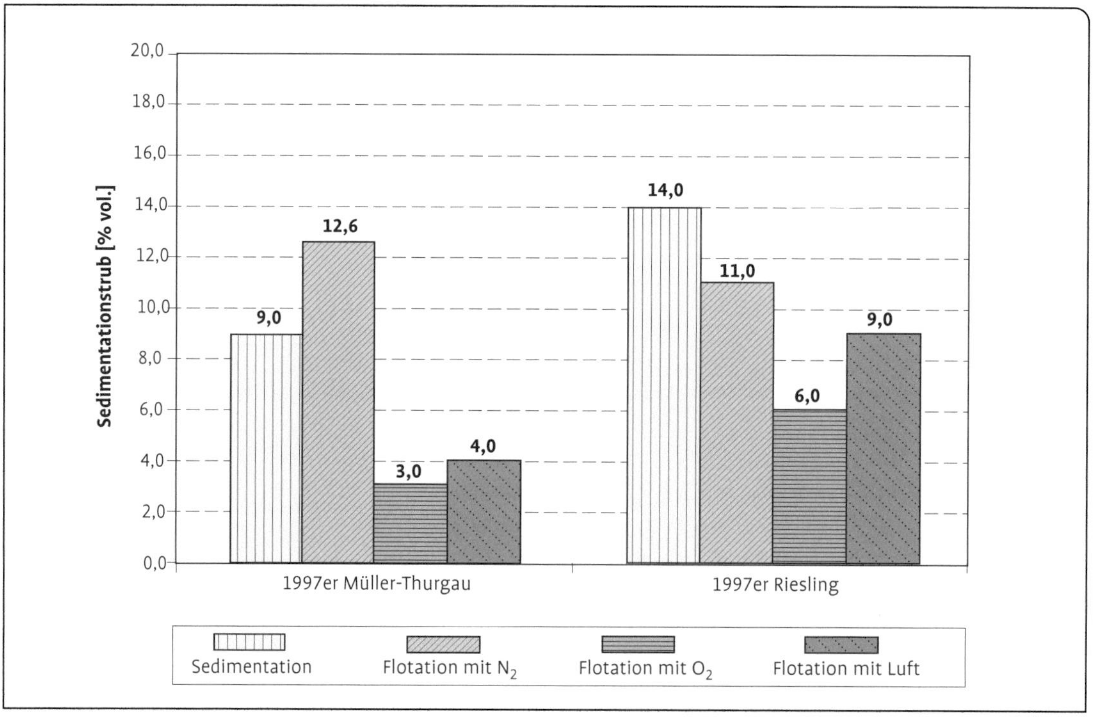

Sedimentationstrub [% vol.]

	Sedimentation	Flotation mit N_2	Flotation mit O_2	Flotation mit Luft
1997er Müller-Thurgau	9,0	12,6	3,0	4,0
1997er Riesling	14,0	11,0	6,0	9,0

Abb. 106 Trubvolumina in %vol. bei der Flotation und im Vergleich mit der Sedimentation (Seckler et al. 2000).

Technik und der Rebsorte, die als Zielgröße angegebenen Werte von 10–15 %vol. sind mit dieser Methode erzielbar.

Insbesondere die Flotation mit Luft oder reinem Sauerstoff greift durch die Oxidation in das Phenolgefüge ein. Abb. 107 zeigt exemplarisch Gesamtphenolwerte in Abhängigkeit vom verwendeten Gas. Als Vergleich dient wiederum die Sedimentation (Seckler et al. 2000).

Die Sedimentation und die Flotation mit Stickstoff verringern die Gesamtphenole im Gegensatz zu Luft oder Sauerstoff als Flotationsgas dagegen kaum. Die Abnahmen durch Oxidation liegen im Bereich von 10–15 %. Der Einfluss der Rebsorte ist offensichtlich größer als der durch die Mostoxidation unter den Bedingungen der Flotation. Vergleichbare Verhältnisse finden sich auch bei Weiand und Breier (2009). HPLC-Untersuchungen ergaben eine hauptsächliche Reduzierung von Hydroxyzimtsäuren sowie Caftar- und Coutarsäure. Für phenolarme Sorten (z. B. Silvaner) wird die Verwendung von Stickstoff empfohlen.

Tab. 33 zeigt die Sauerstoffdynamik bei dem Riesling aus Abb. 107. Der Sauerstoffgehalt zu Beginn der Sedimentation spiegelt die Aufnahme im Verlaufe des Pressvorganges wider. Durch Stickstoff wird er praktisch ausgewaschen bis auf einen Restwert, der sich auch noch nach zwei Stunden findet. Stickstoff wirkt als Oxidationsschutz. Die Begasung mit Luft führte im Vergleich zur alleinigen Sauerstoffdosierung zu einem vergleichsweise niedrigen Wert. Reiner Sauerstoff wird in großer Menge gefunden, ent-

Tab. 33 Sauerstoffdynamik bei Riesling (Seckler et al. 2000)

	O_2-Gehalt direkt [mg/l]	O_2-Gehalt nach 2 Stunden [mg/l]
Sedimentation	1,3	0,4
Flotation mit N_2	0,4	0,4
Flotation mit O_2	19,9	0,4
Flotation mit Luft	2,2	0,3

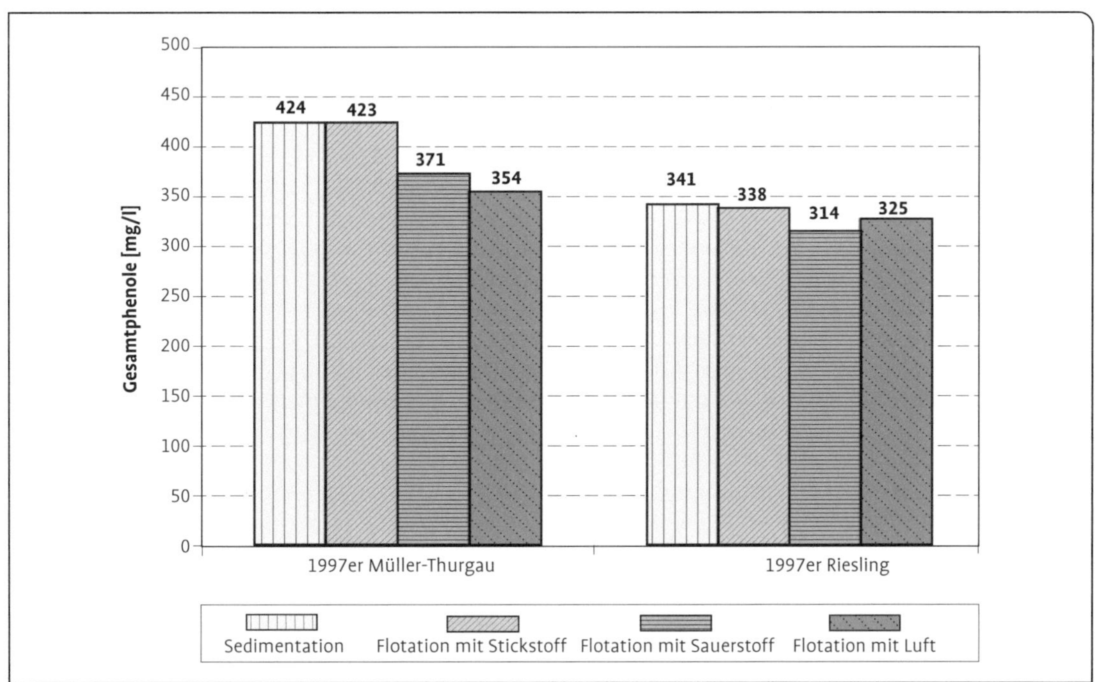

Abb. 107 Gesamtphenolwerte in Abhängigkeit vom verwendeten Gas verglichen mit Werten nach der Sedimentation (Seckler et al. 2000).

sprechend dem Partialdruck in der Gasphase. Unabhängig davon ergeben sich nach 2 Stunden Reaktionszeit bei allen Varianten praktisch dieselben Werte. Die insgesamt niedrigen Phenolabnahmen deuten auf eine fehlende oder nur geringe Aktivität von Phenoloxidasen hin.

Die Flotation als reine Mostbehandlungsmaßnahme hat eine große Verbreitung gefunden. Am Markt werden entsprechend zahlreiche Systeme angeboten. Nach Petgen (2001) sowie Weik (2003) erfüllten alle damals getesteten Modelle in önologischer und technischer Hinsicht die Anforderungen. Die Flotation versagt aber systembedingt bei angegorenem Lesegut und wegen der hohen kolloidalen Belastung auch bei größerer Fäulnis. Eine Reservetechnik im Betrieb zu haben ist für derartige kritische Fälle dringend zu empfehlen.

Flotation im Auslauf einer Zentrifuge

In größeren Betrieben ist vielfach eine Zentrifuge parallel zur Flotation im Einsatz oder zumindest als Reservetechnik für kritische Fälle vorhanden. Schauz und Kaufmann (2001) berichten über eine Kombination von Zentrifuge und Flotation, die zu besseren Klärergebnissen als die alleinige Flotation führt und deren Schwächen kompensieren kann.

Eine Zentrifuge wandelt generell im Auslauf über eine umgekehrt wirkende Pumpe (Greifer genannt) die Rotationsenergie der Flüssigkeit in Druckenergie um. Um schaumlos abzufließen, muss das Zentrifugat durch ein Konstantdruckventil zunächst unter Druck gehalten werden. In diese Phase hohen Drucks werden die Schönungsmittel und das Gas eingespeist, danach verläuft der Prozess wie bei der diskontinuierlichen Flotation ab. Die Zentrifuge kann in dieser Kombination bis an ihre Leistungsgrenze gefahren werden. Sie trennt dann hauptsächlich noch die groben Trubstoffe ab, die aufgrund ihres spezifischen Gewichts auch nur vergleichsweise schwer flotieren. Das Flotatvolumen wird entsprechend kleiner und kompakter. Angegorene Moste lassen sich in dieser Kombination ebenso flotieren wie solche aus angefaultem Lesegut oder mit Temperaturen unter 10 °C.

Die Kombination Zentrifuge + Flotation bei der Mostklärung ist möglich bei Separatoren und Dekantern. Wird ein Dekanter zur Traubenentsaftung eingesetzt, lässt sich die Flotation direkt nach der Saftgewinnung im Auslauf durchführen und über die Zugabe von Flockungsmitteln der Klärgrad entsprechend des betrieblichen Standards steuern (Pecoroni und Dörr 2008).

5.1.3 Vergleich der Verfahren zur Mostklärung

Die Mostklärung wurde als wichtige qualitätsfördernde Maßnahme beschrieben, die mit mehreren unterschiedlichen Techniken durchgeführt werden kann. Die Frage nach der geeignetsten muss sich jeder Betrieb stellen und nach arbeitswirtschaftlichen, ökonomischen und qualitativen Aspekten beantworten. Zahlreiche Veröffentlichungen der Fachleute an den Hochschulen und Lehranstalten liefern dazu die nötigen Argumente. Wiederum gilt aber, dass die sieben vorgestellten Techniken (Sedimentation; Zentrifugation mit Separator und Dekanter; Anschwemmfiltration mit Kammerfilter oder Kieselgurfilter; Vakuumdrehfilter; Flotation) nicht in einer Versuchsanstellung gemeinsam untersucht werden konnten. Vergleiche waren immer nur für einen Teil der Kombinationen möglich. Die wohl umfangreichsten Untersuchungen mit mehreren Techniken im direkten Vergleich stammen von Seckler et al. (2000 und 2000a) sowie von Weiand und Breier (2009).

Nachfolgend werden die Zielgrößen und der mögliche Erreichungsgrad der verschiedenen Techniken ohne den Zusatz von Behandlungs- bzw. Klärhilfsmitteln im Zusammenhang diskutiert. Die unterstützenden Effekte von pectolytischen Enzymen wurden an verschiedenen Stellen bereits ausführlich erwähnt, die von Flockungsmitteln wie Gelatine, Kieselsol, Hausenblase usw. folgen in Kap. 5.5. Eine Methode zur Klärung von Most im Vorfeld der alkoholischen Gärung muss bzw. sollte folgende Anforderungen erfüllen:

- Die Qualität der Weine muss optimiert werden.
- Der definierte Klärgrad muss erzielbar sein und soll damit die Filtrierbarkeit des Weines später begünstigen.
- Die Trockensubstanz des Feststoffes muss für die Deponierung ausreichend hoch werden.

- Sie sollte keine Verfahrenseinschränkungen besitzen.
- Sie sollte ein Phenolmanagement erlauben.
- Sie sollte multifunktional sein.
- Sie sollte automatisierbar sein.

Mostklärung und Weinqualität

In nahezu allen einschlägigen Publikationen wurde neben der Analytik auch der Einfluss der Verfahren auf die sensorische Qualität untersucht (z. B. Weiand und Breier 2009; Seckler et al. 1997; Seckler et al. 2000; Schödl und Degn 2007). In keinem Fall wurde bei direkten Verfahrensvergleichen eine abgesicherte Bevorzugung gefunden. Die viel wichtigere Einflussgröße auf die Qualität ist eindeutig eine Klärung des Mostes vor der Gärung überhaupt. Die Entfernung aller groben und der meisten feinen Trubteilchen ist Haupteinflussgröße und wirkt sich qualitativ und verfahrenstechnisch besonders positiv aus. Die Wahl der Methode ist zweitrangig und kann nach anderen Kriterien ausgewählt werden.

Klärgrad

Eine Resttrübung im Most ist für den sicheren Verlauf der alkoholischen Gärung unerlässlich. Empfehlungen dafür liegen im Bereich < 0,6 Gew.% bzw. 50–250 TE/F (=NTU). Viele Betriebe versuchen, zwischen 0,3 und 0,5 %vol. schleudertrocken zu liegen. Letztlich ist die angestrebte Resttrübung eine betriebsspezifische Größe, die auch von der vorhandenen Technik und ihrer Art des Einsatzes abhängt. Besonders bei Zentrifugen ist die große Abhängigkeit des Ergebnisses von der Leistung bekannt und bei der Sedimentation spielt die Zeit eine wichtige Rolle. Anschwemmfiltrationen liefern Ergebnisse in Abhängigkeit der eingesetzten Filtermittel.

Abb. 108 zeigt Trubwerte beim Vergleich verschiedener Klärtechniken und drei verschiedenen Mosten der Jahrgänge 2000 und 2001 (Könitz et al. 2003). Mostabhängig zeigen sich deutliche Unterschiede in den erzielbaren Klärgraden. Die Abscheidegrade schwanken zwischen etwa 65 und 98 %. Den niedrigsten absoluten Wert erzielte das Vakuumdrehfilter, das dadurch aber zu Gärschwierigkeiten führte. Alle Techniken schaffen die angestrebten Werte unter 0,6 Gew.%, eine Erkenntnis, die von mehreren anderen Autoren mit eigenen Versuchen bestätigt wurde.

Die Filtrierbarkeit des Weines nach der Gärung wird auch durch die Mostklärung beein-

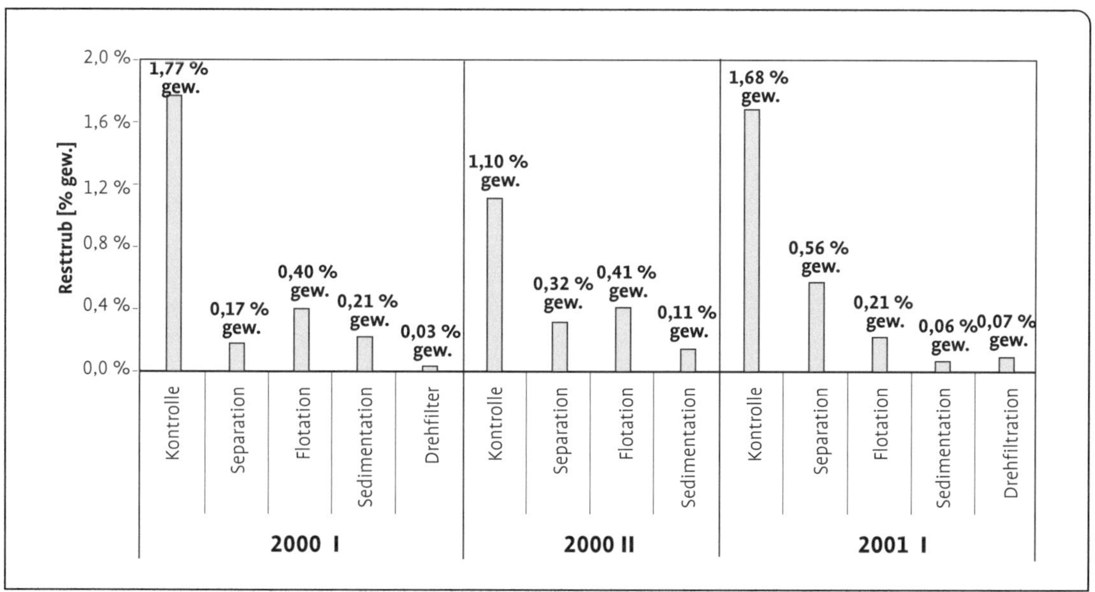

Abb. 108 Mit verschiedenen Klärtechniken erzielte Trubwerte in Gew.%; (2000 I = faules Lesegut; 2000 II = gesundes Lesegut; 2001 I = gesundes Lesegut; Könitz et al. 2003).

flusst. Gelangen größere Mengen Kolloide in die Gärung, muss mit einer Stabilisierung und Schutzwirkung im Wein gerechnet werden. Die Zentrifugation, vor allem aber die Feinfiltration werden dadurch beeinträchtigt. Insbesondere Botrytis-Glucane können jede Filtration unwirtschaftlich machen. Zur Verhinderung ist die Zugabe von Enzymen mit entsprechenden Aktivitäten und/oder Schönungsmitteln unerlässlich.

Trockensubstanz der Feststoffe und Trubmanagement

Die angestrebte Phasentrennung Fest/Flüssig ist eine parallel ablaufende Auf- und Abkonzentrierung von Feststoffen im Most. Zur Vermeidung von Saftverlusten ist der Trub im gesetzlichen Rahmen maximal zu verdichten. Die Deponierung verlangt stichfeste Trubstoffe mit mindestens 32 % Trockensubstanz, aber höchstens 55. Dann sind auch Saftverluste auf ein wirtschaftlich vertretbares Maß minimiert. Sedimentation, Flotation und Zentrifugation mit einem Separator schaffen diese Werte üblicherweise nicht. Die feste Phase muss in einem zweiten Schritt weiter aufkonzentriert werden (siehe dazu Kap. 5.7). Anschwemmfilter, das Vakuumdrehfilter und der Dekanter sind in der Lage, deponiefähige Feststoffe zu produzieren. Im Falle der Filter werden dafür aber Filtermittel benötigt, die die Trubmenge zudem deutlich erhöhen.

Verfahrenseinschränkungen

Eine Universaltechnik gibt es nicht. Die Flotation ist bei angegorenen, kolloidal stark belasteten oder kühlen Mosten eingeschränkt. Gleiches gilt für die Sedimentation, die aber dank einer möglichen langen Reaktionszeit mit Kälte und Kolloiden fertig werden kann. Die Kieselgurfiltration und die Zentrifugation mit Separatoren sind in der Feststoffmenge im Zulauf limitiert. Gegebenenfalls muss aus dem Klarphasenablauf des Sedimentationstanks abgezogen werden, nachdem der Trub eine zumindest kurze Zeit zur Sedimentation bekommen hat und teilweise sedimentiert ist. Alle Filtersysteme (Vakuumdrehfilter, Kieselgurfilter, Kammerfilter) führen zu einem recht klaren Most, der zu Gärstörungen führen kann. Das Drehfilter ist nicht verwendbar bei reduktivem Ausbau.

Phenolmanagement

Um Phenole zu reduzieren, muss zu einem gewissen Maße oxidativ gearbeitet werden. Das ist bei der Flotation möglich durch die Verwendung von Luft oder von reinem Sauerstoff, beim Vakuumdrehfilter durch den unvermeidlichen Luftkontakt an der Oberfläche. Die anderen Techniken erfordern eine bewusste Belüftung. Beim Separator und beim Dekanter ist dies im Ablauf unter Druck einfach möglich und führt gleichzeitig zu einer Art Flotation der restlichen Trubstoffe.

Multifunktionalität

Aus wirtschaftlichen Gründen sollte der Einsatz der Klärtechniken nicht auf den Mostbereich beschränkt sein. Hier unterscheiden sich die Systeme beträchtlich.

- Flotation: Auf Basis Exzenterschneckenpumpe kann die Druckpumpe als Universalgerät im Keller eingesetzt werden; die Flotationsanlage lässt sich zudem für die Imprägnierung von Süßreserve im Drucktank einsetzen (Weiand und Breier 2009).
- Sedimentation: der Tank sollte als geschlossener Universaltank ausgelegt sein.
- Separator: geeignet zur Mostklärung und zur Weinklärung, aber auch zur Weinsteinabtrennung nach dem Kontaktverfahren. Dort ist er Teil eines mehrstufigen Prozesses.
- Dekanter: geeignet zur Traubenentsaftung, zur Mostklärung, zur Phasentrennung nach einer Maischegärung und zur Trubverarbeitung, aber nur bedingt zur Weinklärung.
- Kieselgurfilter: die Mostklärung ist möglich, das Filter wird aber hauptsächlich zur Weinklärung eingesetzt.
- Vakuumdrehfilter: es ist neben der Mostklärung vor allem für die Trubverarbeitung im Einsatz.
- Kammerfilter: für kleinere Betriebe das Universalgerät, das zur Mostklärung, zur Trubverarbeitung und mit Einschränkungen zur Weinklärung eingesetzt wird.

Automatisierung

Nur kontinuierlich arbeitende Systeme lassen sich vollständig automatisieren. Das gilt bei der Mostklärung vor allem für Zentrifugen. In Verbindung mit einer Tanksteuerung und einer Messung des Klärgrads zur Leistungsregulierung sowie einer kontinuierlichen Trübungsmessung im Auslauf kann die Mostklärung ohne Aufsicht ablaufen. Die anderen Techniken arbeiten in der Praxis diskontinuierlich, ihr Aufnahmevermögen für Trub ist irgendwann erschöpft. Dann müssen sie meist manuell gesäubert und wieder betriebsbereit gemacht werden. Diese Vorgänge zu automatisieren, ist zwar möglich, aber nur mit für Kellereien unverhältnismäßig hohem Aufwand.

Der Automatisierungsgrad auch in großen Weinkellereien ist verglichen mit Molkereien oder Brauereien gering. Ein saisonal anfallendes Produkt und eine extreme Vielzahl von unterschiedlichen Chargen verlangen viele manuelle Eingriffe und machen einen hohen Automatisierungsgrad unwirtschaftlich. Erste Ansätze einer Prozesssteuerung wurden in Kap. 3 am Beispiel der Traubenentsaftung vorgestellt. Auch die Abfüllung befindet sich auf hohem technischem Niveau. Der Zwang zur lückenlosen Dokumentation im Rahmen eines Qualitätsmanagements wird viele Betriebe zwingen, entsprechend zu investieren (siehe dazu Kap. 9).

Kombination von Klärtechniken

In der betrieblichen Praxis kommt eine Reihe von Kombinationen dieser Klärtechniken zum Einsatz. Ausschlaggebend sind die Rahmenbedingungen, meist ist es der Zwang zur raschen Verarbeitung. Nicht alle Betriebe können sich eine 18-stündige Sedimentationszeit erlauben. Bereits angesprochen wurde die Zentrifugation in Verbindung mit der Flotation. Häufiger findet sich, vor allem in größeren Betrieben, die Kombination Sedimentation und Separator. Auch eine vergleichsweise kurze Absetzzeit von nur 1–2 Stunden reicht für die Sedimentation allein der groben Teilchen aus. Wird der Separator am Klarablauf des Tanks angeschlossen, steigt aufgrund der reduzierten Feststoffmenge dessen Leistung. Zusätzlich lässt sich die noch relativ dünne Trubphase am Ablaufstutzen abziehen und über einen Dekanter klären. Beide Klarphasen werden zusammengeführt. Mostklärung und Trubverarbeitung erfolgen in einem Schritt, eine sonst meist übliche qualitätsbedingte Abwertung des Saftes aus dem Trub erübrigt sich (siehe Kap. 5.7).

5.2 Mostpasteurisation

Die klimatischen Veränderungen der letzten Jahrzehnte lassen zunehmend hohe Reifegrade, verbunden mit hohen Lesetemperaturen und Niederschlägen erwarten. Das Risiko für Botrytisinfektionen und starken Sekundärinfektionen durch Hefen, Schimmelpilze und Bakterien steigt. Die angestiegenen pH-Werte führen zudem zu einer Verschiebung der Mikrobiota und verringern die Wirksamkeit der Schwefelung. Die Jahrgänge 2000, 2003, 2006, 2009 bis 2011 haben, gebietsunterschiedlich stark, in nennenswertem Umfang zu Ernteverlusten und Qualitätsverschlechterungen aufgrund der Bildung von flüchtigen Säuren geführt. Diese Situation hat Konsequenzen für die Verarbeitung der Trauben. Ein wichtiger Schritt ist die Beschleunigung des Trauben- und Maischeprozesses, um Reaktionszeiten generell zu minimieren. Eine weitere Maßnahme, die in einigen größeren Betrieben seit Jahren als Ausdruck eines Sicherheitsdenkens eingesetzt wird, besteht in der Pasteurisation des geklärten Mostes. Mit dieser Hitzebehandlung werden mehrere Ziele verfolgt:

- die Abtötung der meisten Mikroorganismen auf der Beere und infolge eine gezielte Reinzuchthefegärung ohne echte mikrobielle Konkurrenz für die Hefe,
- die Vermeidung einer spontanen Angärung durch weinfremde Hefen mit ihrer intensiven Biosynthese von Gärungsnebenprodukten und Schwefelbindern. Insbesondere die gefürchteten „Schwefelfresser“ werden durch diese Maßnahme verhindert,
- die Vermeidung eines beginnenden Malatabbaus durch Milchsäurebakterien bei Anwesenheit von Zucker. Dabei werden viele Stoffwechselnebenprodukte gebildet, die sensorisch abgelehnt werden (u. a. flüchtige Säuren),
- die Inaktivierung insbesondere der botrytogenen Laccase zur Vermeidung von Bräunungsreaktionen,
- die Vermeidung von Böcksern (Gössinger 2007),
- Weine aus pasteurisierten Mosten sind weitgehend eiweißstabil und benötigen deutlich weniger Bentonit als nicht pasteurisierte (Troost 1988).

- Aber: pasteurisierte Moste neigen im Gärtank zum Schäumen, weil die stabilisierten Kolloide einschließlich der koagulierten Eiweiße Gärungskohlensäure verstärkt austreiben. Darüber hinaus verschlechtern die Kolloide die Filtrierbarkeit des Weines.

Insgesamt kann mit einer Mostpasteurisation durch die Ausschaltung unkontrollierter Vorgänge die Produktionssicherheit deutlich erhöht werden. Das gilt insbesondere bei säurearmen Rebsorten und hohen pH-Werten. Trotz zahlreicher Argumente dafür passt in den meisten Betrieben in Deutschland die Erhitzung der Moste nicht zur Betriebsphilosophie. Möglicherweise wird sich diese Einstellung in nächster Zeit ändern müssen. Wissenschaftlich-technische Untersuchungen über die Konsequenzen einer Mostpasteurisation liegen bisher nur wenige vor. Intensiv beschäftigt mit diesem Thema haben sich Seckler und Freund (2012).

Tab. 34 fasst die wesentlichen Größen zusammen, die bei diesem thermischen Eingriff in die Struktur des Mostes eine Rolle spielen. Die wesentlichen werden nachfolgend besprochen.

In der Lebensmittelverfahrenstechnik werden die Erhitzungsverfahren unterschieden in Pasteurisations- und Sterilisationsverfahren. Im ersten Fall sind die Abtötung des überwiegenden Teils aller produktschädlichen Keime und die Inaktivierung der Enzyme angestrebt. Bei der Sterilisation sollen zusätzlich alle Sporen abgetötet werden. Je nach Zeit-Temperatur-Verhältnis kann von Dauererhitzung, Kurzzeiterhitzung, Kurzzeithocherhitzung oder Ultrahocherhitzung geredet werden. Bei Wein oder Fruchtsaft sind vergleichsweise moderate thermische Belastungen ausreichend. Ein pH-Wert < 4,5 erlaubt kein Sporenwachstum mehr und viele Mikroorganismen sind bereits stark im Wachstum gehemmt. Geeignet sind für die Pasteurisation der Plattenwärmetauscher, der Röhrentauscher oder der Spiralwärmetauscher.

5.2.1 Verfahrenstechnik der Mostpasteurisation

Die Mostpasteurisation erfolgt am Zweckmäßigsten nach der Abtrennung der Trubstoffe. Der enzymatische Pektinabbau ist abgeschlossen und der Most nur noch so gering getrübt, dass er ohne Verstopfungs- oder Anbrennungsgefahr über eine Anlage mit Plattenwärmetauscher als zentralem Element gefördert werden kann.

Den prinzipiellen Aufbau einer solchen An-

Tab. 34 Aspekte der Mostpasteurisation

Zielgröße	Messgrößen	Einflussgrößen	verfahrenstechnische Umsetzung	theoretische Grundlagen
Inaktivierung aller Mikroorganismen (Bakterien, Hefen, Schimmelpilze)	Zellzahlbestimmung der Mikroorganismen; Gärungsnebenprodukte;	Ausgangskeimzahl; Vitalitätsphase der Mikroorganismen; Schutz durch Trub; Zuckergehalt; pH-Wert;	Pasteurisation mit – Plattenapparat – Röhrenerhitzer – Spiralwärmetauscher nach der Mostklärung; ggf. Enzymierung und Schönung;	D-Werte; z-Werte; Reaktion 1. Ordnung; Wärmeübergangszahlen;
Inaktivierung von Enzymen (von der Traube und von Mikroorganismen, insbesondere der Laccase)	Bestimmung der Laccaseaktivität als Maß für die Fäulnis; Bräunungsintensität; Sauerstoffkinetik; flüchtige Säuren;	PE-Wert		Inaktivierungskurven der Enzyme; PE-Definition; Kolloidstabilisierung;
	Verkostung der Weine			

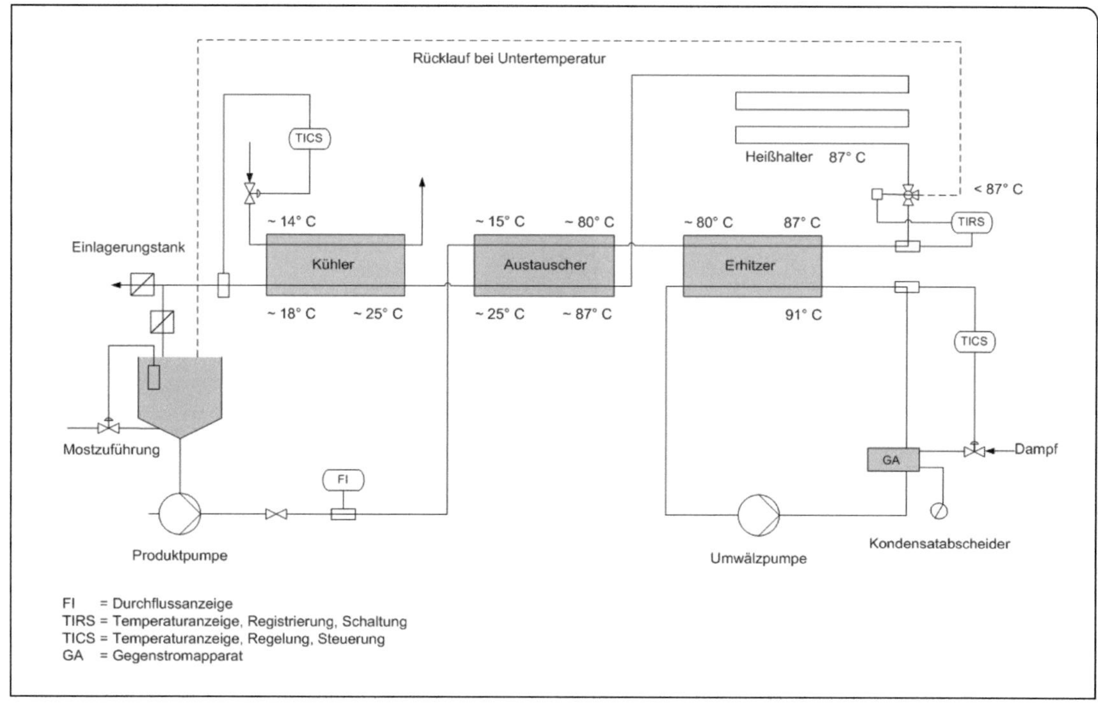

Abb. 109 Planungs- und Installationsdiagramm (P&ID) einer Mostpasteurisation mit Plattenwärmetauscher (Quelle: GEA Group AG ; aus Seckler und Freund 2012).

lage zeigt Abb. 109. Der Most gelangt über ein Sicherheitssieb in das regenerativ geschaltete Austauschersegment, in dem die erste Erhitzung von z. B. 15 auf 80 °C stattfindet. Im Erhitzerpaket wird er durch heißes Wasser auf die Wunschtemperatur 87° gebracht und in den Heißhalter gefördert. In der Praxis liegt diese Temperatur zwischen 72 und 87 °C. Laut Verordnung darf Biowein nicht über 70° erhitzt werden, dafür wird eine längere Verweilzeit akzeptiert. Im Heißhalter verbleibt der Most für die zur Pasteurisation erforderliche Zeit. Die Erhitzung erfolgt über einen separaten Wasserkreislauf. Das Wasser wird durch Dampf auf ein 4 °C über der Pasteurisierungstemperatur liegendes Niveau (die Voreiltemperatur) gebracht und über die Regelung des Dampfventils konstant gehalten. Ein 2/3-Wegeventil lenkt den Saftstrom in den Zulauftank, wenn die eingestellte Temperatur unterschritten wird. Der rücklaufende Saft wird im Austauschersegment selber auf 25 °C abgekühlt und zuletzt mit Wasser oder Sole auf die gewünschte Gärtemperatur gebracht. Die beiden Variablen für das Temperaturprogramm sind die Ausgangstemperatur des Mostes und die gewünschte Gärtemperatur nach der Pasteurisation. Dampf- bzw. Kühlwassermenge werden in der Menge benötigt, um die Größen Erhitzungstemperatur und -zeit zu gewährleisten. Eine derartige Anlage läuft bis zur erforderlichen chemischen Reinigung automatisch und kann alle Prozessschritte dokumentieren.

Das Herzstück eines Plattenwärmetauschers sind geprägte Platten aus Edelstahl, durch die die Energie vom hohem zum niedrigen Niveau übertragen wird. Die einzeln abgedichteten Platten sind in stabilen Gestellen durch Spannschrauben zusammengespannt. Abb. 110 zeigt den schematischen Aufbau eines Pakets in einem Plattenwärmetauscher.

Entsprechende Plattenprägungen und Abdichtungen stellen sicher, dass Heiz- bzw. Kühlmedium und Most alternierend in die Plattenzwischenräume gelangen. Dünne Fließfilme

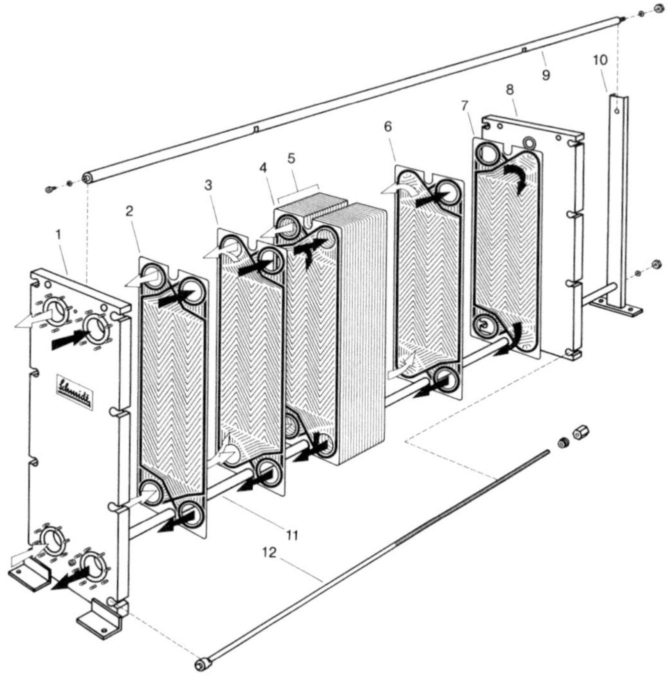

Abb. 110 Schematischer Aufbau eines Plattenwärmetauschers (Werksbild API Schmidt Bretten) (1: Gestellkopf; 2: Anfangsplatte; 3 und 4: Wärmetauschplatten links und rechts; 5: Plattenpaket; 6 und 7: Schaltplatte links und rechts; 8: beweglicher Deckel; 9–12: Tragwellen, Spannschrauben, Stütze).

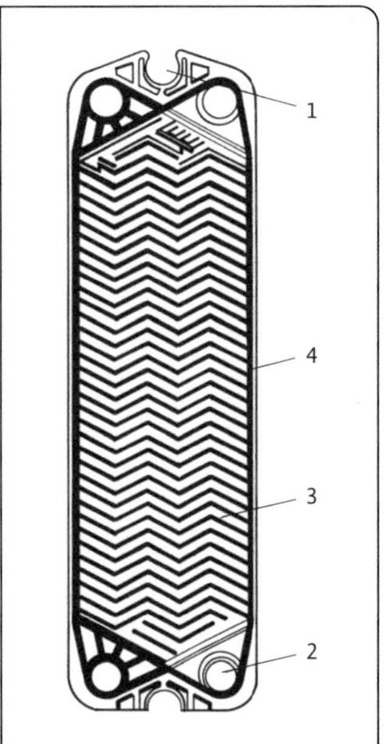

Abb. 111 Detailbild einer Wärmetauschplatte (Seckler und Freund 2012).

1 = Zulauf
2 = Ablauf
3 = Übertragungsfläche
4 = Dichtung

sorgen für definierte Strömungsverhältnisse sowie zuverlässige und gleichmäßige Energieübergänge. Dadurch lassen sich Temperaturen sehr genau regeln und die Energie je nach Austauscherfläche zwischen 70 und 90 % zurückgewinnen. Im Gestellkopf befinden sich die Anschlüsse für das Produkt und das Übertragungsmedium. Das Plattenpaket wird begrenzt durch eine Anfangs- und eine Umlenkplatte. Die Platten bestehen aus einer großen Zu- und Ablauföffnung, durch die das Produkt oder das Übertragungsmedium ein- bzw. austreten. Über eine Verteilung wird die Flüssigkeit oben in dünne Ströme aufgeteilt und unten wieder zusammengeführt (Abb. 111).

Wärmetauschplatten sind je nach Anbieter und Einsatzgebiet sehr unterschiedlich konstruiert. In Abhängigkeit des Typs bzw. der Prägung können die Platten entweder mit diagonalem oder parallelem Durchfluss ausgeführt sein. Bei parallelen Platten liegen Zulauf und Ablauf auf der gleichen Seite, bei diagonalen gelangt das Medium in die Platte auf der einen Seite und verlässt sie auf der anderen. Daneben existieren zahlreiche Prägungen, Strömungsführungen und Spaltweiten für unterschiedliche Medien und Feststoffgehalte. Auch die Dichtungen müssen produktspezifisch ausgelegt sein. Für Most- oder Weinanwendungen haben sich klebefrei Dichtungen aus Elastomeren bewährt, die in eine verengende Nut eingelegt bzw. eingeklemmt werden. Der Vorteil einer kleberfreien Dichtungsbefestigung ist das schnelle und einfache Wechseln.

Die Fließgeschwindigkeiten der Heiß- bzw. Kühlmedien sollten um das Zwei- bis Fünffache höher liegen als die Produktgeschwindigkeit, da bei höheren Geschwindigkeiten höhere Wärmeübergänge erreicht werden. Dadurch sinkt die benötigte Plattenfläche, allerdings steigt die erforderliche Pumpenleistung.

5.2.2 Grundlagen der Pasteurisation

Die thermische Inaktivierung (Pasteurisierung) von vegetativen Keimen wird ausgelöst durch die Proteindenaturierung und ein Membranschmelzen. Dieser Absterbevorgang genauso wie die Inaktivierung von Enzymen ist in der Regel eine Kinetik 1. Ordnung (Kessler 1996). Die Zeit, in der sich die Keimzahl oder die Enzymaktivität um einen Bruchteil verringern, ist unabhängig von der Ausgangskeimzahl bzw. Ausgangsaktivität (siehe dazu Abb. 112). Beim Abtöten durch Hitze besteht eine starke Temperaturabhängigkeit, die durch eine hohe Aktivierungsenergie von 200–400 kJ/mol angezeigt wird.

D- und z-Werte

Entsprechend der Steigung der Geraden in Abb. 112 stellt sich für die Reduzierung der Keimzahl auf $^1/_{10}$ auf der Abszisse eine bestimmte Zeitdifferenz ein. Diese Zeit wird als D-Wert oder Dezimaler Reduktionswert bezeichnet:

- Der D-Wert ist die Zeit, die benötigt wird, um 90 % aller Keime abzutöten; er ist temperaturabhängig.

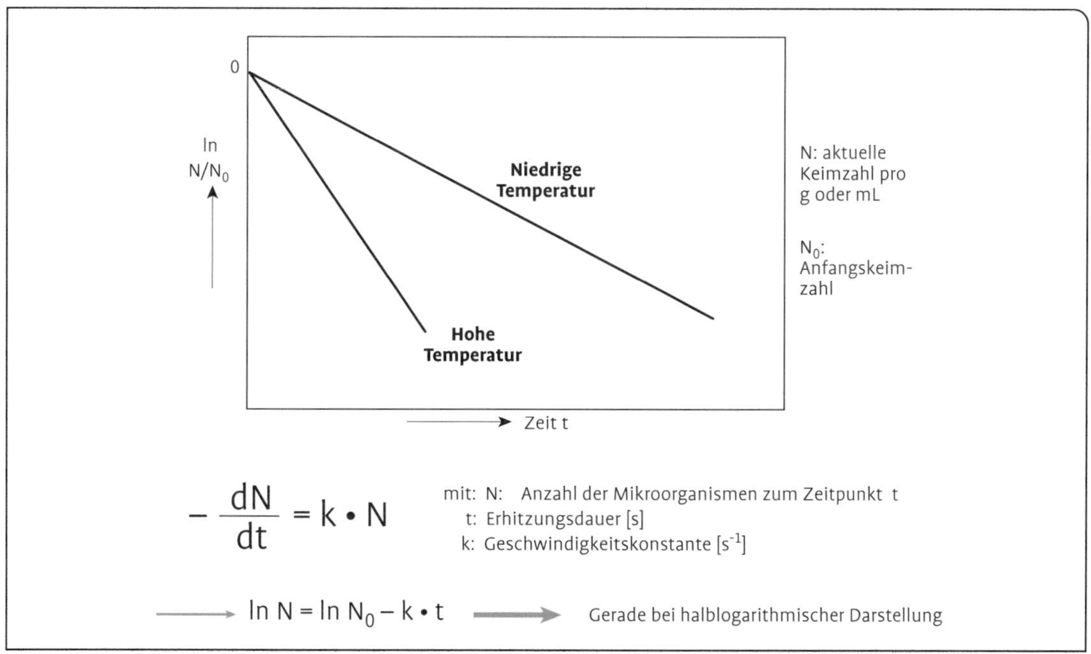

Abb. 112 Absterbekurven von vegetativen Mikroorganismen (nach Müller 2013).

Tab. 35 D- und z-Werte für Mikroorganismen in Most und Wein als Funktion der Temperatur (aus der Literatur zusammengestellt von Seckler und Freund 2012, verändert)

Organismus	Medium	Temperatur °C	D-Wert min	z-Wert °C
Saccharomyces cerevisiae Variation Epemay	Traubenmost	55	0,45	–
Saccharomyces cerevisiae	Traubenmost	60	0,303	–
Saccharomyces cerevisiae	Traubenmost	51	16	3,2
Saccharomyces cerevisiae	Wein	40	65,7	4,34
Saccaromyces bayanus	Traubenmost	54	2,4	4,9
Saccaromyces bayanus	Wein	40	8,45	3,94
Hansenula anomala	Traubenmost	60	0,327	–
Wildhefe	Bier	50	1,9	4
Saccharomycodes ludwigi	Wein	40	10,8	3,23
Zygosaccharomyces baillii	Wein	40	46,1	4,26
Leuconostoc mesenteroides	Orangensaft	59	1,7	3,9
Lactobaccillus fructivorans	Wein	60	1,7	3,9
Pediococcus	Bier	50	0,23	4
Milchsäurebakterien	Bier	55	1,1	3
Traubensaft-Population	Traubenmost	–	–	7,1

- Daneben gibt es den z-Wert. Er ist die Temperaturerhöhung, die den D-Wert um den Faktor 10 erniedrigt. Ein z-Wert von 10 °C bedeutet, dass bei Erhöhung der Temperatur um 10 °C der D-Wert von 60 auf 6 Sekunden reduziert wird.

Mikroorganismen werden unter dem Aspekt der Abtötung durch den D-Wert mit Temperaturangabe und den z-Wert beschrieben. Tab. 35 zeigt eine Zusammenstellung von D- und z-Werten für Mikroorganismen in Most und Wein (Seckler und Freund 2012, verändert).

Soll z. B. die Anzahl der Hefezellen im Most von 10^8 auf 10^3 je ml durch Pasteurisation mit 60 °C reduziert werden (von 100 Mill. auf 1000/ml; das entspricht 5 Zehnerpotenzen), so ergibt sich die erforderliche Heißhaltezeit zu 5 × 0,303 min (siehe Tab. 35; 2. Zeile). Weemaes et al. (1998) ermittelten einen D60-Wert für traubeneigene Polyphenoloxidasen von 29 min bei einem z-Wert von rd. 13 °C. Es ist davon auszugehen, dass derartige Werte sortenspezifisch sind und die botrytogene Laccase eher höhere Energien benötigt.

PE-Werte

Ein weiteres Maß für den Effekt der Wärmeeinwirkung und zur der Auslegung von Pasteurisationsanlagen wird die Pasteurisationseinheit PE (=Pasteurisationsunit PU) verwendet. Sie gibt die Keim abtötende Wirkung bei einer bestimmten Temperatur über eine bestimmte Zeit als Zahlenwert an.

Eine Temperaturerhöhung weist einen exponentiellen, d. h. wesentlich höheren Effekt auf als eine Verlängerung der Erhitzungsdauer. Für den Fruchtsaft- und Brauereibereich sind aufgrund der mit unterschiedlichen Produkteigenschaften gemachten Erfahrungen verschiedene Bezugstemperaturen und z-Werte festgelegt worden. Für die Mostpasteurisation bietet sich aufgrund der vergleichbaren Produkteigenschaf-

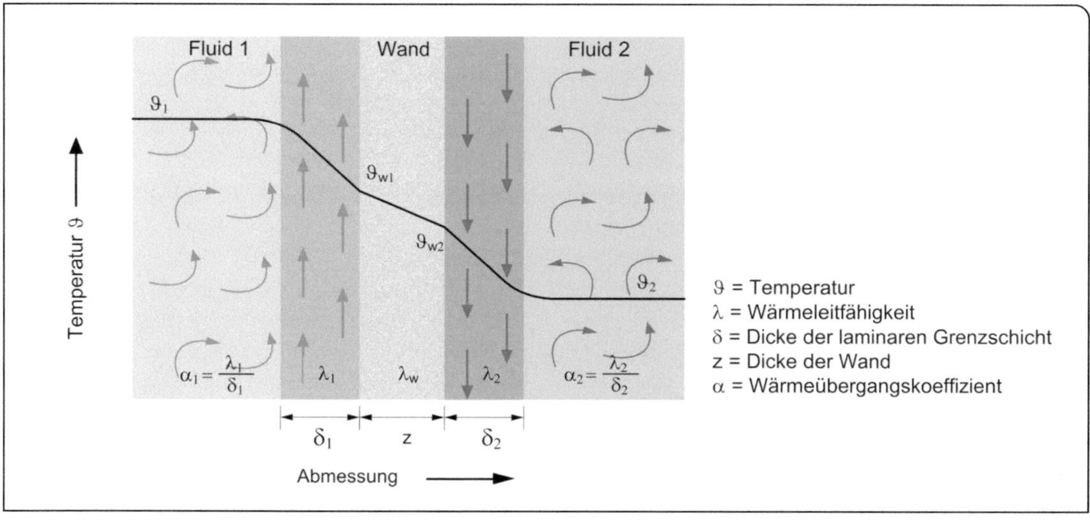

Abb. 113 Schematische Darstellung des Wärmeübergangs von Flüssigkeit 1 zu Flüssigkeit 2 über eine Wärme übertragende Wand (Seckler und Freund 2012).

ten die Übernahme des Wertes für Fruchtsaft an. Es wird mit folgenden standardisierten Gleichungen gearbeitet:

Fruchtsaft: PE80 = t [min] × $1{,}259^{(T1-80)}$; (Bezugstemperatur = 80 °C; z = 10 °C)
Bier: PE60 = t [min] × $1{,}389^{(T1-60)}$; (Bezugstemperatur = 60 °C; z = 7 °C)

Wärmeübertragung

Wärmeübertragung ist der Transport thermischer Energie infolge eines Temperaturunterschiedes und erfolgt in Richtung kälterer Bereich. Im Getränkebereich sind die Stoffströme räumlich durch eine Wärme übertragende Wand getrennt, die Wärmeübertragung erfolgt indirekt. Ihre Effizienz ist von der geometrischen Führung beider Stoffströme zueinander abhängig. Für eine gute Effizienz müssen das Material, das die Medien trennt, eine gute Wärmeleitung und eine große Oberfläche besitzen. Des Weiteren muss der Wärmeübergang zwischen Oberfläche und strömenden Medien möglichst gut sein. Dafür ist eine turbulente Strömung günstig, die sich vor allem bei hohen Strömungsgeschwindigkeiten und niedrigen Viskositäten ergibt. An der Oberfläche eines angeströmten Körpers bildet sich aufgrund von Reibung immer eine laminare Grenzschicht aus. Der Wärmeübergang ist maßgeblich durch die Dicke dieser Grenzschicht bestimmt, in ihr findet keine Durchmischung der Teilchen statt. Ein Wärmetransport kann hier nur durch Wärmeleitung stattfinden. In der turbulenten Schicht dagegen kommt es zu starken Verwirbelungen und Vermischungen. Vereinfacht ausgedrückt gelangen „heiße" Teilchen der äußeren Grenzschicht in die turbulente Schicht und „kalte" Teilchen der turbulenten Strömung in die äußere laminare Schicht. Der Wärmeübergang ist also durch die Dicke der Grenzschicht als Maß des Widerstands für den Wärmeleitvorgang und durch die Wärmeleitzahl der Flüssigkeit bestimmt. Abb. 113 stellt die Zusammenhänge beim Wärmeübergang durch eine Tauscherplatte schematisch dar (Seckler und Freund 2012). Maßgebliche Parameter sind die Wanddicke und ihre spezifischen Eigenschaften, die Dicke der laminaren Grenzschichten sowie die Turbulenz in den äußeren Schichten und die Viskosität der Flüssigkeiten.

Einflussgrößen auf den Absterbeeffekt

Die Mikroorganismen des Mostes leben in einem Milieu, das eine Abtötung unterstützende und hemmende Faktoren gleichermaßen enthält. Alle D-, z- oder PE-Werte können deshalb nur einen Anhalt bieten und benötigen entsprechende Sicherheitszuschläge. Bei Enzymen kommen u. U. noch unterschiedliche Aminosäuresequenzen hinzu, die die Inaktivierungszeit beeinflussen. Die wichtigsten Einflussgrößen auf den Effekt einer Pasteurisierung sind folgende:

- die Ausgangskeimzahl der Mikroorganismen bzw. die Ausgangsaktivität der Enzyme; die Keimzahlen im Most können zwischen 100/ml und 10 Mill./ml liegen (Dittrich und Großmann 2010),
- die Wachstumsphase der Organismen; eine sich in der stationären Wachstumsphase befindliche Hefe ist bis zu 10-mal hitzeresistenter als eine in der Vermehrungsphase (Ribereau-Gayon et al. 2006),
- osmotischer Druck bzw. Zuckergehalt; mit zunehmendem Zuckergehalt nimmt der Wasserdampfdruck ab, die Beweglichkeit der Wasserdampfmoleküle wird geringer und der Abtötungseffekt vermindert. Ribereau-Gayon et al. (2006) gehen von einer 3-mal so hohen Resistenz von Hefen aus, wenn sich der Zuckergehalt um 100 g/l erhöht,
- pH-Wert; je saurer das Milieu, desto empfindlicher sind die Mikroorganismen (Kessler 1996); Ribereau-Gayon et al. (2006) empfehlen für einen Wein mit pH 3,8 im Vergleich zu einem mit pH 3,0 eine 3-mal längere Erhitzungszeit,
- Alkohol und schweflige Säure; eine Pasteurisation im Weinstadium wird durch diese beiden Faktoren extrem begünstigt,
- Trubpartikel; Trub schützt Enzyme und Mikroorganismen. Insbesondere die traubeneigene Phenoloxidasen sind trubgebunden. Die Mostklärung sorgt bereits für eine deutliche Reduzierung der Aktivität.

5.2.3 Auswirkungen einer Mostpasteurisation

Die Pasteurisation ist unter dem Aspekt der Produktionssicherheit ein starker Eingriff in das Gefüge des Mostes. Mögliche Konsequenzen für die Beschaffenheit des späteren Weins dürfen nicht unberücksichtigt bleiben. Bereits pauschal angesprochen wurden Auswirkungen auf die alkoholische und die malolaktische Gärung, die Weinfiltration, den Schwefel- und Bentonitbedarf oder die Bildung von flüchtigen Säuren. Seckler und Freund (2012) haben sich ausführlich mit den Auswirkungen der Mostpasteurisation auf den Wein beschäftigt und in Versuchen über die Jahrgänge 2005 bis 2010 folgende Ergebnisse erhalten:

PE80-Wert

Zur vollständigen Abtötung der Hefezellen waren in Abhängigkeit der maßgeblichen Parameter Reifegrade, Fäulnisanteile, pH-Werte oder Trubgehalte Wärmebelastungen PE80 zwischen 0,01 und 2,3 erforderlich. Ein Wert von 0,74 erwies sich unter Berücksichtigung des Begriffes „weinsteril" als ausreichend, auch um die Laccase weitgehend zu inaktivieren. Unter Berücksichtigung eines Sicherheitsfaktors empfehlen die Autoren eine Wärmebelastung von 1,0 PE80, was bei 70 °C einer Heißhaltezeit von 10 Minuten entspricht, bei 80° von nur noch 1. Die Literaturwerte unterscheiden sich teilweise beträchtlich und reichen von 10 PE80 (120 sec bei 87 °C) bis 0,004 PE80.

Sensorische Beurteilung

Bei der empfohlenen Wärmebelastung von 1 PE80 wurde bei Vergleichsverkostungen von Weinen aus gesundem Lesegut in der Summe kein signifikanter Unterschied zu nicht pasteurisierten Proben festgestellt. Ab einem Fäulnisgrad von etwa 5 % wurden Unterschiede erkannt, ab 15 % die Weine aus pasteurisierten Mosten signifikant besser bewertet. Tab. 36 zeigt einige Ergebnisse von Dreieckstests beim Vergleich von Weinen aus pasteurisierten mit nicht pasteurisierten Mosten.

In sechs der zwölf dargestellten Dreieckstests konnten die Prüfer statistisch abgesichert zwischen pasteurisiert und nicht pasteurisiert unterscheiden. Die zusätzlich erfragte Beliebtheit ergab in keinem dieser sechs Fälle eine signifikante Bevorzugung.

Sauerstoffbindung und Bräunungsneigung

Die Geschwindigkeit der Sauerstoffbindung und die damit verbundene Neigung zur Bräunung sind bei gut geklärten Mosten ein indirektes Maß für die Aktivität der Laccase. Während die mit

Tab. 36 Dreieckstests mit Weinen aus pasteurisierten und nicht pasteurisierten Mosten (Seckler und Freund 2012)

Variante		Anzahl Prüfer [n]	Richtige Antworten [n]	Signifikanzniveau 2-seitig	Bevorzugung [n]	Signifikanzniveau 2-seitig
2005 Müller-Thurgau	nicht past. pasteurisiert	22	9	0,293		
2005 Riesling	nicht past. pasteurisiert	27	10	0,411		
2007 Gewürztraminer	nicht past. pasteurisiert	29	21	< 0,0001	8 12	0,5034
2007 Müller-Thurgau	nicht past. pasteurisiert	29	16	0,013	10 4	0,1796
2007 Spätburgunder	nicht past. pasteurisiert	29	29	< 0,0001	13 15	0,8506
2009 Riesling a	nicht past. pasteurisiert	27	8	0,726		
2009 Riesling b	nicht past. pasteurisiert	27	19	0,0001	9 10	> 0,99
2009 Riesling c	nicht past. pasteurisiert	25	17	0,0004	9 6	0,6072
2009 Riesling c	nicht past. pasteurisiert	25	10	0,304		
2010 Riesling a	nicht past. pasteurisiert	28	10	0,465		
2010 Riesling b	nicht past. pasteurisiert	26	18	0,0002	7 11	0,4807
2010 Riesling c	nicht past. pasteurisiert	28	13	0,104		

Luft gesättigten nicht pasteurisierten Moste der Jahrgänge 2008 und 2009 mit 0,03–0,06 mg/l und Minute Verbrauch den Sauerstoff sehr schnell verarbeiteten, zeigten die pasteurisierten Moste mit 0,0005–0,005 mg/l und Minute eine vernachlässigbare Abbindungsgeschwindigkeit.

Trubbelastung

Durch die Pasteurisation steigt die Trubbelastung der Moste. Im Mittel wurde eine um 28 % höhere Trübung gefunden. Trotz jahrgangsabhängiger Schwankungen zwischen 16 und 87 % lässt sich diese zusätzliche Truberzeugung statistisch absichern. Gleichzeitig wurde in vielen pasteurisierten Mosten nach der Wärmebelastung eine Ausflockung beobachtet, was als Reaktion von koagulierten Eiweißen mit Tanninen interpretiert wurde. Indiz dafür ist die tendenziell zu beobachtende Verringerung der Gesamtphenolgehalte bei den Weinen aus pasteurisierten Mosten.

Weinfiltrierbarkeit

Die thermische Stabilisierung von Kolloiden sorgt dafür, dass die Weine länger trüb bleiben und grundsätzlich etwas schwieriger zu filtrieren sind als nicht behandelte. Botrytogene Glucangehalte bewirken eine weitere Verschlechterung. Im Durchschnitt ergaben sich um 31 % geringere

Filterleistungen und entsprechend kürzere Filterstandzeiten.

Schweflige Säure
Im Mittel wurden bei den Weinen aus nicht pasteurisierten Mosten 7 mg/l höhere Gehalte an gebundener schwefligen Säure festgestellt, doch lassen sich diese Werte nicht statistisch absichern. Die Unterschiede sind demnach als zufällig zu betrachten.

Weinanalytische Standardwerte
Bei den standardmäßig ermittelten weinanalytischen Kenngrößen vorhandener Alkohol, zuckerfreier Extrakt, titrierbare Gesamtsäure sowie pH-Wert und Weinsäure zeigten sich keine statistisch gesicherten Unterschiede. Der Restzucker nach Ende der Gärung lag vielfach nach einer Pasteurisation etwas höher als im unbehandelten Vergleichsfall, der Trend ließ sich aber nicht absichern.

Flüchtige Säuren
Der Mittelwert der flüchtigen Säuren in Weinen aus nicht pasteurisierten Mosten wies einen um 0,1 g/l höheren Wert auf als der aus pasteurisierten Mosten. Der Unterschied lässt sich jedoch statistisch nicht absichern. Insgesamt lassen die Versuchsergebnisse darauf schließen, dass bei einer hohen bis sehr hohen Grundbelastung des Lesegutes mit einem Anstieg an flüchtigen Säuren zu rechnen ist, der durch eine Pasteurisation vermieden werden kann.

Kosten der Pasteurisation
Angenommen wird eine neue Anlage mit 2000 l Stundenleistung bzw. einer Tagesleistung von 20 000 l und einem Anschaffungswert ohne Dampferzeuger von 75 000 €. Der Preis wird über eine Nutzungsdauer von 20 Jahren abgeschrieben. Die variablen Kosten werden auf die Tagesleistung von 20 000 l bezogen.

Aus den fixen und den variablen Kosten ergeben sich für eine Behandlung von 20 000 l pro Tag folgende Literkosten (Stand 2013):

- 100 000 l/Jahr etwa 9 Cent/l Most,
- 200 000 l/Jahr etwa 5 Cent/l Most,
- 300 000 l/Jahr etwa 4 Cent/l Most,
- 400 000 l/Jahr etwa 3 Cent/l Most.

5.3 Alkoholmanagement durch Alkoholerhöhung bzw. -reduzierung

Alkohol ist eigenständiger Geruchs- und Geschmacksstoff, aber auch ein starker Geschmacksverstärker. Er mildert den sauren und den süßen Geschmack, steigende Mengen verstärken den bitteren Eindruck von Catechin. Eine Erhöhung von 11,6 auf 13,6 %vol. steigerte bei Untersuchungen von Fischer (2009) die alkoholische und brennende Wahrnehmung. Aromastoffe lösen sich besser in Alkohol, andererseits verringern steigende Alkoholkonzentrationen ihre Verflüchtigung und damit ihre Wahrnehmung. Im offenen, dynamischen System aus Weinglas und Verkoster sorgt das Schwenken für eine kontinuierliche Nachlieferung von Bukettstoffen.

Die Alkoholkonzentration im Wein ist ein wichtiges Qualitätskriterium. Die Klimaverschiebung einerseits, steigendes Qualitätsbewusstsein der Erzeuger andererseits haben in den letzten Jahren zu einem Anstieg der Zucker- und damit der Alkoholkonzentrationen geführt. Mussten in den 70er- und 80er-Jahren des letzten Jahrhunderts Weine regelmäßig verbessert werden, um auf 12 %vol. zu kommen, sind inzwischen solche mit mehr als 14 %vol. ohne Zuckerzusatz keine Seltenheit mehr. Die Frage nach der „richtigen" Alkoholmenge findet auf Ebene der Produzenten, aber auch der Verbraucher statt. Deren Suche nach leichten, fruchtigen Weinen ist schwieriger geworden. Den typischen Kabinett-Wein von der Art und nicht von der Bezeichnung auf dem Etikett her, finden sie immer weniger. Den Weinproduzenten stehen weinbauliche Maßnahmen (z. B. Anschnitt, Laubarbeit, Erntezeitpunkt; Selektion) und kellerwirtschaftliche Methoden zur Verfügung, die gewollte Menge Alkohol innerhalb eines begrenzten Rahmens in beide Richtungen zu steuern.

Bei Alkoholmangel:

- durch Anreicherung mit Saccharose (trocken oder gelöst), Traubensaftkonzentrat oder RTK,
- durch Wasserentzug mittels Umkehrosmose oder Vakuumdestillation,
- durch Wasserabtrennung mittels Cryoextraktion.

Bei Alkoholüberschuss:

- teilweise Entalkoholisierung durch destillative oder membranbasierte Verfahren,
- teilweise Zuckerentfernung im Moststadium durch selektive Membranen.

Kap. 5.3 beschäftigt sich mit diesen Verfahren, die zum Teil noch im Versuchsstadium sind und Sondergenehmigungen erfordern. Maßnahmen im Moststadium beeinträchtigen die Weinqualität vergleichsweise wenig und werden deswegen hauptsächlich eingesetzt. Die alkoholische Gärung ist in der Lage, viele Auswirkungen von Maßnahmen zu neutralisieren. Andererseits ist sie ein biologischer Prozess mit Varianzen, die eine exakte Einstellung des später gewünschten Alkoholgehalts erschwert. Der Gesetzgeber hat für die Grenzen der Alkoholeinstellung und die zulässigen Methoden umfangreiche Regelwerke erlassen, innerhalb derer gearbeitet werden darf. Da in diesem Bereich eine gewisse gesetzgeberische Dynamik festzustellen ist, ist es erforderlich, regelmäßig den aktuellen rechtlichen Stand abzufragen.

5.3.1 Vom Mostgewicht zum Alkohol im Wein

Die Zuckerbestimmung im Traubenmost, das Mostgewicht, erfolgt in der Praxis refraktometrisch oder mit einer Senkspindel, die Angabe in Deutschland, der Schweiz und Luxemburg in °Oe. Alternative Angaben existieren in Balling (Südafrika), °Klosterneuburger Mostwaage (Österreich), °Brix (Fruchtsaftindustrie) oder °Beaumé (historisches Maß). In Italien ist der Wert Babo gebräuchlich. Erfasst wird dabei die im Most gelöste Trockensubstanz, der Extrakt. Dieser Wert korreliert mehr oder weniger mit dem vergärbaren Zuckergehalt, d. h. der Menge an Glukose und Fruktose. Zudem enthält er unvergärbare Zucker, Säuren, Mineralstoffe, phenolische Verbindungen, Eiweiße etc., d. h. alle gelös-

Tab. 37 Beziehung zwischen Brix, Grad Oechsle, den Klosterneuburger Graden und dem zu erwartenden Alkoholgehalt nach der Gärung (Ribereau-Gayon et al. 2006; aus Schmidt 2013)

°Oechsle	°Brix	°KMW	Zucker [g/l]	potenzieller Alkohol [g/l]	potenzieller Alkohol [%vol.]
50	12,50	10,3	103	48,0	6,08
55	13,75	11,3	116	54,1	6,86
60	15,00	12,3	130	60,4	7,65
65	16,25	13,4	143	66,5	8,43
70	17,50	14,4	156	72,8	9,22
75	18,75	15,4	170	78,9	10,00
80	20,00	16,5	183	85,1	10,79
85	21,25	17,5	196	91,3	11,57
90	22,50	18,5	209	97,5	12,35
95	23,75	19,5	223	103,7	13,14
100	25,00	20,6	236	111,0	13,92
105	26,25	21,6	249	116,1	14,71
110	27,50	22,6	263	122,3	15,49
115	28,75	23,7	276	128,5	16,28
120	30,00	24,7	289	134,7	17,06
125	31,25	25,7	303	141,0	17,73

ten Substanzen. Der zuckerfreie Extrakt kann in Deutschland zwischen 15 und 30 g/l schwanken. Soll aus dem Mostgewicht auf den späteren Alkohol im Wein geschlossen werden, ist dieser Wert eine Unbekannte, die das Ergebnis beeinträchtigt. Dazu kommt die Unwägbarkeit der alkoholischen Gärung selber.

Grad Oechlse

Differenz des Gewichts von 1 l Wasser (20 °C) zu 1 l Most (20 °C); ein Most mit der Dichte (D20/20) von 1,089 kg/l hat demnach 89 °Oe; 1 °Oe entspricht 2,63 g/l Zucker bzw. ca. 2,5 g/l Extrakt.

Grad Klosterneuburg (°KMW = Klosterneuburger-Most-Waage; Babo)

Gibt den Zuckergehalt des Mostes in % (g/100 g = Masseprozent) an, wobei für die Berechnung ein durchschnittlicher zuckerfreier Extrakt unterstellt wird. 20°KMW = 200 g vergärbarer Zucker in 1 kg Most; 1°KMW entspricht überschlägig 4,86 °Oe.

Grad Brix

Gebräuchliche Maßeinheit für die relative Dichte in der Fruchtsaftindustrie und meint Masseprozent Saccharose (g/100 g) kalibriert bei 20 °C; eine Flüssigkeit hat 10 °Brix, wenn sie die gleiche Dichte hat wie eine Lösung von 10 g Saccharose in 100 g Saccharose-Wasser-Gemisch (10 %m/m); die Werte für Balling weichen kaum von Brix ab, sie sind auf 17,5 °C kalibriert; 1 °Brix entspricht ungefähr 4 °Oe.

Beaumé-Grade

Sie wurden in der Vergangenheit als Maßeinheit für die Dichte von Flüssigkeiten verwendet, da eine direkte (eher zufällige) Beziehung zwischen Beaumé-Graden und Weinalkohol gegeben ist. Ein Most mit 10 °Beaumé ergibt einen Wein mit etwa 10 %vol. Alkohol.

Tab. 37 zeigt die Beziehungen zwischen den verschiedenen Messgrößen für das Mostgewicht und dem zu erwartenden (potenziellen) Alkoholgehalt. Ein Most mit 80 °Oe (16,5 °KMW oder 20 Brix) enthält rund 180 g vergärbaren Zucker, aus dem etwa 85 g Alkohol (oder 10,79 %vol.) gebildet werden.

In der Praxis steht meistens nur der Wert des Mostgewichts zur Verfügung. Daraus können in grober Näherung der Zuckergehalt und der potenzielle Alkoholgehalt berechnet werden (siehe dazu Tab. 38). Aus etwa 2,5 g Saccharose entstehen 1 °Oe.

Unsicherheiten ergeben sich aus dem geschätzten Wert des zuckerfreien Extraktes und der Alkoholausbeute im Verlauf der Gärung.

Mit der Neufassung des Weingesetzes vom 18.01.2011 wurden die natürlichen Mindestalkoholgehalte für Qualitätswein und Prädikatswein folgendermaßen festgesetzt (Deutsches Weininstitut 2013):

In Weinbauzone A:

- Qualitätswein mind. 7,0 %vol.,
- Prädikatswein mind. 9,5 %vol.

Für die Anbaugebiete Ahr, Mittelrhein, Mosel und Saale-Unstrut darf für bestimmte Rebsorten und für bestimmte Rebflächen der natürliche Mindestalkoholgehalt bei Qualitätswein bis auf 6,0 %vol., bei Prädikatswein bis auf 9,0 %vol. herabgesetzt werden.

In Weinbauzone B:

- Qualitätswein mind. 8,0 % vol.,
- Prädikatswein mind. 10,0 % vol.

Qualitäts- und Prädikatsweine dürfen erst er-

Tab. 38 Zucker- und Alkoholberechnung aus dem Mostgewicht (Schmidt 2013)

geschätzter Wert	Faustformel	Beispiel
~ Gesamtextrakt (g/l)	°Oe · 2,5	80 °Oe · 2,5 = 200 g/l
~ Zuckergehalt (g/l)	°Oe · 2,5 minus zufr. Extrakt*	80 °Oe · 2,5–20 (zufr. Extrakt = 180 g/l
~ potenzieller Alkoholgehalt (g/l	(°Oe · 2,5 minus zufr. Extrakt*) · 0,47	(80 °Oe · 2,5–20) · 0,47** = 84,6 g/l

* = zuckerfreier Extrakt muss geschätzt werden (i. d. R. kann mit 20 g/l gerechnet werden)
** = Ausbeute an Alkohol aus Zucker mit 47 % gerechnet

Tab. 39 Anreicherungssituation in Abhängigkeit der Weinbauzone und der Güteklasse (Weik 2012)

Weinbauzone		A	B
Deutscher Wein	natürlicher Gesamtalkoholgehalt (Mindestgehalt in °Oe)	mindestens so viel, dass mit der zulässigen Anreicherung mindestens 8,5 %vol. vorhandener Alkohol erreicht werden	
	vorhandener Alkoholgehalt des fertigen Weines (Mindestgehalt)	8,5 % (67 g/l)	8,5 % (67 g/l)
	Gesamtalkohol ohne Anreicherung %vol. (Maximalgehalt)	15 %	15 %
	Gesamtalkohol nach Anreicherung (Maximalgehalt) bei weißen und rosé Tafelweinen	11,5 %	12 %
	ebenso bei roten Tafelweinen	12 % (94,7 g/l)	12,5 % (98,6 g/l)
	Anreicherungsspanne um max. %vol. oder g/l (Stand: 2012)	3 % (24 g/l)	2 % (16 g/l)
Landwein	natürlicher Gesamtalkoholgehalt (Mindestgehalt)	mindestens so viel, dass mit der zulässigen Anreicherung mindestens 8,5 %vol. vorhandener Alkohol erreicht werden	
	vorhandener Alkohol des fertigen Weines (Mindestgehalt)	8,5 % (67 g/l)	8,5 % (67 g/l)
	Gesamtalkohol ohne Anreicherung (Maximalgehalt)	15 %	15 %
	Gesamtalkohol nach Anreicherung (Maximalgehalt) bei weißen und rosè Landweinen	11,5 %	12 %
	bei roten Tafelweinen	12 % (94,7 g/l)	12,5 % (98,6 g/l)
	Anreicherungsspanne um max. %vol. oder g/l	3 % (24 g/l)	2 % (16 g/l)
Qualitätswein	natürlicher Gesamtalkohol (Mindestgehalt)	6,5 %	7,5 %
	Gesamtalkohol des fertigen Weines (Mindestgehalt)	9 %	9 %
	Gesamtalkohol des fertigen Weines (Maximalgehalt)	keine Begrenzung, wenn nicht angereichert	
	Gesamtalkohol weiß und rosé maximal nach Anreicherung	max. 15 %vol.	
	Gesamtalkohol rot maximal nach Anreicherung		
	Anreicherungsspanne um max. %vol. oder g/l	3 % (24 g/l)	2 % (16 g/l)
	Prädikatsweine Kabinett bis Auslese (Mindestalkoholgehalt, vorhandener Alkohol)	7 % (55 g/l)	
	Eiswein (Mindestalkoholgehalt, vorhandener Alkohol)	5,5 % (44 g/l)	

Umrechnung: 1 %vol. Alk. = 7,894 g/l Alkohol und 1 g/l Alk. = 0,1267 %vol.

zeugt werden, wenn das Mostgewicht ausreichend groß ist für die Mindestalkoholgehalte. Ein Alkoholmangel, d. h. eine Differenz zwischen dem natürlichen, potenziellen Alkoholgehalt und dem gewünschten, höheren, muss durch eine Anreicherung oder durch Wasserentzug überbrückt werden. Der Gesetzgeber hat dazu einen nach Weinbauzone und Qualitätsebene differenzierten Rahmen vorgegeben. Tab. 39 fasst die Werte zusammen.

Wird nicht angereichert, bestehen für den Alkoholgehalt bei Land- und Qualitätsweinen keine Obergrenze. Die Anreicherungsspannen liegen in Deutschland bei 3 %vol. bzw. 24 g/l Alkohol in Zone A und 2 %vol. (16 g/l) in Zone B.

Für Tafelwein sind die aufgelisteten Anreicherungsverfahren erlaubt, auch eine teilweise Konzentrierung durch Kälte. Die Verfahren schließen sich aber gegenseitig aus.

Bei frischen Weintrauben, teilweise gegorenen Traubenmost und Jungwein kann die Anreicherung mit Saccharose, konzentriertem Traubenmost (nicht bei Qualitätsweinen) oder rektifiziertem Traubenmost (RTK) erfolgen.

Bei Traubenmost ist die Anreicherung mit Saccharose, konzentriertem Traubenmost (nicht bei Qualitätsweinen), rektifiziertem Traubenmost (RTK) und teilweise Konzentrierung z. B. mit der Umkehrosmose zulässig.

5.3.2 Die Technik der Alkoholerhöhung

Nachfolgend werden die Methoden zur Erhöhung des potenziellen Alkohols erläutert: Zugabe von Saccharose, von Rektifiziertem Traubenmostkonzentrat (RTK), von Traubenmostkonzentrat und der Entzug von Wasser aus dem Most (Mostkonzentrierung).

Die Alkoholerhöhung durch Zugabe zuckerhaltiger Flüssigkeiten kann in der Maische, im Most oder im Jungwein erfolgen. Die Maischezuckerung beschränkt sich im Wesentlichen auf die Maischegärung von Rotweinen. Das Ergebnis ist dabei noch weniger vorhersagbar als bei der Zuckerzugabe zu Most. Die Jungweinverbesserung bedeutet eine 2. Gärung wie bei Sekt und führt zu einem wesentlich präziser vorhersagbaren Alkohol-Ergebnis. Das Gelingen der 2. Gärung ist allerdings mit Risiken verbunden. Die Methode der Wahl deshalb ist die Mostbehandlung.

5.3.2.1 Anreicherung mit Saccharose

Saccharose (Rohr- oder Rübenzucker) ist chemisch ein Disaccharid aus einem Molekül Glukose und einem Molekül Fruktose. Aus diesen beiden Substanzen besteht auch der Zucker im Traubensaft. Handelsware wird sackweise oder im Großbetrieb mit eigenem Zuckerlösetank in Silofahrzeugen bezogen und muss mindestens zu 99,5 % vergärbar sein. Die erforder-

Tab. 40 Berechnung des Zuckerungsfaktors am Beispiel Gärgut (nach Christmann 2013)

Alkoholbilanz:

$$\frac{a\,[g/L] \times x[L]}{1000\,[g/kg]} + 0{,}45 \times n\,y\,[kg] = \frac{100\,[L] \times b\,[g/L]}{1000\,[g/kg]} \qquad (1)$$

x Liter Most mit einem potentiellen Alkoholgehalt von a g/L ergeben mit y kg Saccharose bei einer theoretischen Alkoholausbeute von 45 % 100 L Most mit einem Alkoholgehalt von b g/L

Mengenbilanz:

$$x\,[L] + 0{,}6\,[L/kg] \times y\,[kg] = 100\,[L] \qquad (2)$$

x Liter Most und y kg Saccharose mit einer Volumenmehrung von 0,6 L/kg ergeben 100 L angereicherten Most.

Aus Gleichung 1 und 2 ergibt sich durch das Einsetzungsverfahren

$$y = \frac{100}{450-0{,}6a}\,[kg] \qquad \text{für } a = 60\,g/L \Rightarrow y = 0{,}241\,kg/hL \qquad (3)$$

liche Zuckermenge wird in mehreren Schritten bestimmt.

- Aus den genau zu bestimmenden Daten Mostmenge und Mostgewicht sowie der gewünschten Anreicherungsmenge in %vol. Alkohol kann die Anreicherungsmenge an Saccharose ermittelt werden. Die bestimmte Menge wird am einfachsten in einer Teilmenge Most auf-

Tab. 41 Zuckerungstafel für Most- und Weinzuckerung mit Saccharose; in der Tabelle ist der Faktor auf 45 % Ausbeute angelegt

A. Trockenzuckerung von Most (F: 0,24)					B. Trockenzuckerung von Jungwein (F: 0,21)			
in 100 Liter Gesamtflüssigkeit sind:		zu 100 Liter Most			in 100 Liter Gesamtflüssigkeit sind:		zu 100 Liter Wein	
Zucker (kg)	Most (l)	Zucker (kg)	Vermehrung + Liter	Alkoholerhöhung um g/l Alkohol	Zucker (kg)	Wein (l)	Zucker (kg)	Vermehrung + Liter
2	3	4	5	◀ 1 ▶	6	7	8	9
1,44	99,1	1,45	0,8	6	1,26	99,5	1,31	0,8
1,68	99,0	1,72	1,0	7	1,47	99,4	1,51	0,9
1,92	98,8	1,94	1,1	8	1,68	99,2	1,70	1,0
2,16	98,7	2,19	1,3	9	1,89	99,1	1,91	1,1
2,40	98,5	2,43	1,4	10	2,10	99,0	2,13	1,3
2,64	98,4	2,68	1,5	11	2,31	98,6	2,34	1,4
2,88	98,3	2,93	1,7	12	2,52	98,5	2,56	1,5
3,12	98,1	3,18	1,8	13	2,73	98,4	2,78	1,7
3,36	98,0	3,43	2,0	14	2,94	98,3	2,99	1,8
3,60	97,8	3,67	2,1	15	3,15	98,1	3,21	1,9
3,84	97,7	3,93	2,3	16	3,36	98,0	3,43	2,1
4,08	97,6	4,18	2,5	17	3,57	97,8	3,65	2,2
4,32	97,4	4,43	2,6	18	3,78	97,7	3,87	2,3
4,56	97,2	4,68	2,8	19	3,99	97,6	4,09	2,5
4,80	97,1	4,94	3,0	20[1]	4,20	97,5	4,31	2,6
5,04	97,0	5,19	3,1	21	4,41	97,4	4,53	2,7
5,28	96,8	5,45	3,3	22	4,62	97,2	4,75	2,9
5,52	96,7	5,71	3,4	23	4,83	97,1	4,97	3,0
5,76	96,5	5,96	3,6	24	5,04	9,70	5,20	3,1
6,00	96,4	6,22	3,7	25	5,25	96,8	5,42	3,3
6,24	96,3	6,47	3,9	26	5,46	96,7	5,64	3,4
6,48	96,1	6,74	4,0	27	5,67	96,6	5,87	3,5
6,72	96,0	7,00	4,2	28[2]	5,88	96,5	6,09	3,7
6,96	95,8	7,26	4,4	29	6,09	95,3	6,32	3,8
7,20	95,7	7,52	4,5	30	6,30	96,2	6,55	3,9
7,44	95,6	7,79	4,7	31	6,51	96,1	6,77	4,1
7,68	95,4	8,05	4,8	32	6,72	96,0	7,00	4,2
7,92	95,3	8,31	5,0	33	6,93	95,9	7,23	4,3
8,16	95,1	8,58	5,1	34	7,14	95,7	7,46	4,5
8,40	95,0	8,84	5,3	35	7,35	95,6	7,69	4,6
8,64	94,8	9,11	5,5	36[3]	7,56	95,4	7,92	4,8
8,88	94,7	9,38	5,6	37	7,77	95,3	8,15	4,9
9,12	94,5	9,64	5,8	38	7,98	95,2	8,38	5,0
9,36	94,4	9,91	5,9	39	8,19	95,1	8,61	5,2
9,60	94,3	10,17	6,1	40	8,40	95,0	8,85	5,3

gelöst und danach mit der Hauptmenge vermischt.

- Die gesuchte Menge an Saccharose in kg lässt sich anhand einer Zuckerungstafel (Zuckerungstabelle) einfach bestimmen (siehe dazu Tab. 41).
- Den Tabellenwerten zugrunde liegt der Zuckerungsfaktor. Er wird berechnet anhand von Formeln über die Alkohol- und Mengenbilanz (Tab. 40; Christmann 2013). Der Zuckerungsfaktor gibt an, wie viel kg Saccharose benötigt werden, um in 100 l Most oder Gärgut (Most nach Anreicherung) den Alkoholgehalt um 1 g/l Alkohol zu erhöhen und er berücksichtigt, dass 1 kg Saccharose das Mostvolumen um 0,62 l erhöht. Zugrunde gelegt wurde eine Alkoholausbeute von 45 % (siehe dazu Kap. 5.5)
  Gärgut: 0,241 kg Saccharose in 100 l erhöht den Alkoholgehalt um 1 g/l;
  Most: 0,25 kg Saccharose zu 100 l erhöht den Alkoholgehalt um 1 g/l;
  Weinanreicherung: 0,21 kg Saccharose in 100 l Gärgut erhöht den Alkoholgehalt um 1 g/l;
  (für weitere Tabellen zu allen gängigen Verfahren siehe Weik 2012).

Für Großbetriebe ist die tankweise Zuckerung zu aufwendig. Sie arbeiten eher mit weißen und roten Stammlösungen. Sehr gut geklärter Most wird auf 50 bis 60 °C erhitzt und so lange mit Silozucker versetzt, bis eine Lösung mit (z. B.) 65 Gewichtsprozent Zucker hergestellt ist. Mittels des Cramerschen Kreuzes lässt sich die Menge an Stammlösung errechnen. Sie wird in den zu verbessernden Gärtank gepumpt und ggf. als Verschnitt berücksichtigt (siehe dazu das Beispiel in Tab. 42).

Die früher zugelassene Nasszuckerung ist wegen des Verdünnungseffektes und der Mengenerhöhung in der EU nicht mehr erlaubt.

5.3.2.2 Verwendung von Rektifiziertem Traubenmostkonzentrat (RTK)

RTK ist in der EU und in Deutschland für die Verbesserung von Deutschen Weinen, Landweinen und Qualitätsweinen zugelassen. Es ist das flüssige, nicht karamellisierte Erzeugnis, das durch teilweisen Wasserentzug aus Traubenmost unter Anwendung beliebiger zugelassener Methoden außer der unmittelbaren Einwirkung von Feuerwärme so hergestellt wird, dass der bei einer Temperatur von 20 °C gemessene Zahlenwert nicht unter 61,7 % Zuckergehalt liegt (das entspricht 404 °Oe oder 48,8 %vol. potentiellem Alkohol) und das zugelassenen Behandlungen zur Entsäuerung und Entfernung anderer Bestandteile als Zucker unterzogen worden ist. RTK muss ausschließlich von Keltertrauben-Rebsorten stammen und ist aus Traubenmost hervorgegangen, der mindestens den natürlichen Mindestalkoholgehalt aufweist, der für die Weinbauzone gilt, in der die Trauben geerntet wurden. Die Analysenwerte müssen sich innerhalb bestimmter und festgelegter, analytischer Grenzen bewegen. Ein vorhandener Alkoholgehalt des RTK von bis zu 1 %Vol. wird geduldet.

Die Idee war, Rübenzucker zu verdrängen und gleichzeitig das Überschussproblem von Tafelwein zu verringern. Der Ausgleich von Zuckerdefiziten im Norden durch Zuckerüberschuss im Süden Europas war und ist ein Politikum und die Verwendung von RTK letztlich ein Rechenexempel. Solange der Einsatz subventioniert wurde, ergaben sich wirtschaftliche Vorteile im Vergleich zur Verwendung von Saccharose. Ein Preisvorteil resultierte einerseits aus den Beihilfen, andererseits aus der Volumenmehrung bei der Anreicherung. Je nach Mostpreis war mit einem Vorteil von 2,8 bis 5,3 Eurocent je Liter gegenüber der Verwendung von Saccharose zu rechnen, wenn um 20 g/l angereichert wurde. Seit dem Stopp von Subventionen ist dieser Vorteil nicht mehr gegeben. Arbeitswirtschaftliche Vorteile ergeben sich unabhängig davon aus dem eingesparten Auflösungsprozess des Zuckers, der einfachen Förderung und des Wegfalls der Verschnittproblematik (Köhler 2006). Es ist davon auszugehen, dass bei erneutem Vorliegen wirtschaftlicher Voraussetzungen viele Betriebe zu RTK zurückkehren.

Die Herstellung von RTK läuft in folgenden Verfahrensschritten ab:

- Gute Mostklärung
- Stummschwefelung mit 1000 bis 2000 mg SO_2/l wenn eine Zwischenlagerung erforderlich ist; dann klärt sich der Most ausreichend selbst.

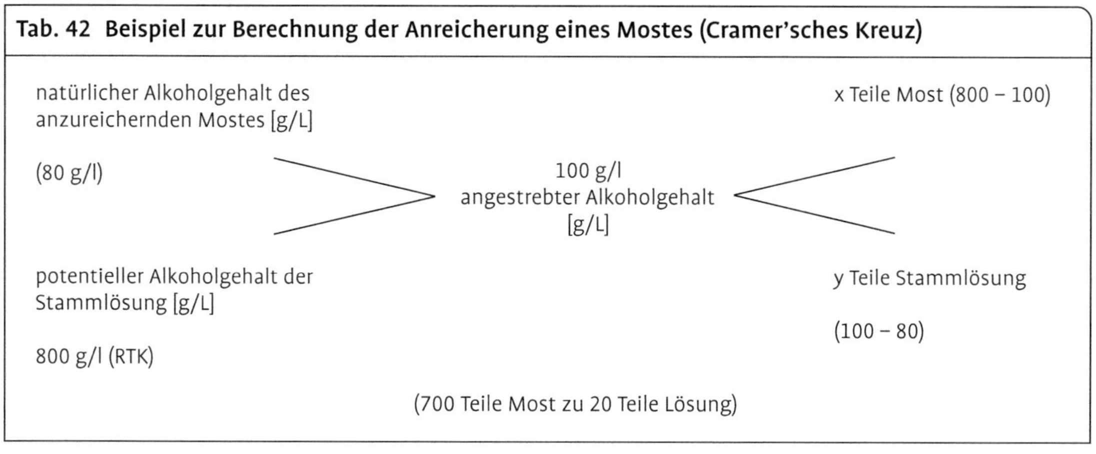

Tab. 42 Beispiel zur Berechnung der Anreicherung eines Mostes (Cramer'sches Kreuz)

- Vorkonzentrierung und Entschwefelung; dabei fällt Weinstein aus.
- Abtrennung der Nichtzuckerstoffe (vor allem der Säuren und Phenole) mit Kalk, Aktivkohle und Kasein im Überschuss sowie der Anionen und Kationen mit Ionenaustauschern.
- Konzentrierung im Fallstromverdampfer, Centritherm, Spinning Cone Column.
- RTK mit 61,7 % Zucker besteht aus 821 g/l bzw. 637 ml/l Zucker und 363 ml/l Wasser. Pro kg Zucker ergibt sich eine Volumenmehrung von 1,218 Liter.

Tab. 42 zeigt ein Beispiel zur Berechnung der Anreicherung eines Mostes mit 80 g/l potenziellem Alkohol auf 100 g/l bei Verwendung von RTK. Die Lösung des verwendeten Zuckerkonzentrats enthält 800 g/l potenziellen Alkohol.

Das Cramersche Kreuz kann für die Verbesserung mit RTK, mit einer Stammlösung aus Saccharose oder mit Traubenmostkonzentrat verwendet werden. Zielgröße ist der Alkoholgehalt, deshalb muss aus der ermittelten Zuckermenge der potenzielle Alkoholgehalt bestimmt werden.

5.3.2.3 Verwendung von Traubenmostkonzentrat

Die Zugabe von Traubenmostkonzentrat zur Erhöhung des Alkoholgehaltes im Endprodukt ist in der EU für Tafelwein und Qualitätswein zugelassen. Laut WeinVO § 15 ist diese Methode in Deutschland für Qualitätswein untersagt. Konzentrierter Traubenmost ist nach VO (EG) Nr. 1493/1999 nicht karamellisierter Traubenmost, der durch teilweisen Wasserentzug bei einer Temperatur von 20 °C einen Zuckergehalt von mindestens 50,9 % (≈ 239,5 Grad Oechsle) aufweist. Er besteht aus den traubeneigenen Zuckern Glukose und Fruktose im natürlichen Verhältnis. Zur Herstellung dürfen bis auf eine unmittelbare Einwirkung von Feuerwärme beliebige Methoden angewendet werden. Hierunter fallen z. B. die physikalischen Verfahren der Konzentrierung sowie die Dünnschicht- oder Fallstromverdampfung. Als weitere Bedingungen muss der Ausgangsmost den natürlichen Mindestalkoholgehalt überschreiten und aus zugelassenen Rebsorten stammen. Ein vorhandener Alkoholgehalt von 1 %vol. wird geduldet. Da neben dem Wasser auch noch weitere Inhaltsstoffe konzentriert werden, ist durch den Zusatz von Traubenmostkonzentrat eine Beeinflussung der Weinqualität zu berücksichtigen. Vorversuche sind deshalb angeraten. In Deutschland wird Traubenmostkonzentrat zur Verbesserung praktisch nicht eingesetzt.

5.3.2.4 Mostkonzentrierung durch Wasserentzug

Die Mostkonzentrierung durch Wasserentzug zur Erhöhung des potenziellen Alkoholgehalts ist seit dem Jahr 2000 in der EU erlaubt und seit 2002 in Deutschland gesetzlich geregelt. Ziel ist dabei eine gleichzeitige Konzentrierung aller Aromakomponenten und eine Farbvertiefung bei

Rotweinen. Gesetzlich sind eine Erhöhung des potenziellen Alkoholgehalts von 16 g/l und eine Verminderung des Ausgangsvolumens von max. 20 % erlaubt.

Technisch möglich ist die Konzentrierung mittels Umkehrosmose, Vakuumdestillation und Gefrierkonzentration. Letztere wird wegen gesetzlicher Einschränkungen und hoher Kosten kaum eingesetzt (Schmidt 2013). Sigler et al. (2000) berichten unabhängig vom Verfahren über signifikante sensorische Verbesserungen im Vergleich zur Saccharose-Zuckerung. Die höheren Mengen an Aminosäuren bzw. von glycosidisch gebundenen Terpenen als Aromaprecursoren spielen eine Rolle, wohl auch die Konzentrierung von hefeverwertbarem Stickstoff als Gärhilfe. Signifikant ist die höhere Konzentration an blumig wirkenden Terpenalkoholen wie Linalool und Hotrienol. Gleiches gilt für die Steigerungen bei Hexanol, cis-3-Hexanol (unreife Noten) und bei 1-Octen-3-ol (Botrytisnote). Kalium und Weinsäure fallen während der Konzentrierung meist als Weinstein aus, die spätere Gesamtsäuremenge wird hauptsächlich durch die Äpfelsäure erhöht (Weik 2012). Weber et al. (2002) fanden ähnliche Ergebnisse im Vergleich zwischen der Ausdünnung im Weinberg und der Mostkonzentrierung. Vakuumeindampfung und Umkehrosmose schnitten gleichermaßen gut ab. Voraussetzung für die Konzentrierung ist ein Most mit ausreichender Reife. Auch „Unreife“ wird konzentriert. Die unvermeidlich höheren Kosten der Volumenverringerung werden mit knapp unter 1 Euro/Flasche angegeben.

Größere Kellereien haben nach der Zulassung vereinzelt in Umkehrosmoseanlagen investiert. Angesichts eher zu hoher Mostgewichte in den letzten Jahren sind diese Geräte nur wenig zum Einsatz gekommen. Die Methoden Umkehrosmose und Vakuumverdampfung werden in Kap. 6 im Zusammenhang mit der Alkoholreduzierung beschrieben.

5.3.2.5 Methodenvergleich

Köhler (2006) verglich im Anbaugebiet Franken die Auswirkungen unterschiedlicher Arten der Anreicherung auf Praktikabilität und Sensorik. Aufgrund seiner Ergebnisse brachte die Anwen-

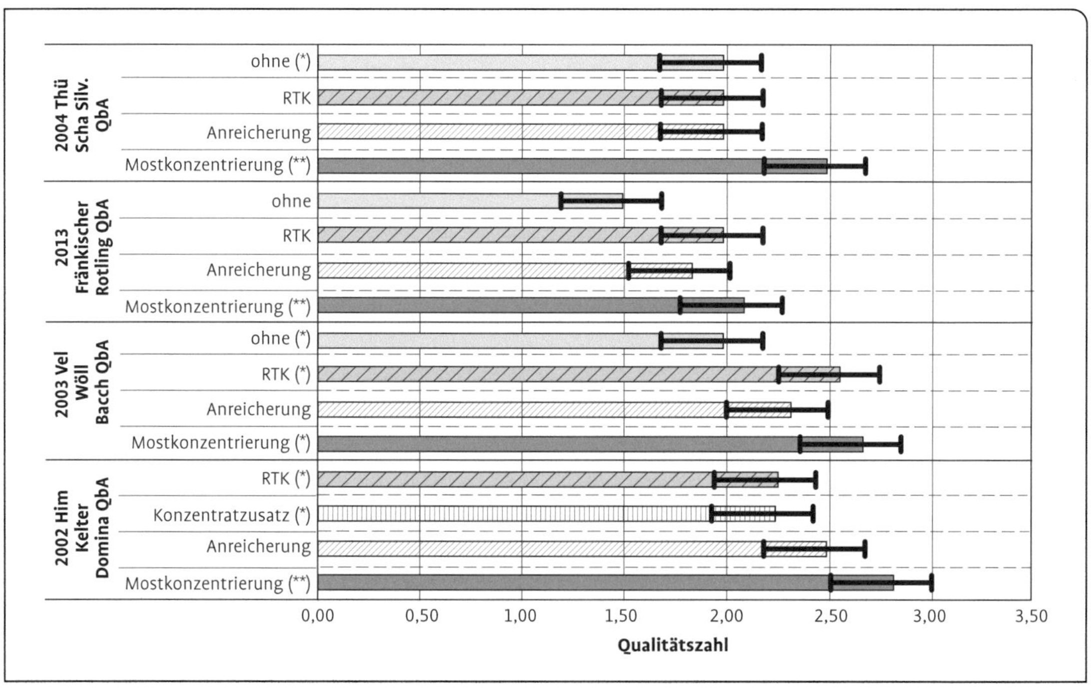

Abb. 114 Qualitätszahlen von Weinen mit unterschiedlichen Verfahren der Anreicherung (Köhler 2006).

Tab. 43 Analysenvergleich nach unterschiedlicher Art der Alkoholerhöhung (Weber et al. 2002)

	Kontrolle	**Saccharose**	**Umkehrosmose**	**Vakuumdestillation**	**Gefrierkonz.**
Mostgewicht [°Oe]	71,7	84,4	88,0	86,7	85,4
Weinsäure [g/l]	6,1	6,0	6,3	6,4	4,8
Äpfelsäure [g/l]	3,8	3,5	4,8	4,6	3,8
Shikimisäure [g/l]	0,021	0,021	0,026	0,028	0,022
Zitronensäure [g/l]	0,3	0,2	0,3	0,3	0,4
Glucose [g/l]	71,3	89,3	89,8	90,0	83,8
Fructose [g/l]	80,9	98,3	101,0	102,0	97,1
Ammonium [mg/l]	45	46	56	53	47
Kalium [mg/l]	1504	1467	1575	1615	1222
Calcium [mg/l]	136	129	193	143	128
Magnesium [mg/l]	63	55	88	72	70
E 420 [–]	0,224	0,248	0,295	0,369	0,484
Phenole [mg/l]	181	159	214	230	208
FermN [–]	49	66	67	61	67

dung von RTK oder Traubenmostkonzentrat gegenüber der Anreicherung mit Saccharose keine geschmackliche Bevorzugung. Analytische Unterschiede waren ebenfalls nicht erkennbar. Mit herkömmlichen Analysenmethoden war der Nachweis der RTK-Verwendung anstelle von Saccharose nicht möglich. Eine Neigung zur „Untypischen Alterung" trat bei keinem der vorliegenden Weine aus reifem Lesegut auf. Wirtschaftliche und arbeitstechnische Vorteile, die sich etwa im Großbetrieb bei Bezug von RTK in einer Größenordnung von 200 hl und mehr zumindest bisher ergaben, lassen sich seiner Meinung nach nicht auf kleine Betriebe fränkischer Prägung übertragen. Im Gegenteil: Der Aufwand bei der Beschaffung und Handhabung von RTK und die Schwierigkeiten bei der Berechnung der zur Anreicherung benötigten Zusatzmenge würden den Praktiker vor größte Probleme stellen. Somit bleibt die herkömmliche Anreicherung mit Saccharose, ergänzt durch die Anwendung der Mostkonzentrierung im gehobenen Preissegment, das Mittel der Wahl. Die Mostkonzentrierung hob sich als einziges Verfahren bei einigen Versuchsweinen geschmacklich von den anderen Varianten ab (siehe dazu Abb. 114).

Weber et al. (2002) verglichen Analysendaten eines fränkischen Silvaners, der mit Saccharose angereichert und parallel mit drei verschiedenen physikalischen Verfahren konzentriert wurde (siehe dazu Tab. 43).

Die Zuckerung mit Saccharose sowie die Konzentrierungsverfahren Umkehrosmose und Vakuumdestillation unterscheiden sich nur im Rahmen der natürlichen Schwankungen. Die Gefrierkonzentrierung weicht davon deutlich ab. Insbesondere die Abnahme von Kalium und Weinsäure deutet auf einen beträchtlichen Weinsteinausfall hin. Die hohe Absorption E 420 ist ein Zeichen für Bräunungsreaktionen.

5.3.3 Alkoholreduzierung durch Senkung des Zuckergehalts im Most

Mit der VO EU 144/2013 wurde im Februar 2013 eine Verringerung des potenziellen Alkohols um max. 20 % durch die Senkung des Zuckergehalts im Most erlaubt. Das Ziel der Alkoholverringerung ist die Erzeugung von Weinen mit ausgewogenerem Geschmack. Das Verfahren darf nicht mit einem anderen zur Erhöhung des Alkoholgehalts kombiniert werden.

Bei dem Verfahren wird einer Teilmenge Most der Zucker weitgehend und selektiv entzogen. Alle anderen Inhaltsstoffe müssen erhalten bleiben. Zum Einsatz kommt eine Kombination von zwei Membrantechniken. Der erste Schritt dient der Vorbereitung des folgenden und besteht aus einer sehr scharfen Filtration mittels Ultrafiltration. Im zweiten Schritt kommen Nanofiltration oder Umkehrosmose zum Einsatz (siehe Abb. 115).

Der vorgeklärte Most wird ultrafiltriert (UF-Anlage) und in ein zurückfließendes Retentat sowie ein weiter zu behandelndes Permeat getrennt. Das Permeat enthält die gelösten Stoffe mit einem Molekulargewicht <5000 Da. Die Nanofiltration (NF) besitzt einen molekularen Cut-off von 150-300 Da und wird bis zu einem Druck von 70 bar betrieben. Im NF-Permeat verbleiben die kleineren Moleküle wie Wasser, die Säuren und Aromastoffe, aber wenig Zuckermoleküle. Diese reichern sich im NF-Retentat hoch konzentriert (bis 500 g/l) an und könnten ggf. nach entsprechender Stabilisierung sogar zur Anrei-

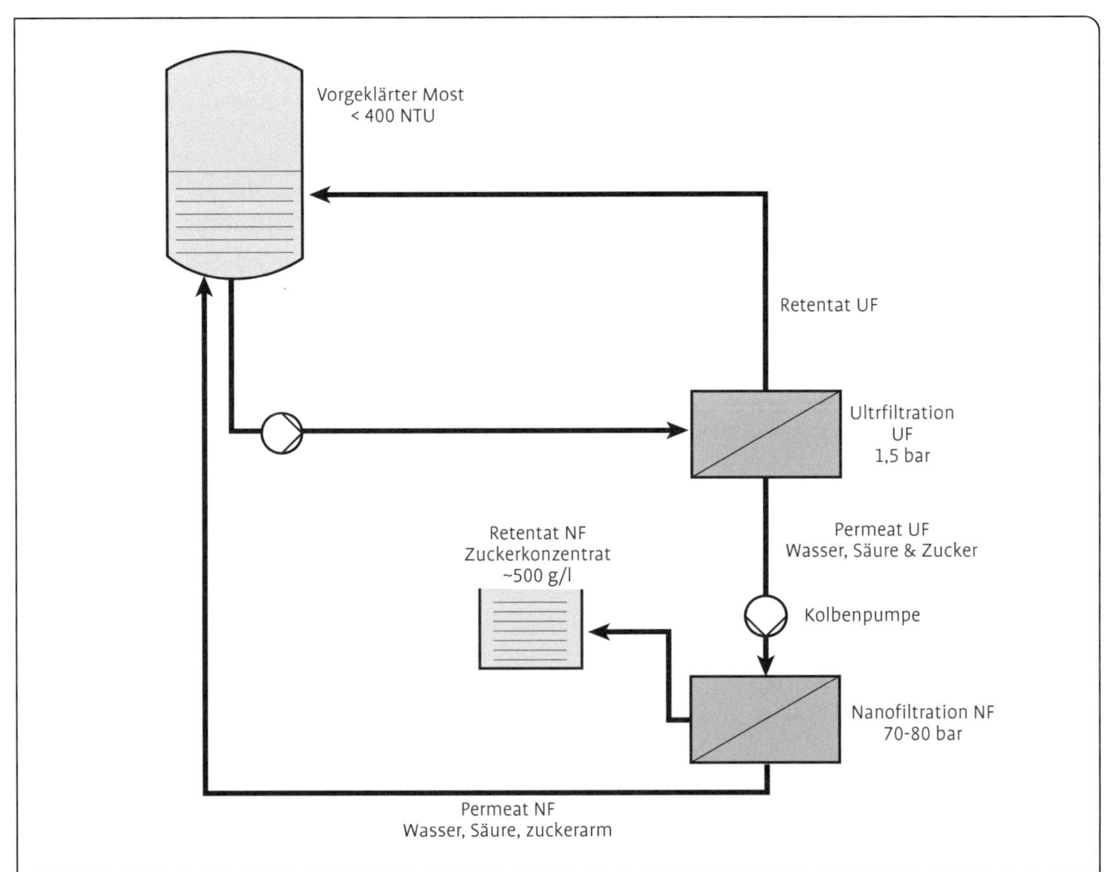

Abb. 115 Zweistufigige Membrananlage zur Entzuckerung von Most (Schmidt und Christmann 2011); Anlagentechnik: Bucher-Vaslin (Redux©-Verfahren).

cherung von bedürftigen Mosten verwendet werden.

Das NF-Permeat wird in den Ausgangstank zurückgeführt. Letztlich sind dem Most in erster Linie Zuckermoleküle entzogen worden. Da die Nanofiltration Anthocyane und Polyphenole im Retentat aufkonzentriert und so im behandelten Most reduziert, ist es bei Rotwein wichtig, das Verfahren vor der Mazeration durchzuführen.

Die Membranverfahren UF, NF und Umkehrosmose (RO) sind dadurch gekennzeichnet, dass die Abtrennung auf dem Niveau von Molekülen erfolgt. Der molekulare Cut-off ist das Molekulargewicht in Da, ab dem Substanzen zu mindestens 90 % zurückgehalten werden. Die „Filtration“ erfolgt bei der UF durch Poren, bei NF und RO durch Lösungsverhalten an der Membran (siehe für Details Kap. 6).

5.4 Behandlungsmittel des Mostes

Das Weinrecht erlaubt eine Vielzahl von Behandlungsmitteln. Es sind technische Hilfsstoffe, die zur Qualitätserhaltung, zur Stabilisierung und zur Sicherung der Produktbeschaffenheit von Weinen beitragen. Sie verbleiben in den meisten Fällen nicht im Getränk. Die zulässigen Mittel können teilweise bereits in der Maische, aber auch später im Wein eingesetzt werden. Eine Zugabe zum Most findet meist im Vorfeld der Klärung statt, in Einzelfällen auch erst danach. Dann wirken die Mittel im Gärtank weiter. Generell gilt die Aussage: je früher eine Maßnahme durchgeführt wird, desto weniger wirkt sie sich auf die Weinqualität negativ aus, aber desto ungenauer ist die Anwendung und muss ggf. im Wein wiederholt werden. Kap. 5.4 beschäftigt sich mit Maßnahmen der Mostbehandlung und die Konsequenzen auf die Beschaffenheit des Weines. Abb. 116 zeigt sie im Zusammenhang.

Behandlungsmaßnahmen im Most können die Klärung unterstützen, in Fällen von zu erwartenden sensorischen Beeinträchtigungen (Fäulnis, Hagelschaden usw.) harmonisierend eingreifen und nicht zuletzt Inhaltsstoffe schützen oder bewusst beseitigen und damit stabilisieren (z. B. oxidativer oder reduktiver Ausbau, Schwefelung). Die meisten Behandlungsmittel wirken mehrfach. Gelatine z. B. entstabilisiert Kolloide,

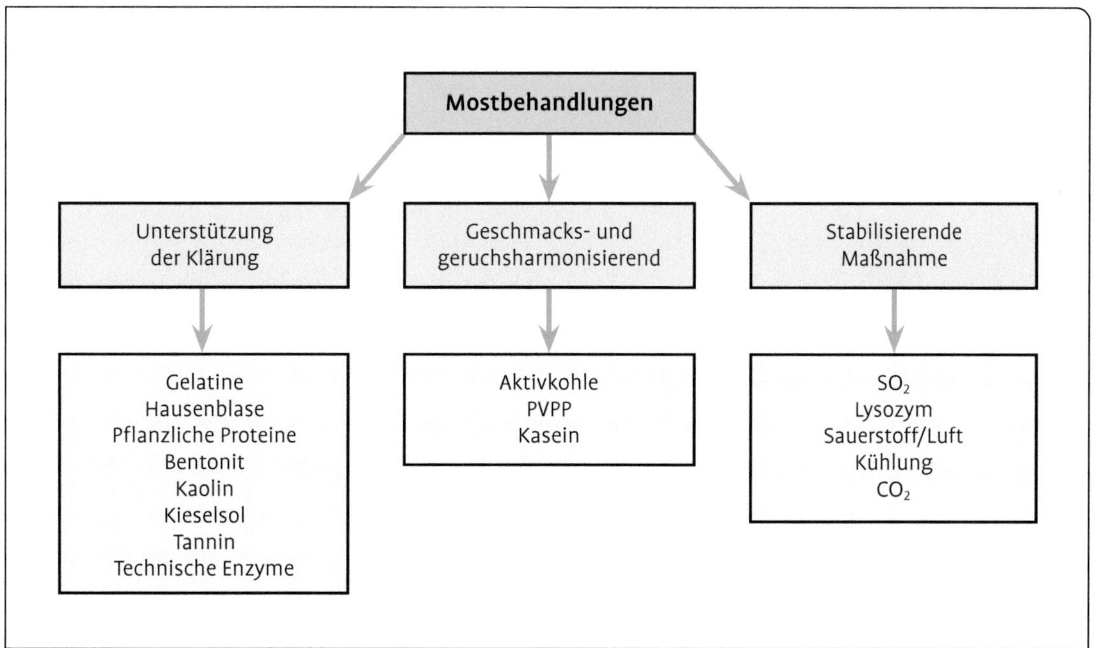

Abb. 116 Mögliche Mostbehandlungsmaßnahmen.

reduziert Phenole und trägt dadurch zur Stabilität des Weines bei. Aktivkohle greift stark in das sensorische Gefüge ein, hilft aber auch bei der Klärung. Letzlich hängt es von der Anforderung ab, auf welche Eigenschaft zurückgegriffen wird.

5.4.1 Maßnahmen zur Unterstützung der Mostklärung

Die Wirkung technischer Enzyme auf die Klärung wurde bereits mehrfach diskutiert. Ihre Zugabe erfolgt üblicherweise in den trüben Most und erfordert zur Pektin-Hydrolyse eine gewisse Reaktionszeit. Wird ohne oder mit nur geringer Sedimentationszeit direkt zentrifugiert bzw. filtriert, kann eine Zugabe auch in den geklärten Most erfolgen. Durch die Kalziumpektat-Flockung wird der Trubgehalt wieder etwas zunehmen. Insbesondere β-Glucane müssen spätestens in diesem Stadium durch Glucanasen abgebaut werden. Alkohol stabilisiert das Kolloid und erschwert die Weinfiltration beträchtlich.

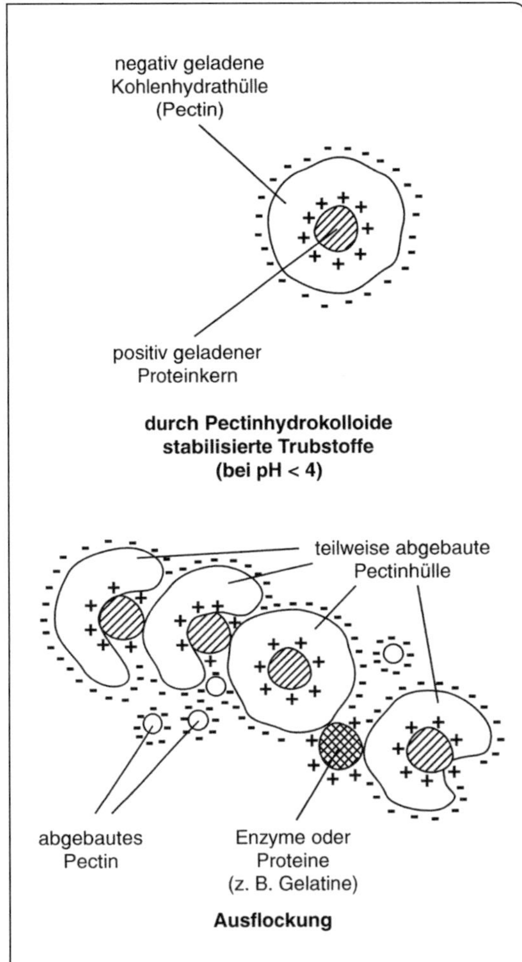

Abb. 117 Entstabilisierung von trubstabilen Kolloiden mit positivem Proteinkern (Hamatschek 1997).

5.4.1.1 Entstabilisierung von Kolloiden durch Flockungsmittel

Zur Entstabilisierung der Kolloide müssen ihre Stabilisationsfaktoren beseitigt werden, also die große Menge immobilisiertes Wasser und die elektrische Ladung an der Phasengrenzfläche. Abb. 117 zeigt die Entstabilisierung durch einen Angriff von pectolytischen Enzymen und einem Flockungsmittel (z. B. Gelatine). Die Zugabe von Flockungsmitteln wird als Schönung bezeichnet, weil der Most oder Wein durch die Behandlung „schön, beschaubar" wird.

Ist der positiv geladene Proteinkern freigelegt, weil entweder die Pektinhülle enzymatisch hydrolysiert wurde oder positiv geladene Flockungsmittel als Brückenglied wirken, erfolgt rasch eine Aggregation der Teilchen. Die Partikel sedimentieren danach schnell. Die zur Klärung eingesetzten Mittel sind ihrerseits Kolloide mit elektrischer Ladung und einer großen Menge immobilisiertes Wasser. Sie gehen mit den Trubkolloiden Reaktionen ein, in deren Verlauf günstigenfalls eine vollständige elektrische Entladung und Entwässerung aller Reaktionsteilnehmer erfolgt. Bei optimaler Vermischung und den richtigen Konzentrationsverhältnissen erfolgt die Entstabilisierung schlagartig. Zeitbestimmend für die weitere Sedimentation sind die Sekundärreaktionen untereinander und die Länge des Sedimentationswegs. Nach erfolgter Primärreaktion lassen sich die zuvor stabilen Teilchen bereits mittels Zentrifuge abtrennen (Hamatschek 1982). Ausgehend von dieser Erkenntnis wurde ein Schnellverfahren entwickelt, den Flockungsmittelbedarf individuell zu bestimmen.

5.4.1.2 Bestimmung des Flockungsmittelbedarfs

In der Praxis werden Vorversuche meist mit steigenden Flockungsmittel-Konzentrationen in 100 ml-Standzylindern durchgeführt. Diejenige Menge, die den besten Klärgrad nach Sedimentation ergibt und/oder sensorisch am besten abschneidet, wird für den Großansatz gewählt. Diese Methode ist langwierig, weil die Sedimentation abgewartet werden muss. Restliche Trubstoffe in Schwebe können zudem das Verkostungsergebnis verfälschen.

Alternativ kann eine Schnellmethode verwendet werden (Hamatschek 1982). Man gibt zu je 100 ml trübem Most (oder Wein) in Bechergläsern steigende Flockungsmittelmengen und rührt 30 sec intensiv. Bei Verwendung von Gelatine können das umgerechnet z. B. 2,5, 5,0, 7,5, 10,0 und 15,0 g/100 l Most sein. Im Falle einer Kombinationsschönung wird der Partner direkt im Anschluss zugemischt. Unmittelbar danach werden die Suspensionen für 3 min bei 1300 xg zentrifugiert und die Resttrübung im Überstand des Zentrifugenglases bestimmt. Die Angabe kann als EBC-Einheit, NTU oder TE/F erfolgen. Die Trübungswerte werden grafisch gegen die Menge an Flockungsmittel aufgetragen (siehe dazu Abb. 118).

Drei Aussagen lassen sich aus den beiden Kurven ableiten: die möglichen Klärgrade sind von Most (Wein) zu Most unterschiedlich, ebenfalls die dazu nötigen Gelatinemengen. Gelatine besitzt ein Klärungsoptimum. Bei geringerer Dosierung ist der Most (Wein) unter-, bei zu hoher überschönt. Überschönung dürfte auch der Grund dafür sein, dass nach Gelatineschönungen ein deutlich erhöhter Bentonitbedarf ermittelt wurde (Breier 2012).

Dietrich und Schäfer (1991) haben alternativ ein Verfahren vorgestellt, bei dem ein induziertes Strömungspotenzial gemessen wird. Dieser Wert korreliert mit der Anzahl von Kolloiden und erlaubt die Bestimmung der erforderlichen Schönungsmittel.

5.4.1.3 Gelatine als Schönungsmittel

Gelatine wurde in Kap. 3.3 als Behandlungsmittel für die Maische bereits vorgestellt. Sie ist ein reiner Eiweißstoff tierischen Ursprungs und das wohl am häufigsten eingesetzte Schönungsmittel, oft in Verbindung mit Kieselsol oder anderen eiweißhaltigen Mitteln wie Hausenblase oder Kasein. Die wohl ältesten wissenschaftlichen Untersuchungen stammen bereits aus den 30er-Jahren des letzten Jahrhunderts. Gelatine wird

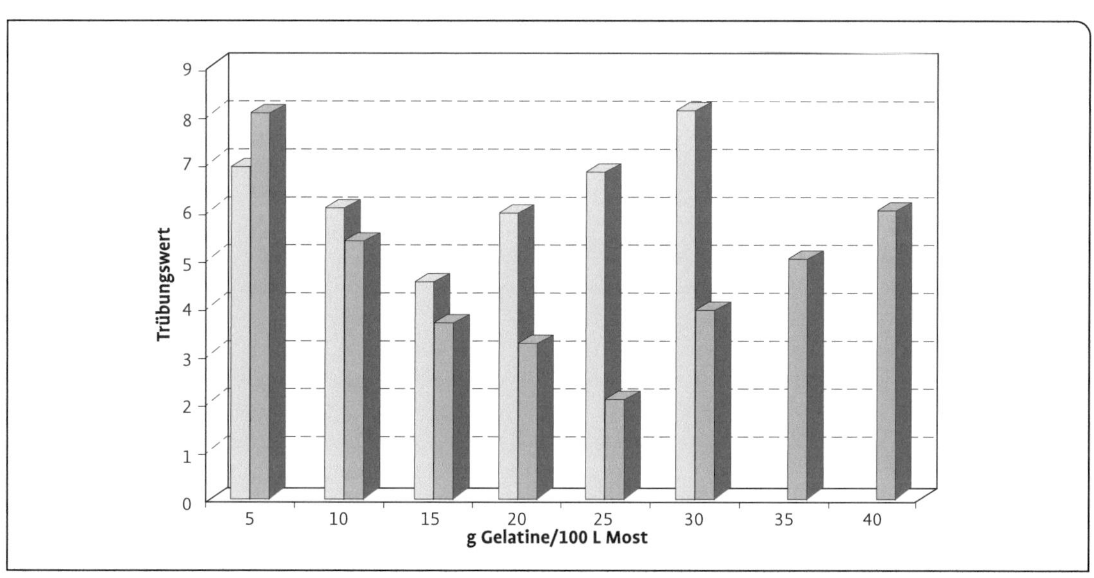

Abb. 118 Trübungsspektrum zweier roter Moste bei Zugabe steigender Gelatinemengen zur Flockung; Trübungswerte in EBC-Einheiten (Hamatschek 1982).

hergestellt durch Hydrolyse des Kollagens von Häuten, Knochen oder Schwarten größerer Schlachttiere. Dabei wird die Quartärstruktur zerstört, es entstehen Bruchstücke bis zur Primärstruktur und weiter zu den Aminosäuren. In Lösung ist Gelatine ein Hydrokolloid, je nach Konzentration als Sol oder Gel vorliegend. Über den Herstellungsprozess lässt sich die Verteilung der Fraktionen steuern. Braga et al. (2007) fanden eine breite Molekulargewichtsverteilung je nach Typ ober- und unterhalb von 43 000 Da. Ein Maß für die Verteilung dieser Fraktionen stellt die Viskosität einer Gelatinelösung bei definierter Konzentration dar. Zur Charakterisierung dient für die Praxis hauptsächlich der Bloom-Wert. Je niederbloomiger eine Gelatine ist, desto höher ist üblicherweise ihr Anteil an kurzkettigen Molekülen. Je größer die Kolloide, desto schwieriger wird die Auflösung in Wasser. Eingesetzt werden in körniger Struktur meist mittelbloomige Gelatinen mit 80–100 Bloom, alternativ hochbloomige mit 180 Bloom oder mehr. Diese kommen in Verbindung mit einer Flotation zum Einsatz, wo möglichst kompakte Trubdepots angestrebt werden. Kaltlösliche Gelatinen sind kurzkettig und ohne definierte Bloomzahl. Säurehydrolysierte Gelatine besitzt einen isoelektrischen Punkt zwischen 7 und 9 und ist in Most oder Wein stark positiv geladen. Lagune und Glories (1996) konnten die Ladungen experimentell mit einer Oberflächenladungs-Elektrophorese bestimmen und einen hohen Wert bestätigen.

Die Klärwirkung der Gelatine durch kolloidale Entstabilisierung ist mit einer Abnahme an kondensierten Phenolen sowie einer Farbaufhellung verbunden. Die Bindung Gelatine-Polyphenol kommt hauptsächlich über Wasserstoffbrücken zwischen den phenolischen Hydroxilgruppen und den Peptidgruppen der Gelatine zustande. Die Stärke der Phenol-Protein-Bindung hängt wesentlich von der Struktur der Phenole ab. Diejenigen mit den meisten Hydroxyl-Gruppen, d. h. kondensierte Di-, Tri- oder Tetramere werden bevorzugt gebunden (Singleton 1967). Je nach pH-Wert vermag ein Gelatinemolekül bis zu 200 Phenolmoleküle zu binden. Zur Bindung werden zuerst die Wassermoleküle der Hydrathülle verdrängt, damit sich der unlösliche Komplex bilden kann. Zur Reaktion ist eine Mindestgröße der Moleküle erforderlich, zu kleine können in der Lösung verbleiben.

Im Mostbereich wird Gelatine in Mengen zwischen 5 und 10 g/100 l pauschal zugegeben, außer bei Süßreserve, wo die optimale Klärwirkung gesucht wird. Im Weinbereich sind Vorversuche erforderlich, die Werte liegen zwischen 2,5 und max. 20 g/100 l. Schwer klärbare Rotweine aus erhitzter Maische können größere Mengen erfordern. Die Gelatinekörner werden etwa ½ Stunde in Wasser vorgequollen und danach bei mittlerer Temperatur aufgelöst. Um örtliche Überschönungen zu vermeiden, muss die Gelatinelösung langsam und intensiv eingerührt werden. Bei Most- oder Weintemperaturen unterhalb 8 °C ist spontanes Gelieren möglich, die Schönung ist dann erfolglos.

Gelatine kommt meist in Verbindung mit einem Kombinations-Flockungsmittel entgegengesetzter elektrischer Ladung zum Einsatz. Der Partner ist hauptsächlich Kieselsol, in manchen Fällen Tannin.

5.4.1.4 Kieselsol als Kombinations-Schönungsmittel

Kieselsol ist eine wässrige kolloidale Suspension von amorphem Siliziumdioxid (SiO_2). Das Siliziumdioxid liegt in Form von untereinander unvernetzten, kugelförmigen Einzelpartikeln vor, die an der Oberfläche hydroxyliert sind. Die Größe der Partikel liegt im kolloidalen Bereich, je nach Typ zwischen 5–150 nm bei nur geringer Größenstreuung. Die Teilchen aggregieren aufgrund ihrer einheitlichen negativen Ladung nicht miteinander, die Lösungen bleiben über lange Zeit stabil. Die in der Weinwirtschaft eingesetzten sauren Kieselsole werden aus hoch reiner, amorpher Kieselsäure hergestellt, sind milchig trüb mit einem pH-Wert zwischen 3 und 4. Kieselsol wurde Mitte des 20. Jahrhunderts als Ersatzstoff für Tannine für das Schönen von Wein zugelassen. Der direkte Vergleich Tannin-Kieselsol brachte deutliche Vorteile zugunsten des Kieselsols (Haushofer et al. 1972), sodass heutzutage zur Klärung hauptsächlich Kieselsol eingesetzt wird. Es verursacht keine Farbveränderungen, ist leicht zu handhaben und in gleichbleibender Qualität zu beziehen.

Kieselsol sorgt bei der Reaktion mit Gelatine

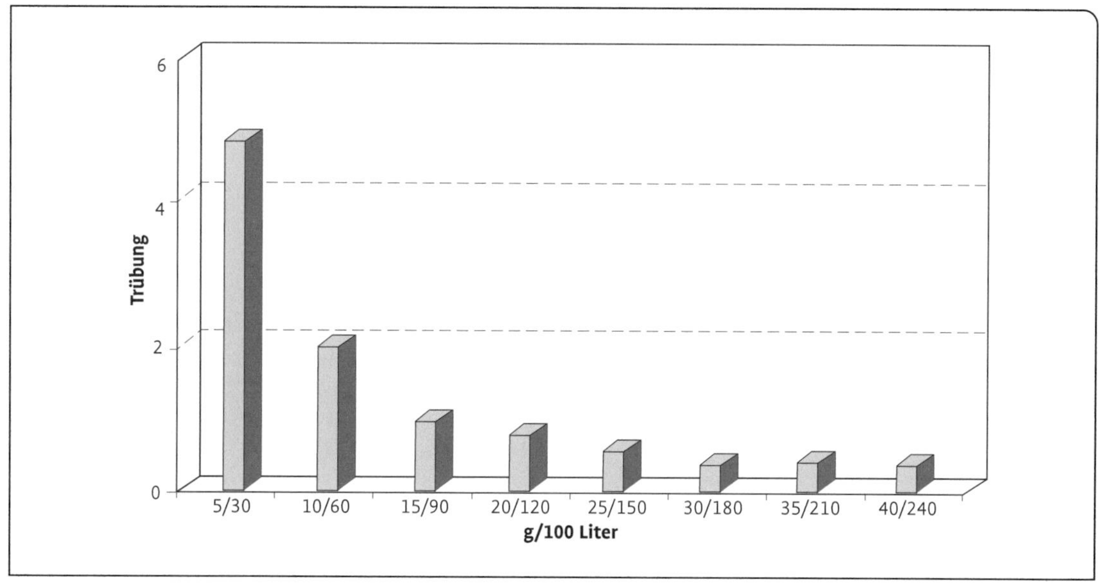

Abb. 119 Schönungsspektrum einer Kombinationsschönung Gelatine-Kieselsol bei konstantem Verhältnis und steigenden Konzentrationen; hoch erhitzter roter Most ; Trübung in EBC-Einheiten (Hamatschek 1982).

in einer schnell ablaufenden Primärreaktion für einen Ladungsausgleich und nachfolgende Flockung unter Einschluss weiterer Reaktionspartner wie den Phenolen, aber auch anderen grobdispersen Teilchen. Die Gefahr einer Überschönung mit Gelatine allein, die nachfolgend eine Eiweißstabilisierung erfordert, wird durch Kieselsol weitgehend beseitigt. Allerdings muss in Vorversuchen das optimale Mischungsverhältnis ermittelt werden. Abb. 119 zeigt ein Schönungsspektrum einer Gelatine-Kieselsol-Kombinationsschönung, ermittelt mit der in diesem Kapitel vorgestellten Vorversuchsmethode. Das Mischungsverhältnis war 1 Gewichtsteil 180-bloomige Gelatine zu 6 Gewichtsteilen 30 %iges Kieselsol. Mit steigender Schönungsmittelmenge sinkt die Trübung rasch und nähert sich einem Minimalwert, der auch mit noch höheren Dosierungen nicht unterschritten wird. Würde wie bei Gelatine allein eine Überschönung entstehen, müsste der Trübungswert wieder ansteigen.

Vorteil der Methode ist bei Verwendung von 100-ml-Zentrifugengläsern die Möglichkeit zur unmittelbaren Verkostung des Überstandes. Jede Schönung wirkt sich durch die Entfernung von Inhaltsstoffen geschmacklich aus. Zu hohe Dosierungen können Weine leer, dünn machen. Klärgradoptimierung und geschmackliche Optimierung stimmen nicht immer überein. Vielfach wird deshalb als Kompromiss ein etwas schlechterer Klärgrad akzeptiert.

Zum Ablauf der Kombinationsschönung wird zuerst Gelatine gründlich eingemischt, danach folgt Kieselsol. Ohne positiv geladenen Partner wird Kieselsol üblicherweise nicht verwendet. Als Partner kommen vor allem Eiweiße infrage wie Hausenblase, Kasein oder Hühnereiweiß.

5.4.1.5 Hausenblase

Hausenblase ist wie Gelatine ein natürliches Gerüsteiweiß. Es stammt von der inneren Schwimmblasenhaut verschiedener im Schwarzen Meer heimischer Störarten (Beluga = Hausen; Stör, Sterlet, Osseter, Scherg). Bei der Herstellung werden die Sekundär- und Tertiärstruktur teilweise erhalten, sodass ein noch hoher Anteil von rund 70 % nativem Kollagen vorhanden ist (Stocké 1995). In Most oder Wein bildet Hausenblase eine hochmolekulare, positiv geladene kolloidale Lösung mit hoher Menge Hydratationswasser und reagiert vergleichbar der Gelatine mit negativen Trubpartikeln entwässernd und flockend. In Verbindung mit Kieselsol verbessert sich die Flockenbildung noch. Entfernt werden kleine geschmackliche Unreinheiten, Farb- oder Gerbstoffe dagegen kaum. Die üblichen Mengen liegen zwischen 0,5 und 2 g/100 l (Troost 1988).

Angeboten wird Hausenblase in Blattform, als Granulat sowie in gelöster und pastöser Form. Die Blätter sind durchscheinend weißlich, zäh und biegsam und sollen neutral riechen und schmecken. Sie müssen aufwendig in Gebrauchsform gebracht werden. Dazu werden sie gewässert, um den Fischgeruch restlos zu beseitigen, anschließend gegen die Faserrichtung gezupft und in einen säurereichen Wein unter regelmäßigem Mischen so lange und in der Menge eingelegt, bis eine viskose, homogene, 1–5 %ige Lösung entstanden ist. Konserviert werden kann die Lösung mit 100 mg/l schwefliger Säure (Christmann und Freund 2004). Aufbereitete Handelspräparate, auch als Mischpräparate mit z. B. Gelatine oder Kasein, machen die Anwendung einfacher. Aus Kostengründen wird Hausenblase nicht zur Schönung im Most eingesetzt, allenfalls bei der Herstellung von Süßreserve. Ihr Haupteinsatzgebiet ist die Flugschönung im Wein, meist kurz vor der Abfüllung, um restliche Kolloide zu entfernen, ohne in Geruch und Geschmack einzugreifen.

5.4.1.6 Pflanzliche Proteine aus Erbsen oder Weizen

Die zur Weinklärung eingesetzten Eiweiße sind tierischen Ursprungs. Für den Export in Länder mit besonderen Vorschriften, z. B. unter dem Stichwort Halal oder Koscher, aber auch für Veganer, wird eine Alternative zu den vorhandenen Klärungs- und Harmonisierungsprodukten benötigt. Christmann und Freund (2004) reden in dem Zusammenhang von pflanzlichen Ersatzproteinen. Bereits seit der BSE-Krise werden Produkte auf Basis von pflanzlichen Proteinen in verschiedenen Institutionen erprobt (Marchal et al. 2002; Marchal et al. 2003). Im Dezember 2005 wurden derartige Proteine in das EU-Weinrecht übernommen, zunächst ohne Einschränkung der Proteinquellen. Im August 2009 erfolgte eine Beschränkung auf Erbsen und Weizenproteine (VO 606/2009). Da Weizenprotein (Kleber) allergene Eigenschaften besitzt und für die Zöliakie verantwortlich ist, beschränkt sich der Einsatz von Pflanzenproteinen zurzeit auf die der Erbse. Im Vergleich zu den traditionellen Schönungsmitteln steht ihr Einsatz in der Praxis aber noch am Anfang.

Neben einer reinen Anwendung sind die Kombination mit Kieselsol, PVPP oder Tanninen möglich, wobei wie bei allen klär- und geschmacksstabilisierenden Behandlungen eine genaue Einsatzmenge über Vorversuche bestimmt werden muss. Sie schwankt bei Erbsenprotein zwischen 10 und 40 g/100 l und ist vom Most, sehr stark aber auch vom Proteingehalt und der Vorbehandlung des jeweiligen Produktes abhängig. Generell wird über eine vergleichbare Wirkung hinsichtlich Klärunterstützung und Phenolbeeinflussung berichtet. Die Wirkung von Pflanzenproteinen zur Weinklärung und sensorischen Harmonisierung konnte in den letzten Jahren deutlich verbessert werden. So werden gegenwärtig selektiv modifizierte pflanzliche Produkte auf ihre Praxistauglichkeit in der Kellerwirtschaft untersucht, u. a. in Bezug auf ihre Wirkung oder ihre Löslichkeit. Besonders durch eine enzymatische Hydrolyse von pflanzlichen Proteinen können ursprüngliche, d. h. durch den Herstellungsprozess nahezu unveränderte Proteine ohne allergenes Risiko so modifiziert werden, dass deren Wirkung weiter verbessert wird und gezielt ein gewünschter Effekt entsteht (Schmidt et al. 2003).

Die Klärwirkung von Erbsenprotein ist bei entsprechender Auswahl des Reaktionspartners (saures Kieselsol) mit der Wirkung von Gelatine zu vergleichen (siehe dazu Abb. 120). Auch Marchal et al. (2002) fanden bezüglich Klärgrad und Trubvolumen keine Unterschiede.

Auch die Reduzierung von Phenolen ist vergleichbar zu der von Gelatine. Bei deutlichen Unterschieden innerhalb der verschiedenen Proteinquellen (Abnahmen zwischen 6 und 18 %) fiel auf, dass ab einer Zugabe von 30 g/100 l die Abnahme bei allen Produkten deutlich abflachte, eine weitere Erhöhung ist demnach nicht sinnvoll. Die untersuchten Pflanzenproteine reduzierten die Adstringenz, förderten einen fruchtigen Charakter und verbesserten die Harmonie des Weines. Durch Mischung mit PVPP können

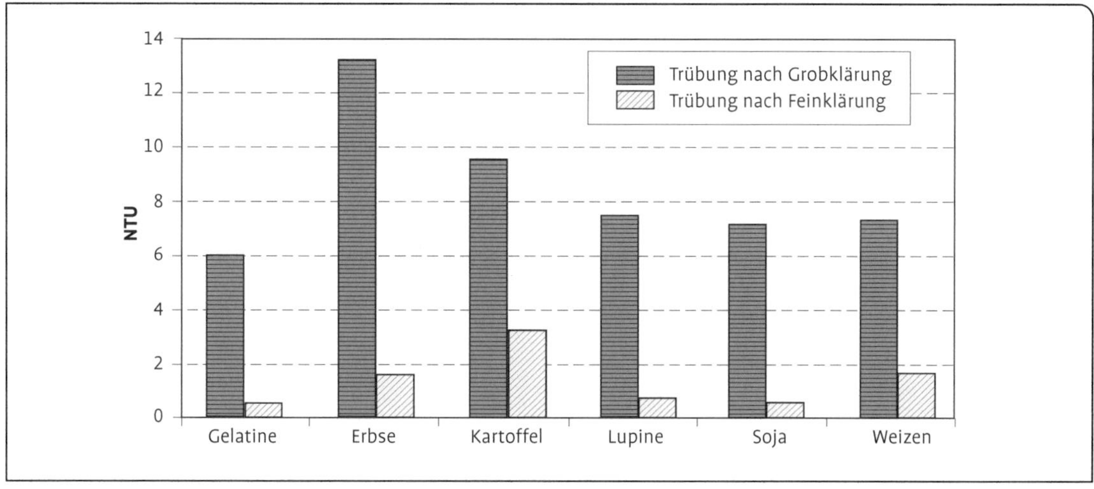

Abb. 120 Klärwirkung von Pflanzenproteinen bei Wein im Vergleich zu Gelatine (Meinl 2010).

auch bittere Geschmacksnoten reduziert werden. Erbsenprotein kann bis zu 40 g/100 l eingesetzt werden, ohne dass eine sensorische Beeinflussung des Weines erfolgt (Meinl 2010).

Die Verwendung von pflanzlichen Proteinen zur Most- und Weinbehandlung erfüllt den Tatbestand einer Innovation. Treiber dafür waren der Gesetzgeber mit der Verpflichtung, Allergene auf dem Etikett zu benennen, aber auch der Kunde, der keine tierischen Produkte, aus religiösen Gründen vor allem solche von Schweinen, zu akzeptieren bereit war. Inwieweit tierische Proteine ersetzt bzw. verdrängt werden, wird die Zukunft zeigen müssen.

5.4.1.7 Klärerden: Kaolin und Bentonit

Klärerden, unlösliche anorganische, mineralische Stoffe aus der Gruppe der Aluminosilikate, haben in der Weinbereitung eine Jahrhunderte währende Tradition. In VO 606/2009 sind noch zwei dieser Minerale aufgeführt: Kaolin und Bentonit. Spanische Erde wurde gestrichen.

Kaolin

Kaolin besteht hauptsächlich aus Kaolinit, einem wasserhaltigen Tonerdesilikat. Gereinigtes Kaolin setzt sich aufgrund seines hohen spezifischen Gewichts von 2,1–2,6 g/cm^3 sehr rasch ab und klärt gut, doch bleiben feinste Teilchen in Schwebe, die die Filterfläche belegen können oder eine Nachschönung mit Hausenblase oder Gelatine erfordern (Troost 1988). Es adsorbiert dabei an den Silikatschichten Fremdstoffe und Kolloide und entfernt färbende, schmeckende und riechende Stoffe aus dem Wein (Eschenauer und Görtges 1999). Kaolin wird hauptsächlich im Mittelmeerraum zur Klärung zäher, schleimiger Weine und bei „stecken gebliebenen“ Schönungen in Mengen von 200–600 g/100 l eingesetzt. In Deutschland wurde es durch Bentonit als wirksameres Mittel verdrängt, das über die klärende Wirkung hinaus in der Lage ist, zusätzliche Eiweißstabilität zu erreichen (Würdig und Woller 1989).

Bentonit

Bentonit hat seinen Namen von der Lagerstätte Fort Benton, USA. Es ist ein Verwitterungsprodukt von Vulkanasche und enthält als Mineralgemisch zu 70–90 % das Leitmineral Montmorillonit. Begleitmineralien können Glimmer, Feldspat, Quarz (4–5 %) und Kalk sein. Mineralogisch ist das Tonmineral Montmorillonit (seinerseits benannt nach einer Fundstelle in Südfrankreich) ein feinkristallines Aluminiumhydrosilikat mit einer plättchenförmigen Schichtstruktur. Der Montmorillonitkristall ist aus vielen Schichtpaketen zusammengesetzt, in die Wassermoleküle eingelagert werden können. Dabei wächst der Schichtabstand zwischen den Lamellen. Durch

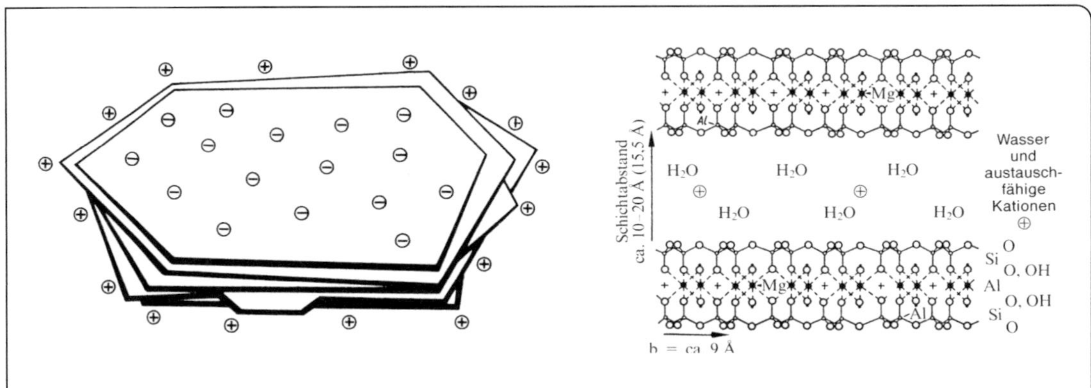

Abb. 121 Kristall- und Lamellenstruktur von Montmorillonit (Würdig und Woller 1989).

die Quellung verfünffacht sich die innere Oberfläche des Montmorillonit auf 250–400 m^2/g, die Ionenaustauschkapazität liegt bei rund 100 mval/100 g (Bentonitkompendium, Erbslöh). Bei dieser innerkristallinen Quellung wird innerhalb der Schichtpakete eine negative Überschussladung aufgebaut, weil höherwertige Silizium- oder Aluminium-Ionen durch niederwertigere ersetzt werden. Der Ladungsausgleich erfolgt durch Anlagerung austauschfähiger Kationen (Ca^{++}, Mg^{++} oder Na^{+}). Diese innerkristalline Quellung ist in hohem Maße eigenschaftsbestimmend. An den Kanten des Bentonits überwiegt aufgrund von Gitterfehlern eine negative Ladung. Dank der Ladungsverhältnisse vermag Bentonit mit einer großen Anzahl von Substanzen zu reagieren. Dazu gehören Phenole, allerdings auch Anthocyane, in geringen Mengen biogene Amine und Fungizidreste. Herr et al. (2011) fanden bei der Verwendung von Na-Bentonit eine Histaminabnahme von über 80 %, Phenylethylamin wurde dagegen nur um etwa 20 % reduziert.

Leichte Geruchs- und Geschmacksabweichungen oder kleine Farbfehler lassen sich mit Bentonit ebenfalls korrigieren, die adsorptive Wirkung von Aktivkohle wird aber bei weitem nicht erreicht. Abb. 121 veranschaulicht Struktur und Ladungsverhältnisse von Montmorillonit. Je nach Herkunft und Mischung werden drei Arten von Betoniten unterschieden: hochquellfähige Natriumbentonite, schwach quellfähige Kalziumbentonite und deren Mischform. Die höhere Ionenstärke des Kalziums hält die Schichten stärker zusammen und erschwert die Quellung, der Schichtabstand steigt lediglich von 1 auf 2 nm (Christmann und Freund 2004). Na-Ca-Mischbentonite sind in der kellerwirtschaftlichen Praxis am weitesten verbreitet.

Die Quellfähigkeit ist entscheidend für die wichtigste Eigenschaft des Bentonit: die adsorptive Bindung von Proteinen. Die Traube lagert in den Beeren, hauptsächlich in den Zellwänden, Proteine als Reserve- und Gerüststoffe ein. Deren Intensität ist wiederum sortenabhängig. Je stärker die Pflanze unter Stress gerät, desto mehr wird eingebaut. Dadurch ist der erhöhte Eiweißgehalt in Most und Wein in niederschlagsarmen und unreifen Jahren zu erklären. Über den Maischeprozess gelangen die beereneigenen Proteine in den Saft und ohne spezifische Gegenmaßnahmen schließlich in den Wein. Dort sind sie eine potenzielle Zeitbombe, weil sie im Laufe der Flaschenlagerung als Trübung ausfallen können, oft nach Reaktion mit Phenolen. Dieses Auftreten von Eiweißtrübungen gehört zu den wirtschaftlich bedeutendsten Problemen der Wein- und Sektwirtschaft, verstärkt durch die Klimaerwärmung der letzten 20 Jahre (Dietrich et al. 2014). Die Größe der trübungsrelevanten komplex strukturierten Proteine liegt zwischen 20 und 30 kDa (Lipps 2010). Die Komplexität der Eiweißstrukturen in Wein ist noch nicht ausreichend verstanden und hat bisher einen Abbau durch handelsübliche Proteasen verhindert. Die Adsorption ist ein Funktion des pH-Wertes im Most: je niedriger, desto stärker die Ladung der

Proteine, gleichzeitig die entgegengesetzte des Bentonits und damit die adsorbierende Wirkung. Der Anstieg des pH-Wertes von 3,3 auf 3,7 erfordert nahezu eine Verdoppelung des Bentonitbedarfs, um dasselbe Ergebnis zu erzielen (z. B. von 125 g/100 l auf 200 g/100 l bei Na-Ca-Mischbentonit; Bentonitkompendium Erbslöh).

Die pH-Wertverschiebung aufgrund der Klimaveränderung in den letzten 20 Jahren von 0,2–0,3 Einheiten bei Riesling (Lipps 2013) wirkt sich deshalb auch auf die erforderliche Bentonitmenge aus. Eine Most- oder Maischeerhitzung denaturiert üblicherweise alle kritischen Proteine und beseitigt das Risiko der Nachtrübung. Die gleiche Wirkung lässt sich in der Regel auch durch die Eigenstabilisierung über eine lange Lagerzeit im Tank vor der Abfüllung erzielen.

Bentonit adsorbiert Pflanzenproteine unspezifisch und unabhängig vom Molekulargewicht, gleichzeitig auch evtl. vorhandene Reste von Schönungsmitteln und Enzyme, besonders die für die mögliche Aromaentwicklung erwünschten Glucanasen (Sauvage et al. 2010). Handelsenzyme dürfen deshalb nie zusammen mit Bentonit eingesetzt werden. Ebenfalls adsorbiert werden können als Funktion der eingesetzten Menge wertgebende Inhaltsstoffe wie Anthocyane oder Aromastoffe. Mit grobdispersen Trubstoffen bildet Bentonit große Flocken, die schnell sedimentieren. Das Trubdepot ist bei Verwendung von Ca-Bentonit kompakter, beim hoch quellbaren Na-Bentonit deutlich voluminöser. Dafür ist deren Protein abtrennende Wirkung aufgrund der stärkeren Quellung besser (Christmann und Freund 2004). Der weltweite Verlust an Wein über Bentonittrub wird auf 1 Milliarde US-Dollar geschätzt (Dietrich et al. 2014). Reine Natrium-Bentonite sind wegen der Abgabe von Na-Ionen in Deutschland nicht zulässig. Empfohlen werden deshalb Mischbentonite (z. B. Schmidt 2007). Da Bentonit ein natürliches Tonmineral ist, enthält es viele im Boden vorkommende Substanzen. Alle können prinzipiell im Zuge des Ionenaustausches in den Wein abgegeben werden, sodass in der WeinVO Anhang 5 die maximal zulässige Löslichkeit in einer Weinsäurelösung als Maß für die Abgabe an Wein festgelegt wurde. Der Grenzwert für die Eisenabgabe nach Extraktion mit 1 %iger Weinsäurelösung ist auf 0,05 % festgelegt. Untersuchungen von Nissen und Dietrich (1997) ergaben bei der Analyse von zehn Produkten eine Spanne von 9–150 mg/100 g Bentonit. Bei Verwendung von Bentoniten mit hohen Eisenabgaben steigt das Risiko, allein deswegen eine Blauschönung durchführen zu müssen. Das gilt insbesondere, wenn hohe Mengen verwendet werden und die Verweilzeit recht lange ist (Schneider 2006). Inzwischen kommen gezielt eisenarme Bentonite zum Einsatz. Burkert et al. (2012) fanden bei kürzlich durchgeführten Untersuchungen die Abgaben von Schwermetallen durchweg im akzeptablen Bereich ohne deswegen erforderlich werdende Blauschönung.

Am Markt wird eine große Vielfalt von Bentoniten mit spezifischen Eigenschaften und auch als Kombipräparat angeboten. Produktparameter sind hauptsächlich die Körnung, die Metallabgabe, die Quellbarkeit oder die Eiweißadsorption in Abhängigkeit vom pH-Wert. Bei vergleichenden Untersuchungen kommt Schneider (2006) zur Aussage, dass bei einem Großteil der Bentonite die eiweißstabilisierende Wirkung nur in einem engen Bereich (ca. 20 %) schwankt. Lediglich zwei Produkte haben zu signifikanten Aromaverlusten geführt. Der Verfasser sieht die technischen Rahmenbedingungen der Schönung entscheidender als die Wahl des Produkts selber.

Die Praxis der Bentonitschönung

Der Einsatz von Bentonit erfordert eine Grundsatzentscheidung: Zugabe im Most oder im Wein. Für beide Anwendungsgebiete lassen sich zahlreiche Argumente finden. Christmann und Freund (2004) haben sie nebeneinandergestellt (siehe dazu Tab. 44). Die Zugabe zum Most greift keine Gäraromen an, die erst später gebildet werden. Eine mögliche Geschmacksbeeinträchtigung wird minimiert. Entscheidend ist aber letztlich die Eiweißstabilität im Flaschenwein. Sie kann trotz einer Mostschönung eine zweite Maßnahme vor der Abfüllung erforderlich machen. Die Mostbehandlung erfolgt üblicherweise ohne Vorversuche und wird überlagert durch die nicht abschätzbare Bildung von Hefe-Mannoproteinen bzw. biogenen Aminen. Andererseits sorgt der Faktor Zeit für eine Eigenstabilisierung und kann die zweite Behandlung

Tab. 44 Argumente für und gegen eine Mostschönung mit Bentonit (Christmann und Freund 2004)

für eine Behandlung im Most	gegen eine Behandlung im Most
+ Gärungsaromen des Weines sind im Most noch nicht gebildet und können deshalb vom Bentonit auch nicht angegriffen werden; + wirkt der Mostoxidation entgegen, da Oxidationsenzyme, auch Eiweiße, abgereichert werden und hilft somit den SO_2-Bedarf senken, da Laccase auch im Wein aktiv sein kann; + Überschäumen während der Gärung in eiweißreichen Jahrgängen und bei eiweißreichen Rebsorten wird gemindert; Trubsedimentation bei der Entschleimung wird beschleunigt und verstärkt; + im Most ist noch die gesamte Säure und ein niedriger pH, sodass sich die Eiweißstoffe besser ausschönen lassen; + bei faulem Lesegut und Mosten aus Frosttrauben werden frühzeitig die negativen Geschmackskomponenten entfernt; + sie reduziert die im Most enthaltenen Spritzmittelrückstände; + Bentonittrub kann zusammen mit dem Entschleimungstrub aufgearbeitet werden; + bei Mitvergärung des Bentonits ist nur ein gemeinsamer Abstich mit der Hefe notwendig.	– prophylaktische Anwendung, nur im Bedarfsfall; – keine Vorversuche und dadurch keine genaue Bedarfsbestimmung möglich; – nochmalige Bentonitschönung im Wein notwendig, da Resteeiweiß und vor allem während der Gärung gebildetes Eiweiß zu Unstabilität führen kann; – während der Gärung entstehende biogene Amine werden nicht erfasst; – bei Vorklärung mit Separator ist ein weiterer Arbeitsschritt vor der Vorklärung notwendig; – es ist eine Entfernung vor der Gärung empfehlenswert; – Arbeitsaufwand in Herbstphase; – Abreicherung hefeverwertbarer Aminosäuren; – Abreicherung von Vitaminen.

überflüssig machen. Die notwendigen Mengen an Mischbentonit liegen bei einem mittleren Eiweißgehalt in der Größenordnung von 70–150 g/100 l Wein, bei Ca-Bentonit rund ein Drittel höher, und müssen durch Vorversuche ermittelt werden. Im Mostbereich werden aus Zeitgründen meist keine Vorversuche durchgeführt und erfahrungsbedingte pauschale Mengen eingesetzt. In eiweißreichen Jahrgängen sind Werte um 300 g/100 l Most und mehr durchaus nicht unüblich.

Sehr eisenarme Bentonite können mit vergoren und später mit dem Hefedepot abgetrennt werden (siehe Kap. 6.4). Über eine weitere Möglichkeit der Arbeitsoptimierung berichten Muhlack et al. (2006) sowie Nordestgaard et al. (2007). Sie fanden nach einer in-Line-Dosierung des Bentonits und einer Reaktionszeit von max. 3 Minuten stabile Eiweißverhältnisse und konnten die Trubstoffe direkt danach mittels Separator abtrennen. Eine mengenproportionale Zugabe in den Saftstrom sorgt aufgrund der Strömungsverhältnisse praktisch für eine ideale Mischung und damit für eine optimale Reaktionsfähigkeit. Static Mixer in der Leitung können den Prozess weiter optimieren. Diese Art der kontinuierlichen Schönung und Klärung erweitert das von Hamatschek (1982) vorgeschlagene Verfahren. Voraussetzung für die in-Line-Dosierung von Bentonit in den Zulauf eines Separators ist der kontrollierte Austrag der Feststoffe. Bentonit kompaktiert aufgrund des hohen spezifischen Gewichtes stark und darf nicht zu lange dem hohen Zentrifugalfeld ausgesetzt sein. Entleerungsintervalle sollten auch bei präzise arbeitenden Austragssystemen 10–15 Minuten nicht überschreiten. Danach steigt das Risiko von Austragsproblemen verbunden mit möglichen Unwuchten.

Bentonit wird meist als Granulat eingesetzt, das zuvor gequollen werden muss. Abb. 122 zeigt die Vorgehensweise am Beispiel eines Mischbentonits. Angeteigt wird mit Wasser, überschüssiges nach einiger Zeit abgezogen und der Rest mit Most (oder Wein) pumpfähig gemacht. Im Schönungstank wird eine Reaktionszeit von wenigen Stunden als ausreichend betrachtet. Danach kann die Mostklärung auf dem gewohnten Weg erfolgen.

Derzeit steht außer einer Bentonitbehandlung keine rechtlich und technisch mögliche Alternative zur Eiweißstabilisierung zur Verfügung. Um die erforderliche Menge Bentonit für eine ausreichende Eiweißstabilisierung zu ermitteln, sind der Wärmetest und der Bentotest geeignet, aber auch einige neuere Verfahren. Beim Wärmetest wird die blankfiltrierte Flüssigkeit in einem Reagenzglas auf 80 °C erhitzt und heiß gehalten. Erfolgt nach einer schockartigen Kühlung keine Eintrübung, gilt die Probe als stabil (z. B. Eschenauer und Görtges 1999). Nach ähnlichem Prinzip aber mit schneller erzielbarem Ergebnis funktioniert der Proteo-Test mit Tannin. Zur Trübungsbestimmung werden Laborfotometer verwendet. Beim Bentotest nach Dr. Jakob (Jakob 1962) wird einer blankfiltrierten Probe Phosphorwolframsäure zugegeben. Tritt eine Trübung ein, ist von fällbarem Eiweiß auszugehen.

Die Aussagekraft der gängigen Stabilitätstests ist begrenzt. In der betrieblichen Praxis führt das aus Sicherheitsgründen üblicherweise zu einer Überschönung, die nicht selten mit Qualitätsbeeinträchtigungen einhergeht.

Abb. 122 Präparieren von gequollenem Bentonit vor der Zugabe zu Most oder Wein (Bentonitkompendium Fa. Erbslöh).

5.4.1.8 Mostbehandlung mit Tannin

Tannin unterschiedlichster Herkunft wurde in Kap. 4.2 besprochen als Mittel des Phenolmanagements bei Rotwein zur Stabilisierung und Farbintensivierung sowie als Oxidationsschutz. Unter Position 10 der önologischen Verfahren (VO 606/2009) ist Tannin zudem als Klärhilfsmittel erlaubt. Es besteht zu etwa 80 % aus Gallussäurederivaten (Würdig und Woller 1989) und wird als negativ geladener Partner von eiweißhaltigen Schönungsmitteln eingesetzt. Dadurch wird die Überschönung verhindert. Haupteinsatzgebiet sind insbesondere gerbstoffarme Moste oder Weißweine. Bei Rotweinen oder roten Mosten nützt man den Klär- und Geschmackseffekt gleichermaßen aus. Seit der Zulassung von Kieselsol ist Tannin weitgehend verdrängt worden. Bei der Kombinationsschönung wird Tannin vorgelegt, danach Gelatine im Mengenverhältnis von etwa 1:1 nachgelegt (Troost 1988). Die Vorgehensweise ist die gleiche wie bei der Gelatine-Kieselsolschönung.

5.4.1.9 Zugabe von technischen Enzymen zum Most

In den 2011 erweiterten Oenologischen Verfahren der VO 606/2009 ist die Verwendung von enzymatischen Zubereitungen für die Mazeration, die Klärung, die Stabilisierung, die Filtration und die Freisetzung von im Traubenmost und im Wein anwesenden aromatischen Vorgängern aus der Traube beschrieben. Die enzymatischen Zubereitungen und deren Aktivitäten (z. B. Pectinlyase, Pectin-Methyl-Esterase, Polygalacturonase, Hemicellulase, Cellulase, Betaglucanase, Glycosidase, Lysozym und Urease) müssen den von der OIV veröffentlichten Reinheits- und Identitätskriterien des Internationalen Weinkodex entsprechen. Enzyme wurden bereits in Kap. 3 behandelt (traubeneigene Enzyme, botrytogene Enzyme), im Zusammenhang mit der Maischeerhitzung (Kap. 4) oder im Zusammenhang mit Mostkolloiden (Kap. 5).

Abb. 123 zeigt im Zusammenhang die verschiedenen Stufen des Abbau-Weges vom intakten, biologisch aktiven Zellgewebe bis zu den echt gelösten Molekülen, die letztlich im Wein verbleiben. Die Kellerwirtschaft hat sich mit der Abtren-

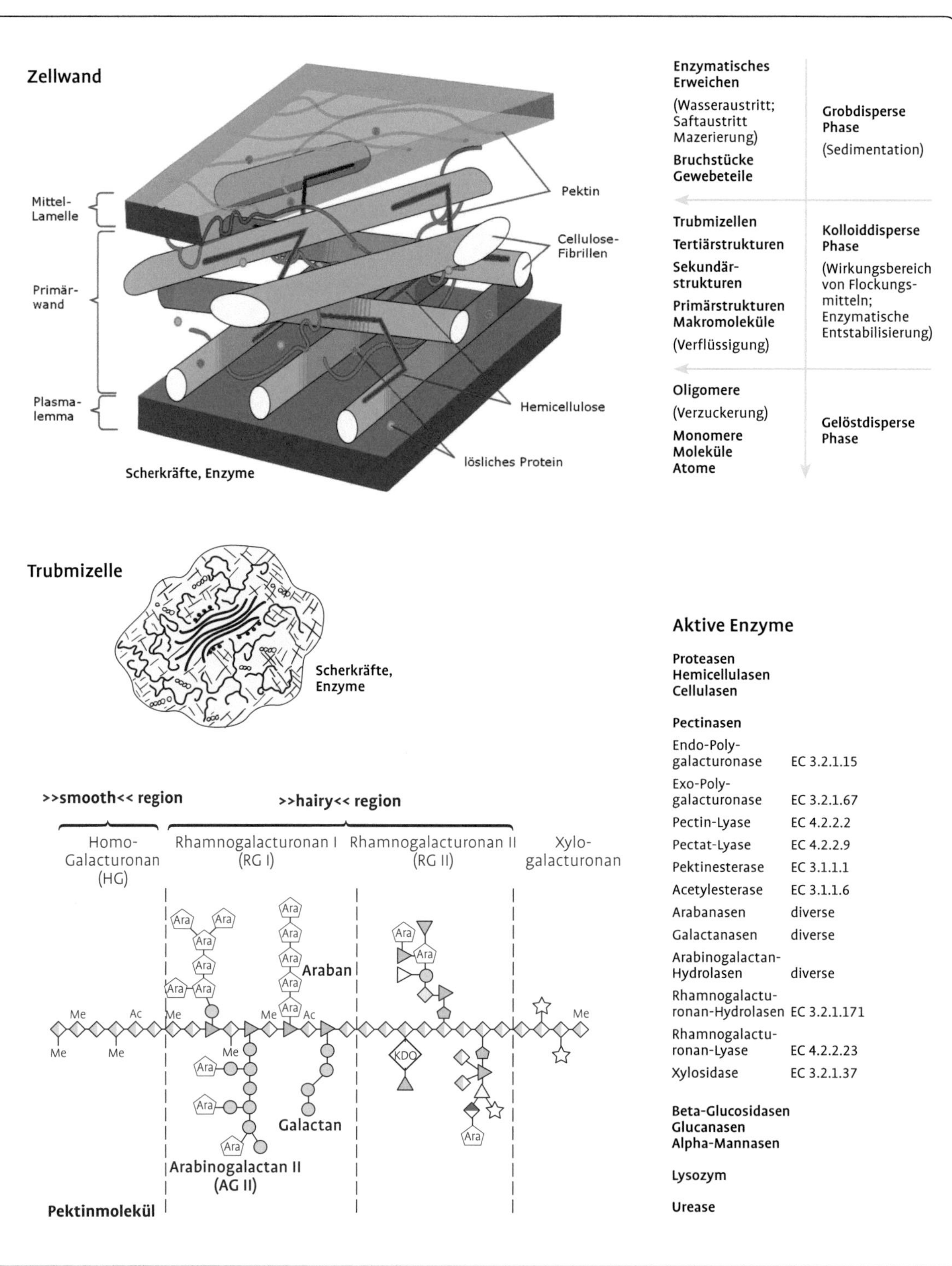

Abb. 123 Der Abbauprozess von Zellwandstrukturen durch Enzyme.

nung aller Zwischenprodukte zu beschäftigen. Letztlich gelangen nur Moleküle auf der Ebene von Oligomeren durch ein Abfüllfilter, größere Moleküle werden zurückgehalten. Art und Menge dieser Oligomere müssen soweit beeinflusst sein, dass sie stabil im Wein verbleiben und nicht durch chemische Umwandlungen zeitversetzt instabil werden. Die partikuläre Situation im Mostbereich ist eine Funktion des Rebenzustandes und der Maischebehandlung (siehe Kap. 3). Im Idealfall sorgen die traubeneigenen Enzyme für die Entstabilisierung von Kolloiden, die danach aggregieren können und sedimentieren. In geringerem Umfang geht der Molekülabbau bis zur Ebene der Primärstrukturen und weiter. Enzymarme Rebsorten, niedrige Temperaturen, die Maische- oder Mostpasteurisation, eine sofortige Bentonitzugabe zum Most, unreife Jahrgänge mit hohen Pektingehalten, eine extrem schnelle Verarbeitung, eine sehr feine Klärung oder starke Fäulnis können den natürlichen Prozess behindern oder ganz abstoppen. Verbleibende, sich stabilisierende Trubmizellen oder Makromoleküle müssen dann mühsam mechanisch oder mittels Flockungsmitteln beseitigt werden. Als geeignete Alternative können an verschiedenen Stellen technische Enzyme eingesetzt werden:

Beim Pressen (siehe Kap. 3)

- Pectinasen mazerieren die Zellwände der Beeren, erlauben dadurch einen verbesserten Saftablauf und erhöhen die sowohl die Pressausbeute als auch die Kapazität der Presse.

Bei der Mostklärung

- Klär- und Filtrationsverbesserung durch Abbau von Pektin und dessen trubstabilisierender Wirkung (β-Glucanasen, Pectinasen mit Nebenaktivitäten); Entstabilisierung von Trubmizellen,
- Bukettintensivierung durch Aromafreisetzung aus glycosidischer Bindung (Pectinasen mit glycosidspaltender Nebenaktivität, β-Glucanasen),
- Unterdrückung unerwünschter mikrobieller Aktivitäten (Lysozym).

Bei der Gärung

- Schaumreduzierung (Pectinasen mit proteolytischer Nebenaktivität),
- Abbau von Harnstoff (Ethylcarbamat) durch Ureasen,
- Unterdrückung unerwünschter mikrobieller Aktivitäten (Lysozym),
- Weinsteinstabilisierung durch freigesetztes Hefe-Mannan (β-Glucanasen).

Beim Weinausbau (siehe Kap. 6)

- Abbau von Harnstoff (Ethylcarbamat) durch Ureasen,
- Unterdrückung unerwünschter mikrobieller Aktivitäten (Lysozym),
- Weinsteinstabilisierung durch freigesetztes Hefe-Mannan (β-Glucanasen).

In VO 606/2009 wird von Enzymzubereitungen gesprochen. Das berücksichtigt die Situation bei der Gewinnung von Enzymen als Fermentationsprodukte von Schimmelpilzen oder Bakterien. Entsprechend ihres Stoffwechsels produzieren diese eine breite Palette gleichzeitig. Durch z. T. sehr aufwendige Reinigungsschritte können Einzelaktivitäten isoliert werden. Für die Durchführung enzymatischer Analysen ist die Isolierung unerlässlich, technische Enzyme werden als günstiger herzustellendes Aktivitätengemisch akzeptiert. Gezielte Stammzüchtungen und entsprechende Nährsubstrate führen zur Anreicherung gewünschter Enzyme, deren Aktivitäten sich in einem weiten Rahmen zielführend steuern lassen. Technische Enzyme sind inzwischen Designer-Produkte, die eine extreme Vielfalt an Eigenschaften abdecken. In Abb. 123 ist am Beispiel der Pektinasen deren mögliches Aktivitätsspektrum angegeben. Ergänzt werden kann dieses durch vielfältige proteolytische oder cellulolytische Aktivitäten. Durch Stammselektion, geeignete Gärsubstrate, Gärführung, Aufreinigung usw. stehen heute für praktisch jeden Anwendungsfall geeignete Präparate zur Verfügung. Einsatzgebiete, pH-Wert-Toleranz und Temperaturspektrum wurden extrem erweitert. Spezialenzyme können sogar in stumm geschwefelten Mosten eingesetzt werden (Christmann und Freund 2004).

Das Beispiel für eine unerwünschte Begleitaktivität sind Depsidasen, welche die für die Fruchtigkeit wichtigen Depside spalten. Die dabei freigesetzten Phenolcarbonsäuren können über mehrere Bildungsschritte bis zum sogenannten „Pferdeschweiß-Fehler" führen. Diese Nebenaktivität muss durch Reinigungsschritte beseitigt werden, um die Präparate „depsidasefrei" zu machen.

Die Rolle von Glycosid spaltenden pectolytischen Enzymen wurde bereits angesprochen. Sie bewirken durch die Zuckerabspaltung eine Aromafreisetzung und erhöhen z. B. die Konzentration an aromaaktiven Terpenen (siehe Kap. 3).

Handelsenzyme werden in fester Form (meist granuliert) oder flüssig angeboten, übliche Dosage-Mengen sind 1–5 g bzw. 1–15 ml/100 l. Die erforderliche Reaktionszeit richtet sich nach der Aktivität des Enzyms, der Konzentration und der Temperatur des Mostes. Im Normalfall reichen wenige Stunden aus, danach ist eine Bentonitschönung möglich, die die Enzyme im Wesentlichen inaktiviert. Mostenzyme sind in erster Linie Klärenzyme, die die spätere Weinfiltration begünstigen sollen. Dies gilt vor allem für die üblicherweise zusammen mit Pektinasen eingesetzte β-1,3-D-Glucanase, die das extrem störende Glucan von *Botrytis cinerea* vom nichtreduzierenden Kettenende her in Glukose und das Disaccharid Gentobiose spaltet. Die Gentobiose wird weiter hydrolysiert durch eine β-Glucosidase (Dietrich 2009; Christmann und Freund 2004). Glucananwesenheit erschwert nicht nur die Filtration, sondern auch die Blauschönung, die dann nur unvollständig ausflockt. Glucanasen können sowohl im Most als auch im Jungweinstadium eingesetzt werden.

Sonderrolle des Lysozym als Stabilisierungsmittel

Das Enzym Lysozym kann im Weinausbau seit dem Jahr 2001 in Konzentrationen von bis zu 500 mg/l eingesetzt werden. Durch die Muramidase-Aktivität (Mucopeptid-N-Acetylmuramoylhydrolase) werden die Zellwände der grampositiven Milchsäurebakterien aufgelöst und die Bakterien selektiv abgetötet. Lysozym ist in der Natur weit verbreitet. Außer im Hühner-Eiklar kommt es in vielen Geweben, Sekreten, im Latex verschiedener Pflanzen und in einigen Schimmelpilzen als Abwehrmittel gegen „angreifende" Bakterien vor. Auch in der Milch wird es in nicht unbeträchtlichen Mengen gefunden (Kuhmilch 100–450 µg/l, Humanmilch 100–400 mg/l, Kamelmilch bis 3 g/l). Das in der Weinbereitung verwendete Lysozym aus Hühner-Eiklar ist ein kleines Protein (Molekulargewicht 14 388 Da) mit einem isoelektrischen Punkt (IP) von 10,5–11 und einer maximalen Aktivität bei einem pH von 4–7 (Christmann und Freund 2004). Beim Zusatz zu Maische bzw. Most dient es der Reduzierung spontaner Bakterienpopulationen (Oenococcus, Pediococcus und Lactobazillus, aber nicht von Essigsäurebakterien) und verhindert damit die Bildung flüchtiger Säuren und anderer mikrobieller Fehltöne. Um eine malolaktische Gärung sicher zu vermeiden, war bei Versuchen von Eggert et al. (2006) ein Zusatz von 500 mg/l Lysozym erforderlich, d. h. die maximal zulässige Menge. In der Sensorik zeigten sich kaum Unterschiede zwischen der Kontrolle und den verschiedenen Lysozymzusätzen. Das Stoppen eines im Gang befindlichen Säureabbaus, namentlich bei Anwesenheit „wilder" Bakteriengattungen, auch in maximaler Dosierung, führt nicht immer zum Erfolg (Sigler 2004). Ein Einsatz wird bei säurearmem weißen Mosten oder solchen zur Rosé-Herstellung vor allem bei hohen Herbsttemperaturen empfohlen, da unter diesen Rahmenbedingungen das Risiko einer unerwünschten malolaktischen Gärung groß ist. Zum einen sind durch den erhöhten pH-Wert und die Temperaturen die Wachstumsbedingungen für Milchsäurebakterien günstig, zum anderen nimmt die antimikrobielle Wirksamkeit der schwefligen Säure mit zunehmendem pH-Wert des Mostes ab. Ein Lysozym-Einsatz wird weiterhin zur Säurestabilisierung bei Gärstockungen als sinnvoll angesehen. Die Kosten von 2–4 Cent/l verbieten einen Globaleinsatz in Kellern, in denen alle Jahre Gärprobleme auftreten (Bamberger und Schneider 2002).

Die Lysozym-Aktivität nimmt mit der Zeit ab, weil es zu Eiweiß-Gerbstoffreaktionen kommt. Der Schutz vor Bakterienaktivitäten ist demnach zeitlich begrenzt. Eine Mostklärung reduziert den Schutz weiter. Empfohlen wird deshalb eine Zugabe in den blanken Most und Mitvergären.

Nachteilig ist, dass mit Lysozym Eiweiß eingebracht wird. In Mosten liegen die Werte häufig unter 50 mg/l, sodass der neue Wert um ein Mehrfaches ansteigt. Nach der Anwendung ist die Eiweißstabilität zu prüfen und gegebenenfalls eine Bentonit-Schönung anzuschließen, die bis 900 g/100 l betragen kann. Metaweinsäure kann ebenfalls eine Abnahme bewirken und den

Betonitbedarf auf 200–300 g/100 l senken (Burkert 2009).

Lysozym gehört zu den allergenen Substanzen. Ihre Verwendung muss deshalb auf dem Etikett angegeben werden, wenn die Restmenge 0,25 mg/l übersteigt.

5.4.1.10 Ergebnisse kombinierter Klärmaßnahmen

In der Praxis werden häufig unterschiedliche Klärhilfsmittel kombiniert. Besprochen wurden bereits die Gelatine-Kieselsol-Schönung und die Nachschönung mit Bentonit nach einer Eiweißschönung oder einer Enzymzugabe. Schneider (2003) untersuchte bei weißen Mosten den Sedimentationstrub, den Klärgrad, den Bentonitbedarf sowie die Menge an flavonoiden Phenolen bei der Behandlung mit verschiedenen Schönungsmitteln (Tab. 45).

Sehr deutlich kommt die Entstabilisierung der Kolloide sowohl durch das pectolytische Enzympräparat als auch durch eine Gelatine-Kieselsol-Schönung zum Ausdruck. In beiden Fällen entsteht praktisch ein blanker Most, Eiweiß bleibt keines in Lösung. Gelatine allein und pauschal zugegeben, bringt dagegen nur eine geringe Verbesserung der Resttrübung, erhöht aber den Bentonitbedarf beträchtlich. Offensichtlich hat eine Überschönung stattgefunden, die zur Beseitigung eine doppelte bis 3fache Menge Bentonit erfordert im Vergleich zum Kontrollmost. Das Enzympräparat mit 10 zusätzlichen mg Eiweiß/l Most wirkt sich dagegen im Rahmen der Messungenauigkeit bei technischen Versuchen nicht aus.

In Abb. 124 werden Resttrub- und Sedimentationstrubwerte eines Rieslingmostes, erzielt mit unterschiedlichen Klärmaßnahmen, gegenübergestellt (Seckler et al. 2000).

Das pectolytische Enzympräparat war eindeutig am besten geeignet, die Mostkolloide zu entstabilisieren und einen kompakten, gut sedimentierenden Ca-Pectat-Trub zu erzeugen. Alle anderen Mittel in unterschiedlichen Kombinationen konnten den Klärgrad im Vergleich zur Kontrolle praktisch nicht verbessern. Bentonit war wenigstens in der Lage, einen kompakten Trub zu bilden. Die natürliche Sedimentation schnitt bei beiden Analysenwerten besser ab als die kombinierte Zugabe von Kaseinat, Gelatine oder PVPP. Deren Wirkung kann aber unabhängig von der Klärung in einer geschmacklichen Wirkung bestehen.

Ein anderes Beispiel für Klärergebnisse eines spanischen Mostes bei Verwendung unterschiedlicher Behandlungsmittel zeigt Abb. 125 (Varela et al. 1999).

Mit Ausnahme der Warmsedimentation erzielen alle anderen acht Klärmaßnahmen einen

Tab. 45 Gemittelte Klärergebnisse bei zwei Mosten mit verschiedenen Schönungsmaßnahmen (Schneider 2003)

	Sedimentationstrub [%vol.]	Klärgrad [TE/F]	Bentonitbedarf [g/hl]	flavonoide Phenole [mg/l]
Kontrolle	9,0	333	80	2,95
Gelatine Pulver heiß löslich (20 g/hl)	11,5	224	140	1,70
pektolytisches Enzympräparat (1,0 g/hl)	14,0	35	80	1,87
Mostgelatine I (100 ml/hl)	10,5	319	220	2,57
Mostgelatine II (100 ml/hl)	13,5	269	150	1,84
Klärgelatine flüssig (100 ml/hl)	11,5	241	180	2,02
Klärgelatine flüssig (100 ml/hl) + Kieselsol 30 % (50 ml/hl)	14,0	52	80	2,21

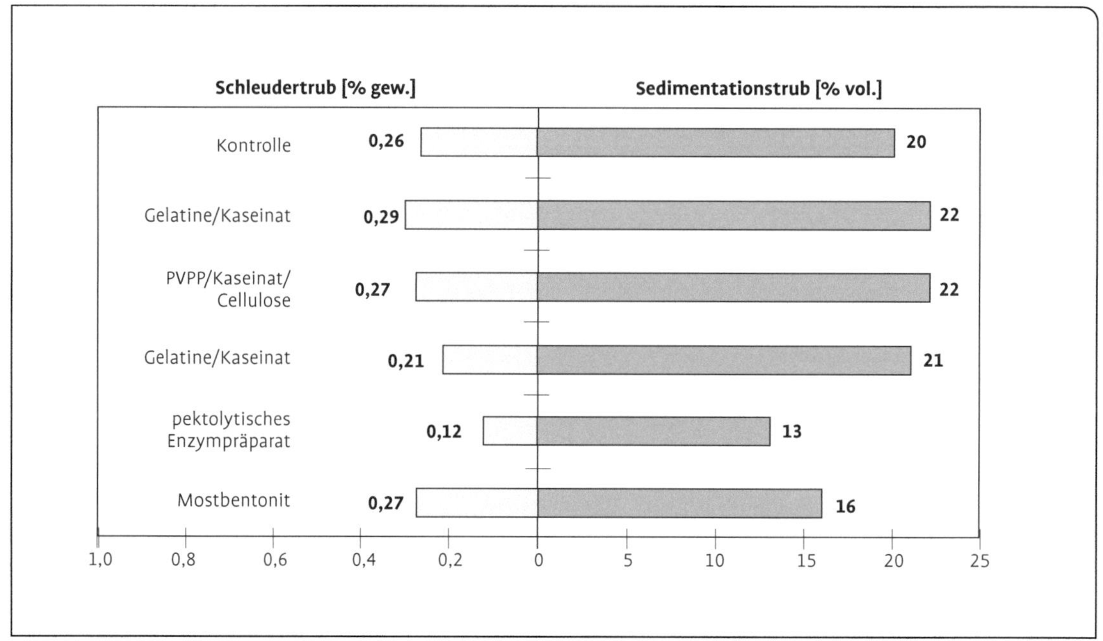

Abb. 124 Resttrub und Sedimentationstrub bei einem Rieslingmost nach unterschiedlichen Klärmaßnahmen (Seckler et al. 2000).

Klärgrad um bzw. unter 50 TE/F. Letztlich unterscheiden sich die Methoden im technischen Aufwand und in den Kosten für die Präparate. 2 Tage Reaktionszeit bei niedriger Temperatur ist in vielen Betrieben nicht realisierbar. Mit dem Vakuumdrehfilter kann die Klärung ohne Kühlung und ohne Wartezeit durchgeführt werden. Der Klärgrad ist vergleichsweise schlecht, die Kolloide sind mangels Reaktionszeit nur zum Teil entstabilisiert worden. Eine separate Trubverarbeitung kann bei dieser Technik entfallen. Hefezellzahlen wurden aufgrund der ausgewählten Filtermittel lediglich zu rund 75 % verringert, nur wenig mehr als durch die Sedimentation. Sedimentierende Flocken sind in der Lage, auch Hefezellen mit nach unten zu reißen und eine Spontangärung mindestens zu verzögern. Die Flotation benötigt ebenfalls nur eine kurze Einwirkzeit der Enzyme ohne Kühlung und erzielt einen hervorragenden Klärgrad. Der gleichzeitige Einsatz von Bentonit dient bereits Eiweiß stabilisierend.

Letztlich ist festzuhalten, dass viele Wege nach Rom führen. Jedem Betrieb stehen zahlreiche Verfahren zur Verfügung, die Auswahl wird von den technischen Rahmenbedingungen und in Abhängigkeit des zu verarbeitenden Traubenmaterials abhängen. Die Mostklärung kann durch pectolytische Enzyme verbessert werden, gleiche Ergebnisse lassen sich aber auch mit chemischen Behandlungsmitteln erzielen oder sogar mit rein mechanischen Verfahren. Eine große Rolle spielt immer der Faktor Zeit, eine andere die Vorbehandlung von Traube und Maische.

5.4.2 Maßnahmen zur Geruchs- und Geschmacksharmonisierung

Die bisher beschriebenen Mittel werden unter dem Hauptaspekt Klärhilfe zugegeben. Geruchliche oder geschmackliche Auswirkungen sind im positiven wie im negativen Sinne als Nebeneffekt nicht auszuschließen. Proteine binden in gewissem Umfang Phenole, Bentonit vermag Aromastoffe und Eiweiße gleichermaßen zu adsorbieren. Die im Folgenden besprochenen Behandlungsmittel dienen der Geruchs- und Geschmacksharmonisierung mit Nebenwirkungen als Klärhilfsmittel und Stabilisator.

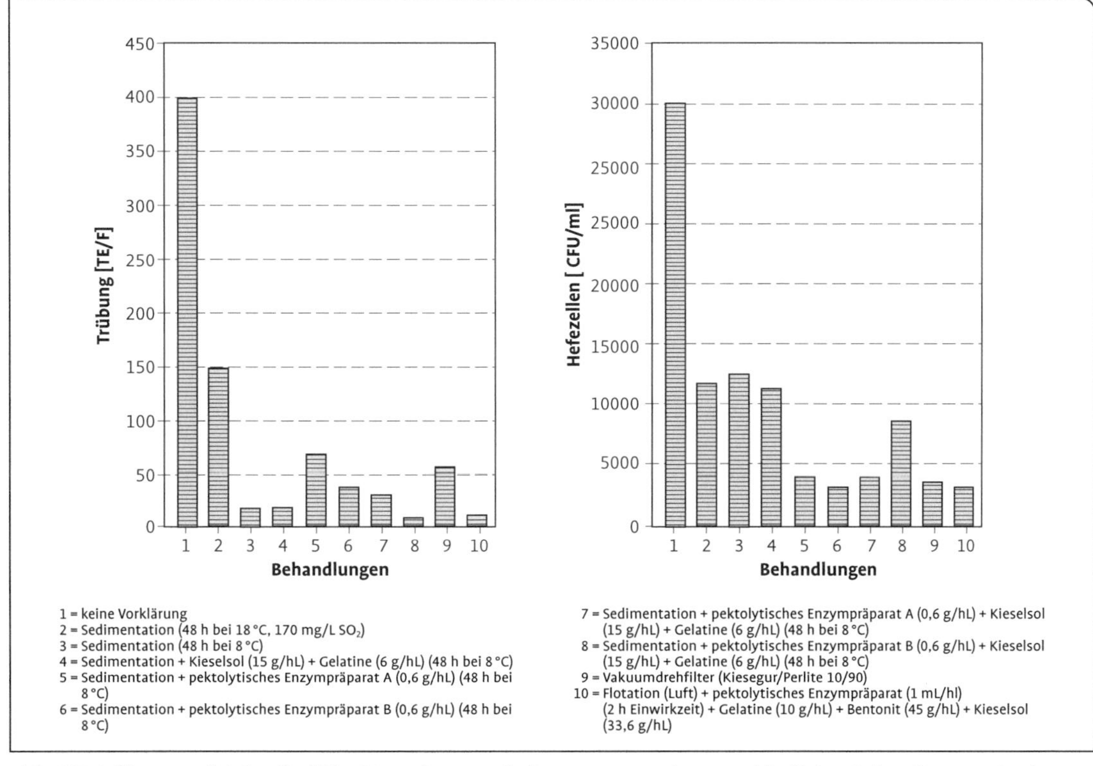

Abb. 125 Trübung und Hefezellzahl im Most eines spanischen Mostes nach unterschiedlichen Behandlungsmaßnahmen (Varela et al. 1999).

5.4.2.1 Aktivkohle

Struktur und Wirkungsweise von Aktivkohle als Behandlungsmittel für Maische wurde in Kap. 3.3 erläutert. Dort ist der Wirkungsgrad vergleichsweise schlecht. Aktivkohle wird besser im Most in Form von Pulvern, Granulaten und Pellets zur Geruchs-, Geschmacks- und Gerbstoffkorrektur sowie zu Entfernung von Bittertönen eingesetzt. Mangels aussagekräftiger Vorversuche muss wie bei Bentonit mit Erfahrungswerten gearbeitet werden. Vor allem für den Einsatz im Mostbereich wird Aktivkohle in Kombinationspräparaten mit Bentoniten oder anderen silikatischen Zusätzen angeboten. Da der Most noch viele die Oberfläche blockierende kolloidale Trubstoffe enthält, muss aufgrund des verminderten Wirkungsgrades mit höheren Kohlemengen als später im Wein gearbeitet werden. So werden für Frost- bzw. Fäulnisgeschmack je nach Intensität zwischen 30 und 100 g/100 l angegeben, wobei bei Fäulnis die Faustregel je % Fäulnisgrad des Leseguts 1 g/100 l Aktivkohle zur Anwendung kommt. Weiter hat die Aktivkohle bei Kombinationsbehandlungen immer zuerst zu erfolgen, da die meist kolloidalen Klärhilfsmittel die Oberfläche der Aktivkohle blockieren und deren Wirkung einschränkt. Die vorgesehene Aktivkohlemenge kann bei Pellets direkt, bei Pulvern nach dem Anteigen und Entlüften mit etwas Most in das Gesamtgebinde gefördert werden. Danach ist ein wiederholtes intensives Rühren notwendig, weil sich Aktivkohle aufgrund des hohen spezifischen Gewichts bei normalen Mosten rasch absetzt. Ist deren spezifisches Gewicht größer als das der Kohle (z. B. bei Beerenauslesen oder Eiswein), muss filtriert werden.

Gerät ein Teilchen entsprechender Größe in Wechselwirkung mit der Aktivkohle, stellt sich ein Gleichgewicht zwischen Adsorption und erneuter Freisetzung (Desorption) ein. Die Lage des Gleichgewichts ist von der Qualität und der Konzentration der Aktivkohle, der Natur des Trubstoffs und den Eigenschaften des Mostes abhängig. Trub ist aufgrund der Oberflächenverlegung störend. Die Adsorption ist bei niedrigen Temperaturen begünstigt, doch stellt sich das Gleichgewicht aufgrund der geringen Molekülbeweglichkeit zeitlich verzögert ein. Die Adsorption beginnt unmittelbar nach der Zugabe, nach einigen Stunden ist der Vorgang abgeschlossen. Nach einer Wartezeit von etwa 15 Minuten können weitere Behandlungsstoffe zugegeben werden. Die Abtrennung sollte aufgrund der Gleichgewichtseinstellung zwischen der Aktivkohle und der Menge aufgenommener Teilchen im Wein spätestens nach 2 Tagen, im Most nach 1 Tag erfolgen (Weninger und Stocké 2003). Wie bei Bentonit ist eine Abtrennung über einen selbst austragenden Separator nur mit einem präzisen Entleerungssystem und kurzer Verweilzeit in der Trommel ratsam.

Auch bei Aktivkohle stellt sich die Frage der Anwendung im Most- oder im Weinbereich. Es gelten die gleichen Aussagen wie bei Bentonit. Der Eingriff im Wein auf die Qualität ist deutlich gravierender als im Most, bestimmte Fehler werden zudem im Zuge der Mostklärung und der alkoholischen Gärung beseitigt. Eine Farbkorrektur sollte gezielt im Weinstadium erfolgen, ein großer Teil der polymeren Phenole ist dann bereits z. B. als Eiweiß-Gerbstoff-Reaktionsprodukt ausgefallen. Die Möglichkeit, präzise Vorversuche z. B. mit steigenden Mengen Aktivkohle in 100 ml Standzylindern und Verkostung des Überstands erlaubt dafür im Weinstadium präzises Arbeiten.

5.4.2.2 PVPP (Polyvinylpolypyrrolidon)

PVPP (Polyvinylpolypyrrolidon; E 1202) ist als technischer Hilfsstoff und Behandlungsmittel für Most und Wein seit 1990 zugelassen. Als Stabilisierungsmittel bindet es unerwünschte Gerbstoffe in Wein, Bier und Säften, die anschließend durch Filtration abgetrennt werden können. Der Stabilisierungseffekt von PVPP beruht hauptsächlich auf der Fähigkeit, Wasserstoffbrückenbindungen mit phenolischen Substanzen einzugehen und stabile Polyphenol-PVPP-Komplexe zu bilden. Aufgrund der peptidähnlichen Struktur des quervernetzen Polymers kommt es zu einer selektiven Adsorption von Polyphenolen, nach Laborde et al. (2006) bevorzugt mit Polyphenol-Aglyconen. Die Adsorptionsstabilität hängt stark vom pH-Wert des Mostes ab. Im alkalischen Milieu werden die Polyphenole in Phenolatanionen überführt und wieder abgegeben. Weinrechtlich sind bis 80 g/100l zulässig, die bei stark oxidierten Weinen auch benötigt werden.

PVPP kann im Most- oder im Weinbereich zugegeben werden. Als pauschal eingesetztes Behandlungsmittel in den Most ohne Vorversuche beschränkt sich der mögliche Einsatz auf durch Fäulnis, Frost- oder Hagel geschädigtes Lesegut. Hier wird es oftmals in Kombinationspräparaten mit Kaseinaten, Gelatine und silikatischen Wirkstoffen eingesetzt. Beim Einsatz im Wein sind Vorversuche notwendig. Wiederum gilt, dass dort die erforderliche Menge präzise bestimmt werden kann, zumal störende Phenole teilweise trubgebunden durch eine Mostklärung abgetrennt worden sind. PVPP kann direkt zugegeben werden, wobei ein Vorquellen mit Most oder Wein im Verhältnis von 1:10 aufgrund einer besseren Wirksamkeit empfohlen wird. Eine reine PVPP-Schönung ist nach 1 Tag filtrierfähig. In Kombination mit anderen Behandlungsmitteln wird PVPP etwa 2 Stunden vor den anderen Mittel gut eingerührt. Im Handel ist PVPP meist als Mischpräparat erhältlich.

Abb. 126 zeigt Schönungsergebnisse bei der Verwendung von reinem PVPP und mehreren Gelatinen bei zwei Rotweinen im direkten Vergleich (Schneider 2009).

Haupteinflussgröße für die Menge an Phenolen ist der Wein selber. Die sensorisch standardisiert beurteilte Adstringenz korrelierte im Falle dieser Untersuchungen eng mit dem Gesamtphenolgehalt. Gelatine ist tendenziell effizienter zur Minderung von Adstringenz und Gesamtphenolgehalt geeignet als PVPP. Der Spätburgunder war mehr durch niedermolekulare Phenole geprägt, die PVPP selektiver entfernt. Höhermolekulare Phenole, die bei älteren Weinen dominieren, werden eher durch Gelatine gefällt. Unterschiede zwischen den Gelatinen ergeben sich im Einzelfall, sind aber nicht extrapolierbar und verlieren an Bedeutung gegenüber dem Einflussfaktor Wein. Tanninreiche Rotweine mit hohem Gesamtphe-

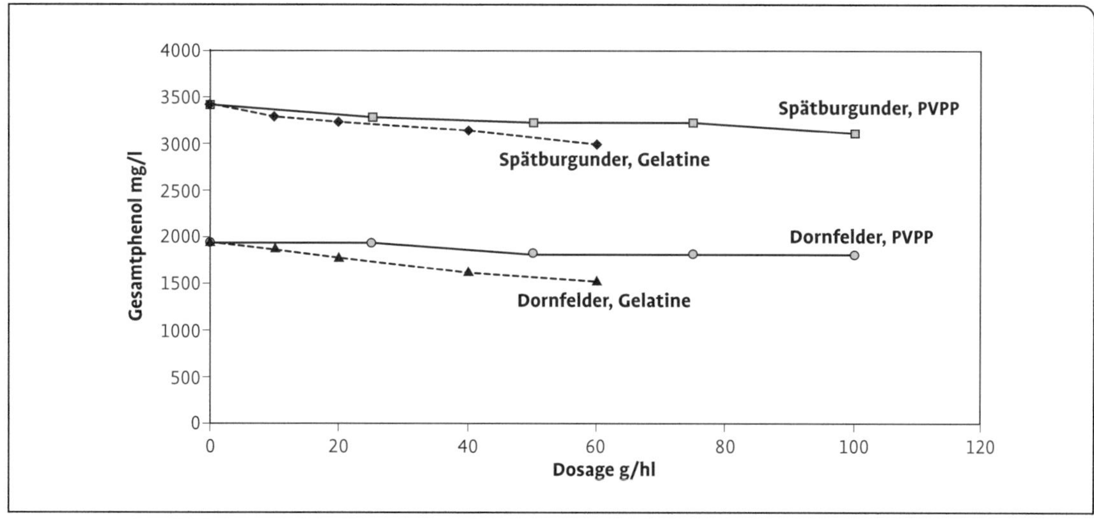

Abb. 126 Reduzierung von Phenolen durch Gelatine und PVPP (Schneider 2009).

nolgehalt erfordern ungleich höhere Aufwandmengen zur Reduzierung der Adstringenz als tanninarme Weine mit geringem Gesamtphenolgehalt. Bei derartigen Untersuchungen ist immer zu berücksichtigen, dass die Korrelation von analytischen Messdaten und dem tatsächlichen Geschmacksempfinden problematisch ist. Analytische Schnellbestimmungen der Tanninmengen reichen meist nicht aus, eine geschmackliche Veränderung vorauszusagen. Notwendig ist die aufwendige und moderne Analytik erfordernde Bestimmung des gesamten Phenolspektrums, um mindestens die in Mengen oberhalb des Geschmacksschwellenwertes vorkommenden Substanzen wie Catechin, Gallus- und Caftarsäure gezielt zu erfassen (Tschiersch et al. 2010).

5.4.2.3 Kasein

Kasein (Casein) ist das dominierende Protein der Milch von höheren Säugetieren, es macht etwa 80 % der Gesamtproteinmenge aus. Aus Kasein wird u. a. Quark oder Käse hergestellt. Es ist eine Mischung aus mehreren Proteinen und dient vor allem dem Speichern und dem Transport von Eiweiß, Kalzium und Phosphat als erste Nahrung von Neugeborenen. Kasein bildet in der Milch zusammen mit Kalziumphosphat und anderen Bestandteilen große Mizellen, die das Kalziumphosphat in Lösung halten. Kasein gehört zu den häufigsten Auslösern von Kuhmilchallergie und muss seit dem 1. Juli 2012 als Allergen auf dem Etikett angegeben werden, wenn die verbliebene Konzentration im Wein oberhalb von 0,25 ppm liegt. Natives Kasein wird hauptsächlich durch Mikrofiltration gewonnen. Im Retentat verbleiben im Wesentlichen Kaseine und kleinere Anteile an Molkenproteinen sowie Laktose, im Permeat konzentrieren sich Mineralsalze, Laktose, die Molkenproteine und kleine Anteile an Kaseinsubmizellen. Alternative Gewinnungsmöglichkeiten sind die Fällung mit Hitze oder Lab.

Kasein wird in Most oder Wein als Pulver oder Granulat eingesetzt, meist in Form des leichter löslichen Kaliumkaseinats und oft als Kombinationspäparat mit z. B. Gelatine oder Hausenblase vermischt. Die kolloidal gelösten Kaseinmizellen koagulieren in dem sauren Wein-Milieu sofort, weil sie ihre stabilisierenden Mineralien verlieren und dann aggregieren können. Kasein fällt unabhängig von Reaktionspartnern vollständig aus und eignet sich so auch für phenolarme Moste oder Weine. Überschönungen sind deshalb nicht zu erwarten (Troost 1988). Maßgeblich ist die Reaktion mit oxidierten bzw. oxidationsfähigen Phenolen, d. h. den leicht kondensierbaren und deshalb stark bräunenden Flavonolen und Flavon-3-olen. Damit ist Kasein geeignet für die Korrektur von Farbe und Ge-

Allergene und Wein; Deklarierungsvorschriften

Seit dem 1. Juli 2012 muss die Verwendung der önologischen Behandlungsmittel Lysozym, Eiklar und Kasein bzw. Kaliumkaseinat auf dem Weinetikett angegeben werden, wenn diese im Wein noch nachweisbar sind. Die EU-Kommission hat in Abstimmung mit der OIV mit der Verordnung 579/2012 die Höchstmengen auf 0,25 mg/l festgelegt („Nachweisgrenze"), oberhalb derer eine Deklaration vorgeschrieben ist. Wenn mit praxisüblichen Dosierungen gearbeitet und der Wein steril filtriert wird, liegen die Restwerte von Ovalbumin oder Kasein in der Regel unterhalb des Grenzwertes. Lysozym liegt dagegen deutlich darüber (Christmann et al. 2012).

Enthält ein Wein 0,25 mg/l oder mehr Kasein aus Milch oder Albumin aus Ei bzw. Lysozym bzw. 10 mg/l oder mehr Schwefeldioxid, dann ist folgende Kenntlichmachung in der Etikettierung erforderlich:

Das Wort „Enthält" vorangestellt, gefolgt von „Sulfite" oder „Schwefeldioxid"; „Ei", „Eiprotein", „Eiprodukt", „Lysozym aus Ei" oder „Albumin aus Ei"; „Milch", „Milcherzeugnis", „Kasein aus Milch" oder „Milchprotein".

Sind mehrere dieser Stoffe enthalten, ist das Wort „Enthält" voranzustellen, gefolgt von der jeweiligen Bezeichnung der betreffenden Zutaten (Beispiel: „Enthält Sulfite, Ei, Milch"). Ein Negativ-Hinweis auf Allergene ist nicht zulässig.

schmack (Maurer 1989). Flavanoide Phenole wie Anthocyane werden kaum reduziert. Kasein wirkt so auf Rotwein günstiger als Gelatine, die auch farbreduzierend wirken kann.

Ein Kläreffekt ergibt sich durch Kasein aufgrund der positiven Ladung, die negativ geladene Trubteilchen elektrisch zu neutralisieren vermag und in das Netzwerk mit einbindet. Empfohlene Mengen liegen zwischen 5 und 100 g/ 100 l nach Vorversuch. Im Most wird Kasein meist in erfahrungsbedingter Menge zugegeben. Nach wenigen Stunden kann bereits filtriert werden.

5.4.3 Stabilisierende Maßnahmen

Traubenmost mit seiner großen Menge an Zuckern, einer extremen Vielfalt an Mikroorganismen und aktiven Enzymen ist ein instabiles System, dessen drohende Veränderung der Kellerwirt gezielt in seine Richtung steuern will. Stabilisierende Maßnahmen im Mostbereich sind Maßnahmen, die einzelne Eigenschaften des späteren Weines frühzeitig fördern oder andere bewusst verhindern. Meist dienen sie dazu, Zeit zu gewinnen. Die Mostpasteurisation bzw. die Kühlung als aufwendige, aber sehr hilfreiche Maßnahmen wurden bereits erwähnt. Auch die Zugabe von Lysozym zur Unterdrückung einer unerwünschten malolaktischen Gärung ist als Stabilisierung zu verstehen. Ebenfalls zu den stabilisierenden Maßnahmen gehören die bewusste Mostoxidation bzw. das Gegenteil, die reduktive Ausbauweise. Die ist meist mit einer Schwefeldosage verbunden und/oder der Zugabe von Kohlenstoffdioxid bzw. Ascorbinsäure bereits im Maischestadium.

Maßnahmen, die zur Unterstützung der alkoholischen Gärung erfolgen, werden in Kapitel 5.6 behandelt. Die VO 606/2009 erlaubt mehrere Zusatzstoffe, darunter Nährstoffe, Vitamine usw.

5.5 Die Herstellung von Süßreserve

Die Süßung von Wein ist eines der erlaubten önologischen Verfahren. Die Süßung wird häufig mit der Anreicherung verwechselt, ist aber etwas völlig anderes. Der zur Anreicherung zugesetzte Zucker wird vollständig vergoren und führt zu einem höheren Alkoholgehalt im Wein. Die Süßung dagegen soll einen Wein mit Restzucker ergeben. Sie verleiht dem Wein einen anderen Charakter und ist ein wichtiges Element zur Steuerung eines gewünschten Weintyps. Einige g Restzucker können der Säure die Spitze nehmen und die Inhaltsstoffe harmonisch verbinden. 4–5 g Restzucker sind noch nicht schmeckbar, sie runden den Wein dennoch ab.

Freiwillige Geschmacksangaben auf dem Etikett

- Trocken: max. 9 g/l Invertzucker (in Franken: 4 g/l) und höchstens 2 g/l mehr als Gesamtsäure in g/l; Beispiel: bei 6 g/l Gesamtsäure darf der Invertzucker nur 8 g/l betragen
- Halbtrocken: max. 18 g/l Invertzucker (in Franken 12 g/l) und höchstens 10 g/l mehr als Gesamtsäure in g/l; Beispiel: bei 7 g/l Gesamtsäure darf der Invertzucker nur 17 g/l betragen
- Lieblich: über halbtrocken bis max. 45 g/l Invertzucker
- Süß: mind. 45 g/l Invertzucker
- Classic: Gesamtsäure × 2 bis max. 15 g/l Invertzucker
- Selection: für Riesling Gesamtsäure × 1,5 bis max. 12 g/l Invertzucker; bei den anderen Sorten gilt der Wert für trocken

Bei allen Restzuckerangaben wird eine Toleranz von 1 g/l akzeptiert.

Die Süßung kann nach EU-Recht mit konzentriertem Traubenmost oder rektifiziertem Traubenmostkonzentrat oder Traubenmost erfolgen, wobei diese aus dem gleichem Anbaugebiet stammen müssen wie der Wein. Eine Ausnahme davon gilt für RTK. In Deutschland ist nur Traubenmost zulässig. Das Österreichische Weingesetz erlaubt bei Qualitätsweinen die Zugabe von bis zu 15 g/l Zucker. Die Süßung von Prädikatsweinen ist nicht zulässig.

Bei der Süßung sind die Verschnittregeln zu beachten. Nicht als Verschnitt gilt die Süßung eines Weins, wenn das zur Süßung gebrauchte Erzeugnis gleiche Herkunftsbezeichnung wie der Wein hat bzw. mit RTK durchgeführt wurde. Die Süßung ist dann vom Alkoholhöchstgehalt des Endproduktes eingeschränkt. Darüber hinaus dürfen in einem Wein max. 25 % Süßreserve enthalten sein, wenn kein weiterer Weinverschnitt vorgenommen wurde. Die Summe aus Weinverschnitt (max. 15 %) und Süßreserveverschnitt darf höchstens 25 % betragen (Kumulierungsverbot).

Bezeichnungsrechtlich ist eine freiwillige Geschmacksangabe für alle Wein-Qualitätsebenen zulässig.

Zur Herstellung von Wein mit Restzucker gibt es grundsätzlich zwei Wege:

- die Unterbrechung der Gärung bei einer definierten Menge Restzucker und Verhinderung eines erneuten Angärens sowie der malolaktischen Gärung,
- die Zugabe von unvergorenem Taubenmost, der Süßreserve; nach dem Weingesetz auf natürlichem Wege oder durch physikalische Verfahren gewonnener, haltbar gemachter aber potenziell gärfähiger Most mit einem Alkoholgehalt unter 1 %vol.

Die Gärungsunterbrechung wird in Kap. 5.6 im Zusammenhang mit der alkoholischen Gärung behandelt. Dieses Kapitel beschäftigt sich mit der Herstellung von lagerfähigem Traubenmost, der mit dem durchgegorenen Wein unter Beachtung der gesetzlichen Regeln in entsprechender Menge verschnitten werden kann.

Abb. 127 beschreibt die verschiedenen Möglichkeiten, Süßreserve herzustellen sowie ihre wesentlichen Charakteristika.

Die Wahl für ein Verfahren richtet sich nach den betrieblichen Möglichkeiten, der Betriebsgröße, der Qualifikation und zeitlichen Belastung des Personals sowie dem im Betrieb herrschenden Qualitätsverständnis. Die Verfahren werden im Folgenden vorgestellt.

5.5.1 Mostvorbereitung

Die Herstellung von Süßreserve ist das haltbar machen von Traubenmost. Um die Verschnittproblematik und eine mögliche Qualitätsveränderung des Weines durch die sortenfremde Süßreserve zu umgehen, kann für jeden zu süßenden Wein eine Teilmenge seines Mostes separat konserviert werden. Diesen aufwendigen Prozess gerade während der Hauptarbeitszeit ersetzen viele Betriebe durch die Herstellung von lediglich je Qualitätsstufe einer roten und einer weißen Süßreserve. Eine langfristige Haltbarmachung setzt voraus, dass alle enzymatischen, mikrobio-

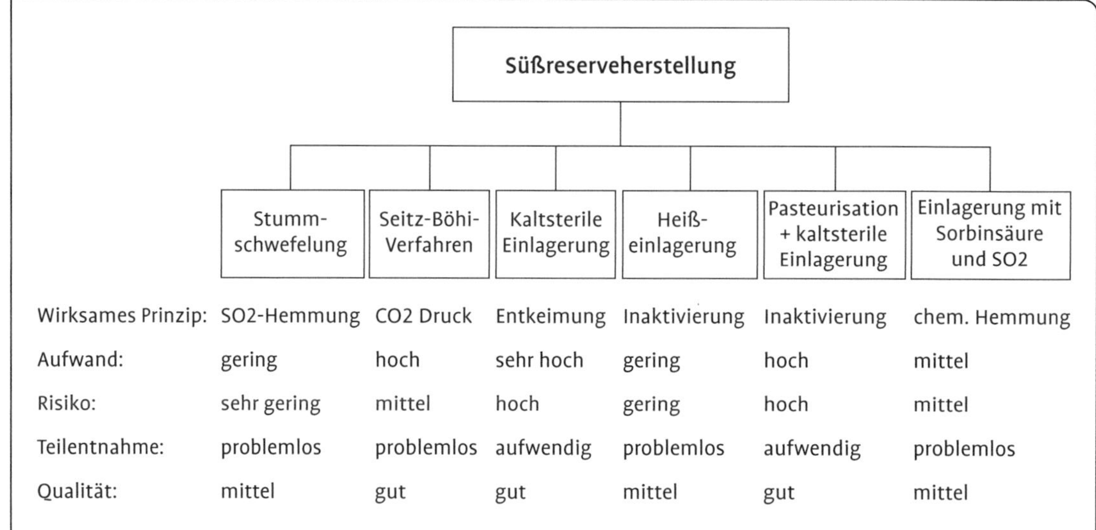

Abb. 127 Süßreserveverfahren und ihre wesentlichen Charakteristika für die Verwendung.

logischen und chemischen Prozesse unterbunden sind. Die thermischen, chemischen oder physikalischen Konservierungsmaßnahmen erfordern weniger Aufwand und laufen sicherer ab, wenn der Most entsprechend vorbehandelt wurde und wichtige Voraussetzungen erfüllt sind:

- Auswahl eines reifen, gesunden Leseguts mit möglichst geringer Mikroorganismen-Belastung und frei von Fäulnis (siehe Kap. 2),
- Verwendung lediglich des Vorlaufs (pH-Wert, Säure- und Kaliumgehalt),
- Mostschwefelung z. B. mit 75 bis 100 mg/l SO_2 (nur als Gas einsetzen; Kaliumdisulfit erhöht den pH-Wert, begünstigt Weinsteinausfall),
- Mostoxidation oder im Gegenteil Schutz vor Oxidation entsprechend der Betriebsphilosophie,
- die Eiweißstabilisierung, um Schäumen sowie eine Ausfällung während der Lagerung zu verhindern,
- die Anreicherung bei Bedarf,
- die Säurekorrektur bei Bedarf; möglichst vermeiden wegen der pH-Wert-Erhöhung (siehe Kap. 6),
- die Stabilität gegen Metalltrübungen (siehe Kap. 6),
- die Weinsteinstabilisierung (siehe Kap. 6),
- die Entstabilisierung der Kolloide durch Enzymierung und/oder Schönung mit z. B. Gelatine-Kieselsol,
- die möglichst weitgehende Abtrennung von Mikroorganismen, grobdispersen Trubstoffen und Kolloiden; die zulässige Resttrübung richtet sich nach dem eingesetzten Süßreserve-Verfahren.

Viele Arbeitsschritte, die im Laufe des Weinausbaus erst lange nach der Gärung erfolgen können, müssen zur Herstellung von Süßreserve unmittelbar nach dem Pressen durchgeführt werden. Der Aufwand für die Vorbereitung ist abhängig vom Verfahren der Einlagerung. Während der Lagerung findet immer auch noch in gewissem Umfang eine Eigenstabilisierung statt. Im Idealfall ist die Süßreserve schließlich vollständig stabilisiert. Wird sie zu einem ebenfalls stabilen Wein gegeben, kann die Mischung trotzdem instabil sein. Die Anwesenheit von Alkohol begünstigt den Weinsteinausfall, unterschiedliche kolloidale Situationen können zu chemischen Reaktionen und einer Trübung führen.

Süßreserve wird nicht nur zur Süßung eingesetzt, je nach Jahrgang kann sie zusätzlich die Funktion einer Säurereserve oder Farbreserve erfüllen. Wer im säureschwachen Jahrgang 2009 ausreichend Süßreserve eingelagert hatte, konnte den säurereichen Jahrgang 2010 etwas puffern.

5.5.2 Stummschwefeln mit Entschwefelung

Die Stummschwefelung ist das einfachste und den Arbeitsablauf wenig störendes Verfahren der Süßreserveherstellung, für Bioweine aber nicht erlaubt. Erforderlich ist Eiweißstabilität, aber nicht die gründliche Klärung. Sedimentation oder Zentrifugation reichen aus. Der Most wird unsteril in einen geeigneten Behälter eingelagert und danach mit schwefliger Säure konserviert. Als Behälter eignen sich Glasfaserverstärkte Kunststofftanks (GFK-Tanks) bis etwa 1200 mg/l SO_2, darüber am besten Glasbehälter oder hoch legierte Edelstahltanks (1.4401/V4A und besser). Armaturen müssen entsprechend korrosionsbeständig sein, Messing oder Aluminium sind nicht geeignet. Der niedriger legierte Standardedelstahl für Tanks (1.4301/V2A) ist im Kopfraum korrosionsgefährdet, wo sich Kondenswasser mit hohen SO_2-Konzentrationen niederschlägt (siehe auch Kap. 9).

Die für die Konservierung eingesetzte SO_2-Menge liegt bei 1500–2000 mg/l Most. Bei dieser Konzentration werden Enzyme inaktiviert, Bakterien und Hefen gehemmt, oxidierte Phenole oder Azetaldehyd reduziert und evtl. vorhandene Gärungsnebenprodukte geschmacklich neutralisiert. Von der zugesetzten Menge schweflige Säure werden etwa 50 % an Zucker gebunden. Der Rest ist freie Säure, davon pH-Wert und Temperatur abhängig aber lediglich ein kleiner Prozentsatz biologisch aktiv. Dieser sinkt von 3,2 % bei pH 3,3 auf 1,0 % bei pH 3,8. Zur Hemmung von *Saccharomyces cerevisiae* werden im Most etwa 4 mg/l aktive SO_2 benötigt, zur Abtötung die doppelte Menge. Derartige Mengen sind bei 1500 mg/l SO_2 sicher gegeben (Christmann 2013; Dittrich und Großmann 2010). Details zur Wirkung der schwefligen Säure siehe Kap. 6, Schwefelung.

So einfach die Schwefelung ist, so aufwendig ist die vor der Verwendung erforderliche Entschwefelung des Mostes in eigens dafür ausgelegten Anlagen, die sich hauptsächlich in größeren Betrieben rechnen. Alternativ geschieht dies im Lohnverfahren, die Leistungen dieser Anlagen liegen zwischen wenigen 100l/h bis über 10 000. Sehr kleine Mengen von 20 oder 30 l, gelagert im Glasballon, sind nur schwer zu ent-

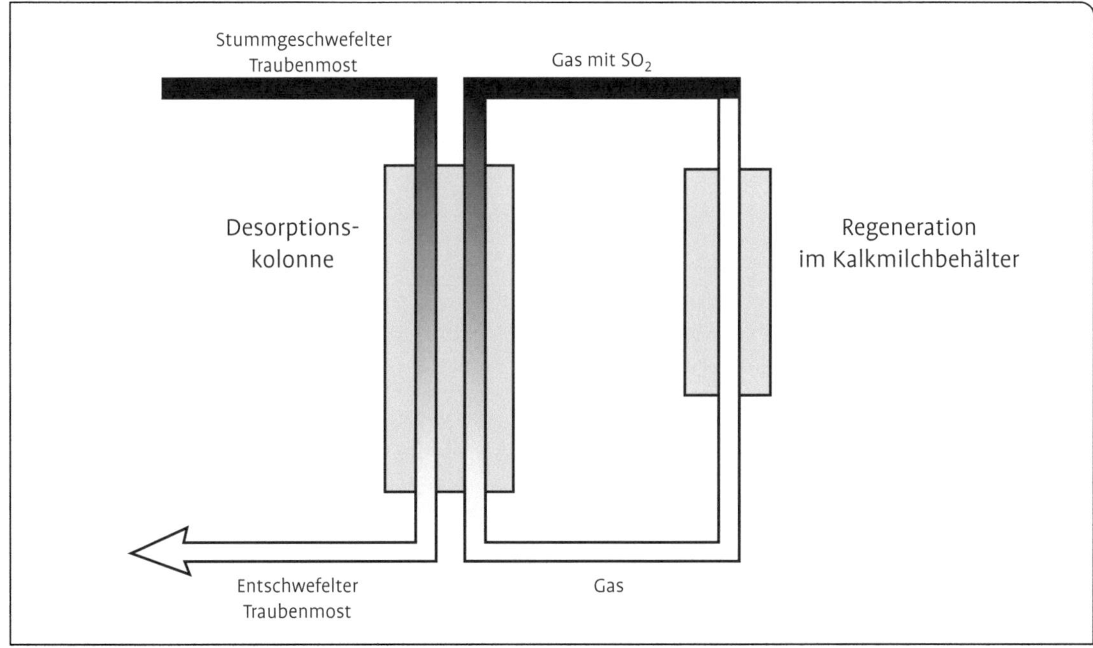

Abb. 128 Prinzip der Mostentschwefelung (Christmann 2013).

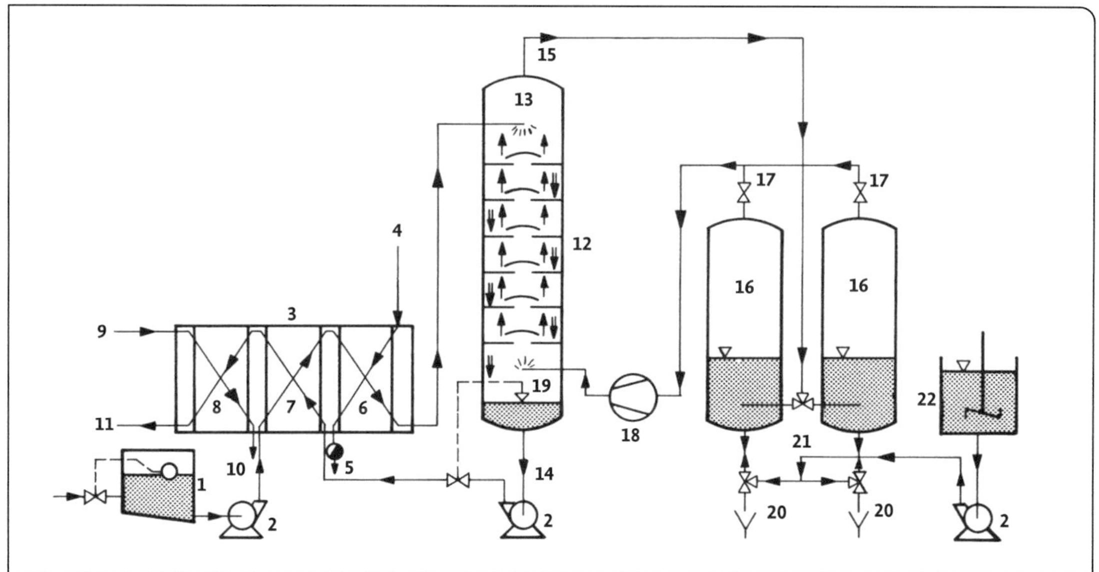

Abb. 129 Entschwefelungsanlage für Traubenmost schematisch (Blankenhorn und Funk 2012). Erläuterungen siehe Text.

schwefeln. Derartige Mengen werden in den zahlreichen kleinen Betrieben in den nördlichen Anbaugebieten aber hauptsächlich benötigt. Eine Möglichkeit besteht im Erhitzen des Mostes auf 100° und Einblasen von Inertgas über eine Fritte am Boden des Behälters, bis der SO_2-Gehalt auf ein erträgliches Maß gesunken ist. Dabei leidet die Saftqualität, die Menge an HMF steigt aufgrund der langen Heißhaltezeit stark an.

Den prinzipiellen Vorgang bei der Entschwefelung zeigt Abb. 128. Das Herzstück der Entschwefelungsanlage ist die Austausch- oder Desorptionskolonne. In ihr werden Most und SO_2 bei Temperaturen über 100 °C getrennt. Das thermisch freigesetzte SO_2-Gas wird durch Inertgas mitgerissen, mit Kalkmilch als Kalziumsulfit gefällt und ausgeschleust.

Abb. 129 zeigt schematisch die Vorgänge in einer Entschwefelungsanlage.

Der geschwefelte Most wird in einem Plattenwärmetauscher (3) stufenweise erwärmt. Die Vorerwärmung (7) erfolgt regenerativ im Gegenstrom mit zurückfließendem entschwefeltem Saft. Die anschließende Erhitzung auf Endtemperatur geschieht im Gegenstrom (6) z. B. mit Sattdampf (4). Der über 110 °C heiße Saft wird in der Austauschkolonne (12) auf eine große Oberfläche verteilt und durch Glockenböden nach unten gelenkt. Dabei geht das im Saft gelöste Schwefeldioxid in die Dampfphase über. Der SO_2-Gehalt nimmt im vom unten verdichtet eingespeisten Inertgas (17–19) nach oben zu, im Most von oben nach unten ab. Über die Länge der Entschwefelungssäule stellen sich Gleichgewichte zwischen der schwefligen Säure in der flüssigen und in der Dampfphase ein. Gleichzeitig ändert sich auch das Gleichgewicht zwischen freiem und gebundenem Schwefeldioxid. Die Brüden mit dem SO_2-Gas werden von unten in die Kalkbehälter (16) geleitet und dort gereinigt, bevor sie wieder in die Desorptionskolonne geleitet werden. Der unterhalb der Kolonne austretende Saft (14) ist in Abhängigkeit von Safttemperatur und pH-Wert um etwa 90 % entschwefelt, wobei das Schwefeldioxid mit zunehmendem pH-Wert immer fester gebunden ist und die Entschwefelung unvollständiger wird. Der entschwefelte Saft wärmt im Plattenwärmetauscher den zufließenden Saft vor (7). Am Ausgang dieser Wärmerückgewinnungsabteilung liegt die Temperatur des entschwefelten Saftes 5–10 °C über der Eintrittstemperatur. Bei Bedarf kann der Saft in einer dritten Abteilung im Wärmetauscher mit Wasser oder Kühlsohle heruntergekühlt werden (8). Verbrauchte Kalkmilch wird entnommen (20) und durch frische ersetzt (22). Der Kalkverbrauch beträgt ca. 2 kg/1000 l Most. Die während des Betriebes unter einem Druck von 1 bar stehende Anlage ist nicht TÜV-abnahmepflichtig.

Ausgehend von diesem prinzipiell beschriebenen Prozess sind zahlreiche Anlagenvarianten am Markt verfügbar. Sie unterscheiden sich z. B. in der Entschwefelungstemperatur (100 bis über 110 °C), dem dabei herrschenden Druck, dem Material der Sorptionskolonne (Glas, Edelstahl), der Brüdenführung sowie der Verwendung von Trennböden oder Keramikringen in der Sorptionskolonne. Anstelle der Kalkmilch (Kalziumhydroxid) zur Neutralisation der schwefligen Säure kann Wasserstoffperoxid (H_2O_2) verwendet werden. Dabei entsteht statt Kalziumsulfit Schwefelsäure, die als Rohstoff in der chemischen Industrie einsetzbar ist.

Für die Traubensaftherstellung lässt sich mittels Ascorbinsäure und Sauerstoff bzw. Wasserstoffperoxid der SO_2-Gehalt unter die gesetzlich zulässigen 10 mg/l drücken.

Bei der Entschwefelung entstehen geringe Menge Hydroxymethyfurfural. Dieser „Kochgeschmack“ ist ein Indikator für eine thermische Belastung. Die Mengen sind üblicherweise weder im Most (Geschmackschwelle bei 50 mg/l) noch nach dem Verschnitt im Wein (Geschmacksschwelle 15 mg/l) sensorisch wahrnehmbar. Der Most selber ist durch die reduzierende Wirkung der schwefligen Säure sehr hell und zunächst steril. Gelangt während der Lagerung oder kurz vor der Schwefelung Sauerstoff in den Saft, erhöht sich die Menge an Kaliumsulfat.

5.5.3 Seitz-Böhi-Verfahren

Beim Seitz-Böhi-Verfahren wird möglichst blank filtrierter, auf 70 bis 100 mg/l geschwefelter und keimarmer Most in Drucktanks eingelagert und mit CO_2 unter Druck gesetzt. Kohlenstoffdioxid hemmt ab einer Menge von 15 g/l die Vermehrung von *Saccharomyces cerevisiae*, nicht aber deren Gärtätigkeit. Dazu sind doppelt so hohe Mengen erforderlich. Der Vorteil des Verfahrens ist die jederzeit mögliche Entnahme von Most unter unsterilen Bedingungen. Der Most selber ist CO_2-gesättigt und dadurch frisch und fruchtig. Enzymatisch bedingte Bräunungen sind nicht auszuschließen, ebenso nicht die mögliche langsame Vermehrung von Milchsäurebakterien. Essigbakterien sind Aerobier, sie stellen kein Ri-

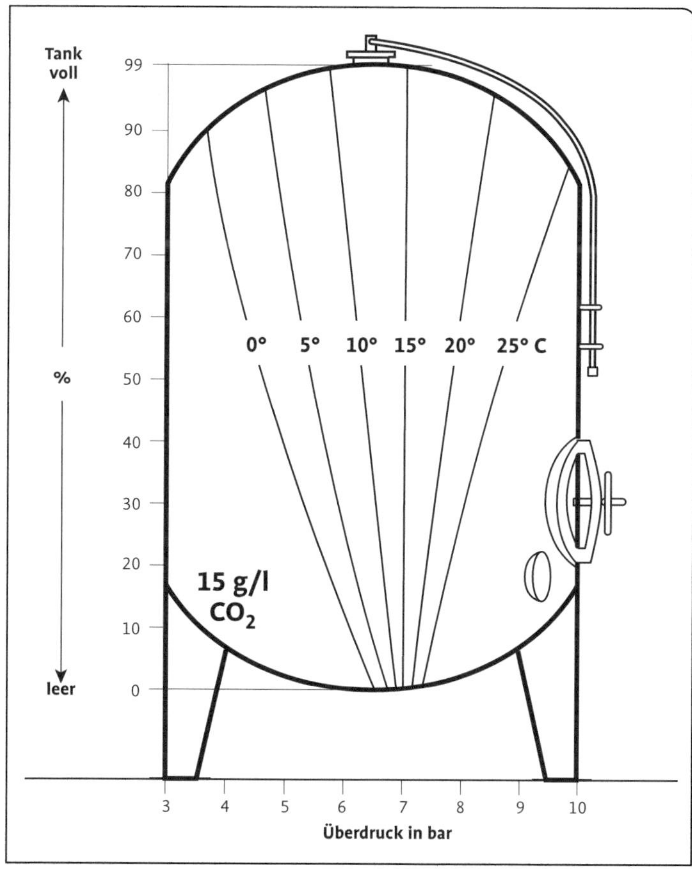

Abb. 130 Sättigungsausgleich von 15 kg Kohlenstoffdioxid CO_2 auf 1000 l Most in Abhängigkeit von Temperatur und prozentualer Füllhöhe im Drucktank (Troost 1988).

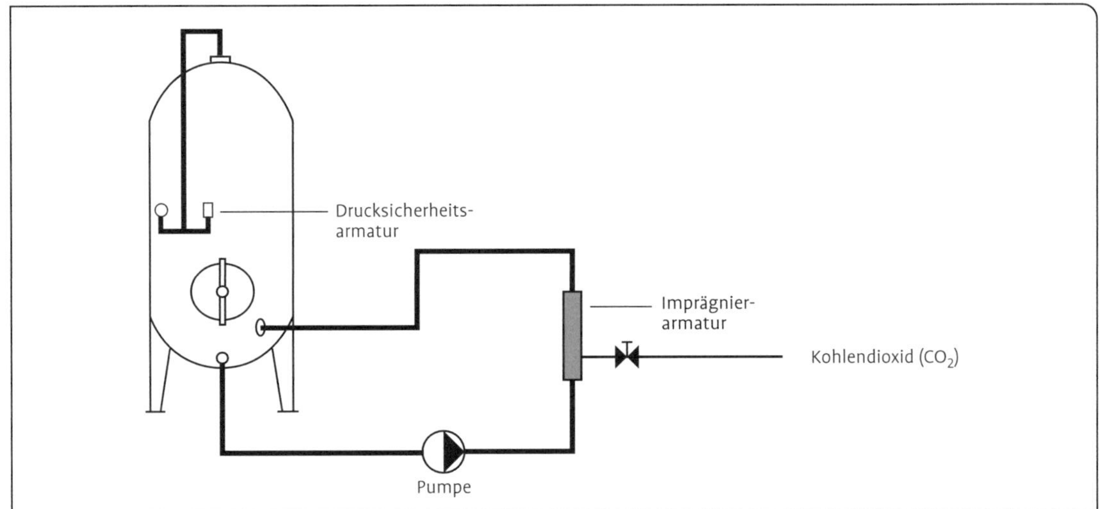

Abb. 131 Imprägnieren von Most über eine entsprechende Armatur (Christmann 2013).

siko dar, Schimmelpilze reagieren wie die Weinhefe. Nachteilig sind die erforderlichen teuren Drucktanks. Kleinere Betriebe behelfen sich mit Kegs, die sie anmieten und zur Reinigung und Überprüfung dem Lieferanten zurückgeben oder durch entsprechende kleinere Drucktanks.

Abb. 130 zeigt den Sättigungsausgleich von 1 kg CO_2 auf 1000 l Most in Abhängigkeit von Temperatur und prozentualer Füllhöhe im Drucktank. Ist ein Drucktank auf max. 8 bar Druck ausgelegt, darf die Temperatur des Mostes höchstens 17 °C betragen. Die erforderliche Mindestmenge von 15 g/l CO_2 (also 15 kg/1000 l Most) führt im Tank zu einem Druck, der stark temperaturabhängig ist: bei 0 °C z. B. 3,8 bar, bei 5° 4,8 bar oder bei 15° 7,2 bar. Alle Drucktanks sind prüfpflichtig und zwingend mit einer Sicherheitsarmatur auszustatten. Diese lässt bei Überschreiten des Maximaldruckes, z. B. nach einer Erwärmung, Gas ab und senkt den Druck. Die biologische Sicherheit ist dann nicht mehr gegeben.

Abb. 131 zeigt einen möglichen Verfahrensablauf bei der Einlagerung nach Seitz-Böhi. Der Most wird über die Imprägnierarmatur im Kreis gepumpt und mit Kohlenstoffdioxid imprägniert. Um Schäumen zu vermindern, wird der Tank zuvor mit CO_2-Gas vorgespannt.

Eine alternative Einlagerung mit zwei Tanks beschreibt Meidinger (1989). Der Einlagerungstank wird mit Wasser gefüllt, dieses durch CO_2 verdrängt und unter den erforderlichen Druck gesetzt. Beim Befüllen mit Most aus dem anderen Tank wird das Gas verdrängt und durch ein Imprägniergerät analog Abb. 130 in den Most gepresst. Für kleinere Betriebe haben sich 30- oder 50-l-Kegs als idealen Lagerbehälter erwiesen. Das Keg ist ein Mehrwegfass, das speziell zum industriellen Befüllen und der keimfreien Lagerung von Getränken, insbesondere Bier, entwickelt wurde. Eingeführt wurde das System 1964 in Großbritannien. Kegs sind gut zu transportieren und in Kühlräumen zu stapeln (siehe dazu DIN 6647-1 und 2/2006-12 „Zylindrische Getränke- und Grundstoffbehälter, Nennvolumen bis 50 l"; Teil 1 bis 3 bar und Teil 2 bis 7 bar). Auf der Oberseite in der Mitte ist ein Ventil, der sogenannte Keg-Kopf, angebracht. Auf diesem kann ein passender Zapfkopf angebracht werden, der Treibgas (Kohlendioxid, in bestimmten Fällen auch Stickstoff) aus einem externen Behältnis zuführt. Seit einigen Jahren sind auch größere Most-Drucktanks bis 280 l Inhalt und 10 bar Maximaldruck erhältlich. Der Druck wird einfach über einen Gasanschluss aus der CO_2-Flasche erzeugt. Die meisten Betriebe in Deutschland kommen aufgrund ihres überschaubaren Bedarfs an Süßreserve mit einigen wenigen derartiger Tanks aus, sodass diese Technik inzwischen sehr weit verbreitet ist.

5.5.4 Kaltsterile Süßreserveeinlagerung

Bei der kaltsterilen Einlagerung von Süßreserve wird eiweißstabiler, steril filtrierter Most unter sterilen Bedingungen eingelagert. Dieses Verfahren ist von der Handhabung her das anspruchsvollste, Arbeitsbelastung und Sorgfaltspflicht sind sehr hoch. Entschädigt wird mit einer Süßreserve, die weder thermisch noch chemisch belastet ist und deshalb die höchstmögliche Qualität besitzt.

Im Idealfall wird frei ablaufender Most verwendet, enzymiert, mit Bentonit sowie Gelatine-Kieselsol geschönt und nach der erforderlichen Sedimentationszeit geklärt. Der Klärprozess läuft üblicherweise in mehreren Stufen ab:

- Sedimentation,
- Abtrennung (restlicher) grobdisperser Trubteilchen z. B. mit Separator oder Kieselgurfilter,
- Restkolloidentfernung mit Tiefenfilter; alternativ können die bisherigen Stufen mit einer Cross Flow Micro-Filtration (CMF) allein abgedeckt werden,
- Entkeimungsfiltration direkt in den Lagertank mit einem steril gedämpften Membran- oder Tiefenfilter (zur Filtration siehe Kap. 6).

Ab Eintritt in die Entkeimungsfiltration müssen alle Aggregate steril sein. Zur Sterilisation wird Sattdampf verwendet, der zunächst das gesamte System aufheizen muss. Messgröße ist die Zeit bis zum ersten Dampfaustritt an der Klarseite des Filterausgangs. Kompakte Schichtenfilter benötigen allein für die Aufheizung bis zu ½ Stunde. Erst danach beginnt die Heißhaltezeit für die eigentliche Sterilisation, die mindestens weitere 20 Minuten betragen muss.

Größere Tanks besitzen ein noch schlechteres Dämpfverhalten. Abb. 132 zeigt grafisch Zeit- und Dampfbedarf, um Edelstahltanks zu erhitzen.

Messgröße ist dabei die Temperatur des Kondensatablaufs am Restablaufstutzen. Ein Tank gilt als aufgeheizt, wenn diese Temperatur bei 95 °C liegt. Bei 10 000-l-Tanks werden dafür 140 kg Dampf und 40 Minuten Zeit benötigt. Ein

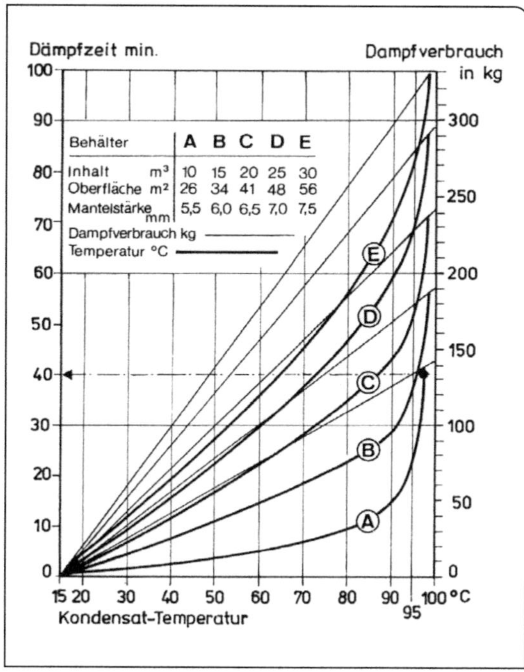

Abb. 132 Dämpfzeit und Dampfbedarf bei unterschiedlichen Tankgrößen (Troost 1988).

30 000-l-Tank erfordert bereits 100 Minuten und 330 kg Dampf. Danach beginnt die Sterilisationszeit. Ist diese beendet, ist der Tank völlig mit Wasserdampf gefüllt. Bei Abkühlung kondensiert er schlagartig und erzeugt einen Unterdruck. Aus 22,4 l Dampf (Mol-Volumen) entstehen lediglich 18 g Wasser (Molekulargewicht in g). Der Tank implodiert schlagartig, wenn keine Druckausgleichsmaßnahmen vorgenommen werden. Dieses Risiko besteht auch, wenn ein Tank im Zuge der Reinigung gedämpft wird. Kaltblasen mit Luft oder CO_2-Gas ist auch dabei notwendig. Druckausgleich ist bei der Süßreserveeinlagerung in einen heißen Tank möglich über die Zugabe von CO_2-Gas oder über Luft, die mit einem entsprechenden Filter steril gemacht wurde. Deren Porengröße sollte höchsten bei 0,2 µm liegen. In der Praxis wird kalte Süßreserve meist direkt in den heißen Tank filtriert und über Gas der Druckausgleich hergestellt.

Abb. 133 zeigt schematisch eine kaltsterile Einlagerung mit einem Schichtenfilter. Bei guter Vorklärung können die viel leichter handhabba-

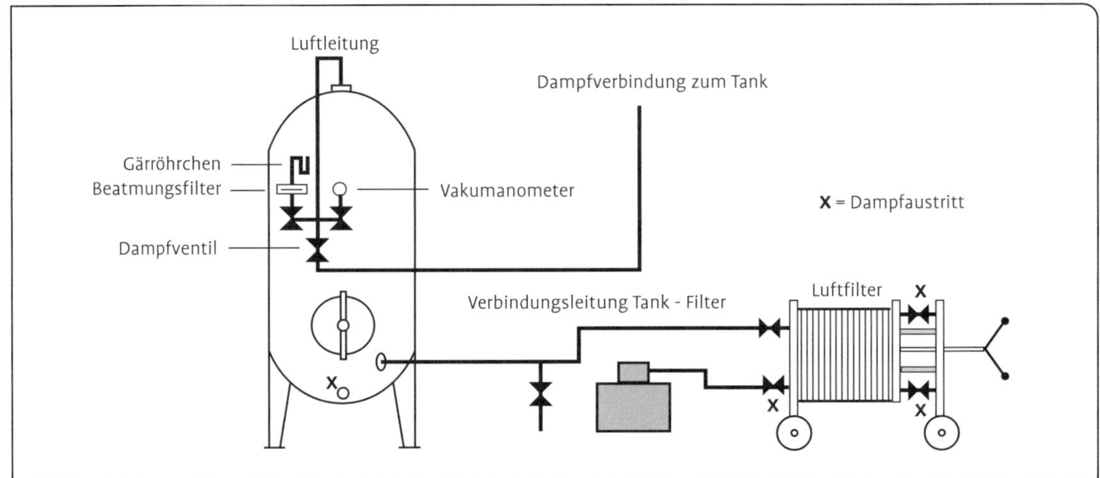

Abb. 133 Kaltsterile Einlagerung von Süßreserve (Christmann 2013).

ren Kerzenfilter verwendet werden. Teilentnahmen müssen unter Sterilbedingungen erfolgen, der Druckausgleich im Tank auch dabei über Gase erzeugt werden. Zum zusätzlichen Schutz vor Oxidation oder Reinfektion wird die Süßreserve auf etwa 80–100 mg/l freie schweflige Säure eingestellt. Dafür werden etwa 300 mg Gesamt-SO_2 benötigt. Trotz aller Sorgfalt bleibt ein mikrobiologisches Restrisiko. Dieser Aspekt und die hohe Belastung gerade in der Phase höchsten Arbeitsanfalls während der Traubenlese bewegen viele Betriebe, andere Einlagerungsverfahren zu wählen.

5.5.5 Kaltsterile Einlagerung nach einer Kurzzeithocherhitzung (KZE)

Anstatt durch eine Sterilfiltration kann der Most auch thermisch sterilisiert werden. Eine geeignete Anlagenkonfiguration zeigt Abb. 109 in Kap. 5.2. Ziel ist die die völlige Inaktivierung aller Mikroorganismen und Enzyme. Der für die Mostpasteurisation empfohlene PE-Wert von 1 muss dazu erhöht werden. In der Praxis werden unterschiedliche Temperatur-Zeit-Relationen genannt. So z. B. 90 Sekunden bei 85 °C (Meidinger 1989) oder 120 Sekunden bei 87° (Hamatschek 1997). Letzteres entspricht einem PE von rund 10 und wird von Seckler und Freund (2012) als überhöht angesehen.

Der Plattenwärmetauscher und die nachfolgenden Geräte sind analog Kap. 5.5.4 zu sterilisieren und hinterher steril abzukühlen. Für die Mengen an freier und gesamter SO_2 gilt das Gleiche wie bei der kaltsterilen Einlagerung. Der gesamte Arbeitsaufwand ist damit vergleichbar, das Filtrationsrisiko entfällt aber. Qualitativ sind durch die Erhitzung keine signifikanten Unterschiede feststellbar im Vergleich mit nicht erhitztem Most (Seckler und Freund 2012).

5.5.6 Heißeinlagerung von Süßreserve

Die Heißeinlagerung von Süßreserve ist eine problemlos durchzuführende Technik speziell in kleineren Behältern. Der Most sollte, muss aber nicht gut geklärt und stabilisiert sein. Er wird auf eine Temperatur erhitzt, bei der alle Mikroorganismen und Enzyme sicher inaktiviert werden. Üblich sind mindestens 75 °C. Der heiße Most wird in einen sauberen, aber erlaubter weise unsterilen Behälter gefüllt und sorgt für dessen Sterilisierung. Im Gegensatz zur Mostpasteurisation vor der alkoholischen Gärung muss bei der Süßreserveherstellung ein sterile Produkt erzielt werden. Dies gilt nach etwa ½ Stunde Heißhaltung als erreicht. Danach kann mit kaltem Wasser berieselt und gekühlt werden, wenn ein Druckausgleich über Sterilluft erfolgt.

Kleinstmengen Süßreserve lassen sich ohne

großen Aufwand in Weinflaschen abfüllen. Bei Tankgrößen oberhalb von etwa 1000 l dauert die Kühlung sehr lange, der PE-Wert ist entsprechend hoch. Je länger die Heißhaltezeit, desto höher die Bildung von Hydroxymethylfurfural. Trotz ausreichender Schwefelung ist zudem mit einer Bräunung des Mostes zu rechnen. Qualitativ müssen bei diesem Verfahren die größten Abstriche akzeptiert werden.

Sinnvoll ist eine Anwärmung des Einlagerungsbehälters, insbesondere bei Verwendung von Glasballons. Bei Temperatursprüngen von mehr als 30 °C kann Glas zerbrechen. Geeignet für die Heißeinlagerung sind vor allem Edelstahltanks, mit Einschränkung emaillierte Stahltanks oder GFK-Tanks.

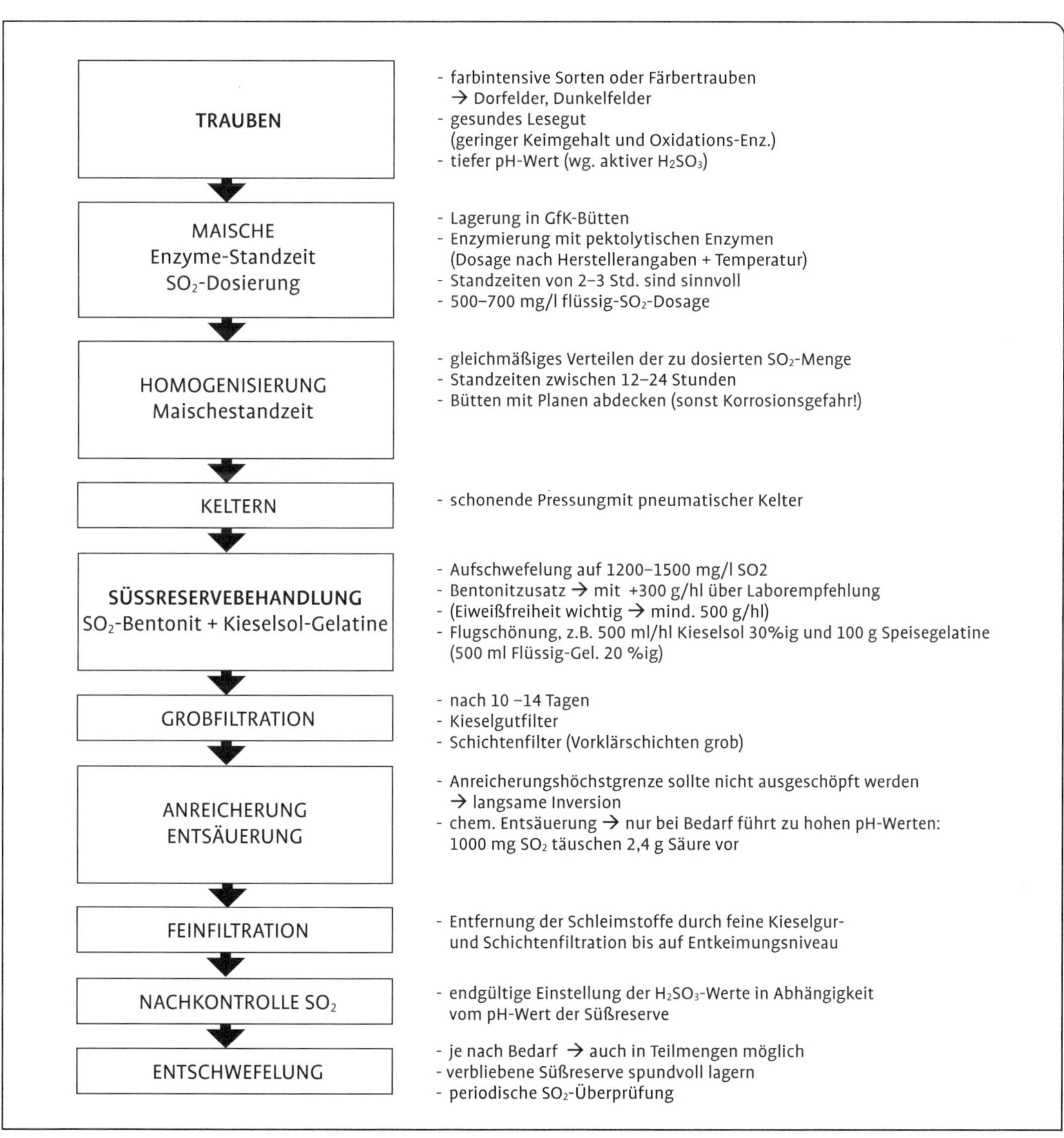

Abb. 134 Farbsüßreserveherstellung durch Stummschwefeln (Binder 2000).

5.5.7 Einlagerung mit Sorbinsäure (E 200–203)

Sorbinsäurezusatz ist seit 1973 bis zu einer Menge von 200 mg/l erlaubt, als leichter lösliches Kaliumsorbat bis 273 mg/l. Das auch in anderen Bereichen der Lebensmittelwirtschaft eingesetzte Konservierungsmittel wirkt gut gegen Hefen und Schimmelpilze, kaum jedoch gegen Essig- oder Milchsäurebakterien. Empfohlen werden zusätzliche 150 mg freie schweflige Säure. Die Süßreserve kann dann in lediglich keimarmem Zustand eingelagert werden, Armaturen und Behälter sollten dennoch sterilisiert sein.

Vermehren sich trotz Schwefelung Milchsäurebakterien, kann mit dem „Geranienton" ein irreparabler Weinfehler entstehen. Sorbinsäure lässt sich zu Sorbinol reduzieren und isomerisieren. Kommt dieses Isomerisierungsprodukt nach dem Verschnitt mit Ethanol in Kontakt, entsteht dieser Fehlton unmittelbar. In Holzfässern hält sich die Verbindung trotz intensiver Reinigung und kann dadurch auch völlig unbelastete Weine verderben.

5.5.8 Herstellung von Farbsüßreserve

Farbsüßreserve ist das Süßungsmittel für Rotweine. Gefärbter Traubensaft lässt sich auf zwei Wegen herstellen:

- über eine Maischeerhitzung,
- mit SO_2 als Extraktionsmittel für die Anthocyane (Stummschwefeln).

Die Maischeerhitzung liefert einen intensiv gefärbten Saft. Die maßgeblichen Parameter wurden in Kap. 4 erläutert. Der Tannin-Gehalt spielt dabei eine große Rolle. Er kann als Element des Tanninmanagement nach der Süßung einen eher milden oder mehr gerbstoffbetonten Rotwein fördern. Der Most wird nach der Rückkühlung als Süßreserve eingelagert. Grundsätzlich stehen die Methoden der Kap. 5.5.2–5.5.7 zur Verfügung.

Die zweite Methode nützt die Pektin hydrolysierende und Zellwand zerstörende Eigenschaft der schwefligen Säure, die in hoher Menge zur Maische gegeben wird. Abb. 134 beschreibt einen beispielhaften Gesamtprozess von der Traube bis zur Entschwefelung (Binder 2000). Geschwefelt wird in zwei Ansätzen. Der erste mit 500–700 mg/l dient zur eigentlichen Farbextraktion. Die Einwirkzeit in der Maische liegt je nach angestrebter Gerbstoffmenge zwischen 6 und 24 Stunden. Die Gerbstoffextraktion korreliert mit der Zeit, die Farbextraktion ist im Wesentlichen nach 6 Stunden abgeschlossen. Nach dem Abpressen muss nachgeschwefelt werden, der Pressvorgang selber führt zu 20–30 % SO_2-Verlust. In säurearmem Most erfolgt danach die Einstellung auf 1500 mg/l SO_2, im säurebetonten Most auf 1200 mg/l. Der Saft muss mit Bentonit gegen Eiweißausfällungen stabilisiert und nach der Sedimentation der Trubstoffe ggf. in mehreren Stufen geklärt werden. Die Sedimentation kann u. U. recht lange dauern. Nach der Entschwefelung liegen die Anthocyane wieder in der Flavylium-Kation-Form vor, der zuvor blasse Most ist intensiv rot.

5.5.9 Verfahrensvergleich

Die Frage nach der Beschaffenheit, d. h. der Qualität von Süßreserven, die mit unterschiedlichen Techniken hergestellt wurden, ist mehrfach angeklungen. Kritisch gesehen wurden die Einlagerung mit Sorbinsäure und die Heißeinlagerung. Tab. 46 gibt Analysenwerte wider vom direkten Methodenvergleich (Christmann 2013). Die Werte bestätigen das bisher Gesagte. Die Stummschwefelung führt zu einem sehr hellen Most, bei dem keine Oxidation möglich ist. Im Gegensatz dazu zeigt die heiß eingelagerte eine deutliche Färbung und gleichzeitig den mit Abstand höchsten HMF-Wert. Der wird sowohl im Most als auch nach entsprechender „Verdünnung" geruchlich auffällig sein. Auch die stumm geschwefelte Variante weist eine erwartet hohe HMF-Konzentration auf, doch liegt sie unterhalb der Wahrnehmungsschwelle.

KZE- und kaltsteril eingelagerte Süßreserve unterscheiden sich innerhalb von Messungenauigkeiten praktisch nicht. Beide Moste sind kaum gefärbt. Der Seitz-Böhi-Most liegt bei der Farbintensität erwartungsgemäß höher. Offensichtlich war eine enzymatische Restaktivität wirksam. Dafür wird dieser Most die höchste CO_2-Konzentration mitbringen und den Wein sogar etwas beleben. Letztlich richtet sich die Methode der Wahl nach den betrieblichen Möglichkeiten, vor

Tab. 46 Analysenvergleich von unterschiedlich behandelten Süßreserven (Christmann 2013)

	kaltsteril	Seitz-Böhi	entschwefelt	heiß eingelagert	KZE
Dichte (20/20)	1,0855	1,0855	1,0850	1,0847	1,0848
Zucker (g/l)	198	198	197	197	198
Ph	3,3	3,3	3,0	3,3	3,3
Gesamtsäure (g/l)	6,1	5,7	5,7	5,6	5,9
Weinsäure (g/l)	2,8	2,8	2,8	2,9	2,8
Alkohol (g/l)	0	0	0	0	0
freie SO_2 (mg/l)	40	10	65	5	36
gesamte SO_2 (mg/l)	140	62	175	33	131
Gesamtphenole (mg/l)	351	362	338	344	356
Farbe bei 420 nm	0,070	0,095	0,040	0,170	0,069
Farbe bei 520 nm	0,021	0,029	0,006	0,043	0,022
Farbintensität	0,91	1,24	0,46	2,13	0,91
Kaliumsulfat (mg/l)	276	261	291	299	265
HMF (mg/l)	5	4	32	137	4

allem der Arbeitsbelastung. Um dieser auszuweichen, kann Süßreserve auch von Dienstleistern hergestellt werden.

5.5.10 Süßreservezugabe

Mit der Süßung soll die gewünschte Stilistik erzielt und der Wein runder, angenehmer und bekömmlicher gemacht werden. Unabhängig von der Wein- und Mostanalytik sind sensorische Vorversuche mit mehreren Versuchsgliedern durchzuführen. Am einfachsten werden wieder Standzylinder mit jeweils 100 ml zu süßendem Wein gefüllt und jeweils steigenden Mengen Süßreserve vermischt. Die Verkostung ergibt die bevorzugte Süßreservemenge, die dem Wein zugegeben werden soll.

Beispiel:
980 l Wein mit 2 g/l Restzucker sollen gesüßt werden mit einer Süßreserve, die 184 g/l Zucker enthält;
die Versuchsglieder sollen 2, 4, 6, 8 und 10 g/l Zucker enthalten und durch Verkostung ausgewählt werden.

Die Verschnittmengen werden über das Cramersche Kreuz ermittelt: für z. B. 6 g/l Zucker würden dann 178 Teile Wein und 4 Teile Süßreserve benötigt; über Dreisatz errechnet sich die absolute Menge an Süßreserve, die einer bekannten Menge Wein zugegeben werden muss; im Beispiel sind dies 980/178 × 4 = 22 l Süßreserve;

Weinrechtlich ist der Mindestalkoholgehalt zu berücksichtigen. Er differiert nach Rebsorte und Anbaugebiet und darf nach der Süßung nicht unterschritten sein. Für weitere Beispiele siehe Weik (2012).

5.6 Die alkoholische Gärung

Die alkoholische Gärung ist bei der Weinherstellung die Umwandlung der vergärbaren Zucker in hauptsächlich Ethanol (Ethylalkohol, meist vereinfachend Alkohol genannt) und CO_2-Gas. Aus dem süßen Most entsteht ein qualitativ völlig anderes Produkt, der Wein. Die Gärung ist demnach eine der entscheidenden Einflussgrößen auf die Beschaffenheit und die Stilistik eines

Weines. Das bereits mehrfach erwähnte Sortenbukett, modifiziert durch enzymatische Reaktionen wie der Umwandlung von Aromavorstufen, wird ergänzt um das Gärbukett. Zusammen werden sie im Laufe der Zeit überlagert durch Reaktionsaromen, das Reife- und Lagerbukett.

Für die alkoholische Gärung von Wein oder Bier zeichnet sich hauptsächlich die Gattung *Saccharomyces* mit den beiden nah verwandten Arten *cerevisiae* und *bayanus* verantwortlich. Aus diesen beiden Arten wurde eine extreme Vielzahl von „Stämmen" gezüchtet, die als Reinzuchthefe getrocknet oder in flüssiger Form angeboten werden und mit individuellen Gäreigenschaften Produktvariationen erzeugen können. Die Weinhefen sind Einzeller, die sich bei guten Milieubedingungen durch Sprossung fortpflanzen. Voraussetzungen dafür sind die Anwesenheit einer verwertbaren Kohlenstoffquelle wie Glukose, Fruktose oder Saccharose und ausreichend Nährstoffe wie Ammonium- oder Sulfationen. Diese nehmen sie z. T. mit aktivem Stofftransport durch die Zellwand auf. Vor allem Sauerstoff ist für die Fortpflanzung zwingend erforderlich. Dann produziert die Hefe unter aeroben Bedingungen eine große Menge an Biomasse, aber kaum Alkohol. Die Zuckermoleküle werden vollständig „veratmet" zu CO_2 und Wasser, aus einem großen C6-Körper (Glukose) entstehen C1-Körper (CO_2) und Wasser. Die Energieausbeute liegt je Molekül umgewandeltem Zucker bei 38 ATP, diese nutzt die Hefe zur Herstellung von Biomasse. Alle nicht mehr benötigten Stoffwechselprodukte werden wiederum aktiv oder durch Konzentrationsgefälle über die Zellwand entsorgt.

Das Medium Traubenmost ist nur zu Beginn der Gärung für die Sprossung geeignet. Die Hefe hat den im Most gelösten Sauerstoff nach etwa ½ Stunde aufgenommen. *Saccharomyces cerevisiae* ist ein fakultativer Anaerobier, der sich auch ohne Sauerstoff noch einige Mal (im Most 5–7-mal) vermehren kann und dazu wohl mosteigene Elektronenakzeptoren benutzt. Danach, wenn etwa ⅓ des Zuckers verbraucht ist (Specht 2010), endet die Biomasseproduktion vollständig und die Hefe schaltet komplett auf ihr Notprogramm, „anaerobes Überleben", um. Nun produziert sie zur Energiegewinnung Alkohol und einige spezifische Nebenprodukte. Ethanol ist für die Hefe ein Zellgift und muss unmittelbar an das umgebende Medium abgegeben werden. Die „Veratmung" (Oxidation) des Zuckers bleibt unter anaeroben Bedingungen unvollständig, sie endet bei einem C2-Körper. Entsprechend sinkt die Energieausbeute bei diesem neuen Stoffwechselweg auf 2 ATP/Molekül Glukose oder Fruktose ab. Die alkoholische Gärung lässt sich summarisch durch folgende „Netto-Reaktionsgleichung" beschreiben:

Glukose + 2 ADP +2 P reagieren zu 2 Ethanol + 2 Kohlenstoffdioxid + 2 ATP + 25 kcal

Theoretisch müssten aus einem Molekül Glukose 92 g Ethanol und 88 g CO_2 entstehen. Diese theoretische Ausbeute von 51 % wird aufgrund der Nebenproduktbildung und wegen Alkoholverlusten nicht erreicht. In der Praxis liegen die Ausbeuten zwischen 45 und 48 %, abhängig u. a. von der Gärtemperatur, dem Nährstoffangebot, Trubgehalt im Most und vom Hefestamm mit seiner individuellen Nebenproduktbildung.

Abb. 135 zeigt die prinzipiellen Stoffwechselvorgänge der Weinhefe und die ungefähren Erträge je Mol Zucker bei der anaeroben Umwandlung. Details zu den biochemischen Vorgängen finden sich bei Dittrich und Großmann (2010).

Um die Gärung vollständig durchführen zu können, ist die Hefe auf Nährstoffe wie Ammonium, Sulfat oder Thiamin angewiesen. Diese Stoffe sind im Normalfall in ausreichender Menge im Most vorhanden. Als Zusatzstoff sind sie dennoch weinrechtlich erlaubt (VO 606/2009ff) und unter Stressbedingungen zu empfehlen. Derartige Bedingungen sind z. B. gegeben bei Trockenhefen generell, die beim Trocknungsprozess besonders beansprucht werden, aber auch bei faulem Lesegut, nach einer Mostpasteurisation oder einer extrem scharfen Mostklärung. Gärungshauptprodukte sind Kohlenstoffdioxid und Ethanol. Zahlreiche Stoffwechselnebenprodukte werden in kleinen Mengen gebildet (Ester, höhere Alkohole, Aldehyde, Methanol usw.) und in das Medium abgegeben. Je nach Geschmacksschwellenwert können sie sensorisch deutlich wahrnehmbar werden, in Summe bilden sie das Gärbukett. Ein Sonderfall

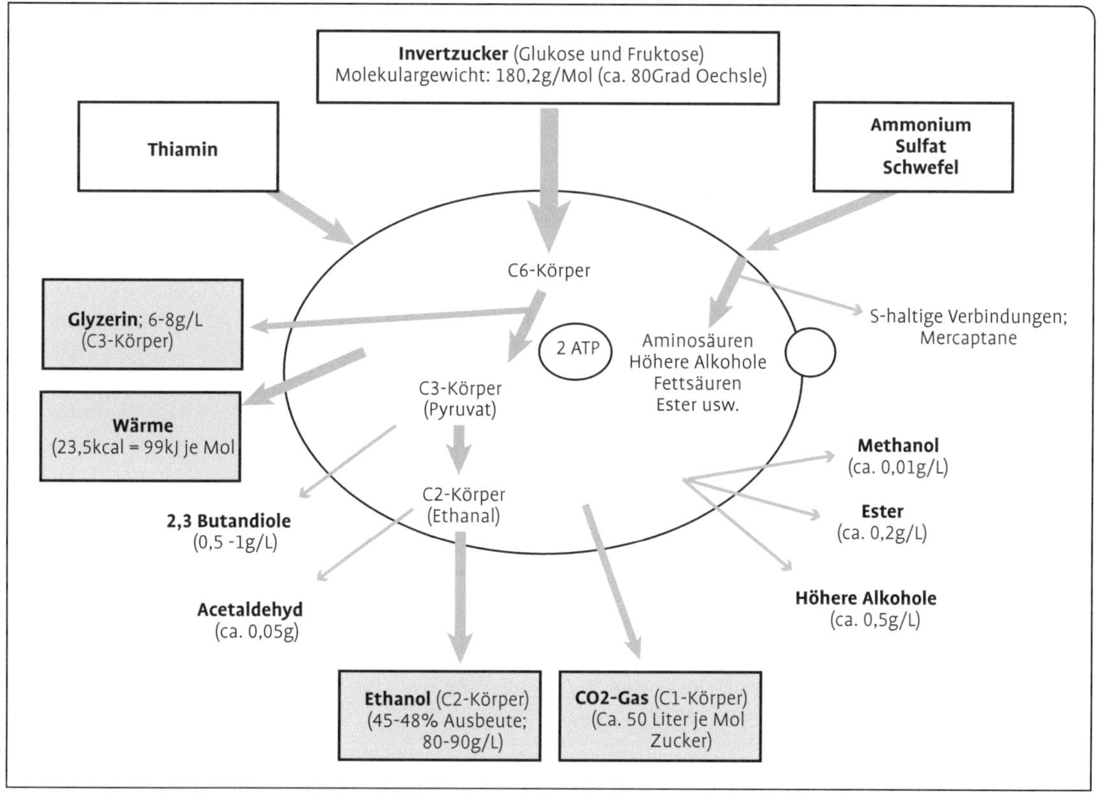

Abb. 135 Stoffwechsel-Leistungen der Weinhefe bei der alkoholischen Gärung.

ist Glyzerin, das auch in relevanten Mengen produziert werden kann und für Extrakt und Fülle verantwortlich ist.

Verfahrenstechnisch spielt die frei werdende Gärungswärme eine wichtige Rolle. Die Energie muss mindestens z. T. abgeführt werden, weil die Hefe nur innerhalb eines bestimmten Temperaturbereichs optimal arbeiten kann.

Die alkoholische Gärung zur Herstellung von Wein ist ein komplexer biochemischer Prozess mit einer Fülle von Parametern, die ihn beeinflussen. Zahlreiche kellerwirtschaftliche Maßnahmen sind darüber hinaus in der Lage, die Stoffwechselleistung der Hefe zu beeinflussen. Die wesentlichen Einflussgrößen des Önologen auf das Gärergebnis sind folgende:

- die Grundsatzentscheidung: Reinzuchthefegärung oder Spontangärung,
- ggf. die Auswahl des Reinzuchthefestammes mit zugesicherten Eigenschaften,
- der Grad der Mostklärung,
- die Maische- oder Mostschwefelung,
- die Verwendung von Gärhilfsmitteln,
- oxidative oder reduktive Situation im Most,
- die Gärtemperatur bzw. die Gärführung,
- Zeitpunkt der Tank-Beifüllung, des Hefeabstichs bzw. der Weinklärung).

5.6.1 Reinzuchthefegärung oder Spontangärung

Die Spontangärung nützt die Tatsache, dass Beeren mit einem großen Spektrum Hefen infiziert sind. Darunter gehören auch zu einem Anteil von meist unter 1 % Weinhefen der Gattung *Saccharomyces*. Die übrigen sind „wilde“ Hefen mit einem eigenen Stoffwechsel, vor allem Apiculatus-Hefen, zudem *Hanseniaspora uvarum*, Arten der Gattung *Candida* bzw. *Metschnikowia* und *Torulaspora delbrueckii*. Praktisch alle sind sie schwach gärend. Sie leiten aufgrund ihrer Menge die Gärung meist ein, um im weiteren Verlauf in den Hintergrund zu treten. Die absoluten Zellzahlen streuen sehr stark. Keimzahlbestimmungen in Frankreich ergaben 4,3 Mio. Keime/g Beerengewicht, Angaben aus Österreich schwankten zwischen 0,03 und 1,2 Mio./g (Dittrich und Großmann 2010). Maischestandzeiten führen zu explosionsartigen Vermehrungen, verstärkt während des Pressvorgangs. In warmen Maischen kann die Gärung innerhalb wenigen Stunden beginnen. Faule Beeren sind noch stärker verkeimt als gesunde. Dort finden sich auch hohe Bakterienkonzentrationen. Essigsäurebakterien können im Bereich von 10 000–100 000 Kolonien bildende Einheiten (CFU)/ml liegen, Milchsäurebakterien zwischen 1000 und 10 000.

Tab. 47 zeigt die Belastung von Mosten mit unterschiedlichen Hefen und ihre Veränderungen in Abhängigkeit von der Mostklärung. Allein die Maischestandzeit erhöhte die Gesamtkeimzahl, abhängig von der Temperatur, um mehr als das 5fache. Überproportional hoch war die Zunahme bei *Saccharomyces*. Extrem keimzahlreduzierend wirken sich die Klärmaßnahmen aus.

Besonders die Filtration hinterlässt nur noch eine vergleichsweise niedrige Menge Kolonien bildenden Mikroorganismen (siehe dazu auch Abb. 125). Je nach Behandlung von Maische oder Most steht eine extrem unterschiedliche Startzellzahl zur Verfügung. Diese vergrößert sich durch die Vermehrung bis zum Beginn der Hauptgärung. Das ist der Zeitpunkt, zu dem die Zuckerabnahme etwa 10 °Oe beträgt. Dann findet verstärkt die alkoholische Gärung statt, die Biomasseproduktion wird geringer. In ungeschwefelten Weinen können zuletzt bis 200 Mil. Hefezellen/ml (200×10^6)gefunden werden, in geschwefelten liegt der Wert mit 40–80 Mil. ($40–80 \times 10^6$) weniger als halb so hoch (Dittrich und Großmann 2010). Specht (2010) hält eine Zellzahl von $120–150 \times 10^6$ für optimal. Entsprechend der Zellzahlen ist anschließend die Menge der zu verarbeitenden Biomasse, die als Sediment am Tankboden noch große Mengen an Wein enthält (siehe Kap. 5.10).

5.6.1.1 Die Spontangärung

Bis in die 60er-Jahre des letzten Jahrhunderts wurden die meisten Weine spontan vergoren. Danach kamen aus Sicherheitsgründen immer häufiger Flüssighefen von Hefestationen der Versuchs- und Lehranstalten, in Deutschland z. B. von Geisenheim, Weinsberg, Freiburg, Neustadt

Tab. 47 Keimzahlen/ml in frischem Most nach verschiedenen Klärungsarten. Mittelwerte aus 12 Kellereien des Trentin (Cavazza und Zini 1996)

Stelle der Probenahme	*Sacch. cerev.*	*Hanseniaspora uvarum*	*Candida stellata*	*Torulaspora delbr.*	Essigsre.-Bakt.	Milchsre.-Bakt.	andere	gesamt
Vorlaufsaft ohne Maischestandzeit	378 928	633 040	270 192	61 333	201 591	40 000	117 052	1 238 796
Vorlaufsaft nach Maischestandzeit	4 998 000		3 692 846	325 714	121 350	25 000	179 318	6 898 533
nach Sedimentation	116 536	62 045	91 300	50 000	43 909	2 000	42 000	245 833
nach Zentrifuge								275 500
nach Flotation								340 960
nach Drehfilter								129 853

an der Weinstraße oder Veitshöchheim zum Einsatz. Mitte der 70er waren schließlich die ersten Trockenhefen im Angebot. Deren einfache Anwendung hat den Siegeszug der Reinzuchthefe vervollständigt. Nicht zuletzt ein überreifer Jahrgang wie 1976 mit extrem starkem Botrytisbefall und hohen Mengen an flüchtigen Säuren nach einer Spontangärung hat viele Kellerwirte zum Umdenken bewogen.

Inzwischen wird die Spontangärung von zahlreichen Weinerzeugern wieder als interessante Variante eingesetzt. Insbesondere bei qualitativ hochwertigen Weißweinen erlebt sie zurzeit eine Renaissance. Der Wunsch zur Differenzierung des Sortimentes und die Suche nach dem Außergewöhnlichen sind dafür ein wesentlicher Grund. Unstrittig ist, dass die Spontangärung andere Weine hervorbringt als die Vergärung mit Reinzuchthefen. Sie gelten als „komplexer", besitzen mehr „Spiel", mehr „Ausdruck" und mehr „Gehalt". Die Gehalte an höheren Alkoholen, Aldehyden oder Estern können bei der Spontangärung deutlich andere Sinneseindrücke hinterlassen. Solange dieser Weinstil von den Kunden honoriert wird, ist der Weg richtig. Die klassische Spontangärung ist nicht definiert, sondern impliziert eine Vielzahl unbekannter und variabler Hefestämme, die die Berechenbarkeit und Reproduzierbarkeit der Ergebnisse infrage stellen. Sie ist nach Schneider (2010) weder eine Möglichkeit der Kosteneinsparung noch eine Garantie für Qualität. Dittrich (1977) hat sie als anfängliche Fehlgärung gesehen. Spontangärungen sind ungleich aufwendiger in der Durchführung und Überwachung, nicht alle gelingen und das Risiko, die teure Rohware zu verderben, ist erheblich. Damit verbunden sind Chancen und Risiken, die jeder Verantwortliche für sich abwägen muss.

Da zum Zeitpunkt der Lese die Beeren hauptsächlich von Kahmhefen und Apiculatushefen besiedelt sind, übernehmen diese den Gärstart. Die Zeitdifferenz, bis *Saccharomyces* die Gärung übernommen hat, ist entscheidend für Erfolg oder Misserfolg. Gerhards et al. (2012) fanden bei ihren Untersuchungen nur selten Saccharomyces-Arten auf den Beeren. Untersuchungen von Schneider (2007) mit Spontangärungen von unter sterilen Bedingungen verarbeiteten Trauben aus 14 Parzellen ergaben in nur zwei Fällen einen durchgegorenen Wein. Die Hälfte der Gäransätze behielt über 100 g/l Restzucker. Die beschränkte Gärfähigkeit der Hefeflora vom Weinberg benötigt nach diesen Ergebnissen eine Kontamination durch die kellerspezifische Hefeflora. Damit relativiert sich die Rolle der Spontangärung. Sie ist praktisch eine Kellerflora-Gärung, diese besitzt den entscheidenden Einfluss (v. Wallbrunn und Gerhards 2010). Ohne gärstarke Saccharomyces-Arten drohen eine schleppende Gärung mit hohem Restzucker, flüchtigen Säuren, übermäßigem Ethylacetat, erhöhter Gesamt-SO_2 oder Böckser.

Ethylacetat ist ein prägnantes Beispiel für die ambivalente Wirkung einer Spontangärung: wird der Geruchsschwellenwert von etwa 12 mg/l nur knapp überschritten, tritt die Substanz als fruchtige Note in Erscheinung. Steigt die Konzentration an, entsteht der unerwünschte Lösungsmittelton (siehe dazu Tab. 48). Der exorbitante Anstieg durch die Aktivität „wilder" Hefen führt verständlicherweise zu sensorisch abgelehnten Weinen. Die „echte" Weinhefe bildet bei allen untersuchten Substanzen die niedrigste Konzentration. Kritiker der gelenkten Gärung vermissen gerade deshalb Fülle und Spiel in Weinen aus der Reinzuchthefegärung, die ihrer Ansicht nach zur Uniformität neigen. Gerhards et al. (2012) konnten in umfangreichen Versuchen spontan vergorene Weine von solchen aus Reinzuchthefegärungen in zwei Hauptclustern abgrenzen. So wurden Schwefel-Komponenten wie H_2S und Ethanthiol ausschließlich in den Spontangärungsvarianten metabolisiert.

Die Fachleute der Hochschulen und Lehranstalten stehen der Spontangärung tendenziell kritisch gegenüber und betonen die Voraussetzungen und Rahmenbedingungen für ein Gelingen (z. B. Fischer 2005; Miltenberger et al. 2006; Rosch 2011; Eder et al. 2010 und 2010a; Schmidt und Funk 2008). Deren Empfehlungen für vollständiges Durchgären und die Ausbildung einer Aromatik im qualitativ akzeptierten Rahmen, lassen sich folgendermaßen zusammenfassen:

- gesundes Lesegut ohne Befall durch Botrytis oder andere Schimmelpilze; Selektion im Weinberg; möglichst niedriger pH-Wert,

Tab. 48 Bildung von Ethylacetat und höhere Alkohole in Most durch „wilde“ Hefen und ihre Mischungen im Vergleich zu *Saccharomyces cerevisiae* (Dittrich und Großmann 2010)

	S. cerevisiae	Cand. krusei	Metschnikowia pulcherrima	Kloeckera	Hansenula	2 % S. cerevisiae 8 % Metschnikowia 90 % Hansenula	2 % S. cerevisiae 30 % Metschnikowia 30 % Kloeckera 8 % Hansenula	2 % S. cerevisiae 40 % Metschnikowia 50 % Kloeckera 8 % Hansenula	2 % S. cerevisiae 8 % Kloeckera 90 % Hansenula	2 % S. cerevisiae 90 % Kloeckera 8 % Metschnikoiwia	2 % S. cerevisiae 8 % Kloeckera 90 % Hansenula	10 % S. cerevisiae 30 % Kloeckera 30 % Hansenula 30 % Metschnikowia
Ethylacetat	14	971	6540	6123	440	2606	4421	6852	69	2038	301	1405
Methanol	40	43	43	38	42	46	39	47	51	46	53	46
Propanol	2	10	31	16	24	15	16	23	13	19	16	16
i-Butanol	13	59	174	32	15	17	27	41	18	27	13	16
2-MeBuOH	12	29	34	16	17	70	20	20	20	18	15	16
3-MeBuOH	42	87	124	34	58	43	44	60	46	38	62	51

- penible Hygiene im Keller (v. Wallbrunn und Gerhards 2010),
- frühzeitige Mostschwefelung (Fischer 2005); z. B. mit 50–75 mg/l SO_2 (Miltenberg et al. 2006),
- Vorklärung, aber nicht zu weitgehend,
- Einsatz von Gärhilfsmitteln,
- höhere Gärtemperatur als bei Reinzuchthefegärung (Fischer 2005; Miltenberger et al. 2006),
- permanente Gärkontrolle; bei Gefahr mit gärstarker Reinzuchthefe eingreifen,
- nicht für Rotweinmaische, nicht für trockene Weine; nur Teilmengen der Ernte spontan vergären (Möglichkeit des Rückverschnitts).

Unabhängig von diesen kellerwirtschaftlichen Empfehlungen gibt es inzwischen Möglichkeiten, die positiven Auswirkungen einer Spontangärung zu verknüpfen mit der Produktionssicherheit der Reinzuchthefegärung. Die Stichworte dazu lauten „kontrollierte“ Spontangärung durch „geführte“, „imitierte“ oder „virtuelle“ spontane Gärführung (Rosch 2011; Eder et al. 2010; Schmidt und Funk 2008). Eine gestaffelte Zugabe von Wildhefen und anschließender Beimpfung mit echten Weinhefen vereint die Vorteile der spontanen alkoholischen Gärung mit ihrer erhöhten Komplexität der Weine und einer sicheren Endvergärung sowie fehlerfreier Aromatik. Verwendet werden selektierte Reinzucht-Wildhefen, die sensorisch als positiv empfundene Stoffwechselprodukte bilden.

Weitere das Risiko mindernde Varianten sind die teilweise Spontangärung durch Zugabe eines bereits gärenden Most, die spätere Beimpfung mit einer gärkräftigen Reinzuchthefe oder die kontrollierte Spontangärung durch Einsatz kommerzieller, aus Spontangärungen selektionierter Hefen. Die Hersteller von Reinzuchthefen haben ihre Angebotspalette bereits entsprechend erweitert und bieten verschiedene Wildhefen oder Mischungen mit Saccharomyces an.

5.6.1.2 Die Reinzuchthefegärung

Die Zugabe von Reinzuchthefe zum Most bringt die eigentliche Weinhefe vom ersten Moment in eine dominierende Position. Wilde Hefen werden unterdrückt, bevor sie ihre spezifischen Stoffwechselprodukte in nennenswerter Menge bilden können. Reinzuchthefe kann flüssig bezogen werden oder als Trockenhefe. Im ersten Fall muss stufenweise und unter sterilen Bedingungen vermehrt werden. Der erste Schritt ist die Angärung der Originalkultur im 10–20fachen Volumen eines sterilen Mostes bei etwa 20 °C. Hat sich diese Stellhefe nach 2–4 Tagen entsprechend vermehrt, folgt der 2. Schritt, danach der 3. Der zu vergärende Most wird schließlich mit 3–5 % (bei faulem Lesegut 10 %) Stellhefe vermischt.

Der hohe Vermehrungsaufwand von Flüssighefe unter sterilen Bedingungen hat die Verbreitung von Trockenreinzuchthefen stark gefördert. Die Dosage bei gesundem Lesegut wird mit 10–25 g/hl angegeben, um etwa 10^6 Zellen/ml einzubringen. Je 10 % Fäulnisgrad ist eine Erhöhung der zugegeben Menge um 2 g/hl zu empfehlen. Trockenhefen werden im industriellen Maßstab in Fermentern aerob gezüchtet, mittels Separatoren von der Würze getrennt, gewaschen und bis auf wenige Prozent Restfeuchte schonend getrocknet (TS = 94–96 %; Großmann 2012). Dabei sinkt der Vitamingehalt der Hefe. Der Thiaminverlust liegt in der Größenordnung von 23 %, der von Riboflavin bei 17 (König et al. 2009). Vor dem Einsatz sind die Zellen zu hydratisieren. Das geschieht am besten zunächst in Wasser von 30–37 °C, anschließend in einem Wasser-Mostgemisch bei 20°. Die erste Stufe sorgt für die eigentliche Rehydratation, die zweite für die Anpassung an die kommende osmotische Belastung bei niedriger Temperatur. Nach spätestens 1 Stunde sollte die Hefe eingesetzt werden. Die Rehydratation ist die kritische Phase für die Hefe. Die Wasseraufnahme erfolgt durch die getrocknete und teilgeschädigte Cytoplasmamembran unkontrolliert und kann Schadstoffe mit einschleusen. Zur Stabilisierung der Membran gegen den osmotischen Schock werden dem Hefepräparat auch Sterole und ungesättigte Fettsäuren beigemischt (Specht 2010). Ein gewisser Vitalitätsverlust muss trotzdem in Kauf genommen werden. In der Zwischenzeit sind auch Hefestämme am Markt, die ohne vorherige Hydratation dem Most direkt zugegeben werden können.

Reinzuchthefen werden üblicherweise Spontangärungen entnommen, wenn diese sich in der stürmischen Phase befindet. Danach kommen mikrobiologische Standardtechniken und Labortechniken zur Anwendung, mithilfe derer die Eigenschaften des Stammes ermittelt werden (siehe dazu Dittrich und Großmann 2010 oder Divol und Bauer 2010).

In der Vergangenheit wurden besondere technologische Eigenschaften der Stämme gesucht: z. B. Alkoholtoleranz, Gärgeschwindigkeit, Temperaturspektrum, geringe Bildung von schwefliger Säure oder Azetaldehyd. Insbesondere bei den letzten beiden unerwünschten Substanzen können die Unterschiede beträchtlich sein. Jakob et al. (1997) berichten über Spannen von 10–100 mg/l Azetaldehyd bzw. nahe 0–150 mg/l SO_2. In den letzten Jahren sind verstärkt sensorische Eigenschaften in den Mittelpunkt gerückt, das hat zu „Designerhefen“ oder „funktionellen“ Hefen mit sehr spezifischen Eigenschaften geführt. Reinzuchthefen sind inzwischen ein Werkzeug des Önologen für die Differenzierung seiner Weine. Der Hefemarkt mit mehreren Hundert Stämmen ist fast unüberschaubar geworden (firmenunabhängige Informationen über die Stammeseigenschaften siehe Weik, 2012 bzw. die Hefedatenbank der Hochschule Geisenheim: www.geisenheimer-hefefinder.de).

Die Zugabe von Trockenreinzuchthefe in empfohlener Menge (10–25 g/100 l je nach Stamm und Hersteller) führt zu einer Startzellzahl von $1–10 \times 10^6$, die sich in Abhängigkeit von Temperatur und Nährstoffangebot nach einer lag-Phase (Eingewöhnungsphase) rasch erhöht. Höhere Einsaaten verkürzen die Gärung insgesamt, vor allem aber die Zeit, während der fremde Mikroorganismen noch aktiv sein können. Nach etwa 2 Tagen und 5–7 Vermehrungen erreicht die Zellzahl ihr Maximum mit $60–80 \times 10^6$ Kolonien, wenn die Startmenge im unteren empfohlenen Bereich lag. Specht (2010) bevorzugt für die sichere Gärung maximale Zellzahlen von $120–150 \times 10^6$. Bei einer Einsaat von 5×10^6 (25 g Trockenhefe/100 l Most) sind dazu 5 Vermehrungsschritte nötig, die jede zwischen 4 und 8 Stunden dauert. Im Anschluss an diese Vermehrungsphase tritt die Hefe in die stationäre Phase ohne weitere Sprossung ein. Dies ist die stürmische Gärphase, die Phase der Hauptalkoholbildung und des raschen Zuckerabbaus. Gegen Ende der Gärung sind je nach Stamm aufgrund der Stressbedingungen (Alkohol, Azetaldehyd, Nährstoffmangel, anaerober Dauerzustand) nur noch 40–70 % der Zellen aktiv.

Der Einsatz von Reinzuchthefen führt im Idealfall zu einer Gäraromatik, die allein durch den Stoffwechsel der Hefe geprägt ist. Andere Mikroorganismen haben keine Möglichkeit bekommen, aktiv zu werden. Die gängige Einsatzform der Reinzuchthefe ist die Ein-Stamm-Kultur von *Saccharomyces cerevisiae*. Verschiedene Stämme

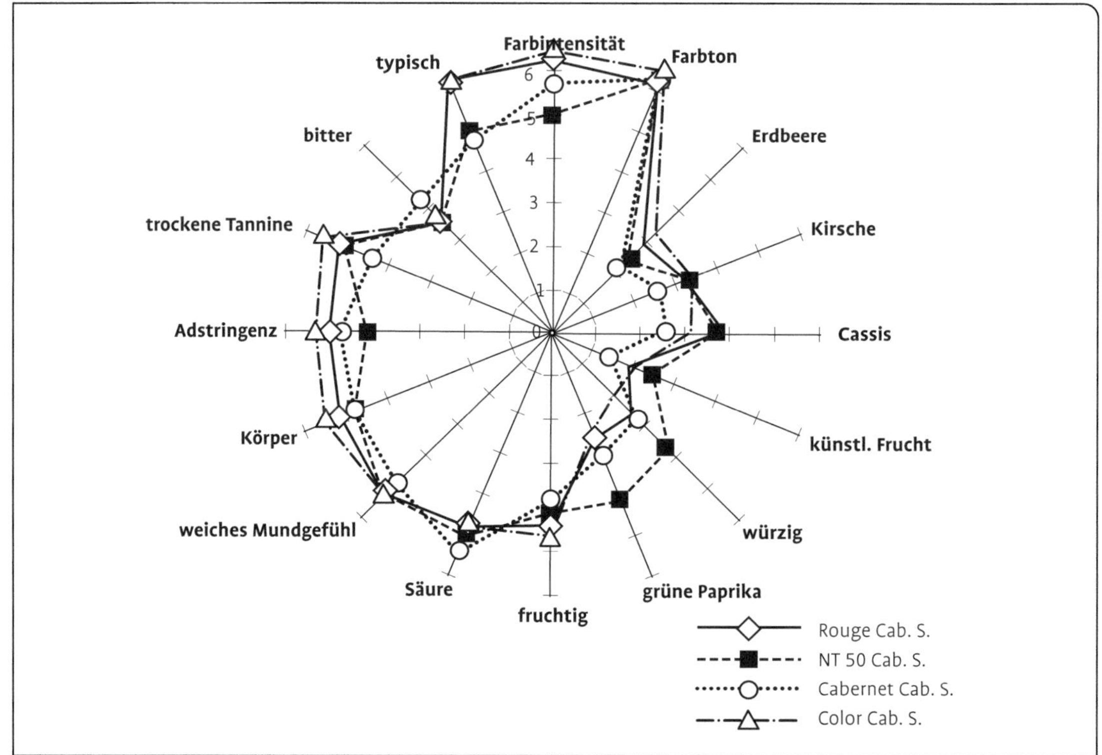

Abb. 136 Merkmalsausprägungen nach der parallelen Vergärung eines Rotweins mit vier verschiedenen Hefestämmen (Ganß und Fischer 2012).

produzieren mehr oder weniger dieselben Substanzen. Unterschiede liegen in den Mengen, da einzelne Stoffwechselwege entsprechend des genetischen Codes mehr oder weniger stark ausgeprägt sein können. Sensorische Ausprägungen sind aber immer auch eine Funktion der Rahmenbedingungen im Milieu Most. Die kellerwirtschaftlichen Maßnahmen müssen darauf ausgerichtet sein, der Hefe eine stressfreie Gärung zu ermöglichen. In Mangelsituationen können unerwünschte Aromakomponenten freigesetzt werden.

Alle sensorisch interessanten Substanzen besitzen matrixbedingte Geruchs- und Geschmacksschwellenwerte. Dadurch hinterlassen unterschiedliche Stämme je nach Stoffwechsel unterscheidbare Aromaeindrücke. Abb. 136 vergleicht exemplarisch Merkmalsausprägungen von vier verschiedenen Trockenreinzuchthefen (Ganß und Fischer 2012).

Der Stamm mit der Bezeichnung NT50 zeichnet sich durch geringere Adstringenz im Wein aus, ebenso durch stärkere Ausprägungen der Merkmale „würzig“ oder „grüne Paprika“. Demgegenüber erzielte der Stamm Color eine höhere Farbintensität als die drei Vergleichspartner. Einzelne Eigenschaften von Stämmen werden entsprechend der Anforderungen gezielt gezüchtet.

Neben den beiden Varianten Spontangärung bzw. Reinzuchthefegärung finden sich in der Praxis inzwischen weitere Gärvarianten:

- geführte Spontangärung I: Hefen aus positiv gelaufenen Spontangärungen werden zu Impfhefen für frische Moste; Weiterbeimpfung von Tank zu Tank,
- geführte Spontangärung II (Pied de Cuve): gezielte frühe Lese von gesunden Trauben, Vergärung, bei positiver Bewertung ist das der Starterkulturtank; Auffüllen mit jeweils frischen Mosten,

- „optimierte“ Spontangärung: spontane Angärung, danach gezielte Beimpfung mit gärstarken Reinzuchthefen,
- imitierte Spontangärung durch zweistufige Beimpfung.

Die Methoden unterscheiden sich im Risiko des Gärstopps. Bei der reinen Spontangärung ist es am höchsten, je mehr Reinzuchthefen verwendet werden, desto geringer.

Abb. 137 zeigt ein Beispiel für den kombinierten Einsatz einer „wilden“ Hefe, *Torulaspora delbrueckii*, kombiniert zeitverschoben mit *Saccharomyces cerevisiae*, sowie die jeweiligen Handlungsanleitungen (Fa. Lallemand). Die gestaffelte Zugabe unterschiedlicher Reinkulturen ist ein Ansatz, die Vorteile von Stoffwechseleigenschaften der Spontangärungshefen mit denen der echten Weinhefe und deren technologischer Eigenschaften zu verknüpfen.

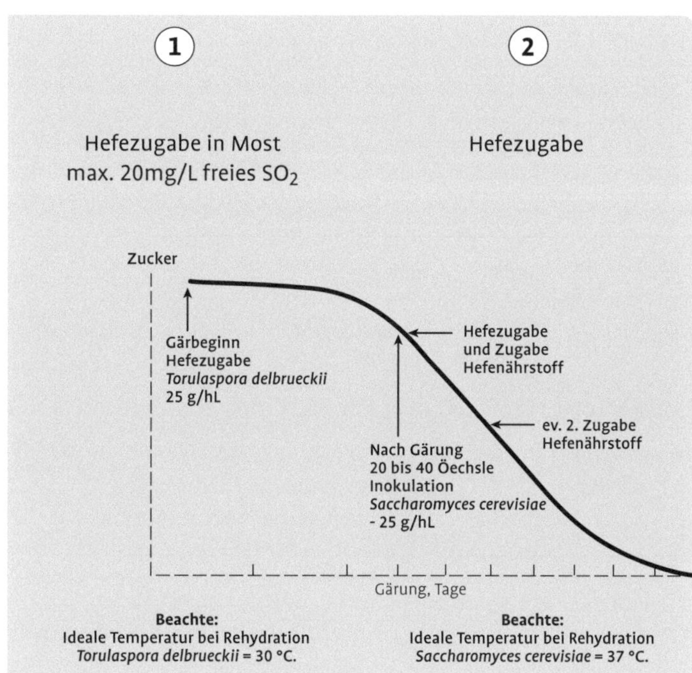

Abb. 137 Zweistufige Beimpfung von Most zur Erzeugung einer imitierten Spontangärung (Quelle: Fa. Lallemand).

5.6.2 Kriterien für die Auswahl eines Hefestammes

Um als Reinzuchthefe erfolgreich sein zu können, muss ein Stamm eine Vielzahl von Eigenschaften erfüllen:

- rasches Angären zur Unterdrückung der konkurrierenden Mikroorganismen, auch bei niedrigen Temperaturen,
- vollständiges Durchgären,
- hohe Toleranz gegen Chemikalien (Fungizidreste, SO_2),
- gute Sedimentation und Bildung eines kompakten Hefedepots,
- geringe Schaumbildung,
- geringe Bildung von flüchtigen Säuren,
- erhöhte Glyzerinbildung (dadurch weniger Alkoholbildung),
- geringe Bildung von H_2S, SO_2 oder Schwefel bindenden Substanzen (Azetaldehyd, Pyruvat, Ketoglutarsäure),
- hohe Temperaturtoleranz,
- genetische Stabilität,
- gute Hydratisierung bei Trockenhefen,
- geringer Nährstoffbedarf (Stickstoff, Thiamin),
- frei von apoptotischen Zellen; das sind Zellen, die sich selbst töten und zu Gärstockungen führen können; Nachweis möglich durch Fluoreszenz-Mikroskopie (Großmann et al. 2007),
- Killereigenschaft (Bildung spezifischer Proteine, die sensitive Hefestämme hemmen und abtöten; z. B. für Zweitbeimpfungen bei einer hängen gebliebenen Gärung),
- hohe Alkoholtoleranz,
- Förderung oder Hemmung von Milchsäurebakterien,
- farbschonende Vergärung von Rotwein,
- teilweiser Abbau von Äpfelsäure,
- selektive Produktion gewünschter Aromastoffe,
- geringe/hohe Gärintensität.

Die Zusammenstellung zeigt, dass kein Stamm alle Eigenschaften gleichzeitig erfüllen kann. In Kenntnis der Stammeseigenschaften müssen Kompromisse eingegangen werden. Verglei-

Tab. 49 Übersicht über Weinhefen (Ausschnitt; Quelle; Fa. Lallemand)

Hefestamm	Gärungs-dynamik	Nährstoff-bedarf	Alkohol-toleranz	Gärungs-temp.	weiß	rosé	rot	neutral	S-plus	Volumen	Ester	Balance	Killer Faktor
Cross Evolution	Moderat	Gering	15	14–20	•	•			•		•	•	aktiv
Enoferm AMH	Schwach	Mittel	15	20–30	•		•		•				sensitiv
Uvaferm 299	stark	mittel	16	18–30			•		•			•	sensitiv
Enoferm BGY	schwach	mittel-hoch	15	24–30			•		•	•		•	sensitiv
Uvaferm NEM	moderat	mittel	15	15–32			•		•	•			neutral
Enoferm M1	schwach	hoch	16	15–20	•	•					•		sensitiv
Enoferm M2	moderat	mittel-hoch	15	13–30	•	•	•	•			•		aktiv
Enoferm Semi White	schwach	mittel	14	15–30	•				•				sensitiv
Enoferm Syrah	moderat	mittel	16	15–32		•	•		•				aktiv
Enoferm T 306	moderat	mittel-hoch	14	15–30	•	•			•				aktiv
Enoferm RP15	moderat	mittel	17	20–30			•		•				aktiv
Lalvin Ba11	moderat	mittel-hoch	16	15–25	•	•			•	•	•		sensitiv
Lalvin W15	moderat	mittel-hoch	13	14–30	•		•		•	•		•	aktiv
Lalvin BM 4×4	moderat	mittel-hoch	16	16–28	•		•		•	•		•	aktiv

chende Hefeuntersuchungen werden von den Lehr- und Forschungsanstalten regelmäßig durchgeführt (z. B. Köhler et al. 2009 und 2010). In der Summe liefern die am Markt angebotenen Stämme zufriedenstellende Ergebnisse. Sortenspezifität, Alkohol- oder Restzuckergehalt können durch eine gezielte Auswahl optimiert werden.

Tab. 49 zeigt beispielhaft, wie Hersteller von Trockenreinzuchthefen die Fähigkeiten ihrer Stämme differenzieren können. Eine schwache Gäraktivität lässt eine langsamere Gärung erwarten mit verringertem Kühlbedarf. Hefen für die Maischegärung sollten höhere Gärtemperaturen verkraften, möglichst auch höhere Alkoholmengen. Ein hoher Nährstoffbedarf macht entsprechende Zugaben erforderlich.

Spezialhefen

Forschung und Entwicklung beschäftigen sich u. a. mit der Züchtung von Hefen mit speziellen Eigenschaften. Erwähnt wurde bereits der Direkt-Einsatz von Trockenhefen ohne Rehydratation. Eine Zugabe in den Tank kann mittels direkt angeschlossener Pumpe erfolgen, die die Hefe aus einem Trichter in der Saugleitung holt (In-Line Ready Technologie von Oenobrands). Setzt sich diese neuere Entwicklung durch, kann die Arbeit im Keller deutlich entlastet werden.

Ein Dauerbrenner im Keller sind Gärstockungen. Oft bleibt die Hefe bei 10–30 g/l Restzucker stecken. Vielfach ist dann die Glukose weitgehend vergoren, der Restzucker besteht hauptsächlich aus Fruktose. Bei einem Glukose/Fruktose-Verhältnis von kleiner als 0,1 kann der

Stoffwechsel der Weinhefe inaktiv werden. Eine Erhöhung des Verhältnisses durch selektiven Fruktoseabbau vermag ihn wieder zu aktivieren. Die Vergärung der Fruktose ist mit fruktophilen Weinhefen möglich, die nachträglich zugegeben wird. Die Endvergärung kann durch sie oder durch die reaktivierte ursprüngliche Hefe erfolgen (z. B. fruktophile Weinhefe Fa. Lallemand).

5.6.3 Zusatz von Gärhilfsmitteln

Die Notwendigkeit, Gärhilfsmittel zuzugeben, hat sich erst im Laufe der Zeit ergeben. Hoch gezüchtete Hefestämme und schwieriger gewordene Rahmenbedingungen haben der Nährstoffversorgung der Hefe inzwischen einen hohen Stellenwert eingeräumt. Insbesondere die Stickstoff-, Schwefel- und Vitamin-B1-Versorgung steht im Focus. In der VO 606/2009ff. sind folgende Nähr- und Zusatzstoffe aufgeführt:

- Zusatz von Diammoniumphosphat (DAP) oder Ammoniumsulfat; Verwendung bis zu einem Grenzwert von 1 g/l (ausgedrückt als Salze),
- Zusatz von Ammoniumbisulfit NH_4HSO_3 (Ammoniumhydrogensulfit); Verwendung bis zu einem Grenzwert von 0,2 g/l (ausgedrückt als Salz),
- Zusatz von Thiaminium-Dichlorhydrat (Vitamin B1); Verwendung bis zu einem Grenzwert von 0,6 mg/l (ausgedrückt als Thiaminium),
- Verwendung von Heferindenzubereitungen bis zu einem Grenzwert von 40 g/100 l.

Nährstoffmangel setzt die Hefe generell unter Stress und wirkt sich auf die Endvergärung aus, aber auch auf die Bildung von Aromastoffen bzw. Böcksern (Fröhlich 2012). Hefeverfügbarer Stickstoff ist erforderlich für die Eiweißproduktion bzw. für die Synthese höherer Alkohole (Schneider 2010). Ein sinnvoller Einsatz von Hefenährstoffen zur Förderung der Gäraktivität ist nach Erfahrungen von Miltenberger et al. (2001und 2007) besonders angeraten bei nährstoffarmen Rebsorten (z. B. Kerner, Bacchus, Riesling), bei vorgeschädigtem Lesegut (frühzeitige Lese, pilzbefallene Trauben), bei extremer Vorklärung, hohen Zuckergehalten (über 100 °Oe), niedrigen Gärtemperaturen und bedürftigen Hefestämmen. Ist die Hefe ausreichend

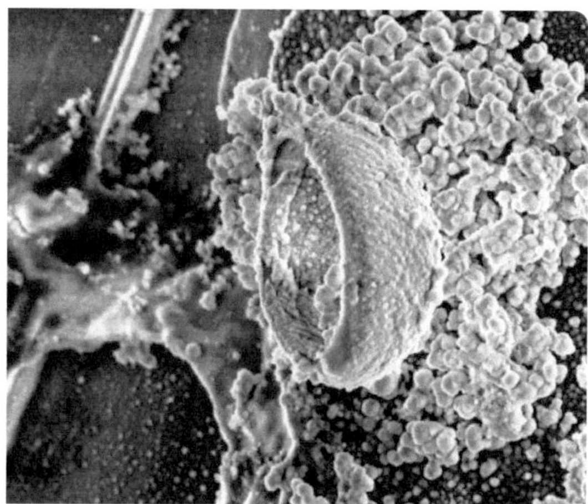

Abb. 138 Elektronenmikroskopische Aufnahme einer aufgeschlossenen, inaktiven Hefe, wie sie in Heferindenpräparaten vorkommt (Quelle: Fa. Erbslöh).

versorgt, wird zugesetztes Diammoniumphosphat nicht benutzt (Amann und Zimmermann 2009), u. U. kann es zu Phosphattrübungen kommen. Zur optimalen Versorgung der Hefe, nicht zuletzt für eine günstige Schwefelbilanz, können zusätzliche Gaben von Vitaminen, Aminosäuren, Mineralstoffen und Lipiden erforderlich sein. Diese Stoffe sind nicht zugelassen. Sie können der Hefe aber indirekt durch Heferindenpräparate zur Verfügung gestellt werden. Abb. 138 zeigt die elektronenmikroskopische Aufnahme einer aufgeschlossenen, inaktiven Hefezelle mit den verfügbaren Nährstoffen in der Heferinde, den granulären Zellproteinen und dem mineralreichen Zytoplasma (Fröhlich 2012).

Jung et al. (2006) fanden bei umfangreichen Versuchen den Einsatz von Gärhilfsmitteln generell als nützlich, insbesondere für den Endvergärungsgrad. Als Handelsware sind vielfach Kombipräparate erhältlich, die die zulässigen Gärhilfsmittel in unterschiedlichen Zusammensetzungen enthalten. Die Zugaben erfolgen je nach Präparat vor, während oder erst zum Ende der Gärung. Eine Erweiterung des Einsatzgebietes von Heferindenpräparaten ist die Einbringung von Kupfer-Ionen. Kupfer ist ebenfalls ein zugelassenes Behandlungsmittel, das zur Beseitigung von schwefelhaltigen Verbindungen und Böcksern eingesetzt wird und sie u. a. als Kupfersulfid bindet. Nach einer Reaktionszeit von höchstens 5 Tagen muss das Heferindenpräparat mitsamt dem immobilisierten Kupfer abfiltriert werden (Produkt Reduless der Fa. Lallemand).

Um der Hefe den Dauerstress der Anaerobiose zu ersparen, empfiehlt Schneider (2005) die gezielte Belüftung des Mostes im zweiten Viertel der Gärung. Er hält diese Maßnahme für zielführender als die Zugabe von Nährsalzen. Sommer (2011) nennt Werte von 5–10 mg/l O_2 am Ende der exponentiellen Wachstumsphase als am Effektivsten. Der Sauerstoff wird zur Synthese von Sterolen und ungesättigten Fettsäuren benötigt, die wichtige Bestandteile der Membran sind. Ein Nebeneffekt des Sauerstoffs ist die erhöhte Bildung von Biomasse auf Kosten von Ethanol. Auch Specht (2010) hält eine gestaffelte Zugabe von 4–6 mg Sauerstoff/l Most über Fritten zu Beginn und gegen Ende des Zellwachstums für empfehlenswert. Dadurch scheint sich vor allem die Vitalität der Hefe in der ausklingenden Gärung zu verbessern und sie kann den Zucker vollständig verwerten.

Ammoniumbisulfit bzw. Ammoniumhydrogensulfit fördert über den Stickstoffgehalt das Hefewachstum, führt aber gleichzeitig SO_2 zu. Eine wässrige Lösung mit z. B. 960 g/l Ammoniumhydrogensulfit enthält 630 g/l SO_2. Mit 7,3 ml/100 l werden 50 mg/l SO_2 zugegeben.

Oberflächen vergrößernde Mittel (Trub-Ersatzstoffe)
Eine wichtige Steuergröße für die Gärung ist der Resttrubgehalt. Diskutiert und empfohlen wurden Größen um 0,6 Gew.% bzw. Trübungsgrade um 100 NTU (siehe Kap. 5.1). Niedrige Trubgehalte begünstigen eine reintönige Gärung, verzögern sie aber insgesamt und können aufgrund von Nährstoffmangel auch zu unvollständiger Endvergärung führen. Dieses Problem wird durch einen höheren CO_2-Gehalt begünstigt, wenn das Gas quasi übersättigt in Lösung verbleibt und aufgrund des Partialdruckes im Most die Gasabgabe aus der Hefe erschwert. Trub wirkt wie ein Kristallisationskeim, der die Übersättigung der Lösung verhindert (siehe dazu Kap. 6, Weinsteinstabilisierung). Parallel zur Zugabe von Gärhilfsmitteln ist bei sehr scharf geklärten Mosten (z. B. wegen starkem Botrytisbefall) die Zugabe von Trub-Ersatzstoffen zur Gärförderung sinnvoll. Dieser Trub erhöht die innere Oberfläche und verbessert die Entbindung der Kohlensäure. Heferindenpräparate erfüllen diese Funktion im gewissen Umfang. In der Praxis kommen Zellulose, Kieselgur, Perlite oder (sterilisierter) Mosttrub zum Einsatz. Ausführliche Untersuchungen zur Wirkung unterschiedlicher Trub-Ersatzstoffe haben u. a. Jung et al. (2006) durchgeführt. Zugesetzt wurden Bentonit, Zellulosefasern, Filterflocken, Heferindenpräparate, Kieselgur und Perlite. Gute Ergebnisse bezüglich der Endvergärung wurden mit groben Kieselguren und Perliten erzielt. Voraussetzung war, dass sich die Teilchen weder kompakt absetzen noch flotieren. Sie müssen in Schwebe bleiben, um ihre Wirksamkeit zu erhalten. Als am effektivsten hat sich Naturtrub (sterilisierter Mosttrub) erwiesen. Er war nicht nur in der Lage, die CO_2-Entbindung zu gewährleisten, sondern offensichtlich gleichzeitig Träger von für die Hefe essenziellen Fettsäuren, Mineralstoffen und Vitaminen. Die dabei gefundenen hohen Hefezellzahlen von 80×10^6/ml führten auch zu einer vollständigen Vergärung.

5.6.4 Technik der alkoholischen Gärung

Der Verlauf der alkoholischen Gärung ist geprägt von zahlreichen Parametern, die sich auf die Aktivität der Weinhefe auswirken. Besprochen wurden in den bisherigen Kapiteln bereits die Schwefelung von Maische oder Most zur Unterdrückung von unerwünschten Mikroorganismen, die Einstellung des Klärgrades zur Schaffung einer definierten inneren Oberfläche, die Belüftung des Mostes vor oder während der Gärung, die Auswahl des Hefestammes und Einsaatmenge, evtl. kombiniert mit einer imitierten Spontangärung, die Verwendung von Gärhilfsmitteln und der Zeitpunkt der Anreicherung. Offen sind noch zwei wichtige technologische Stellgrößen:

- das Temperaturmanagement, d. h. die Wahl der Starttemperatur und die Temperatursteuerung,
- Zeitpunkt des Abstichs von der Hefe/Sur lie-Effekt.

5.6.4.1 Temperaturmanagement bei der Gärung

Die Gärung ist eine Funktion der Temperatur. Sie läuft innerhalb bestimmter biologischer Grenzen ab, die durch die Hefezüchtung immer weiter nach oben und unten verschoben werden. Die praktischen Grenzen liegen zurzeit bei 10 bzw. 35 °C, darüber oder darunter steht die Hefe unter zu hohem Stress. Unterhalb kommt die Gäraktivität allmählich zum Erliegen, insbesondere wenn bereits Ethanol gebildet wurde. Oberhalb steigt die Gefahr eines Gärstopps durch Versieden, ebenfalls beschleunigt durch Alkohol. Gärstörungen sind in sehr vielen Fällen durch Fehler bei der Temperaturführung verursacht. Die bewusste Wahl der Starttemperatur und der Temperatur während der gesamten Gärung ist eine zentrale Managemententscheidung, die Umsetzung eine technische Herausforderung. Die Gärtemperatursteuerung ist ein wichtiges Element der angestrebten Weinstilistik und des Risikomanagements gleichermaßen. Eine möglichst schnelle vollständige Vergärung des Zuckers schafft innerbetriebliche Sicherheit. Schleppende Gärungen erfordern eine kontinuierliche Überwachung und ggf. schnelles Eingreifen. Wie sich die Temperatur auf die einzelnen Gärphasen auswirken kann, verdeutlicht Tab. 50. Innerhalb der Grenzen verdoppelt eine Temperaturerhöhung um 5–6 °C die Gärgeschwindigkeit. Kühle Gärungen können mehr als 3 Wochen dauern, warme, evtl. stark resttrübe, bereits nach 3 Tagen beendet sein. Die schnelle Abführung der Wärmemenge in kurzer Zeit wird zu einer technischen Herausforderung.

Unabhängig davon sind auch die Alkoholausbeute und die Zusammensetzung des Weines, seine Beschaffenheit, eine Funktion der Gärtemperatur und der Gärgeschwindigkeit:

- Mit zunehmender Gärtemperatur sinkt die Alkoholausbeute; Ethanol wird quasi mit dem Kohlensäuregas ausgewaschen, Verluste von bis zu 8 g/l sind nicht außergewöhnlich; gleiches gilt für andere flüchtige Substanzen wie Bukettstoffe, aber auch Azetaldehyd.
- Die Biomasseproduktion steigt mit der Temperatur an.
- Bei der Maischegärung nehmen Farb- und Phenolextraktion mit steigender Temperatur zu, die Weine werden stoffiger, fülliger.
- Die Lebendzellzahlen gegen Ende der Gärung sinken mit steigender Temperatur.
- Glyzerin, Ester, höhere Alkohole, Butandiol werden mit zunehmender Temperatur vermehrt gebildet; der zuckerfreie Extrakt erhöht sich.
- Mit zunehmender Gärtemperatur steigt die Wahrscheinlichkeit einer nachfolgenden spontanen malolaktischen Gärung.

Als Kompromiss zwischen einer Sicherheit gebenden raschen Gärung und gewünschter Stilistik, die üblicherweise eine kühlere Gärung erfordert, haben sich die Empfehlungen für Weißweine auf Temperaturen deutlich unterhalb 22 °C eingependelt (z. B. Christmann 2013; Jung et al. 2006, die mindestens 18 °C empfehlen). Moste aus hoch erhitzter roter Maische liegen etwas höher, Maischegärungen bei 25–28 °C. Die Temperaturführung kann je nach Gärphase stark differenzieren. Um die Gärung rasch einzuleiten, ist eine Anhebung der Starttemperatur auf z. B. 22 °C sinnvoll. Nach der Vergärung von etwa 10 °Oe, dem eigentlichen Startpunkt der Gärung, verlangsamt ein Absenken auf 18° bis gegen Ende der stürmischen Gärung die Geschwindigkeit insgesamt. Für die Vergärung der letzten 20 °Oe kann zur Unterstützung der End-

Tab. 50 Dauer der Gärphasen sowie der Oechsle-Abnahme in der Hauptphase
(1998er Silvaner Most, SLVA Oppenheim, 15 g/100 l Trockenhefe; Degünther und Großmann 1999)

Temp. vor Gärung	Angärung in Tagen	Hauptgärung in Tagen	Oe-Abnahme in Hauptgärung/Tag	Nachgärung in Tagen	Gärdauer
15 °C	1–2	7	8–10	8–9	18
20 °C	< 1	4	10–13	3	9
25 °C	< 1	2–3	> 20	1–2	5

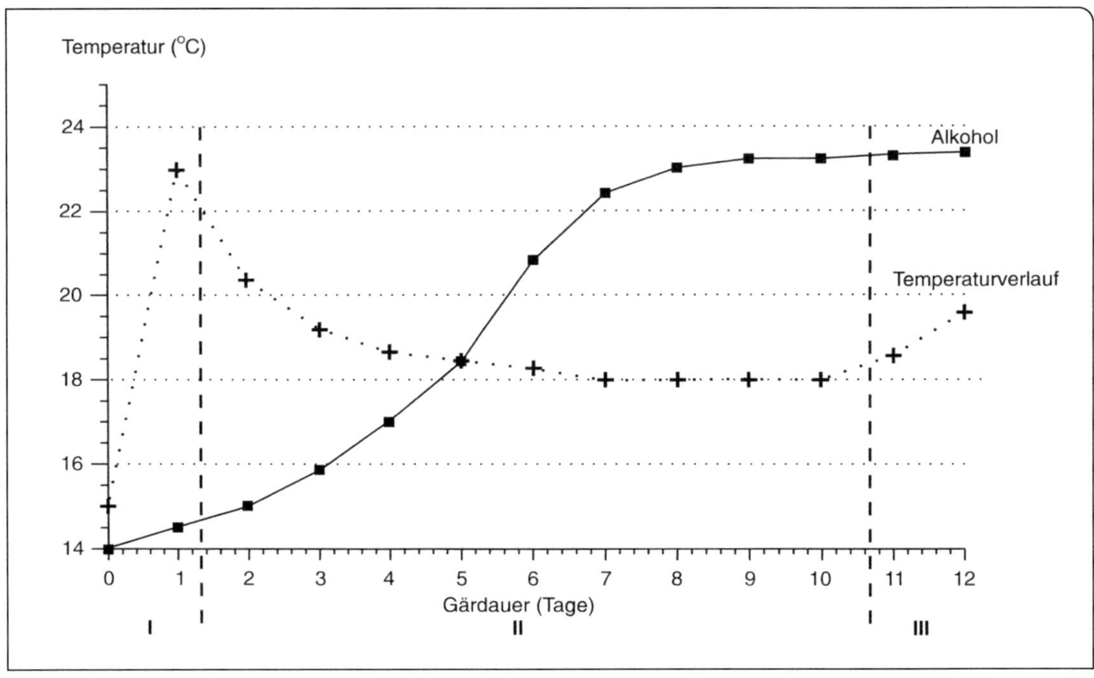

Abb. 139 Temperaturmanagement für Weißwein; differenzierter Temperaturverlauf in den unterschiedlichen Gärphasen (Hamatschek 1997).

vergärung die Temperatur wieder auf 22° erhöht werden. Abb. 139 zeigt bespielhaft eine Temperatur-Alkoholkurve für Weißwein.

Abführung der Gärwärme

Die alkoholische Gärung ist eine exotherme Reaktion. Theoretisch werden je Mol vergorenem Zucker ca. 25 kcal (ca. 105 KJ) frei, die als Wärme anfallen. Der Betrag der Änderung der freien Energie gilt unter folgenden Standardbedingungen: 1 Mol Glukose; Temperatur 25 °C; pH-Wert 7; definierter Partialdruck. Er bietet dadurch der Praxis lediglich einen Anhaltspunkt für die bei der biochemischen Stoffumsetzung tatsächlich frei werdende Energie. Abb. 140 zeigt schematisch, wie sich die frei werdende Wärmemenge verteilt. Ein Teil der Wärme, etwa 20 %, wird über das Kohlensäuregas abgeführt (Christmann 2013). Ein weiterer Teil geht über die Oberfläche des Gärtanks verloren, solange die Raumtemperatur niedriger ist als die Gärtemperatur. Der Rest führt zur Erwärmung des gärenden Mostes. Theoretisch kann dessen Temperatur um über 20 °C zunehmen. Damit ist die Temperaturtoleranz der Weinhefe weit überschritten, die Gärung kommt zum Erliegen (sie „versiedet").

Die Wärmeabgabe über den Gärtank an die möglichst zirkulierende Umgebungsluft ist das Produkt aus

- Wärmeübergangszahl (Most/Tankmaterial/Luft),
- Größe der Tankfläche und
- Temperaturdifferenz zwischen der Außenluft und der aktuellen Gärtemperatur.

Beeinflussbar durch den Önologen ist bei gegebenem Tankmaterial nur die Raumtemperatur. Je niedriger sie ist, desto größer ist die Abstrahlung aus dem Tank. Je größer die Oberfläche und je geringer die Wandstärke, desto besser erfolgt die Wärmeabgabe. Große Gärvolumina ergeben relativ geringere Oberflächen. Gut leitende Edelstähle kühlen besser als Betonwände oder Holzfässer. Unter energetischen Gesichtspunkten sollte ein kleiner Edelstahltank mit geringer Wandstärke gewählt werden. In der Praxis wird über die Raumlüftung, die auch zur Ableitung der Gärungskohlensäure dient, kühlere Außenluft eingeblasen. Trifft kalte Luft mit hoher Intensität auf den warmen Gärtank, kann es aufgrund eines Kälteschocks zu Gärstörungen kommen. Die Hefe reagiert auf hohe Temperaturgradienten empfindlich. Tankinhalte bis 2000 l kommen meist ohne zusätzliche Kühlung aus. Fehlt eine Raumtemperierung, wird die Temperatur im Keller durch Gärwärme zunehmen, der Kühleffekt über die Abstrahlung sich verschlechtern.

Ein konsequentes Temperaturmanagement für die Gärung erfordert temperaturgesteuerte Tanks. Die ebenfalls mögliche Raumkühlung reicht wegen schlechter Übergangswerte und einer fehlenden Flexibilität nicht aus, sie kann allenfalls Spitzen kappen. Zur Abführung überschüssiger Wärme steht eine ganze Reihe von technischen Möglichkeiten zur Verfügung (siehe dazu auch Kap. 5 und Abb. 91):

- Tanks mit Doppelmantel oder Rohrschlangen,
- Einhängen von Wärmetauscherplatten oder Kühlschlangen (alternativlos für Betontanks); als mobile Systeme möglich,
- kreislaufgeführte Umwälzeinrichtung über externe Wärmetauscher (Doppelrohrwärmetauscher, Spiralwärmetauscher),
- Wasserberieselung; Wasser kühlt durch Wärmetausch und Verdampfung.

Die Kühlung kann direkt oder indirekt erfolgen. Energetisch und wirtschaftlich ist die direkte Kühlung die günstigste Form mit der geringsten erforderlichen Austauscherfläche. Hohe Kältemittelmengen bringen aber große Kosten und erhöhte Sicherheitsanforderungen mit sich, Verluste durch Undichtigkeiten lassen sich nur schwer entdecken. Die indirekte Kühlung benötigt zwei Kreisläufe. Das durch die Kühlung angewärmte Kältemittel Wasser wird z. B. durch einen organischen Kälteträger auf 12 °C gehalten. Abb. 141 zeigt ein Installationsschema für die Kühlung von Vorratswasser. Die Wassertemperatur wird über einen zweiten Kreislauf mit einer Kompressionskältemaschine eingestellt. Die Kompressionskältemaschine ist eine Kältemaschine, die den physikalischen Effekt der Verdampfungswärme bei Wechsel des Aggregatzustandes von flüssig zu gasförmig nutzt.

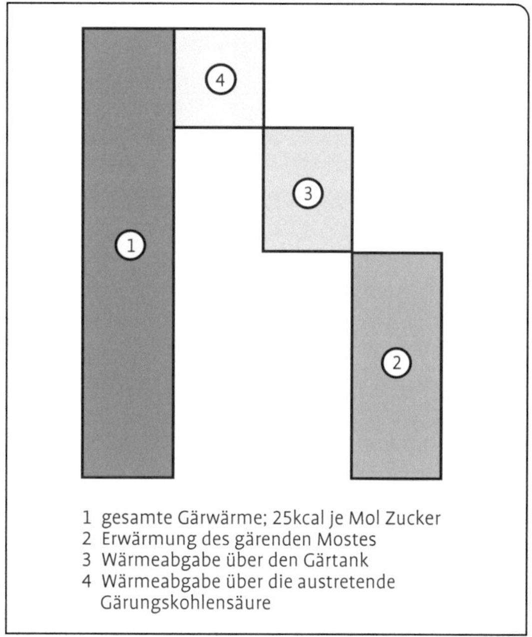

Abb. 140 Verteilung der freiwerdenden Gärungsenergie.

Ein Kältemittel, das in einem geschlossenen Kreislauf bewegt wird, erfährt nacheinander verschiedene Aggregatzustandsänderungen. Das gasförmige Kältemittel wird zunächst durch einen Kompressor komprimiert (verdichtet). Im folgenden Wärmeüberträger (Verflüssiger) kondensiert (verflüssigt) es unter Wärmeabgabe. Anschließend wird das flüssige Kältemittel aufgrund der Druckänderung über eine Drossel, z. B. ein Expansionsventil oder ein Kapillarrohr, entspannt. Im nachgeschalteten zweiten Wärmeüberträger (Verdampfer) verdampft das Kältemittel unter Wärmeaufnahme bei niedriger Temperatur. Der Kreislauf kann nun von vorne beginnen. Der Prozess muss von außen durch Zufuhr von mechanischer Arbeit (Antriebsleistung) über den Kompressor in Gang gehalten werden. Unter den Bedingungen der Gärsteuerung können aus 1 kW Stromleistung eine Kälteleistung von etwa 2–2,5 kW erzielt werden.

Alternativ können Kühltürme eingesetzt werden. In ihnen wird das zu kühlende Wasser in die Luft versprüht und über Füllkörper verrieselt. Dadurch werden ihm Verdunstungswärme entzogen und die Luft befeuchtet. Verdunsten von

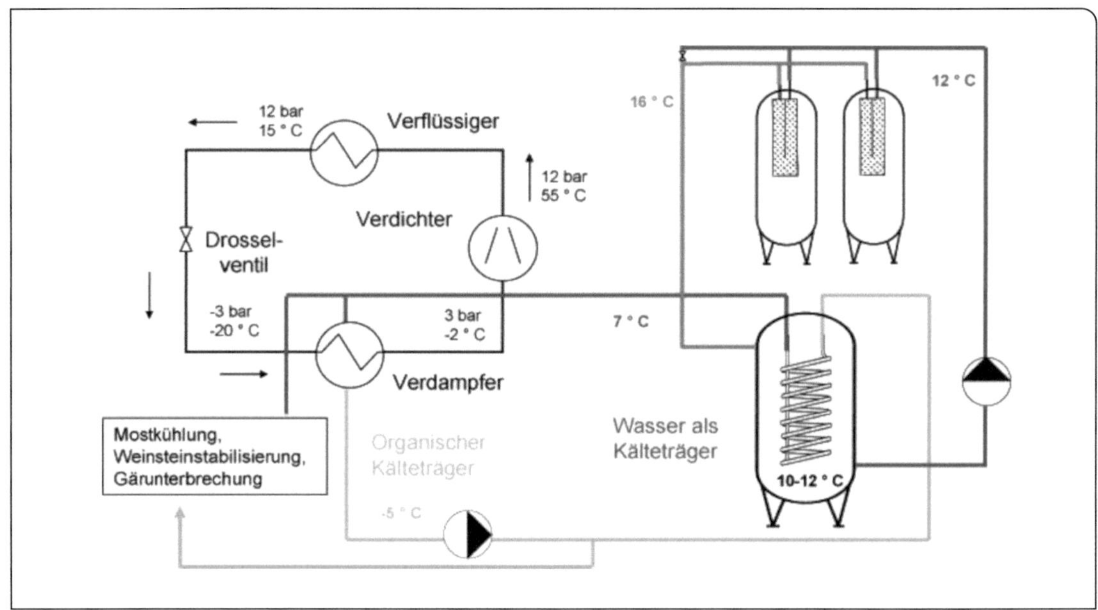

Abb. 141 Kühlwassererzeugung mit einer einstufigen Kompressionsanlage (Christmann 2013).

1 kg Wasser 10 g, so sinkt dessen Temperatur um 6 °C. Etwa 1,5 bis 2,5 % des umlaufenden Kühlwassers verdunsten bei jedem Durchlauf. Zusätzlich wird das Wasser durch den fein verteilten Kontakt mit der Luft durch Konvektion gekühlt. Die dabei stattfindende Erwärmung der Luft führt zu einer Abnahme ihrer Dichte und damit einer Zunahme des Auftriebs. Oberhalb des Kühlturmes ist das Luft-Wasser-Gemisch in Form von Dampfschwaden sichtbar.

Tankberieselung mit Wasser

Die Tankberieselung mit Wasser setzt gut wärmeleitende Materialien voraus. Am besten eignen sich dünnwandige Edelstahltanks, an denen kaltes Wasser in dünner Schicht langsam von oben nach unten fließt. Zur Berieslung bieten sich Düsensysteme an. Am meisten eingesetzt werden Düsen- oder Tropfringe bzw. einfache Verteilerringe. Sie unterscheiden sich im erforderlichen Druck und im Wasserverbrauch. Die Kühlung des Mostes erfolgt einmal durch Wärmeaufnahme des Wassers, vor allem aber durch die Verdampfungswärme. Wasser benötigt zum Verdampfen 2260 kJ/l, die hauptsächlich dem Most entzogen werden. Je feiner der Wasserfilm, je kleiner die Tröpfchen sind, desto höher ist der Wirkungsgrad.

Die benötigte Kaltwassermenge wird von der Menge an abzuführender Gärungswärme bestimmt. Regelgröße ist üblicherweise die Gärtemperatur, die über Temperaturfühler ermittelt wird. Die Ist-Temperatur wird vom Prozessor mit der individuell einstellbaren Soll-Temperatur in Abhängigkeit des Gärstadiums verglichen. Bei Bedarf öffnet die Reglereinheit ein Magnetventil in der Kühlwasserleitung, das den Weg zum tankeigenen Düsensystem freigibt. Kaltes Wasser wird über ringsum verteilte Düsen solange über den Tank geleitet, bis Soll- und Ist-Temperatur wieder übereinstimmen (siehe dazu Abb. 248 und Kap. 9.3).

Bei gleichmäßiger Verteilung erfordert 1 l zu kühlender Most etwa 0,5 bis 1,5 l Wasser. Die Menge ist stark von der Ausgangstemperatur des Wassers abhängig. Für eine effiziente Kühlung sollte die Wassertemperatur mindestens 5° unterhalb der gewünschten Gärtemperatur liegen. Bei Verwendung von Brauchwasser mit etwa 15 °C ist eine Gärung unterhalb 20° kaum möglich. Ideal ist eine Leitungsführung, die bei Bedarf auch eine Berieselung mit Warmwasser ermöglicht.

Die exakte Einhaltung der Gärtemperatur liefert keine Information über die Gärdynamik. Gärstörungen lassen sich zunächst nicht erkennen. Dazu sind weitere Informationen nötig, die die Qualitätssicherung beizusteuern hat. Dann lässt sich von Gärsteuerung reden und die Temperatursteuerung ist nur ein Mittel zum Zweck. In modernen, automatisierten Großbetrieben wird die Gärung zentral in der Schaltwarte überwacht und im Verlauf exakt dokumentiert. Messgrößen sind z. B. der Temperatur-Zeit-Verlauf, der Verbrauch an Kühlenergie/Kühlwasser und die tägliche Alkoholbildung als Maß für den korrekten Gärverlauf.

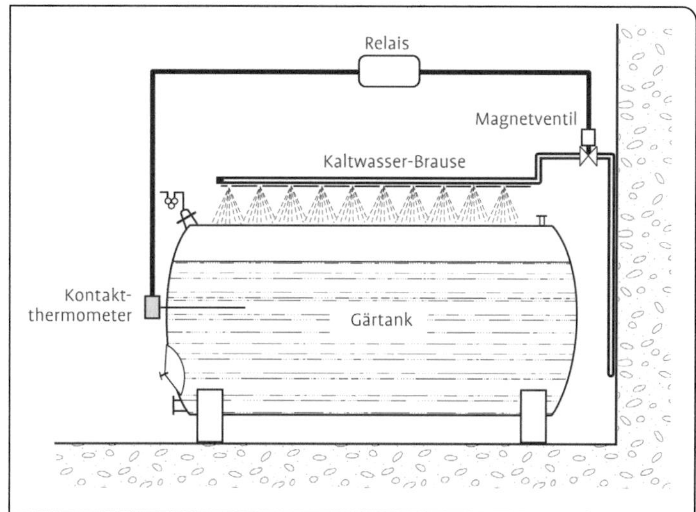

Abb. 142 Tankberieselung mit Wasser; Steuerung über die Gärtemperatur (Schmidt 2013).

Neben der Gärtemperatur als Mess- und Regelgröße werden seit einigen Jahren auch andere Größen herangezogen:

- die kontinuierliche Dichtemessung 20/20,
- die Menge an produzierter Gärungskohlensäure je Zeiteinheit.

Die Analyse des Dichteverhältnisses D20/20 liefert die gleiche Information wie die Mostspindel. Sie wird direkt in die Gärsteuerung eingerechnet. Der technische Aufwand einer korrekten online-Messung in einem turbulent gärenden System ist aufgrund von zahlreichen Störgrößen hoch.

Bei einer Messung der Gärgase erfolgt die Berechnung der Gäraktivität indirekt. Je Mol vergorenem Zucker werden theoretisch 44,8 l CO_2 gebildet. Aus der Menge dieser Gase je Zeiteinheit wird die Dynamik des Zuckerabbaus berechnet. Dieser korreliert mit der Dichte 20/20. Zur Gasmengenmessung lässt sich z. B. ein Propeller in den Gasstrom einbauen. Dessen Drehzahl korreliert mit der Gasmenge je Zeiteinheit als Maß für die Gäraktivität. Nach entsprechender Einjustierung lässt sich die Temperatur steuern. Schmidt (2013) hat sich ausführlich mit den Vor- und Nachteilen der unterschiedlichen Steuerungssysteme beschäftigt.

Aus Gründen der Nachhaltigkeit wird eine Kreislaufführung des Kühlwassers angestrebt, das in einem zweiten Prozessschritt auf die Ausgangstemperatur zurückgebracht werden muss. Wird erwärmtes, aber kaum verschmutztes Wasser in der üblicherweise einmaligen Verwendung ohne weitere Nutzung in das Abwassernetz geleitet, sind hohe Frisch- und Abwasserkosten die Folgen. Viele Betriebe arbeiten deshalb mit Brunnenwasser, dessen Entnahme behördlich genehmigt werden muss. Bei offenen Kreisläufen kann es zur Verkeimung oder Verschleimung kommen und periodische Gegenmaßnahmen erforderlich machen. Die Tankberieselung führt auch zu einer ständig hohen Luftfeuchtigkeit im Arbeitsbereich. Je nach Kalkgehalt neigen Leitungen, Düsen und die Tankoberfläche zum Verkalken. Chemische Reinigungen müssen deshalb auch das Wassersystem erfassen.

Die Be- und Entlüftung in Weinkellern oder Lägern besitzt entscheidenden Einfluss auf die Weinqualität, die maximale Arbeitsplatzkonzentration (MAK) und die Schimmelbildung, indem sie Temperatur, Luftfeuchtigkeit und CO_2-Konzentration auf dem gewünschten Niveau hält. Simulationsverfahren können hilfreich sein zur richtigen Dimensionierung der Lüfter und die exakte Positionierung der Ein- und Ausgänge für die Luftführung vorgeben. Über die Bestimmung der Luftaustauschraten nach gesetzlichen Vorgaben lässt sich die genaue Lüfterart auswählen (Schwarz und Seckler 2012). Eine Auswahl des Lüfters nach energetischen Gesichtspunkten ist zwingend vorgegeben, auch um die EU-Richtlinie zur Gesamtenergieeffizienz der Gebäude zu berücksichtigen. Der Arbeitsplatzgrenzwert (AGW) beträgt 9600 g/m^3 = 5000 ml/m^3 (ppm) und entspricht 5 l CO_2 in 1000 l Luft oder 0,5 %. Um 1 l CO_2 zu entfernen, sind 200 l Luft auszutauschen. Kleinere Gasmengen können über die Bodenrinne abgesaugt werden, da CO_2 sich aufgrund des hohen spezifischen Gewichts unten konzentriert. Die Dichte von CO_2 beträgt 1,98 kg/m^3, sie ist 1,5-mal schwerer als die von Luft. Das nachfolgende Beispiel ermittelt die Menge an auszutauschender Luft in einem Gärkeller:

Volumen Keller – Volumen Tanks
= Austauschvolumen
2175 m^3 – 795 m^3 = 1380 m^3

795 m^3 Tankraum = 39 750 m^3 CO_2 = 165,625 m^3/h
(50 l CO_2/l Wein; 10 Gärtage mit 24 h)

Ziel: AGW-Wert 0,5 % von 1380 m^3 = 6,9 m^3

165,625 m^3/h/6,9 m^3 = **24facher** Luftwechsel/
h = 1380 × 24 = 33 125 m^3/h

(nach Schwarz und Seckler 2012)

5.6.4.2 Jungweinlagerung auf der Hefe/ Sur lies-Effekt

Während der Gärung kann der Tank wegen der unvermeidlichen Schaumbildung allenfalls zu 80 % gefüllt werden. In der ausklingenden Gärphase wird nur noch wenig CO_2 nach außen geleitet und das Flüssigkeitsvolumen kontraktiert abkühlungsbedingt. Über die Tanköffnung gelangt Luft nach innen. Der Luftsauerstoff löst sich im Jungwein und wird von der noch aktiven Hefe zur Oxidation von Ethanol zu Azetaldehyd verwendet. Dadurch steigt der spätere SO_2-Bedarf, je mg Azetaldehyd um 1,45 mg SO_2. Der Schaumrand im Bereich oberhalb der Flüssigkeit bietet zudem aeroben Mikroorganismen wie Essigbakterien oder Kahmhefen ideale Wachstumsbedingungen. Kommt die Gärung zum Ende, muss unmittelbar aufgefüllt werden.

Uneinheitlicher ist die Ansicht über den Zeitpunkt des Abstichs des Jungweines von der Hefe. Diskutiert werden drei Varianten:

1. Die möglichst frühzeitige Klärung und anschließende Schwefelung des Jungweines bis zum Niveau Grobfiltration; diese frühe Trennung von der Hefe ist notwendig bei säurearmem, stark Botrytis befallenem Ausgangsmaterial und bei Weinen, bei denen kein bakterieller Säureabbau stattfinden soll. Außerdem bei nicht vollständig durchgegorenen Weinen. Diese sollten möglichst unmittelbar steril filtriert werden.
2. Der Verzicht auf einen Abstich und Weinkontakt mit dem Hefegeläger, also der Grob- und der Feinhefe und verbunden mit gelegentlichem Aufrühren. Die reduzierende Kraft der Hefen soll maximal ausgenutzt werden, ebenso die Freisetzung von Autolyseprodukten; Dieser Schritt verlangt eine vorangegangene gute Mostklärung, einen durchgegorenen Wein und ein gesundes Hefedepot. Andernfalls ist mit Böcksern zu rechnen. Die mit erhöhter Wahrscheinlichkeit einsetzende malolaktische Gärung muss akzeptiert werden. Eine Schwefelung setzt voraus, dass Luftsauerstoff ferngehalten wird, andernfalls sinkt der SO_2-Spiegel aufgrund der Redoxreaktionen je mg Sauerstoff um 4 mg.
3. Der Abstich von der Grobhefe und die Lagerung allein auf der Feinhefe; Gesunde Hefen vorausgesetzt, kann dieser Zustand lange beibehalten werden. Eine Schwefelung ist angeraten, ein Säureabbau durch Milchsäurebakterien ist je nach Situation möglich.

Vorgänge bei der Hefelagerung

Die Anzahl der aktiven Hefezellen nimmt im Laufe der Gärung kontinuierlich ab. Die Hefen sterben letztlich am Gärstress und vor allem am Zellgift Ethanol. Wie bei den Zellen der Traubenbeere ist auch der Hefetod durch die Auflösung der Zellwand gekennzeichnet. Die Hefezellwand unterscheidet sich von der pflanzlichen Zellwand durch eine andere Art von Polysacchariden: Sie besteht zu 90 % aus den Polysacchariden α-Mannane bzw. α-Mannoproteine, β-Glucanen,

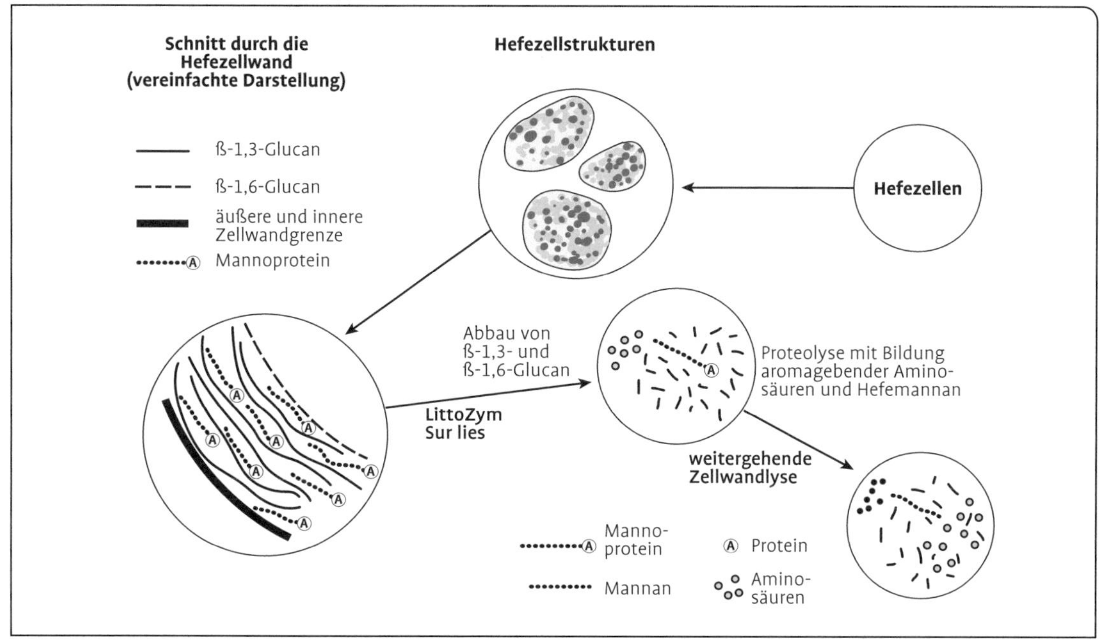

Abb. 143 Enzymatische Freilegung von Mannoprotein aus der Zellwand absterbender Hefen (Haßelbeck und Stocké 2008).

Glykogen und kleinen Mengen Chitine (Aquilar-Uscanga und Francois 2003). Extrazelluläre Mannoproteine, Mannane und β-Glucane werden bereits während der Gärung an den Most abgegeben. Diese Verbindungen können den sensorischen Eindruck „Körper eines Weines“ verstärken. Zellwandabbauprozesse bei den abgestorbenen Hefen verstärken diesen Effekt und führen zusätzlich zur Freisetzung von Aromavorstufen und Aminosäuren. Die Feinhefelagerung führt insgesamt zu hohen Mengen an Mannoprotein und Hefemannan. Möglich sind mehrere 100 mg. Beide intensivieren das „Mouthfeeling“, die Weine werden als „cremiger“ und mit besserer Struktur beschrieben. Abb. 143 beschreibt den Prozess des Zellwandabbaus, besonders die enzymatische Freilegung von Mannoprotein. Die Makromoleküle spielen auch eine Rolle bei der Filtration, die sie üblicherweise erschweren, zudem bei der Farbstabilisierung durch Komplexbildung mit Anthocyanen und Tanninen (Dittrich und Großmann 2010).

Dieser normal viele Wochen dauernde Vorgang kann durch den Zusatz von „Sur lies-Enzymen“ beschleunigt werden. Das sind besonders gereinigte Glucanasen, die zum Abbau von Botrytis-Glucan zugelassen sind (Haßelbeck und Stocké 2008). Die parallel stattfindende Freisetzung von Peptiden und Aminosäuren unterstützt die Aktivität von Bakterien der malolaktischen Gärung.

Auch bei der Hefelagerung müssen letztlich Chancen und Risiken abgewogen werden. Wer den Sicherheitsaspekt betont, wird unmittelbar nach der Gärung abstechen und frühzeitig schwefeln und filtrieren. Schwefelstabile Weine in einem aufgefüllten Tank stellen das geringste Risiko für den Kellermeister dar.

5.6.4.3 Gärstörungen

Als gestörte Gärung werden alle bezeichnet, deren Aktivität nicht ausreicht, einen Most vollständig durchzugären. Weine mit mehr als 10 g Restzucker müssen wie Süßreserve behandelt werden, sie erfordern besonders viel Aufmerksamkeit und stellen ein erhöhtes Betriebsrisiko dar. Gärstörungen können an der Alkoholbildungsrate leicht erkannt werden. In vielen Fällen schleppender, unvollständiger Gärung kommt es zur vermehrten Bildung von Gärungs-

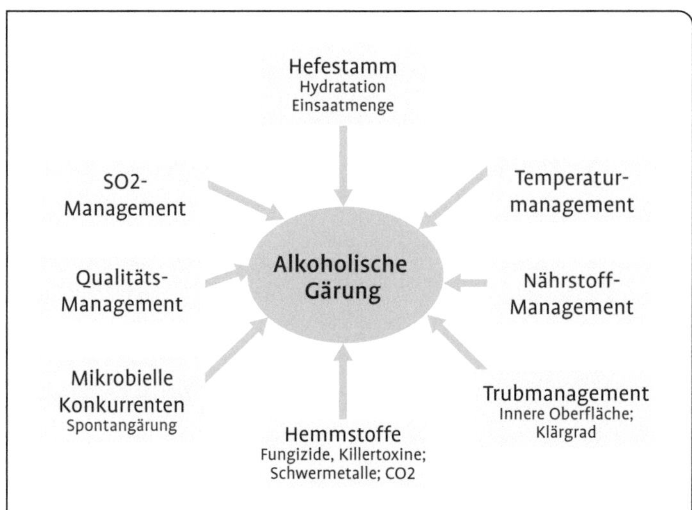

Abb. 144 Einflussgrößen auf den Verlauf der alkoholischen Gärung.

nebenprodukten, weil der Hefestoffwechsel verstärkt Seitenwege einschlägt. Entsprechend negativ ist die sensorische Beurteilung. Häufig beginnt in der Phase langsam endender Gärung bereits der bakterielle Säureabbau. Bei Anwesenheit von Zucker wird er hauptsächlich heterofermentativ ablaufen und sensorisch fragwürdige Ergebnisse liefern.

Der unerwünschte Gärstopp darf nicht verwechselt werden mit dem bewusst eingeleiteten Abbruch einer sauber ablaufenden Gärung. Abgestoppte Weine mit ihrer natürlichen Restsüße aus hauptsächlich eigener Fruktose werden als besonders harmonisch beschrieben und sie erfordern keine eigens herzustellende Süßreserve.

Abb. 144 fasst die bisher besprochenen Einflussgrößen auf die Qualität der alkoholischen Gärung zusammen. Alle können sie zur Störgröße werden, wenn der Stand der Technik nicht beachtet wird. Im Extremfall reicht das Vorliegen einer Störgröße, um die Gärung zu beeinträchtigen. In der Praxis liegt meist eine Kombination von mehreren vor. Eine Einflussnahme auf den Trubgehalt, den SO_2-Gehalt, die mikrobiellen Konkurrenten der Hefe und die Menge der Hemmstoffe muss bereits lange vor Einleitung der Gärung beginnen.

Trauben-, Maische- und Mostverarbeitung haben bereits unter dem Aspekt der Gärunterstützung zu erfolgen. Hoch gezüchtete Designer-Reinzuchthefen sind in der Lage, maßgeschneidert zu vergären, andererseits ist ihnen eine gewisse Sensibilität nicht abzusprechen. Es ist die Aufgabe des Önologen, darauf Rücksicht zu nehmen und die entsprechenden Rahmenbedingungen zu schaffen. Großmann (2010) spricht von zehn Gründen für Gärstörungen, die allein, oft aber in Kombination auftreten können. Fehlerbeseitigung ist aufwendig und setzt voraus, ihn und seine Ursache zu kennen. Leider bleibt die Gärung oft stecken und die Analyse ergibt kein plausibles Ergebnis. Je früher eine Fehlentwicklung aber erkannt wird, desto besser lässt sie sich korrigieren. Das Qualitätsmanagement ist in der heißen Phase der Gärung besonders mit Kontrollen gefordert. Ansätze zur Fehlerkorrektur können sein:

- Zur Entbindung störender Gärungskohlensäure hilft oft schon ein vorsichtiges Aufrühren des Jungweines; starkes Schäumen ist unvermeidlich, der Tank kann regelrecht „überkochen“,
- Verschneiden mit einem Most in der stürmischen Gärphase, evtl. nach Pasteurisation (Umgären),
- Beimpfen mit einer Spezialhefe, die je nach Situation fruktophil ist oder alkoholtolerant oder ...,
- Zugabe von Gärhilfsmitteln, evtl. Ersatz-Trub oder andere Mittel, um die innere Oberfläche zu erhöhen,
- evtl. ganz Abstoppen und steril einlagern.

5.6.4.4 Die Gärparameter im Zusammenhang

Abb. 145 fasst die Parameter, die bei der Gärung eine Rolle spielen können und in den bisherigen Kapiteln besprochen wurden, zusammen (Freund 2013).

Sie erstrecken sich von der Mostbehandlung, der Mostvorklärung über die Gärsteuerung bis zur Entscheidung für eine Mikroorganismenart, die die alkoholische Gärung durchführen soll.

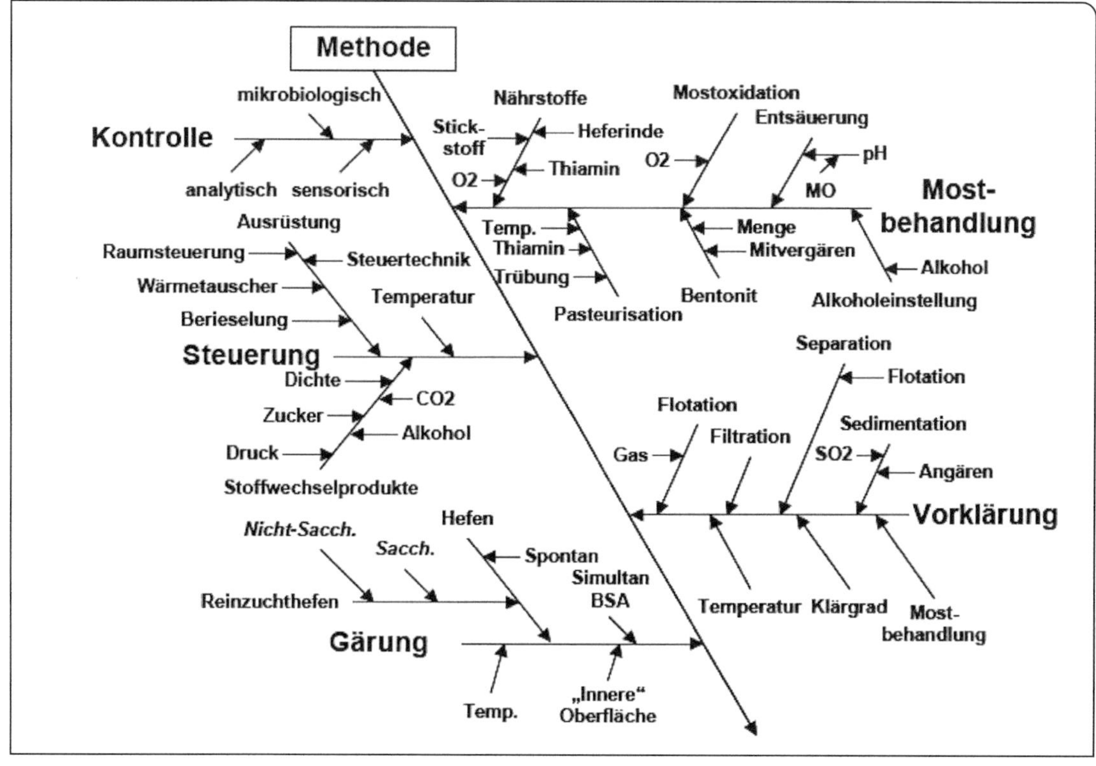

Abb. 145 Gärparameter im Zusammenhang (Freund, unveröffentlicht).

Die Fülle der Einflussmöglichkeiten erlaubt äußerst individuelle Ergebnisse, macht aber auch verständlich, warum parallel durchgeführte Gärungen mit egalisiertem Most zu unterschiedlichen Ergebnissen kommen können.

5.7 Verarbeitung von Süß- und Hefetrub

„Weintrub" ist gemäß VO EG 879/2008 Anhang 1, Begriffsbestimmungen:

a) der Rückstand, der sich in den Behältern, die Wein enthalten, nach der Gärung oder während der Lagerung oder nach einer zulässigen Behandlung absetzt.
b) der durch die Filterung oder Zentrifugierung des unter Buchstabe a genannten Erzeugnisses entstandene Rückstand.
c) der Rückstand, der sich in den Behältern, die Traubenmost enthalten, während der Lagerung oder nach einer zulässigen Behandlung absetzt.
d) der durch die Filterung oder Zentrifugierung des unter Buchstabe c genannten Erzeugnisses entstandene Rückstand.

Das Trub-Sediment, das im Zuge der Mostklärung anfällt, wird Süßtrub genannt (siehe dazu Kap. 5.1 und Abb. 83). Nach der Gärung setzt sich Hefe- oder Weintrub ab, dessen Menge eine Funktion der Hefeeinsaat, aber vor allem der Resttrübung des Ausgangsmostes ist. Die Menge an echtem, schleudertrockenem Hefetrub bei Verwendung von Trockenreinzuchthefe ist in Abb. 83 mit einem Mittelwert von 0,5 %vol. angegeben. Die Zahlen in Tab. 51 erläutern, wie dieser Wert zustande kommt:

Angenommen wird bei diesen Abschätzungen, dass die getrocknete Hefe ein spezifisches Gewicht von 1,2 g/cm^3 besitzt. Die starre Zellwand der Hefezelle ist bei der Trocknung nur geringfügig geschrumpft, entsprechend vergrö-

Tab. 51 Entwicklung der Hefemenge in %vol. während der Vermehrungsphase

Vermehrung/ Hefemengen	10 g/100 l (0,1 g/l)	%vol. im Most nach Rehydratation	25 g/100 l (0,25 g/l)	%vol. im Most nach Reydratation
Hefeeinsaat	2×10E6	0,01	5×10E6	0,025
1. Vermehrung	4×10E6	0,02	10×10E6	0,05
2. Vermehrung	8×10E6	0,04	20×10E6	0,1
3. Vermehrung	16×10E6	0,08	40×10E6	0,2
4. Vermehrung	32×10E6	0,16	80×10E6	0,4
5. Vermehrung	64×10E6	0,32	160×10E6	0,8

ßert sie sich bei der Rehydratation auch nur wenig. Allerdings werden die Schleimstoffe an der Oberfläche der Zellwand durch Wasseraufnahme für eine Volumenzunahme sorgen. Unter der Annahme einer 20 %igen Volumenzunahme kann die ursprüngliche Hefemasse in g mit dem Volumen im Most gleichgesetzt werden. Bei einer Einsaat von 10 g/100 l entsprechend 0,1 g/l wären das etwa 0,01 %vol./l Most. Mit jedem Vermehrungsschritt verdoppelt sich das Volumen und erreicht nach fünf Schritten den Endwert. Der in Abb. 83 angenommene Wert 0,5 %vol schleudertrocken steht demnach für 80 Mio. Hefezellen/ml und berücksichtigt, dass in der schleudertrockenen Hefe noch geringfügige Mengen Wein enthalten sind.

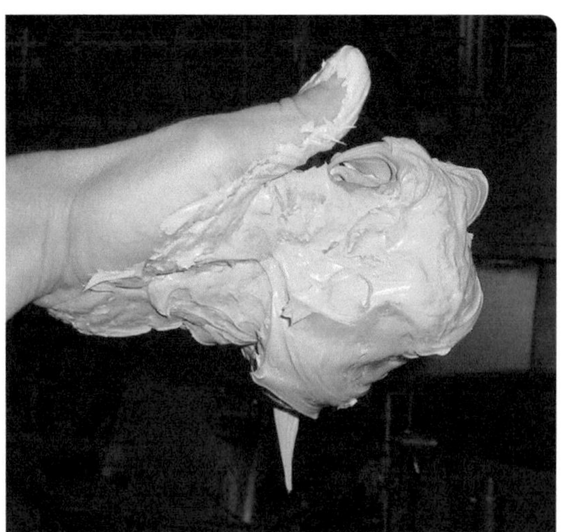

Abb. 146 Schleudertrockene Gärhefe mit 25–30 % TS.

Diesen zurückzugewinnen führt aber zu einem qualitativ höchst fragwürdigen Produkt. Die Konsistenz einer schleudertrockenen Weinhefe zeigt Abb. 146.

In der Praxis fällt nach der Gärung mehr Trub an als die genannten 0,5 %. Hinzu gerechnet werden müssen immer Weinstein, etwa 1–2 g/l, vor allem aber der für die Schaffung einer inneren Oberfläche mitgeführte Mosttrub mit mindestens 0,2 %vol. oder mehr. Bei guter Mostklärung und 80 Mio. Hefezellen/ml kann die reale Weintrubmenge bei 1 %vol. liegen und aus etwa ⅓ bis 50 % rückgewinnbarem „Hefewein" bestehen. Troost (1988) gibt nach einer Mostklärung dickflüssige Hefetrubmengen von durchschnittlich 1,5–3 %vol. an. Bei frühzeitigem Abstich, d. h. noch unvollständiger Sedimentation und geringer Trubverdichtung, steigt der Anteil Sediment auf etwa 4–5 %vol. Dann sind bei 100 000 l Gesamtmenge Wein 4000–5000 l dünnflüssige Hefe mit etwa 3000 l „Hefewein-Anteil" zu verarbeiten. Der abgestochene Wein seinerseits enthält noch etwa 0,1–0,2 %vol. in Schwebe befindliche Hefe, die später im neuen Tank ein erneutes kleines Hefedepot erzeugt. Der Termin des ersten Abstichs wirkt sich demnach auch auf die Trubverarbeitung aus.

Abb. 147 stellt die Verhältnisse grafisch dar. Angenommen wurde eine Hefezellzahl von 80 Mio./ml, ein Weinsteinausfall von 2 g/l und eine Aggregation von Kolloiden, die etwa 0,1 %vol. schleudertrockenen Trub ergibt. Betriebsspezifisch ist die Menge an verschlepptem Mosttrub, die in der Praxis zwischen 0,1 und mehreren %vol. betragen kann. In Abhängigkeit von Viskosität, Menge an Kolloiden und Sedimentationszeit wird der Block 4, die Menge des mechanisch zurückgewinnbaren Weinanteils, zwischen 40 und 80 % der flüssigen Hefe ausmachen.

Die angegebenen Trockensubstanzwerte von 25–30 % sind durch mechanische Verdichtung ohne Schwierigkeit erreichbar. Die freie Flüssigkeit zwischen den grobdispersen Teilchen ist dann weitgehend abgetrennt. Filterpressen, je nach Rahmenbedingung auch Dekanter, können noch etwas höhere Werte erzielen. Werden Filterhilfsmittel eingesetzt, steigen die TS-Gehalte allein schon dadurch an. Oberhalb 30 % TS beginnt allmählich die Phase des Auspressens, bei der auch z. B. an der Zellwand gebundene Flüssigkeit gewonnen wird. Ab 40 % TS ist davon auszugehen, dass zunehmend auch Hefezellwasser gewonnen wird. Der zurückgewonnene Wein reichert sich vermehrt mit Zellwand-Polysacchariden und anderen Hefekolloiden an. Seine Beschaffenheit weicht immer stärker vom Ausgangswein ab, die handelsübliche Beschaffenheit ist irgendwann nicht mehr gegeben.

Trester, Hefetrub oder Mosttrub darf nicht in die Kanalisation eingeleitet werden. Die Zurückhaltung im Betrieb ist verbindlich vorgeschrieben. Ausnahmen sind technisch unvermeidbare Mengen, die meist bei der Reinigung anfallen. Insbesondere Hefe ist in der Lage, biologisch arbeitende Kläranlagen durch die Konkurrenz um Nährstoffe empfindlich zu stören.

Für das Trubmanagement bedeutet das bisher gesagte zusätzlich zur in Kap. 3 diskutierten Strategie der Trubvermeidung:

- Die Mostklärung muss konsequent durchgeführt, die Resttrübung entsprechend der eigenen Vorstellung, aber so niedrig als möglich, eingestellt werden (z. B. 0,6 Gew.% oder 0,2 %vol.).
- Der abgetrennte Mosttrub lässt sich vergleichsweise problemlos in deponiefähigen Zustand bringen, der darin enthaltene Most ist mit guter Qualität zurück zu gewinnen. Die Trubverarbeitung ist deshalb so weit als möglich in den Mostbereich zu verlagern; das betrifft u. a. auch die Entsäuerung oder die Bentonit- und Kohleschönung.
- Hefetrub ist aufgrund der schleimigen Konsistenz der Hefe deutlich schwieriger weiter zu konzentrieren, der daraus zurückgewonnene Wein üblicherweise von minderer Qualität.

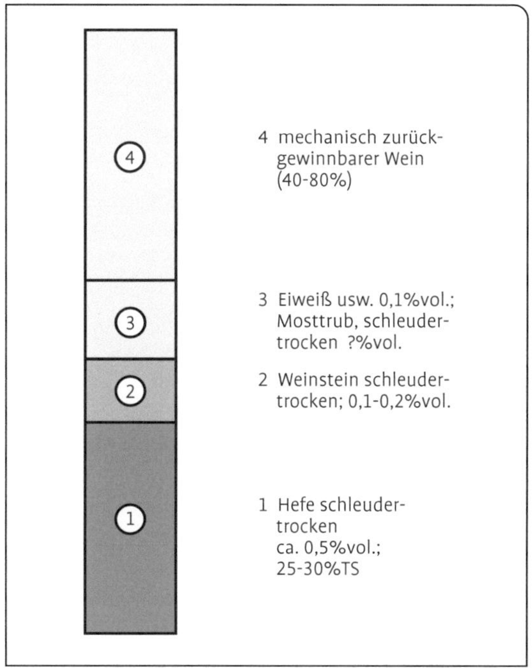

Abb. 147 Verteilung der Fraktionen von Weintrub; Position 3 ist eine Funktion der Mostklärung; Position 4 hängt von der Sedimentationszeit ab.

5.7.1 Techniken zur Trubverarbeitung

Trubmanagement ist bisher verfahrenstechnisch betrachtet worden. Trotz aller Optimierungen fallen unvermeidliche 3–5 %vol. bezogen auf den abgepressten Most als schleudertrockener Trub an. In der Praxis ist er entsprechend mit Most oder Wein verdünnt, kann ein Mehrfaches des Volumens ergeben und muss aufgearbeitet werden. Abb. 148 stellt die wichtigsten Verarbeitungsmöglichkeiten zusammen.

Je nach Bundesland muss der Trockensubstanzgehalt (TS) des zu deponierenden Trubs zwischen 32 und 36 % liegen. Damit ist auch der Wein-Verordnung genüge getan, die ein vollständiges Auspressen bis zur Trocknung nicht zulässt und höchstens 55 % TS erlaubt. Der mittels Zentrifugation oder Filtration zurückgewon-

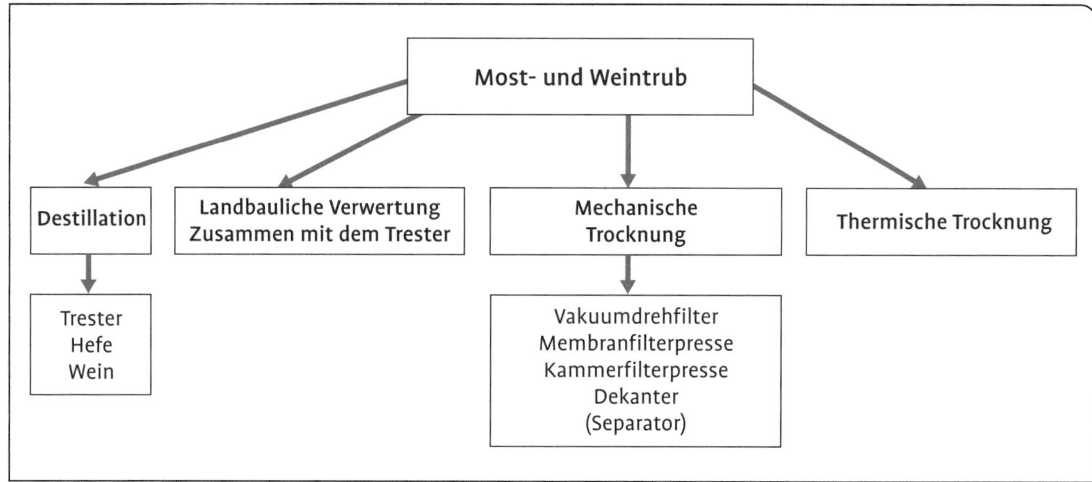

Abb. 148 Möglichkeiten der Trubverarbeitung.

nene Most oder Wein muss zudem von handelsüblicher Beschaffenheit sein. Das erfordert eine unmittelbare Verarbeitung und entsprechend schlagkräftige Technik. Die mögliche Konservierung mit SO_2 und spätere Verarbeitung ist aus qualitativen Gründen nicht zu empfehlen (Rosch 2012).

5.7.1.1 Destillation

Die Destillation ist die Methode der Wahl für kleinere Betriebe. Die daraus hergestellten Brände erweitern das Produktportfolio, die Arbeit lässt sich bequem an Dienstleister auslagern. Auch größere Betriebe verwenden oft einen Teil ihres Trubs zur Herstellung von Destillaten (siehe Kap. 7.3).

5.7.1.2 Thermische Trocknung

Die Anwendung von Wärme oder Kälte im Vakuum zur Trocknung von Weinhefe wird Spezialfällen vorbehalten sein. Für eine reine Deponierung ist dieser Prozess zu teuer und zu aufwendig und wird in der betrieblichen Praxis nicht eingesetzt, zumal damit kein Produkt zurückgewonnen werden kann. Soll die Hefe aber weiterverarbeitet werden zu kosmetischen oder diätetischen Produkten, lohnt der Aufwand. Großmann (2012) beschreibt z. B. eine Vielzahl von äußerlichen Anwendungsmöglichkeiten oder Wirkungen bei oraler Aufnahme, die von den Inhaltsstoffen bewirkt werden. Hefeextrakte sind reich an Vitaminen und Mineralstoffen, die gegen Allergien, Diabetes, Hautproblemen usw. helfen können.

Je nach zukünftiger Anforderung wird die mechanisch vorentwässerte Hefe in Trocknern unterschiedlicher Bauart, meist Kontakt- oder Konvektionstrocknern, schonend getrocknet und von Spezialfirmen aufbereitet.

5.7.1.3 Landbauliche Verwertung, evtl. zusammen mit dem Trester

Trub darf grundsätzlich nicht ins Abwasser gelangen. Das Einleiten von Hefe, Trester oder Trub aller Art in das Abwasser ist generell verboten. Der niedrige pH-Wert ist zwar in Kläranlagen nicht unerwünscht, um Übermengen an alkalischen Reinigungswässern zu neutralisieren, allerdings ist der biologische Sauerstoffbedarf unter Umständen so groß, dass die biologische Klärstufe umkippen kann.

Kleinere und mittelgroße Betriebe können den Trub unabhängig von der Trockensubstanz als Dünger in ihren Weinbergen recyceln. Vielfach wird er mit Trester vermischt. Die Vermischung eines noch vergleichsweise feuchten Trubs mit Trester ergibt in Summe ein deponiefähiges Produkt. Trester allein, aber auch die Mischung muss in dünner Schicht ausgebracht werden, um den Verrottungsprozess zu beschleunigen und eine lokale Überkonzentration von Bor zu vermeiden (Scholten 1997). Auf 1 ha Rebfläche kann mit 30–50 m^3 Trester eine hinreichende Stickstoffversorgung erzielt werden (Jakob 2012). Fällt Most- oder Weintrub aus einem modernen Separator mit einer Trockensubstanzen von z. B. 25 % an, lohnt aus Qualitätsgründen die weitere Auspressung nicht. Für die direkte Deponierung ist der Trub zu feucht, er erreicht erst nach einer Mischung mit Trester die geforderten TS-Werte. Großbetrieben bleibt kaum eine andere Möglichkeit, als den Trub auf Deponien zu entsorgen. Die Gebühren sind Bundesland spezifisch unterschiedlich hoch und ein Kostenblock, der minimiert werden kann.

5.7.2 Mechanische Trocknung

Most- und Weintrub wird hauptsächlich und meist direkt vor Ort mechanisch vorgetrocknet. Dafür geeignete Techniken sind in kleineren Betrieben die Hydropresse bzw. das Hefefilter (Kammerfilterpresse), in größeren kommen Vakuumdrehfilter, Cross-Flow-Mikrofilter (CMF), Dekanter und bei entsprechender verfahrenstechnischer Organisation Separatoren zum Einsatz.

5.7.2.1 Hydropresse

Die Hydropresse ist ursprünglich eine vertikal ausgerichtete Saftpresse, die ähnlich einer Schlauchpresse den Druck auf die Maische mit einer hydraulisch aufpumpbaren Membran erzeugt. Der Saft durchströmt ein Filtertuch am Presskorb und läuft frei ab. Der Membrandruck wird mittels Wasser erzeugt (Innenmembrane A).

Abb. 149 zeigt schematisch den Aufbau. Anstelle von gemahlenem Obst kann die Presse auch für die Entfeuchtung von Most- und Weintrub eingesetzt werden, indem der Trub z. B. mit Zellulose vermischt wird. Den Presskorb gibt es in Größen bis 180 l Fassungsvermögen (Fa. Speidel), die Hydropresse ist deshalb besonders für kleinere Betriebe mit wenig Trubanfall geeignet (Steidl 2011; Rosch 2012).

5.7.2.2 Cross-Flow-Mikrofilter

Cross-Flow-Mikrofilter (CMF) haben sich in den letzten 20 Jahren als Technik der Wahl für die Weinklärung vor allem in größeren Betrieben durchgesetzt und dort die Kieselgurfilter, Feinklärseparatoren oder auch Schichtenfilter zur Grobfiltration weitgehend verdrängt. Ihr verfahrenstechnischer Vorteil besteht darin, praktisch in einem einzigen Schritt ein nahezu steriles Fil-

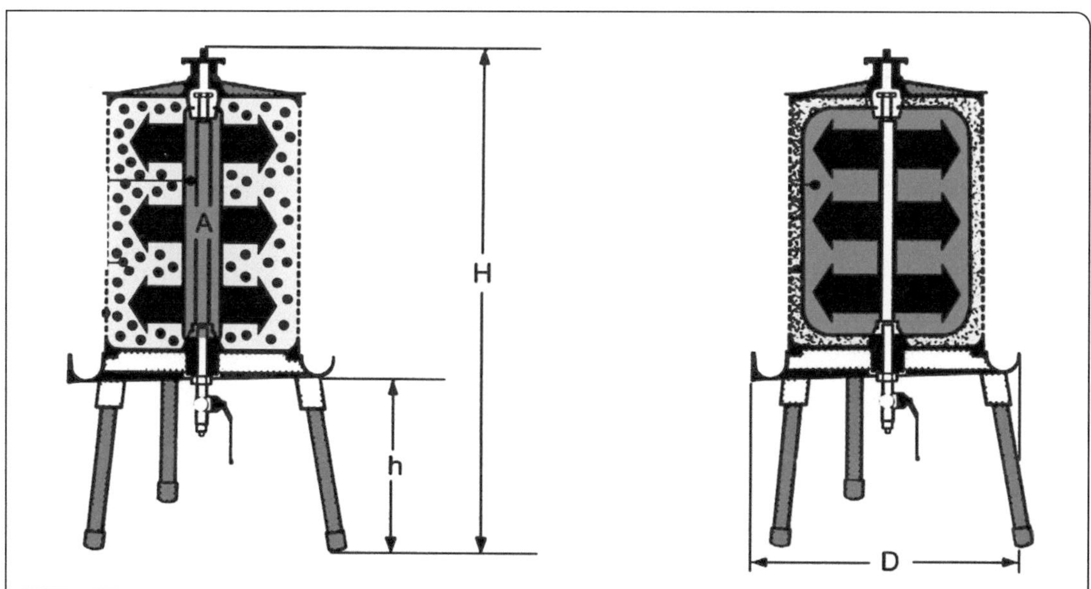

Abb. 149 Aufbau und Funktion einer Hydropresse (Quelle: Fa. Speidel).

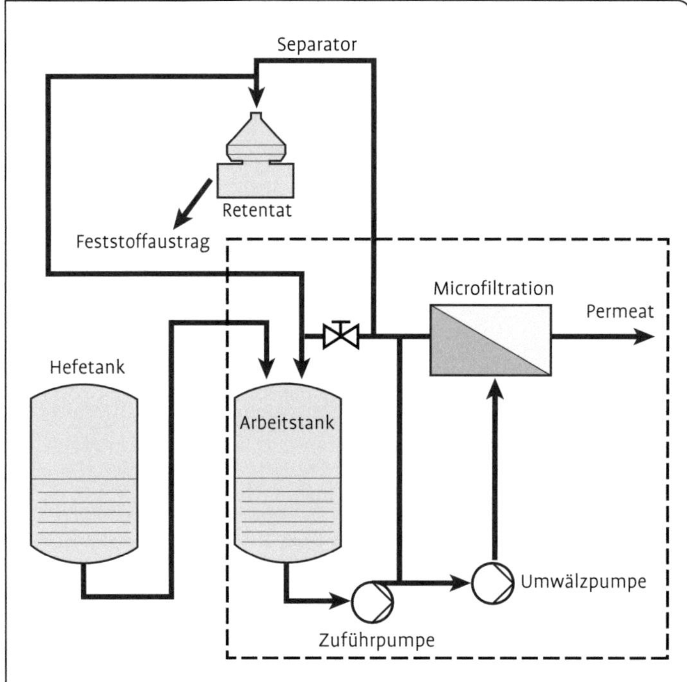

Abb. 150 Kombination von CMF und Separator zur Hefefiltration (nach GEA Westfalia Separator GmbH).

trat zu erzeugen. Ihre Schwäche liegt allenfalls in der fehlenden Trockensubstanz des Feststoffes (Retentats). Die Filter werden in Kap. 6.3 ausführlich besprochen.

Seit einigen Jahren werden Varianten dieser Filter auch für die Filtration von Trub eingesetzt. Durch Modifikation der Strömungsführung und der Kanaldurchmesser lassen sich Trockensubstanzen nahe 20 % erzielen. Eine Weiterverarbeitung kann sinnvoll und wirtschaftlich sein. Der Klärgrad dagegen ist der eines steril filtrierten Weines, die Qualität maximal erhalten. Das CMF kann mit einer anderen Technik derart kombiniert werden, dass diese im Nebenstrom das Retentat weiter konzentriert. Abb. 150 zeigt eine Kombination aus CMF und Zentrifuge.

Das Prinzip einer CMF beruht darauf, dass eine hohe Menge Weintrub durch enge poröse Kanäle im Kreislauf gepumpt wird. Ein Teil der Menge verlässt das System durch die Poren als Permeat oder Filtrat. Das umgewälzte Retentat reichert sich immer mehr mit Trubstoffen an und führt schließlich zur Erschöpfung des Systems. Wird aber eine Teilmenge des Trubs kontinuierlich abgezweigt, hält sich die Trubkonzentration im Filterkreislauf auf einem bestimmten, akzeptablen Niveau. Die Trockensubstanz des Trubs steigt auf das Niveau des im Bypass arbeitenden Separators oder Dekanters, die Zykluszeit der Anlagenkombination steigt beträchtlich.

5.7.2.3 Kammerfilterpresse (Hefefilter)

Angesichts der anzahlmäßig dominierenden kleinen und mittleren Betriebsgrößen ist die Kammerfilterpresse das hauptsächlich eingesetzte Gerät zur Trubverarbeitung. Es ist zur Klärung von Most und Wein sowie zur Trubverarbeitung gleichermaßen geeignet. Die Geräte sind seit Jahrzehnten am Markt und technisch ausgereift. Dem Betreiber stehen einige Stellschrauben zur Verfügung, die Filtration zu optimieren:

- die Voranschwemmung mit Perlite, Kieselgur oder Zellulose bzw. mit Kombinationen daraus,
- die laufende Dosierung bei der Mostfiltration bzw. die einmalige Einmischung bei der Trubfiltration (Menge und Produkt),
- die Wahl des Filtertuches,
- die Anzahl der eingesetzten Filterplatten, deren Trubvolumen möglichst ausgeschöpft werden soll.

Alle Parameter beeinflussen letztlich die Drainagewirkung des Systems und wirken sich auf die Filtrationsdauer und die Ausbeute, d. h. auf die Wirtschaftlichkeit aus. Tab. 52 zeigt ein Rechenbeispiel zur Verarbeitung von 10 %vol. Sedimentationstrub (Degünther 2008). Durch die Trub-Filtration können 85 % des Mostes zurückgewonnen werden. Von der Presse war demnach ein Most mit lediglich 1,5 %vol. Trub abgelaufen, die Verarbeitung insgesamt sehr schonend. Der Wert zeigt aber auch die Grenzen der Sedimen-

Tab. 52 Rechenbeispiel für die Verarbeitung von 10 000 l Most in einer Gesamtbetrachtung (Degünther 2008)

Rechenbeispiel	
Erntemenge:	10 000 l Most
Sedimentation:	10 % Trub = 1000 l Trub
VarioFluxx® P in Trub einrühren:	1,6 kg/100 l Trub = 16 kg VarioFluxx® P
Kammerfilterplatten-Format 470 mm:	4,5 l Volumen pro Filterkammer
Aufnahmekapazität für Sedimentationstrub pro Filterkammer Format 470 mm:	55 l (inklusive 1,6 kg/100 l VarioFluxx® P
erforderliche Anzahl von Filterplatten zur Verarbeitung von 1000 l Trub:	18 Filterplatten
Mostausbeute:	85 % = 850 l Most
Gärgebinde:	9000 l Überstand aus Sedimentation + 850 l Filtrat aus Kammerfilter = 9850 l Gesamtmenge zur Vergärung

tation für die Konzentrierung. Die Trubkonzentration am Tankboden lässt sich durch längeres Abwarten erhöhen, aber mit dem Risiko einer Angärung.

Das in Tab. 52 in den Trub eingerührte Filterhilfsmittel ist eine langfaserige Zellulose (Fa. Erbslöh), die gemischt mit Perlite im Vergleich zu allein eingesetzter Perlite die Ausbeute von 74 auf 87 % erhöhen konnte (zu den Filterhilfsmitteln siehe Kap. 6.2). Über noch höhere Ausbeuten berichtet Steidl (2011). Dasselbe Filterhilfsmittel in Verbindung mit speziellen monofilen Filtertüchern (Variosan-Verfahren Fa. Erbslöh) ergab eine Ausbeute von 91 % und einen blanken Most (6 FNU-Einheiten). Der Filterkuchen ließ sich leicht entnehmen, das Tuch durch Abspritzen reinigen.

Entschleimungstrub (Süßtrub) kann in der Filterpresse in faulen Jahrgängen zusammen mit Aktivkohleschlamm, in sauren z. B. mit Doppelsalz aufgearbeitet werden.

Ein Parameter für die Filtrationseffizient der Kammerfilterpresse ist das Filtertuch. Es sollte folgende Eigenschaften besitzen:

- geringer dynamischer Widerstand und hohe Luftdurchlässigkeit,
- Trubpartikel und Filterhilfsmittel sollten auch ohne Voranschwemmung zuverlässig zurückgehalten werden,
- geringe Flüssigkeitsaufnahme des Tuchmaterials; schnelles Trocknen; hoher hygienischer Standard,
- sehr gut zu reinigen.

Im Idealfall dient das Filtertuch lediglich als Stützgewebe für das Filterhilfsmittel. Entsprechend hydrophobes Material kann bereits 1 Stunde nach der Reinigung das Trockengewicht wieder erreicht haben, wo ungünstige Materialien bis zu 24 Stunden benötigen. Die Auswahl an Filtertüchern hat sich in den letzten Jahren vergrößert. Neue Gewebe sind aus monofilem Garn gewoben und verfügen über eine bessere Filterleistung, aber auch über erhebliche Vorteile in der Reinigung verglichen mit den herkömmlichen Multifilamentgarnen (Schandelmaier 2011). Diese bestehen aus mehreren zusammengezwirnten, endlosen Kunststoffdrähten mit zahllosen Zwischenräumen, in denen sich Trubstoffe verfangen können und zu Brutstätten für Mikroorganismen werden. Filtertücher aus Monofilamentgarn werden aus einzelnen, runden, einadrigen Endloskunststoffdrähten gewebt. Sie besitzen eine sehr glatte Oberfläche, die einseitig noch weiter geglättet werden kann. Ihre Luftdurchlässigkeit als Maß für die Filterdurchsatzleistung liegt 10–30-mal höher als bei Verwendung von Multifilamentgarn. Der Reinigungseffekt von Tüchern aus Monofilament ist insgesamt

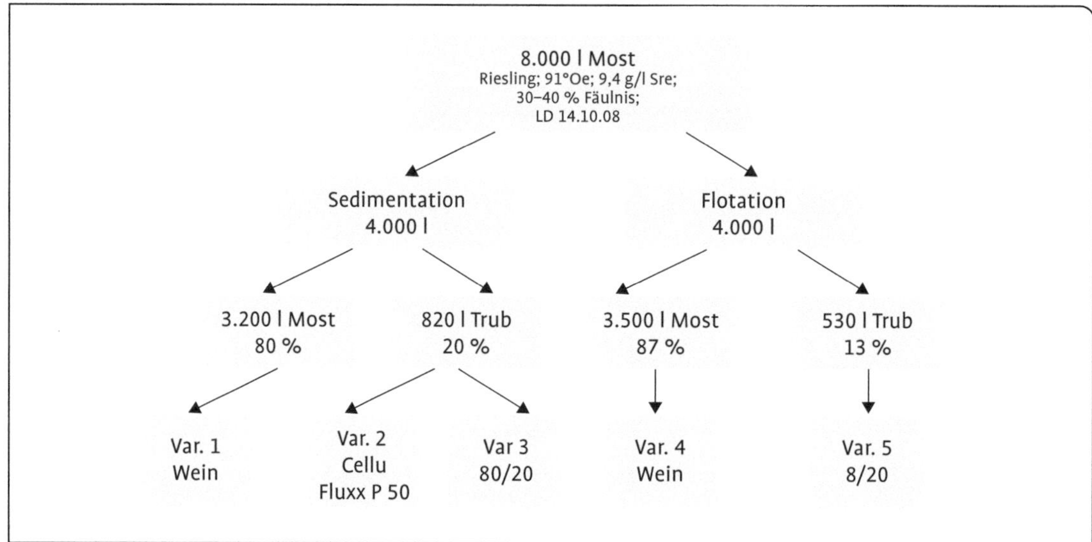

Abb. 151 Vergleich von Mostklärung und Trubverarbeitung nach Flotation bzw. Sedimentation (Degünther 2010).

wesentlich verbessert. Botrytisglucane können allerdings sehr hartnäckig sein und einen Enzymreiniger mit Glucanaseaktivität erforderlich machen. Eine über die Kellerwirtschaft hinausgehende Übersicht über Filtertücher und Gewebe für die Kuchenfiltration findet sich bei Ripperger (2008).

Ein weiteres Beispiel zeigt Abb. 151. Es zeigt Ergebnisse bei der Verarbeitung von Trauben mit 30-40 % Fäulnis. Verglichen wurden die Mostklärung durch Flotation mit der der Sedimentation sowie die Trubverarbeitung mit Zellulose (CelluFluxx) bzw. einer Mischung aus 80 % Perlite und 20 % Zellulose (80/20). Der Sedimentationstrub stieg auf 20 % der Ausgangsmenge und lag deutlich höher als die Trubmenge bei der Flotation. Weitergehende Analysen ergaben bei den Trubvarianten eine Abnahme der Weinsäure zwischen 0,3 und 0,6 g/l, eine Abnahme an Kalium von bis zu 1 g/l, eine leichte Zunahme der flüchtigen Säuren und einen deutlich niedrigeren Klärgrad. Most oder Wein aus Trub unterscheiden sich analytisch vom Ausgangsprodukt. Es ist eine Managemententscheidung, wie mit diesen Chargen verfahren werden soll.

Rasche Verarbeitung mit zeitgemäßer Technik vorausgesetzt, kann Most aus Trub zurückgewonnen fast immer ohne Qualitätsverlust original zurückverschnitten werden. Wein aus Trub ist kritischer zu sehen. Die Hefe gibt rasch nennenswerte Mengen an Mannanen, Glucanen und anderen Stoffen an den Wein ab, die technologisch und sensorisch problematisch werden können. Verschnittversuche sind unumgänglich.

5.7.2.4 Verfahrensvergleiche

Die Trubverarbeitung war in der Vergangenheit nicht das bevorzugte Forschungsgebiet der Lehr- und Versuchsanstalten. Innovationen waren auf dem Gebiet eher dünn gesät (Strobl 2011). Ausführliche Vergleichsversuche im großtechnischen Maßstab wurden hauptsächlich durchgeführt in der Dissertation von Hruschka (1996), die in Teilen in verschiedenen Fachpublikationen bekanntgemacht wurden (Hamatschek et al. 1993; Hamatschek und Hruschka1993; Hruschka und Linke 1996). Verglichen wurden im Großmaßstab das Vakuumdrehfilter, die Kammerfilterpresse, die Membranfilterpresse und der Dekanter. Im Mostbereich erzielten alle Techniken zufriedenstellende Ergebnisse. Unterschiede zeigten sich aufgrund unterschiedlicher Klärgrade beim Verlauf der Gärung. Die Trubabscheidung im Hefebereich führte nur beim Kammerfilter mit Membranpressung zu hinreichend guten Ergebnissen bei der Leistung und der Tro-

Tab. 53 Gegenüberstellung von Ergebnissen bei der Trubverarbeitung mit unterschiedlichen Techniken (Hamatschek et al. 1993)

Merkmal	VDF Vakuumdrehfilter	KFP Kammerfilterpresse	MFP Membranfilterpresse	Dekanter
Vermischungs-volumen	sehr groß	groß	groß	gering
Filterhilfsmittel	ja	ja, Anschwemmung: viel Dosage: wenig	ja, Anschwemmung: viel Dosage: wenig	nein
Oxidation	ja	nicht emittelt	nicht ermittelt	etwas
Produktqualität Most Wein	 gut schlecht	 gut befriedigend	 gut gut	 gut
Klärgrad	durchgehend gut	anfangs trüb später gut	anfangs trüb später sehr gut	Most: gut Wein: Nachklärung notwendig
spez. Leistung l/h	Most. 2800 Hefe: 1100	Most: 2650 Hefe: 2000	Most: 3900 Hefe: 7000	Most: 4000 Hefe: 1000
Filterkuchen-TS % Most Hefe	 22 32	 31 35	 45 41	Abscheiderate % 99 96
Gärverlauf	verzögert	trübes Anfangsfiltrat sehr gut, klares Filtrat	trübes Anfangsfiltrat sehr gut, klares Filtrat	nicht ermittelt

ckensubstanz. Das Vakuumdrehfilter fiel wegen der großen Misch- und Verschleppungszone negativ auf. Tab. 53 stellt die erzielten Ergebnisse in einer Zusammenfassung gegenüber.

Großbetriebe hatten in der Vergangenheit sehr häufig mit dem Vakuumdrehfilter gearbeitet. Aus qualitativen und arbeitswirtschaftlichen Gründen ist die Praxis inzwischen weitgehend davon abgerückt. Die Kammerfilterpressen mit oder ohne Membrane kommen verstärkt zum Einsatz, in manchen Gegenden auch der Dekanter. Wenn immer die Möglichkeit besteht, wird der Trub zur Destillation abgegeben. Angesichts der vorgeschriebenen Mengenbeschränkungen bei der Vermarktung ist das der Schritt, der sich qualitativ am deutlichsten auszahlt. Unabhängig davon gilt das Primat der Trubvermeidung. Die Maßnahmen dazu sind bekannt, immer mehr Betriebe wenden sie auch an.

6 Vom Jungwein zum füllfertigen Wein

Jungwein ist Wein, der zumindest zu $^3/_5$ vergoren bzw. nach Ende der alkoholischen Gärung noch nicht von der Hefe getrennt ist. Auf dem Weg dorthin wird von teilweise gegorenem Traubenmost gesprochen, der mindestens 1 %vol. Alkohol besitzen muss und max. zu $^3/_5$ vergoren sein darf. Kap. 6 beschäftigt sich mit den Maßnahmen, die auf dem Weg vom Jungwein zum abfüllfähigen Wein notwendig bzw. möglich sind. Abb. 152 stellt die wichtigsten im Zusammenhang dar.

In die abklingende Gärung wird so frühzeitig als möglich beigefüllt. Ein spundvoller Tank schützt vor Oxidation an der Oberfläche und verhindert, dass sich am Schaumrand Infektionen ausbreiten können. Der 1. Schritt nach Abschluss der Gärung ist der sogenannte Abstich. Der Jungwein wird von der Masse der Hefe getrennt und in einen anderen Tank spundvoll umgelagert. Die Abtrennung vom Hefesediment kann erfolgen durch bloßes Abpumpen des Überstands, aber auch bereits in Verbindung mit einer ersten Klärmaßnahme. Die dazu möglichen Techniken müssen in der Lage sein, die noch in Schwebe befindlichen Hefezellen, etwa 0,05–0,2 %vol., aufzunehmen. Geeignet dafür sind der Separator, die Anschwemmfiltration und die Cross-Flow-Mikro-Filtration. Der danach mehr oder weniger hefefreie Wein ist nach einer entsprechenden Schwefelzugabe und bei spundvoller Lagerung chemisch und mikrobiologisch stabil. Großbetriebe mit moderner Maschinenausstattung gehen bei den Konsumweinen aus Sicherheitsgründen sehr häufig diesen Weg des schnellen Abstichs. Alle weiteren kellerwirtschaftlichen Maßnahmen können dann ohne Zeitdruck oder nennenswertes Produktrisiko abgearbeitet werden.

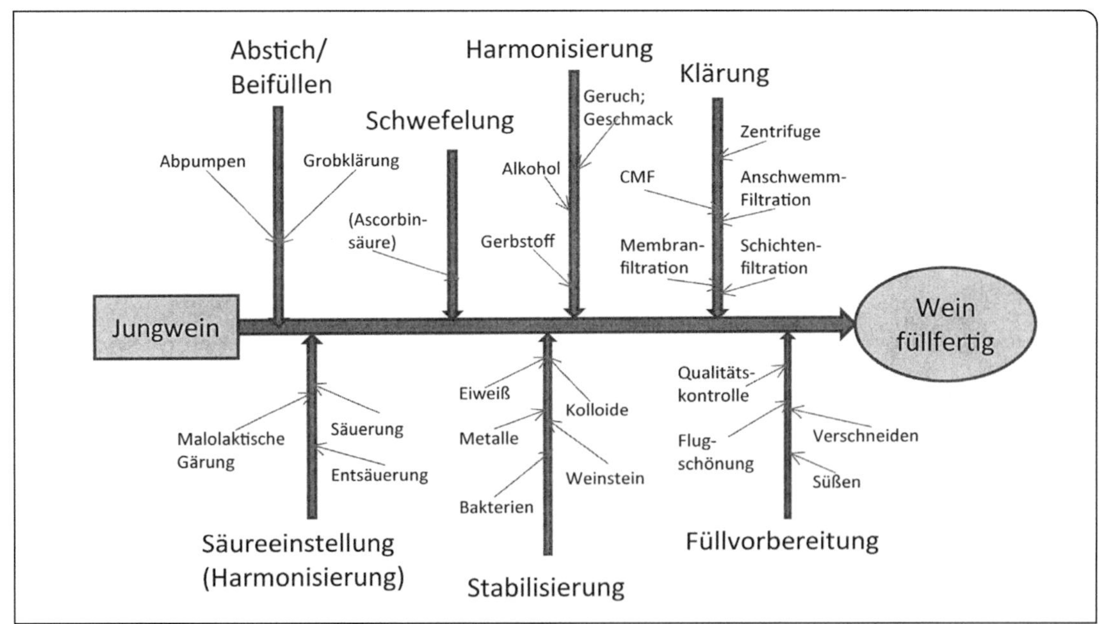

Abb. 152 Maßnahmen auf dem Weg vom Jungwein zum füllfertigen Wein.

Fehlt die Technik oder soll eine Lagerung auf der Feinhefe erfolgen, wird nur abgepumpt. Weitgehende Einigkeit herrscht in der Kellerwirtschaft darüber, dass der 1. Abstich frühzeitig zu erfolgen hat (Troost 1988), um unerwünschte Abgaben des sich allmählich zersetzenden Hefedepots sowie eine mögliche Oxidation zu verhindern (siehe auch Kap. 6.2). Wichtig ist danach aus Qualitätsgründen die schnelle Verarbeitung des Hefetrubs.

6.1 Säuremanagement

Das Kapitel Säuremanagement umfasst die Themen Einstellung der gewünschten Säuremenge und Stabilisierung der Säure gegen spätere Kristallausscheidung auf der Flasche. Angesichts der Bedeutung und der Komplexität einer maßgeschneiderten Säureeinstellung wird der Begriff Säuremanagement verwendet. Nach dem Verständnis des Managementbegriffes aus Kap. 1 muss die Analytik die Ausgangswerte liefern und der Önologe die Zielgrößen definieren. Der Begriff bringt auch zum Ausdruck, dass die Säuredynamik bereits bei der Weinbergsarbeit beginnt und sich über den gesamten Ausbauprozess erstreckt. Die Fülle der Einflussgrößen ist immens und ihre Auswirkung auf das Ergebnis ist immer im Zusammenhang zu sehen. Abb. 153 zeigt die Möglichkeiten der Kellerwirtschaft, eine lagerstabile Säuremenge entsprechend des angestrebten Weintyps zu erzielen. Seit Kurzem sind zudem physikalische Verfahren erlaubt: die Elektrodialyse mit bipolaren Membranen und der Kationenaustausch.

Die Säure ist einer der wichtigsten Geschmacksträger im Wein. Damit er harmonisch schmeckt, müssen Säuremenge, Alkoholgehalt, Extrakt und Süße eine Einheit bilden, in der keiner der Partner dominiert. Ein Übermaß an Säure führt zu „aggressiven, spitzen" Weinen, ein Mangel zu „plumpen, laschen" Produkten. Unter deutschen Bedingungen liegen die Gesamtsäuregehalte des Mostes je nach Rebsorte und Reifegrad zwischen 6 und 15 g/l, in besonders unreifen sind auch 20 g/l möglich. Die Rebsorte Riesling zeichnet sich durch höhere Werte aus, rote Sorten oder Müller-Thurgau, Traminer bzw. Muskateller durch eher niedrigere. In reifen Jahrgängen wie 2003 oder 2009 liegen die Säuremengen üblicherweise niedriger als in weniger

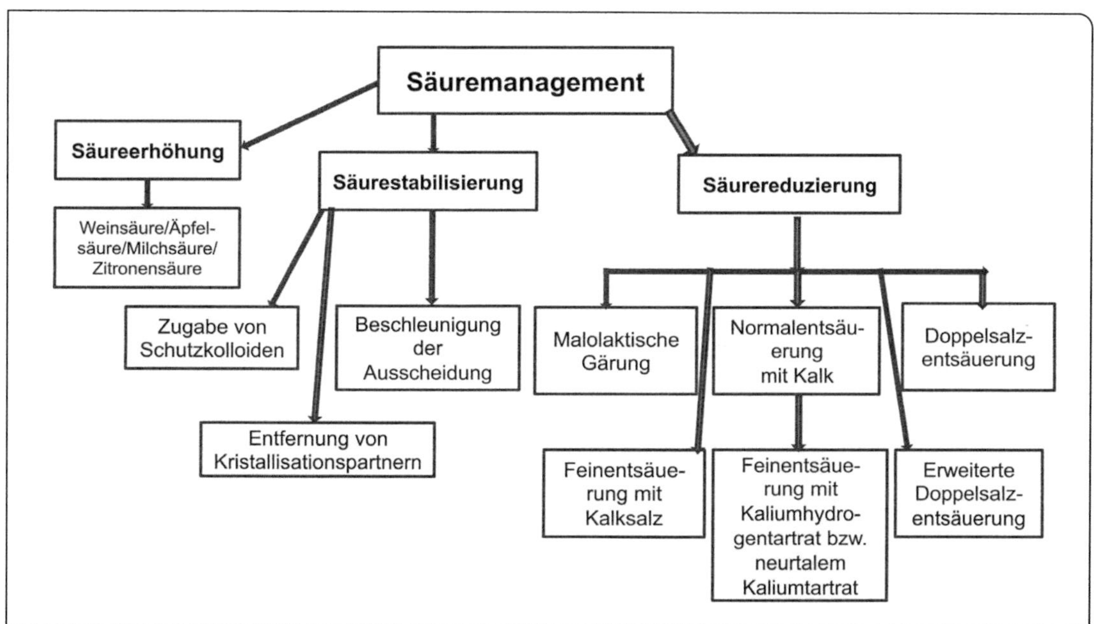

Abb. 153 Kellerwirtschaftliche Maßnahmen zur Säureeinstellung und Säurestabilisierung.

reifen. Eine schonende Trauben- und Maischebehandlung hilft, den Säuregehalt im Most auf höherem Niveau zu halten und die Extraktion von Zytoplasmaflüssigkeit und Kaliumionen zu minimieren (siehe Kap. 2). Die titrierbare Säuremenge steht in guter Korrelation zu dem „sauren Geschmack" (Nidda und Fischer 1999), der vielfach von Kunden abgelehnt wird und u. a. durch eine gewisse Menge Restsüße kompensiert werden kann. Weinsäure und Äpfelsäure schmecken gleich sauer, Milchsäure nur halb so stark.

Die Säure besitzt neben sensorischen auch eine Fülle technologischer Eigenschaften:

- Die Säuremenge korreliert mit dem pH-Wert, der für die Wirksamkeit der schwefligen Säure und die Farbintensität der Anthocyane wichtig ist. Er beeinflusst zudem die Effektivität der Bentonitschönung, der Eiweißschönung generell sowie das Wachstum von Milchsäurebakterien und die Weinsteinstabilität; es setzt sich immer mehr die Erkenntnis durch, dass der pH-Wert die wichtigere Steuerungsgröße für die Weinqualität ist als die Säuremenge.
- Je höher der Säuregehalt, desto besser ist im Normalfall die Lagerfähigkeit.
- Bei der alkoholischen und der malolaktischen Gärung können als Stoffwechselprodukte der Mikroorganismen Säuren entstehen, die sensorisch besonders negativ auffallen (z. B. Essigsäure, aber auch Milchsäure).
- Säuren können in Form bestimmter Salze im Laufe der Lagerung instabil, d. h. unlöslich werden und Kristalle in der Flasche bilden bzw. für andere Arten der Trübung verantwortlich sein (z. B. Schleimsäure).

Um den klimatischen Schwankungen Rechnung zu tragen, können inzwischen auch die nördlichen Anbaugebiete in Ausnahmejahren die Zugabe von Säure zur Erhöhung der Gesamtsäure und Erniedrigung des pH-Wertes erlauben (Anhang XVa der EU-VO 1234/2007). Jahre mit einer derartigen Sondergenehmigung waren z. B. 2003 und 2009. Verwendet werden dürfen dazu nur Weinsäure, Äpfelsäure und Milchsäure, die auch im Wein natürlich vorkommen. Eine zeitlich versetzte Säureerhöhung und Säureverringerung bei einem einzelnen Wein sind nicht zulässig.

6.1.1 Die Säuren des Weines

Die Säure eines Weines setzt sich aus mehreren Verbindungen mit mindestens einer Säuregruppe und entsprechender Dissoziation zusammen. Mengenmäßig dominierend sind die Weinsäure und die Äpfelsäure, die beide in der Beere gebildet werden und einer ausgeprägten Kinetik unterliegen.

Die Gesamtsäure wird titrimetrisch bestimmt und in Deutschland als Weinsäure berechnet. Der angegebene Wert ist ein Maß für die Aktivität der Protonen und sagt nichts über die Zusammensetzung aus. Für Details zur Chemie siehe Würdig und Woller (1989), Jakob (1996) oder Weik (2012).

Die L(+)-Weinsäure (Dihydroxybernsteinsäure; ihre Salze heißen Tartrate) ist in Wasser und Alkohol sehr gut löslich. Mit Kaliumionen aus dem Traubenmost reagiert sie zum schwer löslichen Kaliumhydrogentartrat (Monokaliumtartrat) und kristallisiert in typischen Kristallen langsam als sogenannter Weinstein aus. Dieser Prozess beginnt bereits während der Maischestandzeit, setzt sich im Most fort und reduziert die Weinsäuremenge in Abhängigkeit der Konzentrationen der beiden Partner schon während des Ausbaus. Parallel steigt der pH-Wert an. Mit Kalzium bildet die Weinsäure unlösliches Kalziumtartrat. Die Normalentsäuerung mit Kalk ($CaCO_3$) nutzt diese Eigenschaft.

Die L(-)-Äpfelsäure (Monohydroxybernsteinsäure; ihre Salze heißen Malate) ist die zweitwichtigste Säure in Most und Wein. In reifen Jahrgängen wird sie bis auf wenige g noch in der Beere verstoffwechselt und macht weniger als $\frac{1}{3}$ der Gesamtsäure aus. In unreifen Jahrgängen kann ihr prozentualer Anteil doppelt so hoch liegen als der der Weinsäure. Äpfelsäure bildet mit den Ionen des Mostes keine unlöslichen Salze. Zur chemischen Fällung mit zugesetzten Salzen siehe Kap. 6.2.3, Doppelsalzfällung.

Essigsäure kommt in Mosten aus gesunden Trauben im Bereich von 20 mg/l vor. Deutlich höhere Werte sind eine Folge mikrobiologischer Aktivitäten, besonders von *Botrytis cinerea* oder bestimmten Milchsäurebakterien. Essigsäure ist Hauptbestandteil der flüchtigen Säuren, deren

Tab. 54 Eigenschaften der zur Säuerung zugelassenen Säuren (Weik 2012)

	Trauben, Maische und Most	Wein
Weinsäure	sinnvoll zur pH-Absenkung, erwünscht	weniger sinnvoll, zusätzlicher Weinsteinausfall
	• ergibt die größte pH-Absenkung • 1,5 g/l Weinsäure senkt den pH-Wert um ungefähr 0,2 Einheiten im Most • Erhöhung der Gesamtsäure nicht vorhersehbar, durch den Weinsteinausfall wird meist die Hälfte der eingesetzten Säure wieder ausgefällt • Kaliumausfall • es darf nur Weinsäure aus landwirtschaftlichem Ursprung verwenden werden (L-Weinsäure)	
Äpfelsäure	wenig sinnvoll, weil noch geringere Auswirkung auf den pH-Wert als Milchsäure	sinnvoll, weil kein Einfluss auf Weinsteinstabilität
	• handelsübliche DL-Äpfelsäure besteht je zur Hälfte aus D- und L-Äpfelsäure • bei einem Biologischen Säureabbau wird die L-Form zu Milchsäure abgebaut, die D-Form ist stabil	
Milchsäure 80 %	wenig sinnvoll, weil geringe Auswirkung auf den pH-Wert	sinnvoll, weil mikrobiologisch stabil und kein Einfluss auf Weinsteinstabilität
	• handelsüblich ist eine 80 %ige Lösung, nicht in Pulverform erhältlich • kann einen leicht laktischen Geruch aufweisen • der Säuerungseffekt (Gesamtsäure, pH-Wert) stellt sich erst mit Zeitverzögerung ein, da Milchsäure zu 7–8 % gebunden vorliegt	

Anwesenheit in Wein als Indiz für mikrobiellen Verderb gesetzlich limitiert (bei Weißwein 1,08 g/l; bei Rotwein 1,2 g/l).

Zitronensäure (2-Hydroxy-1,2,3-propan-tricarbonsäure) kommt natürlich in Trauben in Mengen von 0,1–0,2 g/l vor, bei durch Botrytis infiziertem Lesegut auch über 500 mg/l. Weinrechtlich ist eine Zugabe zum Wein (nicht zum Most) erlaubt bis zu einer Höchstmenge von 1 g/l insgesamt. Zitronensäure wird dabei als Stabilisierungsmittel für Metalle eingesetzt, erhöht aber gleichzeitig die Gesamtsäure.

Milchsäure (2-Hydroxypropionsäure) wird während der alkoholischen und vor allem der malolaktischen Gärung aus Äpfelsäure gebildet. Sie ist kein originäres Traubenprodukt und darf weinrechtlich zur Säuerung eingesetzt werden.

Gluconsäure (enzymatisches Oxidationsprodukt der Glukose) und Galactarsäure (Schleimsäure) sind hauptsächlich Stoffwechselprodukte von *Botrytis cinerea*. Je nach Befallsintensität können sie statt im unteren mg-Bereich im g-Bereich vorkommen (z. B. Gluconsäureanstieg von 0,04 auf 2,1 g/l; Berghold und Eder 2000). Das schwer lösliche Kalziumsalz der Galactarsäure (Kalziummucat genannt) kann in hochwertigen Weinen als amorpher, weißer Niederschlag auftreten.

Daneben kommen jeweils im niedrigen mg-Bereich verschiedene Säuren des Hefestoffwechsels vor, dazu einige Phenolcarbonsäuren.

6.1.2 Säureerhöhung

Fehlende Säure kann ein Jahrgangsproblem sein, aber auch ein Reifeproblem. Die gewünschte hohe physiologische Beerenreife geht oft mit einer starken Veratmung der Säure am Stock einher. Vielfach wird deshalb die noch verbliebene Säuremenge zum Lesekriterium. Frühsorten werden oft mit pH-Werten oberhalb 3,6 geerntet, die mikrobiologisch bereits im kritischen Bereich liegen. Eine Abhilfe könnte die Säuerung sein: Amann und Zimmermann (2008) fanden z. B. bei einem Müller-Thurgau-Vergleich eine klare Präferenz für den zu einem späteren Zeitpunkt säurearm gelesenen und durch Zusatz gesäuerten Wein.

Wenn die Bundesregierung in einem kritischen Jahr die Erhöhung der Säure erlaubt, ist dies auf zwei Wegen möglich: im Moststadium um höchstens 1,5 g/l oder im Weinstadium um

Tab. 55 Maximale Säuerungsmengen für Most und Wein

	Maische Most	Wein
Weinsäure	1,5 g/l	2,5 g/l
Äpfelsäure	1,34 l/g	2,23 g/l
Milchsäure	2,25 g/l 1,88 ml/l	3,75 g/l 3,13 ml/l

max. 2,5 g/l, berechnet als Weinsäure. Als Säuerungsmittel sind Weinsäure, Äpfelsäure und Milchsäure zugelassen. Tab. 54 vergleicht deren Eigenschaften bei einer Verwendung im Most- bzw. im Wein (Weik 2012).

In der Praxis haben sich die Zugabe von (L+)-Weinsäure zum Most und die (L+)-Milchsäure zum Wein als bevorzugte Lösung herauskristallisiert. Die Mostsäuerung mit Weinsäure führt zu einem vergleichsweise deutlichen Absenken des pH-Wertes und damit zum höchsten mikrobiologischen Schutz. Der Zusatz von 1 g/l Weinsäure erhöhte bei Müller Thurgau und Silvaner die Menge an titrierbarer Säure um etwa 0,7 g/l und senkte den pH-Wert um 0,15–0,2 Einheiten (Weiand 2009a). In Kauf genommen werden muss ein manchmal um Wochen zeitverzögerter Ausfall als Weinstein. Deshalb ist auch keine Feinjustierung für den abfüllfertigen Wein möglich. Die Zugabe von Milchsäure zum Wein befreit von diesem Problem, sie bleibt stabil in Lösung. D/L-Weinsäure, das handelsübliche Racemat, bietet keine zusätzlichen Vorteile, (L-)-Äpfelsäure ist aus Kostengründen keine Alternative (Geßner und Burkert 2010).Die Säuerung von Wein erfordert Vorversuche. Ein eventuell bereits etabliertes Ionengleichgewicht wird wieder gestört, ein Weinsteinausfall ist möglich. Wird Weinsäure zugesetzt, ist mit einer längeren erneuten Stabilisierungszeit zu rechnen. In der Regel genügt bei einem Gesamtsäuregehalt von 5 g/l ein Zusatz von 1 g/l. Höhere Dosierungen ergeben leicht sauer-unharmonische Weine (Breier 2003). Weine mit hohem Alkoholgehalt und niedriger Säure lassen keine Aussage über die zu erwartende sensorische Wirkung zu (Geßner und Burkert 2010).

Zitronensäure darf dem Wein zugegeben werden, aber nicht zum Zwecke der Säureerhöhung. Diese ergibt sich als Nebeneffekt, wenn sie bestimmungsgemäß zur Komplexierung von Schwermetallen eingesetzt wird. Die Gesamtmenge Zitronensäure darf im fertigen Wein max. 1 g/l betragen, die Bestimmung der originären Menge ist deshalb unerlässlich.

Tab. 55 zeigt die in Most und in Wein maximal zulässigen Säureerhöhungen durch die drei Säuren. Die Werte für Milchsäure sind dabei angegeben in ml 80 %ige Lösung, die in der Praxis zum Einsatz kommt. Hinter den Werten für Äpfelsäure und Milchsäure stehen die Umrechnungsfaktoren in Relation zur Weinsäure. Die Säure in Most oder Wein wird titrimetrisch bestimmt, der Verbrauch an Lauge auf g/l Weinsäure umgerechnet. In Frankreich erfolgt die Umrechnung auf Schwefelsäure, die dort ermittelten Werte sind in der Regel niedriger als deutsche.

Für die unterschiedlichen Säuren existieren individuelle Umrechnungsfaktoren. Analytisch bestimmte 10 g/l Weinsäure würden als Äpfelsäure berechnet 11,2 g/l ergeben, als Zitronensäure 11,7 oder als Milchsäure 8,3. In Frankreich werden 10 g/l Weinsäure zu lediglich 6,5 g/l, ausgedrückt als Schwefelsäure. Bei der Säuerung werden umgekehrt aus 1,5 g/l möglicher Zugabe von Weinsäure 1,34 g/l Äpfelsäure.

6.1.3 Säurereduzierung

Die Reduzierung der Säure kann in Most oder Wein auf chemischem Wege erfolgen. Entsprechend der zu verringernden Menge und der Zusammensetzung der Säuren stehen verschiedene Möglichkeiten zur Verfügung. Eine hauptsächlich auf das Weinstadium beschränkte Alternative ist die Durchführung der malolaktischen Gärung, bei der Äpfelsäure durch Bakterien hauptsächlich zu Milchsäure und CO_2 umgewandelt wird.

6.1.3.1 Die malolaktische Gärung (Bakterieller Säureabbau, BSA)

Die malolaktische oder 2. Gärung ist ein weiterer wichtiger Schritt im Zuge der Weinherstellung. Wichtig, weil er den Wein deutlich verändert

Tab. 56 Säureveränderungen in einem Portugieser QbA durch den bakteriellen Säureabbau im Vergleich zur Kalkentsäuerung (Miltenberger et al. 2001)

	BSA spontan	BSA m. Starterkultur	bei Gärungsende	durch Kalkentsäuerung
BSA-Dauer Tage	45	14		
pH	3,8	3,7	3,4	4,0
Gesamtsäure g/l	4,8	4,7	8,0	5,2
Malat g/l	0,0	0,0	4,3	3,8
flüchtige Säure g/l	0,4	0,4	0,2	0,2
Citrat g/l	0,0	0,0	0,2	0,2
gebund. SO_2 mg/l	90	70		120

und bewusst durchgeführt oder genauso bewusst verhindert werden muss. Beides verlangt ein Verständnis für die zugrunde liegenden Abläufe. Der bakterielle Säureabbau ist ein kellerwirtschaftliches Werkzeug, mit dem mehrere Effekte gleichzeitig erzielt werden können:

- die Säureminderung als Teile des Säuremanagements,
- die Verbesserung der mikrobiologischen Stabilität nach Entfernung der Äpfelsäure, die ein potenzielles Restrisiko darstellt,
- die Verringerung von Schwefel bindenden Substanzen zur Reduzierung des SO_2-Bedarfs,
- die Aromaveränderung durch Metabolisierung sensorisch wahrnehmbarer Inhaltsstoffe.

2 g/l abgebaute Äpfelsäure reduzieren die titrierbare Säure um 1 g/l und bilden 0,34 l Kohlensäuregas. Der saure Geschmack wird verringert, der Wein „milder". Verbunden damit ist ein Anstieg des pH-Wertes. Verantwortlich sind für diesen Prozess Milchsäurebakterien, die ein natürlicher Teil des mikrobiellen Ökosystems der Trauben sind. Die Dynamik im Tank kann bei einem stürmischen Säureabbau ähnlich sein wie bei der alkoholischen Gärung. Und wie bei der alkoholischen Gärung kann die malolaktische Gärung Produkt eines spontan ablaufenden Prozesses durch die natürliche Flora sein oder das Ergebnis einer Starterkultur. Seit 1991 ist die Zugabe von Starterkulturen der Gattungen *Oenococcus/Leuconostoc, Lactobacillus* und *Pediococcus* zu Most oder Wein zulässig, in den letzten 10 Jahren hat ihre Verwendung deutlich zugenommen.

In Anbaugebieten mit viel Rotweinproduktion (Württemberg, Baden, Ahr) hat der bakterielle Säureabbau eine lange Tradition. Anbaugebiete mit mehr Weißweinproduktion haben sich in den letzten Jahren, auch dank der Starterkulturen, verstärkt damit auseinandergesetzt. In den meisten Anbaugebieten des Auslands ist die Durchführung der 2. Gärung Stand der Technik und Teil der Weinphilosophie. Andererseits wäre er aufgrund der klimatischen und weinbaulichen Rahmenbedingungen auch nur mit viel Aufwand zu verhindern.

Tab. 56 zeigt analytische Veränderungen eines Portugieser Rotweines durch die malolaktische Gärung im Vergleich zur Kalkentsäuerung (siehe dazu Kap. 6.1.3.2).

Durch jede Art der Entsäuerung hat die Menge an titrierbarer Säure deutlich abgenommen, der pH-Wert ist entsprechend deutlich angestiegen mit all den bekannten Nachteilen für den weiteren Weinausbau. Die verfügbare Äpfelsäure wurde durch die Bakterien vollständig metabolisiert, die chemische Entsäuerung führte nur zu einer Verringerung um etwa 10 %. Dafür ist bei der rein chemischen Maßnahme die Menge an flüchtigen Säuren nicht verändert worden, während der Stoffwechsel der Bakterien für eine Zunahme gesorgt hat. Der erhöhte Wert liegt allerdings noch deutlich unter der Wahrnehmungsgrenze. Bei Verwendung von Starterkulturen ist mit 2–3 Wochen Gärdauer zu rechnen, bei stürmischem Abbau reicht oft eine. Spontangärungen können wesentlich länger dauern und müssen sensorisch und analytisch regelmäßig überprüft werden.

Die Diskussion um die Art des bakteriellen Säureabbaus, mit Starterkultur oder spontan, ist vergleichbar der Diskussion um die alkoholische Spontangärung. Der möglichen metabolischen Vielfalt der Spontangärung stehen ihre unbestreitbaren Risiken gegenüber. Viele Weinfehler führen zu einem nicht mehr verkehrsfähigen Wein, andere zu einer Abwertung bei der Qualitätsweinprüfung. Rotweine bzw. kräftige Weißweine als hauptsächlich dem Säureabbau unterzogene Produkte verfügen zum Glück über ein hohes Pufferpotenzial und sind in der Lage, geringe „Abweichungen von der Norm" einzubinden. Bei eher leichten Weißweinen ist nur wenig Puffer vorhanden, Abweichungen verändern den Stil des Weines unmittelbar. Auch bei einem Abbau der Säure nach Lehrbuch werden leichte, fruchtige Weine eher „breit, plump". Letztlich entscheidet der Markterfolg, ob dieser veränderte Stil Akzeptanz findet. Die Entscheidung für den bakteriellen Säureabbau und die Art der Durchführung ist eine wichtige Managemententscheidung, für die Chancen und Risiken abgewogen werden müssen.

Die Metabolisierung von Weininhaltsstoffen ist eine Funktion des Bakterienstammes und der Milieubedingungen. Veränderungen detailliert zu beschreiben ist nahezu unmöglich. Unter der Annahme eines lehrbuchmäßig ablaufenden Säureabbaus mit *Oenococcus oeni* als Starterkultur verändern sich zahlreiche Inhaltsstoffe. Die Richtung dieser Veränderungen zeigt Abb. 154 (Dittrich und Großmann 2010, verändert).

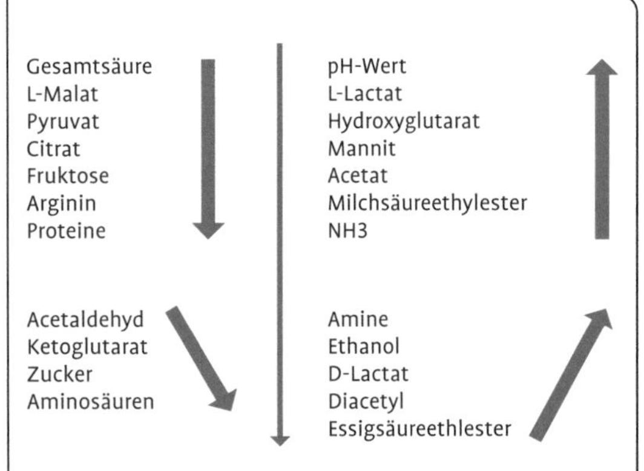

Abb. 154 Richtung der Veränderungen der Inhaltsstoffe durch die malolaktische Gärung; schräg gestellte Pfeile: geringe Änderung (nach Dittrich und Großmann 2010, verändert).

Inwieweit sich die Änderungen sensorisch positiv oder negativ bemerkbar machen, hängt von ihrer Konzentration und vom Geruchs- und Geschmacksschwellenwert ab. Zu den positiven Aromakomponenten zählen Diacetyl, 2,3-Butandiol, Ester und höhere Alkohole. Diacetyl wird in Rotweinen bis 4 mg/l (Geschmacksschwelle < 0,25 mg/l) mit Attributen wie frische Butter, cremig, sahnig noch positiv beschrieben (Köhler et al. 2011c). In Weißweinen kippt die günstige Einschätzung bei deutlich niedrigeren Werten um. Als negative Komponenten werden flüchtige schwefelhaltige Verbindungen gesehen, natürlich die flüchtigen Säuren und flüchtige Phenole. Entstehen gesundheitsschädliches Ethylcarbamat oder biogene Amine, wird zu Recht von Weinverderb gesprochen. Insgesamt wird die Beschaffenheit des Weines erheblich verändert, allerdings deutlich weniger, als bei der alkoholischen Gärung.

Mikroorganismen der malolaktischen Gärung

Die Anzahl natürlicher Milchsäurebakterien im Most liegt zwischen 100 und 10 000/ml (10^2–10^4), abhängig von Ernteparametern, der Betriebshygiene und der Wettbewerbssituation um Nährstoffe im Most. Eine Schwefelgabe und die Aktivität von *Saccharomyces* beschränken ihr Wachstum, bis sich schließlich gegen Ende der alkoholischen Gärung die Wachstumsbedingungen wieder verbessert haben. Autolyseprodukte der Hefe, höhere Temperatur usw. begünstigen eine rasche Vermehrung, bis mit 10^6, höchstens 10^7 Bakterien/ml, das Maximum erreicht ist (Dittrich und Großmann 2010; Lonvaud-Funel 2010). Die reine Biomasse der Bakterien ist sehr gering und macht weniger als 5 % verglichen mit der Hefe aus. Mit etwa 0,5 × 1 µm besitzen sie auch nur etwa $^1/_{10}$ der Hefegröße. Im frühen Vermehrungsstadium treten Bakterien der Art

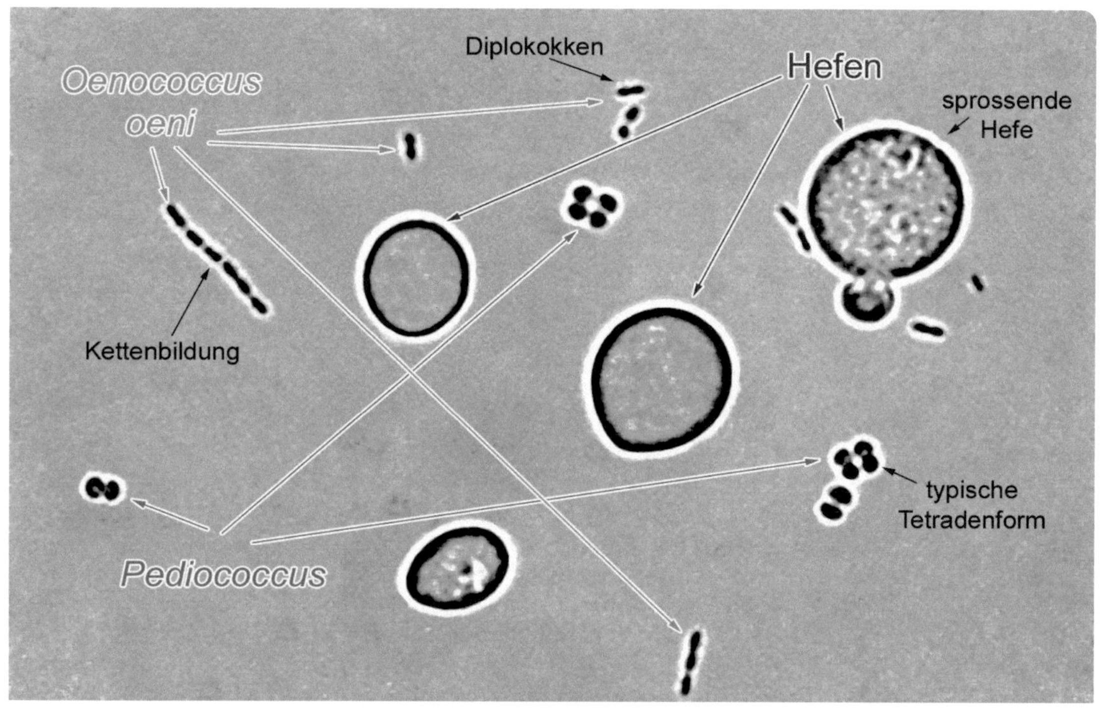

Abb. 155 Bakterien des Säureabbaus und Hefezellen (Quelle: HS Geisenheim; Foto: Frau Muno-Bender).

Oenococcus oeni als Diplokokken auf, gegen Ende des Malatabbaus oder bei alkoholreichen Weinen in kürzeren oder längeren Ketten. Ihre Abtrennung gestaltet sich schwierig. Zentrifugen können allenfalls eine prozentuale Abreicherung von 50–70 % erzielen. Wenn durch zu hohe Scherkräfte Bakterienketten auseinandergerissen werden, finden sich im Auslauf im Extremfall mehr Keime als im Zulauf. Filter neigen zum Blockieren oder schaffen bei zu hoher Keimbelastung ebenfalls keine vollständige Abtrennung (siehe Kap. 6.3). Abb. 155 zeigt verschiedene Bakterien der malolaktischen Gärung vergesellschaftet mit *Saccharomyces cerevisiae*-Zellen.

Abb. 159 beschreibt die grundsätzlichen Stoffwechselvorgänge bei der malolaktischen Gärung durch Milchsäurebakterien. Aus 1 Mol Malat werden je ein Mol Milchsäure und Kohlendioxidgas gebildet. Die freiwerdende Wärmemenge ist im Vergleich zur alkoholischen Gärung gering, ebenso die ATP-Produktion als notwendige Energie für die Bakterien. Zur Vermehrung benötigen Milchsäurebakterien die Glukose oder Fruktose des Mostes, dazu Nährstoffe z. B. von der Autolyse der Hefe oder als eigens zugegebene Gärhilfe.

Die Stoffwechselwege der zahlreichen in Most und Wein vorkommenden Milchsäurebakterien unterscheiden sich beträchtlich. Parameter sind u. a. der generative Zustand, der pH-Wert im Medium, das Nährstoffangebot und das Spektrum an verwertbaren Substanzen. Die Bakterien wandeln je nach Stoffwechsel Zucker homofermentativ in Laktat um, heterofermentativ zusätzlich in Alkohol und Acetat. Liegen die Mengen vergärbarer Zucker unter 2–4 g/l bzw. der pH-Wert unter 3,5, wird hauptsächlich Äpfelsäure zu Milchsäure und Kohlendioxid umgewandelt. Homofermentative Bakterien produzieren kaum Nebenprodukte, heterofermentative je nach Stamm deutlich mehr. Deren Bildung von Essigsäure, Diacetyl, Mannitol oder Azetaldehyd stellt ein sensorisches Risiko da. Gleiches gilt für Stämme, die Zitronensäure fermentieren und daraus Diacetyl bilden. Weitere mögliche Stoffwechselwege betreffen den Methioninabbau

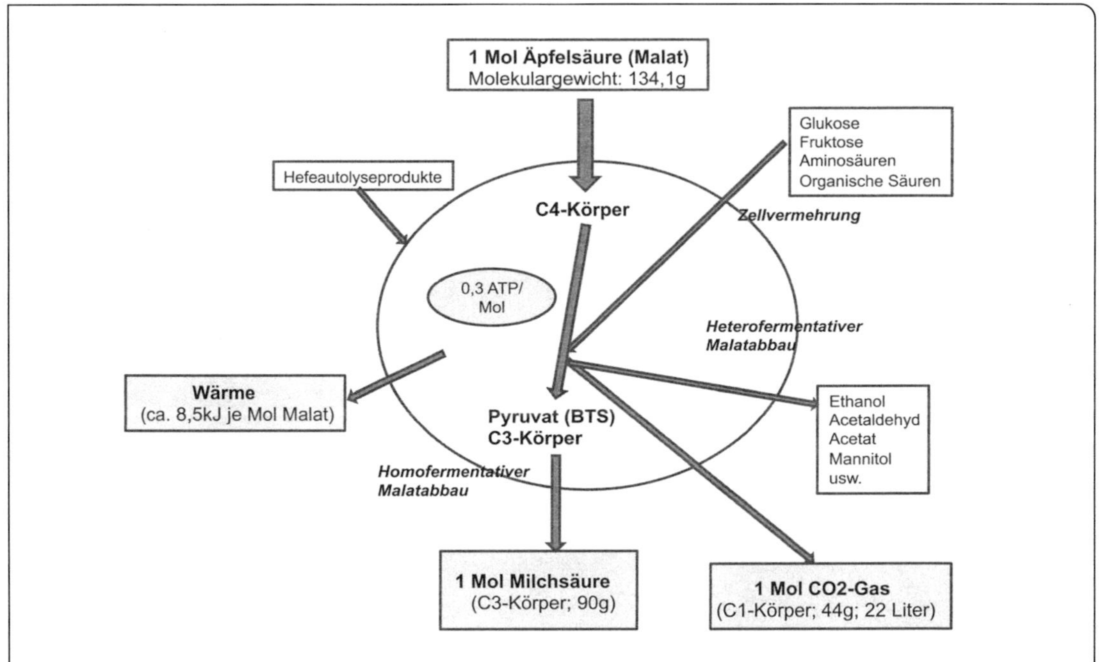

Abb. 156 Prinzipielle Stoffwechselvorgänge beim homo- bzw. heterofermentativen Äpfelsäureabbau.

oder glycosidische Umwandlungen von Aromaprecursoren (Lonvaud-Funel 2010; Dittrich und Großmann 2010). Bei sauber ablaufendem Säureabbau werden Schwefel bindende Substanzen wie Azetaldehyd, Pyruvat oder 2-Ketoglutarat umgewandelt. Der SO_2-Bedarf ist dann deutlich niedriger als in einem Wein ohne Malatreduzierung. Sigler (2011) erwähnt die Möglichkeit, Milchsäurebakterien lediglich wenige Tage und ausschließlich zur Reduzierung Schwefel bindender Substanzen einzusetzen.

Zahlreiche Arten von Milchsäurebakterien sind zur malolaktischen Gärung in der Lage. Die wichtigsten und ihre Dynamik während der Gärprozesse zeigt Tab. 57 (Benda 1989; aus Dittrich und Großmann 2010).

Die wichtigste Art ist *Oenococcus oeni*, die strikt heterofermentativ vergärt, gefolgt von *Lactobacillus plantarum* als fakultativ homofermentative Art. Beide werden dank ihrer guten Anpassungsfähigkeit als Trockenstarterkultur eingesetzt. Vergleichbar der Hefezüchtung bietet der Markt inzwischen eine ganze Reihe von „Designer"-Bakterien an, die sich in ihren verfahrenstechnischen und sensorischen Eigenschaften unterscheiden und entsprechend der Anforderungen eingesetzt werden können.

Insbesondere die Toleranz gegen hemmende Faktoren im Wein ist das wichtigste Ziel der Züchtung (Eine Übersicht über 27 im Handel erhältliche Milchsäurebakterienstämme und ihre Eigenschaften findet sich bei Weik 2012; zu den Rahmenbedingungen siehe auch Krieger 2001 und Lonvaud-Funel 2010):

- Alkoholtoleranz (die Alkoholmaxima der am Markt angebotenen Bakterien reichen je nach Stamm von 13,5–16 %vol.); optimaler Wert: < 13 %vol.; ideale Gärung: langsam (höchstens 8 °Oe-Abnahme pro Tag), gleichmäßig, vollständig,
- Temperaturminimum (je nach Stamm 13–16 °C); optimaler Wert: 18–22 °C,
- pH-Wert-Minimum (je nach Stamm 2,9–3,3); optimaler Wert: > 3,4,
- SO_2-Toleranz (Maximalwerte zwischen 20 und 45 mg/l); optimaler Wert freie SO_2: < 8 mg/l; gesamte SO_2: < 30 mg/l; d. h. *Saccharomyces cerevisiae* darf praktisch keine SO_2 bilden,

Tab. 57 Vorkommen von Milchsäurebakterien in Mosten und Weinen während und nach der Gärung in % der Isolate (N = 35, Weinbaugebiet Franken; Benda 1989; zitiert in Dittrich und Großmann 2010)

	Beginn der Gärung	während der Gärung	Ende der Gärung	2 Wochen nach Abstich
Oenococcus oeni	40	43	54	74
Leuconostoc mesenteroides	20	9	3	3
Leucon. paramesenteroides	9	3	0	0
Lactobacillus plantarum	17	17	17	14
Lactobacillus casei	9	3	14	14
Lactobacillus brevis	14	6	14	8
Lactobacillus buchneri	0	3	9	0

- Nährstoffbedarf (Spanne der angebotenen Stämme zwischen gering und hoch); ideal: wenn die Hefe nur wenig Stickstoffbedarf hatte,
- Kompatibilität mit Trockenreinzuchthefen (u. a. Toleranz gegen möglicherweise ins Medium abgegebene Killerproteine der Hefe),
- Phagenresistenz (z. B. Verhinderung des Andockens oder Verhinderung des Eindringens in das Bakterium),
- Resistenz gegen Fungizidrückstände aus der Pflanzenbehandlung,
- Spektrum an vergärbarer Äpfelsäure: 1–7 g/l; idealer Wert: 2–4 g/l; mehr als 5 g/l Malat kommen nur in säurereichen Jahrgängen wie z. B. 2010 vor,
- daneben Eigenschaften wie gute Wachstumsrate, hohe Gärungsaktivität oder die spezifische Bildung von Aromastoffen,
- kein Abbau von Zitronensäure, da dabei Diacetyl entsteht („Citrate negative“).

Starterkulturen des Handels bestehen meist aus gefriergetrockneten (lyophylisierten) Stämmen von *Oenococcus oeni* mit mindestens 10^8 lebenden Keimen/g. Die Einsaat in den Wein liegt Hersteller abhängig in einer Größenordnung, die die notwendige Startzellzahl von 10^6/ml sicher erreicht. Die Bakterienzellzahlen erhöhen sich im schwierigen Milieu Wein von 1–2 Mill. in 3-4 Vermehrungsschritten auf etwa 10 Mill., wobei es zunächst zu anpassungsbedingten Zellzahlabnahmen um zwei Zehnerpotenzen kommen kann. In der Vergangenheit war eine sorgfältige Reaktivierung der Zellen Voraussetzung. Der Wunsch der Kellerwirtschaft nach direkt einsetzbaren Kulturen konnte erst in den letzten Jahren erfüllt werden, nachdem Stämme selektioniert wurden, die eine rasche Anpassung aus dem gefriergetrockneten Zustand in das Wein-Milieu gewährleisten.

Die Bakterien müssen analog zur Weinhefe vor der Zumischung kurze Zeit rehydratisiert werden. Um einen Schock zu vermeiden, darf sich die Temperatur des Hydratationswassers dabei nur wenig von der des zu beimpfenden Weines unterscheiden. Nach einigen Tagen Anpassung der Bakterien an das neue Milieu beginnt der Säureabbau. Er endet gewöhnlich erst, wenn Malat vollständig zu Milchsäure umgewandelt ist.

Tab. 57 ist zu entnehmen, dass bei Spontangärungen zahlreiche Bakterienarten aktiv sein können. Insbesondere bei säurearmen Weinen mit pH-Werten > 3,5 können sich Arten wie *Lactobacillus brevis* oder heterofermentative Laktobazillen und Pediokokken vermehren. Stämme dieser Art bzw. Gattung stellen wegen der Bildung sensorisch und u. U. gesundheitlich schädlicher Verbindungen ein hohes Qualitätsrisiko dar. Möglich sind die Bildung kritischer Mengen an Ethylcarbamat, flüchtigen Säuren, Diacetyl, Ethylacetat und viele mehr. Besonders kritisch gesehen wird die Produktion von biogenen Aminen, speziell Histamin, Putrescin, Tyramin und

Cadaverin (Krieger 2001 und 2002). Diese Substanzen können bei empfindlichen Personen allergische Reaktionen und heftige Kopfschmerzen hervorrufen. Christ et al. (2013) fanden Tyramin in Konzentrationen bis 170 mg/l. Diese Substanz stimuliert die Freisetzung von Noradrenalin, das das zentrale Nervensystem beeinflusst und häufig zu Bluthochdruck führt.

Sind Äpfelsäure und Zucker vollständig umgewandelt, ist der Wein mikrobiologisch sehr stabil. Bei entsprechendem SO_2-Spiegel und scharfer Klärung kann kaum noch etwas ungewollt geschehen. Werden lediglich grob geklärte Weine im Barrique gelagert, ist das Wachstum unerwünschter Bakterien nie auszuschließen. Die Weine sind regelmäßig analytisch (z. B. mikroskopisch; dazu SO_2, flüchtige Säuren, Gesamtsäure) und sensorisch zu überprüfen. Kritisch werden können oberhalb von pH 3,5 vor allem die Stämme *Lactobacillus brevis* oder *Pediococcus damnosus*. Sie sind u. a. verantwortlich für Fehltöne wie Mäuselton oder Lindton und in der Lage, biogene Amine und Essigsäure zu bilden. Ebenfalls gefürchtet ist *Dekkera bruxellensis* (früherer Name: *Brettanomyces bruxellensis*) als Verantwortliche für den Brettanomyces-Fehlton (Gafner 2003). Tab. 58 stellt mögliche Weinfehler durch Milchsäurebakterien sowie ihre Verursacher zusammen (Christmann 2013).

Ein weiteres Restrisiko ergibt sich nach einem Verschnitt mit äpfelsäurehaltigen Weinen und/ oder mit Süßreserve, z. B. vor der Abfüllung. Selbst die Sterilfiltration bietet keine absolute Sicherheit, alle Bakterien zurückzuhalten (siehe Kap. 6.3). Wurden nicht alle Keime abgetrennt, kann es auf der Flasche trotz vermeintlich ausreichender Schwefeldosage zu einem schleichenden Säureabbau kommen. Der hohe pH-Wert von Rotweinen verringert die Wirkung von SO_2 sehr stark. Meist kommt es zu Streuinfektionen, die nur einzelne Flaschen betreffen, trotzdem muss die gesamte Charge zurückgerufen werden. Die Zugabe von Lysozym zur Inaktivierung von Milchsäurebakterien ist bis zu einer Menge von 0,5 g/l zulässig. Das Enzym erhöht die Sicherheit vor Nachgärungen, muss aber als Allergen auf dem Etikett angegeben werden, wenn mehr als 0,25 mg/l Wein nachgewiesen werden können. Zudem steigt das Risiko einer Eiweißtrübung (siehe Kap. 6.4).

Technik der malolaktischen Gärung

Bis vor einigen Jahren wurden die alkoholische und die malolaktische Gärung nacheinander durchgeführt (sukzessive oder sequenzielle Durchführung). Als verfahrenstechnische Variante wird seit einigen Jahren die simultane Gärung mit der gleichzeitigen Beimpfung von Hefen- und Bakterienstarterkulturen praktiziert. Voraussetzung ist eine Kompatibilität von Hefe- und Bakterienstamm und eine ausreichende Nährstoffversorgung im Most für beide Arten. Liegt der pH-Wert unter 3,5, ist nicht mit einer erhöhten Essigsäurebildung zu rechnen. Vorteil-

Tab. 58 Mögliche Weinfehler durch Milchsäurebakterien (Christmann 2013)

mögliche Fehler	mögliche Verursacher
Milchsäureton (Diacetyl)	vor allem Pediococcus
Milchsäurestich (Diacetyl + Acetat)	heterofermentative Stämme
Mannit-Stich (Mannit + Acetat)	heterofermentativer Fructoseabbau
Essig-Stich (Acetat, D- und L-Lactat)	heterofermentativer Zuckerabbau
Schleimbildung (Polysaccharide)	vor allem Pediococcus
Glycerinabbau (Acrolein)	*L. plantarum, L. brevis*
Mäuseln (2-Acetyltetrahydropyridin)	*L. brevis, L. cellobiosis*
Glycerinabbau (Acrolein)	einige *L. brevis*-Stämme
biogene Anine (z. B. Phenylethylamin)	*Pedicoccus damnosus*

Tab. 59 Vergleich der chemischen Entsäuerungsverfahren

Verfahren	erforderliche Produkte	Aufwandmenge/hl für 1 g Säure/l	ausgefällte Salze
Normalentsäuerung	$CaCO_3$ (Kalk)	67 g	Ca-Tartrat
Doppelsalzentsäuerung	speziell präpariertes $CaCO_3$	67 g	Ca-Tartrat-Malat
Feinentsäuerung	$KHCO_3$	67 g	K-Hydrogentartrat
Feinentsäuerung	K_2-Tartrat	151 g	K-Hydrogentartrat
Doppelsalzentsäuerung mit Weinsäurezusatz	speziell präpariertes $CaCO_3$ und Weinsäure	speziell zu berechnen	Ca-Tartrat-Malat

haft ist der Zeitgewinn. Eder et al. (2009) berichten von lediglich 7 Tagen gemeinsamer Gärdauer und bei Vergleichsversuchen eine Zeitersparnis von bis zu 22 Tagen. Hilfreich für die Bakterien ist die Wärmebildung bei der alkoholischen Gärung. Das niedrige Redoxpotenzial während der Gärung verringert zudem die Bildung von Diacetyl (Heinemeyer 2002). Köhler et al. (2011c) haben in direkten Vergleichen sequenzielle und simultane Gärung keine Präferenzen gefunden. Der Einfluss des eingesetzten Stammes war größer als die Gärvariante. Im schwierigen Weinjahrgang 2010 mussten z. B. 80 % aller Fassweinbetriebe chemisch oder bakteriell entsäuern. Im zweiten Fall wurden die Gärungen zu etwa ⅓ simultan durchgeführt, zu ⅔ sukzessiv (Breier 2011).

Soll Äpfelsäure bakteriell im Anschluss an die alkoholische Gärung abgebaut werden, müssen optimale Rahmenbedingungen vorliegen. Dies gilt insbesondere für Spontangärungen, aber auch beim Einsatz von Starterkulturen. Der Abstich vom Hefedepot hat frühzeitig allein durch Abziehen zu erfolgen, Sauerstoff ist fernzuhalten durch spundvollen Tank, geschwefelt werden darf nicht, die Hefe muss schwefelarm vergoren haben. Die Raumtemperatur sollte oberhalb 18 °C liegen und der Säureabbau am besten in dafür bereits benutzten Tanks und Räumen ablaufen. Auch hier spielt die Kellerflora eine große Rolle für den Start.

Muss der Säureabbau unterbrochen werden, um die Gesamtsäure nicht zu sehr absinken zu lassen, kann dies durch eine kräftige SO_2-Zugabe oder rasche Kühlung erfolgen. Bei entsprechender Schlagkraft im Keller vermag eine Weinklärung mit Zentrifuge oder Mikrofilter die Kühlung zu ersetzen. Der abgetrennte Feststoff eignet sich als betriebseigene Starterkultur zum Beimpfen weiterer Tanks. Lysozym ist zum Gärstopp nicht in der Lage, kann aber bei Problemfällen den Anstieg der flüchtigen Säuren begrenzen (Weiand et al. 2004).

Soll umgekehrt der Säureabbau gezielt unterbunden werden, sind entsprechende Maßnahmen erforderlich: Abstich in Verbindung mit einer scharfen Klärmaßnahme, kräftiges Schwefeln, niedrige Lagertemperatur und gute Kellerhygiene. Trotzdem sind insbesondere Weine mit mehr als 4 g Restzucker regelmäßig zu überwachen. Das gilt vor allem, wenn der pH-Wert oberhalb 3,5 liegt, im Keller bereits Säureabbau stattgefunden hat und entsprechende Bakterien Teil der Kellerflora sind. Die Kellerflora stellt ein permanentes Risiko für alle Weine dar, bei denen bewusst der Säureabbau verhindert worden ist und die restliche Äpfelsäuremengen enthalten.

6.1.3.2 Die chemische Entsäuerung

Chemische Entsäuerungsverfahren beruhen auf einer Fällungsreaktion der Säuren im Wein mit zugesetzten Salzen. Die unterschiedlichen Verfahren entsprechend der Verteilung von Wein- und Äpfelsäure sowie der zu reduzierenden Säuremenge werden nachfolgend vorgestellt. Weinrechtlich dürfen in den Weinbauzonen A und B Trauben, Traubenmost, teilweise gegorener Traubenmost und Jungwein teilweise entsäuert werden. Eine Weinentsäuerung darf nur noch um 1–2 g/l durchgeführt werden. Unterschieden wird pauschal in einfache Entsäuerung oder Doppelsalz-Entsäuerung. Im ersten Fall wird lediglich Weinsäure ausgefällt, im zweiten zusätzlich die gleiche Menge Äpfelsäure in Form eines Kalzium-Doppelsalzes der Äpfel- und Weinsäure. Tab. 59 vergleicht die fünf verschiedenen Entsäuerungsverfahren bezüglich des Einsatzes von Behandlungsmitteln und der ausgefällten Salze.

Normalentsäuerung mit Kalziumkarbonat
Mit Kalziumkarbonat kann allein die Weinsäure ausgefällt werden. Aus geschmacklichen Gründen müssen mindestens 1, besser 1,5 g/l im Wein verbleiben, andernfalls dreht sein Geschmack in breit, seifig (Bamberger 2012). Die Menge an Weinsäure ist für dieses Verfahren der begrenzende Faktor. Niedrige Werte wie im Jahrgang 2010 bei gleichzeitig hohen Gesamtsäure-Werten haben den Einsatz dieses Verfahrens in dem Jahr stark eingeschränkt. Weine mit mehr als 12 g/l Gesamtsäure können mit dem Verfahren der Normalentsäuerung meist nicht mehr ausreichend behandelt werden.

Kalziumcarbonat bildet mit Weinsäure unlösliches Kalziumtartrat (CaT), während Kalziummalat gut löslich ist und im Wein verbleibt. Zur Ausfällung von 1 g/l Weinsäure werden entsprechend der Stöchiometrie der Reaktionsgleichung 0,67 g/l Kalziumcarbonat benötigt. Nach Anteigen in Most oder Wein wird die berechnete Kalkmenge langsam und unter Rühren dem Wein zugegeben. Dabei kommt es zu einer stürmischen CO_2-Entbindung und intensivem Schäumen. Der Reaktionstank benötigt entsprechend viel Leerraum. Die Normalentsäuerung sollte mindestens 6–8 Wochen vor der Abfüllung durchgeführt werden, weil die CaT-Kristalle eine übersättigte Lösung bilden können und erst nach und nach ausfallen. Die ausgefällten Kristalle setzten sich gut am Tankboden ab und können bei Bedarf z. B. über ein Hefefilter entfeuchtet werden.

Ein eventueller Kalzium-Überschuss verbleibt im Wein, hebt dessen pH-Wert an und lässt ihn papierartig, erdig schmecken. Die erforderliche Menge Kalziumcarbonat muss demnach exakt berechnet werden. Kalziummengen über 100 mg/l können mit dem weinrechtlich zugelassenen Kalium-D/L-Tartrat als Kalzium-D/L-Tartrat (Kalziumuvat) ausgefällt werden (VO 606/2009). Erst danach ist eine Weinsteinstabilisierung möglich. Köhler et al. (2011b) empfehlen anstelle des D/L-Tartrat die Verwendung von Bikaliumuvat, da die Säure den pH-Wert absenkt und einen Teil der Entsäuerung wieder zunichtemacht (siehe dazu auch Kap. 6.4, Stabilisierung).

Feinentsäuerung mit Kaliumhydrogencarbonat oder neutralem Kaliumtartrat
Bei diesem Verfahren wird Weinsäure mit Kaliumhydrogencarbonat in nur gering lösliches Kaliumhydrogentartrat (KHT) überführt. Chemisch ist KHT die gleiche Verbindung wie der Weinstein, der durch das Kontaktverfahren oder eine Kühlung stabilisiert werden kann. Das ist der Unterschied zum Kalziumsalz, das nur über den Faktor Zeit endgültig ausfällt. Kaliumhydrogencarbonat wird deshalb bevorzugt zur Feinentsäuerung (< 2 g/l Weinsäure) im Vorfeld der Abfüllung eingesetzt. Voraussetzung ist eine noch ausreichende Weinsäuremenge, vor allem nach einer vorhergehenden Grobentsäuerung im Most oder Jungwein. Die Berechnung der nötigen Menge Entsäuerungssalz erfolgt mit der gleichen Formel wie bei der Normalentsäuerung. Je g/l Weinsäure werden ebenfalls 0,67 g/l Kaliumhydrogencarbonat benötigt.

Neutrales Kaliumtartrat, K_2T, erfordert 1,51 g je g/l Weinsäure und hat sich als Entsäuerungsmittel nicht durchgesetzt.

Doppelsalzentsäuerung
Bei der Doppelsalzentsäuerung wird in etwa gleichen Teilen Wein- und Apfelsäure als sogenanntes Doppelsalz (Kalziummalattartrat) gefällt. Dadurch ist bei diesem Verfahren der Entsäuerungsspielraum rund doppelt so hoch wie bei der Normalentsäuerung. 1 g/l Weinsäure muss wiederum erhalten bleiben. Ein Wein mit 6 g/l Weinsäure und 10 g/l Äpfelsäure könnte demnach theoretisch um je 5 g/l, also insgesamt 10 g entsäuert werden. Zur Bildung des Doppelsalzes müssen diese Doppelsalz-Kristalle dem Kalk als Kristallisationskeim zugesetzt sein.

Zur Bildung des Doppelsalzes ist eine spezielle Technik erforderlich. Die Ausfällung des Doppelsalzes erfordert einen pH-Wert im Most oder Jungwein von über 4,5. Dies wird erreicht, indem eine berechnete Teilmenge total entsäuert wird. Durch ständiges Rühren wird das Kohlendioxid aus der Flüssigkeit ausgetrieben.

Die Gefahr einer pH-Wert-Senkung durch Kohlensäure wird dadurch vermieden. Der Doppelsalzkalk muss eine sehr hohe Reaktionsgeschwindigkeit haben, um rasch mit den Säuren aus Most oder Wein zu reagieren. Bei einer zu langsamen Reaktion sinkt der pH-Wert unter 4,5; eine Doppelsalzbildung ist nicht mehr möglich. Die total entsäuerte Teilmenge wird unmittelbar filtriert und sofort mit dem nicht entsäuerten Rest vermischt. Der Verschnitt besitzt die gewünschte Gesamtsäuremenge. Bei der Doppelsalzentsäuerung mit dem Spezialkalk sind ebenfalls 0,67 g/l benötigt, um 1 g/l Gesamtsäure zu entfernen. Liegt der Weinsäuregehalt mehr als 1,8-mal höher als die Menge an Äpfelsäure, sollte eine Normalentsäuerung um 1–2 g/l vorgeschaltet werden (Bamberger 2012).

Für die Abtrennung der Kristalle sind Filter mit großen Trubvolumen erforderlich. Je kg Doppelsalz werden 6 l Trubraum benötigt. Geeignete Techniken sind Kieselgurfilter oder Kammerfilter. Fehlt es an geeigneter Abtrenntechnik können beide Fraktionen direkt vermischt werden. Der Trub sedimentiert sehr schnell, der Überstand lässt sich nach kurzer Zeit problemlos filtrieren. Unabhängig davon ist die Stabilität vor der Abfüllung sicher zu stellen.

Erweiterte Doppelsalzentsäuerung mit Weinsäurezusatz

Im Jahrgang 2010 mussten sehr viele Weine entsäuert werden. In etwa 20 % der Fälle war auch die Doppelsalzentsäuerung nicht mehr ausreichend (Breier 2011). In den Fällen musste auf die erweiterte Doppelsalzentsäuerung mit Weinsäurezusatz zurückgegriffen werden. Dieses Verfahren erlaubt eine nahezu unbegrenzte Entsäuerung. Der Vorgang läuft analog zur Doppelsalzentsäuerung ab. Zusätzlich wird in die total entsäuerte Teilmenge nach und nach eine berechnete Menge Weinsäure-Doppelsalzkalk in kleinen Dosierungen und unter ständigem Rühren zugegeben. Die Weinsäureerhöhung vergrößert der Spielraum der Entsäuerung, theoretisch bis zur

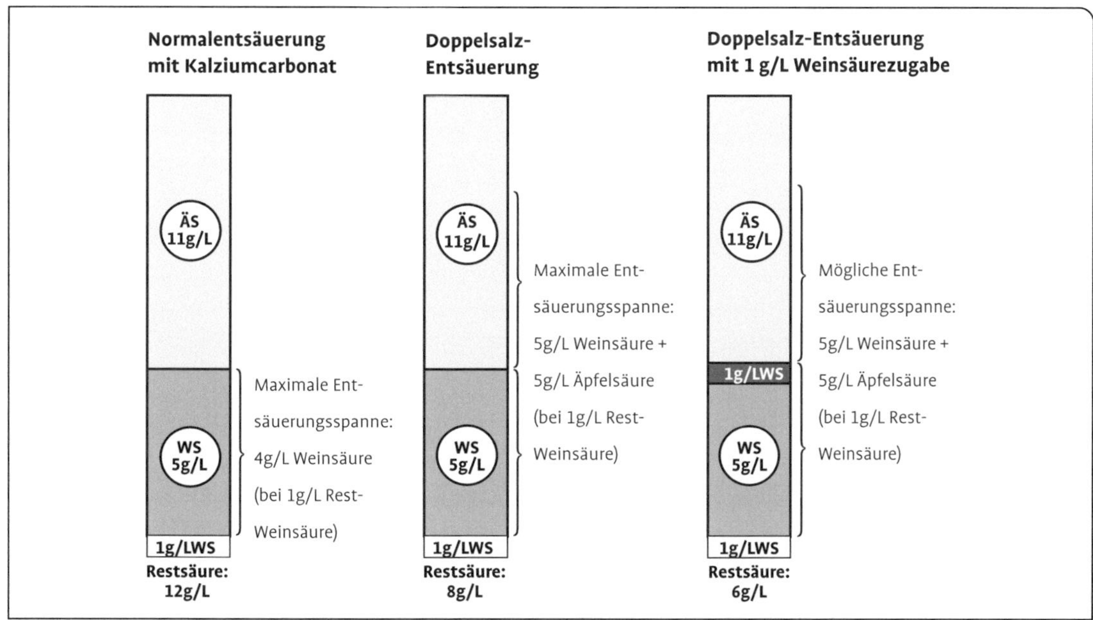

Abb. 157 Entsäuerungsmöglichkeiten mit den drei Verfahren bei hoher Gesamtsäure (11 g/l Äpfelsäure ÄS + 6 g/l Weinsäure WS = 17 g/l Gesamtsäure).

Tab. 60 Berechnungen der Entsäuerung

1. Normalentsäuerung	2. Doppelsalzentsäuerung	3. Zusatz von Weinsäure bei der erweiterten Doppelsalzentsäuerung
Folgende Berechnungssformel für die maximale Entsäuerungsmöglichkeit mit Kalk ist gültig: $E\ max. = \frac{GS \times \%\ Anteil\ WS}{100} - RW$ Beispiel: GS = 12,3 g/l WS = 40 % $E\ max. = \frac{12{,}3 \times 40}{100} - 1 = 5 - 1 = 4$ g/l Dieser Most könnte maximal um 4 g/l auf 8 g/l Gesamtsäure entsäuert werden. Hierfür wäre folgende Menge an Kalk (EK) nötig: EK = 0,67 × E EK = 0,67 × 4 = 2,68 g/l ≙ 268 g/hl Aus diesem Beispiel ist ebenfalls ersichtlich, dass mit der Normalentsäuerung ab ca. 12 g/l Gesamtsäure im Getränk der gewünschte Entsäuerungsumfang oft nicht erreicht werden kann.	Jungwein: (Beispiel) GS = 17,5 g/l WS = 40 % ≙ 7 g/l RW = 0,5 g/l M = 100 l Berechnung der maximalen Entsäuerungsmöglichkeit: $E\ max. = \frac{GS \times (WS - RW)}{GS - WS}$ $E\ max. = \frac{17{,}5 \times (7 - 0{,}5)}{17{,}5 - 7} = 10{,}8$ g/l Berechnung der total zu entsäuernden Teilmenge: $TM = M \times \frac{E}{GS}$ $TM = 100 \times \frac{10{,}8}{17{,}5} = 621$ Von 100 l sind 621 total zu entsäuern. Berechnung der benötigten „Neoanticid"-Menge (N): N = 0,67 × M × E N = 0,67 × 100 ×10,8 = 724 g/hl ≙ 7,24 g/hl Um 1 g/hl Gesamtsäure zu reduzieren, werden 67 g Kalk benötigt. Somit sind im vorgegebenen Beispiel 7,24 g/l bzw. 724 g/hl Kalk nötig, um 100 l Jungwein um 10,8 g/l auf 6,7 g/l zu entsäuern.	Weinsäure-Zusatz (kg/1000 l) = $1{,}7 \times (E - WS + RW - \frac{E \times WS}{GS - 2})$

E max. = maximale Entsäuerungsmöglichkeit in g/l
E = gewünschter Entsäuerungsumfang in g/l (≤ E Max.)
GS = gesamttitrierbare Säure berechnet als Weinsäure in g/l
WS = Weinsäure in g/l
TM = Teilmenge
RW = Restweinsäure in g/l
M = zu entsäuernde Menge
N = benötigte Doppelsalz-Kalk-Menge
EK = benötigte Menge Kalk

vollständigen Fällung der Äpfelsäure. Die zugesetzte Menge Weinsäure wird zusammen mit der Äpfelsäure direkt wieder und in gleichem Verhältnis ausgeschieden. Der Vorgang ist abgeschlossen, wenn die CO_2-Bildung beendet ist. Anschließend werden die total entsäuerte und die nicht entsäuerte Fraktion rückvermischt. Der Prozess ist arbeitsaufwendig und mit Produktverlust ver-

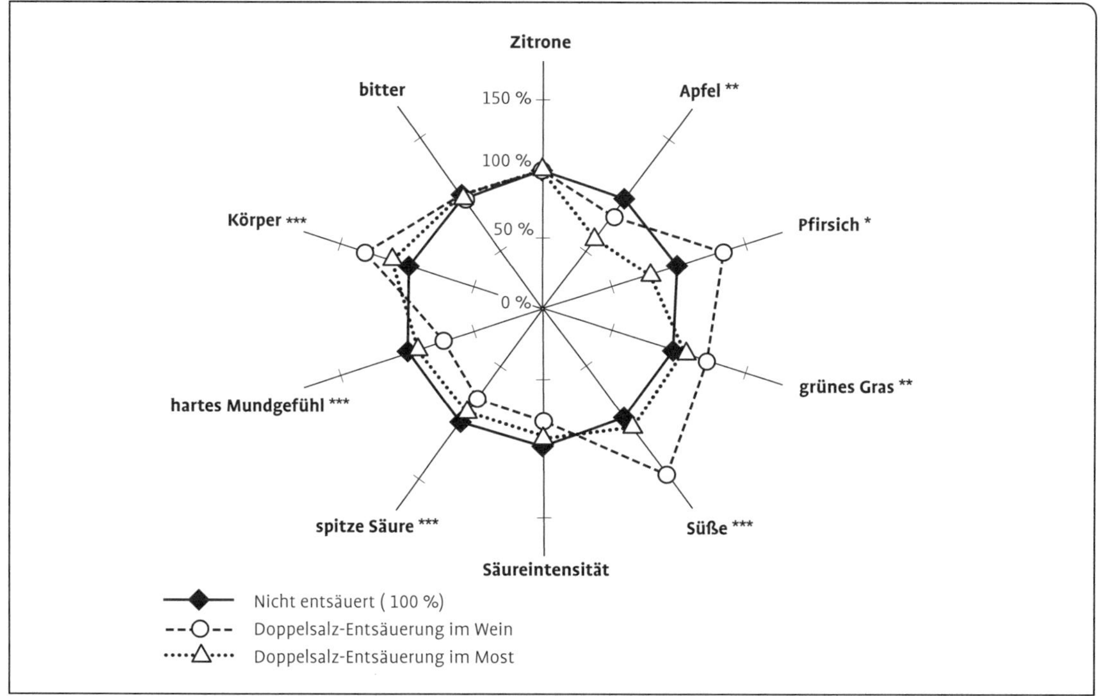

Abb. 158 Sensorischer Vergleich der Doppelsalzentsäuerung in Most und im Wein bei Riesling des Jahres 2010 (Fischer und Neser 2011).

bunden. Dank der klimatischen Bedingungen der letzten Jahre hat sich die Notwendigkeit zur chemischen Entsäuerung drastisch verringert.

Abb. 157 vergleicht exemplarisch die Entsäuerungsmöglichkeiten mit den drei Verfahren Normalentsäuerung sowie Doppelsalzentsäuerung ohne und mit Weinsäurezusatz. Damit ist je nach Bedarf eine Reduzierung von 17 g/l Gesamtsäure auf Werte zwischen 5 und 12 g/l möglich. Deutlich zu sehen ist, dass unter den gegebenen Bedingungen die Normalentsäuerung nicht ausreicht, einen säureharmonischen Wein zu erzeugen. Auch die Doppelsalzentsäuerung kann je nach gewünschtem Endwert nicht ausreichend sein und die Anwendung des erweiterten Verfahrens mit Weinsäurezusatz erforderlich machen.

Tabelle 60 stellt Rechenbeispiele für die verschiedenen Entsäuerungstechniken zusammen. Ein Wein mit 17,5 g/L Gesamtsäure ist ein extremes Beispiel, das aber u. A. im Jahr 2010 vielfache Realität war.

Most- oder Weinentsäuerung?

Die chemische Entsäuerung darf im Most- und im Jungweinstadium durchgeführt werden. Vergleichbar der Diskussion um die Bentonit- oder Aktivkohlebehandlung finden sich für beide Ansätze Argumente. Die Mostentsäuerung kann vorteilhaft sein:

- bei hohen Gesamtsäurewerten, die eine mehrstufige Entsäuerung erwarten lassen; die pH-Wert-Erhöhung begünstigt in dem Fall die malolaktische Gärung. Wird der pH-Wert aber auf über 3,5 angehoben, steigen die damit verbundenen Risiken;
- um die Gär-Aromatik zu schonen. Die intensive CO_2-Entbindung ist mit einem Verlust von flüchtigen Aromastoffen verbunden;
- um die Kristallsedimentation als Klärhilfsmaßnahme zu benutzen. Die Kristalle und der normale Mosttrub können zusammen verarbeitet werden.

Der meist lange Zeitraum bis zur Abfüllung erlaubt eine Eigenstabilisierung der in übersättigter Lösung befindlichen Kristalle.

Sensorisch können deutliche Unterschiede zutage kommen. Abbildung 158 zeigt beispielhaft, dass beim untersuchten Riesling des Jahrgangs 2010 aus der Pfalz die fruchtigen Attribute stärker zum Ausdruck kommen und der Wein auch mehr Körper aufweist.

Risiken bzw. Nachteile der Mostentsäuerung sind hauptsächlich mikrobiologischer Natur: je höher der pH-Wert ansteigt, desto größer ist die Gefahr für den unerwünschten Ablauf der alkoholischen und noch viel mehr der malolaktischen Gärung. Die schweflige Säure verliert zudem stark an mikrobizider Wirkung. Die Notwendigkeit einer zusätzlichen Feinentsäuerung des Weines ist sehr wahrscheinlich, da der im Most eingestellte Säurewert durch Weinsteinausfall verändert wird. Diese Abnahmen können je nach Weinsäuregehalt bis 3 g/l betragen. Eine leichte Säurebildung bzw. der Äpfelsäureabbau durch *Saccharomyces cerevisiae* stellen eine weitere Unwägbarkeit dar. Eine Feineinstellung des angestrebten Endwertes ist daher im Moststadium nicht möglich. Der Hefezüchtung ist es inzwischen gelungen, Saccharomyces-Stämme mit der besonderen Fähigkeit zum verstärkten Äpfelsäureabbau am Markt zu platzieren. Aber auch dieser Abbau ist nicht genau zu prognostizieren.

In normalen Jahrgängen, bei denen nur eine Feinentsäuerung erforderlich ist, wird diese üblicherweise erst im Wein durchgeführt. Säurereiche Jahrgänge erfordern meist abgestufte Entsäuerungen: Einer Grobentsäuerung im Most folgt z. B. eine Feinentsäuerung im Wein. Die chemische Entsäuerung ist für die Betriebe leichter zu handhaben als die malolaktische Gärung. Insbesondere, wenn sie nur einen Teil der Äpfelsäure abbauen soll und abgestoppt werden müsste. Nachteilig bei der chemischen Entsäuerung ist die Notwendigkeit der Säurestabilisierung vor der Abfüllung, auch wird die SO_2-Bilanz nicht durch Reduzierung von Bindungspartnern positiv beeinflusst.

Die malolaktische Gärung und die Säurereduzierung sind kellerwirtschaftliche Maßnahmen, die im Stadium des noch resttrüben Jungweins stattfinden. Die üblicherweise anschließend erforderliche Säurestabilisierung erfordert einen blank filtrierten Wein. Grobdisperse, vor allem aber kolloidale Partikel behindern den Vorgang und sind zuvor abzutrennen. Das Kapitel Säurestabilisierung wird deshalb im Zusammenhang mit den anderen Stabilisierungsmaßnahmen (Eiweiß, Metalle usw.) in Kapitel 6.4 behandelt.

Tab. 61 Höchstgrenzen an schwefliger Säure

Rotwein unter 4 g/l Rz (Rz = unvergorener Zucker)	150 mg/l
andere Weine unter 5 g/l Rz	200 mg/l
Rotwein über 5 g/l Rz	200 mg/l
andere Weine über 5 g/l Rz	250 mg/l
Spätlesen und viele A.O.C.-Weine	300 mg/l
Auslesen und viele vergleichbare ausländische Weine	350 mg/l
höhere Prädikate und viele vergleichbare ausländische Weine	400 mg/l

6.2 Die Zugabe von SO_2 („Schwefelung“)

Die Zugabe von SO_2 zu Wein oder Most, umgangssprachlich nicht ganz korrekt Schwefelung genannt, ist wohl das älteste und am universellsten eingesetzte önologische Verfahren. Das SO_2-Gas führt im wässrigen Medium Wein zu einem entsprechenden Gehalt an schwefliger Säure, die allein wirksam ist. Wurden im Altertum und im Mittelalter ausschließlich Schwefelschnitten verbrannt, um Behälter und Wein mit dem dabei entstehenden SO_2-Gas haltbar zu machen, wird heute üblicherweise Industriegas verwendet. Die Zugabe kann auf die Trauben, zur Maische, in den Most, zum Jungwein und zum Wein einmalig oder gestaffelt erfolgen. Weinrechtlich sind aufgrund gesundheitlicher Bedenken in Abhängigkeit von Qualitätsstufe und Restzuckergehalt unterschiedliche Höchstmengen festgelegt. Siehe dazu Tabelle 61. Für Weine aus ökologischem Anbau gelten ab der Ernte 2012 niedrigere Höchstwerte (siehe dazu Kapitel 6.6).

Schweflige Säure gilt als allergene Substanz. Ist die Konzentration im Wein größer als 10 mg/l, muss die Anwesenheit von Sulfit auf dem Etikett vermerkt werden (VO EG 2003/1989). Nicht zuletzt deshalb wird versucht, Weine ohne Zusatz von SO_2 herzustellen und unter diese Schwelle zu kommen. Schweflige Säure und ihre Salze sind zum Schutz von Lebensmitteln weit verbreitet und tragen entsprechend der chemischen Verbindung die E-Nummern 220 bis 228. Auch in den anderen Bereichen der Lebensmittelwirtschaft gibt es einen Rechtfertigungsbedarf für deren Verwendung und einen Druck auf minimale Verwendung.

Die schweflige Säure erfüllt in der Weinbereitung mehrere wichtige Funktionen, die in diesem Umfang nach wie vor durch keine andere Substanz gleichermaßen abgedeckt werden können:

- Sie wirkt antimikrobiell.
- Sie besitzt antioxidative Wirkung und erzeugt ein reduktives Milieu.
- Sie hemmt Enzyme der Traube und die von Mikroorganismen.
- Sie bindet geschmacklich auffällige Carbonylverbindungen zu neutral schmeckenden Sulfonsäuren ab.

Haltbarkeit, Stabilität und Weinstilistik werden durch Art und Menge der Schwefelung stark beeinflusst. Insgesamt ist Qualität in weitem Rahmen eine Funktion der korrekten SO_2-zugabe, d. h. der richtigen Menge zum richtigen Zeitpunkt. Zahlreiche Weinfehler stehen in direktem Zusammenhang mit einer falschen Dosage.

6.2.1 Lösung und Dissoziation von SO_2 in Wein

Die Schwefelung erfolgt außer im Traubenstadium mit SO_2-Gas. Dieses wird üblicherweise in gängigen Behältnissen bezogen und über Dosiereinrichtungen und Gummischläuche in das Medium eingeleitet. Das eingeleitete Gas wird zunächst physikalisch gelöst und steht in einem Gleichgewicht mit der schwefligen Säure H_2SO_3. Diese dissoziiert in zwei Stufen:

$$SO_2(aq) + H_2O \rightleftharpoons H_2SO_3(aq)$$
$$H_2SO_3 + H_2O \rightleftharpoons HSO_3^- + H_3O^+$$
$$HSO_3^- + H_2O \rightleftharpoons SO_3^{2-} + H_3O^+$$

Im Wein liegen demnach 3 Dissoziationsformen vor: das undissoziierte SO_2, das einfach dissoziierte Hydrogensulfition und das zweifach dissoziierte Sulfition. Ihre mengenmäßige Verteilung ist pH-Wert- und Temperaturabhängig (siehe Abbildung 159).

Mit steigender Temperatur nimmt die Dissoziation wässriger SO_2-Lösungen deutlich ab. Zwischen 10 und 50^0 Celsius erhöht sich der Anteil der wirksamen SO_2 um das 2,5-fache. Warmfüllungen oder warme Maischen bzw. Moste nach der Pasteurisation oder einer Maischeerhitzung sind dadurch besser geschützt als in zu-

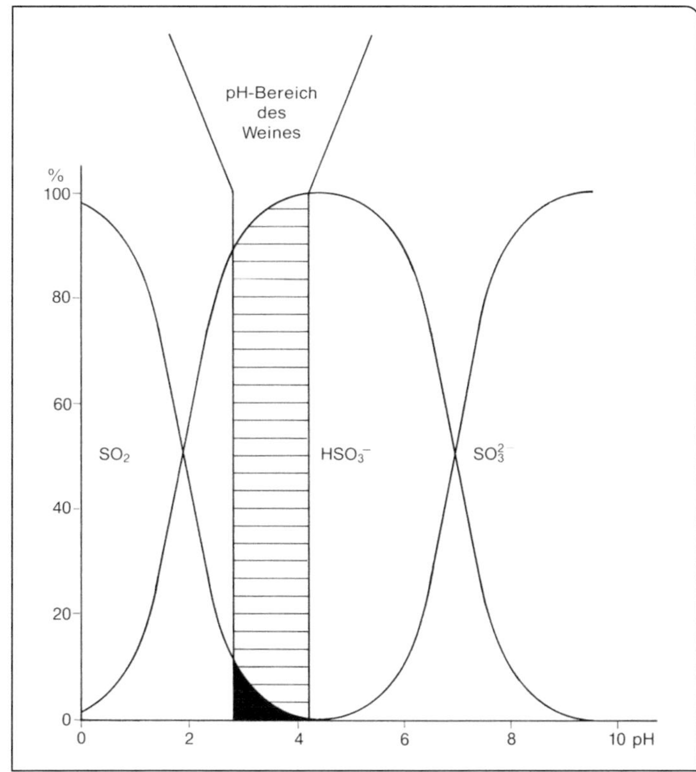

Abb. 159 Dissoziationsgleichgewichte von SO_2 in Abhängigkeit des pH-Wertes (Würdig und Woller 1989); die schwarz gefärbte Fläche entspricht dem Anteil an undissoziierter schwefliger Säure

rückgekühltem Zustand. Für weitergehende Details zum chemischen Verhalten der schwefligen Säure siehe Würdig und Woller (1989).

6.2.2 Freie und gebundene schweflige Säure

Die zugesetzte schweflige Säure reagiert mit einer Fülle von Weininhaltsstoffen und wird meist irreversibel chemisch gebunden. Der wichtigste Reaktionspartner ist Ethanal (Umgangssprachlich: Azetaldehyd). Ein Milligramm davon bindet 1,45 mg/l schweflige Säure. Die gebundene Form ist nicht mehr zum Schutz des Weines wirksam. Maßgeblich für den Schutz vor Mikroorganismen ist allein die freie schweflige Säure, und davon wiederum nur der undissoziierte Anteil. Da die Gesamtmenge an schwefliger Säure als Summe von freier und gebundener weinrechtlich limitiert ist, muss die Summe aller Bindungspartner minimiert werden. Als ein Beispiel dafür wurde die malolaktische Gärung beschrieben (Kapitel 6.1). Insbesondere Ethanal, Pyruvat und 2-Ketoglutarsäure lassen sich dadurch deutlich reduzieren. Abbildung 160 zeigt die Verhältnisse beispielhaft bei pH-Wert 3,2 und führt die wichtigsten Bindungspartner der schwefligen Säure an. Das Verhältnis freie zu gebundene schweflige Säure ist hier willkürlich gewählt. In der Praxis kommen in Abhängigkeit vom Ausbau extrem unterschiedliche Relationen vor. Solange ein Wein nicht schwefelstabil ist, wird ein unter Umständen schleichender Übergang von der freien in die gebundene schweflige Säure stattfinden. Entsprechend nimmt die Schutzwirkung ab, bis er bei unter 25 mg/l freie schweflige Säure praktisch nicht mehr vorhanden ist.

6.2.3 Die Wirkung der schwefligen Säure in Wein

Schweflige Säure schützt gegen die Aktivität von Mikroorganismen bzw. Enzymen, bindet aromaintensive Substanzen und verhindert die Oxidation von Inhaltsstoffen. Jede dieser Wirkungen ist für die Weinqualität von essenzieller Bedeutung. Die einzelnen Wirkungen werden nachfolgend beschrieben.

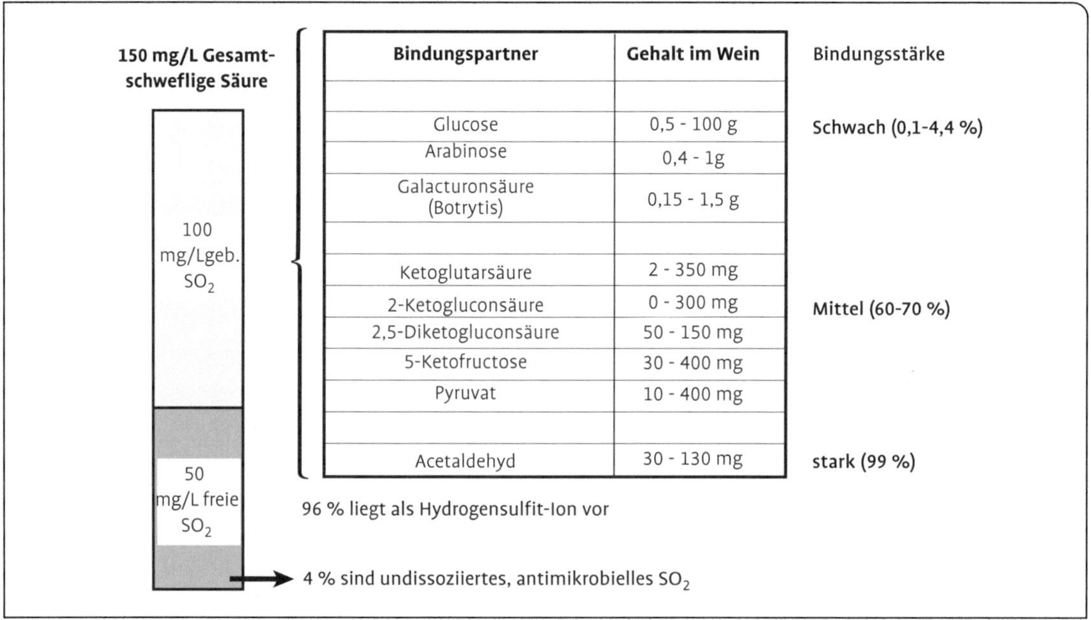

Bindungspartner	Gehalt im Wein	Bindungsstärke
Glucose	0,5 - 100 g	Schwach (0,1-4,4 %)
Arabinose	0,4 - 1g	
Galacturonsäure (Botrytis)	0,15 - 1,5 g	
Ketoglutarsäure	2 - 350 mg	
2-Ketogluconsäure	0 - 300 mg	Mittel (60-70 %)
2,5-Diketogluconsäure	50 - 150 mg	
5-Ketofructose	30 - 400 mg	
Pyruvat	10 - 400 mg	
Acetaldehyd	30 - 130 mg	stark (99 %)

Abb. 160 Beispiel für die Verteilung von freier und gebundener schwefliger Säure bei einem pH-Wert von 3,2; die Tabelle zeigt die Bindungspartner der gebundenen schwefligen Säure und ihre Bindungsstärke (Tabelle rechts verändert nach Weik 2012)

Die antimikrobielle Wirkung

Die antimikrobielle Wirkung der schwefligen Säure wird hauptsächlich bis zum Start der alkoholischen Gärung bzw. hinterher zur Vermeidung der malolaktischen Gärung benötigt. Der Anteil undissoziierter molekularer SO_2 liegt gemäß Abbildung 159 im Bereich des üblichen Wein-pH-Wertes bei maximal 10 %, um oberhalb von pH 4 auf fast null abzusinken. In Abbildung 160 mit einem beispielhaften pH-Wert von 3,2 beträgt der antimikrobiell wirksame Teil noch 4 %. Nur dieses molekulare SO_2 ist gegen Mikroorganismen wirksam. Ungeladene Moleküle können Zellmembranen leichter passieren. Hydrogensulfitionen weisen nur geringe, Sulfitionen keine Wirkung auf. Dies ist auch von anderen Konservierungsmitteln wie Sorbinsäure und Benzoesäure bekannt. Säurebetonte Rieslinge sind demnach wesentlich besser vor Bakterien und wilden Hefen geschützt als ein säurearmer Müller-Thurgau mit hohem pH-Wert.

Mikroorganismen reagieren unterschiedlich empfindlich auf schweflige Säure. Dadurch erfolgt eine Selektion, wenn Maische oder Most damit versetzt werden. Zur Abtötung von wilden Hefen (Candida-Arten, Kloeckera-Arten oder Dekkera/Brettanomyces-Arten) werden rund 0,5 mg/l molekulares SO_2 benötigt, das entspricht bei pH 3,2 mindestens 12,5 mg/l freie SO_2. Die achtfach höhere Menge, etwa 4,0 mg/l undissoziierte SO_2, sind zur Hemmung, rund 8,0 mg/l zur Abtötung von *Saccharomyces cerevisiae* im Most erforderlich. Das verlangt um den Faktor 25 höhere Werte an freier SO_2. Gegen SO_2 resistente Hefen (z. B. *Zygosaccharomyces bailii*, *Saccharomycodes ludwigii*) benötigen sogar mehr als 14 mg/l zur Abtötung. Sie spielen allerdings für die Gärung kaum eine Rolle. Innerhalb der Zelle besitzt SO_2 eine relativ unspezifische Wirkung. Es kommt zur Inaktivierung von Enzymen bzw. Coenzymen (NAD, FAD, Thiamin) bzw. zur Blockade von Proteinen durch Spaltung der Sekundär- und Tertiärstruktur in Verbindung mit Disulfidbrücken (Würdig und Woller 1989).

Um mikrobiologisch auf der sicheren Seite zu sein, sollten im Wein mindestens 0,8 mg/l undissoziierte SO_2 vorhanden sein. Der aktuelle pH-Wert gibt dann die notwendige Menge an freier SO_2 vor. Bei pH 3 wären das 13,6 mg/l, bei 3,3 bereits 27 mg/l, um schon bei pH 3,7 auf im Rahmen der Höchstmenge kaum noch darstellbare 68 mg/l emporzuschnellen. Siehe dazu auch Abbildung 159. Die Menge an vorhandener undissoziierter SO_2 in Abhängigkeit vom pH-Wert lässt sich nach folgender Formel berechnen (Weik 2012):

$$\text{Undissoziierte } SO_2 \text{ (mg/l)} = \text{freie } SO_2 \text{ (mg/l)} \times 10^{1{,}77\text{-ph}}$$

Die antimikrobielle Wirkung der schwefligen Säure spielt bei infiziertem Lesegut eine besondere Rolle. Eine erste Schwefelgabe kann schon im Transportbehälter auf die Trauben erfolgen. In diesem Stadium wird anstelle von SO_2-Gas Kaliumdisulfit ($K_2S_2O_5$) verwendet, das aufgelöst in etwas Most oder direkt als Pulver über die Oberfläche verteilt wird. In saurer Lösung zerfällt das Salz und es werden etwa 50 % der eingesetzten Menge als SO_2 wirksam. Eine Maischeschwefelung kann mit Kaliumdisulfit, bei Vorliegen der technischen Voraussetzungen besser mit SO_2-Gas durchgeführt werden. Diese Maßnahme ist sinnvoll, wenn eine längere Standzeit angestrebt wird und vor allem bei kritischem Lesegut. Gleiches gilt für das Moststadium, um für die Dauer der Sedimentation bis zum Beginn der alkoholischen Gärung Schutz zu bieten. Bei gesundem Lesegut und zügiger Verarbeitung ist in der Regel kein SO_2-Einsatz vor Abschluss der alkoholischen und/oder der malolaktischen Gärung erforderlich. Die spätere Behandlung von Jungwein oder Wein richtet sich hauptsächlich gegen alle Arten von Milchsäurebakterien oder Brettanomyces. Fremde Hefen spielen in dem Stadium keine Rolle mehr.

Die über die gestaffelte Schwefeldosage in den verschiedenen Stadien des Weinausbaus beabsichtigte selektive Förderung von *Saccharomyces cerevisiae* kann in Konflikt geraten mit dem zulässigen SO_2-Höchstgehalt. Die zugesetzten SO_2-Mengen addieren sich in erster Linie als gebundene SO_2. Bei gesundem Lesegut wird eine Teilmenge zu Sulfat oxidiert, bei großer Aktivität von Oxidationsenzymen kann dieser Wert sogar weit über 50 % ansteigen. Ein weiterer Teil wird mit der Gärungskohlensäure ausgewaschen. Restzuckerhaltige Weine müssen besonders beachtet werden, ebenso Weine mit hohem pH-Wert. Für diese Produkte hat der Gesetzgeber die Schwefelmengen erhöht (siehe Tabelle 61). Die in dem Fall nur noch marginale Wirkung der schwefligen Säure gegen Mikroorganismen macht verständlich, warum verfahrenstechnische Maßnahmen eine mindestens gleichwertige Rolle spielen, um den Wein zu schützen.

Antioxidative Wirkung
Most bzw. Wein sind ein komplexes chemisches System, in dem mehr als 20 Redox-Systeme vorkommen (Dietrich 2013). Maß für die oxidierende bzw. reduzierende Kraft eines Redox-Systems ist das Redoxpotenzial. Es bezeichnet das elektrische Potential in Millivolt (mV), das durch den Elektronentransport vom Elektronen-Donator zum Elektronen-Akzeptor entsteht. Ein hohes, positives Redoxpotenzial korreliert mit einer starken Oxidationskraft, ein zugesetztes Reduktionsmittel senkt das Potential ab; es wird negativ. Gleiches bewirkt die Hefe bei der alkoholischen Gärung. Sie erzeugt ein stark reduktives Milieu. Redoxpaare zeichnen sich durch Gleichgewichtszustände aus, deren Einstellung von Faktoren wie pH-Wert, Temperatur, Anwesenheit von Katalysatoren usw. beeinflusst wird. Redoxsysteme in Wein sind z. B.:

- Phenole ↔ Chinone,
- Alkohol ↔ Aldehyd (Ethanol-Ethanal),
- Aldehyd ↔ Carbonsäure,
- Fe (III) ↔ Fe(II), Cu (II) ↔ CU(I),
- Ascorbinsäure ↔ Dehydroascorbinsäure,

Tab. 62 Mögliche Aufnahmen von Sauerstoff während kellerwirtschaftlicher Arbeiten (Schmidt und Weger 2010)

Pumpen	0,2–0,5 mg/l
Umlagern: Einlauf unten Einlauf oben	2–4 mg/l 4–6 mg/l
Aufrühren	0,5–4 mg/l
Zentrifugieren	2–8 mg/l
Filtrieren	1–7 mg/l
Abfüllung (nur Füllvorgang)	0,5–4 mg/l

Oxidationsmittel nehmen Elektronen auf, Reduktionsmittel geben Elektronen ab. Durch Elektronenabgabe wird eine Verbindung oxidiert, durch Elektronenaufnahme reduziert. Die direkte Oxidation der phenolischen Verbindungen zu Chinonen läuft sehr langsam ab, dramatisch beschleunigt allerdings durch die Aktivität von Phenoloxidasen. In Anwesenheit von freier schwefliger Säure als Reduktionsmittel findet die Reaktion nicht statt, bereits entstandene Chinone werden wieder zu Phenolen reduziert. Schweflige Säure reagiert nicht direkt mit Sauerstoff, sondern indirekt über die Reduktion von oxidierten Inhaltsstoffen und wird dabei zu Sulfat oxidiert. Je mehr Sauerstoff nach Abschluss der alkoholischen Gärung auf diese indirekte Art abgebunden werden muss, desto mehr freie schweflige Säure wird aufgezehrt. Bei Rotweinen wurde eine Korrelation von Sauerstoffaufnahme und Abnahme freier SO_2 gefunden (Jakobs 1976). Sauerstoff wird praktisch bei jedem Arbeitsschritt aufgenommen, je nach Vorgehensweise sind die Unterschiede beträchtlich. Schmidt und Weger (2010) zeigen das Spektrum möglicher Aufnahmen (Tab. 62). Unabhängig von diesen mit entsprechendem Aufwand weitgehend vermeidbaren Aufnahmen von Sauerstoff kann eine bewusst oxidative bzw. bewusst reduktive Ausbauweise verfolgt werden. Diese Denkweise muss sich durch den gesamten Ausbau ziehen, die SO_2-Gabe ist dabei nur ein Aspekt von vielen.

Enzymatisch oder rein chemisch aus Phenolen entstandene Chinone sind die Vorstufen der Bräunungsreaktion. Sie führen über mehrere Zwischenschritte zu den Verbindungen (kondensierte Gerbstoffe, Phlobaphene usw.), die den Wein braun werden lassen. Die farbstabilisierende Wirkung der schwefligen Säure wurde in Kap. 4 bereits besprochen. Daneben besitzt SO_2 eine farbschwächende Eigenschaft. Das Hydrogensulfit-Ion reagiert mit mit Anthocyanen unter Bildung einer farblosen Sulfonsäure (siehe Abb. 161).

Die Hemmung von Enzymen
Schweflige Säure ist in der Lage, bereits in einer Menge von 20 mg/l die Aktivität der traubeneigene o-Diphenoloxidase (Tyrosinase) zu rund

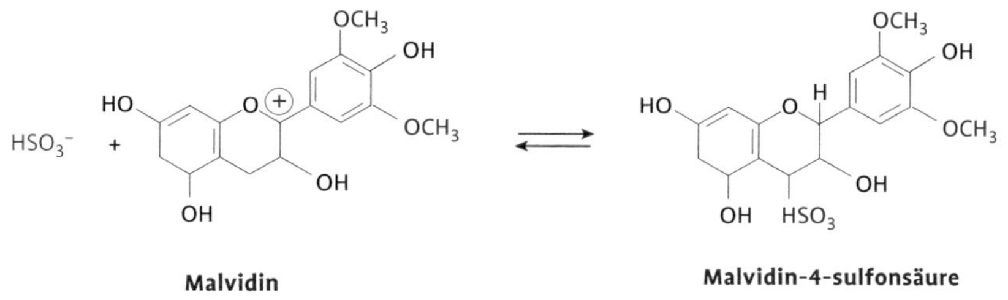

Abb. 161 Entfärbung des Anthocyans Malvidin durch Hydrogensulfit (Würdig und Woller 1989).

60 % zu hemmen. Mit 80 mg/l wird sie praktisch vollständig inaktiviert. Die botrytogene p-Diphenoloxidase (Laccase) wird mit dieser Menge allenfalls zu 10 % gehemmt. Mit steigendem pH-Wert nimmt die hemmende Wirkung der SO_2 bei beiden Enzymen ab. Neben den beiden Sauerstoff übertragenden Enzymen werden auch solche mit Disulfidgruppen gehemmt. Diese sind für die Sekundär- und Tertiärstruktur der Enzyme verantwortlich und werden durch SO_2 gespalten. Auf demselben Mechanismus beruht die Inaktivierung von Enzymen, die Glutathion als Coenzym enthalten.

Über Additionsverbindungen werden auch Enzyme in ihrer Aktivität beeinträchtigt, die NAD bzw. FAD als Coenzym enthalten. Dadurch lässt sich u. a. die alkoholische Gärung reversibel unterbrechen, bis SO_2 schließlich an Ethanal gebunden ist (Würdig und Woller 1989).

Reaktion mit Carbonylverbindungen

Abb. 160 listet die wesentlichen Bindungspartner der schwefligen Säure auf. Verschiedene Zucker und mehrere Gärungsnebenprodukte gehen mit ihr Verbindungen ein. In Abhängigkeit von pH-Wert und SO_2-Konzentration ist die Lage der Reaktionsgleichgewichte sehr unterschiedlich. Die stärkste und irreversible Bindung besteht zu Azetaldehyd, dabei entsteht durch Reaktion des Hydrogensulfit-Ions mit dieser Substanz Hydroxyethansulfonsäure. Diese Verbindung kann 80 % der gebundenen schwefligen Säure ausmachen. In günstigen Fällen liegen nach der Gärung zwischen 20–50 mg/l Azetaldehyd vor, in ungünstigen 100–150 mg/l. Dadurch werden 30–75 mg/l bzw. 145–220 mg/l SO_2 allein dafür zur Abbindung nötig.

Ethanal ist die Vorstufe des Ethanol und steht während der alkoholischen Gärung mit ihm im Gleichgewicht. Wird in die Gärung geschwefelt und damit das vorhandene Ethanal gebunden, liefert die Hefe zur Beibehaltung des Gleichgewichts diese Verbindung ständig nach. Der SO_2-Bedarf kann extrem ansteigen. Lässt man umgekehrt die Gärung ohne Sauerstoffzutritt ausklingen, wird Ethanal zu Ethanol reduziert. Unter dem Gesichtspunkt einer guten Schwefelbilanz darf eine Gärunterbrechung nicht mit SO_2 durchgeführt werde. Die erste Zugabe sollte erst mehrere Tage nach Ende des Zuckerabbaus erfolgen.

Liegt Ethanal in ungebundener Form im Wein vor, macht sich die Verbindung durch einen fruchtig-dumpfen Geruch unangenehm bemerkbar. Meist ist gleichzeitig die Menge an freier SO_2 stark abgesunken und der Wein oxidativ. Die Farbe von Weiß- und Rotweinen driftet ins Bräunliche. Dieser Effekt ist typisch für ältere Weine und dann oft eine Funktion der Dichtigkeit des einzelnen Flaschenverschlusses. Geschieht das in jungen Jahren, liegt meist ein Fehler in der SO_2-Behandlung vor oder eine noch im Weinstadium aktive Laccase.

Der stark reduzierende Einfluss der malolaktischen Gärung auf die Konzentration von SO_2-Bindungspartnern wurde in Kap. 6.1 besprochen. Im Falle eines homofermentativen Säureabbaus durch geeignete Stämme kann die Summe der Schwefel bindenden Substanzen halbiert werden.

6.2.4 Technik der SO_2-Zugabe

SO_2-Gas wird im Temperaturbereich 15–20 °C bei einem Druck von 3–5 bar verflüssigt und komprimiert. Die Druckflaschen selber weisen unter Kellerbedingungen etwa 2,5 bar Druck auf. Bei kleineren Tanks verteilt sich das zudosierte Gas durch Eigendruck selber, bei größeren muss gemischt werden. Die Zugabe der beabsichtigten Menge erfolgt durch spezielle Dosiergeräte bzw. über die Gewichtsabnahme der Druckflasche. Schwefeldioxidflaschen sind an ihrer gelbgrauen Schulter und einer grauen Körperfarbe erkenntlich. Die Dosiereinrichtungen bzw. deren Schlauchverbindungen unterliegen der Unfallverhütungsvorschrift (UVV). Aufgrund neuerer und immer enger ausgelegten Vorschriften hat sich die SO_2-Zugabe im Kellereibereich geändert. Das Handdosiergerät ist nicht mehr Stand der Technik. Zum einen sind damit die Arbeitsplatzgrenzwerte (AGW) von 2 ppm SO_2-Gas in der Luft kaum einzuhalten. Es wird ab einer Konzentration von ca. 1,3 mg/m^3 durch einen stechenden Geruch wahrgenommen und ist beim Einatmen giftig. Zudem dürfen Dosiergeräte nicht mehr im gefüllten Zustand von der Stahlflasche abgenommen werden, da sie sich in diesem Moment in einen Transportbehälter wandeln und damit den gleichen Vorschriften wie eine Druckgasflasche unterliegen würden (Bauartzulassung, TÜV-Prüfungen). Ein Schauglasgerät kann diese Anforderungen nicht erfüllen. In Großbetrieben ist die Alternative die Verlegung einer SO_2-Rohrleitung mit mehreren Abgängen, eingebauten Dosiergeräten und Verteilung zu jedem Tank. Bevorratet wird SO_2 in größeren Druckflaschen oder Behältern, die mehr als 1000 kg fassen können. Für kleinere Betriebe bieten sich Flaschentransportwagen mit fest angebautem Dosiergerät an. Die Dosierung in den Tank erfolgt mit Schlauchleitungen.

Tab. 63 zeigt einen Ausschnitt aus dem Sicherheitsdatenblatt, das gemäß VO EG 1907/ 2006 zu erstellen ist und die erforderlichen Sicherheitsbestimmungen im Umgang mit SO_2 beinhaltet.

Die Schwefelzugabe erfolgt üblicherweise in mehreren Schritten. Ziel ist nach der Abfüllung ein Gehalt an freier schwefliger Säure von 40–50 mg/l. Weniger bedeutet geringeren Schutz, mehr kann durch Ausgasen sensorisch störend in Erscheinung treten. Der korrespondie-

Tab. 63 Auszug aus einem Sicherheitsdatenblatt
(Beispiel der Fa. Silbermann Chemie & Technik)

Handelsname: **Schwefeloxid Flasche 24 / 49 / 490 / 1180 kg**

(Fortsetzung von Seite 2)

C; Ätzend

R34: Verursacht Verätzungen

2.2 Kennzeichnungselemente

Kennzeichnung gemäß Verordnung (EG) Nr. 1272/2008

Der Stoff ist gemäß CLP-Verordnung eingestuft und gekennzeichnet

Gefahrenpiktogramme

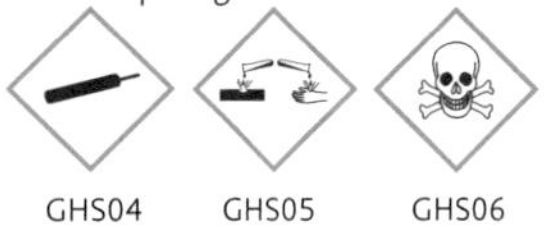

GHS04 GHS05 GHS06

Signalwort Gefahr

Gefahrbestimmende Komponenten zur Etikettierung:
Schwefeldioxid

Gefahrenhinweise
H280 Enthält Gas unter Druck; kann bei Erwärmung explodieren.
H331 Giftig bei Einatmen.
H314 Verursacht schwere Verätzungen der Haut und schwere Augenschäden.

Sicherheitshinweise

P260	Staub/Rauch/Gas/Nebel/Dampf/Aerosol nicht einatmen.
P261	Einatmen von Staub/Rauch/Gas/Nebel/Dampf/Aerosol vermeiden.
P280	Schutzhandschuhe/Schutzkleidung/Augenschutz/Gesichtsschutz tragen.
P303+P361+P353	BEI KONTAKT MIT DER HAUT (oder dem Haar): Alle beschmutzten, getränkten Kleidungsstücke sofort ausziehen. Haut mit Wasser abwaschen/duschen.
P305+P351+P338	BEI KONTAKT MIT DEN AUGEN: Einige Minuten lang behutsam mit Wasser spülen. Vorhandene Kontaktlinsen nach Möglichkeit entfernen. Weiter spülen.
P310	Sofort GIFTINFORMATIONSZENTRUM oder Arzt anrufen.
P321	Besondere Behandlung (siehe auf diesem Kennzeichnungsetikett).
P405	Unter Verschluss aufbewahren.
P410	Vor Sonnenbestrahlung schützen.
P501	Entsorgung des Inhalts/des Behälters gemäß den örtlichen/regionalen/nationalen/internationalen Vorschriften

2.3 Sonstige Gefahren
Ergebnisse der PBT- und vPvB-Beurteilung
PBT: Nicht anwendbar.
vPvB: Nicht anwendbar.

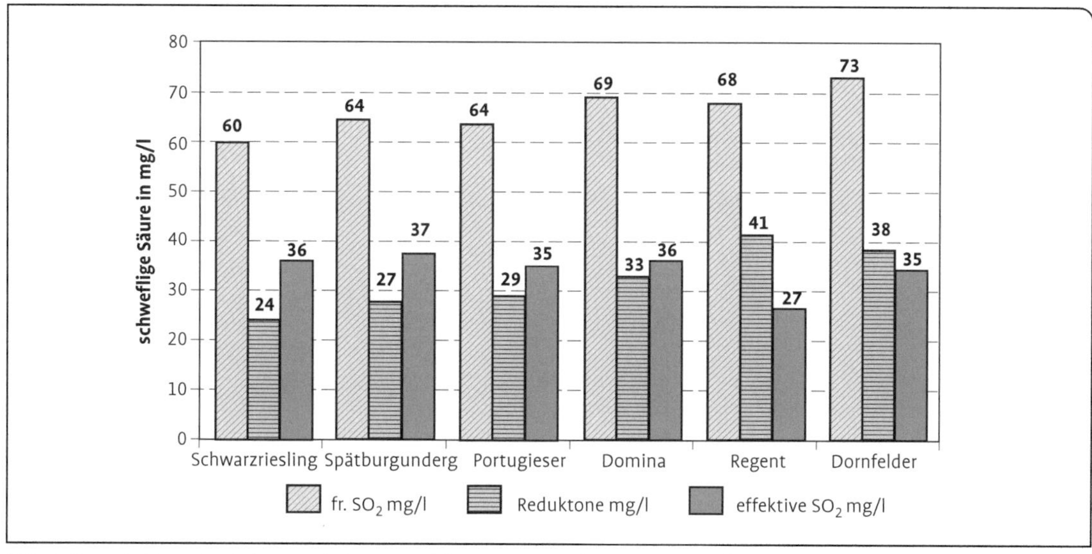

Abb. 162 Aufteilung der freien SO_2 (Mittelwerte) bei Rotweinen (Nagel-Derr 2013).

rende Gehalt an gebundener SO_2 ist eine Funktion des Traubenmaterials und des Ausbaus. Praktisch alle kellerwirtschaftlichen Maßnahmen wirken sich über Eingriffe in das Redoxsystem des Weines oder durch CO_2-Entgasung auf den SO_2-Gehalt aus. In Maische oder Most zugegebene Mengen können mehr als halbiert sein und liegen praktisch nur noch in gebundener Form vor. Im Idealfall hat die SO_2-Dosage zur gewünschten Förderung von Hefe und/oder Milchsäurebakterien geführt. Im ungünstigen Fall wird die Bildung von Böcksern gefördert. Spätestens nach Abschluss der malolaktischen Gärung muss erneut für SO_2-Schutz gesorgt werden. Wird dann erstmalig mit 80–100 mg/l Wein geschwefelt, hat sich nach 2–3 Tagen ein Gleichgewicht zwischen freier und gebundener SO_2 eingestellt, verringert um den zu Sulfat oxidierten Anteil. Die Werte müssen regelmäßig, auf jeden Fall nach jeder Behandlungsmaßnahme, überprüft und ggf. durch eine Nachbehandlung korrigiert werden. Stabilität ist gegeben, wenn sich der Gehalt an freier SO_2 mindestens 1 Woche nicht mehr verändert. In Abhängigkeit von der Abfülltechnik und der Sauerstoffaufnahme sinkt der Gehalt an freier SO_2 zunächst ab, z. B. von 50 auf 40 mg/l. Danach müsste dieser Wert über mehrere Jahre konstant bleiben, abhängig von der Sauerstoffdurchlässigkeit des Flaschenverschlusses (z. B. Schandelmaier 2013).

Die gängige jodometrische Schnellbestimmung der freien schwefligen Säure über die Redoxreaktion mit Jodid erfasst nicht nur SO_2, sondern auch sogenannte Reduktone. Der gemessene SO_2-Wert muss entsprechend korrigiert werden. Als Reduktone werden alle Stoffe bezeichnet, die freie SO_2 vortäuschen, vor allem Gerbstoffe, Anthocyane und Ascorbinsäure. Um die Reduktone allein zu bestimmen, wird das SO_2 im Wein irreversibel mit Aldehyden (z. B. Glyoxal oder Azetaldehyd) abgebunden, sodass nur noch die Reduktone reduzierend wirken. Die Differenz aus Gesamtwert und Redukton-Wert ist die effektive freie schweflige Säure (siehe dazu Abb. 162 [Nagel-Derr 2013]).

Die Menge der Reduktone ist sorten- und ausbauabhängig. Sie kann mehr als die Hälfte der gemessenen SO_2-Menge ausmachen. Um auf die gewünschten effektiven freien SO_2-Konzentrationen von 40 mg/l zu kommen, müssen Messwerte von bis zu 80 mg/l vorliegen. Bei Rotweinen ist diese Differenz aufgrund der hohen Phenolwerte deutlich größer als bei Weißweinen. Wenn keine Ascorbinsäure zugesetzt wurde, liegen sie bei Letzteren im Bereich um 10 mg/l. Es ist davon auszugehen, dass Werte

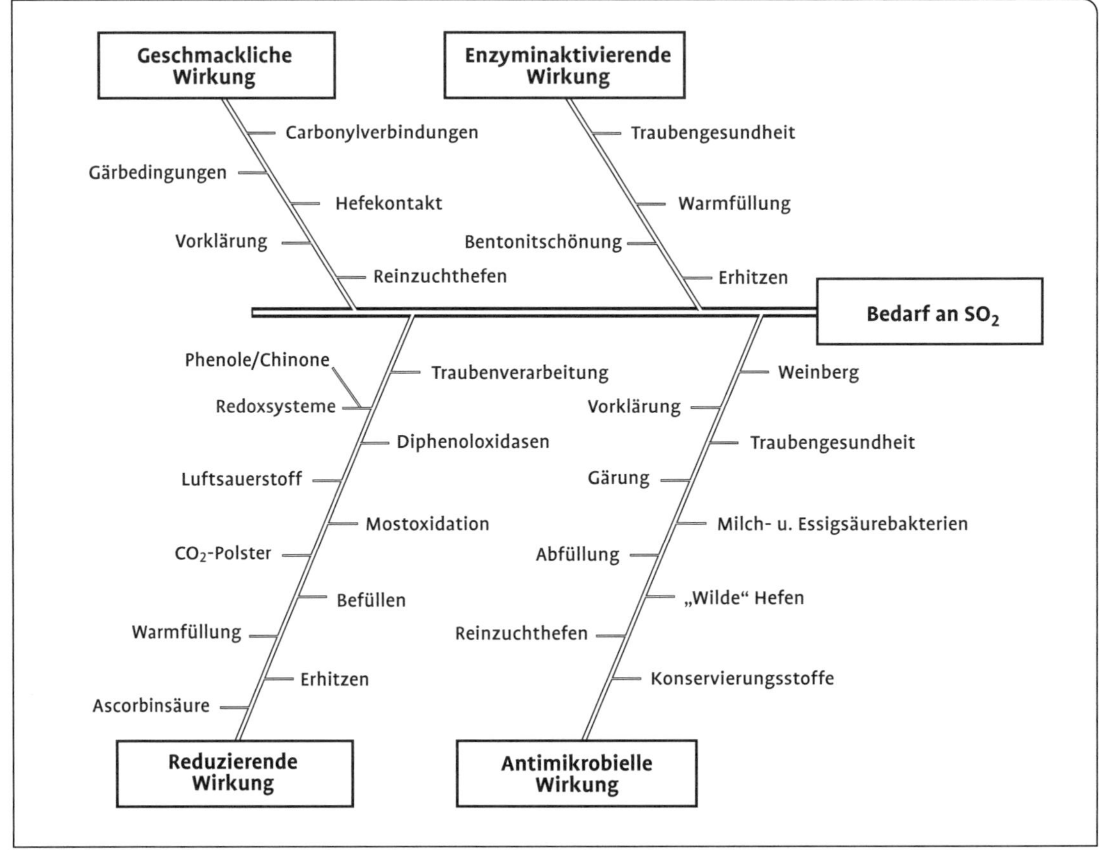

Abb. 163 Einflussgrößen auf den SO_2-Bedarf eines Weines (Seckler et al. 2007).

unter 20 mg/l freie SO_2 bei Weißweinen Blindwert bereinigt kaum mehr Schutz bieten (Scheiblhofer und Prinz 2007). Zugesetzte 100 mg/l Ascorbinsäure täuschen rund 30 mg freies SO_2 vor und machen die Schwefelbestimmung aufwendiger.

Eine Kellerwirtschaft nach dem Stand der Technik kann problemlos mit 100–120 mg/l Gesamt-SO_2 bei ausreichend freier SO_2 auskommen. Um auf diese Werte zu kommen, muss der Gesamtprozess betrachtet werden, weil eine immense Fülle von Parametern den SO_2-Bedarf beeinflusst. Seckler und Pfeifer (2007) haben sie in Abb. 163 im Zusammenhang dargestellt.

Die meisten Parameter wurden in den vorhergehenden Kapiteln bereits besprochen. Die wichtigsten davon sind:

- schnelle und schonende Verarbeitung,
- bei stark mikrobiell belastetem Lesegut ist eine Mostpasteurisation angeraten,
- die SO_2-Zugabe zu Maische oder Most erübrigt sich in beiden Fällen,
- ob in Maische und Most oxidativ oder reduktiv gearbeitet wird, ist zweitrangig. Entscheidend ist eine Sauerstoffarmut nach der alkoholischen Gärung,
- die Vergärung mit Reinzuchthefen im Anschluss an eine definierte Mostklärung,
- wenn eine malolaktische Gärung gewünscht wird, sollte diese ebenfalls mit Starterkulturen durchgeführt werden,
- eine Gärunterbrechung zum Erhalt der natürlichen Süße darf nicht mit SO_2 herbeigeführt werden,
- eine erforderliche Entsäuerung sollte so spät als möglich erfolgen.

Verschiedene Schulen geben Empfehlungen für die Weinherstellung. Alle stehen unter dem Ziel, den SO_2-Bedarf zu minimieren (z. B. LWG Veitshöchheim 2013; Badischer Weinbauverband 2008). Letztlich ist dieser Bedarf hauptsächlich eine Funktion der Qualität der Arbeit des Önologen.

6.2.5 Die Diskussion um die Weinbehandlung mit SO_2

Schwefeldioxid ist das am häufigsten und am kontroversesten diskutierte Behandlungsmittel im Wein. Die Verbindung ist als giftig deklariert, verbleibt im Wein und gelangt dadurch in den menschlichen Körper. Schwefeldioxid im Wein wird schnell im Zusammenhang mit Baumsterben, Pseudo-Krupp, Smogalarm oder gravierenden Schäden an Baudenkmälern gesehen. Die zerstörerische Wirkung eines Gases in der Atemluft wird mit der Wirkung der gelösten Form in saurem Medium vermengt und die Diskussion eher emotional als sachlich geführt. Der Gesetzgeber hat die zulässigen Schwefelgehalte im Wein regelmäßig reduziert, wissend, dass bis zur Stunde für die normale Weinherstellung keine adäquate Alternative zur Verfügung steht. Zusätzlich wurde eine Angabe auf dem Etikett vorgeschrieben. Die Bedarfsminimierung ist als Herausforderung ein Dauerthema auf der kellerwirtschaftlichen Agenda. Ein Spezialverfahren zur Herstellung von Weinen ohne Schwefelzusatz wird in Kap. 6.2.6 besprochen, die aktuellen SO_2-Höchstwerte finden sich in Tab. 61.

Schweflige Säure besitzt einen ADI-Wert (Acceptable Daily Intake) von 0,7 mg/kg Körpergewicht. Eine Person mit 75 kg Körpergewicht darf demnach täglich und ohne zeitliche Begrenzung 50 mg SO_2 am Tag aufnehmen. Das entspricht einem ¼–½ l Wein. Da auch zahlreiche andere Lebensmittel geschwefelt sind (Trockenfrüchte, Chips, Fleisch-, Fisch- und Meerestierersatzprodukte usw.), sollte der Weinkonsum entsprechend niedriger sein. Für die meisten Menschen sind Schwefeldioxid und Sulfite unbedenklich, weil das körpereigene Enzymsystem für den schnellen Abbau der Stoffe sorgt. Bei Menschen mit Enzymmangel kann es zu gesundheitlichen Problemen durch Übelkeit, Erbrechen, Durchfall und Kopfschmerzen kommen, bei Asthmatikern sind die Schwefelverbindungen in der Lage, zudem Asthmaanfälle hervorzurufen (Sulfitasthma). In seltenen Fällen wurden allergische und allergieähnliche Reaktionen (Pseudoallergien) beobachtet. Die individuellen Unterschiede bei der Empfindlichkeit auf SO_2 sind enorm. Krankheitssymptome können bereits bei 5–10 mg Aufnahme auftreten, während andere Menschen 1000 mg problemlos verkraften.

Beim pH-Wert des Magensaftes werden alle Verbindungen von SO_2 aufgespalten. Entscheidend für die physiologische Betrachtung ist deshalb der Wert der Gesamt-SO_2. Resorbiert wird Sulfit im Darm und hauptsächlich in der Leber mittels des Enzyms Sulfitoxidase unmittelbar zu Sulfat oxidiert und innerhalb von 24 Stunden ausgeschieden. Unstrittig ist, dass Sulfit durch die Zerstörung von Thiamin eine bestehende Unterversorgung verstärken kann (Würdig und Woller 1989).

Der Stoffwechsel eines gesunden Menschen kann mit großen Mengen Sulfit problemlos umgehen, denn der Abbau von schwefelhaltigen Aminosäuren im Organismus läuft über Sulfit als Zwischenstufe. Eine ausreichende Aktivität der Sulfitoxidase muss vorhanden sein, um für die unmittelbare Entgiftung zu sorgen. Die dabei täglich umgesetzten körpereigenen Mengen liegen in der Größenordnung um 2400 mg. 5–10 % zusätzliches Sulfit durch Weinkonsum oder andere Lebensmittel ist enzymatisch problemlos verkraftbar. Woher individuelle Unverträglichkeiten kommen, ist nach wie vor nicht völlig verstanden. Sie sind aber eine Triebfeder, den SO_2-Bedarf von Wein weiter zu senken.

Eine Alternative zu SO_2 ist die Verwendung von Ascorbinsäure (Vitamin C; E 300), mit Einschränkungen Sorbinsäure und Lysozym. Ascorbinsäure wirkt reduzierend und bewirkt dadurch einen Oxidationsschutz. Vor allem die Oxidation von Phenolen wird verhindert. Ihr fehlt aber die antimikrobielle Wirkung und die Fähigkeit, geruchsintensive Verbindungen wie Ethanal abzubinden. Insgesamt ist sie nicht in der Lage, SO_2 zu ersetzen, Gleiches gilt für alle anderen Mittel, die allein gegen Mikroorganismen wirken. Ein kombinierter Einsatz kann sich aber unter bestimmten Voraussetzungen gegenseitig verstär-

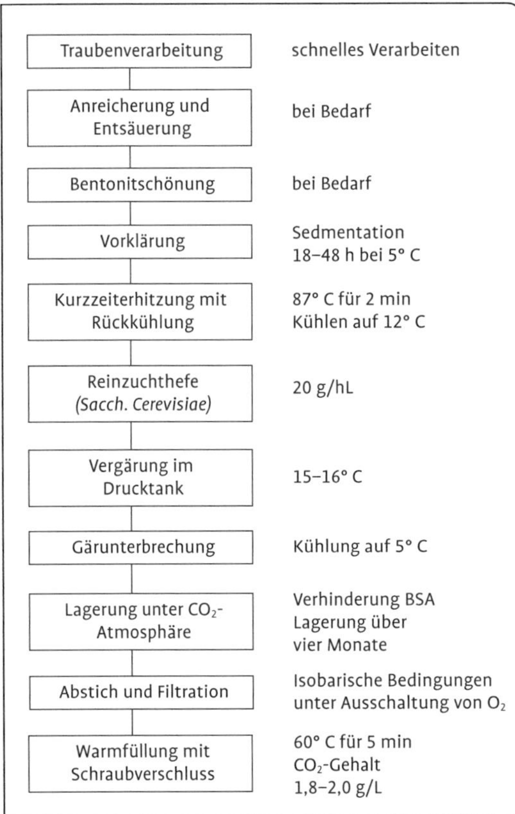

Abb. 164 Fließschema des „Geisenheimer Verfahrens" zur Herstellung von ungeschwefelten Weinen (Seckler et al. 2007).

ken. Vor allem wird Ascorbinsäure mit verwendet, um den untypischen Alterungston bei Weißwein (UTA; 2-Aminoacetophenon) zu verhindern. Sauerstoff darf beim kombinierten Einsatz nicht zugefügt werden, weil dann über einen mehrstufigen Redox-Mechanismus Sulfit zu Sulfat oxidiert und der SO_2-Schutz rasch aufgezehrt wird.

6.2.6 Weine ohne Schwefelzusatz

Die ersten Versuche, Weine auf wissenschaftlicher Grundlage ohne SO_2-Zusatz herzustellen, gehen bis in die 80er-Jahre des letzten Jahrhunderts zurück. Seitdem hat es zahlreiche weitere Ansätze von verschiedenen Autoren gegeben (z. B. Zürn 1976; Walter 1978; Schmitt et al. 1986; Seckler et al. 1990; Hamatschek et al. 1992; Heatherbell et al. 1999; Seckler et al. 2007). Trotz aller Bemühungen haben „ungeschwefelte" Weine bisher kaum Verbreitung gefunden. Da der Stoffwechsel der Weinhefe immer eine gewisse Menge SO_2 an das Medium abgibt, kann es im strengen Wortsinn keine schwefelfreien Weine geben. Ob wenigstens die Angabe „enthält Sulfite" vermieden werden kann, hängt stark von der Gärung ab und lässt sich nicht sicher steuern. Die bei der Ausarbeitung der Verfahren gewonnenen Erkenntnisse haben aber insgesamt einen deutlich verbesserten Wissensstand um Maßnahmen für die Einsparung von SO_2 geliefert.

Exemplarisch wird in Abb. 164 das „Geisenheimer Verfahren" vorgestellt, dem mehr als 20 Jahre Entwicklung und kontinuierliche Verbesserungen zugrunde liegen (Seckler et al. 2007). Grundüberlegung dieses Verfahrens ist, die Wirkungen der SO_2 durch physikalische und önologisch zugelassene Methoden zu ersetzen. Betrachtet wird der gesamte Prozess von der Traube bis zur Abfüllung. Durch eine Mostoxidation und den bakteriellen Säureabbau besteht die Möglichkeit, die Menge an Gesamt-SO_2 weiter zu reduzieren und vielleicht sogar auf die Deklaration verzichten zu können. Der erforderliche Aufwand hebt sich energetisch, technisch und finanziell deutlich von der Standard-Weinbereitung ab.

Produziert wird jährlich im Großmaßstab ein Müller-Thurgau-Wein, der zur Hälfte ungeschwefelt abgefüllt und turnusmäßig mit dem geschwefelten Partner verglichen wird. Beide Weine sind regelmäßig bezüglich Geruch und Geschmack vergleichbar. Erwartungsgemäß ist die ungeschwefelte Variante etwas farbintensiver, dafür besticht dessen Aroma mehr durch Gäraromen und tropische Früchte. Die Alterung verläuft unterschiedlich, der ungeschwefelte Wein bewegt sich in Richtung Champagnernote, doch war z. B. der Wein des Jahrgangs 2000 auch nach 6 Jahren Lagerung noch nicht oxidativ. Verfahrenstechnische Schwerpunkte sind rasche Trauben- und Maischeverarbeitung, eine Kaltsedimentation, die Mostpasteurisation, Vergärung mit Reinzuchthefe im Drucktank zur Gärsteuerung, ggf. Gärunterbrechung, die Lagerung bei niedriger Temperatur unter Druck und der weitere Sauerstoffausschluss durch isobarisches Arbeiten. Eine Warmfüllung schließt die Herstellung ab.

Bei dieser Technik und der Sorte Müller-Thurgau enthalten die Weine vergleichsweise wenig Phenole, die ihrerseits reduzierend wirken können. Ein anderer Ansatz zur Herstellung von Weinen ohne SO_2-Zugabe kann darin bestehen, gezielt den Phenolgehalt zu erhöhen. Ansätze dazu finden sich u. a. bei maischevergorenen Weißweinen, die z. B. als Naturweine vermarktet werden.

6.3 Abstich und Weinklärung

Zur Vermeidung einer Sauerstoffaufnahme ist der Gärtank bereits in der ausklingenden Gärphase aufzufüllen (Beifüllen). Meist hat sich zudem ein Schaumkranz am Tank abgelagert, der als Nährboden mikrobiologisch gefährlich ist. Nach dem Beifüllen kann über den Zeitpunkt von Abstich bzw. Weinklärung ohne unmittelbaren Zeitdruck entschieden werden.

6.3.1 Die Umlagerung des Jungweines

Im Anschluss an die Gärungen wird der Wein erstmalig abgestochen und vom Sediment getrennt. Der Abstich ist allgemein das Umfüllen eines Weines aus einem Behälter in einen anderen. Oft ist er direkt verknüpft mit Behandlungsmaßnahmen wie Schwefeln, Lüften, Schönen oder Klären (zu Schönen siehe Kap. 6.4; zum Schwefeln Kap. 6.2). Je nach Maßnahme wird ein zweiter, evtl. ein dritter Abstich notwendig. Der Zeitpunkt des Abstichs richtet sich nach betrieblichen Notwendigkeiten, aber auch nach den Erfordernissen des Weines. Bei unzureichender Mostklärung ist mit einem großen und sich schnell zersetzenden Hefedepot zu rechnen, das zur Böckserbildung neigt. Dann ist ein früher Abstich zwingend, u. U. direkt nach dem vollständigen Zuckerabbau. Gleiches gilt für restsüße oder säurearme Weine bzw. wenn eine malolaktische Gärung unterbunden werden soll. Diese Weine sind möglichst umgehend mikrobiologisch und chemisch zu stabilisieren, d. h. zu schwefeln, zu klären und spundvoll zu halten. Ein verlängertes Lager auf der gesunden Hefe hilft andererseits SO_2-Bindungspartner zu reduzieren, ermöglicht eine weitergehende Selbstklä-

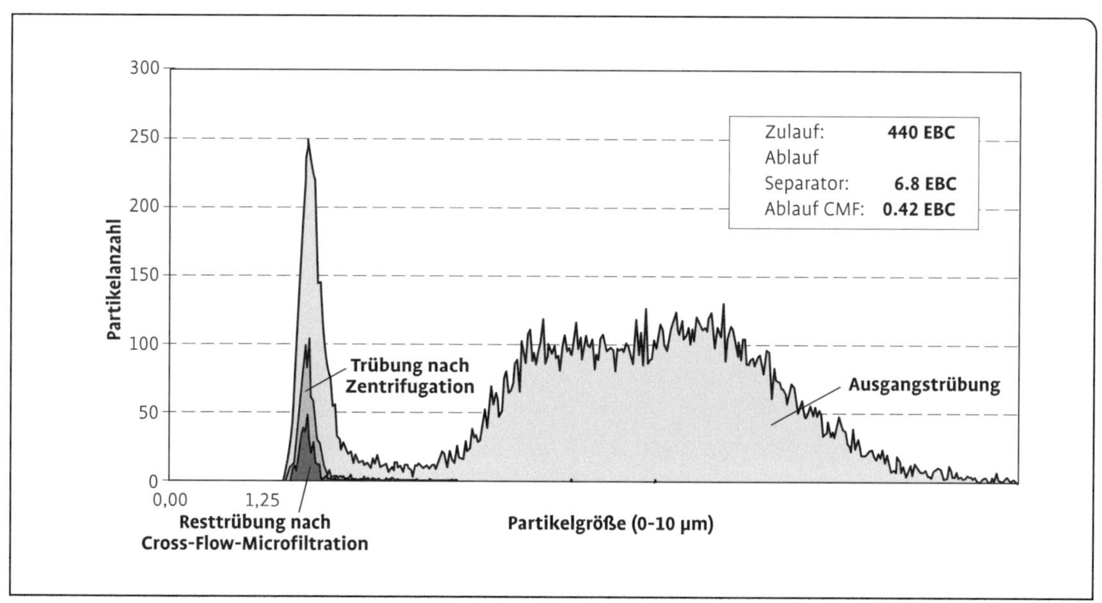

Abb. 165 Weinklärung in zwei Schritten: Zentrifugation und Filtration (Quelle: GEA Westfalia Separator GmbH).

rung des Weines und kann zu einer sensorisch gewünschten Aufnahme von Hefe-Polysacchariden führen (siehe Kap. 5.5). Letztlich muss eine regelmäßige sensorische Kontrolle Fehlentwicklungen beim Lagern auf der Hefe erkennen, um entsprechende Maßnahmen einleiten. Der häufigste und sensorisch leicht erkennbare Fehler ist der Hefeböckser. Im frühen Stadium reicht zur Behebung meist eine einfache Belüftung. Sauerstoff oxidiert den störenden Schwefelwasserstoff und macht ihn geruchlich inert. Ein Abstich mit beschränkter Luftzufuhr ergibt sich bereits, wenn der Tank z. B. von oben befüllt und beim Wein so eine große innere Oberfläche erzeugt wird (Sauerstoffaufnahme ca. 4 mg/l). Alternativ hilft ein Lufteinzug über gelockerte Schlauchverbindungen in der Saugleitung (ca. 7 mg/l) oder über ein Reißrohr (ca. 7 mg/l). Das übliche Einleiten in den Tank von unten führt lediglich zu einer Sauerstoffaufnahme von etwa 2 mg/l (Werte nach Christmann 2013; siehe dazu Tab. 62).

6.3.2 Die Weinklärung

Die Weinklärung beruht auf denselben physikochemischen Mechanismen wie die Mostklärung (Kap. 5.1). Unterschiede liegen in der deutlich geringeren Viskosität von Wein, die die Effizienz der Systeme erhöht, vor allem aber in der Anforderung, die Klärung bis zur vollständigen Entfernung aller Trubpartikel durchzuführen. Der bewusst nur unvollständig durchgeführte Prozess im Mostbereich wird deshalb in der Literatur als Vorklärung bezeichnet.

Je nach Sedimentationszeit der Hefen und Bakterien ist der Wein nach dem ersten Abstich noch mehr oder weniger stark getrübt. Trubstoffe sind im Falle einer fachgerechten Mostklärung lediglich Hefezellen, Bakterien und vor allem Kolloide. Die kolloidalen Verbindungen sind Überbleibsel der Beerenzellwand, evtl. von Botrytis-Pilzen und von der autolysierenden Hefe abgegebene Zellwand-Polysaccharide. Die Partikel müssen bis auf geringe Restkolloidmengen abgetrennt werden, damit der Wein optisch klar, frei von Mikroorganismen und sicher vor chemisch begründeten Nachtrübungen ist. Für Letzteres sind ggf. stabilisierende Maßnahmen zusätzlich notwendig (siehe Kap. 6.4). Abb. 155 zeigt die Größenverhältnisse der beteiligten Mikroorganismen und macht verständlich, warum Bakterien vergleichsweise schwer abzutrennen sind. Hefen besitzen einen Durchmesser von etwa 10 µm, Bakterien sind rund 20fach kleiner.

Meist ist die Weinklärung ein mehrstufiger Prozess mit unterschiedlichen Techniken, der vom grobdispersen bis in den unteren kolloidalen Bereich verläuft. Abb. 165 zeigt beispielhaft die Partikelreduzierung in einem Wein durch Zentrifugation und anschließende Mikrofiltration.

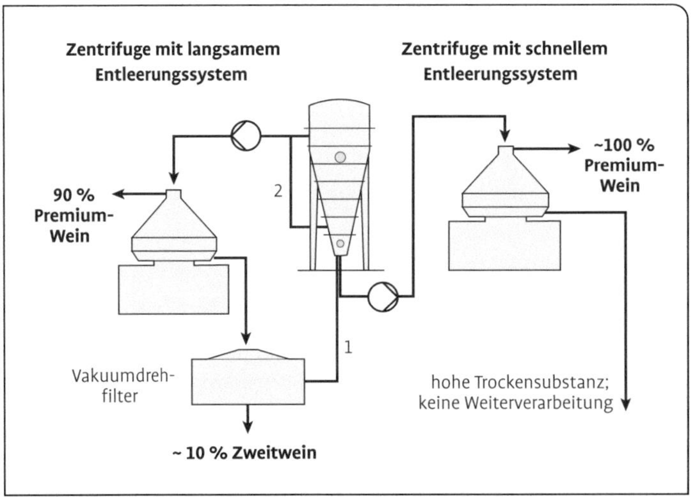

Die Zentrifugation schafft eine Abtrennung praktisch aller Hefezellen und zusätzlich eine Abreicherung der Kolloidmenge. Dieser Effekt kommt hauptsächlich durch Schleppeffekte innerhalb des Tellerpakets der Zentrifugentrommel zustande. Definitionsgemäß kann die Zentrifugation mangels Dichtedifferenz derartige Teilchen nicht wirklich abtrennen. Die nachgeschaltete Filtration (hier mittels Cross-Flow-Mikrofilter) ist nur noch gering mit Trubstoffen konfrontiert, sie

Abb. 166 Abstich über Zentrifugen mit unterschiedlich schnellen Entleerungssystemen.

Tab. 64 Klärtechniken bei unterschiedlichen Betriebsgrößen

Klärtechnik	Kleinbetrieb (< 10 ha)	mittelgroßer Betrieb (< 100 ha)	Großbetrieb (> 100 ha)
Separator			+
Vakuumdrehfilter			(+)
Hefefilter/Membranfilterpresse	+	+	+
Kieselgurfilter		+	(+)
Cross-Flow-Filter			+
Schichtenfilter	+	+	
Modulares Tiefenfilter		+	+
Membranfilter		+	+

reduziert die Trübung auf einen bereits abfüllgerechten Restwert von 0,42 EBC-Einheiten. Der Kolloidgehalt deutscher Weißweine, hauptsächlich bestehend aus Phenolen und Polysacchariden, liegt zwischen 150 mg/l und 600 mg/l bei Rotweinen kann der Wert auf über 1 g/l steigen (Dietrich 2009). Die Zentrifuge hat im deutschsprachigen Raum in den meisten mittelgroßen Betrieben lediglich noch Stand-by-Funktion und ist in kleineren weitgehend verschwunden. Je größer der Betrieb aber ist, desto wichtiger wird deren Fähigkeit gesehen, große Trubmengen schnell abzutrennen. Australische, amerikanische oder südafrikanische Großbetriebe verknüpfen die Weinklärung vielfach direkt mit der Trubverarbeitung, indem sie gleichzeitig den Trub mit modernen, äußerst schnellen Entleerungssystemen im Separator (z. B. Hydro Stop Fa. GEA Westfalia Separator) deponiefähig konzentrieren. Abb. 166 vergleicht die traditionelle zweistufige Verfahrenstechnik mit der einstufigen. Die Vermeidung von abgewertetem Zweitwein aus dem Vakuumdrehfilter oder anderen geeigneten Techniken sorgt für eine rasche Amortisation der Zentrifuge. Um permanent den Feststoff mit maximaler Trockensubstanz auszuschleudern, wird die Maschineneinstellung mittels tragbarer Becherschleuder regelmäßig überprüft.

Die Zentrifugation als Möglichkeit, vor allem grobdisperse Teilchen abzutrennen, wurde in Kap. 5.1 vorgestellt. Ebenso die Möglichkeit, mit Flockungshilfsmittel die Kläreffizienz deutlich zu verbessern. Die dabei behandelten Hilfsmittel lassen sich gleichermaßen zur Erleichterung der Weinklärung einsetzen (siehe Kap. 6.4). Steht keine Zentrifuge zur Verfügung, müssen die Partikel über Filter abgetrennt werden. Meist erfolgt das in mehreren Schritten mit unterschiedlichen Techniken. Systeme für die Grobfiltration, die über ein großes Trubaufnahmevermögen verfügen müssen, sind kaum für die Feinfiltration geeignet. Dafür und für die noch feiner wirkende Sterilfiltration stehen andere Techniken zur Verfügung. Das Ziel der Filtration im Keller ist die möglichst wirtschaftliche Herstellung eines keimfreien Weines mit einer akzeptierten Restmenge an Kolloiden. Die abschließende Abfüll-Filtration darf allenfalls noch eine Art Polizeifunktion übernehmen und dient nicht mehr der Zurückhaltung von Teilchen. Die dort eingesetzten Membranfilter sind nicht ausgelegt, nennenswerte Trubmengen zurückzuhalten.

6.3.3 Grundlagen der Filtration

Die Filtration ist eine mechanische Trennung feststoffbeladener Flüssigkeiten (Suspensionen) mittels einer durchlässigen Schicht (Filtermedium). Die vom Feststoff befreite Flüssigkeit wird als Filtrat, der auf dem Filtermittel zurückbleibende Feststoff als Filterkuchen bezeichnet (Tscheuschner 1996). Weinfilter werden erst seit Beginn des letzten Jahrhunderts eingesetzt. Zuvor war die Selbstklärung über den Faktor

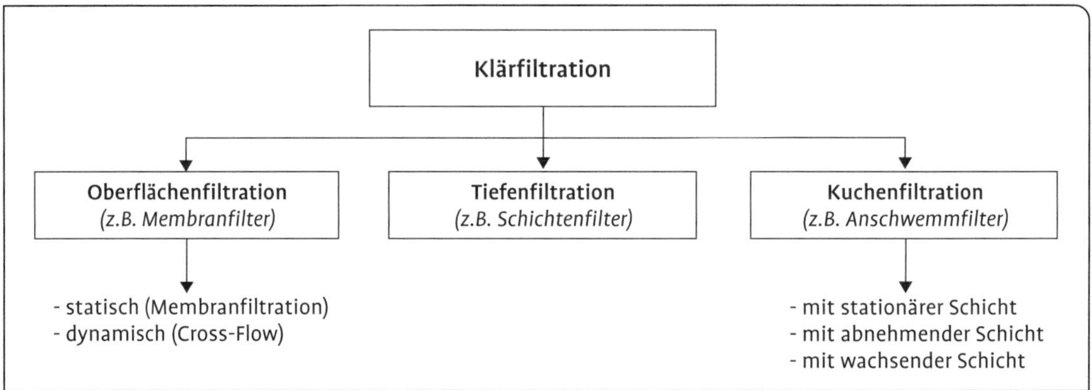

Abb. 167 Systematik der Filtersysteme für die Weinklärung nach dem Filtrationsprinzip.

Zeit der einzige Weg, einen blanken Wein zu produzieren. Die Einführung der Kieselgur- und Schichtenfilter verringerte das Risiko und führte in endlicher Zeit zu keimarmen/keimfreien Weinen. Die Evolution der Filtersysteme in der Kellerwirtschaft hat in den letzten 100 Jahren ein breites Spektrum an Problemlösungen ergeben. Die zahlreiche Varianten der Schichten- und Anschwemmfilter werden seit etwa 30 Jahren durch modular aufgebaute Tiefenfilter, statisch

Abb. 168 Filtrationsprinzipien (zusammengestellt aus Hamatschek 1996 und Schmidt 2013 (1); Schmidt 2013 (2), Blankenhorn und Funk 2012 (3) und Werkbild GEA Westfalia Separator GmbH (4); Erläuterungen siehe Text).

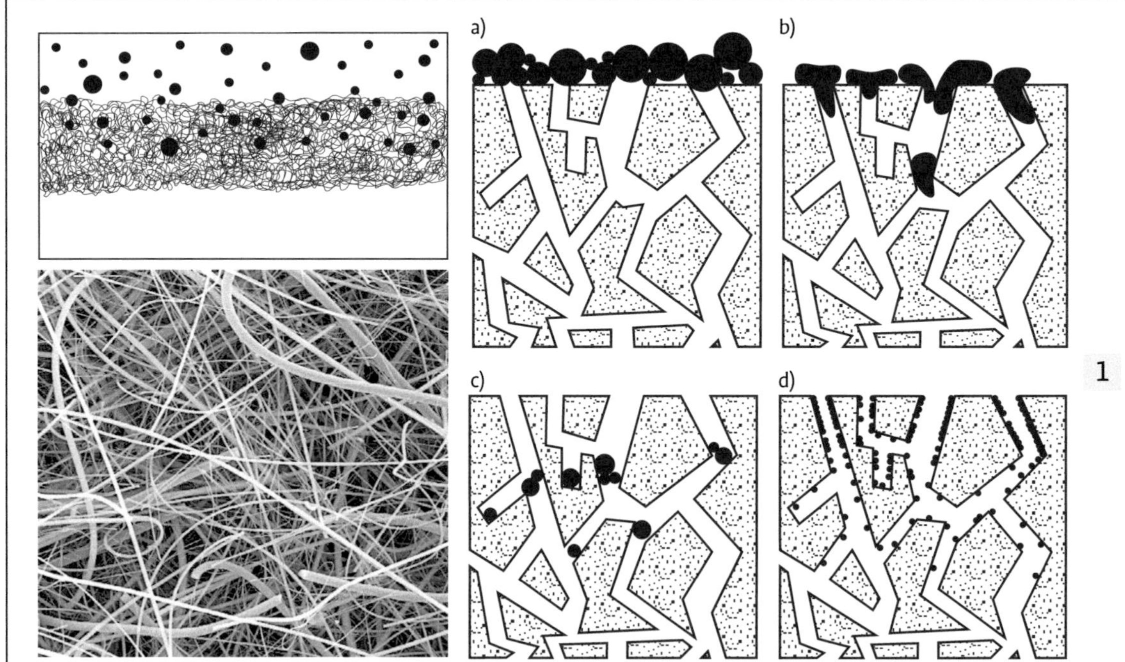

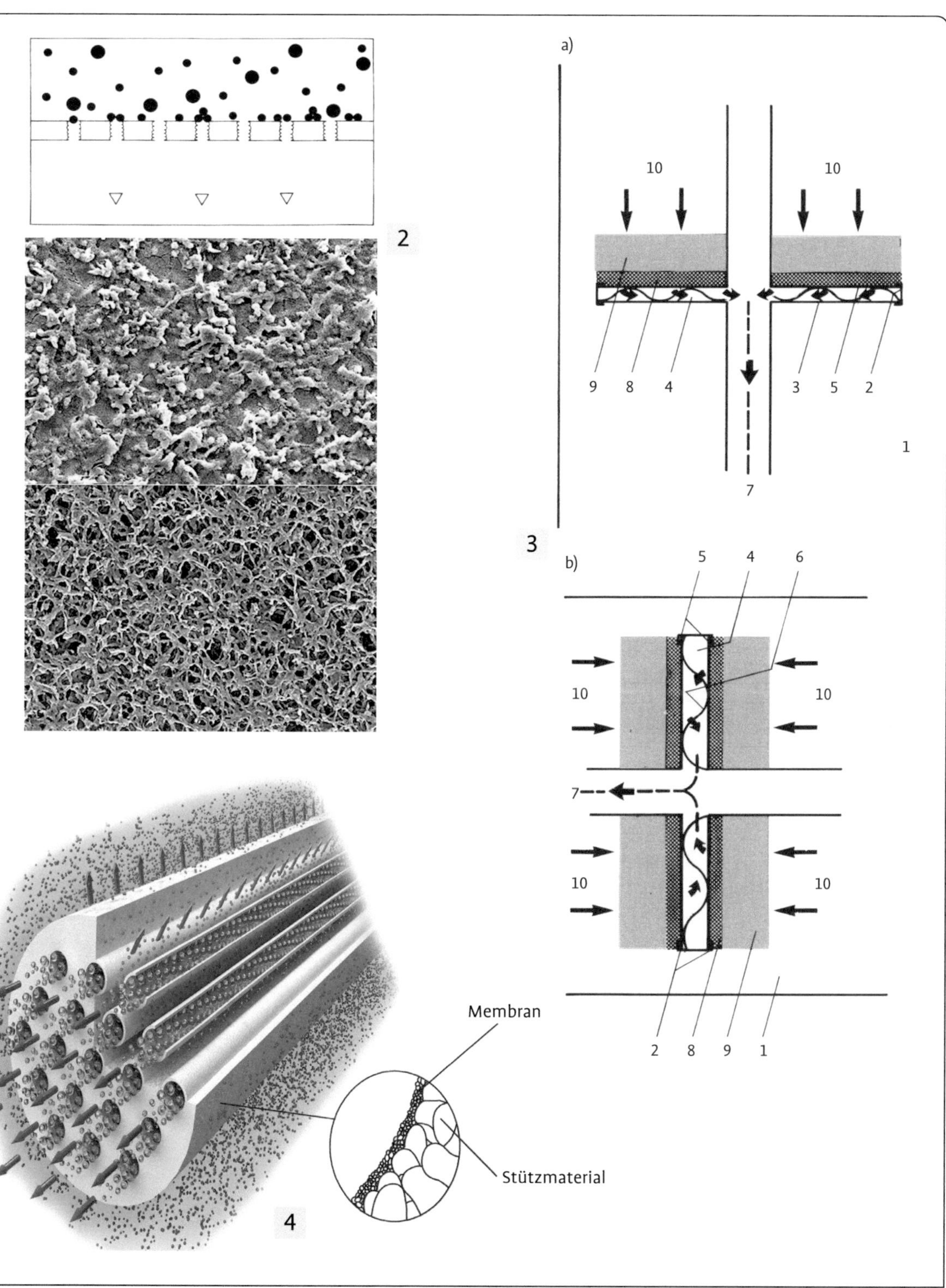
2
3
a)
10
10
9
8
4
3
5
2
1
7
b)
5
4
6
10
10
7
10
10
2
8
9
1
4
Membran
Stützmaterial

trennende Membranfilter und vor allem dynamisch operierende Cross-Flow-Filter ergänzt und vielfach abgelöst. Das Kieselgurfilter ist in Großbetrieben weitgehend durch die Cross-Flow-Mikrofiltration verdrängt, das Schichtenfilter vielfach durch Membransysteme.

Bei kleineren und mittelgroßen Betrieben über 100 000 l ist die Anschwemmfiltration nach wie vor als kostengünstige und effektive Technik vertreten, ebenso das unverwüstliche und besonders gut beherrschbare Schichtenfilter. Eine Befragung von 201 Winzerbetrieben im Jahr 2002 ergab, dass 86 % dieser Betriebe mit einem Kieselgurfilter, 84 % mit einem Hefefilter, 90 % mit einem Schichtenfilter und lediglich 15 % mit Cross-Flow-Filtern arbeiten (Schandelmaier 2004).Tab. 64 zeigt die in den unterschiedlich großen Kellereien bevorzugt eingesetzten Techniken zur Weinklärung. Die verwendete Maschinentechnik ist häufig eine Frage der Verfügbarkeit. Die lange Lebensdauer vieler Geräte führt aus wirtschaftlichen Gründen zu ihrem andauernden Einsatz, auch wenn der Stand der Technik bereits ein deutlich fortgeschrittener ist. Großbetriebe ergänzen ihren Maschinenpark üblicherweise nach und nach und haben deshalb oft unterschiedliche Systeme parallel im Einsatz. Eine weitere Rolle für die Anschaffung eines eigenen Maschinenparks spielen Lohnunternehmer, deren Existenz das Investitionsverhalten stark beeinflussen kann.

Angesichts einer kaum zu überschauenden Vielfalt von Filtrationseinrichtungen für unterschiedlichste Aufgabenstellungen hat die Verfahrenstechnik zahlreiche Systematisierungsversuche unternommen (z. B. Tscheuschner 1996; Blankenhorn und Funk 2012 oder Schmidt 2013). Die Ansätze unterscheiden sich in den Kriterien, die ihnen zugrunde liegen. So lassen sich Filtersysteme z. B. in dynamische bzw. statische unterscheiden oder in solche mit Hilfsmitteln bzw. ohne. Der Kellerwirtschaft und ihrer verwendeten Techniken wird die Systematik in Abb. 167 sehr gut gerecht. Sie erfasst das Prinzip aller gängigen Systeme und lässt die Überlappungen nachvollziehen. Die Oberflächenfiltration ist letztlich auch zu einem Stück eine Tiefenfiltration und umgekehrt.

Die verschiedenen, der Abb. 167 zugrunde liegenden Prinzipien werden in Abb. 168 schematisch und im Zusammenhang dargestellt. Die Erläuterungen folgen im Text.

Erläuterungen zu Abb. 168:
Zu 1). Zur Tiefenfiltration kommen in der Kellerwirtschaft die traditionellen Schichtenfilter und Filtermodule mit Tiefenwirkung zum Einsatz. Die Barriere, die Trubstoffe zurückhalten soll, ist ein labyrinthartig aufgebautes, engmaschiges, mehrere mm dickes dreidimensionales Gewebe mit Poren, die sich in der Tiefe des Raumes verengen. Ihr Hohlraumvolumen beträgt 70–80 %, dadurch besitzen sie ein großes Speichervermögen für Trubstoffe. Die REM-Aufnahme links neben den Grafiken a-d zeigt die Oberfläche eines Tiefenfilters (Filtervlies). Die unterschiedlichen Wege, Partikel zurückzuhalten, bilden die Grafiken a–d ab. Nichtkompressible, formstabile Teilchen entsprechender Größe lagern sich bereits an der Oberfläche ab und bilden einen Filterkuchen (Grafik a). Dieser wird die Filterleistung nach und nach verringern, bis dessen Widerstand schließlich so groß ist wie der Zulaufdruck und die Filtration spätestens dann zum Erliegen kommt. Solche Verhältnisse herrschen bei der Filtration von Sand, Staub oder Hefezellen.

Die Abtrennung von Trubmizellen zeigt die Grafik b. Diese Teilchen sind kompressibel, verformbar und in der Lage, in die Poren teilweise einzudringen und sie flaschenkorkartig zu verschließen. Bei entsprechender Konzentration ist das Filter sehr schnell belegt. Eine solche Situation kann vorliegen, wenn nach einer Maischeerhitzung oder Mostpasteurisation die Trubmizellen nicht entstabilisiert wurden. Derartige Weine sind praktisch unfiltrierbar (siehe Kap. 5.1).

Grafik c spiegelt die Situation wider, wenn kleine Teilchen in den sich verengenden Poren hängen bleiben. Kleinere Mikroorganismen werden vielfach auf diese Weise abgetrennt, aber auch Kolloide.

Bisher ist die Abtrennung mechanisch erfolgt. Grafik d zeigt die adsorptive Anlagerung von Teilchen an Filterelemente durch elektrokinetische Kräfte. Entsprechend modifizierte Fasern mit positivem Potenzial innerhalb des Filtermediums binden Trubstoffe mit negativer Oberflächenladung. Die elektrische Ladung strömender

Teilchen in einem Elektrolyten wird Zetapotenzial genannt (siehe S. 305). Da der freie Durchgang der Flüssigkeit kaum behindert wird, bleibt die Filterleistung konstant. Ist aber die Adsorptionsfähigkeit schließlich erschöpft, wandern derartig kleine Teilchen durch. Ein negatives Beispiel dafür sind Milchsäurebakterien, die schließlich durch das Abfüllfilter in die Flasche gelangen können.

Die Vorbehandlung des Weines entscheidet, welche Mechanismen zum Tragen kommen. Bei fachgerechter Vorbehandlung wird es sich hauptsächlich um Vorgänge analog c und d handeln.

Zu 2): Die Membranfiltration ist im Prinzip eine Oberflächenfiltration. Die eigentliche Membran ist sehr dünn, je nach Material und Hersteller besitzt sie eine Dicke von 50–100 µm. Darunter befindet sich ein mehrstufiges, grobporiges Stützgewebe ohne eigentliche Filterwirkung. Teilchen mit größeren Durchmessern als der der Poren werden zurückgehalten. Die REM-Aufnahme des Filtergewebes zeigt aber, dass in der Realität keine definierten Poren vorliegen, die quasi mit kleinen Kugeln durch eine ebene Fläche geschossen wurden. Membranen bestehen aus einem mehrlagigen Gewebe und sind an der Oberfläche zerklüftet. Die Abscheidung von Partikeln ist letztlich ein statistischer Vorgang. Eine 0,45 µm-Membrane hat sicherzustellen, dass alle größeren Teilchen sicher zurückgehalten werden. Das bedeutet aber, dass auch kleinere Teilchen im Gewebe hängen bleiben. Die Membranfilter sind nur für äußerst kleine Trubstoffmengen geeignet und ideal als Abfüllfilter geeignet.

Zu 3): Bei der Kieselgurfiltration erfolgt die Klärung in Filterelementen, die vertikal (b) oder horizontal (a) angeordnet sein können (siehe dazu Kap. 5.1). Diese Art der Filtration ist entsprechend der Begriffe in Abb. 167 ein Beispiel für eine mit wachsender, das Vakuumdrehfilter eines für ein System mit abnehmender Anschwemmschicht. Konstant gehalten wird die Schicht z. B. in Hefefiltern, wenn nicht zusätzlich eine Filtermittel-Dosage erfolgt.

Zu 4): Cross-Flow-Filter sind Membranfilter, bei denen sich die dünne Membran an der Innenseite von langen Keramik- oder Polymerröhren befindet. Der trübe Wein wird mit hoher Strömungsgeschwindigkeit parallel zur Membranoberfläche durch diese Röhren gefördert. Eine Teilmenge passiert aufgrund des nach allen Seiten wirkenden Systemdrucks die Membrane als Filtrat und wird über die Stützschicht abgeleitet. Der Hauptstrom, das Retentat, wird im Kreislauf geführt (Cross-Flow). Trubstoffe lagern sich analog der statischen Filtration zunächst an der Membranoberfläche ab. Die hohe dynamische Anströmung parallel zur Filterfläche erzeugt eine turbulente Strömung. Dadurch wird der Filterkuchen kontinuierlich abgetragen und in den Retentatkreislauf zurückgeführt. Der reichert sich allmählich mit Trubstoffen an, bis die Filtration abgebrochen werden muss.

Strömt das Unfiltrat im rechten Winkel zur Filtrationsfläche an, wird von statischer Filtration oder Dead-end-Filtration geredet. Die Cross-Flow-Filtration mit paralleler Anströmung nennt man dynamische Filtration. Der Widerstand des Filtermediums selber sowie der des Filterkuchens bewirken eine Druckdifferenz zwischen Zulauf- und Ablaufdruck, der durch die Förder-

Tab. 65 Eigenschaften von Kieselguren unterschiedlicher Korngröße (zusammengestellt nach Schandelmaier 2004, Lipps und Rosch 2012, Blankenhorn und Funk 2012)

Kieselgur	Permeabilität [Darcy]	durchschnittliche Abscheiderate	Partikelgröße	Einsatz und Menge	Schüttdichte trockene Gur
fein	0,03–0,07	0,3–1,5 µm	< 50 µm	100–500 g/100 l für Filtration und 2. Voranschwemmung	150–300 g/l
mittelfein – mittel	0,05–0,25	2–3 µm			
mittelgrob	0,75–1,5	3 µm			
grob – sehr grob	1,5–11.0	5–7 µm	50–100 µm	300–600 g/m² Voranschwemmung	

Abb. 169 Mikroskopische Aufnahme von unbehandelter Kieselgur (Jakob et al. 1997).

pumpe aufgebracht werden muss. Mit zunehmendem Filterkuchen steigt der erforderliche Druck, bis bei Erreichen der Systemgrenze die Filtration abgebrochen werden muss.

6.3.4 Kuchenfiltration mit wachsender Schicht (Kieselgurfiltration)

Nach wie vor weit verbreitet ist für die Weinfiltration die Anschwemmfiltration unter Verwendung von Kieselgur. Als Alternative bzw. Mischungspartner kommt Perlite zum Einsatz, seit der Jahrtausendwende zunehmend Zellulose.

Die Permeabilität nach Darcy (Wasserwert nach Darcy) ist das international gebräuchlichste Verfahren zur Einteilung nach den Filtrationseigenschaften. Die Werte korrelieren mit der Korngrößenverteilung. Ein Darcy (in cm^2) ist gegeben, wenn 1 cm^3 einer Flüssigkeit mit der Viskosität 1 cp in 1 s ein Gesteinsstück von 1 cm Länge und 1 cm^2 Querschnitt bei einem Druckunterschied von1 bar zwischen Ein- und Austrittsstelle bei einer Temperatur von 0 °C und einem atmosphärischen Druck von 760 mm HG-Säule durchfließt (Schandelmaier 2004).

Kieselgur ist das gereinigte, getrocknete und gemahlene Gerüst von bis zu 10 000 Kieselalgenarten (Diatomeen), die sich im Tertiär und Quartär am Boden von Meeren oder Süßwasserseen in teilweise mehrere 100 m dicken Schichten abgelagert haben. Ein cm^3 Kieselgur kann bis 1 Mrd. Diatomeengerüste mit extremer Formenvielfalt enthalten (Schandelmaier 2004, siehe Abb. 169).

Aufbereitet, d. h. erhitzt auf 800 °C zum Austreiben von Wasser und aller organischen Anteile, setzt es sich aus etwa 90 % Siliziumdioxid, 5 % Aluminiumoxid sowie mehreren weiteren Metalloxiden zusammen. Ein Teil der zuvor amorphen Struktur wandelt sich beim Erhitzen in kristalline, hauptsächlich cristobalite Formen um. Diese sogenannte kalzinierte Gur wird in der Filtration zusammen mit fluxkalzinierter eingesetzt, deren kristalliner Anteil durch Brennen mit Natriumcarbonat erhöht wurde. Tab. 65 fasst verschiedene Eigenschaften der Guren zusammen.

Je feiner die Korngrößen des Filterhilfsmittels sind, desto besser ist die Abscheiderate. Feine Gur ist prinzipiell in der Lage, alle Arten von Mikroorganismen abzutrennen. Konstruktions- und materialbedingt sind diese Filtersysteme nicht zu sterilisieren, sodass eine Sterilfiltration im eigentlichen Sinne nicht möglich ist. Ein hoher Wasserwert korrespondiert mit einer hohen Durchlaufmenge und geringer Klärschärfe. Die Trub bindende Wirkung einer Gur beruht auf den labyrinthartigen Hohlräumen zwischen den Diatomeen, in denen sich die Teilchen verfangen. Die Porosität bedeutet auch, dass ein Teil des Weines dort zurückbleibt. Die Differenz zwischen Trocken- und Nassgewicht liegt etwa beim Doppelten bis 3fachen der Schüttdichte. Je kg Kieselgur gehen 1–3 l Wein verloren (Lipps und Rosch 2012). Der zu entsorgende Trub erhöht sich entsprechend. Die landbauliche Verwertung als Bioabfall ist in feuchtem Zustand und bei sofortigem Einarbeiten erlaubt. Praktisch schwermetallfrei und mit leicht abbaubaren Eiweißstoffen als abgetrennte Trubstoffe eignet sich Filter-Kieselgur als organischer Dünger (Schandelmaier

2004). Bei der Kellerarbeit sind Schutzmaßnahmen zu ergreifen. Trockene Gur staubt, der Staub ist zum Teil lungengängig. Die Cristobalit-Kristalle können die Alveolen der Lunge auf Dauer schädigen. Sicherheitsdatenblätter führen trockene Kieselgur beim längeren Einatmen als gesundheitsschädlich.

Perlite ist gemahlenes und gereinigtes vulkanisches Gestein. Beim Reinigen wird es erhitzt, das im Inneren gebundene Wasser bläht das Gestein dabei stark auf und erzeugt die für die Trubbindung erforderliche große Oberfläche. Wie Kieselgur besteht Perlite im Wesentlichen aus Silizium- und Aluminiumoxid und es ist ebenfalls zur Voranschwemmung und Filtration gleichermaßen einsetzbar. Das geringere Schüttgewicht macht eine um etwa 20 % geringere Menge erforderlich und das Material preislich attraktiv. Die Grundanschwemmung erfolgt im Bereich von 200–400 g/m², die Filtration meist bei 40–80 g/100 l.

Tab. 66 zeigt das Ergebnis einer Vergleichsfiltration Kieselgur mit Perlite.

Trübungswerte und Druckanstieg waren bei beiden Filtermitteln nahezu identisch. Einer deutlich geringeren Filterleistung steht bei diesem Versuch ein langsamerer Druckanstieg gegenüber. Weitere Messgrößen bei der Anschwemmfiltration sind die Rückhalterate als Filtrationseigenschaft bzw. die Druckstoßempfindlichkeit als technische Eigenschaft. Perlite und Kieselgur zeigen bis auf die letztgenannte Größe vergleichbare Werte. Die bekannte Druckstoßempfindlichkeit von Perlite wird in der Praxis durch Beimischung von Zellulose (20 g/m²) kompensiert (Lipps und Rosch 2012).

Zellulose ist der Hauptbestandteil von pflanzlichen Zellwänden (Massenanteil etwa 50 %) und damit die auf der Erde am häufigsten vorkommende organische Verbindung. Sie ist ein unverzweigtes Polysaccharid und besteht aus mehreren 100–10 000 β-D-Glucose-Molekülen (β-1,4-glykosidische Bindung). Die Zellulosemoleküle lagern sich zu höheren Strukturen zusammen, die als reißfeste Fasern in Pflanzen meist statische Funktionen haben. Zellulose wird aus Fichten- oder Buchenholz hergestellt. Holzfasern werden zerkleinert und gekocht, die Zellulose nach der mechanischen Trennung von Lignin und Pektinstoffen gebleicht. Sie wird seit sehr vielen Jahren bei der Anschwemmfiltration eingesetzt, zunächst aber nur als Teil der Voranschwemmung. Seit es technisch möglich ist, Zellulosefasern mit engem Größenspektrum herzustellen, ist damit auch die eigentliche Filtration allein erfolgreich durchführbar. Die Faserlängen können zwischen 20 und 2000 µm Länge sowie 20–30 µm Dicke eingestellt werden. Zellulosefasern allein bilden einen Filterkuchen, der vergleichsweise stabil gegen Rissbildung ist und dadurch die Gefahr für Filterdurchbrüche verringert. Die Grundanschwemmung erfordert wegen der engen Größenverteilung lediglich 30–50 % der Menge an Kieselgur. Eine Schichtdicke von 1,3–1,7 mm ist ausreichend (Schandelmaier 2004). Zudem ist Zellulose im Vergleich zu Kieselgur oder Perlite nicht abrasiv. Verschleiß an Pumpen bzw. Sieben und Stützgeweben kommt praktisch nicht vor. Die landbauliche Verwertung ist uneingeschränkt möglich.

Die Kuchenfiltration bei Wein wird in der Praxis vorrangig mit Kieselgurfiltern durchgeführt. Durchgesetzt hat sich nach Schandelmaier et al. (2009) das Anschwemm-Horizontalkesselfilter mit Stützschichten aus Polypropylengewebe, Tressengewebe aus Edelstahl und Filterkerzen aus Edelstahl. Alternativ kommt das Hefefilter zum Einsatz. Das ebenfalls prinzipiell geeignete Vakuumdrehfilter wird in deutschen Weinbaubetrieben nur noch wenig verwendet, hauptsächlich in Großbetrieben, und für die Weinfiltration praktisch überhaupt nicht.

Tab. 66 Feinfiltration von Silvaner mit Perlite im Vergleich zu Kieselgur (Lipps 2003)

		Neuwertige Feinperlite	**Feingur Beco 200**
Trübung Unfiltrat	NTU	1	1
Voranschwemmung	g/m²	1000	1000
laufende Dosage	g/hl	120	120
Filterleistung	l/h	3750	5500
Druckanstieg	bar/h	0,7–0,8	> 1
Trübung Filtrat	NTU	0,4	0,5

Tab. 67 Richtzahlen für die Durchführung der Anschwemmfiltration mit Hefe- oder Kieselgurfilter (Weik 2012)

Filtertyp	Art der Filtration			Dosage an Filterhilfsmitteln
Hefefilter	Most- und Trubfiltration	Voranschwemmung (leichte Reinigung, schnellere Filtration) 0,2–0,5 bar Gegendruck	Perlite	Voranschwemmung 350 g/m²
			Kieselgur	zur Stabilisierung von Perlite und zur sehr scharfen Vorklärung
			Zellulose	zur Stabilisierung von Perlite, alleinige Verwendung ist in der Versuchsphase
		laufende Dosierung	Perlite	ca. 2 % je nach Trub
			Kieselgur	ungeeignet
			Zellulose	Versuchsphase
Hefefilter oder Kieselgurfilter	Weinfiltration Zunahme der Druckdifferenz 0,2–0,4 bar/h Leistung ca. 1000–2000 l/h/m²	1. Voranschwemmung 15 Min. 1,5–2 höheren Durchfluss wie bei der Filtration 0,2–0,5 bar Gegendruck	Perlite	0,3–1,0 kg/m² (0–20 g/m² Zellulose) sehr trübe Weine, zur alleinigen Verwendung in der Versuchsphase
			Kieselgur	0,3–1,0 kg/m² (+ 50 g/m² Zellulose)
			Zellulose	0,25–0,35 kg/m²
		2. Voranschwemmung	für die 2. Voranschwermmung wird die gleiche Menge wie für die 1. Voranschwemmung und das Filterhilfsmittel wie für die laufende Dosierung gewählt	
		laufende Dosierung	Perlite	0,5–2 kg/1000 l
			Kieselgur	0,5–2 kg/1000 l
			Zellulose	0,3–1 kg/1000 l

Hefefilter				Kieselgurfilter	
Rahmengröße	**Plattenzahl**	**ungefähre Filterfläche**	**Kieselgur Aufnahmemöglichkeit**	**Filterfläche**	**Kieselgur Aufnahmemöglichkeit**
40 × 40 cm	10	3 m²	24 kg	3 m²	18 kg
	30	9 m²	72 kg		
50 × 50 cm	10	4,8 m²	37,5 kg	4 m²	24 kg
	30	14 m²	112 kg		
60 × 60 cm	10	6 m²	54 kg	5 m²	30 kg
	30	18 m²	162 kg		

Die Entscheidung für eine der drei Filterhilfsmittel ist eine technische, aber auch eine wirtschaftliche. Das Angebot an Materialien mit unterschiedlichen Eigenschaften ist inzwischen sehr groß. Eine Übersicht findet sich z. B. bei Weik (2012). Tab. 67 stellt Praxiswerte für den Einsatz der Filterhilfsmittel bei der Anschwemmfiltration für die Most-, die Trub- und die Weinfiltration zusammen (zur Trubfiltration siehe auch Kap. 5.7). Ziel aller Filtrationen ist, die zu filtrierende Charge mit einem einzigen Filteransatz zu verarbeiten. Beim Hefefilter lässt sich dazu die Anzahl der Platten variieren. Bei der Kieselgurfiltration ist letztlich die laufende Dosierung entscheidend. Dabei spielt die Erfahrung des Bedieners eine große Rolle.

6.3.5 Tiefenfiltration mit vorgefertigten Filterschichten

Die Tiefenfiltration benutzt industriell vorgefertigte Filtermaterialien mit hohem Hohlraumvolumen (bis 80 %) und entsprechend großer Aufnahmekapazität für Trubstoffe. In der Kellerwirtschaft kommen zwei unterschiedliche Systeme zum Einsatz:

- Filter mit Tiefenfilterschichten im offenen System,
- Filter mit modular aufgebauten Tiefenfilterschichten im geschlossenen System.

Die Abb. 170 zeigt ein Schichtenfilter als offenes System mit Umlenkkammer.

Bei diesem System werden Filterplatten manuell in ein Rahmengestell eigesetzt, angepresst und vor der Filtration ausgiebig, bis zur Geruchsneutralität, gewässert. Die Suspension wird gleichmäßig in die hohlen Filterplatten verteilt, durchströmt die Filterelemente und wird als Filtrat zentral gesammelt. Eine Umlenkkammer führt dieses Filtrat in ein zweites Plattensystem mit z. B. schärferen Filterschichten. In einem Durchgang und in einem System können Vor- und Feinfiltration unmittelbar nacheinander durchgeführt oder ohne Umlenkkammer die Filterfläche verdoppelt werden.

Modulfilter können mit Scheiben oder Kerzen bestückt werden (Abb. 171). Bei diesen Systemen verläuft die Filtration üblicherweise von außen nach innen. Das Filtrat wird zentral abgeführt. Modulfilter mit Tiefenfilterschichten funktionieren wie die Filterschichten. Zwei übereinander angeordnete runde Filterscheiben sind jeweils mit einer zwischenliegenden Drainage- und Stützplatte zu einer Modul-Filterzelle verbunden und am Außenrand durch eine Rundumspritzung abgedichtet. Mittels Abstandshalter etwas getrennt und kompakt übereinandergelegt, werden zahlreiche dieser Filterzellen in ein hermetisch verschlossenes Gehäuse eingebaut. Das Filter ist tropffrei, mit vergleichsweise geringer Mischzone und im Vergleich zu offenen Systemen wesentlich hygienischer. Wie alle Tiefenfilter besitzen auch die Module ein relativ großes Aufnahmevermögen für Trub. Die Mo-

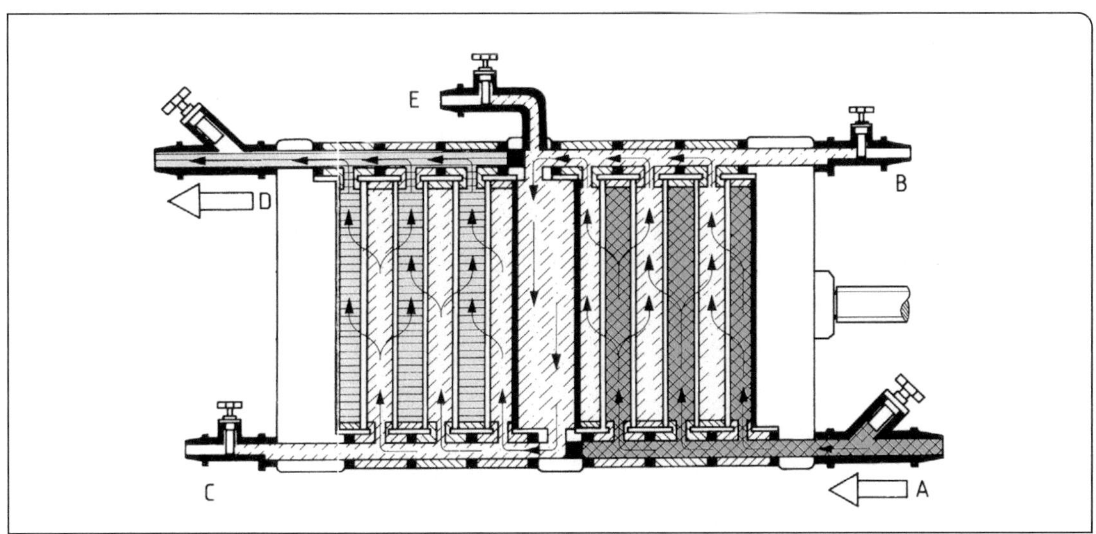

Abb. 170 Schichtenfilter mit Umlenkkammer (Quelle: Fa. Straßburger); A = Zulauf; B, C, E = Ablauf Filtrat 1; D = Ablauf Filtrat 2.

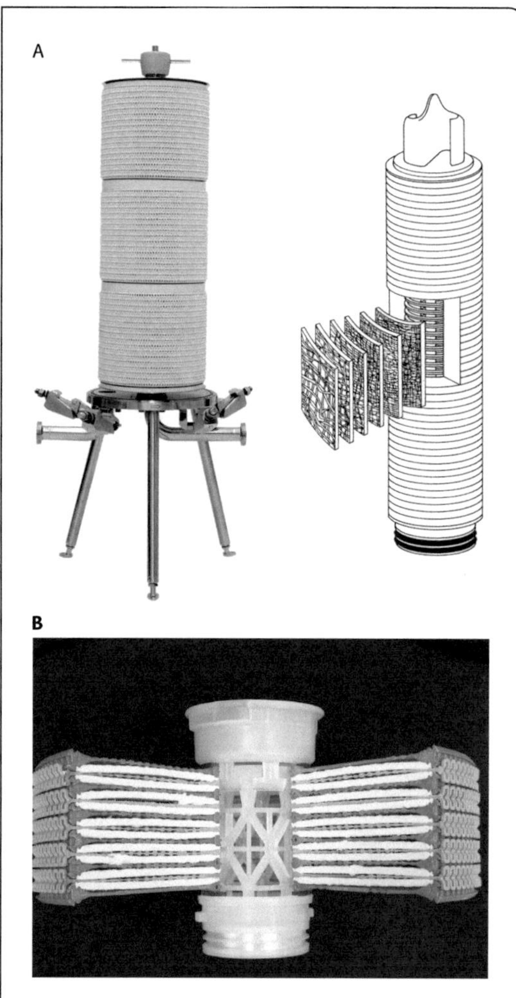

Abb. 171 Module in Scheibenform (A und B; Quelle: Pall Corp.) sowie eine plissierte Filterkerze (Jakob 1997).

dule können in die Höhe gebaut werden und benötigen im Vergleich mit den offenen Schichtenfiltern wenig Platz. Nach Gebrauch, Rückspülung und Sterilisation entsprechend der Herstellerangabe sind sie jederzeit gebrauchsbereit. Offene Filteransätze dagegen müssen mindestens wöchentlich entsorgt werden.

Tiefenfilter können durch Rückspülen mit kaltem und anschließend bis 60 °C Wasser weitgehend regeneriert werden. Rückgespült werden sie vom Ausgang zum Eingang mit Wasser. Der asymmetrische, trichterartige Aufbau der Filterschicht begünstigt die Rückspülung. Die Eingangsseite hat größere Poren als die Ausgangsseite. Die pH-Wertveränderung verändert auch die Ladungseigenschaften von Filtermedium und Trubstoff und löst adsorbierte Teilchen wieder ab.

6.3.5.1 Schichtenfiltration

Die Schichtenfiltration ist in der Kellerwirtschaft das wohl nach wie vor am weitesten verbreitete Filtrationssystem (Burkert et al. 2013). Sie wird hauptsächlich im Sterilbereich vor der Abfüllung oder zum Schutz der Membranfiltration eingesetzt. Kleinbetriebe allerdings benutzen dank der hohen Variabilität in der Trennschärfe der Schichten das Schichtenfilter stufenweise für fast das gesamte Trubspektrum. Die Filterschichten bestehen im Wesentlichen aus speziell aufbereiteten, fibrillierten Zellulosefasern als Grundgerüst und Kieselgur als Hauptverantwortlichen für die Filterwirkung. Platten für die Grobklärung enthalten zusätzlich Perlite. Zugesetzte Polymere (Harze) verbessern die Nassfestigkeit, erhöhen die Stabilität und das Zetapotenzial und verringern das unvermeidbare Tropfen. Die Rohstoffe werden in Wasser suspendiert, gereinigt und homogen vermischt. Definierte Entwässerung erzeugt ein Vlies, das getrocknet und anschließend auf Format geschnitten wird. In der Kellerwirtschaft kommen hauptsächlich Filterschichten mit 20 × 20, 40 × 40, 60 × 60 oder 100 × 100 cm zum Einsatz. Mehrere Dutzend finden in einem Schichtenfilter Platz und ergeben entsprechend große Filterflächen. Bei der Grob- oder Feinfiltration können 800–900 l/m^2/h filtriert werden, bei der Sterilfiltration um 450. Abb. 172 zeigt ein Sortiment von quadratischen bzw. runden Filterschichten in unterschiedlichen Größen samt den dazugehörigen Filtergeräten.

Die handelsüblichen Filterschichten sind 3–5 mm dick und in der Lage, bis zu 4 l Trub/m^2 Filterfläche aufzunehmen. Hefen oder andere grobe Teilchen bleiben bereits an der Oberfläche hängen, die kleineren verfangen sich in der Tiefe der Schicht oder werden adsorptiv gebunden (siehe Kasten Zeta-Potenzial). Ein Milchsäurebakterium mit 0,5 µm ∅ muss theoretisch bis zur Klarseite einen Weg beschreiten, der bis zu 5000-mal länger ist als es seinem Durchmesser entspricht. Das entscheidende Maß für die Filtration ist der Druckanstieg zwischen Zulauf und Ablauf, d. h. letztlich die Durchsatzmenge bis zur Erschöpfung der Aufnahmekapazität. Der Maximaldruck liegt mit herstellerabhängigen Unterschieden bei der Sterilfiltration lediglich bei 1,5 bar, bei der Grob- oder Feinfiltration ist er etwa doppelt so hoch. Wird die zulässige Druckdifferenz überschritten, kann es zu Filterdurchbrüchen kommen. Der Druckanstieg ergibt sich durch die zunehmende Belegung der Schichten. Die wiederum ist eine Funktion der Natur der Trubstoffe. Kritisch sind Milchsäurebakterien, die praktisch nur adsorptiv zurückgehalten werden. Bei hoher Konzentration kann die Adsorptionsfähigkeit bereits erschöpft sein, bevor ein Druckanstieg sichtbar ist. Dann diffundieren Keime in die Klarphase und können eine Nachgärung verursachen. Sicherheit bieten in solchen Fällen nachgeschaltete Membranfilter mit 0,45 µm Porengröße.

Abb. 173 zeigt eine rasterelektronenmikroskopische Aufnahme einer Tiefenfilterschicht. Die runden/scheibenartigen Partikel sind Diatomeen (Kieselgur), die langen Fasern Zellulosefasern.

Strukturbedingt filtern Tiefenfilter nur statistisch. Unterschiedlich große Hohlräume werden über die Tiefe der Schicht zu einem feinen Netzwerk, das abhängig vom Filtermaterial in Summe definierte Abscheideraten aufweist. Das Qualitätsmaß für Effektivität und Effizienz eines Schichtenfilters oder eines Membranfilters ist die Rückhaltung von Keimen, ausgedrückt im **LRV (Logarithmic Bacteria Retention Value)**. Tab. 68 zeigt beispielhaft die zu gewährleistende logarithmische Zurückhaltung von *Serratia marcescens* bzw. *Brevundimonas diminuta* als Testkeim in Steril-Filterschichten unterschiedlicher Abscheideeffizienz.

Analog der keimabtötenden Wirkung einer Pasteurisation (D- und z-Werte; Kap. 5.2) ist für Sterilfilter der LRV eingeführt worden. Vorgeschrieben ist für die Sterilfiltration ein Reduktionswert von 7, d. h. eine Abnahme der Keimzahl um 7 Zehnerpotenzen. Ein Eingangswert von 10^8 Keimen/ml muss auf 10^1 reduziert werden. Von 10 Mill. Keimen, z. B. die Startkeimzahl bei der malolaktischen Gärung, dürfen gerade 10 das Filter durchdringen.

Die Auswahl an Filterschichten ist immens.

Abb. 172 Filterschichten unterschiedlicher Größe und Form (Quelle: Fa. Filtrox).

Die Anbieter decken das Spektrum von der Grobfiltration bis zur Sterilfiltration mit unterschiedlichen Filtermaterialien ab. Eine Zusammenstellung von Schichten mit Angabe der jeweiligen Trennschärfe und der auf einen Wasserwert bei 20 °C und 1 bar Differenzdruck bezogenen Leistung finden sich z. B. bei Schmidt (2013), Weik (2012) oder Blankenhorn und Funk (2012). Die Trennschärfe steht dabei im umgekehrten Verhältnis zur Leistung.

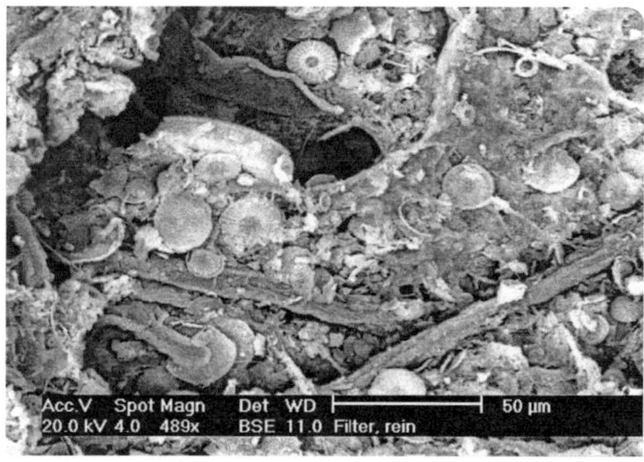

Abb. 173 REM-Aufnahme einer Tiefenfilterschicht (Quelle: Fa. Filtrox).

Tab. 68 LRV von Steril-Filterschichten (Quelle: Fa. Filtrox)

Logarithmic bacteria retention value (LTV) LRV of germ reducing or germ removing sheets:			
Type	**Test germ**	**Load**	**LRV**
CH 101 H (P)	Germ reducing (reducing the no. of germs in filtrate)		
CH ST 110 (P)	*Serratia marcescens*	$1{,}0 \times 10^7/cm^2$	> 6
CH ST 130 (P)	*Serratia marcescens*	$1{,}0 \times 10^8/cm^2$	> 7
CH ST 140 (P)	*Serratia marcescens*	$1{,}0 \times 10^9/cm^2$	> 8
CH ST 150 (P)	*Brevundimonas diminuta*	$1{,}0 \times 10^9/cm^2$	> 8
Test germs:	*Serratia marcescens*, ATCC 14756 *Brevundimonas diminuta*, ATCC 19146		

Eine wichtige verfahrenstechnische Größe bei Schichtenfiltration ist die Anströmungsgeschwindigkeit. Diese sollte max. bei 1,5 m/s liegen, um den laminaren Bereich nicht zu verlassen. Turbulenzen beeinträchtigen die dauerhafte Abscheidung. Die Anströmgeschwindigkeit ist eine Funktion von Leitungsquerschnitt und durchgesetzte Menge je Zeiteinheit.

Fibrillierte Zellulose als Filtermedium

Eine neuere Entwicklung setzt auf speziell fibrillierte Zellulose, mit der mineralische Filtermedien ersetzt werden. Die Vorteile von Schichten ohne Kieselgur oder Perlite werden in einer besseren Rückspülbarkeit, einer mindestens vergleichbaren, oft höheren Leistung, in geringeren Tropfverlusten, der fast vollständigen biologische Abbaubarkeit und erhöhter Druckfestigkeit gesehen (BECOPAD, Fa. Begerow; Hamm und Butterfass 2011). Filterschichten aus Zellulose verringerten in Untersuchungen von Burkert et al. (2013) den Tropfverlust um nahezu die Hälfte verglichen mit konventionellen Schichten.

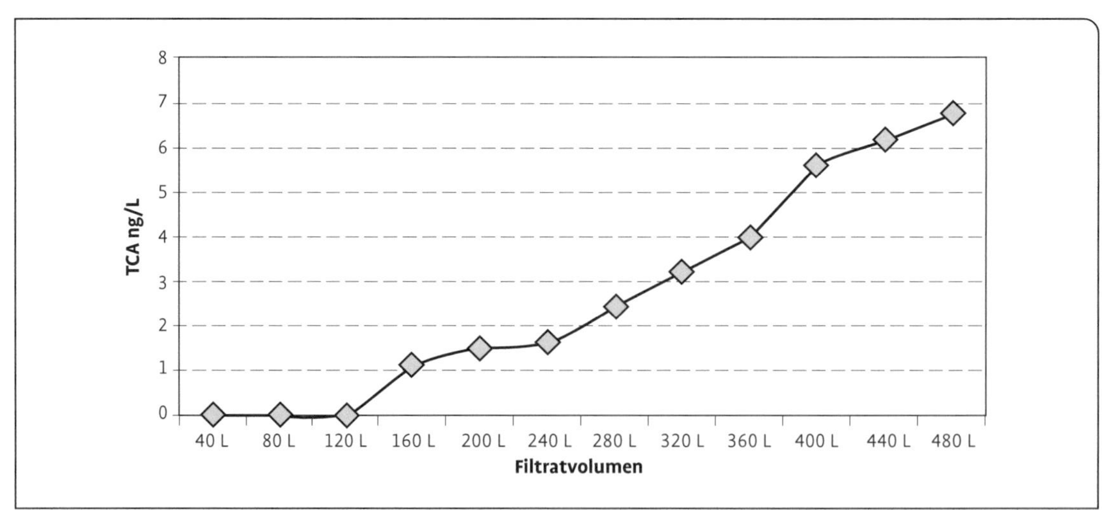

Abb. 174 Effizienz und Kapazität der Fibrafix TXR-Filterschichten bei 20 ng/l Kontamination mit TCA; Filterfläche 0,2 m², Flux 60 l/h; Jung et al. 2009.

Filterschichten zur Entfernung von Fremdgerüchen

Seit 2007 werden Filterschichten angeboten, die ein Aluminiumsilikat als spezifisches Adsorptionsmittel für Mufftöne im Wein enthalten. Diese Töne von schimmligen Korken, Trauben, Behältern oder Verpackungsmaterialien konnten zuvor praktisch nicht entfernt werden. Eder et al. (2008) berichten über Reduzierungen von maßgeblichen Leitsubstanzen. Für den Korkgeschmack ist dies 2,4,6-Trichloranisol (TCA), für den Schimmelton Geosmin. Bei einer Zugabe von 20 ng/l konnte eine Reduktion bis unter 1 ng/l, d.h. unter die Geschmacksschwelle, erreicht werden. Gleiche Ergebnisse erzielten Jung et al. 2009. Abb. 174 zeigt einen Filtrationsverlauf, bei dem alle 40 l der Gehalt an TCA untersucht wurde. Mit zunehmender Filtration sinkt die Adsorptionsfähigkeit, der Geschmacksschwellenwert von 5 ng/l ist nach etwa 400 l Gesamtfiltrat erreicht.

6.3.5.2 Filterkerzen

Tiefenfilterkerzen sind meist aus unterschiedlichen Polypropylen- oder Celluloseacetat-Fasern hergestellt. Die nur wenige µm dicken Fasern werden um einen Kern zu einem dreidimensionalen Vlies geschlungen. Partikel, die größer sind als die Räume in der Vliesmatrix, verfangen sich in der Tiefe des Filters. Das Vlies kann aus einem Material bestehen und dann ziehharmonikaartig gefaltet (plissiert) werden, um die Oberfläche zu vergrößern. Alternativ gibt es gewickelte Vlieskerzen, bei denen mehrere Schichten Filtermaterial unterschiedlicher Stärke um den zentralen Ablauf gewickelt werden. Die Materialstärke nimmt von außen nach innen ab, die Filterschärfe entsprechend von außen nach innen zu. Tiefenfilterkerzen werden meist nach der Anschwemmfiltration bzw. nach der Feinfiltration eingesetzt, um die kaum trubbelastbaren statischen Membranfilter vor einer Verblockung zu schützen. Diese besitzen die Funktion eines „Polizeifilters", die Tiefenfilterkerze die eines Vorfilters. Dank ihrer guten Rückspülbarkeit sind beide langlebig und dadurch wirtschaftlich.

Filtermaterialien mit adsorptiven Eigenschaften und/oder Tiefenwirkung können grundsätzlich eine gewisse adsorptive Farbverminderung zeigen. Burkert et al. (2013) untersuchten Filterschichten von verschiedenen Herstellern. Sie fanden lediglich eine geringe Farbabnahme, unabhängig von Filtermaterial und Hersteller.

Tab. 69 Systemvergleich (Hamm und Butterfass 2011)

Systemvergleich	Tiefenfilterschichten	Tiefenfilterschichtmodule
geschlossenes System	nein	ja
Tropfverluste	ja	nein
Entleerbarkeit des Systems	eingeschränkt	ja
Leerdrücken mit Innert-Glas	eingeschränkt	ja
Totvolumen	hoch	niedrig
Mischphasen	hoch	niedrig
Rüstzeiten	hoch	niedrig
ISO → HACCP	ja	nein
IFS → Hygiene ???	ja	nein
Platzbedarf	hoch	niedrig
Längerer Stillstand mit Filtermedium	eingeschränkt	ja
Sterilisieren	Heißwasser + Dampf	Heißwasser + Dampf
Kosten Filtermedium	–	+

Tab. 69 vergleicht das offene mit dem geschlossenen System. Zahlreiche Vorteile stehen höheren Anschaffungskosten gegenüber. Bei bestimmungsgemäßem Gebrauch amortisieren sich diese Systeme aber durch niedrigere Betriebskosten.

6.3.5.3 Filtrationsverlauf bei Tiefenfiltern

Der anfängliche Verlauf der Filtration von Suspensionen wird mit ausreichender Genauigkeit durch folgende Gleichung beschrieben (Müller 1979):

$$\frac{dt}{dq} = \frac{1}{V} = \frac{\eta \times r \times w}{A^2 \times p} \times q + \frac{\eta \times R}{A \times p}$$

Filtrationsgleichung (1): A = Filterfläche; Eta (η) = Viskosität der Suspension; r = spezifische Trubstoffeigenschaft; w = Trubstoffmenge; p = Filtrationsdruck; q = Durchfluss (Flux); dt/dq = reziproker Filtratfluss (Flux je Zeiteinheit); Rm spezifische Eigenschaft der Filterschicht

Das Produkt r × w charakterisiert die Menge der Trubstoffe und die Eigenschaft des daraus gebildeten Filterkuchens. Dieser Filterkuchen erschwert die Filtration; die Schichtdicke des Filters nimmt dabei zu. Bei Filtrationen in der Praxis halten Pumpen mit geeigneten Kennlinien den Flux lange Zeit konstant, dafür steigt der Filtrationsdruck p mit zunehmender Filterbelegung an. Je nach Schärfegrad der Filtration ist dann der maximal zulässige Filtrationsdruck die limitierende Größe. Hält man dagegen den Druck p konstant, sinkt mit zunehmendem Filterkuchen der Flux. Bei unveränderter Viskosität, gegebener Filterfläche A und konstanten Eigenschaften der Trubstoffe vereinfacht sich die Filtrationsgleichung zu:

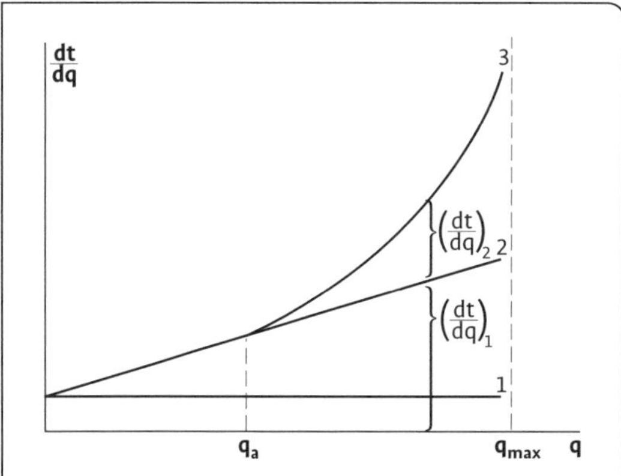

Abb. 175 Filtrationsverläufe bei der Filtration über Schichten bei konstantem Filtrationsdruck (Hamatschek et al. 1993)

$$\frac{dt}{dq} = a \times q + b$$

Filtrationsgleichung unter konstanten Bedingungen (2): a=Steigung der Filtrationsgeraden; b=Ordinatenabschnitt der Filtrationsgeraden

Die Gleichung beschreibt eine Gerade mit der Steigung a und dem Ordinatenabschnitt b. Abbildung 175 zeigt drei prinzipielle Filtrationskurven auf Basis von Gleichung 2. Bei einem sehr gut geklärten Wein verläuft die Filtrationsgerade praktisch parallel zur Abszisse (Kurve 1). Der Flux ist konstant. Der übliche Filtrationsverlauf wird durch Kurve 2 charakterisiert. Der Zeitbedarf für ein bestimmtes Filtratvolumen steigt gleichmäßig an, bis der Flux irgendwann unwirtschaftlich geworden ist. Kurve 3 spiegelt den Filtrationsverlauf eines im Prinzip unfiltrierbaren Weines aus einer unbehandelten Maischeerhitzung oder einer Mostpasteurisation wider. Die Gerade geht rasch in eine Parabel über, die Filterschicht ist extrem schnell belegt.

Durch Ermittlung des Gewichts q in Abhängigkeit von der Filtrationsdauer lässt sich die Geradensteigung a im Labor einfach ermitteln. Wird dieses Filtrat erneut filtriert, ergibt sich eine (deutlich kleinere) Steigung a2. Die Differenz Δa der Geradensteigung ist ein Maß für die Filterbelastung, sie korreliert mit der in der Praxis festgestellten Filterstandzeit (Hamatschek 1982).

Gleichung 1 gibt Ansätze zur Optimierung des Filtrationsverlaufes. Je größer die Filterfläche bzw. der Filtrationsdruck, desto größer der Flux. Umgekehrt sollte die Viskosität möglichst niedrig sein und die Trubstoffe müssen filtrationsbegünstigende Eigenschaften besitzen. Schwierig zu filtrierende kompressible Hydrokolloide sind zu entstabilisieren und in den grobdispersen Bereich zu bringen (Schönung, Enzymierung). Das erniedrigt gleichzeitig die Viskosität, die sonst

Das Zeta-Potenzial

Das Zeta-Potenzial ist ein Strömungspotenzial. Es ist das elektrische Potential an der Abscherschicht eines bewegten Teilchens in einer Suspension. Das elektrische Potential beschreibt die Fähigkeit eines von einer Ladung hervorgerufenen Feldes, Kraft auf andere Ladungen auszuüben. Die hauptsächlich kolloidalen Trubstoffe des Weines und die aktiven Fasern eines Schichtenfilters besitzen aufgrund ihrer chemischen Struktur eine nach außen hin feststellbare gleichsinnige Ladung. Diese wird als elektrische Doppelschicht beschrieben. An der Grenzfläche um ein geladenes Teilchen oder die Faser bildet sich eine festgebundene Hülle aus entgegengesetzt geladenen Ionen aus (Stern-Schicht). Daran schließt sich eine diffuse Schicht an, deren Konzentration frei beweglicher Ionen mit zunehmender Entfernung abnimmt. Damit erscheint das Teilchen oder die Faser aus großer Entfernung elektrisch neutral, weil alle Partikelladungen durch Ionen des Mediums kompensiert werden. Bewegt sich ein Teilchen, wird durch Reibung ein Teil der locker gebundenen diffusen Schicht abgeschert und das Partikel erscheint nicht mehr elektrisch neutral, sondern besitzt wieder ein Potential. Dieses Potential an der Abschergrenze wird als Zeta-Potenzial bezeichnet. Abbildung 176 zeigt den schematischen Aufbau der elektrischen Doppelschicht bei Filterschichten und Kolloiden.

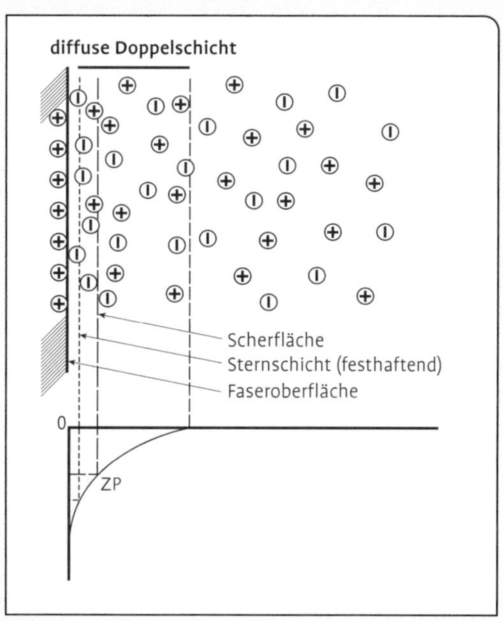

Abb. 176 Aufbau der elektrischen Doppelschicht und Bildung des Zeta-Potenzials (Jakob et al. 1997)

nur über die Filtrationstemperatur beeinflussbar ist. Um Kolloide sicher abzutrennen, sollte diese so niedrig als möglich sein. Das dient der Sicherheit, steht aber der Filtrationseffizienz entgegen. Eine Anwärmung vor der Filtration wirkt sich doppelt positiv auf den Flux aus: Hydrokolloide wandern vom Lyogel-Zustand in den Solzustand, ihre filterbelegende Eigenschaft ist beseitigt. Gleichzeitig sinkt die Viskosität und verbessert den Flux zusätzlich. Einkalkuliert werden muss allerdings bei einer warmen Filtration, dass sich Kolloide nach der Abkühlung wieder in den Lyogel-Zustand verändern und bei entsprechender Konzentration eine optisch sichtbare Trübung erzeugen können. Kolloidale Weinbehandlungsmittel wie CMC, Mannoproteine oder Metaweinsäure erhöhen die Anzahl der Kolloide und die Viskosität. Sie wirken filtrationserschwerend.

6.3.6 Statische Membranfiltration (Dead End-Filtration)

Seit Ende er siebziger Jahre des letzten Jahrhunderts verdrängen Membranfilter bei der Sterilfiltration nach und nach die Schichtenfilter. Zur Membranfiltration werden gefaltete Membranen verwendet, die in Kerzenform in geschlossenen Edelstahlgehäusen eingeschraubt sind. Ihre Membrandicke ist mit weniger als 200 µm sehr gering, ebenso die Trubaufnahmekapazität. Eine scharfe Vorfiltration ist für deren Einsatz Voraus-

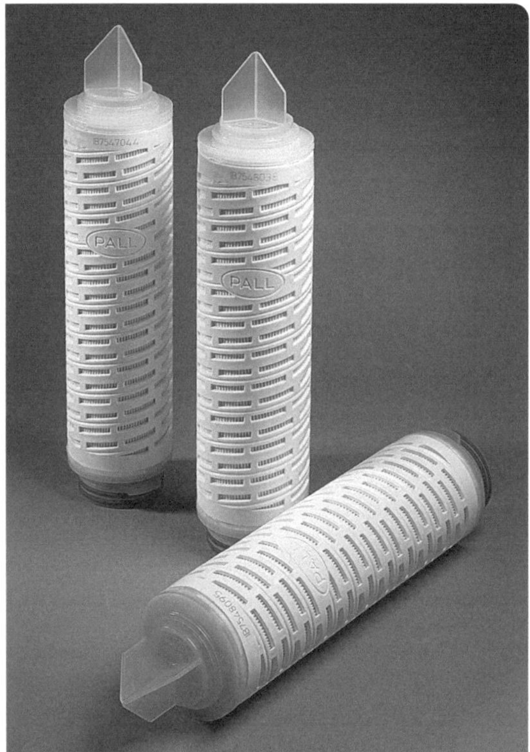

Abb. 177 Kerzenfilter (Quelle: Pall Corp.).

setzung. Dafür eignen sich Schichtenfilter oder Schichtenfiltermodule entsprechender Rückhalterate. Membranfilter sollten lediglich als Sicherheitsfilter für versprengte Partikel fungieren. Trubstoffe werden hauptsächlich an der Oberfläche zurückgehalten, Bakterien oder Kolloide können oft eindringen. Für sie stellt auch die Membranfiltration eine Art Tiefenfilter dar. Um auf die Klarseite zu gelangen, haben Bakterien eine Strecke hinter sich zu bringen, die rund 400× ihrem Zelldurchmesser entspricht. Um sicher hefefrei zu filtrieren, müssen Filtermaterialien mit 0,65 µm Porengröße verwendet werden. Bakterien erfordern mit 0,45 µm noch kleinere Porositäten. Abbildung 177 zeigt drei Kerzenfilter, wie sie für die Sterilfiltration eingesetzt werden.

Die mangelnde Trubaufnahmekapazität wird, verglichen mit der Schichtenfiltration, kompensiert durch gewichtige Vorteile:

- die mikrobiologische Sicherheit,
- die Produktsicherheit,
- die Wirtschaftlichkeit,
- die Möglichkeit eines Integritätstests.

Die mikrobiologische Sicherheit bei einer Sterilfiltration setzt voraus, dass das Filtersystem seinerseits sterilisiert werden kann. Die geschlossenen Module sind dazu bedeutend besser geeignet als die Schichtenfilter, der Aufwand ist geringer. Der entscheidende Vorteil besteht aber in der Möglichkeit, einen Integritätstest durchzuführen, der mit hoher Sicherheit eine Aussage über den bestimmungsgemäßen Zustand des Systems erlaubt. Dieser Test auf die Unversehrtheit der Membrane wird vor jeder Filtration durchgeführt. In der Praxis kommen zwei verschiedene Tests zum Einsatz.

Der **Bubble-Point-Test** (Blasendruck-Test) misst den Luftdruck, der erforderlich ist, um das Wasser aus den Poren einer Membran zu verdrängen. In den Membranporen haftet je nach Durchmesser das Wasser mit unterschiedlicher Haltekraft. Je kleiner eine Pore ist, desto größer ist die Kapillarkraft. Große Poren, z. B. entstanden durch Materialbruch, besitzen eine viel geringere Kapillarkraft. Der Test prüft über die Kapillarkraft als Maß für die Porengröße die Integrität der Membrane und vergleicht den Messwert mit Herstellerangaben.

Der **Druckhaltetest** misst den Druckabfall, der sich ergibt, wenn auf der Unfiltratseite der benetzten Membran ein definierter Luftdruck angelegt wird. Der Druck liegt bei rund 70–80 % des Bubble-Point-Tests. Der Luftdruck drückt gegen die wassergefüllten Poren und die Kapillarkraft verhindert, dass das Wasser entweicht. Der Druckabfall über die Zeit auf der Druckseite der Membran ist ein Maß für ihre Unversehrtheit Membran (für Details der Tests siehe z. B. Schmidt 2013).

Eine Sterilfiltration ist erst nach gründlicher Vorklärung und deutlicher Verringerung der Keimzahl sinnvoll. Eine Ausgangskeimzahl von 10^8 Bakterien während der malolaktischen Gärung müsste auf 10 Keime reduziert werden (LRV 7). Angesichts der geringen Aufnahmekapazität ist das allenfalls für kurze Zeit möglich, bis der maximal zulässige Differenzdruck überschritten ist. Membranfilter zur sterilen Abfüllfiltration kommen meist in Kombination mit Vor- und Ergänzungsfiltern zum Einsatz. Damit soll

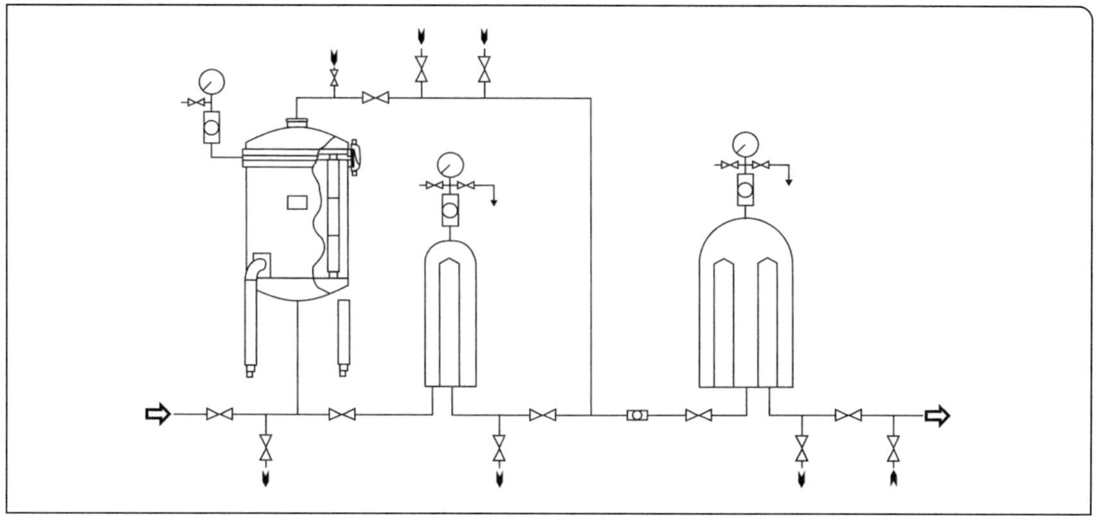

Abb. 178 Schema einer Abfüllfiltration mit drei Filtermodulen (Jakob et al. 1997).

sichergestellt werden, dass keine Filterbelegung oder auch nur ein Druckanstieg bis an den Rand des vom Hersteller zugelassenen erfolgen. Abb. 178 zeigt beispielhaft eine Installation aus drei verschiedenen Filtermodulen. Das Vorfilter mit Tiefenfilterkerzen, ein kleines Kerzenfilter zur Restfiltration des Vorfilters und das nachgeschaltete Sterilfilter.

6.3.7 Dynamische Membranfiltration (Cross-Flow-Filtration)

Die dynamische Membranfiltration ist verfahrenstechnisch ein Teil der großen Gruppe der Membranprozesse zur Stofftrennung. Der Name „Cross-Flow-Filtration" bezieht sich auf die Strömung der Suspension parallel zur Membranoberfläche. Die dynamischen Filtrationen beruhen alle auf diesem Überströmungsprinzip. Erste wissenschaftlich-technische Berichte über den Einsatz von Cross-Flow-Filtrationsanlagen stammen bereits aus dem Jahre 1984 (Schmitz und Dau 1984). Schon damals wurde der breite Einsatzbereich dieser Art der Filtration herausgestellt. Den technologischen Durchbruch haben diese Systeme in der Kellerwirtschaft in den letzten 10–15 Jahren erzielt. Bereits erwähnt als Membranprozess wurde die Kombination Ultrafiltration und Nanofiltration zur Zuckerreduzierung im Traubenmost (Kap. 5.4). Nachfolgend wird die Mikrofiltration zur Abtrennung partikulärer Stoffe bei der Weinklärung vorgestellt, Elektrodialyse und Ionenaustausch folgen in Kap. 6.4. Tab. 70 listet die derzeitig industriell eingesetzten Membranverfahren mitsamt ihrer treibenden Kraft für die Phasentrennung auf.

Umkehrosmose, Nanofiltration, Ultrafiltration und Mikrofiltration benötigen eine Druckdifferenz zwischen der Trüb- und der Klarseite der Membran (Transmembrandruck, TMP). Die An-

Tab. 70 Membranverfahren und ihre treibende Kraft für die Stoff- bzw. Phasentrennung

Verfahren	treibende Kraft
Umkehrosmose	Druckdifferenz (ΔP)
Nanofiltration	Druckdifferenz (ΔP)
Ultrafiltration	Druckdifferenz (ΔP)
Mikrofiltration	Druckdifferenz (ΔP)
Dialyse	Konzentrationsdifferenz (ΔC)
Elektrodialyse	Potenzialdifferenz (ΔE)
Gasseparation	Druckdifferenz (ΔP)
Pervaporation	Konzentrationsdifferenz (ΔC)
Ionenaustausch	Ionenladung/Ionengröße

Parameter der Porenfiltration

Idealisiert betrachtet ist die Membranfiltration eine Porenfiltration mit definierter Porenlänge. Für die Beschreibung des Filtratvolumens gilt das Hagen-Poiseulle'sche Gesetz. Siehe dazu Gleichung 3 in Abb. 179.

Den größten Einfluss auf den Flux besitzt der Porenradius. Er geht in vierter Potenz in die Gleichung ein. In der Praxis wird versucht, möglichst viele Poren je Flächeneinheit unterzubringen. Wird deren Durchmesser erhöht, sinkt die Anzahl Poren je Fläche. So wirkt sich eine Porenvergrößerung bezogen auf eine definierte Fläche insgesamt nur noch quadratisch aus. Die Porengröße ist letztlich von der gewünschten Trenngrenze, ihre mögliche Anzahl fertigungstechnisch und von der erforderlichen Stabilität bestimmt. Gleiches gilt für die Membrandicke, die im Sinne eines maximalen Fluxes möglichst dünn sein muss. Ihre Grenzen findet diese Eigenschaft in zu gering werdender Stabilität und Festigkeit. Verfahrenstechnische und damit steuerbare Größen sind der Transmembrandruck und die Viskosität über die Temperatur. Ein hoher Druck verdichtet die Deckschicht und wird rasch kontraproduktiv. Eine erfolgreich umgesetzte Variante, den Strömungswiderstand zu reduzieren, war die Herstellung asymmetrischer Membranen. Auf der Klarseite beginnen sie eng, um in der Tiefe weiter zu werden. Sie sind in Abb. 179 rechts symbolisiert dargestellt. Derartige Membranen kommen sowohl bei der statischen als auch bei der dynamischen Filtration zum Einsatz.

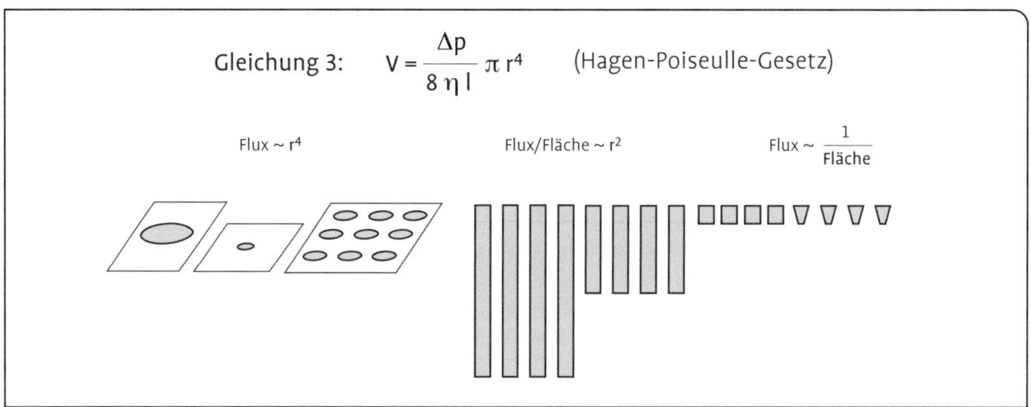

Abb. 179 mit Gleichung 3: Hagen-Poiseulle'sches Gesetz; V = Filtratvolumen; p = Filtrationsdruck (Druckdifferenz Δp = Transmembrandruck zwischen Porenein- und Porenausgang; η = Viskosität; l = Porenlänge; r = Porenradius).

gaben für die Trennung entsprechend des Molekulargewichts in Kilodalton (kDa) sind lediglich Anhaltspunkte. Die sehr unterschiedlichen räumlichen Strukturen der Moleküle führen nur zu einer mäßigen Korrelation zwischen Molekulargewicht und Moleküldurchmesser. Die Abtrennbarkeit wird zusätzlich durch ihre Verformbarkeit beeinflusst (siehe auch Tab. 71). Die angegebenen Trenngrenzen der Membrane besitzen analog der Membrane für die Dead-end-Filtration lediglich eine statistische Aussage.

Abb. 180 vergleicht die wesentlichen Trennparameter von Mikro-, Ultra- und Nanofiltration sowie die der Umkehrosmose. Die Verfahren unterscheiden sich in der Trennschärfe und im erforderlichen Transmembrandruck, aber auch im wirksamen Membranprinzip.

In der Kellerwirtschaft kommen unter dem Namen Cross-Flow-Mikrofiltration (CMF) meist Filter mit Membranporositäten von 0,2 µm oder 0,45 µm zum Einsatz. Makromoleküle des Weines werden dadurch praktisch nicht zurückgehalten, dafür Hefen, Bakterien und größere Trubkolloide.

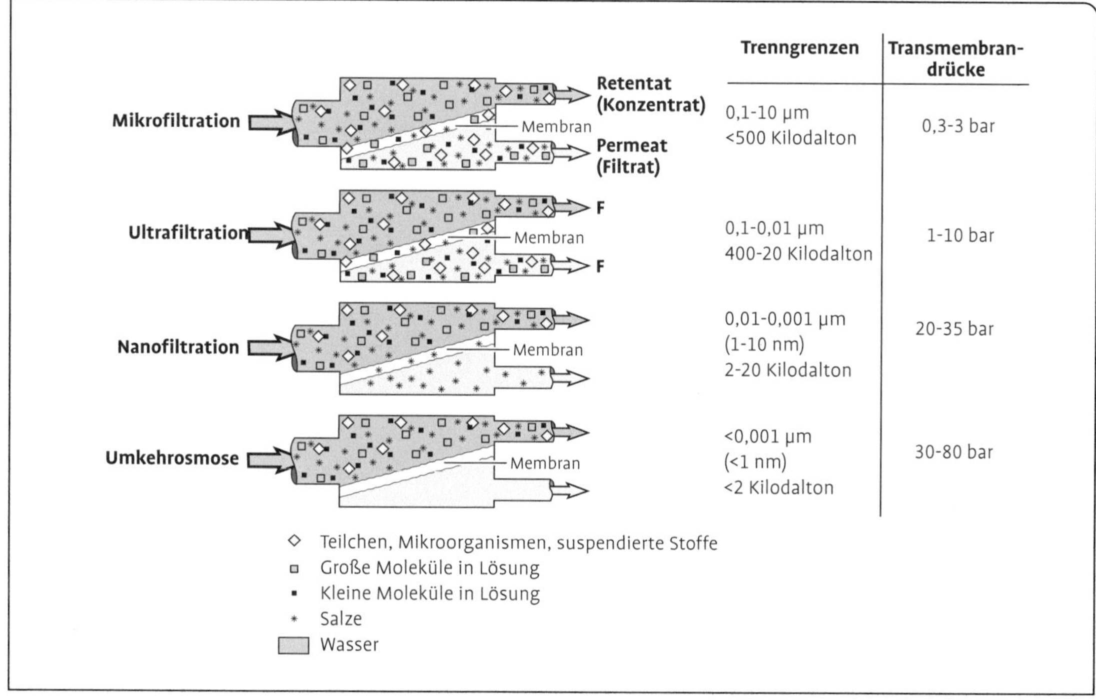

Abb. 180 Verfahrensparameter von Mikro-, Ultra- und Nanofiltration sowie der Umkehrosmose.

Die Ultrafiltration (UF) ist bereits in der Lage, originäre polymere Inhaltsstoffe aus dem Wein abzutrennen. Sie ist deshalb im Zuge der Weinbehandlung nur für Spezialverfahren zugelassen. Möglich ist die teilweise oder vollständige Abtrennung von polymerisierten Phenolen zu Behandlung hochfarbigen Weißweinen bis zur Entfärbung von Rotweinen (nur in den USA erlaubt). Zukünftige Einsatzmöglichkeiten können die Eiweißstabilisierung oder die Entfernung von Phenoloxidasen sein.

Die ebenfalls druckgetriebene Nanofiltration (NF) kann im oberen Trennbereich noch porengetrieben sein, im engeren Bereich erfolgt die Stofftrennung über eine Lösungsdiffusion. Kleinere Moleküle werden von der Flüssigkeit an und in der Membran gelöst und diffundieren durch sie hindurch.

Mittels Umkehrosmose (UO, oder Reverse Osmosis RO) schließlich lässt sich Meerwasser entsalzen. Praktisch alle Moleküle außer Wasser werden dabei zurück gehalten. Die Molekülabtrennung bei der Umkehrosmose geschieht über eine semipermeable Membran ausschließlich nach dem Prinzip der Lösungsdiffusion. Die Umkehrosmose benutzt das in der Biologie weit verbreitete Prinzip der Osmose, kehrt aber die Richtung durch einen angelegten hohen Druck um. In Zellen fließt normal Wasser über die Zellmembran aus einer niedriger konzentrierten Lösung in eine mit höherer Konzentration. Ziel ist der Konzentrationsausgleich. Der Bereich mit der ursprünglich höheren Konzentration besitzt dann mehr Flüssigkeit, sein Druck ist angestiegen. Der Anstieg ist der osmotische Druck. In der Technik wird die höher konzentrierte Seite, z. B. Meerwasser, unter hohen Druck gesetzt. Dann fließt reines, entsalztes Wasser durch die semipermeable UO-Membran. Das Retentat konzentriert sich weiter auf, bis der dann erforderliche noch höhere Betriebsdruck den Prozess stoppt.

Auch bei der UO wird ein Cross-Flow benötigt. Am Ausgang der Umkehrosmose-Membran befindet sich ein Hochdruck-Ventil. Wird dieses Ventil geschlossen, steigt der Druck in der Flüssigkeit an. Sobald der Flüssigkeitsdruck größer

Tab. 71 Molekulargewicht und Trenntechnik; unterhalb der Nanofiltration ist die Ultrafiltration einzuordnen

Wasser	18	
Kohlendioxid	44	
Acetyldehyd	44	
Ethanol	46	
Essigsäure	60	
Ethylacetat	88	
Milchsäure	90	Umkehrosmose ↑
Äpfelsäure	134	
Weinsäure	150	
flüchtige Phenole	120–150	Nanofiltration ↑
Glucose/Fructose	180	
Flavonoide	> 300	

als der osmotische Druck des Mostes oder Weines ist, wird ein Permeat erzeugt, d. h. Wasser durch die Membran gedrückt. Für die Abtrennung von Wasser aus trockenem Wein sind rund 20–30 bar Druck erforderlich. Moste mit dem durch die hohe Zuckerkonzentration sehr viel höheren osmotischen Potenzial benötigen einen Druck in Höhe von 70–80 bar.

Die Trenngrenze bzw. Ausschlussgrenze („Cut off") einer Membrane wird als Nominal Molecular Weight Cut off (NMWC; Einheit: Da) angegeben. Die Größe ist definiert als die minimale Molekülmasse eines idealen kugelförmigen Moleküls, welches die Membran gerade nicht passieren kann. Um auch nicht-kugelförmige Moleküle zurückzuhalten, greift man in der Praxis meist auf eine Membran mit einem 20 % niedrigeren Cut off als dem Molekulargewicht des abzutrennenden Moleküls entspricht. Der Begriff Dalton entspricht ungefähr der Masse von Wasserstoff. Eine Ultrafiltrationsmembran mit einem NMWC von 100 000 Da hält demnach Stoffe zurück, die ein Molekulargewicht größer als 100 000 haben.

Tab. 71 zeigt, welche der molekularen Weininhaltsstoffe durch NF bzw. UO bei entsprechender Membranauswahl voneinander getrennt werden können. Bei kleinen Molekülen spielen mögliche dreidimensionale Strukturen kaum eine Rolle.

Die Umkehrosmose kann in der Kellerwirtschaft für verschiedene Aufgaben allein oder in Kombination mit anderen Systemen eingesetzt werden:

- zur Anreicherung von Most durch teilweisen Wasserentzug (siehe Kap. 5.2),
- zur Zuckerabtrennung im Most zur Reduzierung des potentiellen Alkohols (Kap. 5.2),
- zur selektiven Entfernung von unerwünschten Inhaltsstoffen (Kap. 6.4),
- zur Alkoholreduzierung in Wein.

Die Membranen der dynamischen Filtrationstechniken sind prinzipiell aufgebaut wie die der Dead-end-Filtration. Eine dünne eigentliche Trennmembran liegt auf Stütz- und Stabilisierungsgeweben, durch die das Filtrat abfließt. Der entscheidende Unterschied zur statischen Filtration liegt in der Strömungsführung. Abb. 181 vergleicht die Prinzipien dieser beiden Methoden.

Bei der statischen Filtration vergrößert sich die Deckschicht entsprechend der Trubstoffbeladung der Suspension. Gleichermaßen sinkt der Flux. Dieses Bild idealisiert und gilt nur bei alleiniger Anwesenheit nicht kompressibler Teilchen. Die Realität der Weinfiltration bei zusätzlicher Anwesenheit einer großen Menge kompressibler Kolloide wurde in Kap. 6.3.4.3 diskutiert.

Die dynamische Filtration bei Mikro-, Ultra- und Nanofiltration führt im Vergleich mit der statischen Filtration zu einem wesentlich langsameren Deckschichtaufbau, weil die Umwälzströmung bereits abgesetzte Teilchen mitreißt. Dabei sinkt der Permeatstrom in l/m^2 Filterfläche und Stunde (Flux $l/m^2/h$) nach hohem Beginn zunächst stark ab, um anschließend in einer Art Gleichgewichtszustand nur noch allmählich weiter abzufallen. Wird der Flux unwirtschaftlich, muss eine chemische Reinigung durchgeführt werden. Intervallartige Rückspülungen von der Filtratseite her mit Filtrat oder Wasser heben ihn wieder ein Stück weit an (z. B. von 40 auf 70 $l/m^2/h$) und ergeben über die Zeit eine sägezahnartige Filtrationskurve.

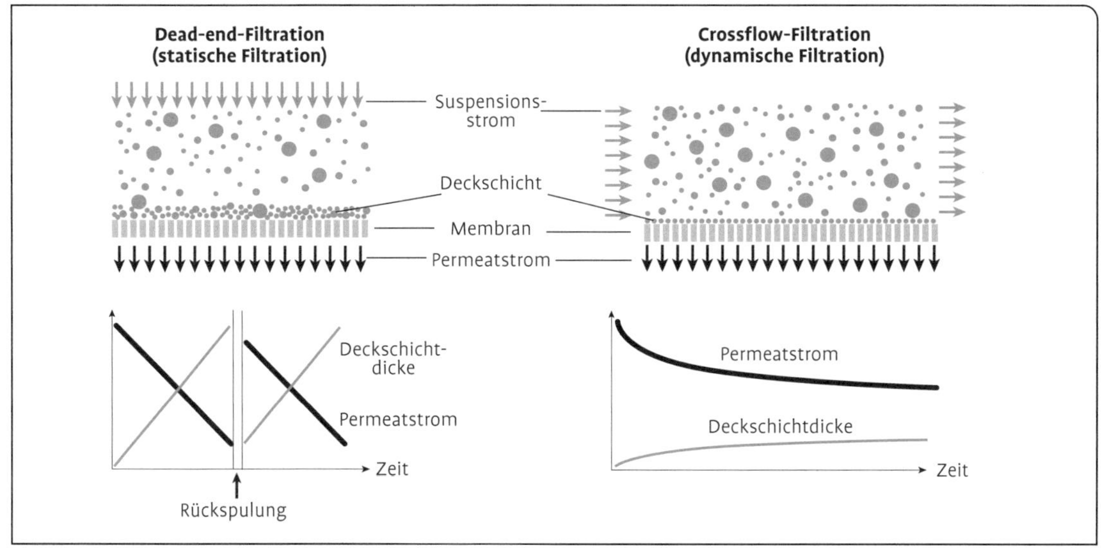

Abb. 181 Vergleich von statischer und dynamischer Filtration.

Membranprozesse sind bei der Weinfiltration trotz des reinigenden Cross-Flow deckschichtorientiert. Die Kolloide lagern sich zum einen aufgrund physiko-chemischer Wechselwirkungen in dünner Schicht (1–3 µm) an die Membranoberfläche fest an. Zudem besitzen Membrane eine zerklüftete Oberfläche, die Partikeln ein teilweises Eindringen ermöglicht und sie aus dem turbulenten Strömungsbereich bringt. Zu Beginn der Filtration ist der Flux von der Porenstruktur der Membrane bestimmt (z. B. 150 l/m²/h). Im stationären Gleichgewicht (z. B 70 l/m²/h) entspricht der Deckschichtaufbau dem Abtrag durch die Strömung. Dann ist die Weinfiltration primär durch die Poren der Deckschicht geprägt, unabhängig von der nominalen Porengröße der Membran. In Abhängigkeit von der Natur der Trubstoffe hält der stationäre Zustand mehr oder weniger lang an. Schließlich wird, z. B. bei 35 l/m²/h, abgebrochen und die chemische Reinigung gestartet. Sie löst die Deckschicht von der Membranoberfläche und versetzt die Membran in den ursprünglichen Zustand zurück. Die Wirtschaftlichkeit der Membranfiltration ist letztlich eine Funktion der Qualität der chemischen Reinigung.

6.3.7.1 Membrane

Das Herzstück einer dynamischen Filtration ist die Membran. Für die Weinfiltration kommen zwei Materialarten zum Einsatz: Membrane aus organischem Material (Polymeren) und anorganischem Material (Keramik). Edelstahlmembranen spielen in der Kellerwirtschaft noch keine Rolle. Abb. 182 zeigt eine Keramikmembran mit zahlreichen Kanälen und zwei Bündel von Hohlfasermembranen („Maccaroni") sowie eine Einteilung nach Struktur, Morphologie und Material. Biologische Membranen, ohne die keine Zelle leben kann, sind das Vorbild aller technischen Membranen.

Drei verschiedene Bauarten von Membranen haben sich in den wesentlichen Zweigen der Industrie und bei extrem unterschiedlichen verfahrenstechnischen Anforderungen durchgesetzt:

- Flachmembranen und Spiralwickelmembranen,
- Rohrmembranen (Kanaldurchmesser 5–25 mm),
- Kapillar- bzw. Hohlfaser-Membranen (Kanaldurchmesser 0,05–5 mm).

Rohrmembrane, Flach- oder Spiralwickelmembrane sind in der Kellerwirtschaft kaum verbreitet. Die Rohrmembrane, meist aus Keramik, können wegen ihrer großen Kanaldurchmesser hohe

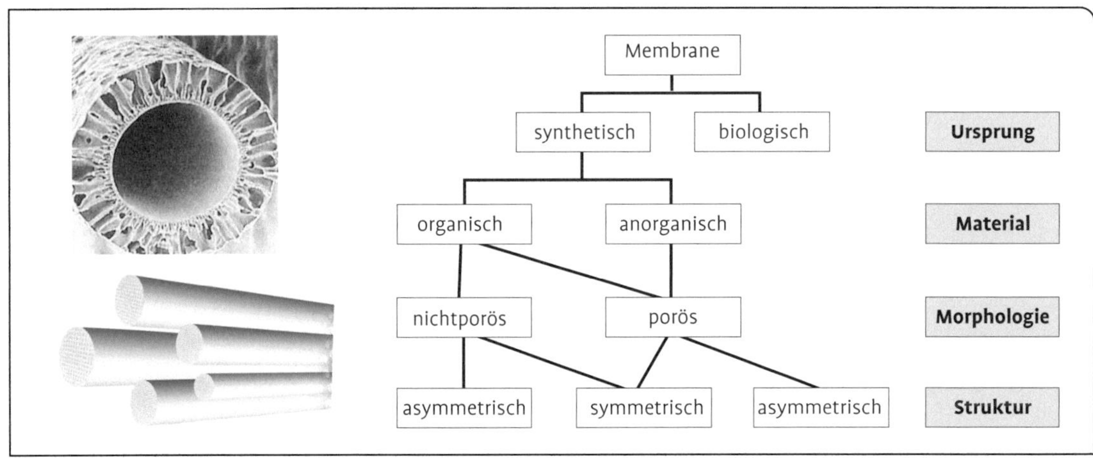

Abb. 182 Oben Bilder von Polymer-, unten von Keramikmembranen (Quelle: GEA Westfalia Separator GmbH); daneben eine Systematik von Membranen.

Trubmengen verkraften, die damit einhergehende geringe Membranfläche bedingt allerdings einen vergleichsweise kleinen Flux. Flach- bzw. Spiralwickelmembranen wiederum können nur vergleichsweise wenig mit Trub belastet werden, ihr Einsatz ist beschränkt auf die Vorlegefiltration vor der Abfüllung und vor der Umkehrosmose. Durchgesetzt haben sich in der Kellerwirtschaft aufgrund ihres breiten Einsatzspektrums hauptsächlich Kapillar- bzw. Hohlfasermembranen mit Kanaldurchmessern von 0,5–1,5 mm.

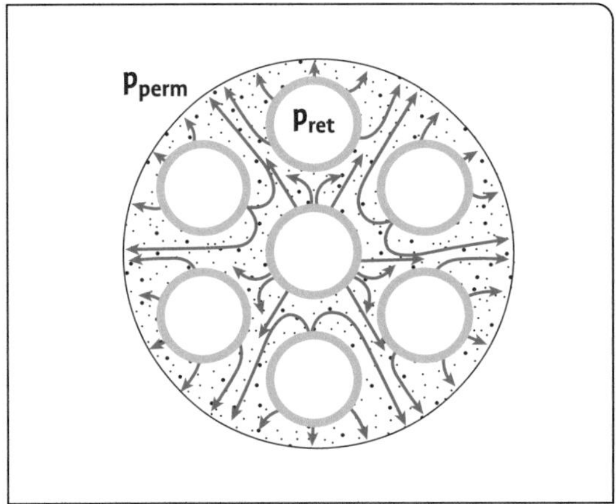

Abb. 183 Keramikelement mit sieben Membrankanälen (nach GEA Westfalia Separator GmbH).

Die Suspension fließt längs durch die dünnen Kanäle, durchdringt die Membranseite an der Innenseite der Kanäle und wird in den Aufnahmebehälter abgeleitet. Abb. 183 zeigt den Strömungsverlauf am Beispiel eines Keramikelements mit sieben Membrankanälen und die Strömungssituation durch dieses Element. Viele einzelne Polymermembranen werden in der betrieblichen Praxis zu Bündeln zusammengefasst, ebenso mehrere Keramikelemente.

Die dünne Membran bzw. die Deckschicht erzeuen den maßgeblichen Widerstand, der durch den Transmembrandruck überwunden werden muss. Danach folgt nach außen ein Stützgewebe ohne nennenswerten Widerstand. Das Filtrat sammelt sich schließlich zwischen den einzelnen Membranen bzw. Elementen im Gehäuse und wird mittels Filtratpumpe aus dem System geschleust. Bei Keramikelementen ergibt sich je nach Lage der Membran ein mehr oder weniger langer Weg aus dem Element heraus.

Im Membrankanal strömt die Suspension je nach Einstellung der Umwälzpumpe und Anforderung des Produktes zwischen 500 und 5000 mm/s. Je höher die Strömungsgeschwindigkeit ist, desto höher wird der Flux, desto größer die Turbulenz und desto besser der Reinigungseffekt an der Oberfläche. Allerdings erfordert eine höhere Strömungsgeschwindigkeit einen höheren Systemdruck und damit einen überproportional steigenden Kraftbedarf der Umwälzpumpe. Erhöhte Scherkräfte können zudem Partikel zerstören und dadurch den Klärgrad verschlechtern. Bei der Weinfiltration wird deshalb versucht, mit einer Strömungsgeschwindigkeit von etwa 1–1,5 m/s zu filtrieren. Die Geschwindigkeit beim Membrandurchgang ist deutlich geringer und liegt im Bereich von unter einem mm/s.

Abb. 184 zeigt als elektronenmikroskopische Aufnahme den Schnitt durch eine Keramikmembran. Auf einen Keramikgrundkörper sind drei Schichten mit sich jeweils verengenden Porenweiten aufgebracht. Die eigentliche Membran mit 0,2 µm Porenweite ist die nur wenige µm dicke Zirkoniumoxid-Schicht. Die darunterliegenden Aluminiumoxid-Schichten besitzen Porenweiten von etwa 1 µm bzw. 10 µm und stützen die Membran ab. Vergleichbare Strukturen weisen Polymermembranen auf. Auch sie werden abgestützt durch grobporiges Material.

Abb. 184 Elektronenmikroskopische Aufnahme eines Schnitts durch eine Keramikmembran (Quelle: GEA Westfalia Separator GmbH).

Abb. 185 zeigt den elektronenmikroskopischen Blick auf die Oberfläche einer 0,2 µm Keramikmembran. Deutlich zu sehen sind die Unebenheit und die unterschiedlichen Porenweiten. Auch größere Teilchen als der nominelle Porendurchmesser werden z. T. erst in der Tiefe des Raumes festgehalten. Membranen trennen letztlich statistisch und halten auch viele kleinere Teilchen zurück. In der Kellerwirtschaft werden bevorzugt 0,2 µm-Membranen eingesetzt. Bezogen auf die Molekulargröße entspricht diese Porosität einer Rückhaltung ab etwa 400 000 Da. Das entspricht Kolloid- bzw. Molekülgrößen, die im Wein unerwünscht sind. Die eigentliche Filtration über die Membran wirkt sich nicht auf die sensorische Eigenschaft aus. Anderes kann sich ergeben bei einer zu kompakten Deckschicht oder sonstigen verfahrenstechnischen Fehlern.

Oberholster et al. (2013) fanden bei Versuchen mit der Rebsorte Pinotage eine Abnahme des mittleren Polymerisationsgrades von 25 % durch selektive Reduzierung von hochpolymeri-

Poren-durch-messer µm	Poren-durch-messer nm	Moleku-large-wicht kD
1.4	1400	–
1.0	1000	–
0.8	800	–
0.5	500	–
0.2	200	400
0.1	100	200
0.05	50	100
0.02	20	50
0.005	0	10

Relation Porendurchmesser und Molekulargewicht (in Kilodalton)

Abb. 185 Elektronenmikroskopischer Blick auf die Oberfläche einer Keramikmembran; Gegenüberstellung verschiedener Größenangaben zur Porosität bzw. Partikelrückhaltung (rechts) (GEA Westfalia Separator GmbH).

Abb. 186 Module für Keramik- (links; GEA Westfalia Separator GmbH) und Polymermembrane (rechts; Jakob et al. 1997).

sierten Tanninen. Dieselben Abnahmen wurden aber auch bei alleiniger Gelatine- oder Eialbuminschönung erzielt. Die CMF ist in der Lage, Schönungen zu ersetzen. Unter den gewählten Versuchsbedingungen führte CMF zur größten Farbabnahme, die Weine waren sensorisch von den geschönten bzw. der Kontrolle unterscheidbar.

Keramikelemente sind robuster, ihr spezifischer Flux ist höher als der von Polymeren. Die hohe Beständigkeit erlaubt zudem eine deutlich effektivere Reinigung und führt zu einer längeren Lebensdauer. Die irgendwann irreversible Verblockung der Polymermembranen war in der Vergangenheit ein signifikanter Kostenfaktor. Inzwischen haben die optimierte Membrankonstruktion, aber auch das gestiegene Verständnis um die CMF, die Situation deutlich verbessert. Die Mikrofiltration ist heutzutage Stand der Technik nicht nur in Großbetrieben, auch zunehmend in mittleren und sogar kleineren. In den ersten Jahren nach Einführung der CMF von Wein ist es vielfach zu Reklamationen aufgrund einer Qualitätsverschlechterung gekommen. Inzwischen ist diese Diskussion ausgeräumt (Scheiblhofer 2009). Alles in allem werden weltweit mehr Polymermembranen als Keramikelemente eingesetzt. Übliche Polymermaterialien sind Polypropylen oder Polysulfonether.

6.3.7.2 Module (Membranen in Gehäusen)

Keramikelemente bzw. Hohlfasern werden zusammengefasst zu Modulen. Module sind druckfeste zylinderförmige Polymer- oder Edelstahlgehäuse mit frontseitigem Zu- bzw. Ablauf der umgewälzten Suspension und seitlichem freiem Ablauf des Filtrats. Die bis zu 1200 mm langen Membranelemente werden eingeschweißt (Polymermembrane) oder an Frontplatten, an denen die Flüssigkeitsverteilung stattfindet, mechanisch abgedichtet (Keramikelemente). Abb. 186 zeigt Module aus Edelstahl mit Keramikelementen und eines aus Kunststoff mit Hohlfasern. Die Packungsdichte der Hohlfasermembranen ist wesentlich größer als die von Keramikelementen, entsprechend größer ihre Filterfläche je Modul. In einem Modul sind mehrere Tausend Hohlfasern enthalten.

Parameter bei Modulen und Membranelementen sind die Länge und der Durchmesser. Diese beiden Größen entscheiden über die Filterfläche je Modul, die letztlich ein Maß für die gesamte mögliche Filtrationsleistung je Zeiteinheit ist.

6.3.7.3 Membranfilteranlagen

Für die Durchführung der Filtration müssen Module in eine Filtrationsanlage eingebaut werden. Diese benötigt mindestens einen Arbeitstank, aus der die Module beschickt werden, eine Umwälzpumpe, einen Rahmen für die Befestigung des Moduls und die erforderliche Verrohrung und Instrumentenbestückung. In einem offenen Kreislauf wird das Retentat zurück in den Arbeitstank gefördert, der sich aufgrund der Filtratableitung immer stärker mit Trub anreichert. Das offene System weist mehrere Nachteile auf, sodass es allenfalls für einfache und besonders preisgünstige Anlagen infrage kommt:

- der Energieeintrag durch die Umwälzpumpe führt zu einer Erwärmung des Weines,
- die Erwärmung führt zu einer Entbindung von CO_2 und flüchtigen Aromastoffen,
- die Sauerstoffaufnahme des offenen Systems führt zu einem hohen SO_2-Bedarf,
- der immer weiter aufkonzentrierte Trubstoff wird über die Dauer der Filtration hohen Scherkräften ausgesetzt, die verstärkt Kolloide erzeugen,
- der Flux sinkt besonders rasch durch die höhere Trubbelastung und die ansteigende Viskosität.

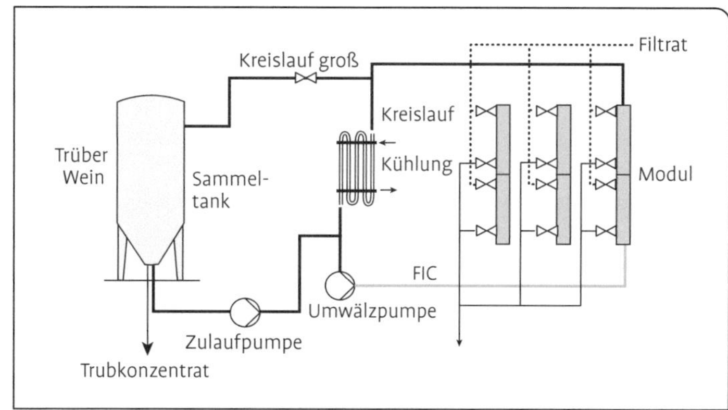

Abb. 187 Membranfiltrationsanlage mit 6 Modulen und Produktkühler.

Stand der Technik sind geschlossene Systeme. Bei ihnen wird mittels einer leistungsfähigen Pumpe ein geschlossener Kreislauf durch die Module hindurch erzeugt. Eine zweite Zuführpumpe ersetzt lediglich die ausgeschleuste Filtratmenge und erzeugt zusätzlich den erforderlichen Systemdruck. Abb. 187 zeigt eine derartige geschlossen filtrierende Anlage mit 3 × 2 übereinandergesetzten Modulen. Die Nachteile des offenen Systems sind weitgehend aufgehoben.

Der Wein wird mittels Kühlung auf Temperatur gehalten. Die Anlage kann im wachfreien Betrieb arbeiten und wird z. B. über den Transmembrandruck gesteuert. Zunächst hält die Steuerung den Flux auf einem vorgegebenen Wert (z. B. 80 $l/m^2/h$). Über die Betriebsdauer steigt der Transmembrandruck an bis auf einen einstellbaren Grenzwert (z. B. 2,5 bar). Danach wird bei diesem Druck weiterfiltriert. Der Flux sinkt dementsprechend, bis ab einem ebenfalls einstellbaren unteren Wert der Wein mit Wasser verdrängt wird und danach die ebenfalls automatisch ablaufende Reinigung beginnt. Anlagen werden vielfach mit Rückspüleinrichtungen ausgestattet. Von der Klarseite her können Gas (CO_2, Luft, Stickstoff) oder Filtrat durch die Membran gepresst werden und einen Teil der Deckschicht ablösen. Existiert eine Tanksteuerung, fördert eine Zuführpumpe Wein aus dem Keller ohne manuelles Zutun in den Sammeltank.

Abb. 188 zeigt 3-D-Grafiken zweier verschiedener Weinfiltrationsanlagen.

Beide Anlagen sind auf einem Rahmen montiert und werden üblicherweise beim Hersteller fertig verrohrt und verdrahtet. Ein hoher Automatisierungsgrad verlangt eine aufwendige Sensor-Erfassung von Messdaten und eine umfassende Ventilsteuerung. Bestimmendes Aggregat ist die Umwälzpumpe, die die gewählte Strömungsgeschwindigkeit durch die Module erzeugen muss. Moderne Module besitzen ein relativ günstiges Verhältnis zirkulierendes Unfiltrat zu ausgeschleustem Filtrat. Das frühere Verhältnis von 100:1 liegt inzwischen bei 20:1 und niedriger. Auf 1000 l Filtrat/h kommt eine Überströmung von 20 000 l/h. Große Membranfilteranlagen sind in der Lage, über 30 000 l Wein/h zu filtrieren. Ihre Leistung ist geringer als die eines Kieselgurfilters, der wachfreie Dauerbetrieb auch über Nacht, die Einsparung von Filterhilfsmitteln samt Entsorgungsproblematik und ein praktisch keimfreies Produkt machen diese Filtersysteme besonders für Großbetriebe, aber nicht nur für sie, wirtschaftlich interessant.

Besonders vorteilhaft für viele Betriebe ist die Fähigkeit der CMF, ein sehr breites Trubspektrum bis zur prinzipiellen Sterilfiltration in lediglich einem Schritt abzudecken. Es ist meist ausreichend, wenn nur der grobe Trub zuvor entfernt wurde, damit sich das Retentat nicht zu schnell aufkonzentriert. Je nach Fahrweise und

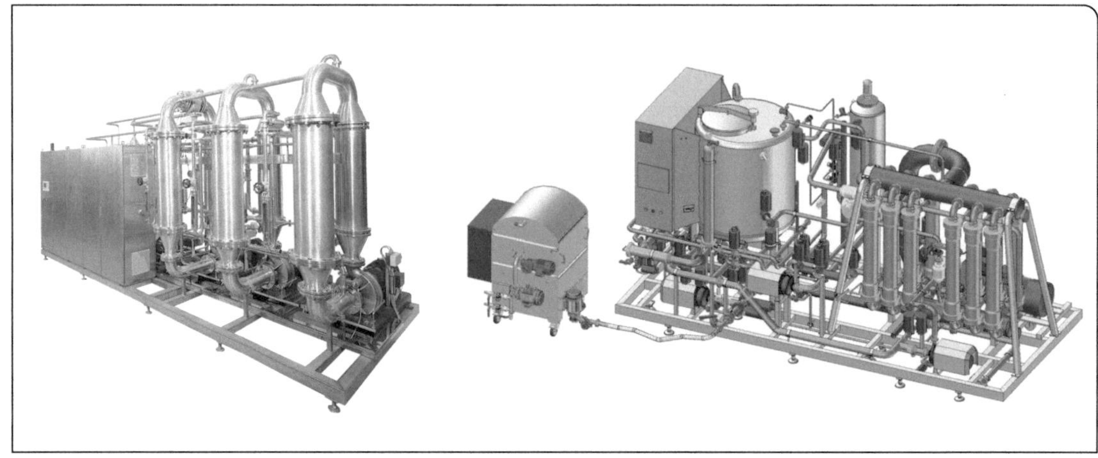

Abb. 188 CMF-Anlagen mit Edelstahlmodulen (links; GEA Westfalia Separator GmbH) und Polymermodulen (rechts; Pall Corp.).

System besitzt das Retentat eine Trockensubstanz von 16–20 % und muss als Weintrub aufgearbeitet werden.

In diesem Kapitel wurden Membranprozesse bisher allein unter dem Aspekt der Partikelabtrennung betrachtet. Die Europäische Union hat auf Empfehlung der OIV mehrere weitere Membranverfahren zugelassen. Dazu gehören die Alkoholreduzierung im Wein oder die spezifische Entfernung von Inhaltsstoffen. Diese Themen werden in Kap. 6.5 behandelt.

6.3.7.4 Deckschichtbildung bei der Cross-Flow-Filtration (Membrane fouling)

Abb. 189 zeigt den typischen Kurvenverlauf einer Cross-Flow-Filtration von Wein.

Der hohe Anfangs-Flux ist bestimmt durch die Porosität der Membrane, er sinkt aufgrund der Deckschichtbildung auf einen längere Zeit stabilen Wert, um schließlich ganz abzufallen. Parallel steigt die Konzentration der Feststoffe im Retentat an. Die Deckschichtbildung (das Membrane fouling) limitiert die Effizienz der CMF, sie

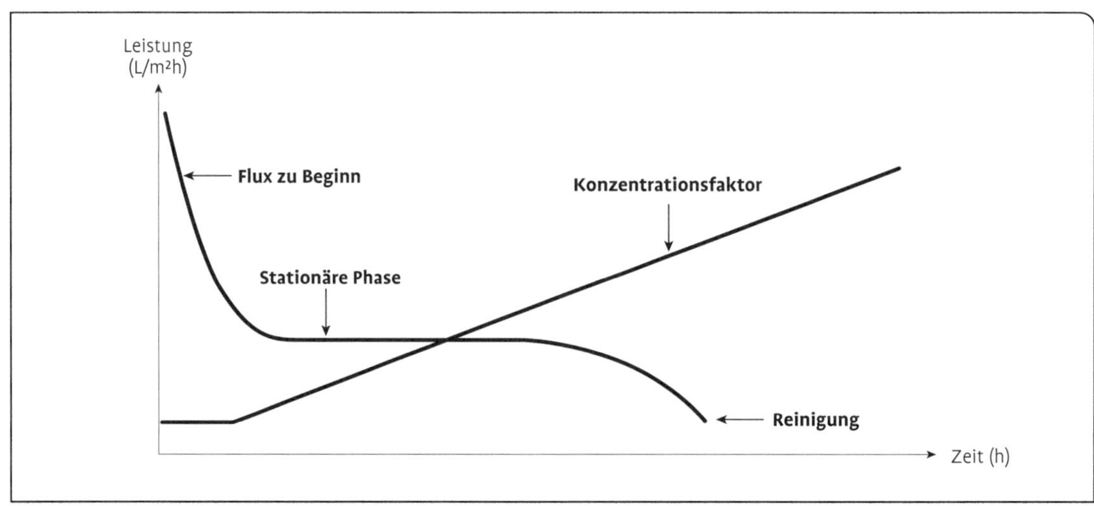

Abb. 189 Typischer Filtrationsverlauf bei einer CMF.

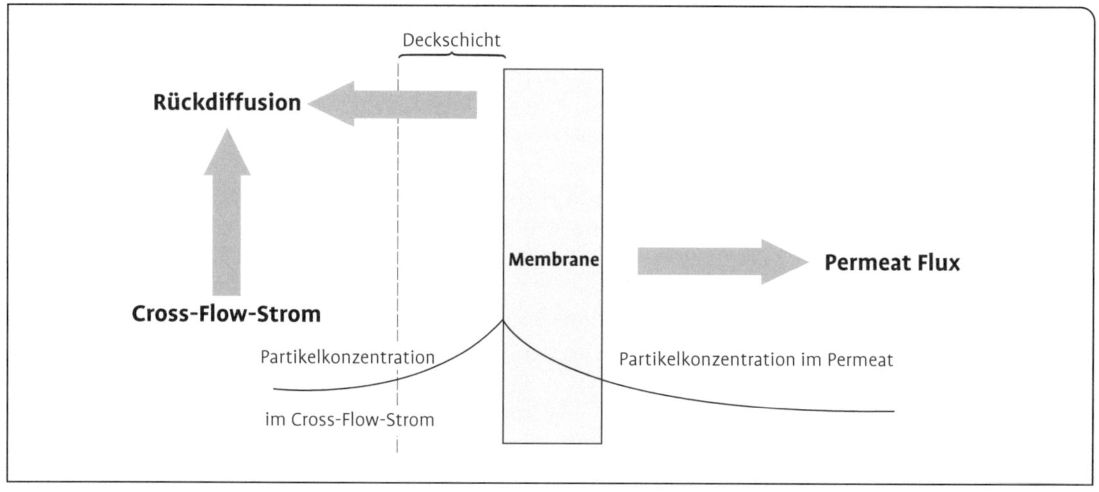

Abb. 190 Konzentrationspolarisation an der Membranoberfläche (nach Tarleton und Wakeman 2008, modifiziert).

zur minimieren war und ist ein wesentlicher Punkt der Membranforschung. Die Deckschicht ist eine zur Membranoberfläche hin immer konzentrierter werdende dünne Schicht aus abgetrennten Trubstoffen. Das Material, aus der sie sich bildet, wird beständig erneuert durch die scherende Wirkung des Retentatstromes und gleichzeitige Anlagerung neuer Teilchen. Diese Schicht befindet sich in einem Pseudogleichgewicht und ist damit als eine dynamische Sekundärmembran zu sehen. Ihre Porengröße ist generell kleiner als die der Membran, die Partikelrückhaltung verschiebt sich in den feineren Bereich. Abb. 190 zeigt die Situation an der Oberfläche einer Membran (nach Tarleton und Wakeman 2008). Die Membrane bildet über ihre gesamte Breite eine Barriere für größere Teilchen. Deren Konzentration nimmt während des Durchgangs durch die Membrane ab, um am Auslauf den Endwert entsprechend der Filtrationseigenschaft der Membran zu besitzen. Die Konzentration von Teilchen (im Wein die der Kolloide) im Zulauf steigt zur Membranoberfläche hin an, sie bilden eine hochviskose, gelartige Deckschicht. Hat sich die gelartige Schicht fertig ausgebildet, ist der Flux weitgehend unabhängig vom Transmembrandruck. Die Anhäufung von Material an der Membranoberfläche wird als Konzentrationspolarisation bezeichnet. Im stationären Zustand ist der Permeat-Flux abhängig von der Konzentration der Teilchen an der Membranoberfläche, im Zulauf und im Permeat.

Boissier et al. (2008) fanden, dass sich Hefezellen nur reversibel an der Oberfläche ablagern. Sie werden durch die Strömung weitgehend mitgerissen. Weinkolloide dagegen bilden eine festhaftende Deckschicht aus und sind über die Turbulenz der Strömung praktisch nicht zu beseitigen. Untersuchungen von Rayess et al. (2012) kamen zu dem Ergebnis, dass die Deckschicht hauptsächlich von Pektinen, danach von Tanninen und schließlich von Mannoproteinen gebildet werden. Die Autoren beschreiben zwei Arten von Deckschichten: die kuchenartige, eher formstabile Schicht und die gelartige, kompressible Schicht. Für letztere sind hauptsächlich Pektinstoffe verantwortlich. Ansätze, die Deckschicht zu reduzieren, können aus drei Richtungen kommen:

- Die Membranhersteller versuchen durch eine Optimierung der Porengeometrie und der elektrischen Ladung der Membrane die Wechselwirkungen mit Trubstoffen und deren Neigung zum Anhaften zu verringern.
- In der Anlage können Rückspüleinrichtungen die Standzeit zwischen zwei Reinigungen verlängern; die Reinigung selber bietet durch wirksamere Reagenzien, höhere Temperaturen (Beständigkeit von Membran und Dichtungsmaterial vorausgesetzt) und Zusetzen

einer Art gemäßigter Schleifpaste weitere Verbesserungsmöglichkeiten.

- Den größten Einfluss besitzt der Önologe. Pektinstoffe lassen sich enzymatisch abbauen, ebenso Mannoproteine. Phenole sind durch Schönungsmittel zu reduzieren. Eine kleine Zentrifuge im Bypass des Retentatkreislaufs hält die Aufkonzentrierung der Trubstoffe niedrig (siehe Kap. 5.7). Die Zentrifugation im Vollstrom, d.h. vor der CMF, kann je nach Struktur der Trubstoffe aber kontraproduktiv sein, weil nicht kompressible Teilchen entfernt werden, die die Deckschicht abtragen helfen würden.

6.3.8 Die Weinklärung im Zusammenhang

In den bisherigen Kapiteln wurde ein breites Spektrum an Techniken zur Klärung von Most oder Wein in Kellereien vorgestellt. Auch bei der Weinklärung hat jeder Betrieb für seine spezifische Situation herauszufinden, welche Methodenkombination die effektivste und effizienteste ist.

An Empfehlungen aufgrund von Versuchen hat es in der Vergangenheit nicht gemangelt, besonders neu auf den Markt gekommenen Systemen wurde regelmäßig viel Aufmerksamkeit gewidmet. Die letzte Innovation in der Weinklärung war die Einführung der CMF. Alle anderen noch eingesetzten Systeme werden im Rahmen der Produktpflege ständig weiterentwickelt, ohne den anspruchsvollen Begriff einer Innovation dafür verwenden zu wollen. Aktuell besteht das Spektrum an Klärsystemen im Wesentlichen aus den in Abb. 191 zusammengestellten Techniken. Sie unterscheiden sich prinzipiell nach ihrer Trubaufnahmekapazität und nach dem möglichen Klärgrad, im Speziellen noch nach ihrer Stundenleistung.

Partikel mit großem Durchmesser sind entsprechend voluminös. Kleine Teilchen können in großer Menge vorkommen, ihr Gesamtvolumen ist dennoch gering. Lediglich die Sedimentation wird mit einer großen Menge grobem Trub besser fertig als mit vielen kleineren Teilchen. Ihre Klärwirkung endet bei 1 µm. Hefen sedimentieren, Bakterien üblicherweise nicht. Die anderen Techniken sind effizienter, je weniger Trub sich im Zulauf befindet. Das gilt besonders für die

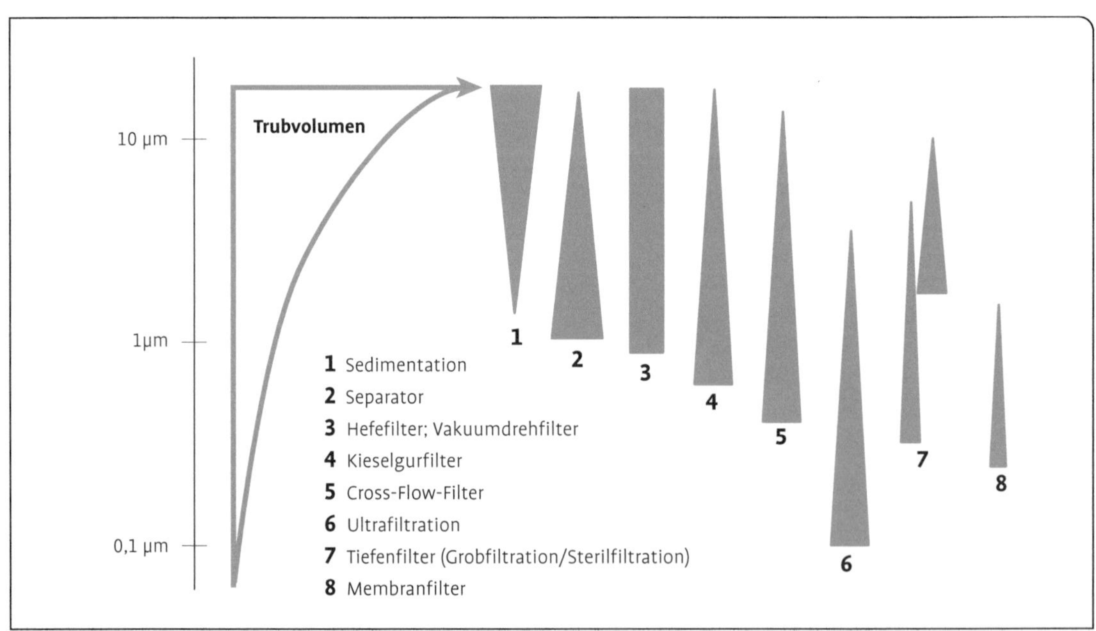

Abb. 191 Gängige Klärtechniken und ihr Einsatzbereich (Teilchengröße in µm logarithmisch dargestellt); Trubvolumen = Anzahl der Teilchen × Volumen.

Tab. 72 Vergleich von Analysendaten der Filtration eines Rosé-Weines mit unterschiedlichen Filtertechniken (Schandelmaier 2004) **K70: Klärschicht; EK = Sterilschicht**

		Kontrolle	**Kieselgur, Crossflow; K 700; EK**	**K 700; EK**	**Cross Flow**	**Kieselgur-filtration**
ges. Alkohol	g/l	104,9	104,9	104,7	104,8	104,8
vorh. Alkohol	g/l	103,0	103,0	102,8	102,9	102,9
Glucose	g/l	< 0,5	< 0,5	< 0,5	< 0,5	< 0,5
Restzucker	g/l	4,0	4,0	4,0	4,0	4,0
ges. Extrakt	g/l	26,6	26,6	26,5	26,6	26,6
zfr. Extrakt	g/l	22,6	22,6	22,5	22,6	22,6
freie SO_2	mg/l	31	31	33	31	31
ges. SO_2	mg/l	166	166	167	165	166
ges. Säure	g/l	7,2	7,2	7,2	7,1	7,2
Dichte	g/cm^3	0,9933	0,9933	0,9933	0,9933	0,9933
Kohlensäure	mg/l	93	0	93	92	46
Farbe 420 nm		0,446	0,313	0,341	0,318	0,383
Farbe 520 nm		0,521	0,398	0,413	0,403	0,464
Trübung	NTU	26	1,3	1,6	1,7	4,4
Gesamt-Kolloide	mg/l	320	332	337	300	336

Kieselgurfiltration, die Tiefenfiltrationen und die Membranfiltration. Diese reagiert besonders sensibel. Hefefilter sind erfreulich unabhängig von der Trubbelastung. Ihr limitierender Faktor ist die Aufnahmekapazität der Kammern. Die Cross-Flow-Mikrofiltration kann das gesamte Trubspektrum abdecken. Für eine darüber hinausgehende effiziente, d. h. wirtschaftliche Filtration ist die Verfahrenstechnik entsprechend anzupassen (Schönung, Enzymierung, Trubaustrag usw.).

Nach wie vor wird diskutiert, welches Filtersystem mehr Vorteile bietet: die CMF oder die Kieselgurfiltration. Beide Systeme sind bei entsprechender Einstellung in der Lage, in einem Schritt ein abfüllfähiges Produkt zu erzeugen. Nach Börker (2010 und 2010a) lässt sich diese Frage nicht eindeutig beantworten. Entscheidend ist die Zielsetzung. Sollen große Menge in kurzer Zeit filtriert werden, besitzt das Kieselgurfilter Vorteile. Steht die biologische Sicherheit bei Weinen mit hohem pH-Wert und niedriger Säure ganz oben, ist die CMF die Methode der Wahl. Setzt ein Betrieb auf automatisch ablaufende Prozesse und lehnt Kieselgur oder andere Hilfsmittel ab, kommt er an der CMF nicht vorbei.

Die eigentliche Weinklärung ist im Zusammenhang zu sehen. Hefelagerung, Zeitpunkt des Abstichs, Belüftungs-, Schönungs- und Stabilisierungsmaßnahmen oder die eingesetzte Klärtechnik wirken sich alle auf die Beschaffenheit, d. h. die Qualität des Weines aus. Um die Auswirkungen eines einzelnen Schrittes zu ermitteln, muss immer der Kontext berücksichtigt werden. Umfangreiche Untersuchungen wurden z. B. von Köhler et al. (2004) durchgeführt. Unter den damaligen Bedingungen fiel die CMF durch eine Abnahme an Kolloiden und freien Terpenverbindungen eher negativ auf. Auch die frühzeitige

Trennung von der Hefe beeinflusste die Qualität negativ und verstärkte die Neigung zur Ausbildung des untypischen Alterungstones (UTA).

Schandelmaier (2004) hat mehrere Filtersysteme bei unterschiedlichen Weinen miteinander verglichen. Tab. 72 zeigt beispielhaft Analysendaten nach der jeweiligen Filtration. Bis auf die Werte für CO_2, Farbe und Trübung liegen die Analysendaten im Rahmen der Messungenauigkeiten beieinander. Die Unterschiede in den CO_2-Gehalten werden als versuchsbedingt gesehen. Die Kolloidwerte liegen etwas außerhalb der Methodenvarianz, deuten aber insgesamt darauf hin, dass selbst eine Vierfachfiltration (Kieselgur, CMF, K700 und EK) keine signifikante Abnahme bewirkt. Damit wurde allerdings erwartungsgemäß der beste Klärgrad erzielt. Den schlechtesten ergab, ebenfalls erwartungsgemäß, die Kieselgurfiltration mit brauner Gur. Alle Filtrationen führten zu einer auch visuell erkennbaren Farbabnahme, am stärksten die Mehrfachfiltrationen. Sensorisch wurden bei Dreieckstests kaum Unterschiede festgestellt. Bei einem weiteren Versuch mit Rotwein konnten diese Ergebnisse in der Tendenz bestätigt werden.

Als wesentliche Aussage lässt sich festhalten: Wird die Weinklärung mit modernen Geräten und nach dem Stand der Technik durchgeführt, führen die verschiedenen Systeme kaum zu analytischen oder sensorischen Unterschieden. Die gleiche Erkenntnis hat sich auch bei der Mostklärung oder Phasentrennung durch Pressen ergeben. Entscheidend für die Weinqualität mag die Maßnahme als solche sein, viel weniger spielt die dazu eingesetzte Technik eine Rolle. Deren Auswahl wird durch eine Vielzahl von Größen bestimmt, der Einfluss auf die Qualität ist dabei nicht die wichtigste.

Für einen Überblick über die aktuell am Markt angebotenen Filtrationssysteme, ihre Vor- und Nachteile sowie Einsatzmöglichkeiten siehe Schandelmaier (2012). Behandelt werden durch den Autor auch Filterhilfsmittel, Zuführpumpen und Tuchgewebe.

6.4 Die Stabilisierung des Weines

Abgefüllter Wein muss stabil sein. In dem reaktiven System Wein dürfen sich keine Inhaltsstoffe mehr so verändern, dass sie im Laufe der Zeit als Kristalle oder amorphe grobdisperse Partikel ausfallen. Die Klarheit ist ein Qualitätskriterium auch bei der Anstellung zur amtlichen Prüfnummer, Kristalle in der Flasche werden vom Verbraucher abgelehnt. Darüber hinaus wird die mikrobiologische Stabilität zur Vermeidung von Nachgärungen verlangt. Unter dem Thema Stabilisierung können zahlreiche Maßnahmen subsummiert werden:

- die alkoholische Gärung, die alle vergärbaren Zucker beseitigt,
- die malolaktische Gärung, die Äpfelsäure metabolisiert,
- die Schwefelung, die die Reaktivität von phenolischen Verbindungen reduziert und Mikroorganismen hemmt oder abtötet,
- Ascorbinsäurezugabe, die reduziert und eine gewisse Metallstabilisierung bewirkt,
- die Eiweißstabilisierung,
- die Metallstabilisierung,
- die Säurestabilisierung, oft in Verbindung mit der Säureeinstellung,
- die Sicherung der kolloidalen Stabilität durch Schönungen (Flugschönungen). Dabei wird gleichzeitig Einfluss auf den Geschmack genommen.

In den folgenden Kapiteln werden die Stabilisierungstechniken mit Ausnahme der bereits bekannten Gärungen und der Schwefelung im Zusammenhang vorgestellt. In der logischen Abfolge des Weinausbaus können einzelne Maßnahmen durchaus vor den Klärmaßnahmen oder in Verbindung mit diesen erfolgen.

6.4.1 Säurestabilisierung (KHT, CaT)

Die Säurestabilisierung ist einer der letzten Schritte vor der Abfüllung. Der Wein ist füllfertig verschnitten, gesüßt und meist bereits stabil bezüglich Eiweiß und Metallen. Die Ausscheidung von Weinsteinkristallen ist ein natürlicher physiko-chemischer Vorgang, der bereits im Moststadium beginnt und sich während des gesamten Weinausbaues fortsetzt. Irgendwann ist das Löslichkeitsprodukt von Weinstein unterschritten und der Wein weinsteinstabil. Wird instabiler Wein auf Flaschen gefüllt, kann es dort zur Kristallbildung kommen. Verbraucher stehen den Kristallen in der Flasche nach wie vor eher negativ gegenüber, der Abfüller versucht alles, sie zu vermeiden. Chemisch handelt es sich bei den Kristallen hauptsächlich um Kaliumhydrogentartrat (KHT, der eigentliche Weinstein) und Kalziumtartrat (CaT). Letztere bilden mit Schwefelsäure weißes Kalziumsulfat, Weinstein löst sich auf.

Die Kalium- oder Kalziumsalze der Weinsäure sind nur in geringen Mengen in Wein löslich. Beide besitzen aber die Eigenschaft, übersättigte Lösungen zu bilden. Ihre Auskristallisierung gehorcht einer Kinetik, die von zahlreichen Parametern abhängt:

- den Ionen-Konzentrationen von Kalium, Kalzium und Tartrat,
- der Temperatur,
- dem Alkoholgehalt,
- dem pH-Wert,
- Menge und Art kolloidaler Verbindungen, die eine Schutzfunktion übernehmen können.

Die Fülle der Parameter macht eine Vorhersage über die Auskristallisierung schwierig. Ist das Ionenprodukt kleiner oder gleich dem Löslichkeitsprodukt, liegt eine stabile Lösung vor. Steigt das Ionenprodukt an und übertrifft das Löslichkeitsprodukt, fallen Salze üblicherweise kristallin aus. Es sei denn, es entsteht eine übersättigte Lösung. Die Übersättigung eines thermodynamischen Systems bzw. einer Phase, also beispielsweise von CaT oder KHT in Wein, bezeichnet einen Zustand, der sich oberhalb des Sättigungspunktes befindet. Das bedeutet, dass diese Lösung weitere Ionen löst, obwohl der eigentliche Gleichgewichtszustand schon erreicht ist. Unter gewöhnlichen Bedingungen würde eine solche Überschreitung des Gleichgewichtszustands durch eine Phasenumwandlung, d. h. durch Kristallbildung verhindert. Bei übersättigten Systemen tritt diese jedoch nicht am er-

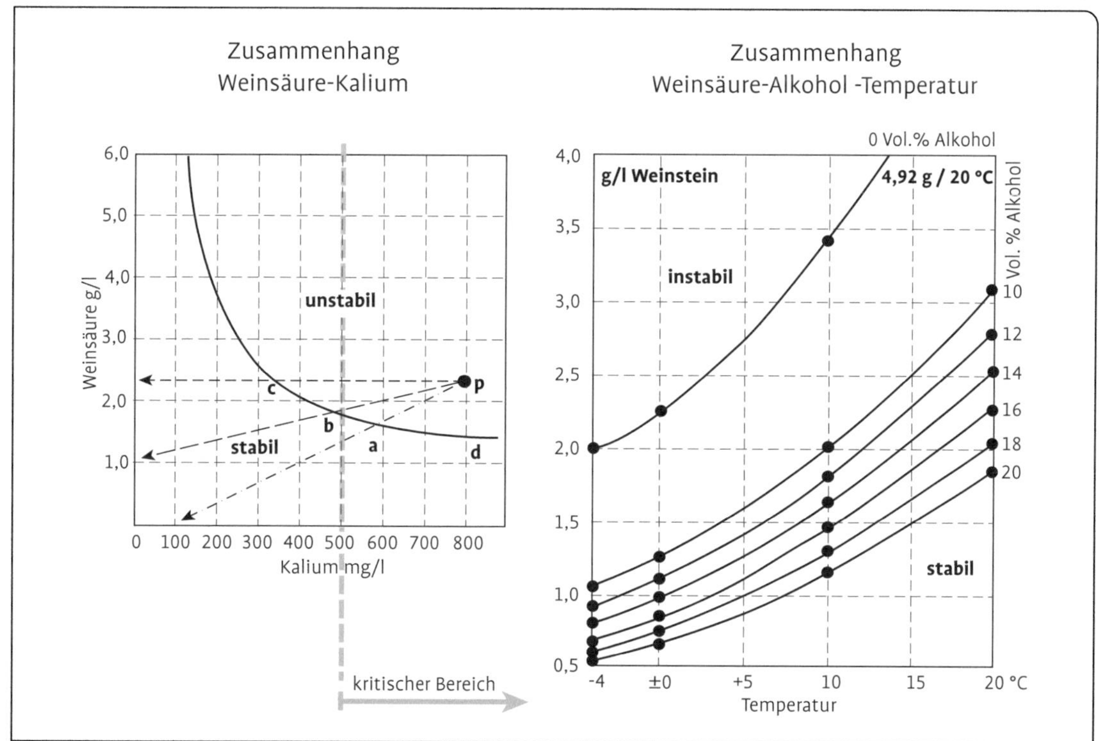

Abb. 192 Die Gleichgewichtszustände und die Zwischenphase einer übersättigten Lösung (Eder 2009).

warteten Gleichgewichtspunkt des Phasendiagramms auf.

Abb. 192 zeigt schematisch die Löslichkeitsverhältnisse von Weinstein in Abhängigkeit vom Alkoholgehalt, von der Temperatur und von der Menge der Reaktionspartner Weinsäure und Kalium. In den beiden Bereichen der Lösung (stabil) und der spontanen Kristallbildung (instabil) ist der Gleichgewichtszustand gegeben. Dazwischen liegt die metastabile Phase der übersättigten Lösung. Eine Weinsteinmenge von 2,5 g/l in einem Wein mit 12 %vol. Alkohol befindet sich oberhalb einer Temperatur von 18 °C in einer stabilen Situation. Darunter droht eine verzögerte Kristallisation.

Mit steigendem Alkoholgehalt sinkt das Löslichkeitsprodukt von Weinstein, er kristallisiert aus. Das ist der Hauptgrund, warum es während der Gärung immer zu einer Abnahme der titrierbaren Säure kommt. Kalziumtartrat (CaT) lässt sich durch Kühlung nicht zuverlässig ausfällen. Die Kristallbildung verläuft in der Kälte deutlich langsamer als die von KHT. Üblicherweise muss bei erhöhten Kalzium-Tartrat-Gehalten, z. B. nach einer chemischen Entsäuerung, die Auskristallisation über einen Zeitraum von 4–6 Wochen abgewartet werden. Alternativ lässt sich Kalzium direkt als Kalziumuvat fällen oder durch Elektrodialyse abscheiden. Werden durch eine scharfe Filtration Kolloide abgetrennt, kann es aufgrund der dann fehlenden Schutzwirkung zu einer raschen Kristallbildung kommen. Zu den Phasen der Kristallbildung und der Wirkung von Schutzkolloiden siehe Kap. 6.4.1.2.

Ein weiterer Parameter für die Kristallbildung von KHT ist der pH-Wert. Weinsäure dissoziiert analog der schwefligen Säure in zwei Stufen und liegt zusätzlich in einer undissoziierten Form vor. Abb. 193 zeigt die Verhältnisse im pH-Bereich von Wein. KHT kann sich am besten bei pH-Werten um pH 3,5 bilden. Die Bildung von CaT steigt mit zunehmendem pH-Wert an. Bei gegebenem pH-Wert und Alkoholgehalt ist die Weinstein-Kristallisation von den Partnern Kalium, Weinsäure und Kalzium abhängig.

Um Kristalle in einer übersättigten Lösung am

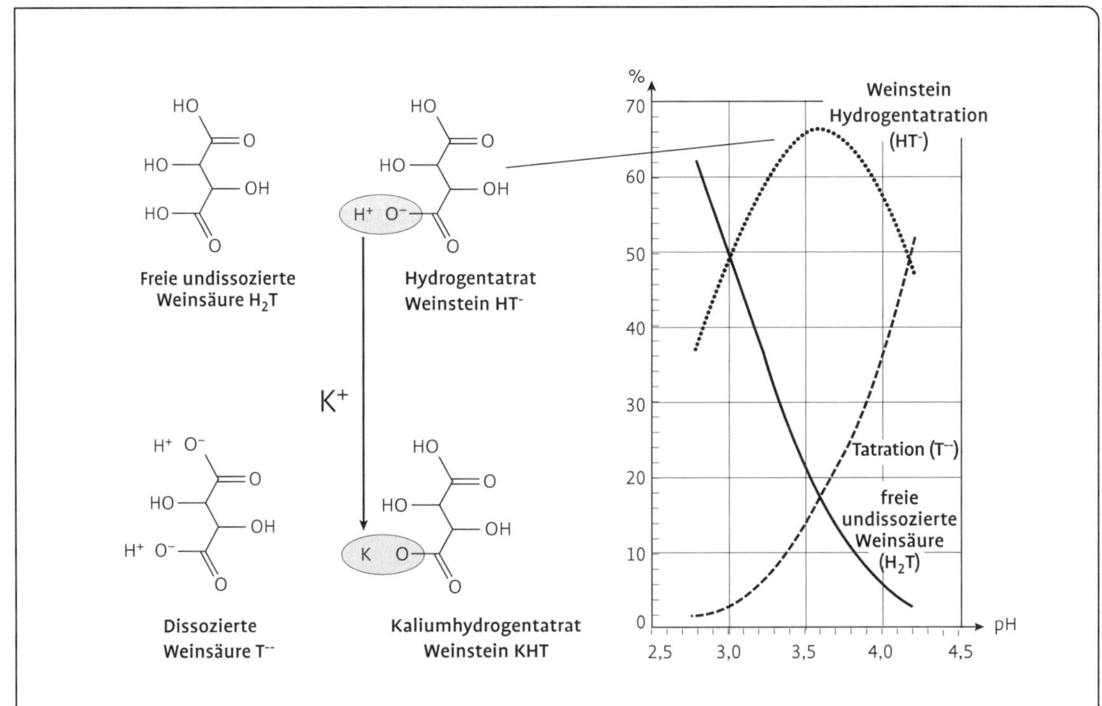

Abb. 193 Dissoziation von Weinsäure (nach Christmann 2013).

unerwünschten Ausfällen zu hindern, also den Wein zu stabilisieren, gibt es verschiedene subtraktive bzw. additive Möglichkeiten:

- **Der Faktor Zeit:** Im Laufe der Zeit stabilisieren sich die Kristalle selber. Der Gleichgewichtszustand stellt sich ein, die Kristalle fallen aus. Dieser Zeitraum kann produkt-, temperatur- und konzentrationsabhängig mehrere Monate, bei Rotweinen Jahre dauern und erst lange nach der Abfüllung stattfinden.
- Durch **Beschleunigung der Kristallisation**: Wird der Wein abgekühlt, verschiebt sich die Lage des Temperatur-Konzentrationspunktes in den Bereich spontaner Kristallbildung (siehe Abb. 192). Der Vorgang dauert üblicherweise einige Tage. Durch die Zugabe von KHT-Impfkristallen kann die Kristallbildung auf wenige Stunden reduziert werden.
- Durch die **selektive Entfernung von Reaktionspartnern (subtraktive Verfahren)**: Werden Kalium- oder Kalziumionen bzw. Tartrationen aus dem Milieu selektiv entfernt, ist eine Kristallbildung mangels Reaktionspartnern nicht mehr möglich (siehe Abb. 192 linkes Bild).
- Durch **Zusatz von Schutzkolloiden (additive Verfahren)**: Weinrechtlich ist die Zugabe von Schutzkolloiden (Metaweinsäure, Gummi Arabicum, Mannoproteine oder Carboxymethylcellulose (CMC)) zur Unterbindung der zeitverzögerten Kristallisation erlaubt.

6.4.1.1 Überprüfung der Weinsteinstabilität

Vor der Abfüllung muss der Wein auf KHT- und CaT-Stabilität überprüft werden. Für die KHT-Stabilität kommen hauptsächlich drei Verfahren infrage (siehe für Details z. B. Schmidt 2013 oder Würdig und Woller 1989):

- der Kältetest,
- das Minikontaktverfahren,
- die KHT-Sättigungstemperatur.

Die Überprüfung auf Kalziumstabilität ist aufgrund der andersartigen Kristallisationsbedingungen schwieriger durchzuführen. Die angewendete Methode lehnt sich an die Messung der KHT-Sättigungstemperatur an.

Kältetest

Eine Probe des klar filtrierten und füllfertigen Weines wird 4 Tage (bei trockenen Weinen) bzw. 7 Tage (bei restsüßen Weinen und Weinen aus Botrytis infizierten Trauben) bei Temperaturen um 0 °C gelagert und anschließend auf Kristallausscheidungen untersucht. Durch Zusatz von ca. 1–2 %vol. Alkohol kann der Grad der Kristallbildung erhöht werden. Fällt Weinstein aus, gilt der Wein als instabil. Der Test liefert lediglich eine qualitative Aussage auf KHT-Instabilität. Kalziumtartrat (CaT) wird nicht erfasst.

Minikontaktverfahren

In einer Probe des füllfertigen Weines wird bei −2 °C (besser: bei der Temperatur, bei der später das Kontaktverfahren durchgeführt werden soll) die elektrische Leitfähigkeit in µS/cm gemessen. Danach erfolgt unter ständigem Rühren die Zugabe von 4 g/l fein vermahlenem Kontaktweinstein. Innerhalb von 2–4 Stunden lagern sich die Ionen des in übersättigter Lösung vorliegenden Weinsteins an die Kontaktkristalle an und bilden größere Kristalle. Durch das Auskristallisieren des Weinsteins sinkt die Leitfähigkeit. Die Reaktion ist beendet, wenn sie ein stabiles Leitfähigkeitsniveau erreicht hat. Die Differenz der beiden Leitfähigkeitswerte ist ein Maß für den ausgefallenen Weinstein und den Grad der Übersättigung. Tab. 73 gibt Richtwerte für die Einschätzung der Stabilität in Abhängigkeit der Leitfähigkeitsabnahme. Eine Verfahrensvariante ist die Messung der Leitfähigkeitsabnahme nach 4 Minuten und deren Extrapolation. Stabile Weine weisen eine nur geringe Abnahme der Leitfähigkeit auf, der Verlust an Ionen aufgrund der Auskristallisierung ist klein. Je mehr Ionen

Tab. 73 Stabilitätseinteilung in Abhängigkeit der Leitfähigkeitsabnahme bei Weißwein, Weißherbst und Rotwein (Schmidt 2013)

	Weißwein	Weißherbst, Rotwein
stabil	< 30 µS	< 50 µS
bedingt instabil	31–60 µS	51–70 µS
instabil	> 60 µS	> 70 µS

aus der Lösung verschwinden, desto größer ist die Abnahme.

Sättigungstemperatur
Die Sättigungstemperatur ist die Temperatur, bei der der gelöste Weinstein im Wein gerade noch eine gesättigte Lösung bildet. Je niedriger diese Temperatur ist, desto höher ist die Kristallstabilität. Sinkt die Weintemperatur unter die Sättigungstemperatur, entsteht eine übersättigte Lösung. Wird der Wein wärmer, ist das Ionenprodukt kleiner als das Löslichkeitsprodukt und Stabilität gegeben.

Die Bestimmung erfolgt (in einem vereinfachten Verfahren) analog zum Minikontaktverfahren, aber bei einer definierten höheren Temperatur. Die Probe wird vor der Messung im Bereich von 20–25 °C temperiert, anschließend die Leitfähigkeit in µS/cm gemessen. Nach dem Sedimentieren der intensiv eingerührten 4 g/l Kontaktweinstein erfolgt die erneute Messung der Leitfähigkeit. Die Sättigungstemperatur lässt sich aus dem Wert der Messtemperatur abzüglich der Differenz der beiden Leitfähigkeiten dividiert durch 29,3, berechnen und mit den Werten der Tab. 74 vergleichen (Schmidt 2013).

Liegt die ermittelte Sättigungstemperatur im stabilen Bereich, gilt der Wein bei Lagerung im Kühlschrank als stabil. Bei bedingt stabilen Weinen eignet sich die Stabilisierung mit Schutzkolloiden. Dies gilt bei Metaweinsäure sowohl für Weinstein (KHT) als auch für Kalziumtartrat (CaT). Dort ist die Schutzwirkung aber deutlich schwieriger zu erzielen. Weine mit hoher Sättigungstemperatur erfordern weitergehende Stabilisierungsmaßnahmen. Bei über 20 °C ist eine Stabilisierung mit CMC aber nicht mehr zu erzielen. Wird die Sättigungstemperatur während der Weinlagerung unterschritten, sollte der Überhang an Weinstein 200 mg/l nicht übersteigen.

6.4.1.2 Beschleunigung der Kristallisation

Durch die Kühlung auf eine Temperatur nahe des Gefrierpunktes, üblich sind 0 bis −4 °C, und unterstützt durch gelegentliches Rühren, verschiebt sich das Löslichkeitsprodukt in den Bereich der unmittelbaren Kristallisation von KHT (siehe Abb. 192). Die Kristallisation selber verläuft in drei Stufen:

1. Keimbildung (Induktionsphase)
   Einige Teilchen lagern sich zusammen und bieten Ansatzpunkte für weitere Teilchen. Als Ausgangspunkt kommen Fremdpartikel, Rauigkeiten an Gefäßwandungen und Kristallkeime (Kontaktweinstein) infrage. Je höher die Konzentration dieser Teilchen, desto höher die Wahrscheinlichkeit der Keimbildung. Die Induktionsphase ist der zeitbestimmende und unvorhersehbare Prozessschritt.
2. Ionenwanderung (Diffusionsphase)
   Durch elektrostatische Anziehung wandern die Ionen zu den aktiven Stellen, den freien Valenzen der Keime. Je kürzer der zurückgelegte Weg ist, umso schneller und intensiver erfolgt die Auskristallisation.
3. Anlagerung (Integrationsphase)
   Die Ionen setzen sich an den freien Valenzen der Kristallisationskeime fest und werden somit in das wachsende Kristallgitter eingebaut.

Nach der Sedimentation der Kristalle wird kalt filtriert. Der apparative und zeitliche Aufwand ist groß. Die Kühldauer kann bis zur Stabilität 14 Tage betragen, Isoliertanks sind unumgänglich. Trotzdem verbleibt ein Restrisiko, das Großbetriebe nach einer sichereren Alternative hat suchen lässt.

Tab. 74 Sättigungstemperaturen von KHT bei den verschiedenen Weinarten (Schmidt 2013)

Salz	Kristallstabilität	$T_{sätt}$-Weißwein	$T_{sätt}$-Rotwein	$T_{sätt}$-Sektgrundwein
KHT	**stabil**	< 12 °C	< 15 °C	< 10 °C
	bedingt stabil: bei längerer Unterschreitung der Lagertemperatur unter die $T_{sätt}$ kann es zu Kristallbildung kommen	12–16 °C	15–19 °C	
	instabil	> 16 °C	> 19 °C	

Kontaktverfahren

Eine vergleichsweise sichere Alternative zur Kältelagerung bietet das Kontaktverfahren. Der Wein wird auf 0–1 °C abgekühlt und mit etwa 4 g/l KHT-Impfkristallen versetzt. Abb. 194 zeigt handelsübliche Impfkristalle mit 20–50 µm Größe.

Durch den Einsatz von Impfkristallen wird die Induktionsphase umgangen und der Kristallbildungsprozess stark beschleunigt. Mindestens intervallartiges Rühren stellt sicher, dass die Phasen 2 und 3 ebenfalls schnell ablaufen können. Nach 2–4 Stunden ist der Vorgang abgeschlossen, die obligatorische Prüfung auf Stabilität in den meisten Fällen positiv. Die Abtrennung der Kristalle erfolgt in der Kälte. Große Kristalle sedimentieren rasch und können u. U. nach Waschen und Mahlen recycelt werden. Dann wird das Kontaktverfahren trotz des hohen Preises für Kontakt-Weinstein wirtschaftlich. Feiner Weinstein, meist ein amorphes Weinstein-Kolloid-Gemisch, bleibt in Schwebe und muss filtriert oder zentrifugiert werden. Dazu eignen sich alle gängigen Klärtechniken.

Das Kontaktverfahren ist aufgrund der erforderlichen Reaktionszeit ein batch-Prozess. Durch geschickte Kombination von Aggregaten ist es möglich, daraus einen quasi kontinuierlichen Prozess zu gestalten. Benötigt werden mindestens drei Tanks entsprechender Größe. Einer wird befüllt, in einem läuft die Reaktion ab, einer wird abgearbeitet. Dessen Inhalt wird unter dauerndem Rühren über eine zweistufige Trenneinrichtung geleitet. Die erste Stufe besteht aus einer Batterie von Hydrozyklonen. Diese scheidet den groben Weinstein, über 80 % aller Trubstoffe, zentrifugal ab und reinigt und zerkleinert diesen durch das Schmirgeln an der Innenwand. Der vorgeklärte Wein kann im geschlossenen System in eine Zentrifuge oder ein Kieselgurfilter gefördert werden, um den verschmutzten Rest abzutrennen. Der grobe Weinstein aus dem Feststoffbehälter des Zyklons lässt sich unmittelbar wieder einsetzen.

Abb. 195 zeigt den Querschnitt eines Hydrozyklons und damit abgetrennte Weinsteinkristalle nach mehrmonatigem Einsatz. Die Kristalle sind wie Kieselsteine geformt und gerundet, ihre Oberfläche ist extrem zerklüftet und sauber. Zur

Abb. 194 KHT-Impfkristalle (Foto: GEA Westflia Separator GmbH).

Weinsteinabtrennung werden Porzellan- oder Kunststoffzyklone mit spezifischer Stundenleistung zu Batterien verbunden. Deren Anzahl richtet sich nach der Anlagenleistung (Dörr et al. 1985). Hydrozyklone nützen die Zentrifugalkraft zur Trennung von unterschiedlich schweren Phasen. Die Suspension wird mit hoher Strömungsgeschwindigkeit in den kegelförmigen Zyklonkörper gefördert und dort auf eine immer enger werdende Kreisbahn geschickt. Die spezifisch schweren Weinsteinkristalle werden an die Wand geschleudert und rutschen nach unten in den Auffangbehälter (3), aus der sie kontinuierlich über ein Regelventil (5) ausgeschleust werden. Die Flüssigkeit wird umgelenkt, fließt zentral nach oben und verlässt den Zyklon über den Auslass (6). Baugröße, Zulaufleistung, Druckverlust im Zyklon und die Dichtedifferenz Fest/Flüssig müssen als wesentliche Parameter aufeinander abgestimmt sein. Hydrozyklone werden in der Kellerwirtschaft auch zur Entsandung von Most eingesetzt, um z. B. sensible Zentrifugenteile vor Erosion zu schützen (Kap. 5.1). Eine verfahrenstechnisch einfachere Variante des Kontaktverfahrens entkoppelt die zwei Trennstufen. Die sedimentierten, groben Kristalle werden hoch konzentriert über die Hydrozyklone gefördert. Diese fungieren praktisch als Waschmaschine und Klassiereinrichtung. Die Reinigungswirkung des Hydrozyklons reicht üblicherweise auch für Kristalle von Rotweinen aus und kann sogar den Zusatz extrem großer Mengen an Kontaktweinstein wirtschaftlich machen (Ribe-

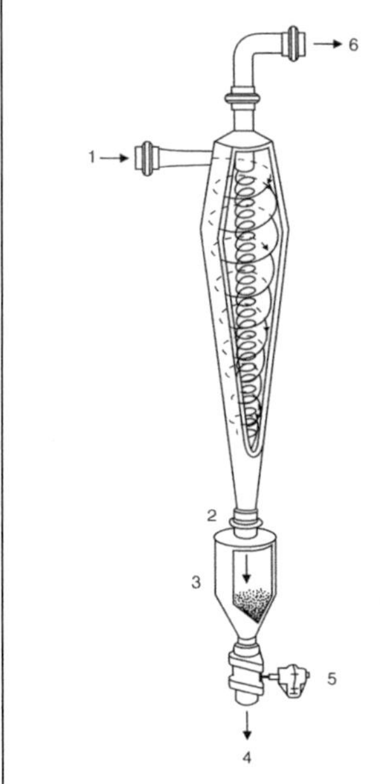

Abb. 195 Schematische Darstellung eines Hydrozyklons und Weinsteinkristalle nach mehrmonatigem Recyceln (GEA Westfalia Separator GmbH; aus Hamatschek 1997); 1 = Zulauf; 2 = Apex-Düse; 3 = Gritpot; 4 = Ablauf; 5 = Ventil; 6 = Ablauf Klarphase.

reau-Gayon et al. 2006). Der kolloidal trübe Wein wird mit der verfügbaren Technik direkt geklärt. Arbeitsabläufe sind vereinfacht und zeitlich entkoppelt, die Nachtzeit lässt sich für die Sedimentation nutzen. Dauert die Verweilzeit allerdings zu lange, muss in dieser Zeit gekühlt werden.

Nutzt man CaT-Kristalle als Kontaktmittel, lässt sich mit dem Verfahren auch die Kalziumtartrat-Stabilisierung durchführen. Der Zentrifuge oder dem Kieselgurfilter folgt die betriebsübliche Feinfiltration über Tiefenfilter als Vorlegefiltration vor der Abfüllung.

Membranverfahren

Eine Weinsteinstabilisierung ist nach entsprechender Kühlung des Retentats auch mittels Umkehrosmose oder Nanofiltration möglich. Beide trennen bei entsprechender Membranauswahl Wein in eine Alkohol-Wasser Lösung und in ein „Wein“konzentrat, in dem eine schnellere Kristallisation und ein Niederschlag der Tartrate stattfinden können. Die zwei Fraktionen lassen sich nach der Kristalltrennung wieder vereinigen (Schmidt 2012; Christmann 2013). Diese Methode ist zzt. nicht zugelassen.

6.4.1.3 Stabilisierung durch Schutzkolloide

Mittels Kältestabilisierung wird der zeitverzögerte Prozess der Kristallisation beschleunigt. Sind die „überzähligen“ Moleküle ausgefallen, ist der Wein stabil. Den umgekehrten Weg der Stabilisierung verfolgt die Zugabe von Schutzkolloiden. Diese sollen verhindern, dass es zum Kristallwachstum kommen kann. Kolloide wirken als Inhibitoren für die Kristallisation. Aufgrund ihrer Ladungseigenschaften können sie sich bereits frühzeitig an eben aggregierte KHT oder CaT-Komplexe anlagern und die weitere Ausbildung geordneter Kristallstrukturen und deren Ausfall verhindern. Die Aggregate verbleiben in übersättigter Lösung. Je größer die Menge an Kolloiden, desto sicherer der Schutz vor einer Kristallbildung. Weinrechtlich sind vier kolloidale Substanzen zugelassen:

- Carboxymethylzellulose (CMC),
- Gummi Arabicum,
- Mannoproteine,
- Metaweinsäure.

Über den Zusatz einer dieser Mittel entscheiden die erwartete Lagerdauer auf der Flasche und der Termin der Füllung. Früh gefüllte Weine sind üblicherweise für raschen Konsum gedacht, aber tendenziell instabil. Ein Schutz für einen überschaubaren Zeitraum von vielleicht einem Jahr ist dann angeraten. Höherwertige Weine, die bestimmungsgemäß über Jahre auf der Flasche stabil sein müssen, werden meist erst nach längerer Tankreife abgefüllt. Sie sind dann oft bereits eigenstabilisiert und benötigen wenig weiteren Schutz. Rotweine mit hohem Kolloidgehalt sind ihrerseits dadurch stabilisiert und bis zu 2 Jahren vor Ausscheidungen geschützt (Scholten et al. 2003).

Metaweinsäure

Metaweinsäure ist polymerisierte, hochmolekulare Weinsäure und ihre Zugabe bis 100 mg/l Wein zugelassen. Sie wird in der 20fachen Weinmenge aufgelöst und kann nach einer einstündigen Wartezeit zugegeben werden. Metaweinsäure zerfällt während der Lagerung in Abhängigkeit von Zeit und Temperatur in natürliche Weinsäure. Dadurch wird ihre Wirksamkeit beschränkt, sie endet in der Regel nach etwa einem Jahr. Feststellbar ist dieser Effekt u. a. durch die Messung der Leitfähigkeit (Köhler 2009). Scholten et al. (2003) nennen eine Sättigungstemperatur von 12–16 °C, bei der Metaweinsäure diesen begrenzten Schutz liefert. Unter bestimmten Bedingungen ist bei geringer Übersättigung auch ein zeitlich begrenzter Schutz vor CaT-Ausfällungen gegeben (Köhler et al. 2011). Bei Exportweinen muss geklärt werden, ob das Importland Metaweinsäure zulässt.

Zwischen Zugabe und Abfüllung sollten 3 Tage Wartezeit liegen und Eiweiß völlig ausgeschönt sein (Witowski-Baumann 2006). Mögliche leichte Trübungen führen zu Filtrationsproblemen, vor das Membranfilter sollte ein Tiefenfilter geschaltet werden.

Carboxymethylcellulose (CMC)

CMC (E468) ist in der Lebensmittelindustrie als Verdickungsmittel seit vielen Jahren im Einsatz. Als Weinbehandlungsmittel ist es zur Stabilisierung von Weinstein seit 2009 in Mengen bis 100 mg/l zugelassen (VO 606/2009). Abb. 196 stellt die wesentlichen Eigenschaften zusammen.

CMC hemmt das KHT-Kristallwachstum, weil dessen Moleküle von den freien Valenzen an den Ecken der Kristallisationskeime angezogen werden und diese blockieren. Die Polymere hydrolysieren nicht, so verfügt CMC über einen langen, möglicherweise unbegrenzten Schutz. Dieser wird vergleichbar der von Metaweinsäure gesehen. Wie diese kann auch CMC nur begrenzt gegen den Ausfall von CaT-Kristallen schützen (Köhler et al 2011 und 2011a). Nachteilig gesehen wird der negative Einfluss auf die Filtrierbarkeit (Rosch 2013 und 2013a, Eder et al. 2011), weil sich im Wein ein dreidimensionales CMC-Gel ausbildet. Weitere Nachteile sind die schlechte Löslichkeit in Wasser und eine Sättigungstemperatur unter 20 °C. Verbesserungen bei der Auflösung bieten Produkte, die in löslicher Form angeboten werden. Sie können sich unterscheiden in der Kettenlänge und damit der Viskosität der Lösung. Je größer der Polymerisierungsgrad des CMC, desto stabiler scheint das sich nach Zugabe intermediär bildende Gel zu werden. Es ist verantwortlich für die schlechte Filtrierbarkeit zu diesem Zeitpunkt. Dessen Auflösung benötigt bei flüssigen Produkten 4–7 Tage, bei pulverförmigen oder granulierten sogar 2 Wochen (Rosch 2013a).

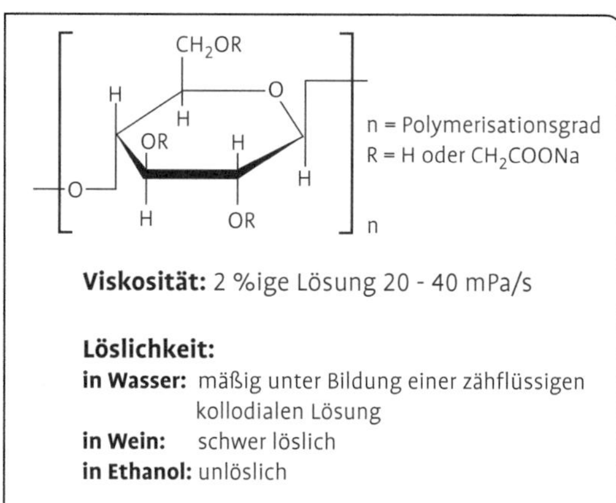

Viskosität: 2 %ige Lösung 20 - 40 mPa/s

Löslichkeit:
in Wasser: mäßig unter Bildung einer zähflüssigen kollodialen Lösung
in Wein: schwer löslich
in Ethanol: unlöslich

Abb. 196 Eigenschaften von CMC.

Bei der Stabilisierung von Rosé- und Rotweinen kann es zu Farbausfällungen kommen. Diese können mit dem Zusatz von Gummi Arabicum u. U. verringert werden.

Mannoproteine

Mannoproteine gelangen generell als Bestandteil von Hefezellwänden in den Wein. Aufbereitet sind diese Makromoleküle als önologisches Behandlungsmittel zugelassen. Chemisch versteht man darunter eine große Vielfalt komplexer Verbindungen mit hohem Mannoseanteil, deren detaillierte Zusammensetzung und ihre Wirkungsweise noch nicht bekannt sind (Vuchot et al. 2008). Ihre Wirkung zur Weinsteinstabilisierung wird als eher ungenügend beschrieben (Köhler 2009; Köhler et al. 2011, 2011a; Schmidt und Diesler 2010). Mannoproteine können während der gesamten Zeit des Weinausbaus eingesetzt werden. Um den natürlichen Weinsteinausfall nicht zu behindern, empfiehlt sich die Zugabe in den füllfertigen Wein. Die Zugabe sollte 2 Tage vor der Filtration erfolgen um diese nicht zu beeinflussen. Das Produkt wird in der 10fachen Menge Wein vorgelöst und anschließend dem Gesamtgebinde beigemischt. Die erforderliche Menge liegt zwischen 50 und 300 mg/l. Ein Vorversuch ist ratsam, um die optimale Dosagemenge zu ermitteln und eine sensorisch negative Beeinflussung durch Überdosierung zu überprüfen.

Tab. 75 Weinsteinausscheidung nach Kältelagerung (Köhler 2013)

Weinsteinausscheidung aus 5 l Silvaner, 120 Tage, 0 °C (mg)	
ohne Zusatz	4258
Gummi arabicum, 300 mg/l	2935
Metaweinsäure, 100 mg/l	< 10
MannoProt A, 5 g/hl	3568
MannoProt A, 10 g/hl	3825
MannoProt A, 20 g/hl	3768
MannoProt A, 30 g/hl	2514
MannoProt B, 5 g/hl	3335
MannoProt B, 10 g/hl	2316
MannoProt B, 20 g/hl	1231
MannoProt B, 30 g/hl	< 20
CMC low viscosity, 50 mg/l	< 10
CMC low viscosity, 100 mg/l	< 20
CMC ultralow viscosity, 50 mg/l	211
CMC ultralow viscosity, 100 mg/l	< 10

Gummi Arabicum

Gummi Arabicum ist ein seit langer Zeit zugelassenes reines Naturprodukt aus den Gummiausscheidungen afrikanischer Akazien. Es wird in wässriger Lösung eingesetzt, die mit schwefliger Säure stabilisiert und membranfiltriert ist. Gummi Arabicum dient sowohl zur Stabilisierung von Weinen als auch zur sensorischen Behandlung. Es bildet im Wein ein sehr starkes Schutzkolloid und verhindert auf längere Sicht die Ausscheidung von Kristallen, Metallen und ein Depot in Rotweinen. Sensorisch erscheinen die Weine fülliger und weicher. Der reine Weinsteinstabilisierungseffekt wird in der Literatur als nur bedingt wirksam gesehen (Constantin et al. 2011; Köhler 2009; Köhler et al. 2011 und 2011a).

Das Produkt sollte mindestens acht, besser 14 Tage vor der Füllung zugegeben werden, da es zu Filtrationsproblemen führen kann. Optimal ist eine Dosierung in die Füllleitung nach dem Filter. Dies hat keinerlei Auswirkung auf die Sterilität, da das Produkt bei der Herstellung steril abgefüllt und mit schwefliger Säure stabilisiert wird. Die Dosagemenge liegt nach Vorversuch zwischen 0,3 und 1,5 g/l.

Vergleich verschiedener Inhibitoren (Protektorkolloide)

Tab. 75 zeigt am Beispiel eines fränkischen Silvaners die Weinsteinausscheidung nach einer Lagerzeit von 120 Tagen bei 0 °C (Köhler 2013). Zur Verhinderung der Kristallisation wurden unterschiedliche Inhibitoren des Handels eingesetzt.

Gemessen an der unbehandelten Probe waren alle Produkte mehr oder weniger in der Lage, eine Verringerung des Weinsteinausfalls zu bewirken. Absoluter Schutz war aber nur gegeben beim Einsatz von Metaweinsäure und CMC sowie mit Mannoproteinen in hoher Konzentration.

Tab. 76 stellt wesentliche Eigenschaften der drei effektivsten Protektorkolloide qualitativ gegenüber und vergleicht sie mit dem Kontaktverfahren (Könitz 2009 und 2009a). Eine gute Langzeitwirkung wird dem Kontaktverfahren und CMC attestiert, Metaweinsäure zeigt nur auf kurze Sicht bei fast allen Kriterien gute Eigenschaften.

Tab. 76 Eigenschaften der Protektorkolloide im Wein (Könitz 2009 und 2009a)

Verfahren zur Kristallstabilisierung	geringe Verfahrenskosten	geringer Personalaufwand	umweltfreundlich	einfache Anwendung	Wirkung gegen Ca-Kristalle	Langzeitwirkung	Beeinflussung der Filtration	weinfremder Stoff	Erhalt der natürlichen Säure
Kontaktverfahren	–	–	–	–	+/–	+	–	–	–
Metaweinsäure	+	+	+	+	+/–	–	+/–	–	+
CMC	+	+*	+	+*	+/–	+	+	+	+
Mannoproteine	–	–	+	–	?	?	+	–	+

* als Flüssigprodukt (VinoStab®)

Die schlechteste Bewertung erhalten die Mannoproteine. CMC und Gummi Arabicum sind weinfremde Stoffe. Metaweinsäure und CMC besitzen gleichermaßen eine gut stabilisierende Wirkung, wobei die von CMC wesentlich länger anhält. Dafür wird die Filtration deutlich negativ beeinflusst: die Filterstandzeit sinkt und die ersten Liter des filtrierten Weines haben ihren Schutz fast komplett verloren. Letztlich existiert kein Verfahren, das ausschließlich Vorteile besitzt, der Önologe muss die für ihn maßgeblichen Kriterien definieren. Die Entscheidung für ein Verfahren oder Produkt ist danach ein Kompromiss aus Wirtschaftlichkeit, Produktsicherheit und Handling und erfordert in allen Fällen die Durchführung von Vorversuchen.

IUPAC und CAS

Die Kellerwirtschaft arbeitet mit zahlreichen chemischen Verbindungen. In der Literatur tauchen oft unterschiedliche Namen für einzelne Verbindungen auf. Verbindliche Vorgaben für chemische Verbindungen werden von zwei internationalen Institutionen gemacht: der IUPAC und der CAS.

Die **International Union of Pure and Applied Chemistry (IUPAC**, Internationale Union für reine und angewandte Chemie) wurde im Jahr 1919 gegründet. Ziel war es, die weltweite Kommunikation der Chemiker untereinander zu ermöglichen und zu fördern. Die IUPAC ist seit langem die bestimmende Institution, wenn es sich um verbindliche Empfehlungen zu Nomenklatur, Symbolen, Terminologie, standardisierten Messmethoden, Werten für molare Massen der chemischen Elemente in natürlicher Isotopengemisch-Zusammensetzung und viele andere Themen in Bereichen der Chemie handelt.

Der **Chemical Abstracts Service (Abkürzung: CAS)** ist eine 1907 gegründete Unterabteilung der American Chemical Society. Sein Publikationsorgan Chemical Abstracts (CA) hat zum Ziel, weltweit sämtliche Chemie-relevanten Veröffentlichungen zu indizieren und zusammenzufassen. Für die Chemical Abstracts werden rund 10 000 Zeitschriften ausgewertet (Stand 2010). Die CAS ist am bekanntesten für ihre großen Datenbanken von chemischen Verbindungen und deren eindeutigem Schlüssel, der CAS Registry Number, auf Deutsch meist CAS-Nummer genannt. Im Mai 2011 wurden 60 Mill. registrierte organische und anorganische Substanzen aufgeführt, bereits im Dezember 2012 lag diese Zahl bei 70 Mill.

Als Beispiel für unterschiedliche Namen und die klare Zuordnung durch die CAS-Nummer siehe Abb. 197.

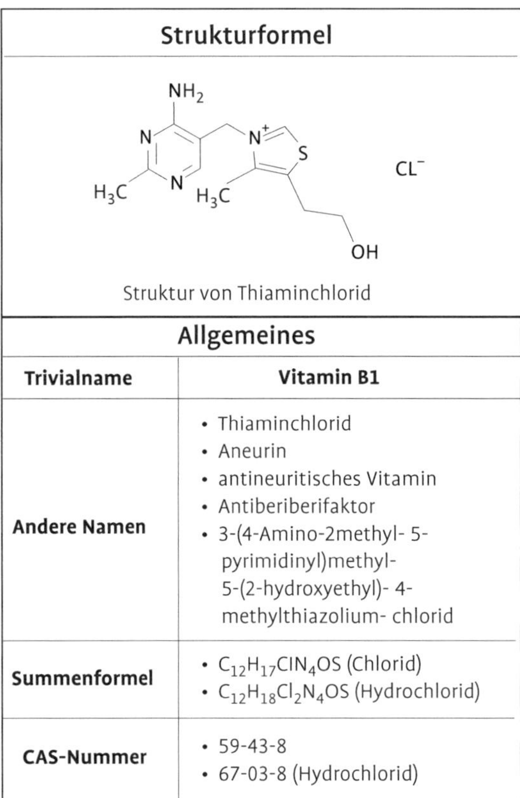

Strukturformel	
Struktur von Thiaminchlorid	
Allgemeines	
Trivialname	**Vitamin B1**
Andere Namen	• Thiaminchlorid • Aneurin • antineuritisches Vitamin • Antiberiberifaktor • 3-(4-Amino-2methyl- 5-pyrimidinyl)methyl-5-(2-hydroxyethyl)- 4-methylthiazolium- chlorid
Summenformel	• $C_{12}H_{17}ClN_4OS$ (Chlorid) • $C_{12}H_{18}Cl_2N_4OS$ (Hydrochlorid)
CAS-Nummer	• 59-43-8 • 67-03-8 (Hydrochlorid)

Abb. 197 Thiamin als Beispiel für die eindeutige Charakterisierung durch CAS-Nummern.

6.4.1.4 Elektrodialyse zur Entfernung von überschüssigen Ionen

Die Elektrodialyse ist ein elektrochemisch getriebener Membranprozess, bei dem selektiv durchlässige Membranen in Kombination mit einer elektrischen Potenzialdifferenz benutzt werden. Bei der Weinsteinstabilisierung werden entsprechend der eingesetzten Membrantypen überschüssige Kalium-, Kalzium-, Magnesium- und Tartrationen abgetrennt. Anschließend ist der Wein mangels Reaktionspartner stabilisiert. Das Prinzip dieser Methode wird in Abb. 198 erläutert.

Der Raum zwischen Anode und Kathode ist durch einen Stapel aus einander abwechselnden Anionen- und Kationentauschermembranen getrennt. In diese wird der zu stabilisierende Wein eingespeist. Die Stapel bestehen je nach erforderlicher Leistung aus mehr als 200 Membranpaaren. Wird eine elektrische Gleichspannung an die Elektroden angelegt, so wandern die Anionen im Wein zur Anode. Diese können die positiv geladenen Anionentauschermembranen passieren und werden an der nächst gelegenen negativ geladenen Kationentauschermembranen zurückgehalten. Weil dasselbe mit umgekehrten Vorzeichen auch mit den Kationen geschieht, kommt es bei der Elektrodialyse zu einer Anrei-

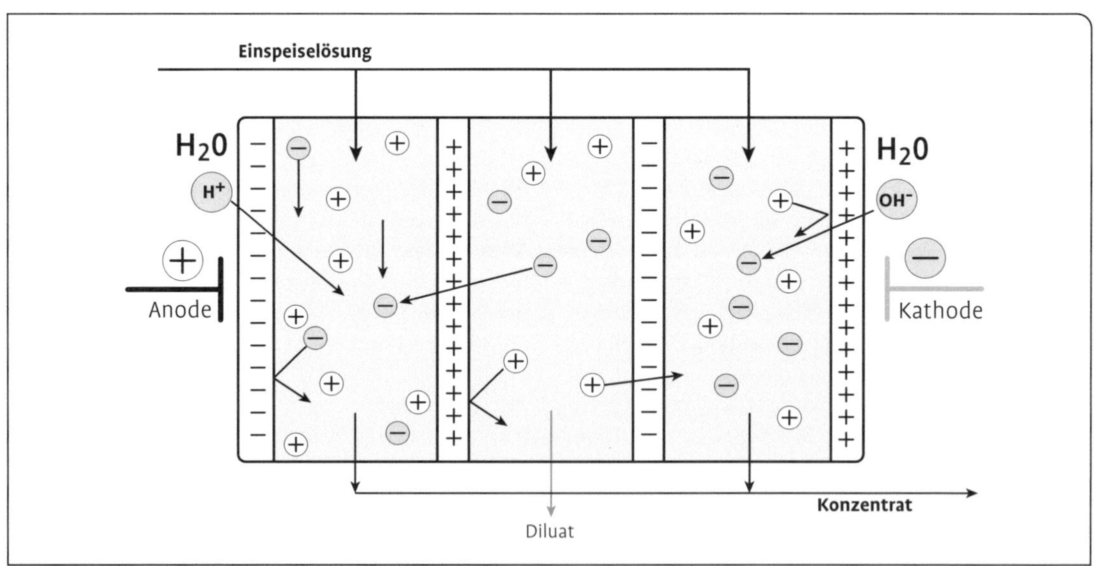

Abb. 198 Prinzip der Elektrodialyse (Christmann 2013).

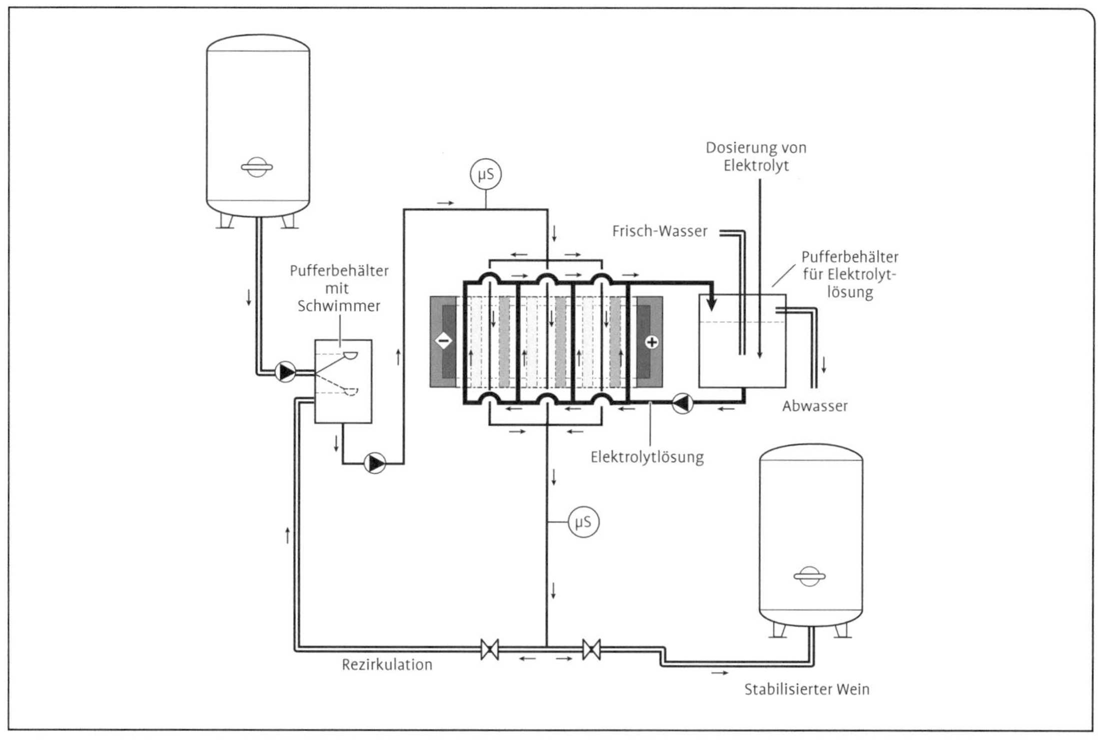

Abb. 199 Verfahrensfließbild Elektrodialyseanlage zur Stabilisierung von Wein (Schmidt 2013).

cherung der Ionen in den Zellen mit ungerader Nummer (in Abb. 198 die Zellen 1 und 3, links und rechts), während die Zellen mit gerader Nummer (im Bild die mittlere Zelle, Nr. 2) an Salz verarmen. Die Lösungen mit erhöhter Salzkonzentration werden zum Konzentrat vereint, während die salzarmen Lösungen das Diluat bilden. Die abgetrennten Ionen gelangen in separate Kammern, wo sie eine Spüllösung abtransportiert. Auf diese Weise werden bei Verwendung von geeigneten Membranen in erster Linie Kalium und Weinsäure aus dem Wein entfernt und es kann nicht mehr zu einer Übersättigung mit nachfolgender Kristallbildung kommen.

Abb. 199 zeigt ein Verfahrensfließbild einer Elektrodialyseanlage zur Stabilisierung von Wein. Der Wein verteilt sich in den Kammern und fließt von oben nach unten. Die überschüssigen Ionen wandern durch die selektiv permeable Membran und werden von der Elektrolytlösung mitgerissen. Der abgereicherte Wein verlässt als Diluat die Anlage, um zu rezirkulieren oder als bereits stabil ausgeschleust zu werden. Maß für den Stabilisierungseffekt ist die Abnahme der Leitfähigkeit.

Das Verfahren der Elektrodialyse wird im deutschsprachigen Raum weniger, dafür verstärkt in den Großbetrieben des Auslands und in Sektkellereien eingesetzt. Es ist verfahrenstechnisch aufwendig, die Anlage in Anschaffung und Betrieb teuer, liefert aber zuverlässig stabile Weine. Eder (2009) äußert sich kritisch bezüglich der Weinqualität: „Nach der Behandlung wirken die Weine leer, ausgezogen, unharmonisch“. Durch die unvermeidliche Abtrennung von Teilen der anderen Ionen werden die Matrix und das Puffervermögen des Weines verändert. Sichergestellt werden muss bei dem Verfahren, dass die Abreicherung von Na-, Mg- und Ca-Ionen nicht zu weit durchgeführt wird, zudem wird der pH-Wert verändert.

6.4.1.5 Weitere Methoden zur Entfernung überschüssiger Ionen

Neben der Elektrodialyse sind weitere physikalische bzw. chemische Verfahren möglich, überschüssige Ionen zu entfernen:

- die Umkehrosmose,
- der Ionenaustausch, auch in Verbindung mit einer Nanofiltration,
- die Zugabe von D/L-Weinsäure zur Kalziumabtrennung (siehe Kap. 6.2).

Die **Umkehrosmose** trennt Wein in eine Alkohol-Wasser-Lösung und in ein Weinkonzentrat, in dem eine schnellere Kristallisation und ein Niederschlag der Tartrate stattfinden können. Die zwei Fraktionen können nach der Kristalltrennung wieder vereinigt werden. Das Verfahren wird häufig verwendet in Verbindung mit einer Kältebehandlung des Konzentrates.

Der **Ionenaustausch** ist ein Verfahren, bei dem eine berechnete Teilmenge des kältebehandelten Weines durch eine Säule eines polymerisierten Harzes fließt. Der Polyelektrolyt tauscht selektiv eigene Kationen, meist Wasserstoff- oder Natriumionen, gegen Kationen des Weins aus. Nach dem Rückverschnitt mit dem unbehandelten Teil ist die Mischung stabil. Die Behandlung muss auf die Beseitigung der überschüssigen Kationen Kalium und Kalzium begrenzt werden.

Eine qualitative Verbesserung kann die Kombination **Nanofiltration mit Ionenaustausch** bringen. Die Nanofiltration trennt den Wein in ein Retentat mit allen hochmolekularen Inhaltsstoffen und ein Permeat mit den niedermolekularen. Im Permeat können, ohne die polymere Weinmatrix zu verändern, durch Kationenaustausch die überschüssigen Mengen an Kalium und Kalzium entfernt werden. Anschließend erfolgt der Rückverschnitt.

6.4.2 Metallstabilisierung

Die Menge der primär durch die Rebe über die Wurzel aufgenommenen Metalle ist vergleichsweise gering. Die Eisengehalte des Mostes liegen meist unter 2 mg/l, Kupfer findet sich nur in Spuren. Weiterhin kommen ebenfalls in Spuren Cadmium, Zink, Blei, Aluminium oder Zinn vor. Weinfehler durch erhöhte Metallgehalte entstehen durch Kontaminationen im Zuge des Ausbaus. Diese können zu Geschmacksbeeinträchtigungen und auch zu Trübungen führen, die als weißer, grauer und schwarzer Bruch in die Literatur Eingang gefunden haben. Der weiße und graue Bruch besteht hauptsächlich aus Eisen-III-Phosphat, beim schwarzen Bruch handelt es sich um eine Eisen-Gerbstoffverbindung, die das ganze Getränk färbt. Kupfertrübungen bilden winzige, runde Gerinnsel und trüben den Wein opaleszierend, bevor sie sich als grünlich braune Streifen am Flaschenboden absetzen. Ferner erfolgen aufgrund der katalytischen Aktivität der Metallionen Aromaveränderungen, frühzeitige Alterung und Farbstoffumlagerung (Bräunung). Als sichere Grenzkonzentrationen unterhalb deren keine Metalltrübung auftreten sollte, gelten bei Eisen und Zink 5 mg/l und bei Kupfer 0,5 mg/l (Eder 1998). Zink kann aber bereits oberhalb 0,5 mg/l einen metallischen, unangenehmen Geschmack hervorrufen. In den üblichen Konzentrationen sind diese Metalle geschmacklich nicht feststellbar und technologisch irrelevant. Für alle, vor allem Blei, Arsen, Aluminium oder Cadmium, existieren Grenzwerte.

Die alkoholische Gärung reduziert die Konzentration an Metallen. Die Hefe adsorbiert und wirkt als Biofilter. Nach der Gärung und frühzeitigem Abstich von der Hefe zur Vermeidung einer Desorption sind Weine üblicherweise metallstabil.

Die früher übliche Aufnahme von Metallen aus nicht korrosionsbeständigen Materialien (Zugschrauben aus Stahl, eisenverdübelte Fassböden, schadhafte Auskleidungen an Stahl oder Betontanks usw.) spielt praktisch keine Rolle mehr. Während Eisentrübungen heute kaum mehr bekannt sind, kommen Kupfertrübungen immer wieder vor (Schmidt 2012). Hauptgründe sind die Pflanzenbehandlung mit Kupferpräparaten (Abschlussspritzungen) und die Kupfersulfat-Behandlung im Wein gegen Böckser. Diskutiert werden auch immer wieder Kieselgur, Bentonit oder Aktivkohle als Metallquellen (siehe dazu Abb. 200). Bentonit setzt aufgrund seiner Zusammensetzung eine unvermeidliche Menge an Eisen frei, die den Metallgehalt des Weines erhöht. Um dieses Extraktion zu minimieren, wurde in der Vergangenheit empfohlen, Bentonit nach spätestens 2 Tagen wieder abzutrennen.

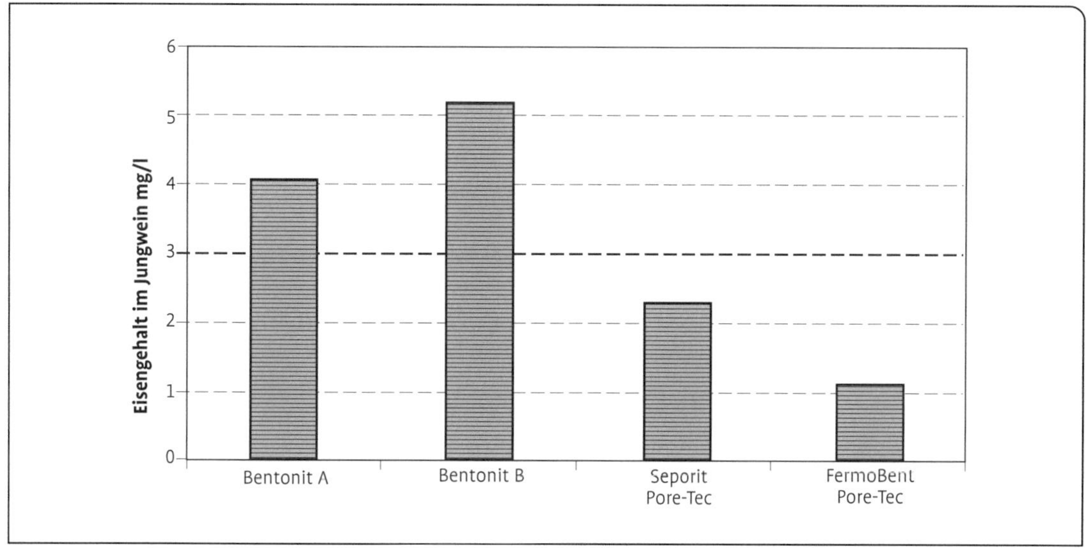

Abb. 200 Mostbehandlung mit Bentonit, der mitvergoren wurde; Seporit und FermoBent sind Handelsmarken der Fa. Erbslöh (Görtges et al. 2011).

Auswahl und gezielte Behandlung haben inzwischen zu eisenarmen Bentoniten geführt, die auch beim Mitvergären nur kleine Mengen abgeben (z. B. 1 mg/l), die nicht schönungsrelevant sind. Falsch ausgewählte Präparate können aber aufgrund zu großer Abgabemengen allein schon eine Metallbehandlung notwendig machen. Rechtlich darf Bentonit bis zu 0,2 % Eisen abgeben.

Zur Reduzierung des Schwermetallgehaltes bzw. zur Verhinderung von Ausscheidungen sind weinrechtlich mehrere Möglichkeiten zugelassen (VO 606/2009):

- die Ausscheidung als schwer lösliche Verbindungen (Blauschönung oder Möslingerschönung mit Kaliumhexazyanoferrat-II; Kalziumphytat ist nur für Rotweine zugelassen),
- die Entfernung mittels Ionenaustauscher (zurzeit nicht zugelassen für Wein; nur für die Erzeugung von rektifiziertem Traubenmostkonzentrat; VO 606/2009, Pos. 20),
- die Maskierung durch die Bildung von Komplexverbindungen (Zitronensäure),
- die Reduzierung von Eisen-III-Ionen zu Eisen-II durch Ascorbinsäure (die Trübung wird hauptsächlich durch Eisen-III-Ionen verursacht),
- durch Adsorption an unlösliche Stoffe (Polyvinylimidazol- und Polyvinylpolypyrrolidon-Copolymeren (PVI/PVP)).

Ein Faktor für die Metalltrübung ist die Anwesenheit von Eiweißen und Gerbstoffen. Deren Entfernung kann im unteren kritischen Bereich bereits ausreichend sein für die Verhinderung einer Trübung (Würdig und Woller 1989).

6.4.2.1 Die Blauschönung mit Kaliumhexazyanoferrat-II

Die Blauschönung zur Entfernung von Eisen aus Wein wurde vor über 130 Jahren von Möslinger entwickelt. Sie ist nach wie vor die effizienteste Methode und trotz großer Nachteile im Einsatz. Das zugesetzte Reagenz Kaliumhexazyanoferrat-II entfernt quantitativ gleichzeitig alle problematischen Metalle, insbesondere Eisen, Kupfer und Zink. In einem ersten Schritt bildet sich mit Eisen-III lösliches Berliner Blau, das durch überschüssiges Eisen-III nach und nach in unlösliches umgewandelt wird. Parallel werden die anderen Metalle ebenfalls zu unlöslichen Komplexen umgewandelt. Die erforderliche Reagenzmenge muss im amtlich anerkannten Fachlabor genau ermittelt werden, da sich ein eventueller Überschuss zersetzt und u. a. giftige Blausäure bildet.

Der Wein bekommt einen Bittermandelgeruch und ist nicht mehr verkehrsfähig. Aus Sicherheitsgründen wird nie völlig ausgeschönt, sondern ein unkritischer Metallrest im Wein akzeptiert.

Die im Labor ermittelte Menge an Kaliumhexazyanoferrat-II wird in Wasser aufgelöst und intensiv eingemischt. Ungenügendes Vermischen führt zu lokaler Überschönung und der sofortigen Bildung von Blausäure. Der sich im Laufe von mehreren Stunden bildende Blautrub bleibt oft kolloidal in Lösung und macht eine Gelatine/Kieselsol-Schönung erforderlich. Der Trub muss innerhalb weniger Tage abgetrennt und als Sondermüll entsorgt werden (für Details siehe z. B. Jakob et al. 1997 oder Süß, 2012).

Voraussetzung für die Blauschönung ist die Anwesenheit von Eisen, wobei das molare Verhältnis Fe/Cu > 1 sein muss. Vielen Weinen fehlt Eisen inzwischen, sodass vor einer Blauschönung zur Kupferentfernung mit einem eisenhaltigen Wein verschnitten werden muss. Dieser Nachteil, vor allem aber das Blausäurerisiko, der immense technische Aufwand und die Entsorgung des Trubs als Sondermüll haben die Suche nach einer Alternative gefördert.

Seit 2011 sind durch die EU **Chitinderivate** als Behandlungsmittel u. a. zur Metallstabilisierung zugelassen. Praxisversuche müssen erst noch zeigen, inwieweit andere Methoden damit ersetzt werden können.

6.4.2.2 Zugabe von Phytat

Rotweine, nicht aber Weiß- oder Roséweine, dürfen mit Kalziumphytat bis zu einem Grenzwert von 80 mg/l metallstabilisiert werden. Metalle, vor allem Eisen, gehen mit Phytat eine unlösliche Komplexverbindung ein, die sich abfiltrieren lässt. Empfohlen wird eine zusätzliche Gelatine-Kieselsolschönung, um eventuell kolloidal vorliegende Reaktionsprodukte mit zu erfassen. 5 mg Phytat binden 1 mg Fe(III), die Effektivität kann in Gegenwart von Zitronensäure oder Gummi Arabicum verstärkt werden (Ribereau-Gayon et al. 2006). Die Reaktion ist nach 3–5 Tagen abgeschlossen. Unter dem Namen Aferrin war diese Substanz schon vor über 50 Jahren in Deutschland zugelassen. Wohl auch aufgrund einer recht negativen Einschätzung von Troost (1965) hat sich dieses Mittel gegen die Blauschönung nicht durchgesetzt. Er bemängelte vor allem die lange Reaktionszeit und die Beschränkung auf Eisen.

Basis dieses Behandlungsmittels ist die Phytinsäure (Hexaphosphorsäureester des meso-Inosits). Sie dient z. B. in Hülsenfrüchten, Getreide und Ölsaaten als Speicher für Phosphat und Kationen (für Kalium-, Magnesium-, Calcium-, Mangan-, Barium- und Eisen(II)-Ionen), die der Keimling zum Wachstum benötigt. Aufgrund ihrer komplexbildenden Eigenschaften kann sie vom Menschen mit der Nahrung aufgenommene Mineralstoffe wie Kalzium, Magnesium, Eisen und Zink in Magen und Darm unlöslich binden, sodass diese dem Körper mangels eines Enzyms Phytase nicht mehr zur Verfügung stehen.

Versuchsergebnisse von Süß et al. (2012) bzw. Süß (2012) mit Phytinsäure zeigten, dass dieses Behandlungsmittel keine Alternative zu Kaliumhexacyanoferrat darstellt. Phytinsäure kann demnach lediglich bei sehr geringen Metallbelastungen Erfolg versprechend eingesetzt werden. In einem solchen Fall ist sie angebracht, da sie sich nicht auf das Geschmacksbild des Weines auswirkt. Schon Chobanova et al. (2002) hatten lediglich eine Abnahme von Eisen zwischen 53 und 84 % gefunden. Phytinsäure ist auch nur in der Lage, dreiwertiges Eisen zu entfernen. Bosso und Castino (1984) empfahlen deshalb die Zugabe von Sauerstoff zur Oxidation. Die Anwesenheit von 30–50 mg SO_2 verhindert die Oxidation der phenolischen Verbindungen, nicht aber die von Fe(II) zu Fe(III) (Ribereau-Gayon et al. 2006). Nachteilig ist neben dieser Oxidation mit ihren möglichen sensorischen Konsequenzen auch die Erhöhung des Kalziumgehaltes um 20–30 mg/l.

Trela (2005) dagegen fand im Rahmen seiner Promotion Kalziumphytat nicht nur als geeignet, Metalle zu fällen (Eisen zu 97 %), sondern auch geeignet als Fällungsmittel für Proteine (99 %) und von Kalziumtartrat. Entscheidend ist nach seinen Erkenntnissen das molekulare Verhältnis zwischen den Reaktionspartnern und der Phytinsäure. In späteren Untersuchungen (Trela 2010) band er Eisen im Chelatkomplex, der hinterher mit Kalziumcarbonat gefällt wurde. Beide Maßnahmen reduzierten Eisen und Kalzium sicher, ohne Farbe oder phenolische Eigenschaften zu beeinflussen.

6.4.2.3 Maskierung von Schwermetallen durch Komplexbildner

Zitronensäure ist als Lebensmittelzusatzstoff unter der Nummer E 330 in den meisten Lebensmitteln unbegrenzt zugelassen. Im Wein kommt sie natürlich in Mengen von 100–200 mg/l vor. Der Endgehalt darf nach Behandlung max. 1 g/l betragen. Zitronensäure bindet Eisen und hält es als Chelatkomplex in Lösung. Die Bezeichnung Chelatkomplexe steht in der Komplexchemie für Verbindungen, bei denen ein Ligand (die Zitronensäure) mit mehr als einem freien Elektronenpaar mindestens zwei Bindungsstellen des Zentralatoms (Eisenion) einnimmt. Liganden und Zentralatom sind über koordinative Bindungen verknüpft. Das bedeutet, das bindende Elektronenpaar wird allein vom Liganden bereitgestellt. Die Chelatbindung ist sehr stabil, das Metallion steht nicht mehr als Trübungsbildner zur Verfügung. Empfohlen wird die kombinierte Anwendung mit Gummi Arabicum (Würdig und Woller 1989).

6.4.2.4 Absorberharze zur Metallstabilisierung

Für die Entfernung von Schwermetallen durch Adsorption an unlösliche Stoffe sind Polyvinylimidazol- und Polyvinylpolypyrrolidon-Copolymere (PVI/PVP) in VO 606/2009 prinzipiell zugelassen. Allerdings fehlen zzt. noch die spezifizierenden Monografien der OIV. Ihre Verwendung ist erlaubt bis zu einem Grenzwert von 500 mg/l. Erfolgt die Verwendung im Most und im Wein, darf die kumulierte Dosis den Wert von 500 mg/l nicht überschreiten.

Mehrere Untersuchungen konnten zeigen, dass diese Absorberharze eine gute Alternative zur Blauschönung darstellen (Süß et al. 2012; Süß 2012). Stärken zeigten die Polymere vor allem bei hohen Kupfer- und niedrigen Eisengehalten (Scholten 2001). Die Reaktion war auch bei Zugaben von nur geringen Mengen nach 1–5 h abgeschlossen (Schmidt und Dietrich 2000). Der optimale pH-Bereich liegt zwischen 3,1 und 4. Bei pH 2,5 war die Abscheidung beeinträchtigt (Süß et al. 2012). Geschmacklich nachteilige Veränderungen wurden von keinem der Autoren festgestellt.

6.4.3 Eiweißstabilisierung

Wein enthält eine Vielzahl von Proteinen, deren Konzentration von mehreren Parametern abhängt und im Zuge des Ausbaus einer hohen Dynamik unterliegt. Als wesentlichen Einflussgrößen auf die Menge an gelöstem Eiweiß vor der Abfüllung gelten:

- die Rebsorte und der Reifegrad (Weißburgunder besitzt in der Regel mehr Eiweiß als Riesling; die Menge steigt mit der Reife),
- der Gesundheitszustand der Beeren; Botrytis infiziertes Lesegut besitzt meist niedrigere Gehalte,
- die Intensität der Maischeextraktion,
- die Mostbehandlung (Enzyme, vor allem Lysozym erhöhen, Schönungen reduzieren),
- die Bentonitschönung im Most reduziert stark, ebenso eine Mostpasteurisation aufgrund der Proteindenaturierung,
- die alkoholische und die malolaktische Gärung erhöhen den Proteingehalt durch die Abgabe von mikrobiellen Proteinen (z. B. Mannoproeinen),
- die Weinklärung reduziert zumindest die größeren Proteine, eine Flugschönung kann eine Abnahme auch von niedermolekularen bewirken,
- pH-Wert erhöhende Maßnahmen nähern den Wein-pH-Wert dem ioselektrischen Punkt der gelösten Proteine an, sie werden instabiler,
- Verschnitte, vor allem die Zugabe von eiweißreichem Trubwein (Presswein), können die Trübungsneigung stark beeinflussen,
- im Zuge der Lagerung, vor allem bei niedriger Temperatur, erfolgt eine gewisse Eigenstabilisierung durch Aggregation von löslichen Molekülen zu unlöslichen.

Enthält ein Wein nach der Abfüllung noch gelöste Proteine, können bei entsprechender Konzentration feinkörnige, häufig stark lichtbrechende Gerinnsel, manches Mal auch Flocken entstehen. Diese Eiweißtrübung enthält meist zusätzlich höhermolekulare Phenole und Metalle. Allein die Ausschönung dieser Phenole kann bereits zur Eiweißstabilität führen. Zur Entfernung trübungsrelevanter Proteine wird Bentonit eingesetzt. Die Zugabe ist im Most- und im Weinbereich möglich. Aufgrund der geschil-

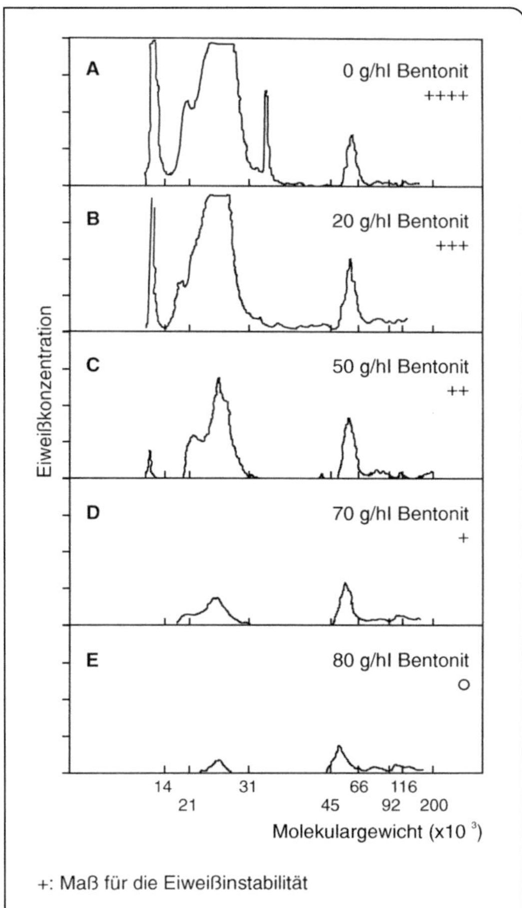

Abb. 201 Elektrophoretisch gemessene Eiweißabnahme in Wein bei steigender Bentonitzugabe (Hamatschek 1997).

derten Dynamik kann die Mostbehandlung keine sichere Stabilität im späteren Wein erzielen. Weine sind deshalb vor der Abfüllung auf Eiweißstabilität zu untersuchen und bei Bedarf zu schönen. Zur Bedarfsermittlung mittels Bento-Test oder Wärmetest siehe Jakob (1997) oder Schmidt (2007). Unterschönungen bedeuten ein Restrisiko, Überschönungen können sich sensorisch negativ auswirken.

Abb. 201 zeigt mittels Elektrophoresebestimmung die Abnahme der Eiweißfraktionen in Abhängigkeit von der eingesetzten Bentonitmenge. Der beispielhaft dargestellte Gewürztraminer war deutlich instabil (Ausschnitt A). Für die Trübung verantwortlich sind hauptsächlich die Proteine mit Molekülgrößen zwischen 20 und 30 kDa (Lipps 2010). Diese stammen vorwiegend aus der Traube und gehören zur Klasse der Pathogenese relevanten Proteine (Fischer und Olk 2005).

Die kritischen Fraktionen mit 20–30 kDa nehmen mit steigender Bentonitmenge sukzessive ab. Der Wein ist nach einer Behandlung mit 80 g/100 l Bentonit eiweißstabil. Die höhermolekularen Fraktionen wurden nur geringfügig abgereichert. Es handelt sich dabei meist um Mannoproteine, die nicht trübungsrelevant sind und aus geschmacklichen Gründen erhalten bleiben sollten.

Ein wesentlicher Parameter für die Effizienz einer Bentonitschönung ist der pH-Wert. Je höher er ist, desto größer ist der Bentonitbedarf. Liegen Proteine ungeladen oder sogar negativ geladen vor (im Bereich oder oberhalb des isoelektrischen Punktes, IEP), können sie von Bentonit selbst in Mengen von 3 g/l nicht vollständig erfasst werden (Fischer und Olk 2005). Bei einer Weinsteinstabilisierung durch Kälte fallen die kältelabilen Fraktionen mit aus, bei einer Weinpasteurisation die wärmelabilen. Zur Erzielung der völligen Stabilität ist eine Warm-Kalt-Behandlung erforderlich.

Die bisherige Diskussion um den Zeitpunkt der Bentonitschönung im Most (BVG=Bentonit vor Gärung) oder erst im Wein (BNG=Bentonit nach Gärung) ist seit der Einführung von besonders eisenarmen Bentoniten um eine dritte Variante ergänzt worden: BVGmodern (Breier 2009, 2011 und 2013; Burkert et al. 2012; Görtges et al. 2011; siehe auch Abb. 200). Darunter sind das Mitvergären des Bentonits und dessen Abtrennung zusammen mit der Hefe beim ersten Abstich gemeint. Besteht die erhöhte Gefahr einer Metallabgabe durch Bentonit, muss die Abtrennung nach höchstens 2 Tagen erfolgt sein. Als Vorteil der längeren Kontaktzeit werden deutlich verringerte Bedarfe gesehen und eine höhere Wahrscheinlichkeit, keine zusätzliche Weinschönung durchführen zu müssen. Gleichzeitig fungiert Bentonit als innere Oberfläche und unterstützt so auch bei scharfer Mostklärung die Endvergärung.

Breier (2009 und 2011) beobachtete, dass das Mitvergären allein die notwendige Weinstabilität erzielen konnte, wenn entsprechend zusätzlich gekühlt wurde. Als Menge empfiehlt er bei den Burgundersorten oder Weißherbsten Mengen von Natrium-Kalzium-Mischbentonit zwischen 150 und 200 g/100 l, bei den übrigen Rebsorten von 50–100 g/100 l. Mischbentonite werden auch von Schmidt (2007) empfohlen. Burkert et al. (2012) stellten beim Mitvergären den geringsten Farbverlust bei roséfarbenen Weinen fest und keinen signifikanten Einfluss auf die Sensorik.

Ein beim Mitvergären wegfallender Nebeneffekt der Weinschönung mit Bentonit ist eine Verringerung von möglicherweise vorhandenen biogenen Aminen wie Histamin oder Acetylcholin. Allerdings wären die erforderlichen Mengen, um unter die kritische Menge von 2 mg/l zu kommen, mit 5 g/l Bentonit extrem hoch (Jakob 1968).

6.4.4 Kolloidstabilisierung

Entsprechend der Vorbehandlung liegen im weitgehend klaren Wein nach dem 1. Abstich zahlreiche kolloidale Verbindungen vor, die im Laufe der Zeit ausfallen und zur Trübung führen können. Es sind dies vor allem Phenole, Polysaccharide wie Glucane, Trubmizellen, Proteine sowie Aggregate aus diversen Polymeren unter Einbindung von Metallen. Zur Stabilisierung derartiger kolloidaler Verbindungen kommen die gleichen Schönungsmittel wie im Most zum Einsatz (siehe Kap. 5.1.1 sowie 5.4). Die VO 606/2009, ergänzt um VO 53/2011 (Position 10), erlaubt die Klärung durch einen oder mehrere der folgenden önologischen Stoffe:

- Speisegelatine,
- Proteine pflanzlichen Ursprungs aus Weizen, Kartoffel (Patain) oder Erbsen,
- Hausenblase,
- Kasein und Kaliumkaseinate,
- Eieralbumin,
- Bentonit,
- Siliziumdioxid in Form von Gel oder kolloidaler Lösung,
- Kaolinerde,
- Tannin,
- Chitosan aus Pilzen,
- Chitin-Glucan aus Pilzen.

Die Zugabe dieser Stoffe mit dem Hauptziel einer Stabilisierungsschönung wird in den folgenden Kapiteln behandelt.

6.4.4.1 Eiweißschönungen

Eine Schönung erfüllt in diesem Stadium meist alle drei Aufgaben gleichzeitig: Beeinflussung von Geschmack, Klarheit und Stabilität. Bis auf Chitosan und Chitin-Glucan aus Pilzen wurden die Stoffe in Kap. 5.4 besprochen. Hinzu kommen im Wein Klärenzyme, die in Position 47 der VO 53/2011 neu zusammengestellt wurden und ebenfalls in Kap. 5.4 behandelt wurden:

„Zulässig ist die Verwendung von önologischen enzymatischen Zubereitungen für die Mazeration, die Klärung, die Stabilisierung, die Filtration und die Feststellung von im Traubenmost und im Wein anwesenden aromatischen Vorgängern der Traube".

Umfassende Untersuchungen über die Strukturen und Wirkungsweise der Behandlungsmittel liegen vor z. B. von Tschiersch et al. (2008). Die Autoren verglichen 17 Schönungsmittel bei 20 verschiedenen Weinen hinsichtlich ihres Einflusses auf Farbe, Brillianz, Gesamtphenole und Tannine. Wichtig war, dass vor der Dosage auf einen einheitlichen Proteinwert umgerechnet wurde. Zugegeben wurde jeweils ein Äquivalent von 25 g/100 l. Gefunden wurde der stärkste Einfluss auf die Messgrößen bei Fischeiweiß, Kasein und Gelatine. Pflanzliche Proteine hatten den geringsten Effekt. Das Fischeiweiß konnte z. B. die Gerbstoffe um 60 % reduzieren, die schlechtesten Schönungsmittel schafften lediglich die Hälfte. Gleiche Unterschiede gab es bei den Gesamtphenolen (von 30 auf 15 %). Da die Haupteinflussgröße auf das Klär- bzw. Stabilisierungsergebnis wiederum der Wein ist, sind Vorversuche unumgänglich.

Braga et al. (2007) beschäftigten sich mit der Molekulargewichtsverteilung und der Ladungsdichte an der Oberfläche von Gelatinen, um die Effekte auf Weininhaltsstoffe und Sensorik besser zu verstehen. Die Autoren fanden u. a., dass Gelatine mit einer breiten Molekulargewichtsverteilung kleiner 43 kDa mehr die polymeren Gerbstoffe band als eine Gelatine über 43 kDa. Die Molekulargewichtsverteilung ist letztlich ein Maß für die Bloomzahl, mit der Handelsgelati-

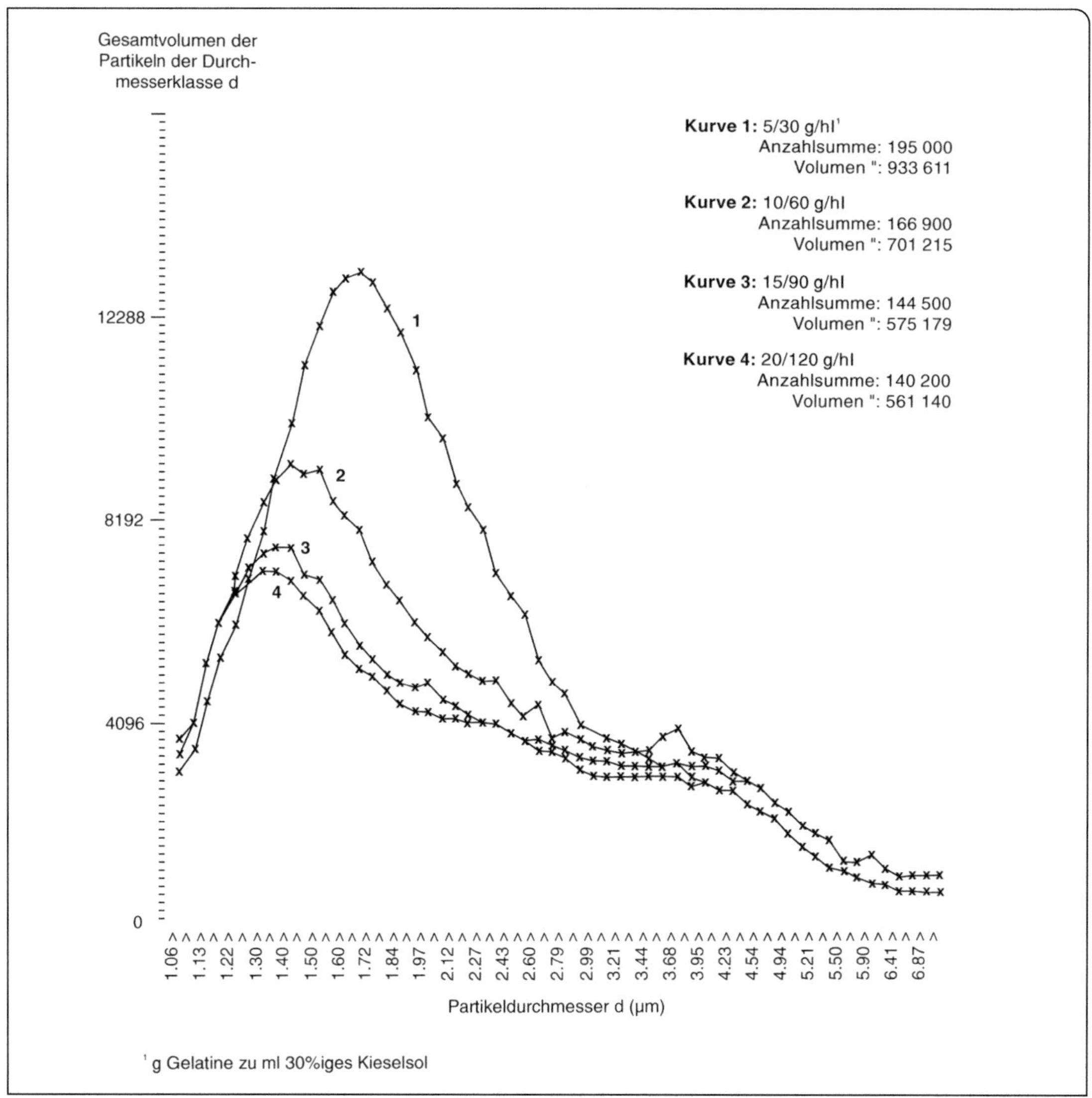

Abb. 202 Volumenverteilung von Partikeln nach einer Gelatine-Kieselsol-Kombinationsschönung (Hamatschek 1982); Erläuterungen siehe Text.

nen charakterisiert werden. Monomere Anthocyane wurden gleichermaßen kaum angegriffen. Kasein mit einem Hauptband bei 30 kDa reagierte mehr mit den monomeren Catechinen und Epicatechinen.

Schönungsreaktionen führen zur Entstabilisierung von Kolloiden und sukzessive zur Vergrößerung der Partikel. Die Flockungsmittelmengen müssen durch Vorversuche ermittelt werden, weil die Reaktionen quasi stöchiometrisch ablaufen. Abb. 202 zeigt die Partikelverteilung eines Schönungsspektrums mit steigenden Flockungsmittelkonzentrationen.

Vier Proben eines kolloidal trüben Rotweines wurden im Labor mit steigenden Mengen Gelatine-Kieselsol im Verhältnis 1:6 versetzt und umgehend 3 Minuten bei 1300 g in einer Laborzentrifuge zentrifugiert (siehe Kap. 5.4). Im Überstand wurden Anzahl und Volumen der verbliebenen Kolloide mittels Partikelmessgerät nach dem Coulterprinzip bestimmt. Die Aufgabe der Klärschönung besteht darin, die Teilchen mit den Größen zu entfernen, die die Filtration behindern und/oder zu Nachtrübungen führen können. Anzahl und Volumensumme nehmen mit steigender Schönungsmittelkonzentration ab, um sich offensichtlich einem Grenzwert zu nähern (Kurven 3 und 4). Eine höhere Schönungsmitteldosierung hätte kaum noch einen Kläreffekt erbracht, sich aber sensorisch ausgewirkt. Die Anzahl der Partikel hat von Kurve 1 zu Kurve 4 lediglich um etwa 25 % abgenommen, die Volumensumme dagegen um 40. Dadurch wird die Verschiebung der Teilchen in den Feinbereich deutlich. Optisch zeigt sich hauptsächlich die Volumensumme als Trübung, weniger die Partikelanzahl.

6.4.4.2 Chitinderivate: Chitosan und Chitin-Glucane

Nach der Zulassung durch die Internationale Weinorganisation (OIV) im Jahr 2009 ist die Verwendung von Chitin-Glucan und Chitosan in der EU VO 53/2011 offiziell genehmigt worden. Die maximale Menge beträgt 0,1 g/l. Beide Substanzen sind Derivate von Chitin. Chitin ist ein Heteropolysaccharid aus N-Acetyl-D-Glucosamin und chemisch der Zellulose ähnlich. Sie kommt z. B. in der Zellwand von Pilzen, aber auch im Panzer von Insekten oder Krustentieren vor. In Wein sind nur die Derivate des Chitins aus Pilzen zulässig. Chitosan wird aus Chitin hergestellt durch Deacetylierung und wie Chitinglucan aus der Zellwand von *Aspergillus niger* gewonnen. Chitinglucan besteht aus Chitin-Polysacchariden und β-1,3-Glucanen im Gewichtsverhältnis 25:75 bis 60:40 (Eder et al. 2011a). Die Glucosamingruppe ist für eine stark positive Ladung im Wein verantwortlich.

Die OIV hat die Chitinderivate als Behandlungsmittel in Most und Wein zur Verbesserung von Klärung, Geschmack und Stabilität zugelassen und führt folgende Eigenschaften auf:

- reduziert werden Schwermetalle, vor allem Eisen, Blei, Cadmium und Kupfer und damit deren Trübungseigenschaft,
- reduziert werden Aflatoxine wie Ochratoxin A,
- Chitosan verhindert das Wachstum unerwünschter Mikroorganismen, vor allem *Dekkera (Brettanomyces) bruxellensis* (Fehltöne nach Pferdeschweiß, Leder oder „nasser Hund" durch flüchtige Phenole wie 4-ethyl-phenol oder 4-ethyl-guaiacol),
- wirkt entstabilisierend für Kolloide, kann zur Flotation eingesetzt werden und zur Reduzierung von Gerbstoffen.

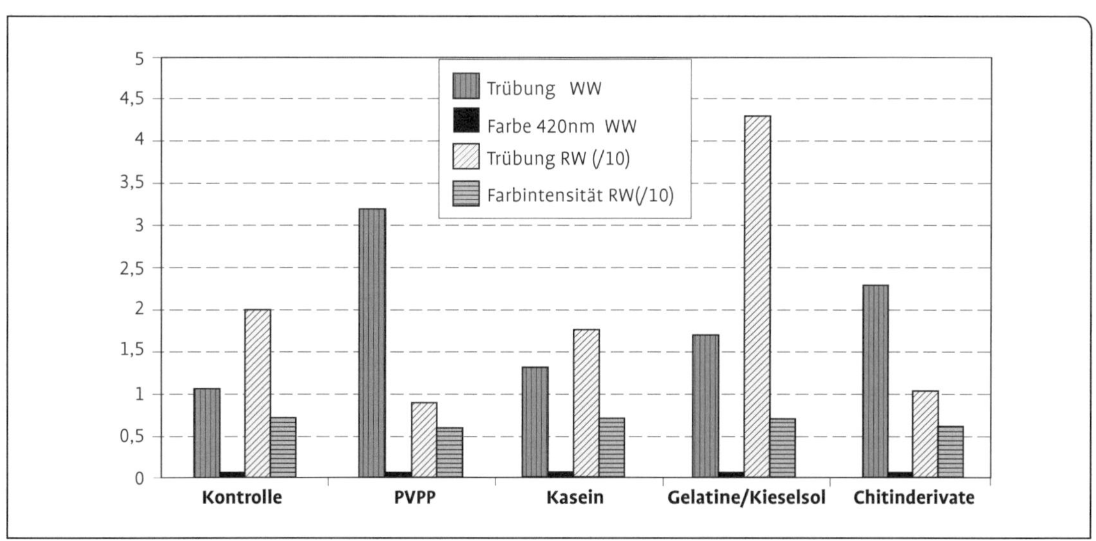

Abb. 203 Farbe und Trübung (NTU-Einheiten) von Weißwein (WW) und Rotwein (RW, Ergebnisse dabei dividiert durch 10) (Eder et al. 2011).

Chitinderivate werden bisher wenig am Markt angeboten. Ein Produkt ist unter dem Namen „No Brett inside" als Mittel gegen das Wachstum von *Dekkera bruxellensis* und zur Verhinderung des „Brett-Tones" als feines, hellbeiges Pulver im Handel. Nach Angabe des Vertreibers werden 5000 Keime innerhalb von 10 Tagen nahezu vollständig abgetötet (Fa. Lallemand; siehe dazu auch Kap. 6.5 Barrique-Lagerung).

Untersuchungen zum Effekt von Chitinderivaten bei der Klärung bzw. der Gerbstoffverringerung wurden von Eder et al. (2011) mit Laborpräparaten durchgeführt. Vergleichende Ergebnisse zur Trübung nach einer Schönung zeigt Abb. 203.

Die Chitinderivate erwiesen sich als geeignet zur Klärung von Rot- und Weißwein und wirkten sich auch nur wenig auf die Farbintensität aus. Die Trübungen zeigten deutliche Unterschiede. Insgesamt konnte das neue Behandlungsmittel die Ansprüche an eine phenolreduzierende, klärfördernde und keimzahlvermindernde Wirkung erfüllen.

6.4.4.3 Mikrobiologische Stabilisierung

Die mikrobiologische Stabilisierung muss spätesten im Vorfeld der Abfüllung erfolgen. Methode der Wahl ist die Filtration in Verbindung mit ausreichender Schwefelgabe, die sich nach der Abfüllung ihrerseits stabil verhält. Weingesetzlich (VO 606/2009) sind zur chemischen Unterdrückung Dimethyldicarbonat (E 242; DMDC) und Sorbinsäure (E 200) zulässig. DMDC ist ein sehr stark wirksames Konservierungsmittel, das in wässrigem Medium in CO_2 und Wasser zerfällt und nach wenigen Stunden nicht mehr nachweisbar ist. Es wird deshalb vielfach in zulässigen Mengen bis 200 mg/l vor der Abfüllung zugegeben und gilt als technischer Hilfsstoff, der nicht deklarationspflichtig ist. DMDC greift die DNA aller Mikroorganismen an, tötet sie rasch und unterbindet dadurch Nachgärungen oder einen bakteriellen Säureabbau (Leitenberger 2012; zu Sorbinsäure siehe Kap. 5).

6.5 Harmonisierung von Weininhaltsstoffen

Die Stabilisierung des Weines vor der Abfüllung ist eine Maßnahme im Rahmen des Qualitätsmanagement. Dabei werden Inhaltsstoffe in Menge und Zusammensetzung zielgerichtet verändert. Die Stabilitätsmaßnahmen beeinflussen dabei teilweise Geruch und Geschmack direkt (Schönungen zur kolloidalen Stabilität), meist aber nur indirekt durch die Strapazen einer Behandlung überhaupt. Stabilität ist die notwendige Voraussetzung für Qualität. Hinreichend ist Qualität gegeben, wenn sich die Inhaltsstoffe in Harmonie befinden. Harmonie ist dabei ein subjektiver Begriff, der vom eigenen Weinverständnis und/oder von den Kundenerwartungen gelenkt wird. Das folgende Kapitel beschäftigt sich mit der Harmonisierung von Inhaltsstoffen. Dazu gehört auch die Beseitigung von zu dem Zeitpunkt erkennbaren Weinfehlern. Harmonisierung kann zahlreiche Maßnahmen beinhalten:

- Beseitigung von kleinen Weinfehlern oder geschmacklichen Unsauberkeiten z. B. durch eine Flugschönung oder eine Kupferbehandlung (ggf. mit anschließender Stabilisierung),
- Alkoholreduzierung,
- Reifung im großen Holzfass und/oder durch Sauerstoffeintrag,
- Veränderung des Weincharakters durch Holzeinfluss (Chips, Staves oder Barrique),
- Verschnitt und Süßung,
- Gasmanagement (Einstellung einer gewünschten Menge CO_2; Entfernung von Sauerstoff).

In den folgenden Kapiteln werden diese Behandlungsschritte erläutert, soweit sie nicht zuvor behandelt wurden.

6.5.1 Korrektur von Weinfehlern oder geschmacklichen Unsauberkeiten

Zur Harmonisierung von Inhaltsstoffen steht eine breite Palette an önologischen Substanzen zur Verfügung. Gerbstoffe lassen sich hauptsächlich durch Kasein, Gelatine, Hausenblase, PVPP oder Chitosan nach entsprechenden Vorversuchen über eine Flugschönung beeinflussen. Diese Mittel helfen meist auch zur Farbaufhellung.

Weinfehler oder geschmackliche Unsauberkeiten entwickeln sich oft erst im Laufe der Lagerung im Tank oder Holzfass. Substanzen, die sich unangenehm geruchlich und geschmacklich auswirken, sind vielfach mikrobiologischen Ursprungs, manche auch rein chemisch bedingt. Flüchtige Säuren, Mäuselton oder flüchtige Phenole („Pferdestall-Geruch") sowie mehrere Arten von Böcksern und übermäßige Oxidationsvorgänge sind die häufigsten Weinfehler, die in dem Stadium zumindest in der Wirkung verringert werden müssen. Chemisch induzierte Weinfehler sind weniger bei Rotweinen als mehr bei Weißweinen zu beobachten. Letztere verfügen über deutlich weniger antioxidativ wirkende Gerbstoffe, die oxidativen Verderb verhindern können (Dietrich 2004).

Tab. 77 Zugeordnete Weinfehler bei der International Wine Challenge in den Jahren 2006-2008 (Rauhut 2009)

	2006	2007	2008
Weinfehler [%]	7.1	n. v.*	5.88
davon Korkton [%]	27.83	29.68	31.11
davon ‚Brett' [%]	10.59	12.82	15.79
davon Oxidation [%]	24.29	22.88	19.11
davon reduktive Noten [%]	29.18	26.53	28.89

* n. v. – nicht verfügbar

6.5.1.1 Weinfehler durch schwefelhaltige Verbindungen und ihre Beseitigung

Schwefelhaltige Verbindungen können im Wein als Böckser oder reduktive Note zu Aromafehlern führen. Als Böckser werden „off-flavour" bezeichnet, die schwefelhaltige Substanzen verursachen. Die Beschreibungen dieses Weinfehlers reichen von „Geruch nach faulen Eiern" (H_2S-Böckser) über „verbrannter Gummi" bis hin zu „gekochter Spargel", „Knoblauch" und „Zwiebel". Diese Art von „off-flavour" maskiert das typische Weinaroma und führt zu einem Aroma-Böckser. Mitunter wird von einem ziegenbockähnlichen Geruch gesprochen, weshalb auch der Name Böckser von „Bock" abgeleitet ist.

Flak und Krizan (2004) fanden bei österreichischen Weißweinen Böckser als Hauptablehnungsgrund in der Qualitätsweinprüfung. Bei Rotweinen standen sie neben Oxidationsfehlern oder Kork/Schimmeltönen ebenfalls ganz vorne.

Tab. 77 zählt den prozentualen Anteil bestimmter Fehler auf, die bei der International Wine Challenge, einer jährlichen Verkostung von über 10 000 Weinen aufgefallen sind (Rauhut 2009). D. h., dass 600 bis 700 Weine (7,1 bzw. 5,88 %) als fehlerhaft aussortiert wurden. Der Fehler „reduktiven Noten" wird von schwefelhaltigen Verbindungen verursacht und beinhaltet u. a. den untypischen Alterungston (UTA).

Schwefelhaltige Verbindungen besitzen positive und negative Eigenschaften. Sie sind Teil des Sortenaromas, aber auch oberhalb des Geschmackschwellenwertes Grund für Fehlaromen wie die reduktiv Noten oder Böckser. Tab. 78 stellt die Eigenschaften der wichtigsten schwefelhaltigen Verbindungen zusammen, die für die Bildung von Böcksern verantwortlich sind (Weik 2012).

Böckser werden von Schneider (2002 und 2008) vor allem als die Antwort der Hefe auf ein defizitäres Nährstoffangebot bei der Gärung gesehen. Sie reagiert darauf u. a. mit der erhöhten Bildung von Schwefelwasserstoff (H_2S), dessen Anreicherung die Ursache für den Primärböckser ist. Mit Alkoholen verbindet sich H_2S zu komplexeren flüchtigen Schwefel-Verbindungen mit unterschiedlichen Aromanuancen, die immer schwieriger und schließlich gar nicht mehr entfernt werden können. Lässt sich der Primärböckser noch durch Lüften beseitigen, erfordern Mercaptane die Zugabe von Kupfersalzen. Andere lassen sich auch mit den zulässigen Methoden nicht mehr beseitigen. Weitere Quellen und Gründe für die Entstehung von H_2S können Rückstände von Pflanzenbehandlungsmitteln sein, ein intensiv H_2S-bildender Hefestamm, unzureichende Mostklärung, die Schwefelung von Maische und/oder Most sowie ein zu langes Weinlager auf der gesamten Hefe (Gössinger 1998 und 1999; Schneider 2008; Werner und Rauhut 2013). Die Vermeidungsstrategie für Böckser ergibt sich direkt aus diesen Ursachen: Kupferabschlussspritzung, keine Schwefelung vor der Gärung, ausreichende Nährstoffversor-

Tab. 78 Eigenschaften der für Böckser verantwortlichen schwefelhaltigen Verbindungen (Weik 2012)

S-Substanz	chemische Formel	Geruchs-schwellen-wert (µg/l)	Konzen-tration im Wein (µg/l)	Geruchsein-druck	Entfernung mit Kupfer
Schwefelwasserstoff	H_2S	10–80	1,5	faule Eier	sehr gut
Methanthiol Methylmercaptan	CH_3SH	2–10	20–30	faule Eier gekochter Kohl	gut
Ethanthiol Ethylmercaptan	CH_3CH_2SH	1,1	0–8	Gummi Zwiebeln	gut
Dimethylsulfid	$CH_3\text{-}S\text{-}CH_3$	25–60	0–30	grüner Spargel gek. Mais, Melasse	nicht möglich
Diethylsulfid	$CH_3\text{-}CH_2\text{-}S\text{-}CH_2\text{-}CH_3$	0,9	–	–	nicht möglich
Dimethyldisulfid	$CH_3\text{-}S\text{-}S\text{-}CH_3$	29	–	gekochter Kohl Zwiebeln	nicht möglich
Diethyldisulfid	$CH_3\text{-}CH_2\text{-}S\text{-}S\text{-}CH_2\text{-}CH_3$	4,3	–	verbrannter Gummi Knoblauch	nicht möglich
Thioessigsäure-S-Methylester	$CH_3\text{-}C(=O)\text{-}S\text{-}CH_3$	10–40	2–16	käseartig	
Thioessigsäure-S-Ethylester	$CH_3\text{-}C(=O)\text{-}S\text{-}CH_2CH_3$	10–30	0–4	schwefelartig verbrannt	
3-(Methylthiol)-1-propanol	$CH_3\text{-}S$ / $CH_3\text{-}C\text{-}CH_2\text{-}CH_2\text{-}OH$	2000 (Bier)	500–6300	gekochte Kartoffeln	

gung des Reinzuchthefestammes, der keine Tendenz zur H_2S-Bildung besitzen darf, gute Mostklärung und frühzeitiger erster Abstich.

Ist die Vermeidungsstrategie gescheitert, müssen Böckser möglichst frühzeitig beseitigt werden. Weinrechtlich zulässig ist die Zugabe von Kupfersulfat und Kupfercitrat mit 255 bzw. 350 mg Kupferanteil/g Salz. Die OIV befürwortet zudem den Einsatz von Silberchlorid (OIV 2013). Zugegeben werden dürfen max. 10 mg Kupfer/l Wein (VO 606/2009, Pos. 31), nach der Behandlung höchstens 1 mg/l im Wein verbleiben. Der Rest muss ausgeschönt werden. Das Kupferion reagiert mit bestimmten schwefelhaltigen Verbindungen unter Bildung von unlöslichen Aggregaten, die abfiltriert werden können. Nicht zu vermeiden ist dabei aber gleichzeitig zumindest die teilweise Entfernung von erwünschten Sortenaromen. Zu den chemischen Details siehe Dittrich und Großmann (2010), Würdig und Woller (1989), Rauhut (2009).

Kupfercitrat ist in der EU zugelassen seit August 2009. Es zeigt eine vergleichbare Wirkung zu Silberchlorid-Präparaten und wirkt besser als Kupfersulfat. Aufgebracht z. B. auf Bentonit und granuliert führt es zu geringeren Restkupfergehalten als Kupfersulfat. Eine Blauschönung ist nur in Ausnahmefällen erforderlich. Zu beachten ist der maximal zulässige Gehalt an Zitronensäure von 1 g/l.

Abb. 204 vergleicht Restkupfergehalte beim Einsatz gegen Böckser in unterschiedlich hohen Mengen. Oberhalb 0,5 mg/l ist eine Blauschönung notwendig, bei mehr als 1 mg/l beginnt sich ein metallisch-bitterer Geschmack durchzusetzen. Nikfardjam (2010) fand auch in Württemberger Weinen die in Europa durchschnittlich vorkommenden Kupferwerte von 0,5 mg/l.

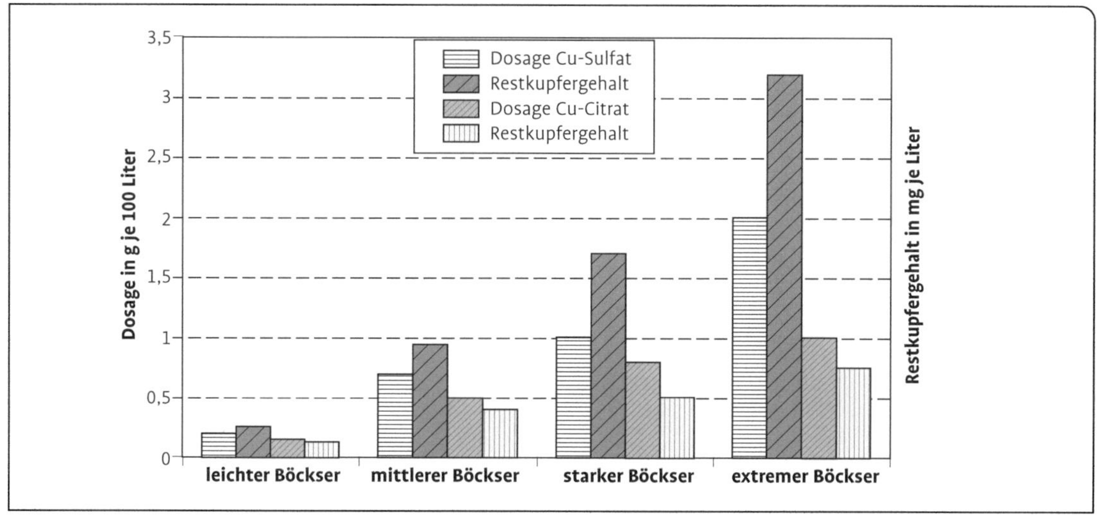

Abb. 204 Vergleich von Kupfersulfat und Kupfercitrat auf Bentonit aufgetragen und granuliert (Görtges 2009).

Diese Werte liegen unterhalb des Trübungsrisikos oder geschmacklicher Wahrnehmung, aber oberhalb des für einen optimalen Oxidationsschutz angenommenen Richtwertes von 0,05 mg/l. Ab dieser Menge kann Kupfer die oxidative Alterung eines Weines beschleunigen. Die restlichen Mengen Kupfer, aber auch Eisen und andere Schwermetalle, spielen bei Diskussion um oxidativen oder reduktiven Ausbau eine manches Mal nicht unwesentliche Rolle.

Silberchlorid darf zur Reduzierung von Geruchsfehlern durch Schwefelsulfid oder Mercaptane in Mengen von 10 mg/l Wein eingesetzt werden (OIV-Oeno 2009-145). Voraussetzung ist die Immobilisierung an Kaolinerde oder Kieselgur und die Abtrennung mit physikalischen Methoden. Restmengen an Silber müssen unter 0,1 mg/l Wein liegen. Der Trub ist entsprechend zu entsorgen.

6.5.2 Alkoholmanagement/Alkoholreduzierung

Alkohol in Wein ist ein wichtiger Qualitätsträger, der mit dem Extrakt, der Säure, dem Restzucker oder der Phenolmenge in einer Balance stehen muss. Seine Menge ist eine Funktion der Rebsorte und ihrer Reife sowie in geringerem Umfang der Ausbeute bei der alkoholischen Gärung. Die Entwicklung des Aromapotenzials einer Traube ist an das Erreichen der physiologischen Reife gebunden. In wärmeren Klimazonen wird ein höherer Zuckergehalt für die Bildung des optimalen Aromapotenzials benötigt als in kühleren. Eine frühere Ernte zur Produktion von alkoholärmeren Weinen ist aufgrund des nicht völlig ausgebildeten Aromapotenzials ungünstig. Richtig ausgereift, wird das Aroma dann jedoch von zu viel Alkohol überlagert, die Weine erscheinen oft brandig. Alle Verbindungen, die geruchlich wahrgenommen werden, sind flüchtig. Die Flüchtigkeit von aromatischen Esterverbindungen wird mit steigendem Alkoholgehalt geringer. Eine Alkoholreduzierung kann demnach die sensorisch wahrnehmbare Frucht steigern. Die sensorische Wahrnehmung in Abhängigkeit des Alkoholgehalts wird „Sweet spots-Theorie" bezeichnet. Ob diese Theorie aufgrund neuerer Erkenntnisse aufrecht gehalten werden kann, müssen weitere Untersuchungen zeigen (Otteneder 2013).

Um im Sinne eines professionellen Alkoholmanagement auf die dem Wein angemessene und vom Kunden gewünschte Konzentration zu kommen, sind dem Önologen mehrere Methoden erlaubt. In schwächeren Jahrgängen steht ihm die Anreicherung zur Verfügung (Kap. 5), in alkoholreicheren Jahrgängen oder Weinen die

Alkoholverringerung. Dies kann im Most geschehen durch einen gekoppelten Membranprozess (Kap. 5) oder im Wein.

Eine weitere Methode zur Alkoholverringerung ist die Wasserzugabe. Sie ist aber in der EU verboten, dagegen in den USA erlaubt. Weine mit hohen Alkoholgehalten können dadurch quasi auf Trinkstärke verdünnt werden (Harbertson et al. 2009). Beim Wasserzusatz zum Most werden Inhaltsstoffe im gleichen Maß verdünnt. Der alternative Wasserzusatz zur Maische löst dagegen aus den festen Bestandteilen der Traube zusätzlich Inhaltsstoffe. Ein vorheriger Saftabzug (Saignée) ergibt zwei Fraktionen: den abgezogenen Saft und die volumenreduzierte Maische, die danach mit Wasser versetzt wird. Der abgezogene Saignée-Saft enthält vor allem viel Zucker und relativ wenige Bestandteile aus der Beerenhaut, die Maischefraktion kann über eine entsprechende Standzeit oder durch die Maischegärung vergleichsweise viel Beereninhaltsstoffe extrahieren.

Die Herstellung von alkoholfreien Weinen ist seit vielen Jahren zulässig, die teilweise Alkoholentfernung erst seit 2009. Gesetzliche Grundlagen für entalkoholisierte Weine sind neben dem Weingesetz auch mehrere Lebensmittelgesetze. Alkoholfreier Wein und schäumendes Getränk aus alkoholfreiem Wein dürfen weniger als 0,5 %vol. (4 g/l) vorhandenen Alkohol besitzen, alkoholreduzierter Wein und schäumendes Getränk aus alkoholreduziertem Wein mehr als 0,5 %vol. (4 g/l) und weniger als 4,0 %vol. (32 g/l). Die Produkte dürfen als alkoholfreier Wein, alkoholreduzierter Wein, schäumendes Getränk aus alkoholfreiem Wein oder schäumendes Getränk aus alkoholreduziertem Wein bezeichnet werden. Die Bezeichnungen entalkoholisierter Wein und alkoholfreier Sekt sind unzulässig. Auch alkoholreduzierter Wein muss mindestens 8,5 %vol. Ethanol aufweisen.

Verschiedene Forschungsprojekte sind aufgelegt worden, um die Auswirkung der unterschiedlichen Verfahren der Alkoholreduzierung auf die Beschaffenheit von Wein zu untersuchen. Blank und Sigler (2012) berichten über erste Ergebnisse aus Baden. Demnach reduzieren alle Verfahren auch Aromastoffe, ohne dass sich dies aber sensorisch bemerkbar macht. Sogar die Verringerung von Alkohol um die zulässigen 2 %vol. scheint nur schwer schmeckbar, erst die nicht zulässige 3 %vol.-Reduzierung erkannte das Prüfpanel zuverlässig. Allerdings wurde ein Einfluss des Alkoholgehalts auf den Weinstil sichtbar. Je höher die Alkoholkonzentration eingestellt wird, desto ausgeprägter ist die geschmackliche Fülle, aber auch die alkoholisch-brandige Note.

Landesspezifisch müssen zollrechtliche Belange berücksichtigt werden. In Deutschland ist der gewonnene Alkohol bei den Behörden anzumelden und zu verzollen. Entalkoholisierungsanlagen sind steuerrechtlich als Brenngeräte anzusehen und demnach als Verschlussbrennerei auszustatten. Erleichterungen können gewährt werden, wenn Alkohol nur sehr niedergrädig anfällt oder anschließend vernichtet wird (Sigler 2011).

Zugelassen zur Verringerung von Alkohol im Wein sind zurzeit alle physikalischen Verfahren, die sich in der Praxis auf folgende Trenntechniken oder Kombinationen dieser Methoden reduzieren:

1. Thermische Verfahren:
   - Destillation (unter Vakuum bzw. bei Normaldruck)
   - Rektifikation (unter Vakuum oder Normaldruck)
2. Membranverfahren:
   - Umkehrosmose
   - Verwendung von hydrophoben Membranen
   - Pervaporation
   - Dialyse

Die Alkoholmenge darf max. um 20 % verringert werden, wenn im Most keine alkoholbeeinflussende Maßnahme durchgeführt wurde. In der Praxis werden die Membranverfahren überwiegend zur Herstellung teilweise entalkoholisierter Weine verwendet. Zur Herstellung alkoholfreier Weine hat sich die Vakuumdestillation als bestes Verfahren durchgesetzt. Fünf der weltweit neun Produzenten nutzen diese Technik (Jung 2012).

6.5.2.1 Destillation

Destillieren ist das Abtrennen eines Bestandteiles bzw. mehrerer Bestandteile aus einem flüssigen Gemisch durch Verdampfung der leichter siedenden Bestandteile mit anschließender Kondensation. Beim Rektifizieren (Gegenstromdestillation) wird der bei der Destillation entstehende Gemischdampf in einer Trennsäule im Gegenstrom zum Kondensat dieses Dampfes geleitet, sodass sich flüssige und dampfförmige Phase innig berühren. Aufgrund des sich dabei abspielenden Stoffaustausches erfolgt die Zerlegung des Gemisches.

Im Lebensmittelbereich findet die Destillation meist bei verringertem Atmosphärendruck, d.h. unter Vakuum statt. Die Vakuumdestillation läuft bei 0,03–0,1 bar und Temperaturen von 30–60 °C (bei Wein etwa 20 °C) ab. Die niedrige Temperatur verhindert das Zersetzen von Aromastoffen und die hitzebedingte Bildung unerwünschter Artefakte. Indikatorsubstanz ist Hydroxymethylfurfural (HMF), das entsprechend der Hitzebelastung aus Zucker und Aminosäuren gebildet wird. In Traubensäften findet man Gehalte von 5–20 mg/l HMF, bei der Entschwefelung von Süßreserve rund 5 mg/l, die nach einem Verschnitt mit Wein zu vernachlässigen sind. Gehalte bis 15 mg/l sind sensorisch akzeptabel.

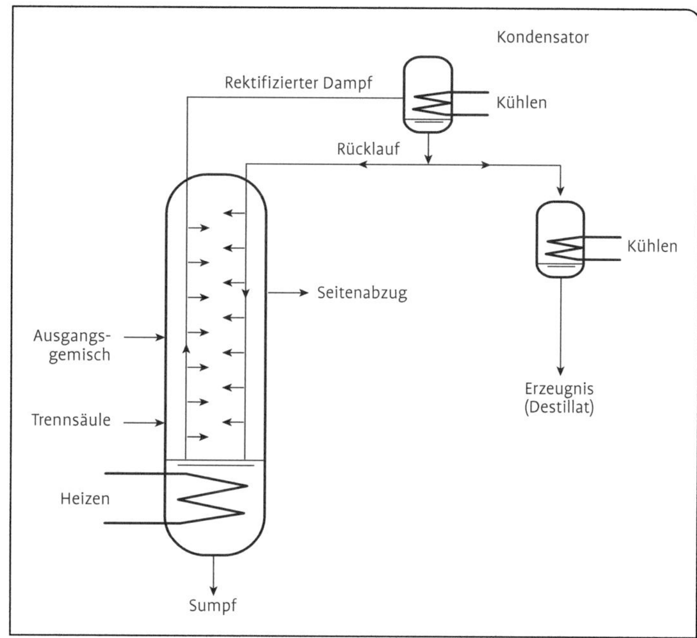

Abb. 205 Rektifizierkolonne mit Destillationsblase, Trennsäule und Kondensator (Christmann 2013).

Abb. 205 zeigt das Funktionsschema einer Rektifizierkolonne. Der Wein wird in der Destillationsblase erhitzt, die flüchtigen Stoffe wandern in der Destillationskolonne nach oben. Der rektifizierte Dampf wird im Kondensor wieder verflüssigt und im Gegenstrom zur Dampfphase geleitet. Durch die Vermischung kommt es zu permanenten Phasenumwandlungen und einem intensivem Stoffaustausch. Die Gasphase wird immer konzentrierter. Ab einem bestimmten Punkt kann das wieder kondensierte Endprodukt als Destillat abgeleitet werden. Je nach Einstellung der Anlage liegt der Alkoholgehalt im Destillat bei über 95 %.

Destilliert wird lediglich eine Teilmenge des Weines. Der entgeistete Wein wird mit dem nicht behandelten Rest rückverschnitten.

Eine Sonderform der Rektifikation unter Vakuum ist die Schleuderkegelkolonne (spinning cone column, SCC). Das Gerät wurde in Australien für die Lebensmittelindustrie allgemein entwickelt und wird inzwischen für eine Vielzahl von Trennprozessen eingesetzt. Beispiele sind die Aromagewinnung während der Herstellung von Frucht- und Gemüsekonzentraten oder die Essenzölabtrennung von Gemüsen, Kräutern und Früchten. In der Kellerwirtschaft kommt die SCC seit etwa 10 Jahren zum Einsatz, begleitet in Deutschland von intensiven Diskussionen (z.B. Scholten 2004). Inzwischen wurden für diese Technik zahlreiche mögliche Anwendungsgebiete in der Kellerwirtschaft gefunden (nach Christmann 2011):

- Reduzierung des Alkoholgehaltes von Weinen über 15 % vol. auf 13 bis 14 % vol.
- Alkoholeinstellung zur Gewinnung von Leichtweinen bis zu alkoholfreien Weinen (10 bis nahezu 0 % vol.),
- Aromamanagement bei aromaintensiven Traubensäften (z.B. Muskat; Entfernen des flüchtigen Aromas vor der Konzentratherstellung und nachfolgendes Zurückführen),

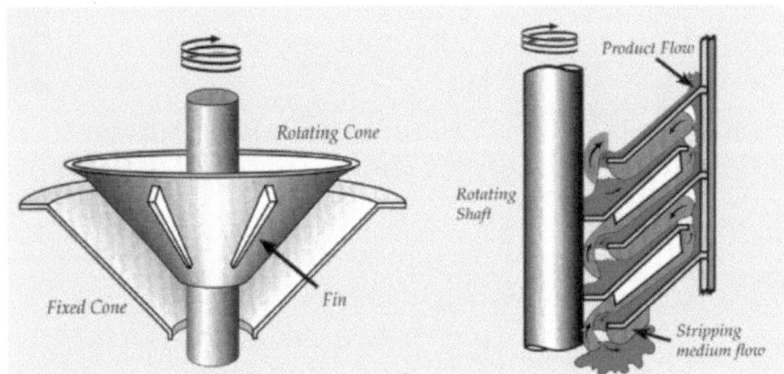

Abb. 206 SCC-Welle mit rotierenden Trichtern zwischen feststehenden Elementen (Christmann 2013) Fin = Mitnahmerippe.

- Aromarückgewinnung bei Konzentrierung des Mostes,
- Entschwefeln von stumm geschwefeltem Traubenmost (siehe Kap. 5),
- Gewinnung von Alkohol bzw. Aromen aus den Abfallstoffen der Weinbereitung (von verschiedenen Trubstoffen, Trestern, Gärgasen),
- Entfernen von negativen Aromakomponenten.

Das Herzstück der SCC ist ein runder Edelstahlbehälter mit einer rotierenden Welle, an der ähnlich einer Zentrifuge, nur um 180° verdreht, trichterförmige Einsätze angebracht sind. Zwischen diesen rotierenden Einsätzen befinden sich an der Wand befestigte stationäre Elemente (siehe dazu Abb. 206).

Der zu behandelnde Wein fließt von oben nach unten alternierend über zahlreiche Paare aus einen fest stehenden und einen rotierenden Einsatz (ca. 300 U/min). Mitnehmerrippen an den rotierenden Trichterelementen sorgen für eine gleichmäßige Verteilung auf der gesamten Fläche in sehr dünne Schichten, hohe Turbulenz und optimale Vermischung. Die leicht flüchtigen Stoffe gehen aufgrund der hohen Temperatur aus der Gas- in die flüssige Phase über, strömen im System nach oben und werden am Kopf der Kolonne ausgeschleust. Außerhalb erfolgt die Kondensation. Der Prozess kann unterstützt werden durch ein von unten nach oben strömendes Trägergas, z. B. zuvor abgetrennte noch nicht kondensierte Weininhaltsstoffe. Jedes der Kegelpaare wirkt wie der Trennboden bei einer Rektifizierkolonne, bei denen der Stofftransport zusätzlich mechanisch unterstützt wird. Die Schleuderkegelkolonne ermöglicht so einen sehr effizienten Stoffaustausch zwischen der Flüssigkeit und der Gasphase in dünner Schicht. Dadurch werden kurze Durchströmungszeiten (< 20 s) und eine geringe thermische Belastung ermöglicht. Wird im Vakuum gearbeitet, kann die Temperatur auf 30 °C reduziert werden.

Abb. 207 zeigt mit beispielhaft gewählten Zahlen eine zweistufige Alkoholreduzierung (Schmidt 2013). Um einen Wein um 2 %vol. Alkohol zu reduzieren, soll ¼ der Menge um 8 %vol. verringert werden. ¾ werden dadurch in keiner Weise thermisch beeinträchtigt. Im ersten Schritt erfolgt die Abtrennung der Aromafraktion in alkoholischer Lösung. Der Wein selber wird nur geringfügig an Alkohol abgereichert. Der zweite Durchgang mit anderen Anlagenparametern sorgt für die weitere Alkoholreduzierung. Aromafraktion, alkoholreduzierte Teilmenge und der Ausgangswein werden rückverschnitten. Der neue Wein besitzt 2 %vol. Alkohol weniger.

Der Einsatz der SCC wird nach wie vor kontrovers diskutiert. Die Fraktionierung von Wein und anschließende Zusammenführung bestimmter Fraktionen wird vielfach kritisch gesehen. Die SCC ist Symbol einer neuen Denkweise geworden, die sich in der Akzeptanz von immer mehr Verfahren durch OIV und Gesetzgeber niedergeschlagen hat.

6.5.2.2 Membranverfahren zur Alkoholreduzierung

Membranverfahren und ihre verschiedenen Einsatzmöglichkeiten wurden in Kap. 6.3 beschrieben. Zur Alkoholreduzierung wird hauptsächlich die Umkehrosmose allein oder in Kombination mit anderen Techniken eingesetzt. Gleichfalls zum Einsatz kommt die Dialyse. Daneben werden seit kurzem hydrophobe Membranen verwendet sowie das ebenfalls noch junge Verfahren der Pervaporation. Für die Alkoholreduzierung wird vergleichbar der Destillation auch nur eine Teilmenge weitgehend oder vollständig entalkoholisiert und hinterher zurückverschnitten.

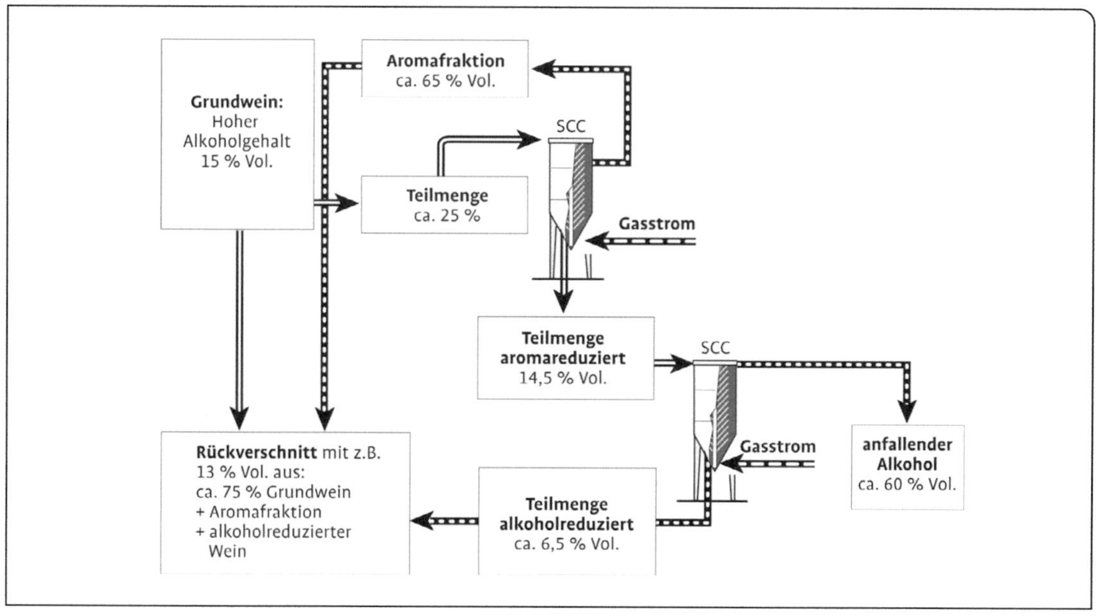

Abb. 207 Fließschema einer zweistufigen Alkoholreduzierung mit Schleuderkegelkolonnen (Schmidt 2013).

Umkehrosmose-Verfahren zur Alkoholreduzierung

Die Umkehrosmose fraktioniert Wein in ein alkohol- und wasserhaltiges Permeat sowie ein Konzentrat, in dem sich alle Moleküle größer als 100 Da befinden (siehe Kap. 6.3). Der Alkoholgehalt im Permeat liegt etwa 20 % unter dem des Retentats, beider Konzentration ist abhängig vom Grad der Alkoholabtrennung. Bei diesem Prozess treten Verluste an nicht flüchtigen Inhaltsstoffen von max. 2 % auf (Clos 2003). Das anfallende Weinkonzentrat (Retentat) wird mit aufbereitetem Wasser rückverdünnt. Dadurch sinkt die Alkoholmenge verglichen mit dem Ausgangswein. Der Alkohol kann durch eine Destillation des Permeats oder eine Behandlung mit Membranen aus hydrolysiertem Polyvinylacetat (hydrophobe Membran) abgetrennt werden. Der Membranprozess ist demnach eine Kombination aus Umkehrosmose mit Destillation oder mit einem anderen Membranverfahren.

Osmotische Destillation allein und in Kombination mit der Umkehrosmose

Die osmotische Destillation mittels Membrankontaktor ist ein neueres Verfahren zur Alkoholreduzierung von Wein (Schmitt und Christmann 2012). Der Membrankontaktor besteht aus vielen porösen Membranhohlfasern. Die Membran trennt aus dem Wein (das Retentat) Alkohol ab und leitet ihn in eine Wasserphase (Stripwasser bzw. Permeat). Die für die Alkoholabtrennung eingesetzten Membranen sind hydrophob und halten Wasser mitsamt den gelösten Stoffen weitgehend zurück. Der Wein wird entlang der Membran im Gegenstrom gefahren zu entgastem Wasser (Stripwasser) auf der anderen Membranseite. Gasförmige Stoffe mit höherem Dampfdruck permeieren durch die Membran und kondensieren auf der Permeatseite in diesem Wasser. Dank seines relativ hohen Dampfdrucks wandert Ethanol stärker als die meisten Aromen. Aufgrund der spezifischen Permeation durch die Membrane sinkt der Alkoholgehalt im Wein und steigt im Wasser bis zum Konzentrationsausgleich an. Allerdings gelangen Stoffe mit ähnlichen physiko-chemischen Eigenschaften wie Ethanol ebenfalls ins Wasser. Abb. 208 zeigt das Prinzip dieser osmotischen Destillation über eine hydrophobe Membran.

Derartige Membrankontaktoren werden in der Kellerwirtschaft auch für das Gasmana-

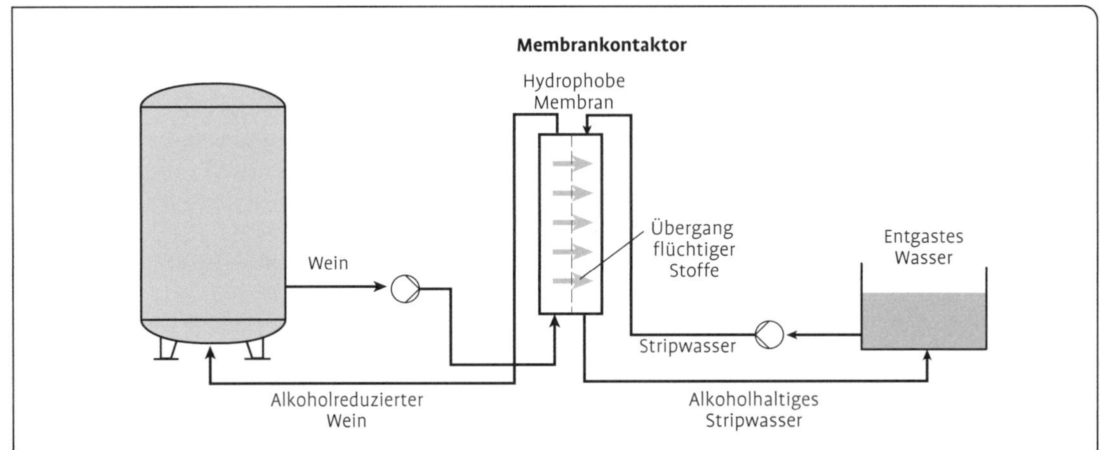

Abb. 208 Osmotische Destillation mittels Membrankontaktor (Schmitt und Christmann 2012).

gement eingesetzt. Mikro-poröse, hydrophobe Membranen fungieren als Gasbarriere zwischen Retentat- und Permeatseite. Auf diese Weise lassen sich Gase im Wein an- und abreichern, je nach Konzentration des Gases im Gegenstromwasser (siehe Abb. 217).

Eine Erweiterung der osmotischen Destillation ist ihre Verknüpfung mit einer Umkehrosmose. Die Umkehrosmose kann in der Kellerwirtschaft bereits zur Mostkonzentrierung oder in Verbindung mit einem Ionenaustauscher zur Verringerung von flüchtigen Säuren und Ethylacetat eingesetzt werden. Bei diesem zweistufigen Prozess trennt die UO den Wein in ein Konzentrat und ein Permeat aus Alkohol und Wasser. Nur diese kleinen Moleküle können die Membran durchdringen. Das Alkohol-Wasser-Gemisch seinerseits wird im Membrankontaktor in eine Alkohol- und eine Wasserphase getrennt. Die Wasserphase wird in den Ausgangswein zurückgeführt. Abb. 209 zeigt den Ablauf schematisch. Eine Alternative zur osmotischen Destilla-

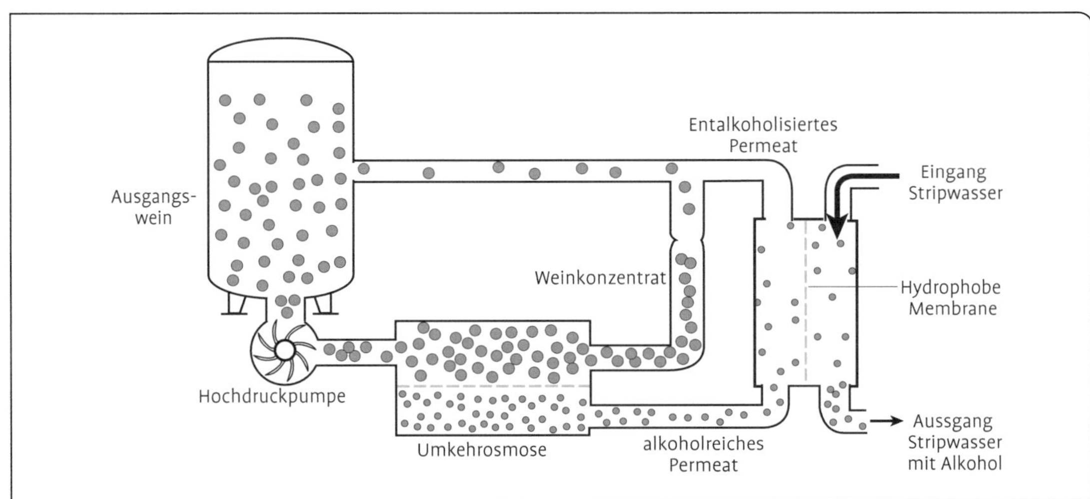

Abb. 209 Umkehrosmose (unten liegend) kombiniert mit einem Membrankontaktor (rechts, stehend) (Quelle: Fa. Memtech; aus Sigler 2011).

tion ist die thermische Trennung. Das Stripwasser erreicht Alkoholgehalte bis 8 %vol. (Schmitt und Christmann 2012). Die bisher beschriebenen Membranverfahren sind nicht zur Herstellung von alkoholfreien Weinen < 0,5 %vol. geeignet. Die Weine müssen sehr gut geklärt sein, um die Membranen nicht zu rasch zu belegen. Trotzdem ist auch ihre wirtschaftliche Arbeitsweise eine Funktion der Reinigungseffizienz.

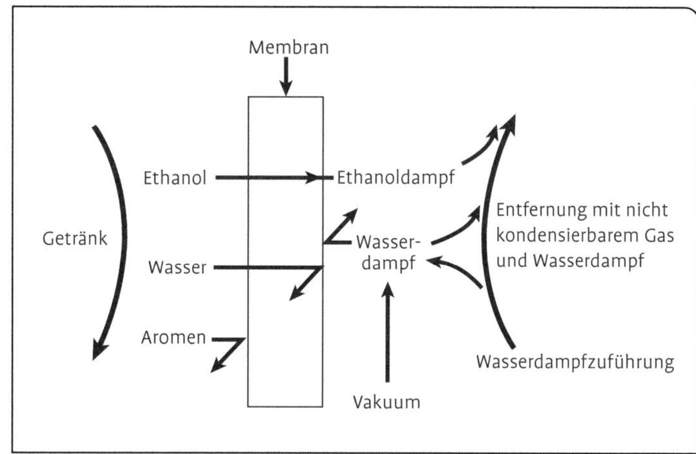

Abb. 210 Prinzip der Pervaporation (Christmann 2011).

Alkoholreduzierung mittels Pervaporation

Die Pervaporation ist ein weiteres Membranverfahren zur Reinigung von Flüssigkeitsgemischen. Für jede Anwendung ist eine geeignete, sehr dichte Membran auszuwählen, durch die die abzutrennende Substanz viel besser hindurch diffundieren kann als das Lösungsmittel. In Wein ist Wasser das Lösungsmittel, Ethanol die abzuscheidende Substanz, die durch die Membran diffundieren muss und nach der Durchdringung der Membran auf deren Rückseite verdampft. Der Alkoholdampf wird danach als Permeat abgezogen und extern kondensiert. Auf der Innenseite der Membran bleibt das Retentat zurück. Um die dabei automatisch auftretende Konzentrierung des Weines aufgrund des Wasserverlustes zu verhindern, wird dem nicht kondensierbaren Schleppgas (z. B. Stickstoff) eine bestimmte Menge an Wasserdampf zugeführt, der die Wasserkonzentration auf beiden Seiten der Membran konstant hält und die Wasserdiffusion aus dem Wein minimiert.

Die im Membranmaterial ablaufenden physikalischen Vorgänge können mit dem Lösungs-Diffusions-Modell beschrieben werden. Danach dringt eine Komponente des zu trennenden Gemischs bevorzugt in die Membran ein und wird an deren innerer Oberfläche adsorbiert bzw. im gesamten Membranmaterial gelöst. Zur Außenseite der Membran hin wird die Konzentration der gut löslichen Komponente geringer, da sie an der Membranoberfläche verdampft und somit kontinuierlich abgezogen wird. Über dem Membranquerschnitt stellt sich ein Konzentrationsgefälle ein, das als treibende Kraft für die Diffusion des Permeats durch die Membran gilt. Im Gegensatz zu den druckgetriebenen Membrantrennverfahren ist der Druckunterschied zwischen den beiden Seiten der Membran bei der Pervaporation niedrig. Er liegt meist im Bereich von 1 bar, wobei auf der Seite des Retentats nahezu atmosphärischer Druck ansteht und der Raum des Permeats bei Unterdruck oder Vakuum betrieben wird. Durch den Unterdruck wird der Partialdruck des Permeats auf der Gasseite abgesenkt und die Rückdiffusion in die Membran minimiert. Abb. 210 stellt das Prinzip der Pervaporation schematisch dar (Christmann 2011).

Die durch die Verdampfung hervorgerufene Abkühlung (Verdunstungskälte) muss durch Zufuhr von Wärme ausgeglichen werden. Dies geschieht entweder durch Vorwärmung des Zulaufs oder Beheizung zwischen einzelnen Membranmodulen. Bei Einsatz eines Spülgases kann auch dieses zur Beheizung genutzt werden. Da die Trennleistung mit sinkender Temperatur stark abnimmt, ist für technische Pervaporationsanlagen eine Reihenschaltung von Membranmodulen und Wärmeaustauschern charakteristisch. Der technische Einsatz dieses Verfahrens verläuft im Batch-System. Das wirtschaftliche Potenzial liegt vor allem in der Kombination mit anderen Prozessschritten, bei denen sich z. B. in einem ersten Schritt ein Alkohol-Wassergemisch ergeben hat. Die Pervaporation ist z. B. gut geeignet, azeotrope Gemische aufzutrennen und reinen Alkohol zu erzeugen.

6.5.2.3 Membranverfahren zur Abtrennung von flüchtigen Säuren

Flüchtige Säuren sind ein Produkt von Mikroorganismen bereits auf der Traube oder in Most und Wein und letztlich ein Ergebnis mangelnder Hygiene oder unsauberen Arbeitens. Ihr Gehalt liegt im Wein normalerweise zwischen 0,1 und 0,4 g/l. Bei dieser Konzentration ist kein Fehlton wahrnehmbar. Die gesetzlichen Grenzwerte liegen zwischen 1,1 (Weißwein) und 2,1 g/l (Trockenbeerenauslese). Neben der Essigsäure bilden, in geringeren Anteilen, Ameisen-, Propion- und Capronsäure sowie deren Derivate das Spektrum der flüchtigen Säuren. Eine Entfernung über die chemische Entsäuerung ist nicht möglich, ebenso wenig die Abtrennung der Essigsäure über Destillation, da deren Siedepunkt bei 116 °C liegt.

Eine Reduzierung ist inzwischen in besonderen Jahrgängen und auf Antrag weinrechtlich zulässig durch die Kombination Umkehrosmose mit Ionenaustauscher. Die Umkehrosmose in der ersten Stufe trennt den Wein in zwei Fraktionen. Das Retentat enthält alle von der Membran zurückgehaltenen höher molekularen Inhaltsstoffe, im Permeat finden sich die membrangängigen Stoffe Wasser, Ethanol, Essigsäure und andere flüchtige Säuren sowie sonstige niedermolekulare Verbindungen. Die Permeat-Fraktion mit einem Verhältnis Essigsäure zu Ethylacetat von etwa 60/40 wird anschließend über einen schwach basischen Anionen-Austauscher geschickt. Dieser bindet die negativ geladene Acetat-Ionen (Anionen). Das von der flüchtigen Säure befreite Permeat wird dem Ursprungswein wieder zugesetzt, der Gehalt an flüchtiger Säure ist damit reduziert (Wiederkehr 1998 und 1999).

Die Kombination Umkehrosmose und Ionenaustausch ist auch geeignet, flüchtige, d. h. niedermolekulare Phenole aus Wein zu entfernen. Diese werden meist bei unsachgemäßer Holzfasslagerung durch *Dekkera bruxellensis* gebildet und erzeugen den „Pferdeschweißton“. Bei entsprechender Membranauswahl reichern sie sich im Permeat an und lassen sich im Ionenaustauscher adsorptiv entfernen, u. U. reicht bereits ein Aktivkohlefilter (Schmidt 2013). Grundsätzlich können alle leicht flüchtigen Verbindungen nach diesem verfahrenstechnischem Prinzip abgereichert werden. Zu klären ist jeweils die weinrechtliche Frage (siehe auch Tab. 79).

Die Membrantechnik entwickelt sich ständig weiter, sowohl verfahrens- als auch bezüglich der Membraneigenschaften. Es ist davon auszugehen, dass in den nächsten Jahren weitere Anwendungen vorgestellt werden, nicht zuletzt durch die Kombination unterschiedlicher Verfahren. Treibende Kraft sind meist Großkellereien, die auf der Suche nach Lösungen für spezifische Probleme sind und ihre Markmacht einsetzen, diese Verfahren schließlich von OIV und Gesetzgeber genehmigt zu bekommen. Technisch Machbares kollidiert nicht selten mit ethisch-moralisch vertretbaren. Eine traditionelle Branche wie die Weinwirtschaft mit Jahrtausende langer Tradition erlebt zurzeit einen Paradigmenwechsel.

6.5.2.4 Membranverfahren in der Kellerwirtschaft: heute und morgen?

Membranprozesse dienen zur Trennung von Stoffgemischen und zählen nach der Resolution OIV/OENO 372/2010 neben den Verdunstungstechniken Destillation bzw. Vakuumdestillation zu den Separationstechniken. Außer den in Europa (VO (EU) 479/2008; VO (EU) 606/2009) zugelassenen Verfahren wie Mikrofiltration, Umkehrosmose und Elektrodialyse, finden in anderen Weinbau treibenden Regionen und verwandten Lebensmittelbranchen Ultra-, Nanofiltration, Pervaporation, Dialyse, Ionenselektive Membrane sowie Membrankontaktoren breite Anwendung. Da die unterschiedlichen Stoffströme (Fraktionen) nicht immer dem gewünschten Ziel entsprechen, werden verschiedene Membranverfahren – integrierte Systeme – untereinander bzw. deren Einsatz in Verbindung mit anderen Trenntechniken – hybride Systeme – wie Destillation, Ionenaustausch oder Adsorberharzen verknüpft. Die OIV diskutiert und genehmigt Membranverfahren unter folgenden Gesichtspunkten (OIV 2010):

- Ausgleich der Folgen widriger Witterungsbedingungen und der daraus resultierenden organoleptischen Fehler,

Tab. 79 Einsatzmöglichkeiten (zugelassenen und in der Diskussion) für Membranverfahren in der Kellerwirtschaft (zusammengestellt von M. Freund, HS Geisenheim, 2011, 2013)

Stoff	Verfahren	Zulassung	Anmerkung
Farb- und Gerbstoffe	UF		Farbe, Bitterkeit
Proteine	UF		Eiweißstabilisierung
Alkoholminderung Most	UF + NF[1 2] UF + verdampfen	OIV, EU	Zuckerreduzierung einer Teilmenge
Alkoholerhöhung Most	UO[1 4]	OIV, EU	
	NF		Entzug von Wasser; im Falle der UO und NF auch geringe Mengen an Malat und Kalium
Alkoholerhöhung Wein	UO + Destillation UO + UO UO + Membran-Kontaktor		Entzug von Wasser und Alkohol und weitere Trennung beider Fraktionen
Alkoholreduzierung Wein	UO + Destillation UO + UO UO + Membran-Kontaktor Membran-Kontaktoren[6] Pervaporation	OIV, EU OIV, EU OIV OIV	Entzug von Wasser und Alkohol und weitere Trennung von beiden Fraktionen
Extrakterhöhung	UO NF		siehe Alkohol
Entsäuerung	NF + KOH + NF NF + Adsorberharze Elektrodialyse mit bipolaren und anionischen Membranen[7 8]	OIV, EU	vorwiegend Malat, Teile von Lactat, wenig Tatrat; geringe Mengen an Kalium
pH-Absenkung, Säuerung	NF + Adsorberharze Elektrodialyse[9 10]	OIV, EU	
Essigsäure	UO + Anionentauscher[11] NF + Anionentauscher UO + Adsorberharze	D, wahrscheinlich EU	Wasser, Alkohol, Essigsäure zu behandelnde Weine müssen geeignet sein, in Verkehr gebracht zu werden
Weinsteinstabilisierung	UO NF + MF Elektrodialyse[12 13]	OIV, EU	Wasser und Alkohol, Kalium und Weinsäure
Fehltöne	NF + Adsorberharze NF + PVPP		
Aromarückgewinnung	Pervaporation		aus Gärungskohlensäure
Ent- und Begasung	Membran-Kontaktor[14]	OIV	Entfernung Kohlensäure, Perlwein

MF = Mikrofiltration, UF = Ultrafiltration; NF = Nanofiltration; UO = Umkehrosmose, KOH = Kaliumhydroxid

[1] OIV-Oeno 450A/2012 – Zuckerreduzierung Most; 450B/2012 – Zuckerreduzierung Most mittels Membrankopplung; OIV-Oeno 481/2013 – Ultrafiltrationsmembranen; OIV 482/2013 – Nanofiltrationmembranen [2] EU 606/2009 Anlage 1A-Nr: 49 [3] OIV-Oeno 30/2000 – Umkehrosmosenmembranen; OIV-Oeno 1/1993 – Mostkonzentrierung mit UO [4] EU 479/2008 Anhang V Buchstabe B Punkt 1 c [5] OIV-Oeno 49/2013 – Gasmanagement; OIV-Oeno 394A/2013 – Entalkoholisierung; OIV-Oeno 394B/2013 – Korrektur des Alkoholgehaltes [6] OIV-Oeno 499/2013 – Gasmanagement; OIV-Oeno 394A/2013 – Entalkoholisierung; OIV-Oeno 394B/2013 – Korrektur des Alkoholgehaltes [7] OIV-Oeno 411/2011 – bipolare Membranen für die Elektrodialyse; OIV-Oeno 483/2012 – Entsäuerung im Most; OIV-Oeno 484/2012 – Entsäuerung im Wein [8] EU 606/2009 Anlage 1A-Nr. 50 [9] OIV-Oeno 411/2011 – bipolare Membranen für die Elektrodialyse; OIV-Oeno 360/2010 Säuerung im Most;OIV-Oeno 361/2010 – Säuerung im Wein [10] EU 606/2009 Anlage 1A-Nr. 46
[11] OIV-Oeno 373B/2010 – Membrantechniken Wein; nicht explizit zugelassen. In Deutschland 2000, 2006 und 2009 für Versuchszwecke zugelassen. Es durften nur Weine behandelt werden, deren flüchtige Säure unterhalb der gesetzlichen Grenzwerte lagen. [12] Oeno-OIV 1/1993 – Weinsteinstabilisierung; Oeno 29/2000 – Elektrodialysemembran [13] EU 606/2009 Anlage 1A-Nr. 36

- Stabilisierung (Weinstein, Eiweiß, Metalle),
- Ersatz von chemischen Behandlungsstoffen,
- Harmonisierung organoleptischer Eigenschaften wie Alkohol- und Säuremanagement,
- Ausweitung verfügbarer Techniken, um auf die Erwartungen des Verbrauchers zu reagieren.

In Tab. 79 sind die derzeit diskutierten Einsatzgebiete der verschiedenen Membranprozesse dargestellt.

6.5.3 Holz als Stilmittel

Fässer aus Holz sind eine keltische Erfindung und haben schon vor über 2000 Jahren das Küferhandwerk hervorgebracht. Historisch begründet existieren Holzfässer nach wie vor je nach Region in unterschiedlichen Größen und Benennungen. Das Barrique Bordeaux fasst 225 l, das Burgunder Piece 228, das Moselaner Fuder 1000 und in das Rheingauer Doppelstück gehen 2400 l. Das Ohm an der Mosel beinhaltet 160 l, das Fass gleichen Namens im Rheingau aber nur 150. Kleinere Fässer waren über Jahrhunderte Transportfässer, die von Weinschrötern verladen wurden. Mit dem Niedergang der Holzfässer ist auch dieser Berufszweig ausgestorben und selbst der Holzküfer ist im deutschsprachigen Raum nur noch selten zu finden.

Ab den Sechzigerjahren des letzten Jahrhunderts haben andere Materialien Holz abgelöst. Dafür gab es mehrere gewichtige Gründe:

- die Baugröße ist limitiert, große Fässer kommen allenfalls als Exoten vor (meist als Schaufässer),
- sehr hoher Arbeits-, Reinigungs- und Pflegeaufwand,
- vergleichsweise teuer in der Anschaffung,
- uneinheitlicher Werkstoff, der den Wein nicht wirklich planbar durch Stoffaustauschvorgänge z. T. unkontrolliert verändern kann,
- insgesamt ein vergleichsweise riskanter, personalaufwendiger und teurer Weinausbau.

Viele Weinfehler standen und stehen nach wie vor mit einem unsachgemäßen Behandeln der Fässer in Zusammenhang. Während der Wein im Edelstahltank konserviert wird, erfährt er im Holzfass eine spezifische Beeinflussung, die umso intensiver ausfällt, je kleiner das Gebinde ist (Maurer 1997). In der Kellertechnik wurde besonders nach dem II. Weltkrieg intensiv am reintönigen Ausbau gearbeitet und man war schließlich stolz, nicht zuletzt dank inerter Behälter Weine sortentypisch ausbauen zu können.

Seit etwa 20 Jahren ist in Deutschland eine Renaissance des Holzfasses festzustellen. Dies gilt für größere Lagertanks, vor allem aber für Barriques. Allein in der Pfalz wurden im Jahr 2008 rund 7000 neue Fässer angeschafft (Seegmüller und Binder 2012), ein Wert, der heutzutage für alle deutschen Anbaugebiete zusammen angenommen wird. Im Jahr 2000 befand sich die Barriqueproduktion mit 800 000 Stück auf ihrem Höhepunkt, um inzwischen bei etwa 550 000 zu liegen (Weik 2011). Weltweit werden etwa 2 % aller Weine im Barrique ausgebaut. Gleichzeitig wächst die Zahl an Alternativprodukten (Chips oder Staves), sodass das Barrique zukünftig noch ausgeprägter allein für Premiumweine im Einsatz zu finden sein sollte. Der Markt erwartet in der Spitze internationalen Zuschnitt und ist bereit, entsprechend zu honorieren. Untersuchungen von Hoffmann und Seidemann (2007) ergaben, dass Konsumenten allgemein der Ansicht sind, Eichenholz nütze der Weinqualität und Rotwein profitiere mehr davon als Weißwein.

6.5.3.1 Struktur und chemische Zusammensetzung von Fassholz

Für die Herstellung von Weinfässern wird das Kernholz der Eiche verwendet. Von den 200 verschiedenen Eichenarten haben sich vor allem die Steineiche *(Quercus sessiflora)* und die Stieleiche *(Quercus robur)*, in den USA die Weißeiche *(Quercus alba)* bewährt. Allein in Frankreich werden jährlich etwa 750 000 m^3 Eiche in den Tonnelerien verarbeitet. Sie stellen daraus 48 000 m^3 Dauben her. Das Holz stammt aus den Staatswäldern Frankreichs, aus Kapazitätsgründen auch aus dem Kaukasus und verschiedenen klimatisch vergleichbaren Regionen Europas. Etwa 5 % der in Frankreich verarbeiteten Holfässer bestehen aus Süddeutscher Eiche. Die Stämme müssen im Durchmesser mindestens 50 cm betragen und dafür rund 150 Jahre wachsen.

Frisches Eichenholz enthält etwa 45 % Wasser und 20 % gasförmige Bestandteile. Die Trockensubstanz besteht zu rund 90 % aus Zellwand-

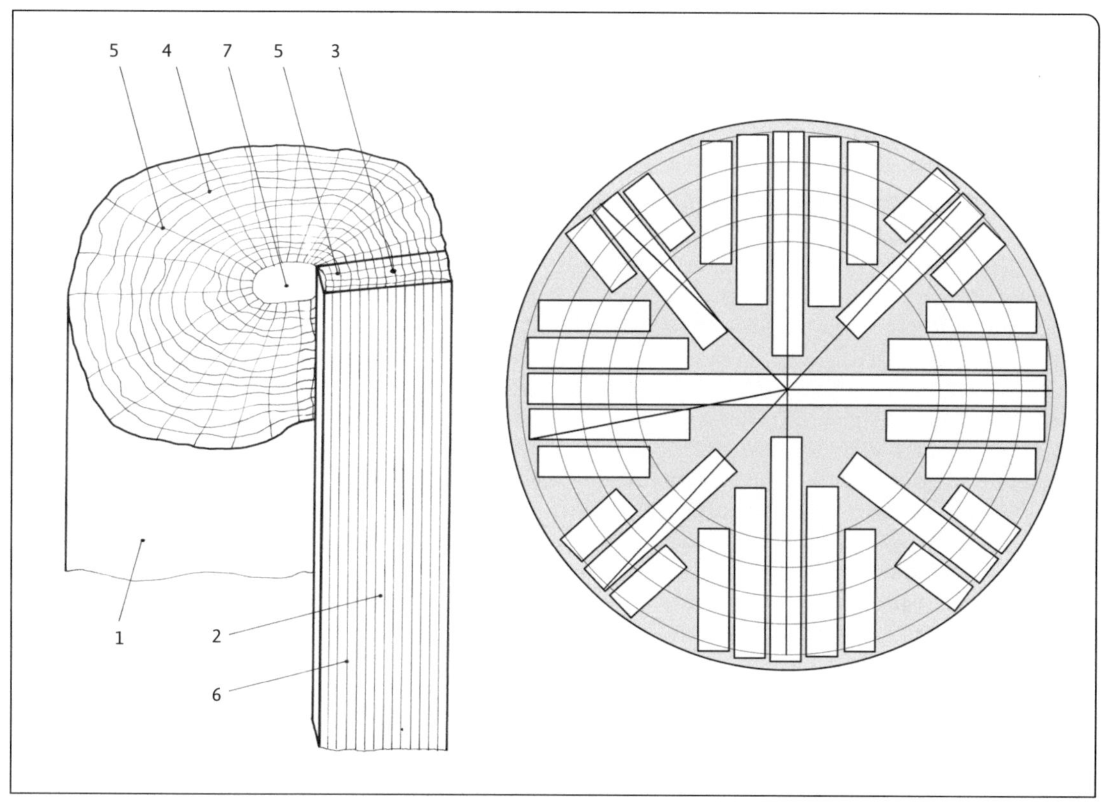

Abb. 211 Herausschneiden einer Fassdaube aus einem Eichenstamm; 1 = Stamm; 2 = Fassdaube; 3 = Spiegel; 4 = Jahresring; 5 = Markstrahl; 6 = Leitungsbahn; 7 = Mark; (linkes Bild Blankenhorn und Funk 2012; rechtes Bild Christmann 2013).

komponenten, d. h. Zellulose (40 %), Lignin und Hemicellulosen (je 25 %). Die restlichen 10 % sind extrahierbare niedermolekulare Substanzen unterschiedlicher Stoffklassen sowie mit 0,3 % nur ein geringer Ascheanteil (Fehlow 1999). Von außen nach innen besteht die Eiche aus Borke, Splintholz und Kernholz. Splintholz enthält die lebenden Zellen, die für den Wassertransport zuständig sind. Es ist schlecht verholzt, wenig dauerhaft und wird nicht zur Herstellung von Dauben oder Böden verwendet. Das Kernholz ist totes Dauergewebe mit abgestorbenen Parenchymzellen und kann bei alten Eichen mehr als 80 % des Stammvolumens ausmachen. An die Zellwände des Kernholzes lagern sich niedermolekulare, wasserabweisende und konservierende Tannine an, der charakteristische Vertreter ist das Quercetin. In den Vakuolen konzentrieren sich u. a. gegen enzymatischen Angriff wirksame Ellagtannine. Die Dichtigkeit von Eichenholz wird durch das langsame Wachstum mit kompaktem Zellgewebe erreicht, aber auch durch die Ausbildung von radialen Holzstrahlen, die die Leitgefäße (Markstrahlen) blockieren. Entsprechend gewählte Schnitte zur Herstellung von Fassdauben müssen sicherstellen, dass die Leitgefäße parallel zur Oberfläche verlaufen. Das Holz kann gesägt oder gespalten werden. Gespaltenes wird bevorzugt, weil die Faserung nicht durchtrennt wird und weniger Flüssigkeit durch die Poren dringt.

Abb. 211 zeigt die Struktur von Eichenholz im Querschnitt und eine daraus gewonnene Daube sowie die Anzeichnung von Dauben auf dem Stamm. Dieser Vorgang ist heutzutage mittels Lasertechnik optimiert. Gespaltenes Holz wird in Türmen zur Trocknung aufgereiht. Pro cm Holzdicke muss es 1–2 Jahre gelagert werden.

Schnelltrocknungen in klimatisierten Räumen haben sich nicht richtig bewährt, weil vermutlich chemische oder enzymatische Veränderungen während der langen Lagerzeit die Extraktion von Inhaltsstoffen wünschenswert beeinflussen (Schneider 1998). Die Rümpfe von Lagerfässern werden nach dem Wölben der Dauben ausgehobelt, die von Barriques einer obligaten, solche für Standardholzfässer einer fakultativen Hitzebehandlung unterzogen. Diese Hitzebehandlung ist unter dem Namen Toastung international bekannt.

6.5.3.2 Das Toasten

Beim Toasten wird das Holz über offenem Feuer und unter häufigem Benetzen mit Wasser einseitig angeröstet und mehr oder weniger intensiv gefärbt. Je nach Toastgrad kann dieser Prozess bis zu 30 Minuten betragen. Die Toastgrade unterscheiden sich in leicht, mittel und stark, in einigen Betrieben werden auch sehr stark getoastete Fässer hergestellt. Bei starkem Fassbrand bilden sich mikroskopisch kleine Risse an der Holzoberfläche, die das Eindringen von Wein erleichtern. Zudem öffnet die Einwirkung der feuchten Hitze beim Toasten Holzporen. Toasten ist nicht auf Barrique beschränkt. Auch große Fässer, die mit Rotweinen belegt werden sollen, sind vielfach zumindest leicht getoastet (Weik 2008). Der Nutzen ist allerdings nach wenigen Belegungen nicht mehr gegeben. Tab. 80 vergleicht die Temperaturmittelwerte bei verschieden langer Befeuerung.

Durch die Temperaturbehandlung entlang eines Temperaturgradienten verändern sich zahlreiche Holzbestandteile chemisch. Zellulose und Hemicellulose werden thermisch hydrolysiert, damit einher geht eine Karamelisierung von Zucker. Durch die Maillardreaktion zwischen Zuckern und Eiweißverbindungen entsteht das Aroma von getoastetem Brot. Der Lignin-Abbau führt zu Vanillin, aber auch zu eher unerwünschten Guajakolen, der Tannin-Abbau verringert Bittere und Adstringenz. Des Weiteren entstehen flüchtige Phenole, Furanderivate und Phenylketone. Ellagtannine werden zur Gallussäure und Ellagsäure hydroysiert. Gleichzeitig steigen die Gehalte an aromatischen Aldehyden und Lactonen. Diese Verbindungen sind sensorisch besonders wichtig. Sie prägen den typischen Holzgeschmack, stehen aber auch für Attribute wie Kokosnuss, Bourbon Whiskey oder frisches Holz. Der wichtigste aromatische Aldehyd ist das Vanillin mit seinem niedrigen Geschmacksschwellenwert von etwa 65 µg/l, weiter spielt Syringaldehyd mit einem an Waldbeeren erinnernden Geruch eine Rolle. Unter oxidativen Bedingungen können die Aldehyde zu den entsprechenden Säuren oxidiert werden. Tab. 81 vergleicht den Einfluss unterschiedlicher Toastungen auf das Holz und den sensorischen Eindruck im Wein (zu chemischen Details siehe Würdig und Woller 1989, Ribereau-Gayon et al. 2006 oder Reynolds 2010, Weik 2012).

Nicht getoastetes Holz wirkt sich auf Wein völlig anders aus: Es ergibt einen Geruch nach harzig-grünem Holz mit vegetativen Komponenten und lässt ihn bitter, adstringierend schmecken.

Tab. 80 Temperaturmittelwerte bei verschieden langer Befeuerung; Daubendicke 27 mm, in der Fassmitte 50 mm (Redl 2002)

Stärke	Dauer in Minuten über Feuer[1]	Temperatur °C an der Oberfläche innen[2]	Temperatur °C in 3 mm Tiefe mit Sonde	Bräunung des Holzes
leicht, light (L)	5	180°	110°	nur Oberfläche
mittel, medium (M)	10–15	200°	120°	bis 1 mm
stark, heavy (S)	15–20	220°	125°	1–2 mm
sehr stark (SS)	20–25	230°	140°	2–4 mm

[1] ohne Vorwärmen und Abkühlen
[2] Temperatur an der Fassaußenfläche 70–110 °C

Tab. 81 Auswirkung unterschiedlicher Toastungen auf die Dauben und die Sensorik des Weines (nach Christmann 2013)

	leichte Toastung	mittlere Toastung	starke Toastung
Zustand der Dauben:	partielle Beeinflussung der inneren Oberfläche	stärkere Beeinflussung der inneren Oberfläche	starke Beeinflussung der inneren Oberfläche
Farbe:	Gelb – Gold bis leichtes Braun	dunkles Gelb bis Braun	dunkles Braun, Kohle ähnlich
Nase:	leichter Holzgeruch aromatischer leichtes Vanille-Aroma	komplexer Holzgeruch würzig, Kaffee, gebrannte Mandeln stärkeres Vanille-Aroma	schwacher Holzgeruch gebrannter Kaffee, rauchig intensives Karamell-Aroma
Mund:	starker Holzton weniger bitter immer noch stark adstringierend leichte Säure	weicher weniger bitter und adstringierend warmes Brot, Toast längerer Abgang	gekochtes/verbranntes Holz zunehmend bitter schwach adstringierend mittlerer Abgang

6.5.3.3 Vorgänge bei der Weinlagerung in Holzfässern

Wird Wein als sauer-alkoholische Lösung in ein Holzfass eingelagert, laufen zahlreiche physikochemische Prozesse gleichzeitig ab. Sie sind bei einem älteren Lagerfass naturgemäß geringer als in einem Barrique, aber prinzipiell vergleichbar. Fehlow (2000) teilt die Wechselwirkung zwischen Holz und Wein in drei Phasen ein:

- Eintritt des Weines in das Holz,
- Durchdringen des Holzes,
- Extraktion von Holzinhaltsstoffen.

Die Wanderung von Wein in das Holz ist eine Funktion der anatomischen Feinstruktur des Parenchymgewebes. Wein tritt ein über Gefäße, die bei der Fassherstellung angeschnitten und im Falle eines Barriques während der Toastung offengelegt wurden. Er durchdringt das Parenchymgewebe über die Markstrahlen und Leitungsbahnen in vertikaler und lateraler Richtung und gelangt langsam in die Interzellularräume und in das Festigungsgewebe. Wein wandert von Zelle zu Zelle durch Aussparungen in den Zellwänden, sogenannte Tüpfel. Im Zellgewebe finden sich größere Mengen extrahierbare, niedermolekulare Substanzen, die langsam in den Wein diffundieren, wenn sie nicht zuvor bewusst ausgewaschen worden sind. Parallel findet ein Gasaustausch statt, indem Kohlenstoffdioxid entsprechend des Konzentrationsgefälles aus dem Wein nach außen diffundiert und Luftsauerstoff in den Wein gelangt.

Abb. 212 zeigt die Verhältnisse schematisch. Die Eindringtiefe selber beträgt lediglich wenige mm, sofern das Holz nach dem Stand der Technik bearbeitet wurde. Vor allem müssen die Markstrahlen, die Wasser und Nährstoffe von innen durch das tote Gewebe zum Äußeren Bereich transportieren, entlang der Daube verlaufen. Nur dann bleibt das Fass dicht. Einzelne Holzkomponenten gehen direkt in den Wein über. Durch die Anwesenheit von Säuren und Ethanol wird zudem Lignin partiell aus seiner Verbindung mit den Polysacchariden gelöst und hydrolysiert, bis schließlich niedermolekulare Lignin-Fraktionen vorliegen. An allen Reaktionen ist Luftsauerstoff beteiligt, der über die Hohlräume im Holzgewebe in den Wein gelangt. Die relative Konzentration verschiedener flüchtiger Inhaltsstoffe ist eine Funktion des Sauerstoffgehaltes im Wein.

Je kleiner das Fass ist, desto größer ist dessen relative Oberfläche und desto größer die Beeinflussung durch Sauerstoff (Fehlow 2000). Kohlenstoffdioxid wandert in gleichem Maße von innen nach außen, der Wein wird geschmacklich „entschärft“. Allerdings ist das Eichenholz auch in gewissem Maße für Wasserdampf und Ethanol durchlässig. Dadurch kommt es zu einem Schwund, der zwischen 2 und 10% pro Jahr

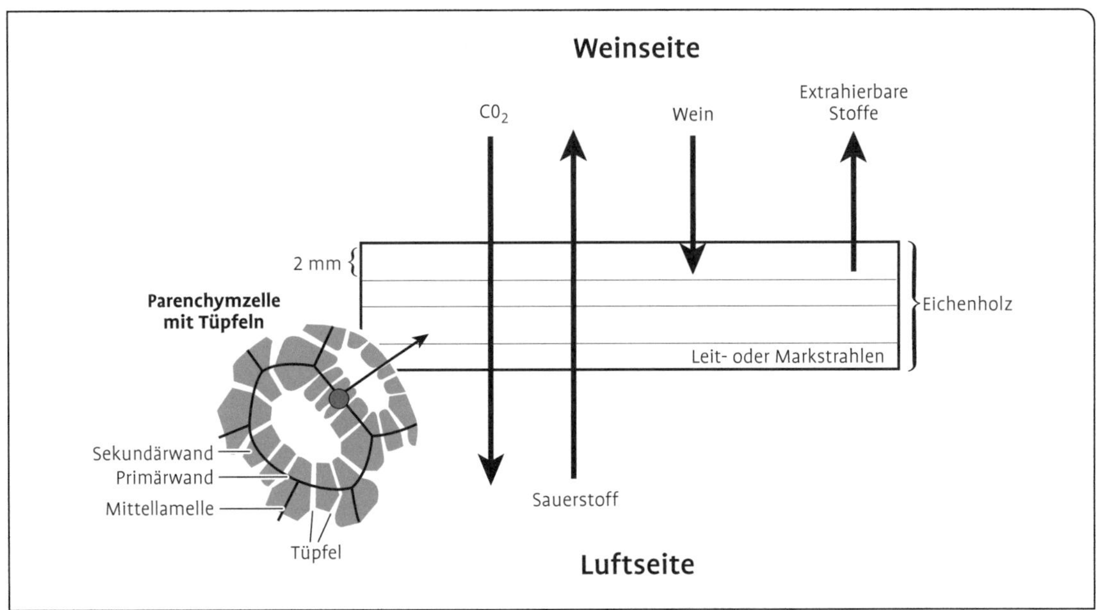

Abb. 212 Vorgang bei der Holzfasslagerung von Wein; links Bild einer einzelne Eichenzelle mit Tüpfeln (nach Fehlow 2000).

liegt, abhängig auch von der Luftfeuchtigkeit im Keller. Sie sollte deshalb etwa 85 % betragen. Die Fässer sind aufgrund der Verdunstung regelmäßig beizufüllen, um Oxidationen oder die Entwicklung von Essigbakterien und Kahmhefen zu verhindern.

Holzfässer sind inzwischen wesentlich besser ausgestattet als früher. Edelstahltürchen und zentraler Restablauf sowie ein Probennahmehahn ebenfalls aus Edelstahl erleichtern die Arbeit beträchtlich. Trotzdem sind der Arbeitsaufwand und die Anforderung an das Raumklima ein Faktor, der ihre Verbreitung in Grenzen hält und den Einsatz im Wesentlichen auf Holz als bewusst gewähltes Behandlungsmittel reduziert.

In der prä-Barrique-Zeit durften neue Fässer in Deutschland keinen Geschmack an den Wein abgeben, sie mussten ausgelaugt, d. h. weingrün gemacht werden. Das konnte über mehrmaliges Dämpfen und Wässern erzielt werden oder über die mehrmalige Zugabe von Heißwasser mit Sodazusatz (Schneider 1998). Bei einem neutralen, ausgelaugten Holzfass kommt hauptsächlich noch die reifende Wirkung des Luftsauerstoffs zum Tragen. Aufgrund dieses Effektes werden Weine, in erster Linie Rotweine oder kräftigere Weißweine, vor der Abfüllung in ein Holzfass umgefüllt. Der Zeitraum der Fasslagerung liegt zwischen 3 und 6 Monaten.

6.5.3.4 Barrique-Lagerung

Der Begriff Barrique-Lagerung steht für die Lagerung eines Weines im neuen, kleinen Eichenholzfass. Dessen innere Oberfläche liegt bei etwa 2 m², also rechnerisch 90 cm³/l Inhalt. Im Gegensatz zum reinen Lagerfass aus Holz soll der Wein durch die Holzextraktion und gleichzeitige gezielte minimale Oxidation in seiner Beschaffenheit positiv beeinflusst werden. Poetisch ausgedrückt wird durch die Vermählung eines großen Weines mit edlem Holz etwas noch Größeres entstehen. Diese Art des Weinausbaus ist die traditionelle im Bordelais, vor allem für hochwertige Rotweine. Die Anbaugebiete der Neuen Welt haben die wirtschaftlich äußerst erfolgreiche Methode vor mehr als 30 Jahren übernommen und auch zu einer Verbreitung in den nördlichen Anbaugebieten geführt. Ein im Barrique ausgebauter Wein verliert seinen Sortencharakter, er ist geprägt von Raucharomen, Karamell und verkohltem Holz (bei sehr starker Toastung) bzw. einer nachhängenden Adstringenz in Verbindung mit grünen, vegetativen Noten (bei zu geringem Toasten). Der Grad der Holzextraktion hängt von mehreren Parametern ab. Bereits erwähnt wurden die Eichenart, wobei der Standort ebenfalls eine Rolle zu spielen scheint, vor allem aber die Verarbeitung. Entscheidend sind die durch die Trocknung und die Toastung verursachten Veränderungen in der chemischen Zusammensetzung des Holzes. Der Übergang von Substanzen des Holzes in Wein ist weitgehend eine alkoholische Extraktion, die innerhalb weniger Wochen abläuft. Extraktionsparameter des Weines sind die Alkoholkonzentration und der pH-Wert. Verfahrenstechnisch spielen die Lagertemperatur und Lagerdauer die wichtigste Rolle. Das Barrique ist insgesamt gesehen ein Behandlungsmittel, das dem Önologen ein immenses Spektrum an Gestaltungsmöglichkeiten für seinen angestrebten Weintyp eröffnet.

Der Einfluss der Toastung kann durch eine Warmwasserspülung vor der Erstbelegung gemildert werden. Die abfließende Lohe ist braungelb gefärbt und unangenehm riechend. Barriques werden durch Wein intensiv extrahiert. Jede Belegung entspricht quasi einer Dämpfung beim weingrün machen und lässt das Holz an extrahierbaren Inhaltsstoffen verarmen. Spätestens nach der dritten Belegung ist der Barrique-Effekt aufgebraucht und das Fass nur noch als Lagerbehälter nützlich. Diese Tatsache macht den Ausbau darin um ein Vielfaches teurer im Vergleich zum Edelstahlausbau. Die Anschaffungskosten für ein Barrique liegen im Bereich von 700–900 Euro/Stück, Tendenz steigend. Da Wein nur 2–4 mm tief in das Holz eindringt, lassen sich die Fässer aber aushobeln und erneut verwenden.

In der nationalen und internationalen Praxis werden Cuvees zusammengestellt von Weinen aus Barriques unterschiedlicher Belegungszahl. Damit erweitert sich der gestalterische Spielraum für einen gewünschten Weintyp und die Kosten lassen sich reduzieren.

Barriques erfordern dieselben Hygienemaßnahmen wie die großen Holzfässer. Werden sie längere Zeit nicht benutzt, sind sie mit SO_2-Wasser (nur, wenn es allein noch als Lagerfass dienen soll) oder durch Schwefelung mit Schwefelschnitten zu konservieren. Als Alternative ist auch Ozon in der Diskussion, allerdings kann in grob porösem Holz auch nach mehrstündiger Einwirkung eine Restkeimbelastung vorhanden sein. Zu berücksichtigen ist, dass Ozon nur eine geringe Halbwertszeit besitzt (Sommer 2012). Kritisch sind Schimmelpilze mit ihrem weißen Pilzmycel und dem typischen muffigen Geruch. Aufgrund ihrer Zellstruktur können zudem Hefen der Art *Dekkera (Brettanomyces) bruxellensis* in die Tiefe des Holzes hineinwachsen, dort u. a. die Cellobiose des Holzes abbauen und bei ungenügender Fasshygiene die nächste Weinbelegung infizieren (Berger 2003). Sauerstoffanwesenheit begünstigt ihr Wachstum. Die von *Dekkera* bereits bei Anwesenheit von wenigen Tausend Keimen/ml gebildeten flüchtigen Phenole 4-Ethylguajakol und 4-Ethylphenol mit Geschmacksschwellenwerten von 0,6–0,7 mg/l erzeugen den „Pferdeschweißton" und sind ein Indikator mangelnder Hygiene. Künzler und Nikfardjam (2013) konnten mittels einer neuen DNA-Analytik *Dekkera* in 6 % der untersuchten Fassweine nachweisen. Alle zeigten den genannten Fehlton. Abhilfe besteht im Zusatz von Chitosan zum Wein, das diese Mikroorganismen sicher abtötet.

Ein weiteres Risiko des Barrique-Ausbaus wird in der Zunahme des Gehaltes an flüchtigen Säuren gesehen. Ribereau-Gayon et al. (2006) sprechen von einer generellen Zunahme von 0,1–0,2 g/l, teilweise extrahiert aus dem Holz, teilweise durch minimale bakterielle Tätigkeit über einen längeren Zeitraum. Diese Werte sollten nach Ansicht der Autoren nicht über 0,5 mg/l ansteigen, andernfalls sind sie ein deutliches Indiz für mangelnde Hygiene.

6.5.3.5 Verweilzeit im Barrique

Ein wichtiger gestalterischer Parameter ist die Verweilzeit im Barrique. Bei Weißweinen liegt die übliche Zeit zwischen 3 und 6 Monaten, vielfach auf der Hefe. Voraussetzung sind hohe Extraktwerte, mindestens 12 %vol. Alkohol und der Abschluss der malolaktischen Gärung (Schneider 1999). Geeignet für diese Art des Ausbaus sind Rebsorten wie Chardonnay, Sauvignon Blanc und Weiß- bzw. Grauburgunder. Rotweine internationalen Zuschnitts können auch 2 Jahre im Barrique verbringen. Sie verfügen über die notwendige Stabilität gegenüber der Oxidation durch Luftsauerstoff. Üblich sind dann aber mehrere Abstiche, um die Niederschläge von polymerisierten Phenolen und Proteinen abzutrennen. Infrage kommen alle kräftigeren Sorten wie Dornfelder, Lemberger, Spätburgunder, Merlot, Cabernet Sauvignon, Sangiovese usw. Die Lagertemperatur empfiehlt Eder (1997) unterhalb 17 °C bei etwa 85 % Luftfeuchtigkeit.

6.5.3.6 Alternativstoffe für die Barrique-Lagerung: Staves, Chips, Tannin

Zulässig als Behandlungsmittel sind seit 2006 der Zusatz von Holzchips bzw. der Einsatz von Staves (siehe dazu Kap. 4). Damit lassen sich barriqueähnliche Extraktionen erzielen, allerdings ohne die zusätzliche Wirkung des Sauerstoffs. Staves werden als größere Holzstücke an der Tankwand befestigt, auf Gestellen in den Tank gestellt, an einer Schnur aufgereiht oder lose zugegeben (Schandelmaier 2013a). Bei der Verwendung von Staves kommt der Wein mit der gesamten Oberfläche des Holzstückes in Kontakt, die Extraktion kann auch entlang der Markstrahlen erfolgen. Analog zum Barrique-Fass können auch Staves mindestens 2-mal verwendet werden.

Chips bringt man z. B. in porösen Extraktionsbeuteln mit dem Wein in Kontakt oder streut sie lose ein. Eine regelmäßige Belüftung ist für eine rasche Extraktion der Holzinhaltsstoffe von großem Vorteil (siehe Mikrooxigenation). Sie verkürzt die Extraktionszeit um bis zu 75 %. Während der Lagerung der Weine auf den Chips ist eine regelmäßige sensorische Kontrolle unerlässlich, bis der gewünschte Aromagrad erreicht ist. Sigler (2005) berichtet über dreijährige Versuche mit Eichenholzchips unterschiedlicher Herkunft, Größe, Toastungsgrad und zugegebener Menge. In nahezu allen Fällen wurden die mit 1,5–3 g/l Chips überwiegend mittlerer Toastung behandelten Versuchsweine sensorisch besser bewertet als die unbehandelten Vergleiche. Die Weine wurden als komplexer mit größerer Aromen- und Geschmacksdichte bezeichnet und präsentierten sich meist fülliger, kräftiger und besser strukturiert. Der fehlende reifende Effekt bei der Variante „Holz in Wein“ anstelle „Wein in Holz“ macht sich bei Rotweinen eher negativ bemerkbar, bei Weißweinen könnte daraus ein Vorteil entstehen. Schandelmaier (2013a) gibt folgende Dosageempfehlungen für Staves und Chips in Most und Wein: 0,2–0,5 g/l für geringe sensorische Beeinflussung, Unterstreichen der Weinkomplexität ohne richtig feststellbare Holznote. 2–3 g/l für einen starken sensorischen Einfluss und erkennbare Barriquenote. Die Dosagemengen in die Maische müssen mindestens doppelt so hoch sein.

Chips können mitvergoren werden. Die vergleichsweise kurze Verweilzeit erfordert dann eine etwa 3–5-mal höhere Zugabe als bei der späteren langen Reaktion im Tank. Die Extraktion ist analog zum Barrique nach wenigen Wochen abgeschlossen, die chemische Umsetzung der aromatischen Verbindungen und die farbstabilisierende Wirkung benötigen aber noch mehrere Monate. Vorversuche sind angeraten und im Falle des Chips- oder Staveseinsatzes in Flaschen einfach durchzuführen. Trotzdem sollte immer die Möglichkeit zum Rückverschnitt berücksichtigt und nur eine Teilmenge behandelt werden.

Chips oder Staves werden nicht als billige Konkurrenz zum Barrique gesehen, sondern als erschwingliche Technik, um derart behandelten Weinen aus Übersee etwas entgegensetzen zu können. Gemmrich und Schlitter (2002) verstehen „Chipsweine“ als ein eigenständiges, mittelpreisiges Produkt für z. B. den Lebensmitteleinzelhandel. Kundenverständnis und Akzeptanz sehen diese Autoren genauso gegeben wie Sigler bzw. Hoffmann und Seidemann (2007). Die Etikettierung „Im Eichenholz/Barrique gereift“ ist bei dieser alternativen Steuerung des Holztones nicht mehr zulässig.

Abb. 213 zeigt beispielhaft Verkostungsergebnisse eines Dornfelder nach Lagerung in drei verschiedenen Behältern. Deutlich ausgeprägt ist der Unterschied der Barriquevarianten zum Edelstahltank. Lediglich die Attribute Johannisbeere und Kirsche zeigen sich etwas ausgeprägter. Der Unterschied zwischen dem neuen und dem gebrauchten Barrique ist durch den Zusatz von Chips nahezu egalisiert worden.

Ebenfalls weinrechtlich zugelassen ist der Zusatz von Tannin (siehe Kap. 4). Tannin fördert die Polymerisation der monomeren Anthocyane zu farbstabilen, weichen polymeren Phenolen. Des Weiteren erhöht es die Komplexität der

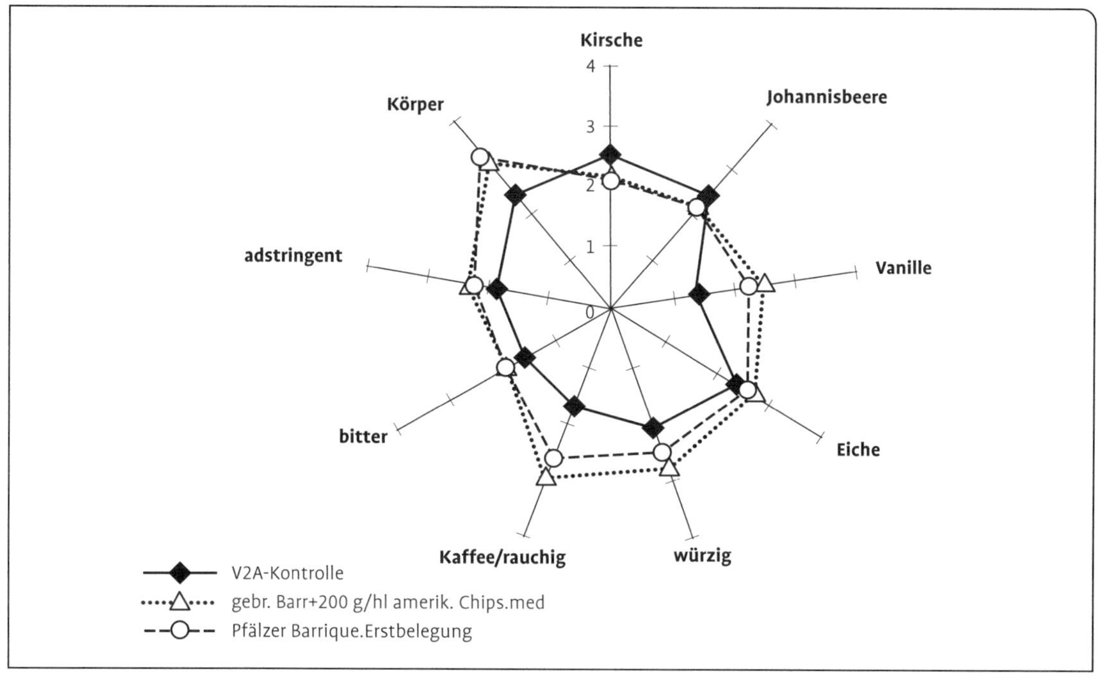

Abb. 213 Vergleichsausbau 199er Dornfelder im Edelstahl bzw. neuen und gebrauchten Barrique mit Chipszusatz mittel getoastet (Binder 2000).

Weine und vermittelt ihnen Vanillearomen. Tannin ist sowohl für Rotweine als auch für kräftige Weißweine geeignet. Es wird mit einem feinen Sieb auf den Wein aufgestreut und dann eingearbeitet, löst sich aber auch relativ gut in etwas heißem Wasser. Die Zugabemenge liegt bei Rotweinen zwischen 0,2–10 g/100 l, bei Weißweinen zwischen 0,1–2 g/100 l. Eine Überdosierung kann den Weintyp deutlich verändern, sodass ein Vorversuch im Labor unerlässlich ist. Das Mittel darf nicht zur Aromatisierung eingesetzt werden, sondern nur zur Farbstabilisierung oder als Oxidationsschutz. Parallel ergibt sich eine Intensivierung der Mundfülle. Eine Maischebehandlung oder ein Zusatz bereits im Traubenstadium wird aufgrund der verminderten Wirkung nicht empfohlen, der beste Zeitpunkt ist nach Ablauf der malolaktischen Gärung oder zu Beginn der Holzfasslagerung (Binder 2004). Mögliche Trübungen und Ausfällungen sind durch Schönungen mit eiweißhaltigen Mitteln und/oder Filtration zu beseitigen, die Eiweißstabilität ist nach der Behandlung zu überprüfen.

Generell gilt, dass Weine aus dem kleinen Holzfass vor der Abfüllung 1–2 Wochen im inerten Tank auf Schwefelstabilität überprüft werden sollten. Diese Maßnahme ist auch nach einer Behandlung mit Tannin angeraten (Schneider 1999).

6.5.4 Sauerstoffaufnahme und Gasmanagement

Ein wichtiger qualitativer Aspekt beim Barriqueausbau ist der Gasaustausch. Die gezügelte Sauerstoffaufnahme bewirkt eine Fülle von Redoxreaktionen, die sich hauptsächlich auf die Phenole und den SO_2-Gehalt auswirken. Die aufgenommene Menge an Sauerstoff pro Jahr liegt im mg-Bereich. Weik (2009a) erwähnt 10–45 mg/l, Ribereau-Gayon et al. (2006) sprechen von 20–45 mg/l, abhängig von Holzart, Messpunkt oder Anzahl erfolgter Belegungen. Bernath et al. (2002) gehen von 60 mg/l und Jahr aus und erklären den Eintrag durch das Holz des Barriques mit der Unterdrucksituation im Fass aufgrund der Verdunstung. Nach 5facher Belegung sinkt der Wert auf etwa 10 mg/l und Jahr ab. Eine weitere Rolle spielt die Holzdicke. Bei 5 cm Materialstärke ist davon auszugehen, dass die Sauerstoffaufnahme gegen 0 geht. Wird Sauerstoff aufgenommen, reagiert er mit den Weininhaltsstoffen und verschwindet nach und nach. Die Reaktion verläuft schneller bei höheren Temperaturen und je mehr oxidierbare Reaktionspartner zur Verfügung stehen. Extrem beschleunigt wird die Reaktion durch die Anwesenheit von Oxidationsenzymen wie der Tyrosinase oder der Laccase. Gemessen werden kann der physikalisch gelöste Sauerstoff in Wein mittels geeigneten Elektroden.

6.5.4.1 Makrooxigenierung

Die Sauertoffaufnahme bei kellerwirtschaftlichen Maßnahmen wurde bereits mehrfach angesprochen. Dabei werden bei jedem Prozessschritt zwischen 2 und 6 mg/l aufgenommen, das macht insgesamt auch bei Barrique-Weinen rund die Hälfte der Aufnahme während des gesamten Ausbaus aus. Angesichts der großen Mengen je Zeiteinheit wird dabei von Makrooxigenierung gesprochen. Durner und Fischer (2009) sehen bei gesundem Lesegut eine gestaffelte Sauerstoffzugabe in den Most und in die Gärung mit 20–100 mg/l als günstig an, anschließend soll Sauerstoff aber ferngehalten werden. Eine Dosierung in die Gärung wirkt sich positiv auf die Vermehrung und die Gärkraft der Hefe aus und verringert das Böckserrisiko. Gezielt als Gärhilfsmittel sieht Steidl (2003) eine Sauerstoffzuführung von 2–4 mg/l und Tag. Die langsame Sauerstoffaufnahme durch das Holz des Fasses oder gezielt dosiert wird Mikrooxigenation genannt. Eine tabellarische Hilfe für die Sauerstoffmenge sowohl zur Makro- als auch zur Mikrooxigenierung in Abhängigkeit von Tanninreife und Tanninintensität bietet Weik (2012). Er empfiehlt für jeden Wein eine individuelle Sauerstoffmenge, die von 60 mg/l und Monat bis 10 mg/l und Monat vor dem Säureabbau und 0,5 mg/l und Monat bis 10 mg/l und Monat nach der malolaktischen Gärung reichen kann.

6.5.4.2 Mikrooxigenierung

Die Sättigungsgrenze von Sauerstoff in Wein aus der Luft beträgt 10 mg/l bei 5 °C und 7 mg/l bei 25°.Wird Sauerstoff langsam und gleichmäßig in den Wein dosiert, beträgt seine Konzentration nie mehr als 0,5 mg/l (Bernath et al. 2002 und 2003). Dieser Effekt ergibt sich im kleinen Holzfass materialbedingt, aber auch durch eine bewusst durchgeführte Mikrooxigenierung. Dabei wird mittels Fritte mit Poren < 0,5 µm oder Silikonschlauch über entsprechende Dosiereinrichtungen Sauerstoff in definierter Menge in den Wein dosiert. Silikonschläuche bzw. Kunststoffschläuche allgemein sind nicht gasdicht, aber die Sauerstoffabgabe erfolgt so langsam, dass an der Schlauchoberfläche keine Gasblasen sichtbar werden. Der Sauerstoff wird direkt verbraucht, indem er Ethanol zu Ethanal oxidiert. Azetaldehyd reichert sich nicht an, sondern fördert die Polymerisierung der phenolischen Verbindungen. Insbesondere die Verbindung der Anthocyane mit Gerbstoffen wird über Ethanalbrücken stabilisiert und vertieft die Rotweinfarbe. Sensorisch werden die Weine demnach nicht von Ethanal, sondern von den Fruchtaromen bestimmt. Die Mikrooxigenierung wird dadurch eine eigenständige Behandlungsmaßnahme für Rotweine, aber auch für geeignete Weißweine. Die Vorgänge lassen sich vergleichen mit einer Lagerung im neutralen Holzfass. Es findet dabei eine gezügelte Oxidation statt. Die Weine müssen über ausreichend Phenole verfügen, andernfalls sind sie nach kurzer Zeit oxidiert. Dann wird viel freier Azetaldehyd gebildet und Aromastoffe nehmen durch die Oxidation ab. Die Mikrooxigenierung verlangt demnach eine regelmäßige sensorische Kontrolle. Diese Methode eignet sich nach Weiand (2006) an Besten für Rebsorten mit einem ausgewogenen Verhältnis von Anthocyanen und Tanninen. Er nennt vor allem Dornfelder, Regent, Cabernet Sauvignon, Cabernet Dorsa, Cabernet Mitos oder Merlot. Die mögliche Sauerstoffaufnahme sieht er je nach Situation zwischen 4 mg/l/Monat über 40 Tage (Spätburgunder) bis 17 mg/l/Monat über 60 Tage (Regent). Durner und Fischer (2009) empfehlen Werte zwischen 1 und 10 mg/l und Monat für höchstens ½ Jahr. Generell wird bei richtiger Anwendung die Mikrooxigenierung als positiv

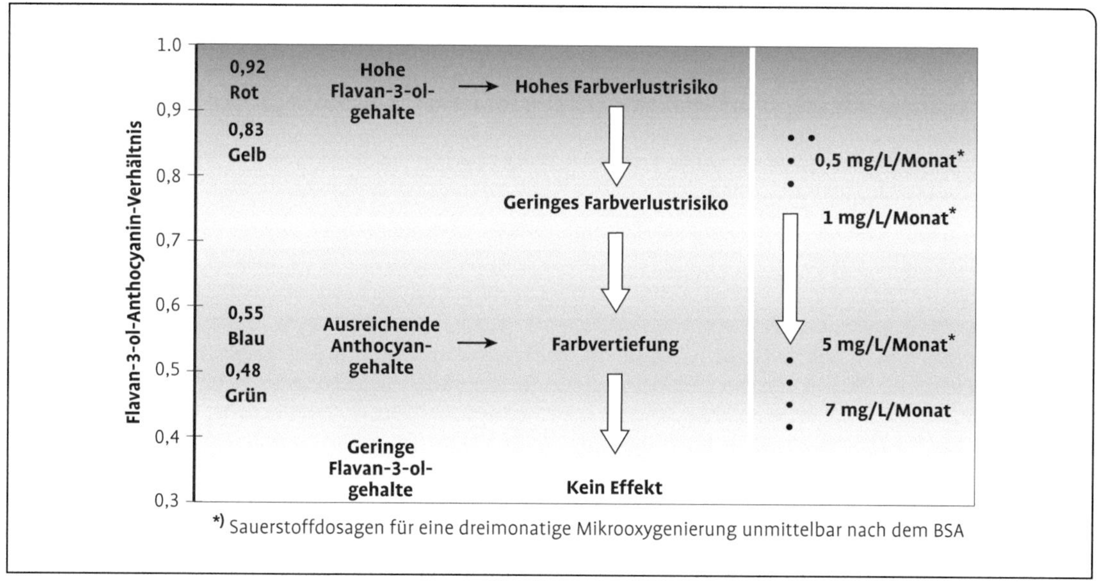

Abb. 214 Effekte der Mikrooxigenierung in Abhängigkeit der Sauerstoffgabe und des Anthocyan-Tannin-Verhältnisses (Durner und Fischer 2009a).

für die Weinqualität gesehen. Reduzierung von böckserähnlichen Komponenten, Reduzierung der Adstringenz und Bitterkeit oder Farbvertiefung werden besonders genannt (Blankenhorn und Plag 2006; Pfeifer 2000; Steidl 2003). Fischer et al. (2005) betonen aber auch, dass nicht jeder Wein durch die langsame Sauerstoffzugabe besser wird. Während der Behandlung verloren mikrooxidierte Weine an fruchtigem und vegetativem Charakter. Die Auswirkung auf den bitteren Geschmack, die Ausprägung der Adstringenz und das Mundgefühl variierte von Wein zu Wein. Diese differenzierte Betrachtungsweise der Mikrooxigenierung wurde durch Durner und Fischer (2009a) bekräftigt: Moderater Sauerstoffeintrag führte zur Farbintensivierung mit unerwünschter Zunahme an trockenen Tanninen. Viel Sauerstoffzusatz ergab dagegen weichere Tannine, bedeute aber auch Farbverlust. Bei einem Tannin-Anthocyan-Verhältnis < 0,7 ist bei Beachtung der empfohlenen Sauerstoffdosierung die Bildung unerwünschter brauner Farbpigmente ausgeschlossen. Abb. 214 zeigt Effekte der Mikrooxigenierung in Abhängigkeit der Sauerstoffgabe und des Anthocyan-Tannin-Verhältnisses.

Poröse Behälter lassen sich generell zur Mikrooxidation verwenden. Dazu zählen auch ausgemusterte Barriquefässer oder Kunststofftanks. Diese werden teilweise direkt für diese Aufgabe beworben.

Inzwischen wird zusätzlich der Begriff Nanooxigenierung verwendet (siehe Kap. 8). Damit wird die Sauerstoffaufnahme im Mikrogrammbereich verstanden, die z. B. durch Weinbehälter oder deren Verschlüsse stattfindet und über den Faktor Zeit das Alterungsverhalten von Wein beeinflussen kann.

6.5.4.3 Das Redoxsystem Wein

In einem Redoxsystem laufen Oxidations- und Reduktionsvorgänge gleichermaßen ab. Der eine Partner wird bei der Reaktion oxidiert, der andere reduziert. In Wein kommen mehr als 20 derartige Redoxsysteme vor (siehe Kap. Schwefelung). In der klassischen Chemie wird Oxidation üblicherweise als Sauerstoffaufnahme bzw. Wasserstoffabgabe verstanden. Diese Art der Oxidation spielt im Wein die Hauptrolle, direkt oder indirekt. Allgemein ist eine Redoxreaktion (sprachlich korrekter: Reduktions-Oxidations-Reaktion) eine chemische Reaktion, bei der ein

Reaktionspartner Elektronen auf den anderen überträgt:

Oxidation = Elektronenabgabe:
Reduktionsmittel → Produkt + e–; die Oxidationszahl nimmt zu.
Reduktion = Elektronenaufnahme:
Oxidationsmittel + e– → Produkt; die Oxidationszahl nimmt ab.

Reagieren zwei Eisen-II-Atome mit einem Sauerstoffatom, geben sie je ein Elektron ab und werden zu Eisen-III. Sauerstoff nimmt dabei zwei Elektronen auf, es wird reduziert, Eisen oxidiert. Bei einer solchen Elektronenübertragungs-Reaktion finden also eine Elektronenabgabe (Oxidation) durch einen Stoff sowie eine Elektronenaufnahme (Reduktion) durch den Partner statt. Die Summe aus Oxidationspotenzial und Reduktionspotenzial im Gleichgewichtszustand wird Redoxpotenzial genannt. Je bereitwilliger sich die Partner oxidieren bzw. reduzieren lassen, desto größer ist das gemeinsame Redoxpotenzial bei der Reaktion. Das Redoxpotenzial ist das Maß für die Bereitschaft einer Substanz, Elektronen abzugeben und damit in die oxidierte Form überzugehen. Je negativer das Redoxpotenzial, desto stärker die Reduktionskraft. Die Elektronen fließen allgemein vom Redoxpaar mit negativerem Potenzial zu dem mit dem weniger negativen. Redoxpotenziale sind eine Funktion der Temperatur, des Druckes und des pH-Wertes. Das Standard-Redoxpotenzial eines Systems wie Wein lässt sich bestimmen durch den Aufbau eines Galvanischen Elements mit einer Elektrode und Messung der elektrischen Spannung. In biologischen Systemen ist diese Spannung definiert bei pH 7 gegen eine Standard-Wasserstoffelektrode und einem Wasserstoffpartialdruck bei 1 bar. Die Angabe erfolgt in mV. Die Oxidation von Eisen-II zu Eisen-III beträgt bei pH 7 −0,43 mV, die von Ethanol zu Ethanal −0,20 mV, die von Ascorbinsäure zu Dehydroascorbinsäure +0,06 mV. Das Redoxpotenzial eines Reaktionspaares charakterisiert die oxidative Stärke vergleichbar dem pK-Wert als Maß für die Säurestärke.

Das Redoxpotenzial eines Weines als Summe aller Redoxreaktionen verändert sich mit jedem Ausbauschritt. Abb. 215 zeigt beispielhaft einen Verlauf bei Rotwein. Gemessen wurde gegen eine Platinelektrode, dadurch liegen die Werte höher als bei der Messung gegen eine Standard-Wasserstoffelektrode. Das Diagramm zeigt den

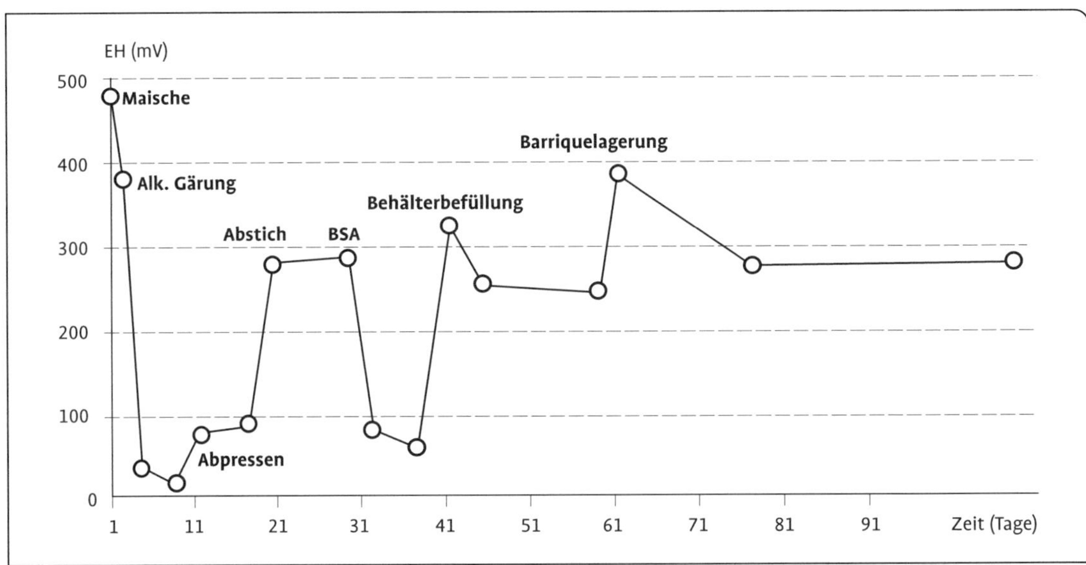

Abb. 215 Verlauf des Redoxpotenzials während des Weinausbaus (Vivas und Glories 1995; aus: Jakob 2012); EH(mV) = Redoxpotenzial in mV.

Verlauf des Redoxpotenzials bei einer Maischegärung mit anschließender malolaktischer Gärung. Beide Gärungen bewirken aufgrund des Stoffwechsels der Mikroorganismen einen stark reduktiven Zustand. Er schnellt durch die Sauerstoffaufnahme beim Umfüllen nach oben, um sich danach auf einem weinspezifischen Niveau einzupendeln. Das Redoxpotenzial korreliert mit dem Sauerstoffgehalt.

Bei einem Sauerstoff-Anstieg von 0,1 auf 2,5 mg/l, einem beim Umfüllen durchaus üblichen Wert, berichten Ribereau-Gayon et al. (2006) von einem Anstieg des Redoxpotenzials um 77 mV. Eine weitere Verdoppelung des 0_2-Gehaltes erhöht dessen Wert nochmals um 100 mV. Rotwein besitzt dank der Phenole ein hohes Potenzial zur Sauerstoffaufnahme, er verfügt dadurch über eine große Pufferkapazität für Oxidationsvorgänge. Metallionen wie Eisen und Kupfer werden ihrerseits direkt von Sauerstoff oxidiert und bewirken eine Abnahme des Redoxpotenzials. Wird Weißwein dagegen mit hohen Ionenmengen versetzt, steigt dessen Potenzial an, er wird mangels Puffer rasch oxidativ.

Das Redoxpotenzial wird in mV angegeben. Alternativ besteht die Möglichkeit, es in rh-Werten auszudrücken. Der rH-Wert ist definiert als der negative dekadische Logarithmus des Wasserstoffpartialdruckes (rH = −logpH). Dieser Wert wurde bereits 1931 in die Weinforschung eingeführt. Die rh-Skala reicht von 0–42, die Werte werden elektrometrisch bestimmt. Weine mit einem hohen rh-Wert neigen zum Braunwerden und zur schnellen Alterung. Deutsche Weine liegen im Bereich zwischen 17 und 19, schwach geschwefelte oder hochwertige Weine können einen Wert bis 20 aufweisen (Jakob 2012).

6.5.4.4 Oxidativer oder reduktiver Ausbau

Das Verhältnis des Önologen zu Sauerstoff beim Weinausbau wird durch zwei Extrempositionen bestimmt. Einen reduktiven bzw. einen oxidativen Ausbau. Ein bewusst reduktiver Ausbau kann beispielsweise mit den folgenden Maßnahmen durchgeführt werden:

- insgesamt schnelle Verarbeitung,
- CO_2 (Trockeneis) und Schwefel auf die Trauben,
- Maischeschwefelung und/oder Zugabe von CO_2,
- keine Maischestandzeit; evtl. Maischekühlung,
- Ganztraubenpressung; u. U. Presse mit Oxidationsschutz,
- schnelle Mostklärung,
- Flotation mit Stickstoff statt mit Luft,

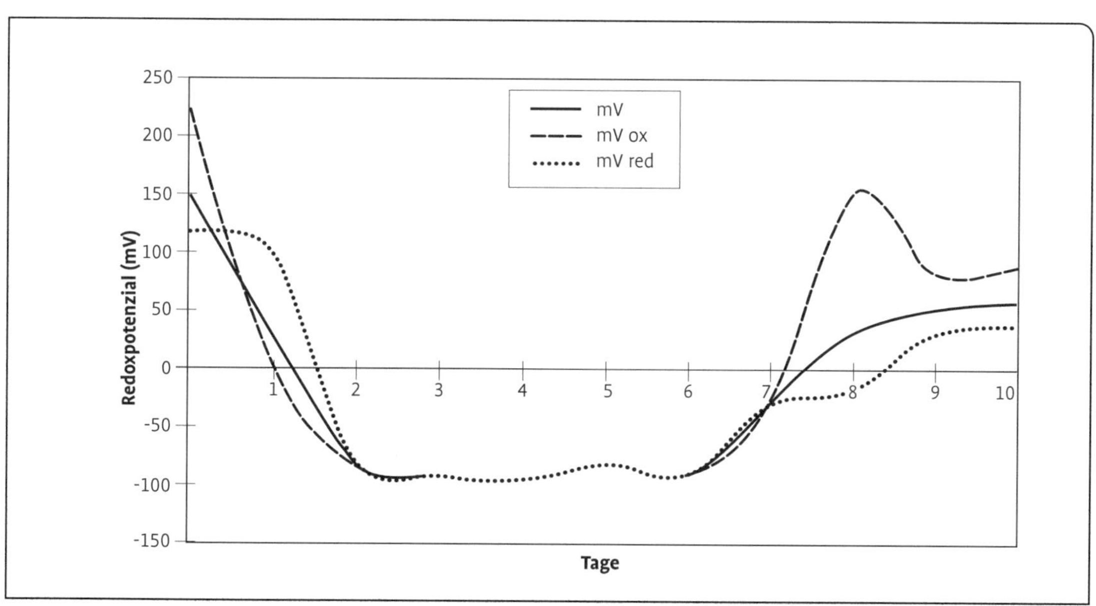

Abb. 216 Verlauf des Redoxpotenzials bei unterschiedlichem Umgang im Ausbau mit Sauerstoff (Runck 2009).

- Kaltgärung,
- evtl. direkt anschließender bakterieller Säureabbau
- SO_2 vor dem frühen Abstich
- Level des freien SO_2 ständig überprüfen und hochhalten,
- Abfüllung unter Zusatz von Ascorbinsäure,
- Kopfraumüberlagerung der Flaschen mit CO_2,
- Überlagerung aller Tanks mit CO_2,
- konsequentes spundvoll halten der Tanks.

Durch diese Maßnahmen, die den gesamten Produktionsprozess betreffen, wird bereits vor und vor allem nach der Gärung ein niedriges Redoxpotenzial erzeugt. Die oxidative Ausbauweise dagegen verzichtet vollkommen auf den Schutz vor einer Sauerstoffaufnahme und belüftet bewusst. Meist geschieht dies in Verbindung mit der Flotation bzw. allgemein im Most vor der Klärung. Abb. 216 vergleicht den Verlauf des Redoxpotenzials bei normaler bzw. bewusst oxidativer oder reduktiver Ausbauweise. Die Potenzialunterschiede sind deutlich messbar, sie unterscheiden sich zu Beginn um rund 100 mV. Der „normale" Ausbau liegt zwischen den Extremen. Die alkoholische Gärung ebnet alle Unterschiede ein, um sie hinterher durch die folgenden Maßnahmen wieder stark sichtbar werden zu lassen. Die Ausbauweise hat deutliche Konsequenzen für die Beschaffenheit eines Weines.

Tab. 82 Vergleich oxidativer und reduktiver Ausbau bei Weißwein am Beispiel des Jahrgangs 2008 (Runck 2009)

oxidativ:	reduktiv:
Most braun	Most hell
Wein heller	Wein dunkelt früher ein
weniger Aromen	mehr Frucht
weniger flüchtige Phenole	mehr Vinylguajacol und Vinylphenol
weniger Gerbstoffe	mehr Gerbstoffe
weiches, harmonisches Mundgefühl	Mundgefühl härter, fester, bitterer (2008er)
geringere Gesamt-SO_2-Werte	Gerbstoff überlagert Aromen
	mehr Gesamt-SO_2

Tab. 82 fasst die sichtbarsten Unterschiede zwischen einem reduktiven und einem oxidativen Ausbau zusammen (Runck 2009). Diese Aussagen werden überlagert von Rebsorteneigenschaften und dem Gesundheitszustand der Trauben. Phenole werden beim oxidativen Ausbau bereits im Most teilweise polymerisiert und bei der Mostklärung, spätestens beim Hefeabstich abgeschieden. Sie können im Wein nicht mehr als bittere Note in Erscheinung treten oder zur Bräunung beitragen. Gleiches gilt für flüchtige Phenole, die sensorisch störend in Erscheinung treten können. Generell werden beim reduktiven Ausbau ein erhöhtes Böckserrisiko gesehen und das verstärkte Auftreten des untypischen Alterungstones (Rauhut 2009).

Das Pendel neigt derzeit deshalb bei gesundem Lesegut eher zum oxidativen als zum reduktiven Ausbau. Zumindest wird Sauerstoff im Mostbereich nicht mehr verteufelt und bei geeigneten Weinen als Weinbehandlungsmittel eingesetzt. Die Mikrooxigenierung kann mithelfen, leichte Böckser zu beseitigen (Blankenhorn und Plag 2006; Fischer et al. 2005). Burkert et al. (2011) fanden bei umfangreichen, mehrjährigen Untersuchungen deutliche Einflüsse der Ausbauweise auf die späteren Weine, aber je nach Rebsorte und Jahrgang unterschiedliche. Sie sahen sich nicht in der Lage, eine generelle Ausbauempfehlung zu geben. Eine Ausnahme bildet der Umgang mit Sauvignon Blanc. Sein Aroma ist durch schwefelhaltige Verbindungen geprägt, die sehr oxidationsanfällig sind. Mit einem reduktiven Ausbau lassen sich die typischen Aromastoffe mit dem Eindruck nach Paprika, Spargel, Maracuja oder Stachelbeere fördern (Weiand 2009).

Vorsicht ist angeraten bei eher schwachen Weißweinen mit gering ausgeprägtem Redox-Puffer. Bei ihnen ist spätestens nach der alkoholischen Gärung ein reduktives Vorgehen zwingend.

6.5.4.5 Gasaustausch in Wein

Die dominierenden im Wein gelösten Gase sind Sauerstoff und Kohlenstoffdioxid, vereinzelt kommt Stickstoff als Behandlungsmittel zum Einsatz. Die Rolle des Sauerstoffs quasi ebenfalls als Weinbehandlungsmittel im positiven wie im negativen Sinne wurde in den vorhergehenden zwei Kapiteln ausführlich diskutiert. Sensorisch wirkt sich die Anwesenheit von gelöstem Sauerstoff direkt nicht aus, umso mehr dafür indirekt durch die oxidative Veränderung von Inhaltsstoffen. Sauerstoff in großer Menge ist in der Lage, auf Dauer jeden Wein zu verderben. Je mg Sauerstoff werden über 4 mg/l SO_2 umgesetzt. Zur Abfüllung sollten Gehalte < 0,5 mg/l vorliegen.

Kohlenstoffdioxid dagegen wirkt sich direkt sensorisch aus. Gelöst bildet sich aus dem CO_2-Gas die belebende und erfrischende Kohlensäure. Bei ihrer Anwesenheit werden Geschmacksstoffe intensiver wahrgenommen und die Säure des Weines stärker empfunden. Ist zu wenig CO_2 vorhanden, kann der Wein leer wirken. In Übermenge allerdings kippt der Eindruck zu scharf, aggressiv. Empfohlen werden für Rotweine Mengen unter 0,6 g/l CO_2 (0,4–0,8 g/l), bei Weißweinen sollte die Konzentration zwischen 1,2 und 1,5 g/l (0,7–1,5 g/l) liegen. Für Roséweine werden 1–1,5 g/l (0,7–1,2 g/l) empfohlen (Blankenhorn 2002; Zahlen in Klammern: nach Breier 2013a).

Stickstoff wird geschmacklich nicht wahrgenommen und reagiert als inertes Gas auch nicht mit Weininhaltsstoffen. Das Gas wird technologisch eingesetzt als Oxidationsschutz oder um die anderen Gase auszuwaschen.

Aufgabe des Gasmanagement ist es, Sauerstoff zu entfernen und CO_2 wunschgemäß einzustellen. Die Löslichkeit eines Gases in einer Flüssigkeit ist abhängig vom Gas-Partialdruck, von der Temperatur und dem anliegenden Druck. Bei Atmosphärendruck und 20 °C lösen sich in Wasser z. B. 8,2 mg Sauerstoff, 15,2 mg/l Stickstoff und weniger als 1 mg/l CO_2. Die Löslichkeit von Kohlendioxid unter Luftatmosphäre ist deshalb so extrem niedrig, weil ihre Konzentration in Luft (ca. 0,03 %) und damit der Partialdruck sehr niedrig sind. Unter einer CO_2-Atmosphäre steigt die Löslichkeit auf über 1,5 g/l.

Die Einstellung eines definierten Gasgehaltes ist letztlich ein Diffusionsvorgang. Dieser Vorgang ist abhängig von der Austauschzeit, der Kontaktfläche und der Konzentrationsunterschiede der Gase in den unterschiedlichen Phasen. Gase streben immer einen Konzentrations-

Tab. 83 Aspekte bei der Gaseinstellung mit unterschiedlichen Verfahren (Blank et al. 2012)

Verfahren	wichtige Punkte
Fritte im Tank	• kleine Glasbläschen notwendig • gute Verteilung im Tank • hohe Tanks – schlanke Tanks von Vorteil • Bedarf Steigraum bei Begasung mit Stickstoff • geringer Investitionsbedarf • Steuerung nur empirisch möglich
Fritte/Carbofresh während des Transfers	• kleine Gasbläschen notwendig • gute Verteilung in der Leitung • Leitungslänge nach der Fritte mindestens 10–15 m • Verbesserung des Transfers durch statische Mischer • Gasentbindung am Leitungsende • Gasentbindung am Leitungsende • genaue Steuerung ist möglich • kein Bedarf auf Inertisierung des Empfangsbehälters
Membrankontaktor während des Transfers	• genaue Steuerung möglich • Automatisierung ist möglich • keine Schaumbildung • bläschenfreies Begasen • gleichzeitige Begasung von CO_2 und Engasung von O_2 möglich • Inertisierung des Empfangsbehälters notwendig • Membranhygiene ist zu beachten

ausgleich an. Ein Wein mit 1 g/l CO_2 unter Luft wird solange Kohlendioxid verlieren, bis deren Konzentration in beiden Phasen gleich groß ist. Gleichzeitig werden Stickstoff und Sauerstoff ebenfalls bis zum Ausgleich im Wein in Lösung gehen. Bei offen liegenden Tanks ist dieser Vorgang zeit- und oberflächenabhängig. Ist der eindiffundierte Sauerstoff im Wein aufgebraucht, wird kontinuierliche nachgeliefert, bis er in der Gasphase schließlich verschwunden ist.

Der Kellerwirtschaft stehen zur Einstellung des Gasgehaltes mehrere Verfahren zur Verfügung:

- stationär über eine Sinterfritte vom Tankboden aus,
- stationär über ein Tankbegasungsrohr an der Tankklappe,
- Online über eine Sinterfritte in der Weinleitung,
- Online über eine Venturidüse (CarboFresh-Verfahren),
- Online über einen Membrankontaktor in der Weinleitung.

Die einfachste Art der Gaseinstellung kann im Tank oder online in der Weinleitung erfolgen. Soll der Prozess automatisiert ablaufen und Sauerstoffverdrängung und CO_2-Aufnahme gleichzeitig durchgeführt werden, muss auf den Membrankontaktor mit hydrophoben Membranen zurückgegriffen werden. Dieses Gerät wurde bereits erwähnt im Zusammenhang mit der Entalkoholisierung mittels Membranverfahren. Tab. 83 fasst die Aspekte der Gaseinstellung bei diesen Verfahren zusammen.

Wichtig beim Einsatz von Fritten ist die Erzeugung kleiner Gasbläschen mit einer großen inneren Oberfläche. Im Tank ist auf ausreichend Tankraum zu achten, weil eine CO_2-Entbindung mit Schäumen verbunden ist. Die Tanks sollten mindestens 2,5 m Höhe und damit einen entsprechenden Gegendruck durch die Flüssigkeitssäule aufweisen. Wird in der Weinleitung entgast, muss diese eine ausreichende Länge besitzen. Anstatt die Fritte in den Tank zu geben, kann ein Tankbegasungsrohr an der Tankklappe eingesetzt werden. Eine weitere Alternative steht mittels Venturidüse zur Verfügung, mit deren Hilfe das Gas in den Wein nicht hineingedrückt, sondern eingesaugt wird (Carbofresh-Verfahren).

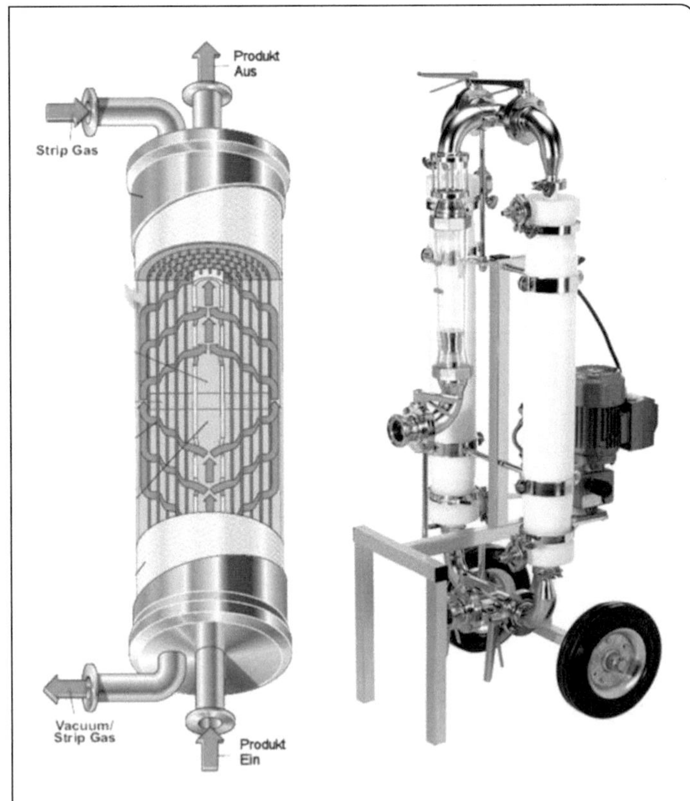

Abb. 217 (Membrankontaktor als Modul und als fahrbare Anlage (Quelle: Fa. Kiesel).

Membrankontaktor (Gaskontaktor)

Seit einigen Jahren werden Membrananlagen zur Gaseinstellung in zahlreichen Automatisierungsvarianten angeboten. Ihr Haupteinsatzgebiet ist zur Stunde noch die Herstellung von Perlwein. Die Anlagengrößen reichen von 2000 l/h bis etwa 20 000. Das Herzstück der Anlage ist das Modul mit einer gasdurchlässigen

Membrane aus hydrophobem Polypropylen. Wein kann die Membrane nicht durchdringen. Pro l Wein steht mit etwa 4 m^2 ausreichend Membranfläche zur Verfügung, um einen optimalen Gasaustausch zu ermöglichen. Abb. 217 zeigt einen Membrankontaktor im Schnittbild. Der Wein gelangt von unten in das Modul und durchströmt die Membran. Diese ist bereits mit CO_2 beaufschlagt. Beim Durchströmen nimmt der Wein im Zuge eines Konzentrationsaustausches Kohlendioxid auf und gibt gleichzeitig Sauerstoff oder Stickstoff ab. Beim Verlassen des Moduls ist die definierte Gasmenge echt im Wein gelöst. Gasbläschen entstehen keine, die Anlage kann deshalb direkt vor einem Filter eingesetzt werden. Wird Stickstoff als Schleppgas eingesetzt, reichert der Wein CO_2 ab. Messsonden für CO_2 und Sauerstoff geben die Impulse für die Regelung des Schleppgasstromes. Je größer dessen Volumen, desto größer ist die Abgabe von Kohlendioxid. Ist bei Rotwein eine Halbierung des Gehaltes von 1 mg/l auf 0,5 mg/l das Ziel, werden bei 20 °C mindestens 0,5 l Stickstoff benötigt. Zur Entfernung des schlechter in Wein löslichen Sauerstoffs liegt der Wert an Schleppgas (Strippgas) niedriger (Blank et al. 2012).

Aromastoffe wie Ester oder höhere Alkohole gehen beim Gasaustausch praktisch nicht verloren. Verglichen mit CO_2 oder Sauerstoff sind sie wesentlich schwerer flüchtig und werden nur in Spuren abgereichert (Blank et al. 2012).

6.5.5 Weinzusammenstellung

Der letzte Schritt beim Weinausbau ist die Abfüllung von Partien mit Zusammensetzungen entsprechend der Nachfrage am Markt. Dazu müssen üblicherweise Weine aus verschiedenen Tanks zusammengelegt und das Cuvee mit Süßreserve versehen werden. Weinrechtlich handelt es sich dabei um Verschnitte, soweit sich die einzelnen Gebinde weinrechtlich unterscheiden. Verschnitte sind vom Gesetzgeber genau geregelt. Je mehr die Weinbergslage auf dem Etikett zum Tragen kommen soll, desto enger werden die Vorgaben. Mehr Freiheiten bestehen bei Großlagen-, Bereichs- oder Anbaugebietsweinen. Werden unterschiedliche Weine und Süßreserve zusammen verschnitten, muss der namengebende Grundwein zu mindestens 75 % in der Mischung enthalten sein (Grundwein min. 75 %; Fremdwein max. 15 %; Süßreserve max. 10 %). Gleiches gilt für Weine allein mit Süßreserve (Grundwein min. 75 %; Süßreserve max. 25 %). Bei trockenen Weinen mit Fremdweinanteil und ohne Süßreservezusatz muss der Grundwein zu mindestens 85 % im Verschnitt vorkommen.

6.5.5.1 Verschnitt und Süßreservezugabe

Gründe für Verschnitte vor der Abfüllung gibt es mehrere:

- zur Süßung, wenn ein Wein mit Restsüße abgefüllt werden soll,
- zur Mengenzusammenlegung, wenn eine Abfüllcharge mehre Einzeltanks umfasst (Discounter nehmen häufig Einzelmengen von mehr als 500 000 l ab),
- zur Standardisierung, wenn eine Art Markenwein mit Wiedererkennungswert vermarktet werden soll,
- zum Ausgleich von analytischen Unterschieden (bei Säure, Extrakt, Alkohol usw.),
- zur Reifung, wenn einem jungen Wein ein Anteil eines Älteren zugmischt werden soll,
- zur Unterbringung von Restmengen oder kleineren Chargen, für die kein Markt gesehen wird oder die andernfalls im Anbruch liegen müssten.

Ein Verschnitt kann eine qualitätsfördernde Maßnahme sein, aber auch zur „Entsorgung“ fehlerbehafteter Mengen dienen. Letztlich ist der Verschnitt ein wichtiges Werkzeug zur Erzielung von Weinen mit definierter Beschaffenheit. Er erfolgt nach Vorversuchen im Labor, bei denen im Kleinmaßstab die Auswirkungen auf die Qualität ermittelt werden können. Üblicherweise werden die berechneten Mengen im Standzylinder gemischt und verkostet. Bei einem Verschnitt mehrerer Weine kommt das Cramersche Kreuz zur Anwendung. Zuerst werden in Verschnittkreuzen die Anteile der Verschnittpartner zum gleichen Grundwein ermittelt. Im nächsten Schritt werden die Teile des Grundweines aus allen Verschnittberechnungen zusammengezählt und zur endgültigen Berechnung herangezogen (Rechenbeispiele dafür finden sich z. B. bei Weik 2012).

6.5.5.2 Übergabe zur Füllung

Zumindest in Großbetrieben wird Wein zur Abfüllung aus der Abteilung Keller an die Füllabteilung übergeben. Die abgebende Abteilung hat sicherzustellen und nachzuweisen, dass der Wein füllfertig ist. Gewährleistet sein müssen:

- die physiko-chemische Stabilität (Kolloide, Weinstein, Metalle),
- die mikrobiologische Stabilität (Bakterien, Hefen),
- die Schwefelstabilität (freie SO_2 bei 40–50 mg/l seit 1 Woche stabil),
- die Freiheit von sensorischen Mängeln (flüchtige Säuren, Mäuselton, Böckser usw.),
- die Harmonie der Inhaltsstoffe (CO_2, Säuren, Restsüße, evtl. Alkoholgehalt),
- die Analysenübereinstimmung mit der Kundenbestellung (Alkohol, Restsüße),
- die Einhaltung aller gesetzlichen Vorschriften (Weinrecht, Lebensmittelrecht usw.),
- die Dokumentation aller Maßnahmen im Rahmen des Qualitätsmanagements.

Die Stabilitätsuntersuchungen sind erst sinnvoll nach der Dosage von Süßreserve und Durchführung aller Verschnitte. Beide Maßnahmen sind deshalb frühzeitig zu planen und durchzuführen. Alle Schritte müssen exakt dokumentiert werden. Werden die großen Discounter beliefert, existieren üblicherweise detaillierte Vorgaben zur Dokumentation und analytischen Beweisführung, meist entsprechend IFS Food Version 6 (siehe Kap. 9). Die Anforderungen gehen zum Teil weit über die gesetzlichen Vorgaben hinaus und können auch einen Negativ-Nachweis auf Schimmelpilzgifte wie Ochratoxin A beinhalten, für das ein gesetzlicher Grenzwert existiert. Die effiziente Abwicklung dieses Nachweisprozesses ist eine zentrale Managementaufgabe. Es ist davon auszugehen, dass derartige Großkundenforderungen nicht unwesentlich verantwortlich sind für die Vielfalt an Behandlungsmöglichkeiten und Zusatzstoffen, die die Weinwirtschaft international als erforderlich zur Verfügung gestellt bekommen hat. Dahinter steckt letztlich immer auch das Bemühen, sich gegen alle mögliche Risiken, die einem Produkt lebender Vorgänge innewohnen können, abzusichern.

6.6 Bioweine/Ökoweine

Ziel des ökologischen Weinbaus (auch Biologischer Weinbau oder Biologisch-organischer Weinbau, Organisch-biologischer Weinbau) ist durch eine ausgeprägte Bodenfruchtbarkeit ein intaktes Ökosystem zu erzeugen, aus dem die Pflanzen Nährstoffe beziehen können. Natürliche Lebensprozesse sollen gefördert und Stoffkreisläufe weitgehend geschlossen werden. Mit VO (EU) Nr. 203/2012 vom 8. März 2012 sind die önologischen Regelungen für ökologischen/biologischen Wein erlassen worden. Ab der Ernte 2012 darf sich dieser so nennen, die bisherige umständliche Angabe „Wein aus Trauben aus ökologischem Anbau" läuft aus.

Die in der VO 203/2012 geregelten kellerwirtschaftlichen Bestimmungen für Bio-/Öko-Erzeugnisse des Weinsektors (Wein, Sekt, Perlwein etc.) gelten ab August 2012 und haben im Wesentlichen drei Hauptinhalte:

- Die Ausgangsstoffe (einschließlich Saccharose und RTK) müssen grundsätzlich ökologischer/biologischer Herkunft sein, eingeschränkt gilt dies auch für Zusatz- und Behandlungsstoffe. Jene müssen aber in jedem Fall ohne Gentechnik hergestellt sein.
- Bestimmte önologische Verfahren sind verboten oder eingeschränkt.
- Die Höchstgehalte an Schwefeldioxid wurden abgesenkt.

Gänzlich verboten bei der Bereitung von Bio-Wein etc. sind insbesondere folgende Verfahren und Behandlungen:

- teilweise Konzentrierung von Wein durch Kälte,
- Entschwefelung durch physikalische Verfahren,
- Elektrodialyse und Kationenaustauscher zur Weinsteinstabilisierung,
- teilweise Entalkoholisierung von Wein,
- Sorbinsäure,
- Polyvinylpolypyrrolidon (PVPP),
- Lysozym,
- Blauschönung,
- Dimethyldicarbonat (DMDC),
- Carboxymethylcellulose (CMC).

Einschränkungen betreffen folgende Verfahren:

Bei thermischen Behandlungen (Maischeerhitzung, Pasteurisieren etc.) darf die Temperatur 70 °C nicht übersteigen, beim Filtrieren die Porengröße nicht kleiner als 0,2 µm sein, zur Säuerung sind nur Weinsäure und Milchsäure zugelassen (keine Äpfelsäure) und die Böckserbehandlung darf nur mit Kupfercitrat (Kupfersulfat noch bis 31. Juli 2015) erfolgen.

Weiterhin wurden die SO_2-Höchstmengen geregelt:

- Rotwein mit weniger als 2 g/l Restzucker 100 mg/l,
- Rotwein ab 2 bis unter 5 g/l Restzucker 120 mg/l,
- Rotwein ab 5 g/l Restzucker 170 mg/l,
- Weiß- und Roséwein mit weniger als 2 g/l Restzucker 150 mg/l,
- Weiß- und Roséwein ab 2 bis unter 5 g/l Restzucker 170 mg/l,
- Weiß- und Roséwein ab 5 g/l Restzucker 220 mg/l,
- Spätlese (ab 5 g/l Restzucker) 270 mg/l,
- Auslese (ab 5 g/l Restzucker) 320 mg/l,
- Beerenauslese, Trockenbeerenauslese, Eiswein 370 mg/l,
- Qualitätsschaumwein, Sekt (Crémant bleibt bei 150 mg/l) 155 mg/l,
- Schaumwein (einfach) 205 mg/l.

In Jahren mit außergewöhnlichen Witterungsbedingungen können diese Werte ausnahmsweise auf jene für konventionelle Produkte angehoben werden.

Im Jahr 2010 waren in Deutschland 5361 ha Biorebfläche angelegt. Die Bio-Quote betrug 5,2 %, Österreich erzielte eine vergleichbare Quote von 8,6 % (Gebert und Fader 2012). In allen Ländern ist die Tendenz steigend sowohl beim Anbau als auch beim Verbrauch.

7 Nebenprodukte der Weinbereitung

Die „Technologie des Weines“ beschreibt in erster Linie den Weg von der Traube bis zum abgefüllten Wein. Der Saft, aus dem Wein bereitet wird, macht aber lediglich 70–80 % der Traube aus. Der Rest besteht aus organischem Material, das zu schade ist für die Deponie. Während der Saftverarbeitung fallen weitere, ebenfalls meist organische Rückstände an, die aus ökologischen und wirtschaftlichen Gründen weiterbehandelt werden müssen. Teilweise lassen sich daraus werthaltige Endprodukte erzielen, teilweise ist die landbauliche Verwertung eine sinnvolle Alternative, manches Mal bleibt nur die Deponie. Letztlich muss es darum gehen, den Rohstoff Traube vollständig zu verarbeiten und alle Inhaltsstoffe auch auf separate Verwendbarkeit zu untersuchen. Bereits angesprochen wurde die Problematik speziell der nördlichen Weinanbaugebiete: die Betriebe sind in der Masse sehr klein und meist handwerklich strukturiert, der Rohstoff ist leicht verderblich und dadurch eine ökonomische Verwertung erschwert. Kalifornische oder Australische Großbetriebe verfügen über gänzlich andere Rahmenbedingungen einer industriellen Lebensmitteltechnologie.

Im Folgenden werden aus technologischer Sicht einige Möglichkeiten beschrieben, das Produktportfolio durch die Erzeugung von Nebenprodukten zu erweitern. Aus steuerlichen Gründen muss der Umsatz mit diesen Sonderprodukten in Deutschland unter einem Drittel des Gesamtumsatzes liegen, um eine Einstufung als Gewerbebetrieb zu vermeiden (Köhr 2010). Als Produkte für eine Sortimentserweiterung werden genannt (z. B. Link 1997 oder Köhr 2008), finden sich bereits in den Verkaufsräumen oder sind prinzipiell verkaufsfähig:

- Traubenverwendung durch die Herstellung von Verjus (Agrest) oder der Verkauf von Tafeltrauben,
- die Mostverwendung als Traubensaft oder verperlter Traubensaft,
- die Tresterverwertung durch die Erzeugung von Branntwein (Marc, Grappa), Gewinnung von Weinstein oder Weinsäure, Extraktion von Traubenkernöl, Phenolen, besonders Anthocyanen (Önocyanin) sowie Verwendung als Dünger bzw. Heizmittel,
- Weinweiterverarbeitung durch Herstellung von Branntwein, Essig, Schaumwein, Perlwein, Cremant, weinhaltige Getränke wie Schorle oder Glühwein, Marmelade, Weinlikör, aromatisierte Getränke oder Cocktails,
- die Weinhefeverwertung durch Herstellung von Hefebrand, Weinöl, Weinstein bzw. Weinsäure oder Heferinden, durch Gewinnung von Hefeextrakt oder anderen spezifischen Inhaltsstoffen,
- Feinschmeckerprodukte wie Weinnudeln, eingelegte Früchte, Rotweinkuchen Weintrüffel, Pralinen usw.,
- Kombination von Wein und Schokolade.

Im Folgenden werden die wichtigsten Nebenprodukte unter technologischem Schwerpunkt betrachtet. Die rechtliche Situation muss vielfach im Vorfeld abgeklärt werden, weil neben dem Weingesetz viele zusätzliche Regelungen der Lebensmittelgesetzgebung zum Tragen kommen.

7.1 Traubenverwertung

Tafeltrauben

Tafeltrauben werden direkt zum Verzehr abgegeben. Die Beeren müssen dickschalig sein und wenig fäulnisanfällig. Die in Deutschland hauptsächlich verzehrten Tafeltrauben sind importierte Freiland- oder Gewächshaustrauben, meistens von der Sorte Sultanina oder die „Seidentraube“ Afus Ali (Jakob 2012). Geeignet, ohne eigentliche Tafeltrauben zu sein, sind aus der Vielzahl einheimischer Keltertrauben Rebsorten wie Gutedel, Silvaner, Trollinger, Regent, Dornfelder oder Phoenix.

Verjus (Agrest)

Verjus (französisch; deutsch: Agrest) ist Traubensaft aus unreifen Beeren. Er war als Säureträger eine der Säulen der mittelalterlichen Küche und Bestandteil des Würz-Repertoires der damals angesagten Köche, hatte aber auch in der Pharmazie wegen seiner beruhigenden Wirkung auf den Magen und zur Unterstützung der Verdauung Einzug gefunden. Der zunehmende Import der Zitrone ab dem 18. Jahrhundert verdrängte das Mittel nach und nach vom Speisezettel. In Deutschland wird der „grüne Saft" Verjus seit einigen Jahren auf der Suche nach neuen Geschmackserlebnissen als kulinarische Spezialität wiederentdeckt (Kügerl 2008). Der Saft besitzt eine mildere und raffiniertere Säure als die Zitrone und ist weniger scharf als Essig. Er eignet sich für alles, was nach einer sanften Säure verlangt und verfeinert Saucen, Salate, Fisch- oder Fleischgerichte (Anonym 2007). In Südwestfrankreich bewegt sich die Produktion von Verjus seit vielen Jahren auf hohem Niveau. Lorey (2007) nennt jährliche Produktionsmengen von 250 hl.

Verjus unterliegt dem Lebensmittelrecht und belastet das Vermarktungskontingent. Geeignet sind nur Trauben, die keine Pflanzenschutzmittelreste enthalten, also Tafeltrauben oder solche von interspezifischen Kreuzungen (z. B. Regent). Die unreifen Trauben werden bei 20–30 °Oe geerntet, sodass Säure- und Zuckergehalt ungefähr gleich hoch sind (bis zu 35 g/l titrierbare Säure). Die Saftausbeute liegt bei 32–43 % (Gössinger 2013, persönliche Mitteilung) bzw. bis 50 % (Jakob 2012). Die frischen, grünen Trauben werden herkömmlich abgepresst, anschließend pasteurisiert, filtriert und meist in Flaschen abgefüllt.

7.2 Saftverwertung

Traubensaft

Traubensaft ist das nicht gegorene, aber gärfähige Erzeugnis, das so behandelt wurde, dass es in unverändertem Zustand zum Verzehr geeignet ist. Eine Gärung lässt sich analytisch an den Gehalten an Alkohol, flüchtiger Säure und Milchsäure erkennen. Die Beschaffenheit von nicht gegorenen Traubensäften wird im „Code of Practice" der A.I.J.N. (Association of the Industry of Juices and Nectars from Fruits and Vegetables of the European Union) durch Kennzahlen, die nicht überschritten werden dürfen, konkretisiert (Alkohol max. 3 g/l; flüchtige Säuren berechnet als Essigsäure höchstens 0,4 g/l; Milchsäure bis 0,5 g/l).

Traubensaft kann hergestellt werden aus frischen Trauben, Traubenmost, konzentriertem Traubenmost oder konzentriertem Traubensaft. Die größeren Fruchtsaftbetriebe in Deutschland stellen Traubensaft meist durch Rückverdünnung von importiertem Konzentrat her. In Weinkellereien ist das übliche Ausgangsprodukt Traubenmost, der entweder zu Süßreserve oder zu Traubensaft verarbeitet werden kann. Diese Begriffe sind deutlich auseinanderzuhalten. Die Verarbeitungsschritte sind dennoch weitgehend identisch. Ist die Bezeichnung im Kellerbuch einmal festgelegt, kann sie nicht mehr geändert werden. Aus Traubensaft darf nach der Festlegung weder Wein hergestellt noch darf er Wein zugesetzt werden. Unterschiede zu Süßreserve liegen vor allem in den zulässigen Behandlungsmittel. Bei Traubensaft ist der Zusatz von Konservierungsmittel wie schweflige Säure (10 mg/l sind toleriert) oder DMDC (siehe Kap. 6) verboten, ebenso wenig dürfen Stoffe wie Saccharose, Metaweinsäure, Kupfersulfat oder Kaliumhexazyanoferrat verwendet werden. Weitere Besonderheiten betreffen die Ausstattung der Verkaufsgebinde, die sich mehr am Lebensmittelgesetz als am Weingesetz orientiert.

Darüber hinaus existieren gesetzliche Anforderungen für verschiedene Inhaltsstoffe von in Verkehr gebrachtem Traubensaft. So muss das Mindestmostgewicht 55 °Oe betragen, die Gesamtsäure mindestens 6 g/l, Ascorbinsäure kann als Antioxidans in der technologisch erforderlichen Menge zugesetzt werden. Wird Vitamin C auf dem Etikett angegeben, müssen auch am Ende der Mindesthaltbarkeit noch mindestens 120 mg/l vorhanden sein.

Dem Trend nach spritzigen Produkten folgend, kann Traubensaft mit CO_2 versetzt (carbonisiert) und analog zum Perlwein vermarktet werden. Gleichfalls finden sich Traubenschorle am Markt, die Mischung aus Traubensaft mit Sprudelwasser.

Konfitüren/Gelee

Konfitüren oder Gelees aus Trauben, meist mit Zusatz von Wein und als Weingelee vermarktet, können in kleinen Mengen problemlos in jeder Küche produziert werden. Nicht wenige Winzer vertreiben diese Eigenprodukte als Erweiterung ihres Produktportfolios. Daneben gibt es am Markt verschiedene Dienstleister, die industriell produzieren und deren Abnehmer z. B. Einkaufszusammenschlüsse sind.

Im industriellen Maßstab, bei Chargengrößen oberhalb 100 kg, erfolgt das Aufkochen von Früchten unter Beimischung von Zucker, Pektin und weiteren Additiven mit anschließendem Eindicken unter Vakuum in ein- oder zweistufigen Anlagen. Bei Letzteren wird in einem horizontalen Kocher mit beheiztem Rührwerk und beheizten Mantel aufgekocht und anschließend im Vakuumverdampfer als zweiter Stufe eingedickt. Gleichzeitig kann im horizontalen Kocher eine weitere Charge aufgekocht und somit ein semikontinuierlicher Prozess dargestellt werden.

Traubensaft wird zur Herstellung von Gelee mit Gelierzucker versetzt. Gelierzucker ist mit Pektin angereicherter Haushaltszucker und ermöglicht es, pektinarme Früchte ohne weitere Zugaben zu verfestigen. Im Zuge des Aufkochprozesses geht Pektin vom Solzustand in den Gelzustand über und immobilisiert große Mengen Fruchtwasser. Je nach verwendeter Pektinmenge bekommt das Produkt eine mehr oder weniger fest Konsistenz. Gelees oder Konfitüren enthalten oft neben Zucker auch Glukose- und Fruktosesirup sowie Zitronensäure als Gelierhilfe.

7.3 Tresterverwertung

Tresterbrandwein

Tresterbrände erfreuen sich zunehmender Beliebtheit und können mit Grappa und Marc jederzeit konkurrieren. Sie zählen mittlerweile zu den Spezialitäten unter den Spirituosen. Interessante Sorten sind die aromatischen Muskateller oder Traminer, es sollten aber nur absolut reife Trauben mit hohem Mostgewicht und sortentypischem Aroma Verwendung finden (Röhrig 2010). Empfohlen wird, ausschließlich abgebeerten Trester zu verwenden, andernfalls geht die Feingliedrigkeit des Traubenaromas verloren. Rotweintrester aus der Maischegärung können unmittelbar, Weißweintrester erst nach Vergärung des Zuckers gebrannt werden. Dazu wird der Trester bei kleineren Mengen am Besten in Plastikwannen gelagert, überdeckt mit Folie und Wasser, um Luftzutritt zu verhindern und Gärungskohlensäure entweichen zu lassen. Größere Mengen werden kompakt in abgedeckten Mulden möglichst luftdicht eingestampft, mit etwa 25 % Wasser versetzt und mit Reinzuchthefe vergoren (Scholten 1997; Hagmann 2013). Die Gärtemperatur sollte bei 18–20 °C liegen, empfohlen wird ein Zusatz von 110 ml konzentrierter Schwefelsäure/100 l zur Vermeidung von Fehlgärungen. Der Wasserzusatz optimiert die spätere Destillation, anaerobe Reinhefevergärung hilft, einen Essigstich zu vermeiden und den Prozess zu beschleunigen.

Die Destillation wird zweistufig durchgeführt. Der Rau- oder Rohbrand enthält etwa 40 %vol. Alkohol, der nach einer nochmaligen Destillation gewonnene Feinbrand rund 60-70 %vol. Bei modernen Destillationskolonnen sollten die Verstärkungseinrichtungen zugeschaltet sein. Kleinbrennereien trennen in Vor-, Mittel- und Nachlauf (ca. 20 % zu 70 % zu 10 %). Die wertbestimmenden Aromen gehen beim Destillieren in den ersten Fraktionen des Mittellaufs über. Der hochprozentige Feinbrand wird schließlich mit demineralisiertem Wasser auf Trinkstärke verdünnt. Die Ausbeute liegt bei 5–8 l Branntwein mit 50 %vol. Alkohol je 100 kg Trester (Jakob 2012).

Eine Holzfasslagerung kann das Destillat geruchlich und farblich abrunden, ist bei Tresterbränden aber eher unüblich.

Weinstein und Weinsäure

Weißweintrester enthalten ca. 2 %, Rotweintrester nach der Maischegärung etwa 3–5 % Weinstein. Die Extraktion erfolgt in der Regel mit heißem Wasser im Gegenstromverfahren. Nach Abkühlung kristallisiert Weinstein aus. Am einfachsten lässt sich Weinstein aus dem entgeisteten Trester (Schlempe genannt) gewinnen. Nach Absiebung grober Teilchen und Abkühlung auf Raumtemperatur kristallisiert Weinstein aus dem Filtrat aus. Früher wurde er als Tresterfloß bezeichnet. Durch eine anschließende Kombination aus Fällungs- und Kristallisierungsschritten lässt sich Weinstein in Weinsäure umwandeln (Scholten 1997).

Gleiches ist mit Hefe bzw. Hefeschlempe möglich. Dickflüssiger Hefetrub besteht zu 5–10 % aus Weinstein, abgepresste Hefe rund aus der doppelten Menge. In der Vergangenheit war Weinstein unter dem Namen Küfergold für die pharmazeutische Industrie als Füll- und Zusatzmittel von Interesse. Dadurch waren viele Betriebe motiviert, Weinstein vor der chemischen Reinigung manuell aus den Tanks zu holen, ihn zu trocknen und zu verkaufen. Inzwischen ist diese Nebeneinnahme aus verschiedenen Gründen nicht mehr gegeben, die Verarbeitung hat sich ins Ausland verlagert (Scholten 1997).

Traubenkernöl

Traubenkerne enthalten erhebliche Mengen an extrahierbaren Ölen. Schieber et al. (2002) fanden im Durchschnitt von 12 weißen und 21 roten Rebsorten 9,1 % Öl. Der Kernanteil roter Trester war dabei mit 25 % fast doppelt so hoch wie der von weißen Sorten. Aus 100 kg Trester lassen sich demnach bis zu 2 l Öl gewinnen. Die Kerne müssen unmittelbar nach dem Pressen von der Maische abgetrennt werden. Dazu werden Passiermaschinen oder einfache Siebe verwendet. Auf der Maische vergorene Trester eignen sich nur bedingt für die Ölgewinnung, weil eine frühzeitige Essigsäuregärung Fehlaromen erzeugen kann. Moderne Maischegärtanks verfügen aber inzwischen über Einrichtungen, die spezifisch schwereren Kerne frühzeitig auszuschleusen.

Das Öl lässt sich auf zwei Arten aus den Kernen gewinnen: nativ, kalt gepresst mit Schraubenpressen unter hohem Druck oder extraktiv mit Lösungsmitteln (Leichtbenzin, Hexan). Letztere Technik kommt hauptsächlich in Ölraffinerien zum Einsatz und verlangt eine aufwendige Weiterbehandlung. Als Speiseöl höchster Qualität wird primär kalt gepresstes Öl verwendet, das im Winzerbetrieb oder extern als Dienstleistung vergleichsweise einfach erzeugt werden kann. Nachteilig ist, dass sich mit dieser Technik bei sortenbedingten großen Streuungen nur etwa die Hälfte des enthaltenen Öles gewinnen lässt (Schieber et al. 2002). Verglichen mit anderen Speiseölen gilt Traubenkernöl als hochpreisig und bewegt sich auf dem Niveau von kaltgepressten Olivenölen.

Traubenkernöl erlebt in Deutschland seit etwa 15 Jahren eine Renaissance. Grund ist seine hohe ernährungsphysiologische Qualität. Es enthält bis zu 96 % ungesättigte Fettsäuren (u. a. Linolsäure) und ist reich an Vitamin E (Lay 1999). Dazu kommen gesuchte geschmackliche Eigenschaften. Voraussetzung ist allerdings eine indirekte Trocknung der Kerne. Werden Rauchgase darüber geleitet, steigt der Gehalt an polyzyklischen aromatischen Kohlenwasserstoffen deutlich an (Scholten 1997; Jakob 2012).

Traubenkerne besitzen nicht zuletzt wegen des Ölanteils eine äußerst große Energiedichte. Im Badischen Winzerkeller wurde z. B. über viele Jahre ein „Kernreaktor" betrieben, in dem mit der Verbrennung von Kernen Dampf erzeugt und damit über einen Generator Strom erzeugt wurde.

Farbstoffe aus Rotweintrester

Aus den Schalen roter Traubentrester lassen sich die verbliebenen Farbstoffe extrahieren und als alkoholgelöstes Konzentrat oder Pulver zur Färbung von Lebensmitteln einsetzen (Jakob 2012). Möglicherweise ist dieses Önocyanin der älteste Lebensmittelfarbstoff überhaupt. Das Produkt enthält in sortenabhängiger Verteilung die Anthocyane als Monoglucoside, deren acetylierte Formen sowie eine Anzahl von Tanninen oder organische Säuren (da Porto et al. 1998). Zur Gewinnung der Farbstoffe werden die Beerenhäute, d. h. üblicherweise abgetrennt von Stielen und Kernen, mit SO_2-Wasser versetzt, dessen pH-Wert z. B. mit Weinsäure erniedrigt wurde. Extraktionsparameter sind der SO_2-Gehalt, der pH-Wert, die Temperatur, die Anzahl der Extraktionsstufen und die Extraktionsdauer, Messgrößen die Farbausbeute und deren Lagerstabilität. Die Fest-Flüssig-Trennung kann mit den üblichen Klärtechniken erfolgen. In den letzten Jahren wurden verstärkt Dekanter eingesetzt, gefolgt von Konzentrationstechniken wie Ultrafiltration und Umkehrosmose oder Vakuumverdampfung. Die Önocyanin herstellenden Betriebe behandeln ihre Produktionsparameter üblicherweise als Betriebsgeheimnis.

Wissenschaftliche Untersuchungen sind hauptsächlich älteren Datums. Pompei et al. (1982) fanden bei einem stark abgesenkten pH-Wert von 2,5 eine hohe Extraktion von gelben Phenolverbindungen, Zucker und alkoholunlöslichen Substanzen. Eine höhere SO_2-Konzentration erhöhte wiederum die Farbausbeute. Da Porto et al (1998) untersuchten eine ganze Reihe von Extraktionsparametern. Eine zweistufige Konzentrierung mit Membrantechniken (UF + RO) erbrachte eine hohe Farbintensität, aber vergleichsweise instabile Farbstoffe bei pH-Wert-Veränderungen. Umgekehrt waren die Ergebnisse bei der Vakuumeindampfung: geringere Farbausbeute, aber höhere Stabilität. Die Stabilität bei pH-Wertveränderungen ist entscheidend für die Einsatzmöglichkeiten als Färbemittel.

Anthocyane erzeugen in Lebensmitteln im pH-Bereich von 3–4 eine rote bis dunkelrote Farbe, sie sind licht- und pasteurisationsstabil und benötigen zur weiteren Stabilisierung keine Ascorbinsäure. In gasdurchlässigen PET-Flaschen verlieren sie aufgrund von Oxidationen etwas an Farbkraft. Der Zusatz von Önocyanin zu Wein ist verboten.

7.4 Weinveredlung

Weinbrand

Weinbrand ist der Begriff für einen in Deutschland gebrannten, d. h. destillierten Wein, der mindestens 6 Monate im kleinen Eichenfass oder 1 Jahr im Fass mit mehr als 1000 l Inhalt gelagert wurde und allgemein 36 bzw. als Deutscher Weinbrand 38 %vol. Alkohol enthält. Zuvor ist es lediglich Branntwein. Die fünf maßgeblichen Brennereien in Deutschland erzeugen etwa 60 % des hiesigen Weinbrandes, meist aus ausländischen Brennweinen. Das sind Weine, die mit Destillat auf 18–24 %vol. Alkohol eingestellt wurden (Jakob 2012). Winzerbetriebe mit Brennrecht oder als Stoffbesitzer, die bei einem Dienstleistung produzieren lassen, bieten zunehmend ihre eigenen Weindestillate an.

In größerem Umfang werden nur Weine der Sorten Müller-Thurgau, Kerner, Silvaner und Riesling zur Herstellung von Weinbränden eingesetzt (Röhrig 2006). Der Autor empfiehlt, keinen Abstich vor der Destillation vorzunehmen, um durch den mitgebrannten Hefeanteil zusätzlich Körper zu erzielen. Die Weine sollten nur minimal geschwefelt sein und keine malolaktische Gärung hinter sich haben. Bei der ersten Destillation entsteht der Rau- oder Rohbrand mit max. 72 %vol. Alkohol. Die anschließende zweite Destillation führt zum Feinbrand, dem eigentlichen typischen Weindestillat, bei dem Vor- und Nachlauf abgetrennt werden. Der Mittellauf muss mindestens 52 und darf höchstens 86 %vol. Alkohol aufweisen. Der Zusatz von Natronlauge in die Brennblase führt zu einer Abbindung schwefelhaltiger Substanzen. Die Lagerung des Destillats mit 70 % Alkohol im Eichenholzfass ergibt eine intensivere Farbe und geschmackliche Abrundung (Röhrig 1999, 2001, 2010). Anschließend erfolgt die Rückverdünnung auf Trinkstärke (je nach Bezeichnung 36 oder 38 %vol.) und ggf. der Zusatz von bis zu 3 %vol. Zucker sowie von Zuckercouleur. Die Farbe ist daher kein Qualitätsmerkmal. Die internationale Bezeichnung für Weinbrand ist Brandy, in Frankreich daneben Cognac oder Armanac als Herkunftsbezeichnung.

Weinhefebrände

Die Destillation des Hefetrubes ergibt einen vollmundigeren Brand als der aus Trester. Die Güte eines Weinhefebrandes hängt vom Weinanteil, der Weinqualität, der Traubensorte und dem Hefezustand ab. Die Hefe darf nicht lange gelagert sein, um unerwünschte Autolyseprodukte zu minimieren. Weinhefebrände enthalten im Gegensatz zu Trester- oder Weinbränden Weinhefeöl (auch Önantäther oder Cognacäther genannt), das ihnen den charakteristischen Geschmack verleiht. Eine kleine Menge dieses schwer flüchtigen Öls geht in den Mittellauf über und erzeugt das typische Hefebrandaroma (Röhrig 2010).

Weitere Unterschiede liegen in der Konzentration an Fuselölen, also der Menge an höheren Alkoholen. Hefebrände weisen rund die doppelte Menge auf verglichen mit Weinbränden (Scholten 1997). Abb. 218 zeigt die Verfahrenstechnik zur Herstellung von Hefe- und Tresterbränden. Anstelle des Abstichs kann Wein abgezweigt zur Herstellung von Weinbrand und ohne weitere Maßnahmen direkt destilliert werden.

Weinöl aus Weinhefe

Wird nach dem Abdestillieren des Alkohols weiter erhitzt, geht mit dem Wasserdampf das schwer flüchtige Weinöl über. Es besitzt einen Siedepunkt zwischen 225 und 230 °C und sammelt sich in Form von Öltropfen auf dem Destillat. Aus 100 kg Weinhefe lassen sich nur etwa 40 g Öl gewinnen. Es besteht aus einem Gemenge verschiedener Fettsäureester, hauptsächlich Ethyl- und Amylester der Caprin- und Capronsäure, und wird vor allem zur Herstellung von Weinbrandessenzen verwendet. Der intensive, aromatische Weingeruch tritt erst bei starker Verdünnung in Erscheinung (Scholten 1997).

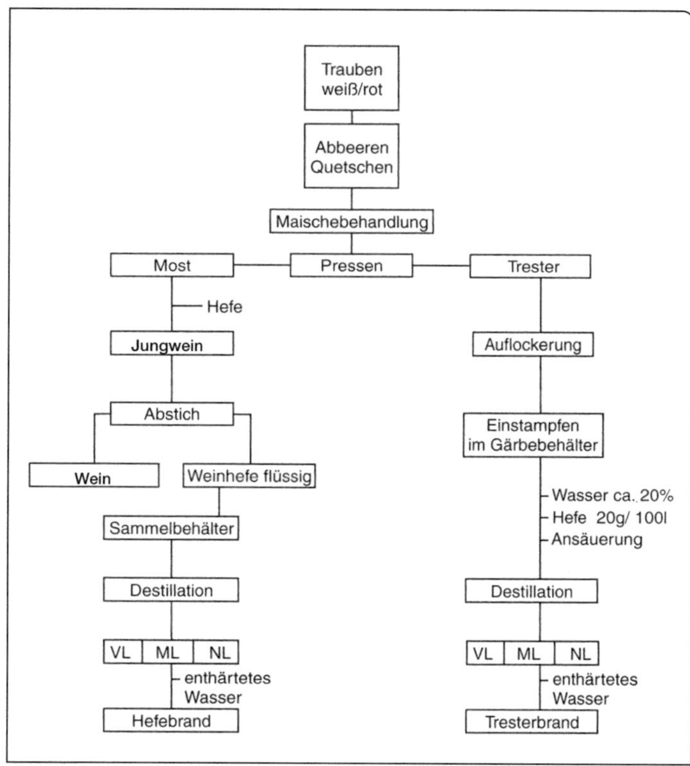

Abb. 218 Verfahrensschritte bei der Hefe- und Tresterbrand-Herstellung (Röhrig 1992); VL = Vorlauf; ML = Mittellauf; NL = Nachlauf.

Weinhefe als pharmazeutisch-diätetisches Produkt

Weinhefe besitzt eine große Vielfalt an Inhaltsstoffen, z. B. Fettsäuren, Aminosäuren, Proteine oder Spurenelemente, die z. T. für Mensch oder Tier essenziell sind. Getrocknete Hefe oder Hefeextrakte finden sich in Reformhäusern als Nahrungsergänzungsmittel. Hefeextrakt ist die Bezeichnung für konzentrierte Autolysate aus Hefe, nach Trocknung ein gelbbräunliches, wasserlösliches Pulver. Hefeextrakt enthält einen hohen Anteil an Proteinbestandteilen und wird als Würzmittel und Geschmacksverstärker in zahlreichen Lebensmitteln eingesetzt. Hefe selber besitzt keine E-Nummer und wird aufgrund eines hohen Gehaltes an Glutaminsäure bzw. ihrem Salz Glutamat ebenfalls zur Geschmacksverstärkung verwendet.

Als Pharmazeutikum wurde Hefe über Jahrtausende z. B. bei Juckreiz, Akne oder zur Wundheilung eingesetzt, Hefemasken werden heute noch aufgetragen. Mehrere Studien beschäftigen sich derzeit mit Wirkungen von Hefe bzw. Hefeextrakten auf Mensch und Tier, z. B. bei Magen-Darmbeschwerden, Lebererkrankungen oder Eiweiß- und Phosphormangel (Großmann 2012).

Heferinden, d. h. die alleinigen Zellwände von Hefezellen, wurden als weinrechtlich zulässiges Behandlungsmittel bereits in Kap. 5 vorgestellt.

Weinessig und Balsamico

Weinessig entsteht durch Oxidation von Ethanol zu Acetat mit Ethanal als Zwischenprodukt. Technisch wird sie durch Mikroorganismen der Gattung *Acetobacter* unter streng aeroben Bedingungen durchgeführt. Bakterien dieser Gattung finden sich üblicherweise auch auf Trauben und später im Wein. Ohne Anwesenheit von Sauerstoff können sie sich aber nicht entwickeln, d. h. bei einer Kellerwirtschaft nach dem Stand der Technik bilden sie keine Essigsäure. Anders ist es, wenn Tanks im Anbruch liegen oder sich in Bodenvertiefungen längere Zeit Weinreste befinden. Dann können dort Essigbakterien, oft zusammen mit Kahmhefen, wachsen und eine weißliche, papierartige bis lederartige Haut oder auch gallertartige Oberflächenvegetation bilden (Dittrich und Großmann 2010).

Zur Herstellung von Essig aus filtrierten und eiweißstabilen Weinen werden Starterkulturen eingesetzt, die Essigmutter. Eine Maischestandzeit zur Intensivierung des Sortenaromas wird empfohlen (Langhans et al. 1994). Das traditionelle Orleans-Verfahren ist ein Oberflächenverfahren, bei dem die Bakterien von der Oberfläche her die Oxidation durchführen. Der Oxidationsvorgang wird in offenen Kesseln sich selbst überlassen, die Produktion für eine beschleunigte Fermentation in warmen Räumen durchgeführt. Nach einiger Zeit bildet sich auf der Flüssigkeitsoberfläche eine Kahmhaut der Alkohol verwertenden Kahmhefen. Ist der Alkohol vollständig in Essigsäure umgewandelt, wird der Essig unter der Haut vorsichtig abgelassen. Dieses Verfahren ist zeitaufwendig, birgt das Risiko einer Fehlproduktion und eignet sich deshalb schlecht für große Mengen.

Alternativ kann nach dem industriell durchgeführten Submers-Verfahren produziert werden. Die Bakterien sind direkt in der Flüssigkeit suspendiert. Die Produktion dauert je nach Technik nur 1–3 Tage. Durch die kurze Produktionszeit ist eine hohe Wirtschaftlichkeit gegeben, weshalb die meisten Essigproduzenten weltweit auf das Submers-Verfahren umgestellt haben. Die Luftzufuhr wird so gesteuert, dass es nicht wegen zu starkem Lufteintrag zu Aromaauswaschungen kommt. Bei Submers-Verfahren führt die Reinheit der verwendeten Essigkulturen zu sehr reintönigen Essigen. Bei beiden Verfahren ist ausreichend Sauerstoff im Substrat erforderlich, um die aeroben Anforderungen der Bakterien zu erfüllen. Wichtig ist der Abbruch der Bakterientätigkeit nach Verzehr des Alkohols, um eine Überoxidation mit Geschmacksbeeinträchtigungen zu vermeiden (Langhans 1997). Der Essiggehalt liegt etwa bei 60 g/l, die übrigen Analysenwerte entsprechen im Wesentlichen dem Ausgangswein. Der Restalkoholgehalt kann bis 0,5 %vol. betragen. Ein Reifungsprozess in Holzfässer vermag das Aroma weiter zu verbessern.

Im Winzerbetrieb kann bei einem modifizierten Submersverfahren die Turbulenz anstelle durch Luftzufuhr von unten über periodisches Umpumpen erzielt werden.

Die Klärung ist mit den gängigen Techniken für die Weinklärung möglich. Allerdings ist ganz besonders auf hygienisches Vorgehen zu achten, um den Betrieb nicht zu infizieren. Aus diesem Grund findet die Essigproduktion oft außerhalb des Betriebes statt oder wird an Dienstleister vergeben.

Balsamico oder Balsamessig ist ein Essig, der ursprünglich aus der italienischen Provinz Modena oder der Region Emilia Romagna stammt. Er zeichnet sich durch eine dunkelbraune Farbe und einen süßsauren Geschmack aus. Der Most von dortigen spät gelesenen Trauben (meist Trebbiano oder Lambrusco) wird durch Kochen auf 30–70 % des ursprünglichen Volumens eingedickt. Das Konzentrat wird gefiltert und danach ein Anteil mindestens 10 Jahre alter Balsamessig sowie etwa 10 % frischer Wein zur Vergärung zugesetzt. Anschließend lagert der Essig jeweils über mehrere Monate in verschiedenen Holzfässern. Der gesamte Herstellungsprozess dauert viele Jahre, und der Essig konzentriert sich durch Verdunstung des Wassers im Holzfass immer weiter auf. Je älter er ist, desto dickflüssiger ist er. Die verschiedenen Holzarten und die Fermentation verleihen dem Balsamico seinen eigentümlichen Geschmack und seine Farbe. Aceto Balsamico Traditionale muss nach diesem Verfahren aus ausschließlich konzentriertem Traubenmost hergestellt werden und ist entsprechend teuer.

Der Begriff Balsamico selber ist nicht geschützt und kann von jedem Essig-Hersteller verwendet werden. Billige Balsamicos bestehen meist aus gewöhnlichem Weinessig mit Zusatz von eingedicktem Traubenmost und sind in vielen Fällen mit Zuckercouleur braun gefärbt.

7.5 Schaumwein, Sekt, Crémant

Schaumwein ist ein kohlensäurehaltiger Wein, der im Glas stark moussiert. Die Kohlensäure stammt ausschließlich aus der 2. Gärung, die ein Grundwein nach der Zugabe von Zucker im geschlossenen Behältnis und unter Bewahrung der Gärungskohlensäure durchläuft. Tab. 84 beschreibt die rechtlichen Unterschiede zwischen Schaumwein, Deutscher Qualitätsschaumwein

Tab. 84 Rechtliche Anforderungen an die verschiedenen Schaumweine (Weik 2012)

Schaumwein	aus für die Gewinnung von Grundwein geeigneten frischen Weintrauben bzw. Traubenmost und Wein; Herstellungsdauer keine oder mindestens 90 Tage bei Rebsortenangabe; mit ausschließlich aus Gärung stammender CO_2; Gesamt-SO_2 max. 235 mg/l; in geschlossenen Behältnissen bei 20 °C Überdruck von mindestens 3 bar
Deutscher Qualitätsschaumwein (Sekt)	aus für die Gewinnung von Landwein geeigneten frischen Weintrauben bzw. Traubenmost und Wein; Herstellungsdauer mindestens 6 Monate mit ausschließlich aus Gärung stammender CO_2; Gesamt-SO_2 max. 185 mg/l; in geschlossenen Behältnissen bei 20 °C Überdruck von mindestens 3,0 bar
Crémant	mind. 9 Monate Lagerung auf der Hefe, Mosel mindestens 12 Monate; Ganztraubenpressung obligatorisch mit max. 66 % Ausbeute; Restzuckergehalt 15 g/l Pfalz, andere Gebiete: max. 20 g/l; max. 150 mg/l SO_2; die Verwendung des Begriffes Crémant ist mit dem bestimmten Anbaugebiet vorgeschrieben; Rebsorten alle Gebiete: Riesling, Weißburgunder, Ruländer, Spätburgunder; Chardonnay an der Ahr, Pfalz, Rheinhessen; Müllerrebe an Ahr, Pfalz; Frühburgunder an Ahr; Dornfelder an Nahe; Silvaner an Nahe; Rheinhessen; Elbling an Mosel; an der Mosel kein roter Crémant möglich, zudem ist eine Mindestpunktzahl von 3 Punkten bei Qualitätsschaumweinprüfung für Crémant vorgeschrieben

mit oder ohne b. A. und Crémant. Letzterer ist quasi als „Kultprodukt" seit einigen Jahren auch in Deutschland zu finden. In Frankreich ist Cremant die preisliche Alternative zum geografisch genau definierten Champagner.

Deutscher Sekt muss aus deutschen Grundweinen hergestellt werden. Nicht zuletzt aus Kostengründen, aber auch wegen der ausreichenden Verfügbarkeit greifen die großen Sektkellereien vielfach auf ausländische Grundweine zurück. Nur etwa 10 % der Sekte bestehen aus deutschen Grundweinen (Jakob 2012). Dadurch ist dem Winzersekt, meist als Sekt b. A., mit einer Art Alleinstellungsmerkmal eine entsprechende Marktnische geöffnet worden. Diese Sekte werden nach dem 5-Punkte-Schema der DLG, ähnlich dem Weinschema, amtlich geprüft.

Sektgrundweine

Die Herstellung von eigenen Sekten in einem Weinbaubetrieb bedeutet zunächst die gezielte Herstellung eines Grundweines. Im Wesentlichen ist die Technologie identisch mit der allgemeinen Weinherstellung. Der Sektgrundwein wird mit Zucker oder Traubensaft versetzt und erneut in Gärung gebracht. Zur 2. Gärung stehen zwei unterschiedliche Verfahren zur Verfügung, die im Kap. 7.5 beschrieben werden. Die Ausführungen sind sehr gerafft, da mit dem Buch „Sekt, Schaumwein, Perlwein" ein aktuelles Standardwerk zur Verfügung steht (Bach et al. 2010) und Schaumwein bis auf wenige Ausnahmen in den Betrieben lediglich als Nebenprodukt und zur Portfolioabrundung produziert wird.

Für die Versektung haben sich einige Rebsorten besonders durchgesetzt: Riesling, Weißburgunder, Grauburgunder, Kerner, Chardonnay, Spätburgunder und vereinzelt aromaintensive Sorten wie Scheurebe oder Muskateller. Grundsätzlich eignen sich aber praktisch alle Rebsorten. Sektgrundweine müssen aus gesundem Lesegut oxidations- und trubarm hergestellt werden. Das schließt längere Verweilzeiten als Maische oder eine Schwefelzugabe aus. Die Phasentrennung soll unter Verzicht auf maximale Ausbeute schonend erfolgen, vielfach wird lediglich der Vorlauf zur Versektung verwendet. Da eine 2. Gärung erfolgt mit der Bildung von weiteren 10 g/l Alkohol ist ein Gesamtalkohol von 80–85 g/l völlig ausreichend. Der Lesezeitpunkt oder die Anreicherung muss darauf Rücksicht nehmen. Frühere Lese darf aber nicht die Verarbeitung unreifer Trauben bedeuten, deren Saft evtl. erst entsäuert werden muss. Bei Sekt wird durchaus ein höherer Säuregehalt akzeptiert.

Die Vergärung des gut geklärten Mostes mit

Reinzuchthefe soll eine vollständige Zuckerverwertung bewirken ohne die Bildung von Hefeinhibitoren. Nach dem frühzeitigen Abstich kann SO_2 zugesetzt werden (50–80 mg/l), eine malolaktische Gärung ist zu unterbinden. Alle weiteren Klär- und Stabilisierungsmaßnahmen erfolgen nach Bedarf analog zur Weinherstellung.

7.5.1 Versektung durch Flaschengärung

Die traditionelle Art der Sektbereitung ist die Vergärung in einer druckbeständigen Flasche. Sie wird befüllt mit dem Grundwein, der oft als Cuvee aus verschiedenen Chargen zusammengestellt ist, und einer Menge an Zucker in Form von Saccharose oder RTK, gelöst in Wein. Verschlossen wird mit einem Kronkorken. Der Zuckerzusatz (Fülldosage oder Tirage) beträgt zwischen 20 und 25 g Saccharose, aus der die ebenfalls zugesetzte Reinzuchthefe einen Druck von 4–6 bar erzeugt. Die Gärung kann sich angesichts der erschwerten Bedingungen über mehrere Wochen hinziehen. Anhand einiger Flaschen mit fixiertem Manometer lässt sich der Gärverlauf beobachten.

Im Anschluss an die gesetzlich vorgeschriebene Zeit der Lagerung wird die Hefe entfernt, die Flasche mit Likör aufgefüllt, dabei im Zuckergehalt eingestellt (Versanddosage; hoch konzentrierte Wein-Zuckermischung zur Einstellung des gewünschten Restzuckers) und der endgültige Verschluss, ein Korkstopfen mittels eine Drahtagraffe fixiert. Zur Hefeabtrennung, das Degorgieren, muss die Flasche unter ständiger genormter Bewegung aus der Horizontalen in die Waagrechte gebracht werden. Dieses Rütteln kann von Hand aufwendig während 21 Tagen in Rüttelpulten erfolgen, geschieht inzwischen aber meist maschinell in Gitterboxen. Am Ende steht die Flasche auf dem Kopf, der Hefepfropf liegt auf dem Kronkorken auf.

Im Kleinbetriebe wird die Flaschenmündung in einer Kühlsole vereist und der Kronkorken manuell entfernt. Der Überdruck schießt die Hefe nach außen. Anschließend erfolgt sofort das Auffüllen der Flasche durch Zusatz der Versanddosage.

Die hier beschriebene Methode der Flaschengärung ist als Champagnerverfahren oder traditionelles Verfahren bekannt. Moderne Betriebe verwenden für den Vorgang des Enthefens und der Ausstattung vollautomatisch arbeitende Fülllinien.

Transvasierverfahren
Eine Variante des traditionellen Verfahrens ist das Transvasierverfahren. Versektet wird in Flaschen, deren Inhalt nach dem Entleeren in Drucktanks egalisiert, filtriert und wieder auf Flaschen abgefüllt. Dadurch ist die Bezeichnung Flaschengärung erhalten geblieben und die Versandflaschen können leichter sein als beim traditionellen Verfahren.

7.5.2 Tankgärverfahren

Damit ist ein Großraumverfahren in Drucktanks gemeint, in denen die 2. Gärung stattfindet. Die Produktion hat sich dadurch deutlich verbilligt, sodass die meisten Produkte der großen Sektkellereien inzwischen nach diesem Verfahren hergestellt werden. Unterschiedliche Zusammensetzungen in den einzelnen Flaschen werden verhindert. Die Abfüllung der fertigen Schaumweine erfolgt isobarisch, d. h. im Gegendruckverfahren. Dadurch bleibt die Kohlensäure vollständig erhalten.

Einfache Schaumweine lassen sich auch mit dem Imprägnierverfahren herstellen. Anstelle von Gärungskohlensäure wird technisches CO_2 zugegeben. Dieser Kohlensäure fehlt wie bei Sprudelwasser die Feinperligkeit und das Gas entbindet sich schnell. Zudem muss der Zusatz auf dem Etikett deklariert werden. Qualitativ können diese Schaumweine nicht mit denen aus einer 2. Gärung mithalten.

Perlweine
Perlweine sind allgemein kohlensäurehaltige, moussierende Weine, die in Deutschland in der Vergangenheit keine große Rolle gespielt haben. Der Prosecco-Boom hat diese Produkte in Deutschland stark beflügelt. Inzwischen ist technologisch und qualitativ eine große Vielfalt an Perlweinen entstanden, deren gehobene Vertreter sich vor vielen Sekten nicht zu verstecken brauchen. Im Jahr 2009 betrug die Produktion der über 1200 Sekt erzeugenden Betriebe etwa

370 Mill. Flaschen, davon 20–25 % Perlwein (Weik 2010). Seit 1996 hat sich die produzierte Menge nahezu verfünffacht (Breier 2013). Als besonders geeignet werden Bukettsorten angesehen.

Rechtlich sind drei Qualitätsstufen definiert, die sich in Herstellung und Kennzeichnung (Alkohol, Süßung) auf dem Etikett unterscheiden:

- Deutscher Perlwein mit zugesetzter Kohlensäure; der CO_2-Druck wird mit technischer Kohlensäure erzeugt,
- Deutscher Perlwein; der CO_2-Druck wird durch die Gärungskohlensäure erzeugt,
- Deutscher Qualitätsperlwein; der CO_2-Druck wird durch Gärungskohlensäure erzeugt.

Unterschiede zum Schaumwein liegen im CO_2-Druck, der bei Perlwein minimal 1,5 und höchstens 2,5 bar betragen muss (Schaumwein: mindestens 3 bar; bei Q.b.A. 3,5 bar). Die Kohlensäure entsteht auch nicht im Zuge einer 2. Gärung, sondern durch eine einmalige Mostgärung im Drucktank, über den der gewünschte Flaschendruck eingestellt wird. Eine Lagerung auf der Hefe ist nicht vorgeschrieben. Die Gasperlen sind üblicherweise grobperliger als bei Schaumwein und schneller entbunden. Klärung, Zugabe von Süßreserve und Abfüllung erfolgen isobarisch. Die vergleichsweise aufwendige Technik zwingt die meisten Betriebe, Dienstleister in Anspruch zu nehmen. Zur Imprägnierung bei der einfachsten Qualitätsstufe werden zunehmend hydrophobe Membranen (Gaskontaktoren) eingesetzt (siehe Kap. 6).

Ein Trend geht in Richtung Aromatisierung des Perlweines. Zugemischt werden z. B. Maracuja- oder Pfirsichkonzentrate.

7.6 Aromatisierte Getränke

Diese große Gruppe weinhaltiger Getränke umfasst aromatisierte Weine, aromatisierte weinhaltige Getränke und aromatisierte weinhaltige Cocktails. Definitionen finden sich in der VO (EWG) Nr. 1601/91 vom 10. Juni 1991 zur Festlegung der allgemeinen Regeln für die Begriffsbestimmung, Bezeichnung und Aufmachung aromatisierten Weines, aromatisierter weinhaltiger Getränke und aromatisierter weinhaltiger Cocktails. Die letzte Änderung war VO (EG) 1386 (2008). Aromatisierte Weine können auch als Wein-Aperitif deklariert werden.

Zu diesen Produkten gehören u. a. Glühwein, Sangria, Clarea, Wermut, Zurra, Bitter Soda, Maiwein, Kalte Ente, Wein mit Chinarinde (bitterer Wein), Weincocktails wie das In-Getränk „Hugo“ oder aromatisierter Traubenperlmost. Insbesondere Weincocktails wie die „Hugo-Gruppe“ oder „Sprizz-Erzeugnisse“ haben ihren Absatz zwischen 2011 und 2013 mehr als verdreifacht. Geregelt werden die Aromatisierung, der Alkohol- oder Zuckergehaltgehalt, der Weinanteil, die Schwefelung und vor allem die Deklaration auf dem Etikett. Letztlich ist der Fantasie bei der Kreierung von Produkten viel Spielraum gegeben, eine rechtliche Absicherung bei der Weinkontrolle oder den Lebensmitteluntersuchungsämtern aber dringend angeraten.

8 Die Abfüllung als Qualitätsparameter für Wein

Wurden Weine früher in Abhängigkeit von der Füllreife abgefüllt, ist heute mehr der Vermarktungszeitpunkt entscheidend (Wolz 2006). Die meisten lagern und reifen wesentlich länger in der Flasche als im Tank. Entsprechend hoch sind die Anforderungen an Stabilität und Sterilität. Bei der Abfüllung müssen Wein, aufnehmendes Behältnis, Verschluss, Ausstattungsmaterialien und Versandbehältnisse räumlich und zeitlich zielgenau zusammengeführt werden. Dahinter steckt eine anspruchsvolle Logistik, Fehler führen unmittelbar zu Reklamationen. Die Komplexität des Abfüllprozesses und die vergleichsweise hohen Investitionskosten für die Technik machen eine eigene Abfüllung erst ab einer Füllmenge/Jahr von etwa 100 000 l wirtschaftlich. Vergleichbar der Situation bei Traubenvollerntern hat sich eine Vielzahl von Dienstleistern für die Abfüllung im Lohnverfahren etabliert. Breier (2013) berichtet allein für das Anbaugebiet Rheinhessen von 27 Abfüllern mit stationären und mobilen Einrichtungen. Die durchschnittliche Leistung der mobilen Anlagen liegt bei 2900 Flaschen/h, die stationären bewegen sich zwischen 2000 und 8500 Flaschen/h. Daneben existieren in allen Anbaugebieten gemeinschaftlich genutzte Anlagen. Großbetriebe, die selber abfüllen, nutzen vollautomatisierte Anlagen mit

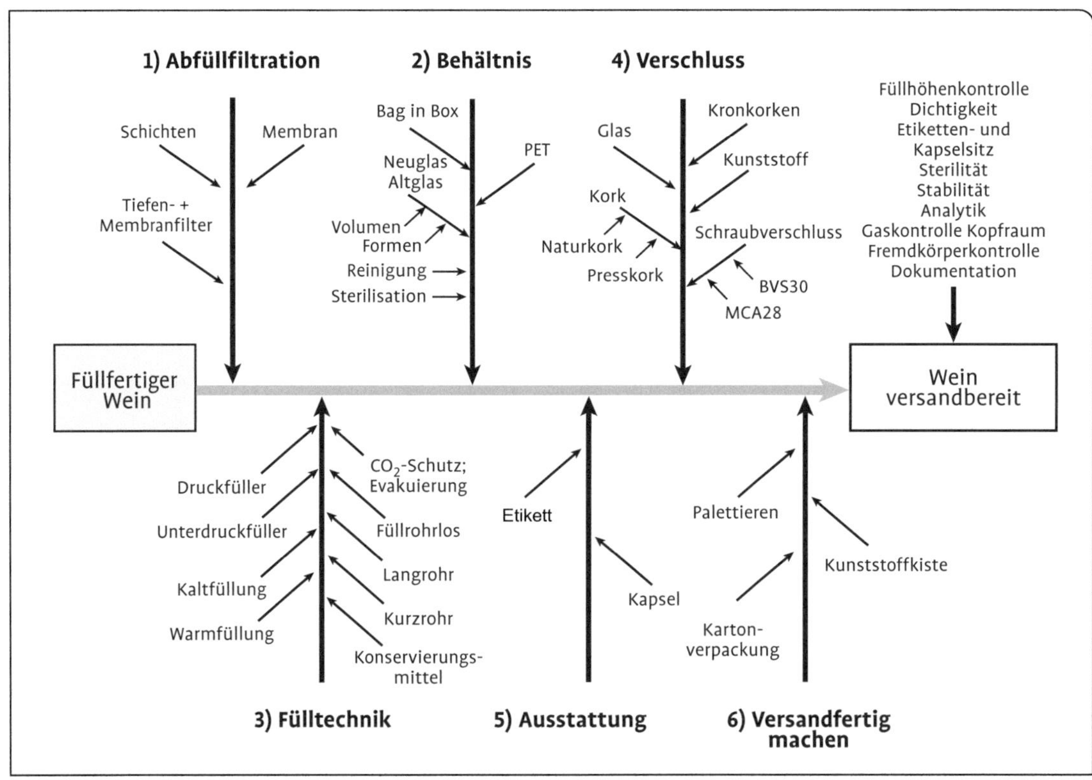

Abb. 219 Abfüllparameter.

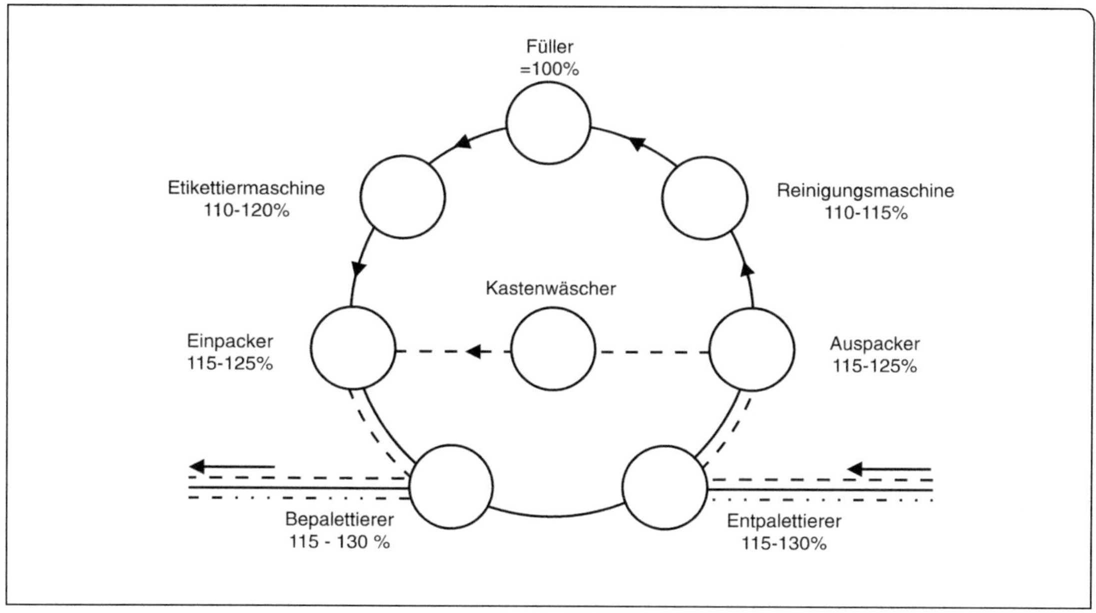

Abb. 220 Leistungsdifferenzierung einer Füllkolonne (Hamatschek 1997).

Stundenleistungen über 30 000 Flaschen/h. Die Maschinentechnik, aber auch zahlreiche Parameter in deren Umfeld erlauben ein immenses Spektrum an Abfüllvarianten. Diese Vielfalt sprengt den Rahmen dieses Buches bei Weitem. Im Kapitel Abfüllung sollen daher hauptsächlich diejenigen Parameter besprochen werden, die sich auf die Beschaffenheit des abgefüllten Weines auswirken. Aus Abb. 219, die die wesentlichen Abfüllparameter zusammenfassend zeigt, sind das vor allem die Wahl des Verschlusses in Verbindung mit dem Behältnis und die Abfülltechnik. Beide wirken sich auf die Sauerstoff- bzw. CO_2-Verhältnisse im Wein aus und beeinflussen dadurch dessen Reifeentwicklung.

Rückverfolgbarkeit als gesetzliche Vorgabe
Grundlage für die Chargenrückverfolgung in der Lebensmittelwirtschaft ist die EU-Verordnung 178/02, insbesondere die Artikel 18 und 19. Sie verlangen von jedem Produzent innerhalb der Lieferkette die Verantwortung dafür, nachzuweisen, von wem er seine Waren bezogen und an wen er seine Waren geliefert hat. Diese Verordnung wurde 2005 konkretisiert und im nationalen Recht durch das LFGB (Lebens- und Futtermittelgesetzbuch) ergänzt (sieh dazu Kap. 9). Die Pflicht zur Rückverfolgbarkeit von Waren gilt für Landwirt, Importeur, Transporteur, die Lebensmittelindustrie als Verarbeiter sowie den Lebensmittelgroßhandel und den Lebensmitteleinzelhandel. Die Rückverfolgbarkeit bezieht sich immer auf eine in einem Arbeitsgang gemeinsam hergestellt Charge. Strichcodes können hier große Dienste leisten, umso mehr, als die Handelsorganisationen derartige Codes präzise dokumentieren. Aber auch für den Verkauf im Einzelhandel ist eine eindeutige Warenkennzeichnung mit Strichcodes erforderlich. Die Kennzeichnung der Produkte erfolgt in der Reihenfolge vom Einzelgebinde bis zur Palette unterschiedlich und ermöglicht damit auch kleinen Betrieben, ein für sie optimales System der Dokumentation aufzubauen (Kerstan und Pammer 2007).

Abfülltechniken
Die Kombination der Punkte 1-4 in Abb. 219 ergibt das Füllverfahren, mit dem der Wein sicher in die ausgewählte Verpackung gebracht und verschlossen wird. In der Praxis kommen hauptsächlich sechs Varianten vor (Jakob 2012):

1. Kaltsterilfüllung mit Entkeimungsfiltration,
2. Kaltsterilfüllung mit Pasteurisation als Entkeimung,
3. Kaltsterilfüllung (keimarm) mit Zugabe von Konservierungsmitteln (Sorbinsäure, DMDC),
4. Warmfüllung ohne Rückkühlung,
5. Warmfüllung mit Rückkühlung,
6. Kaltfüllung mit Pasteurisation im Tunnel.

Die am häufigsten in der Weinwirtschaft eingesetzten Verfahren sind die Nummern 1, 3 und 5. Füllvariante 6 findet sich vorrangig in der Brauwirtschaft, vor allem bei alkoholfreien Produkten.

Die Gesamtheit aller zum Füllen und zur Ausstattung erforderlichen Aggregate ergibt die Füllkolonne oder Abfülllinie. Die Aggregate müssen räumlich integriert und zeitlich aufeinander abgestimmt sein. Herzstück der Anlage ist die Füllmaschine, deren Stundenleistung die Leistung der peripheren Geräte vorgibt. Abb. 220 zeigt den Leistungsaufbau einer Füllkolonne mit Entpalettierung, Auspacker für Flaschen, Altglasreinigung, Etikettierung, Einpacker und Palettierung schematisch. Die unterschiedlichen Leistungsniveaus dienen als Puffer für Betriebsstörungen. Die Aggregate können je nach räumlicher Situation in einer Linie bzw. in Kammaufstellung stehen und Voll- und Leergut maximal trennen oder über eine U- bzw. Arenaaufstellung beide an der gleichen Seite aufnehmen und abladen.

8.1 Die Abfüllfiltration

Unabhängig von der Fülltechnik muss der Wein bereits zuvor extrem trubarm sein. Die Filtration vor der Abfüllung dient lediglich der Entfernung kleinster noch vorhandener partikulären Teilchen, vor allem der potenziell weinschädlichen Hefen und Bakterien. Soll kaltsteril abgefüllt

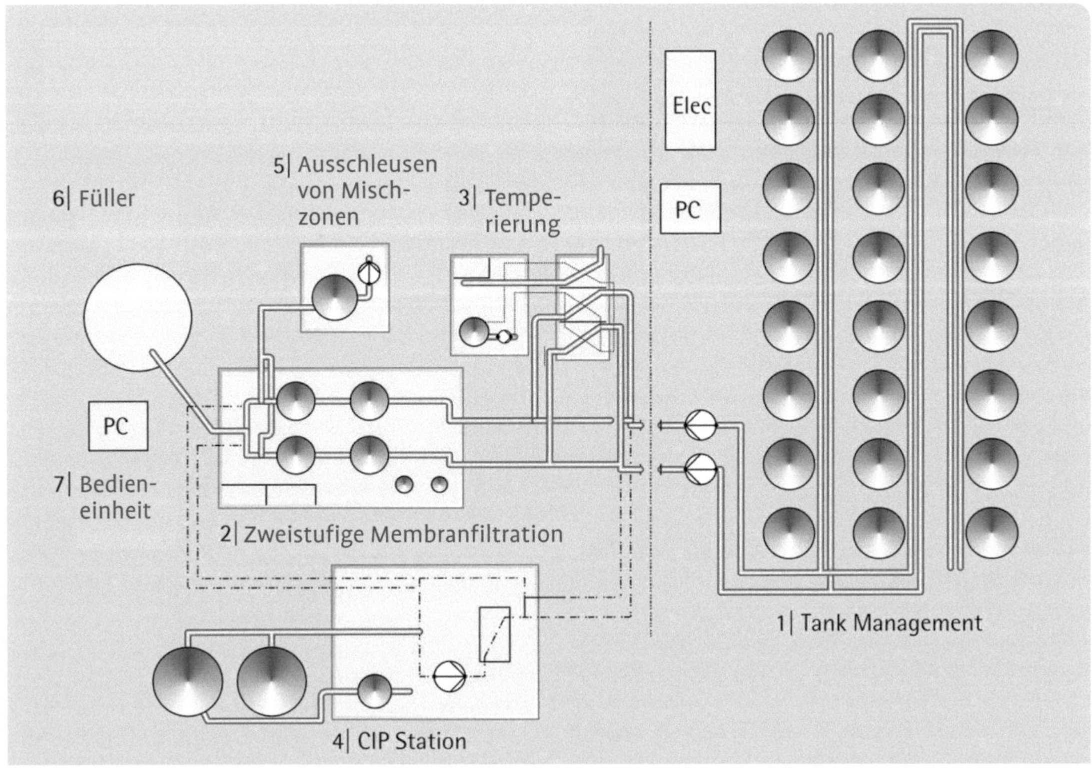

Abb. 221 Peripherie der Abfüllung einschließlich Temperaturanpassung, Mischzonenhandling, CIP-Station und mehrstufige Abfüllung im Parallelsystem (Quelle: Fa. Sartorius Stedim Biotech).

werden, müssen Filter und alle nachgeschalteten System analog der Süßreserveeinlagerung mit Dampf sterilisiert werden, damit der bereits keimarme Wein ohne Reinfektion steril filtriert und anschließend in ebenfalls sterile Flaschen gefüllt werden kann. Am Filtereingang werden max. 300 Keime/ml akzeptiert. Dieses Füllverfahren gilt als das weingerechteste, aber auch zeitlich und technisch als das aufwendigste. Bei Warmfüllungen und/oder dem Einsatz von Konservierungsmitteln wie Sorbinsäure oder DMDC (siehe Kap. 6.4) kann die Sterilisation des Filtermediums theoretisch etwas großzügiger durchgeführt werden.

Zur Abfüllfiltration kommen im Wesentlichen folgende Filtersystemen oder deren Kombination zum Einsatz:

- Schichtenfilter mit Sterilschichten,
- Schichtenfilter mit Sterilschichten und nachgeschaltetem Membranfilter mit 0,45 µm Porosität,
- Modulfilter mit Tiefenwirkung gefolgt von Membranfilter mit 0,45 µm Porosität,
- 2-stufige Membranfiltration, evtl. mit unterschiedlichen Porositäten (die 2. Stufe mit 0,45 µm).

Lohnfüller verlangen häufig eine Vorfiltration über Membranfilter bzw. Cross-Flow-Filtration (siehe dazu Kap. 6, Filtration und Kap. 3, Süßreserve). Je nach eingesetztem Filtersystem und dessen Aufnahmekapazität für Trubstoffe sind die Weine im Vorfeld entsprechend gut zu klären. Abfüllfilter dürfen aus Sicherheitsgründen lediglich als Polizeifilter wirken und keine eigentlichen Kläraufgaben mehr übernehmen. Die zulässigen Druckanstiege sind dementsprechend sehr niedrig angesetzt. Geschlossene Modulfilter sind in der Zwischenzeit die Technik der Wahl, da sie ein kritischer Punkt sind (CCP) und ihre Integrität im Gegensatz zu Schichtenfiltern unmittelbar durch Tests überprüft und dokumentiert werden kann (siehe Kap. 9, HACCP).

Abb. 221 zeigt beispielhaft einen Filtrationsprozess im Zusammenhang.

8.2 Behältnisse

Das Weinbehältnis der Wahl ist nach wie vor die Glasflasche. Sie wird im Folgenden schwerpunktmäßig betrachtet. Alternativ kommen, hauptsächlich bei einfacheren Weinen oder Mischgetränken, neuere Verpackungsvarianten zum Einsatz: Kartonverpackungen (Tetra Pak), Polyethylenterephthalat-Flaschen (PET-Flaschen), Bag-in-Box-Systeme (Kunststoffbeutel, die in Wellkartons gesteckt werden) oder Dosen (Neubauer 2009). Triebfeder hierzu sind hauptsächlich Handelskellereien, die die erforderliche Abfülltechnik wirtschaftlich auslasten können und über ein großes Produktportfolio verfügen. Die Produkte in diesen Behältnissen sind üblicherweise für schnellen Konsum gedacht.

8.2.1 Glasflaschen als Füllbehältnis für Wein

Hohlglas wird zur Aufbewahrung von Flüssigkeiten seit rund 4000 Jahren eingesetzt. Die Industrialisierung brachte im 19. Jahrhundert den Sprung vom Luxus- zum Gebrauchsgut. Flaschenglas ist ein Gemenge von Kalziumsilikat, Natriumsilikat und freier Kieselsäure. Zugesetzt werden Kalk für die Materialhärte und weitere Hilfsmittel zum Schmelzen. Das Gemenge wird bei 1500 °C geschmolzen und bei 1200° geformt. Im anschließenden Kühltunnel erfolgt die Oberflächenvergütung. Durch Aufbringen spezifischer Substanzen werden Festigkeit und Gleitfähigkeit verbessert.

Die Färbung von Glas geschieht durch Zusatz von Metalloxiden. Grünes Glas enthält Eisenoxid, braunes Manganoxid. In den letzten Jahren hat die Verbreitung farbloser Flaschen an Bedeutung gewonnen, besonders für Rosé-Weine oder Blanc de Noirs. Traditionell finden sich in den deutschen Anbaugebieten unterschiedliche Farbschwerpunkte. Die Färbung verhindert negative Veränderungen des Inhalts durch Lichtenergie sowohl der Sonne als auch von Leuchtmedien. Besonders kritisch gesehen wird der energiereiche UV-Anteil des Lichts. Der beste Schutz vor Geruchs- und Geschmacksveränderungen findet sich in braunen Flaschen.

Glas eignet sich ideal für Recycling, deshalb

sind zahlreiche Abfülllinien mit einer Reinigungseinrichtung für gebrauchte Weinflaschen ausgestattet. Alternativ führen spezialisierte Dienstleister die Sortierung, Inspektion, Reinigung und den Versand analog zu Neuglas durch. Erschwert wird Glasrecycling durch die oft marketingbedingte Vielfalt an Formen und Farben. Vielfach ist deshalb das Scherbenrecycling die wirtschaftlich und ökologisch günstigste Alternative.

Tab. 85 gibt durchschnittliche Maße und Gewichte gängiger Flaschenformen an (Weik 2012). Die Palette wird ergänzt durch die Bocksbeutelform, die hauptsächlich im Anbaugebiet Franken zum Einsatz kommt. Die Weinflasche ist gemäß Fertigpackungsverordnung ein Maßbehältnis, das Randvollvolumen, Nennvolumen, ein Herstellerzeichen und einen Hinweis auf die Verwendung als Maßbehältnis enthalten muss. Abweichungen vom Nennvolumen sind bei Einzelflaschen in engem Rahmen zulässig, im Mittelwert muss das angegebene Volumen gegeben sein.

Die Differenz zwischen Randvollvolumen als maximalem Fassungsvermögen der Flasche und Nennvolumen dient zur Aufnahme des Korken und umfasst einen Hohlraum als Puffer für Volumenveränderungen aufgrund von Temperaturschwankungen.

8.2.2 Reinigung und Sterilisation von Glasflaschen

Nur Mehrweg-Glas muss gereinigt und sterilisiert werden. Für Neuglas reicht im Allgemeinen die Sterilisation. Reinigung bzw. Spülung setzen sich aus mehreren Prozessschritten zusammen:

- Entnehmen der Flaschen aus den Transportbehältern,
- Entfernen von Restmetall der Schraubverschlüsse an der Mündung
- Flaschenreinigung,
- Qualitätskontrolle (vollständige Entleerung; Unversehrtheit),
- Sortieren nach Form und Farbe,
- Reinigung der Transportbehälter,
- Einsetzen der gereinigten Flaschen,
- Versand-Verpackung mit durchsichtiger Schrumpffolie.

Dieser Aufwand hat die meisten abfüllenden Betriebe bewogen, Dienstleister in Anspruch zu

Tab. 85 Maße und Gewichte gängiger Flaschenformen (Weik 2012)

Art	Inhalt (l)	Höhe (mm)	Durchmesser (mm)	Gewicht (g)
Schlegelflasche	0,375	267	61,5	330
Schlegelflasche	0,75	330	76,2	480
Schlegelflasche klein	0,75	310	75,5	450
Schlegel Literflasche	1,0	310	89,5	550
Schlegel Liter Leichtflasche	1,0	310	89,5	390
Schraubenverschluss Liter Schlegel MCA	1,0	310	89,5	390–540
Burgunderflasche weiß	0,75	278	81,3	420
Burgunderflasche braun	0,75	278	82,0	450
Bordeaux Literflasche Oberband	1,0	310	83,8	450
Bordeaux Standard grün	0,75	310	76,0	490
Bordeaux tradition	0,75	300	76,5	550
Gutsweinflasche	0,75	320	72,9	490
Gutsweinflasche Top Alliance	0,75	330	73,5	510

Maße und Gewicht der Flaschen variieren in Abhängigkeit vom Hersteller und innerhalb der Toleranzen nehmen oder direkt Neuglas zu verwenden. Die Verwendung von Gebrauchtglas ist bei Literflaschen und im Genossenschaftsbereich am weitesten verbreitet. Großanlagen erledigen die genannten Aufbereitungsschritte automatisch und dadurch mit vergleichsweise niedrigen Kosten. Trotz Transportaufwand liegen die Kosten deutlich unter denen von Neuglas.

Der eigentliche Reinigungsschritt ist seinerseits ein mehrstufiger, der in geschlossenen Anlagen kontinuierlich durchgeführt wird. Vom Sammeltisch nach der Flaschenaufgabe aus werden die Flaschen in ihre im Endlosband angeordneten Zellen geschoben, restentleert, mit warmem Wasser vorgespült und dadurch angewärmt. Die eigentliche Reinigung findet mit bis 2 %iger Reinigungslauge bei Temperaturen bis 85 °C statt. Höhere Temperaturen oder Laugenkonzentrationen führen zu erhöhtem Glasbruch. Anschließend spülen Laugen- und Heißwasser-Überschwallungen Schmutz und Etiketten von den Flaschen ab. Innen werden sie mehrfach ausgespritzt, entleert und wieder abgekühlt.

Je zu reinigende Flasche werden 0,2–2 g Lauge verbraucht, entsprechend ist die Konzentration nachzuschärfen. Altglas verursacht große Mengen an verschmutzter Lauge, die vor der Abgabe an die Kläranlage neutralisiert und abgekühlt werden muss. Hilfreich ist eine Nebenstromfiltration oder Zentrifugation zur Verlängerung der Laugenstandzeit.

Werden die gereinigten Flaschen von 80 °C aus mit Sterilluft kalt geblasen, brauchen sie nicht mehr zusätzlich sterilisiert werden. Andernfalls ist dazu ein weiterer, separater Prozessschritt nötig.

Die Sterilisation erfolgt mit schwefliger Säure, Chlordioxid, Ozon oder Peressigsäure. Am weitesten verbreitet war schweflige Säure. Eine 2 %ige Lösung benötigt nur 5 Sekunden, um die meisten Mikroorganismen abzutöten, bei 1 % Wirkstoff verlängert sich die Zeit bereits auf 60 sec. Pro Flasche werden bis zu 0,4 g SO_2 verbraucht, auch hier ist regelmäßig nachzuschärfen. Die derzeitige Bioziddiskussion um SO_2 wird auf Ebene der EFSA (Europeen Food Safety Authority) in Parma geführt und kann ein Verbot der Flaschen- und Fasskonservierung mit diesem Mittel bedeuten.

Peressigsäure wird in 1,5 %iger Lösung eingesetzt, die Einwirkzeit muss 8–16 sec betragen. Sie sorgt für eine oxidative Denaturierung von Eiweißen und zerfällt rasch zu Wasser, Sauerstoff und geringen Mengen an Essigsäure. Danach ist Peressig nicht mehr nachzuweisen (Verschwindestoff).

Zur Sterilisation mit Ozon ist ein Ozonerzeuger erforderlich, der Ozon (O_3) bei einer Spannung von 7000 V aus Luftsauerstoff herstellt. Es wird unmittelbar über ein Mischrohr in das Wasserbad und das Spritzwasser für die Flaschenausspritzung dosiert. Ozon ist ein starkes Oxidationsmittel, das Hefen und Bakterien sicher tötet, aber auch Schleimhäute und Atemorgane reizt. Im Bad müssen zur Sterilisation 5 mg/l Ozon vorhanden sein. Die Konzentration wird über eine Messung des Redoxpotenzials ermittelt (> 950 mV). An der Luft zerfällt Ozon schnell wieder in Sauerstoff. Aus Kostengründen wird Ozon hauptsächlich in größeren Anlagen eingesetzt.

Flaschen aus kleinen Chargen werden am einfachsten mit einem Handsprühgerät desinfiziert, indem jede auf das Sprühelement aufgesetzte Flasche mit 20 ml 2,5 %iger schwefliger Säure für 2 sec ausgesprüht wird. Die Sterilisation von größeren Flaschenmengen erfolgt in Tauchbadsterilisatoren oder in Rinsern. Rinser besitzen den Vorteil, dass die Flaschen außen trocken bleiben und die Etikettierung direkt im Anschluss möglich ist. Tauchbadsterilisatoren bestehen aus einem Rad, das sich durch die Sterilisationslösung dreht. Am Rad befestigt sind Zellen, die die Flaschen aufnehmen und durch das Bad führen. Außerhalb des Bads laufen diese leer und werden an der Aufgabestelle wieder entnommen. Rinser eignen sich besonders für Neuglas, bei dem lediglich mittels Sterilluft oder Sterilwasser etwas Staub entfernt werden muss. Die Flaschen werden über eine Spritzdüse positioniert, die das Rinsmedium einspritzt und eine Kontaktzeit von einigen Sekunden ermöglicht. Das Rinsermedium kann auch aus Dampf bestehen oder aus einem Desinfektionsmittel. Diese sind danach mittels 2. Düse auszuspülen. Für technische Details der Reinigung und Desinfektion von Flaschen siehe Blankenhorn und Funk (2012) oder Weik (1999).

8.2.3 PET-Flaschen (Polyethylenterephthalat-Flaschen)

PET ist ein thermoplastischer, polarer Werkstoff mit starken zwischenmolekularen Kräften. In Abhängigkeit von der Herstellung und Verarbeitung nimmt erstarrtes PET eine völlig amorphe oder eine teilweise-kristalline Molekülstruktur an. Das zur Getränkeflaschenerzeugung verwendete PET-Material ist durch die bei der Herstellung angewandte Feststoffkondensation teilweise kristallisiert. Bei ca. 240 °C erweicht und bei ca. 260 °C schmilzt das PET-Material. Da PET polar ist, weist es eine gute Barrierewirkung gegen unpolare Stoffe, wie Sauerstoff, Kohlendioxid und Hydrogencarbonate auf. Für polare Stoffe wirkt es hygroskopisch und absorbiert daher Feuchtigkeit. Bei Raumtemperatur ist das PET-Material erstarrt, fest und steif, aber durch die linear angeordneten Molekülketten sprungelastisch und sehr reißfest. Daraus ergibt sich eine hohe Schlagzähigkeit. PET hat ein hohes Wärmerückhaltevermögen und ist lichtbeständig. Zudem besitzt PET eine Chemikalienbeständigkeit gegen schwache Säuren und Laugen, Öle und Fette. Gegenüber starken Säuren und Laugen sowie einer langen Einwirkzeit von heißem Wasser (Hydrolyse) ist PET dagegen unbeständig. Weitere Eigenschaften von PET sind hohe Lichtdurchlässigkeit, Migration von niedermolekularen Stoffen und die gute Recyclingfähigkeit. Diese Eigenschaften haben eine besondere Bedeutung für PET als Getränkeverpackung, vor allem bei sensiblen und sauerstoffempfindlichen Getränken. Bereits 1999 hatte PET mit 39 % Marktanteil in Europa erstmals Glas als häufigste Getränkeverpackung verdrängt (Jung und Schüßler 2012 und 2012a). Haupteinsatzgebiete sind nach wie vor alkoholfreie Getränke, doch werden zunehmend auch Biere mit diesem Material abgefüllt. Der Anteil an Weinverpackungen stagniert (noch) bei etwa 1 % (Jung und Schüßler 2012). Zunehmend gasdichtere PET-Flaschen lassen aus technischer Sicht eine Zunahme erwarten.

8.2.4 Bag-in-Box

Die Beutelwand von Bag-in-Box-Systemen besteht aus einer Innenschicht aus z. B. Polyethylen oder PET und einer hermetisch umschließenden Aluminiumschicht. Bei 1-l-Beuteln wird der Behälter in einem Prozessschritt maschinell geformt, gefüllt, verschlossen und in den Karton verbracht. Größere Behältnisse können mit einer Zapfvorrichtung ausgestattet werden. Bag-in-Box-Weine sollten höchsten 6 Monate gelagert werden (Blankenhorn und Funk 2012). Wein im Bag-in-Box-System ist nach wie vor ein Nischenprodukt, hat aber in skandinavischen Ländern bereits eine größere Bedeutung erlangt.

Groß angelegte Untersuchungen von Jung und Schüßler (2012) mit analytischen und sensorischen Bewertungen der bei unterschiedlichen Bedingungen gelagerten Weine nach verschiedenen Lagerzeiten zeigten, dass sowohl PET-Flaschen als auch Bag-in-Box-Verpackungen grundsätzlich für die Lagerung von Wein geeignet sind. Durch die gemeinsame Entwicklung und den Einsatz von für die Weinindustrie geeigneten Verpackungsvarianten mit entsprechenden Scavenger- und Barrierematerialien in den untersuchten Verpackungen konnte eine Verbesserung der Lagerstabilität und damit eine Verlängerung der Lagerdauer für die abgefüllten Weine erreicht werden.

8.3 Fülltechnik

Die einfachsten Fülltechniken für kleine Chargengrößen sind Handfüllgeräte. Dazu gehören der Zweiwegehahn, der Moselhahn oder dessen Weiterentwicklung, der Fjord. Am Abfüllfilter angeschraubt, werden diese Geräte mitgedämpft. Jede Flasche muss von Hand untergestellt, die Füllhöhe visuell eingestellt werden. Unvermeidbar ist ein intensiver Luftkontakt, der auch zum Schäumen führen kann.

Eine halbautomatische Variante für Leistungen bis 1500 Flaschen/h ist der Unterdruck-Reihenfüller. Mehrere Flaschen werden nebeneinander in Reihe unter die Füllventile gestellt und über einen Anpressgummi verschlossen. Eine Vakuumpumpe saugt die Luft aus der Flasche,

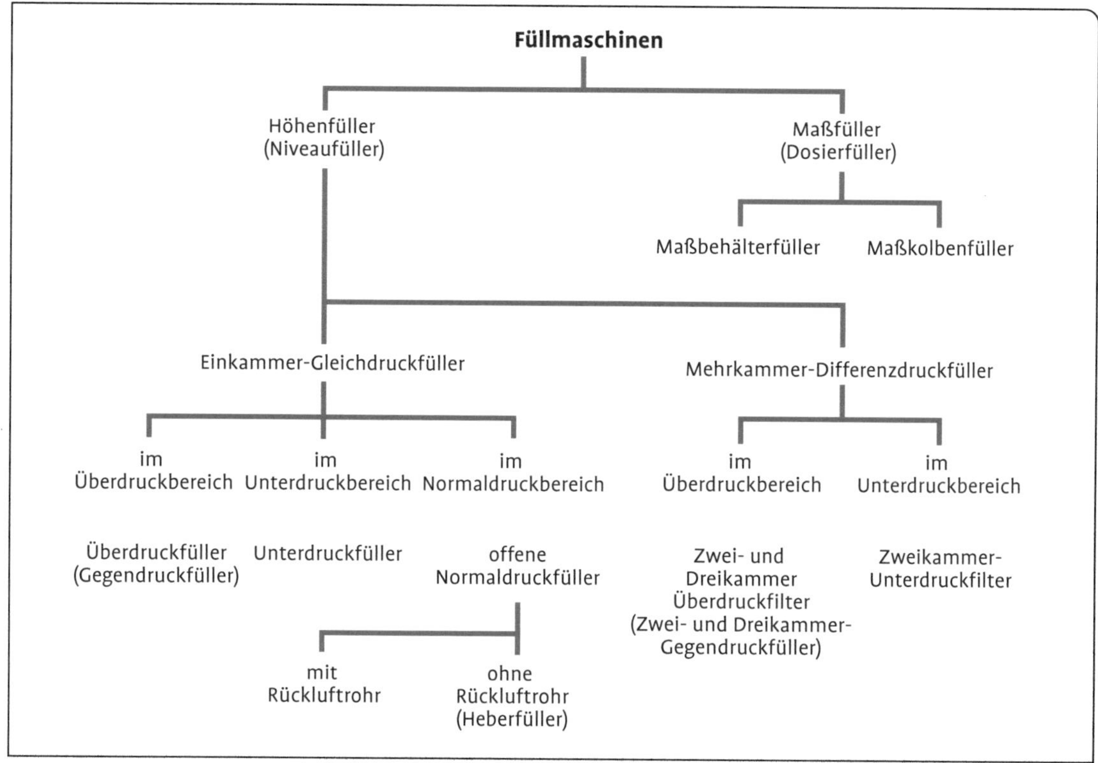

Abb. 222 Systematik von Getränkefüllmaschinen (Jakob 2012).

der Unterdruck in der Flasche seinerseits Wein aus dem Vorratsgefäß oberhalb der Füllventile.

Für noch höhere Leistungen oder sauerstoffarme/freie Abfüllung findet sich am Markt eine große Palette unterschiedlicher Füller. Abb. 222 zeigt eine Systematik der im Getränkebereich eingesetzten Füllmaschinen. Wein wird hauptsächlich über Gleichdruckfüller als Herzstück der Füllkolonne im Normal-, Über- oder Unterdruckbereich abgefüllt. Die automatisch arbeitenden Füller sind Rundfüller mit 8–32 Füllstellen und Stundenleistungen von mehr als 30 000 Flaschen. Diese gelangen über ein Transportband zum Füller und über Schneckenführung und Transportstern auf einen Flaschenteller, der sie weiter durch den Rundlauf führt. Die Füllung erfolgt während des Rundlaufs nach dem Anpressen an das Füllventil analog zum Reihenfüller. Danach wird die gefüllte Flasche wieder auf das Transportband zum Verschließer geleitet.

8.3.1 Gleichdruckfüller im Unterdruckbereich (Vakuumfüller)

Während des Abfüllbetriebes herrscht im Weinbehälter Unterdruck (Größenordnung: 40 mbar). Wein läuft in die Flasche, wenn zwischen Behälter und Flasche gleicher Druck herrscht. Unterdruckfüller sind einfach zu handhaben und geeignet für Stillweine bis 2 g/l CO_2. Stärker kohlensäurehaltige Getränke entgasen zu sehr. Ohne Schutzmaßnahmen liegt die Sauerstoffaufnahme bei etwa 1 mg/l. Abb. 223 zeigt ein Schnittbild eines Vakuumventils. Die Flasche wird von der Zentriertulpe (6) auf den Anpressgummi (8) geführt. Damit ist sie mit dem Weinbehälter hermetisch verbunden und wird evakuiert. Die Weinleitung (5) umschließt die Luftleitung (4), der Wein gelangt über den Füllspalt (9) in die Flasche. Über die Weite des Füllspaltes lässt sich die Füllgeschwindigkeit einstellen. Überschüssiger Wein wird über die Luftleitung in den Füllbehälter zurückgesaugt.

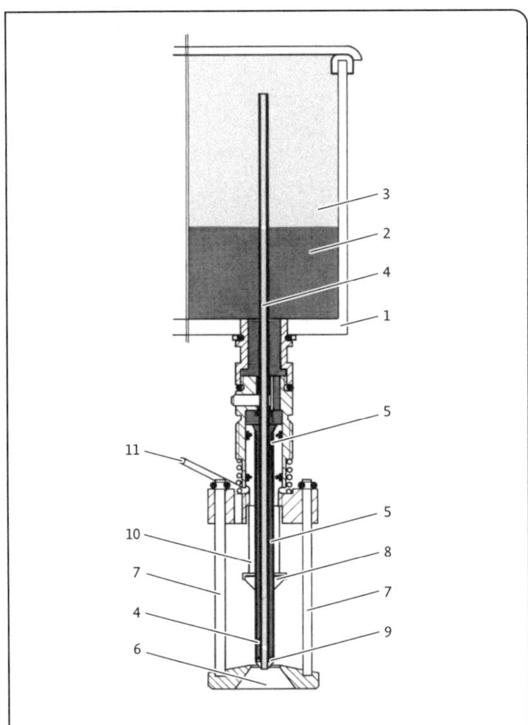

Abb. 223 zeigt ein Funktionsschnittbild eines Vakuumventils (Blankenhorn und Funk 2012); 1 = Boden des Weinbehälters; 2 = Wein; 3 = Leerraum; 10 = Distanzstück; 11 = Dämpfklaue; Rest: siehe Text.

8.3.2 Gleichdruckfüller im Überdruckbereich (Druckfüller)

Überdruckfüller (Gleichdruckfüller im Überdruckbereich) sind ebenfalls Rundfüller. Sie werden hauptsächlich zur Abfüllung CO_2-haltiger Getränke (Sekt, Perl- oder Schaumwein), bei der Warmfüllung oder bei der Weinabfüllung mit CO_2-Überlagerung zum Schutz vor Sauerstoffaufnahme eingesetzt. Technisch ist dieses Füllsystem aufwendiger als der Unterdruckfüller, weil mehrere Ventile zusammenspielen müssen. Das erschwert auch die Sterilisation. Andererseits führt diese Fülltechnik zur geringsten Sauerstoffaufnahme (< 0,5 mg/l) und zum niedrigsten CO_2-Verlust.

Der Weinbehälter, aus dem die Flaschen beschickt werden, ist als Ringkanal ausgelegt und steht während des Füllvorganges unter Inertgas- oder Luftdruck. Das Füllventil ist an der Außenwand oder am Boden des Ringkanals befestigt. Die Flasche wird mittels Zentriertulpe so an das Füllventil herangeführt, dass die Vorspannleitung in die Flasche gelangt. Damit wird die Luft abgesaugt und die Flasche vorgespannt, bis bei gleichem Druck wie im Füllkessel Wein beginnt einzuströmen. Der Vorgang endet, wenn die Vorspannleitung von Wein berührt wird. Die Füllhöhe wird über ein CO_2-Nachdrückventil eingestellt, ein Entlastungsventil schließlich lässt den Überdruck in der Flasche ab. Abb. 224 zeigt das Funktionsschnittbild eines Druckfüllers mit Ringkanal und Füllventil.

Bei der Warmabfüllung im Druckfüller sterilisieren Temperatur und Alkoholkonzentration Flasche und Flaschenverschluss. Der meist im Plattenapparat erwärmte Wein (auf z. B. 55 °C) wird in die vorgewärmte Flasche gefüllt und möglichst rasch im Kühltunnel oder kühlen Flaschenlager wieder abgekühlt. Je nach Alkoholgehalt reichen wenige Minuten Warmhaltezeit aus, alle Mikroorganismen abzutöten. Ist die Temperatur von 40 °C rasch unterschritten, laufen Oxidations- und Alterungsvorgänge nicht merkbar schneller ab als bei kaltsteril gefüllten Weinen. Beachtet werden muss die Wärmeausdehnung, die je nach Alkoholgehalt bis 20 ml betragen kann. Hermetisch dichtende Schraubverschlüsse eignen sich besser für Warmfüllungen als Korkverschlüsse. Die Einhaltung des Nennvolumens muss vor allem bei diesem überwacht werden.

Eine jüngere Variante der Druckfüllung stellen Anlagen dar, die als Einkessel- bzw. als Einkanalsystem eine leichte Überdruckfüllung ermöglichen. Diese Anlagen sind eine kompaktere und kostengünstigere Alternative zum reinen Druckfüller, auch hinsichtlich des Gasverhaltens (Rosch 2013).

8.3.3 Gleichdruckfüller im Normaldruckbereich (Normaldruckfüller)

Bei Gleichdruckfüllern im Normaldruckbereich (Normaldruckfüller) ist keine Abdichtung des Systems zum Atmosphärendruck erforderlich, die Bauweise dadurch vereinfacht. Deren Haupteinsatzgebiet ist die Abfüllung von Säften mit

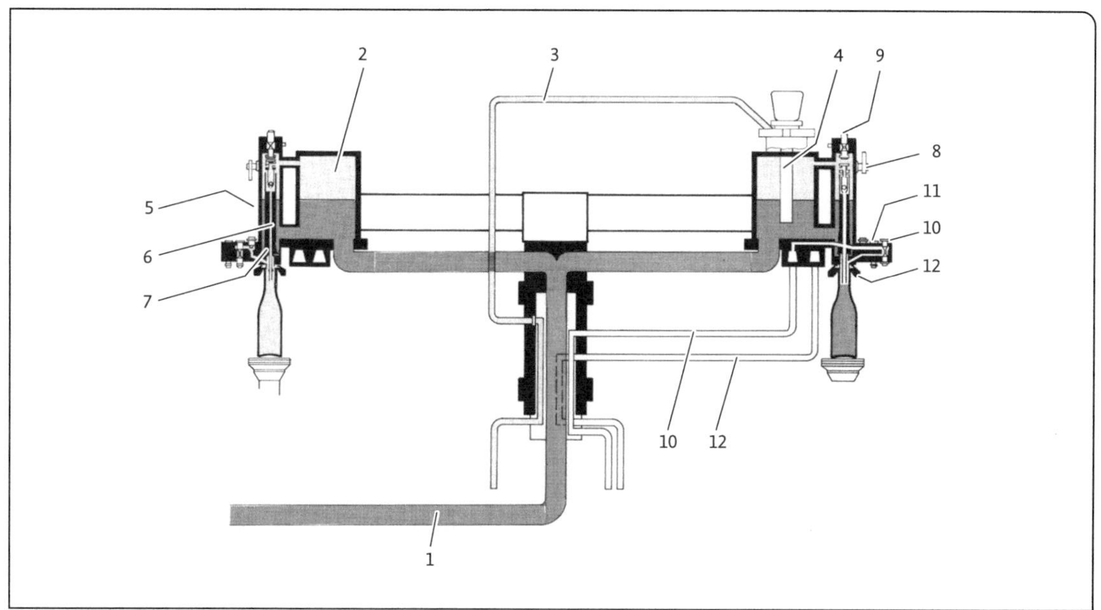

Abb. 224 Funktionsschnittbild von Ringkanal und Füllventil eines Druckfüllers (Blankenhorn und Funk 2012). 1 = Weinzuleitung, 2 = Ringkanal, 3 = Gegendruck- und Abluftleitung, 4 = Sonde, 5 = Füllventil, 6 = Luftleitung, 7 = Weinleitung, 8 = Schalthebel, 9 = Spülventil, 10 = CO_2-Nachfüllventil mit CO_2-Zuleitung, 11 = Entlastungsventil mit Entlastungsleitung, 12 = Zentriertulpe.

Pulpeanteil, aber auch die Warmfüllung von Wein. Dieses System zeichnet sich aus durch geringe Füllturbulenz, minimale Entgasung und geringe Sauerstoffaufnahme. Die aus der Flasche austretende Luft wird in die Atmosphäre abgeleitet und nicht in den Füllkessel.

8.3.4 Gasmanagement bei der Abfüllung

Moderne Abfüllanlagen erlauben mehrere Einstellungen, die den Gashaushalt des Weines beeinflussen. Die CO_2-Menge kann um 0,2 g/l zunehmen, aber auch um den gleichen Betrag abnehmen, die Sauerstoffaufnahme innerhalb eines Bereiches von 0,1–1,5 mg/l schwanken (Wolz 2006). Eine wichtige Maßnahme zur Minimierung der Sauerstoffaufnahme ist die seit längerem praktizierte CO_2-Überlagerung des Kopfraumes, vermehrt kommt auch die Flaschenvorevakuierung mit CO_2-Spülung zum Einsatz (Rosch 2013). Ohne Maßnahmen ist der Kopfraum einer Flasche mit etwa 15 ml Luft gefüllt. Diese enthält rund 4,2 mg Sauerstoff, der theoretisch 17 mg freie SO_2 binden und bei niedriger Schwefelung den Oxidationsschutz deutlich verringern kann. Reife und Alterung werden dadurch beschleunigt.

Befindet sich nach dem Abfüllen und Verschließen noch Sauerstoff im Kopfraum der Flasche, löst sich dieser entsprechend des Sauerstoffpartialdruckes innerhalb kurzer Zeit als Gas im Wein. Bei Rotwein kann dieses Gas bereits nach wenigen Stunden verschwunden sein, bei Weißwein verläuft die Abnahme langsamer. Sauerstoff reagiert zwar kaum direkt mit freier schwefliger Säure, dafür mit Weininhaltsstoffen. Dabei entstehen in dem komplexen Redox-System Wein reaktionsfreudige Oxidationsprodukte, die durch die schweflige Säure wieder reduziert werden, diese gleichzeitig oxidieren, oder mit ihr eine stabile Verbindung eingehen. Ist das Redoxpotenzial eines leichten Rotweinen oder eines Weißweines gering, wirkt sich eine Sauerstoffaufnahme bei der Abfüllung tendenziell qualitätsverschlechternd aus. Phenolreiche Rotweine können sich umgekehrt mit einer gewissen Sauerstoffmenge positiv entwickeln, vor allen nach einem eher reduktiven Ausbau. Sauerstoff vermag solche Weine zu öffnen (Schmidt und Weger 2010, siehe dazu auch Kap. 8.4). Auch die Flaschenverschlüsse können bewusst als Element eines Gasmanagement eingesetzt werden.

8.4 Flaschenverschlüsse

Flaschenverschlüsse, aber auch die aller anderen Behältnisse, müssen neben preislichen und optischen Anforderungen zusätzlich mehrere technische Bedingungen erfüllen:

- dichter Abschluss,
- Inert sein,
- sterilisierbar sein,
- langlebig sein,
- maschinell verschließbar sein,
- wiederverschließbar sein,
- leicht zu öffnen sein,
- einmal erfolgte Öffnung anzeigen,
- Reife unterstützend wirken durch minimalen Gasaustausch („Nanooxidation“).

Es liegt in der Natur der Technik, Kompromisse eingehen zu müssen. Alle Anforderungen können kaum durch einen Verschluss allein voll erfüllt werden. Weinflaschen werden hauptsächlich durch Schraubverschlüsse oder Korken (Naturkork, Presskork, Mischkork) bzw. Kunststoffkorken verschlossen, wobei Korken an Boden verloren hatten. Die bei der DLG-Bundesweinprämierung 2006 angestellten Weine waren noch zu ⅔ mit Naturkork verschlossen, aber bereits 13 % weniger als das Jahr zuvor (Herbert et al. 2007). Steidl (2013) schätzt aktuell, dass von den jährlichen 16–18 Mrd. Weinflaschen weltweit knapp 60 % mit Naturkorken verschlossen werden und der Anteil wieder im Steigen begriffen ist. Weik (2013) nennt bereits einen Wert von 70 %, Jung und Schüßler (2010) sehen für Korken einen Anteil von 40–60 %. Lediglich etwa 2,5 Mrd. sind herkömmliche, einteilige Naturkorken (Lebensmittel Zeitung 2013). In den letzten 10 Jahren konnten Glasstopfen als weiterer alternativer Verschluss eine noch kleine Nische besetzen. Für einfache Weine werden auch Kronkorken vergleichbar der Bierflasche eingesetzt. Nur die Korken sind an der Flascheninnenwand anliegende Stopfen, alle anderen sind stirnabdichtende Verschlüsse mit einer nur geringen dichtenden Fläche zwischen Verschluss und Glas.

8.4.1 Naturkorken als Flaschenverschluss

Naturkorken werden seit rund 200 Jahren als Flaschenverschluss eingesetzt. Kork ist das sekundäre Rindengewebe der Korkeiche *Quercus suber*, die auf etwa 2,3 Mill. ha Fläche rund ums Mittelmeer wächst. Dieses Gewebe dient dem Schutz des Baumes vor Tierfraß, Hitze und Feuchtigkeitsverlust und hat dazu die Zellen kompakt, ohne Interzellularräume verbunden und die Zellwandschichten mit Suberin verstärkt. Ist die Wandbildung beendet, sterben die Korkzellen ab, der Zellinhalt degeneriert und wird durch Gas ersetzt. Korkzellen sind sechseckige Prismen, deren Außenwände wellenförmig ausgeformt sind. Sie bestehen zu 85–90 % aus einem Gasgemisch, in der Hauptsache aus Stickstoff. Deshalb ist Korkgewebe sehr leicht, elastisch und ein guter Wärme- und Strahlungsisolator. Als Verschluss werden hauptsächlich die Eigenschaften Elastizität und Kompressibilität ausgenutzt. Diese Eigenschaften hängen vom Feuchtigkeitsgehalt der Zellen ab, vor allem aber von der Form der Zellen, der Dicke der Zellwände und deren Lamellenstruktur ab. Für Details der Physiologie und Anatomie des Korks siehe Jung und Hamatschek (1993) sowie Jung (1995). Nach 8–10 Jahren Wachstum hat die Korkschicht am Baum die für Weinkorken erforderliche Dicke, sie kann geschält werden. An diese manuelle Arbeit schließen sich arbeitsintensive Lager-, Sortier- und Wasch- bzw. Sterilisiervorgänge an, bis die einzelnen Korkstopfen schließlich aus den getrockneten Scheiben ausgestanzt werden können. Abb. 225 zeigt, wie aus einer getrockneten Korkplatte Stopfen bzw. Scheiben ausgestanzt werden.

Rohkorken werden in den meisten Fällen direkt im Erzeugerland entstaubt, bedruckt, auf 5–7 % Restfeuchte eingestellt und imprägniert. Zur Imprägnierung wird jeder Stopfen mit einer dünnen Schicht aus Silikonverbindungen besprüht, um ihn gleitfähig zu machen. Andernfalls

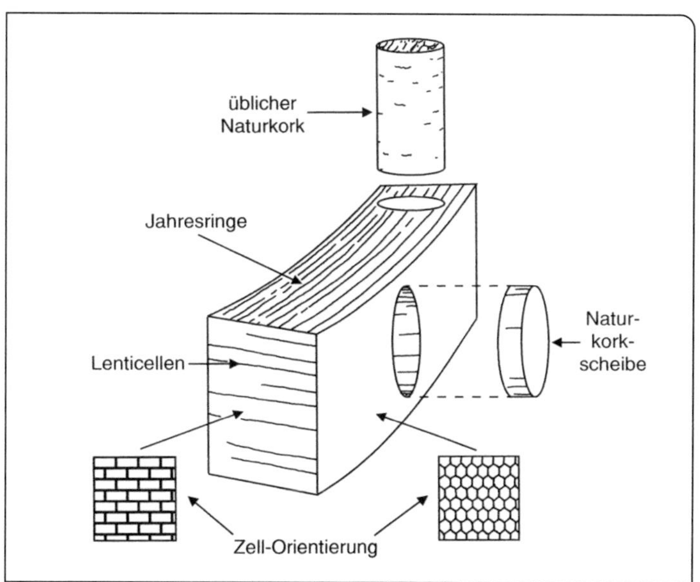

Abb. 225 Zellorientierung und Ausstanzen von Stopfen bzw. Korkscheiben (Jung 1995).

würden sich die beim Ausstanzen angeschnittenen Korkzellen saugnapfartig an der Flaschenwand festkrallen und das „Korkenziehen" extrem erschweren. Intakte Korkstopfen sind von oben und von unten dicht, Wein kann allenfalls ein kleines Stück in angeschnittene Zellen eindringen. Anders sieht es seitlich aus. Die Lentizellen, die für den Stofftransport lebender Zellen verantwortlich sind, nehmen Flüssigkeit auf, die dann langsam durch den gesamten Stopfen diffundieren kann. Dieser Effekt spielt bei der Entstehung von Fehltönen, die mit dem Kork in Zusammenhang gebracht werden, eine große Rolle. Diese können nur entstehen, wenn derartige Substanzen im Kork vorkommen und Wein als Extraktionsmittel wirken kann. Um den klassischen Korkgeschmack, verursacht durch 2,4,6-Trichloranisol (TCA), oder die vielen unspezifischen anderen Fehltöne zu vermeiden, müssen drei Strategien ineinandergreifen:

1. Gute Korkqualität verwenden mit Stopfen ohne Fehlstellen an den Stirnseiten,
2. Herauslösen von aromaaktiven Verbindungen bereits beim Herstellprozess,
3. Verschließen ohne übermäßigen Druckaufbau.

Die Ausgestaltung von Strategie 1 und 3 betrifft den Abfüller. Er muss bereit sein, in Korkqualität zu investieren und möglicherweise auf kolmatierte Korken (optisch aufgewertete durch Verkleben von Poren) verzichten. Und er muss beim Verkorken verhindern, dass ein hoher Verschließdruck entsteht, der Wein zwischen Flaschenwand und Kork presst. Die üblichen Weinkorken besitzen einen ∅ von 24 mm und meist Längen von 38, 44 oder 50 mm. Beim Verschließen wird der Stopfen im Korkschloss auf einen Durchmesser von etwa 13–15 mm komprimiert, um in der Flasche entsprechend ihrer Mündungsweite wieder auf 18–20 mm zu expandieren. Abb. 226 zeigt diese Verhältnisse schematisch.

Die Verkorkung läuft innerhalb von 0,2–0,5 sec ab und erzeugt in Abhängigkeit des Kopfraumes und der Elastizität bzw. des Rückstellvermögens eine Druckspitze von 2–4 bar. Nach kurzer Zeit hat der Kork in der Flasche seine maximale Rückstellkraft erreicht und dichtet sie gasdicht ab. Der dann noch vorhandene Druck baut sich mit der Geschwindigkeit weiter ab, mit der sich die Luft im Wein physikalisch löst und der Sauerstoff chemisch reagieren kann. Wird der Kopfraum vor dem Verkorken evakuiert, ist der Maximaldruck deutlich geringer. Eine alternative CO_2-Spülung erzeugt ebenfalls eine deutlich geringere Druckspitze, im Idealfall den Wert 0, und sorgt aufgrund der guten Löslichkeit dieses Gases für einen sehr schnellen Abbau.

Ein weiterer wichtiger Parameter ist die Füllhöhe. Auch Überfüllung führt zu schädlichen Druckspitzen. Gleiches kann durch den Einsatz von zu langen Korkstopfen geschehen. Eine niedrigere Druckspitze hilft doppelt: Neben der verringerten Extraktion von Inhaltsstoffen durch das verhinderte seitliche Eindringen von Wein wird das Ausläuferverhalten verbessert. Der Korken durchnässt gar nicht oder zumindest deutlich weniger. Werden Korken zudem im unteren

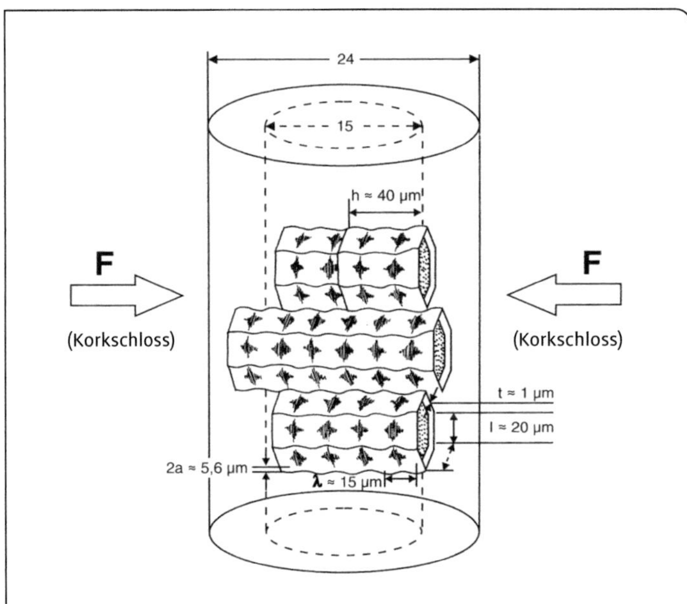

Abb. 226 Krafteinwirkung auf einen Naturkorken im Korkschloss (Jung 1995).

Bereich nicht mehr richtig angepresst, weil sich die Flaschenmündung bereits weitet, kann Wein ebenfalls seitlich eindringen. Durchnässte Korken führen zu höherem Schwund in der Flasche und können verantwortlich für Ausläufer sein. Flaschenform, Korkstopfen und Abfülltechnik müssen aufeinander abgestimmt sein, um vollständige Abdichtung und minimale sensorische Beeinflussung des Weins durch den Naturkorken zu erzielen.

Angesichts der ständig diskutierten Korkproblematik mit in der Vergangenheit 2–5 % Reklamationen aufgrund von Fehltönen sowie der Abwendung vieler Weinerzeuger hin zu Schraubverschlüssen haben die Korkhersteller und die Verarbeiter zahlreiche Maßnahmen ergriffen, ihr Produkt mängelfreier zu machen. Die aromaaktiven Anisole oder Sesquiterpene mit Geschmacksschwellenwerten im unteren Nanogrammbereich (z. B. TCA ca. 1,7–2 ng/l) sollen in der Entstehung verhindert oder zumindest vor der Verwendung als Korkverschluss wieder extrahiert werden. Umstellungen in der Vorort-Lagerung der frisch geernteten Korkplatten oder beim Kochprozess verknüpft mit einer lückenlosen Analytik und vollständiger Rückverfolgbarkeit haben die Schadenshäufigkeit verringert. Zuvor konnten bei der Lagerung der frisch geschnittenen Korkplatten auf dem Waldboden Schimmelpilze eindringen und das Zellgewebe angreifen. Wurde später mit Chlor gewaschen, kamen zusätzliche Chlorverbindungen in den Kork, die zur Bildung der Schadstoffe beitrugen. Nach Abstellung dieser qualitätsbeeinflussenden Schritte spricht der Marktführer lediglich noch von eine Reklamationsquote unterhalb der 0,5 %-Schwelle (Amorim 2009), Steidl (2013) nennt einen Wert von knapp unter 1 %. Die Hersteller und Verarbeiter sind inzwischen fast alle zertifiziert (DIN ISO EN 22 000; ISO 9001; HACCP, FSC für nachhaltigen Anbau usw.; siehe Kap. 9). Trotzdem muss Kork als ein Naturprodukt verstanden werden, das sich der letzten Sicherheit entzieht und den Abfüller mit einem Restrisiko zurücklässt.

Verkorkte Flaschen werden aus optischen Gründen meist verkapselt. Die Kapsel besitzt zusätzlich eine technische Dimension. Sie schützt den Kork vor Korkwurmbefall, wenn die gängigen Bekämpfungsmethoden nicht angewendet wurden (z. B. Fliegenstreifen, Lichtfallen, Drahtnetze). Korkwürmer sind Raupen verschiedener kleiner Schmetterlinge wie Weinmotte, Kellermotte oder Korkmotte. Deren Eier werden auf dem Kork abgelegt, nach dem Schlüpfen frisst sich der Wurm durch den Korken und macht ihn durchlässig. Sein Wirken ist an kleinen Häufchen aus Korkmehl zu erkennen und üblicherweise ein Zeichen mangelnder Betriebshygiene. Die Folge sind Ausläufer und Reklamationen.

8.4.2 Press- und Kunststoffkorken

Presskorken oder Agglomerat-Korken werden durch Verleimen gemahlener Korkstückchen porenfrei und mit einheitlichem Aussehen hergestellt. Oft handelt es sich dabei um Abfallmaterial aus der Korkproduktion. Die Korken imitie-

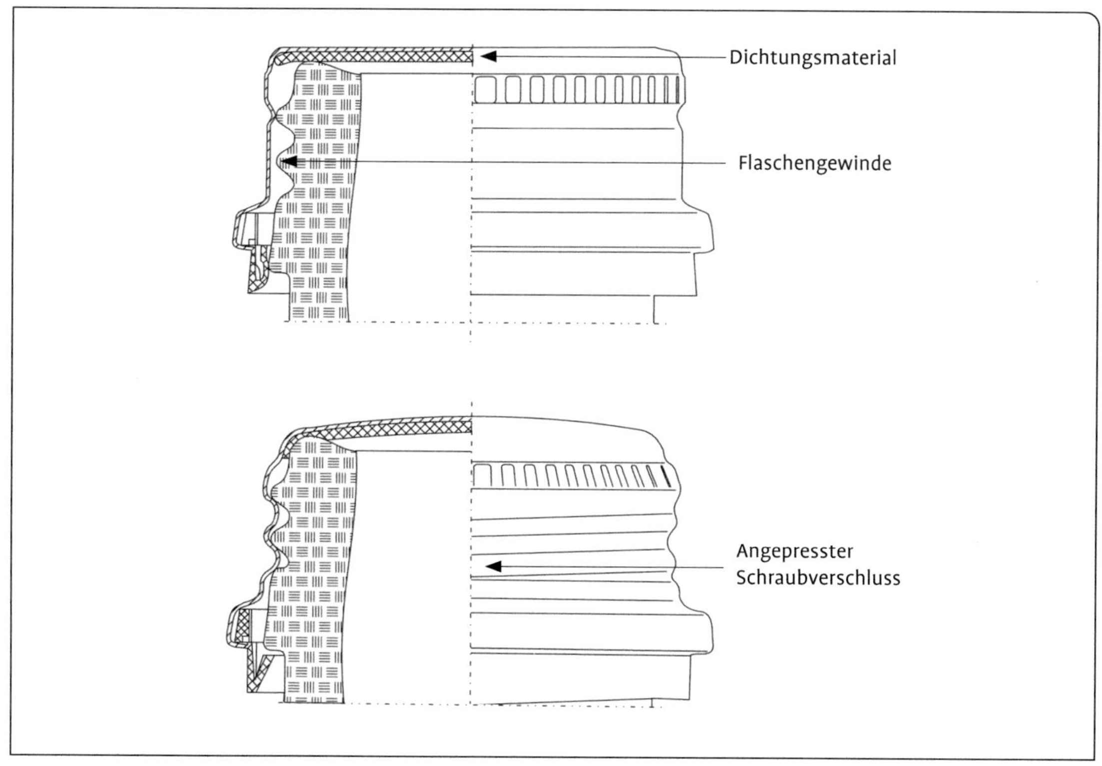

Abb. 227 Anrollverschluss vor (oben) und nach der Verschließung.

ren optisch den Naturkork, nutzen dessen positives Image und sind preisgünstiger. Ihre Elastizität ist verglichen mit Naturkork geringer, dadurch die Abdichtung weniger ausgeprägt und Sauerstoffzutritt seitlich in geringem Umfang gegeben. Stehende Lagerung ist empfohlen, die Lagerung in der Flasche auf 6–10 Monate begrenzt (Blankenhorn und Funk 2012). Ihre Qualität ist wesentlich von der Eignung des Leims und der Teilchengröße abhängig. Bei längerer Lagerung kann eine Geschmacksbeeinträchtigung durch den Klebstoff nicht ausgeschlossen werden. Kritische flüchtige Inhaltsstoffe sollen z. B. mit superkritischem Kohlendioxid unter hohem Druck entzogen werden können (DIAM-Verfahren).

Eine Variante des Presskorks ist der 2-Scheiben-Kork. An beiden Stirnseiten befindet sich jeweils eine 2–3 mm starke Scheibe aus Naturkork, die den Kontakt des Weins mit Granulat und dem Klebstoff verhindert.

Kunststoffkorken bestehen aus thermoplastischen Silikon- und Paraffin-Kunststoffen, neuere Produkte auch aus Zuckerrohrpolymeren. Früher verwendete Polyethylenstopfen haben sich wegen ihrer hohen Sauerstoffdurchlässigkeit nicht bewährt. Kunststoffstopfen ähneln optisch ebenfalls dem Naturkork, ohne dessen positive Eigenschaften zu besitzen und werden hauptsächlich für rasch zu konsumierende Weine verwendet. Die nicht vollständige Abdichtung gegen Sauerstoffaufnahme und CO_2-Abgabe erlauben auch bei den neueren Materialien keine Lagerung von mehr als 2 Jahren.

8.4.3 Schraubverschlüsse (Anrollverschlüsse)

Anrollverschlüsse bestehen aus Kappe, Pufferscheibe und Dichtungseinlage. Sie werden auf Flaschen mit entsprechend geformten Flaschenmundstücken maschinell aufgesetzt, aufgedrückt und in das Gewinde eingerollt. Abb. 227 zeigt die Situation vor und nach dem anpressen des Anrollverschlusses.

Die Kappe besteht aus hauptsächlich Aluminium, aber auch aus Edelstahl oder Stahlblech. Pufferscheibe und Dichtung sind aus Kunststoff. Die dichtende Fläche zwischen Verschluss und Flasche ist klein, Beschädigungen an der Mündung führen direkt zu Ausläufern. Gereinigtes Altglas erfordert deshalb eine gründliche Flascheninspektion. Zurzeit werden zwei Schraubmündungsvarianten eingesetzt: MCA 28 (Metal Closure Alcoa) als einteiliger Verschluss und BVS 30/60 (Bague Vin Suisse) als zweiteiliger. Der einteilige ist besonders für Mehrwegflaschen geeignet, er löst sich beim Öffnen vollständig von der Flasche. Beim BVS-Verschluss reißt der Deckel an einer perforierten Ebene ab, der Rest bleibt am Flaschenhals zurück. Wird der Verschluss von Hand geöffnet, trennt sich der Sicherungsring vom Verschluss und bleibt an der Flasche. Eine geöffnete Flasche ist daran einfach zu erkennen. Sie kann jederzeit wieder verschlossen werden.

Nach Weik (2013) hat sich das siebengängige BVS Mündungsstück 30 H mit einem tiefen Gewindeanfang und einer Steigung von 3,63 mm durchgesetzt. Longcap-Verschlüsse mit abdichtendem Compound oder andere mit mehrlagigen Scheiben haben inzwischen einen optisch und technisch hohen Stand erreicht, der diese Verschlussart in zahlreichen Märkten stark wachsen lässt. Dazu gehören Länder wie Österreich, die Schweiz, Australien und Neuseeland, aber auch in Deutschland wird das Billig-Image immer mehr abgelegt. Die große, bedruckbare Fläche bietet viele Gestaltungsmöglichkeiten, technisch können Kapsel und Kapselaufsetzer entfallen und das bei vergleichsweise niedrigem Stückpreis.

Zwischen Verschluss und Weinoberfläche verbleibt bei der Kaltfüllung ein Leerraum von rund 15 ml, der ohne Evakuierung oder Spülung mit CO_2 bzw. flüssigem Stickstoff über 4 mg Sauerstoff enthält und damit etwa 17 mg freie SO_2 abbinden kann. Das Füllsystem muss deshalb entsprechend luftverdrängend arbeiten. Bei der Warmfüllung ist sicherzustellen, dass nach Abkühlung das Nennvolumen erreicht ist.

8.4.4 Glasverschluss, Abreißverschluss und Kronkorken

Abreißverschlüsse (Alka-Verschluss) finden sich vorrangig bei kleinen Flaschen, u.a. bei Perlwein. Sie sind einfach abzureißen und gehören zu den stirnabdichtenden Flaschenverschlüssen.

Kronkorken analog zu Bierverschlüssen werden aus Edelstahl hergestellt und sind mit einer Kunststoffdichtung versehen. In der Weinbranche sind sie hauptsächlich im Ausland und für einfachere Weine verbreitet. Sie lassen sich vollautomatisch handhaben und einfach öffnen, aber nur bedingt wieder verschließen.

Eine relativ junge Entwicklung mit guter Kundenakzeptanz ist der Glasverschluss. Er besteht aus einem Glasstopfen und einem Dichtungsring, der aus der gleichen Dichtungsmasse besteht wie die bei Schraubverschlüssen. Eine darüber gesetzte und angepresste Aluminium-Verschlusskappe fixiert den Stopfen in der Flasche. Die Öffnung ist ohne Werkzeug möglich, ebenso der Wiederverschluss. Nachteilig sind der hohe Preis für den Verschluss, die bisher nur bedingt erfolgte Automatisierung des Verschließvorganges und die Notwendigkeit von Spezialflaschen, die mit dem Stopfen zusammen ein ganzheitliches System bilden.

8.4.5 Vergleich der Verschlusssysteme im Dauertest

Die Entscheidung für ein Verschlusssystem kann unter zahlreichen Gesichtspunkten getroffen werden. Wichtigster Aspekt ist die Kundenakzeptanz, die nach wie vor beim Naturkorken am höchsten ist. Der Schraubverschluss gewinnt aber immer mehr an Boden. Daneben spielen die Kosten für Flasche, Verschluss, Verschließtechnik und erforderliche Ausstattung eine große Rolle. Je größer der Deckungsbeitrag/Flasche ist, desto mehr Aufwand kann dadurch kompensiert werden. Unabhängig davon wirken sich alle Systeme mit unterschiedlicher Intensität auf den Inhalt aus. Die Sauerstoffaufnahme beim Füllvorgang wurde bereits thematisiert. Ebenso das Restrisiko für Korkgeschmack oder Leimgeschmack. Hinzu kommen mögliche Lagerbeeinflussungen durch den eingesetzten Kunststoff oder Metallabgaben, wenn die Schutzkappe beschädigt sein sollte. Diese Risiken lassen sich durch die Produktauswahl und regelmäßige Kontrollen minimieren. Unabhängig von diesen eher zufälligen Mängeln wirken sich die Verschlüsse strukturell unterschiedlich auf das Lagerverhalten des Inhalts aus. Dazu wurden umfangreiche Untersuchungen von Jung und Schüßler (2010) sowie Rudy (2012) durchgeführt. Die entscheidende Frage betraf jeweils den Gasaustausch.

Auch bei einer dicht erscheinenden Verpackung kann ein Gasübergang von außen durch die Verpackung in das Innere und/oder vom Inneren in die Umgebung stattfinden. Die Folgen daraus sind zum einen bei Wein der Gasverlust (hauptsächlich CO_2) und zum anderen eine mögliche Reaktion des Produktes mit dem eintretenden Gas, hauptsächlich Sauerstoff. Bei solchen Gasdurchgängen durch Festkörper spricht man von Permeation. Die dafür notwendigen Kräfte sind die Konzentrations- und Druckgradienten (Blüml und Fischer 2004). Die dabei ablaufenden vier Schritte werden in Abb. 228 veranschaulicht.

Druckdifferenzen zwischen der Verpackungs- und Verschlussinnenwand und deren Außenwänden verursachen ein Gefälle, wodurch ein Austausch von Gasen durch Poren verursacht wird, solange die Druck- und Partialdruckdifferenz bestehen bleibt. Hierbei spricht man auch von einem Poreneffekt. Der Lösungs-Diffusions-Effekt beschreibt Gasmoleküle, die sich nach vorheriger Adsorption im Polymer einer Kunststoffflasche (oder eines Verschlusses) lösen können und zur niedrigeren Gaskonzentration hindurch diffundieren (Arndt 2005). Zunächst findet an der Oberfläche eine Adsorption der Gasmoleküle statt, die zur weiteren Absorption im oberflächlichen Bereich führt. Schließlich kommt es zur Diffusion entlang des Konzentrationsgradienten in Richtung der niedrigeren Gaskonzentration und endet in der Desorption von der anderen Seite der Verpackungsoberfläche. Im Falle einer Kunststoffflasche oder eines Kunststoffverschlusses wäre es entsprechend die Polymeroberfläche. Parallel zur Permeation über den Lösungs-Diffusionsvorgang kann es auch zur Migration von Teilchen des Verpackungsmaterials und zu möglichen Geschmacksbeeinträchtigungen kommen. Bekannt ist z. B. die mögliche Migration von Styrol aus GFK-Tanks in den Wein, wenn deren Vorbehandlung ungenügend war (siehe auch Kap. 9).

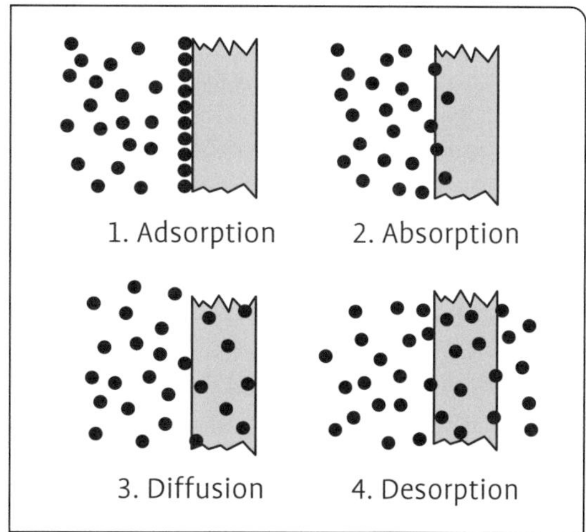

Abb. 228 Phasen der Permeation von Gasen durch Kunststoffe (Orzinski 2007).

Glas ist für Gase praktisch undurchlässig, viele Kunststoffe sind es nicht. Verglichen mit den Aufnahmen während des Ausbaus ist die Sauerstoffaufnahme während der Lagerung in Behältnissen dennoch gering. Weik (2013) verwendet dazu den Begriff der Nanooxigenierung als Abgrenzung zur Mikrooxigenierung und versteht darunter eine Sauerstoff-Aufnahme lediglich durch den Verschluss.

Flaschenverschlüsse können durch ihre Sauerstofftransferrate (OTR), also ihre Durchlässigkeit für Sauerstoff, differenziert werden. Hohe OTR-Werte besitzen Agglomeratkorken und viele Kunststoffstopfen. Mittlere Werte werden für Naturkorken oder dichtere Kunststoffstopfen angegeben, während Anrollverschlüsse und Glasstopfen mit niedrigen OTR-Werten besonders wenig Sauerstoff aufnehmen. Die Werte liegen je nach Messmethode des Sauerstoffs zwischen unter 1 µl O_2-Transfer/Tag bei Schraubverschlüssen und mehreren µl/d bei Kunststoffkorken. Unterschiede ergeben sich durch die Art der Lagerung (liegend oder stehend) und durch die Temperatur. Bei der großen Vielfalt von

Schraubverschlüssen finden sich inzwischen auch Produkte am Markt, die mit einer definierten Sauerstoffdurchlässigkeit beworben werden (Rudy 2012). Damit verfügt der Önologe über eine Möglichkeit, sauerstofftolerante oder gar bedürftige Weine gezielt auf der Flasche reifen zu lassen.

Unabhängig vom Verschluss tritt bei sachgerechtem Ausbau der Einfluss der Nanooxigenierung frühestens nach 10 Monaten in den Vordergrund (Weik 2013). Dann kann die Wahl des Verschlusses die weitere Reifung beeinflussen. Lagerversuche von Rudy (2012) erbrachten nach einjähriger Lagerung allerdings keine signifikanten sensorischen Unterschiede. Dafür zeigten sich Unterschiede in der Abnahme an freier SO_2. Die Schraubverschlüsse wiesen die geringsten Werte auf, gefolgt vom Glasstopfen. Naturkork und bewusst als durchlässig vermarktete andere Verschlüsse bewegten sich im Bereich bis 10 mg/l SO_2-Verlust. Ist allerdings nach der Abfüllung eine rasche Abnahme der freien schwefligen Säure feststellbar, hängt dieser Effekt mit dem Sauerstoffeintrag über den Kopfraum zusammen. Erst die spätere Abnahme kann mit dem Verschluss in Verbindung gebracht werden (Jung und Schüßler 2011 und 2011a; zum Thema Sauerstoffaufnahme im Zusammenhang siehe Kap. 6).

3-jährige Riesling-Lagerversuche von Jung und Schüßler (2010) führten ebenfalls nicht zu signifikanten sensorischen Unterschieden. Erst die Warmlagerung ergab Veränderungen, die deutlicher wurden mit steigendem OTR-Wert des Verschlusses. Da die Lagerbedingungen beim Kunden nicht abzuschätzen sind, empfehlen sich dichtere Verschlüsse.

Insgesamt ist festzuhalten, dass die Wahl des Verschlusses bei sauerstoffarmer Abfüllung nur eine eher untergeordnete Rolle auf die Qualitätsentwickung eines Weines besitzt.

9 Pumpen, Behälter, Sensor-Messtechnik und Managementsysteme

9.1 Pumpen in der Kellerwirtschaft

Die Materialbewegung ist eine der wichtigsten und nicht vermeidbaren Tätigkeiten in der Kellerwirtschaft, unabhängig von der Betriebsgröße. Je größer, desto mehr. Diese Tätigkeit ist nicht wertschöpfend, sondern ein notwendiges Übel. In den letzten 20 Jahren hat sich aber die Erkenntnis durchgesetzt, dass der Transport von Trauben, Maische, Most oder Wein nicht nur ein ökonomisches Element enthält, sondern auch ein qualitatives. Der Prozess kann sich auf die Beschaffenheit des Materials gravierend auswirken. Angestrebt wird heute ein möglichst schonender Transport, der vor allem scherkraftarm erfolgen muss. Geeignete Techniken dafür sind der Büttentransport der Trauben, Förderbänder zur Höhengewinnung von Trauben oder Maische und aufgabenspezifisch ausgewählte Pumpen. Wenn technisch möglich, wird die Schwerkraft ausgenutzt. Voraussetzung sind Höhenunterschiede in der Kellerei, die sich entsprechend ausnutzen lassen um die Trauben abzubeeren und die Presse zu beschicken. Der Saft kann im Idealfall frei nach unten in einen Sedimentationstank ablaufen. In der Literatur wird dann von „Gravity-Kellerei" gesprochen. Bei entsprechender Betriebsphilosophie erfolgt die gesamte Trauben- und Maischeverarbeitung bis zur Sedimentation ohne Stapelung in einem einzigen Durchgang. Erstmals gepumpt wird dann der Most nach der Sedimentation auf dem Weg in den Gärtank. Der bauliche Idealfall ist selten verwirklicht, meist müssen bereits zuvor Pumpen eingesetzt werden. Dies gilt besonders bei der Maischeerhitzung oder der Mostpasteurisation.

Die Vielfalt der Pumpen in der Lebensmittelindustrie ist immens. In der Kellerwirtschaft haben sich einige wenige durchgesetzt, wobei landesspezifische Präferenzen auffällig sind. Deutschland schwört auf die Mohnopumpe, die USA auf die Drehkolbenpumpe und in Italien finden sich sehr viele Schlauchpumpen (Schandelmaier 2013).

9.1.1 Anforderungen an Pumpen in der Kellerwirtschaft

Bei der Vielfalt der kellerwirtschaftlichen Anforderungen kann es nicht die eine Universalpumpe geben. Jede Kellerei wird deshalb verschiedene Typen einsetzen. Unabhängig davon gibt es übergreifende Anforderungen (z. B. Trogus und Kaufmann 1988). Pumpen sollten:

- schonend, d. h. scherkraftarm fördern und weder die Maische mazerieren noch Kolloide zerschlagen,
- pulsationsfrei fördern, besonders bei der Filtration,
- unempfindlich sein gegen Trubteilchen, besonders gegen abrasive wie die Filterhilfsmittel Kieselgur oder Perlite,
- korrosionsbeständig sein,
- unempfindlich sein gegen Trockenlauf,
- selbst ansaugend, ohne zu entgasen oder Aromastoffe zu entbinden und selbstständig entlüften,
- sanitär ausgelegt und gut zu reinigen sein (Hygienic Design; siehe Kap. 9.3),
- regelbar sein bei Druck und Leistung,
- leicht und beweglich sein,
- letztlich ein gutes Preis-Leistungsverhältnis bieten.

Die pulsationsfreie Förderung spielt besonders bei der Filtration eine Rolle. Pulsation führt zu kleinen Druckstößen, die abgeschiedene Teilchen wieder lösen und sie nach und nach durch die Filterschicht drücken können. Erfolgt bei Pumpen die Abdichtung zwischen ruhendem Teil (Stator) und bewegtem Teil (Rotor) durch Reibung, ist die zu fördernde Flüssigkeit als Kühlmedium und „Schmiermittel" erforderlich. Abrasive Teilchen können an der Stelle besonders viel Verschleiß erzeugen. Statoren aus

Kunststoff neigen rasch zu Anbrennungen, dabei entstehen übel riechenden Verbindungen. Ein wichtiger Punkt ist die Leistungsregelung, die eine möglichst große Spanne (z. B. regelbar zwischen 200 und 2000 l/h; Faktor 10) umfassen sollte, um den unterschiedlichen Anforderungen im Keller gerecht zu werden. Die mögliche effektive Leistung hängt dann von der Pumpenkennlinie und den technischen Gegebenheiten ab.

Bei Pumpen soll generell die Ansaugleitung möglichst kurz sein, um eine gleichmäßige Zuführung zu gewährleisten. Mit mobilen Anlagen lässt sich diese Forderung einfach erfüllen.

9.1.2 Aufbau und Funktion von Pumpen in der Kellerwirtschaft

Abb. 229 zeigt die Systematik der Pumpen, die in der Kellerwirtschaft hauptsächlich eingesetzt werden.

Pumpen sind Energieüberträger. Elektrische Energie, alternativ Druckluft (z. B. Membran- oder Kolbenpumpe), bewegen einen Rotor, der seine Energie wiederum an das Medium weitergibt. Die Rotoren können als Verdränger arbeiten oder durch schnell drehende Kreiselräder nach dem Strömungsprinzip. Diese fördern besonders gleichmäßig. Die wichtigsten Pumpen werden im Folgenden erläutert.

9.1.2.1 Hubkolbenpumpe

Die Hubkolbenpumpe (umgangssprachlich auf Kolbenpumpe verkürzt) besitzt oszillierende Verdränger. Der luftgefüllte Windkessel hilft, die Pulsation etwas auszugleichen, ist aber eine mögliche Quelle für Oxidationen. Diese können sich auch ergeben bei Leistungen unterhalb der Nennleistung. Die Pumpe ist sehr robust gebaut und kann hohe Leistungen bei großem Gegendruck bewältigen, ist selbst ansaugend und trockenlaufunempfindlich. Diese Eigenschaften haben in der Vergangenheit für eine weite Verbreitung in großen Betrieben gesorgt. Ihre unzureichende Hygiene ist einer der Gründe, die ihre Verwendung mehr und mehr einschränken. Abb. 230 zeigt den Aufbau und die Wirkungsweise einer Hubkolbenpumpe.

Der Kolben (8) oszilliert im Gehäuse (9) und sorgt im Wechselspiel für das Ansaugen und das Fördern der Flüssigkeit. Die Klappen- oder Kugelventile (10 und 11) wirken dabei wechselseitig als Rückschlagventil. Durchmesser und Häufigkeit

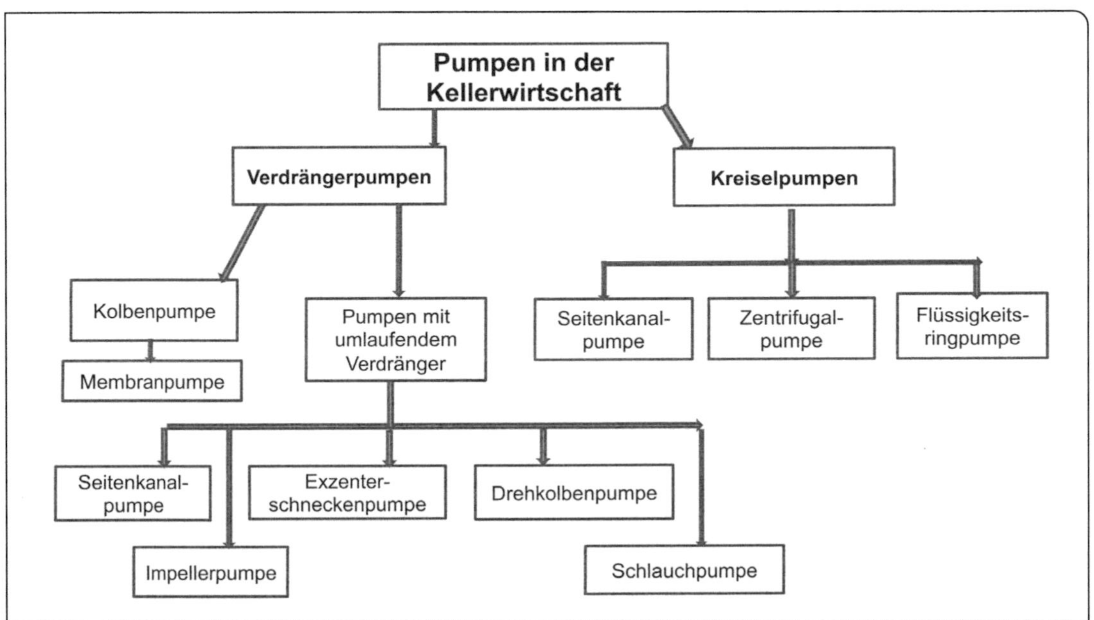

Abb. 229 Systematik von Pumpen in der Kellerwirtschaft.

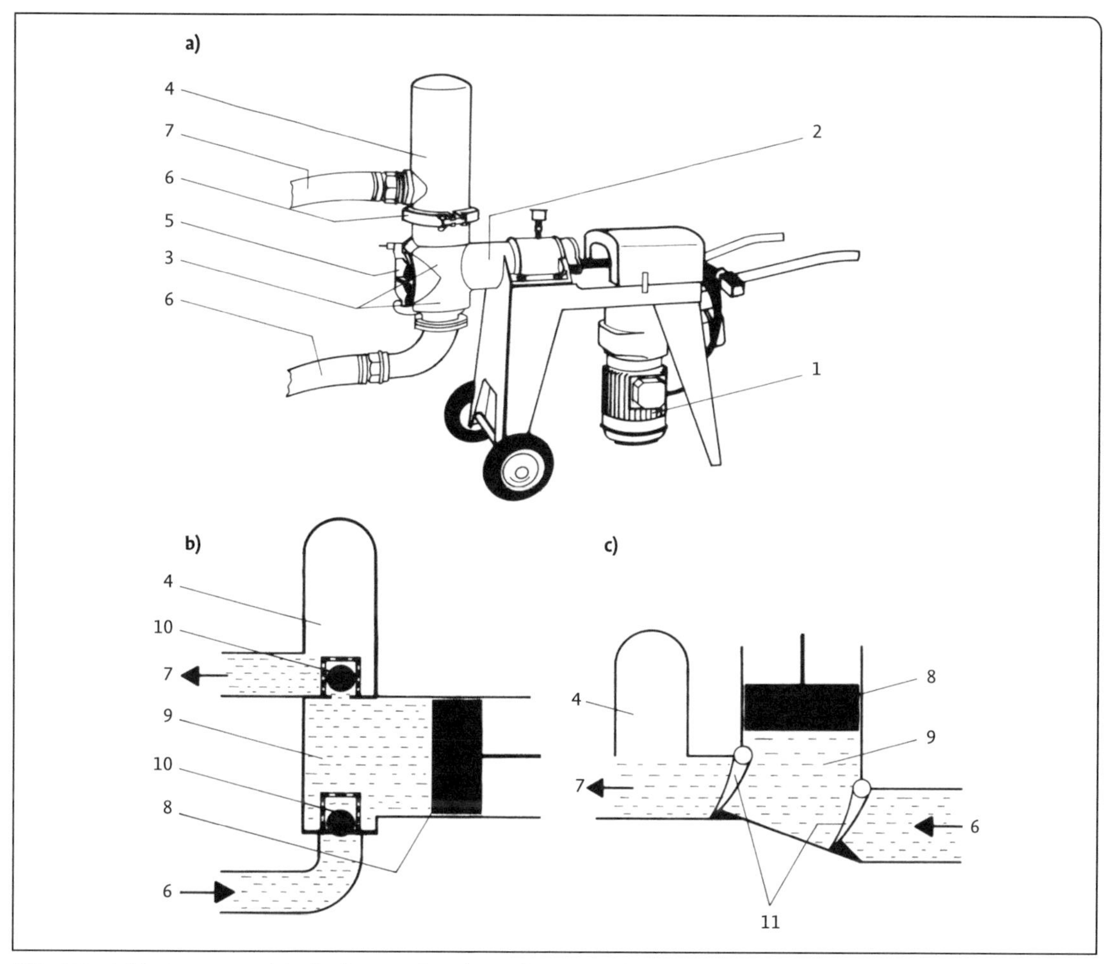

Abb. 230 Hubkolbenpumpe (Blankenhorn und Funk 2012); a = Ansicht; b = Funktion mit Kugelventilen; c = Funktion mit Klappenventilen; 1 = Motor; 2 = Sitz des Kolbens; 3 = Sitz der Kugel- oder Klappenventile; 4 = Druckkessel; 5 = Reinigungsverschluss; 6 = Zulauf; 7 = Ablauf; 8 = Kolben; 9 = Pumpengehäuse; 10 = Kugelventil; 11 = Klappventil.

der Hubbewegung sind für die Leistung verantwortlich.

9.1.2.2 Exzenterschneckenpumpe (Mohnopumpe)

Dieser Pumpentyp ist in deutschen Kellereien weit verbreitet. Der Edelstahlrotor dreht sich permanent im fest stehenden Stator aus Kunststoff und produziert dadurch einen gleichmäßigen Förderstrom. Exzenterschneckenpumpen sind für praktisch alle Förderaufgaben im Keller geeignet, von der Förderung durch die gesamte Maischeerhitzung bis zur Weinfiltration. Zudem sind sie problemlos in automatische Anlagen zu integrieren.

Mittels Frequenzsteuerung lassen sich Leistung und Druck individuell anpassen und mit einer Fern- bzw. Tanksteuerung verknüpfen. Der Trockenlaufschutz verhindert Beschädigungen am Rotor-Statorsystem und schaltet die Pumpe ab, wenn kein Produkt ansteht. Die Drucküberwachung dient der Betriebssicherheit und regelt die Förderung bei konstantem Gegendruck. Abb. 231 zeigt eine schematische Darstellung sowie ein Foto mit den Steuerungs- und Regeleinrichtungen nach dem Stand der Technik.

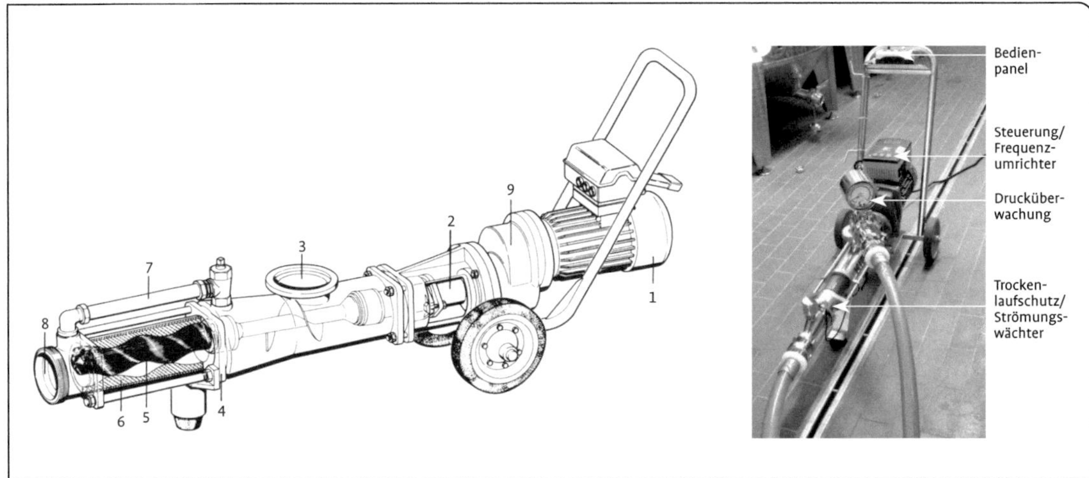

Abb. 231 Exzenterschneckenpumpe schematisch und als Foto mit verschiedenen Mess- und Regeleinrichtungen (1 = Motor; 2 = Antriebswelle; 3 = Zulauf; 4 = Pumpengehäuse; 5 = Rotor; 6 = Stator; 7 = Bypass (alternativ: Drucküberwachung und Steuerung); 8 = Ablauf; 9 = Drehzahlregulierung.

9.1.2.3 Impellerpumpe

Die Impellerpumpe baut kompakt und ist in der Anschaffung vergleichsweise günstig. Ein biegsames Sternlaufrad (der Impeller) aus elastischem Kunststoff (z. B. Neopren) erzeugt durch Raumerweiterung im Saugstutzen einen Unterdruck, durch den die Flüssigkeit angesaugt wird. Am Druckstutzen wird sie wieder abgegeben. Das Rotor-Stator-System ist flüssigkeitsgeschmiert, die Pumpe darf nicht trocken laufen und die Förderleistung deshalb nicht zu weit heruntergeregelt werden. Sie ist auch für dickflüssige Suspensionen wie Hefe- oder Schönungstrub geeignet. Abb. 232 zeigt die Wirkung des Impellers.

9.1.2.4 Membranpumpe

Die namensgebende Membran ist am Gehäuse fixiert und wird durch eine Pleuelstange pulsierend in der Flüssigkeitsleitung bewegt. Alternierend fungieren die Ventile (5) als Öffner bzw. als Rückschlagventil (siehe Abb. 233). Der Hub erzeugt nur begrenzte Flüssigkeitsmengen, ihr Haupteinsatz liegt deshalb bei Dosieraufgaben wie die Dosage von Kieselgur oder von Flockungsmitteln.

9.1.2.5 Kreiselpumpen

Bei Kreiselpumpen setzen umlaufende Schaufel- oder Flügelräder in einem runden Gehäuse die zu fördernde Flüssigkeit in Rotation. Diese ver-

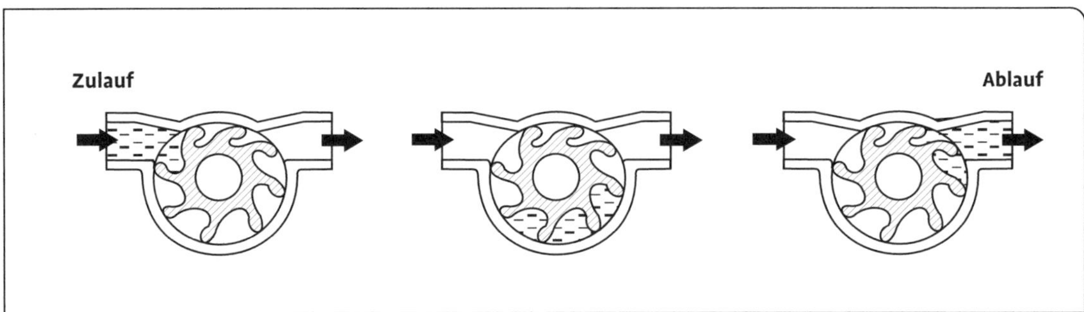

Abb. 232 Saug- und Drucksituation (rechts) bei einer Impellerpumpe; (Quelle: Fa. Kiesel).

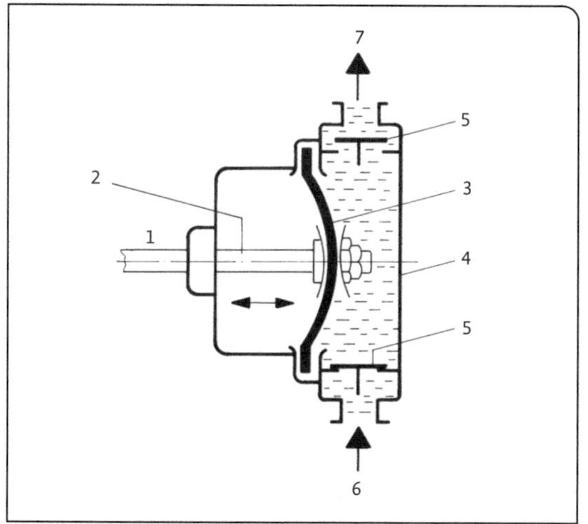

Abb. 233 Membranpumpe im Schnittbild (Blankenhorn und Funk 2012); 1 = Antrieb; 2 = Pleuelstange; 3 = Membran; 4 = Gehäuse; 5 = Tellerventile; 6 = Zulauf; 7 = Ablauf.

lässt die Pumpe in einem tangential angeordneten Austritt. Die mit hoher Drehzahl (1450 bzw. 2900 U/min) rotierenden Laufräder übertragen ihre kinetische Energie in Druckenergie und erzeugen eine kräftige Turbulenz. Scherkraftsensible Teilchen werden stark beansprucht, vor allem, wenn die Nennleistung durch Gegendruck angedrosselt wird. Vorteile besitzt dieser Pumpentyp bei definierten, konstanten Leistungen in fest verrohrten, automatischen Anlagen, wie sie in Molkereien oder Brauereien Stand der Technik sind. Ventile werden bei diesem Typ nicht gebraucht. Abb. 234 zeigt die Sprengzeichnung einer Kreiselpumpe. Der Zulauf in die Pumpe erfolgt von vorne, der Ablauf tangential an der Seite.

Kreiselpumpen kommen in der Kellerwirtschaft als Zentrifugalkreiselpumpe oder als Seitenkanalpumpe vor. Erstere ist nicht selbst an-

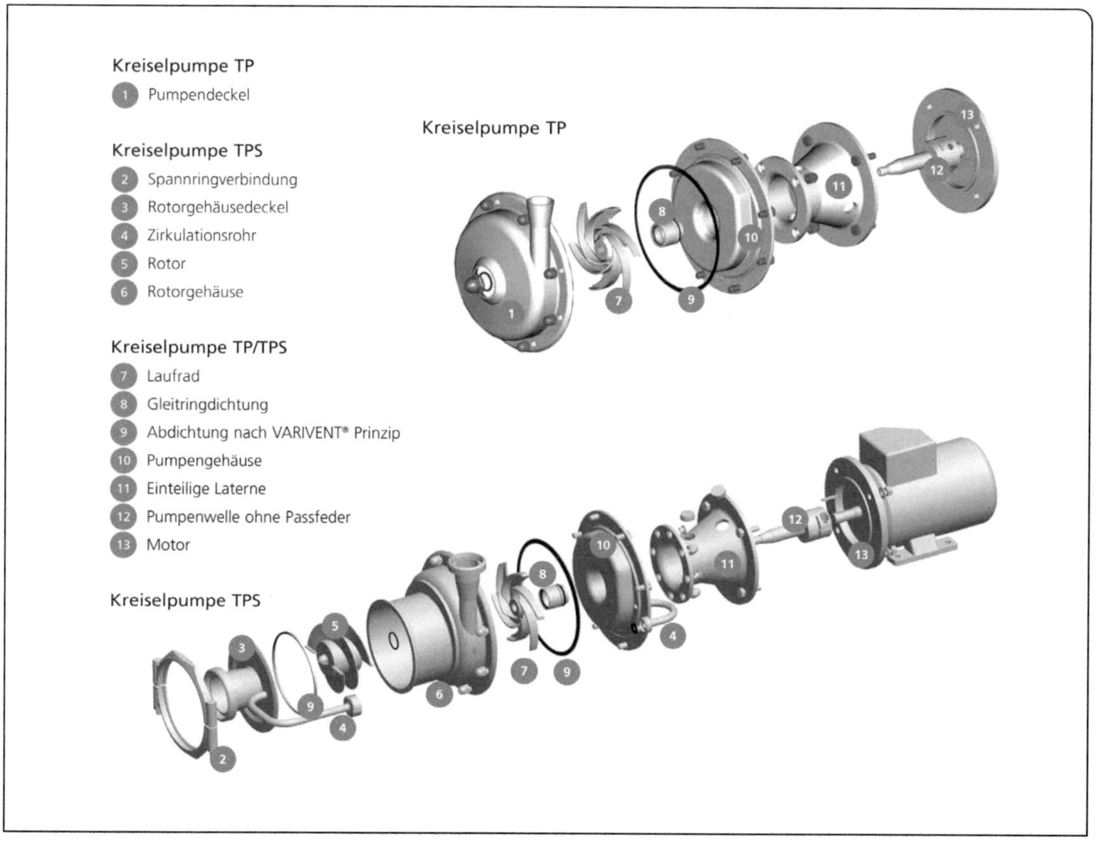

Kreiselpumpe TP
1 Pumpendeckel

Kreiselpumpe TPS
2 Spannringverbindung
3 Rotorgehäusedeckel
4 Zirkulationsrohr
5 Rotor
6 Rotorgehäuse

Kreiselpumpe TP/TPS
7 Laufrad
8 Gleitringdichtung
9 Abdichtung nach VARIVENT® Prinzip
10 Pumpengehäuse
11 Einteilige Laterne
12 Pumpenwelle ohne Passfeder
13 Motor

Kreiselpumpe TP

Kreiselpumpe TPS

Abb. 234 Sprengzeichnung zweier Kreiselpumpen (Zentrifugalkreiselpumpe Quelle: GEA Tuchenhagen GmbH).

saugend, aber trubstoffunempfindlich und preiswert. Auf Gegendruck reagiert sie durch Verringerung der Förderleistung unmittelbar. Sie wird deshalb gerne in Kieselgurfilter eingesetzt. Vor jedem Anlauf oder nach Lufteinbrüchen muss sie entlüftet werden.

Die Seitenkanalpumpe unterscheidet sich von der Zentrifugalkreiselpumpe durch die oben angeordnete Lage von Druck- und Saugstutzen. Sie wird in der Regel als selbst ansaugende Pumpe eingesetzt. Die Pumpwirkung wird von einem rotierenden Sternrad erzeugt, das die Flüssigkeit zentrifugal in einen beidseitig eingefrästen Ausströmkanal drückt. Sie ist sehr trubempfindlich und wird deshalb hauptsächlich für die Weinförderung eingesetzt.

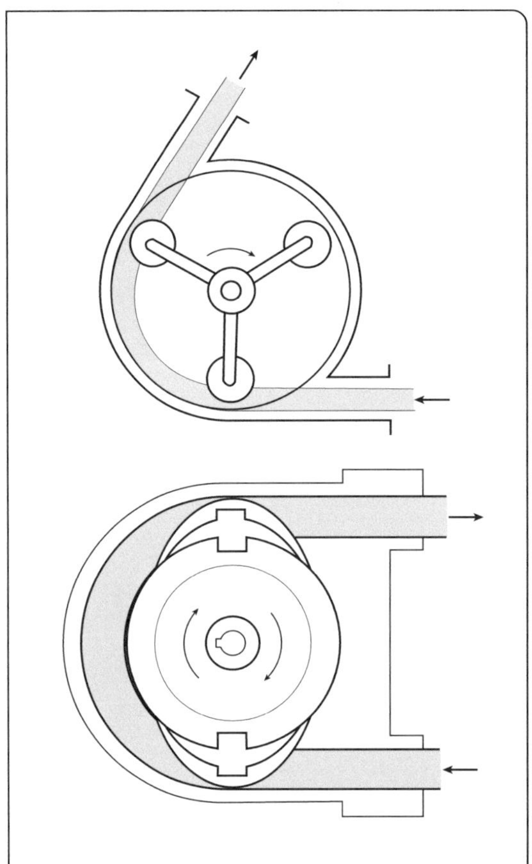

Abb. 235 Prinzip von Schlauchpumpen; oben = Dreirollenschlauchpumpe; unten = Schlauchpumpe für höhere Drücke (Kessler 1996).

9.1.2.6 Schlauchpumpen

Das Prinzip der Schlauchpumpen zeigt Abb. 235.

Schlauchpumpen kommen in der deutschen Lebensmittelindustrie häufig, in der Kellerwirtschaft noch wenig vor. Zentrales Element ist ein stabiler Schlauch aus z. B. Neopren oder Naturkautschuk, in dem die Flüssigkeit gefördert wird. Der Transport erfolgt über Nocken oder Rollen, die ihn wechselweise quetschen, sodass es zu einer alternierenden Quetschung und Entlastung kommt. Hinter jeder Quetschung entsteht ein die Flüssigkeit ansaugender Unterdruck, die Pumpe ist dadurch selbst ansaugend. Sie lässt sich einfach reinigen, arbeitet ohne Ventile, ist trockenlaufsicher, arbeitet sehr schonend und verkraftet auch grobe Feststoffteilchen bzw. hohe Feststoffmengen. Allerdings baut sie vergleichsweise groß und ist in der Anschaffung hochpreisig (Schandelmaier 2013).

9.1.2.7 Pumpen im Vergleich

Pumpenhersteller sind ständig bemüht, ihre Aggregate zu optimieren oder neue Typen zu entwickeln. Gegen die dominierenden Impeller- und Exzenterschneckenpumpe haben sich Entwicklungen wie die Schraubenspindelpumpe, die Schraubenradpumpe oder die Sinuspumpe aber bisher nicht durchsetzen können. Sie sind meist zu teuer, ohne die Eigenschaften der etablierten Typen zu übertreffen (Weik 2010).

Tab. 86 vergleicht die beschriebenen Pumpentypen anhand von subjektiv verteilten Schulnoten (Schandelmaier 2013).

Eine ideale Pumpe für alle Einsatzgebiete gibt es nicht. Die wenigsten Kompromisse verlangt die Exzenterschneckenpumpe. Bei entsprechender Ausstattung (Trockenlaufschutz, Frequenzsteuerung, großer Durchmesser und niedrige Drehzahl) kann sie allein ausreichend sein. In der Praxis wird für einfache Fördervorgänge vielfach die preisgünstige Impellerpumpe eingesetzt. Für weitere Vergleiche von Pumpen, deren Wirkungsweise und ihre Einsatzgebiete siehe z. B. Schandelmaier 2013; Geyrhofer 2011; Weik 2010, 2012 und 2012a; Schödl 2005.

Tab. 86 Bewertung von Pumpen in der Kellerwirtschaft mit Schulnoten (Schandelmaier 2013)

	Impeller-pumpe	Kreisel-pumpe	Exzenter-schnecken-pumpe	Membran-pumpe	Kolben-pumpe	Schlauch-pumpe	Seiten-kanal-pumpe
Maische	6	6	1	6	1	6	6
Most	1	4	1	2	1	1	5
Wein	1	3	1	5	2	2	3
Hefe	1	6	1	1	1	1	6
Abrieb durch Kieselgur/ Perlite	5	4	4/3*	1	3/2*	2	4
Anpassung der Förder-leistung	3	4	4/1**	4	4	2	4
geeignet zur Förderung mit hohem Druck	4	4	4	2	1	3	4
Trockenlauf	5	1	4	3	3	1	1
Scherkräfte	2	4	2	3	2	1	3
Mengenleistung	2	1	3	3	2	4	2
Reinigung	3	4	3	2	2	2	4
Einsatz am Hefefilter	6	6	2	1	2	3	6
Platzbedarf	1	1	3	2	3	5	1
Preis	1	2	3	2	2	4	2

* mit chromgehärtetem Kolben/Rotor ** mit druck- u. frequenzgesteuerter Ausstattung

9.1.3 Kennlinien und Pumpenauslegung

Pumpen übertragen ihre vom Motor gelieferte kinetische Energie in Druckenergie, mit der die Leitungswiderstände und die statische Höhe überwunden werden müssen. Der Energiebedarf zur Förderung einer Flüssigkeit mit der Leistung Q über ein definiertes Rohrleitungssystem hängt von mehreren Parametern ab:

1. die Produkteigenschaften, vor allem die Viskosität und das spezifische Gewicht, aber im Falle einer Suspension auch die Art der Trubstoffe,
2. der Fördermenge je Zeiteinheit (Q; m^3/h),
3. der Rohrleitungslänge,
4. der Rohrleitungsnennweite,
5. der Rohrleitungscharakteristik (Material und Rauigkeit der Oberfläche),
6. der Summe aller Leitungswiderstände wie Umlenkungen, Rohrbögen, Engstellen usw.,
7. die insgesamt zu überwindende statische Höhe.

Bei gegebenen Rohrleitungen entscheidet ihr Innen-∅ über die maximale Fördermenge Q, wenn die Strömungsgeschwindigkeit bei Wein höchstens 1,5 m/s, bei nicht entrappter Maische 0,7 und bei entrappter Maische max. 1,0 m/s betragen soll (Seckler et al. 2001). Q ergibt sich als Produkt aus der Rohrinnenfläche in m^2 (d. h. $\pi \times r^2$) und der Strömungsgeschwindigkeit in m/s. Eine Leitung mit 100 mm Innen-∅ und einer Fläche von 0,0079 m^2 erlaubt demnach 0,0079 m^3/s oder 28,4 m^3/h.

Rohrleitungsinnendurchmesser sind nach DIN 11 850 genormt. Die in kleineren Betrieben hauptsächlich eingesetzten Leitungen DN 20

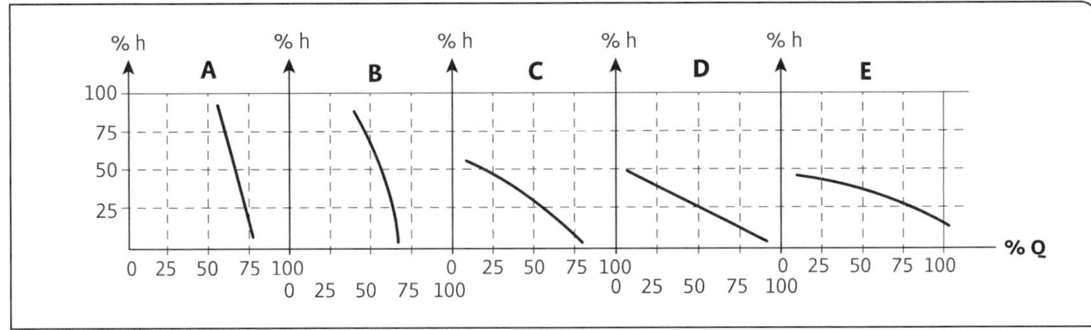

Abb. 236 Kennlinien gängiger Pumpentypen; A = Kolbenpumpe; B = Exzenterschneckenpumpe; C = Impellerpumpe; D = Seitenkanalpumpe; E = Zentrifugalpumpe; h = Förderhöhe; Q = Fördermenge.

oder DN 32 mit 22 bzw. 32 mm Innen-∅ sollten demnach mit höchstens 2 bzw. 5 m³/h beschickt werden. Eine Leitung DN 50 erlaubt 12 m³, DN 65 entsprechend 21 m³/h.

Die Positionen 3–7 betreffen das Rohrleitungssystem sowie die Raumsituation und werden zu einer Größe zusammengefasst, der Förderhöhe H. Sie stellt den Gesamtdruckverlust in m Wassersäule dar, der von der Pumpe überwunden werden muss. Pumpen besitzen Kennlinien, die ihr Druckverhalten bei steigender Fördermenge darstellen (Q-H-Kennlinien). Abb. 236 zeigt die Kennlinien verschiedener Pumpentypen.

Kolben- und Exzenterschneckenpumpen können ihre Fördermenge bei steigender Förderhöhe recht gut halten. Ihre Fördermenge ist wenig vom Gegendruck abhängig. Die anderen Pumpentypen reagieren auf Gegendruck mit sinkender Förderung. Steigende Gegendrücke können sich in Kellereien ergeben durch größer werdende Filterwiderstände, verstopfende Plat-

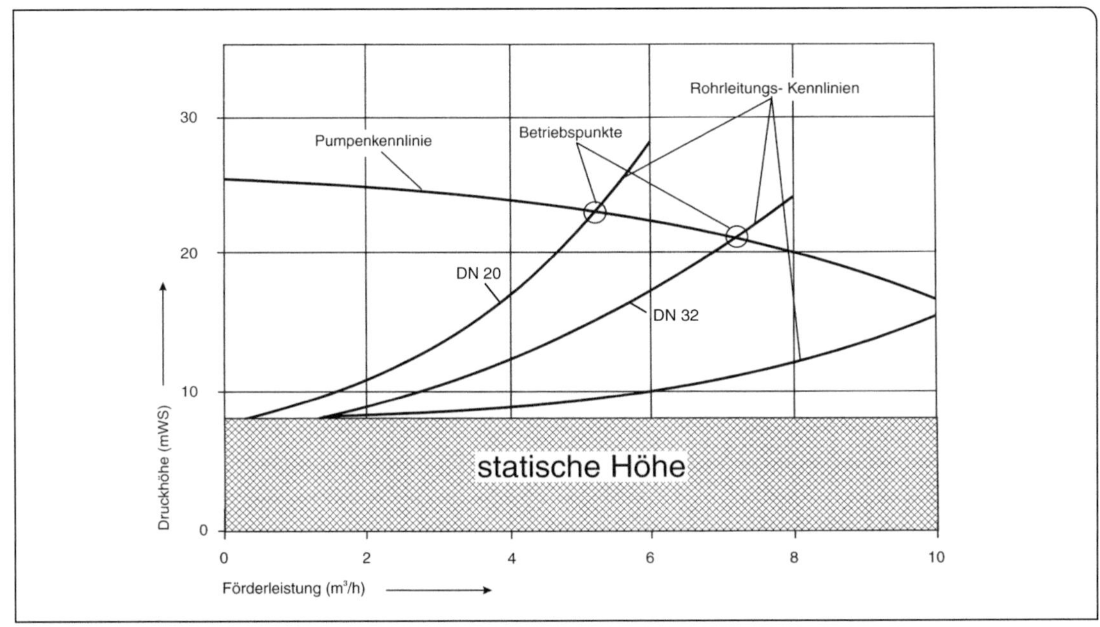

Abb. 237 Betriebsverhältnisse einer Impellerpumpe bei unterschiedlichen Rohrleitungswiderständen.

Kavitation und Drehzahlregelung

Insbesondere schnell laufende Pumpen können durch Kavitation beschädigt werden. Kavitation ist eine örtliche Dampfblasenbildung innerhalb von geförderten Flüssigkeiten mit anschließender schlagartiger Kondensation dieser Dampfblasen. Ursachen sind örtliche Unterdrücke, die durch bestimmte Strömungen, Umlenkungen oder Wirbelbildungen entstehen können. Die zusammenfallenden Dampfblasen verursachen örtlich hohe mechanische Beanspruchungen, die sehr schnell zu Erosion führen können. Das Risiko der Kavitation steigt mit dem Dampfdruck der Flüssigkeit an. Zur Vermeidung von Kavitation sollen möglichst wenig Ventile oder Krümmungen installiert sein. Vor allem aber ist ein starker Unterdruck, der sich beim Ansaugen ergeben kann, zu vermeiden. Kavitation lässt sich bei Pumpen nicht vollständig vermeiden, aber bei Kreiskolbenpumpen oder Kreiselpumpen durch eine entsprechende Drehzahlregelung deutlich verringern. Ein am Pumpenauslauf angebrachter Körperschallsensor nimmt die durch die Kavitation entstehenden Impulse auf und leitet sie an einen Mikroprozessor weiter, der einen Soll-Ist-Vergleich durchführt und ein Steuersignal an den Frequenzumrichter gibt. Als Folge davon wird die Drehzahl des Antriebs verändert (Trogus und Kaufmann 1988).

Bei modernen Pumpen sind Frequenzumrichter zur Veränderung der Drehzahl des Antriebsmotors Stand der Technik. Eine leistungsangepasste Drehzahl führt zur energetisch günstigsten Betriebssituation. Bei Kreiselpumpen kann alternativ das Flügelrad ausgetauscht werden, andere Systeme lassen sich über Regelgetriebe oder Zweigangschaltungen regeln.

tenapparate, aber auch durch den zunehmenden statischen Gegendruck beim Vollwerden eines Tanks oder beim Umschalten auf einen weiter entfernten Tank.

Die Verknüpfung einer Pumpenkennlinie mit dem Rohrleitungswiderstand in Abhängigkeit der Strömungsgeschwindigkeit und dem Innendurchmesser zeigt Abb. 237.

Die statische Höhe ist die Summe aller Druckhöhenverluste sowohl auf der Saug- als auf der Druckseite. Im Rohrleitungssystem ergibt sich der Widerstand in Abhängigkeit von der Nennweite. Je geringer dieser ist, desto stärker der Druckanstieg bei steigendem Durchsatz. Die Schnittpunkte der Kurven sind die Pumpenbetriebspunkte. Wird, wie in Abb. 237 gezeigt, die Nennweite der Rohrleitung von DN 20 auf DN 32 erhöht, steigt die Leistung der Pumpe von 5 auf 7 m^3.

Für durchströmte Geräte existieren üblicherweise Druckverlusttabellen, die zur Auslegung von Pumpen erforderlich sind. In der kellerwirtschaftlichen Praxis werden Pumpen meist nicht im Rahmen einer sich wiederholenden Aufgabenstellung fest installiert, sondern flexibel eingesetzt. Sie müssen deshalb über eine Leistungsregelung verfügen, um den unterschiedlichen Anforderungen bezüglich Druck und Durchsatz gerecht zu werden.

9.2 Behälter in der Kellerwirtschaft

Zur Lagerung bzw. zum Ausbau von Maische, Most oder Wein und möglichen Nebenprodukten können in Kellereien Behälter aus verschiedenen Materialien eingesetzt werden:

- Holzfässer,
- Stahlbehälter mit Innenauskleidung,
- Betontanks, neuerdings z. B. auch in Pyramiden- oder Eiform,
- Kunststofftanks, auch zur gezügelten Oxidation vergleichbar mit Holzfässern,
- Edelstahlbehälter,
- seit kurzem auch in den nördlichen Weinanbaugebieten: Amphoren, Pithia bzw. Quevris (andere Schreibweise: Kvevris) aus Ton.

Entsprechend ihrer Aufgabenstellung wird unterschieden nach Lagertank bzw. Prozesstank, im Falle von Holzfässern bzw. Barriques sind die Behälter zusätzlich eine Art von Behandlungsmittel (siehe dazu Kap. 6). Spezifische Prozesstanks werden vor allem bei der Rotweinbereitung als Maischegärtanks eingesetzt (siehe Kap. 4). Unabhängig davon müssen Behälter über die reine, möglichst inerte und verlustfreie Aufbewahrung von Flüssigkeiten oder Suspensionen hinaus weitere Aufgaben übernehmen, um wirtschaftlichen und qualitativen Anforderungen zu genügen:

1. als Gärtank für weiße Moste,
2. als Rührtank für Verschnitte oder Durchführung von Schönungen,
3. als Kühltank für die Mostsedimentation oder die Weinsteinstabilisierung,
4. als Schutztank vor Oxidation oder mikrobiellen Infektionen.

Das Tankmaterial von Neuanschaffungen besteht fast ausschließlich aus Edelstahl und Eiche. Aus der Vergangenheit verfügen viele Betriebe noch über andere Behältermaterialien, die meist nur eine Reservefunktion besitzen.

Behälter für historisierende Spezialverfahren
Eine historisierende Variante der Weinbereitung, ausgestattet mit hohem Kultfaktor, ist seit einigen Jahren der Einsatz von Amphoren/Pithia bzw. Kvevri aus Ton. Diese Methode wurde vor rund 7000 Jahren in Georgien entwickelt, wo bis vor wenigen Jahrzehnten noch fast alle Weine, heutzutage immer noch ein gewisser Teil, in Kvevri ausgebaut wurden. Die zerbrechlichen Tongefäße müssen zur Stabilisierung in die Erde eingegraben werden und dienen als Gär- und als Lagertank. Das traditionelle georgische Herstellungsverfahren von Wein hat von der UNESCO den Status Weltkulturerbe erhalten.

Mittels der dickwandigeren Amphoren oder Pithia wird die Technik der antiken Römer und Griechen nachgeahmt und das Lesegut auf der Maische vergoren. Derartige Behälter mit Fassungsvermögen von wenigen Litern bis mehreren Tausend kommen seit einigen Jahren auch in den nördlichen Anbaugebieten versuchsweise zum Einsatz. Sie werden mit Maische (abgebeert oder nicht) befüllt und als Gärtank bzw. später Lagertank sowohl für weiße als auch für rote Weine benutzt. Der flotierende Tresterkuchen muss von Hand untergestoßen oder durch Einbauten am Aufsteigen gehindert werden. Die Maischegärung sorgt für eine intensive Phenolextraktion, der gasdurchlässige Ton für eine kontinuierliche Mikrooxigenation. Die Weine präsentieren sich entsprechend kräftig und phenolbetont. Bei gesundem Ausgangsmaterial kann weitgehend auf die Zugabe von schwefliger Säure verzichtet werden. Die Technik gibt dem Winzer für kleinere Mengen eine weitere Möglichkeit an die Hand, einen individuellen, von der Masse abweichenden Weinstil zu erzeugen und mit einer eigenen Geschichte zu verknüpfen. Er kann sich dadurch von Mitbewerbern abgrenzen und verfügt zumindest kurzfristig über ein Alleinstellungsmerkmal (Weik und Schaub 2013). Ob dieses Verfahren eine Bedeutung bekommt, muss die Zukunft zeigen.

Die in den letzten Jahren aufgekommene Mode der Herstellung von „Naturwein“ erlaubt nur Ton- oder Holzfässer und verbietet Zusatzstoffe vollständig. SO_2 ist allenfalls in minimalen Mengen zulässig. Mehrere europäische Betriebe, auch in Deutschland oder Österreich, haben inzwischen Erfahrung mit dieser Art der Weinbereitung gemacht und eine intensive Diskussion eröffnet (z. B. VINUM 2013). Viele Weinfachleute sehen diese Methode eher als Glaubensangelegenheit und stehen ihr kritisch gegenüber. Die Weine werden wegen ihrer intensiven bräunlich gelben Farbe auch „Orange“ genannt. Sie sind überwiegend stark oxidativ, mit erhöhtem Gehalt an flüchtigen Säuren und mangels Filtration mit Mikroorganismen aller Art belastet.

9.2.1 Betontanks

Betontanks wurden in der Vergangenheit aufgrund ihrer raumsparenden und vom Fassungsvermögen her nahezu unbegrenzten Bauweise sehr häufig installiert. Das Gerüst aus Stahlbeton oder Fertigbausteinen wird mit einer weinneutralen, gut am Beton haftenden Auskleidung versehen, die leicht zu reinigen sein muss. Dazu eignen sich Glasplatten, Klinker oder ein Kunststoffanstrich.

Betontanks leiten Wärme sehr schlecht. Gärwärme lässt sich praktisch nur mit eingehängten Kühlschlangen ableiten, andernfalls besteht ein hohes Risiko, dass die Gärung versiedet. Zu hohe Temperaturschwankungen können zudem zu Spannungen zwischen Beton und Auskleidung

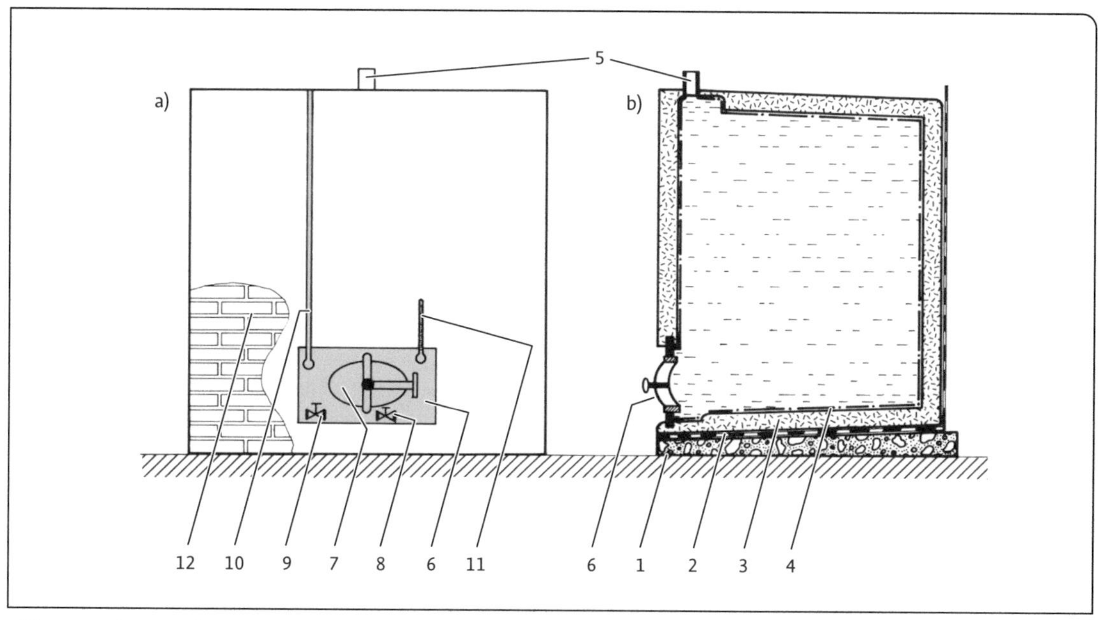

Abb. 238 Seiten- und Frontansicht eines Betontanks (Blankenhorn und Funk 2012); 1 = Unterbau; 2 = Isolation; 3 = Stahlbeton; 4 = Innenauskleidung; 5 = Stutzen; 6 = Armaturenplatt; 7 = Mannloch; 8 = Trubablauf; 9 = Klarablauf; 10 = Füllstandsanzeige mit Probenahmeventil; 11 = Thermometer; 12 = Klinkerwand.

und langfristig zu einer Ablösung führen. Hohlräume, in die Wein eindringen kann, sind mikrobiologisch extrem gefährlich. Abb. 238 zeigt Seiten- und Frontansicht eines Betontanks. Das Schauglas ist aus Sicherheitsgründen am Besten im Beton integriert, die Armaturenplatte (6) kann Thermometer, Mannloch, Klarablauf und Trubablauf aufnehmen. Der Stutzen oben dient zur Entlüftung bei Temperaturschwankungen.

Als beweglicher Betonbehälter erlebt dieses Material zurzeit eine kleine Renaissance. Anbieter punkten mit ungewöhnlichen Formen (z. B. Pyramiden- oder Ei-Form) als Eye Catcher und diversen Ausstattungsvarianten, sie betonen die Vorteile einer guten Temperaturisolierung bei der Rotweinbereitung oder der Kühlung durch großflächige Einbauten und ermöglichen unterschiedliche Arten der Beschichtung. Speziell in Regionen mit eher einfachen, preisgünstigen Weinen kommt zusätzlich der im Vergleich zu Edelstahl deutlich günstigere Preis zum Tragen. Ohne Beschichtung der Innenfläche lösen die Säuren im Wein allerdings Kalzium und in geringeren Mengen auch Eisen aus dem Beton und bewirken einen typischen Nebengeschmack (Weik 2013). Diese alte Erfahrung wurde zuletzt von der Bayrischen Landesanstalt für Wein und Gartenbau in Veitshöchheim im Falle eines Beton-Eis bestätigt (Köhler und Geßner 2009). Daneben wurden hygienische Probleme durch ungünstige Reinigungsbedingungen festgestellt, durch die Sand abgetragen und die Oberfläche allmählich aufgeraut wird. Die Eisenabgaben können speziell für Ökobetriebe zum Problem werden, denen eine Blauschönung verboten ist.

9.2.2 Kunststoffbehälter

Weit verbreitet sind Glasfaser verstärkte Kunststofftanks (GFK-Tanks), die seit über 50 Jahren eingesetzt werden. Sie lassen sich beliebig formen und raumsparend als fast nahtlose Tankbatterien installieren. Daneben kommen in wesentlich geringerem Umfang noch, hauptsächlich als Transportbehälter, Polyethylentanks vor sowie flexible Treviratanks. Ausgangsmaterialien für

GFK-Tanks sind ungesättigte Polyester, Styrol zum irreversiblen Aushärten der Mischung, Katalysatoren zur Reaktionsbeschleunigung und alkalifreie Glasfasern mit 4–9 µm Durchmesser. Der Polyester ist das eigentliche Wandmaterial. Er wird durch Polykondensation einer Dicarbonsäure (z. B. Maleinsäure) mit einem Alkohol (z. B. Ethylenglycol) hergestellt. Zusammen mit Styrol, ebenfalls einem Polymer, entsteht ein dreidimensionales Geflecht, dessen Zugfestigkeit und Wärmedehnzahl durch die integrierten Glasfasern bestimmt wird.

Der Tankzylinder wird im Wickelverfahren hergestellt. Dabei werden harzgetränkte Faserstränge mit über 60 % Glasfaseranteil unter Spannung auf einen rotierenden Kern gewickelt. Tankboden und Türchen entstehen durch Pressung. Die Verbindung Boden-Zylinder erfolgt manuell, indem das zugeschnittene Gewebe entsprechend der gewünschten Stärke geschichtet und mittels Bürste oder Rolle mit dem flüssigen Harz imprägniert und zusammengedrückt wird.

GFK-Tanks sind durchsichtig, dämpfbar und besitzen eine glatte Oberfläche. Mittels Dampf oder Heißwasser müssen vor der ersten Inbetriebnahme monomere Styrolreste ausgespült werden, bis das Kondensat geruchs- und geschmacksneutral abläuft. Behandlungsfehler, vor allem Verletzungen der Innenbeschichtung oder alterungsbedingte Risse, erlauben die Extraktion von Styrol. Bereits Mengen von 0,1 mg/l können einen ausgeprägten, nahezu irreversiblen Fehlton im Wein erzeugen.

Seit etwa 10 Jahren werden besonders behandelte kleine Polyethylentanks (300–2100 l) als sauerstoffdurchlässige Reifebehälter angeboten (z. B. Fa. Flextank Inc). Sie stehen in Konkurrenz zu Barrique-Fässern bezüglich der Mikrooxigenation, nicht aber bezüglich der Holzextraktion. Zudem weisen sie keinen Verdunstungsverlust auf, der bei Barriques im Jahr durchschnittlich 3–5 % ausmacht. Eine Sauerstoffdurchlässigkeit von rund 20 mg/l/a (nach Firmenangaben) soll sich über die gesamte Lebensdauer des Behälters ergeben, während sich die Werte bei Barriques mit jeder Belegung verringern. Mittels Staves oder Chips lassen sich zudem Barrique-Effekte durch Holzextraktion erzielen.

9.2.3 Stahlbehälter mit Innenauskleidung

Stähle sind die am meisten verwendeten metallischen Werkstoffe weltweit. Durch Legieren mit Kohlenstoff und anderen Legierungselementen in Kombination mit wärme- und thermomechanischer Behandlung entsteht aus Roheisen Stahl. Die Schmelze erstarrt und bildet spezifische Metallgitter aus unbeweglichen Metallatomen, die an der Oberfläche mit der Umgebung in Kontakt stehen. Durch gezielte Zugabe von Legierungselementen können die Eigenschaften für einen breiten Anwendungsbereich angepasst werden. Das wichtigste Legierungselement im Stahl ist Kohlenstoff. Die Bedeutung von Kohlenstoff im Stahl ergibt sich aus seinem Einfluss auf die Stahleigenschaften und Phasenumwandlungen (siehe DIN EN 10020). Stahl ist nicht beständig gegen die Säuren des Weins, ohne Schutz kommt es rasch zur Korrosion. Stahl wird deshalb innen durch Speziallacke oder Emaille geschützt, außen meist nur durch einen Farbanstrich. Stahltanks besitzen grundsätzlich dieselben Eigenschaften wie Edelstahltanks und lassen sich wie diese ausstatten.

Emaille besteht aus Quarz, Feldspat, Alkalien und Metalloxiden, die zusammen eingeschmolzen und nach dem Erstarren fein gemahlen werden. Die Tank-Emaillierung besteht aus mehreren Schichten, die nacheinander bei 900 °C eingebrannt werden. Danach ist das Material glatt, hitzebeständig, hart und druckfest, aber auch spröde und schlagempfindlich. Herunterfallende Werkzeuge führen rasch zu Beschädigungen, bis zu einer bestimmten Größe vor Ort repariert werden können. Emaillierte Stahlbehälter bieten sich besonders als Drucktank zur Einlagerung von Süßreserve oder als Maischegärtank für das Druck-Wechsel-Verfahren an.

Eine Tanklackierung besteht aus mehreren Lackschichten, die nacheinander aufgebracht werden. Die Schichten können aus einem physikalisch trocknenden Lack bestehen, der härtet, wenn das Lösungsmittel verdunstet, oder einem Zweikomponentenlack, wo Stammlack und Härter gemischt werden und deren Reaktion zur schnellen Aushärtung führt. Der Lack muss gut haften, elastisch und stoßfest sein, weinstabil und glatt sowie dämpfbar und beständig gegen alle üblichen Reinigungsmittel. Auch bei dieser Art der Beschichtung lassen sich kleine Reparaturen vor Ort erledigen.

Werden Tanks als Misch-, Löse- oder Schönungstank eingesetzt, darf für eine optimale Durchmischung die Mantelhöhe höchstens das Dreifache des ∅ betragen. Ein Tank-∅ von 2 m erlaubt demnach maximal eine Tankhöhe von 6 m. Vierecktanks erschweren generell und unabhängig von Material oder Kantenmaße jede Art von Durchmischung und können zu lokalen Überschönungen führen.

9.2.4 Edelstahltanks

Weltweit lagern 90 % aller Weine in Edelstahltanks (Weik 2013), also in Behältern aus nichtrostendem Stahl. Dieser Begriff ist die Bezeichnung für eine Gruppe von korrosions- und säurebeständigen Stahlsorten, die beständig sind gegen die üblichen Reinigungsmittel in Kellereien, die Säuren des Weines und das Konservierungsmittel SO_2. Die Korrosionsbeständigkeit wird erreicht, indem Roheisen nicht nur mit Kohlenstoff, sondern vor allem mit den Schwermetallen Chrom, Nickel, Molybdän und Titan legiert wird. Die Art des Schwermetalls, seine Menge, die Behandlung der Schmelze und Weiterbehandlung bestimmen die Eigenschaften.

Die Metallurgie hat seit der Erfindung der Edelstähle vor 100 Jahren rund 120 verschiedene Werkstoffe geschaffen, von denen in Kellereien seit etwa 50 Jahren hauptsächlich drei eingesetzt werden. Diese Werkstoffe tragen die in Europa üblichen Nummer 1.4301, 1.4401 und 1.4571. Sie sind zusammen mit den anderen Edelstählen in DIN EN 10088 spezifiziert. In den USA wird die korrespondierende AISI-Nummer verwendet (American Iron and Steel Institute, AISI, der nordamerikanische Branchenverband der Stahlindustrie). Die Angabe z. B. bei 1.4301 mit X5CrNi18-10 bezeichnet die Zusammensetzung des Stahls: 5 % Kohlenstoff, 18 % Chrom und 10 % Nickel. Ab etwa 18 % Chromanteil ist eine Beständigkeit gegen Fruchtsäure gegeben, die durch den Nickelanteil noch weiter verbessert wird. Ein Molybdänanteil erhöht die Beständigkeit z. B. gegen schweflige Säure, Titanzusätze verbessern die Schweißbarkeit des Stahls. Die Korrosionsbeständigkeit der Edelstähle beruht auf der Bildung einer Passivschicht aus Chromoxid. Dieser Schutzfilm baut sich bei Anwesenheit von Sauerstoff auf natürlichem Wege auf. Die oxidische Eigenschutzschicht verhindert den Übergang eines Metallatoms im Gitter in ein Metallion im Elektrolyten (Schäuble 1987).

Chlorhaltige Reinigungsmittel können problematisch werden, wenn sie in saurer Lösung eingesetzt werden und dabei freies Chlor entsteht. Dann wird die Passivierungsschicht an der Oberfläche zerstört und es droht Lochfraß.

9.2.4.1 Die wichtigsten Edelstähle in Kellereien

1.) WNr. 1.4301 (X5CrNi18-10), AISI 304 (V2A)

1.4301 war der erste kommerzielle nichtrostende Stahl und ist heute mit einem Produktionsanteil von 33 % der am häufigsten eingesetzte. Standardbehälter und Rohrleitungen bestehen meist aus diesem Material. Es ist ein säurebeständiger 18/10 Chrom-Nickel-Stahl, der wegen seines niedrigen Kohlenstoffgehalts nach dem Schweißen bei Blechstärken bis 5 mm auch ohne nachträgliche Wärmebehandlung interkristallin beständig ist. Der Stahl hat eine sehr gute Polierfähigkeit und eine besonders gute Verformbarkeit durch Tiefziehen, Abkanten, Rollformen etc. Er ist nicht beständig gegenüber Chloridionen, die Korrosionsbeständigkeit kann aber durch Elektropolieren deutlich erhöht werden.

2.) WNr. 1.4401 (X5CrNiMo17-12-2), AISI 316 bzw. 1.4404 (X2CrNiMoTi17-12-2) (V4A)

Beide Werkstoffe sind ein rostfreier Stahl mit ausgezeichneter Korrosionsbeständigkeit. Sie werden bevorzugt verwendet für Süßreservetanks, die höhere SO_2-Mengen verkraften müssen oder für Tankdeckel. Dort wird eine erhöhte Beständigkeit benötigt, weil sich im Kondenswasser schweflige Säure konzentrieren kann. Der Werkstoff ist ein Chrom-Nickel-Stahl mit Molybdänzusatz, er ist gut kalt umformbar (biegen, stanzen, tiefziehen), allerdings nicht leicht zerspanbar. Dieser Stahl ist mit allen gängigen Methoden leicht schweißbar. Nach dem Schweißen muss ein Weichglühen mit anschließendem Abschrecken erfolgen, um das Risiko einer interkristallinen Korrosion auszuschließen.

3.) WNr. 1.4571 (X6CrNiMoTi17-12-2), AISI 316Ti

Dieser Werkstoff verfügt über eine weiter verbesserte Korrosionsbeständigkeit. Er ist mit allen bekannten Schweißverfahren gut schweißbar. Eine Wärmebehandlung nach dem Schweißen ist im Allgemeinen nicht erforderlich. Die Stähle sind polierfähig, durch den Einschluss von sehr harten Titancarbiden können beim mechanischen Schleifen jedoch Riefen durch Aus- und Mitreißen der Titankarbidkörner in der Oberfläche erzeugt werden. Ihre Oberflächenstruktur ist deshalb für den Einsatz im pharmazeutischen Anlagenbau vielfach ungeeignet.

9.2.4.2 Oberflächenbehandlung von Edelstählen

Die Reinigung von Edelstahltanks ist eine Funktion ihrer Oberflächenrauheit. Je rauer sie ist, desto mehr Teilchen können sich in den Räumen verfangen und erst durch eine langsame Diffusion herausgelöst werden. Besonders Weinstein lagert sich in kompakten Platten ab, die viel Aufwand erfordern. Die Rauheit einer Oberfläche kann durch die Behandlung gezielt beeinflusst werden. Tab. 87 zeigt die Unterschiede bei kalt gewalzten Blechen, wie sie in der Kellerwirtschaft eingesetzt werden. Standard sind die Bezeichnungen 2B und 2R (alte Bezeichnungen: IIIc und IIId), für besondere Ansprüche wird zusätzlich elektropoliert, um die Rauigkeit weiter zu verringern. Die Reinigung dieser äußerst glatten Flächen ist besonders effektiv, Weinstein haftet im Vergleich zu 2B nur in geringer Menge an (28,6 statt 348 g/m^2; nach Weik 2013).

Der allgemein anerkannte und am häufigsten verwendete internationale Parameter für Rauheit ist der Wert R_a. Er ist das arithmetische Mittel aus den absoluten Ausgangspunkten der Rauheitsprofile von der Mittellinie. R_a wird in µm angegeben (siehe DIN EN ISO 4287:2010). Für eine gute Reinigung sind R_a-Werte von < 0,8 µm erforderlich. Eine weitere Kenngröße zur Beurteilung der Rauheit ist die Rautiefe. Die gemittelte Rautiefe (R_z) ist der arithmetische Mittelwert der Einzelrautiefen von aufeinanderfolgenden Einzelmessstrecken (siehe dazu Abb. 239 und Kap. 9.4.6). Seit einigen Jahren gibt es optische Messgeräte, die Rauheitskenngrößen flächig messen.

9.2.4.3 Korrosion

Korrosion (von lat. corrodere, „zersetzen, zerfressen, zernagen") ist die Reaktion eines Werkstoffs mit seiner Umgebung, die eine messbare Veränderung des Werkstoffs bewirkt und zu einer Beeinträchtigung der Funktion eines Bauteils oder Systems führen kann (DIN EN ISO 8044). Die wohl bekannteste Art von Korrosion ist die Oxidation von Eisen, umgangssprachlich als Rosten bezeichnet. Diese Korrosion ist ein naturgegebener Vorgang. Die Metalle müssen mit

Tab. 87 Unterschiede in der Oberfläche kalt gewalzter Edelstahlbleche (nach DIN EN 10088)

kalt gewalzt	2H	kalt verfestigt	blank zur Erzielung höherer Festigkeitsstufen kalt umgeformt	III a
	2C	kalt gewalzt, wärmebehandelt, nicht entzundert	glatt, mit Zunder von der Wärmebehandlung für die hitzebeständige Güte 1.4841	III s
	2D	kalt gewalzt, wärmebehandelt, gebeizt	glatt gute Umformbarkeit, aber nicht so glatt wie 2B oder 2R	III b
	2B	kalt gewalzt, wärmebehandelt, gebeizt, kalt nachgewalzt	glatter als 2D Standard für die meisten kalt gewalzten Stahlsorten	III c
	2R	kalt gewalzt, blank geglüht	glatt, blank, reflektierend glatter und blanker als 2B	III d oder BA

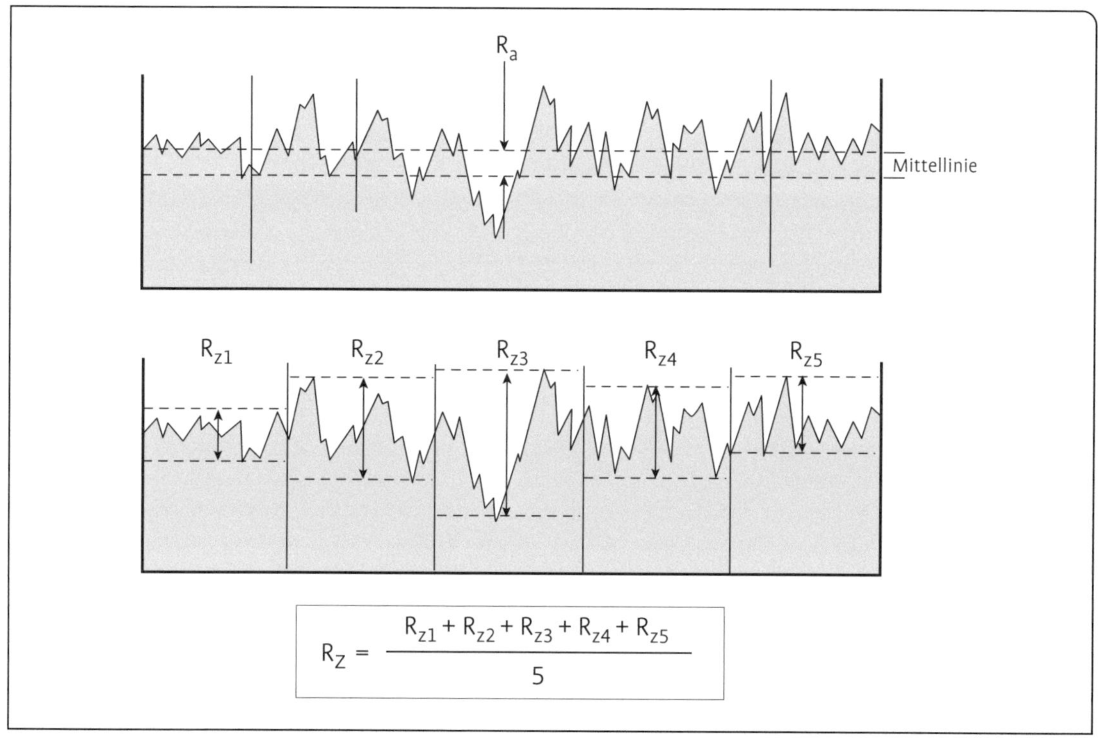

Abb. 239 R_a- und R_z-Werte grafisch dargestellt (Quelle: Fa. Sandvik-Coromant).

hohem Energieaufwand aus ihrer üblichen Verbindung als Oxid oder Sulfid reduziert werden, sie weisen danach ein hohes Energiepotenzial auf. Die Gesetze der Entropie nötigen sie, wieder in die energieärmere oxidische Form überzugehen, also zu korrodieren. Bei Legierungen tritt oft eine Art Selbstschutz auf durch eine Passivschicht aus oxidierten Metallen, die die Oberfläche überziehen. Je nach Legierung reicht diese Passivschicht für mehr oder weniger intensive Angriffe eines Elektrolyten aus (Schäuble 1987).

Bei der Korrosion von Metallen läuft ein elektrochemischer Redox-Vorgang ab: das Metall wird oxidiert, ein Elektrolyt reduziert. Metalle besitzen einen kristallinen Aufbau. Auf festen Gitterplätzen sitzen positiv geladene Atomrümpfe, die von negativ geladenen, sehr beweglichen Elektronen umkreist werden. Deswegen sind Metalle üblicherweise gute Leiter. Wird eine ungeschützte Metalloberfläche von einem Elektrolyten benetzt, so bildet sich ein sogenanntes Lokalelement. Dieses ist gekennzeichnet durch einen anodischen und einen kathodischen Bereich. Bei der Korrosion löst sich ein Atomrumpf aus dem Metallgitter und geht in die umgebende Flüssigkeit über (sogenannte anodische Teilreaktion), wird in einer sekundären Reaktion oxidiert und im Zuge eines Stofftransports ausgeschwemmt. Durch diesen Vorgang ist die Ladungsneutralität im Gitter gestört, es lädt sich negativ auf. Gleichzeitig erhält die Umgebung eine positive Ladung. An der Phasengrenzfläche würde sich ein Gleichgewicht einstellen zwischen abgebenden und aufnehmenden Ionen, also zwischen Auflösung und Anlagerung, da in der Praxis Elektrolyte aber Elektronenakzeptoren für eine kathodische Teilreaktion enthalten, wird der Ablösungsvorgang fortgesetzt. Abb. 240 beschreibt die Vorgänge bei der Korrosion schematisch.

Die freien Elektronen werden auf Protonen übertragen, die im sauren Milieu im Überschuss zur Verfügung stehen. Die zugehörigen Elektro-

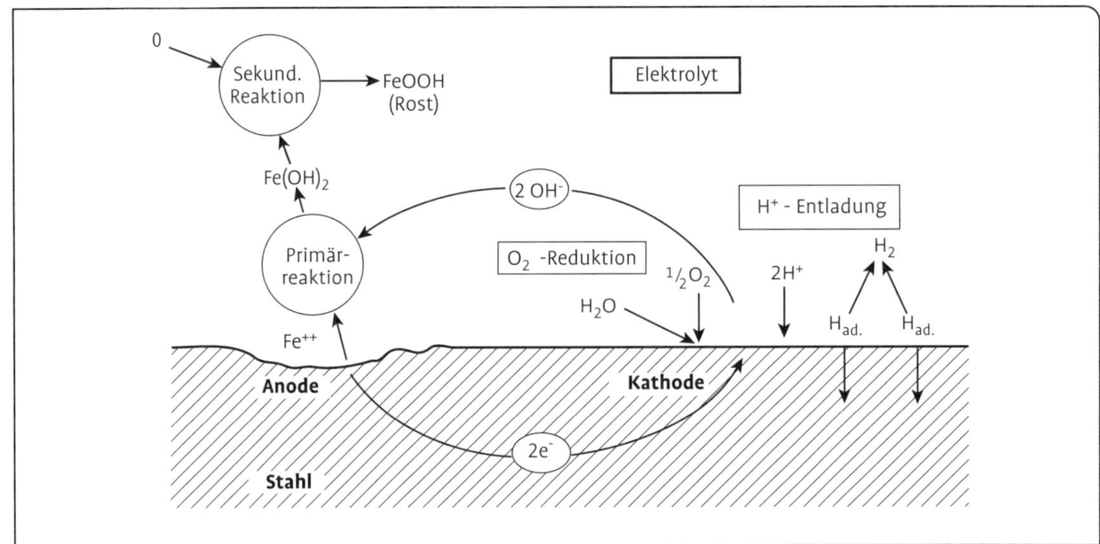

Abb. 240 Vorgänge bei der Korrosion in neutralem oder leicht alkalischem Milieu (Nürnberger 1995; aus Knödel 2010).

nen fließen von der Anode durch den Grundwerkstoff zur Kathode. Die Intensität des Metallabtrags ist eine Funktion der Potenzialdifferenz zwischen Elektrolyt und Metall, also eine stoffspezifische Größe. Während unlegierter Stahl mit einem Potenzial von −610 mV, gemessen gegen eine gesättigte Kalomelelektrode, hohe Korrosionseigenschaft besitzt, springt bei Eisen-Chrom-Legierungen ab 12 % Chromanteil das Potenzial steil in den positiven Bereich (Schäuble 1987). In Wasser und Luft ist dann keine Korrosion mehr möglich.

Korrosion an Edelstählen kann in Kellereien durch zumindest lokal sehr hohe SO_2-Konzentrationen entstehen, meist aber durch chlorhaltige Reinigungsmittel in saurem Milieu. Die durch Korrosion verursachten Veränderungen eines Bauteils weisen in der kellerwirtschaftlichen Praxis hauptsächlich drei der zahlreichen möglichen Erscheinungsformen auf:

- die Lochfraßkorrosion,
- die Spannungsrisskorrosion,
- die interkristalline Korrosion.

Abb. 241 zeigt diese Korrosionsangriffe schematisch. Lochfraß erfasst eng begrenzte Stellen und bildet im Anfangsstadium feine, punktförmige

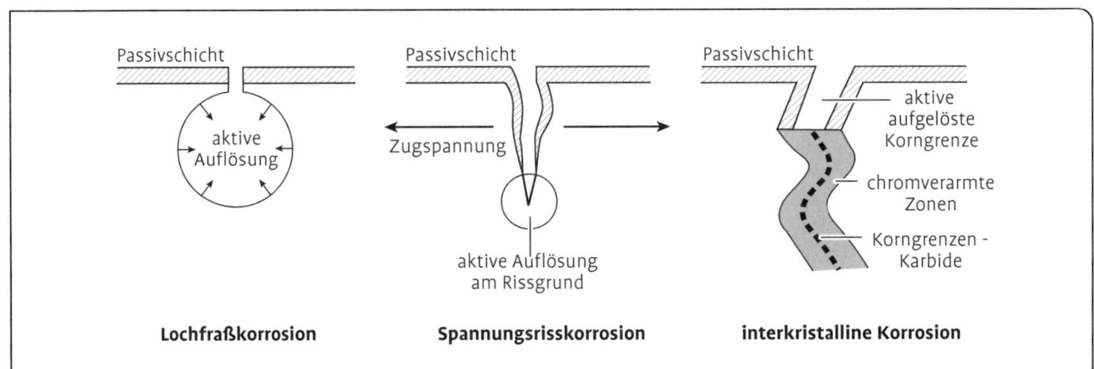

Abb. 241 Korrosionsformen bei Edelstählen (Schäuble 1987).

Vertiefungen, die sich sehr schnell vergrößern und zum Ausfall des Teils führen. Hauptursache sind Chloridionen in saurem Medium und/oder in Gegenwart von Oxidationsmitteln. Diese finden sich besonders in Reinigungs- und Desinfektionsmitteln. Lochfraß setzt nicht unmittelbar, sondern erst nach einer Kontaktzeit ein. Die Einwirkzeit von Reinigungsmitteln muss deshalb kürzer sein als die Inkubationszeit, Empfehlungen der Hersteller haben diesen Effekt zu berücksichtigen.

Spannungsrisskorrosion ist die am meisten gefürchtete Korrosionsart, da sie häufig erst dann sichtbar wird, wenn es zu Durchbrüchen kommt. Sie entsteht durch ein entsprechendes aggressives Medium in Verbindung mit Zugspannungen, wobei örtlich die Passivschicht aktiviert und damit unwirksam wird. Die Zugspannungen können bei bewegten Teilen mechanisch entstehen, aber auch bereits im Werkstoff enthalten sein als Folge des Verarbeitungsprozesses.

Interkristalline Korrosion kann auftreten, wenn sich chromreiche Mischcarbide gebildet haben und entlang der Korngrenze ausgeschieden sind. Der hohe Chromanteil wird der benachbarten Grundmasse entzogen, die verarmen und korrosionsanfällig werden. Die Ausscheidung der Chromcarbide erfolgt, wenn Edelstähle hohen Temperaturen ausgesetzt werden (Schweißen, Schleifen von Metall auf Metall usw.).

9.2.4.4 Tankausstattungen und Tankbatterien

Edelstahltanks lassen sich in allen möglichen Formen bauen. Maßgeschneiderte, meist eckige Tanks erlauben eine optimale Raumausnützung. Spielt der Raum keine entscheidende Rolle, kommen zunehmend stehende zylindrische Tanks zur Aufstellung, die sich gut mischen lassen. Bei Höhen über 7 m verzögert sich die Sedimentation von Trubstoffen, es kann zu Schichtungen kommen und je m Wassersäule lastet ein Druck von 0,1 bar auf der untersten Schicht. Ohne Mischaggregate oder zumindest Umpumpen herrschen unten andere Gas- und Trubverhältnisse als oben. Werden Starterkulturen im Mannloch zugegeben und nicht gleichmäßig verteilt, kann es zu Gärstörungen kommen. Der hohe Druck erschwert die Kohlensäureausscheidung und hemmt die Hefe.

Modere Edelstahltanks werden vielfältig eingesetzt und bestehen aus drei Bauteilen, einsatzbedingten Messinstrumenten sowie spezifischen Zusatzaggregaten. Die wichtigsten sind:

- Ein Tankboden, der möglichst asymmetrisch gestaltet wird, um die Auslaufvertiefung vor dem Mannloch zu positionieren. Am tiefsten Punkt befindet sich der Restablauf mit möglichst großem Leitungsquerschnitt. Da sich Weinstein vorrangig und kompakt unten absetzt, empfiehlt sich zur effizienten Reinigung eine Elektropolitur des Bodenmaterials.
- Der Körper, oft in Zylinderform, besteht üblicherweise aus dem Werkstoff 1.4301. Er enthält ein oder mehrere Klarabläufe, evtl. integriert mit innerem Schwenkbogen für den sauberen Abzug, einen Probennahmehahn, eine Mengenmessung, meist in Form eines kalibrierten Röhre sowie je einen Behälter- und Weinsteckbrief, Letztere austauschbar. Wird über Pillow-Plates gekühlt, befinden diese sich an der Außenseite des Tanks mit Anschlüssen

Abb. 242 Edelstahltank mit Pillow-Plates (Quelle: Fa. Rieger Tankbau).

für das Kühlmedium (siehe Abb. 242). Engspaltige Pillow-Plates sind sehr dünn mit hoher Strömungsgeschwindigkeit, minimaler Abstrahlung und optimalem Austausch. Je 1000 l Inhalt werden etwa 0,3 m^2 Kühlfläche benötigt (Schandelmaier 2013). Zur Temperaturmessung wird ein Sensorelement in den Tank eingeschweißt.

- Der Deckel besteht oft aus dem höher legierten Werkstoff 1.4401, um Korrosion zu verhindern. Er enthält den Dom als höchsten Punkt zum Ausgleich von Temperaturschwankungen bei minimaler Oberfläche und zum einfachen Befüllen. Auf dem Dom befindet sich meist das Gärröhrchen, das mit Schwefelwasser gefüllt einen sterilen Luftausgleich bei Temperaturschwankungen gewährleistet. Bei kleineren Tanks mit vergleichsweise geringem Gärgasvolumen ist es auch in der Lage, während der Gärung deren Intensität anzuzeigen. Zudem können auf dem Deckel Leitungen für Wasser, Reinigungsflüssigkeit und Produkt befestigt sein (siehe Abb. 246).

Maischetanks werden im Idealfall mit fest installierten Umwälzpumpen zum Überschwallen ausgestattet. Der stückige Trester erfordert einen Flachboden mit großem Böschungswinkel sowie eine große Austragsöffnung. Die Abb. 243 und 244 zeigen Tanks mit den beschriebenen Ausstattungen, Abb. 245 die Installationszeichnung eines Tankkellers von oben und Abb. 246 den Deckel eines Tauchertanks.

Bei Batterien mit hohen Tanks stellen Laufgitter im Bereich des Doms enorme arbeitswirtschaftliche Erleichterungen dar. Andernfalls muss für jede Sichtkontrolle (Reinigungseffekt, Sauberkeit am Deckel, Füllstandskontrolle, Gärkontrolle) eine Leiter benutzt werden.

Großbetriebe arbeiten so weit als möglich mit stationären Leitungen. Schläuche dienen zur

Abb. 243 Maischetank mit fest installierter Kreiselpumpe zum Umwälzen und großem Maischeablass in die Presse.

Temperatursteuerung
Inhaltsangebe und Tankdaten
Füllstands-anzeige
Probennahmehahn
Mannloch
Klarablauf mit Kurvenbogen
Restablauf

Abb. 244 Batterie aus stehenden Tanks.

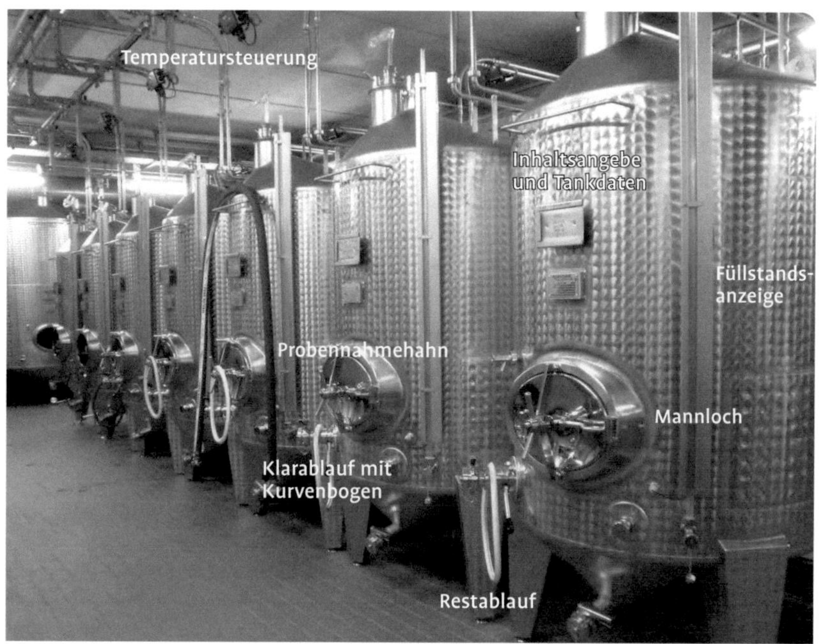

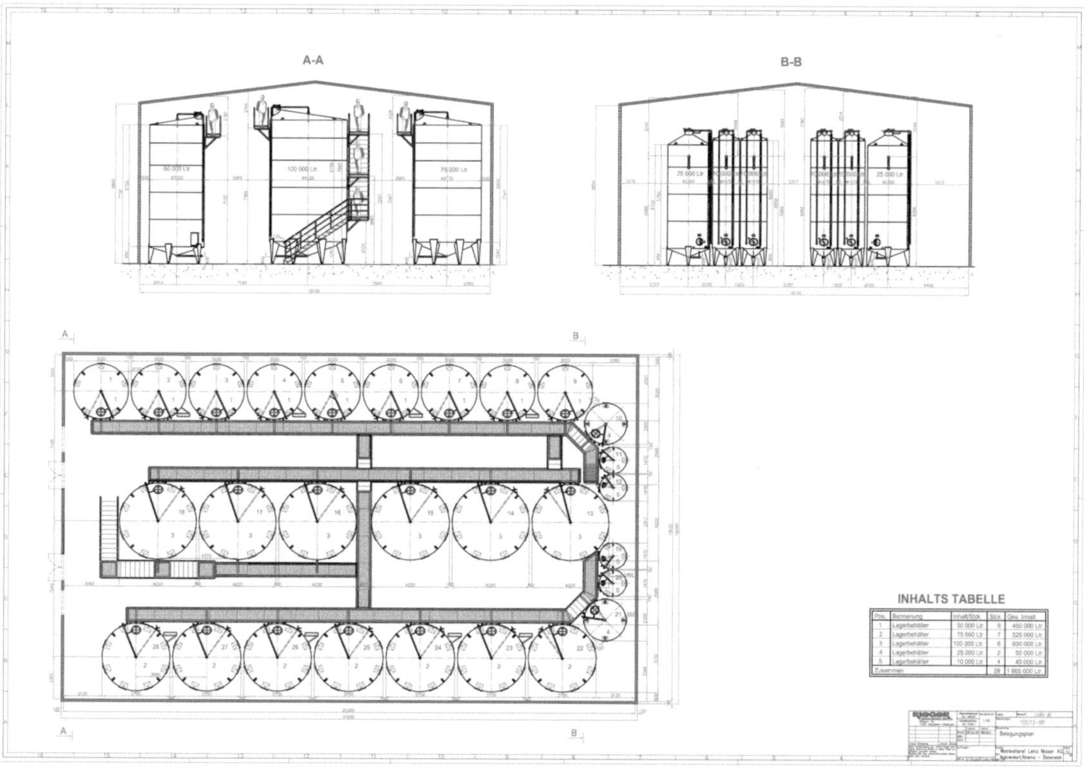
A-A
B-B
INHALTS TABELLE
Pos. Bennenung Inhalt/Stck. Stck. Ges. Inhalt
1 Lagerbehälter 50 000 Ltr. 9 450 000 Ltr.
2 Lagerbehälter 75 000 Ltr. 7 525 000 Ltr.
3 Lagerbehälter 100 000 Ltr. 6 600 000 Ltr.
4 Lagerbehälter 25 000 Ltr. 2 50 000 Ltr.
5 Lagerbehälter 10 000 Ltr. 4 40 000 Ltr.
Zusammen 28 1 665 000 Ltr.
10573-BP
Belegungsplan

Abb. 245 CAD-Aufstellungsplan für unterschiedlich große Tanks mit Laufgittern im Bereich des Doms (Quelle: Fa. Rieger Tankbau).

Abb. 246 Tankdeckel eines Tauchertanks; Beschickung über fest installierte Leitungen und kurze Schlauchkupplung.

Verbindung dieser Leitungen mit einzelnen Tanks. Vielfach werden dazu Verteilerpanel benutzt, mithilfe derer von einer zentralen Stelle im Keller (Presse, Hefefilter, Kühltank usw.) einfach alle Tanks bzw. Räumlichkeiten angesteuert werden können. Abb. 247 a+b zeigen ein einfaches Verteilerpanel und fest installierte Rohrleitungen im Tankkeller eines Großbetriebs.

Die Anlage in Abb. 247 ist teilautomatisiert. Sehr viele Ventile sind von Hand zu bedienen, Verbindungsstücke manuell umzulegen. Bei hauptsächlich periodisch benutzten Anlagen in Wein- oder Fruchtsaftbetrieben rechnet sich der deutlich größere Aufwand für vollautomatische Anlagen üblicherweise nicht.

Abb. 247a Tankbatterie mit fest installierten Leitungen (Quelle: Ruhland Engineering).

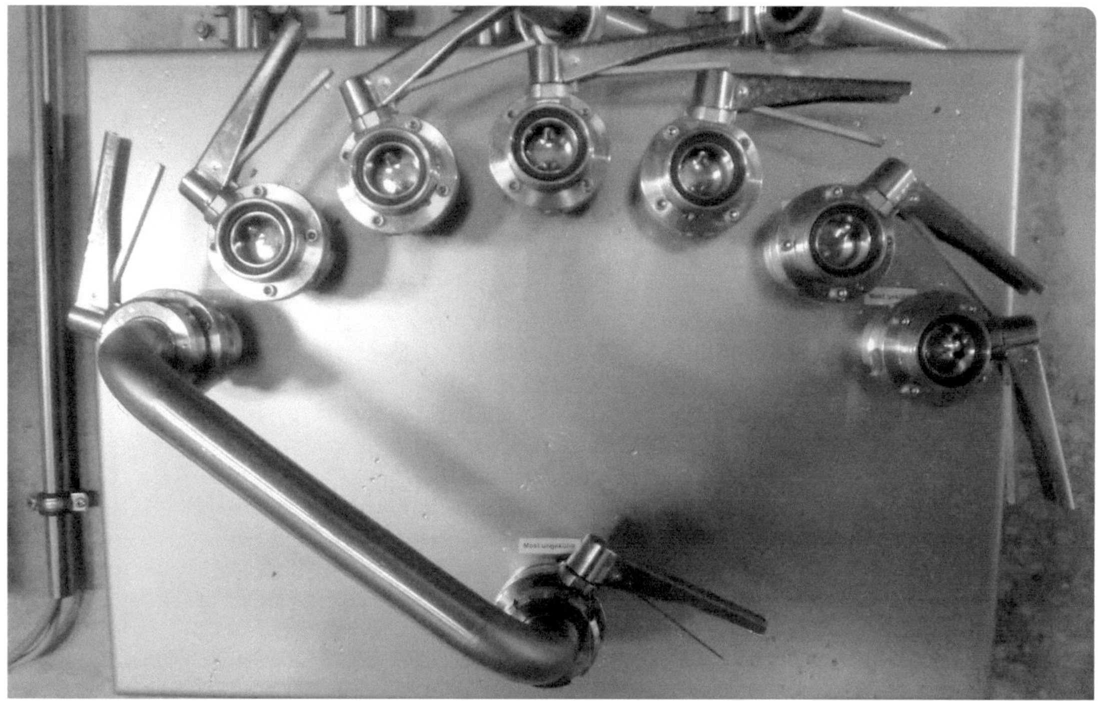

Abb. 247b Einfaches Verteilerpanel.

9.3 Sensor-Messtechnik: Erfassung und Verarbeitung von Messdaten

In den bisherigen Kapiteln wurde mehrfach über die Erfassung von Messwerten gesprochen. Diese Messwerte sind kein Selbstzweck, sondern erforderliche Informationen für eine Zustandsbeschreibung und vor allem eine qualitätsorientierte Prozesssteuerung. Ohne Messwerte gleicht die Weinherstellung einem Blindflug. Zudem hat der Gesetzgeber zahlreiche Anforderungen definiert, die aus Gründen der Qualitätssicherung, zur eigenen Sicherheit, aber nicht zuletzt zum Schutz des Konsumenten erfüllt werden müssen und Messung sowie Dokumentation beinhalten (siehe dazu Kap. 9.4). Die Anforderungen an die unterschiedlichen Betriebsgrößen unterscheiden sich weniger in der Fülle der erforderlichen Daten als vielmehr in der Automatisierung von Erfassung und Verarbeitung. Mess-, Steuer- und Regeltechnik (MSR) erleichtert die tägliche Arbeit auf Kosten höherer Kapitalbindung und erfordert ein gutes technisches Verständnis. Abb. 248 zeigt die Messwerterfassung und Verarbeitung prinzipiell. Wird z. B. das Mostgewicht mittels Handrefraktometer gemessen, ergibt das ohne weitere Umwandlung direkt den Ist-Wert, der entsprechend zu interpretieren ist. Als Reaktion kann der Lesetermin festgelegt werden oder bei der Traubenannahme eine Qualitätseinstufung mit Konsequenzen für die Verarbeitung erfolgen. Misst das Thermoelement als Sensor eine zu hohe Gärtemperatur, wird der Regler Kühlwasser freigeben. Dazu wird üblicherweise ein Magnetventil in der Kühlwasserleitung angesteuert, das den Weg freigibt und dadurch den Ist-Wert in Richtung Soll-Wert verschiebt.

Bei derartigen, sich selbst regelnden Systemen wird in der Technik von Regelkreisen gesprochen. Als Regelkreis wird der in sich geschlossene Wirkungsablauf für die Beeinflussung einer physikalischen Größe, der Regelgröße, in einem Prozess bezeichnet. Entscheidend ist die Rückführung des aktuellen Wertes an den Regler, der einer Abweichung vom Sollwert kontinu-

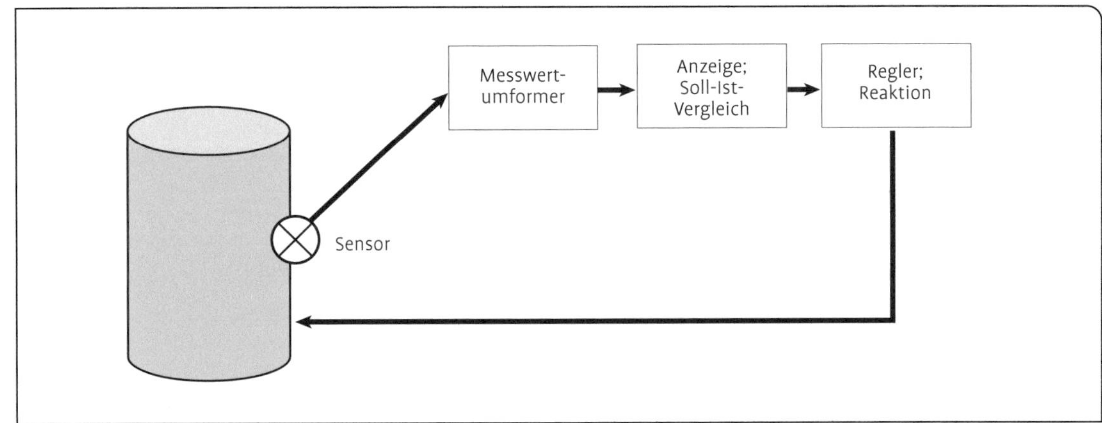

Abb. 248 Prinzip der Messwerterfassung und Verarbeitung, dargestellt als Regelkreis

ierlich entgegenwirkt (negative Rückkopplung). Der Regelkreis soll ein gutes Führungsverhalten haben, d. h. nach einer Sollwertänderung wird ein dynamisches Verhalten erwünscht, mit dem die Regelgröße sich dem Sollwert wieder rasch annähert. Neben diesem dynamischen Verhalten spielt die stationäre Genauigkeit eine Rolle.

Im Falle einer Temperaturmessung werden keine Temperaturen miteinander verglichen, sondern Abbildungsgrößen der Temperatur, die technisch gut miteinander vergleichbar sind. Schaltet man z. B. als Sensor einen temperaturabhängigen Widerstand mit einem ohmschen Widerstand als Spannungsteiler zusammen, kann man über einem der Widerstände eine der Temperatur proportionale Spannung messen. Der Temperatursollwert kann mit einem an Spannung liegenden Potenziometer erzeugt werden. Der Vergleich beider Signale erfolgt i. A. durch eine Differenzbildung zwischen dem Sollwert und dem Temperaturistwert, z. B. durch eine elektronische Subtrahierschaltung (Ottens 2008).

In Weinbaubetrieben ist Messtechnik mit und ohne Regelkreis an zahlreichen Stellen notwendig oder zumindest wünschenswert. Nachfolgend eine Übersicht möglicher Kontrollen im Weinbaubetrieb:

- Qualitätserfassung bei der Traubenannahme (Mostgewicht; pH-Wert; Säuregehalt; Phenolreife; Laccase-Aktivität usw.),
- Mengenerfassung bei der Traubenannahme, im Mostbereich und im Weinstadium,
- Messwerterfassung bei der alkoholischen Gärung (Alkoholzunahme; Zuckerabbau; Temperatur; CO_2-Entbindung; Extraktwert; Gärkurvenverlauf usw.),
- CO_2-Messung im Keller zur Lüftungssteuerung bzw. im Zuge des Gasmanagement vor der Abfüllung,
- Sauerstoffmessung bei oxidativem Ausbau, evtl. bei der Flotation, vor bzw. zum Start der alkoholischen Gärung; sinnvoll nach jedem technischen Gerät, vor allem bei der Abfüllung,
- Messung des Redox-Potenziales,
- Füllstandsmessung; evtl. als Gewichtserfassung mittels Drucksensoren unter den Füßen des Tanks,
- Leitfähigkeits- oder Dichtemessung zur Phasentrennung, z. B. bei der chemischen Reinigung, bei Produktwechsel oder bei Produktausschub mit Wasser und umgekehrt, bei der Elektrodialyse zur Weinsteinstabilisierung,
- Messung von Temperatur und Luftfeuchtigkeit zur Steuerung des Raumklimas; evtl. mit Befeuchtung der Frischluft,
- Druckmessung in Drucktanks, Plattenapparaten, Leitungen, Filtersystemen, Gasvorratsbehältern usw.,
- Trübungsmessung an Filtern, nach Separatoren oder in der Klarphase des Sedimentationstanks,
- Bewegungssensoren zur Lichtschaltung, evtl. zur Raumbelüftung,

- Strömungsmessung zum Schutz empfindlicher Pumpen (alternativ Druckmessung),
- Füllmengenkontrolle, Dichtigkeitsprüfung, Flascheninspektion, Ausstattungskontrolle usw. im Zuge der Abfüllung.

Mehrere Arten der Messwerterfassung und ihre Bedeutung wurden bereits erläutert (Redoxpotenzial, Gasmanagement, Trübungsmessung, Gärverlauf, Druckmessung usw.) Im Folgenden werden die Qualitätserfassung während des Weinausbaus, der Traubenannahme, der Qualitätskontrolle bei der Abfüllung und die Gärtemperaturregelung angesprochen.

9.3.1 Qualitätserfassung während des Weinausbaus

Eine schnell Ergebnisse liefernde Analytik ist während des gesamten Weinausbaus unerlässlich. Die Ansprüche sind in den letzten Jahren deutlich gestiegen. Mit der Fourier Transform Infrarotspektroskopie (FTIR) lassen sich bei Routineanalysen und Qualitätssicherung in Weinen in weniger als 2 Minuten Alkohol, Glycerin, pH-Wert, Gesamtsäure, Weinsäure, Äpfelsäure, Milchsäure, flüchtige Säuren, reduzierende Zucker, Glukose, Fruktose und mit Einschränkungen Gesamt-SO_2 sowie Gesamtphenole bestimmen. Insbesondere Veränderungen bei der alkoholischen oder der malolaktischen Gärung sind praktisch in Echtzeit zu ermitteln. Eine Probenvorbereitung ist nicht erforderlich, auch entfallen, da keine Verdünnungen bei hohen Konzentrationen der Inhaltsstoffe erforderlich sind, die damit zusammenhängenden Fehlermöglichkeiten (Patz et al. 2000). Ein Vorteil dieses Untersuchungsverfahrens liegt auch bei den geringen Betriebskosten, insbesondere durch Einsparung von Chemikalien und Enzymen. Die FTIR-Spektrometer sind eine spezielle Variante eines Spektrometers für die Infrarotspektroskopie und haben seit Ende der 1970er-Jahre die einfachen Spektrometer weitgehend aus den Laboren verdrängt. Anders als bei den früheren Geräten wird bei FTIR-Spektrometern das Spektrum nicht durch schrittweises Ändern der Wellenlänge aufgenommen. Stattdessen wird es durch eine Fourier-Transformation eines gemessenen Interferogramms berechnet. Mittels mathematischer Kalkulation kann der Effekt des Durchgangs von Infrarot-Licht durch eine Probe ermittelt werden. Daraus lassen sich z. B. Aussagen zur Konzentration von Substanzen ermitteln, die zuvor entsprechend kalibriert wurden. Inzwischen werden von verschiedenen Herstellern FTIR-Spektrometer für Standardanalysen angeboten, die in Schuhkartongröße bequem auf einem Labortisch Platz finden oder als transportable Geräte in zum Teil robusten Gehäusen für mobile Anwendungen oder Anwendungen im Bereich der Online-Prozessanalyse einsetzbar sind. In der Routine-Weinanalytik, aber auch zur Bearbeitung wissenschaftlicher Fragestellungen (z. B. Nieuwoudt 2004), kommen diese Geräte unter dem Namen WineScan zum Einsatz (Lieferant: Foss-Analytik).

9.3.2 Qualitätserfassung bei der Annahme

Die obligatorische Mengen- und Mostgewichtsermittlung wird häufig ergänzt um Werte für den pH-Wert, die Säure, den Extrakt und die phenolische Qualität bzw. die Farbnuance (Tonalität). Insbesondere Säure- und der korrespondierender pH-Wert beeinflussen die weitere Verarbeitung. Über Säuerung bzw. Entsäuerung muss bereits in dem frühen Stadium der Verarbeitung entschieden werden. Gleiches gilt für die Schwefelung oder eine Mostpasteurisation, aber auch für eine mögliche Standzeit der Maische. Bei pH-Werten ab 3,5 ist das Lesegut mikrobiologisch extrem gefährdet, vor allem bei gleichzeitiger Laccaseaktivität.

In modern ausgestatteten Betrieben werden von jeder Charge repräsentative Proben entnommen und direkt analysiert. Abb. 249 zeigt einen fest installierten, aber flexiblen automatischen Probenehmer, der über eine Schlauchleitung mit dem Steuerschrank und dessen Analyseneinheit verbunden ist. Die Messwerte stehen praktisch in Echtzeit zur Verfügung und werden mit dem Wert der Gewichtsermittlung, meist nach der Abbeermaschine, verknüpft. Zusammen bilden sie die maßgebliche Größe für die Preisermittlung und dienen als Richtschnur für die Weiterverarbeitung.

Das Analysengerät ermittelt die Säure titrimetrisch, den Zucker refraktometrisch, die Phe-

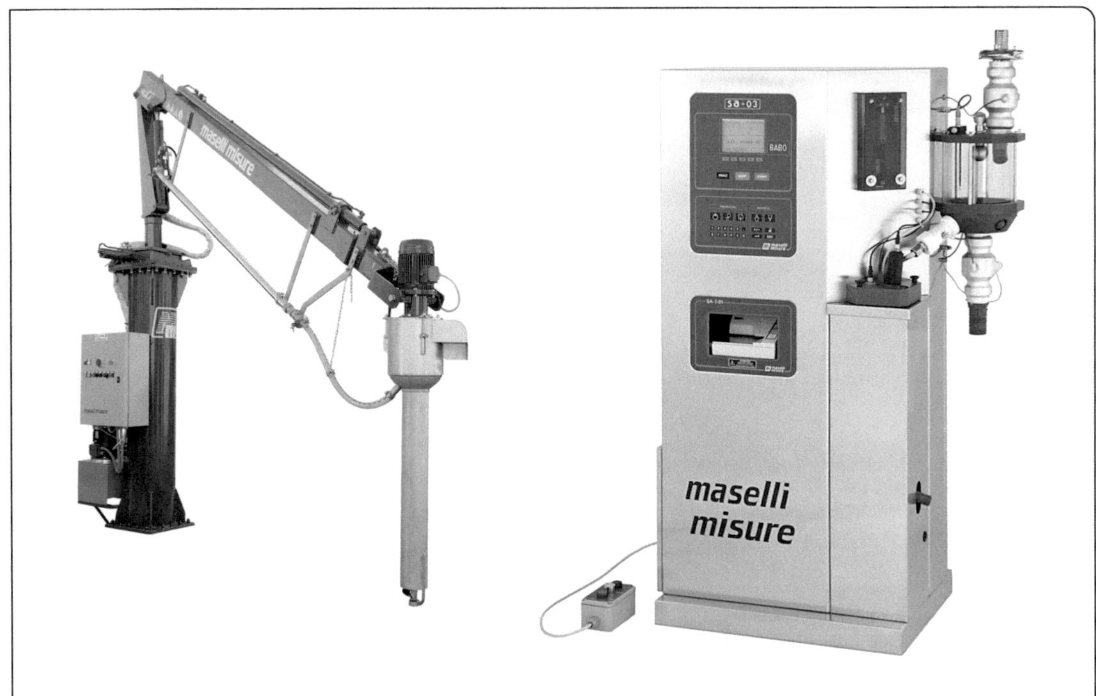

Abb. 249 Automatischer Probennehmer mit Analyseneinheit am Schaltschrank für die Messwertaufnahme und Dokumentation (Quelle: Fa. Maselli Misure).

nolqualität und die Tonalität (Farbnuance) spektrometrisch. Die Spektren entsprechender Wellenlänge ermöglichen die Berechnung eines Phenolindexes. Die Tonalität ergibt sich aus dem Verhältnis dieses Wertes zu den optischen Dichten bei 420 und 520 nm.

9.3.3 Temperaturregelung bei der Gärung

Abb. 250 zeigt beispielhaft eine Gärtemperaturregelung mit Pillow-Plates bzw. eingehängten Kühlelementen. Eine zentrale Wasserversorgung mit Hin- und Rückführleitung versorgt alle zu regelnden Tanks. Diese sind über kurze Schläuche mit der Wasserleitung verbunden. Ein Magnetventil ist über eine Steckdose mit dem Regler verknüpft, der seinerseits von der Software seine Informationen erhält. Diese kann sich auch außerhalb des Kellerbereiches in einer Schaltwarte befinden.

9.3.4 Messtechnik bei der Abfüllung

Eine moderne, automatisierte Abfülllinie in Weinkellereien kann bestehen aus der Flaschenreinigung/Sterilisation, dem Füllorgan, dem Verschließer und Kapselaufsetzer, evtl. dem Pasteur, der Etikettierung, der Verpackung in Kartons oder Kisten und der Palettierung. Bei jedem Verfahrensschritt muss die Messgröße im Rahmen des Qualitätsmanagements erfasst und das Ergebnis dokumentiert werden (siehe Kap. 9.4). Üblicherweise werden optische Messsysteme eingesetzt, um Überprüfungen automatisch durchzuführen und bei entsprechender Installation fehlerhafte Elemente unmittelbar auszusondern. Je größer die Leistung, desto höher der Automatisierungsgrad und desto größer der Kontrollaufwand. Nachfolgend eine Liste von Inspektionsaufgaben, die situationsspezifisch modifiziert werden kann:

- Kontrolle der Oberfläche und der korrekten Ausrichtung von Behältern (Flaschen, PET usw.),

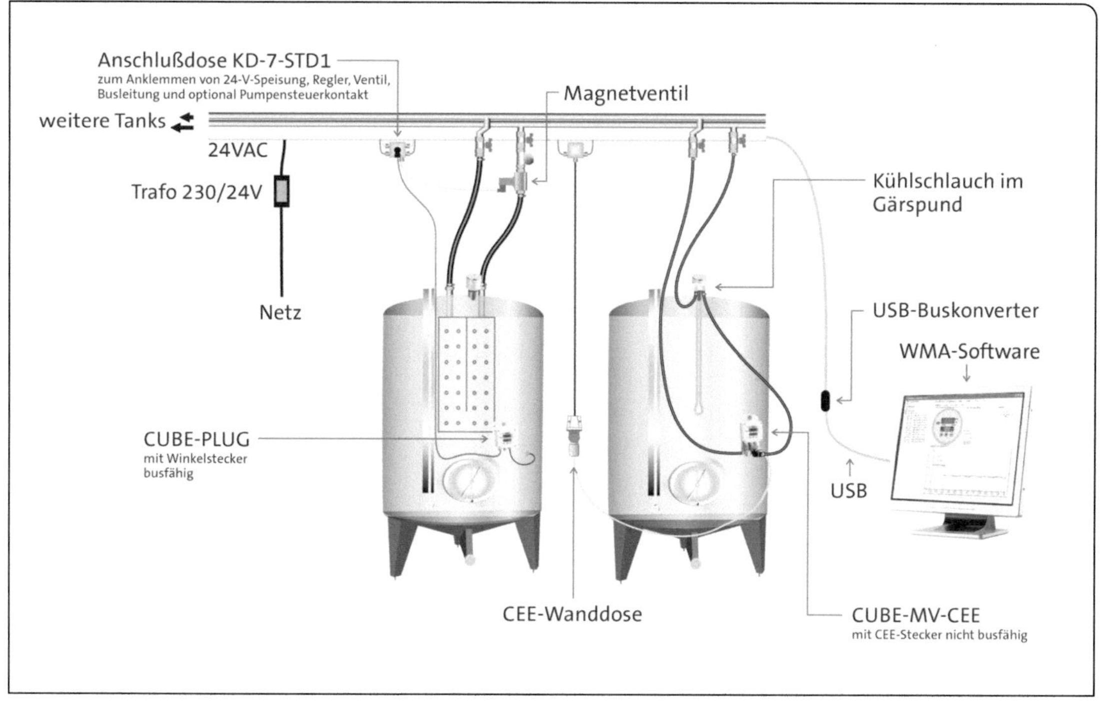

Abb. 250 System einer Gärsteuerung bei Kühlung mit Pillow-Plates (links) und eingehängten Kühlschlangen (rechts); Quelle: fp sensor systems GmbH.

- Kontrolle auf vollständige Entleerung gereinigter bzw. sterilisierter Behälter,
- Füllmengenkontrolle mit Einzelventil-Evaluierung,
- Verschlusskontrolle,
- Kapselkontrolle,
- Dokumentation des Temperaturverlaufes bei Pasteurisationsanlagen,
- Drucküberprüfung (Unter- bzw. Überdruck),
- CO_2-Überprüfung im Wein,
- Leckagekontrolle,
- Etikettenkontrolle auf richtigen Sitz,
- Füllkontrolle bei Kartons.

Fehlerhafte Produkte aus der Abfüllung schlagen direkt bis zum Verbraucher durch, wenn sie nicht entdeckt und entsprechend ausgeschleust werden. Die Lebensmittelgesetzgebung und der Lebensmitteleinzelhandel verlangen deshalb eine umfassende technische Kontrolle mit entsprechender Dokumentation. Die in der Vergangenheit übliche Sichtprüfung durch Mitarbeiter muss durch moderne Mess-, Steuer- und Regeltechnik ersetzt werden.

9.4 Managementsysteme

In jedem Unternehmen, selbst in den kleinsten Betrieben der Weinwirtschaft, existieren Methoden, Spielregeln, Vorschriften, Handlungsanweisungen usw., die den Prozess der Weinbereitung erst ermöglichen. Sie waren in der Vergangenheit oft nicht dokumentiert, sondern lediglich im Kopf des Verantwortlichen präsent. Jeder Verantwortliche verfügte über Vorstellungen zur Technik des Weinausbaus, zum Thema Hygiene im Betrieb, zum Umgang mit Ressourcen, zum Verhalten der Umwelt gegenüber oder hinsichtlich der Arbeitssicherheit. Die Summe aller schriftlich fixierten und der nur im Kopf präsenten Spielregeln ist letztlich das Managementsystem des Unternehmens. Diesem Managementsystem fehlte es in der Vergangenheit an Transparenz, strukturiertem Aufbau, Dokumentation, Einbindung der Mitarbeiter und Geschlossenheit. Vielfach sind die Methoden organisch gewachsen und Inhaber geprägt und das Ergebnis ist nicht selten von vielen Zufällen beeinflusst. Management als Handlungsweise, ein definiertes Ziel effektiv und effizient anzustreben, die Zwischenschritte permanent zu kontrollieren und Gegenmaßnahmen einzuleiten, fand nur eingeschränkt statt. Hygienestandards, Prozessbeherrschung und Rückverfolgbarkeit werden in der Lebensmittelbranche zunehmend wichtiger. Dabei stehen Verbraucher- und Produktsicherheit im Vordergrund. Der deutsche Lebensmitteleinzelhandel setzt für eine Zusammenarbeit privatrechtliche Zertifizierungen, die über das geltende deutsche Lebensmittelrecht hinausgehen, voraus.

9.4.1 Gesetzliche Rahmenbedingungen der Weinerzeugung

Wein unterliegt zunächst dem Weingesetz von 1994 in der Neufassung von 2011. Mehrere Verordnungen, z. B. die bereits angesprochene VO 606/2009, haben dessen Inhalte weiter spezifiziert. Daneben sind viele andere Gesetze zu berücksichtigen, wenn Wein in Verkehr gebracht werden soll. Beispielhaft genannt seien das Eichgesetz, die Fertigpackungs-Verordnung, die Weinüberwachungs-Verordnung, das Produkthaftungsgesetz von 1989 (zuletzt geändert 2002), die Trinkwasser-Verordnung, diverse Umweltgesetze, die Verordnung über die Rückverfolgbarkeit von Lebensmittel (EU VO 178/2002), Arbeitsschutzgesetze, die Lebensmittelhygieneverordnung von 2008 (LMHV; zuletzt geändert 2010) oder das 2013 neu gefasste Lebensmittel-, Bedarfsgegenstände- und Futtermittelgesetzbuch (Lebensmittel- und Futtermittelgesetzbuch – LFGB).

Die Lebensmittelhygieneverordnung (LMHV) ist für die Kellerwirtschaft besonders bedeutsam. Sie schreibt allgemeine Hygieneanforderungen vor, die für Räumlichkeiten, Produktionseinrichtungen, Personal, Abfalllagerung und Abfallentsorgung sowie für die Reinigung und Desinfektion gelten. Das Ziel ist die Gewährleistung qualitativ hochwertiger Lebensmittel und die Vermeidung gesundheitlicher Gefahren für den Verbraucher. In allen Phasen der Weinbereitung ist ein angemessener Hygienestatus durch zielgerichtete und sachgerechte Reinigungs- und Desinfektionsmaßnahmen aufrecht zu erhalten und der Hygienestandard durch ein betriebliches Hygieneüberwachungssystem in Eigenkontrolle zu sichern. Im Sinne der Vorsorge müssen potenzielle Gefahrenpunkte, die hygienische Risiken

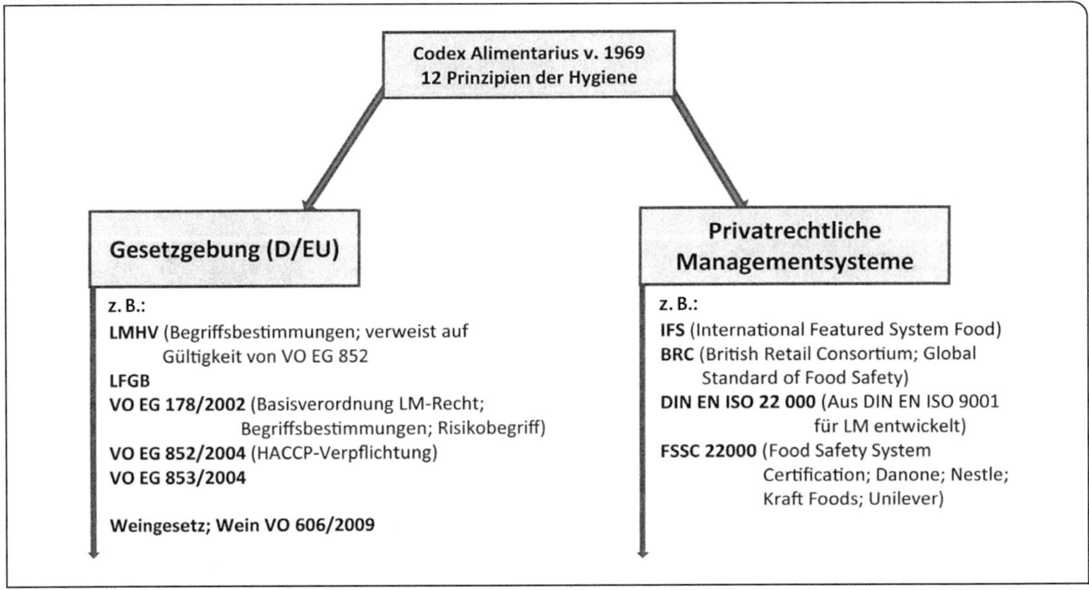

Abb. 251 Codex Alimentarius als Basis für die Gesetzgebung und privatrechtliche Managementsysteme (LM = Lebensmittel).

beinhalten, im Prozessablauf identifiziert werden. Ein sorgfältiger Reinigungsplan sowie Sachkenntnis in der Zusammensetzung und Anwendung der Reinigungs- und Desinfektionsmittel helfen dabei den Hygieneanforderungen im Sinne der LMHV nachzukommen. Das Hygienekonzept muss alle Bereiche eines Betriebes umfassen. Dazu gehören die Betriebshygiene, die Prozesshygiene von der Traubenannahme und Traubenverarbeitung über den Weinausbau bis zur Flaschenfüllung und der versandfertigen Lagerung der Produkte sowie die Personalhygiene (Blankenhorn et al. 2012).

Die LMHV bezieht sich u.a. auf die EG VO 852/2004, die am 1. Januar 2006 in Kraft trat. Gemäß dieser Verordnung dürfen nur noch Lebensmittel, die die HACCP-Richtlinien erfüllen, in der Union gehandelt und in die Union eingeführt werden. Schon zuvor mussten alle Unternehmen, die Lebensmittel herstellen oder mit Lebensmitteln in irgendeiner Weise umgehen, ein HACCP-Konzept haben. Seit 2006 muss es in einer dokumentierten Version vorliegen. Bei großen Unternehmen mit vielen Gefahren und hohem Risikopotenzial sind ausführliche Aufzeichnungen vorgeschrieben, bei kleinen Unternehmen genügen Reinigungspläne, Verifizierungsnachweise oder Personalanweisungen. Die genannten Anforderungen sollen in allen Situationen der Art und Größe des Betriebes angemessen sein. Den Gesetzen bzw. Verordnungen liegen die Grundsätze des Codex Alimentarius zugrunde, der 1969 verabschiedet und zuletzt 2003 geändert wurde. Er enthält einen „empfohlenen internationalen Code of Practice" und „allgemeine Prinzipien der Lebensmittelhygiene". Sie wurden in 12 Prinzipien zusammengefasst, die sich in den Gesetzen, im HACCP-Konzept und im IFS Food wieder finden. Abb. 251 stellt die Zusammenhänge dieser Regelungen dar.

Bei rechtlichen Auseinandersetzungen werden ausschließlich die Gesetze betrachtet. Die privatrechtlichen Systeme sind von Unternehmen geschaffene Voraussetzungen für eine Zusammenarbeit. Die in Deutschland bekannteste ist die IFS Food.

9.4.2 Das HACCP-Konzept

Das HACCP System (Hazard Analysis and Critical Control Point; Gefahrenanalyse und kritische Lenkungspunkte) wurde in den 60er-Jahren in den USA von Pillsbury Corporation, der amerikanischen Raumfahrtbehörde NASA und den Laboratorien der Armee entwickelt, um bei der Herstellung von weltraumgeeigneten Lebensmitteln eine nahezu 100%ige Sicherheit zu gewährleisten. HACCP ist die Lebensmittelvariante des in der Industrie verwendeten FMEA-Konzeptes (FMEA = Fehlermöglichkeiten- und Einflussanalyse) und ein Vorbeugesystem zur Qualitätskontrolle, das die Herstellung von gesundheitlich

Tab. 88 Ablaufdiagramm für die Einführung und bei der Anwendung von HACCP (Freund 2000); **CCP = critical control point oder Kritischer Lenkungspunkt**

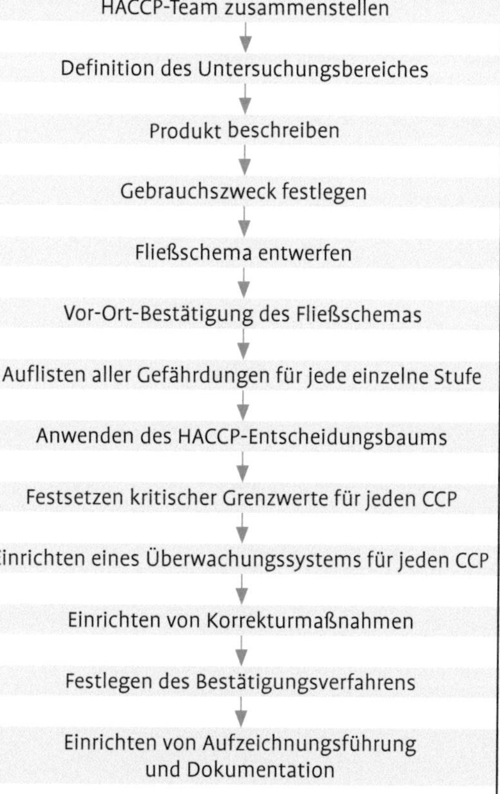

HACCP-Team zusammenstellen
↓
Definition des Untersuchungsbereiches
↓
Produkt beschreiben
↓
Gebrauchszweck festlegen
↓
Fließschema entwerfen
↓
Vor-Ort-Bestätigung des Fließschemas
↓
Auflisten aller Gefährdungen für jede einzelne Stufe
↓
Anwenden des HACCP-Entscheidungsbaums
↓
Festsetzen kritischer Grenzwerte für jeden CCP
↓
Einrichten eines Überwachungssystems für jeden CCP
↓
Einrichten von Korrekturmaßnahmen
↓
Festlegen des Bestätigungsverfahrens
↓
Einrichten von Aufzeichnungsführung und Dokumentation

Tab. 89 Kritische Lenkungspunkte des HACCP-Konzeptes (Auszug) am Beispiel Weingut der Forschungsanstalt Geisenheim (Freund 2000)

Nr.	Prozessschritt Rohware	Gefahr	präventive Maßnahme(n)	Lenkungsverfahren			Korrekturmaßnahme(n)	Dokumentation	Verantwortlichkeit
				Kontrollpunkt	Kritische Grenzwerte	Überwachungsmaßnahmen (wie, wann, wo)			
1	Trauben annehmen – Trauben	Mycotoxine	• sind nach Gärung nicht mehr nachzuweisen • kein Traubensaft aus faulem Lesegut • Aflatoxine wurden in Mosten und Weinen bisher nicht gefunden	Traubenannahme	Fäulnis > 5 %	Sichtkontrolle jeder Partie	• kein Traubensaft bzw. Süßreserve • Kohlebehandlung • gute Vorklärung • Rücksprache mit Kellermeister	• Traubenbegleitkarte • Gebindekarte • Schlagkartei • Spritzplan • Weinbruchführung	Weinbau, Kellermeister
2	Most behandeln	Pflanzenbehandlungsmittelrückstände	• Einhalten der Wartezeiten • geschultes Personal • geprüfte Pflanzenschutzgeräte • integrierter Pflanzenschutz • Spritzpläne • Abreicherung durch Mostvorklärung und Gärung • Pflanzenschutz erfolgt nach „guter fachlicher Praxis" • gesetzliche Kontrolle; langjährige Erfahrungen und Untersuchungen zeigen, dass das Risiko gering ist	Most nach Vorklärung	Trub > 0,8 Gew.%	Laborzentrifuge, 3600 U/min 10 min, unregelmäßig, Sichtkontrolle Klärgrad	nochmaliges Zentrifugieren	• Schulungsnachweise • Prüfnachweise Spritzgeräte • Spritzplan • Analysenblatt • Gebindekarte • Analysenordner	Weinbau, Kellermeister
3	Wein behandeln	Cyanverbindungen	• geschultes Personal • Oberflächen aus nicht korridierendem Material • Vermeiden von Schwermetalleintrag • ausgeliterte Behälter • Anweisung zum Durchmischen • Voruntersuchungen • geeichte Waagen • Sicherheitsfaktor Abzug 1,5–3,5 g/l	Wein bei Schönungsuntersuchung	kein Nachweis von Eisen	Untersuchung nach Schönungsbedarf, jeder blau geschönte Wein	Sperren, Untersuchung auf Cyanid	• Gebindekarte • Analysenblatt • Analysenordner • Weinbuchführung	Labor, Kellermeister

Nr.	Prozess-schritt Rohware	Gefahr	präventive Maßnahme(n)	Lenkungsverfahren			Korrektur-maßnahme(n)	Dokumentation	Verantwortlichkeit
		Hefen, Bakterien, Schimmelpilze	• verschiedene Maßnahmen in vorgelagerten Schritten	Wein bei Schönungsuntersuchung	flüchtige Säure < 0,8 g/l	Bestimmung der flüchtigen Säure (Ordner Nr. 6) Partien, die sensorisch auffallen	Sperren, gesetzlich nicht verkehrsfähig, Sonderfreigabe für Essigproduktion	• Gebindekarte • Analysenordner • Analysenblatt • Weinbuch	Kellermeister, Labor
4	Wein verschneiden	Hefen, Bakterien, Schimmelpilze	• verschiedene Maßnahmen in vorgelagerten Schritten	Wein bei Schönungsuntersuchung	flüchtige Säure < 0,8 g/l	Bestimmung der flüchtigen Säure (Ordner Nr. 6) Partien, die sensorisch auffallen	Sperren, gesetzlich nicht verkehrsfähig, Sonderfreigabe für Essigproduktion	• Gebindekarte • Analysenordner • Analysenblatt • Weinbuch	Kellermeister, Labor
5	Wein steril filtrieren	Hefen, Bakterien	• Reinigen der Füllanlage • Schichtenfiltration • Dämpfen • Membranfilter (restsüße Weine)	Membranfilter	> 4,4 kPa Druckabfall nach 5 min (kerzenabhängig)	Integritätstest vor Füllbeginn	Kerze wechseln, Anlage neu sterilisieren	• Füllprotokoll • Gebrauchsanweisung Seitz-MEMBRAcart • Arbeitsanweisung • Nährboden • Analysenordner	Kellermeister, Füllaufsicht
6	Flaschen depalettieren	Flaschenbeschädigung (Mündung, Seitenwand, Boden)	• Ausgangskontrolle beim Hersteller • Eingangskontrolle	Flaschen depalettieren	Flaschenbeschädigung	Sichtkontrolle, jede Flasche	Flasche in Container	• Füllprotokoll • Liste der Fehlerarten	Kellermeister, Füllaufsicht, Hersteller
		Glasbruch	• Verwendung fehlerhafter Palette (Herstellerseite) • Palettenkontrolle • Sichtkontrolle beim Depalettieren • Schulung des Personals	Flascheneingang	eingerissene Folie, Palette kaputt, zerbrochene Flaschen von außen, feuchte Zwischenlagen	Sichtkontrolle beim Abladen jeder Klotzpalette	Sperren, evtl. Sonderfreigabe oder Rückweisung	• Palettenzettel • Füllprotokoll	Gabelstaplerfahrer, Kellermeister

unbedenklichen Lebensmitteln zum Ziel hat. Eine Gesundheitsgefährdung des Endkonsumenten soll vorbeugend verhindert oder zumindest verringert werden.

Der Grundgedanke besteht in einer systematischen Analyse des Produktflusses vom Rohmaterial über alle Be- und Verarbeitungsstufen bis hin zum verzehrfertigen Erzeugnis, wobei sich der Geltungsbereich des HACCP-Systems auf den gesundheitlichen Bereich beschränkt und auf alle Schritte, die der landwirtschaftlichen Urproduktion folgen. Formal kommt HACCP nicht im Weinbau zu Anwendung, sondern greift erst ab der Übergabe im Kelterhaus. Bei mechanischer Lese mit Einmaischung bereits auf dem Vollernter liegt die Schnittstelle dort. Die OIV hat 2012 eine Resolution verabschiedet, die das Konzept auch im Weinbau zum Tragen kommen lässt (OIV 2012).

Das HACCP-Konzept wird verwendet, um jeden Abschnitt oder jeden Prozessschritt im Herstellungsverfahren eines Lebensmittels zu überwachen, der zu einer Gefährdung führen könnte. Das betrifft Verunreinigungen, pathogene Mikroorganismen, physikalische Objekte, Chemikalien, Rohstoffe, ein bestimmtes Verfahren, Anweisungen zum Gebrauch oder Lagerbedingungen. Die logische Abfolge beim Einführen und Anwenden eines HACCP-Konzeptes zeigt Tab. 88. Dahinter steckt ein ganzheitlicher Ansatz, der alle betroffenen Mitarbeiter einschließt. Die Einführung ist zunächst mit viel Arbeit verbunden, bis alle Kriterien, besonders die kritischen Punkte, erfasst, bewertet und dokumentiert sind.

Gössinger (2010) spricht von 4–6 CCPs je Produkt, für die kritische Grenzwerte zu definieren sind und die anhand spezifizierter Methoden überwacht werden müssen. Das Erstellen eines derartigen Konzeptes schärft den Blick auf den eigen Betriebsablauf und stellt allen Mitarbeitern ein detailliertes Handbuch mit den Abläufen zur Verfügung (Lipps et al. 2010). In Tab. 89 sind bezogen auf ein Weingut jedem dort vorkommenden Prozessschritt Gefahren zugeordnet, Sicherungsmaßnahmen aufgeführt und Grenzwerte definiert. Im Verständnis des HACCP-Konzepts wird unter einer Gefahr eine negative Beeinflussung des Lebensmittel verstanden, welche die Gesundheit schädigen kann. Diese Beeinflussung kann biologischer, chemischer oder physikalischer Art sein.

Laut LMHV werden als nachteilige Beeinflussungen alle ekelerregenden oder sonstigen Beeinträchtigungen verstanden, die die einwandfreie hygienische Beschaffenheit von Lebensmitteln gefährden. Vor der Sterilfiltration über Membrankerzen sind diese beispielsweise mittels Integritätstest auf Dichtigkeit und Unversehrtheit zu überprüfen. In abgefüllten Flaschen muss der Wein mit geeigneten mikrobiologischen Methoden auf Sterilität und chemisch auf SO_2-Gehalt oder CO_2-Konzentration überprüft werden. Sind Grenzwerte verfehlt, muss nach einem festgelegten Programm eingegriffen werden. Alle Maßnahmen sind in Formblättern zu dokumentieren. Das Produkt aus Gefahr und Eintrittswahrscheinlichkeit wird als Risiko bezeichnet. Eine große Gefahr wird demnach nur zu einem geringen, tragbaren Risiko, wenn die Eintrittswahrscheinlichkeit gering ist.

Die Weinwirtschaft hat sich vor etwa 20 Jahren erstmals mit Qualitätssicherungs-Managementmethoden beschäftigt (Freund 2000). Seit 1998 besteht dafür eine gesetzliche Verpflichtung für alle Weinbaubetriebe in Europa. Großbetriebe wurden seit 2003 vermehrt durch privatwirtschaftliche Systeme gedrängt, entsprechende Konzepte einzuführen. In kleineren Unternehmen herrscht nach wie vor eine gewisse Unkenntnis bzw. Verunsicherung. Verschiedene Institutionen wie die DLG, die Weinbauverbände oder Lehranstalten sind bemüht, den aktuellen Kenntnisstand zu verbessern (z. B. Badischer Weinbauverband 2008; Krönert 2009; Weltner 2013; DLG 2013, Blankenhorn et al. 2012).

9.4.3 Normen und privatwirtschaftliche Regelungen

Die Einhaltung der Gesetze ist die notwendige Voraussetzung für ein Inverkehrbringen von Wein. Auch unter dem Ziel der Lebensmittelsicherheit und des Verbraucherschutzes haben sich in den letzten Jahrzehnten Managementsysteme in privatwirtschaftlicher Regelung herausgebildet. Im Jahr 2009 hatten in Deutschland branchenübergreifend etwa 40 000 Unternehmen ein Qualitätsmanagementsystem, 4000 ein Umweltmanagementsystem und 2000 ein Arbeitsschutzmanagementsystem installiert (Krönert 2009). Betriebe, die als strategische Entscheidung ein Management-System einführen, müssen von einer anerkannten Akkreditierungsstelle zertifiziert werden. Mit dem Zertifikat wird bescheinigt, dass das Unternehmen entsprechend der Vorgaben der Norm strukturiert ist, Abläufe einhält, die Mitarbeiter einbindet und alle Maßnahmen dokumentiert. Die Zertifizierung ist ein Marketinginstrument, aber auch immer häufiger die Voraussetzung für Wirtschaftsbeziehungen.

DIN EN ISO 22 000 legt die Mindestanforderungen an ein Managementsystem im Lebensmittelsicherheitsbereich fest, denen eine Organisation zu genügen hat, wenn sie Produkte und Dienstleistungen entsprechend der Kundenerwartungen sowie der behördlichen Anforderungen erzeugen will. Das Managementsystem beinhaltet einen stetigen Verbesserungsprozess und besteht aus acht Grundsätzen, die sich im Kern in vielen anderen Normen wiederfinden:

1. Kundenorientierung,
2. Verantwortlichkeit der Führung,
3. Einbeziehung der beteiligten Personen,
4. prozessorientierter Ansatz,
5. systemorientierter Managementansatz,
6. kontinuierliche Verbesserung,
7. sachbezogener Entscheidungsfindungsansatz,
8. Lieferantenbeziehungen zum gegenseitigen Nutzen.

Seit Anfang 2007 sind Lebensmittelhersteller zudem gesetzlich dazu verpflichtet, eine lückenlose Rückverfolgbarkeit der Produkte vom Rohstofflieferanten über die gesamte Produktion bis zum Verkauf sicherzustellen. Die Weinwirtschaft wurde zudem verpflichtet, Allergene wie SO_2 oder Eiweiße zu deklarieren.

Im Handel und in der Industrie sind Lieferantenaudits seit Jahren ein fester Bestandteil der geschäftlichen Beziehungen. Bis zum Jahr 2003 wurden sie von den Abteilungen für Qualitätssicherung der Einzel- und Großhändler bzw. der Systemgastronomie durchgeführt. Die ständig steigenden Anforderungen von Seiten der Verbraucher, die zunehmende Gefahr von Schadenersatzansprüchen für Händler und Gastronomiebetriebe, die wachsende Zahl an gesetzlichen Vorgaben und die Globalisierung der Warenströme erforderten die Entwicklung eines einheitlichen Standards zur Qualitätssicherung und Lebensmittelsicherheit. Der Handelsverband Deutschland (HDE) und der französische Verband Fédération des Entreprises du Commerce et de la Distribution (FCD) entwickelten gemeinsam einen Standard zur Qualitätssicherung und Lebensmittelsicherheit für Eigenmarken, den IFS Food. Er diente der Vereinheitlichung der Überprüfung der Lebensmittelsicherheits- und Qualitätssicherungssysteme der Lieferanten (IFS Food, Version 6, 2012). Mittlerweile verlangen alle großen Ketten wie EDEKA, REWE, Aldi, LIDL usw. eine IFS Zertifizierung von ihren Lieferanten. Zusätzlich zu allen Gesetzen und den DIN EN ISO-Normen gibt es weitere privat vereinbarte Standards wie BRC (British Retail Consortium) oder FSSC 22 000. Insbesondere IFS Food hat seit seiner Gründung im Jahr 2003 immer mehr an Bedeutung gewonnen. Bei einer Befragung von 630 Weinbaubetrieben in den Anbaugebieten Württemberg gaben 72 % an, IFS-zertifiziert zu sein. Ein BRC-Zertifikat dagegen hatte nicht ein Betrieb vorzuweisen (Emmel und Doluschitz 2013).

IFS hat HACCP als integralen Bestandteil. Vor allem größere Betriebe mit Ausrichtung ihrer Absatzstruktur auf Discounter, Groß- und Einzelhandel, haben sich, u. a. auch auf Druck dieser Abnehmer, zertifizieren lassen. Trotz der meist extern motivierten Einführung war doch ein Großteil der zertifizierten Betriebe zumindest überwiegend oder sogar voll und ganz mit dem System zufrieden. Kritikpunkte an den Qualitätsmanagementsystemen in der Weinbranche betrafen nicht nur die Mehrarbeit durch die Dokumentation oder die zusätzliche Bürokratisierung, sondern es wurde das Endverbraucherinteresse angezweifelt (Emmel und Doluschitz 2013). Da IFS Food in strenger Auslegung weder Holzfässer noch Korken als Flaschenverschlussmittel akzeptiert, ist eine sinkende Attraktivität dieses Managementsystems nachzuvollziehen. Um Kleinbetriebe zu schützen und traditionelle Verfahren weiterhin zu ermöglichen, hält die VO 852/2004 dagegen bewusst in allen Produktions-, Verarbeitungs- und Vertriebsstufen sowie bezüglich struktureller Anforderungen Flexibilität für angezeigt.

9.4.4 Betriebshygiene

Wein ist ein grundsätzlich verderbliches Lebensmittel, das allerdings eine wesentlich höhere Beständigkeit gegen mikrobiologische oder chemische Risiken mitbringt als z. B. Milch oder Bier. Hauptschutzfaktor ist der niedrige pH-Wert, der in der Regel zwischen 3 und 4 liegt. Damit wird das Wachstum der meisten Lebensmittel verderbenden Mikroorganismen unterdrückt. Unter pH 3,5 können sich selbst Milchsäurebakterien nur schwer entwickeln. Der zweite Schutzschild ist die hohe Alkoholkonzentration, die ihrerseits viele Mikroorganismen hemmt. Letztlich bleiben als Weinschädlinge übrig alkoholtolerante Hefen und Schimmelpilze. Letztere sind meist strenge Aerobier, sie lassen sich ausschalten durch Fernhalten von Sauerstoff und Spundvollhalten. Hefen benötigen vergärbare Zucker, die bei trockenen Weinen bereits vollkommen verstoffwechselt sind. Schließlich kommt noch schweflige Säure als chemische und mikrobiologische Sicherung zum Einsatz. Trotz aller produktspezifischen Schutzmechanismen bleibt aber ein Restrisiko, das durch entsprechende Hygienemaßnahmen ausgeschaltet werden muss.

Hygienisches Arbeiten ist eine Grundvoraussetzung für die Produktion von fehlerfreien Weinen. Ungenügende Hygiene führt zu einem häufigeren Auftreten von meist mikrobiologisch bedingten Weinfehlern, die das Produkt im Extremfall nicht mehr verkehrsfähig werden lassen und/oder zu einer Gefährdung des Konsumenten führen können. Der gesetzliche Rahmen für Betriebshygiene in Weinkellereien wird durch § 14 der Weinverordnung vorgegeben. Er verweist auf das Weingesetz sowie das LMHV und beinhaltet dabei das HACCP-Konzept. Demnach darf Wein nur unter Beachtung der Anforderungen des § 3 der Lebensmittelhygiene-Verordnung gewerbsmäßig verarbeitet, befördert, gelagert, verwertet oder in den Verkehr gebracht werden. Sämtliche chemischen, physikalischen oder mikrobiologischen Einflüsse auf die Beschaffenheit von Lebensmitteln, die gesundheitliche Gefahren hervorrufen können, müssen durch geeignete Sicherungsmaßnahmen unterbunden werden (Hofmann 1999). Hygiene hat für den gesamten Produktionsprozess Bedeutung und muss unter Berücksichtigung des Umwelt- und Anwenderschutzes, der Materialschonung sowie der Produktqualität konsequent umgesetzt werden (Hamm 2011).

Tab. 90 stellt Basisanforderungen für diese vier Bereiche zusammen. Ein Betrieb ist ver-

Tab. 90 Hygiene-Basisanforderungen für die verschiedenen Bereiche des Weinausbaus (Weltner 2013)

Raumhygiene	Boden Wände Decke Abwasser	glatt, leicht zu reinigen wasserfester Belag geschlossen, dicht geruchsneutral
Sauberkeit der technischen Anlage	Material Reinigungsmittel Spülwasser	lebensmittelecht rückstandsfrei Trinkwasser
Personalhygiene	Handwaschbecken Trocknungseinrichtung Toiletten saubere Kleidung	fest oder mobil Einmalhandtücher usw. erreichbar und getrennt von Produktionsräumen
Reinheit der Atmosphäre	Möglichkeit der Belüftung Dampfabführung	Fenster oder Klimaanlage Abzug durch Zwangsentlüftung
ausreichende Belichtung	Fenster elektrische Einrichtung	evtl. vergittert ausreichend hell

pflichtet, geeignete Reinigungsgerätschaften zur Verfügung zu stellen und nur zugelassene Reinigungsmittel zu verwenden, die rückstandsfrei gespült werden können. Das Personal ist durch den verantwortlichen Betriebsleiter zu unterweisen und aufzuklären über die Gefährdungspunkte, insbesondere der CCPs. In größeren Betrieben mit mehr als 10 Mitarbeitern sind die Arbeitsschritte zu dokumentieren.

Betriebshygiene umfasst demnach mehrere Teilbereiche:

- die Raumhygiene,
- die Personalhygiene,
- die Produkthygiene,
- die Anlagenhygiene.

Die Trauben sind auf Schimmelbefall, Fäulnis und Sauberkeit zu überprüfen, der Traubenmost zusätzlich auf seine mikrobiologische Beschaffenheit oder eine Kontamination mit nicht zugelassenen Stoffen und Materialien. Gleiches gilt für Wein.

Dadurch sind Anforderungen an die betriebliche Kontrolle definiert. Qualitätsrisiken sind oft chemisch bedingt, z. B. durch Oxidationsvorgänge mangels SO_2-Schutz oder nicht vollständig gefüllte Lagerbehälter. Die meisten Risiken aber sind mikrobieller Natur. Schadorganismen finden sich auf den Trauben, bei mangelnder Hygiene auch auf den Lesegeräten und den Transportbehältern. Besonders gefährdet sind infolge ihres verwertbaren Zuckers die Maische und der Most. Sind die alkoholische Gärung und eventuell die malolaktische Gärung ohne Fehlproduktion beendet, lauern Schädlinge auf allen Innenflächen der Tanks oder Leitungen, in der Raumluft, an Wänden, in allen technischen Geräten und in den Behandlungsmitteln. Besonders kritisch schließlich ist die Abfüllung. Reinfektionen können zu Nachgärungen auf der Flasche führen und beim möglichen Bersten Menschen schädigen.

Ablaufabhängige regelmäßige mikrobiologische Untersuchungen sind deshalb unverzichtbar. Im Rahmen des HACCP-Konzeptes werden entsprechende Stellen für die Probenahmen definiert und Untersuchungspläne festgelegt. Derartige Stufenpläne enthalten Vorgaben über Art und Häufigkeit von Probenahmen, der Messmethoden und der maximal tolerierbaren Grenzwerte. Im einfachsten Fall geschieht die Untersuchung mit Abwischproben durch sterile Wattestäbchen, Abdruckproben mit Petrischalen und Auszählungen der Zellzahlen. Soll mehr Aufwand betrieben werden, kommen enzymatische Methoden oder gar DNA-Analytik zum Einsatz (zu Details siehe Dittrich und Großmann 2010; Blankenhorn et al. 2006 und 2012 oder Marbe-Sans 2012).

In Österreich wurde im Jahr 2007 durch das Ministerium für Gesundheit eine „Leitlinie für die Bäuerliche Obstverwertung" publiziert, die vom Hygieneausschuss erarbeitet worden war (BMGFJ 2007). Die Leitlinien sollen ein Hilfsmittel für ein betriebliches Eigenkontrollsystem sein und stellen ein Modell für die Erfüllung der erforderlichen Pflichten dar. Sie werden vom anwendenden Betrieb an die betrieblichen Gegebenheiten angepasst und umfassen die gängigen EU-Hygieneverordnungen.

9.4.5 Reinigung und Desinfektion

Die mikrobiologische Stufenkontrolle hat letztlich die Wirksamkeit der Reinigungs- und Desinfektionsschritte an jeder Stelle zu überprüfen. Bei einer Reinigung wird die Oberfläche vollständig von anhaftenden Produkt- oder Schmutzresten befreit, sodass weder visuell noch chemisch Stoffe festzustellen sind. Die Desinfektion ist eine Maßnahme, mit der Mikroorganismen chemisch oder durch Energieeintrag abgetötet werden. In Kellereien sind Desinfektionen nur selten angebracht, z. B. nach starkem Pilzbefall oder einer extremen Fehlgärung.

Reinigungs- und Desinfektionspläne sind vergleichbar dem detaillierten Stufenplan zu erstellen. Sie müssen ebenfalls alle Prozessschritte und die kritischen Punkte umfassen sowie über ein Kontrollsystem verfügen. Mitarbeiter benötigen eine präzise Arbeitsanweisung. Aufwand und Schrittfolge hängen von der Aufgabenstellung ab. Abb. 252 zeigt mögliche Verunreinigungen, die an Oberflächen haften und nur durch eine chemische Reinigung abgelöst werden können (Linke 1996). In der Kellerwirtschaft ist vorrangig mit den Verunreinigungen b, c und d zu rechnen, die anderen spielen z. B. in Molkereien eine große Rolle oder bei der Getreideverarbeitung.

Hygienic Design

Zahlreiche nationale und EU-weit gültige Gesetze und Verordnungen geben vor, wie lebensmittelgerechte Maschinen und Anlagen beschaffen sein müssen (z. B.: die Verordnung (EG) 1935/2004, die bereits erwähnte Verordnung 852/2004 oder die Maschinenrichtlinie EG 98/37 bzw. 2006/42. In der Praxis hat sich der Begriff Hygienic Design als eine Art Managementsystem etabliert. Es ist das industrielle Gegenstück zu den Qualitäts- und HACCP-Systemen in der Lebensmittelindustrie. Zertifikate bescheinigen Maschinen und Anlagen, dass sie nach den Grundsätzen des Hygienic Design konstruiert und installiert wurden (siehe dazu EHEDG 2013).

Hygienic Design ist die konsequente Umsetzung konstruktiver Gestaltungsprinzipien mit dem Ziel, Schwachstellen zu vermeiden, die hygienische Risiken begünstigen können. Die Risiken können biologische, chemische oder physikalische Ursachen haben. Besonderes Augenmerk liegt auf der rückstandslosen Reinigbarkeit technischer Einrichtungen.

Die wohl am meisten anerkannte Organisation zur Zertifizierung, Beratung und Entwicklung von Standards ist die EHEDG (European Hygienic Engineering and Design Group; www.ehedg.org), ein Zusammenschluss von Ausrüstern für die Lebensmittelherstellung, Lebensmittel verarbeitenden Firmen, Forschungsinstituten und Einrichtungen des öffentlichen Gesundheitswesens. Sie wurde 1989 mit dem Ziel gegründet, Hygienemaßnahmen während der Herstellung und Verpackung von Lebensmitteln zu unterstützen. Die Umsetzung verschiedener EU-Richtlinien zur Handhabung, Verarbeitung und Verpackung von Lebensmitteln obliegt den einzelnen Betrieben. Der Zusammenschluss zur EHEDG dient dazu, Hilfestellungen für die Betriebe zur Umsetzung der gesetzlichen Vorgaben zu erarbeiten, sowie ein EU-weites, einheitliches Handlungskonzept unter Beachtung internationaler und nationaler Vorschriften zu ermöglichen. Die Hilfestellungen werden in Form von Leitlinien erörtert und publiziert. Im weltweiten Austausch über solche Vorgaben steht die EHEDG z. B. mit amerikanischen Organisationen wie NSF und 3-A im Austausch, um auch auf internationaler Ebene gemeinsam Handlungsstrukturen zu erarbeiten und gegenseitig anzupassen.

Im einfachsten Fall reicht zur Abtragung die Kombination (1) Wasser-Lauge-Wasser:

- Wasserspülung zum Ausschieben leicht entfernbarer Verschmutzungen an Oberflächen mit geringem Haftvermögen (z. B. 40–60 °C; 5 min),
- Laugenspülung bei hoher Temperatur mit alkalischen Reinigern (pH-Wert 10–14; z. B. Natriumhydroxid, Kaliumhydroxid, Natrium- bzw. Kaliumsilikat oder Natrium- bzw. Kaliumphosphat); sie wirken gut gegenüber eiweiß-, zucker- oder stärkehaltigen Verschmutzungen. Durch ihre hohen pH-Werte verstärken Alkalien im Reinigungsprozess die Abstoßungskräfte zwischen Schmutz und Oberfläche (z. B. 2,5 %ige Natronlauge mit 65–75 °C für 10 min),
- Wasserspülung, um die Lauge zu verdrängen (z. B. 65–75 °C für 5 min).

Sollen zudem Salze von Wandungen abgelöst werden, wird die Schrittfolge erweitert zu (2) Wasser-Lauge-Wasser-Säure-Wasser:

- Säurespülung z. B. mit Phosphorsäure, Salpetersäure, Amidosulphonsäure, Zitronensäure und Essigsäure oder deren Salze (saure Reiniger; pH-Wert 1–5). Saure Reiniger dienen speziell der Auflösung säurelöslicher, mineralischer Beläge wie Kalk und Weinstein, indem sie wasserunlösliche Salze in eine lösliche Form überführen. Beispiel: Salpetersäure 1 %ig, 65–75 °C für 10 min,
- Wasserklarspülung, um die Säure zu verdrängen (z. B. 40–60 °C für 5 min oder über pH-Wert-Messung bis pH 7).

Befinden sich Salze oberhalb von kolloidalen und/oder mikrobiellen Verunreinigungen, ist eine Säurereinigung vor der Laugenbehandlung vorteilhaft: (3) Wasser-Säure-Wasser-Lauge-Wasser. Der zeitgesteuerte Produktwechsel wird in automatischen Anlagen über die Messung von pH-Wert, Leitfähigkeit, Temperatur oder Trübung durchgeführt.

Neben den sauren bzw. alkalischen Reinigern kommen auch neutrale Reiniger zum Einsatz mit einem pH-Wert zwischen 6 und 9. Sie bestehen meist aus anionischen bzw. nichtionischen Tensiden, sind vergleichsweise wenig aggressiv und bieten sich zur manuellen Reinigung besonders an.

Die Wirkung von Reinigung und Desinfektion beruht auf folgenden Parametern (Kessler 1996):

- chemische Effekte durch Laugen, Säuren, Tenside, Desinfektionsmittel,
- Temperatureffekt durch thermische Zersetzung und Senkung von Oberflächenspannung sowie Viskosität zw. Erhöhung der Molekularbewegung,
- mechanische Wirkung durch hohe Strömungsgeschwindigkeit, hohe Reynoldszahl und Veränderung der Wandschubspannung,
- Zeitfaktor für Quellung und Abtragung,
- Zusammensetzung des Schmutzes (Salze, Eiweiß, Gerbstoffe, Mikroorganismen),
- Rauigkeit, Ladungszustand und Beschaffenheit des Oberflächenmaterials,
- Geometrie des zu reinigenden Teils (z. B. tote Ecken),
- Wahl der Reinigungsschritte und des Verfahrens.

Die Kinetik der Reinigung besteht aus drei Phasen: Verdrängung, Vermischung und Diffusion. Die Reinigungslösung muss im ersten Schritt den Schmutz vollständig benetzen und in Poren und Spalten eindringen. Danach laufen je nach Medium chemische oder physikalische Prozesse ab, die die Schmutzteilchen schließlich auflösen und in die Reinigungslösung diffundieren lassen.

Desinfektionsmittel in Weinkellereien bestehen im Wesentlichen aus vier Wirkstoffgruppen: Aktivchlorverbindungen, Aktivsauerstoff, Quarternäre Ammoniumverbindungen und Perchloressigsäure.

Flüssige Desinfektionsmittel auf Aktivchlorbasis enthalten Natriumhypochlorit. In Gegenwart von Wasser spaltet diese Verbindung aktives Chlor ab, das stark oxidierend wirkt. Saure Reiniger dürfen nicht mit hypochlorithaltigen Reinigern in Verbindung gebracht werden. Bei Kontakt kann es zur Bildung von giftigem Chlorgas kommen. Metallische Gegenstände können bei unsachgemäßer Anwendung durch Chloridionen angegriffen werden und korrodieren (Lochfraßkorrosion).

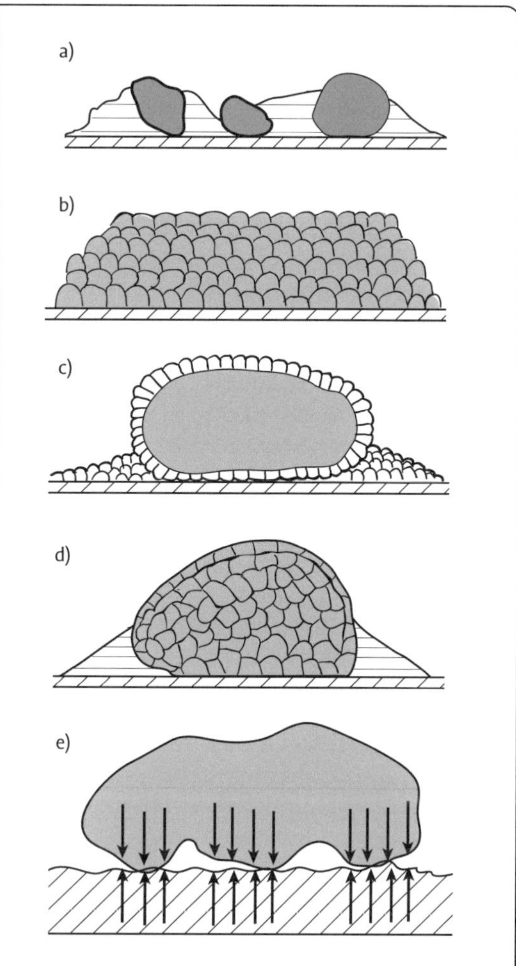

Abb. 252 Bindung von Verunreinigungen an Oberflächen (Linke 1996); a = Einzelteilchen, in Oberflächenfettschichten eingelagert; b = geschlossene, homogene Schicht kristalliner Struktur (z. B. Weinstein); c = Festteilchen, von kolloidalem Material eingeschlossen; d = Festteilchen, durch Kolloide kompaktiert; e = Korn, durch Anziehungskräfte an die Oberfläche gebunden.

Quarternäre Ammoniumverbindungen zählen chemisch zu den kationischen Tensiden und verfügen über eine gut benetzende Wirkung. Sie sind deshalb geeignet als Flächendesinfektionsmittel.

Tab. 91 Reinigungs- und Desinfektionsplan (Blankenhorn et al. 2012);
U = Unterhaltungsreinigung; G = Grundreinigung; D = Desinfektion

Objekt	Art der Reinigung	Häufigkeit	was ist zu beachten?	verantwortlich	Kontrolle
Traubentransportbehälter	U	täglich	feste Produktreste entfernen, danach mit Kaltwasser ausspritzen, Behälter schräg stellen zum Austrocknen		täglich
	G	wöchentlich			
Traubensammelbehälter	U	täglich	Leitungen der Messeinrichtung gründlich mit Trinkwasser durchspülen		täglich
		G	wöchentlich		
Entrappungsmaschine/ Quetsche	U	täglich	Stachelwalze und Siebtrommel ausbauen und reinigen		täglich
	G	täglich			
Exzenterschneckenpumpe	U	täglich	Reinigung und Spülung im Umpumpverfahren		täglich
	G	wöchentlich			
KZE Anlage	U	täglich	Reinigung und Spülung im Umpumpverfahren		täglich
	G	wöchentlich			
Maischegärbehälter	U	nach Bedarf			
Produktleitungen stationär und beweglich, Dichtungen und Verschraubungen	U	täglich	Reinigung und Spülung im Umpumpverfahren		
Presse	U	täglich	Tresterreste entfernen, Reinigung und Spülung		täglich
	G	wöchentlich			
	D	nach Bedarf			

Aktivsauerstoffhaltige Desinfektionsmittel basieren auf Peroxidverbindungen, die unter bestimmten Bedingungen Sauerstoff freisetzen. Verwendet werden in Kellereien Peressigsäure und daneben eingeschränkt auch Wasserstoffperoxid. Peressigsäure ist ein hoch wirksames und ökologisch unbedenkliches Desinfektionsmittel, das hauptsächlich zur Sterilisation von Flaschen eingesetzt wird. Es wirkt bereits bei niedrigen Temperaturen und Konzentrationen. Die Desinfektion kann zudem durch die Anwendung von Wärme mittels Heißwasser oder Dampf erfolgen. Bei der Süßreserveeinlagerung werden die Behälter üblicherweise lediglich gedämpft. Heißes Wasser und Dampf haben zudem den Vorteil, in enge Spalten und Ritzen einzudringen, wo es Lösungen aufgrund ihrer Oberflächenspannung nicht hinschaffen.

Eine Sterilisation im mikrobiologischen Sinne mit Abtötung auch aller Sporen erfordert Temperaturen oberhalb 120°. Sie kann also nur unter Druck erfolgen. Für ein Produkt wie Wein mit einem niedrigen pH-Wert ist dieser Aufwand nicht erforderlich. „Weinsteril“ bezieht sich auf die Abtötung aller Mikroorganismen, die unter den gegeben pH-Bedingungen wachsen könnten. Dazu reichen Wassertemperaturen bis 100 °C aus, die unter atmosphärischem Druck möglich sind. Tab. 91 zeigt beispielhaft einen Reinigungsplan in einer Kellerei. Reinigungsart und -aufwand richten sich nach dem Bauteil, seiner Belastung und seiner Zugänglichkeit. Insbesondere hohe Temperaturen in KZE-Anlagen können zu nur schwer ablösbaren Anbrennungen führen, die einen hohen Reinigungsaufwand mit sich bringen. Tanks oder Leitungen lassen sich im Umpumpverfahren reinigen, während andere Aggregate zerlegt und manuell gereinigt werden müssen.

Schwierigkeiten bereitet immer wieder die Reinigung der Armaturen, vor allem solche mit nur schwach umströmten Einbauten oder Ventile bzw. Kugelhähne, bei denen der Durchfluss geöffnet sein muss. Leicht demontierbare und zerlegbare Ventile, wie sie in der Vorautomatisierungszeit in Molkereien Stand der Technik waren, besaßen die besten hygienischen Eigenschaften. Bei automatisch ablaufenden Programmen ist sicher zu stellen, dass z. B. 2/3-Wege-Ventile in alle Richtungen durchströmt werden.

Reinigungsmittel stehen in großer Menge sowohl flüssig als auch in Pulverform und für jeden Einsatzbereich maßgeschneidert zur Verfügung. Für den praktischen Einsatz muss geprüft werden, ob das Mittel schaumfrei, manuell, im Umpumpverfahren, in automatisch arbeitenden Reinigungssystemen (CIP) oder mit automatischer, mengenproportionaler Dosierung eingesetzt werden kann. Weiterhin unterscheiden sich die Mittel in der erforderlichen Konzentration und im optimalen bzw. maximalen Temperaturbereich.

9.4.6 Die Technik der chemischen Reinigung

Grundsätzlich können drei verschiedene Reinigungsverfahren angewendet werden:

- die „verlorene" Reinigung (Einmalverwendung),
- die Stapelreinigung (Wiederverwendung),
- die Mehrfachverwendung.

Bei der „verlorenen" Reinigung werden die Reinigungsmittel nur einmal verwendet, weil sie nach der Auflösung starker Verschmutzungen verbraucht sind oder im Betrieb kein Stapelsystem zur Verfügung steht. Die Reinigungslösung wird aufgabenspezifisch angesetzt, temperiert und anschließend entsprechend gesetzlicher Vorgaben entsorgt. Der manuelle Aufwand ist entsprechend hoch, ebenso die Umweltbelastung durch stark verschmutzte Medien. Dafür ist die Investitionssumme gering.

In Großbetrieben ist die Stapelreinigung Stand der Technik. Reinigungslösungen werden so

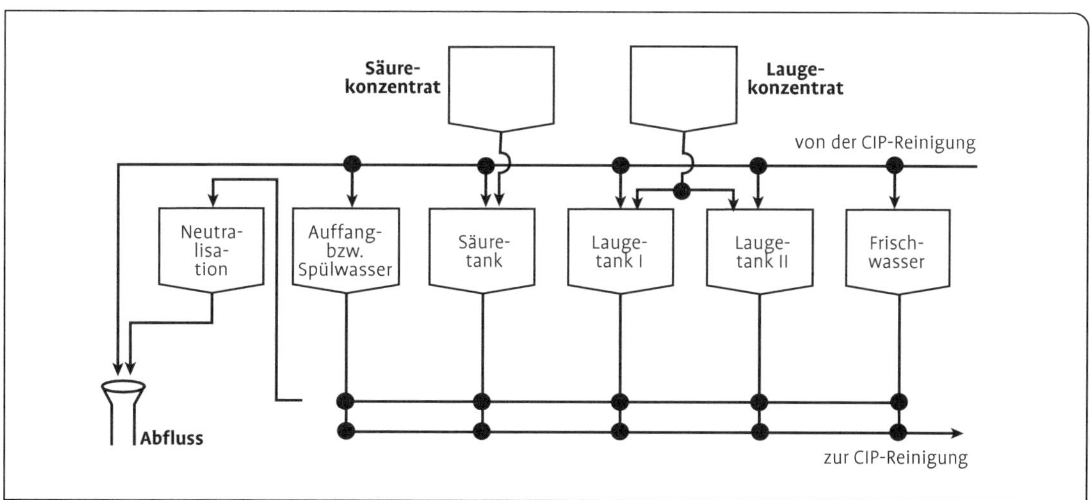

Abb. 253 Stapelreinigung als Teil eines CIP-Systems (Kessler 1996).

lange als möglich verwendet, u.U. geklärt und regelmäßig nachgeschärft. Abb. 253 zeigt die für eine automatisch arbeitende Stapelreinigung notwendigen Aggregate und ihre Einbindung in eine CIP-Reinigung (Cleaning in Place-Reinigung).

Derartige Reinigungssysteme bestehen aus den verschiedenen Tanks, einem Erhitzungssystem, Zirkulations- und Rückführungspumpen sowie dem erforderlichen Rohrleitungssystem mit ferngesteuerten Ventilen, Messeinrichtungen für Temperatur, pH-Wert, Trübungsgrad oder Leitfähigkeit sowie einer elektronischen Steuerung. Über die Konzentratbehälter werden die Reinigungslösungen ständig auf der gewünschten Konzentration gehalten (Lauge: 1,5 bis max. 5 %; Säure: abhängig von der Chemikalie; Salpetersäure z.B. 1 %ig). Die Reinigung erfolgt im Kreislauf durch die zu reinigenden Aggregate. Die jeweils ersten Reinigungsmittelmengen mit hoher Verschmutzung werden direkt entsorgt, danach im jeweiligen Tank gestapelt. Benutztes Frischwasser dient beim nächsten Vorgang zur Vorspülung und wird dann entsorgt. Das System kann um einen Tank mit Desinfektionsmittel erweitert werden. Für kleinere Systeme können Tanks mit drei Kammern eingesetzt werden, jede für ein anderes Reinigungsmittel. Wird mit dem System sterilisiert, spricht man von SIP (Sterilisation in Place), eine automatische Trocknung ist unter dem Namen DIP (Drying in Place) bekannt.

Systeme mit Mehrfachverwendung mischen die Stapelreinigung mit der „verlorenen" Reinigung. Kleine Einheiten befinden sich neben dem zu reinigenden Gerät und werden von einer zentralen Einrichtung versorgt. Damit wird dem Umstand Rechnung getragen, dass unterschiedliche Aggregate spezifisch gereinigt werden müssen, um eine optimale Wirkung zu erzielen.

Für kleinere Leistungen hat sich als eine Art Universalreiniger das Hochdruckreinigungsgerät bewährt. Auf einer fahrbaren Anlage befinden sich alle notwendigen Aggregate: Hochdruckpumpe, Wasser- und Reinigungsmitteltank, Heizeinrichtung, evtl. Vorweichpumpe. Kellerräume und Außenflächen lassen sich mit der Spritzpistole reinigen, für Tanks stehen Spritzköpfe auf Schlitten oder Dreifuß zur Verfügung, für Rohre oder Schläuche werden spezielle Reinigungselemente eingesetzt (Blankenhorn und Funk 2012).

9.4.6.1 Reinigung von Rohrleitungen und Schläuchen

Rohrleitungen sind nach DIN 11850 genormt. Ein Rohr DN 50 besitzt einen Innen-∅ von 50 mm und eine Wandstärke von 1,5 mm. Zur Reinigung sind hohe Strömungsgeschwindigkeiten erforderlich, um die Anhaftungen durch Turbulenz zu entfernen. Das Maß für Turbulenz ist die Reynoldszahl, die über 1 200 liegen muss. Sie berechnet sich aus dem Produkt Rohrleitungsdurchmesser × Strömungsgeschwindigkeit, dividiert durch die kinematische Zähigkeit der Flüssigkeit. Oberhalb 3,5 m/s Strömungsgeschwindigkeit ist allerdings mit einer starken Geräuschentwicklung zu rechnen.

Beispiel (Kessler 1996):
Geschwindigkeit = 3 m/s;
Rohrleitungsinnen-∅ 0,032 m (DN 32);
kinematische Zähigkeit = $0{,}5 \times 10^{-4}$ m²/s;
Re = 1 925;
Turbulenz ist gegeben, die Grenze zur Geräuschentwicklung noch nicht überschritten

Fest installierte Rohrleitungen werden in Kellereien rundgeschlossen und über das CIP-System gereinigt. Üblicherweise reicht die Kombination Wasser-Lauge-Wasser aus. Bei entsprechender Auslegung, insbesondere einer Ventilbestückung mit freien Durchgängen, können Molche oder einfache Kunststoffbälle zur unterstützenden mechanischen Reinigung durch die Leitungen gedrückt werden. Molchsysteme lassen sich vollständig automatisieren und in die CIP-Steuerung integrieren. Sie ermöglichen zudem als eine Art Trennsystem einen einfachen Produktwechsel ohne nennenswerte Mischzonen. In der Lebensmittelindustrie kommen sie vielfach zum Einsatz, in Kellereien sind sie noch nicht sehr verbreitet. Schläuche können zur Reinigung ebenfalls rundgeschlossen und so lange „balliert" werden, bis am Auslauf klares Wasser ankommt. Am wirkungsvollsten ist ihre Reinigung nach einem vorhergehenden Einweichbad.

9.4.6.2 Tankreinigung

Tanks werden am besten von oben gereinigt, sodass die Reinigungsflüssigkeit den Deckel sicher erfasst und danach an der Wand nach unten fließen kann. Abb. 254 zeigt verschiedene Sprühbilder in Abhängigkeit von der Tankkonstruktion und der Anordnung der Sprühdüsen.

Die statisch reinigenden Sprühköpfe sind entsprechend ihrer Installation mit einer spezifischen Anordnung der Bohrungen ausgestattet. Sie bewirken eine intensive Schwallreinigung bereits bei niedrigen Drücken. Die durchgesetzte Mengen an Reinigungslösung und der Flüssigkeitsdruck richten sich nach den Gegebenheiten. Für Tanks mittlerer Größe sind 10 m^3/h und ein Druck von 3 bar üblich. Eine Verbesserung der Reinigungswirkung erzielen bewegliche Sprühköpfe, deren Rotation durch den Flüssigkeitsdruck erzeugt wird. Abb. 255 zeigt verschiedene Beispiele, die von den zahlreichen Herstellern in sehr unterschiedlichen Varianten und unter anderen Namen angeboten werden. Rotierende Reiniger können als Flachstrahler oder Tröpfchenstrahler ausgelegt sein. Orbitalreiniger besitzen je eine horizontal und vertikal rotierende Drehachsen, Drehstrahlreiniger erzielen ihren Reinigungserfolg durch langsam umlaufende, kraftvolle Fächerstahlen.

9.4.6.3 Reinigung von Spezialmaschinen

In größeren Kellereien mit entsprechender technischer Ausstattung werden an die Reinigung sehr unterschiedliche Anforderungen bezüglich Reinigungsmittel, Durchsatz oder Temperatur gestellt. Ein zentrales CIP-System ist selten in der Lage, allen gerecht zu werden. Ein Röhrenwärmetauscher lässt sich zur Reinigung meist in das Rohrleitungssystem integrieren. Er benötigt aber ggf. einen höheren Durchsatz, um eine ausreichend turbulente Strömung zu erzeugen.

Dies gilt auch für Separatoren. Deren enge Tellerspalte in der Trommel benötigen zur effizienten Reinigung Durchsatzmengen, die ein Mehrfaches von dessen Effektivleistung betragen. Vorteilhaft ist, dass die eingesetzten Medien während des Prozesses selber gereinigt werden, weil grobdisperse Teilchen in den Feststoffraum ausgeschleudert werden.

Gleiches gilt für Membrananlagen. Sie benötigen sehr spezifische Reinigungsmittel, die an das Membranmaterial und die Natur der Trubstoffe angepasst sein müssen. Die Funktionalität einer Membrananlage ist in aller Konsequenz eine Funktion der Reinigungsqualität. Polymermembrane erlauben je nach Material nur vergleichsweise niedrige Temperaturen, Keramikmembrane verkraften wesentlich mehr, sie sind

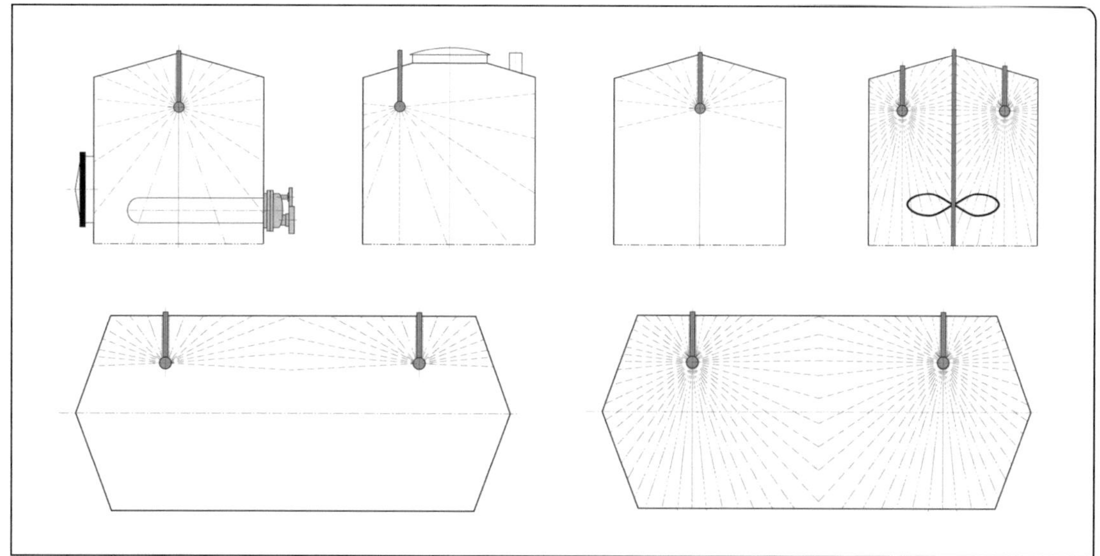

Abb. 254 Sprühbilder in Tanks bei Einsatz von feststehenden Düsen (Quelle: GEA Tuchenhagen GmbH).

Abb. 255 Reinigungsköpfe (Quelle: GEA Tuchenhagen GmbH).

allenfalls durch das Dichtungsmaterial eingeschränkt.

Die spezifischen, teilweise sehr unterschiedlichen Anforderungen haben vielfach dazu geführt, ein ganzes System von chemischen Reinigungen zu installieren. Es besteht aus einer Zentralanlage für Tanks und Leitungen und lokal installierte Kleinanlagen, die von dieser beschickt werden. Bei mittleren Betriebsgrößen können mobile Reinigungsanlagen mit flexibler Steuerung eine optimale Lösung darstellen.

9.4.6.4 Technische Voraussetzungen für die Reinigung

Die chemische Reinigung ist ein Wechselspiel zwischen den Reinigungsparametern und den Parametern der zu behandelnden Oberflächen bzw. der Konstruktion eines Aggregats. Die Konstruktion einer Pumpe, eines Ventils oder einer ganzen Anlage,

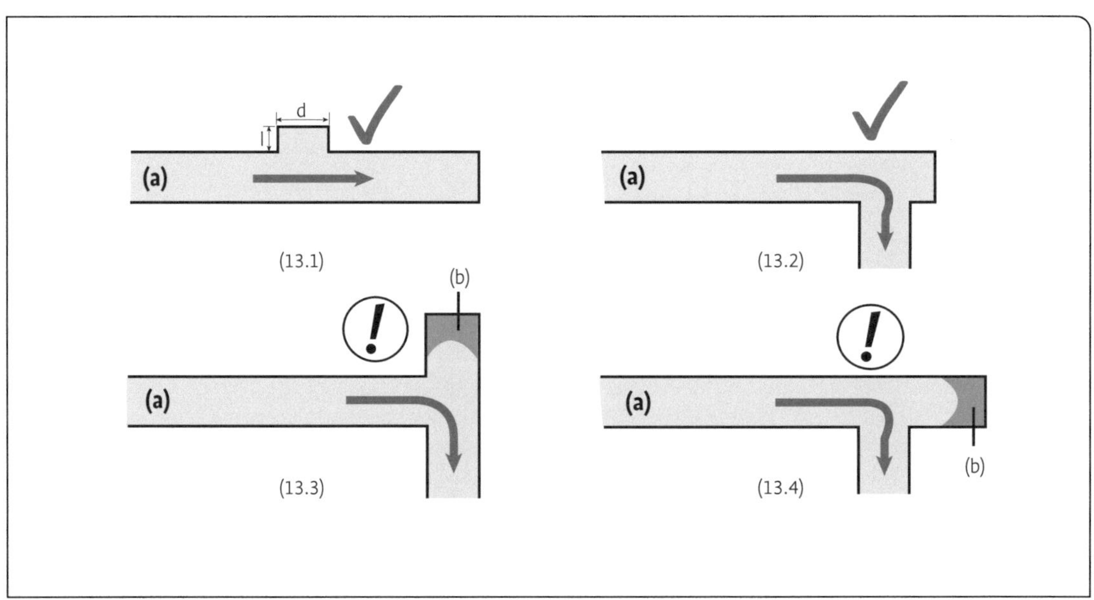

Abb. 256 Hygienisch korrekte bzw. fehlerhafte Leitungsführung (Bellin 2011).

die Wahl der Oberflächenrauigkeit entscheiden wesentlich mit, ob eine optimale Reinigung möglich ist. Tote Ecken, Schweißkanten, nicht leerlaufende Leitungen, Hohlräume hinter Dichtungen usw. können Schmutznester hinterlassen, in denen Mikroorganismen wachsen und Most bzw. Wein infizieren können. Die deutsche Weinwirtschaft hat dazu in eigenen Leitlinien festgelegt: „Anlagen, Maschinen und Geräte, die mit dem Erzeugnis Wein in unmittelbaren Kontakt kommen, dürfen keine hygienerelevante Beschädigungen aufweisen oder unerwünschte Stoffe abgeben und müssen in ihrer Beschaffenheit eine gründliche Reinigung ermöglichen“ (Anonym 2001). Konstruktive bedingte Hygienemängel schlagen oft bis zum Lebensmittel durch. Im Jahr 2012 wurden im gesamten Lebensmittelbereich dadurch 363 Rückrufaktionen erforderlich (EHEDG 2013). Eine gute Reinigbarkeit ist der Garant für Lebensmittelsicherheit.

Abb. 256 vergleicht Leitungsführungen, die gut zu reinigen sind bzw. in toten Ecken Schmutznester und Infektionsquellen ermöglichen.

Die Oberflächenbeschaffenheit wirkt sich ebenfalls stark auf die Effizienz der Reinigung aus. Je glatter die Oberfläche, desto leichter die Reinigung. Unter dem Mikroskop erkennt man auch bei vermeintlich glatten Edelstahlflächen ausgeprägte Unebenheiten. Ein wichtiges Maß für diese Unebenheiten ist die Rauigkeit/Rautiefe R_a. Ist sie sie größer als die der Mikroorganismen im Produkt (Durchmesser d), können diese in die Untiefen eindringen und allenfalls noch über Diffusion herausgelöst werden. Die Verhältnisse bei unterschiedlichen Rauigkeiten zeigt Abb. 257. Bei R_a-Werten unter 0,8µm ist die Oberfläche ausreichend glatt, allenfalls noch Milchsäurebakterien können begrenzt eindringen.

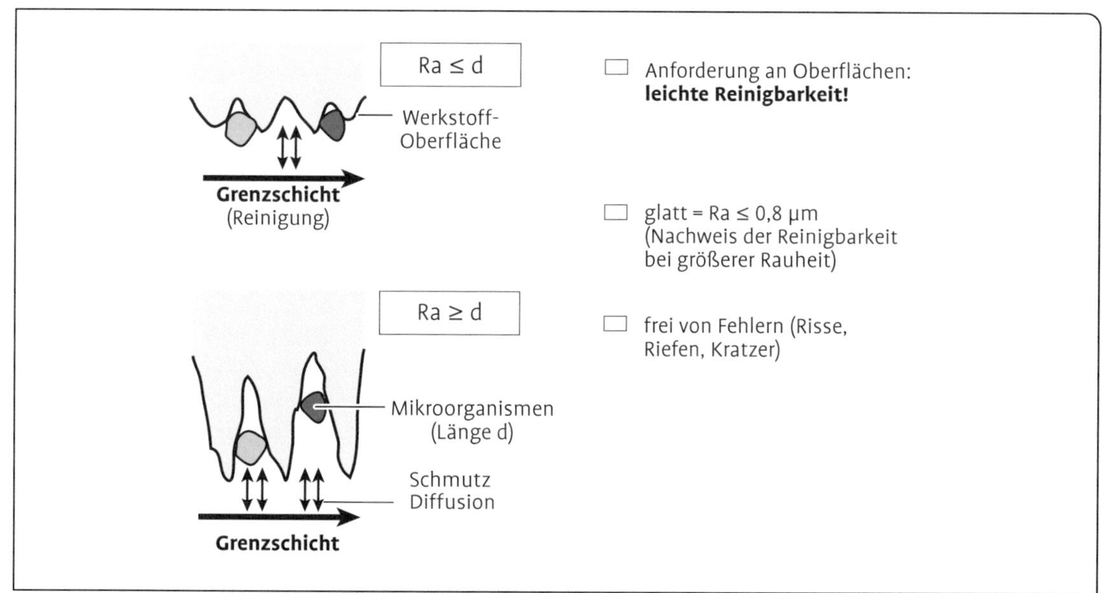

Abb. 257 Einfluss der Oberflächenrauheit auf den Reinigungseffekt (Hofmann 2008).

10 Schlussbetrachtung

In neun Kapiteln wurde der Weg von der Traube zu Wein und zu einigen wichtigen Nebenprodukten beschrieben. Der Tradition des Begründers dieses Buches, Prof. Gerhard Troost, folgend, wurde der Weg von der Traube bis zum abgefüllten Wein in der Reihenfolge der üblichen Abläufe beschritten. Jeder Prozessschritt wurde direkt auf seine Auswirkung auf die Weinqualität betrachtet. Festzuhalten ist bei aller Wichtigkeit der Verfahrenstechnik die überragende Bedeutung des Rohstoffes Traube bzw. Beere auf die Weinqualität. Sie ist die Haupteinflussgröße, die Kellerwirtschaft letztlich verpflichtet, auf ihre Eigenschaften einzugehen. Der Kellerwirt ist in aller Bescheidenheit der kreative Interpret der Eigenschaften seiner Trauben. Dass er dabei vieles machen kann, was nach der herrschenden Lehrmeinung Fehler behaftet ist, liegt in der Natur der Dinge, aber auch in der möglichen Zielrichtung seiner Interpretation. Ein wichtiges Anliegen des Buches ist es, den Blick nicht auf die reine Kellerwirtschaft zu reduzieren, sondern ihn zu erweitern. Für diese umfassendere Gesamtbetrachtung steht der Begriff Önologie. Er schließt einen biologisch-analytischen Blick auf den Rohstoff mit ein, verlangt aber auch Antworten auf die Herausforderungen des Marktes und der Gesetzgebung, die immer mehr Managementwissen erfordern. Der Inhalt des Buches ist so nicht zuletzt eine Auseinandersetzung mit den Rahmenbedingungen und Trends, mit denen die Önologie des 21. Jahrhunderts konfrontiert wird. Trends der nächsten Jahre, vielleicht Jahrzehnte, wurden mehrere analysiert und in Bezug auf ihre kellerwirtschaftlichen Konsequenzen diskutiert:

- der Klimatrend,
- der Markttrend,
- der OIV-Trend,
- der Umwelt- bzw. Nachhaltigkeitstrend,
- der Verarbeitungstrend,
- der Diversifizierungstrend,
- der Differenzierungs- und Qualitätstrend.

Die Trends stehen teilweise allein, viele hängen miteinander zusammen.

Gestiegene Durchschnittstemperaturen haben in den letzten 20 Jahren zu höheren pH-Werten, höheren Mostgewichten und niedrigeren Säurewerten geführt. Alle drei Veränderungen fordern die Kellerwirtschaft heraus. Überbordende Zuckerwerte führen zu Alkoholgraden, die Konsumenten zunehmend ablehnen. Leichte, fruchtige Kabinettweine sind mancherorts nur noch schwer zu finden. Säure und pH-Wert andererseits sind die „Schutzheiligen" speziell des Mostes, aber auch des Weines. Bereits der Anstieg um 0,2 Einheiten in den letzten beiden Dekaden schwächte den Schutzschild und zwang zu hoher Verarbeitungsgeschwindigkeit oder zu Maßnahmen wie starke Kühlung bzw. Mostpasteurisation. Setzt sich dieser Trend fort, verlieren einheimische Rebsorten ihre Bedeutung zugunsten von Sorten, die bisher im Süden Europas ihre Heimat hatten. Dann waren Chardonnay oder Cabernet Sauvignon die Pionierpflanzen, die die Akzeptanz für weitere Immigranten geschaffen haben.

Die Masse der deutschen Weine wird durch den Lebensmitteleinzelhandel und die Discounter verkauft. Diese drücken ihre Vorstellungen aus der großen Welt der Lebensmittel auch in der Weinbranche durch. Die Önologie wird dadurch in privatwirtschaftlich vereinbarte Managementsysteme wie IFS Food gedrängt, oft ohne darin einen Mehrwert zu erkennen. Deren Prämissen der Lebensmittelsicherheit, der Nachverfolgbarkeit oder der Dokumentation allen Tuns greifen nur in Einzelfällen in die Abläufe ein, führen aber zur intensiven Auseinandersetzung mit diesen und zwingen zu nachprüfbaren Hygiene- und Schutzmaßnahmen. Die Önologie muss sich mit Begriffen wie DIN EN ISO 22000, HACCP oder Risikomanagement auseinandersetzen mit Inhalten, die auch in den einschlägigen Gesetzen eine bedeutende Rolle spielen.

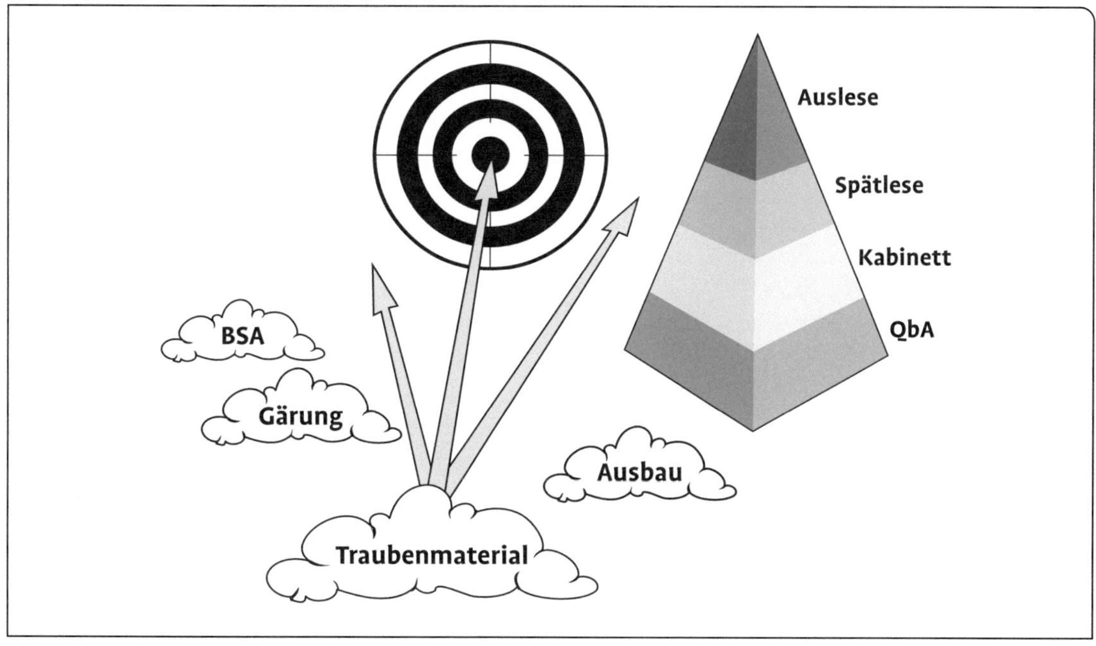

Abb. 258 Die Varianz biologischer Vorgänge erschwert die Zielerreichung.

Der Endkunde und Verbraucher selber hat die Umwelt als verletzliches Gut erkannt, das es zu schützen gilt. In diesem Zusammenhang werden Pflanzen- und Weinbehandlungsmittel zunehmend kritisch hinterfragt. Immer mehr Weinproduzenten sind deshalb bestrebt, nachhaltig, ökologisch, umweltbewusst zu produzieren. Die Anzahl der nach Demeter oder Ecovin-Methoden ökologisch wirtschaftenden Betriebe nimmt weiter zu. Diese Betriebe zeigen, dass auch ohne Ausschöpfung der großen Zahl önologischer Methoden hervorragende Weine erzeugt werden können.

Die zulässigen önologischen Methoden sind in den letzten Jahren beträchtlich vermehrt worden. Die Triebfeder dahinter ist in großem Maße die OIV, die die Interessen der Weinbau treibenden Mitgliedsländer vertritt und deren Resolutionen meist nach einiger Zeit in EU- oder nationales Recht umgesetzt werden. In der OIV besitzen die großen Weinländer verständlicherweise eine starke Position. Diese sind wiederum geprägt durch Großbetriebe oder solche mit überragender Bedeutung, die Wein tendenziell weniger als ein Kulturgut denn als ein Wirtschaftsgut sehen. Diese Denkweise in Verbindung mit großen Einzelchargen verlangt nach Methoden, die das Endprodukt vielfältiger biologischer Prozesse zielgenau und ohne nennenswerte Varianzen ermöglichen. Die Abnehmer im Lebensmittelhandel erwarten ihrerseits die exakte Einhaltung der vorgegebenen Spezifikation. Sollte die Biologie trotz aller begleitenden Technologien zu fehlerhaften Produkten führen, müssen deshalb Methoden zulässig sein, diese zu korrigieren. Aus Gründen einer Produktionssicherheit benötigen große Betriebe eher die Vielfalt der Methoden. Zufall ist der Todfeind des Managements. Abb. 258 versucht, diesen Sachverhalt grafisch darzustellen. Fast die gesamte Lebensmittelwirtschaft steht unter diesem Diktat einer zielgenauen Spezifikationserfüllung. Coca Cola wird nie auch nur 1 mm von seiner Spezifikation abweichen, egal, wie groß die Varianz der Rohstoffe gewesen sein mag und welche Probleme der Produzent damit hatte.

Viele Betriebe, meist eher die kleineren, haben wenig konkrete Vorstellungen wie ihr Ziel, die Beschaffenheit des Weines, später aussehen soll. Varianzen auf dem Weg dorthin werden ak-

Abb. 259 Amphore aus Ton.

zeptiert. Ein Schlagwort dafür kann „kontrolliertes Nichtstun“ sein, das dem Verbraucher als Zeichen der Individualität kommuniziert wird. Die spontane alkoholische oder malolaktische Gärung stehen als Beispiele für diese Denkweise. Um deren erhöhte Risiken zu minimieren, kommen unter verschiedenen Namen Gärungsvarianten zum Einsatz, die Spontanes mit Gesteuertem verknüpfen.

Handwerklich strukturierte Betriebe unterscheiden sich von industriell denkenden Betrieben oft auch darin, dass sie weinbaugetrieben sind und weniger kundengetrieben. Eine weinbauliche Optimierung muss nicht Hand in Hand gehen mit den Marktbedürfnissen. Die Industrie dagegen fragt üblicherweise erst, was der Kunde haben will. Dessen Wünsche, ermittelt vom Marketing mit allen Sinnesorganen, ist das Maß der Dinge. Dann wandert diese Spezifikation an die Produktion weiter, an Traubenerzeugung und Traubenverarbeitung, die diese mit den verfügbaren Mitteln zu realisieren hat. Über den richtigen Weg zwischen diesen beiden Polen lässt sich trefflich philosophieren. Die bewusst akzeptierte Produktvarianz kann in vielen Fällen als ein Differenzierungsmerkmal vermarktet werden.

Abb. 258 zeigt eine Qualitätspyramide entsprechend der Einteilung des Deutschen Weingesetzes mit Qualitätsweinen als unterster Stufe und solchen mit Prädikat. Viele Unternehmen haben inzwischen eine selbst entwickelte Pyramide auf ihrer Preisliste abgebildet, die davon deutlich abweicht. Individuell unterschiedlich werden Begriffe wie Terroir, Lage, Stein, Zeit, Frucht, Gutswein, Lagenwein, Kult, Erstes Gewächs, Großes Gewächs, rote-blaue-schwarze Linie, Gold-Silber-Bronzekapsel und viele mehr anstelle von QbA, Kabinett oder Spätlese hierarchisch verwendet. Der Kunde muss sich an eine betriebsspezifische Terminologie gewöhnen. Das verwirrt zunächst und überfordert viele. Gelingt die Kundenbindung, ist die eigene Pyramide ein Differenzierungsmerkmal, das auf erläuternde

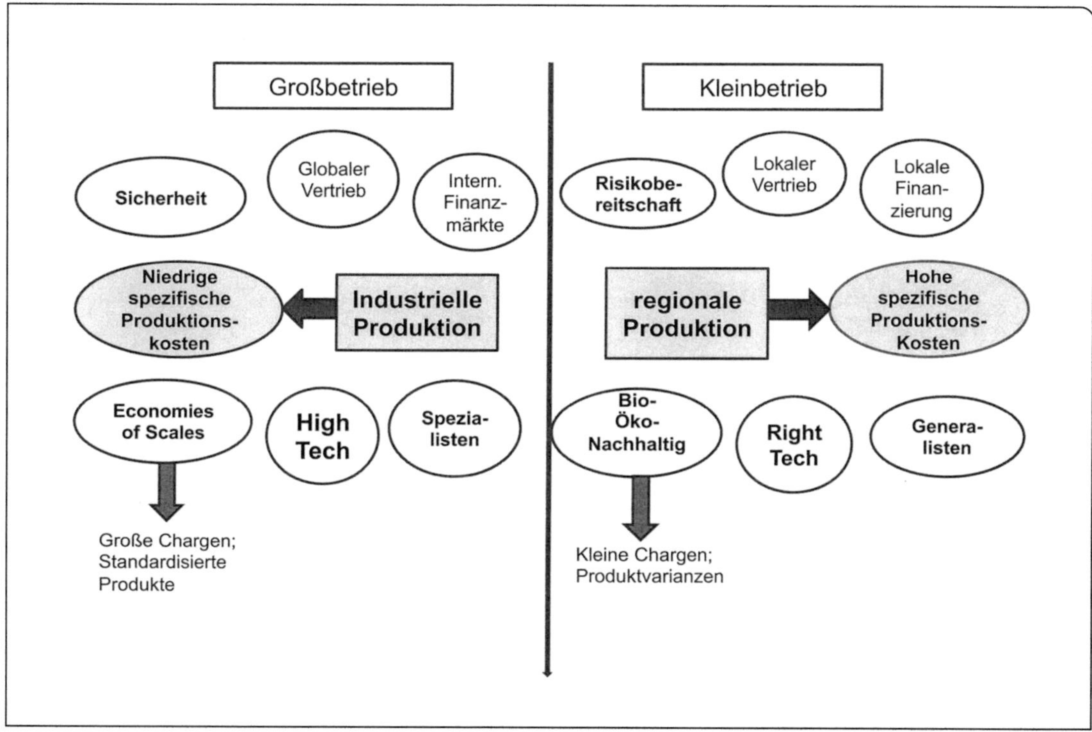

Abb. 260 Die beiden Pole der Weinwelt.

Begriffe wie Halbtrocken oder eine Prädikatsstufe verzichten kann. Hinter jedem Begriff steckt ein Weinstil, der sich in Ertrag, Preis, kellerwirtschaftlicher Verarbeitung und sensorischer Ausprägung vom anderen unterscheiden muss. Die Kellerwirtschaft verfügt über ausreichende Möglichkeiten, Weine zu differenzieren. Maischegärung, Maischeerhitzung, Holzfassausbau, Barrique oder bei Weißweinen ein Säuremanagement bzw. die Maischegärung sind nur einige wenige der Möglichkeiten und Methoden, eine Traubencharge in mehrere völlig unterschiedliche Weine zu verwandeln. Ein großer Teil des Buches hat von dieser Differenzierung gehandelt.

Das Bemühen um Differenzierung, um die Schaffung von Alleinstellungsmerkmalen als unvergleichliche Verkaufsargumente, führt manches Mal zu überraschenden Entwicklungen. Was vor Jahrtausenden im Nahen Osten, später bei Griechen und Römern Stand der Technik war und in einigen Ländern als traditionelles Verfahren in kleinen Nischen am Leben gehalten werden konnte, beginnt offensichtlich in Nordeuropa wieder Fuß zu fassen: der Weinausbau in Amphoren bzw. Kvevkis. Abb. 259 zeigt beispielhaft eine 220 l fassende Amphore, die zur Gärung weißer Maische eingesetzt wurde. Der beträchtliche Arbeitsaufwand für derartige Exoten wird durch ein hohes Preisniveau kompensiert. Die Weine unterscheiden sich vom Mainstream und werden in Fachkreisen intensiv und sehr kontrovers diskutiert. In zahlreichen Betrieben wurde bereits das Stadium der Versuche und des Probierens verlassen.

Die Herstellung von Orange-Weinen oder „Naturweinen“ ohne SO_2-Zugabe ist dann die konsequente Fortführung dieser Entwicklung. Sommeliers erfreut die individuelle Linie, die Medien berichten z. T. begeistert und die etablierte Kellerwirtschaft wendet sich manches Mal mit Grausen. Der individuellen Weinbereitung werden kaum noch Grenzen gesetzt.

War die Vergangenheit noch geprägt von einem Massendenken, hat sich inzwischen weitgehend ein Qualitätsgedanke durchgesetzt. Masse ist out. Die weingesetzlich festgeschriebene Vermarktungsregelung mit ihren Hektarhöchsterträgen einerseits, viele erfolgreiche Produzenten oder Organisationen andererseits, haben Erntemengen zugunsten der Qualität verringert. Die moderne Kellerwirtschaft spielt dabei eine wichtige Rolle bei der Umwandlung von Traubenqualität in Weinqualität. Sie übernimmt weniger die Rolle eines Qualitätserzeugers als vielmehr die eines Qualitätsinterpreten, der zielgerichtet Eigenschaften und Weinstile herauszuarbeiten vermag.

Es ist ein Spezifikum der Weinbranche, dass extrem große und winzig kleine Betriebe praktisch auf demselben Markt aktiv sind. Dabei unterscheiden sie sich in fast allen Faktoren. Abb. 260 stellt diese beiden Pole der Weinwelt gegenüber, die industrielle Produktion und die handwerkliche. Die industrielle Produktion verwendet üblicherweise Hightech, die von Spezialisten bedient wird und generiert dank großer Chargen niedrige Stückkosten. Das Sicherheitsdenken muss dominieren, vorausschauendes Management ist unerlässlich. Produktionsfehler betreffen meist riesige Chargen und müssen angesichts sehr fordernder Großkunden um jeden Preis vermieden werden. Der kleine Betrieb mit wenigen Generalisten als Operateure benutzt eine eher handwerklich ausgerichtete Technik und produziert, verstärkt nachhaltig, regional eingeschränkte Produkte mit hohen Stückkosten. Die kellerwirtschaftliche Flexibilität ist begrenzt, ebenso z. B. die Schlagkraft bei wetterbedingten oder sonstigen Notfällen. Gezwungenermaßen müssen derartige Betriebe eine höhere Risikobereitschaft zeigen, angesichts kleiner Chargen sind die Konsequenzen meist beherrschbar.

Die Kellerwirtschaft hat sich in den letzten Jahren deutlich verändert. Sie ist inzwischen bereit, sich völlig auf die Eigenheiten des Rohstoffes einzustellen, den sie immer besser zu verstehen gelernt hat. Traubenvollernter werden bewusst eingesetzt, um eine qualitätsorientierte Lese durchzuführen. Deren Grad an Produktschädigung hat inzwischen ein Minimum erreicht und führt bei situationsgerechter Vorlese zu vergleichbaren Ergebnissen wie die Handlese. Die schlechte Abstimmung zwischen Erntemenge und Verarbeitungskapazität ist heute kaum noch zu sehen. Right Tech oder Hightech werden gleichermaßen benutzt, Trauben und Maische schnell und vor allem schonend zu verarbeiten. Die fünf „s“ der Kellerwirtschaft finden immer konsequentere Beachtung:

- schonend,
- schnell,
- spundvoll,
- Schwefel,
- sauber.

Das LMHV mit der Berufung auf HACCP-Grundsätze hat indirekt dazu geführt, dass der Begriff „weinsteril“ eine neue Bedeutung im Sinne der Verarbeitung von Wein als Lebensmittel bekommen hat. Dazu gehört die Hinwendung zu inerten Materialien im Keller, auch wenn ein kleiner und beherrschbarer Prozentsatz zeitweilig zielgerichtet im Holzfass ausgebaut wird. Die moderne Kellerwirtschaft ist eine schonende. Pressen, Pumpen, Transportmittel werden danach ausgewählt, oft sogar auf Kosten der Durchsatzmenge. Bei Neu- oder Umbauten wird nach Möglichkeit die Schwerkraftförderung gewählt, in der Spitze entstehen „Gravity“-Kellereien, die nach der Presse erstmals pumpen müssen.

Viele Winzerbetriebe haben in den letzten 10 Jahren eine beträchtliche Erweiterung ihres Produktportfolios vorgenommen. Wein und Sekt wurden ergänzt durch Gelee, Saft, Essig, Brände, Verjus und vieles mehr. Reine Wein vermarktende Betriebe wurden so zu Dienstleistern und „Vollsortimentern“ rund um den Wein. Einiges lässt sich mit der vorhandenen Technik selber herstellen, für anderes gibt es eine breite Palette von Dienstleistern.

Es ist das Ziel des Buches, die rein technisch vorgehende Kellerwirtschaft zur Önologie weiterzuentwickeln. Die Wertschöpfungskette von der Traube am Stock bis zum ausgelieferten Wein in der Flasche verlangt in einem weitgehend gesättigten Markt Manager, die spezifisches Fachwissen und allgemeines Managementwissen gleichermaßen beherrschen. Wenn die „Technologie des Weines“ bei der Bewältigung dieser komplexen Aufgabe eine Hilfe sein kann, hat das Buch sein Ziel erreicht.

Dieses Buch weist einen einzelnen Autor aus. Ein Werk dieser Dimension kann aber nicht entstehen ohne helfende Hände. Diese haben an zwei Stellen kräftig unter die Arme gegriffen: bei der Beschaffung der umfangreichen Literatur und vor allem als kritischer Kommentator des Manuskripts.

Bei der Literaturrecherche hat mir Dr. Maximilian Freund von der Kellerwirtschaft in Geisenheim sehr geholfen, dessen Fundus unerschöpflich zu sein scheint. Frau Professor Christmann hat mir ihr Vorlesungsskript zur Verfügung gestellt, das vor allem bei den neuen önologischen Verfahren von großer Hilfe war, Prof. Carle (Hohenheim) das über Polyphenole. Dr. Köglmaier vom Geilweiler Hof ermöglichte mir den Zugang zur riesigen Bibliothek des Julius Koch Instituts, die Vitis VEA, die in Tausenden von Bänden fast das gesamte Wissen der Weinwelt enthält. Danken möchte ich dafür und nicht zuletzt auch den Firmen, die mit Unterlagen zu Produkten weitergeholfen haben. Sie finden sich in den Bildunterschriften wieder und bei den Literaturangaben.

Folgende Damen und Herren waren so freundlich, einzelne Kapitel oder Teile davon kritisch gegenzulesen und auf Fehler, Aktualität oder Redundanzen zu überprüfen. Ich bedanke mich bei: Prof. Monika Christmann, Hochschule Geisenheim; Dr. Maximilian Freund, Hochschule Geisenheim; Wilfried Dörr, Dörr Consult Heilbronn; Armin Sütterlin, Weingut Abril Bischoffingen; Ute Bader, Baden-Württembergischer Genossenschaftsverband; Prof. Manfred Gössinger, LFZ Klosterneuburg; Prof. Ulrich Fischer, DLR Rheinpfalz; Prof. Dominik Durner, DLR Rheinpfalz; Bernd Weik, DLR Rheinpfalz und Bernhard Schandelmaier, DLR Rheinpfalz. Deren tatkräftige Unterstützung befreit mich aber in keiner Weise von der alleinigen Verantwortung für alle möglichen Fehler, Unklarheiten oder Missverständnisse.

Abkürzungsverzeichnis

A	Fläche in m^2
ADI	Acceptable Daily Intake (Zulässige tägliche Aufnahme)
AE	Acetylesterase
AGW	Arbeitsplatzgrenzwert
AIJN	Association of the Industry of Juices and Nectars
AISI	American Iron and Steel Institute
AP-Nr.	Amtliche Prüfnummer
BA	Beerenauslese
b.A.	bestimmtes Anbaugebiet
BRENDA	BRaunschweig ENzyme DAtabase
BRC	British Retail Consortium
BGBL	Bundesgesetzblatt
BNG	Bentonit nach Gärung
BVG	Bentonit vor Gärung
BVS 30/60	Bague Vin Suisse
CAS	Chemical Abstracts Service
CaT	Kalziumtartrat
CCP	Critical Control Point
CFU	Colony Forming Unit (Kolonien bildende Einheit)
CIP	Cleaning in Place
CMF	Cross-Flow-Mikrofiltration
CO_2	Kohlenstoffdioxid
Da	Dalton
DIN	Deutsche Industrienorm
DIP	Drying in Place
DLG	Deutsche Landwirtschaftsgesellschaft
DMDC	Dimethyldicarbonat
DNA	Desoxyribonucleic Acid (Desoxiribonukleinsäure)
D-Wert	Dezimaler Reduktionswert
EBC	European Brewery Convention
EC-Number	Enzyme Commission Number
EFSA	Europeen Food Safety Authority
EHEDG	European Hygienic Engineering and Design Group
EU	Europäische Union
EWG	Europäische Wirtschaftsvereinigung
F	Kraft (N)
Fa.	Firma
f(..)	Funktion von (..)
FAD	Flavin-Adenin-Dinucleotid
FAU	Formazine Attenuation Unit
FMEA	Fehlermöglichkeiten- und Einflussanalyse
FNU	Formazine Nephelometric Unit
FSSC 22000	Food Safety System Certification
FTIR	Fourier Transformation Infrarotspektroskopie
g. A.	Geografische Angabe
GFK	Glasfaser verstärkter Kunststoff
g. g. U.	Geschützte geografische Ursprungsbezeichnung
G-G-Wert	Glykosyl-Glukose-Wert
g/l	Gramm pro Liter
GrIPS	Grape Individual Payment System
HACCP	Hazard Analysis and Critical Control Point
HDE	Handelsverband Deutschland
HMF	Hydroxymethylfurfural
IFS (Food)	International Featured System (Food)
IP	Isoelektrischer Punkt
ISO	International Standardisation Organisation
IUBMB	International Union of Biochemistry and Molecular Biology
IUPAC	International Union of Pure and Applied Chemistry
kDa	Kilodalton
KHE	Kurzzeithocherhitzung
KHT	Kaliumhydrogentartrat
kV	Kilovolt
LCA	Life Cycle Assessment
LFBG	Lebensmittel-, Futtermittel- und Bedarfsgegenständegesetz
LM	Lebensmittel
LMHV	Lebensmittelhygieneverordnung

LRV	Logarithmic bacteria retention value
MAK	Maximale Arbeitsplatzkonzentration
MCA 28	Metal Closure Alcoa
MF	Mikrofiltration
MG	Maischegärung
ME	Maischeerwärmung
MSR	Mess-, Steuer- und Regelungstechnik
NAD	Nicotinamid-Dinucleotid
NF	Nanofiltration
NMWC	Nominal Molecular Weight Cut off
NTU	Nephelometric Turbitity Unit
OIV	Organisation International du Vin (Internationales Weinamt)
OTR	Oxygen Transfer Rate (Sauerstoff-Transferrate)
P	Druck
PAR	Produkt Analyse Ranking
PE	Pectinesterase
PE (PU)	Pasteurisationseinheit (Unit)
PEF	Pulsed Electric Fields
PET	Polyethylenterephthalat
pH-Wert	Pondus Hydrogenii-Wert
PG	Polygalacturonase
PL	Pectat-Lyase
PVC	Polyvinylchlorid
PVPP	Polyvinylpolypyrrolidon
QbA	Qualitätswein bestimmtes Anbaugebiet
R_a bzw. R_z	Rauheitswerte
REM	Rasterelektronenmikroskop
RGT-Regel	Reaktionsgeschwindigkeit-Temperatur-Regel
rH-Wert	Negativer dekadischer Logarithmus des Wasserstoffpartialdruckes
RO	Reverse Osmosis
RTK	Rektifiziertes Traubenmostkonzentrat
SCC	Spinning Cone Column (Schleuderkegelkolonne)
SIP	Sterilisation in Place
SO_2	Schwefeldioxid
τ (tau)	Schub- bzw. Scherspannung
TB	Bezugstemperatur (bei der Pasteurisation)
TBA	Trockenbeerenauslese
TCA (2-4-6)	2-4-6-Trichloranisol
TE/F	Trübungseinheit gemessen als Formazin
TMP	Transmembrandruck
TS	Trockensubstanz
UF	Ultrafiltration
UO	Umkehrosmose
UV-Licht	Ultraviolettes Licht
UVV	Unfallverhütungsvorschrift
VDP	Verband Deutscher Qualitäts- und Prädikatsweingüter
VO	Verordnung
Vol. (%vol.)	Volumen (Volumenprozent)
WNr.	Werkstoffnummer
z-Wert	Temperaturerhöhung, die den D-Wert um den Faktor 10 erniedrigt

10.1 Literaturverzeichnis

1 Einführung

Darting, 7M., 2009; Sensorik Für Praktiker und Genießer; 1. Auflage; Eugen Ulmer KG, Stuttgart.
Döll, M. (2013): Die Heilkraft des Weins; 1. Auflage; F. A. Herbig, München.
Dreßler, M., 2013; Strategische Führung in der Weinwirtschaft; Der Deutsche Weinbau Nr. 4; 34ff.
Dürrschmid, K. (2008): Die sensorische Wahrnehmung; in: Hildebrandt, G.: Geschmackswelten – Grundlagen der Lebensmittelsensorik; DLG-Verlags-GmbH Frankfurt.
Fischer, U. (1991): Das Weinaroma-Rad; Weinwirtschaft-Technik; 4, 10–15.
Fox, R. (2009): Burgunder zum Optimum führen; Der Deutsche Weinbau, 14, 14–18.
Hildebrandt, G.; Herausgeber (2008): Geschmackswelten – Grundlagen der Lebensmittelsensorik; DLG-Verlags-GmbH Frankfurt.
Hamatschek, J., 2013; Lebensmittelmanagement; 1. Auflage, Eugen Ulmer KG, Stuttgart.
Jakob, L. (2012): Der Weinexperte rät; Verlag Englram Partner GmbH & Co. KG Haßloch.
Schieberle, P. (2013): Was riecht wenn's schmeckt? Die Molekulare Sensorik als effektives Werkzeug zur Charakterisierung der genuinen Aromasignatur von Rohwurst; Vortrag beim Symposium Rohwurst der GDL in Quakenbrück.
Sevenich, J. (2005): Weinsensorik; avBuch im Österreichischen Agrarverlag, Leopoldsdorf.
Statistisches Jahrbuch 2012; Kapitel 19.9 Weinbau und Weinerzeugung; www.destatis.de.
Weinwirtschaft (2013): Die Top 100 der Weinbranche; Heft 5 2013; S. 105ff; Neustadt/Weinstraße.

2 Die Traube: Anatomie des Rohstoffes

AID (2012): Das Weinrecht 2012; aid-Infodienst Ernährung, Landwirtschaft, Verbraucherschutz, Bonn; www.aid.de
Alleweldt, G., Engel, M., Gebbing, H. (1981): Histologische Untersuchungen an Weinbeeren; Vitis, 20, 1–7.
Badischer Weinbauverband e.V. (2008): Qualitätsmanagement in Weinbau und Kellerwirtschaft– ein Leitfaden für Baden; Sonderheft der Zeitschrift „Der Badische Winzer", Juli 2008.
Biesalski, H. K., Köhrle, J., Schümann, K. (2002): Vitamine, Spurenelemente und Mineralstoffe. Prävention und Therapie mit Mikronährstoffen, Thieme Verlag, Stuttgart.
Blanke, M. (1990) Kohlenstoffhaushalt der Infloreszenz der Rebe; 6. Struktur der Beerenhaut; Weinwissenschaft, 45, 91–92.
Caffal, K.H.; Mohnen, D. (2009): The structure, function, and biosynthesis of plant cell wall pectic polysaccharides; Carbohydr. Res. 344 (14), 1879–1900.
Christmann, M. (2001): Schonende Traubenverarbeitung; Meininger Verlag GmbH Neustadt/W.
Coombe, B. G. (1987): Distribution of Solubles within the Developing Grape Berry in Relation to ist Morphologie; Am. J. Enol. Vitic. 38, 120–127.
Corrales, M., Toepfl, S., Butz, D., Knorr, D., Tauscher, B. (2010): Extraction of anthocyanins from grape byproducts assisted by ultrasonics, high hydrostatic pressure or pulsed electric fields: A comparison; Innovative Food Science and Emerging Technologies 9 (2008) 85–91.
Deutsches Weininstitut (2013): Aktuelles Weinrecht; http://www.deutscheweine.
Dittrich, H. H., Grossmann, M., 2010; Mikrobiologie des Weines; 4. Auflage, Eugen Ulmer KG, Stuttgart.
Dietrich, H. (2005): Potenzial von Trauben und Weinextrakten; Der Deutsche Weinbau Nr. 23 vom 18. 11.: 34–39.
Döll, M. (2013): Die Heilkraft des Weins; 1. Auflage; F. A. Herbig, München.
Donsi, F., Ferrari, G., Fruilo, M., Pataro, G. (2007): Pulsed Electric Field-Assisted Vinification of Aglianico and Piedirosso Grapes; J. Agric. Food Chem. 2010, 58, 11606–11615.
Endress, H. U. (1988): Biochemische Veränderungen von isolierten Zellwandgerüststoffen durch Einwirkung technischer Enzympräparate; Diss. Universität Hohenheim, Fakultät 1.
Fischer, U. (2013): Vorlesungsskript.
Geilweilerhof (2013): Broschüre Rebenlehrpfad; Julius Kühn-Institut, Bundesforschungsinstitut für Kulturpflanzen, Institut für Rebenzüchtung Geilweilerhof, Siebeldingen.
Gierschner, K.H. (1985): Zur Chemie und Biochemie der Pektinstoffe; in : VLT-Berichtsband Hydrokolloide I; Filderstadt, S. 149–172.
Hamatschek, J. (1991): Der Aufbau der Traubenbeere – Grundlage für die Weinbereitung; Weinwissenschaft 46: 58–68.
Haßelbeck, G.; Stocke, R. (2008): Maischeerwärmung wiederaktuell; Das Deutsche Weinmagazin, 19, 24–25.
Hofmann, H. (2006): Traubenreife schon in Sichtweite; Rebe und Wein, 8, S. 21.
Jakob, L., Hamatschek, J., Scholten, G. (1997): Der Wein 10. Auflage; Eugen Ulmer KG, Stuttgart.
Lafontaine, M.; Stoll, M.; Schultz, H. R. (2013): Tannine und Anthocyane in Spätburgunder; Der Deutsche Weinbau, 8, 72–77.
Moskowitz, A. H., Hradzina, G. (1981): Vacuolar Contents of Fruit Subepidermal Cells from Vitis Species; Plant Physiol. 68, 686–692.
Nakamura, M. (1989): Development of Anthcyanoplasts in Relation to Colorisation of „Kyoko" Grapes; J. Japan. Soc. Hort. Sci. 38,537–543.

Pinelo, M.; Arnous, S.; Meyer, A. S. (2006): Upgrading of grape skin: Significance of plant cell-wall structural components and extraction technique for phenol release; Trend in Food Science and Technology, 17, 579–590.

Puértolas, E., López, N., Saldaña,G., Álvarez, I., Raso, J. (2010): Evaluation of phenolic extraction during fermentation of red grapes treated by a continuous pulsed electric fields process at pilot-plant scale; Journal of Food Engineering 98 (2010) 120–125.

Radler, F. (1989): Die Traube; in: Würdig, G. U., Woller, R.: Chemie des Weines 1. Auflage; Eugen Ulmer KG, Stuttgart.

Rapp, A. (1997): Weitere Ergebnisse der Aromaforschung. Niederschrift über die Tagung des Bundesausschusses für Weinforschung; Landau 25.-27. Mai.

Rheinland-Pfalz Bank (2009): Weinbau. Made in Germany. Der Deutsche Weinbau im Blickfeld;

Ribereau-Gayon, J., Peynaud, J., Ribereau-Gayon, P., Sudraud, P. (1975): Traite d'oenologie. Sciences et techniques du vin, tome 2. Characteres des vins, maturation du raisin, levures et bacteries. Dunod, Paris.

Robinson, J., Harding, J. Vouillamoz, J., (2012): Wine Grapes: A complete guide to 1368 vine varieties, including their origins and flavors; 1. Auflage Penguin Books, London.

Schmidt, O., Schick, A., Sack, M., Sigler, J. (2012): Elektroporation von Trauben - Sesam öffne Dich; das deutsche Weinmagazin, 6, 32ff.

Statistisches Jahrbuch 2012; Kapitel 19.9 Weinbau und Weinerzeugung; www.destatis.de.

Stock, M., Badeck, F., Gerstengarbe, F. W., Hoppmann, D., Kartschall, T., Österle, H., Werner, P. C., Wodinski, M. (2007): Perspektiven der Klimaänderung bis 2050 für den Weinbau in Deutschland (Klima 2050); PIK Report - Potsdam Institute for Climate Impact Research. 106, 132ff.

Troost, G. (1988): Technologie des Weines, 7. Auflage; Eugen Ulmer KG Stuttgart.

Voragen, A. G. J.; Geerst, F.; Pilnik, W. (1982): Hemicellulases in Enzymic Fruit Processing in: Dupuy, P.: Use of Enzymes in Food Technology; Symposium International Versailles, Mai 1982.

Wilson, L. G., Fry, J. C. (1986): Extension – A Major Cell Wall Glycoprotein; Plant, Cell and Environment, 9, 239–260.

Ziegler, B., (2013): Reifeverlauf in der Pfalz bei verschiedenen Rebsorten (Stand: April 2013); http://www.dlr-rheinpfalz.rlp.de.

3 Saftgewinnung aus Traube oder Maische

AID (2012): Das Weinrecht 2012; aid-Infodienst Ernährung, Landwirtschaft, Verbraucherschutz, Bonn; www.aid.de.

Becerra, F. (2013): Entwicklung der vollmechanisierten Weintraubenernte in Deutschland; Bachelor-Thesis am Institut für Agrartechnik, Verfahrenstechnik in der Pflanzenproduktion; Universität Hohenheim.

Breier, N. (2012): Trauben- und Mostverarbeitung im Wandel? Ausbau von „individuellen" Weinen; Das Deutsche Weinmagazin, 14, 24–29.

Christmann, M. (2001): Schonende Traubenverarbeitung; 1. Auflage, Meininger Verlag Neustadt.

Christmann, M., Laicher, R. (2004): Einsatz von Ascorbinsäure in der Weinbereitung; Deutsches Weinbau-Jahrbuch, 55, 258–261, Eugen Ulmer KG Stuttgart.

Degünter, B. (2012): Traubenlese und Temperatur: Die coolen Zeiten sind vorbei; Das Deutsche Weinmagazin, 7, 29–31.

Dörr, W.; Hühn, T.; Hamatschek, J.; Bernath, K. et al. (2001): Kontinuierliche Traubenentsaftung mittels Zentrifugaltechnologie – Dekantertechnologie; Sonderdruck Hochschule Wädenswil

Dörr, W.; Hühn, T. (2002): Versuche zur Maischeentsaftung; Der Deutsche Weinbau, 21,12–14.

Dörr, W. (2007): Winzerkeller testet Maischeentsaftung mit dem Dekanter; Der Badische Winzer, 9, 22–24.

Eggert, K.; Pour Nickfardjam, M. S.; Rawel, H.; Kroll, J. (2006): Einsatz von Lysozym in der Rotweinbereitung; Der Deutsche Weinbau, 4, 38–40.

Faeth, K. P. (1995): Maische-Aufschluss; Das Deutsche Weinmagazin; 27, 24–27.

Fischer, U.; Trautmann, S.; Binder, G.; Wilke, A.; Göritz, S. (2001): Intensivierung des Weinaromas; ATW-Bericht 101; KTBL Darmstadt.

Fischer, U.; Neser, M. (2011): Entsäuerungsstrategien; Vortrag bei den Pfälzer Weinbautagen in Neustadt/Weinstraße.

Fischer, U.; Landerer, J.; Ambrozic, R. (2012): Dekanter – Mythen und Fakten; Der Badische Winzer, 7, 20–23;

Freund, M.; Seckler, J.; Jung, R. (2008a): Grundsätzliches zu Pressenprogrammen; Der Deutsche Weinbau, 12, 12–17.

Freund, M.; Seckler, J.; Jung, R. (2008b): Pressprogramme und Pressqualität; Der Deutsche Weinbau, 13, 16–21.

Hamatschek, J. (1991) Schonende Weinbereitung; Der Deutsche Weinbau, 11, 420ff.

Hamatschek, J. Seckler, J., Vogel, A. (1992): Schonende Weinbereitung durch Ganztraubenpressung; Der Deutsche Weinbau, 25/26, 1182ff.

Hamatschek, J.; Meckler, O. (1995): Extraktion der Polyphenole von der Traubenannahme bis zur Abfüllung unter besonderer Berücksichtigung der Entsaftung durch Dekanter; Mitteilungen Klosterneuburg, 45, 75–81.

Hamatschek, J. (1997): Die Traubenmaische; in: Jakob, L., Hamatschek, J., Scholten, G. (1997): Der Wein 10. Auflage; Eugen Ulmer KG, Stuttgart.

Haßelbeck, G.; Stocke, R. (2002): Glucanasen, wozu sind sie gut? Das Deutsche Weinmagazin, 22, 24–25.

Haßelbeck, G.; Stocke, R. (2008): Maischeerwärmung wieder aktuell; Das Deutsche Weinmagazin, 19, 24–25.

Haßelbeck, G.; Münster, A.; Stocke, R. (2011): Enzymtechnologie für extreme Temperaturen; Das Deutsche Weinmagazin, 16/17, 58–59.

Haushofer, H.; Meier, W. (1976): [Ergebnisse von Großversuchen mit zwei kontinuierlichen Schneckenpressen im Vergleich zu horizontalen Spindelpressen bei Traubenmaischen; Mitteilungen Klosterneuburg, 76, 91–104.

Hausinger, K.; Rosch, A.; Raddatz, H.; Schrenk, D. (2013): Qualitätssicherung durch Traubensortierung?! Der Deutsche Weinbau,23, 34–36.

Henser, U. (2013): Botrytis: Wo sitzt der Erreger vor Traubenschluss? Der Deutsche Weinbau, 14, 14–15.

Herr, P. (2011): Kaltmazeration von Frühburgunder; Das Deutsche Weinmagazin, 15, 24–29.

Herr, P; Schneider, M.; Pfeifer, W.; Rosenberger, A. (2011): Sauvignon Blanc: Einfluss auf Pyrazingehalt und sensorische Ausprägung; Das Deutsche Weinmagazin, 18, 19–25.

Hofmann, H. (2006): Traubenreife schon in Sichtweite; Rebe und Wein 8, S. 21.

Huglin, J. (1978): Nouveau mode d' evaluation des possibilites heliothermique d' un milieu viticol; CR Acad. Agric., S. 1117–1126.

Hühn, T.; Galli, J.; Erbach, M.; Hamatschek, J. et al. (2007): Verkürzung der Prozesszeiten durch direkte Mostgewinnung im Weinberg; Sonderdruck Hochschule Wädenswil.

Hühn, T.; Dörr, W.; Hamatschek, J.; Bernath, K.; Pfliehinger, M.; Böhm, M. (2001): The Influence of various Process Parameters and Juice Extraction Technologies of the Composition of Ingredients which determine the Value of Red Wines in Thermovinification; Sonderdruck Hochschule Wädenswil

Köhler, H. J.; Geßner, M.; Herrmann, J. (2005): Vergleich verschiedener Rotweinverfahren: Den Rotweinstil optimieren; Das Deutsche Weinmagazin, 19, 14–21.

Köhler, H. J.; Geßner, M.; Gilge, U. (2007): Versuchsergebnisse verschiedener Sorten: Einfluss einer Kaltmazeration; Das Deutsche Weinmagazin, 17/18, 10–17.

Kührer, E. (2009): Trauben ausdünnen mit dem Vollernter; Der Winzer (Klosterneuburg), 65 (6), 19–21.

Lemperle, E.; Kerner, E. (1979): Untersuchungen zur Qualitätsbeeinflussung der Moste durch Traubenpressen. I. Analytische Kennzahlen von Traubenmosten aus verschiedenen Pressen; Weinberg und Keller, 26, 26–40.

Maul, D. (1987): Moderne Technik und Trubanfall; Der Deutsche Weinbau, 23, 987–990.

Maul, D. (1997): Trauben- und Maischeverarbeitung: Möglichkeiten zur Trubverminderung; Der Deutsche Weinbau, 18, 16–19.

Maul, D. (1998): Traubenlese- Traubentransport- Verarbeitung: Arbeitszeit und Kosten senken; Das Deutsche Weinmagazin, 18, 14–16.

Mäurer, J. (2012): Vollernter: Geschüttelt, aber nicht geschlagen; Der Deutsche Weinbau, 14, 28–31.

Maurer, R.; Meidinger, F. (1976): Einfluss von Schnecken- und Tankpressen auf die Mostzusammensetzung; Der Deutsche Weinbau, 31, 368–378.

Neuburger, A.; Schildberger, B.; Krieger-Weber, S.; Kneifel, W.; Mandl, K. (2008): Einfluss ausgewählter Fungizide auf Milchsäurebakterien; Mitteilungen Klosterneuburg, Rebe und Wein, Obstbau und Früchteverwertung; 58 (1) 23–27.

Nidda, E. von; Fischer, U. (1999): Säuremanagement Teil 2; Das Deutsche Weinmagazin; 10, 28ff.

Oberhofer, J., Rebholz, F. (2010): Traubenvollernter: Immer näher an der Handlese; Das Deutsche Weinmagazin, 11, 12–15.

OIV (2012): Resolution OIV-VITI 469–2012; OIV-Leitfaden für die Anwendung des HACCP-SYSTEMS (HAZARD ANALYSIS AND CRITICAL CONTROL POINTS) im Weinbau.

OIV (2013): International Code of Enological Practices; Ausgabe 2013, einschließlich der Verabschiedungen bei der Tagung in Izmir, Türkei, 22. Juni 2012; http://www.oiv.int/oiv/info/deplubicationoiv.

PCT Patent WO 2005/122746 A1, 29. 12. 2005.

Pecoroni, S.; Dörr, W. (2008): Dekanter- die Entsaftungstechnologie der Zukunft? Vortrag beim Badischen Kellermeisterverein am 29. Januar 2008.

Radler, F. (1989): Die Traube; in: Würdig, G. U., Woller, R.: Chemie des Weines 1. Auflage; Eugen Ulmer KG, Stuttgart.

Rheinland-Pfalz Bank (2009): Weinbau. Made in Germany. Der Deutsche Weinbau im Blickfeld.

Rühling, W. (2003): Maschinelle Lese und Erntegutqualität; Deutsches Weinbau-Jahrbuch; Eugen Ulmer KG Stuttgart.

Schandelmaier, B. (2013): Gewichtige Entscheidung beim Pressenkauf; Der Deutsche Weinbau, 10, 12–17.

Schmidt, O. (2009): Pressenmarkt 2009: Eigentlich sind Pressen Filter...; Das Deutsche Weinmagazin, 14, 12–17.

Schmidt, O. (2012): Alkoholmanagement – wie man Alkohol managen kann; Oeno-Seminar Fa. Erbslöh am 3. Juli 2012 in Heilbronn.

Schmidt, O. (2013a): Phasentrennung bei Trauben: Viele Wege führen zum Saft; Rebe und Wein, Weinsberg, 9, 8–12.

Schmidt, O. (2013): Moderne Kellertechnik – Neue und bewährte Verfahren; 1. Auflage Eugen Ulmer KG, Stuttgart.

Schneider, V. (1996): Einfluss von Maischestandzeit und Mostoxidation auf die Sensorik von Riesling; Deutsche Winzer-Zeitschrift, 7, 22ff.

Scholten, G.; Rudy, H. (1998): Verminderung von Fungizidrückständen im Wein durch Aktivkohleschönung im Most – Teil 2; Mitteilungen Klosterneuburg,

Rebe und Wein, Obstbau und Früchteverwertung, 6, 203–207.

Scholten, G. (2001): Enzympräparate in der Weinbereitung; Der Deutsche Weinbau, 10, 100–104.

Seckler, J. (1997): Ganztraubenpressung; ATW-Bericht Nr. 88, KTBL, Darmstadt.

Seckler, J., Jung, R., Freund, M. (2001): Untersuchungen zur Optimierung des Transports von Trauben und Maische; ATW-Bericht Nr. 108, KTBL, Darmstadt

Seckler, J. (2001): Schonende Traubenverarbeitung und Mostvorklärung – die wichtigsten Bausteine der Weinqualität; Vortrag anlässlich der 46. BDO-Fachtagung März 2001 in Geisenheim; zitiert aus: Christmann, M. (2001): Schonende Traubenverarbeitung; Meininger Verlag GmbH Neustadt.

Seckler, J.; Jung, R.; Gaubatz, B.; Freund, M. (2006): Zielgröße Weinqualität. Versuche zur Optimierung einer Entrappungsanlage und Einsatzmöglichkeiten bei der Vollernterlese; ATW-Bericht Nr. 135, KTBL, Darmstadt.

Seckler, J.; Freund, M.; Jung, R. (2010): Beeinflussung des Trubgehaltes im Most durch unterschiedliche Pressprogramme. Abschlussbericht zum ATW-Vorhaben 151, Kuratorium für Technik und Bauwesen in der Landwirtschaft e.V. (KTBL), Darmstadt.

Stock, M.; Badeck, F.; Gerstengarbe, F. W.; Hoppmann, d. et al. (2007): PIK-Report; Potsdam Institute for Climate Impact Research (106) 132ff.

Stocke, R.; Meinl, J. (2006): Einsatz von Aktivkohle bei Maische, Most und Jungwein aus roten Trauben: Neu zugelassen und aktuell; Das Deutsche Weinmagazin; 19, 30–32.

Sturm, J. (2009): Traubenqualitätsbewertung mit GrIPS; Das Deutsche Weinmagazin, 21, 27–29.

Troost, G. (1988): Technologie des Weines; 7. Auflage; Eugen Ulmer KG Stuttgart

Tscheuschner, H.-D. (Herausgeber) (1996): Grundzüge der Lebensmitteltechnik; 2. Auflage, B. Behr's Verlag GmbH & Co Hamburg.

Voragen, A.; Timmers, J.; Linssen, J.; Schols, H.; Pilnik, W. (1983): Methods of Analysis for Cell-Wall Polysaccharides of Fruits and Vegetables; Z. Lebensm. Untersuchung und -Forschung, 177, 251–256.

Walg, O. (2012a): Ausdünnmaschine Traubenvollernter. DLR Rheinhessen-Nahe-
Hunsrück, Bad Kreuznach, http://www.dlrrnh.
rlp.de/Internet/global/themen.nsf/0/9e17dbd509488 5dbc12576000038e7e5?OpenDocument; gelesen 10.09.2012.

Walg, O. (2012): Minimalschnitt im Spalier: Ausdünnen mit dem Vollernter; Das Deutsche Weinmagazin, 13, 12–15.

Weiand, J. (2013): Mit Lysozym den BSA im Griff? http://www.dlr-rnh.rlp.de.

Weiand, J., Schmarr, H.-G. (2013): Sauvignon blanc: grün oder nicht grün? Der Deutsche Weinbau, 8, 106ff.

Weik, B. (2003): Abbeermaschinen und Maischeförderung im Kelterhaus. Abschlussbericht zum ATW-Vorhaben 125; Kuratorium für Technik und Bauwesen in der Landwirtschaft e.V. (KTBL), Darmstadt.

Weik, B. (2006): Traubentransport und Traubenannahme; Das Deutsche Weinmagazin, 14, 24–27.

Weik, B. (2009): Maischeförderung: Eine Frage des Konzepts; Das Deutsche Weinmagazin, !5, 12–15.

Weik, B. (2010): Förderung des Leseguts; Das Deutsche Weinmagazin; 20, 15–19.

Weik, B. (2011): Traubenpressen: Variable Technik, viele Optionen; Das Deutsche Weinmagazin, 13, 18–23.

Weik, B. (2012): Praktikerhandbuch zur Oenologie; Meininger Verlag GmbH Neustadt/Weinstraße.

Werwitzke, U.; Kraml, S.; Bettner, W.; Rauhut, D.; Löhnertz, O.; Schultz, H. R. (2000): Der Beitrag glykosidisch gebundener Inhaltsstoffe: Aroma in Beeren, Most und Wein; Der Deutsche Weinbau, 22, 22–26.

Wiberg, N., Wiberg, E., Hollemann, A. (2007): Lehrbuch der anorganischen Chemie; 102. Auflage, Walter de Gruyter, Berlin.

Wissenschaft online (2013): Aktivkohle; http://www.wissenschaft-online.de/abo/lexikon/chemie/220 Stand Mai 2013.

Wolz, S.; Thiel, F.; Fischer, U. (2005): Maischestandzeit bei der Sorte Riesling: Ziel – Mehr Aroma; Das Deutsche Weinmagazin, 19, 24–28.

Zietsman, A.; Viljoen, M.; Vuuren, H. van (2000): Preventing ethyl carbamate formation in wine; WineLand, 12, 83–85.

4 Technologie des Rotweines

Amethyst (2008): Amethyst 1.0 – Benchmarking and self-assessment tool for wineries; Instruction guide. CD herausgegeben von Hochschule Geisenheim

Badischer Weinbauverband e.V. (2008): Qualitätsmanagement in Weinbau und Kellerwirtschaft– ein Leitfaden für Baden; Sonderheft der Zeitschrift „Der Badische Winzer", Juli 2008.

Binder, G. (2000): Untersuchungen über die Möglichkeiten zur Rotweinbereitung in Erzeugerbetrieben mit neuen Techniken und Verfahren. Abschlussbericht über das ATW-Vorhaben Nr. 113; Kuratorium für Technik und Bauwesen in der Landwirtschaft e.V. (KTBL) Darmstadt.

Binder, G. (2011): Mehr Stabilität und Komplexität im Rotwein: Eichenholzchips zur Maischegärung; Der Winzer, 8, 10–13.

Binder, G. (2011a): Rotweinbereitung durch Maischegärverfahren; KTBL-Arbeitsblatt 104/2011; KTBL Darmstadt.

Blankenhorn, D.; Enk, S. (2002): Neue Erfahrungen der Maceration Carbonique bei Württemberger Rebsorten: Erfahrungen sammeln; Das Deutsche Weinmagazin, (15) 28–31.

Blankenhorn, D. (2004): Rotwein: Ganze Beeren qualitätssteigernd? Der Deutsche Weinbau; 15, 12–15.

Blankenhorn, D. (2011): Thermische Verfahren zur Rotweinbereitung; Abschlussbericht über das ATW-Vorhaben Nr. 123; Kuratorium für Technik und Bauwesen in der Landwirtschaft e. V. (KTBL) Darmstadt.

Blankenhorn, D. (2013): Thermische Verfahren zur Rotweinbereitung; http://www.lvwo-bw.de/pb/,Lde/671146?LISTPAGE=671130; Stand Juni 2013.

Blankenhorn, D. (2013a): Thermische Verfahren zur Rotweinbereitung – Entwicklungen und Ansatzpunkte zur Optimierung; http://www.lvwo-bw.de/pb/,Lde/671142; Stand Juni 2013.

Blankenhorn, D.; Enk, St. (2013): Neue Erfahrungen mit der Maceration Carbonique bei Württemberger Rebsorten; http://www.lvwo-bw.de/pb/,Lde/671162; Stand Juli 2013.

Burkert, J. (2010): Rotweinbereitung; Veitshöchheimer oenologische Seminarreihe; 23. 07. 2010; http://www.lwg.bayern.de/analytik/18284/linkurl_48.pdf; Stand Juni 2013.

Christmann, M. (2004): Das Verfahren der Maceration Carbonique; Der Winzer, Klosterneuburg, 8, 16–18.

Christmann, M. (2013): Vorlesungsskript Hochschule Geisenheim

Dietrich, H.; Pour Nikfardja, M.; Patz, C.-D. (1999): Bedeutung und Vorkommen von Resveratrol in Rot- und Weißweinen; Deutsches Weinbau-Jahrbuch S. 221–230.

Dörr, W.; Hühn, T.; Hamatschek, J.; Bernath, K. et al. (2001): Kontinuierliche Traubenentsaftung mittels Zentrifugaltechnologie – Dekantertechnologie; Sonderdruck Hochschule Wädenswil

Döll, M. (2013): Die Heilkraft des Weins; 1. Auflage; F. A. Herbig, München.

Dürrschmid, K. (2008): Die sensorische Wahrnehmung; in: Hildebrandt, G.: Geschmackswelten – Grundlagen der Lebensmittelsensorik; DLG-Verlags-GmbH Frankfurt.

Eder, R. (1997): Probleme mit der Rotweinfarbe? Ursachen und Konsequenzen; Der Winzer, Klosterneuburg, 7, 8–14.

Eder, R.; Oswald, B.; Wendelin, S. (2004): Einfluss von pektolytischen Enzympräparaten mit Acetylaseaktivität sowie Botrytisbefall und Maischeerhitzung auf Anthocyaninzusammensetzung und Qualität von Rotwein; Mitteilungen Klosterneuburg, 7/8, 207–221.

Fischer, U. (2003): Zielgerichteter Ausbau von Rotweinstilen; Die Winzer-Zeitschrift, 1, 26–29.

Fischer, U. (2004): Oenologische Perspektiven für den Regent: Von der Nische ins Rampenlicht; Das Deutsche Weinmagazin, 24, 10–15.

Fischer, U. (2006): Vergleich Maischegärung und Maischeerhitzung bei 2001er Dornfelder; Vortrag auf der 3rd International Viticultural and Oenology Conference, SA, Society for Oenology and Viticulture, Cape Town.

Fischer, U. (2013): Önologie des Spätburgunders; Vortrag bei den Pfälzer Weinbautagen, Neustadt/Weinstraße.

Fleischhut, J. (2004): Untersuchungen zum Metabolismus, zur Bioverfügbarkeit und zur antioxidativen Wirkung von Anthocyanen; Dissertation Universität Karlsruhe.

Hamatschek, J; Pototschnigg, F.; Hirth, E. (1983): Neue Wege bei der Erhitzung roter Traubenmaische; Der Deutsche Weinbau, 27, 1533–1548.

Hamatschek, J.; Pototschnigg, F. (1986): Kontinuierliches Verfahren zur rationellen Rotweinproduktion; Mitt. Klosterneuburg, 36, 198–203.

Hamatschek, J.; Pototschnigg, F. (1990): Einflussgrößen auf die Farbausbeute bei Rotwein; Der Deutsche Weinbau, 24, 994–1003.

Hamatschek, J.; Meckler, O. (1995): Extraktion der Polyphenole von der Traubenannahme bis zur Abfüllung unter besonderer Berücksichtigung der Entsaftung durch Dekanter; Mitteilungen Klosterneuburg, 45, 75–81.

Hamatschek, J. (1997): Die Traubenmaische; in: Jakob, L.; Hamatschek, J.; Scholten, G. (1997): Der Wein, 10. Auflage, Kapitel 4; Eugen Ulmer KG, Stuttgart.

Harborne, J. B. (1980): Plant Phenolics; in: Secondary Plant Products; Springer Berlin, Heidelberg, New York.

Haßelbeck, G.; Stocke, R. (2008): Maischeerwärmung wieder aktuell; Das Deutsche Weinmagazin, 19/20, 24–25.

Haßelbeck, G. (2011): Neue Weinenzyme mit erweitertem Temperatur- und Wirkungsspektrum; Vortrag beim Oeno-Seminar der Fa. Erbslöh Herbst 2011.

Herr, P. (2011): Kaltmazeration von Frühburgunder; Das Deutsche Weinmagazin, 15, 24–28.

Heyer, M.; Wittwer, K. (2013): Naturstoffe als Indikatoren; http://www.chf.de/eduthek/projektarbeit-naturstoffe-indikatoren.html#1-8; Stand Juni 2013.

Hübinger, T. (2005): Die Bedeutung geschmacklicher Präferenzen im Rahmen der Produktbeurteilung und -auswahl; Geisenheimer Berichte Nr. 56.

Hühn, T.; Dörr, W.; Hamatschek, J.; Bernath, K.; Pfliehinger, M.; Böhm, M. (2001): The Influence of various Process Parameters and Juice Extraction Technologies of the Composition of Ingredients which determine the Value of Red Wines in Thermovinification. Sonderdruck Hochschule Wädenswil.

Jakob, L., Hamatschek, J., Scholten, G. (1997): Der Wein; 10. Auflage, Eugen Ulmer KG, Stuttgart.

Kennedy, J. A. (2010). Wine Colour; in: Managing Wine Quality Vol. 1; Herausgeber: Reynolds, A. G.; Woodhead Publishing Limited, Cambridge, UK.

Klenk, E.; Maurer, R. (1968): Über den wirtschaftlichen Einsatz von Maischeerhitzern; Deutsches Weinjahrbuch, S. 192–196.

Köhler, H.-J. (1997): Dampferzeugung in Klein- und Mittelbetrieben; Abschlussbericht über das ATW-Vorhaben Nr. 94; KTBL Darmstadt.

Köhler, H. J.; Curschmann, K.; Miltenberger, R. (2002): Wegweiser für die Rotweinbereitung; Rebe und Wein, 8, 20–21.

Köhler, H. J.; Geßner, M.; Herrmann, J. (2005): Vergleich verschiedener Mazerationsverfahren: Den Rotweinstil optimieren; Das Deutsche Weinmagazin, 19, 14–21.

Köhler, H. J.; Geßner, M.; Gilge, U. (2007): Versuchsergebnisse verschiedener Sorten und Temperaturen: Einfluss einer Kaltmazeration; Das Deutsche Weinmagazin. (17/18) 10–17.

Krebs, H. (2010): Zwei Weintypen klar herausarbeiten; Der Badische Winzer, 8, 32–34.

Lafontaine, M.; Stoll, M.; Schultz, H. R. (2013): Tannine und Anthocyane im Spätburgunder; Der Deutsche Weinbau, (8) 72–77.

Lucas, Y.(2013): Alternative Verfahren zur Rotweinbereitung: Vergleichende Untersuchung zur Maischegärung im rotierenden Mikrovinifikator (600 L Holzfass) und der Maischegärung im offenen Unterstoßbehälter (600 L Edelstahl); Bachelor-Thesis Hochschule Geisenheim.

Mäuser, B.; Hamatschek, J. (1993): Traubenentsaftung mittels Dekanter; Mitteilungen Klosterneuburg, 43, 71–80.

Maurer, R. (1997): Optimierung der Rotweinbereitung durch Wärmeanwendung; Rebe und Wein; 10, S. 336–343.

Meidinger, F. (1974): Die Technik der Farbstoffgewinnung und -erhaltung bei der Rotweinbereitung; Deutsches Weinbau Jahrbuch, S. 209–220.

Meidinger, F. (1985): Reintönige Weine durch die Kurzhocherhitzung; Die Weinwirtschaft, 121; Nr. 7, S. 202–207.

Niketic-Aleksic, D.; Hradzina, P. (1972): Quantitative Analysis of the Anthocyanin Content in Grape Juices and Wines; Lebensm.-Wiss.-Technol., 5, 163–165.

Nikfardjam, M. P.; Riedel, K.; Schmidt, O.; Schwack, W.; Kunsagi-Mate, S.; Kollar, L. (2012): Farbstabilisierung in Spätburgunder; Deutsches Weinbau-Jahrbuch, 63, 55–60; Eugen Ulmer KG, Stuttgart.

Pecoroni, S.; Dörr, W. (2008): Dekanter- die Entsaftungstechnologie der Zukunft? Vortrag beim Badischen Kellermeisterverein am 29. Januar 2008.

Pfeifer, W.; Himstedt, M.; Semus, H.; Zürn, F.; Schultz, H. R.; Christmann, M. (1999): Aromaprofilierung durch verschiedene Rotweinbereitungsverfahren und Ertragsreduzierung im Weinberg; Das Deutsche Weinbau-Jahrbuch; S. 191–196.

Pinelo, M.; Arnous, S.; Meyer, A. S. (2006): Upgrading of grape skin: Significance of plant cell-wall structural components and extraction technique for phenol release; Trend in Food Science and Technology, 17, 579–590.

Razungles, A. (2010): Extraction technologies and wine quality; in: Reynolds, A. G.: Managing wine quality; Woodhead Publishing Limited Oxford Cambridge New Delhi.

Ribéreau-Gayon, P.; Dubourdieu, D.; Glories, Y.; Maujean, J. (2004): Traité d'oenologie, Chimie du vin. Stabilisation et traitements. 5. Auflage. Dunod, Éditions La Vigne.

Schandelmaier, B. (2009): Kosten der Rotweinbereitungsverfahren im Vergleich: So teuer wird es; Das Deutsche Weinmagazin, 15, 28–31.

Schandelmaier, B. (2012): Maischegärtemperatur bei der Rotweinbereitung; Der Deutsche Weinbau, 19, S. 42.

Schlamp, H. (1999): Von der Qual der Sortenwahl; Das Deutsche Weinmagazin, 18, 40–42.

Schmidt, O. (2006): Beerenzellen platzen lassen; Rebe und Wein, 6, 23–25.

Schmidt, O. (2013): Moderne Kellertechnik – Neue und bewährte Verfahren; 1. Auflage Eugen Ulmer KG, Stuttgart.

Schneider, V. (2000): Die Adstringenz bei Rotweinen: Das gute Gefühl bei Trinken; Das Deutsche Weinmagazin, 18, 18–25.

Schneider, V. (2004): Tannine in der Rotweinbereitung: Komentenhafter Aufstieg; Das Deutsche Weinmagazin, (13) 12–16.

Schneider, V. (2009): Maischegärung: Extraktionskinetik des Tannins; Das Deutsche Weinmagazin; 16–17, 34–38.

Schneider, V. (2011): Rotwein-Vinifizierung: Wie lange muss die Maische stehen? Der Winzer, 9, 14–17.

Schwab, A.; Knott, R. (2013): Prüfung neuer PiWi-Rotweinsorten; Der Deutsche Weinbau, 12, 16–18.

Sommer, S. (2013): Charakterisierung der Rotweinfarbe mittels FTIR; Der Deutsche Weinbau, 6, 28–31.

Steidl, R.; Renner, W. (2001): Moderne Rotweinbereitung; 1. Auflage; Eugen Ulmer KG Stuttgart.

Szolnoki, G.; Proschwitz, T. (2013): Unter der Lupe: deutsche Spätburgunder Weine; Der Deutsche Weinbau, Neustadt, (10) 18–22.

Versari, A.; Toit, W. du; Parpinello, G. P. (2013): Oenological tannins: A review; Australian Journal of Grape and Wine Research; 1, 1–10.

Weik, B. (2007): Maischeerhitzung, ein etabliertes Verfahren; Das Deutsche Weinmagazin, 21, 10–13.

Weik, B.; Fischer, U.; Herr, P. (2008): Spätburgunder – Stilistik und Erzeugung; Das Deutsche Weinmagazin, 14, 20–24.

Weik, B. (2011): Die passende Technik zur Maischegärung. Teil 1 und 2; Der Badische Winzer, 4, 28–29; 5, 40–42.

Weik, B. (2012): Chips, Staves und andere Kleinigkeiten; Der Deutsche Weinbau, 15, 12–15.

Weik, B. (2012a): Technik der Maischegärung; Das Deutsche Weinmagazin, 20, 16–19.

Wenzel, K. (1986): Rotweinfarbstoffe – Eine Übersicht; Weinwissenschaft, 41, 51–64.

Weyand, J. (2011): Temperatursteuerung während der Gärung: Wärmen statt Kühlen? Das Deutsche Weinmagazin; 15, 20–23.

Witowski, H. (2003): Rotweinbereitung für Puristen (Teil 1). Rotweinbereitung gehobene Qualität (Teil 2). Rotwein für jeden Tag (Teil 3). Das Deutsche Weinmagazin. (19) 14–16, (20) 28–30, (21) 24–25.

Wolz, S. (2002): Eichenholzchips bei der Maischegärung: Mehr als eine Imitation des Barrique; Tagungsband 3. Pfälzer Rotweintag – 22. August 2002, SLFA Neustadt/Weinstraße, Fachbereich Kellerwirtschaft.

Würdig, G.; Woller, R. (1989): Chemie des Weines; 1. Auflage; Eugen Ulmer KG, Stuttgart.

5 Vom Saft zum Wein

Amann, R.; Zimmermann, B. (2009): Welche Nahrung braucht die Hefe? Das Deutsche Weinmagazin, 16/17, 50–53.

Aquilar-Uscanga, B.; Francois, J. M. (2003): A study of yeast cell wall composition and structure in responseto growth conditions and mode of cultivation; Lett. Appl. Microbiol, 37, 268ff.

Bamberger, U.; Schneider, W. (2002): Lysozym: Wirkungsgrenzen und Flaschentrübungen; Das Deutsche Weinmagazin; 18, 16–18.

BAMO IER (2013): Grundlagen der Trübungsmessung; http://www.ier.de/cbx/grundlagen_trbungsmessung.pdf; Stand: Juli 2013.

Bentonitkompendium – Druckschrift Fa. Erbslöh, Geisenheim.

Bernath, K.; Flüeler, T.; Hühn, T. (2003): Einfluss von önologischen Maßnahmen auf das Reifungspotenzial von Wein; Deutsches Weinbau-Jahrbuch S. 248–257; Eugen Ulmer KG Stuttgart.

Binder, G. (2000): Untersuchungen über die Möglichkeiten zur Rotweinbereitung in Erzeugerbetrieben mit neuen Techniken und Verfahren. Abschlussbericht über das ATW-Vorhaben Nr. 113; Kuratorium für Technik und Bauwesen in der Landwirtschaft e. V. (KTBL) Darmstadt.

Blankenhorn, D.; Funk, E. (2012): Der Winzer – Kellerwirtschaft; 4. aktualisierte Auflage, Eugen Ulmer KG Stuttgart.

Braga, A.; Cosme, F.; Ricardo-da-Silva, J.-M.; Laureano, O. (2007): Gelatine, casein and potassium caseinate as distinct wine fining agents: Different effects on colour, phenolic compounds and sesorycharacteristics; Journal International des Sciences de la Vigne et du Vin; 4; 203–214.

Breier, N.(2012): Jährliche Glaubensfrage: Stabilisierung mit Eiweiß? Der Deutsche Weinbau, 16/17, 32–36.

Burkert, J. (2009): Eiweißstabilisierung bei erhöhten pH-Werten; http://www.lwg.bayern.de/analytik/18284/linkurl_44.pdf; Stand: November 2013.

Burkert, J.; Hartmann, M.; Köhler, H. J.; Geßner, M. (2012): Der richtige Zeitpunkt der Bentonitschönung; Das Deutsch Weinmagazin, 16/17, 58–51.

Cavazza, A.; Zini, C. (1996): Changes in grape must microbial flora as affected by wine making operations bevore yeast inoculation: An investigation in 12 wineries in Trentino (North Italy); Weinwissenschaft, 51, 180–186.

Christmann, M; Freund, M. (2004): Moderne Mostvorklärung; Theoretische Grundlagen der Mostvorklärung aus der Sicht der Weißweinbereitung; Meininger Verlag GmbH Neustadt/W.

Christmann, M.; Paschke-Kratzin, A.; Brockow, K. (2012): Leitlinien – Verwendung allergener Stoffe; Der Deutsche Weinbau, 16/17, 12–13.

Christmann, M. (2013): Vorlesungsmanuskript Technologie des Weines; Hochschule Geisenheim.

Degünther, B.; Großmann, M. (1999): Temperatursteuerung: Optimierte Gärführung; Das Deutsche Weinmagazin, (14) 14–19.

Degünther, B. (2008): Trubverarbeitung mit Kammerfilter und Cellulose: Positiver Einfluss? Das Deutsche Weinmagazin; 11, 24–27.

Degünther, B. (2010): VarioSan-Verfahren: Kombi-Verfahren zur Verarbeitung von Flotations- und Sedimentationstrub bei der Mostvorklärung mittels Kammerfilterpresse; Vortrag beim Oeno-Seminar der Fa. Erbslöh.

Deutsches Weininstitut (2013): Aktuelles Weinrecht (Stand April 2013); http://www.deutscheweine.de.

Dietrich, H.; Schäfer, E. (1991): Optimierung der Schönungsmitteldosage durch Titration mit einem Streaming Current Detector; Mitteilungen Klosterneuburg, Rebe und Wein, Obstbau und Früchteverwertung, 41, 160–167.

Dietrich, H. (2009): Kolloide als Zusatzstoffe für Wein Teil 1 und 2; Der Deutsche Weinbau, 15, 16–19 und 16/17, 12–17.

Dietrich, H.; Will, F.; Decker, H.; Fronk, P. (2014): Nachweis, Isolation und Charakterisierung nachtrübungsrelevanter Weinproteine sowie Verfahren zur Vermeidung von Eiweißtrübungen in Weinen und Traubensäften; AiF-Projekt 17338 N; gefördert 2011–2014.

Dittrich, H. H. (1977): Mikrobiologie des Weines; 1. Auflage, Eugen Ulmer KG Stuttgart.

Dittrich, H. H.; Grossmann, M. (2010): Mikrobiologie des Weines; 4. Auflage, Eugen Ulmer KG, Stuttgart.

Divol, B.; Bauer, F. F. (2010): Metabolic engineering of wine yeast an advances in yeast selection methods for improved wines; in: Reynolds, A. G. (Herausgeber): Managing wine quality; Woodhead Publishing Limited Cambridge.

Edelmann, K. (1975): Kolloidchemie, Steinkopff Verlag Darmstadt.

Eder, R.; Wellanschitz, S.; Scheiblhofer, H. (2010): Spontangärung oder Reinzuchthefen? Der Winzer, 6, 22–26.

Eder,R.; Stockinger, E.; Scheiblhofer, H. (2010a): Versuche am LFZ Klosterneuburg: Mischhefepräparate als Alternative zur Spontangärung? Der Winzer, 8, 15–18.

Eggert, K.; Pour Nikfardjam, M. S.; Rawel, H. M.; Kroll, J. (2006): Einsatz von Lysozym in der Rotweinbereitung; Der Deutsche Weinbau, 4, 38–40.

Eschenauer, H.; Görtges, S. (1999): Bentonit – „Klärerde“ zur Weinbehandlung – Historie, Geologie– Gewinnung – Anwendung – Reinheit. Deutsches Weinbau-Jahrbuch 1999, 50. Jahrgang, Waldkircher Verlag, Waldkirch, S. 209–219.

Fischer, U. (2000): Gärunterbrechungen und Behebung von Gärstörungen; Abschlussbericht zum ATW-Vorhaben 97; KTBL Darmstadt.

Fischer, U.; Trautmann, S.; Binder, G.; Wilke, A.; Göritz, S. (2001): Intensivierung des Weinaromas; Abschlussbericht zum ATW-Vorhaben 101; KTBL Darmstadt.

Fischer, U. (2005): Praktischer Leitfaden: Spontangärung; Das Deutsche Weinmagazin, 21, 14–19.

Fischer, U. (2009): Die sensorische Bedeutung des Alkohols im Wein; Getränkeindustrie, 10, 14–17.

Freund, M. (2013): Vorlesungsskript „Alkoholische Gärung aus der Sicht der Kellerwirtschaft"; Hochschule Geisenheim.

Fröhlich, J. (2012): Komplexe Hefenährstoffe: ein Muss mit Plus; Der Deutsche Weinbau, 19, 16–17.

Funk, E. R. (2013): Ohne Mostklärung keine Weinqualität; http://www.lvwo-bw.de/pb/,Lde/671198; Stand Juli 2013.

Ganß, S.; Fischer, U. (2011): Charakterisierung von Reinzuchthefen im Kontext verschiedener Rebsorten und Herstellungsverfahren; Vortrag beim Erbslöh/DLR Rheinpfalz Oenoseminar am 23. August 2011.

Gerhards, D.; Lehnigk, C.; v. Wallbrunn, Chr. (2012): Vertiefte Einblicke in die Biodiversität der Spontangärung; Wissenschaftsbericht der Hochschule Geisenheim.

Gierschner, K. H. (1981): Pektin und Pektinenzyme in der Verarbeitung von Obst und Gemüse; Chem. Rundschau, 45, 1–7; 48, 3–7.

Gössinger, M. (2007): Neue Böckservermeidungsstrategie; Der Winzer, Klosterneuburg; 8, 12–15.

Großmann, M.; Overbeck, G.; Lederer, M.; von Wallbrunn, C. (2007): Neues Verfahren zur Früherkennung von Gärstörungen; Deutsches Weinbau-Jahrbuch, 58, 168–175; Eugen Ulmer KG Stuttgart.

Großmann, M. (2010): Zehn häufige Gründe für Gärstörungen; Der Deutsche Weinbau; 18, 14–17.

Großmann, M. (2012): Gärhefen – mehr als nur „Weinmacher"; Der Deutsche Weinbau, 21, 38–40.

Hamatschek, J. (1982): Entwicklung eines kontinuierlichen Weinklärverfahrens mit Hilfe von Zentrifugalseparatoren zur Trubabtrennung unter besonderer Berücksichtigung der kontinuierlichen Gelatine-Kieselsol-Schönung maischeerhitzter Rotweine; Dissertation Universität Hohenheim, Institut für Lebensmitteltechnologie, Universität Hohenheim.

Hamatschek, J.; Hruschka, S. (1993): Entwässerung von Most- und Weintrub mit verschiedenen marktgängigen Techniken und deren Auswirkungen auf die Weinqualität. Abschlussbericht über das ATW-Vorhaben Nr. 54; KTBL Darmstadt.

Hamatschek, J.; Hruschka, S.; Linke, L. (1993): Entwässerung von Most- und Weintrub; Der Deutsche Weinbau, 24, 15–19.

Hamatschek, J.; Huppert, M.; Zürn, F. (1993): Objektive Messung des Klärgrades von Wein; Weinwissenschaft, 48, 27–32.

Hamatschek, J. (1997): in „Der Wein", Herausgeber Jakob, L.; 1. Auflage; Eugen Ulmer KG, Stuttgart.

Hamatschek, J. (2004): Feststoffmanagement bei der Weinbereitung als Qualitäts- und Ertragsparameter unter besonderer Berücksichtigung der Entsaftung mittels Dekanter; Internationales oenologisches Symposium, Stuttgart.

Haushofer, J.; Meier, X.; Bayer, Y. (1971): Ergebnisse mit dem Wein-Schönungsmittel Kieselsol; Mitteilungen Klosterneuburg, 21, 370–376.

Haßelbeck, G.; Stocke, R. (2008): Der Sur lies-Effekt; Das Deutsche Weinmagazin, 20, 30–31.

Herr, P.; Winterling, S.; Fischer, U. (2011): Einfluss des Bentoniteinsatzes auf den Gehalt biogener Amine in Weißwein; Vortrag anlässlich des Oeno-Seminars Fa. Erbslöh, Herbst 2011.

Heß, M. (1999): Einfluss unterschiedlicher Mostvorklärverfahren auf die spätere Weinqualität. Diplomarbeit an der Fachhochschule Wiesbaden, Studienort Geisenheim.

Hruschka, St. (1996): Untersuchungen zur Filtration von Weintrubsuspensionen; Dissertation TU Dresden, Fakultät für Maschinenwesen.

Hruschka, S.; Linke, L. (1996): Einflussgrößen auf die Weinfiltration; Wein-Wissenschaft, 1, 29–36.

Jakob, L. (1962): Bentotest, eine Schnellmethode zur Ermittlung des Bentonitbedarfs bei der Bentonitschönung von Säften und Weinen; Weinblatt, 57, 805–807.

Jakob, L., Hamatschek, J., Scholten, G. (1997): Der Wein; 10. Auflage, Eugen Ulmer KG, Stuttgart.

Jung, R.; Seckler, J.; Freund, M, et al. (2006): Einfluss der inneren Oberfläche und allgemeiner Bedingungen auf die Vergärung von Traubenmost; Abschlussbericht des ATW-Vorhaben 127; KTBL Darmstadt.

Kessler, H.- G. (1996): Lebensmittel- und Bioverfahrenstechnik; Molkereitechnologie; 4. Auflage; Verlag A. Kessler München.

Köhler, H.-J. (2006): Verschiedene Anreicherungsverfahren im Test; Keine Vorteile für Kleinbetriebe; Rebe und Wein, Heft 10; http://www.lwg.bayern.de/weinbau/oenologie/28869/linkurl_1.pdf; Stand Juli 2013;

Köhler, H. J.; Burkert, J.; Schindler, E.; Geßner, M. (2009): Trockenreinzuchthefen unter der Lupe; Rebe und Wein, 9, 28–32.

Köhler, H. J.; Burkert, J.; Schindler, E.; Geßner, M. (2010): Trockenreinzuchthefen im mehrjährigen Vergleich. Welche Hefe wofür? Das Deutsche Weinmagazin, 18, 9–15.

Köhler, H.-J.; Hartmann, M. (2013): Filtration mit Filterschichten – In die Tiefe gehen; Das Deutsche Weinmagazin, 4, 28–31.

König, H.; Unden, G.; Fröhlich, J. (2010): Biology of Microorganism on Grapes, in Must and in Wine; Springer Verlag Heidelberg, New York.

Könitz, R.; Freund, M.; Seckler, J.; Christmann, M.; Netzel, M.; Strass, G.; Bitsch, R.; Bitsch, I. (2003): Einfluss der Mostvorklärung auf die sensorische Qualität von Rieslingweinen aus dem Rheingau; Mitteilungen Klosterneuburg, S. 177–194.

Laborde, B.; Moine-Ledoux, V.; Richard, T.; Saucier, C.; Dubordieu, D.; Monti, J. P. (2006): PVPP-Polyphenol complexes: A molecular approach; Journal of Agricultural and Food Chemistry, 12, 4383–4389.

Lagune, L.; Glories, Y. (1996): Charakteristics of gelatine used in enology; Revue Francaise d'Oenologie, Paris, 158, 19–25.

Lipps, M. (2010): Wie viel Bentonit benötigt der Wein? Die Winzer-Zeitschrift, 4, 36–37.

Lipps, M. (2013): Riesling im Klimawandel; Die Winzer-Zeitschrift, 3, 36–37.

Mangold; Kaeding; Lorenz; Schuster (1975): Abwasserreinigung in der chemischen und artverwandten Industrie, 2. Auflage; VEB Verlag Leipzig.

Marchal, R.; Marchal-Delahaut, L.; Michels, F.; Parmentier, M.; Lallement, A.; Jeandet, P. (2002): Use of Wheat Gluten as Clarifying Agent of Musts and White Wines. American Journal of Enology and Viticulture, Volume 53, S. 308–314.

Marchal, R.; Lallement, A.; Jeandet, Establet, P. G. (2003): Clarification of Muscat Musts Using Wheat Proteins and the Flotation Technique. Journal of Agricultural and Food Chemistry, Volume 51, S. 2040–2048.

Maurer, R. (1989): Casein-ein wenig bekanntes Schönungsmittel; Deutsches Weinbau-Jahrbuch, Waldkircher Verlag, Waldkirch.

Meinl, J. (2010): Klärung und Gerbstoffadsorption - Einsatz von Pflanzenproteinen; Das Deutsche Weinmagazin; 4, 32–33.

Miltenberger, R.; Schindler, E.; Maier, C. (2001): Hefeernährung: Gezielter Nährstoffeinsatz; Der Deutsche Weinbau; 15, 28–30.

Miltenberger, R.; Schindler, E.; Maier, C. (2006): Spontangärung – eine Alternative zur Reinzuchthefegärung? Deutsches Weinbau-Jahrbuch, 57, 172–180; Eugen Ulmer KG Stuttart.

Miltenberger, R.; Schindler, E.; Maier, C. (2007): Gärhilfsstoffe – ein wichtiger Beitrag zur Gärsicherheit? Deutsches Weinbau-Jahrbuch, 58, 160–167; Eugen Ulmer KG Stuttgart.

Müller, D.; Platzer, B. (1998): Kühltechnik – Kühle Konzepte für den Keller. Das Deutsche Weinmagazin, 23, 10–17.

Müller, D. (2013): Mikrobiologie-Datenbank Lemgo – D- und z-Werte Lebensmittel-relevanter Mikroorganismen; Vortrag beim GDL-Symposium Sicherung der Lebensmittelqualität – kinetische Aspekte; Potsdam, 24./25. Juni 2013.

Nissen, C.; Dietrich, H. (1997): Schwermetallgehalte in Rohwaren und technischen Hilfsstoffen für die Fruchtsaftherstellung; Baumann Gonser Stiftung Geisenheim; zitiert in Christmann und Freund (2004): Moderne Mostvorklärung; Theoretische Grundlagen der Mostvorklärung aus der Sicht der Weißweinbereitung; Meininger Verlag GmbH Neustadt/W.

Muhlack, R.; Nordestgaard, S.; Waters, E.; O'Neill, B.; Deans, L.; Lim, A.; Colby, C. (2006): In-line dosing for bentonite fining of wine or juice: Contact time, clarification, product recovery and sensory effects; Australian Journal of Grape and Wine Research; 3, 221–234.

Nordestgaard, S.; Chuan, Y. P.; O'Neill, B.; Waters, E.; Deans, L.; Policki, P.; Colby, C. (2007): In-line dosing of white wine for bentonite finig with centrifugal clarification; American Journal of Enology aand Viticulture; 2, 283–285.

Pecoroni, S.; Dörr, W. (2008): Dekanter- die Entsaftungstechnologie der Zukunft? Vortrag beim Badischen Kellermeisterverein am 29. Januar 2008.

Petgen M. (2001): Flotationsanlagen für den Weinbaubetrieb; Die Winzer-Zeitschrift, 4, 36–38.

Pohl, H. (1999): Die Keller-Praxis in Baden hat sich für die Flotation entschieden; Der Badische Winzer, 12, 23–26.

Rees, D. A.; Welsh, E. J. (1977): Sekundär- und Tertiärstruktur von Polysacchariden in Lösungen und Gelen; Angewandte Chemie, 89, 223–239.

Ribéreau-Gayon, P.; Dubourdieu, D.; Donèche, B.; Lonvaud, A. (2006): Handbook of Enology, Volume 1, The Microbiology of Wine and Vinifications. 2nd Edition, Verlag Wiley & Sons, Chicester, England.

Ripperger, S. (2008): Filtermittel zur Kuchenfiltration; in Global Guide 2008–2010; Welthandbuch der Filtrations- und Separationsindustrie, VDL-Verlag, Rödermark.

Rosch, A. (2011): „Imitierte Spontangärung": Chancen und Risiken; Das Deutsche Weinmagazin, 18, 38–41.

Rosch, A. (2012): Jeder Tropfen ist kostbar; Die Winzer-Zeitschrift, 10, 30–32.

Sauvage, F. X.; Bach, B.; Moutount, M.; Vernhet, A. (2010): Proteins in white wines: thermo-sensitivity and differential adsorption by bentonite; Food Chemistry; 1, 26–34.

Schandelmaier, B. (2011): Filtration: das Innenleben von Filtertüchern; Der Deutsche Weinbau, 23, 16–18.

Schauz, F.; Kaufmann, G. (2001): Kontinuierliche Mostklärung: Flotation im Ablauf eines Separators; Der Deutsche Weinbau, 18, 26–28.

Schmidt, O.; Rohrbach, H.; Mayer, L. (2003): Pflanzliche Proteine statt Gelatine? Der Deutsche Weinbau, 23, 34–38.

Schmidt, O. (2007): Anleitung für Schönungsvorversuche am Beispiel der Bentonitschönung: Wein stabilisieren, Geschmack verbessern; Rebe und Wein, 2,21–23.

Schmidt, O.; Funk, E. (2008): Spontangärung: „Von der Kunst nichts zu tun – aber alles richtig zu machen"; Das Deutsche Weinmagazin, 15, 22–27.

Schmidt, O. (2013): Moderne Kellertechnik – Neue und bewährte Verfahren; 1. Auflage Eugen Ulmer KG, Stuttgart.

Schmitt, H. (1987): Die Veränderung der Kolloide des Mostes und Weines im Verlaufe der Weinbereitung; Inauguraldissertation bei dem Fachbereich Haushalts- und Ernährungswissenschaften der Justus-Liebig-Universität, Gießen.

Schmitt, M.; Christmann, M. (2011): Alkoholmanagement – Ein Umdenken ist nötig; Der Deutsche Weinbau, 18, 24–26.

Schneider, I. (2010): Hefenährstoffe: Auf den Inhalt kommt es an; Der Deutsche Weinbau, 18, 12–13.

Schneider, V. (2003): Mostvorklärung – Was bringt die Mostgelatine? Das Deutsche Weinmagazin, 19, 11–13.

Schneider, V. (2005): Einfluss von Hefenährstoffen auf das Gärverhalten; Die Winzer-Zeitschrift; 10, 27–31.

Schneider, V. (2006): Bentonite im Vergleich; Das Deutsche Weinmgazin; 6, 36–40.

Schneider, V. (2007): Gärfähigkeit weinbergseigener Hefen: „Spontane Ergebnisse“; Das Deutsche Weinmagazin, 17/18, 2007.

Schneider, V. (2009): Schönungsmittel zur Minderung der Adstringenz von Rotwein; Das Deutsche Weinmagazin,

Schneider, V. (2010) Die Praxis der Spontangärung; Die Winzer-Zeitschrift, 9, 34–36.

Schödl, H.; Degn, R. (2007): Mostvorklärung mittels Flotation im Vergleich zur Sedimentation; Der Winzer, Klosterneuburg;7, 24–28.

Scholten, G. (1997): Rückstände der Weinbereitung; in: Jakob, L.; Hamatschek, J.; Scholten, G. (1997): Der Wein; Eugen Ulmer KG Stuttgart.

Schwarz, H. P.; Seckler, J. (2012): Keller & Gebäude: Be- und Entlüftungsverfahren; Der Deutsche Weinbau, 12, 32–35.

Seckler, J.; Schäfer, T.; Freund, M. (1997): Mostbehandlung: Vorklärung durch Flotation; Das Deutsche Weinmagazin; 21, 30–37.

Seckler, J.; Freund, M. (2000): Vergleich alternativer Klärverfahren bei Most; Der Deutsche Weinbau, 14, 12–14.

Seckler, J.; Jung, R.; Freund, M. (2000): Alternative Klärverfahren bei Most; ATW-Bericht Nr. 102, KTBL, Darmstadt.

Seckler, J.; Jung, R.; Freund, M. (2000a): Trubreduzierung: Alles klar? Das Deutsche Weinmagazin, 20, 12–17.

Seckler, J.; Freund, M. (2011): Grundlegendes zur Mostpasteurisation; Der Deutsche Weinbau, 11, 12–15.

Seckler, J.; Freund, M. (2012): Beeinflussung der Prozessschritte der Weinbereitung und qualitative Aspekte durch eine vorausgegangene Mostpasteurisation; Abschlussbericht zum ATW-Vorhaben 167; Kuratorium für Technik und Bauwesen in der Landwirtschaft e. V. (KTBL) Darmstadt.

Sigler, J.; Amann, R.; Krebs, H. (2000): Teilweise Konzentrierung von Traubenmost im 2. Versuchsjahr in Baden; Der Badische Winzer, 6,38–43.

Sigler, J. (2004): Der Einsatz von Lysozym in der Weinbereitung; Der Badische Winzer, 7, 31–33.

Singleton, V. (1967): Fining – Phenolic Relationship; Wines et Vines, 48, 23–26.

Shaw, D. (1970): Introduction to Colloid and Surface Chemistry; 2. Auflage, Butterworth's London.

Sommer, S. (2011): Gärstörungen: die Suche nach den Schuldigen; Der Deutsche Weinbau, 15, 30–33.

Specht, G. (2010): Yeast fermentation management for improved wine quality; in: Reynolds, A. G.; Managing winequality; Woodhead Publishing Limited Cambridge.

Stahl, W. (2004): Fest-Flüssig-Trennung; Band II: Industrie-Zentrifugen; DRM Press Männedorf, Schweiz.

Stähle, S. (1989): Quantitative Erfassung und Bewertung technologischer Einflüsse und Rohwarenparameter auf die Trubausbeute und Trübungsstabilität in trüben Apfelsäften; Dissertation an der Fakultät für Allgemeine und Angewandte Naturwissenschaften, Universität Hohenheim.

Steidl, R. (2011): Verfahren im Vergleich: Trubaufarbeitung – alles klar? Der Winzer, 9, 6–9.

Stocke, R. (1995): Hausenblase – ein traditionelles Behandlungsmittel; Das Deutsche Weinmagazin, 32, 17.

Tscheuschner, H.-D. (Herausgeber) (1996): Grundzüge der Lebensmitteltechnik; 2. Auflage, B. Behr's Verlag GmbH & Co Hamburg.

Tschiersch, C.; Nikfardjam, M. P.; Schmidt, O.; Schwack, W. (2010): Entwicklung neuer Weinschönungsmittel zur gezielten Verminderung von bitteren und adstringierenden Eigenschaften; Deutsches Weinbau-Jahrbuch, 61, 201–207; Eugen Ulmer KG Stuttgart.

Troost, G. (1988): Technologie des Weines; 7. Auflage; Eugen Ulmer KG Stuttgart.

TU Braunschweig (2013): http://www.ipat.tu-bs.de/wp-content/uploads/2012/05/lehre_praktikum_skript_pga.pdf; Stand Juli 2013.

TU Ilmenau (2013): http://www.tu-ilmenau.de/fileadmin/media/wt_wet/Praktika/Werkstoffwissenschaft(WSW)/5.Fachsemester/ww_partikelanalyse.pdf; Stand Juli 2013.

Varela, F.; Calderon, F.; Gonzalez, M.; Colombo, B.; Suarez, J. (1999): Effect of clarification on the fatty acid composition of grape must and the fermentation kinetics of white wines. Eur Food Res
Technol, S. 439–444.

Wallbrunn, C. von; Gerhards, D: (2010): Spontangärung: Die unendliche Geschichte..; Das Deutsche Weinmagazin, 22, 12–15.

Weber, D.; Christmann, M.; Seckler, J. (2002): Mostkonzentrierung in Deutschland: Lohnt sich der Aufwand? Das Deutsche Weinmagazin, 23, 28–33.

Weemaes, C.; Ludikhuyze, L.; Van den Broeck, I.; Hendrickx, M.; Tobback, P. (1998): Activity,

Electrophoretic Characteristics and Heat Inactivation of Polyphenoloxidases from Apples,
Avocados, Grapes, Pears and Plums; Lebensmittel-Wissenschaft und Technologie 31, S. 44–49.
Weiand, J.; Breier, N. (2009): Einsatz der Flotation in Winzerbetrieben. Abschlussbericht zum ATW-Vorhaben 147; KTBL, Darmstadt.
Weik, B. (2003): Flotation – vielfältig und leistungsstark; Der Deutsche Weinbau, 12, 18–20.
Weik, B. (2009): Säuremanagement bei Weißweinen; Der Deutsche Weinbau,13, 34–37.
Weik, B. (2012): Praktikerhandbuch Oenologie; Neuauflage der Erstauflage von 2008; Meininger Verlag Neustadt/W.
Weninger, H.; Stocke, R. (2003): Einsatz von Aktivkohle - Schwarz, granuliert und effektiv. Der Winzer, 7, 12–14.
Werner, M.; Rauhut, D. (2013): Schwefeleintrag: Welche Quellen gibt es? Der Deutsche Weinbau, 25/26, 34–37.
Wollmann, G. (1981): Modellbildung und experimentelle Überprüfung der Flotation in der Batchzelle; Dissertation genehmigt von der Fakultät für Verfahrenstechnik der Universität Stuttgart.
Würdig, G.; Woller, R. (HRSG.) (1989): Handbuch der Lebensmitteltechnologie – Chemie des Weines. Eugen Ulmer KG, Stuttgart.

6 Vom Jungwein zum füllfertigen Wein

Amann, R.; Zimmermann, B. (2008): Anheben der Säure: Säuerung von Ä-Z; Das Deutsche Weinmagazin; 16/17, 12–15.
Badischer Weinbauverband e. V. (2008): Qualitätsmanagement in Weinbau und Kellerwirtschaft– ein Leitfaden für Baden; Sonderheft der Zeitschrift „Der Badische Winzer“, Juli 2008.
Bamberger, U. (2012): Erfahrungen bei der chemischen Entsäuerung und Kristallstabilisierung des Jahrgangs 2010; Deutsches Weinbau-Jahrbuch, 63, 159–164.
Benda, I. (1989): Die Milchsäurebakterien des Traubenmostes und Weines; Der Deutsche Weinbau, 47, 96–99 und 153–154.
Berger,S. (2003): Brettanomyces – Pferdeschweißton. Teil 1: Mikrobiologie; Der Winzer, Klosterneuburg, 1, 19–21.
Berghold, S.; Eder, R. (2000): Auswirkungen von Pilzbefall auf die Zusammensetzung von Mosten und Weinen und Calciumgehalte nach chemischer Entsäuerung; Mitteilungen Klosterneuburg, Rebe und Wein, Obstbau und Früchteverwertung;1, 16–26.
Bernath, K.; Flüeler, T.; Hühn, T.; Höchli, U. (2002): Mikrooxigenation I; Schweizerische Zeitschrift für Obst- und Weinbau; 26, 661–664.
Bernath, K.; Flüeler, T.; Hühn, T.; Höchli, U. (2003): Mikrooxigenation II; Schweizerische Zeitschrift für Obst- und Weinbau; 1, 8–10.
Binder, G. (2000): Untersuchungen über die Möglichkeiten zur Rotweinbereitung in Erzeugerbetrieben mit neuen Techniken und Verfahren. Abschlussbericht über das ATW-Vorhaben Nr. 113; Kuratorium für Technik und Bauwesen in der Landwirtschaft e. V. (KTBL) Darmstadt.
Binder, G. (2004): Tanninzusatz in Rotweinen- analytische und sensorische Auswirkungen; Niederschrift über die Tagung des Bundesausschusses für Weinforschung in Meersburg vom 01.-03. Juni 2004.
Blank, A.; Sigler, J. (2012): Alkoholreduktion: Erste Testergebnisse; Der Badische Winzer; 9, 22–27.
Blank, A.; Schmidt, O.; Vidal, J. C. (2012): Anleitung zum Gasmanagement bei Wein; Das Deutsche Weinmagazin, 12, 22–27.
Blankenhorn, D. (2002): Die Bedeutung von CO2 für die Weinbereitung; Rebe und Wein, 55, 14–15.
Blankenhorn, D.; Plag, P. (2006): Sauerstofftherapie für gerbstoffbetonte Rote; Rebe und Wein, 11, 21–23.
Blankenhorn, D.; Funk, E. (2012): Der Winzer – Kellerwirtschaft; 4. aktualisierte Auflage, Eugen Ulmer KG Stuttgart.
Börker, W. (2010): Cross-Flow-Filtration in der modernen Kellerwirtschaft; Der Deutsche Weinbau, 23, 28–31.
Börker, W. (2010a): Kieselgur oder Cross-Flow-Filter? Das Deutsche Weinmagazin, 2, 26–27.
Boissier, B.; Lutin, F.;Moutounet, M.; Vernhet, A. (2008): Particles deposition during the cross-flow microfiltration of red wines – incidence of the hydrodynamic conditions and oft the yeast to fines ratio; Chemical Engineering and Processing: Process Intensification;3, 276–286.
Bosso, A.; Castino, M. (1994): Prove d'impiego die due Prodotti alternative al Ferrocianuro di Potassio; Enotecnico, 3, 57–68.
Braga, A.; Cosme, F.; Ricardo-da-Silva, J. M.; Laureano, O. (2007): Gelatin, casein and potassium caseinate as distinct fining agents: Different effects on colour, phenolic compounds and sensory characteristics; Journal International des Sciences de la Vigne et du Vin, 4, 203–214.
Breier, N. (2003): Säuerung – Erste Erfahrungen; Das Deutsche Weinmagazin, 23, 8–9.
Breier, N. (2011): Eiweißstabilisierung zwischen Hoffen und Bangen: BNG-modern die Lösung? Das Deutsche Weinmagazin,19, 20–24.
Breier, N. (2011): Säuremanagement bei Weißweinen: Jahrgang 2010; Das Deutsche Weinmagazin, 3, 22–25.
Breier, N. (2012): Jährliche Glaubensfrage: Stabilisierung mit Eiweiß? Der Deutsche Weinbau, 16/17, 32–36.
Breier, N. (2013): Bentoniteinsatz: Versuchsergebnisse; Der Deutsche Weinbau, 16/17, S. 42.
Breier, N. (2013a): Modernes Gasmanagement in der Kellerwirtschaft; Der Deutsche Weinbau, 8, 90–96.
Burkert, J.; Köhler, H. J.; Hartmann, M. (2011): Reduktive Trauben- und Mostverarbeitung; Das Deutsche Weinmagazin, 18, 35–37.

Burkert, J.; Hartmann, M.; Köhler, H. J.; Geßner, M. (2012): Der richtige Zeitpunkt der Bentonitschönung; Das Deutsche Weinmagazin, 16/17, 48–51.

Burkert, J.; Köhler, H. J.; Hartmann, M. (2013): Filtration mit Filterschichten; In die Tiefe gehen; Das Deutsche Weinmagazin, 4, 28–31.

Chobanova, D.; Bambalov, K.; Metodieva, R. (2002): Removing iron from wine with preparations based on calcium phytate; Lozarstvo I Vinarstvo, 3, 24–27.

Christ, E.; Pfeiffer, P.; König, H. (2013): Mostqualität und Gärbedingungen beeinflussen die Bildung biogener Amine durch Lactobacillus brevis-Stämme; Deutsches Weinbau-Jahrbuch, 64, 89–95.

Christmann, M. (2011): Alkoholreduzierung; Campus Geisenheim, Ausgabe Juni; Hochschule Geisenheim.

Christmann, M. (2013): Vorlesungsmanuskript Technologie des Weines; Hochschule Geisenheim.

Clos, Dierk (2003): Chemische und sensorische Auswirkungen physikalischer Konzentrierungsverfahren auf Most und Wein; Dissertation am Fachbereich Lebensmittelchemie und Umwelttoxikologie der Universität Kaiserslautern.

Constantin, C.; Patz, C. D.; Dietrich, H. (2011): Die Wirkung von Gummi arabicum im Wein; Der Deutsche Weinbau, 6, 30–35.

Dietrich, H. (2004): Die häufigsten Weinfehler im Überblick; Der Deutsche Weinbau, 16/17, 14–19.

Dietrich, H. (2009): Kolloide als Zusatzstoffe für Wein Teil 1 und 2; Der Deutsche Weinbau, 15, 16–19 und 16/17, 12–17.

Dietrich, H. (2013): Chemische Alterung von Lebensmitteln am Beispiel von Wein und Fruchtsaft; Vortrag beim GDL-Symposium Kinetik in Potsdam.

Dittrich, H.; Großmann, M. (2010): Mikrobiogie des Weines, 4. Auflage; Eugen Ulmer KG Stuttgart.

Dörr, W.; Bott, E.; Nagel, B. (1985): Weinsteinstabilisierung nach dem Kontaktverfahren – Kristallabtrennung durch Zentrifugalsysteme erfolgreich im Einsatz; Weinwirtschaft-Technik, 1, 1–7.

Durner, D; Fischer, U. (2009a): Rotwein: Einflüsse bei der Mikrooxigenierung; Der Deutsche Weinbau, 9, 26–29.

Durner, D.; Fischer, U. (2009): Mikrooxigenierung von Rotweinen. Teil 1: Sauerstoff in der Weinbereitung – Fluch oder Segen? Teil II: Makro- oder Mikrooxigenierung – Welches Verfahren birgt Potenzial? Teil III: Welche Rebsorten eignen sich? Teil IV: Mikrooxigenierung auch bei Maischeerhitzung? Teil V: Holzfass, Reifetank und Mikrooxigenierung – ein Vergleich; Das Deutsche Weinmagazin, 9, 18–22; 10, 42–45; 11, 28–31; 13, 10–14.

Eder, R. (1997): Chemische und sensorische Veränderungen durch Barrique-Weinausbau; Der Winzer, Klosterneuburg, 2, 12–18.

Eder, R. (1998): Mängel, Fehler und Krankheiten der Weine. Ursachen, Vermeidung und Behebung. Teil III, Weinfehler: Metallgeschmack und Metalltrübung (Synonyme: Weißer, grauer oder schwarzer Bruch); Der Winzer, Klosterneuburg, 3, 10–15.

Eder, R.; Schreiner, A.; Schlager, G.; Wendelin, S. (2004): Schwermetalltrübungen im Wein und deren Verminderung durch Anwendung selektiver Harze; Deutsches Weinbau-Jahrbuch,55, 267–279.

Eder, R. (2009): Weinstein muss nicht sein; Vortrag beim Oeno-Seminar der Fa. Erbslöh am 27. 10. 2009 in Geisenheim

Eder, R.; Hütterer, E.-M.; Weingarten, G.; Brandes, G. (2008): Verringerung der Gehalte an 2,4,6-Trichloranisol und Geosmin in Wein durch Spezialfilterschichten; Mitteilungen Klosterneuburg, 58, 12–16.

Eder, R.; Fauster, T.; Scheiblhofer, H. (2009): Biologischer Säureabbau beim Rotwein: Simultan oder sukzessiv? Der Winzer, Klosterneuburg, 8, 6–10.

Eder, R.; Scheiblhofer, H.; Aghazaryan, S. (2011): Kampf dem Weinstein: Kristallstabilisierug von Rotwein mit CMC; Der Winzer, Klosterneuburg, 6, 36–39.

Eder, R.; Kramer, M.; Schmuckenschlager, M.; Scheiblhofer, H. (2011a): Chitin: Neues unbekanntes Weinbehandlungsmittel; Der Winzer, 9, 10–13.

Fehlow, C. (1999): Eichenholz für Barrique-Weine; Die richtige Hülle für kostbaren Inhalt; Das Deutsche Weinmagazin, 21, 22–28.

Fehlow, C. (2000): Weinausbau in neuen Fässern: Die besondere Note; Das Deutsche Weinmagazin, 12, 12–15.

Fischer, U.; Olk, M. (2005): Eiweißtrübung - Wie lässt sie sich vermeiden? Das Deutsche Weinmagazin, (16/17) 18–23.

Fischer, U.; Weik, B.; Löchner, M. (2005): Mikrooxigenierung von Rotweinen; Der Deutsche Weinbau, 18, 16–22.

Fischer, U.; Neser, M. (2011): Entsäuerungsstrategien; Vortrag bei den Pfälzer Weinbautagen 2011.

Flak, W.; Krizan, R. (2004): Die häufigsten Weinfehler. Serie Teil 3: Böckser und böckserartige Weinfehler im Visier; Der Winzer, 12, 6–8.

Freund, M. (2011): Membranprozesse in der Weinbereitung - Ein Überblick; Vortrag bei der Betriebsleitertagung Weinbau und Kellerwirtschaft am 6. September in Geisenheim.

Freund, M. (2013): persönliche Mitteilung

Gafner, J. (2003): Mikroorganismen beim biologischen Säureabbau und Weinausbau; Schweizerische Zeitschrift für Obst- und Weinbau, Wädenswil, 11, 6–8.

Gebert, D.; Fader, B. (2012): Bio Weinbau Welt, Europa und Deutschland - eine Bestandsanalyse: Aktuelle Zahlen im Visier; Das Deutsche Weinmagazin (12) 28–30.

Gemmrich, A. R.; Schlitter, M. (2002): Wein im Holzfass oder Holz im Wein; Der Deutsche Weinbau, 25/26, 20–22.

Geßner, M.; Burkert, J. (2010): Erfahrungen 2009: Option Säuerung; Das Deutsche Weinmagazin, (15) 28–31.

Görtges, S. (2009): Böckserbeseitigung mit Kupfercitrat; Der Deutsche Weinbau, 20, 24–25.

Gössinger, M. (1998): Mängel, Fehler und Krankheiten der Weine. Ursachen, Vermeidung und Behebung. Teil 4: Der Böckser; Der Winzer, 4, 15–19.

Gössinger, M. (1999): Dem Böckser auf der Spur; Der Winzer, 6, 12–17.

Hamatschek, J. (1982): Entwicklung eines kontinuierlichen Weinklärverfahrens mit Hilfe von Zentrifugalseparatoren zur Trubabtrennung unter besonderer Berücksichtigung der kontinuierlichen Gelatine-Kieselsol-Schönung maischeerhitzter Rotweine; Dissertation Universität Hohenheim, Institut für Lebensmitteltechnologie, Universität Hohenheim.

Hamatschek, J.; Seckler, J.; Hilgert, L. (1992): Herstellung von Weinen ohne SO2-Zusatz; Der Deutsche Weinbau, 21, 1030–1034.

Hamatschek, J.; Huppert, M.; Zürn, F. (1993): Objektive Messung des Klärgrades von Wein; Weinwissenschaft, 48, 27–32.

Hamatschek, J.; Grigoleit, J. (1994): Zweistufige Entalkoholisierung; Das Deutsche Weinmagazin, 11, 25–28.

Hamatschek, J. (1997): Der Wein Kap. 4; in: Jakob, L.; Hamatschek, J.; Scholten, G. (1997): Der Wein, 10. Auflage, Eugen Ulmer KG, Stuttgart.

Hamm, U.; Butterfass, J. (2011): Filtration mit Zukunftspotential; Das Deutsche Weinmagazin, 25/26, 30–32.

Harbertson, J. F.; Mireles, M.; Harwood, E. D.; Weller, K. M.; Ross, C. F. (2009): Chemical and Sensory Effects of Saignée, Water Addition, and Extended Maceration on High Brix Must; Am. J. Enol. Vitic. 60:4 (2009).

Heatherbell, D.; Tucker, N.; Vanhanen, L; Barnes, M. (1999): The Production of Organic Style Wine without the Addition of Sulphur Dioxid; Proc. 12th Internat. Oenol. Symp. 31th May-2nd June 1999, Montreal.

Heinemeyer, C. (2002): Verfahren des Biologischen Säureabbaus: Mit Simultanbeimpfung zum Erfolg bei Weißweinbereitung; Der Winzer, Klosterneuburg, 8, 10–12.

Hoffmann, D.; Seidemann, J. (2007): Verbrauchererwartung hinsichtlich der Verwendung von Holzfässern und Holzspänen bei der Erzeugung von Wein und deren Kennzeichnung in der Etikettierung; Deutsches Weinbau-Jahrbuch, 58, 31–41.

Jakob, L. (1968): Die Adsorption von Histamin und Acetylcholin bei der Bentonitbehandlung von Wein; Weinberg und Keller, 15, 555–560.

Jakob, L. (1997): Kapitel 4: Untersuchung von Most und Wein; in: Jakob et al. 1997: Der Wein, 10. Auflage; Eugen Ulmer KG, Stuttgart.

Jakob, L. (2012): Lexikon der Önologie; Eugen Ulmer KG Stuttgart.

Jakob, L., Hamatschek, J., Scholten, G. (1997): Der Wein; 10. Auflage, Eugen Ulmer KG, Stuttgart.

Jakobs, D. D. (1976): Effect of dissolved oxygen on free sulfur dioxid in red wines; Amer. J. Enol. Vitic. 27, 42–43.

Jung, R.; Schaefer, V.; Bernd, A.; Fritsch S.; Hey M.; Rauhut, D. (2009): Die Entfernung von TCA und TBA aus Wein per Filtration. Der Deutsche Weinbau; 16/17; 36–39.

Jung, C. (2012): Übersicht: Verfahren zur Entalkoholisierung; Der Deutsche Weinbau, 15, 16–18.

Köhler, H. J. (2009): Weinsteinstabilisierung durch Inhibitoren; Die Winzer-Zeitschrift, 3, 38.

Köhler, H. J. (2013): Weinsteinstabilisierung durch Zusatz von CMC; http://www.lwg.bayern.de/analytik/18284/linkurl_45.pdf; Stand September 2013.

Köhler, H. J.; Curschmann, K.; Geßner, M. (2004): Einfluss des Abstichverfahrens auf den Wein; Teil 1, 2, 3; Das Deutsche Weinmagazin; 22, 32–35; 23, 10–14;25, 31–35.

Köhler, H. J.; Geßner, M.; Nagel-Derr, A.; Burkert, J. (2011): Die Weinsteinstabilisierung in kleinen und mittleren Weinkellereien durch Zusatz von Inhibitoren; Abschlussbericht zum ATW-Vorhaben 164; KTBL, Darmstadt.

Köhler, H. J.; Geßner, M.; Nagel-Derr, A.; Burkert, J. (2011a): Weinsteinstabilisierung: Stabilität durch CMC? Das Deutsche Weinmagazin, 22, 22–26.

Köhler, H. J.: Geßner, M.; Burkert, J.; Nagel-Derr, A. (2011b): Entsäuerungsmaßnahmen und ihre Folgen; Das Deutsche Weinmagazin, 16/17, 12–16.

Köhler, H. J.; Maier, C.; Burkert, J.; Herrmann, J. V. (2011c): Neue Starterkulturen zum Biologischen Säureabbau; Teil 1 und Teil 2; Das Deutsch Weinmagazin, 19, 35–39 und 21/22, 8–13.

Könitz, R. (2009): VinoStab – Neu zugelassenes Produkt zur Weinsteinstabilisierung; Vortrag beim Erbslöh Oenoseminar am 27. Oktober in Geisenheim.

Könitz, R. (2009a): Carboxymethylcellulose zur Kristallstabilisierung; Das Deutsche Weinmagazin, 19, 32.

Krieger, S. (2001): Die industrielle Herstellung von Milchsäurebakterien-Starterkulturen; Deutsches Weinbau-Jahrbuch, 52, 233–242.

Krieger, S. (2001a): Kontrolle des biologischen Säureabbaus mit Starterkulturen; Der Winzer, Klosterneuburg, 10, 13–17.

Krieger, S. A. (2002): Biologischer Säureabbau – Kontrolliert mit Starterkulturen; Schweizerische Zeitschrift für Obst- und Weinbau, Wädenswil, 19, 498–550.

Künzler, L.; Nikfardjam, M. P. (2013): Brettanomyces: Nachweis durch Realtime-PCR; Der Deutsche Weinbau, 16/17, 31–35.

Leitenberger, B. (2012): Zusatzstoffe und E-Nummern; 1. Auflage; Books on Demand GmbH, Norderstedt.

Lipps, M. (2003): Wird Perlite in Zukunft Kieselgur ersetzen? Vortrag auf der Kreuznacher Wintertagung, Presseinformation 47.

Lipps, M.; Rosch, A. (2009): 1x1 der Filtration; Das Deutsche Weinmagazin, 21, 14–17.

Lipps, M.; Rosch, A. (2012): Filtration: Alternativen der Kieselgur im Vergleich; Der Deutsche Weinbau, 23, 12–15.

Lonvaud-Funel, A. (2010): Effects of malolactic fermentation on wine quality; in: Reynolds, A. G. (Herausgeber): Managing wine quality; Woodhead Publishing Cambridge.

LWG Veitshöchheim, Bayern (2013): Leitfaden zum Weinausbau; http://www.lwg.bayern.de/weinbau/oenologie/linkurl_2.pdf; Stand: August 2013.

Maurer, R. (1997): Weinausbau im Holz: Eine fast vergessene Kunst. Teil 1 und Teil 2; Das Deutsche Weinmagazin, 14, 31–34 und 15, 26–30.

Miltenberger, R.; Maier, C.; Schindler, E. (2001): Bakterien-Starterkulturen und ihr Einsatz beim mikrobiellen Säureabbau; Rebe und Wein, 5, 28–32 und 6, 21–23.

Müller, N: (1979): Theoretische Grundlagen der Filtration; Brauerei-Rundschau, 90, 38–40.

Nagel-Derr, A. (2013): Bestimmung der schwefligen Säure in Rotweinen; http://www.lwg.bayern.de/analytik/18284/linkurl_49.pdf; Stand August 2013.

v. Nidda, E.; Fischer, U. (1999): Problemfeld Säure; Das Deutsche Weinmagazin, 9, 32–36 und 10, 28–33.

Nikfardjam, M. P. (2010): Eisen und Kupfer: Starke Oxidantien im Wein; Das Deutsche Weinmagazin, 25, 32–34.

Oberholster, A.; Carstens, L. M.; du Toit, W. J. (2013): Investigation of the effect of gelatin, Egg albumin and cross-flow-microfiltration on the phenolic composition of Pinotage wine; Food Chemistry, 2/3, 1275–1281.

OIV (2010): Resolution OIV/Oeno 372/2010: Separationstechniken für Behandlungen von Wein und Most.

OIV (2013): International Code of Enological Practices; Ausgabe 2013, einschließlich der Verabschiedungen bei der Tagung in Izmir, Türkei, 22. Juni 2012; http://www.oiv.int/oiv/info/deplubicationoiv.

Otteneder, H. (2013): Bericht vom XXXVI: Weltkongress für Rebe und Wein; Der Deutsche Weinbau, 14, 10–13.

Pfeifer, W. (2000): Sauerstoffaufnahme bei der Weinbereitung und deren Einfluss auf die Weinqualität: Wie viel Sauerstoff braucht ein Wein? Das Deutsche Weinmagazin, 26, 24–27.

Rauhut, D. (2009): Reduktive Noten und Böckser; Ein international aktuelles Thema; Vortrag auf dem Oenoseminar der Fa. Erbslöh am 27. Oktober 2009.

Rayess el, Y.; Albasi, C.; Bacchin, P.; Taiilandier, P.; Mietton-Peuchot, M.; Devatine, A. (2012): Analysis of membrane fouling during cross-flow microfiltration of wine; Innovative Food Science & Emerging Technologies, 16, 398–408.

Redl, G. (2002): Barriqueausbau: Auswirkungen des Toastens von Holzfässern; Der Winzer, Klosterneuburg; 10, 16–19.

Reynolds, A. G. (2010) (Herausgeber): Managing wine quality; Woodhead Publishing Limited Cambridge.

Ribereau-Gayon, P.; Glories, Y.; Maujean, A.; Dubourdieu, D: (2006): Handbook of Enology Volume 2; The Chemistry of Wine Stabilization and Treatments; 2nd Edition; John Wiley & Sons Ltd, The Atrium, Southern Gate, Chichester, West Sussex PO19 8SQ, England.

Rosch, A. (2013): CMC (Carboxymethylcellulose): Einflüsse auf die Membranfiltration; Das Deutsche Weinmagazin, 1, 26–29.

Rosch, A. (2013a): CMC-Zugabe: Der Zeitpunkt entscheidet; Der Deutsche Weinbau, 23, 28–29.

Runck, K.-H.. (2009): Reduktive Arbeitsweise vor der Gärung – Ein uraltes Thema; Vortrag auf dem Erbslöh-Oeno-Seminar 27. Oktober 2009;

Schandelmaier, B. (2004): Kieselkurfiltration im Klein- und Mittelbetrieb; Abschlussbericht zum ATW-Vorhaben 128; KTBL Darmstadt.

Schandelmaier, B.; Lipps, M.; Rosch, A. (2009): Tipps zur Anschwemmfiltration; 1x1 der Filtration; Das Deutsche Weinmagazin, 21, 14–17.

Schandelmaier, B. (2012): Die Welt der Filtration – Nicht alles neu, aber vieles besser; Das Deutsche Weinmagazin 20, 20–27.

Schandelmaier, B. (2013): Ascorbinsäurezugabe bei Weißwein; Der Deutsche Weinbau, 4, S. 42.

Schandelmaier, B (2013a): Verwendung von Staves beim Weinausbau; Der Deutsche Weinbau, 23, S. 42.

Scheiblhofer, H.; Prinz, M. (2007): Technisches Hintergrundwissen: Stichwort SO2; Der Winzer, Klosterneuburg, 11, 10–12.

Scheiblhofer, H. (2009): Cross-Flow-Filter am Prüfstand; Der Winzer, Klosterneuburg, 7, 24–30.

Schmidt, O.; Dietrich, H. (2000): Neue Stoffe zur Entfernung von Schwermetallen aus Wein; Deutsches Weinbau-Jahrbuch, 51, 219–227.

Schmidt, O.; Diesler, E. (2010): Kristallstabilisierung mit Protektorkolloiden: Alles super – Aber...; Das Deutsche Weinmagazin, 5/6, 12–18.

Schmidt, O.; Weger, G. (2010): Sauerstoffaufnahme durch die Abfüllung von Wein: Die zwei Gesichter des Sauerstoffs; Das Deutsche Weinmagazin, 4, 18–21.

Schmidt, O. (2007): Anleitung für Schönungsvorversuche am Beispiel der Bentonitschönung: Wein stabilisieren, Geschmack verbessern; Rebe und Wein, 2, 21–23.

Schmidt, O. (2012): Eisen und Kupfer im Wein: Die Dosis macht die Trübung; Rebe und Wein, 1, 30–32.

Schmidt, O. (2013): Moderne Kellertechnik – Neue und bewährte Verfahren; 1. Auflage Eugen Ulmer KG, Stuttgart.

Schmitt, M.; Christmann, M. (2012): Alkoholreduzierung durch Membrantechniken; Der Deutsche Weinbau, 15, 20–22.

Schmitt, A.; Köhler, H.; Miltenberger, R.; Curschmann, K. (1986): Versuche zum reduzierten Einsatz bzw. zum Verzicht von SO2 bei der Weinbereitung; Der Deutsche Weinbau, 31, 1504–1506 und 32, 1534–1538.

Schmitz, F. J.; Dau, H. (1984): Die Cross-Flow-Mikrofiltration; Weinwirtschaft-Technik, 120, 218–224.

Schneider, I. (2002): Entwicklung und Beseitigung von Böcksern; Die Winzer-Zeitschrift, 9, 28–31.

Schneider, I. (2008): Strategien gegen Böckser. Teil 1: Einfluss von Hefe, Most und Gärführung. Teil 2: Die Behandlung von Böcksern; Der Winzer, 7, 6–10 und 8, 6–10.

Schneider, I. (2011): Einfluss kolloidaler Behandlungsmittel: Ärger beim Filtrieren? Der Winzer, Klosterneuburg, 3, 16–17.

Schneider, I. (2012): Der Biologische Säureabbau – Erfahrungen aus säurereichen Jahrgängen; Deutsches Weinbau-Jahrbuch, 63, 21–24.

Schneider, R. (1998): Die Arbeit des Küfers; Schweizerische Zeitschrift für Obst- und Weinbau, Wädenswil, 1, 9–13.

Schneider, R. (1998a): Vorbereitung und Pflege des Holzfasses; Schweizerische Zeitschrift für Obst- und Weinbau, Wädenswil, 3, 74–76.

Schneider, V. (1999): Weißwein im Barrique – Teile 1 und 2; Die Winzer-Zeitschrift, 6, 38–40 und 7, 29–30.

Scholten, G. (2001): Möglichkeiten zur Entfernung von Schwermetallen aus Wein; Mitteilungen Klosterneuburg, Rebe und Wein, Obstbau und Früchteverwertung; 5, 200–212.

Scholten, G.; Müller, T.; Friedrich, G. (2003): Weinsteinstabilisierung durch Metaweinsäure; Der Deutsche Weinbau, 11, 30–33.

Scholten, G. (2004): Spinning Cone Column – Ein neues oenologisches Verfahren; Deutsches Weinabu-Jahrbuch 55, 293–295.

Seckler, J.; Pfeifer, W.; Zürn, F. (1990): Verfahren zur Weinbereitung ohne Zusatz von schwefliger Säure; Die Weinwissenschaft, 45, 85–90.

Seckler, J.; Pfeifer, W.; Zürn, F.; Freund, M. (2007): 20 Jahre Weinbereitung ohne Zusatz von Schwefeldioxid; Deutsches Weinbau-Jahrbuch, (58) 176–183. Eugen Ulmer KG Stuttgart.

Seegmüller, S.; Binder, G. (2012): Barriques nur aus besten Herkünften; Das Deutsche Weinmagazin, 6, 10–14.

Sigler, J. (2005): Dreijährige Versuche mit Eichenholzchips; Der Badische Winzer, 10, 19–21.

Sigler, J. (2011a): Milchsäurebakterien zur Senkung des Schwefeldioxid-Bedarfs von Wein; Deutsches Weinbau-Jahrbuch, 62, 77–84.

Sigler, J. (2011): Weniger Alkohol im Wein ist oft mehr; Der Badische Winzer, 8, 15–17.

Sommer, S. (2012): Der Luftsterilisator OENOCAT-30: Eine Alternative bei der Holzfasskonservierung? Das Deutsche Weinmagazin, 20, 34–36.

Steidl, R. (2003): Moderne Kellertechnik: Mikro- und Makrooxigenierung – für den Rotweinausbau heuteunerlässlich? Der Winzer, Klosterneuburg, 5, 25–28.

Steidl, R. (2009): Mannoproteine – das Ende des Weinsteins? Der Winzer, Klosterneuburg; 7, 17–19.

Süß, D. (2012): Möglichkeiten und Grenzen der Metallstabilisierung im Wein; Bachelorthesis im Dualen Studiengang B. Sc. Weinbau und Oenologie Rheinland Pfalz.

Süß, D.; Sommer, S.; Durner, D. (2012): Metallstabilisierung im Wein: Möglichkeiten und Grenzen; Das Deutsche Weinmagazin, 25/26, 30–34.

Tarleton, S; Wakeman, R. (2008): Dictionary of Filtration and Separation; 1. Auflage, Filtration Solutions, Exeter, UK.

Trela,B. C. (2005): Improving Wine Stability using Phytic Acid; Doktorthesis at der Suranaree University of Technology, Thailand; ISBN 974-533-523-1.

Trela, B. C. (2010): Iron Stabilization with Phytic Acid in Model Wine and Wine; Am. J. Enol. Vitic. 61:2, 253–259.

Troost, G. (1965): Anwendung der 9. Ausführungsverordnung des Weingesetzes in der Praxis; Sonderdruck aus Der Deutsche Weinbau nach einem Vortrag auf der Herbsttagung des Deutschen Weinbauverbandes in Trier am 1.9.1965.

Troost, G. (1988): Technologie des Weines; 7. Auflage; Eugen Ulmer KG Stuttgart.

Tscheuschner, H.-D. (Herausgeber) (1996): Grundzüge der Lebensmitteltechnik; 2. Auflage, B. Behr's Verlag GmbH & Co Hamburg.

Tschiersch, C.; Pour Nikfardjam, M. S.; Schmidt, O.; Schwack, W. (2008): Comparision of seventeen different fining agents used with wine; Mitteilungen Klosterneuburg, Rebe und Wein, Obstbau und Früchteverwertung; 4, 123–131.

VO (EU) 479/2008: Verordnung (EG) Nr. 479/2008 des Rates vom 29. April 2008 über die gemeinsame Marktorganisation für Wein, zur Änderung der Verordnungen (EG) Nr. 1493/1999, (EG) Nr. 1782/2003, (EG) Nr. 1290/2005, (EG) Nr. 3/2008 und zur Aufhebung der Verordnungen (EWG) Nr. 2392/86 und (EG) Nr. 1493/1999.

VO (EU) 606/2009: Verordnung (EG) Nr. 606/2009 vom 10. Juli 2009 mit Durchführungs-bestimmungen zur Verordnung (EG) Nr. 479/2008 des Rates hinsichtlich der Weinbauer-zeugniskategorien, der önologischen Verfahren und der diesbezüglichen Einschränkungen.

VO (EU) Nr. 203/2012 vom 8. März 2012 zur Änderung der Verordnung (EG) Nr. 889/2008 mit Durchführungsvorschriften zur Verordnung (EG) Nr. 834/2007 des Rates hinsichtlich der Durchführungsvorschriften für ökologischen/biologischen Wein.

Vuchot, P.; Vidal, S.; Riou, C.; Bajard-Sparrow, C.; Fauveau, C.; Pellerin, P. (2008): Les mannoproteines levuriennes: la realite au dela du mythe; Revue des Oenologues, France, 127, 27–30

Wallbrunn, v., C. (2011): Gärkontrolle einmal anders; Das Deutsche Weinmagazin, 18, 32–34.

Walter, W. (1978): Verfahren zur Herstellung von Wein aus Traubenmost; Deutsches Patentamt Auslegeschrift 2540155.

Weiand, J.; Fröhlich, J.; König, H.; Pfannebecker, J.; Hirschhäuser, S.; Schönig, I. (2004): Gärstörung:

Bakterienkontrolle durch Lysozym; Das Deutsche Weinmagazin, 22, 24–28.
Weiand. J. (2006): Einfluss von Sauerstoff auf die Weinbereitung; Deutsches Weinbau-Jahrbuch, 21, 16–18.
Weiand, J. (2009): Typische Aromen durch reduktiven Ausbau; Der Deutsche Weinbau, 21, 34–37.
Weiand, J. (2009a): Säuerung 2009 – wie lassen sich die 2003er Erfahrungen nutzen? Das Deutsche Weinmagazin, 21, 18–21.
Weik, B. (2009): Säuremanagement bei Weißweinen; Der Deutsche Weinbau,13, 34–37.
Weik, B. (2009a): Großes Holzfass – Weinausbau und Pflege; Das Deutsche Weinmagazin, 22, 24–27.
Weik, B. (2011): Der Barriquemarkt; Das Deutsche Weinmagazin, 23, 13–20.
Weik, B. (2012): Praktikerhandbuch Oenologie; Neuauflage der Erstauflage von 2008; Meininger Verlag Neustadt/W.
Werner, M.; Rauhut, D. (2013): Schwefeleintrag: Welche Quellen gibt es? Der Deutsche Weinbau, (25–26) 34–38.
Wiederkehr, M. (1998): Entfernung von Essigsäure aus Wein: Ein neues Verfahren Teil I und Teil II; Schweizerische Zeitschrift für Obst- und Weinbau, 7, 193–195 und 8, 221–222.
Wiederkehr, M. (1999): Entfernung von Essigsäure aus Wein: Ein neues Verfahren; Deutsches Weinbau-Jahrbuch, 50, 197-208.
Witowski-Baumann, E. (2006): Schönungs- und Stabilisierungsmittel bei der Abfüllung – Was ist zu beachten? Das Deutsche Weinmagazin, 3, 18–19.
Würdig, G.; Woller, R. (Herausgeber) (1989): Handbuch der Lebensmitteltechnologie – Chemie des Weines. Eugen Ulmer KG, Stuttgart.
Zürn, F. (1976): Einfluss von kellertechnischen Maßnahmen auf den Schwefelbedarf der Weine; Die Weinwissenschaft, 3, 145–158.

7 Nebenprodukte der Weinbereitung

Anonym, (2007): Verjus statt Wein; Der Deutsche Weinbau, 16/17, S. 11.
Bach, H.-P.; Troost, G.; Rhein, O. H.; (2010): Sekt, Schaumwein, Perlwein; 3., völlig neu bearbeitete Auflage, Eugen Ulmer KG Stuttgart.
Breier, N. (2013): Perlwein- und Sektproduktion: Neuorientierung? Das Deutsche Weinmagazin, 5, 22–28.
Da Porto, C.; Zironi, R.; Celotti, E.; Bertolo, A. (1998): Evaluation de la stabilite de la coleur des oenocyanines; Journal International des Sciences de la Vigne et du Vin; 3, 153–161.
Dittrich, H.; Großmann, M. (2010): Mikrobiogie des Weines, 4. Auflage; Eugen Ulmer KG Stuttgart.
Großmann, M. (2012): Gärhefen – mehr als nur Weinmacher; Der Deutsche Weinbau, 21, 38–40.
Hagmann, K. (2008): Traubentrester ist nicht nur Humus- und Nährstofflieferant; Der Badische Winzer, 7, 28–30.
Hagmann, K. (2013): Wein, Hefe und Trester: Destillate im Weingut; Der Deutsche Weinbau, 7, 22–25.
Jakob, L. (2012): Lexikon der Önologie; Eugen Ulmer KG Stuttgart.
Köhr, T. (2008): Darf's noch etwas mehr sein? Das Deutsche Weinmagazin, 12, 26–30.
Köhr, T. (2010): Weinzusatzsortiment: Von Chili Likör bis Winzer-Espresso; Das Deutsche Weinmagazin, 4, 26–29.
Kügerl, S. (2008): Innovative Nebenprodukte: Marktreife unreife Trauben, Der Winzer, 7, 30–32.
Langhans, E.; Schreiber, R.; Goedert, M. (1994):Rebsorten-Weinessig – eine Spezialität vom Winzer; Die Winzer-Zeitschrift, 10, 28–30.
Langhans, E. (1997): Weinessig: Das traditionelle Oberflächenverfahren; Der Deutsche Weinbau, 22, 20–23.
Lay, H. (1999): Die gesundheitliche Eigenschaften von Traubenkernöl; Deutsches Weinbau-Jahrbuch; 50, 235–238.
Link, S. (1997): Hersteller und Vertreiber von Sonderprodukten: Mehr Rendite mit Essig, Öl und Co; Der Deutsche Weinbau, 10, 12–17.
Lorey, E. M. (2007): Agrest: Wiederentdeckung eines Würzmittels; Der Deutsche Weinbau, 25/26, 14–18.
Pompei, C.; Casiraghi, E. M.; Lucisano, M. (1983): Influenza di alcuni parametri sull'estrazione e la conservazione dell'enocianina. I. Adamanto del processo die estrazione
Röhrig, G. (1992): Wie stellt man Tresterbrand her? Weinwirtschaft-Technik, 9, 17–25.
Röhrig, G. (1999): Brände aus der Traubenverarbeitung: Eine „brand-heiße“ Sache; Das Deutsche Weinmagazin,18, 20–26.
Röhrig, G. (2001): Ein Überblick: Brände aus der Traubenverarbeitung; Der Deutsche Weinbau, 24, 10–14.
Röhrig, G. (2006): Ein Weindestillat gehört ins Holzfass; Rebe und Wein, 12, 23–25.
Röhrig, G. (2010): Fachgerechte Herstellung: Traubenbrand, Weinbrand und Co. – was ist zu beachten? Das Deutsche Weinmagazin, 22, 24–25.
Schieber, A.; Müller, D; Röhrig, G.; Carle, R. (2002): Einfluss von Sorte und Verarbeitung auf die Qualität kaltgepresster Traubenkernöle; Mitteilungen Klosterneuburg, Rebe und Wein, Obstbau und Früchteverwertung, 1/2, 29–33.
Scholten, G. (1997): Rückstände der Weinbereitung; in: Jakob, L.; Hamatschek, J.; Scholten, G. (1997): Der Wein; Eugen Ulmer KG Stuttgart.
Weik, B. (2010): Perlwein und Winzersekt: 2010 weiter im Aufwind; Der Deutsche Weinbau, 15, 16–20.
Weik, B. (2012): Praktikerhandbuch zur Oenologie; aktualisierte und erweiterte Neuauflage; Meininger Verlag Neustadt.

8 Die Abfüllung als Qualitätsparameter für Wein

Amorim, Fa. (2009): Die acht häufigsten Korkirrtümer; Der Deutsche Weinbau, 23.

Arndt, G., (2005): Ist die PET-Flasche gasdicht? Flüssiges Obst, 1, 32–34.

Blüml, S.; Fischer, S. (2004): Handbuch der Fülltechnik, Behr`s Verlag Hamburg

Blankenhorn, D.; Funk, E. (2012): Der Winzer; Teil 2: Kellerwirtschaft, 4. Aktualisierte Auflage; Eugen Ulmer KG Stuttgart.

Breier, N. (2013): Lohnabfüllbetriebe – Partner der Winzer; Das Deutsche Weinmagazin, 9, 28–33.

Hamatschek, J. (1997): Kapitel 5 und 7 in: Jakob, L.; Hamatschek, J.; Scholten, G.: Der Wein; Eugen Ulmer KG Stuttgart

Herbert, J.; Jung, R.; Schöller, S. (2007): Weinflaschenverschlüsse bei der DLG Bundesweinprämierung 2006: Wo steht der Kork? Das Deutsche Weinmagazin; 3, 12–15.

Jakob, L. (2012): Lexikon der Önologie; Eugen Ulmer KG Stuttgart.

Jung, R.; Hamatschek, J. (1993): Aufbau und Eigenschaften des Naturkorks als Grundlage seiner Eignung als Flaschenverschluss; Weinwissenschaft, 47, 226–234.

Jung, R (1995): Untersuchungsmethoden zur Beschreibung der Korkqualität; Dissertation zur Erlangung des Grades eines Doktors im Fachbereich Ernährungs- und Haushaltswissenschaften der Justus-Liebig-Universität Giessen.

Jung, R.; Schüßler, C. (2010): Alternative Flaschenverschlüsse für Wein; Abschlussbericht zum ATW-Bericht 160; KTBL e.V. Darmstadt.

Jung, R.; Schüßler, C. (2011): Alternative Verschlüsse für Wein; Der Deutsche Weinbau, 2, 12–17.

Jung, R.; Schüßler, C. (2011a): Dauerbrenner Flaschenverschlüsse; Die Winzer-Zeitschrift; 3, 36–37.

Jung, R.; Schüßler, C. (2012): Wein in PET und Bag-in-Box: Alternative zur Glasflasche; Abschlussbericht zum ATW-Bericht 168; KTBL e.V. Darmstadt.

Jung, R.; Schüßler, C. (2012a): Wein in PET und BiB: Alternative zur Glasflasche; Der Deutsche Weinbau, 16/17, 14–19.

Kerstan, P.; Pammer, H. P. (2007): Der EAN-Code in der Praxis: Produktkennzeichnung und Rückverfolgung mittels Strichcode; Der Winzer, Klosterneuburg 2, 32–35.

Lebensmittel Zeitung (2013): DIAM verspricht Sicherheit beim Kork; mur/lz 46–13.

Neubauer, S. (2009): Bag-in-Boxes, PET und Dosen: Wein in neuem Gewand; Der Winzer, Klosterneuburg, 12, 32–33.

Orzinsky, M. (2007): Untersuchungen der Permeation von anorganischen Gasen und organischen Verbindungen durch barriereverbesserte Kunststoffflaschen und ihre messtechnische Erfassung, Dissertation, Technische Universität Berlin.

Rosch, A. (2013): Schonende Abfüllung zur Qualitätssicherung; Der Deutsche Weinbau, 3, 12–15.

Rudy, H. (2012): Verschlussvarianten im Ein-Jahres-Test; Der Deutsche Weinbau, 3,12–14 und 16–17.

Rudy, H. (2013): Verschließen mit BVS: Alles gut verschraubt? Das Deutsche Weinmagazin, 3, 14–17.

Schmidt, O.; Weger, C. (2010): Sauerstoffaufnahme durch die Abfüllung von Wein: Die zwei Gesichter des Sauerstoffs; Das Deutsche Weinmagazin, 4, 18–21.

Steidl, R. (2013): Im Fokus: Der Naturkork noch aktuell? Der Deutsche Weinbau, 4, 28–32.

Weik, B. (1999): Flaschensterilisation bei der Füllung; Das Deutsche Weinmagazin; 3, 18–22.

Wolz, S. (2006): Fülltechnik Wein; Das Deutsche Weinmagazin, 3, 26–29.

9 Pumpen, Behälter, Sensor-Messtechnik und Managementsysteme

Anonym, (2001): Leitlinien für eine gute Hygienepraxis in der Weinwirtschaft; Der Deutsche Weinbau, 24, Sonderdruck.

Badischer Weinbauverband e.V. (2008): Qualitätsmanagement in Weinbau und Kellerwirtschaft– ein Leitfaden für Baden; Sonderheft der Zeitschrift „Der Badische Winzer", Juli 2008.

Bellin, M. (2011): Reinigungsgerechte Gestaltung von Maschinen und Anlagen; Vortrag am 26. Mai beim GDL-Sauerteigforum in Minden.

Blankenhorn, D.; Funk, E.; Seidel, M. (2006): Hygieneleitlinien für Weinbaubetriebe; Der Deutsche Weinbau, 20, 14–19.

Blankenhorn, D.; Funk, E. (2012) Der Winzer - Kellerwirtschaft; Eugen Ulmer KG Stuttgart.

Blankenhorn, D.; Funk, E.; Seidel, M. (2012): Hygieneleitlinien für Erzeugerbetriebe/ Weinbaubetriebe; ATW-Forschungsbericht Nr. 144, KTBL Darmstadt.

Bleckmann, R. (2006): Prüfzertifikate für Korken im Überblick; Der Deutsche Weinbau, 3, 28–29.

BMGFJ (2007): Leitlinie für die bäuerliche Obstverarbeitung; http://www.bmgf.gv.at/cms/home/attachments/0/8/0/CH1285/CMS1186391851701/obstverarbeitung_baeuerliche.pdf; Stand: Dezember 2013.

Dittrich, H. H.; Großmann, M. (2010): Mikrobiologie des Weines; 4. Auflage; Eugen Ulmer KG Stuttgart.

DLG (2013): Qualitätsmanagement für die Weinbranche; DLG-Standard „QM Wein": Inhalte und praktische Erfahrungen; Stand Oktober 2013; http://www.dlgtestservice.com/userFiles/File/Methoden/DLG_QM_Wein_download.pdf.

EHEDG (2013): Sonderausgabe I 2013 der Zeitschrift Lebensmitteltechnik; LT Food Medien- Verlag GmbH Hamburg.

Emmel, M.; Doluschitz, R. (2013): Qualitätsmanagement- und Qualitätssicherungssysteme in der Weinwirtschaft; http://subs.emis.de/LNI/Proceedings/

Proceedings101/gi-proc-101-014.pdf; Stand: Oktober 2013.

Freund, M. (2000): Erarbeitung eines Gefahrenidentifizierungs- und Bewertungskonzeptes in der Weinwirtschaft nach § 4 der Lebensmittelhygieneverordnung – dargestellt am Fallbeispiel des Weingutes der Forschungsanstalt Geisenheim; Dissertation Justus-Liebig Universität Gießen.

Geyrhofer, A. F. (2011): Pumpen für den Weinkeller; Der Winzer, Klosterneuburg, 1, 12–15.

Gössinger, M. (2010): Regelungen für Produkte abseits vom Weingesetz: Betriebliches Eigenkontrollsystem; Der Winzer, 7, 19–21.

Hamm, U. (2011): Hygienisch oder unhygienisch? Wo liegt die Wahrheit für die Kellerwirtschaft? Das Deutsche Weinmagazin, 22, 16–18.

Hofmann, U. (1999): Lebensmittelhygiene: Romantik ade? Das Deutsche Weinmagazin, 8, 11–15.

Hofmann, U. (2008): Ist Edelstahl = Hygienic Design? http://www.hygienic-processing.com/veranstaltungen/29-April-2008/03_Hofmann_Ist_Edelstahl_Hygienic_Design.pdf; Stand Oktober 2013.

Kessler, H. G. (1996): Lebensmittel- und Bioverfahrenstechnik; Molkereitechnologie 4. Auflage; Verlag A. Kessler München.

Knödel, P (2010): Korrosion; http://www.peterknoedel.de/lehre/FHA-Stahl/Skript/GrA/Dauer/Korr.pdf; Stand: Oktober 2013.

Köhler, H. J.; Geßner, M. (2009): Weinausbau im Beton-Ei eines Lieferanten aus Österreich; http://www.lwg.bayern.de/analytik/41411/linkurl_7.pdf; Stand: Dezember 2013.

Krönert, M. (2009): Managementsysteme, Zertifizierung: GQS-Bayern, HACCP-Konformitätserklärung, EcoStep und IFS: ein Buch mit sieben Siegeln! Was steckt dahinter, was ist relevant? http://www.lwg.bayern.de/analytik/18284/linkurl_43.pdf; Stand: Oktober 2013.

Linke, L. (1996): Reinigungstechnik und Betriebshygiene (Kap. 9.5) in: Tscheuschner, H. D. (Hrsg): Grundzüge der Lebensmitteltechnik 2. Auflage; Behr's Verlag Hamburg.

Lipps, M.; Börker, W.; Hamm, U.; Mehlen, A. (2010): Reinigung: Hygiene im Keller mit System; Das Deutsche Weinmagazin, 22, 16–19.

Marbe-Sans, D. (2012): Hygiene in der Kellerwirtschaft: Umweltgerechte Reinigung und Desinfektion; Das Deutsche Weinmagazin, 15, 18–23.

Nieuwoudt, H. H.; Prior, B. A.; Pretorius, I. S.; Manley, M.; Bauer, F. F. (2004): Principal component analysis applied to Fourier transform infrared spectroscopy for the design of calibration sets for glycerol prediction models in wine and for the detection and classification of outlier samples; Journal of Agricultural and Food Chemistry, 52 (12) 3726–3735.

Nürnberger, U. (1995): Korrosion und Korrosionsschutz im Bauwesen; Band 1: Grundlagen, Betonbau; Bauverlag GmbH, Wiesbaden und Berlin.

Ottens, M. (2008): Einführung in die Regelungstechnik; http://prof.beuth-hochschule.de/fileadmin/user/ottens/Skripte/Einfuehrung_in_die_Regelungstechnik_01.pdf; Stand Nov. 20.13.

Patz, C. D.; Giehl, A.; Dietrich, H. (2000): Die Fourier Transform Infrarotspektroskopie (FTIR): Eine revolutionäre Methode für die Qualitätskontrolle; Der Deutsche Weinbau, 16/17, 30–33.

Schäuble, R. (1987): Korrosionen in der Getränkeindustrie, Verlag Hans Carl Nürnberg.

Schandelmaier, B. (2009): Edelstahltanks jetzt wieder preisgünstiger; Der Deutsche Weinbau, 14, 28–33.

Schandelmaier, B. (2013): Mohnopumpe und Co. Für die Weinbereitung; Der Deutsche Weinbau, 14, 32–36.

Schödl, H. (2005): Pumpen in der Kellerwirtschaft; Der Winzer, Klosterneuburg, 7, 16–18.

Seckler, J.; Jung, R.; Freund, M. (2001): Untersuchungen zur Optimierung des Transports und der Förderung von Trauben und Maische. Abschlussbericht über das ATW-Vorhaben Nr. 108, Kuratorium für Technik und Bauwesen in der Landwirtschaft e.V. (KTBL).

Standard zur Beurteilung der Qualität und Sicherheit von Lebensmitteln; IFS Food Version 6; (2012): www.ifs-certification.com. Stand Oktober 2013.

Steidl, R. (2005): Kennzeichnungspflicht und Co. Der Winzer, 3, 6–9.

Trogus, H.; Kaufmann, G: (1988): Pumpen in der Kellerwirtschaft; KTBL-Arbeitsblatt; in: Der Deutsche Weinbau 25/26.

VINUM /2013): Dossier Naturwein; Denn sie wissen, was sie tun; Dezember, S. 32–51.

Weik, B. (2010): Pumpen für den Wein: ein technischer Überblick; Der Deutsche Weinbau, 12,12–18.

Weik, B. (2012): Pumpen: Leistungsspektrum und Einsatzbereiche; Der Deutsche Weinbau; 11, 16–21.

Weik, B. (2012a): Praktikerhandbuch zur Oenologie, Neuauflage; Meininger Verlag Neustadt.

Weik, B. (2013): Behälter in der modernen Kellerwirtschaft; Der Deutsche Weinbau, 14, 18–21.

Weik, B.; Schaub, H.-P. (2013): Alternative Behälter – andere Weinstile? Der Deutsche Weinbau, 24, 16–19.

Weltner, K. (2013): Hygienische Voraussetzungen zur Sterilfüllung; http://www.lwg.bayern.de/analytik/18284/linkurl_25.pdf; Stand: Oktober 2013.

Weinverordnung in der Fassung der Bekanntmachung vom 21. April 2009 (BGBl. I S. 827), die durch Artikel 2 des Gesetzes vom 25. Juli 2013 (BGBl. I S. 2722) geändert worden ist. Stand: Neugefasst durch Bek. v. 21.4.2009 I 827; Zuletzt geändert durch Art. 5 V vom 29.9.2011 I 1996; http://www.gesetze-im-internet.de/bundesrecht/weinv_1995/gesamt.pdf.

Bildquellen

API Schmidt, Bretten: Abb. 110
Architekturbüro Münzing: Abb. 40
Christmann, M. u. M. Freund: Abb. 86, 104
Christmann, M.: Abb. 141, 211 rechts
Degünther, B.: Abb. 151
Deutsches Weininstitut: Abb. 8
Binder, E.: Abb. 69,70, 134
C.H. Erbslöh GmbH & Co. KG: Abb. 122, 138
ERO-Gerätebau GmbH: 23–25
Filtrox AG: Abb. 172, 173
Rieger Behälterbau GmbH: Abb. 245
Sartorius AG: Abb. 221
Scharfenberger Maschinenbau: Abb. 43
Speidel Tank- und Behälterbau: Abb. 149
Straßburger Filter GmbH: Abb. 100, 170
Willmes Pressen GmbH: Abb. 36
Flottweg Zentrifugen GmbH: Abb. 93
FP Sensor Systems: Abb. 250
Funk, E.: Abb 102a
GEA Group Westfalia Separator GmbH: Abb. 28 1-–, 47, 109, 146, 168-4, 182, 184, 185, 186a, 188, 194, 195
GEA-Tuchenhagen: Abb. 234, 255
Gierschner, F.: Abb. 84
Archiv Verlag Eugen Ulmer: 132, 215, 222, 121, 159
GA-Kiesel GmbH: Abb. 217
K+H Armaturen GmbH: Abb. 105
Maselli Misure: Abb. 249
Memtech GmbH: Abb. 206
Muno-Bender, J.: Abb. 155
Pall Corp: 171a+b, 177
Firma Pera: Abb. 76
Ruhland Engineering: Abb. 247
Schmidt, O.: Abb., 59, 102b
Seckler J. und M. Freund: Abb. 113
Seckler J. und W. Pfeifer: Abb. 164

Folgende Zeichnungen fertigte Artur Piestricow, Stuttgart, nach Vorlagen des Autors:
Titelgrafik, Abb. 7, 9, 15–18, 21–24, 26, 27, 29, 30, 31, 32, 34, 35, 37, 38, 42, 44–46, 49–57, 58, 60, 61, 62–64, 66, 68, 71–75, 77–83, 87, 88, 90–92, 94–99, 101, 103, 106–108, 111, 112, 114, 115, 117–120, 123–126, 128–130, 131, 133, 135–137, 139, 140, 142, 143, 147, 150, 157, 158, 160–163, 165, 166, 168 links oben u. a–d sowie 3, Seite 293 links oben, 169, 174–176, 178–181, 182 rechts, 183, 187, 189–193, 196–199, 200, 201, 202–205, 207–210, 211 links, 212–214, 216, 218–220, 223–228, 230, 231 links, 232, 233, 236–241, 248, 252, 253, 256–258, Tab. 2 links.

Alle anderen Abbildungen stammen, wenn nicht anders vermerkt, vom Autor.

Stichwortverzeichnis

Z

Dr. Jochen Hamatschek ist Küfermeister, studierter Lebensmitteltechnologe, promovierte u. a. an der LVWO Weinsberg und war einige Jahre Professor für Kellerwirtschaft an der heutigen Hochschule Geisenheim.

Bibliografische Information der Deutschen Nationalbibliothek
Die Deutsche Nationalbibliothek verzeichnet diese Publikation in der DeutschenNationalbibliogr afie; detaillierte bibliografische Daten sind im Internet über http://dnb.d-nb.de abrufbar.

Wollgrasweg 41, 70599 Stuttgart (Hohenheim)
E-Mail: info@ulmer.de
Internet: www.ulmer.de
Lektorat: Werner Baumeister
Herstellung: Jürgen Sprenzel
Umschlagentwurf: Atelier Reichert, Stuttgart
Satz: r&p digitale medien, Echterdingen
Druck und Bindung: BOD – Books on Demand, Norderstedt
Printed in Germany

ISBN 978-3-8001-7959-6